MERCEDES-BENZ C 111

DESIGN-IKONE, TRAUMSPORTWAGEN UND REKORDJÄGER

Mercedes-Benz Classic (Hrsg.)

Gerhard Heidbrink • Joachim Hack • Wolfgang Kalbhenn

Motor buch Verlag

Einbandgestaltung: Luis dos Santos mit Motiven der Mercedes-Benz AG

ISBN 978-3-613-04482-1

1. Auflage 2023

Sie finden uns im Internet unter www.motorbuch-verlag.de

Lektorat: Joachim Hack
Innengestaltung: Lukas Kretzschmar, tebitron gmbh, Gerlingen
Druck und Bindung: Graspo CZ, 76302 Zlin
Printed in Czech Republic

Inhalt

Widmung

Die Autoren widmen dieses Buch

- all jenen, die die außergewöhnlichen Projekte C 101 und Vision One-Eleven in allen ihren Facetten erdacht und umgesetzt und die Ergebnisse dokumentiert haben,
- dem Classic-Bereich von Mercedes-Benz, der die in diesem Buch behandelten historischen Fahrzeuge sowie Informationen, Berichte, Fotos und Filme bewahrt und der Nachwelt erhält,
- ihren Ehefrauen Constanze Heidbrink, Regina Kraus und Dina Kalbhenn, die während der Entstehung dieses Buchs über einen langen Zeitraum sehr viel Geduld und Verständnis aufgebracht haben.

Die Autoren

Gerhard Heidbrink
war von 1991 bis 2020 in verschiedenen Funktionen bei Mercedes-Benz Classic tätig. Vom C 111 ist er bereits seit seiner Kindheit fasziniert, als er das motorisierte Schuco-Modell dieses Fahrzeugs auf dem weihnachtlichen Gabentisch vorfand.

Joachim Hack
hat es schon früh verstanden, seine Leidenschaft für Bücher und für Autos miteinander zu verbinden. Seit jeher gilt seine besondere Liebe jenen Marken und Modellen, die durch ihre einzigartige Geschichte und Tradition der Automobilhistorie einen besonderen Stempel aufgedrückt haben – ein Kriterium, das der C 111 ohne Zweifel mühelos erfüllt.

Wolfgang Kalbhenn
kam nach seiner Ausbildung zum Mechaniker und ausgedehnten »Lehrjahren« als Rennmonteur bei verschiedenen Rennställen 1969 als Jung-Ingenieur zur Pkw-Motorenkonstruktion bei Daimler-Benz. Nach seinem Wechsel in die Versuchsabteilung der Wankelmotoren-Entwicklung erdachte er das im Buch beschriebene patentierte Stufensaugrohr. 2017 entwickelte er die Idee zu einer umfassenden Dokumentation über den C 111, aus der schließlich dieses Buch entstand.

Bildnachweis

Alle Abbildungen © **Mercedes-Benz AG**, mit folgenden Ausnahmen:
© **MOTORWORLD Group:** S. 9 links
© **Audi AG:** S. 55 oben
© **Familie Gretel, Dirk und Jörg Bensinger:** S. 56
© **Wolfgang Kalbhenn:** S. 65 unten rechts, 242
© **Revs Institute:** S. 129 unten, 137 oben, 145 unten, 170 unten, 171 oben, 233 oben (Kurt Wörner Archive @ Revs Institute); S. 140, 152 rechts, 169 rechts, 170 oben, 171 unten, 172, 174, 175 (Karl Ludvigsen Archive @ Revs Institute)
© **BASF Corporate History, Ludwigshafen/Rhein:** S. 135 unten links
© **Archiv Peter Kurze/Paul Botzenhardt:** 139, 146, 152 links, 153 oben, 165
© **Autocar:** S. 153 unten;
© **Axel Springer Syndication/Peter J. Glodschey:** S. 157, 258
© **Auto Zeitung:** S. 158, 285 oben, 400 oben, 403 oben
© **Motor Presse Stuttgart:** S. 159, 161 oben, 162 oben, 268, 275, 354, 402 oben, 426 unten
© **Spiegel-Verlag:** S. 160
© **hobby/Ehapa Verlag:** S. 161 Mitte und unten, 222, 285 Mitte und unten
© **Abendzeitung München:** S. 162 unten
© **Karl Lemberger:** S. 243 unten, 244 oben
© **Playboy Deutschland:** S. 286
© **Shell Historical Heritage & Archive, Den Haag:** S. 288 oben
© **Bayer AG, Corporate History & Archives:** S. 292 unten
© **Opel Automobile GmbH:** S. 317
© **Auto & Traktor Museum Uhldingen:** S. 321
© **NASA:** S. 322
© **Deutsche Lufthansa AG:** S. 338 unten
© **Jörg Maschke:** S. 400 unten
© **Rüdiger Faul:** S. 419, 425, 428
© **Michelin:** S. 426 oben
© **He&Me:** S. 473
© **Régis Krol:** S. 476 oben
© **Royce Rumsey:** S. 485, 486
© **Christof Vieweg:** S. 489
© **Philipp Deppe:** S. 490, 491 oben
© **Philipp Rupprecht:** S. 492/493
© **Petersen Automotive Museum:** S. 502 unten, 503, 504 oben

Geleitwort von Chief Design Officer Gorden Wagener

Liebe Design-Lovers,

jeder Designer strebt danach, etwas Neues und Einzigartiges zu gestalten und auf diese Weise ein Statement zu setzen, das lange nachhallt. Ob sein Werk zur Ikone wird, entscheidet sich aber erst mit der Zeit. Ikonen machen den Unterschied, sie definieren Luxus und verkörpern dabei bestimmte Eigenschaften: Sie sind originell und unverwechselbar, verfolgen ein klares Ziel, basieren auf einer starken Idee und können dabei auch polarisieren. Dabei können Produkte, Marken, Menschen oder auch ein Stil ikonisch sein.

Eine Ikone muss per se schön sein und darüber hinaus zeitlos. Sie steht nicht nur über allen Trends, sie begründet diese – und sie ist nicht modisch. Sie würde sprichwörtlich aus der Mode kommen, bevor sie die Chance hat, diesen Status zu erreichen.

Unser Ziel bei Mercedes-Benz ist es nicht, Styling zu machen – unser Ziel ist es, Ikonen zu erschaffen. Für mich macht das den Unterschied zwischen Mainstream-Design und Luxus aus. Design-Ikonen wie der Typ 300 SL und der C 111 – beides Flügeltürer – liegen in unserer DNA.

Diese legendären Fahrzeuge waren wichtige Inspirationen für das ikonische Design des Mercedes-Benz Vision One-Eleven. Darin vereinen sich Schönheit und das Außergewöhnliche zu einer Zukunftsvision. Unser vollelektrisches Vision Showcar ist die moderne Interpretation des zu seiner Zeit avantgardistischen C 111. Ähnlich wie sein historischer Vorgänger kombiniert der Vision One-Eleven atemberaubendes Design mit bahnbrechender Antriebstechnologie, die neue Wege für die Zukunft der sportlichen Performance erkundet.

Das Überraschungselement des Fahrzeugs entsteht durch betont klare, puristische und gleichzeitig extreme, muskulöse Proportionen. Diese ikonische Klarheit spiegelt sich auch im Interieur des Vision One-Eleven wider. Die ebenso sinnliche wie minimalistische Formensprache steht für ICONIC LUXURY by Mercedes-Benz.

Tauchen Sie ein in die faszinierende Welt des Mercedes-Benz Designs und gewinnen Sie anhand unserer neuesten Kreation ein Bild von unserer Arbeit, die darauf abzielt, die Vision von den begehrenswertesten Automobilen der Welt immer wieder neu zu verwirklichen.

Prof. Dr. h. c. Gorden Wagener
Chief Design Officer
Mercedes-Benz Group AG

Geleitwort des Herausgebers

Liebe Leserin, lieber Leser,

als Mercedes-Benz Classic im Juli 2014 zum ersten Mal seit vielen Jahren wieder einen C 111 auf die Straße brachte, war die Reaktion von Medien und Öffentlichkeit überwältigend. Der 45 Jahre zuvor präsentierte Traumsportwagen war erneut in aller Munde und in der automobilen Fachpresse allgegenwärtig.

Die umfassende Sonderausstellung, die das Mercedes-Benz Museum dem C 111 von April bis November 2015 widmete, trug ebenfalls dazu bei, die Faszination dieser Markenikone lebendig zu halten. Diese Aktivitäten veranlassten ehemalige Mitarbeiter des Unternehmens zu der Initiative, die Entwicklungsgeschichte des C 111 in allen Facetten zu dokumentieren und damit der Nachwelt zu erhalten.

Denkbar günstige Voraussetzungen für dieses Projekt bot Mercedes-Benz Classic nicht nur mit seinen reichhaltigen Archivbeständen, sondern auch mit seiner umfangreichen Fahrzeugsammlung, die alle bis heute existierenden C 111 erhält und bewahrt, und seiner Werkstatt, von der die Fahrzeuge seit vielen Jahren technisch betreut werden.

So entstand nach aufwendigen Recherchen und Analysen dieses Buch, das die Entstehung und Entwicklung des faszinierenden Sportwagens ebenso detailreich wie anschaulich nachzeichnet. Wie sehr der C 111 auch heute noch im Bewusstsein präsent ist, demonstriert eindrucksvoll der im Juni 2023 präsentierte Mercedes-Benz Vision One-Eleven, eine progressive Interpretation der Markenikone.

Lassen Sie sich mitnehmen auf einen Ausflug in die Zukunft und auf eine Zeitreise in die 1960er- und 1970er-Jahre. Erleben Sie anhand authentischer Archivquellen und zahlreicher Originalzitate die Geschichte eines einzigartigen Sportwagens, dessen Strahlkraft bis heute ungebrochen ist.

Eine anregende Lektüre wünscht Ihnen

Alexandra Süß
Leiterin Mercedes-Benz Classic

Vorwort

Als im März 1969 Gerüchte über einen Mercedes-Benz Wankel-Sportwagen in die Presse gelangten, waren Publikum und Fachwelt gleichermaßen elektrisiert. Mit der Pressevorstellung und der Messepremiere im September 1969 wurde der C 111 zum Objekt der Begierde und blieb auch in der Folgezeit im Fokus des Interesses. Kaufinteressenten schickten Blankoschecks, und in Untertürkheim wurde die Frage einer möglichen Serienfertigung von den Entscheidungsträgern kontrovers diskutiert. Der Traumsportwagen gilt bis heute wie kaum ein zweites Modell als herausragende Ikone der Marke Mercedes-Benz. Umso erstaunlicher erscheint es, dass die Entwicklung des C 111 bislang in keiner Buchpublikation umfassend dokumentiert ist, während beispielsweise zum 300 SL, einer ebenfalls bedeutenden Markenikone, mehrere Dutzend Bücher publiziert wurden.

Diese Feststellung soll die Verdienste der existierenden Publikationen zum C 111 in keiner Weise schmälern. In erster Linie ist dies die sehr gute Darstellung von Karl E. Ludvigsen, ursprünglich im Frühjahr 1970 in »Automobile Quarterly« veröffentlicht und später mit Ergänzungen in das Standardwerk »Mercedes-Benz Renn- und Sportwagen« integriert. Auch das lesenswerte und reichhaltig bebilderte Buch, das Paul Frère und Julius Weitmann 1981 veröffentlichten, beschreibt die Entwicklung von Beginn an, befasst sich jedoch schwerpunktmäßig mit der Geschichte der Rekordwagen-Varianten des C 111.

Das anhaltende Medieninteresse, das dem C 111 bis heute entgegengebracht wird, und die begrenzte Verfügbarkeit detaillierter und umfassender Informationen führten letztlich zum vorliegenden Buch. Die Zielsetzung dieser Publikation bestand von Beginn an in der Erstellung einer umfassenden Dokumentation, in der die in den Archiven von Mercedes-Benz Classic verfügbaren Dokumente mit den Erinnerungen und Erläuterungen damaliger Projektbeteiligter verknüpft sind und in dieser Kombination den sprichwörtlichen roten Faden erkennen lassen.

Mit ihrer Detailtiefe folgt die Dokumentation nur einem Ziel: die Entwicklung des C 111 minutiös nachzuzeichnen und auf dieser Basis das Gesamtbild zu präsentieren. Es wäre ein Leichtes gewesen, noch zahlreiche weitere Details, insbesondere aus Konstruktion, Erprobung, Motorenentwicklung und Aerodynamik, einfließen zu lassen – im Sinne einer konsumierbaren Darstellung wurde darauf jedoch ebenso verzichtet wie auf Fußnoten und detailliertere Quellenzuordnungen. Aus Gründen der Nachvollziehbarkeit und Transparenz ist ein sehr großer Teil der zitierten Originalquellen jedoch konkret benannt. Die zahlreichen Zitate aus den archivierten Protokollen und Berichten sowie den relevanten Presseartikeln sollen die Geschichte lebendig machen und Sie, liebe Leserinnen und Leser, in die damalige Zeit versetzen.

Auf eine Wertung der dargestellten Entwicklung wurde bewusst verzichtet, auch wenn eine solche in der zusammenfassenden Einführung zur Wankelmotorenentwicklung ansatzweise zum Ausdruck kommt. Aus heutiger Sicht mag es schwer nachvollziehbar erscheinen, dass ein Unternehmen wie Daimler-Benz mit seiner traditionell sehr ergebnisorientierten, stringenten und erfolgreichen Vorgehensweise sich über lange Zeit schwergetan hat, in der Frage der Serienproduktion des C 111 eine klare Entscheidung zu treffen. Dies war zweifellos den komplexen Rahmenbedingungen geschuldet: einerseits der bis zuletzt offenen Frage, wieviel Aufwand die Weiterentwicklung des Wankelmotors im Hinblick auf die zu erzielende Standfestigkeit, den Kraftstoffverbrauch und die Abgasemissionen erfordern würde, andererseits aber auch den damals stark zunehmenden gesetzlichen Anforderungen in Sicherheits- und Umweltthemen, die insbesondere für den wichtigen US-Markt berücksichtigt werden mussten.

Die Arbeit an dem vorliegenden Buch hat den Autoren nicht nur viel abverlangt, sondern zugleich auch sehr viel Freude bereitet. Wenn wir Ihnen, liebe Leserinnen und Leser, auch nur einen Teil davon vermitteln können, dann sehen wir ein wichtiges Ziel dieses Buchs erreicht.

Als Zeichen des großen Interesses für unser Buch betrachten wir den überraschenden Umstand, dass die erste Auflage bereits vier Wochen nach ihrem Erscheinen beim Verlag vergriffen war.

Mit Freude und Stolz erfüllt uns auch die Tatsache, dass wir in der vorliegenden Neuauflage nur wenige Wochen nach seiner Weltpremiere den Mercedes-Benz Vision One-Eleven präsentieren können – eine außergewöhnliche Sportwagenstudie, die durch den C 111 inspiriert wurde. Wir haben ihr ein reich bebildertes Kapitel gleich zu Beginn dieses Buchs gewidmet.

Wir wünschen wir Ihnen viel Vergnügen beim Blättern und Lesen.

Gerhard Heidbrink
Joachim Hack
Wolfgang Kalbhenn

Danksagung

Ein Buch wie das vorliegende kann nur dann sein erklärtes Ziel einer umfassenden Dokumentation erreichen, wenn alle verfügbaren Quellen berücksichtigt werden. Dazu haben zahlreiche Personen und Institutionen beigetragen, denen der Dank der Autoren gilt – angefangen mit dem Management und den Mitarbeiterinnen und Mitarbeitern von Mercedes-Benz Classic und Mercedes-Benz Design für die umfassend gewährte Unterstützung.

Dr.-Ing. Fritz Naumann, Versuchsingenieur der ersten Stunde in der Entwicklung des C 111, hat dem Konzernarchiv dankenswerterweise bereits im Jahr 2009 eine Kurzdokumentation und eine Reihe eigener Fotos zur Verfügung gestellt.

Den Designern Holger Hutzenlaub, Hans-Harald Hanson und Jörn Petersen ist dafür zu danken, dass sie immer wieder wertvolle Dokumente und Informationen zur Mercedes-Benz Designgeschichte, von denen das vorliegende Buch in hohem Maße profitiert, dem Konzernarchiv zugänglich gemacht und damit der Nachwelt erhalten haben.

Wichtige Hintergrundinformationen, die die dokumentierten Akten ergänzt und deren Einschätzung erleichtert haben, erbrachten Gespräche mit den damaligen Protagonisten und Zeitzeugen. Dr.-Ing. h. c. Bruno Sacco, Prof. Peter Pfeiffer, Prof. Stefan Heiliger, Dipl.-Ing. Arno Jambor, Dipl.-Ing. Joachim Kaden und Dipl.-Ing. Rüdiger Faul sei für ihre freundliche Hilfe und klärenden Erläuterungen herzlich gedankt.

In besonderem Maße gilt dies auch für Prof. Klaus Matthias, der unermüdlich und mit höchstmöglichem Engagement in zahlreichen langen Gesprächen eine besonders komplexe Facette der C 111 Geschichte verständlich gemacht hat: die Entwicklung der exotisch anmutenden und in der Öffentlichkeit weitgehend unbekannten Variante mit Kunststoff-Bodengruppe, die in diesem Buch erstmals umfassend dargestellt ist.

Weitere wichtige Informationen und Eindrücke verdanken die Autoren den damaligen Projektbeteiligten Karl Lemberger, Manfred Dierks, Hans-Peter Hiller, Rolf Kreß und Robert Münzmay, denen an dieser Stelle ebenfalls herzlich gedankt sei.

Prof. Gorden Wagener, Steffen Köhl, Stefan Lamm, Hartmut Sinkwitz, Belinda Günther und Benjamin Kuhn haben dankenswerterweise ihre Überlegungen bei der Konzeption und Gestaltung des spektakulären Vision One-Eleven transparent gemacht.

Mit der Bereitstellung sowie der freundlichen Genehmigung zum Abdruck von Presseartikeln und Werbeanzeigen gewährten Dr. Isabella Blank-Elsbree von der BASF Corporate History, Ludwigshafen/Rhein, Mark Tisshaw von Autocar, Jan-Philipp Bahr von der Axel Springer Syndication, Willi Kock vom Archiv der Auto Bild, Nils Koshofer von der Auto Zeitung, die Motor Presse Stuttgart, Jörg Rehder vom Spiegel-Verlag, Astrid Götz von der Abendzeitung München, Michael Brunnbauer vom Playboy Deutschland, Rosalie van Egmond von Shell Historical Heritage & Archive, Den Haag und Anna Magdalena Pasternak von Michelin wertvolle Unterstützung.

Ganz besonderer Dank gilt Mark Vargas, Director Library and Archives, und Scott George, Curator and Vice President des Revs Institute, die mit der überaus freundlichen, effizienten und großzügigen Bereitstellung von Fotos aus den umfassenden Archiven der Revs Library die bildliche Seite dieses Buchs bereichert haben. Mit Fotos des Automobiljournalisten Karl E. Ludvigsen und des Fotografen Kurt Wörner, die anlässlich der Pressevorstellung des C 111 auf dem Hockenheimring im September 1969 entstanden sind, konnte die Revs Library eine empfindliche Dokumentationslücke schließen.

Weitere Fotos stellten freundlicherweise die Liganova Horizon GmbH sowie Frederic Seemann, Erik Degen, Mario Simon, Andreas Fischer, Dominic Baumann und Maxim Kimmerle vom Mercedes-Benz Design in Sindelfingen bereit. Gleiches gilt für Sigrid Oelze vom Archiv der Bayer AG, Leif Rohwedder von der Opel Automobile GmbH, Silvia Georgi vom Auto & Traktor Museum Uhldingen, Luisa Schürmann von der Deutsche Lufthansa AG, Horst-Dieter Görg, Uta Möller, Hilmar Giese, Igor Panitz, He&Me und Oliver Roggenbuck.

Familie Gretel, Dirk und Jörg Bensinger sowie Peter Kurze, Karl Lemberger, Jörg Maschke, Rüdiger Faul, Régis Krol, Royce Rumsey, Christof Vieweg, Philipp Deppe, Philipp Rupprecht und das Petersen Automotive Museum unterstützten das Projekt ebenfalls sehr großzügig mit kunstvollen Aufnahmen, die das Buch bereichern.

Wertvolle Hinweise nach der Durchsicht des Manuskripts gaben Dr.-Ing. Detlef Schulze-Fehrenbach, Heinrich Heller, Matthias Knebel, Frank Mühling, Manuel König, René Olma, Ulrike Glöckler und Philipp Zürn. Sie alle trugen mit ihren konstruktiven Kommentaren und Anregungen entscheidend dazu bei, dass der vielen Autoren bekannte »Tunnel-Effekt« begrenzt blieb.

Dem für die Gestaltung verantwortlichen Grafiker Lukas Kretzschmar gebührt das nicht hoch genug einzuschätzende Verdienst, das Manuskript mit seiner schier unüberschaubaren Textflut und Hunderten von Bildern in ein überaus anschauliches und dazu noch sehr ansprechendes Layout gegossen zu haben. Ihm ist dafür ebenso zu danken wie Luis dos Santos, der für das attraktive Äußere des Buchs verantwortlich ist.

Nicht zuletzt gilt der Dank der Verfasser auch dem Motorbuch Verlag und hier insbesondere dem verantwortlichen Programmleiter Joachim Kuch, der bei der Begleitung des aufwendigen Projekts ein Höchstmaß an Geduld bewiesen hat.

Auch Ihnen, liebe Leserinnen und Leser, danken wir, dass Sie das Buch trotz teilweise langer Wartezeit nach seinem Erscheinen so freundlich aufgenommen haben.

Auszeichnungen

Besondere Wertschätzung erfuhr die erste Auflage des vorliegenden Werks durch die Auszeichnung mit gleich zwei begehrten Preisen: einem Ehrenpreis in der Kategorie »Markenbuch« im Rahmen des MOTORWORLD Buchpreises 2022, sowie dem Nicolas-Joseph Cugnot Award, Language other than English, der seit dem Jahr 2000 alljährlich von der renommierten »Society of Automotive Historians« in Hershey/Pennsylvania verliehen wird.

Autoren, Herausgeber, Grafiker und Verlag wissen die mit diesen Preisen verbundene Anerkennung sehr zu schätzen und werten sie als Zeichen dafür, dass ihre Arbeit honoriert wird und das vorliegende Buch eine seit langem bestehende Lücke schließen konnte.

Verleihung des MOTORWORLD Buchpreises am 24. Mai 2022 in München. Von links nach rechts Jürgen Lewandowski, Initiator des Buchpreises und Vorsitzender der achtköpfigen Jury, die Autoren Wolfgang Kalbhenn, Gerhard Heidbrink und Joachim Hack sowie der verantwortliche Grafiker Lukas Kretzschmar.

2022

MOTORWORLD BUCHPREIS

EHRENPREIS

in der Kategorie Markenbücher

Wolfgang Kalbhenn / Gerhard Heidbrink / Joachim Hack
Mercedes-Benz C 111
Motorbuch-Verlag

München, den 24. Mai 2022

Andreas Dünkel, Vorsitzender MOTORWORLD Group
Jürgen Lewandowski, Vorsitzender Buchpreis-Jury

Zukunft mit Tradition: der Vision One-Eleven

Mit dem Mercedes-Benz C 111 präsentierte die Stuttgarter Marke der Öffentlichkeit im September 1969 zum ersten Mal in ihrer traditionsreichen Geschichte ein Fahrzeug, das zwar ein Höchstmaß an Aufmerksamkeit erregte, aber nicht für Geld und nicht für gute Worte zu kaufen war. Mit seinem expressiven Design, der ungewöhnlichen Farbgebung seiner Kunststoffkarosserie und der innovativen Antriebstechnologie war der spektakuläre Mittelmotorsportwagen Designstudie, Concept Car und Experimentalfahrzeug in einem.

Für Generationen von Automobilenthusiasten aller Altersgruppen war er nicht nur der sprichwörtliche Trumpf im Auto-Quartettspiel, sondern wurde auch zum ultimativen Traumsportwagen, für den Kaufwillige sogar Blankoschecks einreichten. Marcus Breitschwerdt, Vorsitzender der Geschäftsleitung der Mercedes-Benz Heritage GmbH, konnte die Begeisterung im August 2022 hautnah erleben: Bei seiner Fahrt vom Petersen Automotive Museum in Los Angeles zum neu eröffneten Mercedes-Benz Classic Center in Long Beach – und auch bei der anschließenden Pebble Beach Tour d'Élegance – war der C 111, wo immer er zum Stehen kam, von Interessenten umringt, und mehr als einmal wurde Breitschwerdt gefragt, wann der faszinierende Sportwagen denn in Produktion ginge.

So verwundert es nicht, dass der C 111 als eine der bekanntesten Design-Ikonen der Marke auch im Bewusstsein der Mercedes-Benz Designer präsent blieb. Stefan Lamm, seinerzeit Leiter des Advanced Design Studios in Carlsbad/Kalifornien, und Steffen Köhl, Leiter Advanced Exterieur-Design, hatten zum ersten Mal anlässlich des 50. Geburtstags der Design-Ikone die Idee, als avantgardistische Zukunftsinterpretation des C 111 eine Sportwagenstudie zu schaffen, die – wie einst das Vorbild – dynamische Formensprache mit innovativer Antriebstechnologie kombiniert.

Eine seit langem etablierte Ikone neu zu interpretieren, ist immer ein gewagtes Unterfangen. Es eröffnet aber zugleich auch die Chance, eine neue Ikone zu schaffen, und dies ist erklärtermaßen das Ziel des Mercedes-Benz Designs. So war denn nicht nur das Advanced Design Team in Carlsbad Feuer und Flamme. Auch Designchef Gorden Wagener und der Vorstand von Mercedes-Benz gaben grünes Licht für das ambitionierte Projekt, und die Designteams in Carlsbad und Sindelfingen machten sich an die Arbeit.

Zunächst tauschte ein Exemplar des Traumsportwagens von 1970 seinen Platz in der Fahrzeugsammlung von Mercedes-Benz Classic mit dem Designstudio in Sindelfingen, wo es einer sorgfältigen Analyse durch die Kreativen des Mercedes-Benz Advanced Designs unterzogen wurde. Auf Basis der hierbei gewonnenen Erkenntnisse entstanden erste Designskizzen und ein digitales Modell der neuen Fahrzeugstudie. Nach seiner Weiterentwicklung und Detailoptimierung wurde dieses dreidimensionale digitale Datenmodell in Claymodellen zum Leben erweckt: zunächst im Maßstab 1:4 und schließlich im Maßstab 1:1.

Dieses erste Claymodell in Lebensgröße gibt lediglich die Form des Fahrzeugs wieder; es ist weder mit Fenstern noch mit zu öffnenden Türen ausgestattet, so dass ein Blick in das zu diesem Zeitpunkt noch gar nicht konzipierte Interieur ohnehin nicht möglich wäre. Nach weiterem Feinschliff entstand dann das sogenannte Durchsichtmodell, das immerhin über einen transparenten Dachaufsatz verfügt und somit auch Einblicke ins Interieur gestattet.

Das Durchsichtmodell bildete schließlich die Grundlage für die endgültige Form des Showcars. Bei diesem von Grund auf neu aufgebauten Fahrzeug war nicht nur das vollständige Interieur in allen Details realisiert, sondern auch der Antriebsstrang, der es erst zu einem funktionsfähigen Auto macht.

Die Entwicklung des Interieur-Designs war noch einmal eine besondere Herausforderung, die zugleich auch große Chancen bot – galt es doch, die Potenziale, die der kompakt bauende, innovative E-Antriebsstrang eröffnete, bestmöglich zu nutzen und damit ein vollkommen neuartiges Innenraum-Konzept für Sportwagen zu entwickeln.

Die letzten Schritte des Entwicklungsprozesses bestanden in der Implementierung des elektrischen Antriebs mit seiner neuartigen Batterietechnologie sowie innovativen Axialfluss-Motoren und der Entwicklung eines ebenso zukunftsorientierten User Interface, das durch Verschmelzung von analoger und digitaler Welt visionären Nutzererlebnisse ermöglicht.

Im Juni 2023 war es dann schließlich so weit: Auf der »Design No. 5 – Creating Iconic Luxury« – einer exklusiven Veranstaltung, bei dem der Mercedes-Benz Designbereich den einschlägigen Medien seine neuesten Schöpfungen und Strategien präsentierte – erblickte der Mercedes-Benz Vision One-Eleven das Licht der Welt. Der Ort der Weltpremiere hätte nicht besser gewählt sein können: das Advanced Design Center in Carlsbad/Kalifornien, in dem die Idee zur Entwicklung dieser außergewöhnlichen Studie entstanden war.

Die auf den folgenden Seiten wiedergegebenen Details zu Konzeption, Design und Technologie des spektakulären Fahrzeugs entstammen zu großen Teilen der Mercedes-Benz Presseinformation, die mit wertvollen Erläuterungen wichtiger Projektbeteiligter ergänzt und angereichert wurden.

Bestandsaufnahme: Steffen Köhl (Leiter Advanced Exterieur-Design, Bild oben), Stefan Lamm (Leiter Advanced Design & Strategie) und Matthias Schenker (Bild unten, von links) analysieren Exterieur- und Interieur-Design des Traumsportwagens von 1970.

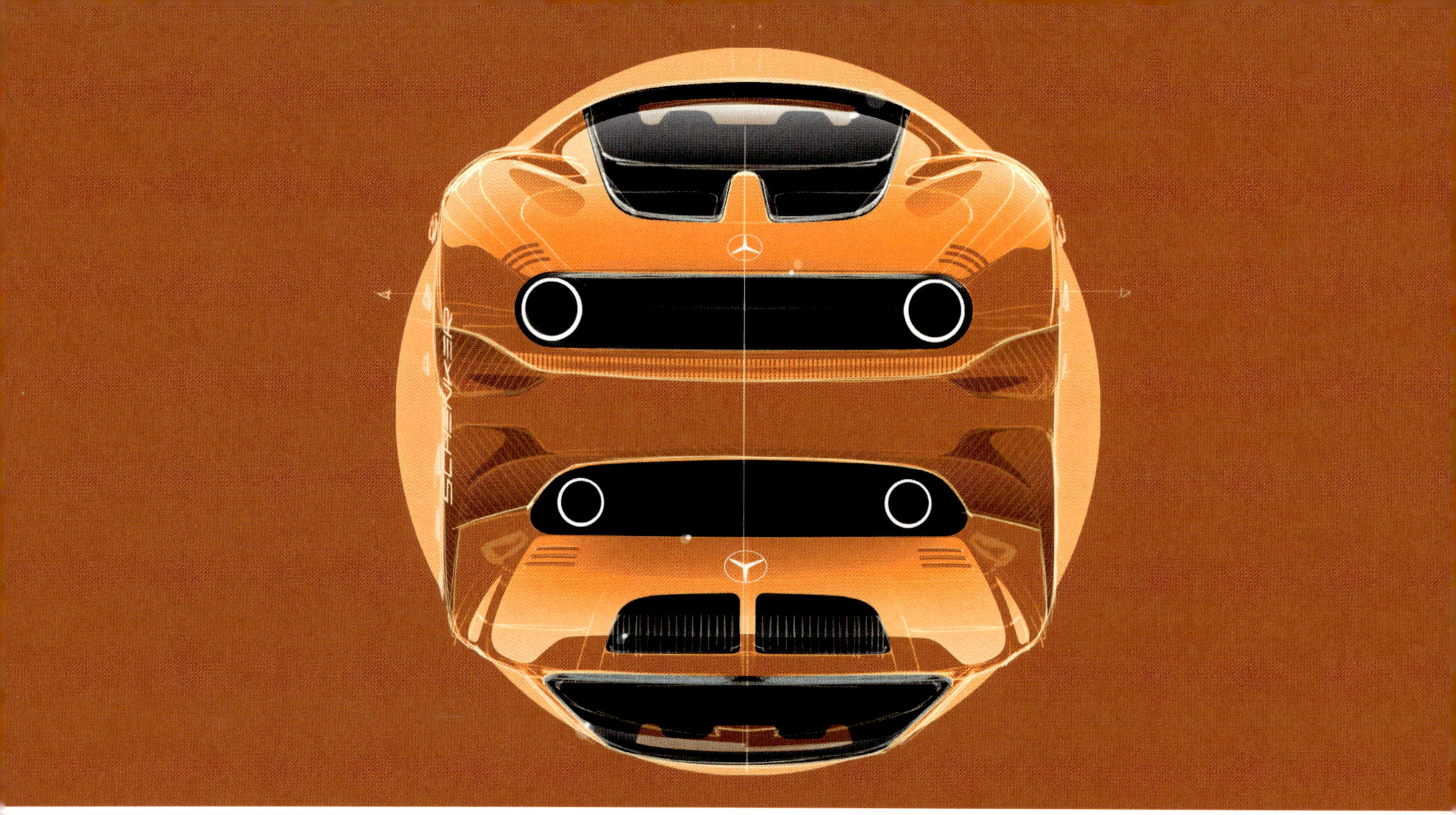

SCHENKER

BEAUTY
AERO

Kreatives Teamwork: Steffen Köhl und Stefan Lamm (stehend, von rechts) sowie Matthias Schenker und Maxim Kimmerle (sitzend, von rechts) mit den Designskizzen, die nach der ersten Brainstorming-Phase entstanden sind (Bild oben). Im Bild unten Steffen Köhl mit dem im nächsten Schritt erstellten 3D-Datenmodell.

Eine Vision wird Realität: Das von Veli Cetin modellierte 1:1-Modell stellt die Vorstellungen der Exterieur-Designer in Realgröße dar und erweckt die Skizzen und das Datenmodell des Showcars zum Leben.

Das Exterieur:

One-Bow Design in seiner athletischsten Form

Die Karosseriegestaltung des Mercedes-Benz Vision One-Eleven folgt konsequent dem sogenannten One-Bow Design, das die Stuttgarter Marke zum ersten Mal im 2015 präsentierten Showcar F015 Luxury in Motion umgesetzt hat und das die Mercedes-Benz Designphilosophie der Sinnlichen Klarheit veranschaulicht. Mit einem straff über das Greenhouse gespannten Bogen prägt es auch die Formensprache der vollelektrischen Limousinen EQS und EQE. Beim Vision One-Eleven spannt sich die gleichmäßig verlaufende Bogenlinie von der tiefgezogenen Frontpartie bis zum muskulösen Heck und verleiht der nur 1.170 mm hohen Fahrzeugsilhouette eine skulpturale Anmutung. Diese harmoniert perfekt mit der exklusiven Lackierung Copper Orange Alubeam. So wird der markante Farbton des C 111 unmissverständlich zitiert, ohne ihn jedoch einfach zu übernehmen. Die Lackierung des Mercedes-Benz Vision One-Eleven weist einen deutlich kräftigeren Farbton auf als die des C 111 und changiert zudem je nach Lichteinfall, wodurch sie Wertigkeit und eine ausgeprägte Extravaganz vermittelt.

Weitere spezifische Merkmale in der Seitenansicht sind die bündig eingepassten Flügeltüren – ein Charakteristikum, das neben dem C 111 auch die Hochleistungssportwagen 300 SL und SLS AMG prägte – sowie die Seitenscheiben, die durch ein pixelartiges Muster von außen blickdicht gestaltet sind. Die großformatigen Räder fügen sich nahtlos in die Radhäuser unter den voluminös ausgeprägten Kotflügeln ein und betonen so den Eindruck einer kompromisslos sportlichen und aerodynamisch ausgefeilten Fahrmaschine. Das Felgendesign hat stark strukturierte Elemente, die an die Wicklungen von Elektromotoren erinnern – ein deutlicher Hinweis auf den modernen, vollelektrischen Antrieb des Mercedes-Benz Vision One-Eleven. So entsteht ein lebhafter Kontrast zur reduzierten und glattflächigen Karosserieform des Fahrzeugs, die mit ihrer Sinnlichen Klarheit an ein skulpturales Kunstwerk erinnert. Das ist eine der markentypischen Besonderheiten, die den Vision One-Eleven prägen.

Einen stark kontrastierenden Effekt erzeugen auch die sehr tief angesetzten Front- und Heckschürzen in Mattschwarz. Die beiden U-förmig profilierten Aero-Elemente werden optisch durch zwei gleichfarbige, allerdings durchbrochene und blau hinterleuchtete Flügelprofile unterhalb der Seitenschweller verbunden. Sie bilden zugleich eine weitere formale Reminiszenz an den C 111, dessen Karosserie im unteren Bereich schwarz lackiert ist. Noch stärker als bei dem als Inspiration dienenden Traumsportwagen von 1970 erzeugt die dunkle »Kiellinie« des Mercedes-Benz Vision One-Eleven den Eindruck eines nahtlosen Übergangs zwischen Fahrzeug und Untergrund. Der Wagen scheint dadurch förmlich mit der Fahrbahn zu verschmelzen.

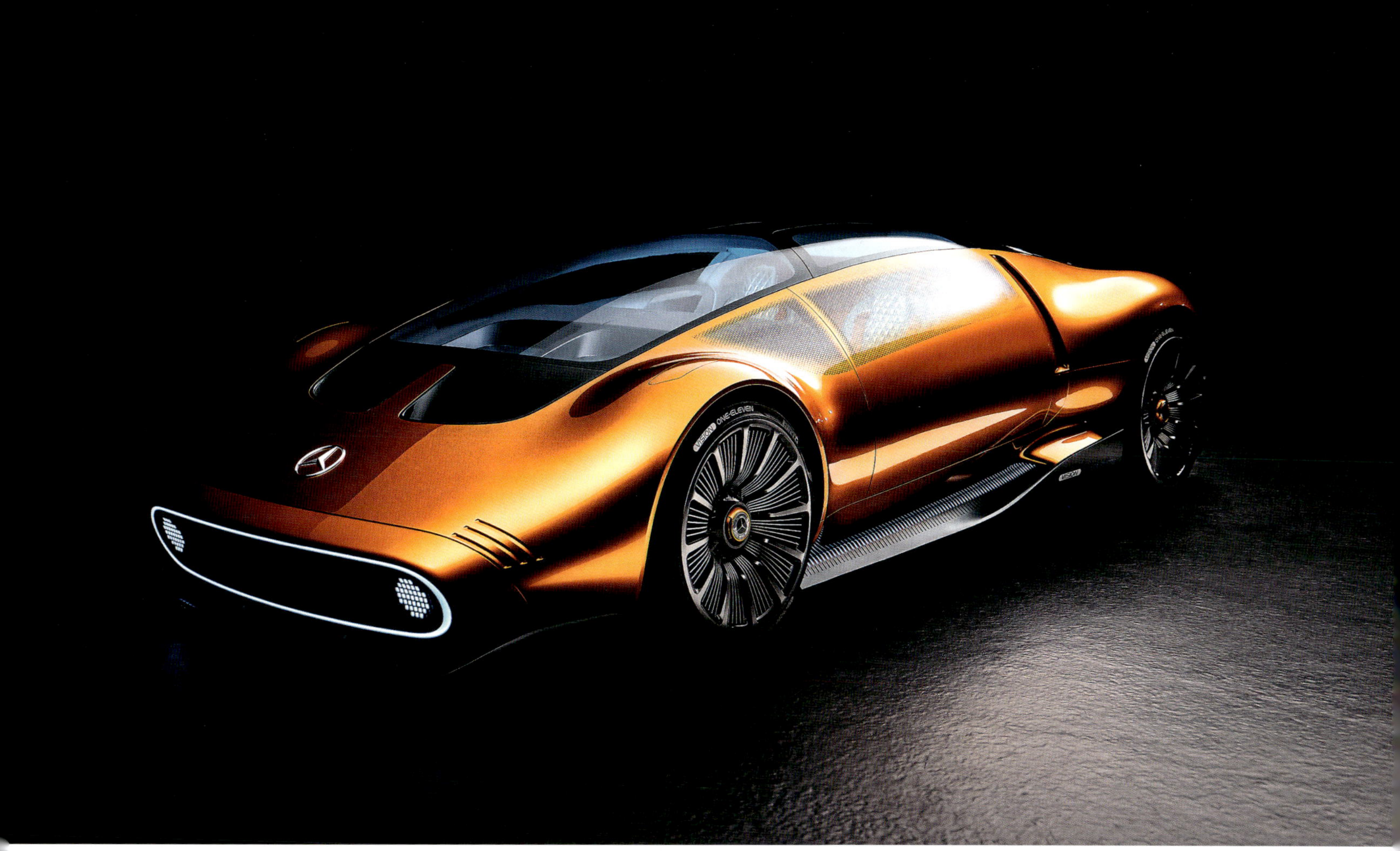

ONE-ELEVEN

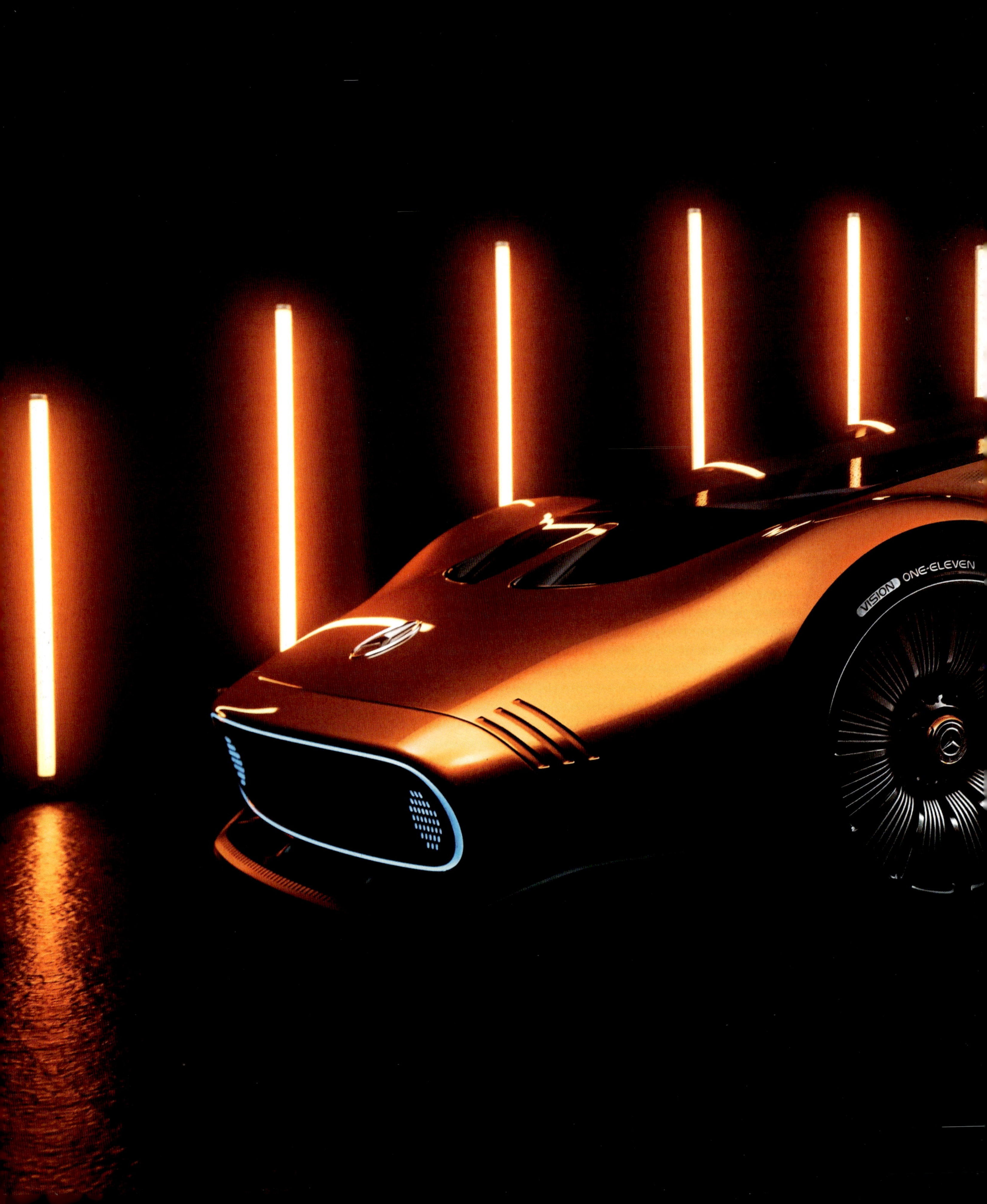
VISION ONE-ELEVEN

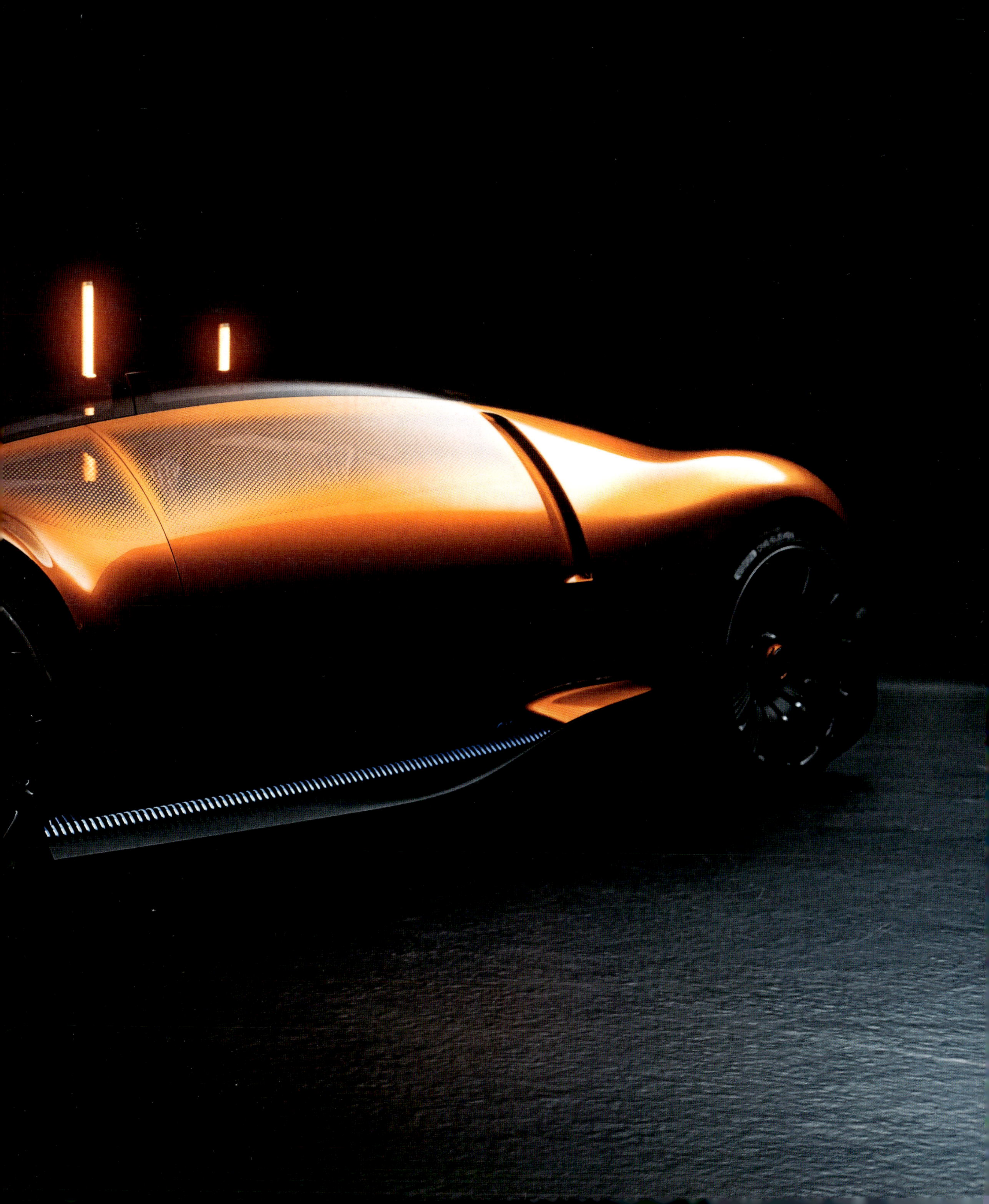

ONE-ELEVEN

VISION ONE-ELEVEN

VISION

MERCEDES
BENZ

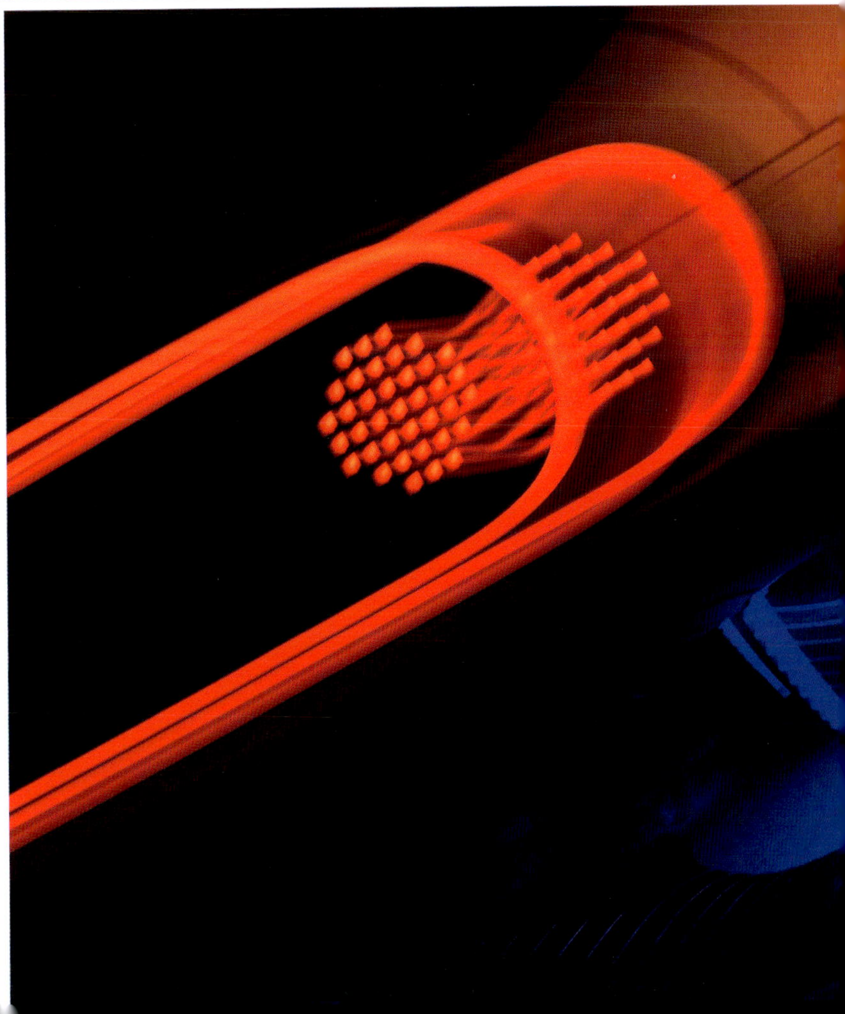

Das Frontdesign: ikonischer High-Tech-Look mit historischem Bezug

Auch in der Frontalansicht erinnert der Mercedes-Benz Vision One-Eleven stark an den C 111, weist dabei aber deutliche Unterschiede im Detail auf. Ein augenfälliges Beispiel dafür bildet der markante vordere Karosserieabschluss, der bei beiden Fahrzeugen aus einem niedrigen rechteckigen Element mit rechts und links abgerundeten Enden besteht. Beim C 111 handelt es sich um ein geschlossenes Kunststoffelement mit Wabenstruktur und aufgesetzten, runden Nebelleuchten, die die weiter oben platzierten Klappschweinwerfer ergänzen. Das entsprechende, auf den ersten Blick sehr ähnlich geformte Element des Mercedes-Benz Vision One-Eleven entpuppt sich bei näherem Hinsehen dagegen als High-Tech-Feature: Es handelt sich um ein flexibles Außendisplay mit 3D-Pixeloptik, welches die charakteristischen runden Leuchten des C 111 in digitalisierter Form interpretiert und zudem Botschaften an andere Verkehrsteilnehmer absetzen kann.

Im Gegensatz zum C 111 prägt beim Vision One-Eleven eine U-förmige und stark profilierte Frontschürze den unteren Abschluss der Fahrzeugfront. Oberhalb des schmalen Leuchtenbands zeigt sich eine weitere Ähnlichkeit: die bei Urahn und Urenkel gleichermaßen schwarz gehaltenen Kühlluftkanäle in der Fronthaube.

Das Heckdesign: Aero-Features und digitale Elemente

Das Heck des Mercedes-Benz Vision One-Eleven dominiert ein ebenfalls stark profilierter Diffusor. Darüber spannt sich ein Display, das die Form seines vorderen Pendants aufgreift und die strukturell gleiche Pixelgrafik bei den rot leuchtenden Rücklichtern zeigt. Ähnlich wie an den seitlichen Flügelprofilen sind auch im Heckbereich blaue Lichteffekte sichtbar: Die Innenseiten der Felgen sind mit kreisförmigen Lichtelementen bestückt, die in der Heckansicht deutlich wahrnehmbar sind.

Die Front des Vision One-Eleven ist geprägt von der U-förmigen, stark profilierten Schürze und einem Display mit 3D-Pixeloptik, das die runden Leuchten des C 111 in digitalisierter Form interpretiert (Bild oben rechts). Eine weitere Reminiszenz sind die schwarz abgesetzten Kühlluftkanäle.

Das Display im Heck zeigt eine analog zur Front strukturell gleiche Pixelgrafik mit rot leuchtenden Rücklichtern. Kreisförmige Lichtelemente an den Innenseiten der hinteren Felgen erzeugen wie bei den seitlichen Flügelprofilen auch im Heckbereich blaue Lichteffekte.

Das Interieur-Design:
erstes Sportwagen-Interieur mit Lounge-Konzept

Der visionäre Charakter des Mercedes-Benz Vision One-Eleven und der Anspruch, ein Maximum an Sportlichkeit mit luxuriösem Raumkomfort zu verbinden, ist im Innenraum konsequent umgesetzt. Hier zeigt sich erstmals die Kombination von Elementen, die auf den ersten Blick nicht miteinander vereinbar erscheinen: ein Sportwagen-Interieur mit Lounge-Konzept. Es reflektiert den Paradigmenwechsel vom Selbstfahrer-Sportwagen zum autonomen Elektrofahrzeug im Segment der Supersportwagen und vereint zwei völlig verschiedene Fahrzeugzustände: Im Race-Modus mit aufgerichteter Rückenlehne wird der Innenraum mit seinem kompakten, Fahrer-orientierten Touchscreen zum Cockpit einer formal reduzierten Fahrmaschine. Im Loungemodus hingegen werden die Sitze vollständig in die Innenraum-Skulptur integriert, die Schweller, Mitteltunnel und Laderaum zu einer Einheit verschmelzen lässt.

Auf diese Weise entsteht ein neuartiges, sehr luftiges Raumkonzept, das – im Gegensatz zu bisherigen Mittelmotor-Sportwagen, bei denen der Raum hinter den Sitzen dem Motor vorbehalten war – die Vorteile kompakt bauender Elektromotoren nutzt und den Innenraum nach hinten erweitert. So lädt das luxuriös gestaltete Interieur mit seinem Lounge-Konzept auch zum Verweilen und Entspannen ein, womit es eine völlig neue Qualität für den Sportwagen der Zukunft bringt.

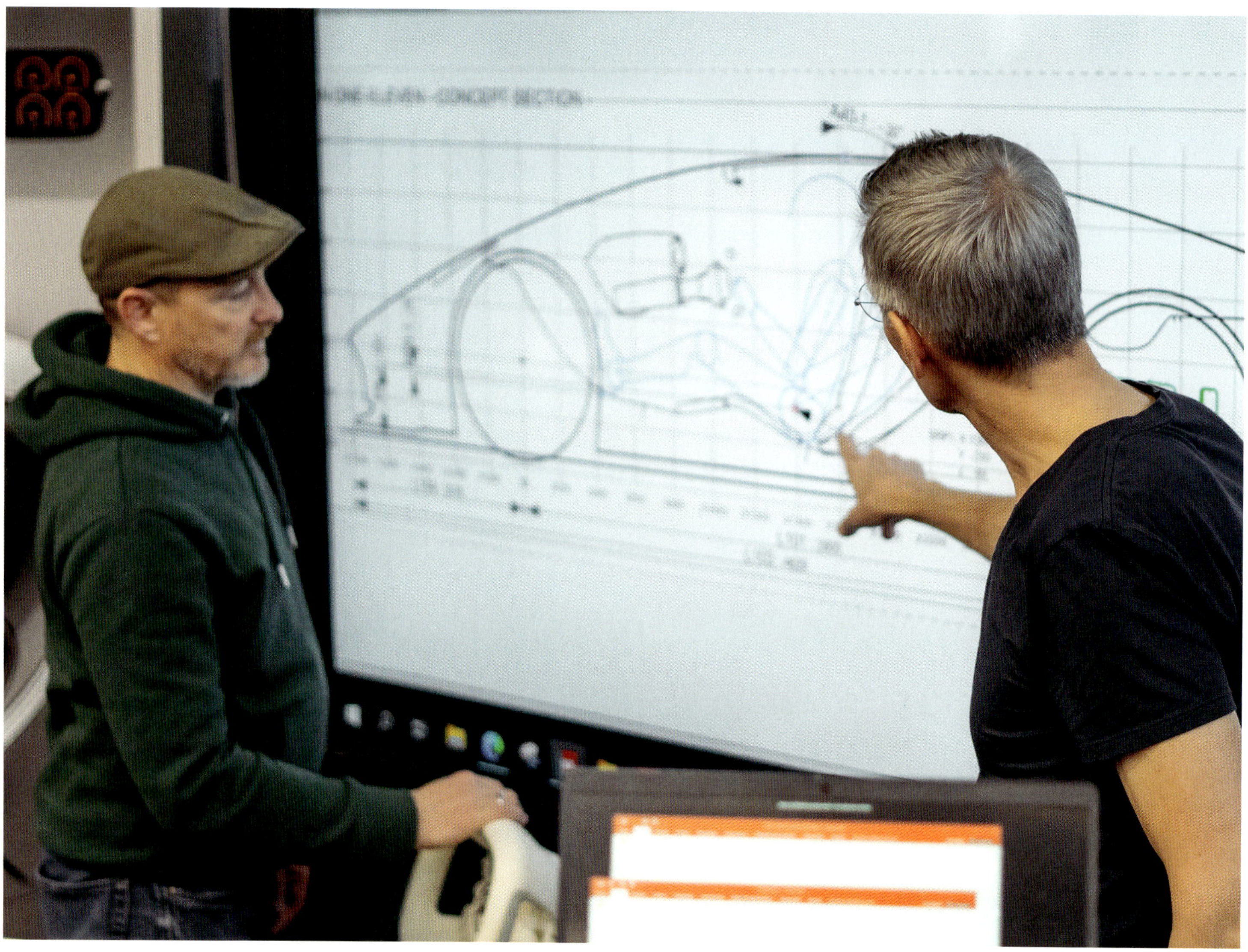

Hartmut Sinkwitz (Leiter Interieur-Design, rechts im Bild) und Kai Goldbeck diskutieren das für ein Sportwagen-Interieur innovative Lounge-Konzept des Vision One-Eleven.

Digital erzeugte Designskizzen spielen auch im Interieur-Designprozess eine wichtige Rolle (Bild oben). Hartmut Sinkwitz und Alexander Hoffart besprechen das neuartige Interieur-Konzept der Sportwagenstudie. Im Hintergrund der C 111 von 1970, der nicht nur im Exterieur-Design als Inspirationsquelle diente.

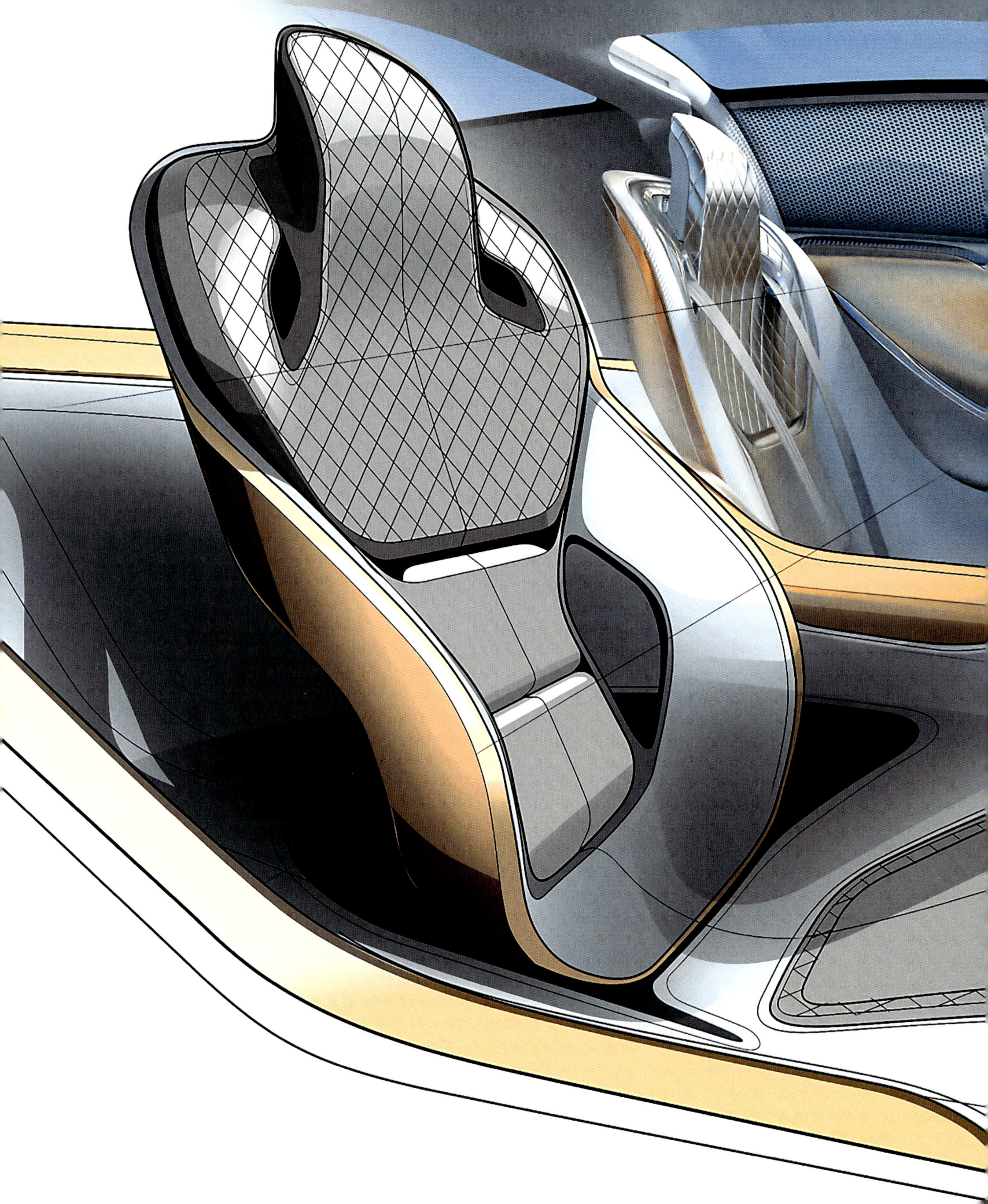

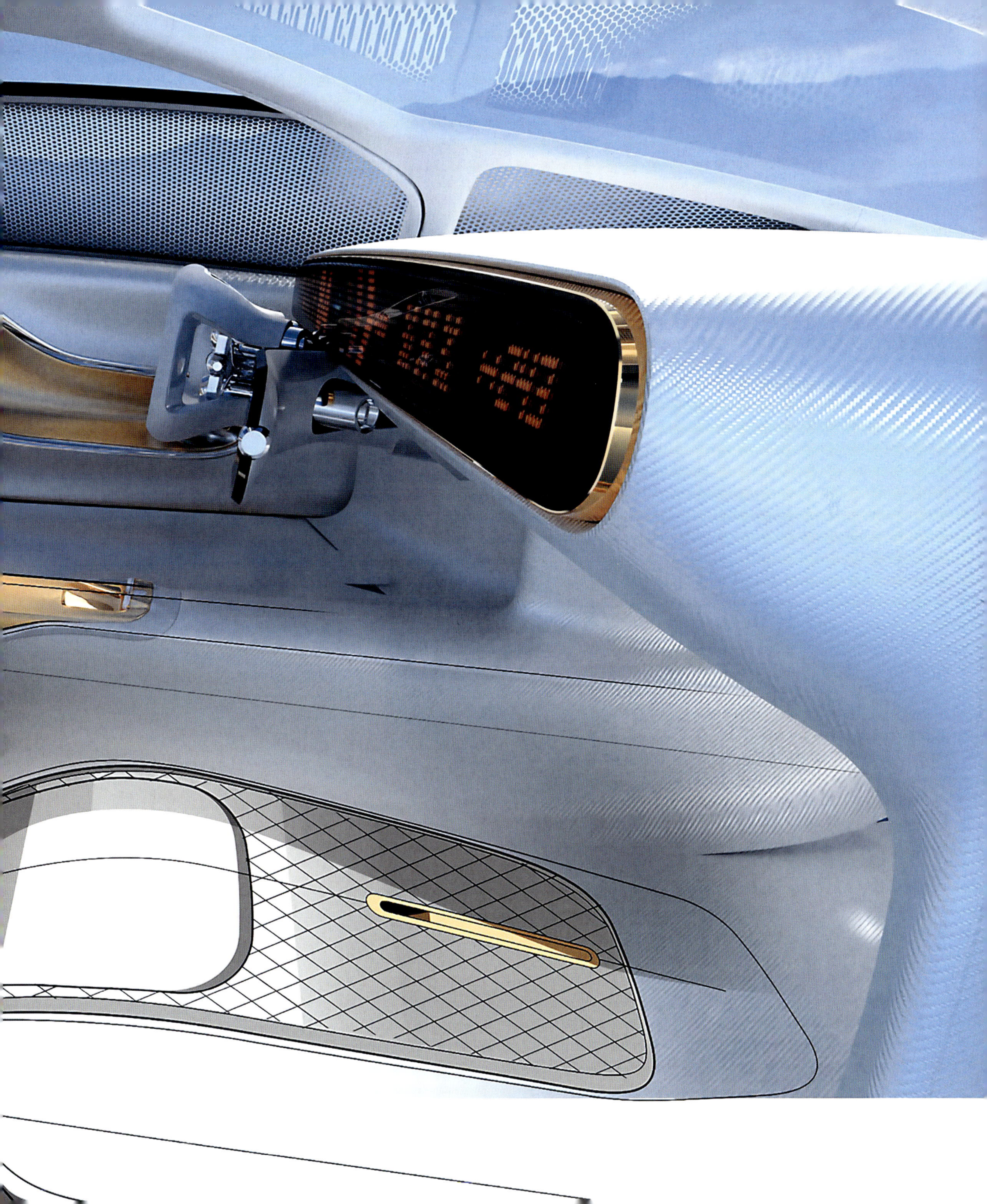

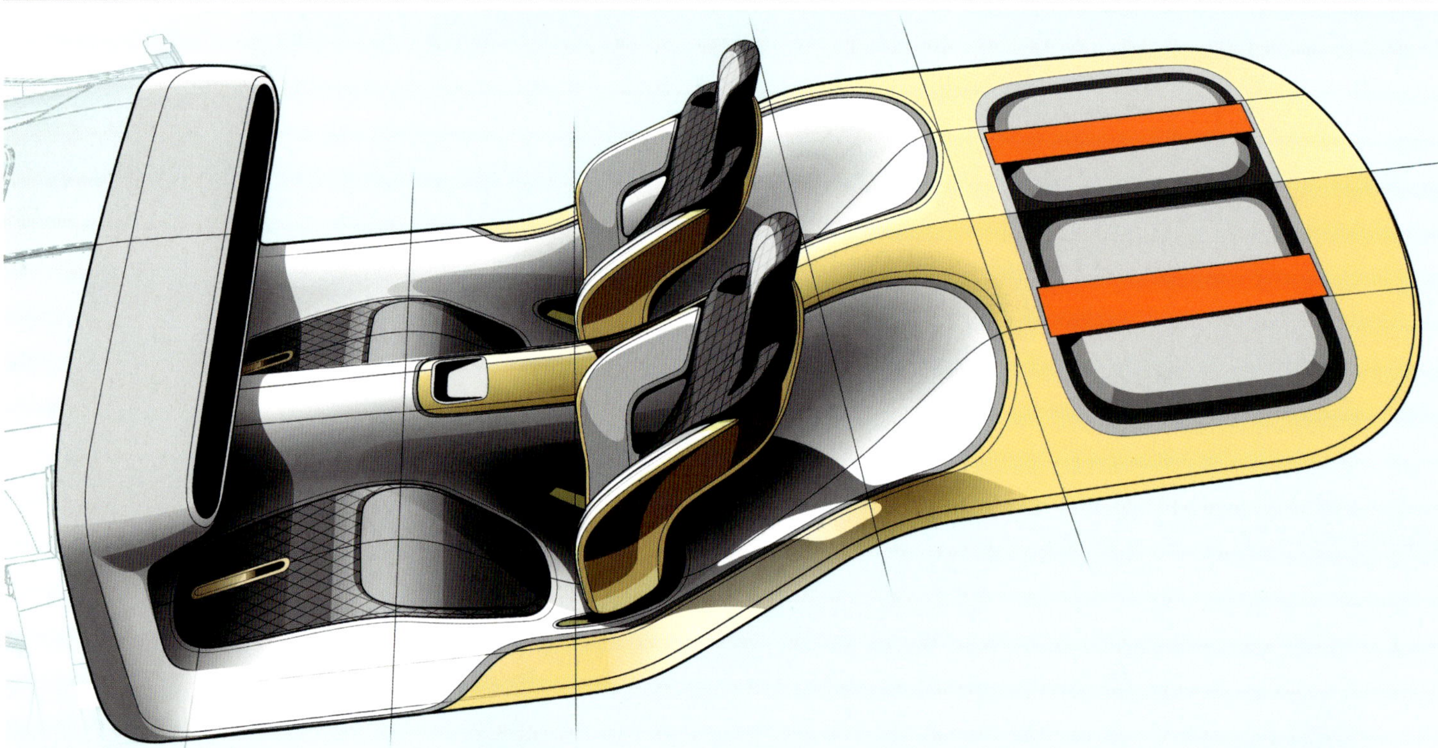

Die Designskizzen von Peter Balko und Michael Plessing visualisieren das innovative Lounge-Konzept des Vision One-Eleven und die puristischen Bedienelemente in der Flügeltür, einem ikonischen Design-Element des außergewöhnlichen Sportwagens.

Futuristisch-luxuriöses Ambiente mit kontrastierenden Farbeffekten

Formal spiegelt das Interieur des Vision One-Eleven einen zukünftigen Luxus wider, der auf ein progressives Farbkonzept und auf außergewöhnliche Materialkombinationen setzt. Schon auf den ersten Blick fesselt das kontrastreiche Farb- und Materialkonzept die Aufmerksamkeit: Große Flächen wie das Dashboard sind mit weißem Stoff bezogen, der eine technisch anmutende Wabenstruktur aufweist und aus zu 100 Prozent recyceltem Polyester besteht. Andere Segmente wie die Armauflagen auf Schweller und Mittelkonsole und der hintere Ablagebereich unter der großformatigen Heckscheibe sind mit intensiv leuchtendem orangefarbenem Leder bezogen, das einen fließenden Übergang vom Innenraum zum Laderaum erzeugt. Das Leder wurde unter Verzicht auf synthetische Gerbstoffe mit Kaffeeschalen gegerbt und damit nachhaltig verarbeitet. Poliertes Aluminium, in den Lenkradstreben und als Querspange in den Armauflagen, unterstreicht den technischen Charakter. Dasselbe gilt für das Brems- und das Fahrpedal, die ebenfalls aus poliertem Aluminium bestehen und stehend eingebaut sind.

Die Innenausstattung des Mercedes-Benz Vision One-Eleven ist ansonsten auf ein Minimum reduziert. Wie beim Exterieur lautete auch hier die Vorgabe, die Anzahl der verbauten Features so weit wie möglich zu begrenzen. Beispielhaft dafür stehen die Sitze, denn diese folgen nicht dem klassischen Baumuster. Die Sitzpolster sind stattdessen bündig in den Boden des Innenraums integriert und tragen so zur besonders flachen Form des Fahrzeugs bei. Damit erinnern sie auf den ersten Blick an die Sitzschalen von Formel-1-Rennwagen, wobei die orangefarbenen Vierpunkt-Gurte mit ihrem hochglanzpolierten Gurtschloss den sportlichen Charakter betonen.

Auf luxuriösen Komfort müssen Fahrer und Beifahrer bei aller Sportlichkeit dennoch nicht verzichten, denn anders als bei F1-Rennwagen sind die Rückenlehnen in der Neigung verstellbar. Die silbrig schimmernden, im oberen Lehnenbereich rautenförmig abgesteppten Bezüge sind ein weiterer Eyecatcher und unterstreichen das hochwertige Ambiente des Interieurs. Zwischen den Sitzen befindet sich eine kompakte Mittelkonsole, die wie ein Kunstobjekt frei im Raum steht. Die Oberseite ist wie bei den Seitenschwellern in einem satten Orange gehalten, das auch den Laderaumboden bedeckt und damit in Form von drei Fingern nach vorn greift. Durch diesen deutlichen

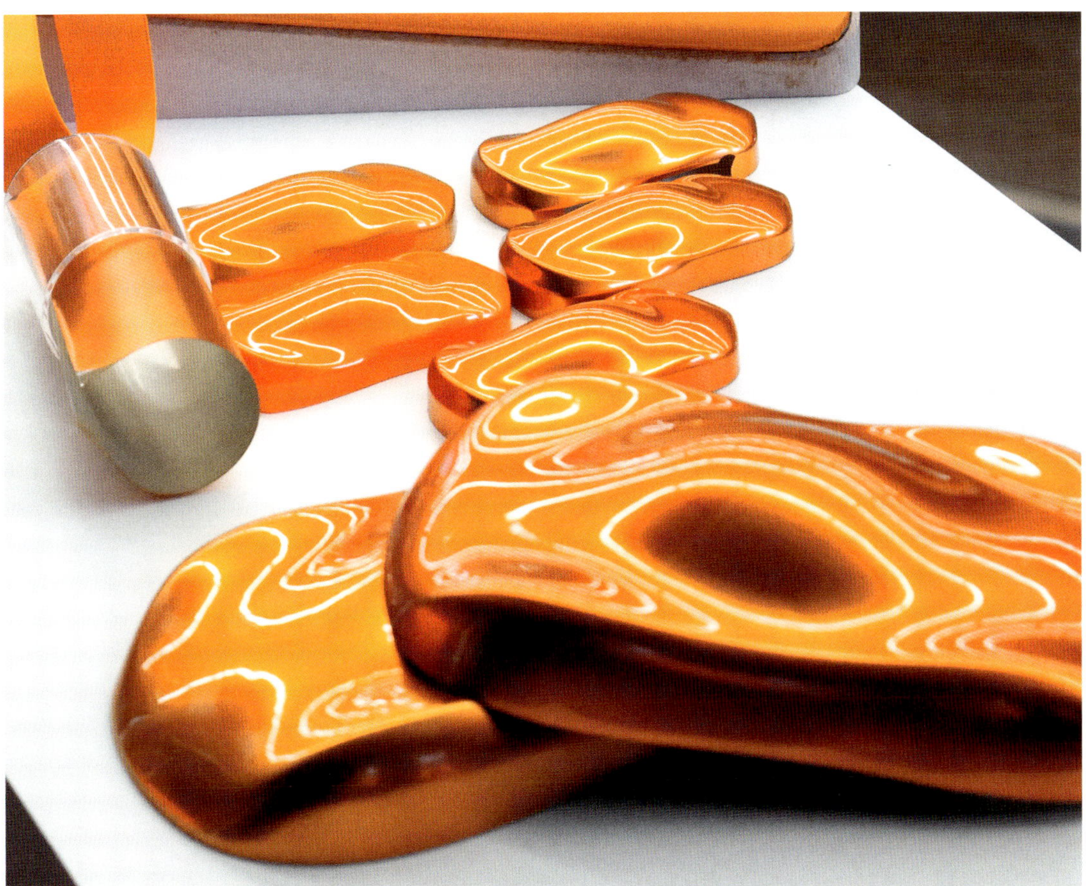

Der Entwicklungsprozess für den exklusiven Lack des Vision One-Eleven war eine deutlich komplexere Herausforderung als gut 50 Jahre zuvor beim C 111 – galt es doch, die Designvorgabe einer im Licht changierenden Tiefenwirkung perfekt umzusetzen.

Farbakzent wird der subtile Kontrast des in technoidem Silber und wertig-reinem Weiß gehaltenen Innenraums belebt und verstärkt. Dieses klare Farbkonzept im Interieur wirkt wohltuend und setzt ein starkes Statement. Der Orangeton von Seitenschwellern, Mittelkonsole und Laderaumboden findet sich auch auf dem Lenkrad, den Gurtbändern und im Screendesign wieder.

Die einzige technologisch hochkomplexe Komponente im Innenraum ist das lederbezogene Lenkrad, das – fast wie in der Formel 1 – mit verschiedenen Funktionstasten und modernsten Touch-Elementen belegt ist. Mit seinen analogen dreidimensionalen Bedienelementen und den liebevoll gestalteten Details bildet es einen bewussten Kontrast zu der clean-technoiden Gestaltung des zweidimensionalen Displays. Um dem Fahrer den ungehinderten Blick auf die Anzeige zu ermöglichen, ist das Lenkrad bewusst flach gehalten. Ergänzt wird es durch einen kompakten, seitlich vom Lenkrad angebrachten und zum Fahrer hin geneigten Touchscreen mit hochauflösendem Display, das bei Bedarf alle relevanten Fahrzeuginformationen anzeigt. Zudem ermöglicht es dem Fahrer die leichte und schnelle Bedienung.

Eine eigene Ästhetik vermitteln die farblich abgestuften Garnrollen, die im Designprozess die Entwicklung des Farb- und Materialkonzepts im Interieur veranschaulichen.

Das Design-Team des Arbeitsgebiets »Color & Trim« bei der Begutachtung der ausgewählten Farben und Materialien. Im Bild oben von links nach rechts: Belinda Günther, Hartmut Sinkwitz, Anna Greif und Silke Noack. Unten ist auch Marcelo Sordi, verantwortlich für die Herstellung des Showcars, im Bild.

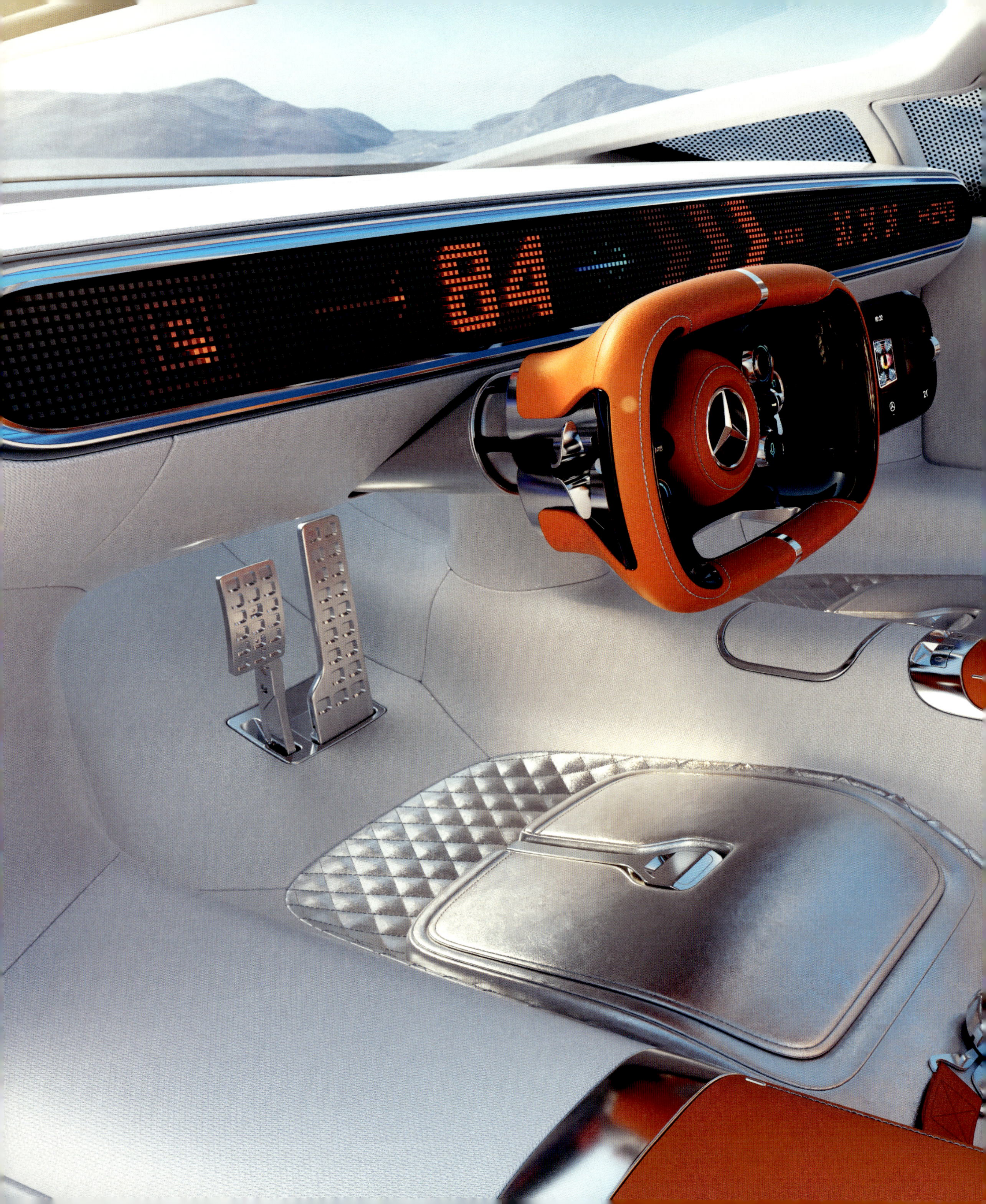

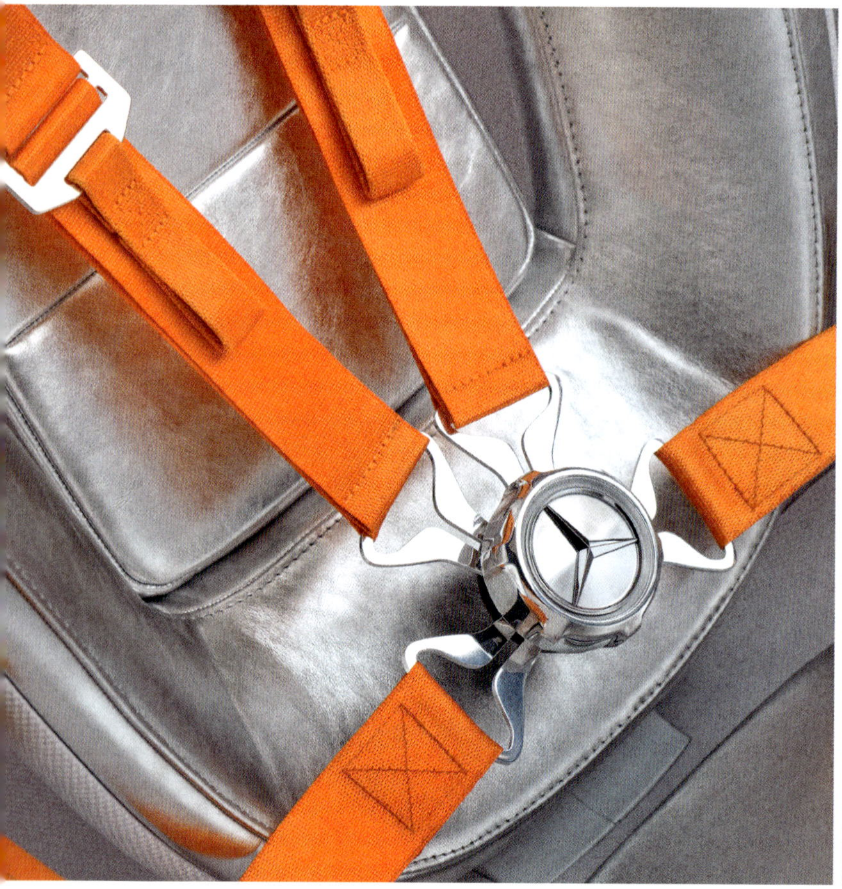

Die orangefarbenen Vierpunktgurte und das mit dem Mercedes-Stern verzierte hochglanzpolierte Gurtschloss (links) betont den sportlichen Charakter des Fahrzeugs. Brems- und Fahrpedal sind aus poliertem Aluminium gearbeitet und sportwagentypisch stehend eingebaut.

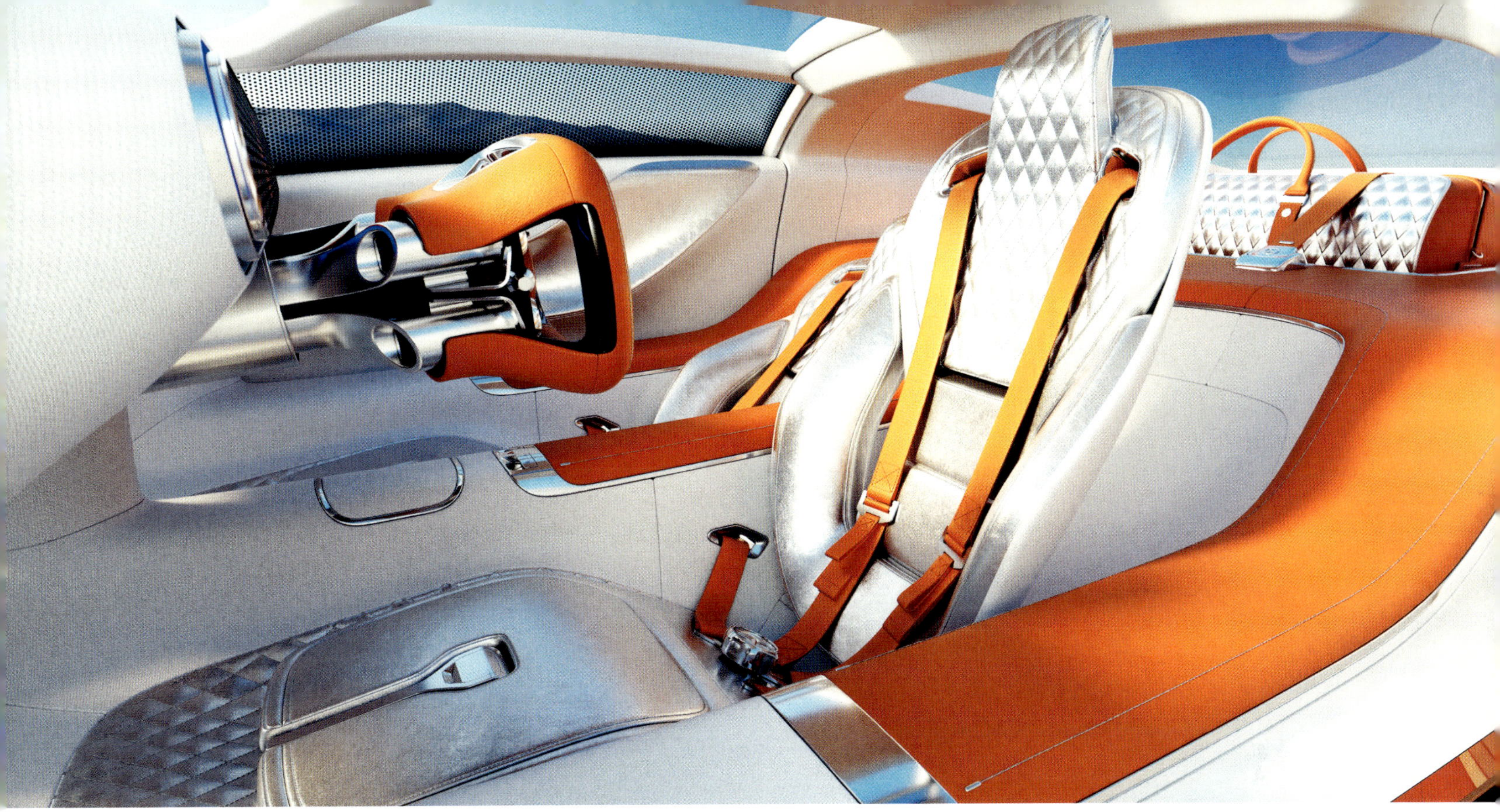

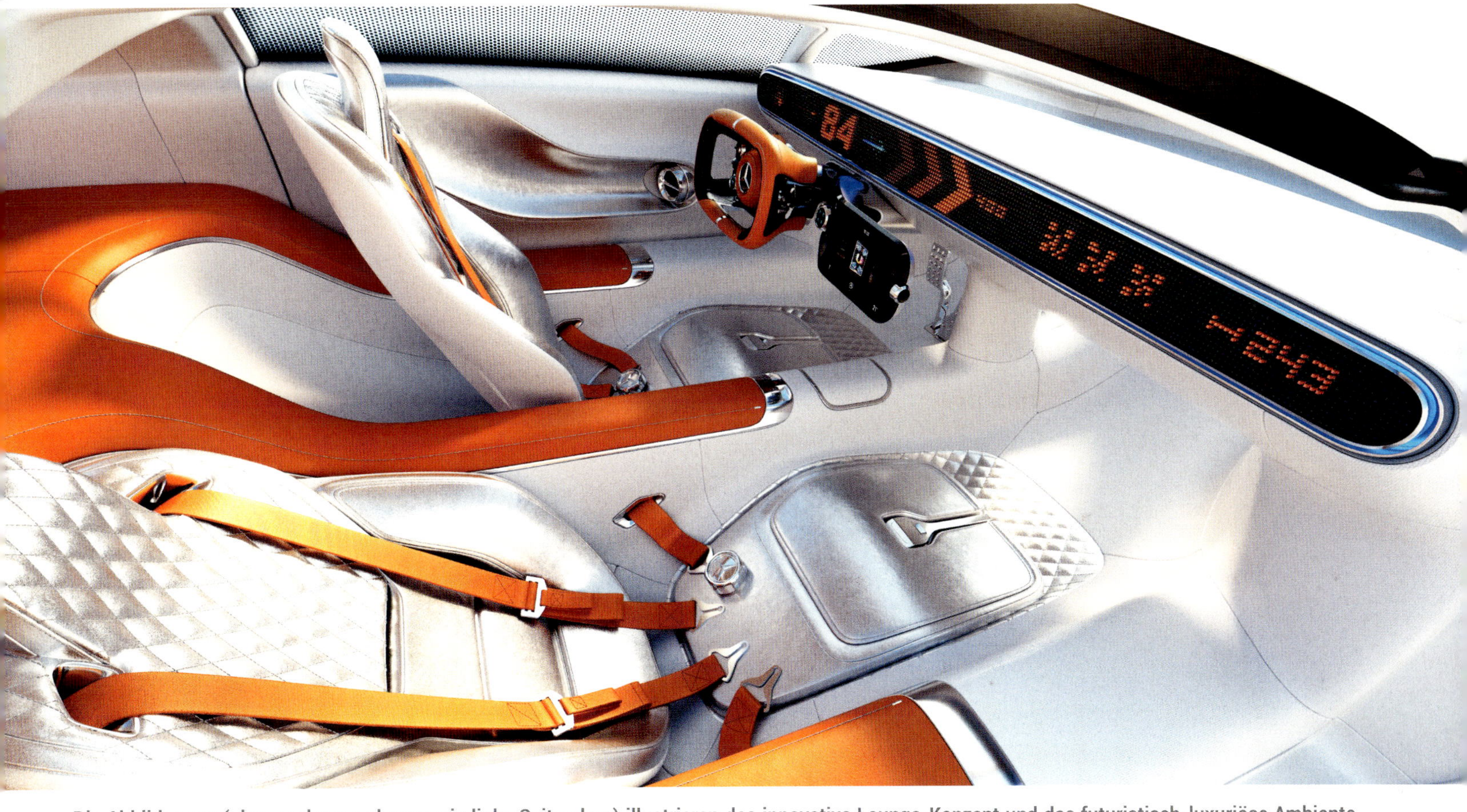

Die Abbildungen (oben und ganz oben sowie linke Seite oben) illustrieren das innovative Lounge-Konzept und das futuristisch-luxuriöse Ambiente mit seinen kontrastierenden Farbeffekten im großzügig dimensionierten Innenraum des Vision One-Eleven.

Verschmelzung von analoger und digitaler Welt:
UI/UX-Konzept mit retro-futuristischem Pixel-Look

Einen Kontrast zum hochmodernen Innenraum bildet das flache, über die gesamte Breite des Dashboards durchlaufende Pixel-Display, das die Form der beiden Leuchtbänder an Front und Heck aufnimmt und die großzügig bemessene Breite des Innenraums betont. Auch hier ist die Pixelstruktur bewusst grob gehalten, wodurch die angezeigten Informationen – etwa das aktuelle Fahrtempo – sehr plakativ erscheinen. Zudem zeigt das 3D-Pixel-Display Digital Art Pieces als grob gerasterte, im Stil von »frühdigitalen« Nachrichten-Tickerbändern durchlaufende QR-Codes an. Die dreidimensionalen Glaspixel – sogenannte Voxel – zeigen je nach Blickwinkel einen wechselnden Farbverlauf. Das entsprechende Real-Bild erscheint dann gestochen scharf auf dem hochauflösenden Touchscreen neben dem Lenkrad.

Diese Kombination von höchst unterschiedlichen Darstellungen ein und desselben Motivs verkörpert eine weitere Interpretation des Hyperscreens mit Fokus auf flexible Interfaces. Dabei schafft der retro-futuristische Pixel-Look in 8-bit-Optik einen zusätzlichen Effekt. Die Weiterentwicklung im Mercedes-Benz Vision One-Eleven verdeutlicht so die zunehmende Verschmelzung von physischer und digitaler Welt.

Das über die gesamte Breite des Dashboards laufende 3D-Pixel-Display mit seinem retro-futuristischen Look nimmt die Form der beiden Leuchtbänder an Front und Heck auf und betont die großzügig bemessene Breite des Innenraums. Der hochauflösende Touchscreen neben dem Lenkrad liefert die entsprechenden Informationen als gestochen scharfes Real-Bild.

Experimentelle räumliche Benutzeroberfläche: Augmented-Reality hebt das Nutzererlebnis auf ein neues Level

Für die Premiere des Mercedes-Benz Vision One-Eleven hat das Mercedes-Benz Designteam mittels Augmented Reality (AR) ein visionäres Nutzererlebnis geschaffen und in ein virtuelles Versuchsmodell des Vision One-Eleven Interieurs integriert. Mit Hilfe einer AR-Brille, die Fahrerin oder Fahrer aufsetzen, wird ihr Blickfeld rundherum mit hochauflösenden Grafiken angereichert. Der physische Fahrzeuginnenraum und die digitale Schnittstelle verschmelzen dadurch nahtlos miteinander, so dass gewissermaßen das gesamte Auto zur Benutzeroberfläche wird.

Mercedes-Benz erforscht die Vorteile von AR seit der Vorstellung des Konzeptfahrzeugs F015 im Jahr 2015. Die AR-basierte Benutzeroberfläche im neuen Fahrzeug bietet einen Ausblick auf ein zukünftiges Konzept, das auf zwei Ebenen funktioniert: Informationen werden entweder auf der Instrumententafel angezeigt oder sie sind in der Umgebung innerhalb und außerhalb des Fahrzeugs platziert. Dies markiert den nächsten Schritt vom bildschirmbasierten User Interface (UI) mit der intuitiven Zero-Layer-Technologie von Mercedes-Benz zu einem AR-basierten UI, das Zero-Layer-Elemente um die Insassen herum im Raum anordnet. Zu diesen Elementen gehören Module, 3D-Symbole sowie die Navigationskarte. Die Bedienoberfläche rund um das Armaturenbrett und das Lenkrad werden durch zusätzliche Informationen ergänzt, die mit haptischen Objekten wie Tasten oder Schaltern verknüpft sind.

Die 180-Grad-AR-Ansicht integriert die Welt außerhalb des Versuchsmodells in das Fahrzeug. So verschmilzt es mühelos mit seiner Umgebung und stellt die Fahrerin oder den Fahrer in den Mittelpunkt. Kartenelemente werden in die Umgebung projiziert und mit weiteren Informationen wie Sehenswürdigkeiten oder versteckten Gefahrenstellen – wie etwa hinter Kurven liegende Baustellen – angereichert. Mit dieser »Röntgenansicht« verbessert das System das Situationsbewusstsein. Es blendet unwichtige Details aus und erzeugt so eine klar strukturierte Gesamtübersicht, die alle relevanten Informationen enthält. Elemente, die die Sicht der Fahrerin oder des Fahrers behindern – z. B. die A-Säule, die Türen oder auch die Motorhaube, erscheinen dann »transparent«. Das Designteam sowie Expertinnen und Experten von Mercedes-Benz haben mit den technischen

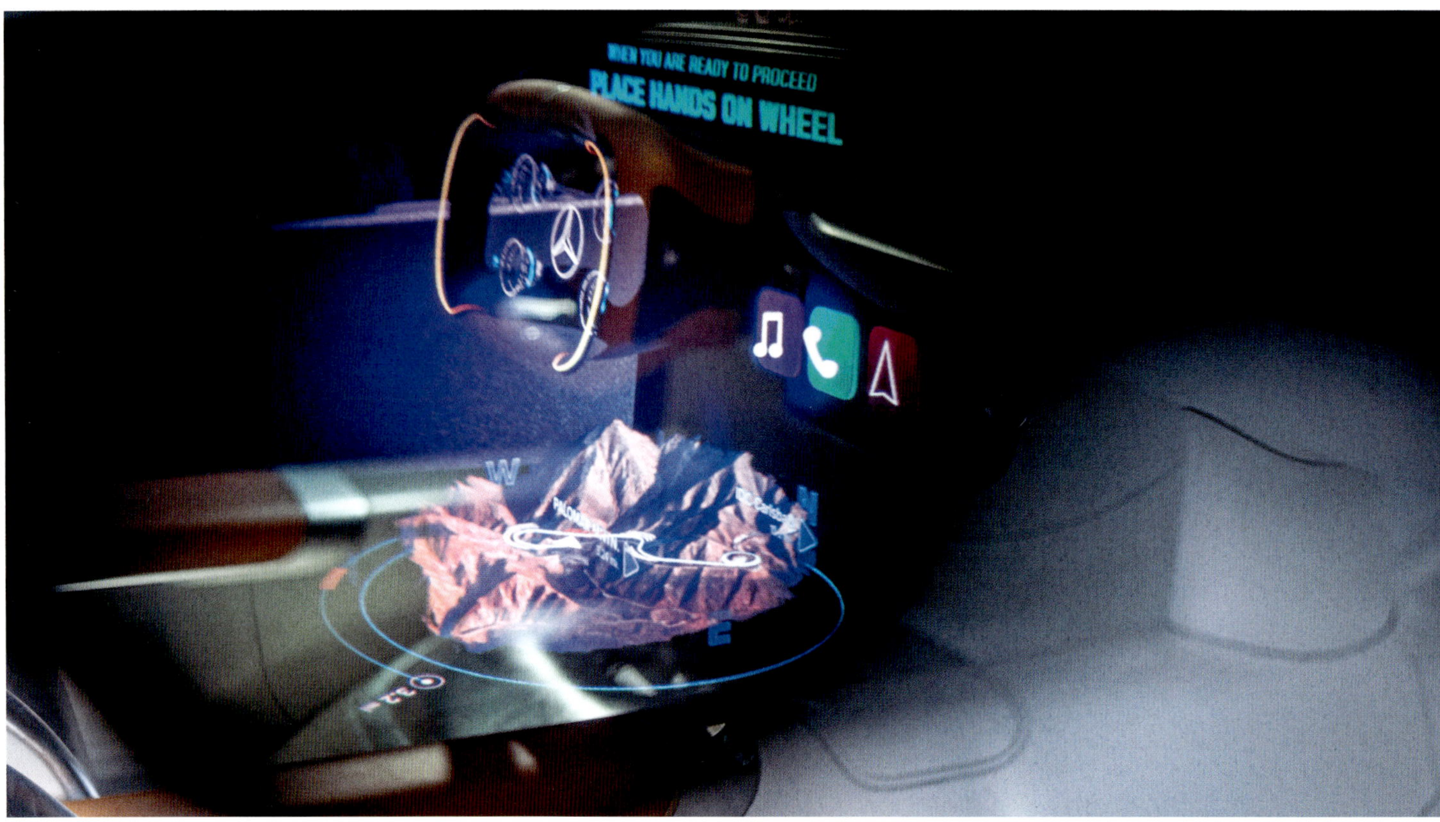

Eine dreidimensionale Bedienoberfläche rund um Armaturenbrett und Lenkrad sowie eine 3D-Navigationskarte können Fahrer oder Fahrerin im Vision One-Eleven mit Hilfe einer hochmodernen, gemeinsam mit Magic Leap entwickelten Augmented-Reality-Brille nutzen.

Benjamin Kuhn (Leiter Advanced UX/UI Design) präsentiert bei der Weltpremiere in Carlsbad das Augmented-Reality-basierte User Interface, das alle für den Fahrer aktuell relevanten Situationen in einer klar strukturierten Gesamtübersicht zusammenfasst (Bild oben). In einer High-Tech-Sitzkiste nach dem Vorbild des Vision One-Eleven demonstriert Tom Schillinger mittels der Magic Leap 2 AR-Brille die Augmented Reality Experience (Bilder unten).

Spezialistinnen und Spezialisten von Magic Leap zusammengearbeitet, um das im Vision One-Eleven gezeigte AR-Erlebnis mit Hilfe der hochmodernen Magic Leap 2 AR-Brille zu entwickeln und zu verfeinern. Die dreidimensionale Benutzeroberfläche ist zukunftsweisend für ein Nutzererlebnis von Mercedes-Benz, das nicht durch Technologie beeinträchtigt wird. Sie ist dabei Teil einer umfassenderen Vision, die auf eine erweiterte Realität abzielt. In ihr stehen Technologie und Hardware nicht mehr im Mittelpunkt, sondern erfüllen vollständig integriert und nahtlos die Bedürfnisse und Wünsche der Nutzerinnen und Nutzer.

Exklusive Produkte der Mercedes-Benz Collection:
die »LIMITED EDITION 1 OF 111«

Zusammen mit der Präsentation der Sportwagenstudie debütierte auch die Mercedes-Benz Collection »LIMITED EDITION 1 OF 111«. Zum ersten Mal wird damit eine Designstudie von einer exklusiven Lifestylekollektion begleitet. Diese übersetzt den Zeitgeist der 1970er-Jahre ins Hier und Jetzt und verbindet lässige Sportlichkeit mit hohem Anspruch an die Liebe zum Detail. Neben den markanten Farbtönen des Vision One-Eleven zitieren die einzelnen Accessoires auch die charakteristischen Designelemente des Fahrzeugs. Die fünf verschiedenen, ab dem 20. August 2023 erhältlichen Artikel der Collection sind auf jeweils 111 Stück limitiert und bieten Liebhabern des Vision One-Eleven eine Möglichkeit, sich dessen Stil nach Hause zu holen. Alle Produkte ziert der Schriftzug »LIMITED EDITION 1 OF 111« – entweder geprägt, gedruckt oder graviert. Die ebenfalls in Orange gehaltene, hochwertige Verpackung ist jeweils auf der Oberseite mit dem Mercedes Stern sowie dem Schriftzug »LIMITED EDITION 1 OF 111« geprägt.

Der Weekender in den Farben Silber, Orange und Schwarz ist eine luxuriöse Reisetasche aus hochwertigem Rindleder mit markanter Rautensteppung und einem Volumen von ca. 40 Litern. Die beiden geprägten Lederbadges links und rechts zeigen auf der einen Seite das Mercedes-Benz Logo, auf der anderen Seite die Kennzeichnung der Limited Edition. Hinzu kommt ein Anhänger aus schwarzem Leder mit der Prägung »Vision One-Eleven«. Neben den beiden Leder-Tragegriffen verfügt die Reisetasche über einen mit Schulterpolsterung aus Leder versehenen Umhängegurt.

Der Sweathoody in Orange-grau, ein Kapuzenpullover der Schnittform modern fit, verfügt über eine Eingrifftasche sowie einen Tunnelzug mit schwarzer Flachbandkordel, die in Weiß mit der Kennzeichnung »LIMITED EDITION 1 OF 111« bedruckt ist. Auf dem Rückenteil befindet sich ein geprägter 3D-Stern im Durchmesser von ca. 20 cm, an den Raglanärmeln ein grauer Einsatz mit farblich abgestimmter Rautensteppung.

Auffälliges Designelement der Sonnenbrille ist neben den Gläsern Carl Zeiss Vision N2020 in Orange die prägnante, leicht nach oben versetzte Doppelbrücke. Die 19 Gramm leichte, klassische Pilotensonnenbrille mit Retro-Flair ist ›made by ic! berlin for Mercedes-Benz‹.

Innen am Bügel befindet sich die gravierte Kennzeichnung der Limited Edition, am Bügel außen die Gravur des Markenzeichens. Ein Highlight der Fassung aus hochglanzpoliertem Edelstahl ist das bekannte schraubenlose Gelenksystem von ic! berlin.

Bei der orangefarbenen Schirmmütze – im Modejargon Cap genannt – aus Baumwolle mit Metallschließe ist der im gleichen Farbton gestickte Stern vorne mittig platziert, die Kennzeichnung der Limited Edition ist auf der linken Seite in Weiß aufgedruckt.

Auf den ebenfalls in Orange gehaltenen Innenbändern befindet sich der Mercedes-Benz Schriftzug.

Die Hülle für das iPhone 14 Pro, außen orange, innen mit grauer Microfaserbeschichtung, ist aus Flüssig-Silkonkautschuk mit samtartiger Soft-Touch-Oberfläche gefertigt und vorn mit einem farblich passenden Mercedes-Benz Stern versehen. Der Schriftzug »LIMITED EDITION 1 OF 111« befindet sich, in Weiß gedruckt, auf der Vorderseite und – zusammen mit dem Stern – in Grau auf der Innenseite.

Innovativer E-Antriebsstrang: leistungsfähiger Axialfluss-Motor und neuartige Batterietechnologie

Zu den Technik-Highlights zählen ein neues Batteriekonzept mit hochleistungsfähigen flüssigkeitsgekühlten Rundzellen, die auf einer neuen Zellchemie basieren. Ihr umfangreiches Wissen rund um hochleistungsfähige Antriebsstränge konnten die Motorsport-Experten von Mercedes-AMG im britischen Brixworth auch in dieses vielversprechende Konzept für künftige leistungsorientierte Batterien einbringen. Abgesehen davon hat der Vision One-Eleven zwei leistungsfähige und fortschrittliche Axialfluss-Motoren von YASA, deren Technologie Mercedes-Benz gemeinsam mit YASA für seine E-Antriebe der nächsten Generation im großen Maßstab zur Serienreife entwickelt. YASA ist ein englischer Elektromotoren-Spezialist mit Sitz in Oxford und gehört seit Juli 2021 als 100-prozentige Tochtergesellschaft zur Mercedes-Benz AG. Damit sicherte sich das Stuttgarter Unternehmen Zugriff auf eine einzigartige Zukunftstechnologie mit dem Potenzial, die E-Mobilität auf ein neues Leistungsniveau zu heben.

Tim Woolmer, Gründer und Chief Technology Officer von YASA, fasst die Vorteile der neuen Antriebstechnologie zusammen: »Axialfluss-Motoren sind erheblich kompakter, leichter, aber dennoch leistungsfähiger als vergleichbare Radialmotoren, die heute in 99 Prozent aller Elektroautos eingesetzt werden. Beim Axialfluss-Motor verläuft der elektromagnetische Fluss höchst effizient parallel zur Drehachse des Motors, während er sich im Radialflussmotor senkrecht zur Drehachse bewegt. Im Vergleich zu Radialfluss-Motoren überzeugt er mit deutlich höherer Spitzen- und Dauerleistung, was für ein neues Niveau an Fahrdynamik sorgt.«

Neben seiner Leistungs- und Drehmomentdichte liegt ein weiterer wesentlicher Vorteil des Axialfluss-Motors in seiner schmalen Bauform: Dadurch wiegt er im Vergleich zu aktuellen Elektromotoren mit gleicher Leistung nur ein Drittel und hat zudem nur ein Drittel des Platzbedarfs einer Radialfluss-Maschine. Dies ermöglicht

Der innovative E-Antriebsstrang des Vision One-Eleven umfasst ein neuartiges Batteriekonzept aus flüssigkeitsgekühlten Rundzellen sowie zwei fortschrittliche und leistungsstarke YASA Axialfluss-Motoren an den Hinterrädern.

Konstrukteuren völlig neue Einsatzmöglichkeiten und eröffnet neue Perspektiven im Design eines elektrischen Fahrzeugs, wie der Vision One-Eleven beweist. Die künftige Generation der YASA Axialfluss-Motoren wird am Mercedes-Benz Standort Berlin-Marienfelde produziert. Die dort gefertigten Motoren bilden das Herzstück der kommenden Antriebsstränge im Performance-Segment.

Markus Schäfer, Chief Technology Officer und Mitglied des Vorstands der Mercedes-Benz Group AG, bringt den innovativen Charakter des neuen Showcars auf den Punkt: »Der Mercedes-Benz Vision One-Eleven kombiniert atemberaubendes Design mit bahnbrechender Antriebstechnologie, die neue Wege für die Zukunft der sportlichen Performance erkundet – ähnlich wie sein historischer

Demonstrationsmodell des YASA Axialfluss-Motors. Von links nach rechts: Gehäuse, Rotor inkl. Magneten, Stator, Rotor inkl. Magneten, Gehäusedeckel.

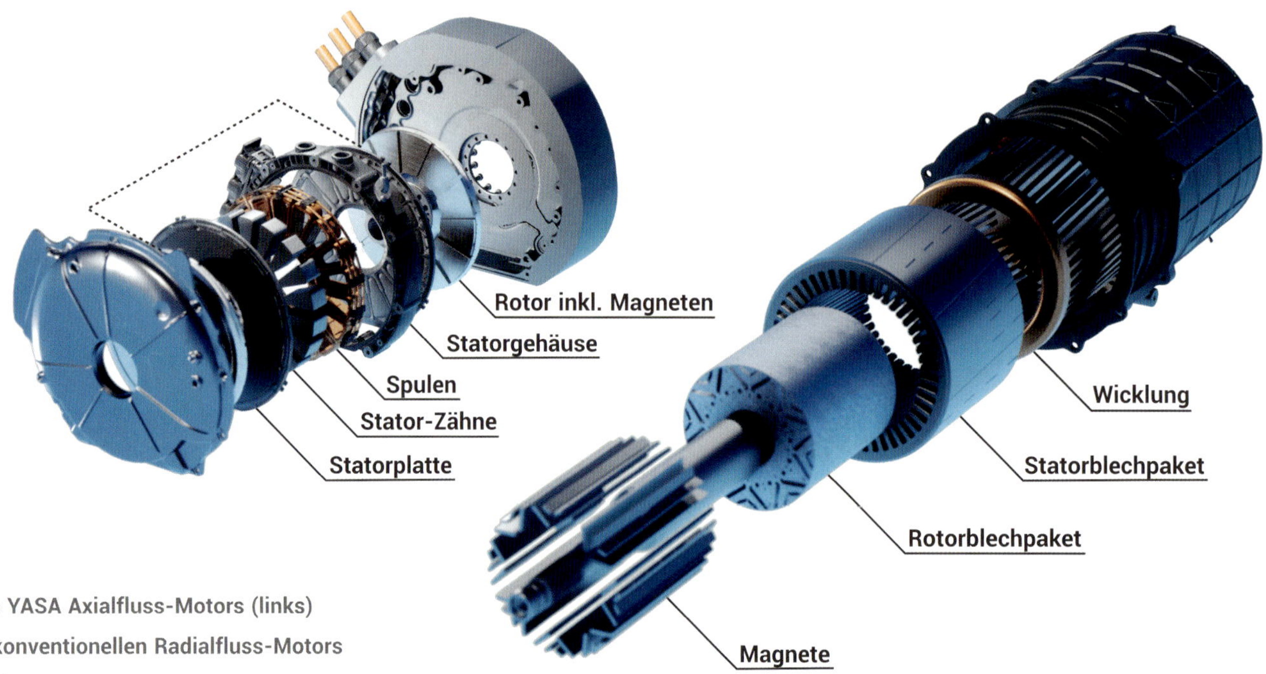

Aufbau des YASA Axialfluss-Motors (links) und eines konventionellen Radialfluss-Motors im Vergleich.

Vorgänger. Herzstück des kompakten und extrem effizienten Antriebsstrangs ist der innovative YASA Axialfluss-Elektromotor. Er bietet ein deutlich höheres Leistungspotenzial und beansprucht gleichzeitig erheblich weniger Einbauraum. Damit ist der Axialfluss-Motor ideal für elektrisch angetriebene Hochleistungsfahrzeuge geeignet. Der Mercedes-Benz Vision One-Eleven ist ein weiterer Beweis für das breite Leistungsspektrum unserer umfassenden Entwicklungsstrategie für den Elektroantrieb.«

Besser als Markus Schäfer kann man das Potenzial des Vision One-Eleven nicht zusammenfassen, und man darf gespannt sein, wie Mercedes-Benz die Entwicklung der Elektromobilität auch in Zukunft weiter voranbringen wird.

Vergleichbarer Durchmesser, höheres Drehmoment

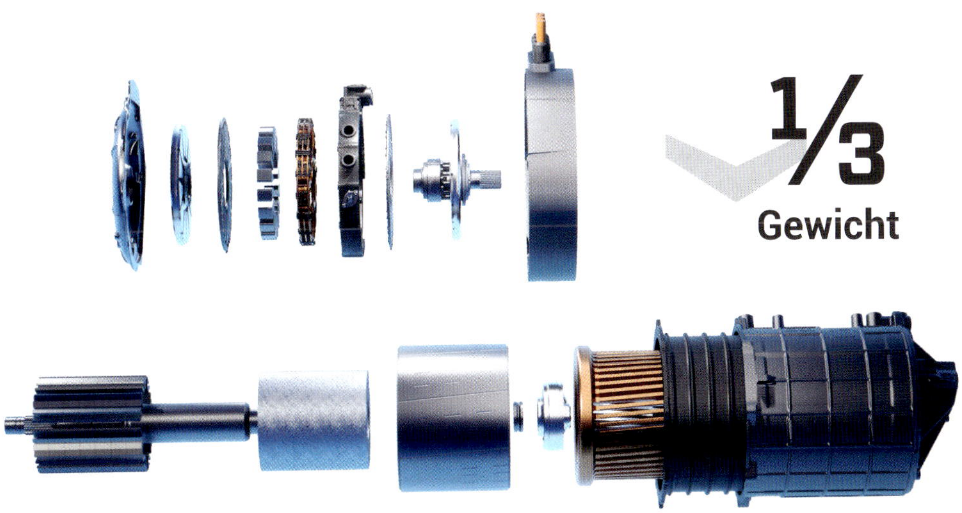

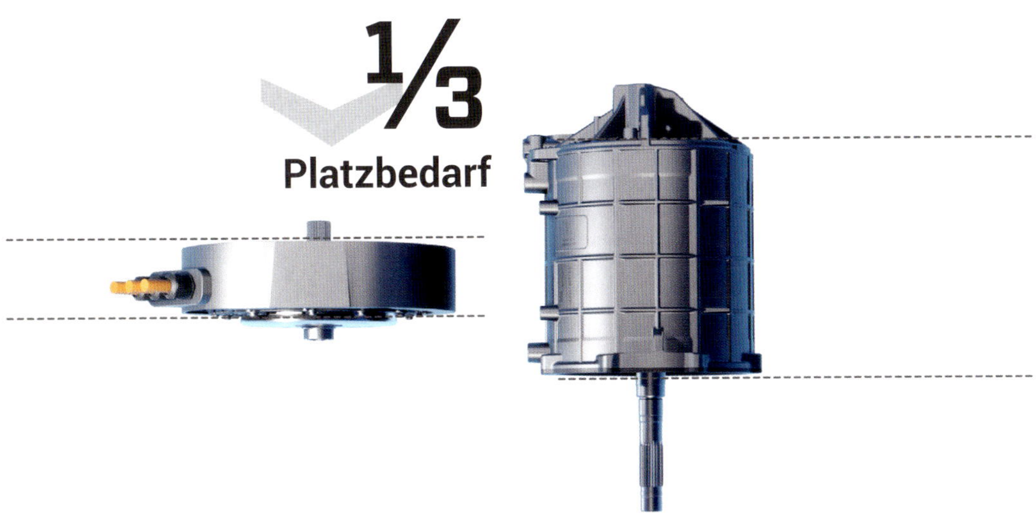

YASA Axialfluss-Motoren überzeugen im Vergleich zu konventionellen Radialfluss-Motoren durch ein höheres Drehmoment bei vergleichbarem Durchmesser; sie wiegen bei vergleichbarer Leistung nur ein Drittel und benötigen auch nur ein Drittel des Einbauraums.

Im Scheinwerferlicht:

Weltpremiere in Carlsbad/Kalifornien

Nach der spektakulären Präsentation des Vision One-Eleven im Mercedes-Benz International Design Center in Carlsbad/Kalifornien war die weltweite Medienresonanz überwältigend. Stellvertretend für die zahlreichen Berichte aus aller Welt sei hier aus einem Artikel zitiert, den Simon Ostler am 16. Juni 2023 auf der Internetseite goodwood.com veröffentlicht hat:

»As concept cars go, this latest one from Mercedes is one of the more eye-catching we've seen so far this year, and there have been some pretty good ones. [...] Mercedes has no doubt taken this opportunity to shout about its heritage but rather than sit on its laurels and live in the past, this new Vision One-Eleven is a forward thinking and progressive investigation into where the company might turn next. [...] Mercedes has gone all out with its latest design showcase, but the looks of this retro-inspired One-Eleven concept are simply the draw for what lays underneath. We won't complain should a new Mercedes sportscar that looks like this ever arrive, but what we can be certain of is that car manufacturers have barely scratched the surface of what's possible for the future of EVs. Is the issue of bloated and overweight electric models soon to be an issue of the past?«

(»Was Konzeptautos angeht, ist dieses neueste von Mercedes eines der auffälligsten, die wir in diesem Jahr bisher gesehen haben, und es gab schon einige ziemlich gute. [...] Mercedes hat zweifellos die Gelegenheit genutzt, um auf seine Tradition hinzuweisen, aber anstatt sich auf seinen Lorbeeren auszuruhen und in der Vergangenheit zu leben, steht dieser neue Vision One-Eleven für eine vorausschauende und fortschrittliche Analyse, wohin sich das Unternehmen als nächstes entwickeln könnte. [...] Mercedes hat sich bei seinem neuesten Design-Glanzstück ganz schön ins Zeug gelegt, aber das Aussehen dieses retro-inspirierten One-Eleven-Konzepts ist nur der Vorgeschmack auf das, was sich dahinter verbirgt. Wir werden uns nicht beschweren, sollte ein neuer Mercedes-Sportwagen, der so aussieht, jemals auf den Markt kommen, aber wir können uns sicher sein, dass die Automobilhersteller bislang kaum an der Oberfläche dessen gekratzt haben, was in der Zukunft bei Elektroautos möglich ist. Gehören aufgedunsene und übergewichtige Elektromodelle bald der Vergangenheit an?«)

Die Botschaft des Vision One-Eleven scheint angekommen zu sein.

Gorden Wagener (Chief Design Officer der Mercedes-Benz Group AG) und Markus Schäfer (Mitglied des Vorstands und Chef Technology Officer der Mercedes-Benz Group AG) bei der Weltpremiere des Vision One-Eleven in Carlsbad.

Der Mercedes-Benz C 111 von 1970 und die von ihm inspirierte Sportwagenstudie bei der Weltpremiere des Vision One-Eleven im Juni 2023 in Carlsbad/Kalifornien; im Vordergrund die Demonstrationsmodelle eines konventionellen Radialfluss-Elektromotors und des innovativen YASA Axialfluss-Motors.

Flashback: der C 111 als Zukunftsvision der 1970er-Jahre

Mehr als 50 Jahre vor dem Debüt des Vision One-Eleven hatte bereits der C 111 eine Vielzahl innovativer Technologien mit faszinierendem Design kombiniert und die Mercedes-Benz Designer schließlich zu dem neuen Showcar inspiriert.

Zu den spektakulärsten Innovationen des 1970 präsentierten Traumwagens zählte seinerzeit der Wankelmotor. Dass diese damals neuartige Motorentechnologie die in sie gesetzten Erwartungen am Ende nicht würde erfüllen können, war zu Beginn der Entwicklung keineswegs abzusehen. Im Gegensatz dazu kann man beim Vision One-Eleven davon ausgehen, dass sein innovatives Antriebskonzept in angepasster Form in naher Zukunft den Weg in die Serienproduktion finden wird.

Wie es zur Entstehung des C 111 kam, welche Herausforderungen im Laufe der Entwicklung und Erprobung zu meistern waren und welche Rolle der C 111 spielte, nachdem bei Mercedes-Benz die Entscheidung gefallen war, den Wankelmotor nicht in Serie zu produzieren – all diese Fragen beantworten die folgenden Kapitel, die die Entwicklungsgeschichte des C 111 in sämtlichen Facetten minutiös nachzeichnen.

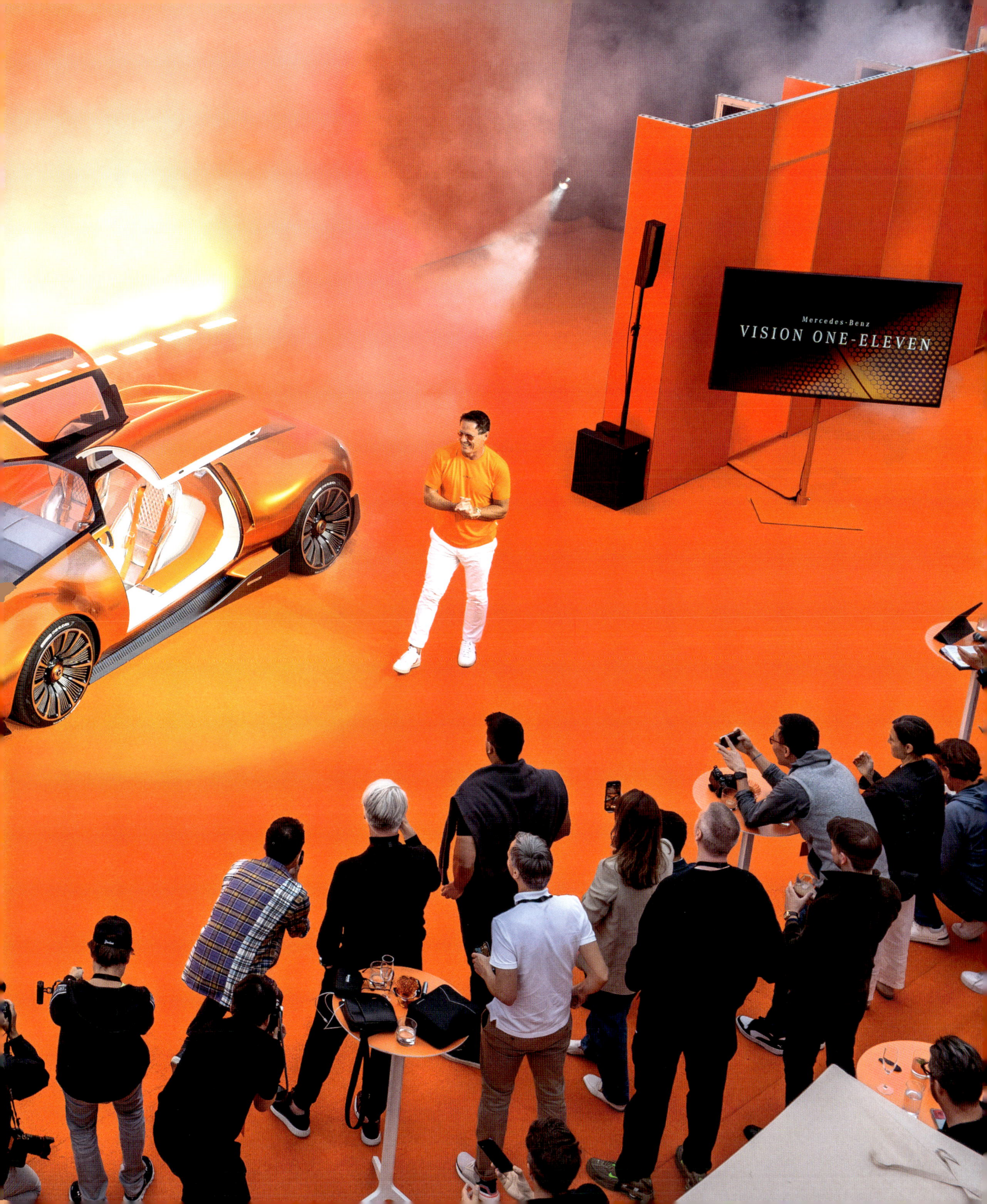
Mercedes-Benz
VISION ONE-ELEVEN

Neue Verheißung: der Wankelmotor

Die Erfindung und Weiterentwicklung des Rotationskolbenmotors mit dem Ziel einer Serienreife gewann ab Ende der 1950er-Jahre in den Entwicklungsabteilungen weiter Teile der europäischen, US-amerikanischen und asiatischen Automobilindustrie immer stärker an Relevanz. Das neuartige, auf den ersten Blick ingeniöse Funktionsprinzip, das Felix Wankel 1954 ersonnen hatte, ließ das seit der Erfindung des Verbrennungsmotors gültige System sich im Zylinder hin und her bewegender Kolben hinter sich und ersetzte es durch eine komplexe Drehbewegung eines sogenannten Läufers, des Rotationskolbens. Dieser besaß eine dreieckige Grundform, deren Schenkel jeweils leicht konvex gebogen waren. Das umgebende Gehäuse, an dessen Wandung der Rotationskolben entlanglief, hatte in seiner Grundform Ähnlichkeit mit einer »8« – allerdings mit nur sehr geringer Einschnürung in der Taille. Innerhalb dieser als (Epi)Trochoide bezeichneten geometrischen Figur vollführte der Rotationskolben eine Drehbewegung um deren Mittelachse, die aufgrund seiner exzentrischen Lagerung als taumelnd beschrieben werden kann. Im Zusammenspiel dieser Drehbewegung mit der Geometrie der Gehäuselaufbahn öffnen und schließen sich kontinuierlich drei gegeneinander durch den Läufer abgedichtete Kammern, deren Größe sich analog zur Drehbewegung verändert. In diesen Kammern läuft, jeweils zeitlich versetzt, der bekannte Viertaktprozess ab, wobei pro Umdrehung der Exzenterwelle – die man in gewisser Weise auch als Gegenstück zur Kurbelwelle eines Hubkolbenmotors betrachten könnte – ein Zündvorgang erfolgt. Der Hubkolbenmotor benötigt dagegen zwei Umdrehungen für eine Krafteinleitung im Arbeitstakt.

Das Bestreben Wankels, ein allein auf Rotationsbewegungen basierendes, dazu im Grunde simpleres und mit weniger Bauteilen auskommendes Funktionsprinzip eines Verbrennungsmotors zu realisieren, führte zu einem technischen Konzept, das letztlich widersprüchlich blieb. Zwar löste es manche jener Postulate, die es theoretisch dem Hubkolbenmotor überlegen machen sollte, am Ende im Wesentlichen ein, doch erwies sich der Weg dorthin als überaus langwierig und steinig. Selbst erfahrenen Entwicklungsingenieuren blieben die komplexen physikalischen Vorgänge in einem solchen Triebwerk im Vergleich zum vertrauten, seit vielen Jahrzehnten etablierten Hubkolbenmotor mit seinen leicht nachvollziehbaren mechanischen Abläufen vielfach fremd. Der landläufig als Wankelmotor

Der Mann und sein Werk: Felix Wankels Erfindung – hier in einer frühen Ausführung als Drehkolbenmotor – beschäftigte weite Teile der Automobilindustrie rund zwei Jahrzehnte lang.

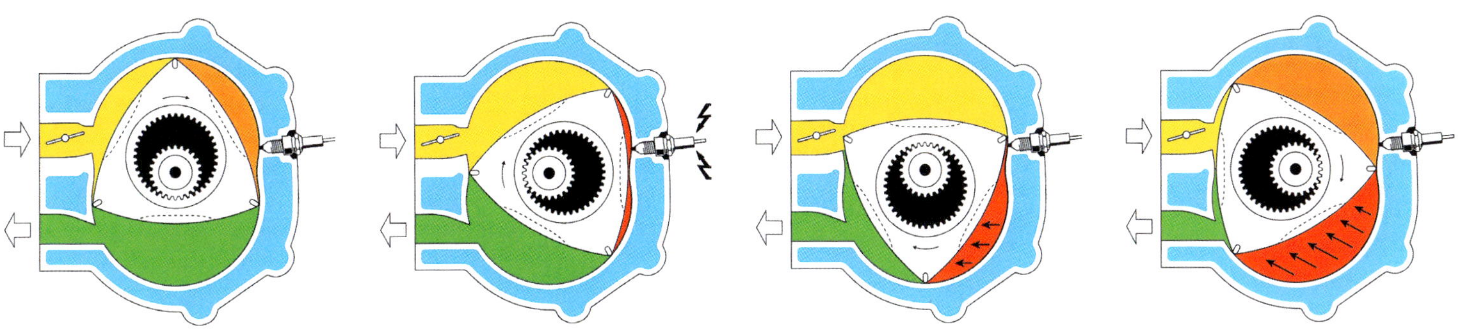

Ingeniös, aber komplex und schwerer beherrschbar als gedacht: das Funktionsprinzip eines Rotationskolbenmotors. Die Farben verdeutlichen die Phase, in der sich die jeweilige Kammer gerade befindet: Gelb für Ansaugen, Orange für Verdichten, Rot für Zünden und Verbrennen, Grün für Ausstoßen.

bezeichnete Rotationskolbenmotor verlangte den an greifbare Parameter wie Bohrung, Hub und Verdichtung gewöhnten Konstrukteuren ein wesentlich abstrakteres Denken ab. War der Hubkolbenmotor ein Objekt, dem nach Jahrzehnte langer technischer Evolution eine gewisse Art von Seele zugeschrieben wurde, so schien der Wankelmotor ein eher sprödes akademisches Konstrukt zu sein, zu dem manche Entwicklungsingenieure nur schwer einen rechten Zugang fanden.

Darüber hinaus stellte sich schon in der Frühphase der Beschäftigung mit dem Wankelmotor heraus, dass solche Aggregate trotz ihrer scheinbaren Simplizität ein unerwartet hohes Maß an Grundlagenforschung erforderten. Denn der Teufel – das merkten die Entwickler schnell – steckte beim Wankelmotor im Detail, und es benötigte sehr viel zeitlichen und materiellen Aufwand, bis man das Rotationskolbentriebwerk an sich sowie seine spezifischen Eigenheiten und Erfordernisse einigermaßen verstand und Schritt für Schritt besser in den Griff bekam.

Revolution im Anmarsch?

Bei Mercedes-Benz, wo es seit jeher zum Credo gehört, technische Weiterentwicklung höchst seriös, kompetent und – falls notwendig – mit ganz langem Atem zu betreiben, sorgte das Auftauchen der neuen, potenziell bahnbrechenden Motorentechnologie für mehr Unruhe als anderswo: Im Unternehmen gab es in Person von Motoren-Entwicklungschef Wolf-Dieter Bensinger einen entschiedenen Verfechter der neuen Antriebsart. Bensinger, im Zweiten Weltkrieg beruflich zeitweise Weggefährte von Felix Wankel und dem Erfinder auch persönlich durchaus eng verbunden, ließ sich von den zahlreichen – zumindest theoretischen – Vorteilen des Funktionsprinzips faszinieren und machte das Thema Rotationskolbenmotor schon früh zu einem bedeutenden Teil seiner Agenda bei Daimler-Benz. Dabei konnten Ende der 1950er-, Anfang der 1960er-Jahre weder er noch seine leitenden Mitarbeiter oder in ähnlicher Funktion tätige Motorenentwickler anderer Automobilhersteller bereits zu diesem Zeitpunkt glaubhaft prognostizieren, ob der Wankelmotor den Fahrzeugantrieb tatsächlich jemals würde revolutionieren können oder nicht.

Angesichts dieses Hintergrunds war es nicht verwunderlich, dass Daimler-Benz zu den ganz frühen Interessenten für diese Technologie gehörte, deren Rechte zu gleichen Teilen in den Händen Felix Wankels bzw. der Wankel GmbH und der NSU-Werke AG lagen. 1957 hatte das Neckarsulmer Unternehmen unter Federführung von Dr. Walter Froede, dem Leiter der Forschungsabteilung, das Funktionsprinzip des Motors so modifiziert, dass ein Einsatz als Fahrzeugantrieb überhaupt erst praktikabel wurde. Während sich NSU trotz begrenzter finanzieller Mittel im Folgenden geradezu auf die Realisierung und ab 1964 mit dem Wankel Spider den Serieneinsatz des Rotationskolbentriebwerks stürzte und dabei alle lizenzrechtlichen Trümpfe in der

Wolf-Dieter Bensinger und Felix Wankel – zwei Freunde beim gemeinsamen Schiffsausflug auf dem Bodensee.

Hand behielt, unterschätzte wohl jeder der in Neckarsulm und anderswo an der Entwicklung direkt Beteiligten, welch immenser Entwicklungsaufwand letztlich nötig sein würde, um den Wankelmotor tatsächlich in großem Rahmen serientauglich zu machen.

Rückblickend betrachtet, wirkt es erstaunlich, dass die sich aus dem Wankel-Funktionsprinzip ergebenden physikalischen Grundprobleme – insbesondere das des Verbrennungsablaufs mit einem rotierenden Kolben, der den Brennraum in ständiger Bewegung hält – zunächst offenbar nicht stärker ins Bewusstsein der Entwickler drangen. Die als solche wahrgenommenen Vorteile des innovativen Motorkonzepts – überlegene Laufkultur, wenige bewegte Teile, kompakte Bauart, geringes Gewicht, vergleichsweise günstige Fertigungskosten – schienen womöglich zu verlockend. Das galt jedoch beileibe nicht nur für die mit gesundem Pioniergeist antretenden Motorenentwickler bei Daimler-Benz: Dass Wankels Idee bis 1973 nicht weniger als 28 Lizenznehmer in ihren Bann zog, kann als Ausweis der in jener Epoche weit verbreiteten Fortschritts- und Technikgläubigkeit gelten. Flankiert wurde die sich allmählich aufbauende Wankel-Welle von einer zunächst enthusiastisch auf die innovative Technologie reagierenden Presselandschaft. Nicht wenige Vertreter der Fach- wie der Tagespresse, ebenso manche Unterhaltungsblätter und -magazine, sahen schon einen Paradigmenwechsel beim Fahrzeugantrieb heraufdämmern. Vereinzelt von kompetenter Seite geäußerte Bedenken im Hinblick auf die unbedingte Tauglichkeit des Wankelmotors als Pkw-Antrieb gingen im Chor euphorisch-spekulativer Schlagzeilen unter.

Auch während der zweiten Hälfte der 1960er-Jahre genoss der Wankelmotor die Aufmerksamkeit der Medien – nun aber häufig unter umgekehrten Vorzeichen: NSU als Vorreiter der Wankel-Technologie musste mit der sensationellen, seit 1967 in Serienproduktion befindlichen Ro 80 Limousine mehr Lehrgeld für den Einsatz eines Kreiskolbentriebwerks zahlen, als dem Unternehmen guttat. Dessen ungeachtet traten in der weltweiten Automobilindustrie weiterhin wichtige Player in Sachen Wankelmotor auf den Plan. So erwarben General Motors und Ford, die beiden US-Giganten, 1970 und im Jahr darauf entsprechende Lizenzen. Nach wie vor fragte man sich nicht nur bei Daimler-Benz, wo man sich zu diesem Zeitpunkt schon seit fast einer Dekade praktisch mit dem Wankelmotor auseinandersetzte, sondern auch in den Entwicklungsabteilungen anderer bedeutender Automobilhersteller, ob man es sich leisten könne, die neue Technologie nicht mit aller Macht voranzutreiben, wenn sogar die ganz Großen an Bord gekommen waren – die inzwischen offenbar gewordenen Grundprobleme des Wankelmotors würden schon gelöst werden können.

Entwicklungsaktivitäten mit Augenmaß

Nachhaltig gefördert durch Motoren-Konstruktionschef Wolf-Dieter Bensinger als wichtigstem Protagonisten im Unternehmen hatte sich Daimler-Benz schon seit 1960 der Wankel-Technologie zugewandt. Einzelne, mit einem kleinvolumigen, von NSU zur Verfügung gestellten 1-Scheiben-Versuchsmotor erzielte positive Testresultate vermochten den – insgesamt durchaus zögerlichen – Daimler-Benz Vorstand dazu zu veranlassen, Ende 1961 ebenfalls eine entsprechende Lizenz bei dem Konsortium, bestehend aus der NSU-Werke AG und der Wankel GmbH, zu erwerben. Wie um die Richtigkeit der getroffenen Entscheidung zu demonstrieren, kamen bereits Ende Februar 1962, gerade einmal gut zwei Monate später, erste positive Nachrichten von einem offenbar schon im Hintergrund entwickelten Daimler-Benz Versuchstriebwerk mit der Bezeichnung M 70 F. Das 2-Scheiben-Aggregat mit 700 cm³ Kammervolumen hatte erfolgreich einen 20-stündigen Dauerlauf auf dem Motorenprüfstand absolviert. Noch im März präsentierte Bensinger einzelne Bauteile des in Eigenregie entwickelten Motors auch dem Aufsichtsrat der Daimler-Benz AG. In der Folge nahm das letztlich als strategisch wichtig eingestufte Wankel-Projekt im Hause offiziell Fahrt auf – freilich von Beginn an wegen begrenzter Ressourcen mit weniger personellem und budgetärem Schwung, als es sich der Motoren-Konstruktionschef, der alle Pro-Argumente auf seiner Seite wähnte, vorgestellt hatte.

Die Gründe für diesen Sachverhalt waren vielfältig: Zum einen bezog man in den Entscheidungs- und Aufsichtsgremien der Daimler-Benz AG bei allem Verständnis für den gezeigten Innovationsgeist eine nach wie vor abwartende, beobachtende Position und ließ sich angesichts der unübersichtlichen Gesamtlage in Sachen Wankelmotorentwicklung nicht unter Druck setzen. Man blieb stets problembewusst, und deshalb standen zu keiner Zeit markenspezifische Qualitätsnormen oder grundsätzliche betriebswirtschaftliche Maximen des Unternehmens auch nur im Ansatz zur Disposition. Zum anderen wurde deutlich, dass sich auf der operativen Ebene der Motorenentwicklung gewisse Fraktionen pro und contra Wankelmotor herausbildeten, was dem Entwicklungsfortschritt hie und da nicht zuträglich war. Dabei mag bei den Sachwaltern der konventionellen Verbrennungsmotorentechnologie, die noch erhebliche Entwicklungspotenziale bei den Hubkolbentriebwerken sahen, auch das mulmige Gefühl eine Rolle gespielt haben, dass man mit der Forcierung des Wankelmotors nicht zuletzt ein konstitutives Element eigener technologischer Identität aus der Hand gab – schließlich würde man bei der Kernkompetenz Motorenbau im Extremfall künftig als Lizenznehmer agieren müssen.

Viel Licht und viel Schatten:
die Entwicklungsgeschichte

Dass sich die Entwicklung von Wankelmotoren mit Blick auf einen späteren Serieneinsatz wesentlich anspruchsvoller, weil komplexer gestaltete als angesichts der Einfachheit des Funktionsprinzips vermutet, wurde bereits klar, als man sich zu Anfang im Detail mit den Grundlagen der Wankel-Technologie beschäftigte. Ebenso schnell wie deutlich traten die typischen Problemzonen eines Rotationskolbenmotors zu Tage.

Im Wesentlichen wurden zunächst folgende Bereiche als dringend erprobungsbedürftig ausgemacht: die Kühlung von Läufer und Gehäuse, die Abdichtung der drei beim Rotationsprozess entstehenden Kammern gegeneinander und zum Gehäuse sowie die Wahl geeigneter Metalle und Beschichtungen für Gehäuse, Läufer und Laufflächen. Außerdem galt es, wegen des anders gearteten Verbrennungsprozesses neue Lösungen für Zündung und Gemischaufbereitung zu finden.

Darüber hinaus warf die spezielle Funktionalität eines Wankelmotors die Frage nach dem am besten geeigneten Gaswechsel-System auf. Zwar verzichtet ein Rotationskolbentriebwerk bekanntlich auf eine Ventilsteuerung, aber die Entwickler mussten die grundsätzliche Entscheidung treffen, ob der Gaswechsel am Gehäusemantel, also dem eigentlichen Motorengehäuse (Umfangeinlass/UE), oder am Seitenteil (Seiteneinlass/SE) vonstattengehen sollte – eine Entscheidung, die am Beginn des Entwicklungsprozesses gefällt werden musste, deren weitreichende Auswirkungen nicht nur auf die Motorcharakteristik zu diesem Zeitpunkt aber noch keineswegs zu überblicken waren.

Unter der Federführung Bensingers entschied sich die Motorenentwicklung bei Daimler-Benz für die Option Umfangeinlass. Auf diese

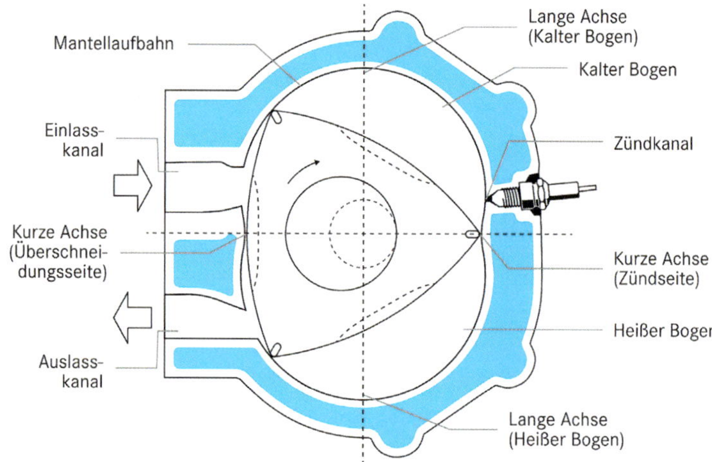

Neuartiger Verbrennungsmotor, neuartige Terminologie: Das Rotationskolben-Triebwerk forderte die Entwickler in mehr als nur einer Hinsicht.

Lösung setzte auch NSU beim 2-Scheiben-Wankelmotor KKM 612, mit dem der NSU Ro 80 zum Serienstart im Sommer 1967 ausgerüstet war. Der Hauptgrund für diese Entscheidung lag in der konzeptbedingt hohen potenziellen Leistungsausbeute eines UE-Triebwerks in Verbindung mit der Aussicht auf die Realisierung eines dank ungeteilter Exzenterwelle effizient und kostengünstig zu produzierenden Motorenbaukastens mit vielen Gleichteilen. Dass die theoretisch hohe Leistungsausbeute stets mit einer – wie sich schnell zeigte – ausgeprägten Drehmomentschwäche im unteren Drehzahlbereich einherging, musste man zur Kenntnis nehmen, hielt man aber im Rahmen der Weiterentwicklung für beherrschbar.

Als überaus hartnäckig erwies sich das bereits in der frühen Entwicklungs- und Erprobungsphase des Wankelmotors während der ersten Hälfte der 1960er-Jahre unerwartet aufgetauchte Verschleißphänomen der sogenannten »Rattermarken«. Das durch den Kontakt

Lfd. Nr.	Gehäuse Werkstoff	Laufbahn Werkstoff	Dicht-element Grundwerkstoff	Dicht-element Laufschichtwerkstoff	Befund u. Verwendung
1	GG	GG	IKA*	IKA*	Sehr starke Rattermarken, starker DL-Verschleiß. Laufbahn zu heiß u. zu weich. Scheidet aus.
2	GG	GG induktionsgehärtet	IKA*	IKA*	wie 1. Laufbahn zu weich. Scheidet aus.
3	GTS	GTS induktionsgehärtet	IKA*	IKA*	Härtung besser. Laufbahn zu heiß. Scheidet aus.
4	GG	GG ionitriert	IKA*	IKA*	Härtung in Ordnung. Laufbahn zu heiß. Vielleicht realisierbar.

*) IKA = Spezialgrauguß, Markenname der Fa. Goetze.

WERKSTOFFKOMBINATION
MANTEL-DICHTLEISTE, Basis Grauguß
K1MR 3.70

Lfd. Nr.	Gehäuse Werkstoff	Laufbahn Werkstoff	Dicht-element Grundwerkstoff	Dicht-element Laufschichtwerkstoff	Befund u. Verwendung
5	Al-Guß	Al-Guß	IKA*	IKA*	Sehr starke Rattermarken. Scheidet aus.
6	Al-Guß	Stahl aufgespritzt	IKA*	IKA*	Rattermarken, größerer DL-Verschleiß
7	Al-Guß	Molybdän aufgespritzt	IKA*	IKA*	Rattermarken gering, DL-Verschleiß vertretbar. Sehr teuer.
8	Al-Guß	Wolframkarbid aufgespritzt	IKA*	IKA*	Laufbahn sehr hart. Sehr teuer.
9	Al-Guß	verchromt	IKA*	IKA*	Marmorierung der Laufbahn, starker DL-Verschleiß Scheidet aus.
10	Al-Guß	verchromt	Kohle od. Eisen	Kohle od. Eisen	Marmorierung der Laufbahn, starker DL-Verschleiß, Bruchempfindlichkeit der DL.

*) IKA = Spezialgrauguß, Markenname der Fa. Goetze.

WERKSTOFFKOMBINATION
MANTEL-DICHTLEISTE, Basis Leichtmetall
K1MR 3.70

Lfd. Nr.	Gehäuse Werkstoff	Laufbahn Werkstoff	Dicht-element Grundwerkstoff	Dicht-element Laufschichtwerkstoff	Befund u. Verwendung
11	Al-Guß	vernickelt +SiC-Körner Größe 2..25µm	IKA*	IKA*	Gute Festigkeit der Laufschicht. DL-Verschleiß 20 40 µm/100 km Scheidet aus
12	Al-Guß	Nidur**	IKA*	IKA*	Gute Laufeigenschaften DL-Verschleiß 1 ... 3 µm/100 km
13	Al-Guß	Nidur**	Al_2O_3 (Keramik)	Al_2O_3 (Keramik)	Hervorragende Laufeigenschaften DL-Verschleiß 0,1 µm/100 km Bruchempfindlichkeit der DL. Scheidet aus.
14	Al-Guß	Nidur**	IKA	Al_2O_3 (Keramik)	Verminderte Bruchempfindlichkeit der DL.
15	Al-Guß	Nidur**	Hartmetall	Hartmetall	Gute Laufeigenschaften. Sehr geringer DL-Verschleiß. Sehr teuer.
16	Al-Guß	Nidur**	Si_3N_4	Si_3N_4	Sehr gute Laufeigenschaften. Sehr geringer DL-Verschleiß. Sehr geringe Bruchempfindlichkeit der DL. Sehr teuer.

*) IKA = Spezialgrauguß, Markenname der Fa. Goetze.
**) Nidur (Markenname DB) = / Elnisil (NSU) = / Nikasil (Mahle) = } vernickelt + SiC-Körner, < 2 µm

WERKSTOFFKOMBINATION
MANTEL-DICHTLEISTE, Basis Leichtmetall
K1MR 3.70

Analyse umfangreicher Versuche zu Werkstoffkombinationen von Gehäusemantel und Dichtleiste. Zusammenstellung der Daimler-Benz Motorenkonstruktion vom März 1970.

Kennzeichnend für die bei Daimler-Benz entwickelten Rotationskolbenmotoren war die ungeteilte Exzenterwelle – hier von einem 3-Scheiben-Motor der Baureihe M 950.

zwischen Dichtleisten und Trochoidenlauffläche verursachte wellenförmige Beschädigungsmuster erlangte als Wankelmotor-typische Erscheinung allseits zweifelhafte Berühmtheit – vor allem, weil es trotz bedeutender Erfindungen, wie zum Beispiel der 1965 von Mahle ersonnenen Nikasil-Laufflächenbeschichtung, bis in die späten 1960er-Jahre von keinem der weltweiten Wankel-Entwicklungsteams endgültig beseitigt werden konnte.

Ähnlich verhielt es sich mit einem weiteren zentralen Wankel-Thema: der Schaffung absoluter Gasdichtheit am Läufer. Hier waren die berüchtigten Dichtleisten – insbesondere die, welche die drei Kammern gegeneinander abdichten sollten – vom Entwicklungsstart bis mindestens 1973 Gegenstand aufwendiger Testreihen in puncto Ausführung und Material. Dabei gelang es den Daimler-Benz Ingenieuren, bis zum Stopp sämtlicher Wankel-bezogener Entwicklungsaktivitäten zumindest weitestgehende Serientauglichkeit sicherzustellen.

Auch die Entwicklung optimaler Läufer im Hinblick auf geeignetes Material, Brennraumform, Schmiermittelversorgung und radiale Ölabdichtung gestaltete sich alles andere als einfach und konnte erst nach über zehn Jahren der Wankel-Entwicklung auf das bei Daimler-Benz geforderte hohe Serienreife-Niveau gebracht werden. Als noch deutlich anspruchsvollere Aufgabe erwies sich jedoch die Entwicklung der Motorgehäuse. Hier wurden insbesondere bei der Materialwahl mit Blick auf die thermische Empfindlichkeit des Wankelmotors, die Maßhaltigkeit von Dichtflächen und die Langlebigkeit von Laufbahnbeschichtungen vom Beginn der Entwicklungsarbeiten bis zu deren endgültigem Stopp Anfang 1976 zwar wesentliche Fortschritte

So sahen die »Rattermarken« auf der Trochoidenlauffläche aus. Sie entwickelten sich seinerzeit zum Dauerproblem der Entwickler – nicht nur bei Daimler-Benz.

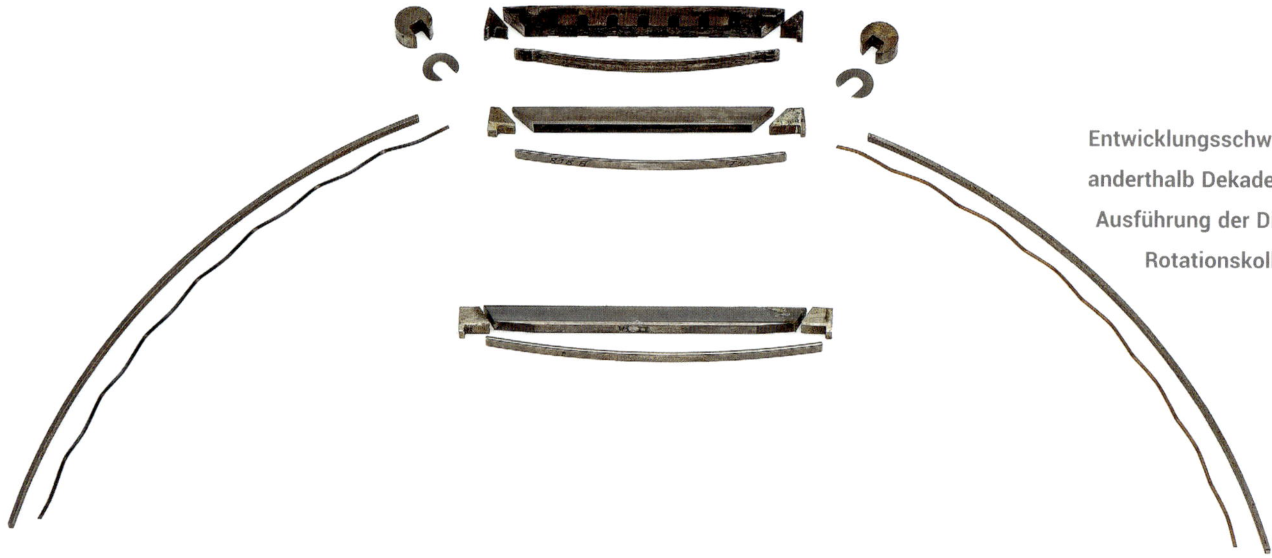

Entwicklungsschwerpunkt während anderthalb Dekaden: Material und Ausführung der Dichtleisten eines Rotationskolbenmotors.

erzielt, aber es wurde kein technischer Standard erreicht, der eine Übernahme des Wankelmotors in die Serienfertigung nach den Qualitätsvorgaben von Mercedes-Benz erlaubt hätte.

Im Gegensatz dazu wurden bis zu diesem Zeitpunkt jedoch ausgereifte Lösungen für das Zündsystem und – seit dem Aufkommen der mechanischen Bosch K-Jetronic Einspritzung in der ersten Hälfte der 1970er-Jahre – die Gemischaufbereitung gefunden.

Hauptgrund für den zaghaft voranschreitenden Entwicklungsfortschritt war neben den begrenzten zur Verfügung gestellten personellen und materiellen Ressourcen vor allem eine vom Hubkolbentriebwerk nicht bekannte Komplexität wechselseitiger physikalischer Abhängigkeiten in einem Wankelmotor. Aus Sicht der direkt Beteiligten stellten sich die Entwicklungsanstrengungen im Lauf der Zeit als Fass ohne Boden dar: Fand man vielversprechende

Die Materialfrage bestimmte die Entwicklung der Läufer ebenso wie die optimale Form der Brennraummulde. Links ein Läufer aus Temperguss (M 950), rechts ein Exemplar aus Aluminiumguss (M 951).

Lösungsansätze auf einem Problemfeld, ergaben sich neue Schwierigkeiten auf einem oder gleich mehreren anderen. In Zeiten ohne hohe Rechnerleistung, ohne ausgefeilte Simulationssoftware und ohne fortgeschrittene elektronische Steuerungskomponenten geriet die Wankelmotorenentwicklung, wenn deren Ergebnisse den Ansprüchen von Daimler-Benz genügen sollten, zu einer wahren Herkulesaufgabe mit zahlreichen Unbekannten und letztlich ungewissem Ausgang.

Ansteigende Lernkurve: die Forschungsmotoren

Der Reigen der Daimler-Benz Wankel-Forschungsmotoren begann, wie erwähnt, mit dem Versuchsmuster M 70 F, das im Frühjahr 1961 einem ersten Test auf dem Prüfstand unterzogen wurde. Das Aggregat – es wurden 1- und 2-Scheiben-Versionen gebaut – wies eine Mantelbreite von 70 mm auf und löste sofort die Erwartung hoher Leistungsausbeute ein. Das überaus kompakt bauende Triebwerk mit 700 cm³ Kammervolumen lieferte in 2-Scheiben-Ausführung bald erstaunliche 170 PS/125 kW, zeigte aber wegen permanenter temperaturbedingter Dichtleistenprobleme und Rattermarken-Bildung keine Perspektive in Richtung Dauerhaltbarkeit. Erst in modifizierter und auf 145 PS/107 kW zurückgenommener Version ließen sich erste Dauerlaufversuche mit Aussicht auf Erfolg absolvieren. Es dauerte gut zwei Jahre, bis ein Exemplar dieser ersten Motorengeneration einen 400-Stunden-Belastungstest auf dem Prüfstand ohne größere Schäden überstand. Zu diesem Zeitpunkt stand das kaum Fortschritte erzielende Wankel-Projekt bei Daimler-Benz bereits unter einem gewissen Druck, und ein frühzeitiger Stopp aller Entwicklungsarbeiten war nicht ausgeschlossen.

2-Scheiben-Versuchsmotor der Generation M 70 F – abgebildet ist das Exemplar mit der Bezeichnung KP 4.

Die grundsätzlich kompakte Bauform – besonders, wie hier, in 2-Scheiben-Ausführung – war eine der unbestreitbaren Stärken des Wankelmotors.

Beflügelt vom Erfolg des Prüfstandtests folgte noch Ende 1963 mit dem M 45 F die zweite Generation von Wankel-Forschungsmotoren. Sie zeigte – technisch in vieler Hinsicht verbessert – eine Mantelbreite von 60 mm, und eines dieser Triebwerke mit einem Kammervolumen von 450 cm³ überstand einen 140-Stunden-Dauertest ohne Ausfall. Mit Blick auf möglicherweise folgende Straßentests entstand davon auch eine einbaufähige Version, die in 3-Scheiben-Ausführung mit bis zu 210 PS/184 kW aufwartete. Tatsächlich wurde ein aus Verbrauchsgründen auf 141 PS/104 kW gedrosseltes Aggregat dieser Evolutionsstufe im Sommer 1965 in eine Limousine der Baureihe W 111 implantiert, fiel dort aber durch den Ausstoß größerer bläulich-weißer Qualmwolken auf und zeigte einen Ölkonsum von 4 l/1000 km.

Im Mai 1966 folgte mit dem M 50 F die dritte, neuerlich verbesserte Motorengeneration. Ausgestattet mit Zwischen- und Seitenteilen aus Aluminium sowie einer Mantelbreite von 70 mm und einem Kammervolumen von 560 cm³ lieferte die 3-Scheiben-Ausführung mit zunächst 180 PS/132 kW und später 170 PS/125 kW ansprechende Dauerlauftests unter Prüfstandbedingungen. Bis zu 100 Stunden konnten ohne schwerwiegende Mängel absolviert werden. Ab September durchgeführte Versuchsfahrten mit einer W 108 Limousine, die mit einem solchen M 50 F Triebwerk ausgestattet war, zeigten unter Realbedingungen im Straßenverkehr jedoch erschreckend hohe Kraftstoffverbräuche. Weitere Entwicklungsarbeiten, die auf eine Optimierung des Verbrennungsprozesses abzielten, versprachen hier Besserung. Das latente Problem zu hoher Manteltemperaturen schien man zu diesem Zeitpunkt einigermaßen im Griff zu haben.

Nach seinerzeitiger Einschätzung der Verantwortlichen bot der erreichte Entwicklungsstand nun eine Serienperspektive, und die Triebwerksgeneration erhielt in der Folge die Bezeichnung M 170 F.

Mit seinem Kammervolumen von 560 cm³ produzierte der 121 kg schwere 3-Scheiben-Motor M 50 F eindrucksvolle Leistungs- und Drehmomentdaten.

Man ergriff manche im Vorfeld einer Serienplanung erforderlichen vorbereitenden organisatorischen und infrastrukturellen Maßnahmen, und auch das Thema Fertigungskosten geriet nun stärker in den Blick. Zudem kam es zum Entwurf erster, noch auf einer Kleinserie basierenden Szenarien für die konkrete Verwendung von Triebwerken dieser Wankelmotoren-Generation in 2- und 3-Scheiben-Ausführung, zum Beispiel ein Einsatz im Unimog S. Zwar kam es dazu letztlich nicht, dennoch entstanden über 40 Einheiten dieser Motoren für weitere Entwicklungsarbeiten und verschiedenste Erprobungszwecke. Letztere gipfelten bereits 1966 in weiteren Straßentests, die mit W 108 Limousinen und SL Roadstern der »Pagoden«-Baureihe W 113 absolviert wurden.

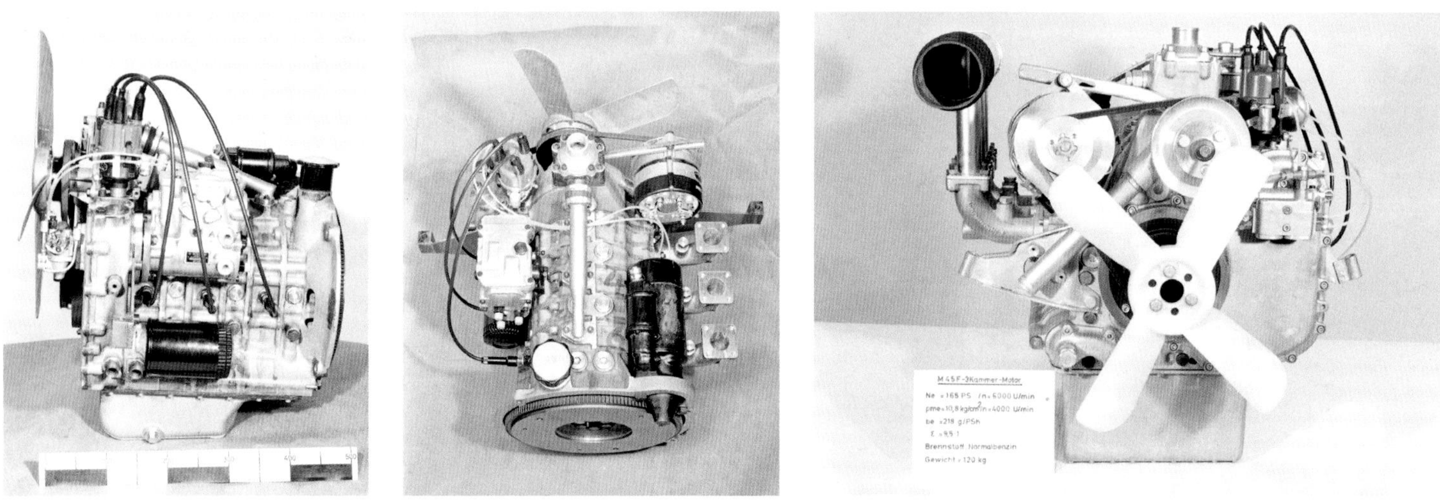

Premiere: Mit der technisch verbesserten Motorengeneration M 45 F wurde auch das erste 3-Scheiben-Aggregat verwirklicht.

Nomenklatur der Mercedes-Benz Wankelmotoren

Bereits Anfang der 1960er-Jahre Jahre wurde bei Daimler-Benz ein Bezeichnungsprinzip kreiert, das dem innovativen Charakter des neuen Antriebs Rechnung trug und sich von dem im Unternehmen etablierten Nomenklatursystem für Hubkolbenmotoren abhob.

In der Frühphase der Entwicklung bestand die Bezeichnung aus der Buchstabenkombination »KM« für Kreiskolbenmotor und einer nachfolgenden zwei- oder dreistelligen Zahl, die – nach Multiplikation mit 10 – das gerundete Kammervolumen angab. Der KM 70 war demnach ein Wankelmotor mit 700 cm³ Kammervolumen pro Läufer bzw. Mantel.

Je näher die Wankelmotoren einer möglichen Serienfertigung kamen, desto wichtiger wurde es, die Benennung den üblichen Nomenklatur- und Dokumentationssystemen anzupassen. Dies ist an den Bezeichnungen der Mercedes-Benz Wankelmotoren-Generationen abzulesen: M 70 F, M 45 F und M 50 F folgten prinzipiell dem ursprünglichen System oder leiteten sich davon ab. Der M 50 F wurde in M 170 F umbenannt und war damit im etablierten Motoren-Nomenklatursystem angekommen.

Bei den ersten Motorengenerationen stand das »F« offenbar für Forschungsmotor. Bei den letzten Baureihen M 950 und M 951 wurde das »F« nur noch sporadisch verwendet, zudem hatte man mit den 950er-Nummern auch einen eigenen neuen Nummernkreis für die Wankelmotoren eröffnet. Da die Motorenbaureihen ab dem M 45 F in mehreren Varianten mit unterschiedlicher Mantel- bzw. Läuferanzahl gebaut wurden, hängte man zur Differenzierung bei der Benennung die Mantelanzahl einfach mit einem Schrägstrich an den Baureihencode an: M 50/2 F bezeichnet dementsprechend eine 2-Scheiben-Variante des M 50 F, M 950/3 einen 3-Scheiben-Motor der Baureihe M 950.

In Entwicklung und Versuch legten die Techniker und Ingenieure bei Mercedes-Benz von jeher Wert darauf, auch individuelle Fahrzeuge und Aggregate eindeutig und zugleich effizient benennen zu können. Hierzu wurde ein Nomenklatursystem entwickelt, bei dem die Motorenbaureihe unter Verzicht auf den 2- oder 3-stelligen Baureihencode nur noch mit einem an das »K« (für Kreiskolbenmotor) angehängten Großbuchstaben bezeichnet wurde. Die folgende Aufstellung stellt diese Buchstabenkombinationen den zugehörigen Baureihencodes gegenüber:

KP – M 70 F
KA – M 45 F
KC – M 50 F bzw. M 170 F
KE – M 950
KF – M 951

Die Hintergründe der Entscheidung, mit P zu beginnen und die Buchstaben B und D zu überspringen, sind leider nicht dokumentiert. Grundsätzlich war aber in Verbindung mit diesen Buchstabenkombinationen die Bezeichnung individueller Motoren leicht möglich, wobei auch hier zwei verschiedene Systeme verwendet wurden. Solange es hinsichtlich der Scheibenzahl nur eine einzige Variante pro Baureihe gab, war die Kombination aus Buchstabencode und laufender Nummer eindeutig und aussagefähig. Motor KP 7 war dementsprechend der M 70 F mit der laufenden Nummer 7. Als dann die Entwicklung der Wankelmotor-Baureihen ab dem M 45 F in verschiedenen Varianten erfolgte, wurde die Scheibenzahl zunächst mit Schrägstrich an die laufende Nummer angehängt: KA 9/3 bezeichnete den M 45 F mit der laufenden Nummer 9, der als 3-Scheiben-Aggregat ausgeführt war.

Mit zunehmender Zahl an Versuchsaggregaten wurde dieses System nochmals angepasst: Die laufende Nummer war nun stets dreistellig, wobei die erste Ziffer die Scheibenzahl und die beiden folgenden Ziffern die eigentliche laufende Nummer bezeichneten. So war der KC 317 der siebzehnte 3-Scheiben-Motor der Baureihe M 50 F bzw. M 170 F, der KE 406 der sechste 4-Scheiben-Motor der Baureihe M 950 und der KF 402 der zweite 4-Scheiben-Motor der Baureihe M 951. Innerhalb dieses Systems konnte die Aufbaustufe des individuellen Motors mit einem Schrägstrich gekennzeichnet werden: KC 315/6 stand in diesem Zusammenhang für den fünfzehnten 3-Scheiben-Motor der Baureihe M 170 F, der zum sechsten Mal aufgebaut worden war.

Wunsch und Wirklichkeit: unklare Serienperspektive

Vor dem Hintergrund der Überlegungen, den Wankelmotor zumindest mittelfristig für den Einsatz in Mercedes-Benz Serien-Pkw vorzusehen, wurde die Konstruktion einer optimierten, bisherige Erfahrungen berücksichtigenden Motorengeneration beschlossen. Bei dieser sollten weiterhin die grundlegenden Themen Dauerhaltbarkeit und Kraftstoffverbrauch wichtigste Entwicklungsziele sein. Das erste Triebwerk der neuen Evolutionsstufe, die die Bezeichnung M 950 trug und mit 75 mm Mantelbreite ein Kammervolumen von 600 cm³ aufwies, gab im September 1968 in einer 2-Scheiben-Version sein Debüt auf dem Motorenprüfstand. Anfang des Folgejahres wurde das erste 3-Scheiben-Triebwerk fertiggestellt. In einer zweiten, wiederum weiterentwickelten Baustufe kam es dann auch erstmals zur Realisierung eines 4-Scheiben-Motors. Nicht zuletzt reflektierte dies die Stoßrichtung der M 950-Aggregate, die neben weiterer Verbesserung und Absicherung der motorischen Grundqualitäten insbesondere auf eine

Als Teil der Versuchsflotte beherbergte diese »Strich-Acht«-Limousine einen 2-Scheiben-Motor der Generation M 950. An Einbauraum mangelte es dieser Konfiguration nicht.

Die 3-Scheiben-Ausführung des M 950 erwies sich zur Überraschung der Entwickler als wenig standfest und ließ Serienhoffnungen fürs Erste illusorisch erscheinen.

Grund der Untersuchung **Neuentwicklung**

Zusammenfassung der Ergebnisse

Ausbaugrund:

KE 224/12	Laufstr.:	11 039 km	Ohne Beanstandung, Stadt-Dauerlauf beendet	Baust. II
KE 252/4	"	639 km	Manteltemperatur zu hoch	Baust. III
KE 262/4	"	5 434 km	Gehäuse durchschlagen	
KE 263/3	"	15 406 km	Gehäuse durchschlagen	
KE 265/3	"	40 798 km	Wasser in Kammer 1	
KE 267/4	"	15 105 km	Unfall, Totalschaden	
KE 269/2	"	5 696 km	Wasser in beiden Scheiben	
KE 270/3	"	100 957 km	Dauerlaufende	

Diese hier aufgeführten Motoren waren zur Erprobung im Straßen-Dauerlauf auf verschiedenen Rundstrecken eingesetzt.

Von 8 Motoren mußten 5 auf Grund von Schadensfällen nach verhältnismäßig kurzer Laufstrecke ausgebaut werden.

Von den 3 unbeanstandeten Motoren war der KE 224/12 nur auf der Stadt-Rundstr. mit max. 4000/min eingesetzt, der KE 267/4 vorwiegend auf der Rundstrecke 7.0 (Totalschaden durch Unfall), der 3. Motor (KE 270/3) hatte lange Laufstrecke.

Deprimierende Lektüre für die Wankel-Entwickler bei Daimler-Benz: Testprotokoll der Langstreckenerprobung mit Motoren der Generation M 950, anno 1973.

hohe Leistungsausbeute abzielte – schließlich sollte der erste reguläre Einsatz dieser Motorengeneration im neuen Mittelmotor-sportwagen-Projekt C 101 stattfinden. Vor allem dank höherer Drehzahlen ließ sich der M 950 bis zum Spätsommer 1969 in der 4-Scheiben-Ausführung auf ein Leistungsniveau von gut 350 PS/257 kW bringen.

Dauerlauferprobungen mit den neuen Hochleistungsaggregaten brachten jedoch einen unerwarteten Rückschlag für die Wankelmotorenentwicklung bei Daimler-Benz: Unvermittelt auftretende thermische und mechanische Probleme an den Versuchstriebwerken, die man im Wesentlichen bewältigt zu haben glaubte, resultierten in einer Vielzahl ebenso frühzeitiger wie kapitaler Defekte, die neben anderen Faktoren die vorsichtigen Überlegungen im Hinblick auf einen Serienstart des Hochleistungs-Sportwagens im Jahr 1971 obsolet werden ließen. Um zumindest eine gewisse Anzahl von Test- und Demonstrationsfahrzeugen des faszinierenden Coupés einsatzfähig zu haben, mussten die einzelnen 3- und 4-Scheiben-Versionen umfangreich und kostspielig modifiziert werden. Im Weiteren wandten sich die Entwickler wieder stärker den technisch weniger komplexen 2-Scheiben-Versionen des M 950 zu. Im Mittelpunkt standen hier unter anderem wieder die Verbrauchsreduzierung sowie eine Optimierung der Leistungscharakteristik, deren vorherrschendes Merkmal nach wie vor eine ausgeprägte Durchzugsschwäche im unteren Drehzahlspektrum war. Um Letztere nachhaltig zu lindern, kamen Entwicklungen wie ein innovatives Stufensaugrohr und nach ausgiebigen Versuchsreihen eine speziell konfigurierte Einrohr-Abgasanlage zum Einsatz.

Bis etwa Mitte 1971 arbeiteten die Motorenentwickler bei Daimler-Benz an insgesamt vier Baustufen des M 950, die zwar jeweils verschiedene Verbesserungen aufwiesen, aber vor allem wegen anhaltender thermischer Probleme letztlich zu keinem Durchbruch in puncto Serienperspektive führten. In den C 111 wurden dabei – mit wenigen Ausnahmen – nur Aggregate der beiden ersten Baustufen implantiert.

Exzenterwelle eines M 950 3-Scheiben-Motors mit mittlerem Läufer und teilbaren Lagerschalen

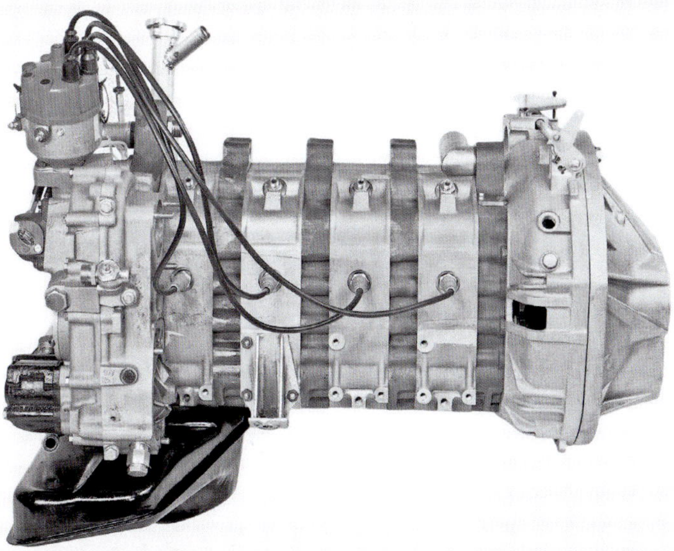

Je höher Scheibenanzahl und Leistungsausbeute der Motoren waren, desto größere Probleme gab es mit Zuverlässigkeit und Haltbarkeit. Bestes Beispiel waren die 4-Scheiben-Versionen des M 950.

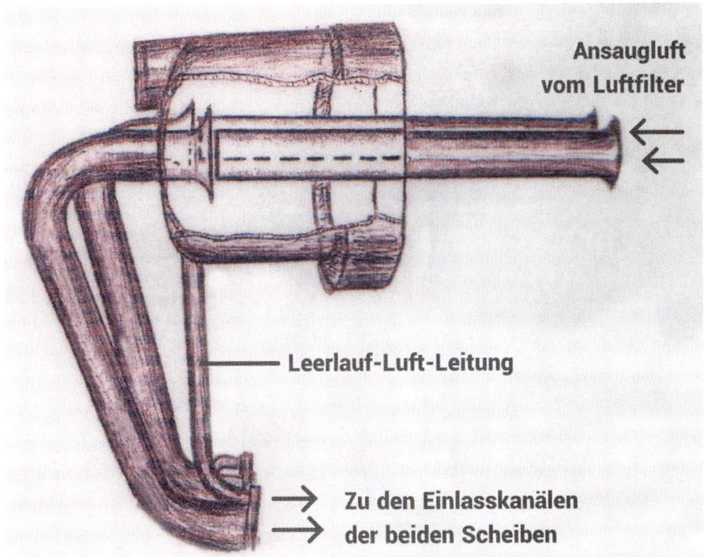

Das Stufensaugrohr – hier in einer Röntgenzeichnung seines Erfinders Wolfgang Kalbhenn – erwies sich als effiziente Lösung, um der Durchzugschwäche des Wankelmotors im unteren Drehzahlbereich beizukommen.

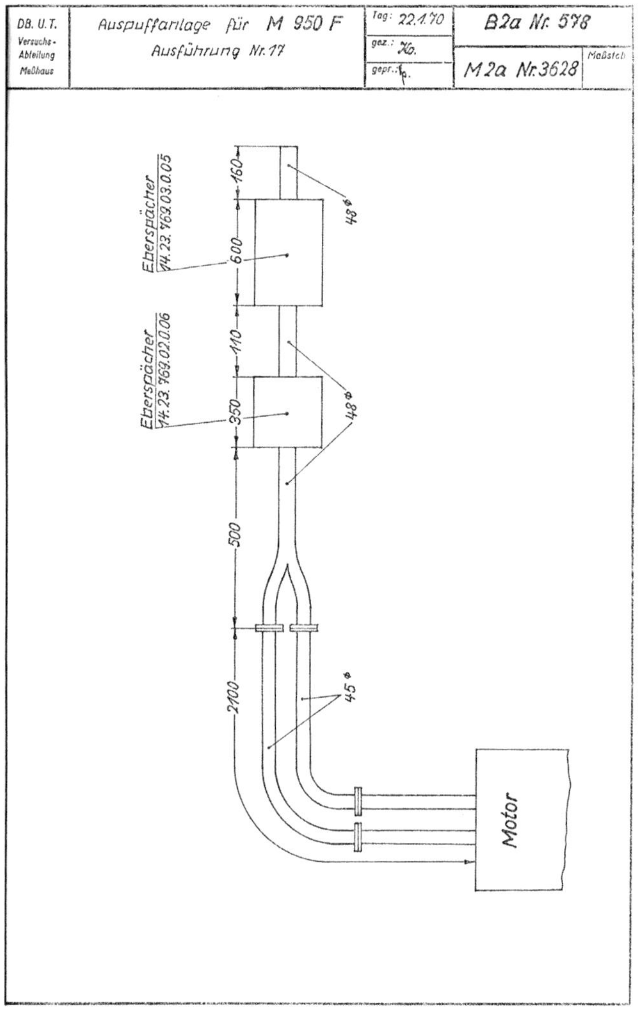

Abgasseitig unterstützten speziell konzipierte Auspuffanlagen – hier in einflutiger Ausführung für den M 950 – die Erzeugung fülligerer Drehmomentkurven.

Die höchste Entwicklungsstufe: Motorengeneration M 951

Die inzwischen seit rund zehn Jahren mit wechselnder Intensität vorangetriebene Wankelmotorenentwicklung bei Daimler-Benz geriet zu Beginn der 1970er-Dekade zunehmend unter den Druck, sich zeitlich mit der Entwicklung potenziell Wankel-getriebener Fahrzeuge des künftigen Pkw-Programms synchronisieren zu müssen. Schließlich galt es, im Vorfeld die unterschiedlichen Einbauverhältnisse für Wankel- und Hubkolbenmotoren bei der Karosseriekonstruktion zu berücksichtigen. Dies traf konkret für die SL Baureihe 107, die

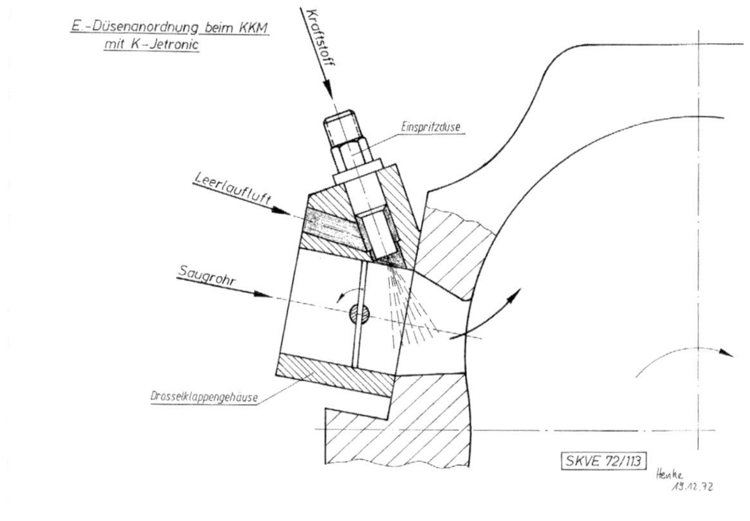

Ergebnis langwieriger Versuchsreihen war die schräge Einbaulage der K-Jetronic Einspritzdüse nahe der Einlassöffnung.

S-Klasse Baureihe 116 und die Mittelklasse-Baureihe 123 zu. Durch die überraschend aufgetauchten Schwierigkeiten mit der Triebwerksgeneration M 950 wurde nun aber zeitgleich auch eine umfassend überarbeitete Version des Wankelmotors unabdingbar. Seit Februar 1971 waren die Zielstellungen der entsprechenden Entwicklungsarbeiten definiert: Dazu gehörten die Berücksichtigung der Einbauverhältnisse speziell bei den Fahrzeugen der künftigen Baureihe 123, die Beseitigung der als wesentliche Problemursache identifizierten Gehäuseundichtigkeiten und die Einführung von Seitenteilen aus übereutektischer Aluminiumlegierung, einer metallurgischen Innovation, die General Motors vorangetrieben und aktuell in Teile der eigenen Motorenfertigung eingeführt hatte. Der Zeithorizont für eine mögliche Serieneinführung des Wankelmotors bei Daimler-Benz wurde vor diesem Hintergrund zunächst auf 1973 gesetzt, bald aber wegen fortgesetzter Serienuntauglichkeit auf 1976 erweitert.

Die 1972 fertiggestellten Triebwerke der neuen Motorengeneration M 951 präsentierten sich in Tat und Wahrheit eher als komplette Neu- denn als umfassende Weiterentwicklung. Vor allem durch die übereutektischen Seitenteile, eine wesentlich verbesserte Schmierung der Dichtelemente, eine robustere Auslegung der Mäntel, neue Alu-Läufer und einen deutlich effizienter arbeitenden Kühlkreislauf wurden in puncto thermische Stabilität und Verschleißminderung nun bedeutende Fortschritte erzielt. Flankiert wurden diese unter anderem durch die erstmalige Verwendung der bei Daimler-Benz seinerzeit in Erprobung befindlichen mechanischen Saugrohreinspritzung Bosch K-Jetronic, die sich bei Leistungsausbeute

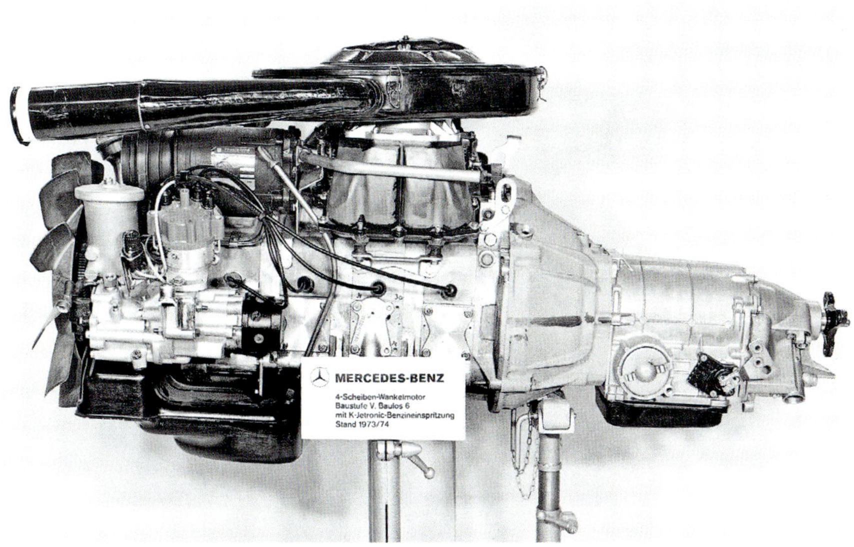

In dieser finalen Form hätte die 4-Scheiben-Ausführung des M 951 Mitte 1975 in einer limitierten Anzahl von Fahrzeugen der SL/SLC-Baureihe R/C 107 zum Einsatz kommen sollen. Zeitweise war an eine Produktion von monatlich 250 Einheiten gedacht, die mit Blick auf reale Alltagserprobung an handverlesene Kunden abgegeben werden sollten.

Kulminationspunkt der Wankelmotor-Entwicklung bei Daimler-Benz: Mantel, Aluminium-Läufer und übereutektische Seitenteile eines M 951.

wie bei Verbrauchswerten als bislang mit Abstand effizientestes Gemischaufbereitungssystem erwies. In Verbindung mit dem Stufensaugrohr sorgte die K-Jetronic auch für eine fülligere Drehmomentkurve und damit für eine harmonischere Leistungscharakteristik.

Wertvolle Helfer: externe Entwicklungsdienstleister

Um die im Lauf der langjährigen Entwicklungsphase immer dringlicher und umfangreicher werdende Grundlagenforschung zum Wankelmotor trotz beschränkter personeller Ressourcen leisten zu können, bediente sich Daimler-Benz Motoren-Konstruktionschef Wolf-Dieter Bensinger nicht selten externer Hilfe. In der Zeit von Mitte der 1960er-Jahre bis etwa 1973 wurde unter seiner Federführung eine Vielzahl von Forschungsaufträgen an wissenschaftlich arbeitende Institutionen vergeben, von denen die wichtigsten auf die eine oder andere Weise mit Daimler-Benz verbunden waren. Am stärksten mit einschlägigen Aufträgen bedacht wurde die in Lindau beheimatete und von Felix Wankel zu Beginn der 1960er-Jahre gegründete Technische Entwicklungsstelle (TES) sowie das mit Finanzmitteln von Daimler-Benz unterstützte Institut für Motorenbau Prof. Huber GmbH (IMH) in München. Von diesen Instituten behandelt wurden beispielsweise Fragen zu den Themenfeldern Dichtleisten, Ölkühlung der Läufer und Optimierungspotenziale der Verbrennungsprozesse. Mit der Ende 1973 seitens des Daimler-Benz Vorstands verfügten massiven Beschneidung der Wankel-Entwicklung endete auch die Beauftragung dieser externen Forschungsinstitute, deren Etats in der Folge massiv schrumpften.

Innige Verbindung: C 111 und Wankelmotor

Die rund fünfzehn Jahre währende Entwicklung von Wankeltriebwerken bei Daimler-Benz blieb in der breiten und selbst in der automobilinteressierten Öffentlichkeit weitgehend unbekannt. Auch die Medienlandschaft der 1960er- und 1970er-Jahre nahm kaum Notiz von den vielfältigen Anstrengungen, die in der Untertürkheimer Motorenentwicklung unternommen wurden, um dem Wankelmotor eine Serienperspektive im Pkw-Bau zu verschaffen, die dem spezifischen Qualitätsanspruch von Daimler-Benz gerecht wurde. Verschiedene Gründe für diese allseits zurückhaltende Behandlung des Themas mögen hier eine Rolle gespielt haben: Fraglos hatte die Wankel-Technologie mit Blick auf die Probleme, die NSU ab 1967 vor aller Augen mit dem Ro 80 zu bewältigen hatte, allgemein an Strahlkraft eingebüßt; und auch auf Seiten von Daimler-Benz hielt man sich angesichts mancher technischer Schwierigkeiten bei der Entwicklung der eigenen Wankel-Triebwerke und mit Blick auf die generell dynamische Entwicklung im Bereich Pkw-Antriebe kommunikationspolitisch zu dem Thema sehr bedeckt.

Tatsache ist, dass der Wankelmotor bei Mercedes-Benz in der kollektiven Wahrnehmung der Markenhistorie nur ein einziges Mal auftaucht – im Zusammenhang mit dem letztlich als Experimentalfahrzeug in Erscheinung tretenden, aufsehenerregenden Hochleistungs-Coupé C 111, das nach monatelangen Spekulationen im September 1969 auf der Internationalen Automobil-Ausstellung (IAA) in Frankfurt/Main debütierte und mit Recht als Sensation empfunden wurde.

Es kann als eine Art ironische Fußnote der Automobilgeschichte betrachtet werden, dass beim insgesamt sehr hohen technischen Stand der Wankelmotorenentwicklung bei Daimler-Benz ausgerechnet die in den verschiedenen C 111 eingesetzten, komplexen und leistungsstarken 3- und 4-Scheiben-Aggregate der Triebwerksgeneration M 950 als Exponenten dieser Antriebstechnologie historisch in den Blickpunkt gerieten. Die zahlreichen Probleme mit diesen Motoren ließen den Fortgang des weiteren Entwicklungsprozesses bei Daimler-Benz ein Stück weit stagnieren und warfen – durchaus unverdient – einen Schatten auf das inzwischen erreichte, auch im Detail beeindruckende technische Niveau.

Dass der C 111 zum unumstrittenen Star der IAA 1969 wurde, lag sicher nur zum Teil am Funktionsprinzip seines Antriebsaggregats – dem Großteil des interessierten Publikums waren die von den Medien begierig aufgegriffenen Schwierigkeiten mit dem Wankelmotor des Ro 80 sicher nicht verborgen geblieben –, sondern zumindest ebenso sehr an seiner faszinierenden Optik, dem hochmodernen Fahrzeugkonzept mit Mittelmotor und Kunststoffkarosserie sowie den seinerzeit kommunizierten Fahrleistungsdaten. Daimler-Benz zeigte mit dem Mittelmotor-Sportwagen, dass man sich 12 Jahre nach der Produktionseinstellung des legendären 300 SL »Flügeltüren«-Coupés wieder etwas traute und die gewisse Biederkeit, die über die Jahre in die Pkw-Modellpalette von Mercedes-Benz Einzug gehalten hatte, abzuschütteln gedachte. Nach etlichen, im Vorfeld des IAA-Auftritts innerhalb des Vorstands geführten kontroversen Diskussionen spielte der C 111, wenn auch aus guten Gründen explizit nur als Experimentalfahrzeug, perfekt die ihm obendrein zugedachte Rolle als »Image Booster«. Damit gab der Messestar auch der ebenfalls auf der IAA 1969 Premiere feiernden neuen Generation moderner V8-Motoren der Baureihe M 116 genügend Raum, um ihre erfolgreiche Karriere in der Pkw-Palette von Mercedes-Benz zu starten.

Kardinalfrage:
Was tun mit dem Wankelmotor?

Trotz der weltweit überwältigenden Resonanz auf den C 111 blieb die Frage, welche Perspektive die Wankelmotorenentwicklung bei Daimler-Benz tatsächlich hatte, seitens des Unternehmens auch weiterhin ohne konkrete Antwort. Spekulationen in den Medien und mitunter bohrende Fragen auf den Hauptversammlungen der Daimler-Benz AG wurden, wie schon seit vielen Jahren, auch zu Beginn der 1970er gebetsmühlenartig mit Verweis auf den noch nicht abgeschlossenen Entwicklungsprozess abgewehrt. Das war sachlich vollkommen korrekt und spiegelte nichts anderes als die Realität wider. Schließlich waren die Signale, die in Richtung pro oder contra wiesen, unverändert zwiespältig: Da waren zum einen die nach wie vor sehr gemischten Erfahrungen, die man mit der eigenen langwierigen Wankelmotorenentwicklung machte, und die Wahrnehmung dessen, was NSU bzw. seit 1969 die neufirmierte Audi NSU Auto Union AG mit dem Ro 80 erlebte, aber andererseits auch die Erfolge von Toyo Kogyo mit deren Wankel-getriebenen Mazda-Pkw vor allem in Nordamerika und ebenso das erkennbare Engagement von General Motors und Ford in Sachen Rotationskolbenmotor.

Daimler-Benz musste also, was die strategische Ausrichtung seiner Pkw-Aktivitäten anging, weiterhin einen schwierigen Balanceakt vollführen. Nicht zuletzt, weil die kontinuierliche Pflege des Pkw-Programms mit seinen langfristigen, fest gefügten Entwicklungszyklen trotz aller Ungewissheit über einen Serieneinsatz des Wankelmotors im eigenen Haus und das entsprechende Geschehen beim weltweiten Wettbewerb konkrete Grundsatzentscheidungen in dieser Frage forderte – schließlich galt es, spezifische Eigenschaften, Dimensionen und unterschiedliche Einbauverhältnisse der Wankelaggregate bei der Fahrzeugentwicklung jeweils rechtzeitig zu berücksichtigen. Flankiert wurde diese Gemengelage durch eine immer stärker an Dynamik gewinnende Gesetzgebung in puncto Abgasreduzierung und passive Unfallsicherheit, die den Entwicklungsprozess auf Antriebs- wie Fahrzeugseite ihrerseits ebenfalls beeinflusste.

Unverändert im Fokus: technische Kernprobleme

Kein anderer Automobilhersteller baute vor der Serieneinführung von Neuentwicklungen höhere Hürden auf als Daimler-Benz. Der seit jeher kompromisslose Qualitätsanspruch diente auch während der rund anderthalb Dekaden umfassenden Entwicklungsphase der Wankelmotoren fortwährend als Handlungsrichtlinie und wurde zu keinem Zeitpunkt aufgeweicht. Beherrschendes Thema war und blieb die Erzielung eines mit den Hubkolbentriebwerken vergleichbaren Niveaus an Dauerhaltbarkeit. Trotz umfassender Grundlagenforschung und zahlreicher innovativer technischer Lösungen konnten die schon Anfang der 1960er-Jahre im Unternehmen als Messlatte geltenden Kriterien für eine Serienreife – 500 Stunden störungsfreier Volllastlauf auf dem Prüfstand und 100.000 Straßenkilometer – bis zur Beendigung aller Entwicklungsaktivitäten für die Wankelmotorkonstruktionen nicht in statistisch reproduzierbarer Weise dargestellt werden. Zwar gelang es über die Jahre immer wieder, mit einzelnen Triebwerken der jeweiligen technischen Evolutionsstufe das eine oder andere dieser Ziele zu erreichen, doch schienen dies auch in der Wahrnehmung der seinerzeit direkt beteiligten Entwickler Erfolge zu sein, die eher auf dem Zufallsprinzip beruhten und nicht immer erklärbar waren. Zwar konnten manche grundlegenden, auch prinzipbedingten Probleme der Wankeltriebwerke konstruktiv vollends beseitigt werden, andere erwiesen sich hingegen trotz aller Bemühungen als nicht zufriedenstellend beherrschbar.

Abertausende Stunden auf Motorenprüfständen und mehrere Millionen Testkilometer im Straßenbetrieb brachten letztlich keine nach Daimler-Benz Maßstäben serientaugliche technische Verlässlichkeit der Rotationskolbenmotoren. Zahllose Dauererprobungen der verschiedenen Motorengenerationen verliefen deprimierend. Manchmal half es, das Leistungsniveau zu reduzieren, aber auch diese Maßnahme führte nicht immer zum Ziel. Ständige Begleiterscheinungen der Erprobungen waren darüber hinaus häufige Zündkerzenwechsel,

Strecken			Testwagen 280 S-CH 3982 (Schaltgetr.) Mot. Serie i_H = 3,69		NSU RO 80 Mot. Serie i_H = 3,45 Automat W 3		Mehrverbrauch des NSU RO 80	
Bezeichnung	**Nr.**	**km**	**Liter**	**1/100 km**	**Liter**	**1/100 km**	**1/100 km**	**%**
Innenstadt Belastung: 1 Person Spitze: 50 km/h	1.4	88	15,85	18,0	17,50	19,80	1,8	10
Außenstadt Belastung: 1 Person Spitze: 50 km/h	1.1	100	16,95	16,95	18,50	18,50	1,55	9,1
Autobahn zul.Ges.-Gew. – Schnitt 120 km/h über 136 km	3.0	544	16,85	12,4	17,25	12,7	0,3	2,4
Autobahn zul.Ges.-Gew. – "Voll" über 168 km			34,7	20,65 (162,5 km/h)	38,15	22,7	2,05	9,9
Autobahn zul.Ges.-Gew. – Gesamt-Verbrauch			85,80	15,77 (116,5 km/h)	92,10	16,9	1,13	7,2
Rundstrecke 7 zul.Ges.-Gew.	7.0	470	64,03	13,6	69,90	14,8	1,2	8,8
Schwarzwald zul.Ges.-Gew. Durchschnitt: 63,3 km/h	6.0	340	43,9	12,9	48,5	14,26	1,36	10,5
Ges.-Laufstr./Verbrauch		1542	226,53	14,69	246,50	15,98	1,29	8,7
Durchschnitts-Verbrauch			14,69		15,98		1,29	8,7

Blick auf den Wettbewerb: Im Verbrauchsvergleich zu einem NSU Ro 80 ergaben sich unverändert Vorteile für eine herkömmlich mit dem Sechszylinder M 110 angetriebene »Strich-Acht«-Limousine.

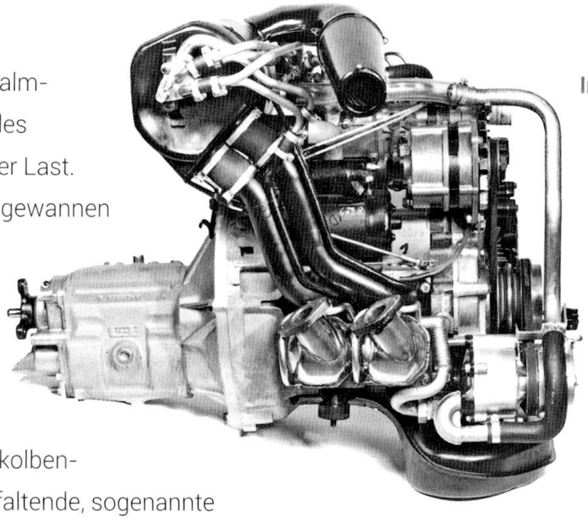

Im Vorfeld der in den USA ab 1974 in Kraft tretenden Katalysatorpflicht wurden Motoren der Generation M 950 versuchshalber bereits mit damaligen Abgasreinigungs-Komponenten wie einem Thermoreaktor samt Luftpumpe ausgerüstet.

aus den Abgasanlagen dringende blaue Qualmwolken und ein nicht endgültig zu kurierendes Ruckeln im Schiebebetrieb und unter leichter Last.

Über diese primären Probleme hinaus gewannen ab der zweiten Hälfte der 1960er-Jahre die Themen Kraftstoff- und Ölverbrauch sowie die daraus resultierenden Fragen nach den Schadstoffemissionen des Wankelmotors rapide an Relevanz. Der notwendige Systemvergleich mit dem Hubkolbenmotor und insbesondere die sich 1973 entfaltende, sogenannte »Ölkrise« erhöhten den Druck auf das Projekt erheblich. Längst war klar geworden, dass der Wankelmotor aufgrund seiner spezifischen Funktionalität prinzipielle Nachteile in Sachen Benzin- und Ölverbrauch gegenüber herkömmlichen Benzintriebwerken aufwies. Die hier zugrundeliegende Dichtungsproblematik sowie die ungünstigeren Bedingungen beim Verbrennungsvorgang drängten den Wankelmotor bei Daimler-Benz – und nicht nur dort – zunehmend in die Defensive. Seine propagierten Qualitäten, die er unter den gegebenen Bedingungen ohnehin nur begrenzt ausspielen konnte, schrumpften im inzwischen entstandenen Szenario nahezu gegen Null: Von einer in vielen Bereichen prinzipbedingten Überlegenheit des Wankelmotors gegenüber dem klassischen Hubkolbentriebwerk konnte spätestens ab Beginn der 1970er-Jahre keine Rede mehr sein.

Beim Kraftstoff- und Schmiermittelverbrauch ging es in der Entwicklung ab diesem Zeitpunkt nur noch darum, die Nachteile des Wankelmotors in einigermaßen erträglichem, auch potenziellen Kunden noch vermittelbarem Rahmen zu halten. Dabei gelangen den Daimler-Benz Entwicklern über die Jahre hinweg vor allem hinsichtlich des Benzinkonsums gewaltige Fortschritte: Der anfangs ermittelte Mehrverbrauch im Bereich von 50 % konnte auf circa 10 % gedrückt werden. Ein unter allen Fahrbedingungen stabiler Gleichstand mit Hubkolbentriebwerken blieb jedoch – nicht nur für die Stuttgarter Ingenieure – am Ende unerreichbar. Wesentlich kritischer gestaltete sich die Situation beim Ölverbrauch: Hier waren es Mercedes-Benz Fahrer seinerzeit zumeist gewöhnt, allenfalls einmal zwischen den Inspektionsterminen vom Tankwart einen Liter Motoröl nachfüllen zu lassen. Wankelmotoren erforderten in dieser Beziehung weit mehr Aufmerksamkeit: Bis zur Einstellung der Testfahrten im regulären Straßenbetrieb wurden bei einzelnen Aggregaten immer wieder astronomische Verbrauchswerte von um die 5 l/1000 km registriert, für die nicht in allen Fällen eindeutige technische Gründe identifiziert werden konnten.

Vor diesem Hintergrund erlangten auch die ab den 1970er-Jahren zunächst in den USA immer drängender gestellten Forderungen nach einer Reduzierung der Schadstoffemissionen im Straßenverkehr höchste Brisanz. Anfänglicher Euphorie hinsichtlich der Abgaszusammensetzung bei einem Wankelmotor folgte bald die ernüchternde Einsicht, dass man auch hier nicht ohne zusätzliche Abgasnachbehandlung auskommen würde – eine Technologie, die seinerzeit noch in ihren Anfängen steckte. Schließlich standen den zunächst als vorteilhaft niedrig angesehenen Stickoxid-Emissionen besonders große Mengen an unverbrannten Kohlenwasserstoffen und Kohlenmonoxid gegenüber, wie sie der Hubkolben-Ottomotor nicht produzierte.

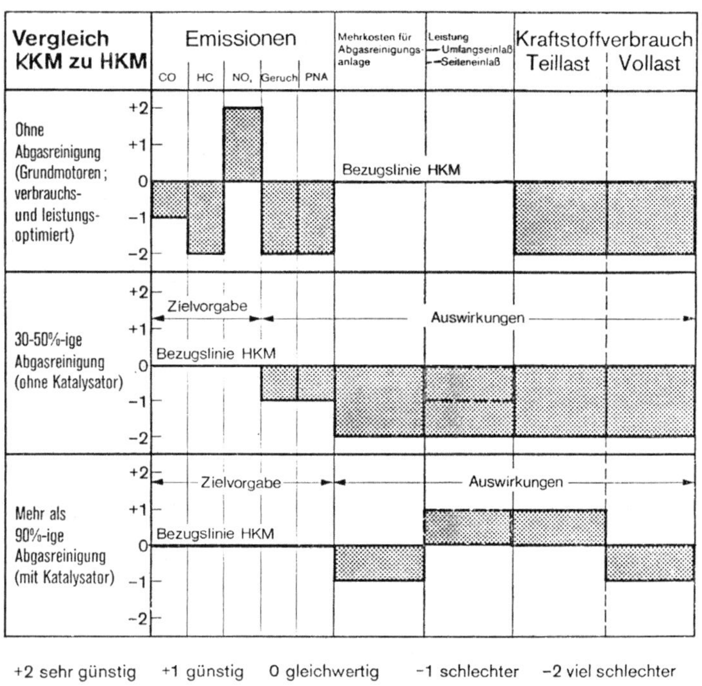

Neben dem Verbrauchs- wurde auch das Abgasverhalten des Wankelmotors Mitte der 1970er-Jahre zu einem zentralen Thema. Diese grafische Darstellung zeigt, dass nur unter Einsatz eines Katalysators über alles gesehen Gleichstand mit einem Hubkolbenmotor hergestellt werden konnte.

Schlussakkord: veränderte Rahmenbedingungen

Die sich im Spätherbst 1973 entfaltende sogenannte »Ölkrise« mit künstlicher Verknappung von Erdöl und Sonntagsfahrverboten auf deutschen Autobahnen wirkte auf Wirtschaft und Gesellschaft gleichermaßen schockierend. Besonders betroffen waren weite Teile der Automobilindustrie, die – stark verunsichert – ihre Produktpolitik speziell im Pkw-Bereich auf den Prüfstand stellte. Unter die Lupe genommen wurden vor allem leistungsstärkere und großvolumigere Benzintriebwerke, deren höhere Kraftstoffverbräuche unter den gegebenen Umständen kaum mehr akzeptabel zu sein schienen. Bei Daimler-Benz mit seinem ausschließlich im gehobenen mittleren und oberen Segment angesiedelten Fahrzeugprogramm geriet auch der als wenig sparsam bekannte Wankelmotor sehr schnell in den Fokus.

Unmittelbar angestellte Analysen des Entwicklungsstatus durch den Leiter der Pkw-Entwicklung, Friedrich van Winsen, bestätigten den in manchen Bereichen nach wie vor unbefriedigenden technischen Stand des Wankelmotors – das Erreichen einer Serienreife war noch gänzlich unabsehbar. Angesichts dieser Situation war es kein Wunder, dass der Vorstand der Daimler-Benz AG Ende 1973 verfügte, die einschlägigen Entwicklungsaktivitäten um 75 % zu reduzieren. Das galt sowohl personell wie in puncto Budget. Auch alle Wankel-Forschungsaufträge, an denen externe Kooperationspartner noch arbeiteten, wurden gestoppt und die zur Verfügung gestellten Bauteile unter Überwachung verschrottet. Nahezu alle verfügbaren Ressourcen wurden in der Folge auf die Weiterentwicklung des vorhandenen und geplanten Hubkolbenmotoren- und Fahrzeugprogramms konzentriert. Besondere Aufmerksamkeit gehörte fortan weitergehenden Verbrauchs- und Emissionsreduzierungen. Das Thema Wankelmotor im Hause Daimler-Benz war damit zumindest auf Vorstandsebene faktisch erledigt.

Zwei Aspekte des immerhin rund anderthalb Jahrzehnte währenden Rotationskolben-Intermezzos bei Daimler-Benz verdienen im Gesamtzusammenhang besondere Beachtung: Zum einen die Fertigungsplanung und zum anderen die kalkulatorische Seite. Beides schien zu Beginn der Entwicklung stark für eine Einführung der neuen Motorenbauart zu sprechen. Die gegenüber herkömmlichen Viertakt-Verbrennern geringere Anzahl an Bauteilen und die Möglichkeit, dank eines überschaubaren Baukastensystems kosteneffiziente Produktionsprozesse zu etablieren, stellten sich auf den ersten Blick als handfeste Vorteile der neuen Antriebstechnologie dar. Aber auch hier erwies sich der anfängliche Enthusiasmus – wie auf vielen anderen Entwicklungsfeldern des Wankelmotors auch – als verfrüht. Die Fertigung zentraler Bauteile wie der Dichtleisten, der Exzenterlager, der Läufer und Mantelgehäuse oder Fragen, wie die nach optimaler Laufflächenbeschichtung, verlangten, je intensiver die Grundlagenforschung vorangetrieben wurde, nach immer komplexeren und präziseren Prozessen. Für deren Beherrschung musste häufig erst entsprechendes Know-how erworben werden. Nicht zuletzt war die Motorenmontage an sich in den Kapazitätsdimensionen, die man zu Beginn der 1970er-Jahre bei Daimler-Benz zeitweise anvisierte, eine große Herausforderung. Um monatlich 6000 Wankeltriebwerke in der geforderten Qualität herstellen zu können, wären erhebliche Investitionen in die Produktionsanlagen unabdingbar gewesen. Verschiedenste Szenarien für eine Serieneinführung des Wankelmotors bei Mercedes-Benz wurden über die Jahre aufgemacht und

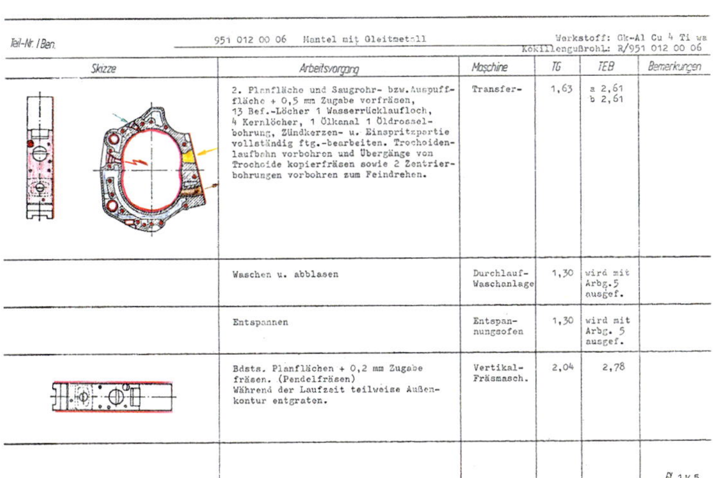

Teil-Nr. / Ben. 951 012 00 06 Mantel mit Gleitmetall — Werkstoff: Gk-Al Cu 4 Ti wa, Kokillengußrohl: R/951 012 00 06

Skizze	Arbeitsvorgang	Maschine	TG	TEB	Bemerkungen
	2. Planfläche und Saugrohr- bzw. Auspufffläche + 0,5 mm Zugabe vorfräsen, 13 Bef.-Löcher 1 Wasserrücklaufloch, 4 Kernlöcher, 1 Ölkanal 1 Öldrosselbohrung, Zündkerzen- u. Einspritzpartie vollständig ftg.-bearbeiten. Trochoidenlaufbahn vorbohren und Übergänge von Trochoide kopierfräsen sowie 2 Zentrierbohrungen vorbohren zum Feindrehen.	Transfer-	1,63	a 2,61 b 2,61	
	Waschen u. abblasen	Durchlauf-Waschanlage	1,30	wird mit Arbg. 5 ausgef.	
	Entspannen	Entspannungsofen	1,30	wird mit Arbg. 5 ausgef.	
	Bdsts. Planflächen + 0,2 mm Zugabe fräsen. (Pendelfräsen) Während der Laufzeit teilweise Außenkontur entgraten.	Vertikal-Fräsmasch.	2,04	2,78	

Bl. 1 v. 5
VSK 8244

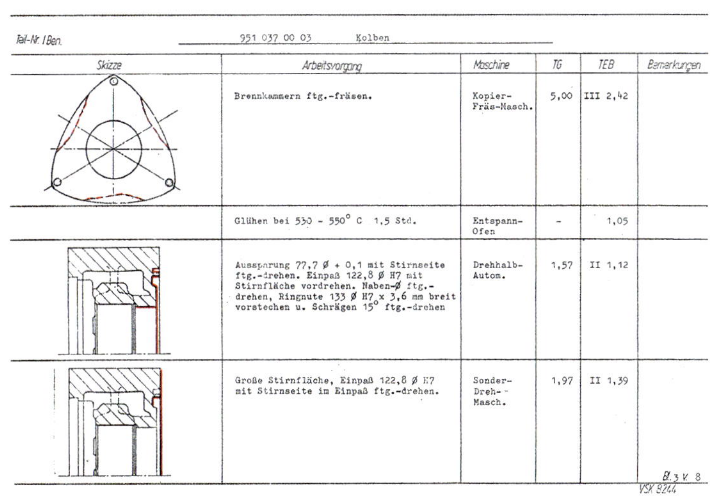

Teil-Nr. / Ben. 951 037 00 03 Kolben

Skizze	Arbeitsvorgang	Maschine	TG	TEB	Bemerkungen
	Brennkammern ftg.-fräsen.	Kopier-Fräs-Masch.	5,00	III 2,42	
	Glühen bei 530 – 550° C 1,5 Std.	Entspann-Ofen	-	1,05	
	Aussparung 77,7 Ø + 0,1 mit Stirnseite ftg.-drehen. Einpaß 122,8 Ø H7 mit Stirnfläche vordrehen. Naben-Ø ftg.-drehen, Ringnute 133 Ø H7 x 3,6 mm breit vorstechen u. Schrägen 15° ftg.-drehen	Drehhalb-Autom.	1,57	II 1,12	
	Große Stirnfläche, Einpaß 122,8 Ø H7 mit Stirnseite im Einpaß ftg.-drehen.	Sonder-Dreh-Masch.	1,97	II 1,39	

Bl. 3 v. 8
VSK 8244

Obwohl eine Serienreife des Wankelmotors nach Daimler-Benz Maßstäben zu Beginn der 1970er-Jahre noch keineswegs gegeben war, präsentierte sich die konkrete Fertigungsplanung bereits weit fortgeschritten. Hier auszugsweise eine Übersicht über die zur Herstellung von Läufern und Gehäusemänteln erforderlichen Produktionsschritte.

mussten wegen des stets unzureichenden Entwicklungsstands immer wieder kassiert werden. Den Anfang machte der 1971 auf den Markt gebrachte SL Roadster der Baureihe R 107. Da dieser auch einbauseitig bereits entsprechend konzipiert war, sollte er alternativ mit einem 3-Scheiben-Aggregat auf Basis der Generation M 950 angeboten werden. Ebenfalls für den Einsatz eines Wankelmotors in den Blick genommen wurden die S-Klasse Limousine der Baureihe 116 und die letztlich erst im Januar 1976 debütierenden neuen Mittelklassemodelle der Baureihe 123. Bestückt werden sollten diese Fahrzeuge mit Aggregaten aus dem angepeilten Wankelmotor-Baukasten der seinerzeit aktuellen Generation M 951. Um die weit gespreizte Leistungspalette dieser Fahrzeuge abzudecken, hätten nach einer 1971 von Motorenchef Bensinger geäußerten Ansicht drei Grundmodelle, ein 2-, ein 3- und ein 4-Scheiben-Triebwerk sowie Leistungsvolumina zwischen 120 PS/88 kW und 280 PS/206 kW, ausgereicht. Schließlich machten die Ölkrise und das, was sich aus ihr entwickelte, sämtlichen Wankel-Visionen bei Daimler-Benz endgültig den Garaus.

Korrespondierend mit der Fertigungsplanung stand auch die Kostenseite einer Wankelmotor-Einführung seit Anfang der 1970er-Jahre latent unter Druck. Wie technisch und produktionsseitig gab es auch in kalkulatorischer Hinsicht keine bekannten Parameter, an denen sich die Verantwortlichen hätten orientieren können. Da die Wankeltriebwerke das bestehende Angebot an bewährten Hubkolbenmotoren – so viel war inzwischen klar – nicht ersetzen, sondern in Teilen ergänzen sollten, mussten sie sich kostenseitig an diesen messen lassen. Das wiederum führte vor allem bei den 2-Scheiben-Motoren zu Diskussionen über die heranzuziehende Vergleichsgröße: Sollten hier eher Vier- oder eher Sechszylinder-Triebwerke ähnlicher Leistungsklasse gegenübergestellt werden? Hinzu kam die Frage, ob und inwieweit die speziellen Einbauerfordernisse der Wankelmotoren kalkulatorisch einfließen sollten.

Wie hoch die Herstellkosten solcher Aggregate tatsächlich ausfallen würden, blieb bis zum Ende umstritten. Die Vielzahl der über die Jahre bei Daimler-Benz vorgelegten Musterberechnungen führten, da deren Grundlagen und Annahmen immer nur die jeweils aktuelle Perspektive widerspiegelten und deshalb zumeist unterschiedlich ausfielen, eher zu geringerer als zu größerer Klarheit. Lagen die Wankeltriebwerke in der zweiten Hälfte der 1960er-Jahre laut ersten konkreteren Berechnungen in den Gestehungskosten zum Teil deutlich unter denen vergleichbarer Hubkolbenmotoren, so wandelte sich das Bild in den ersten Jahren der 1970er. Mit einem dank des weiteren Entwicklungsfortschritts geschärften Blick schienen die Wankelmotoren kalkulatorisch nur in einem Produktionsmix aus 2-, 3- und 4-Scheiben-Aggregaten, der eine genügend

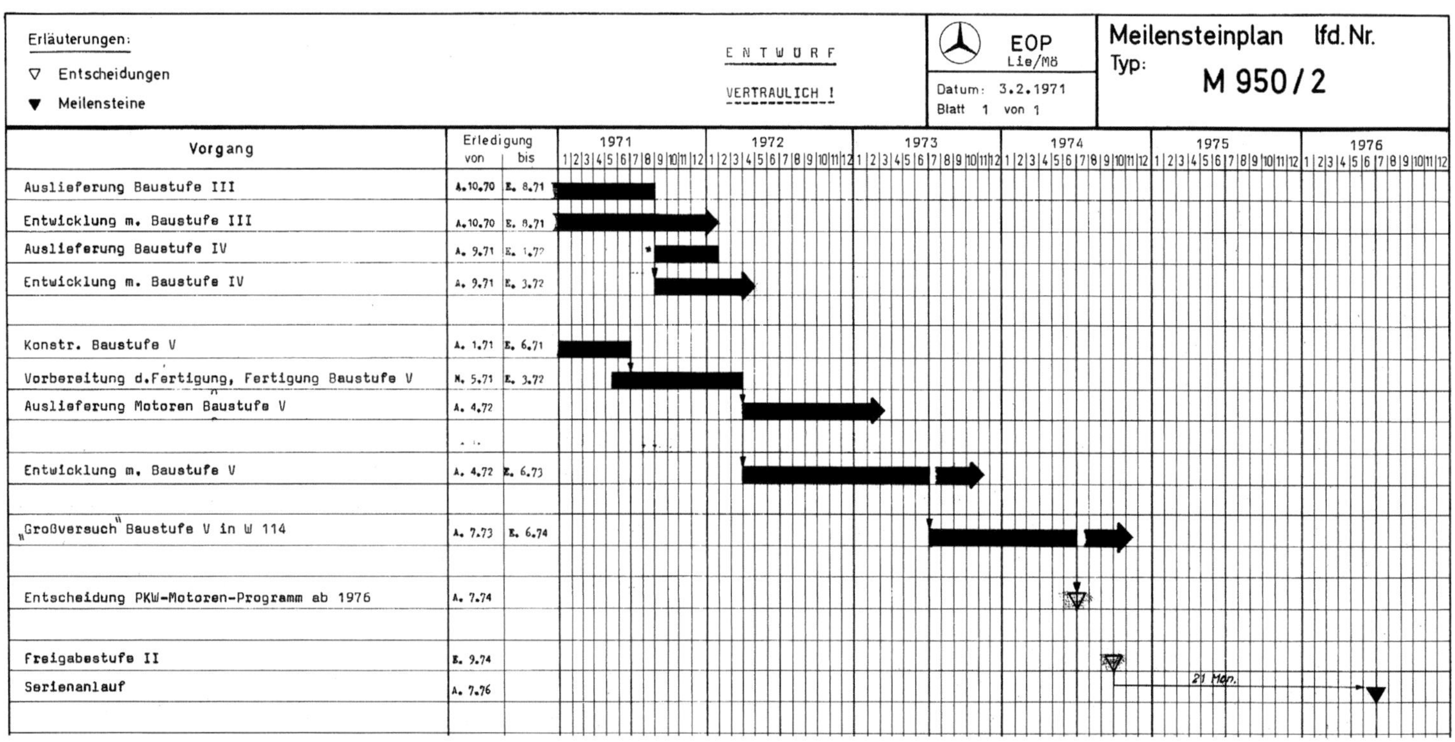

Fünf Jahre Vorlauf: Bereits im Februar 1971 wurde dieser sogenannte »Meilensteinplan« für die operativen Schritte bis zum Serienanlauf des M 950 fixiert. Die 2-Scheiben-Version sollte Mitte 1976 ins Motorenprogramm integriert werden.

hohe Fertigungs-Gesamtstückzahl sicherstellte, darstellbar zu sein. Wie genau dieser Mix in seiner quantitativen Verteilung auszusehen hatte, wurde seinerzeit jedoch nicht näher definiert, da auch in dieser Phase noch keine klare Planungsperspektive für einen Serienstart existierte. Bei diesen wie bei allen bis zum endgültigen Wankel-Aus bei Daimler-Benz weiterhin angestellten Kalkulationsmodellen blieben übrigens wirtschaftliche Risikofaktoren wie erhöhte Garantieanforderungen – wie sie etwa NSU am Ende in die Arme von Audi getrieben hatten – oder mögliche Belastungen durch Serviceprobleme im Zusammenhang mit den neuartigen Antriebsaggregaten komplett ausgeblendet.

Die Stunde der Unverzagten: neue Perspektiven?

Mit dem altersbedingten Ausscheiden Wolf-Dieter Bensingers Anfang 1973 verlor die Wankelmotor-Entwicklung bei Daimler-Benz zwar ihren führenden Protagonisten, aber vor allem einer seiner Mitstreiter, Helmut Dobler, der seit den 1960er-Jahren die Konstruktion der Kreiskolbentriebwerke operativ leitete, trug das Vermächtnis Bensingers weiter. Auf Doblers Engagement war es zurückzuführen, dass der Wankelmotor auch nach der zum Ende des Jahres auferlegten drastischen Reduzierung der Entwicklungsaktivitäten vorerst nicht in der Versenkung verschwand. Zwar sollten lediglich bestimmte Umfänge im Zusammenhang mit den inzwischen nicht mehr ganz so neuen Wankelaggregaten weiterverfolgt werden, doch Dobler stellte vor dem Hintergrund der kritischen Kalkulationsfragen umgehend Überlegungen zu einem kostengünstigeren konstruktiven Gesamtkonzept für den Wankelmotor an. Diese mündeten in den Bau weiterer insgesamt fünfzehn 2- und 4-Scheiben-Motoren der modernsten Generation M 951, an denen bis ins Jahr 1975 hinein immer wieder Versuche unternommen wurden, Fortschritte auf den bekannten Problemfeldern zu erzielen.

Obwohl unter den gegebenen Umständen jegliche Serienperspektive für den Wankelmotor bei Daimler-Benz verflogen war, rückte noch einmal die zehn Jahre zuvor bereits beantwortete Gretchenfrage »Umfangeinlass oder Seiteneinlass?« in den Blickpunkt der mit dem Thema beschäftigten Ingenieure. Man nahm damit gewissermaßen zur Kenntnis, dass sich das mittlerweile auch von Audi NSU, von Toyo Kogyo bzw. Mazda, aber auch von General Motors verfolgte Seiteneinlass-Konzept als das entwicklungstechnisch leichter beherrschbare erwiesen hatte – selbst wenn man sich damit von der über ein Jahrzehnt lang angestrebten Schaffung kostensenkender

Motor-bezeichnung	Hubraum (Ltr.)	Scheiben-zahl	Gemisch-aufbe-reitung	Motor- *) gewicht (kg)
KKM 2 V 20	2,0	2	SE/V	142
KKM 2 V 23	2,3	2	SE/V	145
KKM 2 V 26	2,6	2	SE/V	148
KKM 2 V 29	2,9	2	SE/V	151
KKM 3 E 32	3,2	3	UE/K-Jet.	173
KKM 3 E 39	3,9	3	UE/K-Jet.	182
KKM 4 E 52	5,2	4	UE/K-Jet.	205

*) Motorgewichte ohne Getriebe, Öl, Wasser und SA-Teile aber mit therm. Reaktor und Luftpumpe

SE = Seiteneinlaß
UE = Umfangseinlaß
V = Vergaser
K-Jet. = Benzineinspritzung mit K-Jetronic

So stellte man sich 1975 eine aus Seiten- und Umfangeinlass-Aggregaten zusammengestellte Wankelmotorenpalette vor, die das komplette Leistungsspektrum abdeckte.

Modulierbarkeit einer Wankelmotoren-Familie verabschieden musste. Willi Springer, in der Wankelmotorenkonstruktion bei Daimler-Benz verantwortlich für Grundsatzfragen, unternahm es, ein detailliertes Konzept für einen 2-Scheiben-Motor mit Seiteneinlass zu entwerfen und riskierte dabei einen Blick auf den bei Audi NSU inzwischen entstandenen 2-Scheiben-Versuchsmotor mit dem Entwicklungscode EA 871, dessen Übernahme in die Großserienproduktion aber ebenfalls ein unerfüllter Traum seiner Konstrukteure blieb.

In der Rückschau erstaunt es, dass die Beschäftigung mit dem Wankelmotor bei Daimler-Benz noch einmal – wenn auch stark eingeschränkt – eine weitere, gut zwei Jahre währende Schleife nahm, sogar mit konkreten Vorschlägen für die Neustrukturierung einer entsprechenden Motorenpalette. Eine begründete Aussicht, die immer noch vorhandenen Schwächen dieser Motoren auf überzeugende Weise zu beheben, existierte bei all diesen Gedankenspielen nicht mehr. Zumal man inzwischen auch den prinzipbedingten Verbrauchsnachteil gegenüber Hubkolbenmotoren einräumte, der der damaligen Diskussion um Verbrauchs- und Emissionsreduzierung diametral entgegenlief.

Ebenfalls in Rechnung zu stellen war die kontinuierliche Fortentwicklung der Hubkolbenmotoren-Palette bei Daimler-Benz. Hier konnten in erheblichem Umfang neue Potenziale erschlossen werden, wie zum Beispiel die 1969 parallel zum C 111 präsentierten, noch mit Graugussblock versehenen V8-Triebwerke der Baureihe M 116, ebenso die 1972 eingeführten, hochmodern ausgelegten

Diese teilweise parallel entwickelten Konkurrenten der Daimler-Benz Wankeltriebwerke legten die Messlatte hoch: Der 3,5-Liter-V8 mit der internen Bezeichnung M 116 (oben) wurde 1969 in den Limousinen der Baureihe W 109 sowie den Coupés und Cabriolets der Baureihe W 111 eingeführt, der Reihensechszylinder M 110 mit zwei obenliegenden Nockenwellen und 2,8 Liter Hubraum (Mitte) gab 1972 sein Debüt in den »Strich-Acht«-Modellen der Baureihe W 114, und der Vierzylinder M 102 (unten) startete 1980 seine eindrucksvolle Karriere in der Mittelklasse-Baureihe 123.

DOHC-Reihensechszylinder der Motorenbaureihe M 110 oder später auch die Vierzylindermotoren der 1980 vorgestellten Baureihe M 102.

Letztlich unterblieben weitere Konkretisierungen der vorgebrachten Ideen zum Thema Wankelmotor, und als Pkw-Entwicklungschef Friedrich van Winsen Mitte Februar 1976 den endgültigen und unwiderruflichen Schlussstrich unter rund sechzehn Jahre wechselvoller Entwicklungsarbeit zog, wusste er sich im Einklang mit dem damaligen Pkw-Konstruktionschef Joachim-Hubertus Sorsche, dem leitenden Motorenentwickler Kurt Obländer und weiteren leitenden Mitarbeitern aus dem Entwicklungsbereich. Leicht gemacht hatte man es sich mit der Entscheidung beileibe nicht – nach mehr als anderthalb Dekaden der Beschäftigung mit einem hochrangigen Innovationsthema wollte und konnte man diese Konsequenz wohl nicht so einfach ziehen – insbesondere, weil der hohe Entwicklungsaufwand am Ende keine sichtbaren Auswirkungen auf das Pkw-Programm hatte. So blieb das Experimentalfahrzeug C 111 in der allgemeinen Wahrnehmung der einzige Exponent der Wankel-Epoche bei Daimler-Benz.

Entwicklungsvorstand Hans Scherenberg formulierte bei einem Besuch in der Redaktion von »auto, motor und sport« eine kurze und prägnante Zusammenfassung der Hintergründe, die in der Ausgabe vom 21. Juli 1976 nachzulesen war: »Wir haben die fortgeschrittene Entwicklungsarbeit am Wankelmotor eingestellt. Und zwar aus folgenden Gründen: Er braucht zu viel Benzin, kann nicht als Diesel-Variante betrieben oder auf Schichtladung umgestellt werden. Außerdem ist es fertigungstechnisch sehr schwierig, Wankelmotoren mit unterschiedlicher Scheibenanzahl nach rationellem Baukastensystem zu produzieren. Überdies ist ein Zweischeiben-Triebwerk in der Herstellung teurer als ein Sechszylindermotor.«

Basis der, nüchtern betrachtet, längst überfälligen Entscheidung des Unternehmens waren neben der von Scherenberg genannten Vielzahl technischer und kalkulatorischer Faktoren insbesondere auch strategische Erwägungen; Letztere vor allem mit Blick auf dringend benötigte Ressourcen im Entwicklungsbereich, da die Konstruktion einer neuen Generation moderner, verbrauchs- und emissionsoptimierter Vierzylinder-Ottomotoren (die in Form der Baureihe M 102 dann 1980 erschien) zuoberst auf der Agenda stand. Auch hatte sich Mitte der 1970er-Jahre die Wettbewerbssituation auf den wichtigsten Automobilmärkten verändert.

Nicht nur bei Daimler-Benz, sondern auch bei anderen Herstellern war in puncto Wankelmotor inzwischen Realismus eingezogen: Der Ro 80 war auf der Zielgeraden seines Lebenszyklus angelangt, und unter neuer Ägide von Audi NSU bzw. Volkswagen war nicht mit einem Wankel-motorisierten Nachfolger zu rechnen. Auch der US-Gigant General Motors hatte die bereits weit gediehene Entwicklung eines 2-Scheiben-Wankelmotors 1974/75 auf Nimmerwiedersehen in die Schublade verbannt, während man sich bei Ford ohnehin nur auf einschlägige Forschungsaktivitäten beschränkt hatte. Einzig die beharrlichen Japaner von Toyo Kogyo hielten dem Kreiskolbenaggregat weiterhin die Treue und trieben dessen Weiterentwicklung als höherwertige Motorisierungsalternative für bestimmte Segmente ihres Mazda Pkw-Programms unverdrossen und mit Erfolg voran.

	Wankelmotor zu	KKM 2 V 20 Al	KKM 2 V 26 Al	KKM 3 V30/E32 Al	KKM 3 E 39 Al	KKM 4 E 52 Al	Scheibenzahl Gemischaufb./Hubvol. Gehäusewerkstoff
	Hubkolbenmotor	M 101 V 20 GG	M 106 V 26 Al	M 106 V29/E32 Al	M 116 E 38 Al	M 117 E 50 Al	Motortyp Gemischaufb./Hubvol. Kurbelgeh.-Werkstoff
	Vergleich von:						Bemerkung:
1	Herstell-kosten	—	+	—	+	+	einschl. Mehrkosten für KKM-Wagen-einbauteile
2	Motorein-baugewicht	○	○	○	○	○	einschl. Mehrgewicht für KKM-Wagen-einbauteile
3	Baulänge	+	+	○	+	+	H'kante Schwungrad - V'kante Lüfter
4	mechan. Geräusch	+	○	+	○	○	Ventiltrieb V-Motoren mit hydr. Spielausgleich
5	Saug-u. Auspuffgeräusch	○	○	○	○	○	
6	Laufruhe	+	○	+	○	+	fehlende freie Massenkräfte und -momente
7	Drehmom.-Verlauf	—	—	—	—	—	niederes M_D unter $n = 2000$
8	Wartung	+	○	○	○	○	keine Ventilspiel-einstellung kein Ölwechsel

+ = KKM günstiger | — = KKM ungünstiger | ○ = kein Unterschied

Vorausgesetzt wird, daß zwischen HKM u. KKM kein Unterschied im Kraftstoffverbrauch, Schadstoffemission u. Ruckelverhalten besteht.

Vor-und Nachteile des Wankelmotors

Bild 1

K1MU 9.1.76

900 09 049 00 573 10 3538

Anfang 1976 brachte dieses bei Daimler-Benz erstellte simple Raster – das die seinerzeit geplanten Wankel- und Hubkolbenmotor-Entwicklungen gegenüberstellte, dabei aber einige wichtige Aspekte unberücksichtigt ließ – die Dinge auf den Punkt: In der Gesamtbetrachtung durfte man die Option Wankelmotor als obsolet betrachten.

Trotz allem positiv: die Bilanz der Wankelmotoren-entwicklung bei Daimler-Benz

Unter dem Strich summierten sich die von Daimler-Benz aufgewendeten Entwicklungskosten über die Gesamtdauer des Wankelmotor-Abenteuers auf ca. 100 Millionen D-Mark. Diese Investition resultierte zwar nicht in einer nach Daimler-Benz Verständnis serienreifen Motorenfamilie, dank derer eine Amortisation der aufgewendeten Mittel möglich gewesen wäre, sondern lediglich in schätzungsweise über 300 Versuchsmotoren, die nach dem Ende aller Entwicklungsaktivitäten weitestgehend der Verschrottung anheimfielen. Aber als gänzlich verloren konnten die investierten Mittel auch nicht gelten, da sie bei genauerer Betrachtung durchaus einen Wert für das Unternehmen hatten – und zwar auf eher immaterieller Ebene.
Die gut anderthalb Jahrzehnte lang in den Wankelmotor geflossene Grundlagenforschung brachte zahlreiche Erkenntnisfortschritte, die auch für die weitere Entwicklung der Hubkolbenmotoren bei Daimler-Benz von erheblicher Bedeutung waren. Dazu zählen in vorderster Reihe Einsatz und Umgang mit übereutektischen, das heißt siliziumreichen Aluminium-Legierungen für Motorenteile, die zu einer wesentlich erhöhten Verschleißfestigkeit verschiedenster Komponenten geführt hat, ein deutlich fundierteres Verständnis des Verbrennungsprozesses im Viertaktprinzip und – nicht zu vergessen – frühzeitige Erfahrungen mit innovativen Laufflächenbeschichtungen. Auch der Nutzen des Stufensaugrohr-Prinzips für die Drehmomentcharakteristik von benzinbetriebenen Hubkolbenmotoren wurde dank der Wankelmotorenentwicklung bereits zu einem frühen Zeitpunkt erkannt.
Aus Sicht von Daimler-Benz war die Erforschung grundlegend neuer Technologien im Hinblick auf ihre Eignung für einen zukünftigen Serieneinsatz ohnehin de facto alternativlos.

Um den Ressourceneinsatz von Daimler-Benz auch in damaliger Perspektive angemessen bewerten zu können, lohnt im Übrigen ein Blick auf die Proportionen in puncto Entwicklungsbudget: Von den Ausgaben für die Bereiche Forschung und Entwicklung, die der Konzern in den anderthalb Dekaden der Wankelmotor-Epoche insgesamt tätigte, entfielen weniger als 3 % auf die neuartigen Antriebsaggregate – ein nahezu verschwindend geringer Anteil, berücksichtigt man den weltweiten nachhaltigen Imagegewinn, der insbesondere durch den Wankel-motorisierten C 111 auf die Marke Mercedes-Benz zurückwirkte. Diese Einschätzung teilten offenbar auch die Daimler-Benz Vorstandsmitglieder Joachim Zahn und Heinz Schmidt, die dem C 111 einen »nach wie vor außerordentlichen Werbeeffekt« sowie »hervorragende positive Ausstrahlungen auf unser Programm« attestierten.

Traumsportwagen und rollendes Labor: der C 111

Der Mercedes-Benz C 111 repräsentiert seit seiner Entstehung ein in jeder Hinsicht außergewöhnliches Automobil und wird vielfach als Krönung der Wankel-Entwicklung betrachtet. Er war nicht nur das erste offiziell präsentierte Mercedes-Benz Modell mit Rotationskolbenmotor, sondern zugleich das weltweit erste Automobil mit der 3-Scheiben-Variante des innovativen Antriebsaggregats. Der C 111 gilt bis heute als spektakuläre Ikone der Marke Mercedes-Benz und zählt zu den prominentesten Fahrzeugen der Automobilgeschichte. Die umfangreichen Unterlagen, die in den Archiven von Mercedes-Benz Classic dokumentiert sind, lassen die Geschichte dieses auch heute noch faszinierenden Traumsportwagens lebendig werden und gestatten es, seine Entstehung und Entwicklung auf ihren zum Teil verschlungenen Wegen von Beginn an nachzuvollziehen.

Planspiele: die Wurzeln des C 111

Bereits seit der zweiten Hälfte der 1950er-Jahre wurden bei Daimler-Benz immer wieder Überlegungen zu einem Nachfolger des legendären Sportwagens 300 SL angestellt. Zunächst verfolgte man die Idee, dafür den V8-Motor M 100 zu nutzen, der sich - ursprünglich mit 5 Liter Hubraum - gerade in der Frühphase der Entwicklung befand und für die Luxusklasse-Limousine W 100 vorgesehen war. Im Gegensatz zu diesem Fahrzeug, das schließlich 1963 als Typ 600 debütierte, wurde das intern als W 102 bezeichnete Sportwagenprojekt aus Mangel an Entwicklungskapazität am Ende nicht weiterverfolgt.

Stattdessen setzte man ab Mitte 1961 auf eine zusätzliche Variante des gerade entstehenden W 113, der 1963 als 230 SL erscheinen sollte. Bereits im Frühjahr 1960 war die Idee aufgekommen, für den W 113 neben dem leistungsgesteigerten Motor des 220 SE auch die für den 300 SL vorgesehene (und im März 1962 eingeführte) Leichtmetallversion des 3-Liter-Motors M 198 einzuplanen.

Ab März 1962 kam bei diesen Überlegungen auch der Wankelmotor ins Spiel, als Entwicklungschef Fritz Nallinger den 500-Stunden-Dauerlauf eines F-Motors, wie der Wankelmotor zunächst intern genannt wurde, bei der Pkw-Entwicklung in Auftrag gab. Das damit verfolgte Ziel, sich über den gegenwärtigen Stand der Entwicklung ein Bild zu machen, schien jedoch in weite Ferne zu rücken, nachdem es die Versuchsabteilung zu diesem Zeitpunkt als unrealistisch ansah, die erforderliche Haltbarkeit des Motors zu erreichen.

Ende Oktober 1962 wurde Nallinger konkreter und schlug vor, den Wankelmotor zunächst in einem Sportwagen zu verwenden, um in kleinen Serien Praxis- und Fertigungserfahrungen sammeln zu können. Zugleich wies er darauf hin, dass ein eventuelles Scheitern der in den Wankelmotor gesetzten Erwartungen zwangsläufig zur Entwicklung neuer Baureihen des Hubkolbenmotors führen müsse. Im Dezember 1962 appellierte Nallinger an den Vertrieb, auf den 3-Liter-Motor im W 113 wegen des damit verbundenen hohen Entwicklungsaufwands zu verzichten. Angedacht wurde jedoch wieder eine Verbindung zwischen einem leistungsstärkeren Sportwagen oberhalb des W 113 und einem Wankelmotor – zumindest, wenn dieser »zu einer wirklich guten Serienreife gebracht werden kann«. Als mögliche Alternative wurde erneut der V8-Motor genannt, der zu diesem Zeitpunkt als M 100 kurz vor der Serienproduktion stand. Ebenfalls im Dezember 1962 traf der Vorstand die Feststellung, dass der W 113 selbst »sich aber auch zur Einführung des Wankelmotors eignen« würde.

Die von Mai 1962 datierenden Zeichnungen von Designer Paul Bracq visualisieren die Überlegungen, dem künftigen »Pagoden-SL« einen hier als 300 SLX titulierten Hochleistungssportwagen zur Seite zu stellen.

Neue Produkte: preiswerte Zweisitzer und Rallye-Fahrzeuge

Ende März 1963 – der 230 SL hatte gerade auf dem Automobil-Salon in Genf Weltpremiere gefeiert – wandte sich Nallinger in einer Mitteilung mit dem Betreff »Neuer kleiner, preiswerter Zweisitzer-Sportwagen« an Rudolf Uhlenhaut, Josef Müller, Wolf-Dieter Bensinger sowie Karl Wilfert und regte seine leitenden Mitarbeiter an, konzeptionelle Überlegungen zu einem »preiswerten Sportwagen für junge Leute« zu beginnen. Als Motor schlug er eine leistungsgesteigerte Variante des 1,7-Liter-Vierzylinders M 118 vor, der in Untertürkheim gerade für zukünftige Modelle der damaligen Tochter Auto Union entwickelt wurde und dachte auch gleich an eine Alternative: »Wären wir natürlich bis dahin mit dem Wankelmotor so weit, dann könnten wir für dieses Fahrzeug einen Wankelmotor vorsehen.« Zu diesem Zeitpunkt war der neuartige Motor also als möglicher Antrieb für drei verschiedene Sportwagen im Gespräch: für den W 113, für einen Hochleistungssportwagen oberhalb des damaligen SL und für einen kleinen, preiswerten Sportwagen unterhalb des »Pagoden-SL«.

Im März 1963 – der 230 SL hatte gerade auf dem Genfer Automobil-Salon debütiert – zeichnete Paul Bracq zwei Varianten mit Fließheck, eine davon für den Motorsporteinsatz.

Designzeichnungen von Paul Bracq, die unterschiedliche Varianten der auch als W 113 b bezeichneten Sportwagenstudie präsentieren.

Das 1:5-Modell der Sportwagenstudie W 113 b bei der Vermessung im Modell-Windkanal in Sindelfingen im Februar 1964.

Ab März 1964 rückten die Überlegungen, neue Sportwagenmodelle zu entwickeln, wieder stärker in den Fokus, als Fritz Nallinger Pkw-Entwicklungschef Rudolf Uhlenhaut und Karl Wilfert, seines Zeichens Entwicklungschef Pkw-Aufbauten, in einer internen Mitteilung aufforderte, sich Gedanken über die Entwicklung von Rallye-Fahrzeugen mit Erfolgsaussichten zu machen. Nallinger sah als Basis den zukünftigen 250 SL und hob auf die möglichen Gewichtseinsparungen durch die Verwendung einer Kunststoffkarosserie und außerdem auf verbesserte Aerodynamik ab. Auf Motorenseite könnte man einen solchen Wagen »mit einem 3-Liter-Motor leistungsgesteigert versehen und als Prototyp möglichst früh dann mit einem Wankelmotor«. Zum Zeitpunkt von Nallingers Mitteilung war der Designbereich in

Sindelfingen (damals noch Stilistik genannt) bereits mit der Gestaltung von 1:5-Modellen eines strömungsgünstigeren Sportwagens befasst und untersuchte diese Modelle auch im Windkanal. Unter der Bezeichnung W 113 b oder W 113 X wurden diese Fahrzeuge in unterschiedlichen Varianten entwickelt und im Einzelfall sogar als 1:1-Designmodell aufgebaut.

Vor dem Hintergrund einer möglichen zukünftigen Verwendung von Kunststoffkarosserien oder -Karosseriekomponenten besichtigte eine Delegation von Daimler-Benz Mitarbeitern aus den Abteilungen Verfahrensentwicklung, Pkw-Entwicklung und Versuch im August 1964 die Ernst Heinkel Flugzeugbau GmbH in Speyer, die dort die Karosserien des Porsche Carrera GTS (904) aus glasfaserverstärktem Polyesterharz (GFP) fertigte. Der Reisebericht fasst Erkenntnisse und Potenziale zusammen: »Die Fertigung der GFP-Teile ist noch sehr improvisiert und zeigte nichts wesentlich Neues. [...] Andererseits gibt ein Aufbau, geteilt in tragende Rahmenkonstruktion und verkleidete Kunststoff-Karosserie, einfachere und klarere Belastungsverhältnisse. Ferner läßt sich hier eine Formänderung an der Karosse leichter und schneller vornehmen, da der Grundrahmen meist seine Form beibehalten kann.«

Der W 113 b als 1:1-Designmodell im April 1964, fotografiert in der Stilistikabteilung in Sindelfingen.

Zwei weitere Varianten einer von Paul Bracq entworfenen Sportwagenstudie im 1:5-Modell. Die intern als W 113 X III (dunkles Fahrzeug) und W 113 X I bezeichneten Entwürfe entstanden im Mai 1964.

Die vom 11. Mai 1964 datierende Designzeichnung von Paul Bracq zeigt eine Variante der Sportwagenstudie W 113 X III.

Positionswechsel: erste Mittelmotor-Konzepte

Im August 1964 entstanden im Stilistikbereich auch erste Entwurfszeichnungen des Designers Paul Bracq, die einen Sportwagen mit Mittelmotor zeigen. Die zugrunde liegende Konzeption einschließlich des Maßkonzepts stammte vom späteren Designchef Bruno Sacco, der zum damaligen Zeitpunkt in der von Béla Barényi geleiteten Karosserievorentwicklung tätig war. Im Oktober wurde dieses Konzept unter der Bezeichnung W 113 X in unterschiedlichen Varianten auch als 1:5-Formmodell umgesetzt und im Windkanal untersucht.

Nährstoff enthielt die Weiterentwicklung im Februar/März 1965 durch Diskussionen im Vorstand über die zukünftige Teilnahme der Daimler-Benz AG an Rallyes. Nallinger stellte am 11. Februar fest, »wir müssten einfach einen Sport-Rennwagen bauen«, und der Vorstand beschloss in seiner Sitzung am 3. März, »eine Kommission, die aus den Herren Nallinger, Scherenberg, Langheck und Staelin besteht, für dieses Problem einzusetzen«. Als Problem musste die Erreichung dieses Ziels deshalb erscheinen, weil einerseits selbst der stets zurückhaltend agierende Finanzvorstand Dr. Joachim Zahn »in einer Fortführung unserer Rallye-Beschickungen ein Mittel zur Erhaltung unserer Marke« sah, andererseits aber der engagierte Motorsportbefürworter Fritz Nallinger betonte, dass »wir in dieser Klasse [der Sport-Rennwagen, d. Verf.] auf eine Konkurrenz stoßen werden, die mit 7 – 7 ½-Liter-Motoren antritt«.

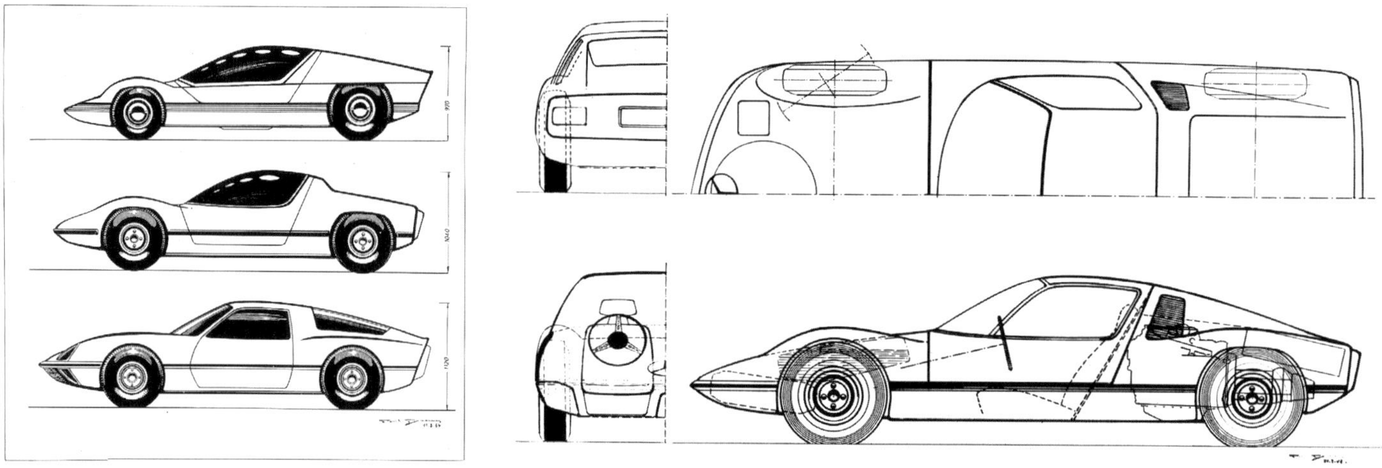

Im August 1964 zeichnete Paul Bracq mehrere Varianten eines Mittelmotorsportwagens. Das Basislayout macht die Darstellung rechts sichtbar.

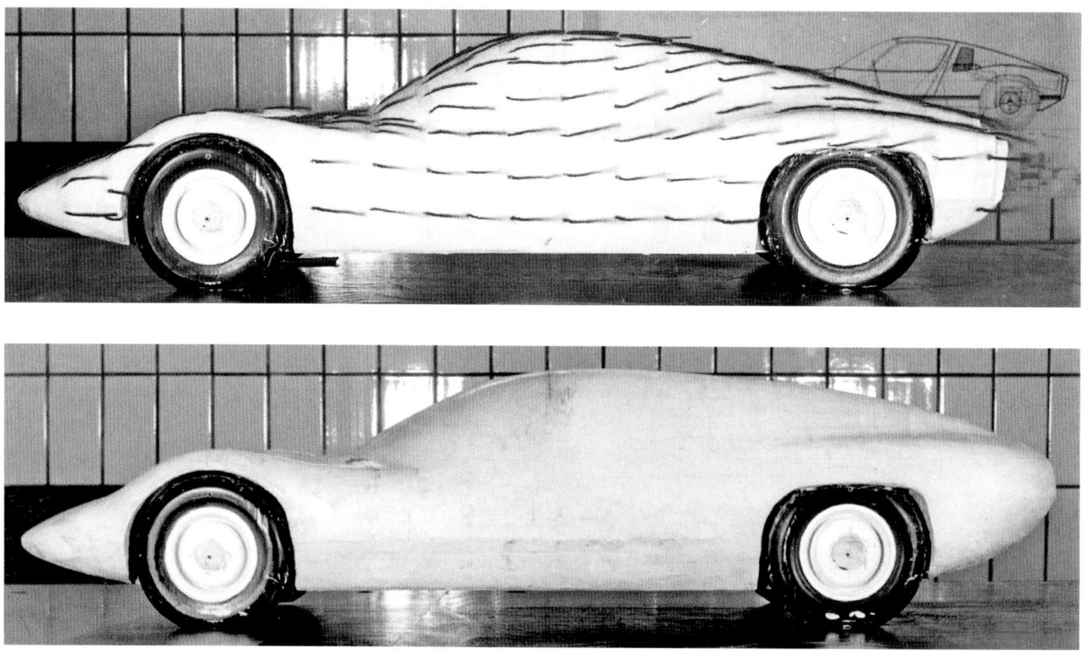

Im Oktober 1964 wurde ein 1:5-Modell des als S II bezeichneten Sportwagens (oben) im Windkanal vermessen. Im Januar 1965 folgte ein überarbeitetes Modell mit stärker ausgeprägter Heckpartie.

Die von Mitte Januar bis Anfang Februar 1965 datierenden Designentwürfe von Paul Bracq zeigen unterschiedliche Varianten einer Sportwagenstudie mit längs oder quer eingebautem Mittelmotor. Die gestalterische Weiterentwicklung erfolgte auf Basis der unten links dargestellten Ausführung.

Im Februar/März 1965 wurde ein weiterentwickelter Entwurf der Sportwagenstudie, die als »Sportwagen mit Zentral-Heckmotor« oder W 113 X bezeichnet wurde, im 1:5-Modell dargestellt. Für die Gestaltung zeichneten Paul Bracq (rechts im Bild) und sein Kollege Giorgio Battistella verantwortlich.

Zeitgleich entstanden in der Stilistik detailgetreu ausgeführte Entwürfe sowie Designmodelle im Maßstab 1:5, die von Paul Bracq und Giorgio Battistella gestaltet und zum Teil im Stil damaliger Rennsport-Prototypen gehalten waren. Auch auf technischer Seite ging die Entwicklung des Sportwagens weiter: In einer Aktennotiz vom März 1965, die sich der Bremsleistung und Bremsentemperatur des Fahrzeugs im Vergleich zum Typ 600 Pullman widmet, werden für den »Typ X« eine Höchstgeschwindigkeit von 300 km/h und ein Gewicht von 1200 kg genannt.

Nur wenige Tage später, Anfang April 1965, präsentierten Friedrich van Winsen, Leiter der Pkw-Konstruktion Vorentwicklung, und sein Mitarbeiter Arthur Mähler bei einem Besuch im Stilistikbereich in Sindelfingen die Konstruktionszeichnung vom Fahrgestell des hier W 101 genannten Fahrzeugs, das »als Rennsportwagen mit minimalen Sitz- bzw. Größtmaßen angelegt« war. Aufgrund der Feststellung von Karl Wilfert, dass er sich eine »Touren-Sportwagen-Version« vorstellt, die »an einen gewissen Kreis zu verkaufen ist«, sagte van Winsen die Erarbeitung einer entsprechenden Fahrgestell-Variante zu. Als Antriebsaggregat war dabei der 6,3-Liter-Motor M 100 vorgesehen, da van Winsen die Auffassung vertrat, »daß es in absehbarer Zeit keinen ausgereiften Wankelmotor geben wird.«

In der Vorstandssitzung am 3. September 1965 präsentierte Nallinger unter dem Tagesordnungspunkt »Entwürfe für Rennsportwagen und den sog. kleinen Sportwagen« die in der Stilistik-Vorentwicklung entstandenen Konzepte. Anfang November beauftragte Dr. Hans Scherenberg, der zum Jahreswechsel 1965/66 die

Unterschiedliche Varianten des nun als 700 SL titulierten Mittelmotor-Sportwagens im 1:5-Modell, aufgenommen im Juni 1965 vor einer 1:1-Zeichnung im Präsentationsraum der Stilistenabteilung (oben) und im November 1965 im Büro von Paul Bracq.

Die beiden vom Mai 1965 datierenden Zeichnungen von Giorgio Battistella lassen erkennen, dass der Hochleistungs-Sportwagen auch für den Wettbewerbseinsatz vorgesehen war. Die Bezeichnung 630 SL legt nahe, dass als Antrieb der 6,3-Liter-V8 M 100 verwendet werden sollte.

Im April 1966 wurde das 1:1-Designmodell des als W 113 X bezeichneten Sportwagens im großen Windkanal des FKFS (Forschungsinstitut für Kraftfahrwesen und Fahrzeugmotoren Stuttgart) vermessen.

Nachfolge von Prof. Fritz Nallinger als Entwicklungschef antreten sollte, den Stilistikbereich, das in Arbeit befindliche Modell des »Großen Sportwagens« wie abgesprochen fertigzustellen, jedoch »vor einer internen Aussprache zunächst keine weiteren Arbeiten an diesem Modell« durchzuführen. Gemeint war ein 1:1-Designmodell des Fahrzeugs, das als »Typ X«, »X-Wagen«, »SLX«, »W 113 X«, »W 101« oder »Großer Sportwagen« bezeichnet wurde. Im April 1966 wurde dieses 1:1-Modell im großen Windkanal in Untertürkheim untersucht. Der Luftwiderstandsbeiwert c_W wurde dabei mit 0,356 ermittelt.

Bezüglich eines möglichen Motorsport-Engagements hatte der Vorstand am 29. März 1966 anlässlich des 75. Geburtstags des legendären Rennleiters Alfred Neubauer festgestellt, »daß wir uns nicht ohne weiteres in die in der Öffentlichkeit nach wie vor sehr rege Diskussion über die Rennbeteiligung deutscher Automobilfirmen hineinziehen lassen dürfen. Die DBAG wird weiterhin ihre Beteiligung an Rallyes pflegen; weitergehende Pläne über eine Wiederaufnahme des reinen Rennbetriebs und Rennwagenbaues bestehen zur Zeit im Hause nicht.«

Im Juli 1966 waren künftige Sportwagen-Projekte Diskussionsthema zwei aufeinander folgender Vorstandssitzungen. In seiner Funktion als Sprecher des Vorstands bat Dr. Joachim Zahn Entwicklungschef Scherenberg, sich »Gedanken über einen schnelleren Sportwagen« als Ergänzung des Pkw-Verkaufsprogramms zu machen.

Das bis heute erhaltene 1:1-Modell des X-Wagens gehört zu den spektakulärsten Exponaten der unternehmenseigenen Fahrzeugsammlung von Mercedes-Benz.

Erneuter Aufbruch: das Projekt C 101

Nach den intensiven Diskussionen im Juli 1966 traten die Sportwagen-Projekte wieder in den Hintergrund und wurden zunächst einmal nicht weiterverfolgt. Dies änderte sich erst gut zwei Jahre später: Im Rahmen eines gemeinsamen Besuchs des am 30. Oktober 1968 eröffneten Automobil-Salons in Turin beauftragte Entwicklungschef Scherenberg die Direktoren der Personenwagen-Entwicklung, das Konzept eines sportlichen Fahrzeugs mit Wankelmotor zu untersuchen, wobei die »Drehzahlfreudigkeit und das geringe Gewicht« den neuartigen Motor als besonders geeignet erscheinen ließen.

In der »Technischen Besprechung Pkw«, die Scherenberg mit den leitenden Mitarbeitern der Entwicklung Pkw mindestens einmal wöchentlich in Sindelfingen abhielt, wurde der zukünftige Sportwagen ab Ende November 1968 zum Thema. Unter dem Tagesordnungspunkt »Neue Projekte« stellte die Sitzung am 25. November drei verschiedene Konzepte zur Diskussion und regte diesbezügliche Überlegungen an: zunächst ein »Fahrzeug für Rennsport-Veranstaltungen«, für das ein W 114 Coupé mit 4,5-Liter-V8-Motor M 117 in Erwägung gezogen wurde, weiterhin ein »kleines sportliches Fahrzeug [...] für Rallye, evtl. Mittelmotor-Wagen mit 2- bis 3-Scheiben-Wankelmotor, für jüngere Leute, vielleicht in der Art als Nachfolger des 190 SL, ohne Komfort« sowie schließlich ein »Sportfahrzeug mit M 100 [...] in der Art als Nachfolger 300 SL«. In der Sitzung wurde festgestellt, dass die Entwicklung in Untertürkheim die Arbeiten an einem »Unterbau für das kleine sportliche Fahrzeug«, das Scherenberg angeregt hatte, aufgenommen habe.

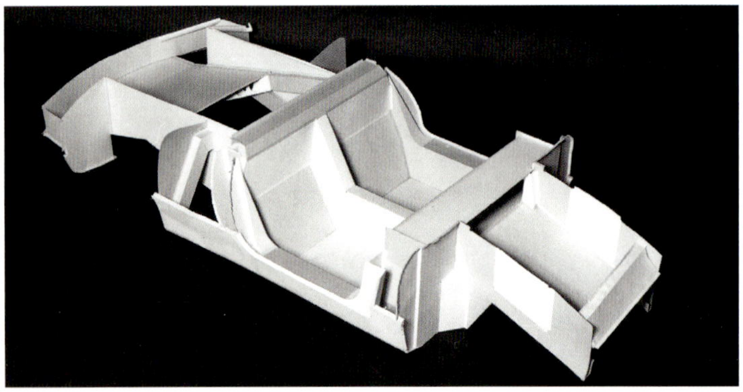

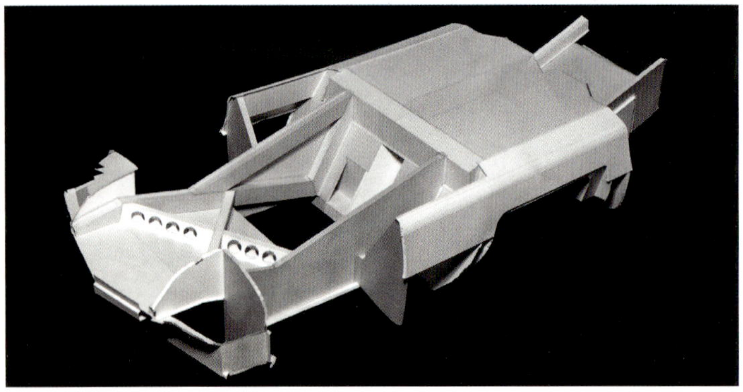

Das aus Pappkarton angefertigte 1:5-Modell der Rahmenbodenanlage für einen zunächst als »Sport X 2« bezeichneten Mittelmotor-Sportwagen gilt als konstruktive Basis, aus dem der »Unterbau für das kleine sportliche Fahrzeug« als Ausgangspunkt der Entwicklung des C 111 entstand. Ansichten von oben und unten.

Die Konstrukteure in der Vorentwicklung Untertürkheim um Dr. Kurt Enke waren zu diesem Zeitpunkt bereits damit befasst, das Maßkonzept des neuen Sportwagens sowie die Auslegung der Bodengruppe und der Fahrwerkskomponenten zu erarbeiten. Dabei hatten grundsätzlich zwei Alternativen zur Wahl gestanden: eine Ganzstahlkarosserie herkömmlicher Bauart oder der bei Wettbewerbsfahrzeugen vielfach übliche Gitterrohrrahmen mit Leichtmetall- oder GFK-Verkleidung. Realisiert wurde schließlich eine Zwischenlösung: eine Stahlblechbodenanlage mit verklebter GFK-Karosserie, die auch gewissen Komfortansprüchen genügte und im Hinblick auf Gewicht, Steifigkeitsanforderungen, Terminsituation, Herstellungskosten sowie ansprechende Gestaltung des Fahrgastraums und weitgehende Nutzung der vorhandenen Fertigungskapazität den besten Kompromiss darstellte. Eine Rahmenkonstruktion aus Aluminium, die bei gleicher Steifigkeit Gewichtsvorteile gegenüber der Stahlausführung erbracht hätte, wäre wegen der höheren Material- und Fertigungskosten nur bei einem reinen Wettbewerbsfahrzeug angemessen gewesen. Die Entscheidung, ob die Karosserie aus Leichtmetall oder GFK ausgeführt werden sollte, blieb zunächst offen und wurde schließlich erst Ende April getroffen.

Das Fahrzeug wurde gewissermaßen auf einem weißen Blatt Papier von Grund auf neu konzipiert und dabei von innen nach außen konstruiert. Das Maßkonzept des Innenraums und die Außenabmessungen ergaben sich dabei aus dem Zusammenspiel einiger weniger Faktoren: der inzwischen definierten Mittelmotor-Konzeption, der erforderlichen Bodenfreiheit, dem Abstand des Fahrersitzes zur Pedalanlage sowie dem Raumbedarf des Überrollbügels und der Motor/Getriebe-Kombination. Für den Radstand resultierte daraus ein Wert von 2500 mm – 100 mm mehr als in den SL-Sportwagen der 1950er- und 1960er-Jahre. Infolge der in den Seitenschwellern platzierten Kraftstofftanks war der Wagen im Einstiegsbereich ähnlich hoch bauend wie der klassische 300 SL, und damit ergaben sich fast von selbst auch wieder die charakteristischen Flügeltüren, die – nicht ohne Absicht – Erinnerungen an den legendären Sportwagen von 1954 wach riefen.

In der Technischen Besprechung am 2. Dezember 1968 wurde das neue Sportwagen-Projekt im Detail diskutiert. Der Motorkühler war vorn angeordnet, und die Mittelmotor-Anordnung erforderte eine Öffnung für den Lufteinlass seitlich vor dem hinteren Radlauf. Im Protokoll wurde zudem festgehalten, dass die Scheinwerfer nicht abgedeckt sein dürfen und dass ein Überrollbügel mit breiter Basis zu berücksichtigen ist. Zur Windkanal-Untersuchung von Achsauftrieben und Luftwiderstands-Beiwerten wurde eine baldige Erstellung von Modellen gefordert. Insbesondere die Bugausführung sollte im Detail im Windkanal entwickelt werden.

Als Motor des neuen Sportwagens war der in Entwicklung befindliche M 950 in der Ausführung als 3-Scheiben-Motor vorgesehen. In einer Notiz der Abteilung Konstruktion Vorentwicklung Pkw vom 6. Dezember 1968 definierten die Konstrukteure die Änderungen, die ein Mittelmotoreinbau erfordern würde. Dazu gehörten eine neu gestaltete Ölwanne, die für ein auf 7 Liter erhöhtes Ölvolumen und eine um 7° nach hinten geneigte Einbaulage ausgelegt war. Der Zündverteiler sollte gedreht und Wasser- sowie Öleinfüllstutzen nach hinten verlegt werden, um nicht mehr nach vorn über das Verteilergehäuse hinauszuragen. Die Schwungscheibe war an die vorgesehene Kupplung anzupassen, und von den Anbauaggregaten sollten die Unterdruckpumpe, die Servolenkungspumpe und der Klimakompressor entfallen. Mit dem Verzicht auf Bremskraftverstärker, Servolenkung und Klimaanlage hatte man den in den Konzeptüberlegungen formulierten Verzicht auf Komfort offenbar sehr wörtlich genommen, was sich im weiteren Projektlauf zumindest in Teilen ändern sollte. Adressiert wurde auch die Überprüfung grundlegender Details – etwa die Fragen, ob die Wasserpumpe für den zu erwartenden er-

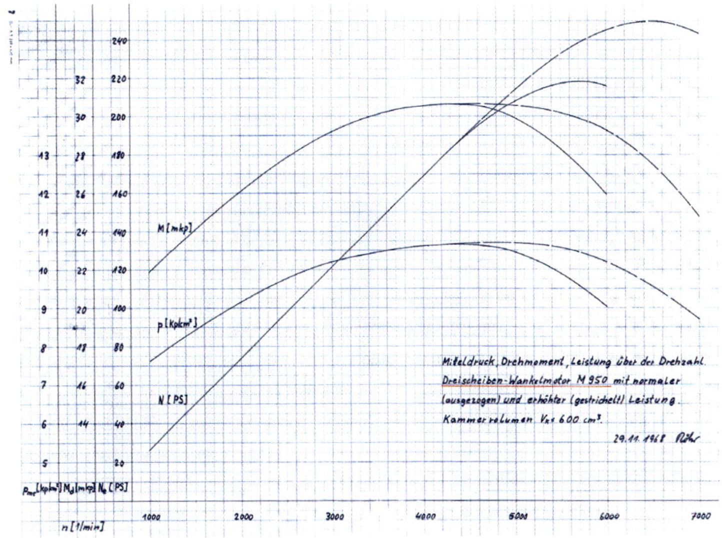

Das Diagramm vom 29. November 1968 präsentiert den errechneten Drehzahlverlauf von Mitteldruck, Drehmoment und Leistung für den 3-Scheiben-Wankelmotor M 950/3 mit »normaler« und »erhöhter« Leistung. Die hier angenommenen Höchstleistungen von 219 PS/161 kW und 245 PS/180 kW konnten im Projektverlauf deutlich gesteigert werden.

höhten Widerstand im Kühlsystem ausreicht, das notwendige Schalldämpfervolumen bereits definiert und eine Trockensumpfschmierung möglich ist. Von historischem Interesse ist diese Notiz aber vor allem deshalb, weil in ihrem Betreff zum ersten Mal ein richtiger Name für den neuen Sportwagen dokumentiert war: Die Konstruktionsbezeichnung C 101 W 36 stand für ein Coupé der Baureihe 101 mit Wankelmotor und 3,6 Liter Hubraumäquivalent.

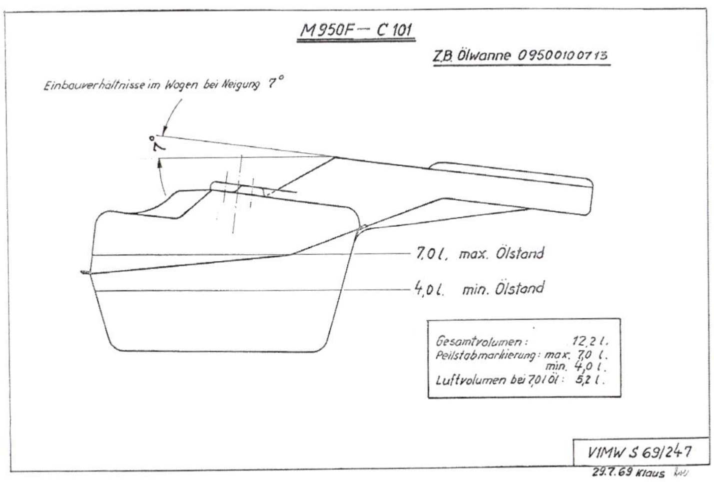

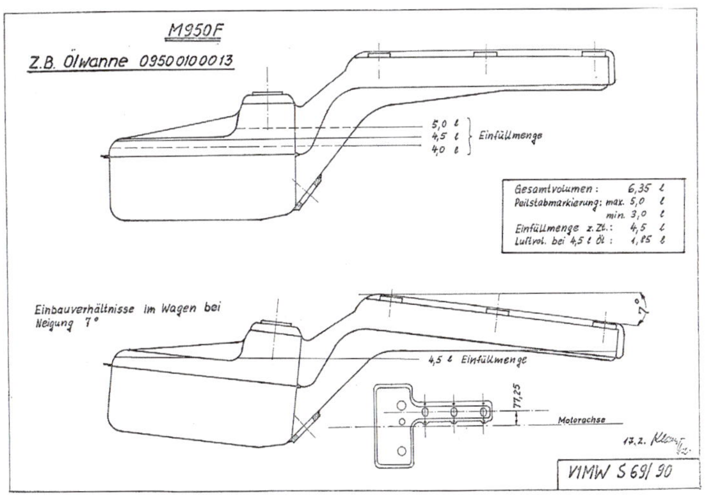

Die beiden Zeichnungen veranschaulichen die Änderungen an der Ölwanne, die das geforderte Ölvolumen von 7 Litern und einen um 7° nach hinten geneigten Motoreinbau ermöglichten.

Formfindung: erste Designentwürfe des C 101

Auf Basis des in der Vorentwicklung erarbeiteten Konzepts erstellten die Stilisten Joseph Gallitzendörfer, Andreas Langenbeck, Ferdinand Hellhake und Gérard Cardiet Anfang Dezember 1968 erste Designentwürfe, die in der Technischen Besprechung am 9. Dezember präsentiert und zusammen mit Fragen des Maßkonzepts behandelt wurden. Das Gewicht nach der bisherigen Konzeption war mit ca. 900 kg angegeben – ein Wert, der sich später als illusorisch herausstellen sollte. Das von der Vorentwicklung Pkw in Untertürkheim im November 1968 konstruierte Fahrgestell war bereits am 12. Dezember in Details modifiziert worden: Fußhebelwerk, Lenkrad und Sitz rückten um 15 mm nach hinten und die Sitzlehne war nun 30 mm dünner ausgeführt, um den Radstand von 2500 mm halten zu können. Auf Basis der am 12. Dezember bereitgestellten aktualisierten Fahrgestellzeichnung begann man in Sindelfingen umgehend mit der Karosserieentwicklung, und Anfang Januar 1969 schickte Chefstilist Friedrich Geiger zwei erste Zeichnungen – einen detailliert ausgearbeiteten Seitenriss und einen gestalterisch eher skizzenhaften Querschnitt – an Friedrich van Winsen, inzwischen Leiter der Konstruktion Pkw in Untertürkheim.

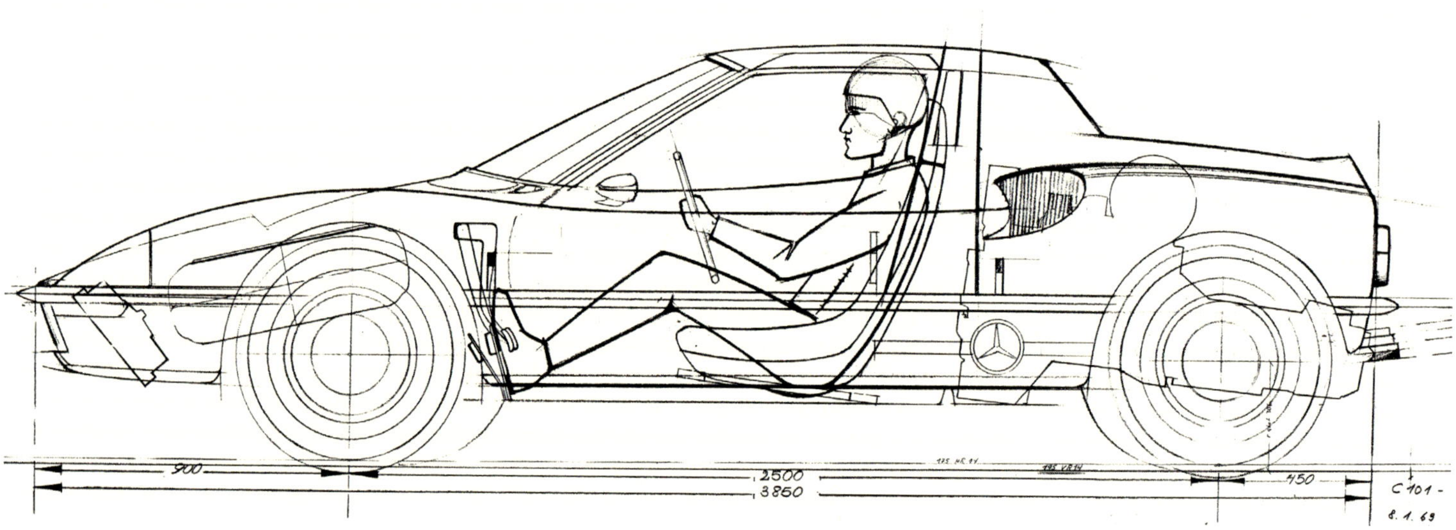

Der in der Stilistenabteilung detailliert ausgearbeitete Seitenriss vom 8. Januar 1969 war die erste Zeichnung, die den C 101 als Gesamtfahrzeug mit Interieur und Aggregateposition zeigt.

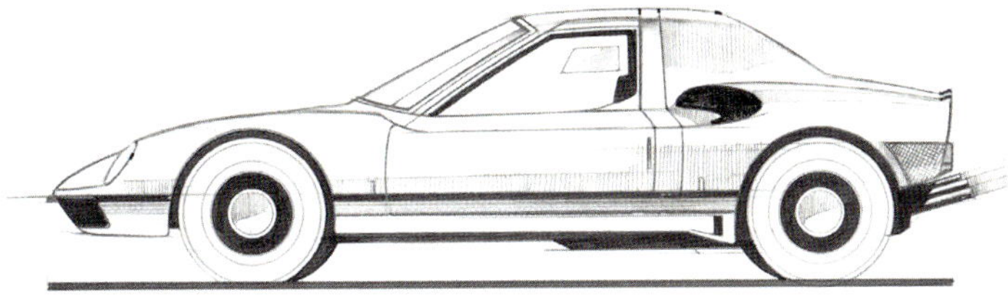
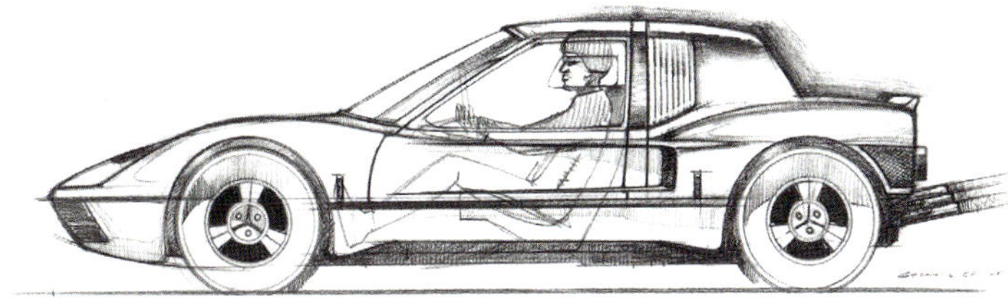
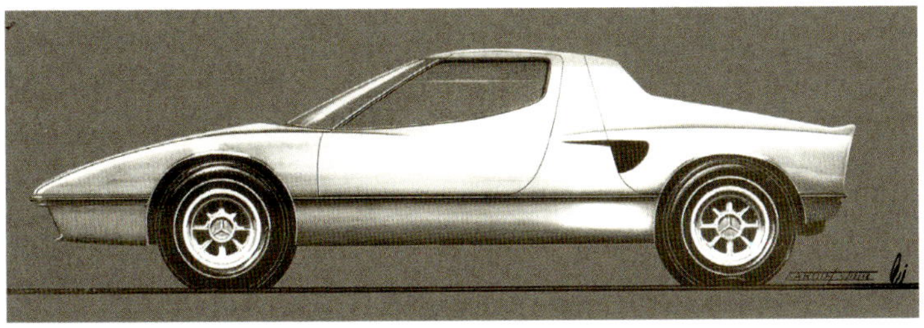

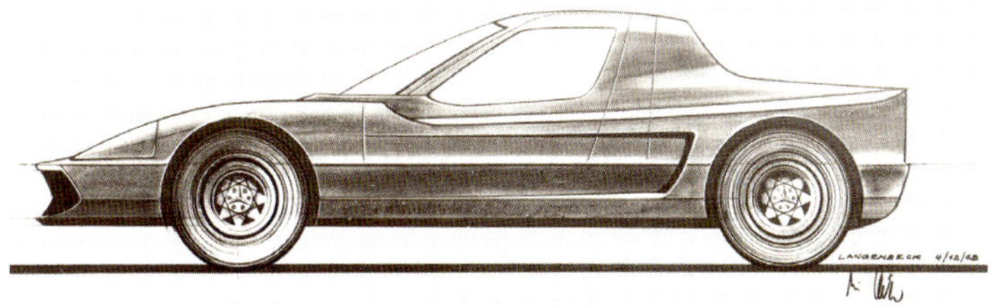
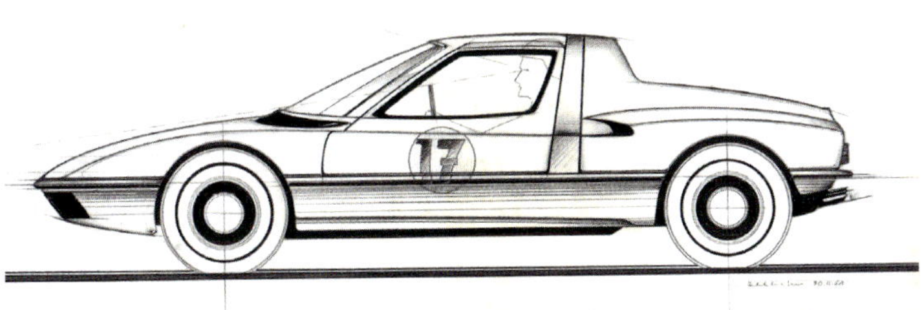
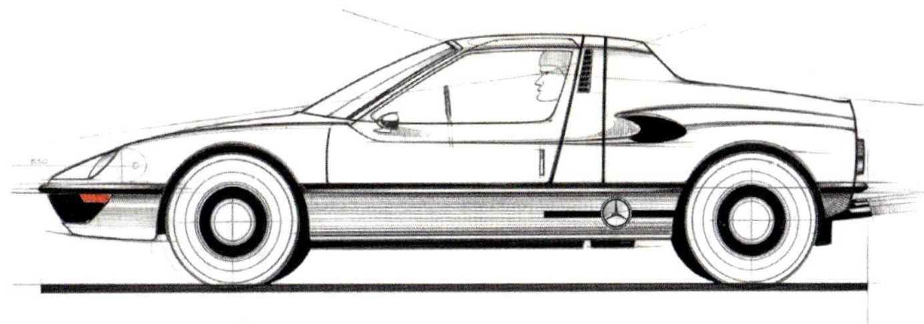

Erste, vom November/Dezember 1968 datierende Designzeichnungen des C 101, erstellt von den Stilisten Joseph Gallitzendörfer (gegenüberliegende Seite und erste Reihe), Gérard Cardiet (zweite Reihe und dritte Reihe links), Andreas Langenbeck (dritte Reihe rechts) und Ferdinand Hellhake (vierte Reihe).

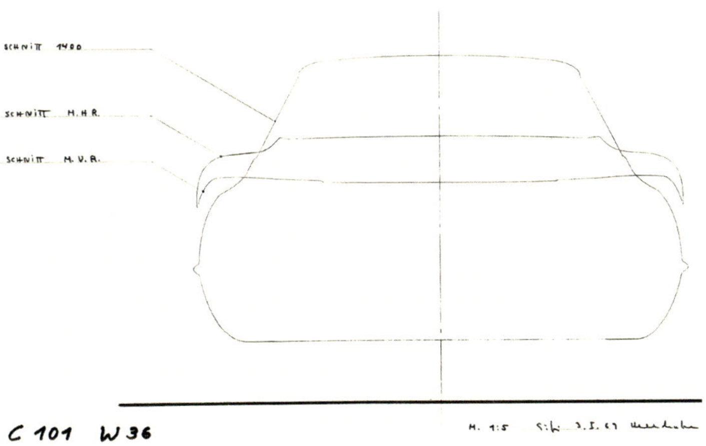

Karosserie-Querschnitte des C 101, gezeichnet von Ferdinand Hellhake Anfang Januar 1969.

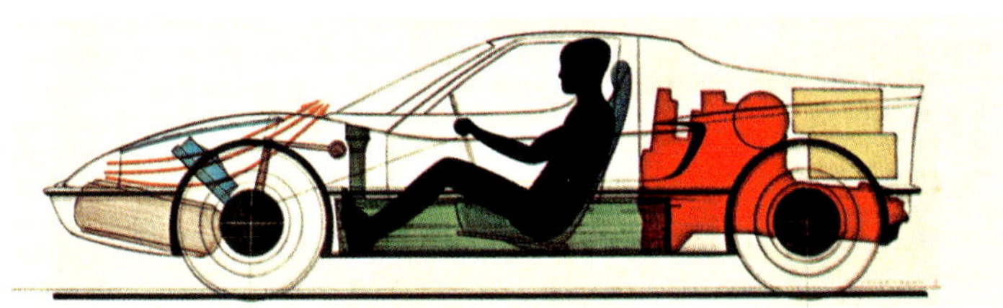

Designzeichnung von Ferdinand Hellhake vom Dezember 1968 (oben) und Längsschnitt von Joseph Gallitzendörfer vom Januar 1969 (unten).

Am 17. Dezember 1968 wurde der neue Sportwagen erstmals auch im Rahmen einer Vorstandssitzung behandelt. Bezüglich der Überlegungen, das Fahrzeug mit Wankelmotor auszurüsten, verwies Entwicklungschef Dr. Hans Scherenberg darauf, dass ein Versuchsmotor vor kurzem erstmalig die Laufleistung von 85.000 km erreicht habe. Die Diskussion wandte sich umgehend der Frage nach möglichen Motorsporteinsätzen zu. Auf den Hinweis, dass der Einbau des Wankelmotors gerade in einem sportlichen Fahrzeug nicht unbedenklich sein könnte, entgegnete Scherenberg, dass »die Verwendung des Wankelmotors in einem für sportlichen Wettbewerb gedachten Fahrzeug ungefährlich sei, da der Motor hier immer nur relative kurze Zeit belastet würde«. Die Frage von Vorstandssprecher Dr. Joachim Zahn, ob ggfs. auch ein Hubkolbenmotor als Ersatz für den Wankelmotor vorgesehen werden könne, bejahte Scherenberg – wenn auch mit der Einschränkung, dass »die Untersuchungen hierfür noch nicht abgeschlossen wurden und der Einbau dieser großvolumigen Motoren wesentlich größere Schwierigkeiten bereiten wird«.

Entsprechend dem bisherigen Stand der Konzeption nannte Scherenberg in der Vorstandssitzung folgende wesentlichen Kenndaten:

Motorleistung	219 bzw. 245 PS
Gesamtgewicht	825–870 kg
Gewicht fahrfertig	750–800 kg
Stirnfläche	1,55 m²
c_W-Wert	0,36
Radstand	2,50 m
Schwerpunkthöhe	ca. 0,40 m
Gesamtlänge	ca. 3,85 m
Gesamthöhe	ca. 1,13 m
Gesamtbreite	ca. 1,64 m

Basierend auf diesen Eckdaten und dem vom 29.11.1968 datierenden Leistungs- und Drehmomentdiagramm des 3-Scheiben-Motors M 950/3 hatte die Vorentwicklung in Untertürkheim am 6. bzw. 12. Dezember Fahrleistungsdiagramme errechnet.

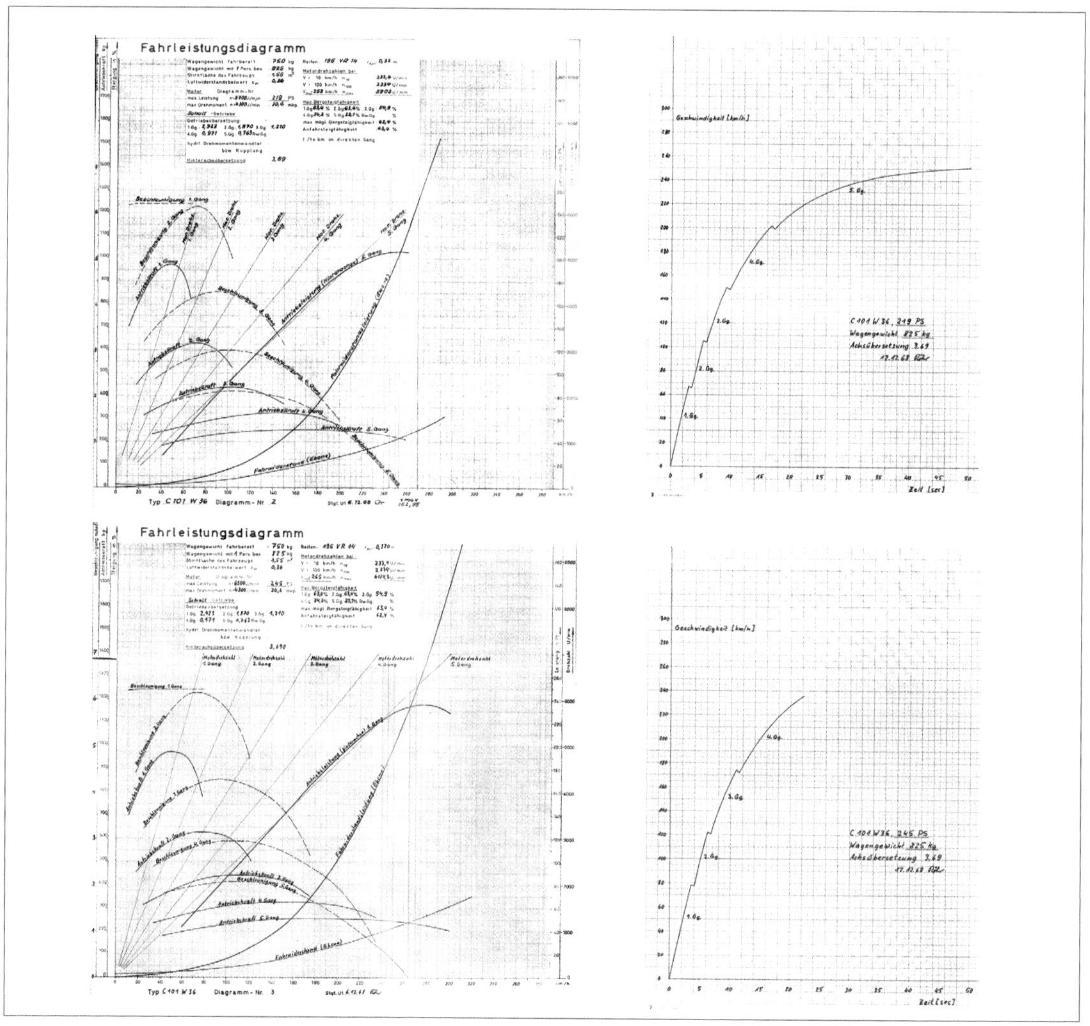

Anfang Dezember 1968 wurden für den C 101 bei einem angenommenen Wagengewicht von 825 kg Fahrleistungs- und Beschleunigungsdiagramme für Motorvarianten mit 219 PS/161 kW und 245 PS/180 kW errechnet. Obwohl im Laufe der Entwicklung eine signifikante Gewichtssteigerung zu verzeichnen war, konnten die errechneten Werte für Höchstgeschwindigkeit und Beschleunigung am Ende im Wesentlichen erreicht werden.

Konkretisierung:
Konzeptdefinition des C 101

In der Technischen Besprechung Pkw am 20. Januar 1969 spielte der C 101 eine tragende Rolle. Das Protokoll dokumentiert in ungewöhnlich klaren Worten Handlungsbedarf in allen grundlegenden Aspekten der Projektentwicklung: »Terminlage ist unklar. Stückzahl ist unklar. Ausstattung (im Vergleich zum R 107) ist unklar. Auf der nächsten Sitzung ist C 101 dringend zu behandeln. Hierzu ist ein Katalog von Argumenten von Herrn Dr. Enke und Herrn Andres zu erstellen, die vor der nächsten Besprechung diskutiert werden sollen.« Die adressierten Mitarbeiter wurden umgehend tätig, und bis zum 24. Januar entstand unter dem Titel »C 101 W 36 – Anstehende Fragen« ein umfangreiches Papier, das neben einem siebenseitigen Fragebogen auch eine vierseitige, nach Klassen unterteilte und sehr breit angelegte Aufstellung von Vergleichsfahrzeugen der Motorsport-Gruppen 3 (GT) und 4 (Sportwagen) enthielt. Der Fragebogen ist hier ungekürzt wiedergegeben:

I. Verwendungszweck ja / nein

A. Nur Wettbewerb (s. Erläuterungen S.3)
Wann 1. Wettbewerb: 1969
1970
1971?

B. Wettbewerbs- und Sportwagen* in kleiner Stückzahl
(s. Erläuterungen S. 4)
Wann 1. Versuchswagen: 1970
1971
1972?

C. Sportwagen* mit großem Komfort (nicht Wettbewerb)
(s. Erläuterungen S. 4)
Wann 1. Versuchswagen: 1970
1971
1972?

*Sportwagen im Sinne 280 SL und 300 SL

D. Schauwagen in Form A.
B.
C.

für IAA Frankfurt 1969 (ähnlich Opel GT in Frankfurt 1965 und Rover [P 6 BS, d. Verf.] in Brüssel 1969)

Erläuterungen zu A.

1. Motor

Vorhanden:	3-Scheibenwankel mit ca. 270 PS (3,6 l); ungünstig, da für Wettbewerb Klassengröße 3 l bis 5 l!
Vorhanden in 9 Monaten:	3-Scheibenwankel mit ca. 360 PS (3,6 l) (Renneinsatz)
Vorhanden in ca. 9 Monaten:	4-Scheibenwankel mit ca. 480 PS (4,8 l) (2 Stück für Renneinsatz)

2. Rennachsen müssen entwickelt werden.

3. Allgemein
Wagen sollte vor Ausstellung Siege haben. Später könnte dann aus A. der Wagen B. entwickelt werden.
B. kann aber nur nach R 107 kommen!
Einige Wagen sind durch »Bastelarbeit« schnell zu fertigen.
Allgemeinere Sicherheitsvorschriften bleiben unberücksichtigt.
Kein Komfort (ohne Heizung, jedoch mit Belüftung).

Erläuterungen zu B.
Dieser Wagen soll vermutlich auch exportiert werden.
Da nachstehend aufgeführte Punkte dann zu berücksichtigen sind, kann Fertigentwicklung nicht kurzfristig erfolgen.
Zeitraubende Punkte sind u. a.:
1. Lenkradverschiebung;
2. 30 Meilen-Test; [Begrenzung der Lenkradverschiebung bei Aufprall mit 30 mph, d. Verf.]
3. Scheibenentfrostung;
4. Scheibenwischfeldgröße;
5. Lage, Abmessung und Zulassung der Leuchten;
6. Sichtwinkel;
7. Polsterung Instrumententafel;
8. Abgasentgiftung!;
9. Seitliche Tankanordnung (Vorschrift für Aufprall).

Erläuterungen zu C.
Wagen müßte sich durch futurische Karosserieform und starken Motor von R 107 abheben, sonst Konkurrenz für R 107.

II. Soll Wagen als GT oder Sportwagen laufen?
Erforderlich: als GT 500 Stück/Jahr
(ab 1971: 1000 Stück/Jahr)
als Sportwagen 25 Stück/Jahr
als Sport-Prototyp

III. Auslegung für Sieg in Klasse oder Gesamtklassement?

IV. Welcher Motor:
a. Wankel 3 Scheiben (3,6 l)
b. Wankel 4 Scheiben (4,8 l)
c. Hubkolben?

V. Welche Achsen:
a. Rennachsen
b. Serienteilachsen?

VI. In welche Länder Export:
a. USA
b. Schweden?

VII. In welcher Stückzahl fertigen:
a. 50 Stück
b. 500 Stück
c. 5000 Stück?

VIII. Für welche Preiskl. auslegen:
a. DM 14.000 – 20.000
b. DM 20.000 – 25.000
c. DM 25.000 – 30.000?

IX. Wann soll Wagen gezeigt werden:
a. 1969
b. 1970
c. 1971?

Detailfragen

Fahrwerk:

1. Sind Teile so weit wie möglich aus Titan und Beryllium zu fertigen?
2. Pedale und Lenkrad verstellbar?
3. Blockierverhinderer?
4. Bremsverstärker?
5. Muß Spurbreite für Wettbewerb und Kundenfahrzeug gleich sein?
6. Sind breitere Reifen hinten abzudecken?
7. Sind Serienteile zu verwenden für
   a. Lenkung
   b. Fußhebelwerk?
8. Wird Rechtslenker verlangt?

Aufbau:

1. Karosseriekörper
a. aus Aluminium
b. aus Magnesium
c. aus Kunststoff
d. aus Stahl
e. gemischte Bauweise
f. teilweise genietet
g. Schweißpunkte sichtbar.

2. Klappen
a. Bugklappe verschraubt
b. Türscharnier an Dach
Türscharnier an Vorderwandsäule
Türscharnier an Dach und Vorderwandsäule.

3. Schutzprofile
a. Stoßstange vorn/hinten
b. Rammleiste vorn/hinten
c. Rammleiste seitlich Längsträger (Tank).

4. Kofferraum
a. nach Sportwagenvorschrift
b. nach DB W 113-Koffersatz.

5. Klimatisierung
a. keine Heizung, gute Lüftung
b. Heizung und gute Lüftung
c. Einbau Kälteanlage möglich.

6. Sitzanlage
a. einfacher Schalensitz
b. komfortabler Schalensitz
c. Federkern-Schalensitz
d. Sitz angeschraubt
e. Sitz angeschraubt mit 70 mm Verstellung
f. Sitzschienen mit Feststeller
g. Lehnenverstellung.

7. Seitenscheiben
a. starr
b. Lüftungsblech
c. geteilt und verschiebbar
d. teilweise oder ganz abzukurbeln
e. Glas
f. Plexiglas.

8. Beleuchtung
Scheinwerfer
a. versenkt mit abnehmbarer Abdeckung
b. versenkt, Abdeckung mit Plexiglas
c. versenkt und schwenkbar
d. aufgesetzt.

9. Radio

10. Scheibenwischer
a. ein Wischerblatt
b. zwei Wischerblätter parallel
c. zwei Wischerblätter gegeneinander.

11. Aschenbecher

12. Zigarrenanzünder

13. Türschlösser und -griffe
a. Seriengriff
b. Griff versenkt
c. ohne Griff.

14. Bodenverkleidung
a. Teppich
b. Gummimatte
c. keine.

15. Reserverad vorn außen, nach unten klappbar?

16. Welcher Böschungswinkel vorn ist zu berücksichtigen?

Am 3. Februar war dieser Fragebogen Gegenstand einer ausführlichen Diskussion in der Technischen Besprechung, deren Ergebnisse im Detail protokolliert sind:

A 1. Verwendungszweck:
Wettbewerbs- und Sportwagen in kleiner Stückzahl; es werden fünf Wagen (möglichst für IAA, Frankfurt) eingeschrieben.
A 2. Berücksichtigung bestimmter Vorschriften:
(Die Ziffer bedeutet Dringlichkeitsstufe)
a) Lenkradverschiebung (1)
b) Leuchten, gegebenenfalls Einzelabnahme (1)
c) Sichtwinkel für den Straßengebrauch (1)
d) Polsterung Instrumententafel (1)
e) Abgasentgiftung (Leerlauf) (1)
f) Tankanordnung (seitlich) (1)
g) 30 Meilen-Test (2)
h) Scheibenentfrostung (2)
i) Scheibenwischfeldgröße (2)
A 3. Ausführungsart Sportwagen
(25 Wagen pro Jahr)
A 4. Motor
Wankel-Motor für 3 und 4 Scheiben
Hubkolben-Motor wahrscheinlich nicht
A 5. Achsen
Serienteile (1)
Rennachsen (2)
A 6. Export
USA, Schweden (2)
A 7. Stückzahl
500 Stück
A 8. Preisklasse
bis DM 20.000,–
A 9. Gewicht
Laut Herrn van Winsen für Wettbewerbs-Fahrzeug mit Minimalausrüstung und 100-L-Tank 912 kp; davon Rahmen und Aufbau 223 kp.
A 10. Fahrwerk
a) Sondermetalle nein
b) Pedale und Lenkrad verstellbar nein
c) Antiblockiereinrichtung nein
d) Bremsverstärker nein
e) Spurbreite: kann für Wettbewerbs- und Kundenfahrzeug verschieden sein
f) breitere Reifenabdeckung hinten notwendig
g) Lenkung und Fusshebelwerk Serienteile
h) Rechtslenker ja
A 11. Karosseriekörper
Material: Aluminium oder Kunststoff bzw. gemischte Bauweise. Schweisspunkte und Nieten können sichtbar sein.
A 12. Schutzprofile
Rammleiste vorn und hinten ja
seitlich nein
A 13. Kofferraum
nach Sportwagenvorschrift
A 14. Klimatisierung
Heizung und gute Lüftung ja
Einbau Kälteanlage nein
A 15. Sitzanlage
a) einfacher Schalensitz
b) Sitz angeschraubt mit schraubbarer Verstellmöglichkeit
c) Lehnenverstellung nein
A 16. Seitenscheiben
a) geteilt und verschiebbar
b) Material: Glas
c) für Wettbewerbsfahrzeuge Plexiglas
A 17. Scheinwerfer
aufgesetzt
A 18. Einbaumöglichkeit für Radio nein
A 19. Aschenbecher ja
Zigarrenanzünder nein
A 20. Türschlösser verschliessbar
Türaussengriffe versenkt, im Prinzip wie 300 SL
A 21. Bodenverkleidung, Türverkleidung
a) Gummimatte
b) Türinnenverkleidung als einfache Abdeckung
A 22. Reserverad
möglichst nach vorn herausnehmbar
A 23. Böschungswinkel
Für die Grösse des Böschungswinkels hat die Aerodynamik Vorrang.

Auf organisatorischer Seite wurde festgehalten, dass jetzt die sogenannte Einschreibung, also die konkrete Beauftragung der zu bauenden Fahrzeuge durch den Vorstand, erfolgen müsse und dass für das Projekt eine gesonderte Verrechnungsstelle, getrennt von den übrigen Konten, einzurichten sei. Im Hinblick auf die erforderlichen Kapazitäten wurde festgestellt, dass das Projekt C 101 nicht zu Lasten der laufenden Projekte gehen dürfe. Dokumentiert ist hierzu aber auch die nüchterne Einschätzung »Wie dies gelöst wird, ist völlig offen.« Damit stand das ambitionierte Sportwagen-Projekt von Beginn an unter Kapazitätsrestriktionen, die im Mercedes-Benz Entwicklungsbereich seit Jahren ein Thema waren.

Offene Fragen: Motorsporteinsatz und Serienproduktion

Bereits am 15. Januar hatte Rainer Schick, Mitarbeiter des Bereichs Entwicklungs-Organisation und -Planung, in einer Notiz an dessen Leiter Karl-Wilhelm Müller die aktuellen Vorstellungen im Hinblick auf mögliche Motorsporteinsätze zusammengefasst. Unter Berufung auf eine Mitteilung von Dr. Kurt Enke stellte Schick fest, dass an zwei Versionen des C 101 gedacht sei und nahm auch zur Ausführung der Karosserie Stellung. Die Ausführungen von Schick sind im Folgenden wörtlich zitiert:

1.) Straßenfahrzeug mit 3-Scheiben-Wankelmotor (VH = 3,6 ltr),
Leistung ca. 300 PS,
Innenraum-Maße wie PKW,
Homologierungs-Grenze als Fahrzeug
für Rallye-Veranstaltungen 500 Stück

2.) Rennfahrzeug mit 4-Scheiben-Wankelmotor (VH = 4,8 ltr),
Leistung > 400 PS,
durch 4. Scheibe des Wankelmotors
Innenmaße nur für kleine Fahrer,
Homologierungsgrenze als Rennsportfahrzeug
für z. B. Le Mans, Sebring, Nürburgring 50 Stück

Die Karosserie soll aus Kunststoff sein, eventuell wird für die 1. Version auch an eine Al-Ausführung gedacht. Sifi [Sindelfingen, d. Verf.] arbeitet z.Zt. am 3. Modell (Maßstab 1:5), Ut [Untertürkheim, d. Verf.] (H. Nadolny) hat ein Modell fertig.
Es wäre dringend anlässlich einer Vorstandssitzung zu klären, ob DB tatsächlich in der Lage ist Kunststoffkarosserie zu fertigen.

Karl-Wilhelm Müller bezweifelte, dass ein Rennfahrzeug »nur für kleine Fahrer« die richtige Lösung ist, und vermerkte auf der Mitteilung von Schick: »Der Einbau des 4-Scheiben-Wankelmotors sollte von Anfang an vorgesehen werden. H. Uhlenhaut sagte zwar, daß dies durch einfache Verlängerung des Radstandes möglich sei, es ist hier nur die Frage, ob man diesen Radstand nicht generell vorsehen sollte?«

Die Konstruktion Vorentwicklung beschäftigte sich eingehend mit den Chancen eines möglichen Motorsportengagements und den in diesem Zusammenhang zu berücksichtigenden konzeptionellen Aspekten. Am 24. Januar fasste Dr. Kurt Enke seine ersten diesbezüglichen Erkenntnisse in einem Papier mit dem Titel »Möglichkeiten für den sportlichen Einsatz des C 101 und die Konsequenzen für Auslegung und Stückzahl« zusammen. Bei seiner Analyse ließ er die Gruppe 1 (Serien-Tourenwagen) und Gruppe 2 (Tourenwagen) außer Acht und konzentrierte sich stattdessen auf die Rahmenbedingungen und denkbaren Wettbewerber in der Gruppe 3 (GT-Fahrzeuge mit einer Homologationsstückzahl von 500 Exemplaren/Jahr), der Gruppe 4 (Sportwagen mit einer Homologationsstückzahl von 25 Exemplaren/Jahr) sowie der Gruppe 6 (Sportprototypen ohne Stückzahlvorschrift bei weitgehender Freiheit in der Konstruktion). Eine Unsicherheit ergab sich durch erwartete, aber noch nicht endgültig definierte künftige Änderungen hinsichtlich der Gruppeneinteilung der Sportwagen sowie ihre Auswirkungen auf die Markenmeisterschaft. Sollte diese mit Sportprototypen ausgefahren werden, befürchtete Enke große Herausforderungen bei der Erzielung der zur Wettbewerbsfähigkeit in dieser Kategorie erforderlichen Literleistung von 150 PS.

Enkes Mitarbeiter Erwin Löffler führte die Betrachtungen sehr detailliert fort und dokumentierte die Ergebnisse in dem vom 29. Januar 1969 datierenden Papier »Auslegung des C 101 W 36, wenn er für Wettbewerbe verwendet werden soll«. Für die Motorisierung einer Wettbewerbsvariante wurde im Rahmen dieser Untersuchung angenommen, dass ein 3-Scheiben-Triebwerk mit dem Hubraumäquivalent von 3,6 Litern circa 360 PS/265 kW und ein 4-Scheiben-Motor mit einem nach den neuen FIA-Richtlinien besser passenden Hubraumäquivalent von 4,8 Litern etwa 480 PS/353 kW erreichen könnte – allerdings wurde festgestellt, dass der Motor umkonstruiert werden müsse, um dabei eine angenommene Literleistung von 100 PS/Liter zu ermöglichen. Wegen der in Gruppe 3 geforderten Stückzahl von 500 Fahrzeugen innerhalb von 12 Monaten schloss Löffler die Verwendung von Titan oder Beryllium aus, hielt jedoch eine Aluminium-Bodenanlage mit einer Kunststoffkarosserie für denkbar. Um in Gruppe 4 mitfahren zu können, hielt Löffler die Entwicklung von speziell für Rennreifen geeigneten Achsen für erforderlich; zudem müsse das Gewicht extrem niedrig gehalten und zur Ausnutzung der Hubraumgrenzen ein 4-Scheiben-Motor verwendet werden. Auch für einen Einsatz in der Gruppe 6 schienen die Herausforderungen nahezu unüberwindlich: Das Gewicht musste »extrem gedrückt werden unter Verwendung von Titan und Beryllium und sollte 600 kg [...] nicht übersteigen. Vorn und hinten müssen breite Racing-Reifen von der Größe 15" verwendet werden (dies bedeutet die Einwicklung von Rennwagenachsen).« Das Ergebnis von Löfflers Analyse war dementsprechend ernüchternd: Zum damaligen Konstruktionsstand (3-Scheiben-Motor und Serienachsen [vom W 114/115, d. Verf.]) konnte der C 101 nicht im Motorsport eingesetzt werden, und auch äußerst aufwendige Entwicklungsmaßnahmen bei Motor, Chassis und Achsen konnten nicht als Gewähr für sportliche Wettbewerbsfähigkeit gelten.

Unabhängig von dieser Einschätzung (und auch nicht ausschließlich auf den C 101 bezogen) machte Entwicklungschef Scherenberg in der Vorstandssitzung am 4. Februar 1969 darauf aufmerksam, dass das Entwicklungsbudget 1969 noch keine Aufwendungen für Sportzwecke enthält, sodass hierfür gegebenenfalls zusätzliche Mittel im Rahmen eines Sonderbudgets bereitgestellt werden müssten. Auf Frage von Dr. Hanns Martin Schleyer, verantwortlich für das Ressort Zentral-Planung und Zentral-Verwaltung, berichtete er in diesem Zusammenhang, »dass der Wankelmotor für das in Arbeit befindliche sportliche Fahrzeug (C 101) in Kürze freigegeben werden soll«. Es könne damit gerechnet werden, »dass Fahrgestell und Motor des ersten Versuchsexemplars bis Anfang April 1969 fertigwerden«. Die Vorentwicklung in Sindelfingen prüfe zurzeit die Frage, »ob eine Aluminium- oder Kunststoff-Karosserie Verwendung finden soll«. Wenn möglich, sollten bis zur IAA 1969 vier bis fünf Fahrzeuge zur Verfügung stehen. Scherenbergs Kollegen nahmen den Bericht zustimmend zur Kenntnis, stellten aber fest, dass über die endgültige Verwendung des Fahrzeugtyps – und gegebenenfalls damit verbundene Investitionen – »erst später Beschluss gefasst werden« solle.

Einen Tag später, am 5. Februar, wurde der neue Sportwagen zum ersten Mal in der Pkw-Kommission behandelt. Das Gremium bestand aus hochrangigen Vertretern der Entwicklung, der Erzeugnisplanung, der Technischen Werkleitung der Werke Untertürkheim und Sindelfingen, der Bereiche Finanzen und Rechnungswesen sowie verschiedener Vertriebsbereiche und trat seinerzeit durchschnittlich einmal pro Monat zusammen. Es hatte die Aufgabe, einen kontinuierlichen Informationsfluss zwischen den Fachbereichen sicherzustellen, bereichsübergreifende Themen durch Beauftragung der beteiligten Fachabteilungen voranzutreiben und Empfehlungen für den Vorstand zu erarbeiten.

Wie das Sitzungsprotokoll dokumentiert, wurde das Projekt umfassend und detailliert diskutiert: »Uhlenhaut berichtet der Kommission über den C 101 und erklärt, daß der Vorstand vom Entwicklungsbereich immer wieder Fahrzeuge für sportliche Betätigung verlangt habe. Daraufhin sei nun der C 101 dargestellt worden [...] ein Mittelmotor-Wagen mit 2 Sitzen (Motor zwischen den Sitzen und der Hinterachse), mit sportlicher Ausstattung als sehr niedriges Coupé ausgebildet. Er soll möglichst unter 1000 kg wiegen und mit einem Drei-Scheiben-Wankel-Motor von ca. 300-350 PS ausgerüstet werden. Die Achsen sollten im Prinzip aus unserer Serienproduktion entnommen werden. Das Getriebe, mit Differential verblockt, soll von ZF [der Zahnradfabrik Friedrichshafen, d. Verf.] kommen. Auf entsprechende Anfragen erklärt Uhlenhaut, daß der C 101 für Veranstaltungen wie z. B. Sebring und Le Mans usw. nicht geeignet ist, sondern als sportliches Image-Fahrzeug gedacht ist. Der Entwicklungsbereich hat die Vorstellung, daß der C 101 auf der IAA 1969 mit einem Standfahrzeug und vier Vorführfahrzeugen debütieren könnte [... und] daß im Jahr 1970 ca. 100 Fahrzeuge produziert werden könnten. Uhlenhaut nennt als Preisvorstellung 20.000 bis 25.000 DM.« – eine, wie sich zeigen sollte, alles andere als realistische Einschätzung.

Rudolf Uhlenhaut, Chef der Pkw-Entwicklung, aufgenommen im Oktober 1969 mit dem 3-Scheiben-Wankelmotor M 950/3.

Uhlenhauts Kommissionskollegen wiesen darauf hin, dass sich bei einer so niedrigen Produktionsstückzahl auch ein wesentlich höherer Preis ergeben könne, und stellten fest, dass Investitionen für eine Serienproduktion des Sportwagens C 101 nur genehmigt werden könnten, wenn die innerhalb der üblichen Planungsprozesse erforderlichen Fakten vorliegen würden. Dazu müssten vor allem vom Entwicklungsbereich die Entwicklungstermine in Meilensteinplänen vorgelegt werden. Die Kommissionsmitglieder gaben zu Protokoll, dass, wenn dieser Sportwagen auf der IAA 1969 gezeigt würde, bekannt sein müsste, ab wann dieser Typ in welchen Stückzahlen produziert wird. Sie befürworteten den C 101 aus Imagegründen, wiesen aber darauf hin, dass dadurch auf keinen Fall die Termine des W 116 oder des R 107 beeinträchtigt werden dürften. Zudem stellten sie klar, dass gerade bei diesem Typ die Garantie für eine Dauerhaltbarkeit des Wankelmotors gegeben sein müsse. Der Preis spiele bei diesem Fahrzeug keine entscheidende Rolle. Diskutiert wurde auch der Aspekt, dass bei einem Debüt des C 101 auf der IAA zum gleichen Zeitpunkt zwei verschiedene Antriebsaggregate hoher Leistung erstmals der Öffentlichkeit präsentiert würden: der 3,5-Liter-V8-Motor M 116 und der 3-Scheiben-Wankelmotor. Die sich hieraus ergebenden Konsequenzen müssten sorgfältig überprüft werden. Abschließend beauftragte die Pkw-Kommission den Entwicklungsbereich in einem förmlichen Beschluss, die Entwicklungstermine für den Sportwagen C 101 detailliert bekanntzugeben, um auf dieser Basis die Termine und Aufwendungen für eine spätere Serienproduktion überprüfen zu können.

Vier Wochen nach der Kommissionssitzung, am 4. März 1969, wurde das Projekt auch im Vorstand erneut thematisiert. Im Rahmen der Vorbereitung der Aufsichtsratssitzung am 12. März gab Schleyer »zu bedenken, ob die im Zusammenhang mit der Fertigung einer größeren Stückzahl des Versuchstyps C 101 notwendig werdenden Investitionen in Höhe von DM 2,5 Mio bereits jetzt beantragt werden sollten.« Scherenberg erläuterte hierzu, »dass das Fahrzeug auf der IAA 1969 vorgestellt werden soll und bis zu diesem Zeitpunkt 6 Fahrzeuge zu fertigen sind. Um dann im Frühjahr 1970 25 bis 50 Fahrzeuge dieses Typs fertigen zu können, müßten die Investitionen in Höhe von DM 2,5 Mio durchgeführt werden.« Wenn das Fahrzeug nicht gebaut würde, wären nur »DM 0,6 Mio, die auf typengebundene Betriebsmittel entfallen, verloren […], da es sich bei den restlichen DM 1,9 Mio um Investitionen für auch anderweitig verwertbare Maschinen handele.«

»Nach kurzer Aussprache« fasste der Vorstand den Beschluss, »zunächst den Erfolg der 6 Prototypen, für die nunmehr die Einschreibung freigegeben wird, abzuwarten, um dann eine Entscheidung über die für eine Serie von 25 bis 50 Fahrzeugen notwendigen Investitionen in Höhe von DM 2,5 Mio zu treffen.« Noch am gleichen Tag informierte der Bereich Entwicklungs-Organisation und -Planung die Abteilung Zentralplanung in einer Mitteilung, die hier im Wortlaut wiedergegeben wird:

Aufgrund des heutigen Vorstandsbeschlusses (lt. H. Schroeder, Sekr. Dr. Scherenberg) sind auf dem Dir. Beschluß Nr. 5757
6 Fahrzeuge mit Mittelmotor C 101
zu fertigen.

Anfertigung:	DBAG W 19 Versuch, UT
	DBAG W 50 Versuch, Sifi
Kontierung:	64116 12114
Projekt:	135 000

Weiter sind als Klein-Serie (W 10 u. W 50)
50 Stück Fahrzeuge mit Mittelmotor C 101
einzuschreiben.

Kontierung:	Serie

Gegenüber dem protokollierten Vorstandsbeschluss, der die Einschreibung der Kleinserie vom »Erfolg der 6 Prototypen« abhängig gemacht hatte, ging die Mitteilung an den Bereich Zentralplanung in zwei Punkten noch einen Schritt weiter: Zum einen wurde hier gleich eine Stückzahl von 50 Fahrzeugen definiert und außerdem war die Einschreibung der Kleinserie nicht an Vorbedingungen geknüpft.

Am 5. März, einen Tag nach dem genannten Vorstandsbeschluss, wurden in einer Mitteilung von Entwicklungsleitung und dem Bereich Entwicklungs-Organisation und -Planung die wesentlichen Kenndaten zusammengefasst und die Freigabestufen der Hauptaggregate gemäß dem für Serienfahrzeuge üblichen Vorgehen festgelegt.

Radstand	2.500 mm
Spur vorn	1.380 mm
Spur hinten	1.370 mm
Motor	3-Scheiben-Wankel
	3,6 ltr-Hubvolumen
	270 PS / 7.000
Getriebe	ZF 5 DS – 25-1
Vorderachse	W 116 Ib
Hinterachse	Parallelachse (»Rennachse«)

Im Gegensatz zu der ursprünglich favorisierten Verwendung von Serienachsen ging man also inzwischen von einer aufwendigen Hinterachskonstruktion nach Rennwagenart aus – ein Umschwung, dessen Sinnhaftigkeit sich bei den ersten Versuchsfahrten zeigen sollte.

Am 3. April 1969 informierte eine offizielle »Freigabe-Mitteilung« über die neu festgelegten Baumuster: der C 101 W 36 erhielt das Baumuster 101.020, der 3-Scheiben-Wankelmotor M 950/3 das Motorbaumuster 950.930. Damit stand der Serienfertigung zumindest von Seiten der Produktdokumentation nichts mehr im Weg.

In einem Schreiben an das für den Inlandsvertrieb verantwortliche Vorstandsmitglied Rolf Staelin hatte der für Verkaufsförderung, Marktforschung und Absatzplanung zuständige Direktor Helmut Schmidt am 14. März die in der Öffentlichkeit zunehmend diskutierte Frage einer zukünftigen Motorsportbeteiligung von Daimler-Benz thematisiert, die durch den C 101 zweifellos weitere Aufmerksamkeit erregen würde. Vor diesem Hintergrund forderte Schmidt, dass »die Entwicklung klar die Konzeption und die Aufgabenstellung dieses neuen Typs darstellen« müsse und stellte zwei Hauptfragen:

1). Soll der C 101 ein echt sportliches Fahrzeug werden? Dabei weisen wir darauf hin, daß ab Ende 1970 die Typen 350 SL und 450 SL zur Verfügung stehen werden.
2). Auf welchem Gebiet des Motorsports würde ein C 101 wirklich Chancen haben?

Bei der Erfolgseinschätzung verwies Schmidt auf die Rennsportwagen Porsche 917 und Ford GT 40 und schloss mit den Sätzen: »Wenn der C 101 nicht ein ausgesprochener Sportwagen werden kann, besteht keine Chance, mit ihm eine Belebung unseres Images in Richtung auf Sportlichkeit und Jugendlichkeit durchzuführen. Außerdem muß befürchtet werden, daß, je näher der C 101 im Bereich der Leistung unserer herkömmlichen Motoren ist, eine Übernahme dieses Motors für Serienfahrzeuge erwartet wird. Eine Beunruhigung unserer Verkaufssituation könnte u.U. eintreten.«

Vier Tage später, am 18. März, fasste Hans Scherenberg die Hintergründe und die Zielsetzung des Projekts C 101 in einer Mitteilung an seine Vorstandskollegen zusammen. Darin schrieb er: »[...] Wir waren uns von vornherein darüber klar, dass wir eine Art Prototyp schaffen wollten, der leicht und schnell sein soll, aber andererseits auch die Möglichkeit gibt, ähnlich wie dies beim alten 300 SL mit Flügeltüren der Fall war, auf normalen Strassen zu fahren. Das bedeutet einen gewissen Komfort z. B. hinsichtlich der Sitzposition. Im übrigen sollte aber das Fahrzeug in den Abmessungen nicht zu gross und ein »hartes« Gefährt werden, bei dem man bewusst auf gewisse Bequemlichkeiten und Ausstattungen verzichtet. Das Fahrzeug muss sich also ganz bewusst von den in Entwicklung befindlichen Tourensportwagen, wie sie der heutige 280 SL und der Nachfolger R 107 darstellen, unterscheiden. Natürlich sind gegenüber früher diese Fahrzeuge, insbesondere wenn der R 107 mit dem 4,5 Ltr.-Motor ausgerüstet wird, auch schon recht sportlich und werden Geschwindigkeiten über 200 km/h erreichen.

Auf der anderen Seite sind die mit dem C 101 vergleichbaren Sportwagen ebenfalls ja viel rasanter geworden, wie dies auch die neuesten Entwicklungen des Porsche 917 oder des Ford GT 40 zeigen. Letztere sind aber doch ausgesprochene Wettbewerbsfahrzeuge, während wir daran denken, unseren C 101 für den normaleren Gebrauch sportlich versierten Herren in einem bewusst beschränkten Umfange anzubieten.

Wir sind der Meinung, dass das Programm dieses C 101 einige wesentliche Dinge erzielen soll:

1). Anhebung unseres Ansehens hinsichtlich sportl. techn. Tendenz.
2). Möglichkeit der Lieferung solcher Fahrzeuge an besondere Kunden, die in der Öffentlichkeit bekannt sind [...]
3). Einführung und Erprobung des Wankelmotors ohne Kollision mit laufenden Serientypen. Dabei können aus den Erfahrungen und dem Druck, den Wankelmotor bei uns zu einer höheren Reife zu bringen, wertvolle Möglichkeiten für unsere Serien entstehen. [...]
4). Die günstige Möglichkeit der Baukastentechnik beim Wankelmotor würde es dabei auch erlauben, verschiedene Fahrzeugtypen in sportlicher Sonderausführung mit 2, 3 oder 4 Scheiben vorzusehen. Wir beginnen zwar beim C 101 mit der 3-Scheiben-Ausführung, haben das Fahrzeug aber so ausgelegt, dass auch die 4-Scheiben-Ausführung hineingeht. [...]

Dem Zweck des Fahrzeugs entsprechend sollten wir uns klar darüber sein, dass es sich hier um ein Sonderfahrzeug geringer Stückzahlen handelt, das jederzeit wandlungsfähig sein muss.

Wir müssen dieses Fahrzeug dazu benutzen können, es z. B. bezüglich der Achse in Richtung auf Sportfahrzeuge abzuwandeln, um es gegebenenfalls so auch selbst einzusetzen oder durch entsprechende Kunden einsetzen zu lassen. Wir müssen außerdem die Möglichkeit haben, verschiedene Karosserie-Ausführungen nicht nur hinsichtlich der Form, sondern auch hinsichtlich des Aufbaumaterials, also z. B. Kunststoff oder Leichtmetall, zu verwenden. Nur so haben wir auch den entsprechenden Gewinn für unsere Entwicklung.

Wie schon verschiedentlich geschehen, möchte ich hier nochmals betonen, dass wir nicht zu lange warten sollten, 50 weitere Fahrzeuge freizugeben. Man muss hier einen gewissen Spielraum lassen, sonst wird die Lücke zwischen dem in Frankfurt ausgestellten Prototyp und der möglichen Lieferung an Kunden, wie oben beschrieben, zu gross. Abgesehen davon müssten ja auch, wenn man an sportlichen Einsatz denkt, 25 bzw. 50 Wagen gebaut sein, bevor die Zulassung gegeben wird. [...]«

Hinsichtlich der kontrovers diskutierten und nicht abschließend bewerteten Frage möglicher Motorsporteinsätze des C 101 erarbeitete Georg von Bismarck – im Bereich Entwicklungs-Organisation und -Planung verantwortlich für das Arbeitsgebiet Technische Marktbeobachtung – eine detaillierte Analyse, die er mit Datum vom 21. April 1969 unter dem Titel »Überlegungen zum Programm sportlicher DB-Pkw im Hinblick auf eine Motorsportbeteiligung« zusammenfasste. Im Fazit stellte von Bismarck fest: »[...] Als anzustrebende Erfolge können für DB nur Gesamtsiege gelten. Da diese in den Gruppen ›Sport-Prototypen‹ oder ›Sportwagen‹ nicht mit genügender Sicherheit zu erreichen sind, bleibt als Ziel die Rallye-Europameisterschaft. Es kann in erster Linie durch einen erfolgreichen ›Grand-Tourisme-Wagen‹, besonders durch einen ›Spezial-Grand-Tourisme-Wagen‹ verwirklicht werden. [...]«

Diese Zusammenfassung stützte sich auf sehr detaillierte Untersuchungen, die den C 101 in den relevanten Motorsportkategorien im Vergleich mit den jeweiligen Konkurrenzfahrzeugen betrachteten. In der Gruppe 4 (Sportwagen) wurden dem C 101 mit 4-Scheiben-Motor wegen zu geringer Literleistung gegenüber der Konkurrenz keine Erfolgsaussichten eingeräumt. Gewisse Aussichten sah von Bismarck in der Gruppe 3 (Grand-Tourisme-Wagen) und insbesondere in der ab 1970 neu definierten Gruppe 4 (nun für Spezial-Grand-Tourisme-Wagen), vermerkte jedoch ein Risiko durch Konkurrenten mit starken Hubkolbenmotoren und erhöhten Literleistungen. Zudem hätte eine Teilnahme in beiden Gruppen eine Produktion von 500 Fahrzeugen innerhalb von 12 Monaten erfordert. Als mögliche Alternative präsentierte von Bismarck noch die Variante, auf motorsportliche Ambitionen zu verzichten und mit sportlichen Wagen wie dem C 101 keine Motorsporterfolge, sondern ausschließlich Verkaufserfolge anzustreben.

Ungeachtet der insgesamt ernüchternden Ergebnisse dieser Analyse wurden mögliche Motorsporteinsätze auch weiterhin nicht explizit ausgeschlossen. Die Vorentwicklung in Untertürkheim konstruierte sogar noch im August 1969 einen C 101 mit 4-Scheiben-Wankelmotor als Gruppe-4-Rennsportwagen, das Projekt wurde aber nicht weiterverfolgt. Die Gründe hierfür sind leider nicht dokumentiert. Entscheidend war hier wohl vor allem die Wettbewerbssituation in der Rennsportszene, wie sie von Bismarck ausführlich dargelegt hatte, und die vom Reglement geforderte Produktionsstückzahl von 500 Fahrzeugen.

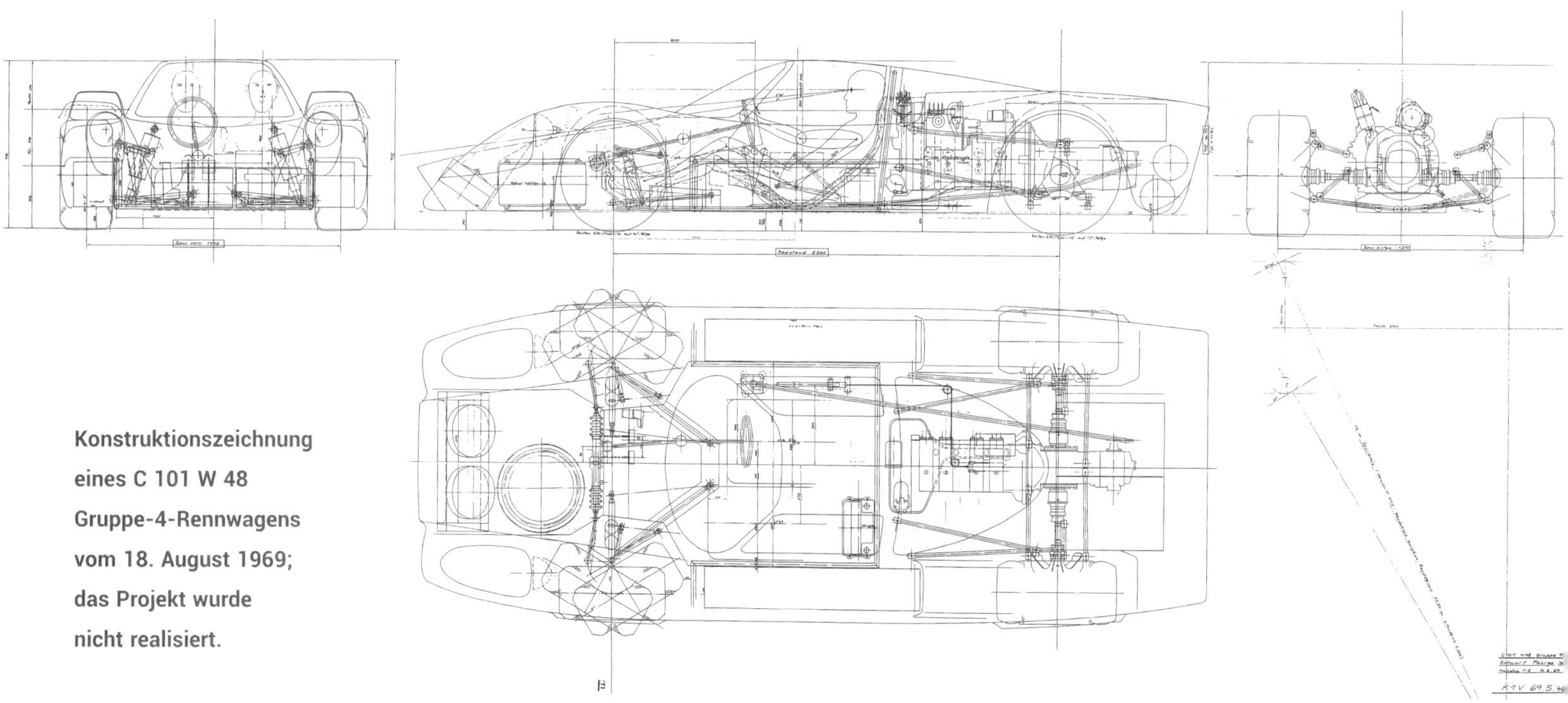

Konstruktionszeichnung eines C 101 W 48 Gruppe-4-Rennwagens vom 18. August 1969; das Projekt wurde nicht realisiert.

Sportlichkeit und Faszination: die Designentwicklung

Auf Grundlage der Fahrgestellzeichnungen aus Untertürkheim hatte bereits Anfang Dezember 1968 die Designentwicklung des C 101 begonnen. Basierend auf den ersten Entwürfen und den Anfang Januar 1969 erstellten Zeichnungen wurden noch im Januar die ersten Designmodelle im Maßstab 1:5 hergestellt. Ungewöhnlich war der Umstand, dass neben den hauptamtlichen Stilisten aus Sindelfingen auch die Vorentwicklung in Untertürkheim gestalterische Ambitionen entwickelt und ein Designmodell erstellt hatte.

Dieser Entwurf war das Werk von Stefan Heiliger, der seit 1964 als Stilist in der Vorentwicklung in Untertürkheim arbeitete. Im Rahmen dieser Tätigkeit gestaltete Heiliger auch die ersten Leichtmetallfelgen für Mercedes-Benz Fahrzeuge: sowohl die Räder im 5-Speichen-Design, mit denen der Wankel-Sportwagen auf der IAA debütierte, als auch die 15-Loch-Felgen der Versuchswagen basierten auf seinen Entwürfen. Eine 14-Zoll-Ausführung der 15-Loch-Felge war dann ab August 1970 auch als Sonderausstattung für die Serien-Pkw der Baureihen 108/109, 111 und 113 erhältlich. Liebhaber bezeichnen diese klassische, von der Firma Fuchs in Meinerzhagen geschmiedete Felge heute gern liebevoll-respektlos als »Barockfelge«. Heiligers Liebe zum Detail zeigt sich übrigens auch darin, dass die 1:5-Modelle seines Entwurfs mit maßstabsgetreuen Nachbildungen der von ihm entworfenen Leichtmetallfelgen ausgestattet waren.

Insgesamt entstanden in Sindelfingen in der ersten Phase der Designentwicklung fünf 1:5-Modelle als Abwandlungen zweier unterschiedlicher Basisformen, und hinzu kam noch das Untertürkheimer Modell.

Um die Arbeiten der unterschiedlichen Beteiligten aus Konstruktion und Versuch in Untertürkheim sowie Konstruktion und Stilistik in Sindelfingen zu koordinieren, schlug Designchef Geiger in einer Aktennotiz vom 11. Februar 1969 vor, dass »von der Stilistenabteilung Bruno Sacco diesen Typ federführend bearbeiten soll.« Der gebürtige Italiener Bruno Sacco, seit Anfang 1958 im Designbereich tätig, war 1963 in die von Béla Barényi geleitete Karosserie-Vorentwicklung gewechselt, wo er unter anderem 1965 das Maßkonzept für die Sportwagenstudie SLX erarbeitet hatte. Zum 1. Januar 1969 war er zu Friedrich Geiger in die Stilistenabteilung zurückgekehrt und

Die von der Konstruktion Vorentwicklung erstellte Zeichnung präsentiert das Fahrgestell des C 101 in allen Details. Die abgebildete Version gibt den aktualisierten Stand vom 3. März 1969 wieder. Die Lage des Kühlers und des Reserverades entspricht zwar nicht mehr dem ursprünglichen Konstruktionsstand, sie ist auf der Zeichnung aber als »noch nicht endgültig« vermerkt.

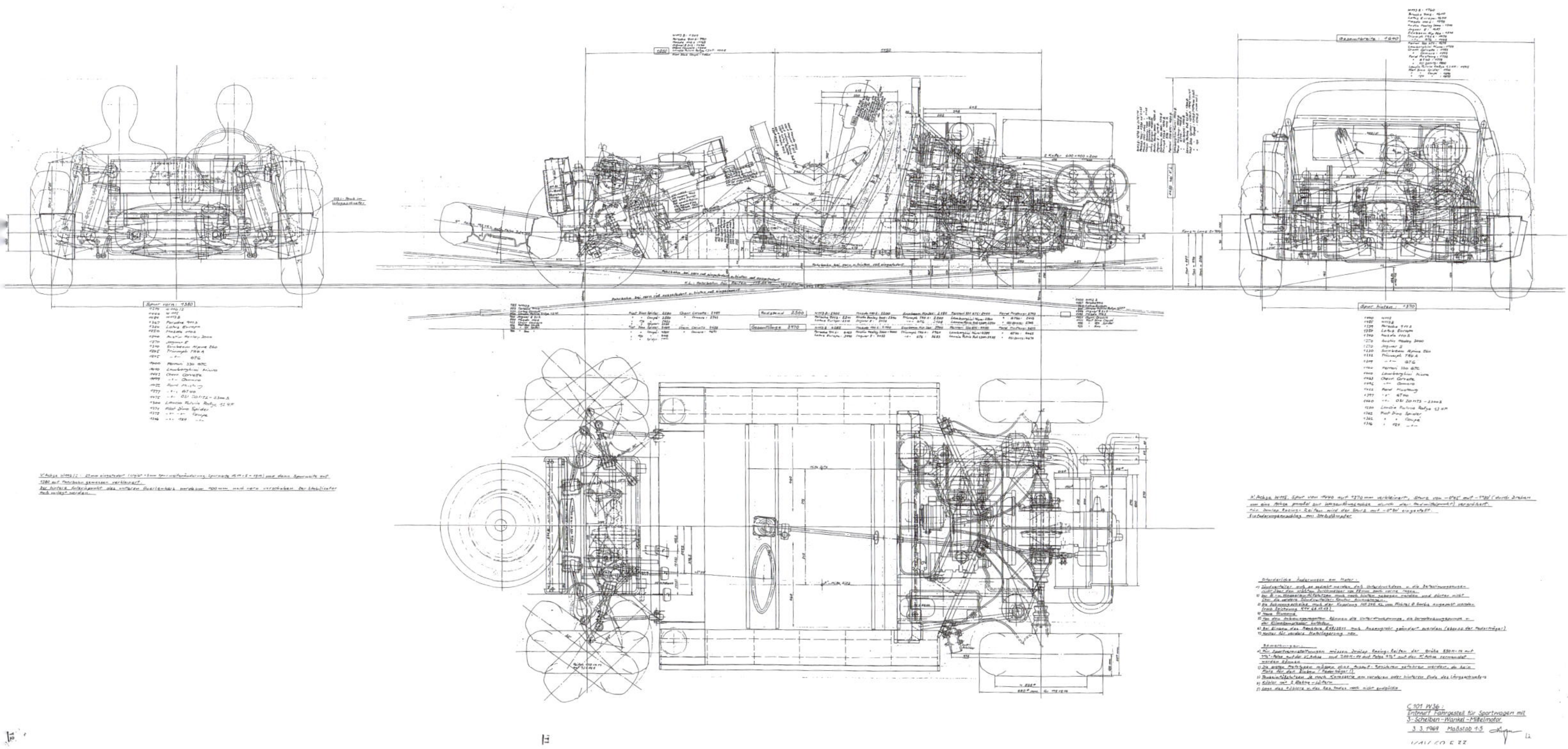

befasste sich seitdem vornehmlich mit der Gestaltung von Innenausstattungen. In Sindelfingen lief am 12. Februar 1969 die zur Erstellung eines 1:1-Designmodells erforderliche Maschinerie an. Koordiniert von Projektleiter Sacco gingen zwei Schreiner, ein Schlosser und vier Stilisten mit Hochdruck an die Arbeit, um ein Tonmodell im Maßstab 1:1 zum Wunschtermin in drei Wochen fertigzustellen. Bei dem sogenannten Tonmodell handelte sich in Wirklichkeit um ein Plastilin-Modell. Der C 101 war das erste Fahrzeug, bei dem Mercedes-Benz im Formfindungsprozess auf das neuartige auch als Clay bezeichnete Plastilin setzte. Der Designer (und spätere Designchef) Peter Pfeiffer, der zum 1. April 1968 von Ford zu Daimler-Benz gewechselt war, führte den seinerzeit innovativen Werkstoff in Sindelfingen ein und revolutionierte damit den Designprozess bei Daimler-Benz. Insbesondere die Möglichkeit, das Design sehr schnell direkt am Modell weiterzuentwickeln, barg ungeahnte Potenziale für eine schnellere und effizientere Formentwicklung. Das bereits 1890 von dem Münchner Apotheker Frank Kolb erfundene Plastilin wurde seit den 1950er-Jahren bei amerikanischer Herstellern im Automobildesign verwendet und überzeugt durch eine ganze Reihe von Vorteilen: Es lässt sich gut formen, erfordert keine langen Trocknungszeiten, ist dabei – im Gegensatz zu mineralischem Ton – maßhaltig und lässt sich anschließend leicht bearbeiten.

In der Technischen Besprechung vom 24. Februar wurden bereits die ersten Windkanaluntersuchungen an den 1:5-Modellen diskutiert. Der Untertürkheimer Entwurf hatte einen c_W-Wert von 0,38 ohne bzw. 0,36 mit Kühlluftdurchströmung ergeben. Der Sindelfinger Entwurf

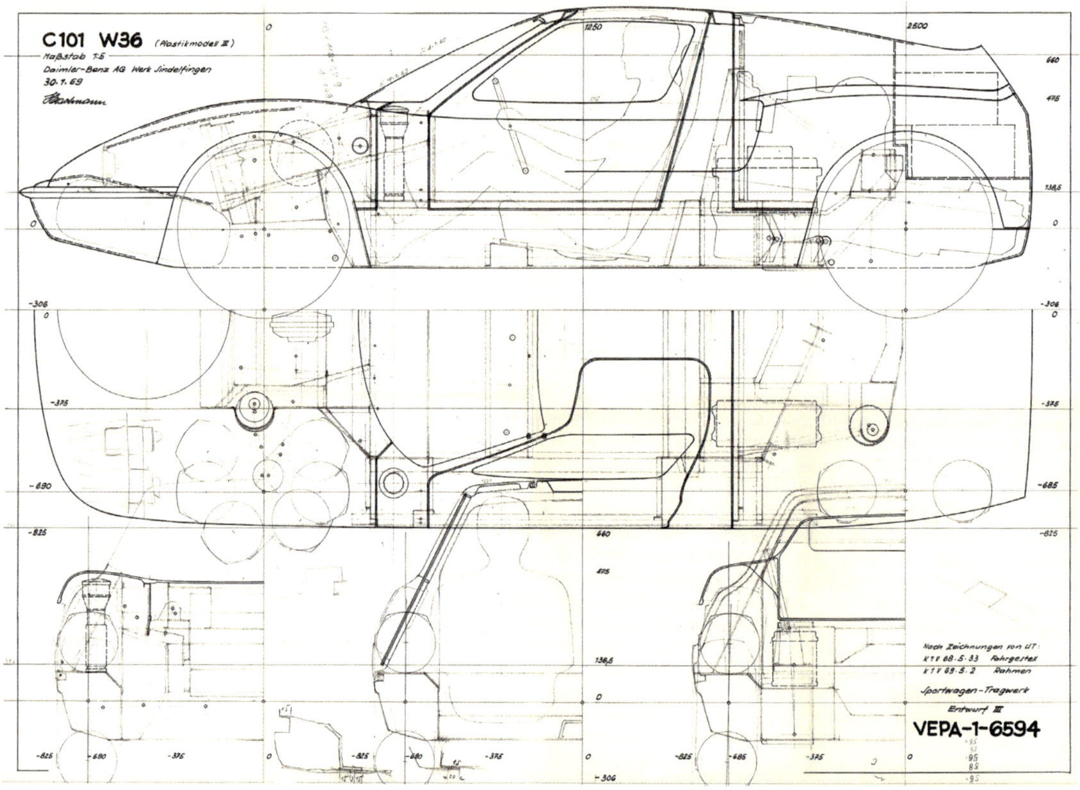

Designzeichnung von Joseph Gallitzendörfer vom 10. Januar 1969 und die von diesem Entwurf abgeleitete Konstruktionszeichnung von Heinrich Haselmann, Mitarbeiter in der von Béla Barényi geleiteten Abteilung Vorentwicklung Personenwagen-Aufbauten, vom 30. Januar 1969.

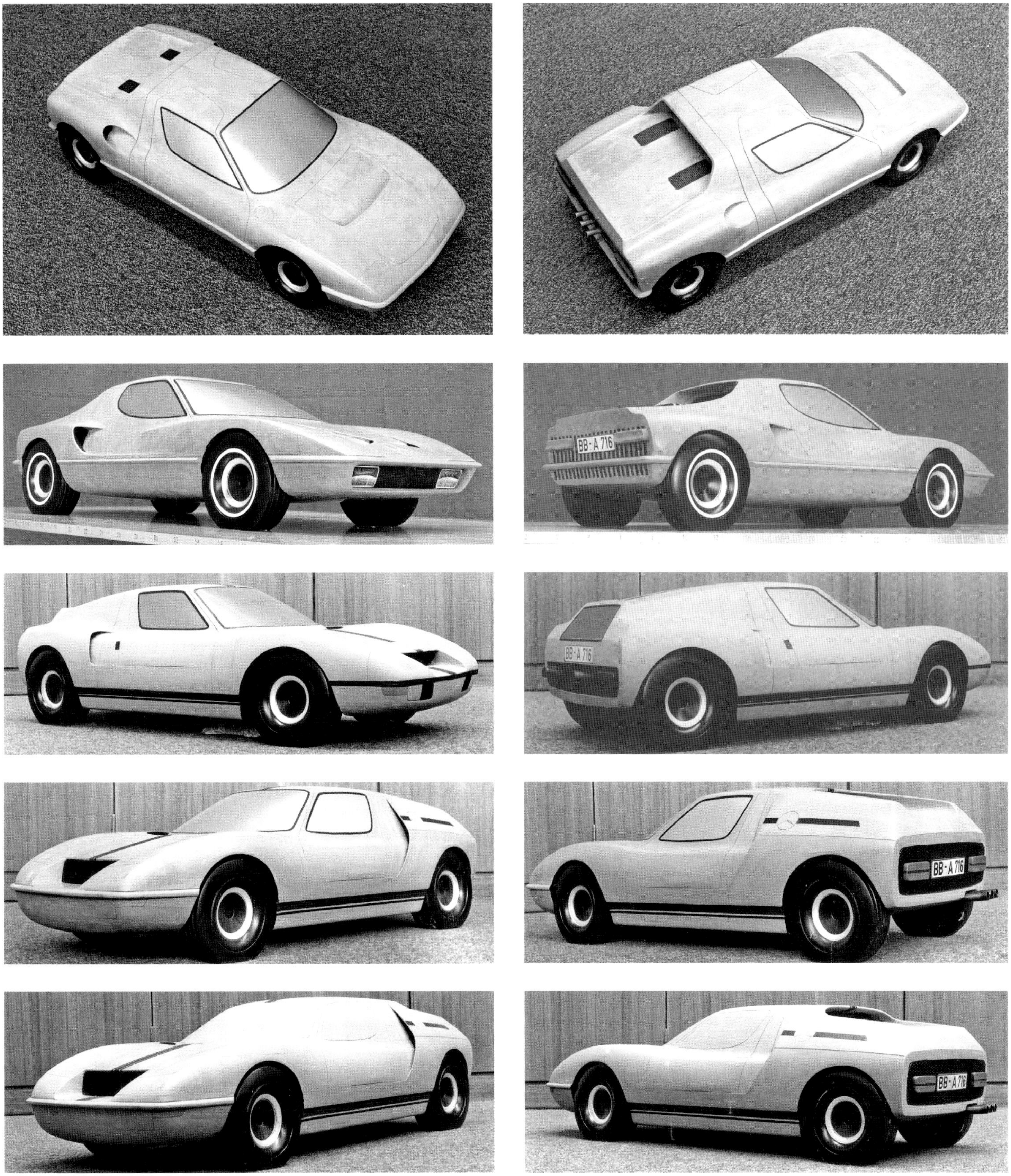

Fünf unterschiedliche 1:5-Modelle des C 101, entworfen und gebaut in der Stilistenabteilung in Sindelfingen.

Der Konkurrenzentwurf aus Untertürkheim, entwickelt von Stefan Heiliger im Januar 1969. Deutlich sichtbar die detailliert nachgebildeten Leichtmetallfelgen, wie sie ab August 1970 auch für die Mercedes-Benz Serien-Pkw erhältlich waren.

lag bei 0,34 ohne Durchströmung, wobei die Messung mit Durchströmung noch ausstand. Am 3. März wurde bekannt gegeben, dass eine Verlängerung um 200 mm und ein Einziehen des Hecks den c_W-Wert verbessern würde und beschlossen, auf Basis des Sindelfinger Modells weiter zu arbeiten. Offenbar hielt die Diskussion, welcher Variante der Vorzug zu geben wäre, aber dennoch an: Entwicklungschef Scherenberg teilte seinen Vorstandskollegen in der bereits erwähnten Notiz vom 18. März seine Einschätzung mit, dass das Sindelfinger Modell zwar einen sehr niedrigen c_W-Wert besitzt, das Modell der Vorentwicklung Untertürkheim »aber attraktiver aussieht«.

Das 1:5-Modell aus Untertürkheim bei der aerodynamischen Vermessung im Modell-Windkanal in Sindelfingen.

Dies rief Karl Wilfert auf den Plan, der Scherenberg in einer Mitteilung vom 24. März eine ausführliche und ungewöhnlich deutliche Stellungnahme präsentierte. Darin bezeichnete er den Untertürkheimer Entwurf als »Kopie eines hübschen Bertone-Modells mit einem niederen Gebrauchswert und zum Verkauf auch in geringer Stückzahl ungeeignet«. Die elegante Linienführung sei erkauft worden »durch eine große, in beiden Richtungen gewölbte, sehr flachliegende Windschutzscheibe« und A-Säulen, die »praktisch von der vorderen Stoßstange in einer Linie durchgeführt« seien. Als Nachteile nannte er »unerträgliche« Wärmestrahlung, nicht zu erfüllende USA-Vorschriften hinsichtlich Wischfeld und Enteisung und einen stark eingeschränkten Sichtwinkel. Zudem sei die »Optik wegen der zu erwartenden Doppelbilder, vor allem für ein schnelles Fahrzeug undiskutabel«.

Kritik äußerte Wilfert auch an der Türkonstruktion: Die Untertürkheimer hatten vorgesehen, die Türen vorne schräg anzuschlagen, während bei dem Sindelfinger Modell bewusst die klassische, vom 300 SL bekannte Lösung mit Flügeltüren realisiert werden sollte, »die ja allgemein großen Anklang fand und dem Fahrzeug [dem 300 SL, d. Verf.] eine besondere Note gab«. Zudem sei das Sindelfinger Modell von Anfang auf niedrigen c_W-Wert und Abtrieb statt Auftrieb ausgelegt gewesen. Durch Korrekturen am Untertürkheimer Modell, die »zur Verbesserung des c_W-Wertes bzw. zur Verminderung des Auftriebs und zum richtigen Einbau der Scheinwerfer erforderlich waren«, habe das Modell »an ›Schnittigkeit‹ erheblich verloren«.

Abschließend ging Wilfert noch auf den hier praktizierten Wettstreit zwischen Untertürkheim und Sindelfingen ein: Die Einrichtung einer Stilistenabteilung in Sindelfingen im Jahr 1956 habe seinerzeit eine Doppelarbeit beendet, die sich in jeder Beziehung negativ ausgewirkt habe. Diesbezüglich sah Wilfert die Gefahr eines Rückschritts und wies darauf hin, dass aufgrund der zu geringen Kapazität des Sindelfinger Windkanals schon die bisher durchgeführten Messungen und Optimierungen der C-101-Modelle aus Sindelfingen und Untertürkheim die erforderlichen Arbeiten an den Serienfahrzeug-Projekten W 116 und C 107 beeinträchtigt hätten. Die Antwort von Scherenberg ist nicht dokumentiert, jedoch blieb es am Ende bei der sich abzeichnenden und eigentlich bereits beschlossenen Präferenz für den Sindelfinger Entwurf.

In der Technischen Besprechung am 17. März 1969 wurde eine Vergrößerung von Fahrzeuglänge und Radstand um 120 mm beschlossen und am 24. März formal bestätigt. 110 mm waren erforderlich, um auch einen 4-Scheiben-Motor unterbringen zu können und weitere 10 mm wegen der dadurch notwendigen verstärkten Kupplung. Am 24. März hatten die Sindelfinger Stylisten auch das 1:1-Plastilin-Modell fertiggestellt und konnten nun mit der Verfeinerung beginnen, um – wie es im Protokoll der Technischen Besprechung hieß – »stilistisch auf eine kleinserienmäßige Fertigung vorbereitet zu sein.« Auch das Untertürkheimer 1:5-Modell wurde mit den zwischenzeitlich erfolgten Optimierungen nochmals begutachtet.

Der modifizierte Entwurf aus Untertürkheim im 1:5-Modell, aufgenommen im Februar 1969 auf dem Gelände der »Einfahrbahn« – wie die Teststrecke im Werk Untertürkheim intern genannt wurde.

Der C 101 nimmt allmählich Gestalt an: Das 1:5-Modell oben zeigt noch eine enge Verwandtschaft zu den ursprünglichen Sindelfinger Entwürfen, während das Modell unten bereits den am 17. März 1969 beschlossenen verlängerten Radstand aufweist und einen Meilenstein in der Entwicklung zur endgültigen Form darstellt.

Das erste 1:1-Modell des C 101 mit Arbeitsstand vom 21. März 1969 orientiert sich an dem oben abgebildeten 1:5-Modell und entspricht in seinen Grundzügen bereits der tatsächlich realisierten Form.

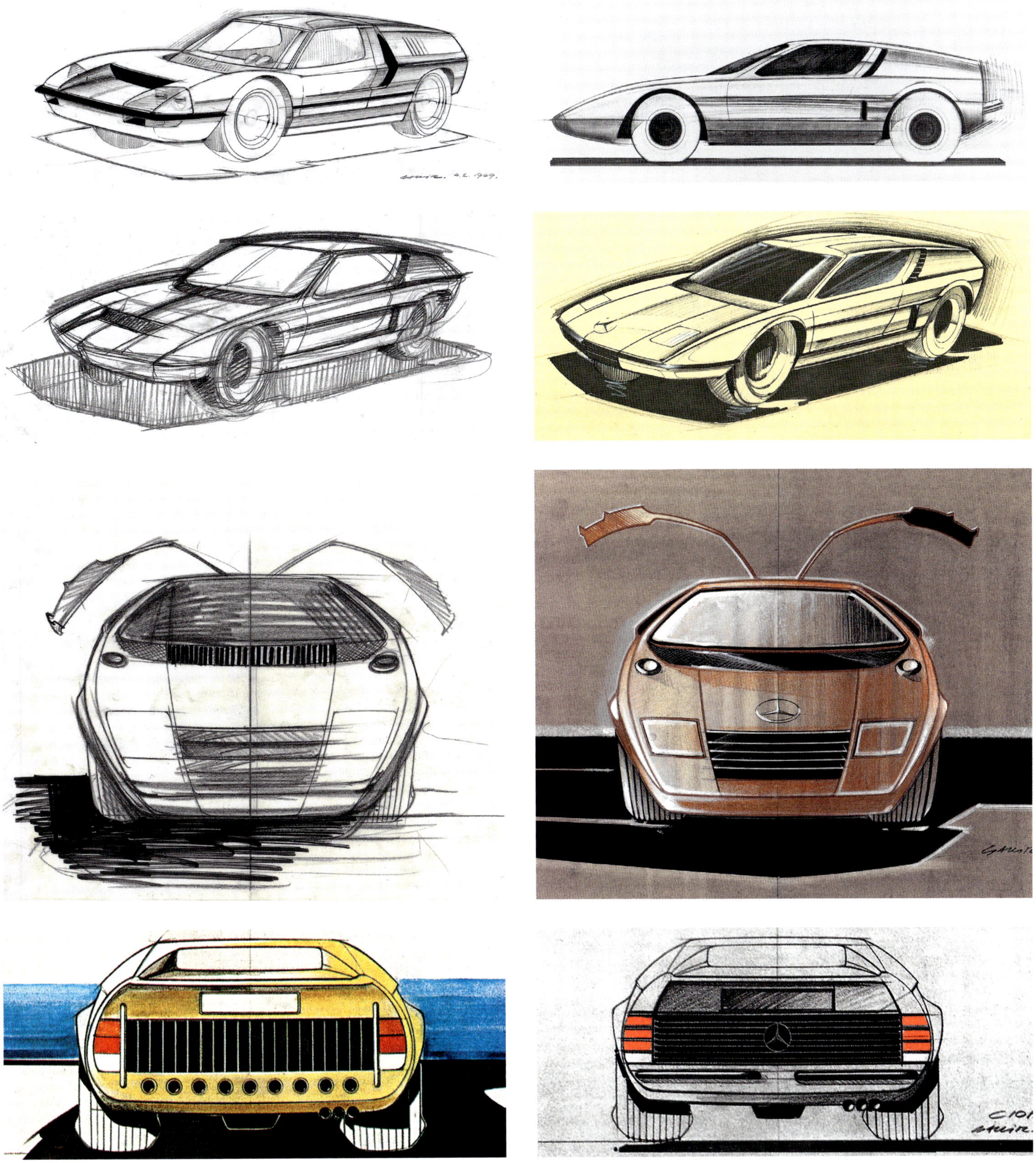

Die Designzeichnungen von Joseph Gallitzendörfer vom Frühjahr 1969 lassen gegenüber der endgültigen Form noch ein gewisses Maß an gestalterischer Fantasie erkennen. Die beiden Skizzen in der ersten und zweiten Reihe rechts wurden bereits im April 1969 in der Presse veröffentlicht.

Am 16. April präsentiert sich das 1:1-Modell des C 101 mit zwei unterschiedlich gestalteten Hälften. Die Fahrerseite zeigt ein sehr prägnantes Heckdesign, während die Beifahrerseite ein weniger wuchtiges Heck sowie Stoßstangenhörner vorn und -ecken hinten aufweist. Die gestalterische Weiterentwicklung erfolgte auf Basis des auf der Beifahrerseite dargestellten Standes.

Am 1:1-Plastilin-Modell des C 101, das durch Aufbringen einer weißen Lackfolie ein perfektes Finish erhält, machen sich Führungskräfte der Karosserieentwicklung und Stilistik, darunter Karl Wilfert und Friedrich Geiger, ein Bild von der Arbeit mit dem neu eingeführten Werkstoff.

Ende April war die Überarbeitung des Plastilin-Modells mit weißer Folierung in perfektem Finish beendet, und am 30. April erfolgte in Sindelfingen die Besichtigung durch den Vorstand. Das Modell wies bereits die Grundform und zahlreiche Ausführungsdetails des am Ende tatsächlich realisierten Fahrzeugs auf. Auch die von Stefan Heiliger entworfenen Leichtmetallfelgen waren in zwei Versionen dargestellt – auf der linken Fahrzeugseite mit Rennbereifung und auf der Beifahrerseite mit Straßenreifen. Nicht alle Aspekte des neuen Sportwagens fanden Anerkennung. Bei der Besichtigung hatte Vorstandssprecher Dr. Zahn zum Ausdruck gebracht, »daß ihm persönlich das Formmodell C 101 von der Front- und Seitenpartie her gefalle, die Heckpartie jedoch nicht. [...] Andererseits dürfe nicht übersehen werden, daß die Aufgabenstellung an das Entwicklungs-Ressort gefordert hätte, ein ›hartes‹, sportliches Fahrzeug darzustellen, um die allgemein publizierte Vorstellung ›Oma-Version der DB-Fahrzeuge‹ auszuräumen und wieder einen Typ im Programm zu haben, der auf dem sportlichen Fahrzeug-Sektor konkurrieren kann. Außerdem erscheine es dringend erforderlich, das Image des Typs 300 SL, welches nach 15 Jahren immer noch sehr stark ist, durch einen entsprechenden Nachfolgetyp wieder aufzufrischen.«

Vertriebsvorstand Rolf Staelin schloss sich, wie das Protokoll vermerkt, »weitgehend Zahns Ausführungen an und brachte seinen Zweifel zum Ausdruck, ob man diesen Sportwagen schon auf der IAA 1969 vorstellen könne. Er selber sei ebenfalls durch die Linien-

Das Claymodell des C 101 mit weißer Folierung, präsentiert im Rahmen der Besichtigung durch den Vorstand am 30. April 1969. Zum Vergleich standen der 300 SL, der W 113, der noch in Entwicklung befindliche R 107 und sogar ein Lotus 47, die Rennversion des Lotus Europa, bereit. Daimler-Benz hatte den Lotus bereits 1967 zu Studienzwecken über seine britische Vertriebsgesellschaft erworben. Auch der 300 SL war kein gewöhnliches Exemplar des Supersportwagens: Neben den Flügeltüren und der weißen Lackierung hatte er noch eine weitere Gemeinsamkeit mit dem C 101 – eine Kunststoffkarosserie. Auf den großen Tafeln im Hintergrund veranschaulichten Maßvergleichszeichnungen die Abmessungen und Innenraummaße des C 101 und der relevanten Vergleichsfahrzeuge.

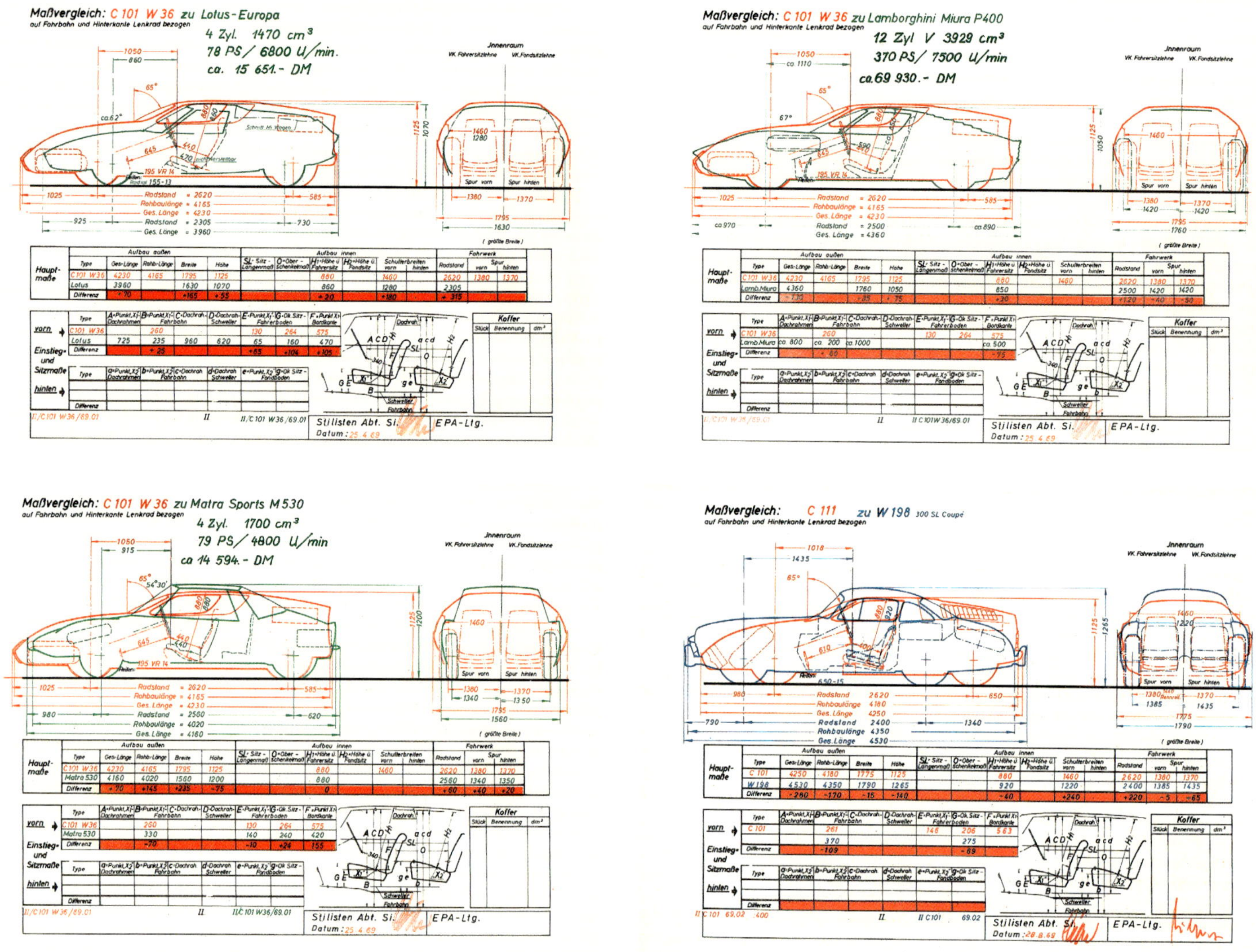

Maßvergleichszeichnungen, die den C 101 in seinen Abmessungen und Innenraummaßen ausgewählten Sportwagenmodellen aus dem Wettbewerbsumfeld sowie dem legendären 300 SL »Flügeltürer« gegenüberstellen.

führung der Heckpartie dieses Fahrzeuges sehr stark »geschockt«, während die übrigen Partien ansprechend seien. Man solle doch versuchen, die Heckpartie etwas weniger »brutal« darzustellen (nach Aussage von Herrn Uhlenhaut kaum realisierbar, da dann das Fahrzeug nicht mehr seinem Zweck entsprechen und »süßlich« wirken würde, abgesehen davon, dass dann auch nicht mehr die in technischer Hinsicht gestellten Forderungen erfüllt werden könnten).«

Entwicklungschef Scherenberg berichtete, dass die Karosserien für die ersten sechs Prototyp-Fahrzeuge in Kunststoff dargestellt und kurzfristig von der Waggonfabrik Rastatt hergestellt werden, die auch die Kunststoffkarosserien für verschiedene Porsche Fahrzeuge gefertigt hätten. Die Kunststoffkarosserie sei für diese ersten Fahrzeuge deswegen ausgewählt worden, weil sie zu schnellstmöglichem Termin und verhältnismäßig kostengünstig dargestellt werden könne. Außerdem erlaube die Ausführung in Kunststoff eine größere Abwandlung der Außenhaut, und ferner würde damit die Möglichkeit gegeben, dieses Material eingehender im Fahrbetrieb zu erproben und für zukünftige Entwicklungen wertvolle Erfahrungen zu sammeln.

Die Entscheidung die Karosserie in glasfaserverstärktem Kunststoff (GFK) statt Aluminium auszuführen, war erst kurz zuvor gefallen. Noch am 19. April hatte Projektleiter Bruno Sacco telefonisch zu Karosseriewerken in Italien recherchiert, die man ggfs. mit der Karosseriefertigung betrauen könnte. Zwei Tage später besuchte eine Delegation von Daimler-Benz Mitarbeitern aus den Bereichen Karosseriekonstruktion, Karosserieversuch, Arbeitsvorbereitung und Einkauf die Waggonfabrik Rastatt (WFR), um einen Eindruck von den dortigen

Geschäftige Betriebsamkeit in der Stilistenabteilung, aufgenommen im März (oben) bzw. Mai 1969. Die Designentwicklung an den Plastilin-Modellen in 1:1 und 1:5 geht mit Hochdruck voran. Im Bild oben links im Hintergrund Joseph Gallitzendörfer und im unteren Bild Peter Pfeiffer (am 1:1-Modell, im weißen Hemd), der die Formentwicklung des C 101 am Plastilin-Modell maßgeblich vorantrieb.

Fertigungsmöglichkeiten zu gewinnen. Das Unternehmen verfügte über einschlägige Erfahrungen und hatte bereits die GFK-Karosserien für die Porsche-Rennwagen des Typs Carrera 6 (906) hergestellt. Im Besuchsbericht wurde festgestellt, dass die WFR eine lackierte und geschliffene Positivform des Fahrzeugs mit einwandfreier Oberfläche benötigt, um davon die zur Herstellung der Karosserieteile benötigten Negativ-Modelle abformen zu können. Nach diesem Verfahren wäre die Firma in der Lage, täglich einen Wagen herzustellen. Für die Anfertigung des Werkzeugsatzes wurden drei Monate angesetzt, für den Zusammenbau der ersten Karosserie dann ein weiterer Monat.

Bei einem weiteren Besuch am 28. April (zwei Tage vor der Vorstandsbesichtigung), an dem von Seiten Daimler-Benz auch Karl Wilfert, Werner Breitschwerdt und Friedrich Geiger teilnahmen, präsentierte die WFR eine komplette Karosserie des Porsche 908 Spider sowie einige Beplankungsteile einschließlich der dazu erforderlichen Negativ-Modelle. Im Gegensatz zu den Porsche Rennwagen mit Wanddicken von 0,8 bis 1,2 mm sollten beim C 101 zugunsten der Oberflächengüte 2,0 bis 2,5 mm vorgesehen werden. Diskutiert wurden auch Fragen der passiven Sicherheit, der Lackierung und der Reparaturmöglichkeiten. Terminlich ergaben sich gegenüber den eine Woche zuvor getätigten Aussagen erfreulichere Perspektiven, sicherlich auch deshalb, weil nun nicht mehr eine mögliche Serienproduktion, sondern explizit die Fertigung von wenigen Prototypen im Vordergrund stand. Für die Formenanfertigung wurden in diesem Fall ca. vier Wochen angesetzt, für die Lieferung der Karosserieeinzelteile für den ersten Wagen dann zwei bis drei weitere Wochen.

Bei Bereitstellung des Urmodells bis zum 9. Mai stellte die Waggonfabrik eine Werkzeugfertigstellung bis zum 7. Juni und die Lieferung der ersten fertigen Karosserie ab 30. Juni in Aussicht. Auf dieser Basis erschien die Fertigstellung von fünf Karosserien bis Mitte August realistisch. Das Resümee des Besuchsberichts las sich uneingeschränkt positiv: »Die Waggonfabrik hat auf dem Gebiete der Karosserieherstellung in GFK wertvolle Erfahrung, ist beweglich, versteht zu improvisieren, kann Änderungen selbständig durchführen, da sie über Modellschreiner verfügt. Durch die Möglichkeit, vom Tonmodell Negativ-Schalen abzuformen, kann wertvolle Zeit, die zum Anfertigen der Klopfhölzer bzw. Streckziehstempel erforderlich wäre, eingespart werden. Ebenso die Kosten für diese Holzmodelle.« Nach der im Lichte dieser Einschätzung höchst folgerichtigen Beauftragung besuchten Mitarbeiter der Karosseriekonstruktion und ein Vertreter der BASF am 6. Mai die Waggonfabrik Rastatt zur Klärung konstruktiver und produktionstechnischer Detailfragen. Als Karosseriewerkstoff wurden 70 Gewichtsprozent Palatal P 6 und 30 Gewichtsprozent Palatal P 35 festgelegt, und der Aufbau sollte aus zwei Glasfasermatten mit 300 g/m² sowie einer Lage Köper-Gewebe mit 450 g/m² bestehen. Die Wanddicke wurde mit 2,5 mm und das spezifische Gewicht mit 1,5 bis 1,6 angegeben. Die Wärmebeständigkeit sollte kurzzeitig bei 200 – 250 °C und die Lackeinbrenntemperatur nicht über 60 °C liegen.

Um für die Karosserie eine möglichst perfekte Oberflächenqualität mit guten Übergängen zwischen den einzelnen Partien darstellen zu können, schlugen die Spezialisten der WFR vor, nicht gleich die vom Plastilin-Modell abgeformte Negativform zur Produktion der Karosserieteile zu verwenden, sondern erst ein Zwischenpositiv zu erzeugen. Dieses konnte dann ein Finish in der erforderlichen Oberflächenqualität erhalten und zur Abformung der für den Produktionsprozess benötigten Negativform verwendet werden. Mit diesem Vorgehen umging man den Nachteil, dass am 1:1-Entwurfsmodell aus dem eben erst eingeführten Plastilin nicht in jeder Hinsicht die gewünschte perfekte Oberflächengüte dargestellt werden konnte.

Das 1:1-Plastilin-Modell im Arbeitsstand vom 14. Mai 1969, ausgerüstet mit Rennreifen (links) und Straßenreifen (rechts).

Die Stilisten Joseph Gallitzendörfer (oben und zweite Reihe) und Gérard Cardiet (unten) hielten die endgültige Form des C 101 in ansprechenden Designzeichnungen fest. Der Grund, weshalb Cardiet die blaue Farbgebung wählte, ist nicht dokumentiert.

Nach der von kontroversen Diskussionen geprägten Vorstandsbesichtigung des C 101 hatte Friedrich Geiger das Ergebnis am 2. Mai in einer Aktennotiz zusammengefasst: »Der C 101 dagegen [im Gegensatz zum gleichzeitig präsentierten 350 SLC, d. Verf.] hat weniger angesprochen. Die extrem sportliche Note wurde zu rustikal empfunden. Vor allen Dingen gefällt das Heck nicht. [...] Formlich werden wir den C 101 nochmals überarbeiten.«

In einer Mitteilung vom 7. Mai stellte Friedrich Geiger eine Reihe von Änderungen konstruktiver Details zusammen, die mit den gestalterischen Optimierungen einhergehen sollten. Die Überarbeitung wurde umgehend in Angriff genommen, und das am 14. Mai fertiggestellte Ergebnis wurde noch am gleichen Tag nach Rastatt transportiert, wo es um 22:15 Uhr eintraf. Zur Abformung wurde das Plastilin-Modell mit mehreren Schichten Polyesterharz bestrichen

In der Waggonfabrik Rastatt wurde das Plastilin-Modell des C 101 abgeformt. Die dabei erzeugte Negativform wurde nach einem weiteren Abformungsschritt zur Produktion der Kunststoffkarosserie verwendet.

Beim Entformen wurde das Plastilin-Modell des C 101 stark in Mitleidenschaft gezogen. Die in der Stilistik aufgenommenen Fotos vom 3. Juni 1969 dokumentieren den Zustand bei der Anlieferung in Sindelfingen.

Mit den vom Plastilin-Modell erstellten Negativformen entstand in der Waggonfabrik Rastatt das Zwischenpositiv des C 101, von dem anschließend eine endgültige Negativform als Basis für die Karosseriefertigung abgeformt wurde.

und mit Glasfasermatten belegt. Um die Form später besser abheben zu können, hatte man vor dem Aufbringen des Kunststoffs Trennleisten aus Holz angebracht. Nach dem Auftragen von Polyesterharz und Glasfasermatten wurde die Negativschale durch ein Holzgerüst verstärkt, damit sich die Form während des Trocknens und Aushärtens nicht änderte. Um die am 23. Mai fertiggestellte Negativschale nach dem Aushärten vom Plastilin-Urmodell trennen zu können, hatte man kleine Röhrchen eingegossen, durch die nun Druckluft eingeblasen werden konnte; außerdem wurde die Schale an bestimmten Konturen aufgesägt.

Trotz dieser Vorsichtsmaßnahmen wurde das Plastilin-Modell am 28. Mai beim Abheben der Negativform stark in Mitleidenschaft gezogen – ein Umstand, der wohl auch darauf zurückzuführen war, dass man in Rastatt mit der Handhabung von Plastilin-Modellen noch keine Erfahrungen hatte. Nach der Herstellung und Oberflächenglättung des Zwischenpositivs und der Erzeugung der endgültigen Negativform entstanden Ende Juni die ersten Karosserieteile.

Die Stilistenabteilung in Sindelfingen hatte am 16. Mai mit der Erstellung eines Sitzgestells begonnen, das neben Boden und Umhüllung für den Insassenraum Vorbereitungen für Armaturenbrett, Sitz, Türverkleidung, Bodenausstattung sowie Himmel- und

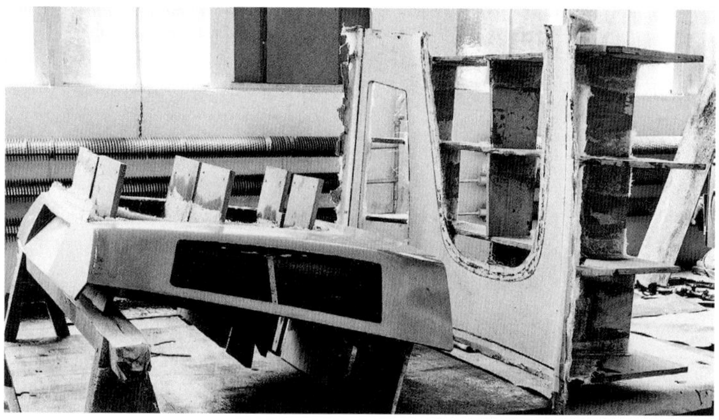

Herstellung der als Motorhaube dienenden Heckklappe des C 101 in der Waggonfabrik Rastatt.

Das Zwischenpositiv aus dem Abformprozess wurde in Rastatt für die Begutachtung und endgültige Abnahme mit silberner Lackierung und Anbauteilen wie Scheibenwischern, Rückleuchten und Kennzeichenschildern perfekt hergerichtet. Auf der Fahrerseite ist das Modell mit der imposanten Rennbereifung ausgerüstet, auf der Beifahrerseite mit Straßenreifen.

Rückwandverkleidung umfassen sollte. Infolge der umfangreichen Designänderungen war der ursprüngliche Fertigungs-Terminplan nicht mehr einzuhalten, wie die Produktionsplanung am 21. Mai mitteilte und mit einem neuen »Terminplan für Versuchsaufbauten« untermauerte. Letzterer sah nun eine Fertigstellung der Wagen 3 bis 6 im Zeitraum vom 1. bis 28. August vor.

Die Instrumentierung des C 101 wurde Ende Juni festgelegt und in einer vom 3. Juli datierenden Mitteilung von Werner Breitschwerdt und Karl Wilfert an die Projektbeteiligten kommuniziert. Aufgelistet waren sieben Instrumente: Drehzahlmesser, Tachometer, Öldruckanzeige, Öltemperatur- und Kühlwassertemperaturanzeige, Tankanzeige und Zeituhr. Kontrollleuchten für Blinklicht links, Blinklicht rechts und Fernlicht sollten zwischen Drehzahlmesser und Tachometer positioniert werden. Weitere Kontrollleuchten für Handbremse und »Unterdruck für Bremse« waren im Drehzahlmesser, eine Ladekontrollleuchte im Öldruckmesser und eine Tankreserve-Leuchte im Tankanzeigegerät vorgesehen.

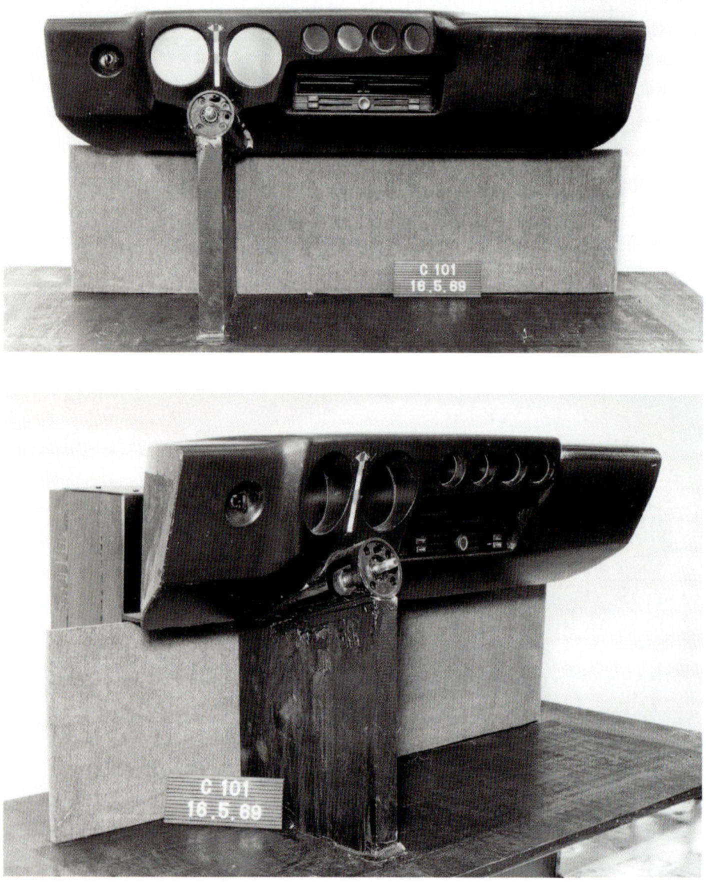

Beginn des Interieur-Designs: 1:1-Modell des Cockpits mit Stand vom 16. Mai 1969.

Innovative Methoden: computerunterstützte Entwicklung

Der von Beginn an äußerst ambitionierte Zeitplan des Projekts, der mit den damals üblichen klassischen Entwicklungsprozessen der Automobilindustrie nicht zu realisieren gewesen wäre, wurde durch die Anwendung modernster Konstruktionsmethoden überhaupt erst ermöglicht. Mit der erstmals von Beginn an eingesetzten Elasto-Statik-Element-Methode ESEM, einer bei Daimler-Benz entwickelten speziellen Variante der Finite-Elemente-Methode (FEM), wurde die auf dem Reißbrett konstruierte Rahmenbodenanlage unter Verwendung eines Großrechners von IBM in ihrer Steifigkeit berechnet. Dazu musste die Konstruktionszeichnung nach einem heute kaum mehr nachvollziehbaren Verfahren zunächst digitalisiert und über Lochkarten in den Rechner übertragen werden. Mit dem eingesetzten Programm konnten neben der Statik sogar dynamische Belastungssituationen der Konstruktion simuliert werden. Das Grundprinzip von ESEM bestand darin, das zu berechnende Objekt in einer Struktur aus endlichen (finiten) Stab-, Flächen- und Raumelementen nachzubilden, die über Knotenpunkte miteinander verbunden sind. Für jedes einzelne Element wurden die für das elastische Verhalten relevanten Werkstoffdaten in dem Strukturmodell hinterlegt. Je kleiner die Elemente und je detaillierter die Struktur, desto genauer wurde das Berechnungsergebnis, aber desto höher auch der Rechenaufwand.

Dr. Alfred Zimmer, Berechnungsingenieur in der Pkw-Vorentwicklung bei Daimler-Benz, hatte bereits 1963 mit der Entwicklung eines Berechnungsprogramms für Rahmen begonnen, das er RB (Rahmen-Berechnung) genannt hatte. Zusammen mit seinem Mitarbeiter Peter Groth entwickelte er das Programm stetig weiter und konnte bei der Berechnung der Rahmenbodenanlage des Mercedes-Benz 600 nach 10 Stunden Rechendauer so genaue Vergleichswerte ermitteln, dass die Kollegen der Versuchsabteilung zunächst einen Fall von interner Spionage und Datendiebstahl vermuteten. Um weitere Vergleichswerte zwischen Berechnung und Messung zu erhalten, wurde auch die Karosserie des 230 SL mit dem RB-Verfahren nachgerechnet. Damals stand kein externer Speicher außer Lochkarten zur Verfügung, und so wurden beispielsweise für die Berechnung des 230 SL rund 120.000 Lochkarten als Zwischenspeicher benötigt. Aus dem RB-Programm entwickelten Zimmer und Groth das ESEM-Verfahren – das weltweit erste von einem Industrieunternehmen erarbeitete FEM-Programm. Dessen erster wichtiger Einsatz war die Unterstützung bei der Karosserieentwicklung der Mittelklasse-Baureihe W 114/115. Das Karosseriemodell hatte 319 Knoten, 443 Elemente und 1684 Freiheitsgerade – aus damaliger Sicht ein komplexes, rechnerisch kaum zu beherrschendes Gebilde, während man heute, gut 50 Jahre später, mit mehreren Millionen Elementen rechnet. Eine der größten Herausforderungen bestand in der fehlerfreien Dateneingabe, da Eingabefehler oft erst nach tagelangem Rechnen entdeckt wurden. So ergänzten Zimmer und Groth das Programm mit einer leistungsfähigen Eingabeprüfung, die sie als »numerische Datendiagnostik« bezeichneten.

Wegen der angespannten Terminlage des Projekts C 101 wurden die einzelnen Phasen in der Konstruktion der Rahmenbodenanlage – Entwurf Gesamtkonzept, Strukturanalyse, Rahmenentwurf 1:5, Steifigkeitsrechnung, Optimierung und Konstruktion 1:1 – ständig im Computer einer rechnerischen Beurteilung unterzogen. So konnte man durch den konsequenten Einsatz von ESEM und die virtuelle Erprobung der Rahmenbodenanlage im Computer beim C 101 auf den Bau eines nur für Belastungsversuche verwendeten Prototyps verzichten

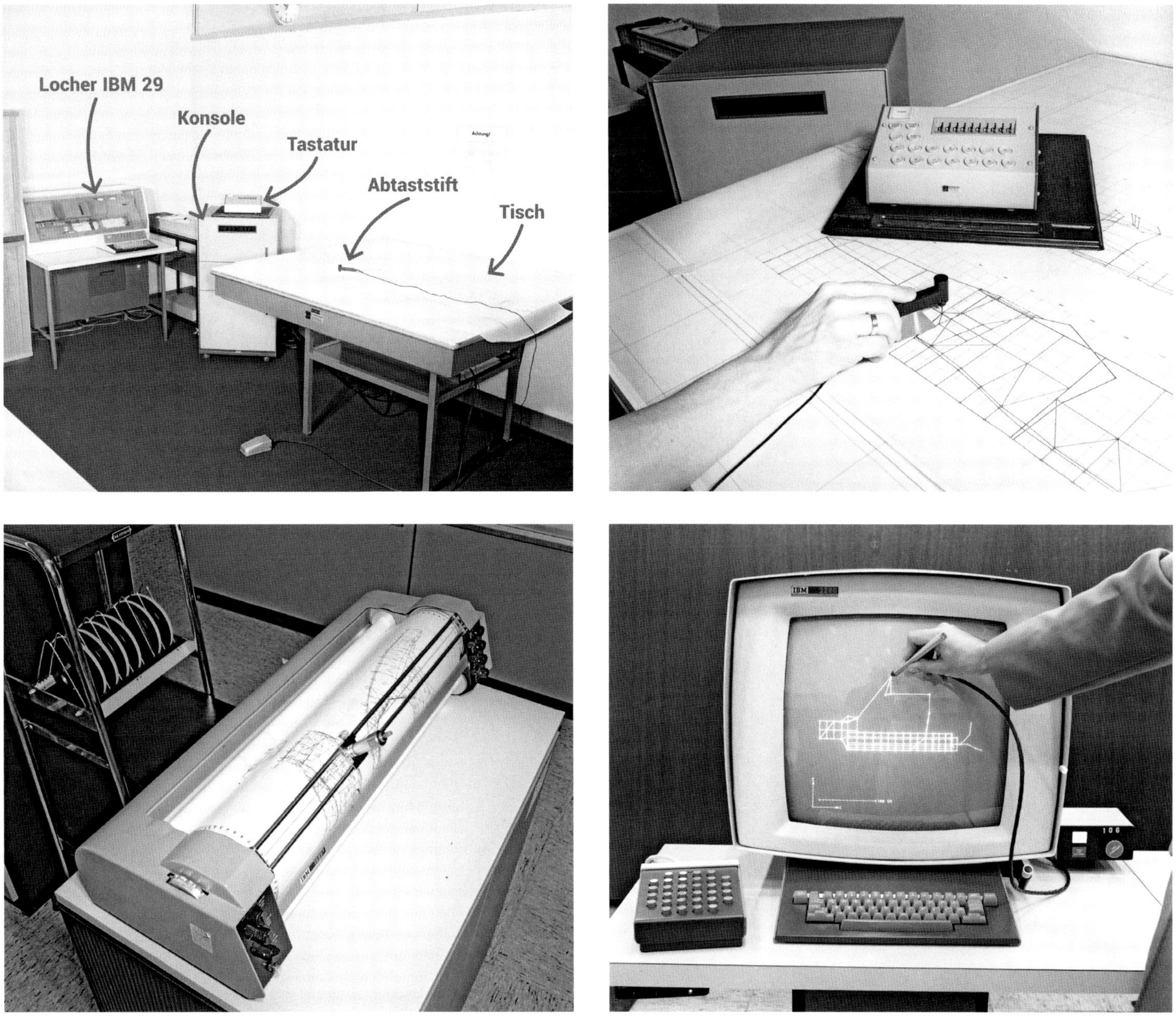

Die für das ESEM-Verfahren genutzte Hardware von IBM umfasste neben dem hier nicht abgebildeten Großrechner – nach damaligen Begriffen ein Hochleistungsrechner – den Lochkartenstanzer, die Steuerkonsole mit Tastatur, das Digitalisierungsgerät mit Zeichentisch und Abtaststift sowie den Plotter und den Bildschirm mit Lichtstift.

und allein dadurch vier Monate Entwicklungszeit sparen. Der C 101 war damit das weltweit erste Automobil, das von Grund auf am Computer konstruiert wurde – eine Innovation, die auch in der Kommunikation herausgestellt wurde. Daimler-Benz nutzte dafür den eigens produzierten Entwicklungsfilm »Das Auto, das aus dem Computer kam«, der im November 1970 sogar prämiert wurde – mit dem ersten Preis in der Kategorie »Technische Filme« beim Internationalen Motorfilm-Festival in Karlsbad, damals ČSSR. Wie revolutionierend die von Daimler-Benz entwickelte ESEM-Methode seinerzeit war, zeigt sich auch darin, dass IBM dieses Verfahren noch im April 1972 auf der Hannover-Messe vorstellte und dafür als Blickfang einen echten C 111 auf seinem Stand präsentierte. Das erste Serienfahrzeug, das komplett mithilfe von ESEM konstruiert wurde, war übrigens die 1972 eingeführte Mercedes-Benz S-Klasse der Baureihe 116.

Die am 24. März 1969 beschlossene Auslegung des C 101 auch für 4-Scheiben-Wankelmotoren machte eine Radstandverlängerung

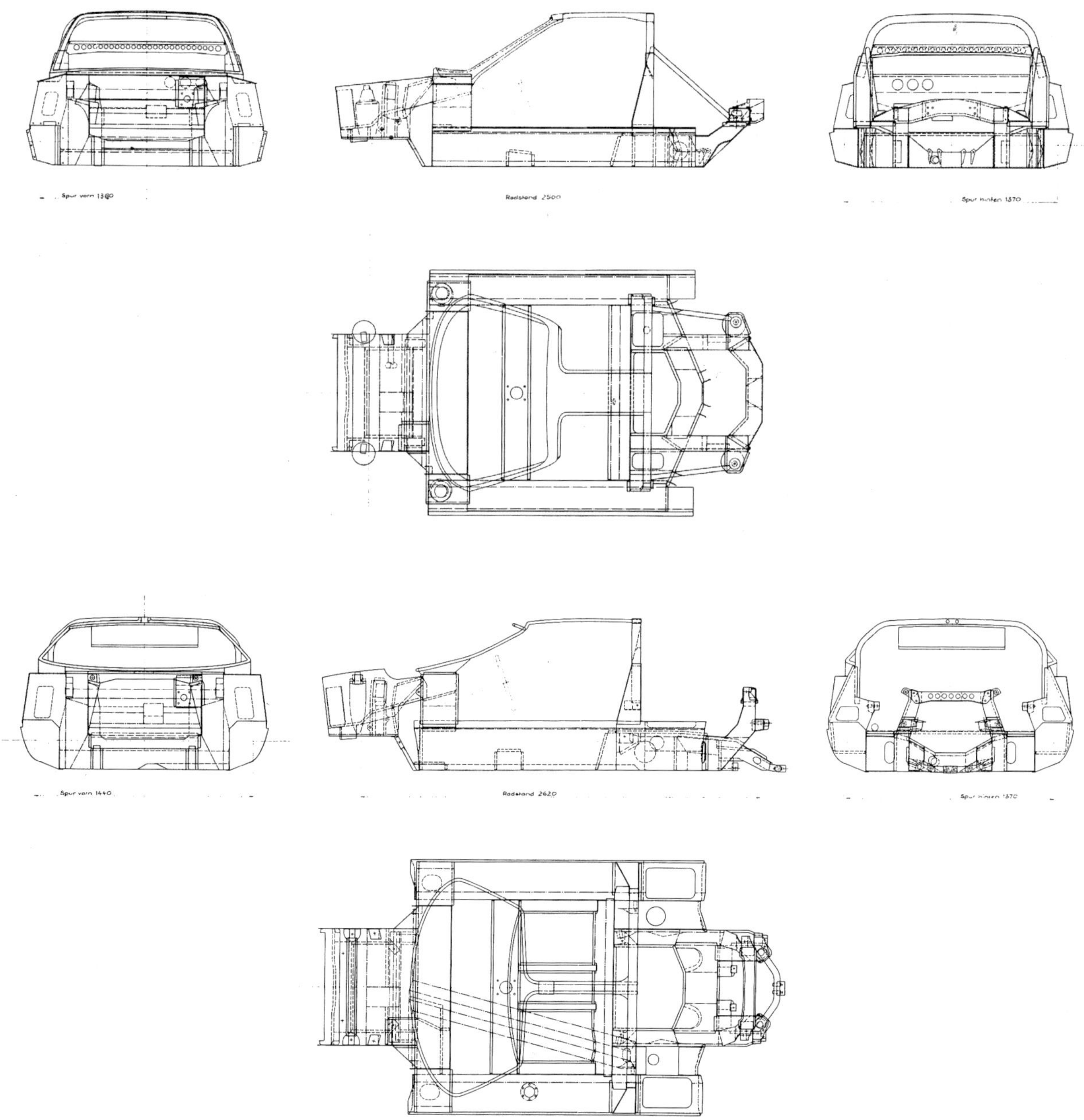

Konstruktionszeichnung der Rahmenbodenanlage des C 101, entworfen vom Konstrukteur Hans-Helmut Jülicher unter Zuhilfenahme von ESEM. Oben die ursprüngliche Version, unten die auf die »Rennhinterachse« abgestimmte Variante mit 2620 mm Radstand.

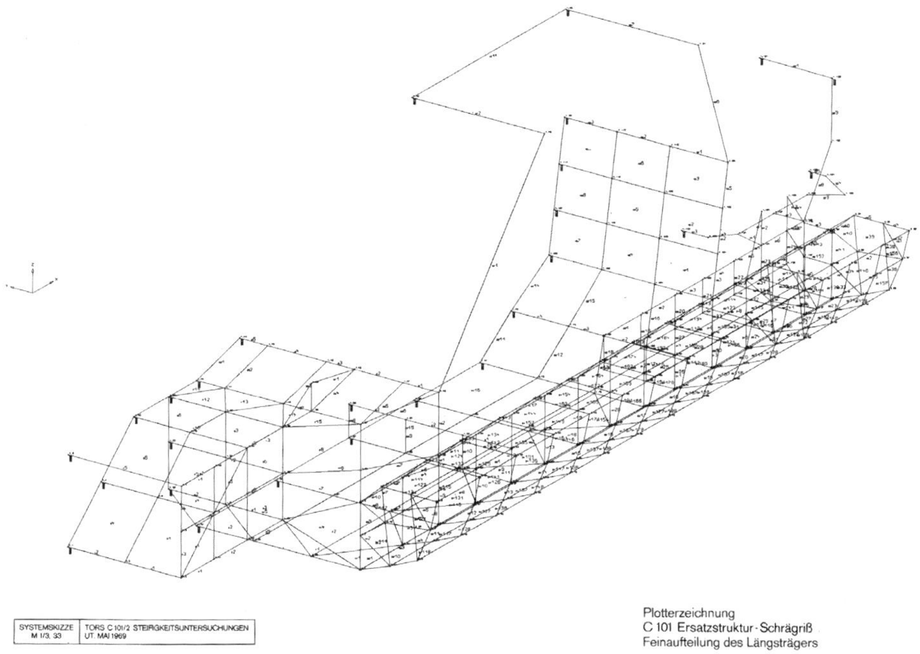

Schrägriss der C 101 Bodengruppe mit Feinaufteilung des Längsträgers als Beispiel für eine Plotterzeichnung aus dem ESEM-Prozess.

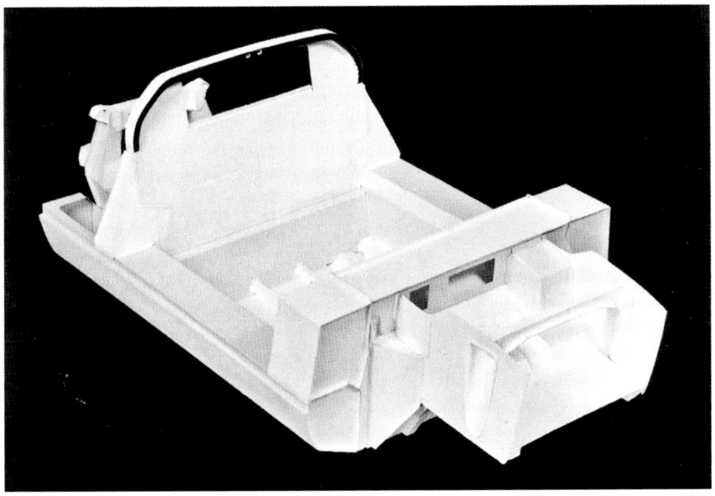

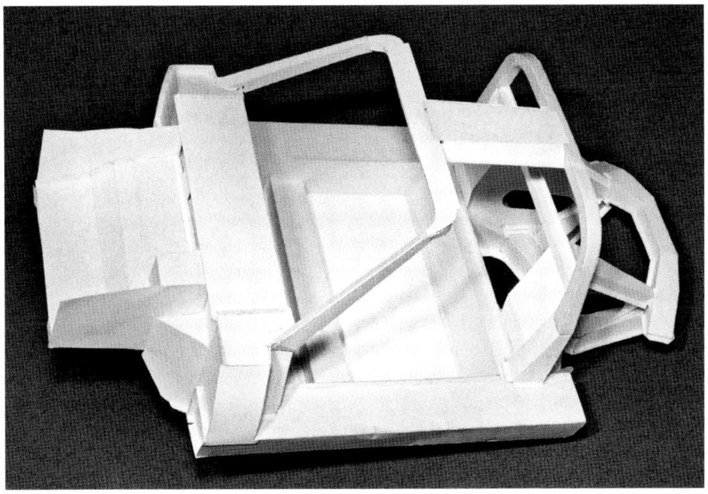

1:5-Modelle der mit der ESEM-Methode konstruierten Bodengruppe des C 101: links die erste Ausführung, und rechts die zweite Ausführung für die Rennhinterachse und 2620 mm Radstand.

um 120 mm auf 2620 mm erforderlich. Die erste Rahmenbodenanlage dieser Ausführung, die zugleich auch für die sogenannte »Rennhinterachse« konzipiert war, wog im Rohbau 153 kg. Die ursprüngliche, noch für die Schräglenker-Hinterachse ausgelegte Version mit 2500 mm Radstand war 25 kg leichter und wies zudem eine rechnerisch um 40 % höhere Torsionssteifigkeit auf.

Die ursprüngliche Dachkonstruktion, die Windschutzscheibenrahmen, Dach und Überrollbügel wie bei der ersten Ausführung als Teil der Stahlblechaußenhaut vorgesehen hatte, konnte wegen der Forderung nach einheitlicher Oberflächenbeschaffenheit der Karosserie nicht übernommen werden. Windschutzscheibenrahmen und Dachstreben aus Stahlrohr mit GFK-Außenhaut traten an die Stelle der Blechteile. Der daraus resultierende Verlust an Verwindungsfestigkeit wurde durch die Radstandverlängerung sowie durch veränderte Einbauverhältnisse, die die neue Hinterachskonstruktion, die Luftfilteranlage und die Zugänglichkeit zu Aggregaten der Kraftstoff-Förderung erforderten, noch verstärkt. Auch die Verwendung stärkerer Blechdicken für die Heckpartie der Rahmenbodenanlage konnte diese Situation nicht grundlegend verbessern, und so blieb die nicht sehr befriedigende Torsionssteifigkeit im Heckbereich auf Dauer ein Kritikpunkt.

Skurriler Erprobungsträger: der »Hobel«

Um in Anbetracht des engen Zeitplans mit der Erprobung von Fahrwerk, Chassis und Motor beginnen zu können und dabei von der Designentwicklung und der Karosserieproduktion unabhängig zu sein, entstand als erstes Fahrzeug im Rahmen des Projekts C 101 ein handgefertigter Prototyp, der mit einer sehr provisorisch wirkenden Behelfskarosserie aufgebaut wurde und wegen seines kantigen Äußeren intern schnell den Beinamen »Hobel« erhielt. Im Unterschied zu den nachfolgenden Fahrzeugen besaß er eine Bodengruppe der ersten Ausführung mit dem ursprünglichen Radstand von 2500 mm.

Die Rahmenbodenanlage dieses ersten Prototyps des C 101 wurde im März 1969 in der Vorentwicklung in Untertürkheim aufgebaut und wog 128 kg. Mit Kühlwasserleitungen, Abdeckungen und Luftführungsblechen erhöhte sich das Gewicht um 15 kg auf 143 kg. Um Gewicht zu sparen und dennoch die gewünschte Steifigkeit zu erzielen, kamen für die Bodengruppe Bleche unterschiedlicher

Die Rahmenbodenanlage des ersten C 101, noch mit 2500 mm Radstand konzipiert, wurde in der Versuchsabteilung in Untertürkheim gefertigt. Die Fotos dokumentieren die Fertigstellung im März 1969.

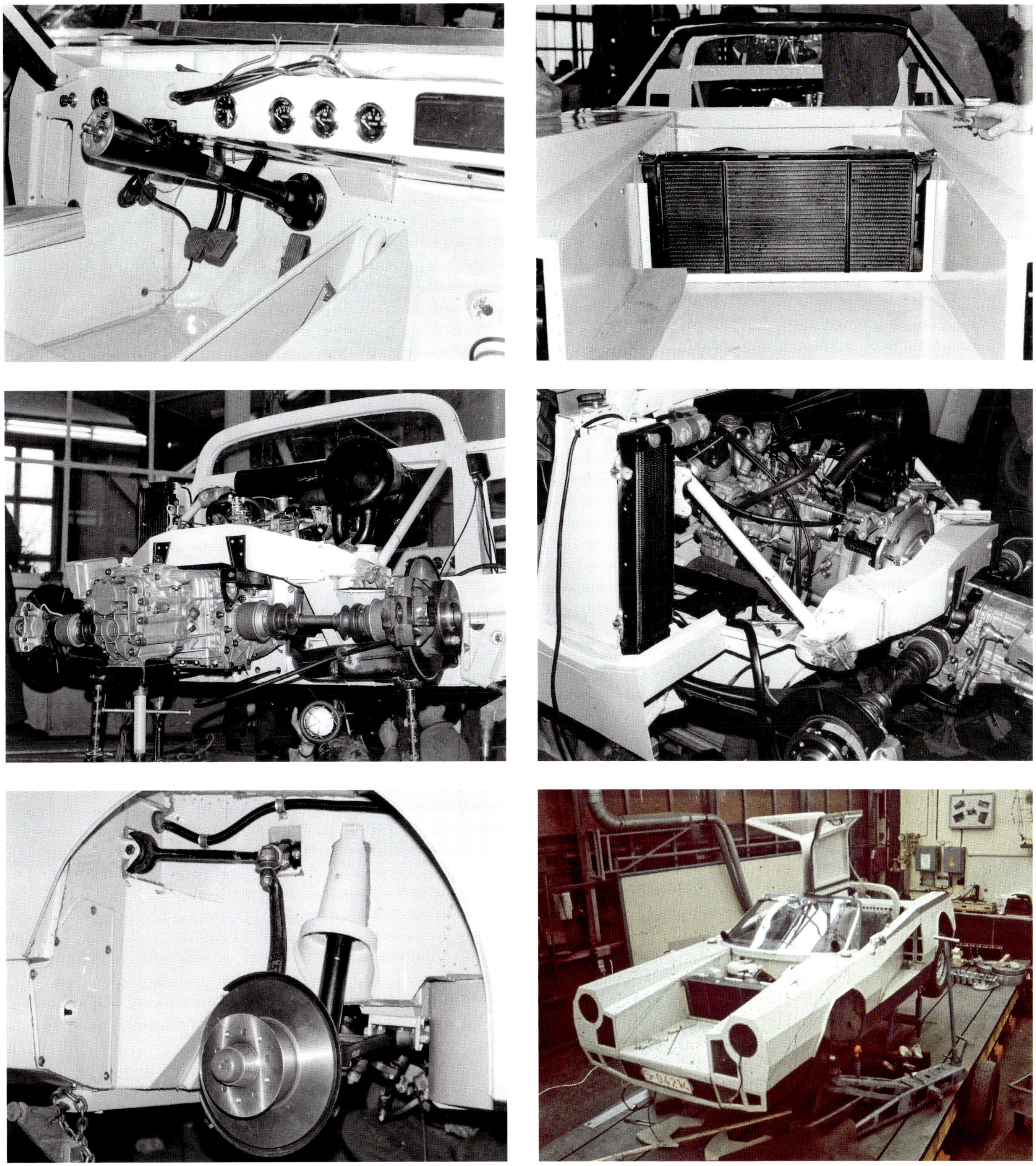

Montage des ersten C 101 Versuchswagens in der Versuchsabteilung in Untertürkheim, aufgenommen Ende März 1969. Gut erkennbar ist die Schräglenker-Hinterachse, die bei Wagen 1 noch zum Einsatz kam.

Stärke (0,75/0,88/1,00 und 1,25 mm) zum Einsatz. Bei einer noch im März 1969 in Sindelfingen durchgeführten Vermessung der Steifigkeit ergab sich für die Verwindung zwischen den Achsen ein um 12 % höherer Wert als bei dem in Entwicklung befindlichen SL der Baureihe R 107. Im Fahrgastraum lagen die Verhältnisse umgekehrt: Wegen der geschlossenen Karosserie des C 101 war die Verwindung um 22 % kleiner als beim R 107. Insgesamt hielten die Entwickler die Messwerte für befriedigend.

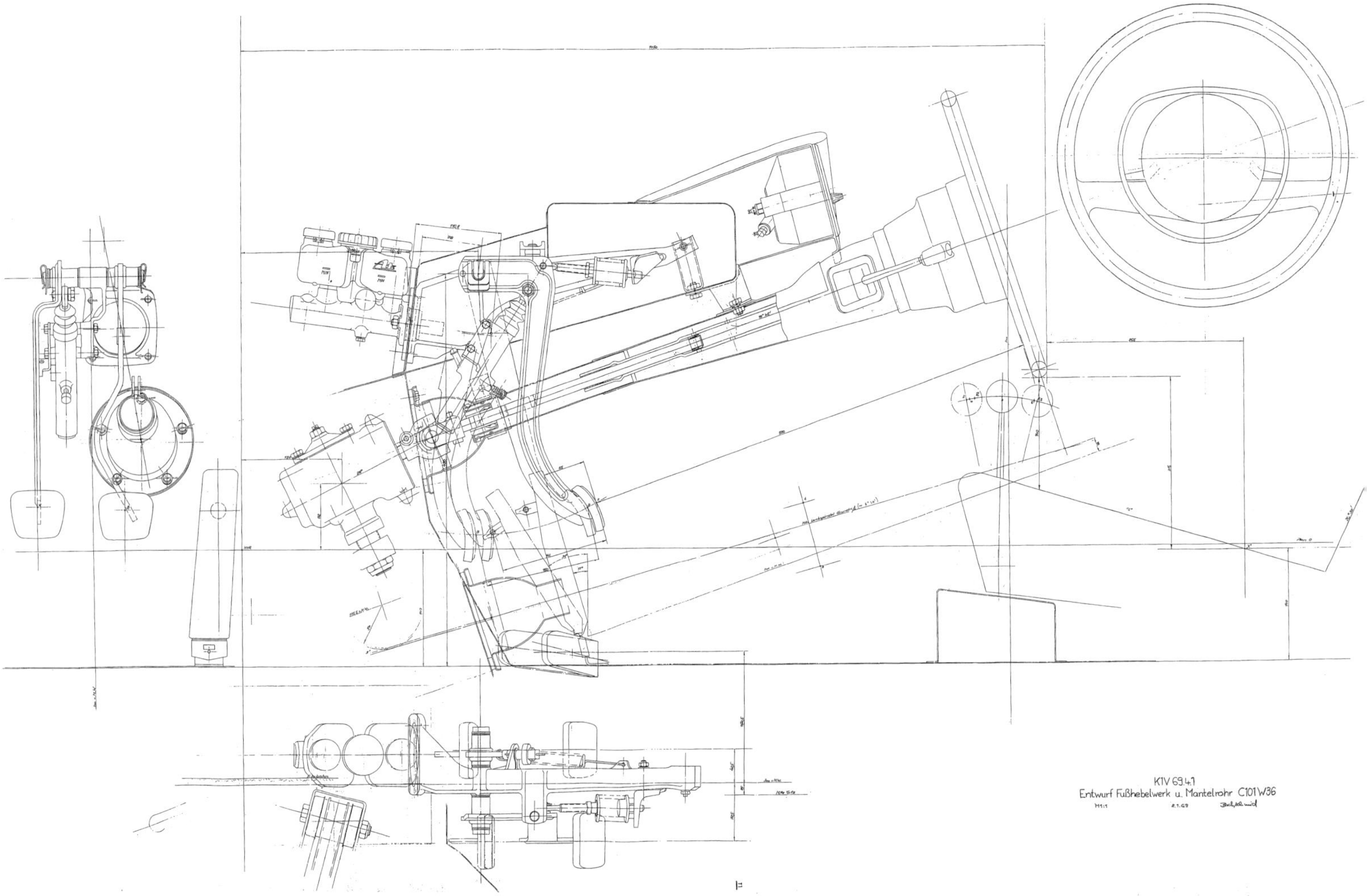

Die vom 2. Januar 1969 datierende Konstruktionszeichnung von Fußhebelwerk und Mantelrohr veranschaulicht, wie der C 101 von Beginn an bis ins Detail durchkonstruiert war.

Der wegen seines skurrilen Äußeren intern als »Hobel« titulierte erste C 101 wurde am 1. April 1969 fertiggestellt. Die Fotos zeigen das bereits mit Dach und Seitenwänden ausgerüstete Fahrzeug.

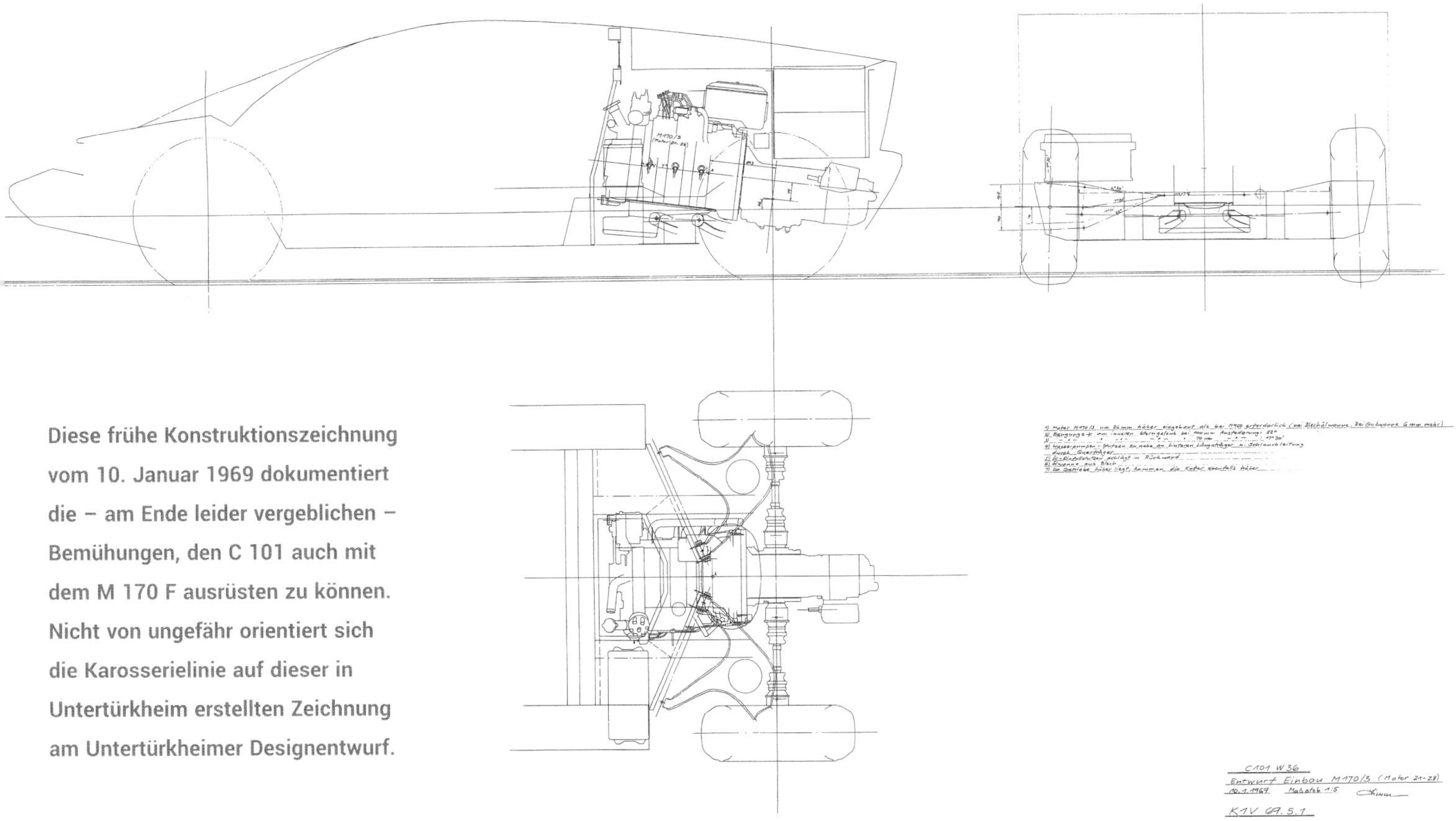

Diese frühe Konstruktionszeichnung vom 10. Januar 1969 dokumentiert die – am Ende leider vergeblichen – Bemühungen, den C 101 auch mit dem M 170 F ausrüsten zu können. Nicht von ungefähr orientiert sich die Karosserielinie auf dieser in Untertürkheim erstellten Zeichnung am Untertürkheimer Designentwurf.

Mit dem Ziel, im Projekt C 101 die Abhängigkeit von den Entwicklungsfortschritten beim 3-Scheiben-Motor M 950 zu reduzieren, hatte man bereits im Januar 1969 die Frage aufgeworfen, ob zur Erprobung auch der bisherige 3-Scheiben-Motor M 170/3 verwendet werden könne. Dies erwies sich jedoch als praktisch nicht realisierbar, da die abweichende Form des Trochoidengehäuses einen um 26 mm höheren Motoreinbau bedingt und eine Reduzierung des Ausfederweges der Hinterräder von 90 mm auf 70 mm zur Folge gehabt hätte. In Anbetracht der in Untertürkheim verfolgten Maxime, weich zu federn und straff zu dämpfen, wurde dies als gravierender Hinderungsgrund angesehen.

So war man nun doch ausschließlich auf den M 950 angewiesen, was sich im gesamten Projektverlauf aufgrund des noch nicht zufriedenstellenden Reifegrades immer wieder als limitierender Faktor erweisen sollte. Eine Notiz des Motorenversuchs vom 4. Februar 1969 berichtet über einen 10-Stunden-Volllast-Dauerlauf des KE 301/2, der dabei allerdings nur 191 PS/140 kW bei 7000/min erreichte. Nach diesem Lauf und einer Gesamtbetriebsdauer von

Der 3-Scheiben-Wankelmotor M 950/3 in der Kombination mit ZF-5-Gang-Getriebe und integriertem Achsantrieb, wie sie im C 101 zum Einsatz kam.

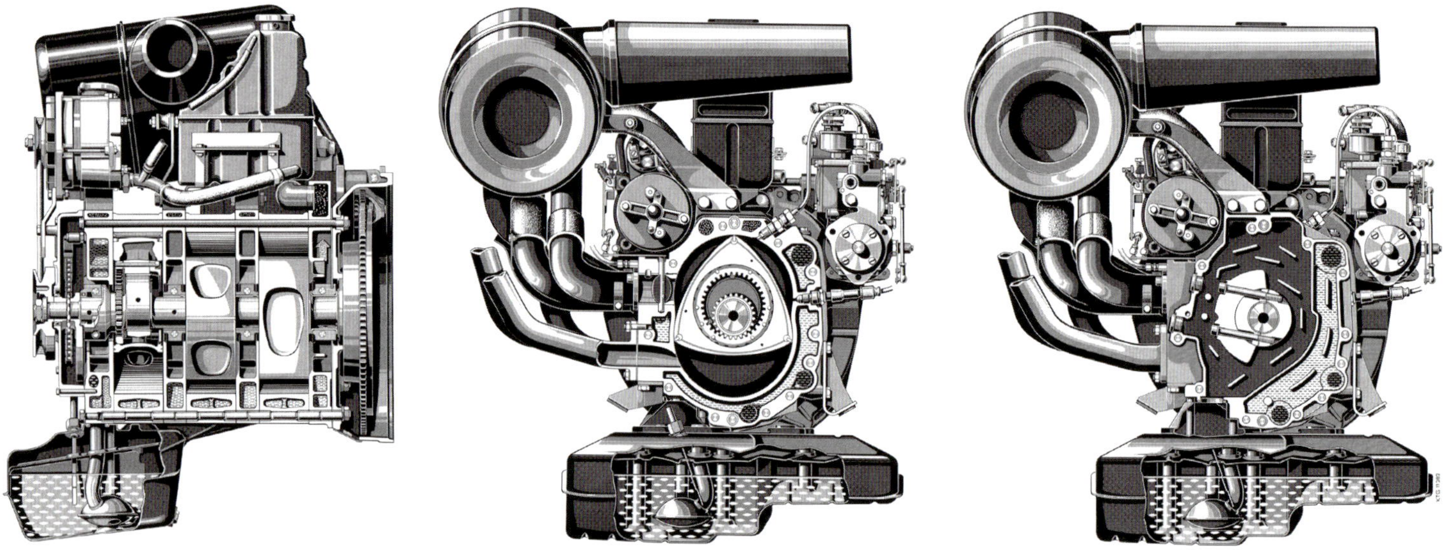

Technische Grafiken des im C 101 eingesetzten M 950/3: Längsschnitt (links) sowie Querschnitt durch Trochoidengehäuse (Mitte) und Zwischengehäuse (rechts).

51 Stunden ergab die Untersuchung des Motors folgenden Befund: ein Öleinspeisungslager, das auf der vorderen Hälfte kein Öl erhielt, Risse in allen drei Läufern sowie an einem von ihnen zusätzlich ein durchgebrochenes Lager. Den KE 303/1 traf es noch schlimmer, wie eine Mitteilung vom 10. Februar belegt. Nach einem achtstündigen Volllast-Dauerlauf mit 190 PS/140 kW bei 7000/min fraß das zweite Hauptlager, und die Lagerschale brach. In den ersten Versuchswagen mit Behelfskarosserie wurde schließlich der KE 308 eingebaut, nachdem er einen 17,5-stündigen Dauerlauf auf dem Prüfstand absolviert hatte. Dieser erste einbaufähige M 950 in 3-Scheiben-Ausführung stellte eine Leistung von 258 PS/199 kW bei 7000/min zur Verfügung und brachte ohne Kupplung 152,7 kg auf die Waage.

Aufbau (links) und Prüfstandlauf (rechts) eines 3-Scheiben-Motors M 950.

Das 58,6 kg schwere 5-Gang-Getriebe 5 DS-25/1 wurde von der Zahnradfabrik Friedrichshafen in Schwäbisch-Gmünd gefertigt und kam serienmäßig in dem italienischen Kleinserien-Sportwagen De Tomaso Mangusta zum Einsatz. Aus Termingründen hatte man nicht nur auf die Eigenentwicklung eines passenden Getriebes verzichtet, sondern musste sich zunächst auch mit den unveränderten Übersetzungen 2,42/1,47/1,09/0,958/0,846 bei einer Antriebsübersetzung von 4,22 begnügen. Damit ergaben sich Endgeschwindigkeiten von 83/137/184/210/240 km/h. Zahlreiche Modifikationen wurden vor dem Einbau vorgenommen oder auf Basis der Erfahrungen mit dem ersten Versuchswagen für die folgenden Fahrzeuge geplant. Zu den schwerwiegendsten Änderungen gehörte die Neukonzeption des mehrfach umgelenkten Schaltgestänges, das in der ursprünglichen Ausführung eine schwergängige, schlecht definierte und unpräzise Schaltung zur Folge hatte und in den folgenden Wagen eine direkte Betätigung erhielt.

Komplexer als erwartet war die Realisierung der Kraftstoffanlage. Anfänglich vorgesehene Kunststofftanks konnten nicht eingebaut werden, da sie in der ersten Ausführung nicht dicht waren und darüber hinaus zu starker Diffusion durch die Behälterwand neigten. Für den ersten Wagen wurden daher in der Versuchsabteilung zwei Aluminium-Seitentanks mit je 58 Liter Inhalt angefertigt und mit vulkanisierten Gummilagern in den Rahmenlängsträgern eingebaut. Die Entnahme des Kraftstoffs erfolgte aus dem mittleren der fünf Teilräume, die mit einem rechts hinter dem Schottblech angeordneten zentralen Sammeltopf mit ca. 3 Liter Volumen verbunden waren. Die Kraftstoffpumpe förderte den Kraftstoff aus dem Sammeltopf zur Einspritzpumpe und wieder zurück. Obwohl beide Tanks über den Sammeltopf miteinander verbunden waren, mussten sie über ihre Einfüllstutzen jeweils separat betankt werden. In der Erprobung ergaben sich zunächst keinerlei Probleme, auf dem großen Kurs in Hockenheim setzte die Kraftstoffzufuhr jedoch zum Teil bereits bei einer Tankrestfüllung von ca. 25 Litern aus.

Eine am Ende erfolgreiche Lösung dieses Problems regte Versuchsmitarbeiter Fritz Naumann im Juli 1969 an, indem er ein Fluidik-Element zur Steuerung des Kraftstoff-Rückflusses in die beiden Tanks vorsah. Dadurch sollte der Rücklauf in Abhängigkeit vom Tankniveau so geregelt werden, dass nie ein Tank allein leer wird. Die Abteilung Verfahrensentwicklung stellte ein derartiges Bauteil im Dezember 1969 bereit, und die schließlich in Wagen 9 erfolgte Erprobung bestätigte die Wirksamkeit des Systems.

Die erste Versuchsfahrt des noch offenen, nur vorn und hinten verkleideten Prototyps mit Plexiglas-Windschutzscheibe fand am

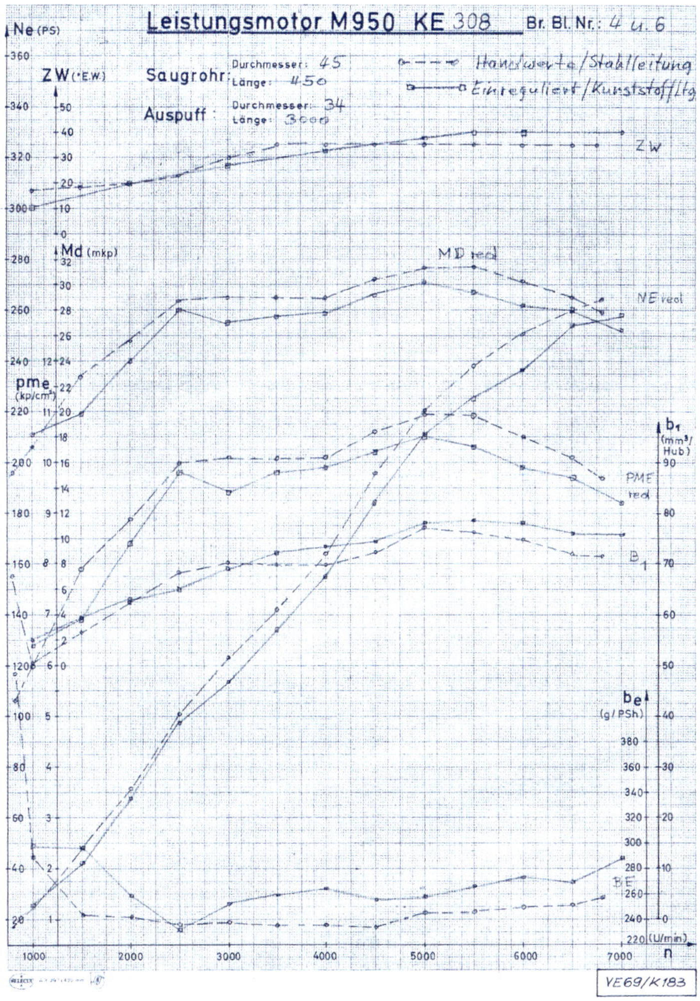

Leistungsdiagramm des KE 308, des ersten einbaufähigen M 950 in 3-Scheiben-Ausführung, der im »Hobel« bei dessen ersten Versuchsfahrten zum Einsatz kam.

1. April 1969 auf der »Einfahrbahn«, der Teststrecke im Werk Untertürkheim statt. Am 16. April fuhren Rudolf Uhlenhaut und Projektleiter Dr. Hans Liebold zum ersten Mal auf öffentlichen Straßen, nachdem die Versuchswerkstatt die Karosserie mit festen Seitenteilen und einem Dach mit Flügeltüren komplettiert hatte.

Bei seiner ersten Fahrt (noch ohne Dach und Seitenteile) wog das provisorische Fahrzeug mit vollen Tanks nur 990 kg, wovon 143 kg auf die Bodengruppe und 115 kg auf die Karosserie entfielen; die Gewichtsverteilung lag bei 43,5 % vorn zu 56,5 % hinten. Das relativ geringe Gewicht – das aber immerhin rund 190 kg über den ersten Schätzungen lag – und die mit 258 PS/190 kW durchaus zufriedenstellende Leistung des ersten 3-Scheiben-Motors ermöglichten, wie der Versuchsbericht vom 29. April feststellte, mit Straßenreifen 195 VR 14 ein ordentliches Fahrverhalten bei ausreichendem

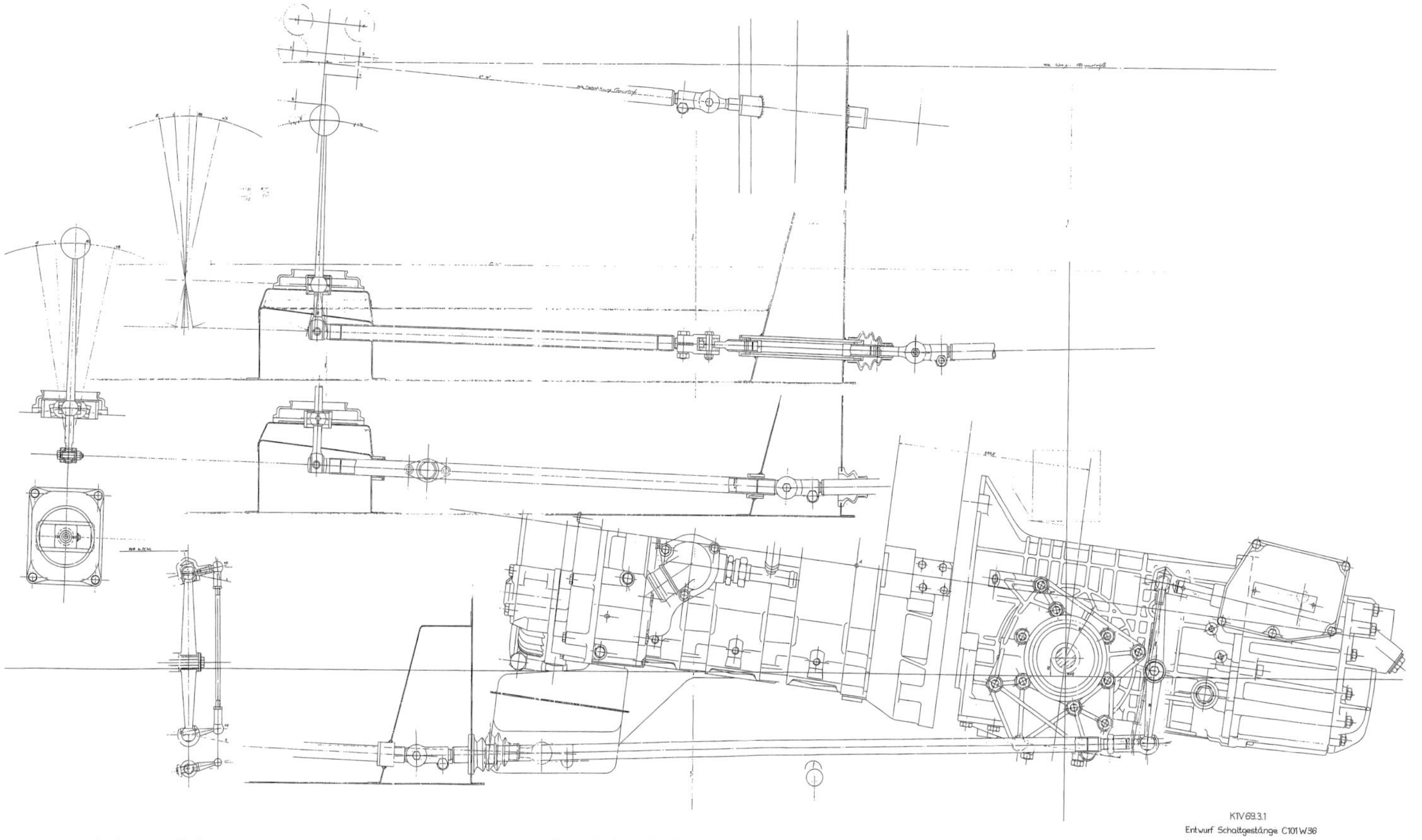

Die Konstruktionszeichnung vom 21. Januar 1969 veranschaulicht die komplizierte Ausführung des Schaltgestänges.

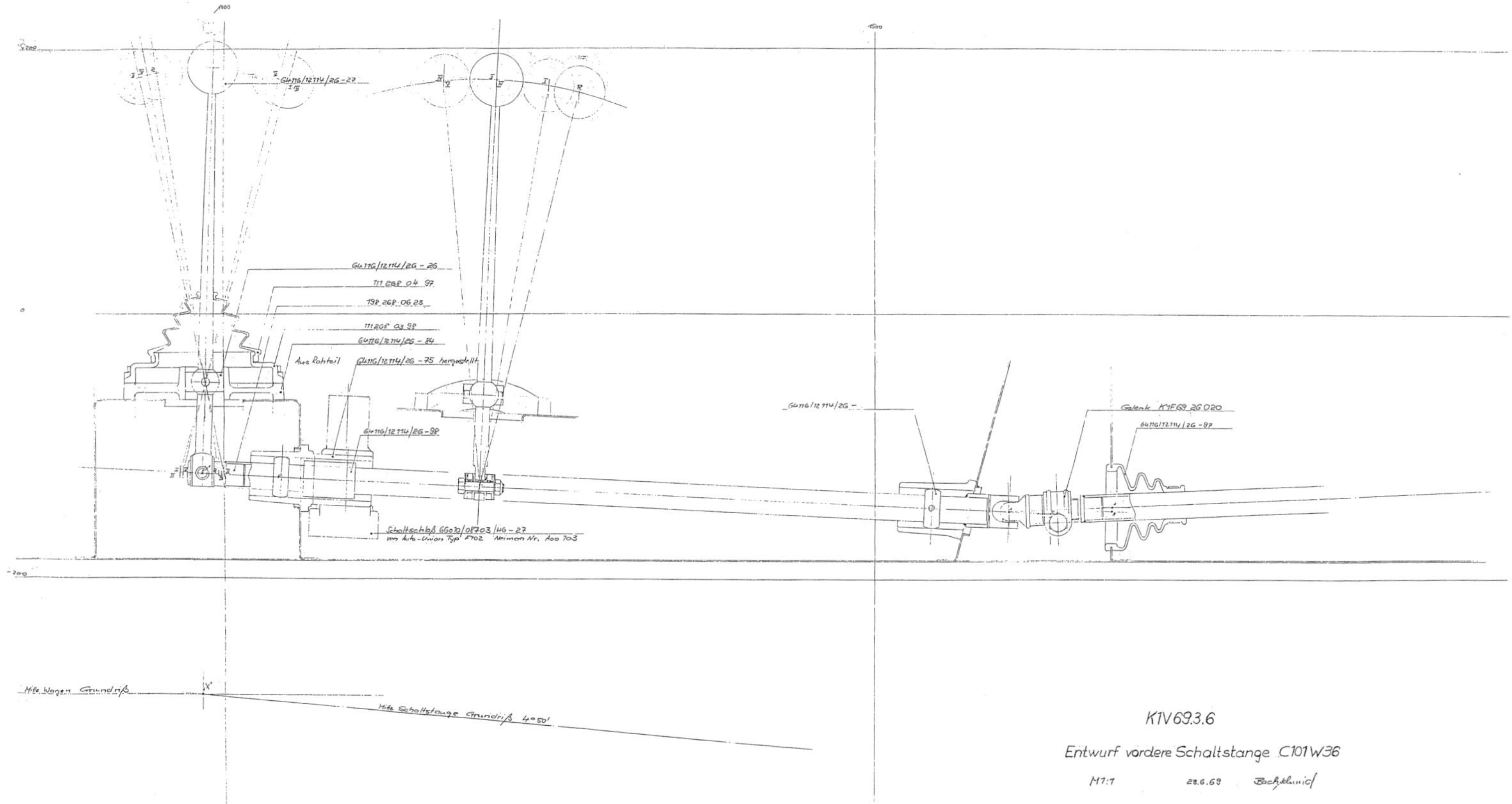

Das weiterentwickelte vordere Schaltgestänge, dargestellt in der Konstruktionszeichnung vom 23. Juni, trug zusammen mit anderen Optimierungsmaßnahmen zu einer präziseren und weniger schwergängigen Schaltung bei.

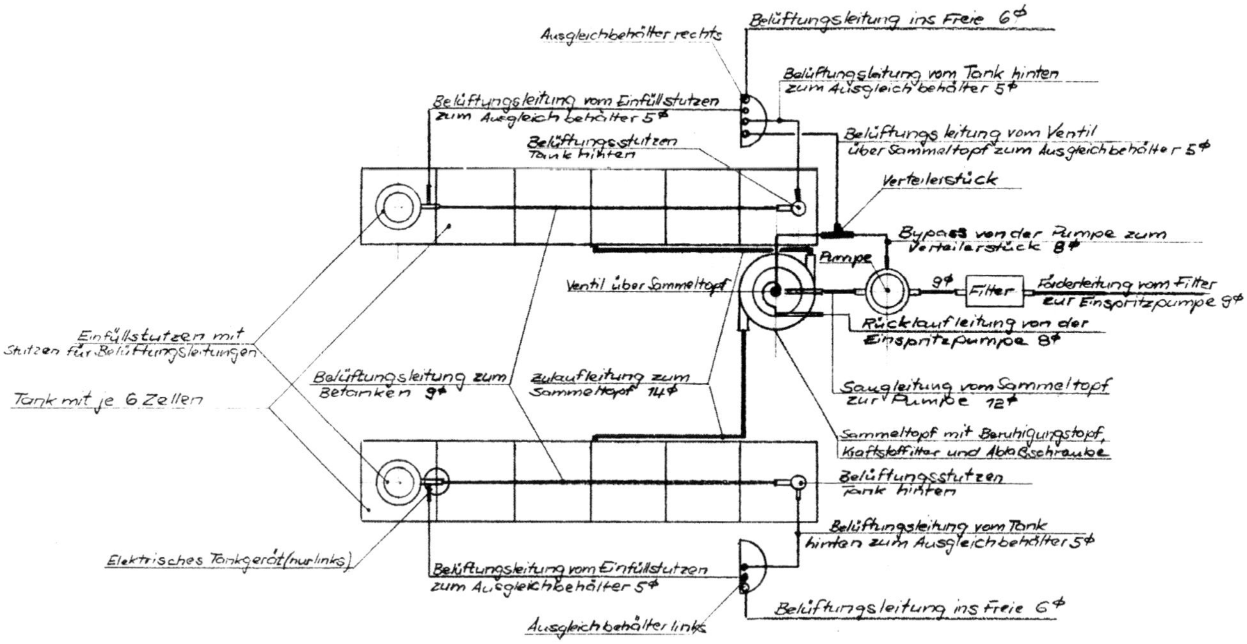

Schematische Darstellung der Kraftstoffanlage des C 101, Stand vom 27. Februar 1969.

K1V 69.12.7
Schema Kraftstoffanlage C101W36
27.2.69 Bachschmid

Fahrkomfort. Am 24. April führte Guido Moch, Leiter des Fahrversuchs, auf der Einfahrbahn erste Fahrleistungsmessungen durch. Die Beschleunigung 0 – 100 km/h wurde mit 5,2 Sekunden ermittelt; damit war der C 101 immerhin 0,2 Sekunden schneller als der zum Vergleich herangezogene W 108 mit einem 318 PS/234 kW starken 6,9-Liter-Hochleistungs-V8, der allerdings auch 1730 kg auf die Waage brachte. Die Höchstgeschwindigkeit des Wankelprototyps lag bei 230 km/h, und der Kraftstoffverbrauch betrug ca. 29 l/100 km. Den »relativ hohen Verbrauch« und die geringe Höchstgeschwindigkeit führte Dr. Liebold auf den mit der Behelfskarosserie sehr hohen Luftwiderstand zurück. Hoffnungen lagen aber nicht nur auf einer zukünftig besseren Aerodynamik, sondern auch auf einer Gewichtsreduzierung durch die GFK-Karosserie, für die Hans Liebold eine Einsparung von ca. 50 kg ansetzte. Dies sollte sich jedoch – nicht zuletzt aufgrund der sehr viel aufwendigeren Ausstattung – als Fehleinschätzung erweisen: Sämtliche nachfolgenden Fahrzeuge waren deutlich schwerer als der »Hobel«. Hauptkritikpunkte bei den ersten Erprobungsfahrten waren die Schaltung, die Liebold im Versuchsbericht als »außerordentlich unpräzise und schwergängig« einstufte, die anfänglich noch etwas zu schwergängige Kupplung und die Sitze mit zu stark gewölbten Rückenlehnen. Nachdem die Bremsen ohne Servounterstützung anfänglich sehr hohe Fußkräfte erforderten, wurde ein Bremskraftverstärker montiert. Zusammen mit härteren Bremsbelägen ergaben sich dadurch akzeptable Bedienkräfte. Mit unbelüfteten Rädern und Bremsscheiben wurden die Beläge sehr stark beansprucht, sodass die folgenden Wagen mit modifizierten Rädern und belüfteten Bremsscheiben aufgebaut wurden.

Am 2. Mai erfolgte die erste Erprobung auf dem Hockenheimring, bei der jedoch die erzielten Rundenzeiten enttäuschten. Zudem betrug die an der schnellsten Stelle des großen Kurses gemessene Höchstgeschwindigkeit gerade einmal 214 km/h (bei 7200/min im 4. Gang). Diese wenig zufriedenstellenden Werte schrieb Liebold vornehmlich der unbefriedigenden Aerodynamik der Behelfskarosserie zu. Durch eine geänderte Front mit flacherer und strömungsgünstigerer Motorhaube, mit der der »Hobel« am 13. Mai 1969 in Hockenheim zum ersten Mal erprobt wurde, erhöhte sich die Höchstgeschwindigkeit auf 221,5 km/h (bei 6500/min im 5. Gang).

Bei den Fahreigenschaften waren mit der neuen Karosserie jedoch eher Nachteile festzustellen: Mit Straßenreifen schaukelte sich der Wagen trotz hohem Reifendruck um die Hochachse so stark auf, dass er, wie Liebold in seinem Versuchsbericht vom 16. Mai feststellte, »nur noch mit äußerster Konzentration auf dem Kurs gehalten werden konnte«. Der Projektleiter vermutete eine aerodynamische Instabilität, hervorgerufen durch eine unregel-

Schematische Darstellung des von Fritz Naumann vorgeschlagenen und ab Augst 1970 erprobten Fluidik-Elements, das eine gleichmäßige Leerung der beiden Seitentanks erst ermöglichte.

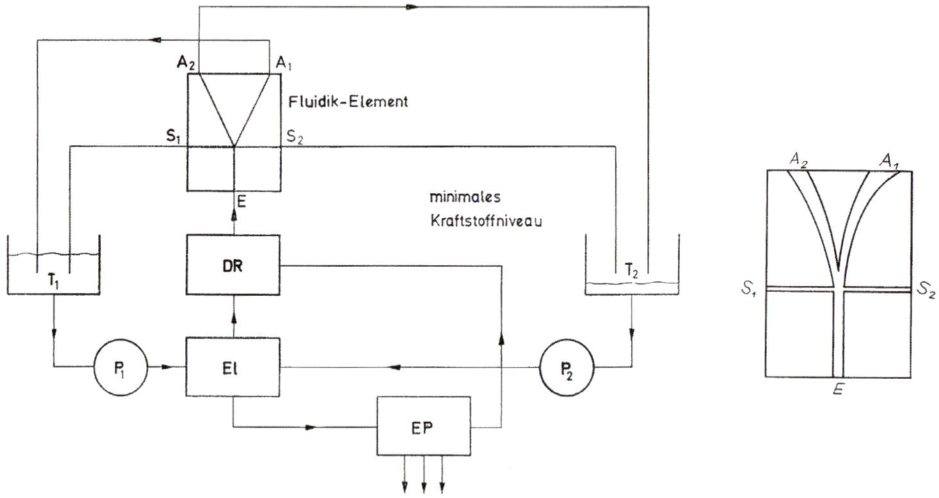

Im Mai 1969 erhielt der »Hobel« eine neue Frontpartie mit flacher und strömungsgünstigerer Haube, mit der sich jedoch die Gesamt-Aerodynamik verschlechterte. Auch die Kühlluftführung erwies sich als unbefriedigend.

mäßige Wirbelablösung infolge der »noch sehr ungünstigen Gestaltung des Hecks und der Seitenwände«.

Auch die Kühlluftzufuhr wurde durch die Karosserieänderung verschlechtert. Bei meist mitlaufendem Gebläse wirkte die Kühlung zunächst noch ausreichend, ließ aber später bei Lufttemperaturen über 30 °C die Wassertemperatur auf 95 °C und die Öltemperatur auf knapp 150 °C steigen. Eine Vergrößerung des Kühlluftaustrittsspalts brachte eine leichte Verbesserung.
Nachdem der erste Motor KE 308 am 20. Mai nach ca. 2000 km Laufstrecke durch Ablösung der Molybdänschicht an einem Seitenteil ausgefallen war, wurde der 259 PS/190 kW starke KE 301 eingebaut und die Karosserie durch weniger stark eingezogene Seitenpartien optimiert. Damit wurde der Wagen etwas schneller und erreichte auch mit den Rennreifen 230 km/h bei 7000/min im 5. Gang. Mit Straßenreifen neigte er aber weiterhin zum Pendeln um die Hochachse und ließ sich schon bei Geschwindigkeiten um 100 km/h durch Lenkbewegungen aufschaukeln. Mit Reifen des Typs Michelin X 205 VR 14 zeigte der Wagen ein weitgehend stabiles Fahrverhalten, auf welliger Fahrbahn war jedoch bei sehr unruhiger Lenkung ein außerordentlich schlechter Geradeauslauf festzustellen.

Anfang Juni erhielt der »Hobel« eine nochmals optimierte Frontpartie. In dieser Form war der Wagen mit den Michelin-Reifen »auch

Anfang Juni 1969 wurde der »Hobel« mit einer nochmals optimierten Front ausgerüstet. Die Versuchsfahrten erfolgten auf der Einfahrbahn in Untertürkheim, auf dem Hockenheimring und auf dem Nürburgring.

in Hockenheim relativ gut zu fahren«, wie Liebold es formulierte. Die Rundenzeiten für den kleinen Kurs betrugen 1:23,4 min, für den großen Kurs 2:25,3 min, und die erzielten Geschwindigkeiten lagen bei 232,5 km/h bzw. 238 km/h. Die Fahreigenschaften zeigten jedoch eine unerwartet starke Abhängigkeit von den Reifen: mit Continental 195 VR 14 war der Wagen mit optimierter Karosserie »etwas besser, neigte aber nach wie vor zum Pendeln um die Hochachse«, mit Dunlop SP 195 VR 14 »wirkte er katastrophal instabil und benötigte auf dem welligen Stück vor der Ostkurve nahezu die gesamte Straßenbreite«. Mit den bisherigen Rennreifen war der »Hobel« auch nach mehrmaliger Änderung der Achs- und Federabstimmung auf dem genannten Streckenabschnitt »noch sehr unruhig, wobei die Gierbewegungen eindeutig von den Spuränderungen der Hinterachse eingeleitet« wurden.

Der vergitterte Lufteintritt des neuen Karosserievorderteils beeinflusste auch die Kühlung und führte bei Außentemperaturen von 25 bis 30 °C zu periodischen Temperaturschwankungen zwischen 80 und 110 °C. Im Stand stieg die Wassertemperatur trotz elektrischer Lüfter innerhalb von 30 Sekunden auf 120 °C. Der zweite Motor KE 301 wurde bereits nach 1000 Straßenkilometern und 500 km auf dem Rollenprüfstand wegen seines »sehr hohen Ölverbrauchs (zuletzt ca. 10 l/1000 km)« ausgebaut und am 23. Juni wieder der inzwischen instandgesetzte KE 308 montiert. Die Leistung wurde mit 292 PS/215 kW angegeben, der Ölverbrauch lag aber bei 4,5 Liter für 680 km. Der Kraftstoffverbrauch betrug bei scharfer Fahrweise mit allen drei Motoren einheitlich etwa 33 l/100 km. Bei den weiteren Versuchen wurde nach einem Riss des thermisch besonders beanspruchten

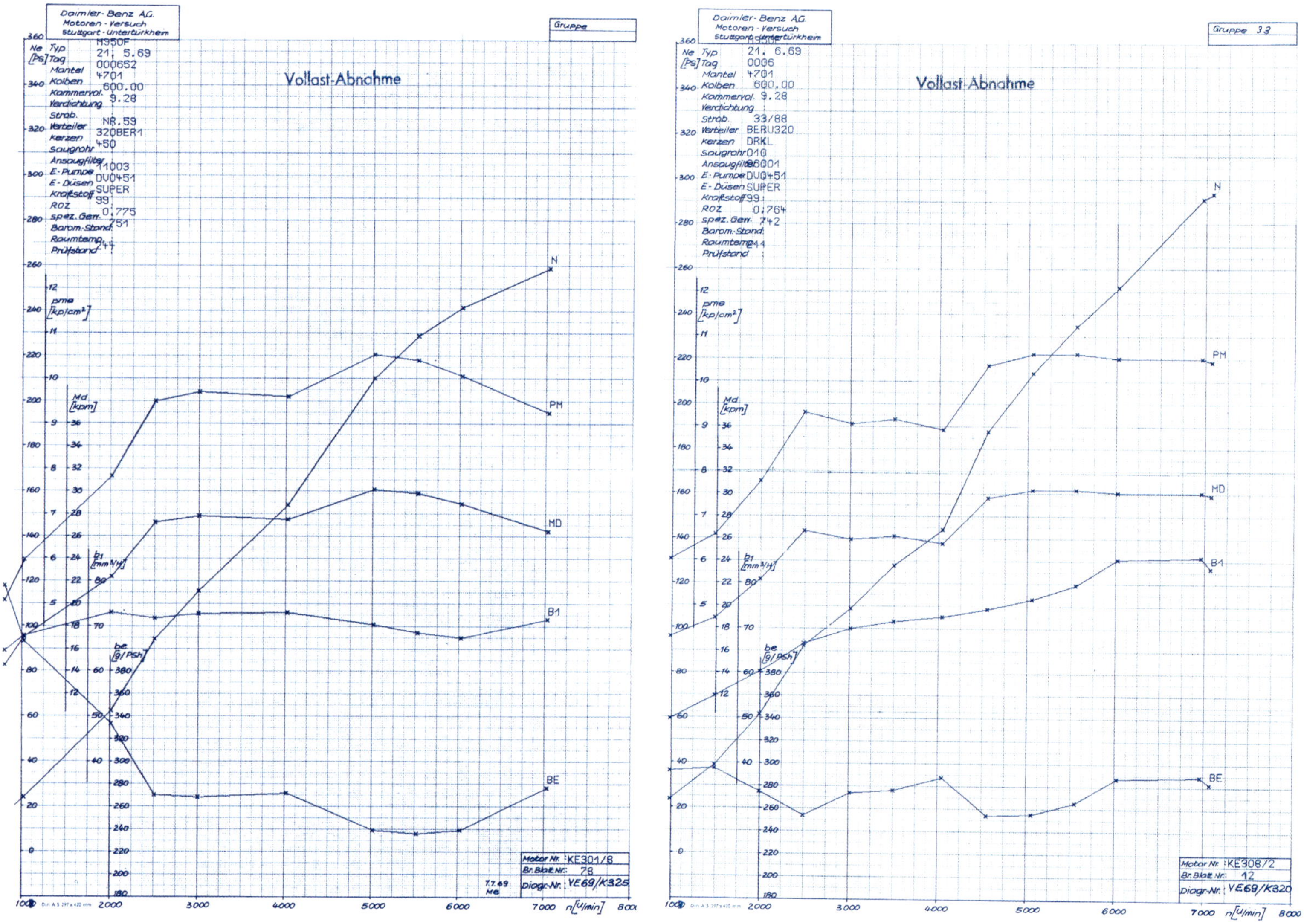

Leistungsdiagramme der im »Hobel« eingesetzten Motoren KE 301 (links) und KE 308 (rechts).

rechten Motorlagers ein Kühlwasserschlauch beschädigt. Nachdem es nicht gelang, den Kühlwasserkreislauf des heißen Motors hinreichend zu entlüften, führte kurzzeitige Überhitzung zu einem Ausfall. Anschließend wurde der eigentlich für Wagen 3 vorgesehene Motor KE 315 eingebaut, der aber eine etwas schlechtere Leistung aufwies und am 15. Juli in Hockenheim nur 245 km/h erreichte, während mit dem vorigen Motor mehrmals 252 km/h, bei einer Messung sogar 256 km/h ermittelt worden waren.

Das Fahrwerk des »Hobels« setzte auf bewährte Komponenten aus der aktuellen oder zukünftigen Serienproduktion, weil man ursprünglich eine seriennahe Lösung favorisiert hatte. Vorne kam eine Doppelquerlenkerachse zum Einsatz ähnlich derjenigen, die später in den S-Klasse Limousinen der Baureihe 116 debütierte. Im C 101 war sie allerdings als Variante mit Federbeinen ausgeführt. Als Hinterachse fungierte zunächst eine Schräglenkerachse aus der Mittelklasse-Baureihe W 114/115. Bei den vorgesehenen breiten Reifen, insbesondere mit Rennreifen, konnte diese jedoch keine ebene Aufstandsfläche gewährleisten, so dass die praktische Erprobung des Fahrwerks den bereits beschriebenen Optimierungsbedarf aufzeigte.

Abhilfe versprach die neue, typischerweise sturzarme Hinterradaufhängung nach Rennwagen-Art mit je fünf Lenkern – drei Querlenkern und zwei Längslenkern –, die die Konstrukteure in der Vorentwicklung unter Dr. Kurt Enke und Erwin Löffler entworfen und mit dem ESEM-Verfahren per Computer perfektioniert hatten. Der Computer half bei der Bestimmung der Länge und Lage der fünf Lenker sowie der Anlenkpunkte am Rahmen und am Radträger, wobei 350 Varianten durchgerechnet wurden. Zum Einsatz kam die neue »Wunderachse« dann zum ersten Mal beim zweiten Versuchswagen, dem ersten »richtigen« C 101 mit GFK-Karosserie. Im Übrigen war auch die Kinematik der Vorderachse vorher mit Rechnerunterstützung optimiert worden.

Metamorphose: vom »Hobel« zum Supersportwagen

Während der erste Versuchswagen eingehend erprobt wurde, gingen Entwicklung und Aufbau der folgenden Fahrzeuge des ersten Fertigungsloses in allen Disziplinen mit Hochdruck voran. In einer Notiz vom 29. Mai 1969 stellte Dr. Hans Liebold fest, dass »für die Erprobung des Wagens in der vorgesehenen Form bis zur Frankfurter Ausstellung erschreckend wenig Zeit« bleibt und fuhr fort »Herr Uhlenhaut verlangt daher von allen betroffenen Abteilungen, daß im Renntempo gearbeitet wird. Das bedeutet, daß insbesondere die Abteilungen, deren Arbeiten jeweils terminbestimmend sind, mindestens in zwei Schichten täglich arbeiten müssen«. Dreieinhalb Wochen später, in der Technischen Besprechung am 23. Juni, griff Karl Wilfert das leidige Kapazitäts- und Terminthema auf. Er führte aus, dass bereits im Rahmen der Serienfahrzeugentwicklung Abend- und Samstag-Arbeit erforderlich sei, und gab Folgendes zu bedenken: »Der C 101 hat regelmäßiges Arbeiten bis 20 Uhr und im beachtlichen Maße Sonntagsarbeit erfordert. Dies ist ein Zustand, der nur über ganz kurze Zeiträume geduldet werden kann.«

Die Fertigung der Prototypen begann mit der Herstellung der Bodengruppe in der Abteilung Karosserieversuch in Sindelfingen. Die ab Wagen 2 verwendete Rahmenbodenanlage mit verlängertem Radstand wurde wie die erste Version in verschiedenen Blechdicken ausgeführt: Bodenblech, Pedalboden und Vorbau in 0,88 mm, die Außenschweller in 1,0 mm und das Heck in 1,25 mm. Ab Wagen 3 wurde die Heckpartie verstärkt und aus 1,75 mm starkem Blech gefertigt, wodurch das Gewicht der Rahmenbodenanlage um 12 kg auf 165 kg stieg. Zum Einbau von Motor und Getriebe ging die Bodengruppe in

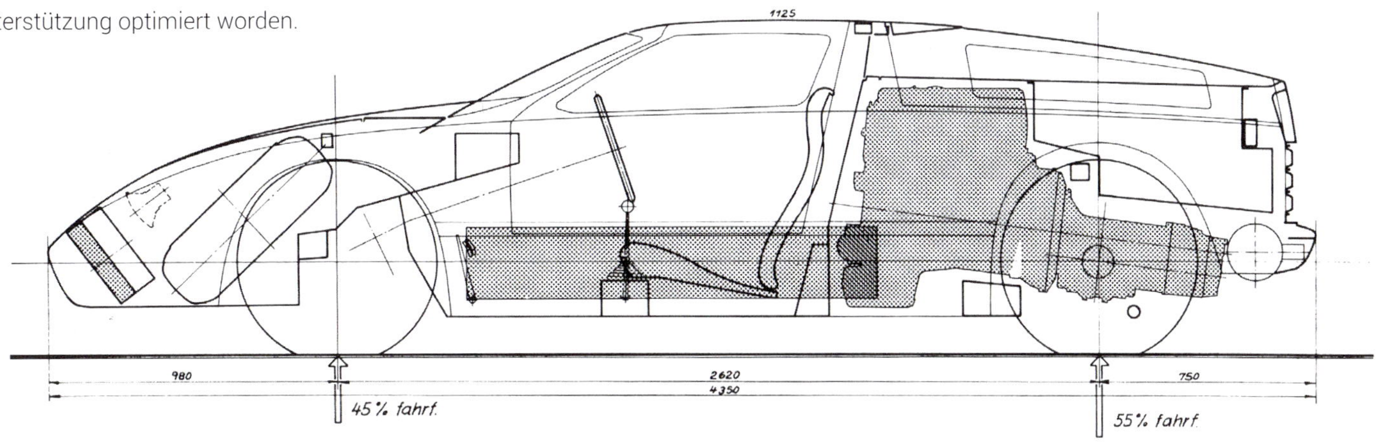

Der Längsschnitt zeigt anschaulich das Mittelmotorkonzept des C 101. Gut sichtbar sind auch die Einbaulage von Reserverad und Kühler sowie die in den Seitenschwellern untergebrachten Kraftstofftanks.

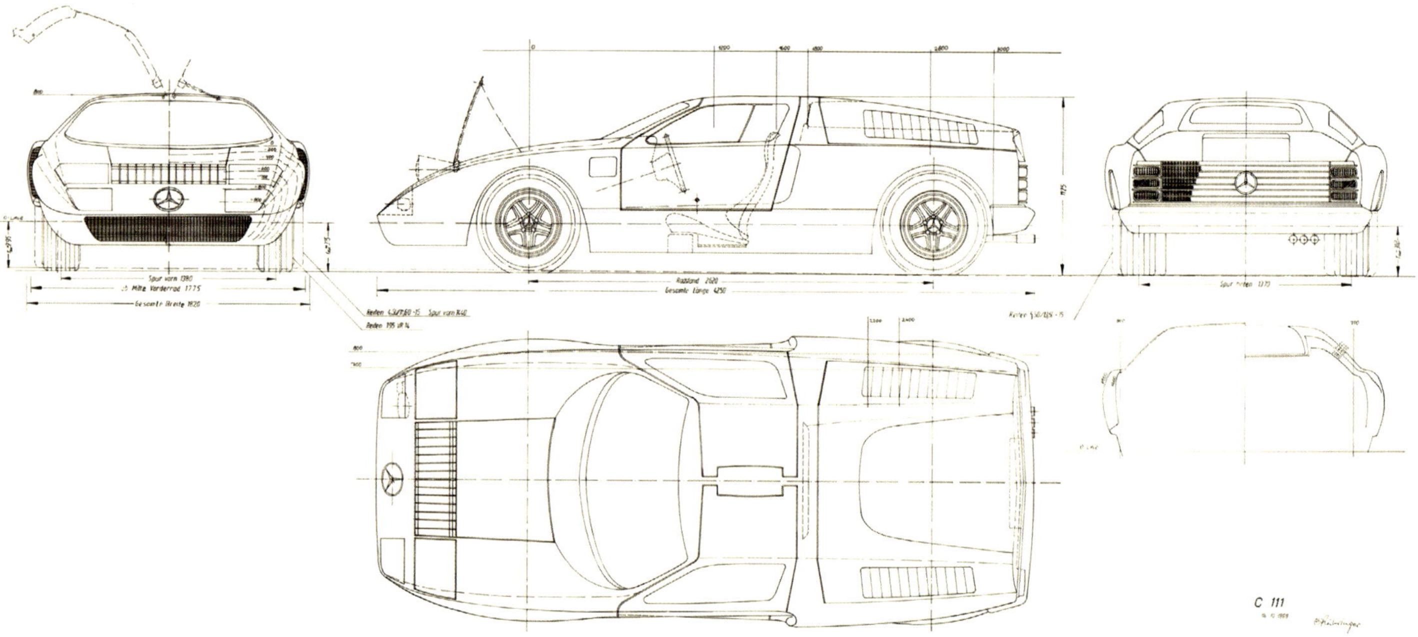

Der C 101 mit Leichtmetallrädern und Straßenbereifung in Vierseitenansicht mit zusätzlichen Schnittdarstellungen. Die Zeichnung stammt von dem Karosseriekonstrukteur Erich Rühringer.

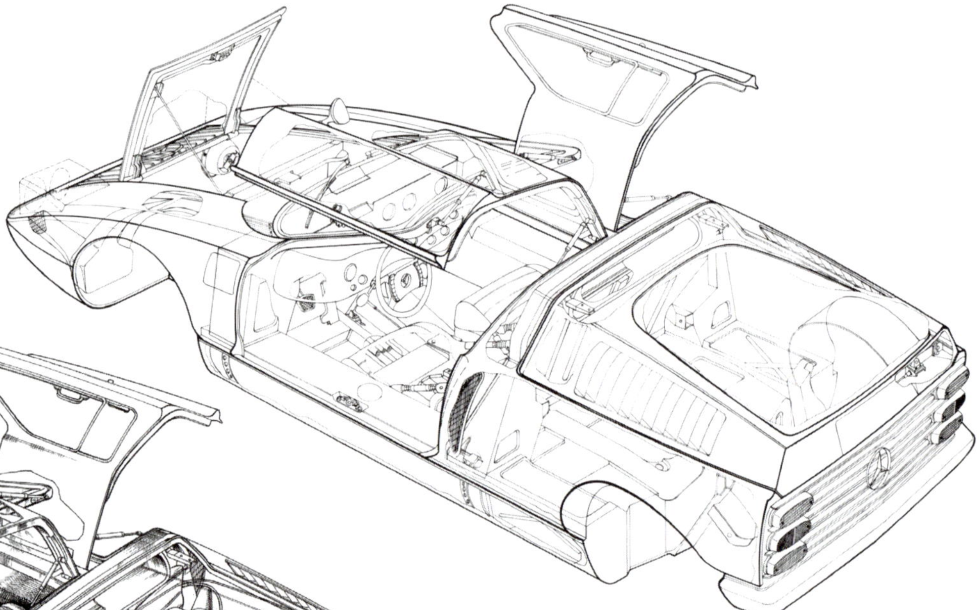

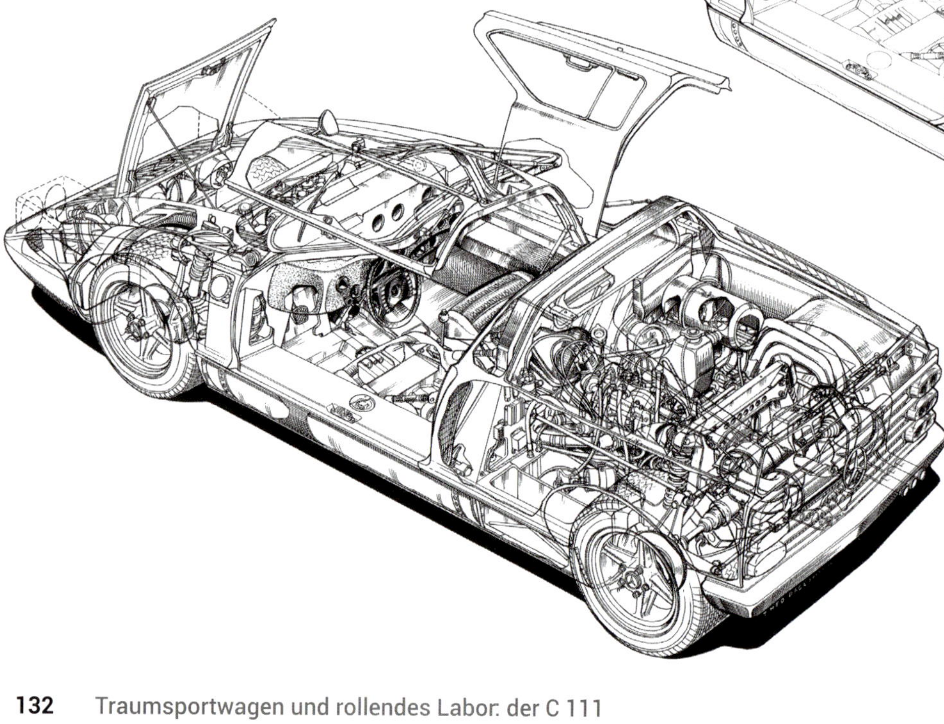

Röntgengrafik des C 101 mit und ohne Antriebsstrang. Die Zeichnung links wurde vom Grafikkünstler Theo Page erarbeitet, die Darstellung rechts erstellte Erich Rühringer.

Im Juni 1969 entstand in Sindelfingen die erste C 101 Bodengruppe der zweiten Variante – mit 2620 mm Radstand und konzipiert für die »Rennhinterachse«. Scheibenrahmen und Dachstreben bestehen nun aus Stahlrohren (20 x 2 mm).

Das im Versuch in Untertürkheim komplettierte Fahrgestell wurde am 25. Juni 1969 nach Rastatt geliefert. Der Kühler liegt, wie beim »Hobel«, noch relativ weit hinten, etwa auf Höhe der Vorderräder. Die hintere Schottwand hat noch keinen Fensterausschnitt.

Vorderachse (links) und Hinterachse (Mitte und rechts) des C 101. Bei der abgebildeten Hinterradaufhängung handelt es sich um die 5-Lenker-»Rennhinterachse«, wie sie ab Wagen 2 zum Einsatz kam.

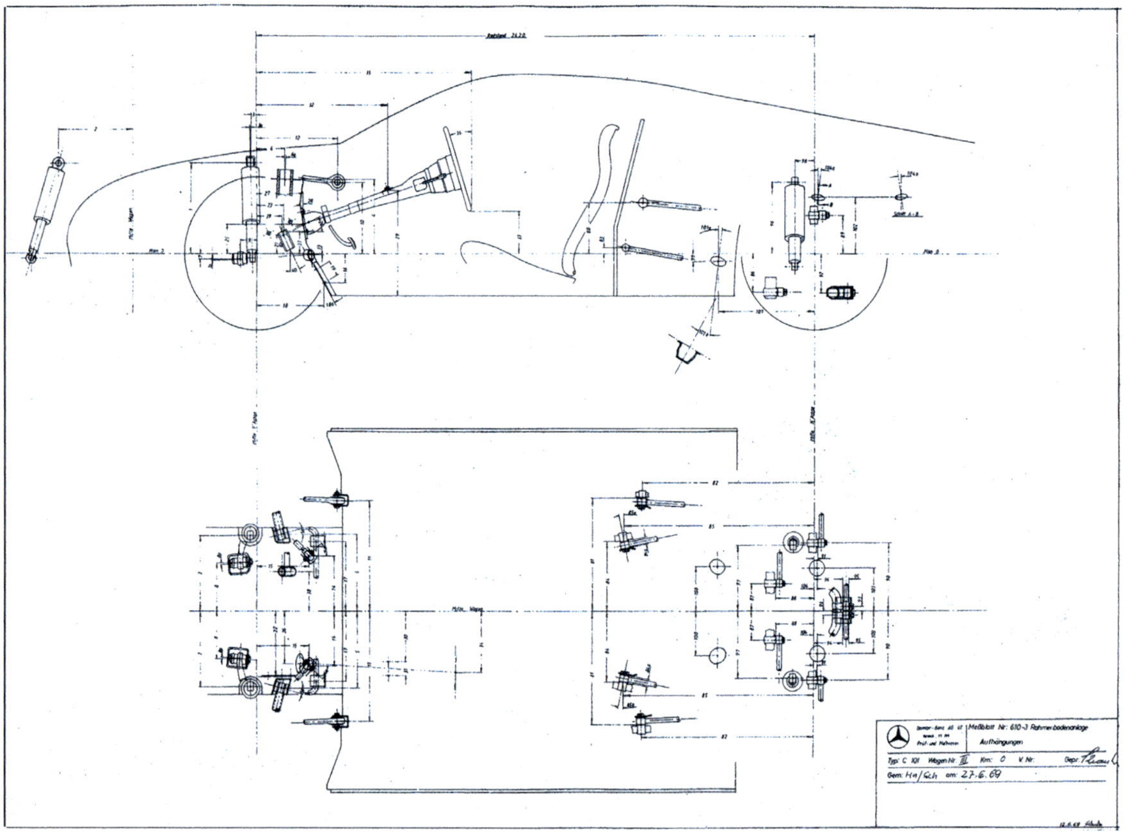

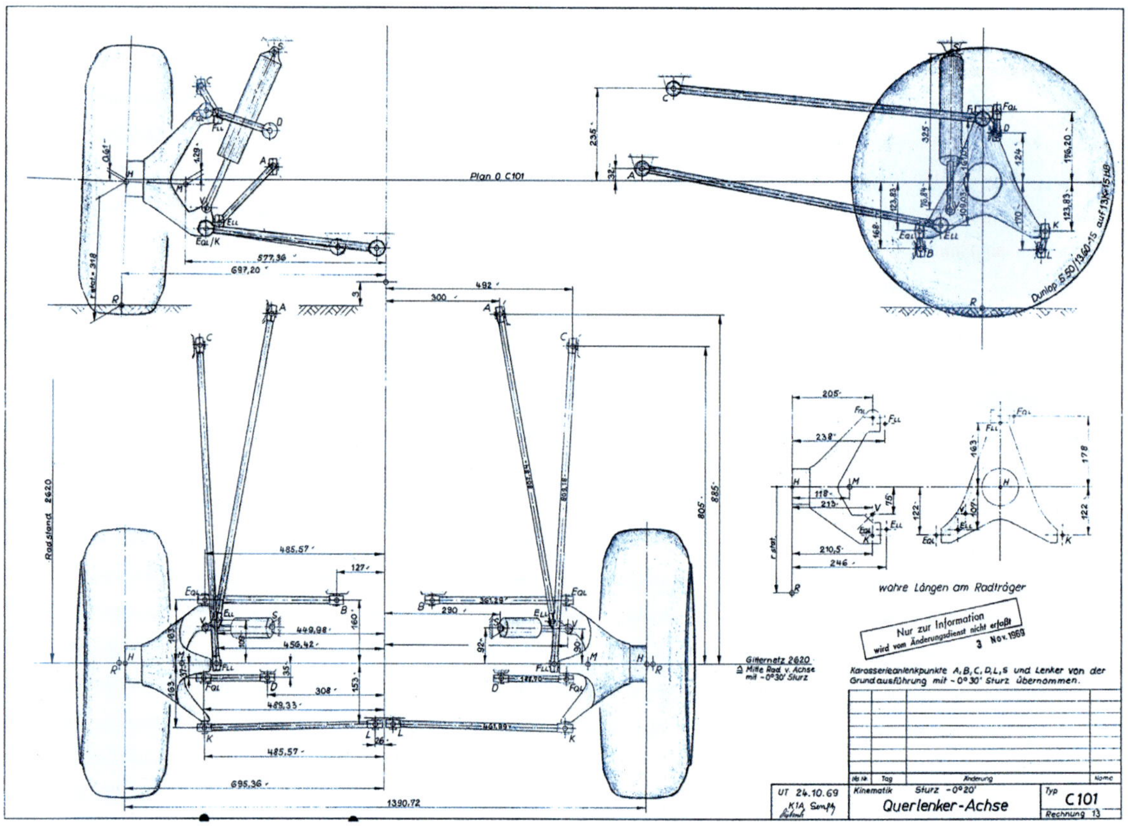

Die beiden technischen Zeichnungen weisen die Rahmenkontrollmaße aus, die für die korrekte Positionierung und Montage der Radaufhängung eingehalten werden mussten.

den Versuch nach Untertürkheim und von dort zur Waggonfabrik Rastatt, wo die Fertigung und Montage der GFK-Karosserie erfolgten. Auf Seiten von Daimler-Benz fungierte der Sindelfinger Karosseriekonstrukteur Theodor Reinhard als Verantwortlicher. Bei dem verwendeten Kunststoff handelte es sich um die Standard-Polyesterharze Palatal P 6 und P 35 von BASF. Die Laminatdicke lag mit 3 mm zunächst über den ursprünglich angedachten 2 bis 2,5 mm, wurde aber schon ab der zweiten Karosserie auf 1,5 mm reduziert. Nach

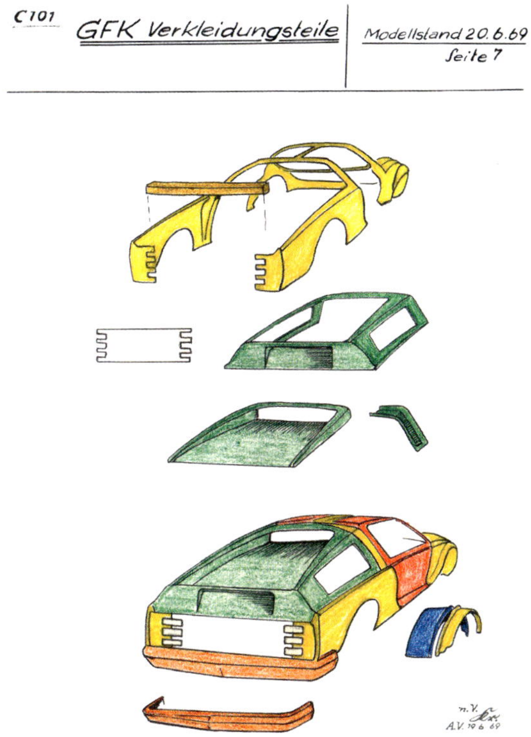

Die vom 19. Juni 1969 datierenden, von der Abteilung Arbeitsvorbereitung erstellten Zeichnungen veranschaulichen den Aufbau der GFK-Karosserie.

Die Firmen BASF und Gevetex, Hersteller der für die GFK-Karosserie verwendeten Werkstoffe, nutzten den spektakulären Sportwagen in ihrer Kommunikation.

Wagen 2 – der erste »richtige« C 101 – bei der Montage der Karosserie in der Waggonfabrik Rastatt.

Fertigstellung wurde die Kunststoffhaut mit der Rahmenbodenanlage vernietet und verklebt und die Scheiben eingeklebt. Der Motorraum erhielt eine Auskleidung mit mehreren Schichten Aluminium-Vlies, um bei laufendem Motor – vor allem im Stand ohne Kühlluftzufuhr – der enormen Hitzeentwicklung zu begegnen und Lackverfärbungen oder gar ein Entflammen der Karosserie zu verhindern. Nach Fertigung und Montage der Karosserie wurden in Sindelfingen die Lackierung und schließlich der Inneneinbau vorgenommen und das fertige Fahrzeug anschließend nach Untertürkheim transportiert, wo die ersten Fahrtests von der Vorentwicklung durchgeführt wurden.

Geburtstagsgeschenk: der erste »echte« C 101

Nach dem »Hobel« mit ursprünglicher Bodengruppe, Schräglenker-Hinterachse und provisorischer Karosserie wurde im Juni/Juli 1969 Wagen 2 – der erste »echte« C 101 – aufgebaut. Am 10. Juni hatte der Versuch in Untertürkheim aus Sindelfingen die Bodengruppe erhalten und nach Komplettierung mit Achsen, Getriebe und einer Motorattrappe am 25. Juni nach Rastatt geliefert. Nach Lackierung und Innenausbau in Sindelfingen kam der Wagen am 14. Juli zurück nach Untertürkheim, wo er für die Erprobung in Hockenheim vorbereitet wurde – pünktlich zum 63. Geburtstag von Rudolf Uhlenhaut am 15. Juli 1969. Der Pkw-Entwicklungschef, bekanntermaßen ein begnadeter Fahrer, ließ es sich nicht nehmen, in Hockenheim vorbeizuschauen und die Feinabstimmung seines »Geburtstagsgeschenks« persönlich vorzunehmen. Er war, wie sich Theodor Reinhard später erinnerte, »gar nicht mehr aus dem Auto herauszubekommen« und nahm selbst seinen Geburtstagskaffee auf dem Fahrersitz zu sich. Mit Kaffee und Kuchen fuhren Uhlenhaut und Reinhard Runde um Runde. »In der Ostkurve hätte man«, wie Reinhard berichtete, »auf der Ideallinie ein Taschentuch hinlegen können, das hätte er bei 200 km/h immer getroffen. Im Auto merkte man nichts von der Geschwindigkeit. Das war wie Omnibusfahren«.

Der 15. Juli 1969 war aber auch in organisatorischer Hinsicht ein wichtiges Datum für das Projekt C 101: An diesem Tag teilte Karl-Wilhelm Müller, Leiter des Bereichs Entwicklungs-Organisation

Der erste »richtige« C 101 im Juli 1969 auf der Einfahrbahn im Werk Untertürkheim. Deutlich erkennbar sind die von den späteren Fahrzeugen abweichende Position des Grills im Bug sowie die abweichende Ausführung der Türaufhängung im Dach.

Wagen 2 – auf dem oberen Foto zusammen mit Wagen 1 im Hintergrund – bei der Erprobung auf dem Hockenheimring.

und -Planung, den leitenden Führungskräften im Entwicklungsbereich Pkw die Kontierungsnummern mit, unter denen »alle Versuchsmaßnahmen, die Lohn- und Materialkosten verursachen«, verbucht werden sollten. Für die Untertürkheimer Umfänge war dies die bereits am 4. März 1969 definierte Nr. 64116 12114, für Sindelfingen die Nr. 64517 50975. Die genannten Nummern haben zwar nur unternehmensinterne Bedeutung, sie finden sich aber in den Fahrgestellnummern und Karosserienummern der ersten Serie des C 101 wieder.

Wagen 2 wirkte mit seinem GFK-Aufbau deutlich solider als der erste Versuchswagen mit Behelfskarosserie, was sich unter anderem im Geräuschverhalten ausdrückte. Leider war er auch deutlich schwerer geworden: Mit Straßenreifen wog das aufgetankte Fahrzeug 1218 kg, mit Rennreifen 1256 kg, während Wagen 1 mit Rennreifen zuletzt 1059 kg auf die Waage gebracht hatte. In der Gewichtsbilanz schlug die GFK-Karosserie mit 370 kg zu Buche; dies änderte sich erst beim nächsten Fahrzeug mit einer deutlich reduzierten Laminatstärke. Zahlreiche Karosseriedetails erwiesen sich als optimierungswürdig, was in Anbetracht der sehr kurzen Entwicklungsdauer kaum verwunderlich war. Moniert wurden »die zu hohen und schweren Sitze mit den unbefriedigenden Kopf- und Schulterstützen, [...], die schwer und ungenügend weit zu öffnenden, sowie unexakt schließenden Türen, die mangelhafte Isolation des Heckdeckels, die ungenügend hitzefeste Ausführung des Gepäckraums, die zu niedrigen vorderen Radkästen, die im Blickfeld parkenden

Scheibenwischer, der unebene Fußboden, die zu Spiegelungen neigende Ausführung des Instrumentenbretts und die zunächst ungenügende Lüftung.«

Infolge des hohen Gewichts, längerer Übersetzung und der die Aerodynamik störenden Luftansaugung aus dem Motorraum waren die Fahrleistungen zunächst enttäuschend. Obwohl der eingebaute 3-Scheiben-Motor KE 309 mit 297 PS/218 kW deutlich oberhalb der offiziellen Nennleistung lag, erreichte Wagen 2 nur 236 km/h und war in den Rundenzeiten um 7,5 Sekunden langsamer als Wagen 1. Erwartungsgemäß waren dies nicht die einzigen Kritikpunkte. Wegen Undichtigkeiten an den Tanks mussten die Längsschweller zwei Mal demontiert und wieder angenietet werden – bei 180 Nieten pro Seite sicher keine geeignete Dauerlösung. Anstelle der ursprünglich verwendeten, mit GFK überzogenen Aluminiumtanks mit je 60 Liter Inhalt wurden neue Kraftstoffbehälter aus 1,5 mm dickem Weichaluminium mit allseitig gerundeter Wandung eingebaut. Eine Schaumstoff-Füllung sollte dabei das Schwappen des Kraftstoffs verhindern.

Als verbesserungsbedürftig wurden auch die Kühlung und die Sichtverhältnisse eingestuft. Schon bei der ersten Fahrt in Hockenheim wirkte die Motorkühlung, wie Hans Liebold es formulierte, »nur knapp ausreichend.« Bei kurz danach durchgeführten Windkanalmessungen zeigte es sich, dass die Durchströmung des Wasserkühlers noch schlechter war als beim »Hobel«. Daraufhin wurde beschlossen, für die weiteren Versuchswagen nur noch ein Reserverad mit Straßenbereifung statt der bisherigen Rennbereifung vorzusehen und dieses schrägstehend vor der vorderen oberen Quertraverse unterzubringen. Dies gestattete es, den Kühler ganz nach vorn zu verlegen und den Kühllufteintritt und -austritt in der

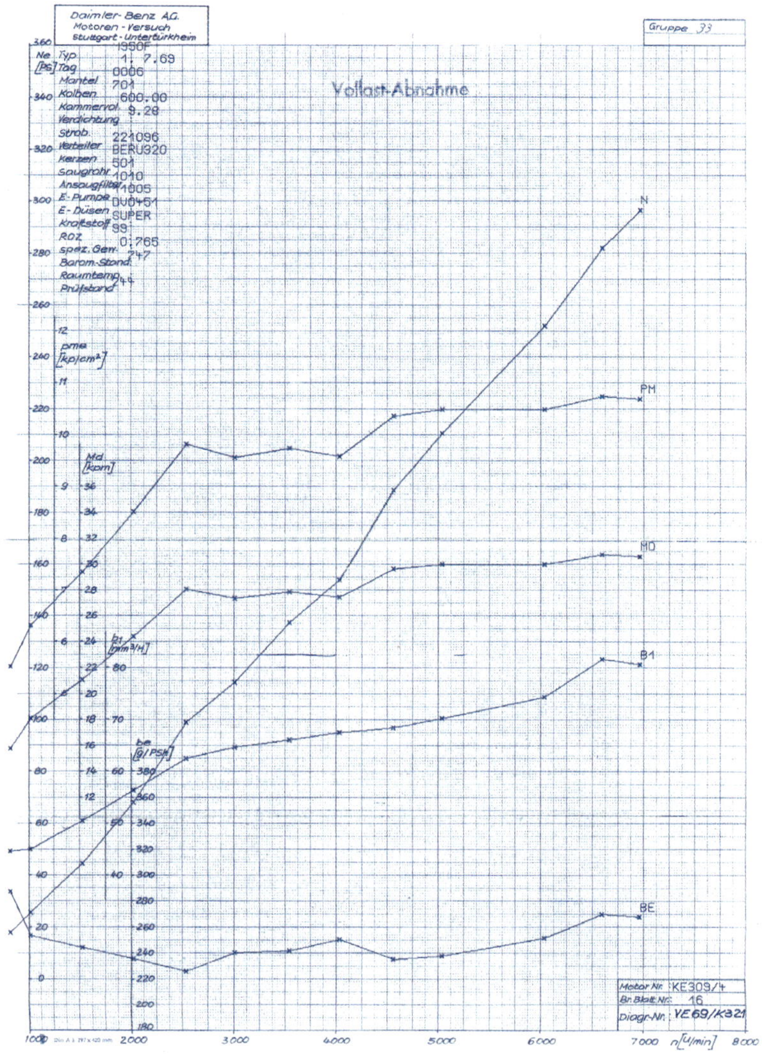

Die am 1. Juli 1969 durchgeführte Volllast-Abnahme des dann in Wagen 2 eingebauten 3-Scheiben-Motors KE 309 weist eine beeindruckende Leistung von 297 PS/218 kW bei knapp 7000/min aus.

Der C 101 bei der Hochgeschwindigkeitserprobung auf dem Hockenheimring – mit Rennbereifung (links) und Straßenreifen (rechts).

Wagen 2 bei der Erprobung auf dem Hockenheimring, im Bild festgehalten von dem bekannten Automobilfotografen Paul Botzenhardt.

Der Fahrerarbeitsplatz im C 101 der ersten Serie. Gut erkennbar sind das von Uhlenhaut angeregte, links vom Gaspedal angeordnete zusätzliche Pedal zum Zwischengasgeben, das ab Mitte August erprobt wurde. Der Druckknopf auf dem Schalthebelknauf diente zum Lösen der Sperre, die ein unbeabsichtigtes Einlegen des 1. Gangs und des Rückwärtsgangs verhinderte. Das Foto entstand im September 1969 und zeigt Wagen 3.

jeweils günstigsten Zone anzuordnen. Zudem sollte damit die Heißluftumströmung der Windschutzscheibe und der Seitenscheiben verringert werden, die bei der Aufheizung des Wageninneren offenbar eine zentrale Rolle spielte. Sorge bereitete auch die Öltemperatur, die nach drei Runden auf dem großen Kurs 150 °C erreicht hatte und durch Installation eines zweiten Ölkühlers eingedämmt werden sollte.

Nach der Erprobung in Hockenheim wurde der Motor KE 309 wegen ausgeprägten Schwankungen der Leerlaufdrehzahl und starkem Kompressionsverlust ausgetauscht. Mangels verfügbarer Alternativen musste man dabei als Ersatz auf KE 312 aus Wagen 1 zurückgreifen. Damit wurden am 29. Juli wieder Versuchsfahrten in Hockenheim durchgeführt, wobei sich die Kühlung bei Öltemperaturen von 145 °C und Wassertemperaturen von über 100 °C als große Herausforderung erwies. Erst der Einbau eines zweiten Ölkühlers auf der rechten Fahrzeugseite brachte den gewünschten Erfolg und führte zu Öltemperaturen um 110 °C und Wassertemperaturen um 90 °C.

Das im C 101 verwendete ZF-5-Gang-Getriebe mit Lamellensperrdifferenzial zeigte neben dem bereits geschilderten Optimierungsbedarf in puncto Schaltpräzision eine weitere Eigenheit, die Fritz Naumann später auf den Punkt brachte: »Wenn man schnell schalten wollte, musste man entweder große Schaltkräfte aufbringen, um die Synchronisierung zum raschen Arbeiten zu bringen, oder man musste Zwischengas geben. Dieses richtig zu dimensionieren war schwierig. Meist drehte der unbelastete Motor dabei zu hoch.« Beim ursprünglich konzipierten Gaspedal gestattete eine Ausbuchtung am linken unteren Ende, mit dem Absatz des rechten Fußes Zwischengas zugeben, während der Vorderfuß das Bremspedal betätigte. Uhlenhaut regte stattdessen ein zusätzliches, anders übersetztes Gaspedal für Zwischengasstöße an, das in Wagen 3 provisorisch eingebaut wurde und zur vollsten Zufriedenheit des Meisters ausfiel. Wie Liebold betrachtete auch Fritz Naumann die Schaltführung zunächst als eine Art Glücksspiel. Im Rahmen der bereits erwähnten Neukonstruktion des Schaltgestänges wurde hier ab August auch eine innovative Lösung erprobt, die sich bestens bewährte: In die Gasse für den 1. und den Rückwärtsgang gelangte man nur durch Betätigen eines Druckknopfs auf dem Schalthebelknauf, der über einen Magnetschalter die Sperrung der entsprechenden Schaltwelle am Getriebe löste.

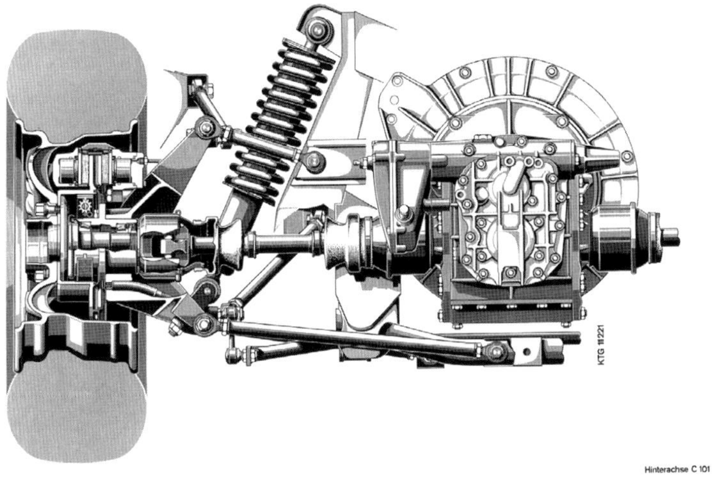

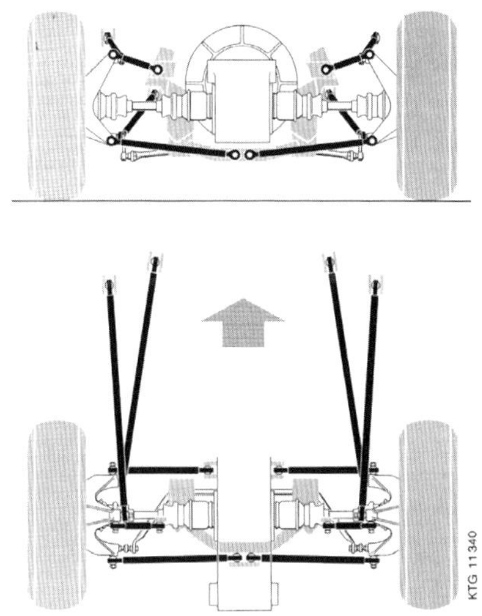

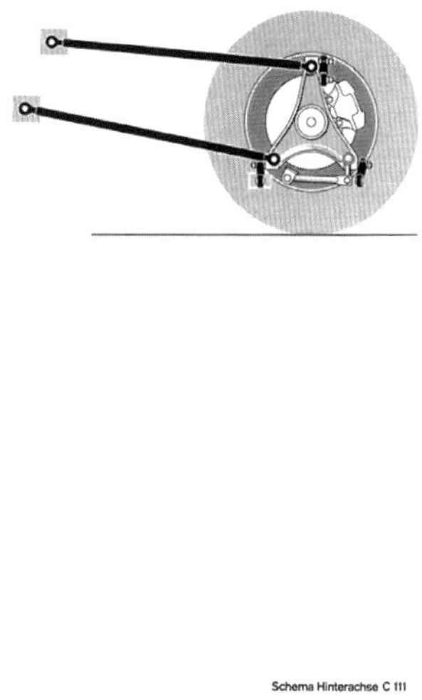

Die 5-Lenker-»Rennhinterachse« des C 101 mit Straßenbereifung in Detail- und Übersichtsdarstellung.

Die neu konstruierte Rennhinterachse mit beidseitig je fünf Zug-Druck-Stäben bescherte dem C 101, wie es Fritz Naumann später formulierte, »ein lammfrommes, stabiles Fahrverhalten« und ermöglichte es »bei 200 km/h auf der Autobahn mit dem Knie zu lenken und mit beiden Händen eine Orange zu schälen.« Damit war Daimler-Benz fraglos seiner Zeit voraus: Eine prinzipiell ähnliche Konstruktion, ebenfalls eine 5-Lenker-Achse, debütierte Ende 1982 unter der Bezeichnung »Raumlenkerachse« in der kompakten Pkw-Baureihe W 201 – eine Radaufhängung, die seitdem für Serien-Personenwagen das Maß aller Dinge in puncto Sicherheit und Komfort darstellt.

Auch das Kurvenverhalten bezeichnete Naumann als »sensationell«. Allerdings war es erforderlich, den Sturz an der Hinterachse jeweils entsprechend der Bereifung einzustellen. Die als Straßenreifen verwendeten Continental 195 VR 14 oder Michelin 205 VR 14 erforderten an der Hinterachse mit 3° negativem Sturz einen deutlich höheren Wert als die Dunlop-Rennreifen (4,30/11,60-15 vorne und 5,30/13,60-15 hinten), bei denen aufgrund ihrer breiten Aufstandsfläche nur 20 Winkelminuten Sturz eingestellt wurden. Falls erforderlich gehörte zudem ein Stabilisator an der Hinterachse zur Rennabstimmung. Weil die Umstellung von einer auf die andere Bereifung im Versuchsbetrieb recht oft vorgenommen wurde, wurden für jeden Wagen zwei Sätze unterschiedlich langer oberer Querlenker bereitgehalten, die dann einen sehr schnellen Umbau ermöglichten. Entscheidend war, dass sich bei einem Federweg von 100 mm der Hinterradsturz nur um 2 bis 3 Winkelminuten veränderte. Die Achslastverteilung betrug bei allen Fahrzeugen ziemlich genau 45,5 % vorne zu 54,5 % hinten.

Die beiden Aluminium-Radträger für die Hinterachse waren nicht als Gussteile ausgeführt, da Gießlegierungen mit der erforderlichen Dehnfähigkeit und Bruchfestigkeit anfangs noch nicht verfügbar waren. Stattdessen wurden sie aus dem Vollen gefräst, wobei die Knetlegierung AlCuMg1 zum Einsatz kam. Auf Betreiben von Fritz Naumann wagte man sich im Juni 1971 dennoch an die versuchsweise Fertigung von gegossenen Werkstücken, nachdem die Aluminiumhütte Rheinfelden GmbH die Legierung Alufont-47 [AlCu4TiMg] mit 1 % Silberanteil und der für Leichtmetalllegierungen außergewöhnlich hohen Zugfestigkeit von 48 kg/mm² vorgeschlagen hatte.

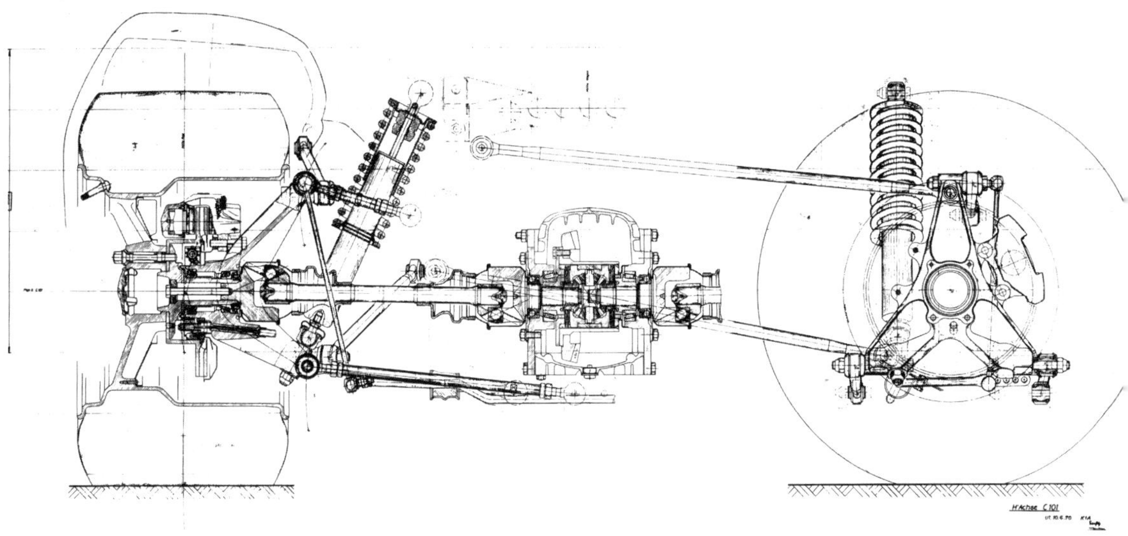

Konstruktionszeichnung der 5-Lenker-»Rennhinterachse« mit Rennbereifung.

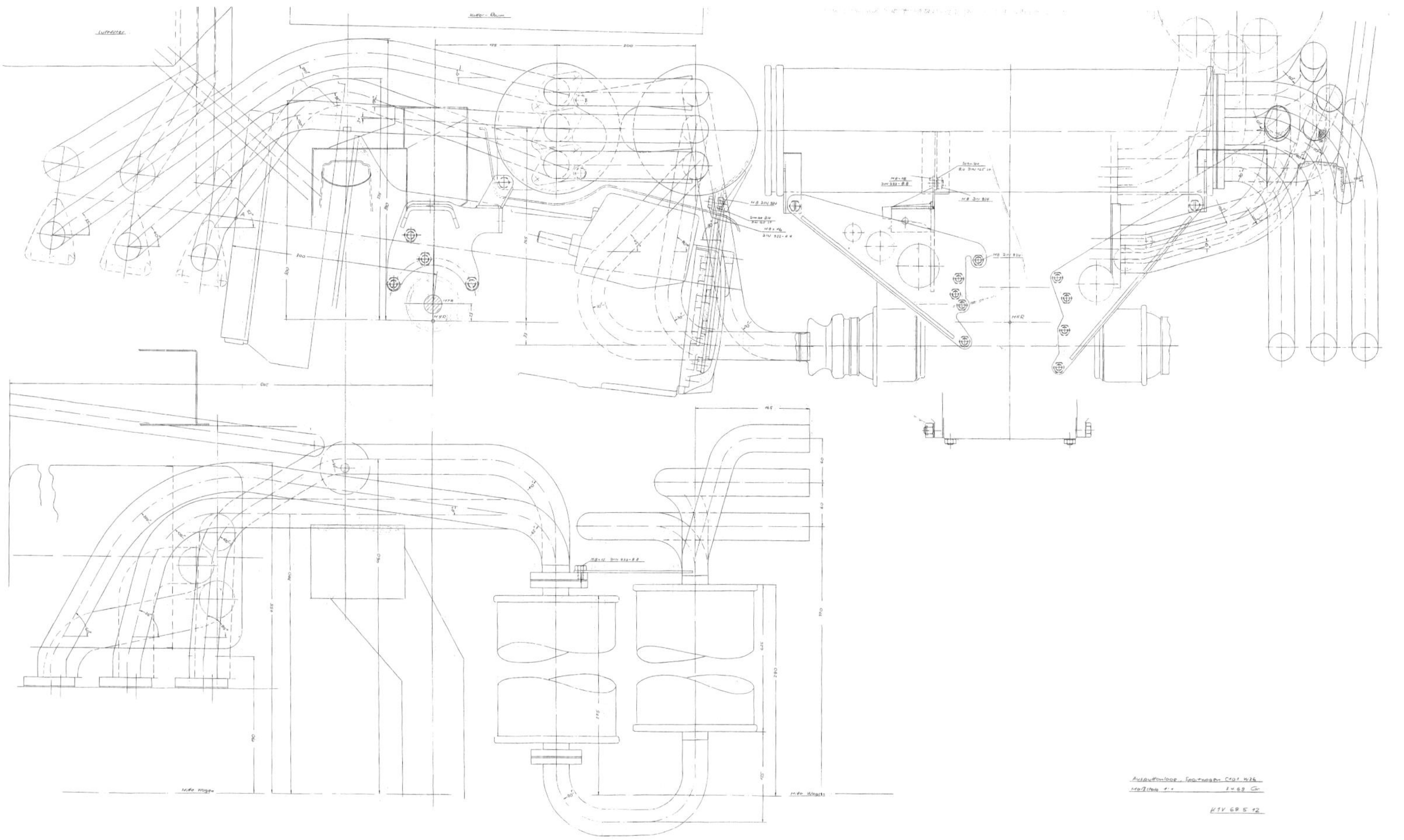

Die Konstruktionszeichnung vom 3. April 1969 veranschaulicht die ungewöhnliche Konfiguration der Auspuffanlage, die den beengten Raumverhältnissen im Wagenheck geschuldet war.

Diese Konstruktionszeichnung vom 31. Juli 1969 zeigt einen mit Automatikgetriebe ausgerüsteten C 111. Realisiert wurde der Einbau eines Automatikgetriebes erst fast zwei Jahre später.

Im Windkanal: die Aerodynamik-Entwicklung

Ab Februar 1969 waren in unterschiedlichen Stadien des Projekts 1:5-Modelle des C 101 im Windkanal vermessen und aerodynamisch optimiert worden. Im Juni wurde dann auch der erste Versuchswagen mit der provisorischen Karosserie (in ihrer dritten und endgültigen Ausführung) im Windkanal untersucht, um – auch im Hinblick auf die zu erwartende Höchstgeschwindigkeit – Ergebnisse in Relation zu den Modellwerten zu erhalten. Im Ausgangszustand mit seitlichen, bis zur Dachoberkante reichenden Heckflossen und einer nach hinten abfallenden oberen Heckfläche ergab sich ein c_W-Wert von 0,390 bei einer Stirnfläche von 1,754 m². Bei 250 km/h wurde an der Vorderachse ein Abtrieb von 96 kp und an der Hinterachse ein Auftrieb von 119 kp gemessen – Werte, die in ihrer Kombination bei höheren Fahrgeschwindigkeiten eine Instabilität einleiten können. Eine wesentlich günstigere Auftriebsverteilung ergab sich durch eine leicht positive Anstellung des Karosseriekörpers um nur 25 Winkelminuten: Der Vorderachsabtrieb betrug damit noch 20 kp, und der Hinterachsauftrieb reduzierte sich auf 35 kp. Der c_W-Wert verminderte sich durch Weglassen der Heckflossen und einen horizontalen Verlauf der oberen Heckfläche auf 0,365. Dementsprechend wurde die Form der Heckparte als Ergebnis der Untersuchung leicht geändert: Die Oberseite wurde völlig flach und praktisch waagerecht mit einer 15 mm hohen Spoilerkante als Heckabschluss ausgeführt.

Am 16. und 17. Juli 1969, unmittelbar nach den ersten Erprobungen auf dem Hockenheimring, wurde mit Wagen 2 nun auch der erste »echte« C 101 im FKFS-Windkanal am Untertürkheimer Werksgelände vermessen. Dabei erreichte er unter Verwendung von Straßenbereifung einen beachtlichen c_W-Wert von 0,340 bei einer Stirnfläche von 1,6647 m². Um das Entwicklungsziel zu erreichen, auch ohne Spoiler und Flügel gute Abtriebswerte zu ermöglichen, war der Unterboden völlig glatt ausgeführt und nur mit einer kleinen

Ein 1:5-Modell des C 101 bei der Vermessung im Modell-Windkanal in Sindelfingen.

Die letzte Version des »Hobels« bei der Vermessung im Windkanal des FKFS im Juni 1969. Gut zu sehen sind die bis zur Dachoberkante reichenden Heckflossen auf der Motorhaube, die als Folge der Windkanaluntersuchung entfernt wurden.

Am 16. und 17. Juli 1969 wurde Wagen 2, noch mit seiner ursprünglichen Karosserie, im Windkanal des FKFS in Untertürkheim vermessen.

Serviceöffnung versehen. Bei 250 km/h wurde vorn ein Abtrieb von 26 kp und hinten ein Auftrieb von 34 kp ermittelt.

Aufschlussreich waren die Windkanaluntersuchungen aber auch noch in einem anderen Punkt: Bei Untersuchungen zur Kühlluftführung zeigte sich, dass die Luftgeschwindigkeit vor der Kühlerfläche sehr ungleichmäßig war: Im oberen Bereich betrug sie ein Sechstel, im unteren, teilweise vom Ersatzrad abgedeckten Bereich sogar nur ein Vierzehntel der Fahrgeschwindigkeit. Zwei Kühlerlüfter erhöhten den Luftdurchsatz um ca. 28 %. Als Ursache wurde die ungünstige druckseitige Abstimmung der Kühlereintritts- und -austrittsöffnung ermittelt. Insbesondere der Kühlluftaustritt vor der Windschutzscheibe lag im gesamten Bereich in einer positiven Druckzone. Auf Basis dieser Erkenntnisse wurden folgende Änderungen vorgeschlagen: Der Kühllufteintritt sollte in den hohen positiven Bereich der nahezu senkrechten vorderen Bugfläche verlegt und der bisherige Lufteintritt auf der Bugoberseite als Kühlluftaustritt verwendet werden, allerdings um etwa 150 mm nach hinten versetzt. Der Kühler selbst sollte schräg zwischen Eintritts- und Austrittsöffnung platziert werden.

Licht und Schatten: neue Versuchswagen, wenige Motoren

Gerade rechtzeitig zu einer für den 4. August vorgesehenen erneuten Erprobung in Hockenheim stand mit Wagen 3 ein weiteres Fahrzeug zur Verfügung. Erst in letzter Minute war es möglich gewesen, den 270 PS/199 kW starken 3-Scheiben-Motor KE 315 bereitzustellen, nachdem zwei zunächst vorgesehene Motoren beim Prüfstandlauf ausgefallen waren. Um den Wärmehaushalt des Wagens zu verbessern, hatte man die Kühlluftführung nach den Erkenntnissen der Windkanalvermessung von Wagen 2 modifiziert: Der Lufteintritt befand sich nun unten im Wagenbug und der Austritt auf Höhe der Klappscheinwerfer. Dementsprechend war auch der Wasserkühler weiter nach vorn verlegt worden, und der Ölkühler wurde dahinter eingebaut. Die erhofften Verbesserungen blieben dennoch aus: Bei 35 °C Außentemperatur ließ sich das Temperaturniveau gegenüber Wagen 2 (in der anfänglichen Version mit nur einem Ölkühler) nicht verringern. Diesbezüglich half weder die Demontage der vor dem Kühler angeordneten Gebläse noch der Einbau eines Öl-Wasser-Wärmetauschers. Erst durch Hintereinanderschaltung des Wärmetauschers mit einem zusätzlichen seitlichen Ölkühler konnte die Wassertemperatur auf ca. 90 °C und die Öltemperatur auf max. 125 °C gesenkt werden. Auf Basis dieser Ergebnisse wurden nach Diskussion mit dem Kühlerlieferanten, der Firma Behr, Änderungen vorgesehen: Erprobt werden sollten ein Wasserkühler mit der vergrößerten Blocktiefe von 68 mm sowie ein davor angeordneter Ölkühler mit ca. 50 % größerer Stirnfläche. Die Gebläse mussten in dieser Konfiguration hinter dem Wasserkühler angeordnet werden.

Wagen 3 hatte ein fahrfertiges Gewicht mit Straßenreifen auf Stahlfelgen von 1190 kg. Nachdem die Karosserie mit einer Laminatdicke von durchschnittlich 1,5 mm statt bislang 3 mm ausgeführt war, empfand man die geringe Gewichtsdifferenz zu Wagen 2 zunächst als enttäuschend. In Anbetracht des zweiten Ölkühlers mit den zusätzlichen Rohrleitungen, des Lenkschlosses, der Stahlräder und der größeren Blechstärke am Rahmenheck – Punkte, die in Summe mit 30 kg zu Buche schlugen – ergab sich für die Karosserie aber dennoch eine Gewichtsreduzierung um 60 kg.

Die Fahraufnahmen von Wagen 2 (links) und Wagen 3 (rechts) lassen trotz der Dynamik die veränderte Frontgestaltung mit den modifizierten Scheinwerfern und dem versetzten Grill erkennen. Ursprünglich als Lufteintrittsöffnung vorgesehen, wurde der Grill als Ergebnis der Windkanalvermessung nach hinten versetzt und zur Austrittsöffnung umfunktioniert.

Anfang August 1969 wurde Wagen 3 fertiggestellt und, noch in seiner ursprünglichen weißen Lackierung, auf der Einfahrbahn in Untertürkheim zusammen mit dem klassischen 300 SL fotografiert. Beim »Flügeltürer« aus den 1950er-Jahren handelte es sich, wie bereits bei der Vorstandsbesichtigung am 30. April, um das Einzelstück mit Kunststoffkarosserie. Das cognacfarbene Interieur des C 101 stieß nicht nur auf Zustimmung, wie Pressechef Artur Keser am 8. August gegenüber Friedrich Geiger äußerte und damit eine Änderung der Innenraumfarbe anregte.
Am 4. August 1969 erfolgte die erste Fahrerprobung in Hockenheim.

Wagen 2 (vorn) und Wagen 3 (im Hintergrund) bei der Erprobung am 4. August 1969 auf dem Hockenheimring.

Diese Fotos von Wagen 3 machte Paul Botzenhardt Anfang August 1969 unmittelbar nach der Fertigstellung des Fahrzeugs auf dem Gelände der Einfahrbahn im Mercedes-Benz Werk Untertürkheim.

Nach der Rückkehr von seiner ersten Erprobung in Hockenheim erhielt Wagen 3 auf Initiative der Sindelfinger Stilistik eine Lackierung in Leuchtorange – ein Farbton, der auch bei widrigen Sichtverhältnissen besonders auffällig war. Das Bild links zeigt den Wagen bei der Versuchsfahrt auf dem Nürburgring am 13. August.

Am 13. August wurden Wagen 2 (mit Straßenreifen) und Wagen 3 (mit Rennreifen) auf dem Nürburgring erprobt und feinabgestimmt. Wagen 3 hatte inzwischen wie vorgesehen einen Ölkühler mit um 50 % vergrößerter Kühlfläche erhalten, der vor dem Wasserkühler eingebaut war. Letzteren hatte man auf der Rückseite mit Ventilatoren versehen, die die Luft durch den Kühler saugten. Auch bei scharfer Fahrweise stieg die Öltemperatur nun nicht über 95 °C, während die Wassertemperatur bei 90 °C lag. Da die Gebläse offenbar ständig

Blick von hinten in den Motorraum von Wagen 3.

Der Blick von oben veranschaulicht die Einbauverhältnisse von Motor und Getriebe mit Achsantrieb.

Das Vierspeichen-Sicherheitslenkrad mit großflächiger Prallplatte und Pralltopf – hier zwei Fotos des ersten Modells vom Juni 1969 – kam zum ersten Mal im C 101 zum Einsatz. Im Frühjahr 1971 wurde es in leicht abgewandelter Form mit dem 350 SL (R 107) in den Serien-Automobilbau eingeführt. Im C 101 betrug der Lenkraddurchmesser 380 mm, 50 mm weniger als im 350 SL.

Attraktiver Arbeitsplatz: das Cockpit des C 101, aufgenommen Anfang August 1969 in Wagen 3. Gaspedal (ohne zusätzliches Pedal für Zwischengasstöße) und Schalthebel (ohne Druckknopf für die elektromagnetische Sperre) entsprechen noch dem ursprünglichen Konstruktionsstand.

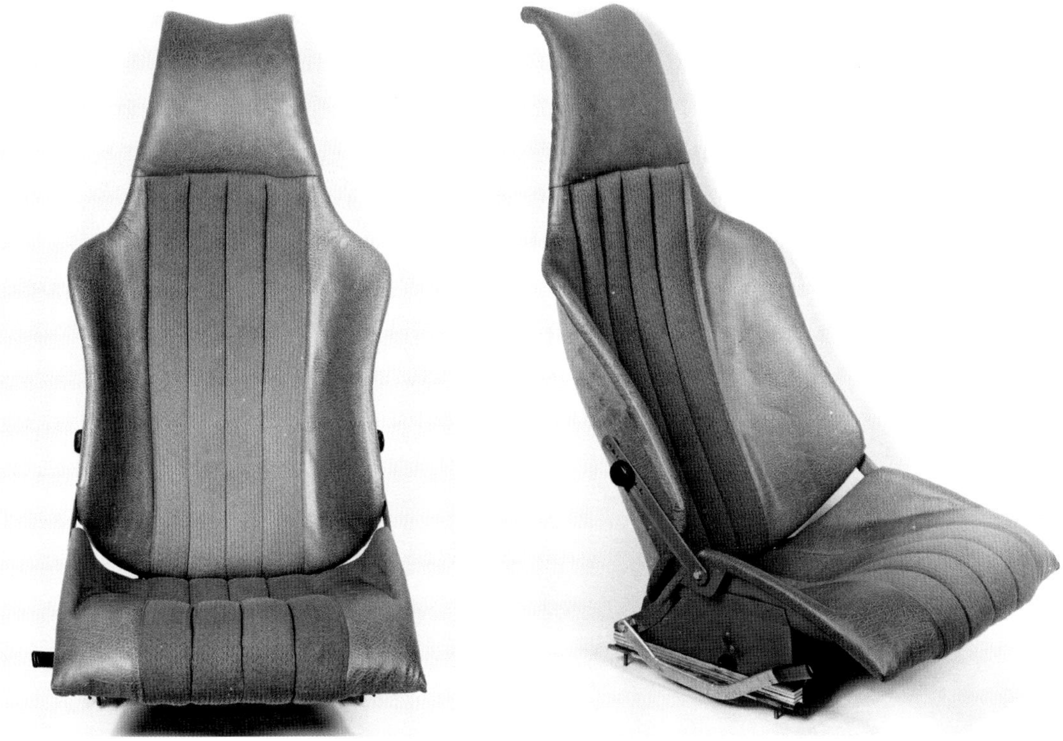

Die speziell für den C 101 entworfenen Sitze stießen zunächst auf Kritik und wurden nach der Erprobung im »Hobel« umfassend überarbeitet.

Die Sitze des C 101 in ihrer überarbeiteten Ausführung – in ausgebautem und eingebautem Zustand (in Wagen 4). Einschließlich der Sitzlaufschienen wog ein Sitz nur 9,5 kg – nur etwa halb so viel wie die Sitze, die seinerzeit bei den Mercedes-Benz Serien-Pkw zum Einsatz kamen.

Die von Stefan Heiliger entworfenen Leichtmetallfelgen hatten ihr Debüt beim C 101 (oben). Ab August 1970 war die 14-Zoll-Ausführung als Sonderausstattung für die Mercedes-Benz Personenwagen der Baureihen 108/109, 111 und 113 erhältlich. Das Reserverad (hier die Version auf Stahlfelge) befand sich unter der vorderen Haube hinter dem vorn eingebauten Kühler – keine allzu günstige Position für den Wärmehaushalt des Motors (unten).

mitliefen, was jedoch unter den Rahmenbedingungen der Erprobung wegen des Fehlens einer Kontrolllampe nicht verlässlich festzustellen war, wurde eine weitere Verbesserung der Wasserkühlung als notwendig angesehen. Dazu sollte ein schmalerer Ölkühler mit 127 statt 150 mm Breite verwendet werden, um bei »wahrscheinlich noch ausreichender Ölkühlung einen besseren Luftdurchsatz des Wasserkühlers« zu ermöglichen. Außerdem wurde für die Wagen 5 und 6 eine Vergrößerung der Kühllufteintrittsöffnung vorgesehen. Der Kraftstoffverbrauch bei der Erprobung auf dem Nürburgring belief sich bei Wagen 2 auf 30,7 l /100 km über 385 km, bei Wagen 3 auf 33,6 l/100 km über 566 km. Beide Wagen verbrauchten ca. 3 l Öl pro 1000 km.

Wenige Tage später ergänzte mit Wagen 4 ein weiteres Exemplar die Versuchsflotte. Am 15. August aus Sindelfingen angeliefert, wurde der dritte »echte« C 101 im Versuch in Untertürkheim mit Straßenreifen ausgerüstet und am 19. August zusammen mit Wagen 3 in Hockenheim erprobt. Neben zahlreichen technischen Optimierungspotenzialen offenbarten die Versuchsfahrten im Juli und August auch Unzulänglichkeiten der Karosserie, die die Alltagstauglichkeit beeinträchtigten: So war die Sicht nach vorne durch die hohe Kotflügellinie vor den A-Säulen besonders für kleinere Personen begrenzt; gravierender war jedoch die unzureichende Sicht nach hinten, die schon das Einfahren auf die Autobahn erschwerte und ein Rückwärtseinparken ohne fremde Hilfe praktisch unmöglich machte.

In der letzten Augustwoche erhielten Wagen 3 und 4 im Rahmen ihrer Zulassung eine Einzelabnahme durch den TÜV Stuttgart. Dabei beanstandete der Sachverständige drei Punkte, die für die Weiterentwicklung – insbesondere im Hinblick auf eine mögliche spätere Serienfertigung – zu berücksichtigen waren. Zum einen sollten die Blinkleuchten modifiziert werden, um eine Sichtbarkeit auch von der Seite zu gewährleisten. Zudem verfügte der C 101 durch die Lichthupenscheinwerfer über insgesamt sechs Fahrscheinwerfer, zwei mehr als von der Straßenverkehrs-Zulassungsordnung (StVZO) vorgesehen. Um die hierfür erforderliche Ausnahmegenehmigung zu ermöglichen, schlugen die Sindelfinger Karosserieentwickler vor, durch Änderung der Schaltkontakte am Lenkstockschalter eine klare Trennung von Lichthupe und Fernlicht zu realisieren, so dass eine gleichzeitige Betätigung ausgeschlossen würde. Als dritte Beanstandung wurden die Scheinwerfer im ausgefahrenen Zustand wegen ihrer kantigen Form als verkehrsgefährdende Fahrzeugteile im Sinne der StVZO eingestuft. Da hier kurzfristig keine Abhilfe zu schaffen war, erging die Direktive, das Fahrzeug auf Ausstellungen nur mit eingeklappten Scheinwerfern zu präsentieren.

Reifeprozess: erste Weiterentwicklungen des C 101

Aktuelle Erkenntnisse der Erprobung flossen im Rahmen der Entwicklung des C 101 stets in neue Detaillösungen ein. Nach der Versuchsfahrt auf dem Nürburgring am 13. August ging Wagen 2 unverzüglich nach Rastatt, wo er eine erleichterte und optisch modernisierte Karosserie mit überarbeiteter Front erhielt. Die Änderungsumfänge betrafen auch die versenkbaren Scheinwerfer, die nun – wie schon bei Wagen 3 realisiert – über eine geänderte Mechanik betätigt wurden. Ursprünglich waren bei diesem Fahrzeug die verdeckten Hauptscheinwerfer schubladenartig nach oben herausgefahren – ein gewöhnungsbedürftiger Anblick, der leider nicht im Bild dokumentiert ist.

Ebenfalls modifiziert wurden die Ausführung der Türscharniere und der Kofferraum, der auf 224 Liter vergrößert und über eine separate Klappe ohne Öffnen der Motorhaube von außen zugänglich gemacht wurde. Wegen der beengten Raumverhältnisse im Heck bedingte dies eine Änderung der Auspuffanlage. Statt der beiden über dem Getriebe hintereinander angeordneten runden Töpfe wurde nun der Hauptschalldämpfer nach unten hinter das Getriebe verlegt und der um 30 % verkleinerte Vorschalldämpfer über dem hinteren rechten Radkasten angeordnet. Das Dreifach-Endrohr rückte damit von der rechten auf die linke Fahrzeugseite. Um diese Änderungen zu ermöglichen, musste die Karosserie hinter der Hinterachse um 65 mm (statt der konstruktiv zunächst vorgesehenen 60 mm) verlängert werden. Der verkleinerte Vorschalldämpfer hatte allerdings eine spürbare Verschlechterung der Fahrleistungen zur Folge.

Außer dem vergrößerten Kofferraum erhielt Wagen 2 auch eine zusätzliche Möglichkeit zur Gepäckunterbringung »in englischer Variante«, bei der ein Leichtmetallkoffer auf dem Heckdeckel mit zwei Spanngurten festgeschnallt werden konnte. Angeregt von Rudolf Uhlenhaut, wurde überdies die sogenannte »Butterprobe« eingeführt: Ein im Kofferraum abgelegtes Paket Butter durfte auch bei strammer Fahrweise nicht schmelzen. Zu diesem Zweck wurde das Gepäckabteil durch eine Isolation mit Aluminium-Vlies-Sandwichmaterial von der Motorwärme abgeschirmt. Im Rahmen der genannten Modifikationen wurde zur Verbesserung der unzureichenden Sicht nach schräg hinten auch die Form der Heckklappe etwas geändert:

Die Hauptscheinwerfer des C 101 standen unter Federspannung und wurden durch Betätigung eines Zugknopfs ausgeschwenkt. Über ein Fußpedal wurden sie wieder in Ruhestellung gebracht.

Das Foto von Wagen 3 mit geöffneter Heckklappe zeigt die beengten Platzverhältnisse. Das Kofferraumvolumen der ursprünglichen Ausführung genügte mit 105 Litern gerade eben den Anforderungen der FIA, die für GT-Sportwagen mindestens 100 Liter vorschrieb.

Nach dem Umbau präsentiert Wagen 2 einen auf 224 Liter vergrößerten, ohne Öffnen der Motorhaube zugänglichen Kofferraum, der drei maßgefertigte Gepäckstücke aufnehmen kann: ganz unten quer liegend einen mittelgroßen Koffer und darüber in Längsrichtung zwei kleinere Exemplare.

Im Bereich unmittelbar hinter dem Heckfenster wurden die Seitenteile der Motorhaube links und rechts mit Sichtöffnungen versehen und die Lamellen der Motorraumentlüftung in ihrem Winkel geändert. Diese Maßnahmen ermöglichten es dem Fahrer, beim Schulterblick nach rechts durch die Lamellen auf den Bereich rechts vom Fahrzeug zu schauen. Analog erhielt der Beifahrer einen entsprechenden Durchblick durch die Lamellen der linken Seite. Einer Verbesserung der Sichtverhältnisse diente außerdem ein rechts montierter zweiter Außenspiegel, den neben Wagen 2 auch alle anderen zu diesem Zeitpunkt fertiggestellten Exemplare erhielten. Durch die genannten Maßnahmen wurde sowohl das Rückwärtsfahren als auch das Einfädeln in den Verkehr wesentlich erleichtert.

Die Erprobungsfahrten mit den ersten C 101 waren generell überschattet von häufigen Motorwechseln infolge hohen Ölverbrauchs und Leistungseinbußen schon nach wenigen tausend Kilometern Laufleistung. Unter den vorherrschenden harten Testbedingungen erreichten die 3-Scheiben-Motoren der Baureihe M 950 nicht einmal 6000 km – im Schnitt waren es 3700 km. Bei den Versuchsfahrten wurden akribisch sämtliche Mängel registriert und die Wagen anschließend im Werk überprüft. Entwicklungsingenieur Fritz Naumann äußerte sich später zusammenfassend über diese Phase: »Aber was wir auch selbst anstellten, weder konnten wir die stets unbefriedigende Leistung noch die Haltbarkeit der Wankelmotoren auf einen annehmbaren Stand bringen.«

Ein vierter, größerer Koffer lässt sich bei Bedarf von außen auf der Heckklappe festschnallen.

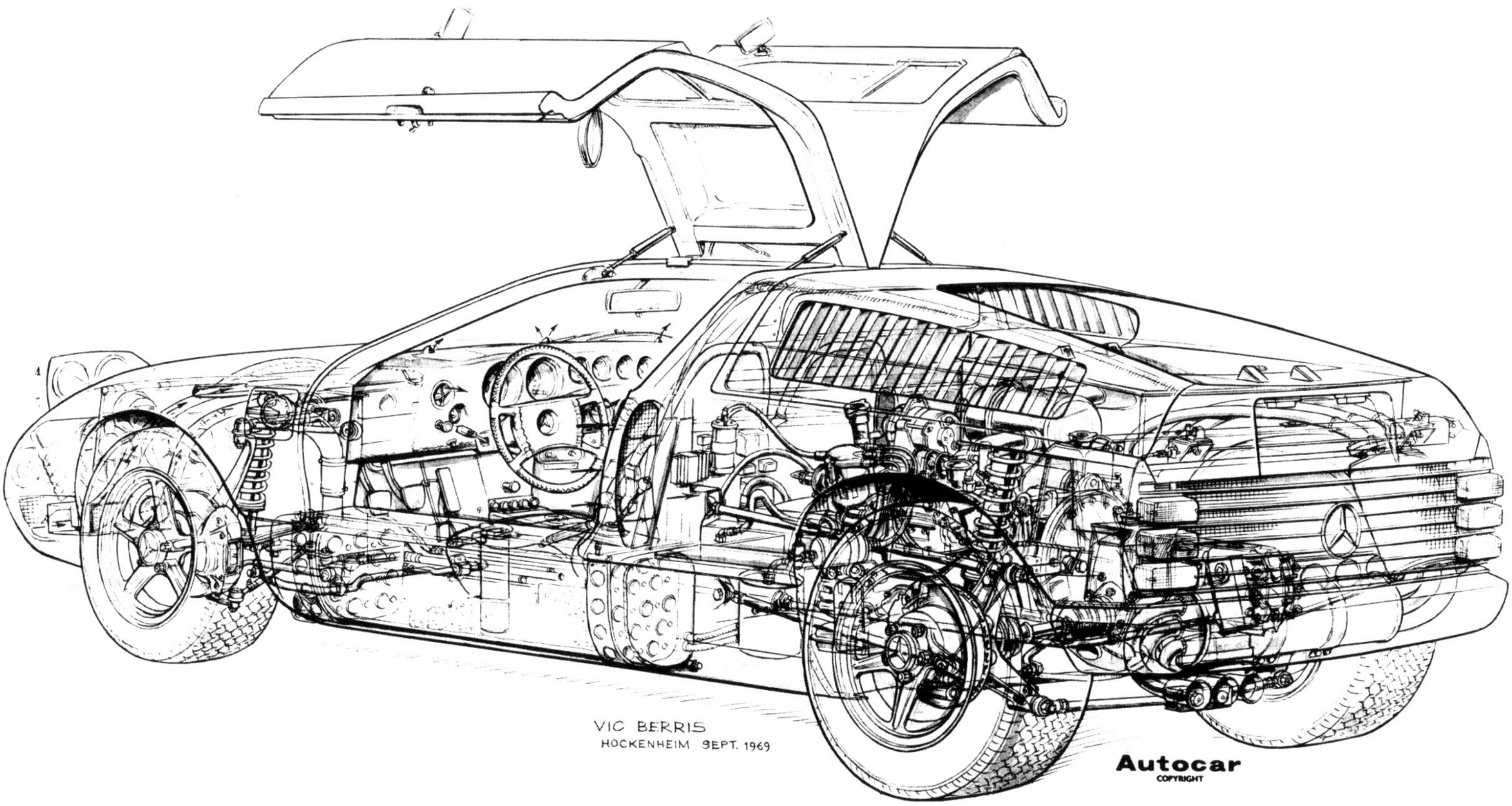

Der Grafikkünstler Vic Berris erstellte für das britische Magazin »The Autocar« eine Röntgenzeichnung von Wagen 2 nach dem Umbau. Gut erkennbar die Sichtfenster in der Motorraumklappe und die modifizierte Auspuffanlage mit den auf die linke Seite verlegten Endrohren.

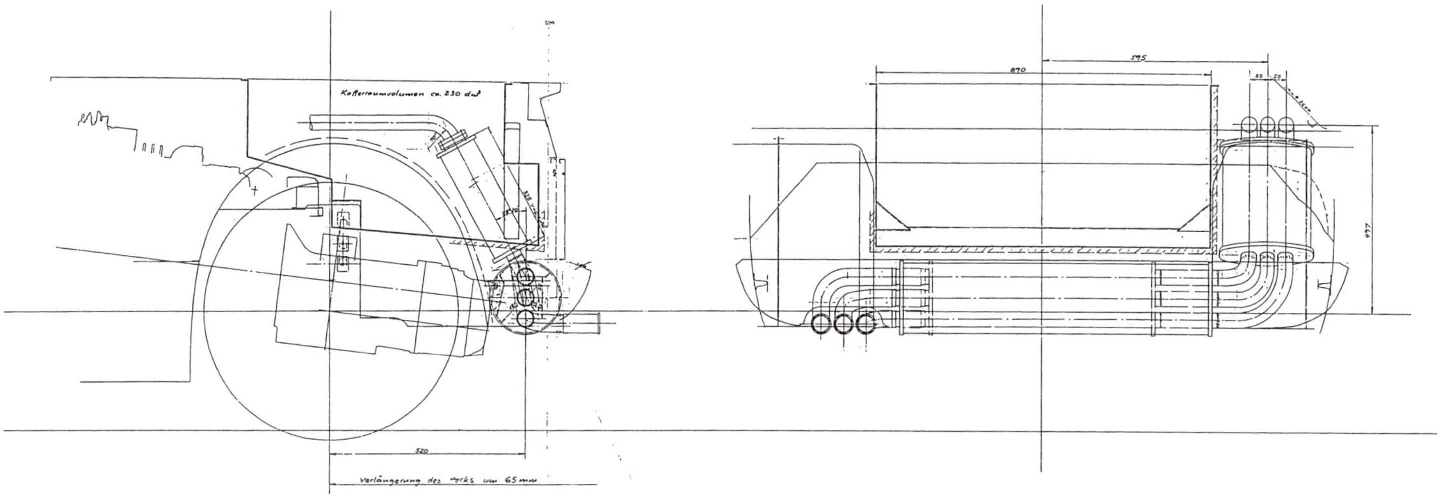

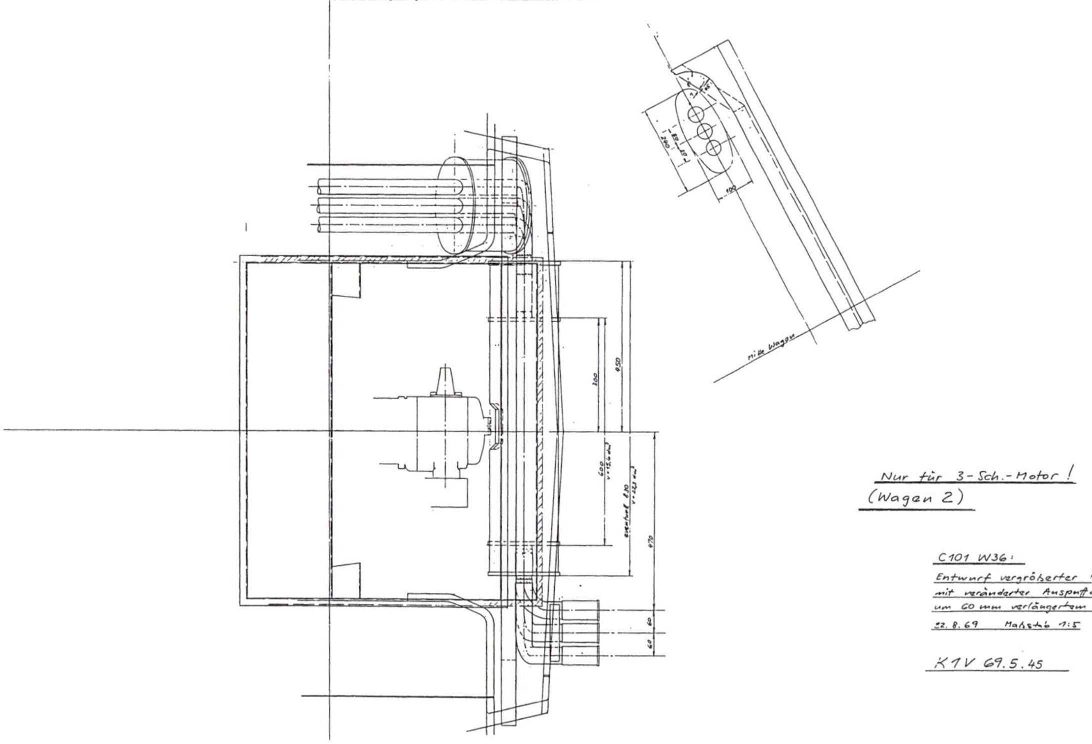

Die Konstruktionszeichnung vom 22. August 1969 veranschaulicht die zur Vergrößerung des Kofferraums erforderliche tiefgreifende Änderung der Auspuffanlage.

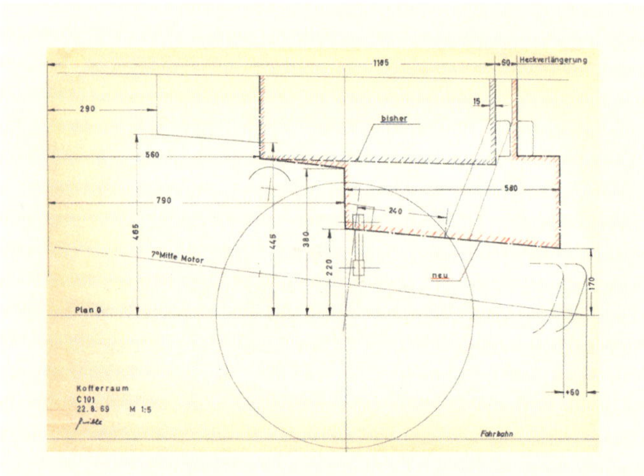

Ebenfalls vom 22. August 1969 datiert die Zeichnung, die Lage und Form des vergrößerten Kofferraums wiedergibt (links). Das Foto rechts zeigt Wagen 2 nach erfolgtem Umbau. Die beiden Ösen am Heck dienen zur Befestigung der Spanngurte für den Außenkoffer.

Von der Börse in die Medien: der C 101 in der Öffentlichkeit

In der Öffentlichkeit war der C 101 bereits seit Frühjahr 1969 präsent, wenn auch zunächst nicht unter dieser Bezeichnung. Im Zusammenhang mit Spekulationen über Genussscheine, die den NSU-Aktionären die Zustimmung zu der geplanten Fusion mit der VW-Tochter Audi schmackhaft machen sollten, wurde – offenbar aus NSU-Kreisen – ein Gerücht verbreitet, das für eine Sensation sorgte: Daimler-Benz baut einen Wankel-Sportwagen. Erste Erwähnung fand dieses Gerücht im »Frankfurter Börsenbrief« vom 10. März 1969. Unter der Überschrift »NSU-Genußscheine auf die Wankel-Erfindung« hieß es »[...] Jede Ankündigung eines neuen Wankel-Wagens in der Welt wird Kurs-Anregung [für die Aktie der NSU AG als Lizenzgeber für den Wankelmotor, d. Verf.] bringen. Dazu exklusiv: Der erste Mercedes-Sportwagen mit Wankel-Motor soll im Herbst vorgestellt werden.«

Am gleichen Tag hatte der Daimler-Benz Vorstand den C 101 und seine Auswirkungen auf Image und Öffentlichkeit allerdings noch kontrovers diskutiert. Dr. Hanns Martin Schleyer hielt es für zwingend notwendig »die Frage Wankel-Motor nochmals gründlich zu überlegen, nicht zuletzt, da bei einer Vorstellung des C 101 auf der IAA 1969 Kommentare in der Presse dahingehend zu erwarten seien, dass DB sich nunmehr grundsätzlich für den Wankel-Motor entschlossen habe.« In seiner Entgegnung fasste Entwicklungschef Scherenberg zusammen, es stelle sich »jetzt nicht mehr die Frage, ob der Wankel-Motor grundsätzlich zum Einsatz kommen soll, sondern nur noch, in welchem Bereich.« Arnold Wychodil, verantwortlich für den Auslandsvertrieb, hielt »die Aufnahme des Wankel-Motors in das Pkw-Programm nicht für unproblematisch« und wies darauf hin, »dass die Vorstellung des C 101 mit einer gezielten Presse-Kampagne verbunden sein müsse mit dem Akzent, dass es sich beim C 101 um einen Spezialtyp handele, mit dem keine Konsequenzen für das übrige Pkw-Programm verbunden sind.«

Spekulationsthema: Wankel-Sportwagen und Unternehmensfusionen

Interessanterweise erschien die nächste Pressemeldung zu den vom Börsenbrief veröffentlichten Gerüchten erst 14 Tage später: Am 24. März berichtete die »Stuttgarter Zeitung« unter der Überschrift »Wankelwagen von Daimler erwartet« in einer kurzen Meldung auf Seite 1 über einen Mercedes-Sportwagen mit Wankel-Motor: »In der Diskussion um die [...] NSU-Genußscheine wird in Frankfurter Bank- und Börsenkreisen davon gesprochen, daß die Daimler-Benz AG Stuttgart an der Entwicklung eines Drei-Scheiben-Wankelmotors arbeite. Die Entwicklungsarbeiten sollen bereits zur diesjährigen Internationalen Automobilausstellung in Frankfurt zur Vorstellung eines Personenwagens mit Wankelmotor führen.« Im Wirtschaftsteil folgte mit der Schlagzeile »Daimler-Benz/BMW als Alternative für NSU? Mercedes-Benz Sportcoupé mit Dreischeiben-Wankelmotor erwartet« nicht nur die Vertiefung, sondern auch eine Aussage mit noch höherem Sensationspotenzial: »[...] In Branchenkreisen erwartet man, daß die Daimler-Benz AG bei Ihrem ersten Wankelwagen den gleichen Weg wählen wird wie seinerzeit NSU mit dem Wankel-Spider und ein Sportcoupé mit Wankelmotor herausbringen wird, das in Größe und Preis unter dem derzeitigen Mercedes-Benz-Sportwagenprogramm liegen dürfte. Mit diesem Sportwagen würden ähnlich wie bei NSU die an technischen Neuheiten interessierten Autofahrer und Sportfans angesprochen, die sich für Ihr Hobby zwar keinen großen Mercedes-Benz-Sportwagen leisten können, aber andererseits bereit sind, die bei den ersten Serien technisch neuer Wagen mögliche Unberechenbarkeit in Kauf zu nehmen.« Noch mehr Aufmerksamkeit als diese an sich schon überraschende Meldung war der Schluss des Artikels, der dessen spektakuläre Schlagzeile aufgriff: »[...] Man verweist darauf, daß von der Entwicklungsstärke der deutschen Automobilwerke her gesehen eine Verbindung BMW-NSU-Daimler-Benz sogar günstiger sei als die Fusion von NSU mit Auto Union. Sollten also die NSU-Aktionäre [...] eine Fusion von NSU und Auto Union ablehnen, so bestünde immer noch die Möglichkeit, eine Kombination zusammen mit BMW und der Daimler-Benz AG zu finden.«

Die Sprengkraft dieser Meldung veranlasste Daimler-Benz zu einer umgehenden Stellungnahme, die am 25. März von den »Stuttgarter Nachrichten« aufgegriffen wurde: »Über den Fortschritt der Arbeiten am Wankel-Prinzip ist seit Jahren regelmäßig berichtet worden. Im Zuge dieser Entwicklungsarbeiten befinden sich für Versuchs- und Demonstrationszwecke einige mit Wankel-Motor ausgerüstete Sportwagen in Erprobung. Eine Entscheidung über die Frage einer etwaigen späteren Serieneinführung ist damit nicht verbunden. Spekulationen über industrielle Kombinationen zwischen Daimler-Benz und anderen deutschen Pkw-Herstellern entbehren jeder Grundlage.« Die »Stuttgarter Zeitung« vom gleichen Tag äußerte sich entsprechend, zitierte aber interessanterweise auch Aussagen von NSU und BMW: »Ein Sprecher der NSU Motorenwerke meinte dagegen, daß in seinem Haus die Möglichkeit einer Kombination NSU –

Daimler-Benz – BMW stark beachtet worden sei. Aus Kreisen, die BMW nahestehen, wird bestätigt, daß eine Verbindung NSU – Daimler-Benz – BMW vom Entwicklungspotential her gesehen günstiger wäre als die Verbindung NSU – Auto Union.«

In der Vorstandssitzung am 25. März war der C 101 erneut Gegenstand kontroverser Diskussionen. Im Protokoll heißt es dazu: »Im Zusammenhang mit der Anmerkung von Scherenberg, wonach die Einzelheiten des Fahrzeuges ohnehin bereits einer ganzen Reihe von Fachjournalisten bekannt seien, weist Schleyer darauf hin, dass gerade in diesem Fall alle Anstrengungen unternommen werden müssen, um die Quellen der Indiskretionen offen zu legen. Er hält es für bemerkenswert, dass die Publikationen über den C 101 kurz nach der letzten Vorstandssitzung, in der im Hinblick auf die von ihm vorgetragenen Bedenken eine Beschlussfassung zurückgestellt wurde, erfolgt seien. Darüber hinaus beweist s.E. die Fülle der bekanntgewordenen Einzelheiten, dass die Indiskretionen nicht von einzelnen Sachbearbeitern der unteren Ebene herrühren.« Vorstandssprecher Joachim Zahn machte darauf aufmerksam, »dass auch gewisse negative Folgen in Betracht gezogen werden müssen, falls eine Vorstellung des C 101 mit Wankelmotor auf der IAA 1969 unterbleibt. Im Hinblick auf die zwischenzeitlichen Veröffentlichungen könnte dann u.U. der Eindruck entstehen, unsere Wankelentwicklung sei – obwohl der NSU RO 80 inzwischen die Verwendbarkeit des Wankel-Prinzips bewiesen habe – erfolglos geblieben. Umgekehrt könnte ein solcher Beschluss auch unliebsame Spekulationen darüber hervorrufen, dass wir die Vorstellung des C 101 zurückgestellt hätten, um eine in Kürze bevorstehende Einführung des Wankelmotors für das Gross-Serien-Programm vorzubereiten.«

Rolf Staelin warf die Frage auf, ob es nicht »zweckmässig sein könnte, sich auf eine weniger spektakuläre Vorstellung – wie z. B. eine Vorführung auf dem Hockenheimring – zu beschränken«, hielt es aber für entscheidend »zunächst zu klären, für welchen Verwendungszeck das Fahrzeug gebaut werden soll«, insbesondere, »ob der C 101 verkauft werden oder lediglich als Versuchsfahrzeug einem beschränkten Kreis zugänglich gemacht werden soll.« Er äußerte die Ansicht, es sei »durch Bekanntwerden des C 101 – wobei es keine Rolle spielt, auf welche Weise dies geschehen ist – eine Situation geschaffen, der wir jetzt durch konkrete Maßnahmen Rechnung tragen müssen« und hielt »die eindeutige Ankündigung dieses Typs mit der gleichzeitigen Erklärung, dass es sich um ein Spezialfahrzeug ohne Auswirkungen auf die Gross-Serie handelt, für die nach Lage der Dinge zweckmässigste Lösung.«

Im Übrigen hatte auch die Pkw-Kommission in ihrer Sitzung am 21. März dafür plädiert, »dass der Typ C 101 auf der IAA 1969 vorgestellt werden sollte«. Nach Ansicht der Kommissionsmitglieder habe »die Ausrüstung des Fahrzeuges mit Wankelmotor [...] keine nachteiligen Auswirkungen auf den Absatz der Großserien- und Sonderfahrzeuge mit Hubkolbenmotor. Auch ein zu starker Trend zum Wankelmotor in den technischen Bereichen des Hauses« werde nicht befürchtet.

Der Vorschlag von Rolf Staelin, den C 101 proaktiv anzukündigen, wurde zwar nicht weiterverfolgt, dennoch sorgte der Mercedes-Benz Wankel-Sportwagen bereits kurze Zeit später für Furore und fand innerhalb weniger Tage seinen Niederschlag in der gesamten Presse. »Der Motorist, Presse- und Nachrichtendienst für das deutsche Kraftfahrwesen« spekulierte am 8. April unter der Überschrift »Supersportwagen von Mercedes« über »ein hochinteressantes Projekt, das im Hause Daimler-Benz vorbereitet wird und eventuell schon zur IAA der Öffentlichkeit präsentiert werden soll. Ein neuer Sportwagen wird in Stuttgart gebaut, kompromißlos in seiner Anlage und sicher ähnlich richtungsweisend wie damals der 300 SLR. Erstmals in der traditionsreichen Geschichte des Hauses verwenden die Mercedes-Ingenieure als Triebwerk einen Wankelmotor. [...] Und wer die Mercedes-Ingenieure kennt, weiß, daß sie einen Sportwagen bauen werden, der auch von Karosserie und Fahrwerk her richtungsweisend sein und dem gesamten Sportwagenbau neue Impulse geben wird. Daimler-Benz beabsichtigt im übrigen nicht, nur ein ›Schauobjekt‹ auf die Beine zu stellen.«

Medienstar: der C 101 in der Boulevardpresse und in Fachmagazinen

Am gleichen Tag ließ die »Bild-Zeitung« mit der Schlagzeile »Auto-Sensation 69. Mercedes baut neuen Wankel-Wagen« eine Bombe platzen: »Kommt die Autosensation des Jahres von Daimler-Benz? Beginnt bei Mercedes der Siegeszug des Wankel-Motors? [...] Der Kreiskolben-SL aus Stuttgart erhält einen 3-Scheiben-Wankelmotor. [...] Der Super-Zweisitzer [...] wird entgegen der Mercedes-Tradition auf überflüssige Ausstattung verzichten: Ein harter Wagen für harte Männer. Offensichtlich will Mercedes bei Rallyes und Flugplatzrennen wieder mit einem echten Sportwagen dabeisein. Voller Stolz sagen die jungen Ingenieure: ›Wir sind zwar eine alte Firma, aber wir bauen keine Opa-Autos.‹ Noch wichtiger: Ab 1970 soll es für jeden besseren Mercedes wahlweise einen Wankel-Motor geben. Die sehr pingeligen Mercedes-Versuchsingenieure sind nach den Wankel-Testfahrten durch Südfrankreich recht zufrieden: Auch im unteren Drehzahlbereich beschleunigt der Mercedes-Dreischeibenwankel erstklassig. [...] Noch versuchen Minderheiten diesen technischen Fortschritt zu bremsen, aber man muß kein Hellseher sein, um zu prophezeien, daß der Wankel-Motor eine glänzende Zukunft hat. Vorausgesetzt: Deutschlands Auto-Kaufleute sind nicht dümmer als Deutschlands Auto-Ingenieure.« Mit allen diesen Einschätzungen war die »Bild-Zeitung« zwar weit über die Realität hinausgeschossen, aber die Sensation war zumindest perfekt. Einzelne Vorstandsmitglieder drängten auf ein klares Dementi, Vorstandssprecher Zahn empfahl jedoch, darauf zu verzichten, um »zu vermeiden, daß Falschmeldungen dadurch noch vertieft werden«.

Einen Tag später, am 9. April 1969, veröffentlichte die »Frankfurter Allgemeine Zeitung« unter der Überschrift »Kein Serien-Wankel bei Mercedes« jedoch eine Meldung der Nachrichtenagentur UPI: »Daimler-Benz AG, Stuttgart. Bei dem Unternehmen werde kein Fahrzeug mit Wankelmotor in Serie gehen. Wie ein Sprecher des Unternehmens jetzt erklärte, sei auch nicht geplant, einen Serienpersonenwagen wahlweise mit Wankelmotor auszustatten. Er betonte, daß Daimler-Benz die laufenden Versuche mit einem Wankel-Sportwagen intensiv fortsetze. [...] Es stehe auch noch nicht fest, ob dieser Sportwagen bereits auf der Internationalen Automobilausstellung in Frankfurt gezeigt werde.« Am gleichen Tag berichtete die FAZ auf ihrer Seite »Der Motor« unter der Überschrift »Mercedes-Wankel zur IAA?«: »In den letzten Tagen haben sich Meldungen verdichtet, wonach Daimler-Benz zur Internationalen Automobilausstellung in Frankfurt (11. bis 21. September) einige Prototypen mit Wankelmotor bringen werde. [...] Über die Form der Karosserie gehen die Meinungen auseinander. Einiges spricht dafür, daß es sich um eine sportliche Version handeln wird [...]. Auf Rückfrage wurde von Daimler-Benz nur bestätigt, daß man schon seit Jahren an einer derartigen Maschine arbeite und daß Probeläufe auf dem Stand zufriedenstellend gewesen seien. Von einer Serienfertigung könne jedoch noch nicht die Rede sein. [...]«

Die »Bild-Zeitung« schrieb am gleichen Tag erneut wie gewohnt Klartext. Auf Seite 1 verkündete die Artikelüberschrift: »Ein toller Bursche, der Wankel-Mercedes«. Abgebildet war eine recht freie Designskizze aus der Feder von Joseph Gallitzendörfer, deren Herkunft allerdings nicht genannt wurde. Im Text hieß es: »So sieht der erste Wankel-Mercedes aus, der [...] in Stuttgart gebaut wird und auf der Frankfurter Automobilausstellung im September vorgestellt wird. Es ist ein ultraflacher Sport-Zweisitzer, nur knapp 1,10 m hoch, Einzelradaufhängung, Fünfganggetriebe, Mittelmotor, 3-Scheiben-Wankel mit insgesamt 1800 ccm Kammervolumen (das Finanzamt multipliziert das mal zwei: Also sind 3,6 Liter zu versteuern), 260 PS bei 7000 U/min, Spitze: Über 250 km/st.« Damit war die Katze aus dem Sack. Auf Seite 2 folgte die Fortsetzung unter der Überschrift »Noch kein Wankel-Mercedes für die Familie«: »Daimler-Benz bestätigte gestern, daß dieser Mercedes-Wankel in kleiner Serie gebaut wird. Offiziell dementiert hat das Werk dagegen, daß es ab 1970 Wankel-Motore wahlweise für seine Serien-Modelle anbieten will. Wie BILD erfuhr, ist man sich über die Zukunft des Wankelmotors bei Mercedes noch nicht ganz einig. Die Daimler-Benz Versuchsingenieure sind mit Leistung und Lebensdauer ihrer Kreiskolbenmaschinen sehr zufrieden. Aber die um den Mercedes-Ruf besorgten Verkaufsstrategen meinen: Wir brauchen nicht nur Versuchsergebnisse, sondern die Alltagsbewährung des Wankel-Motors. Nun soll der Wankel-Sportwagen beweisen, ob er rennt und rennt und rennt. Erst dann will Daimler-Benz entscheiden, ob Wankelmaschinen in Großserie gebaut werden oder nicht.«

In den folgenden Tagen griff auch die Automobil-Fachpresse das Thema »Mercedes-Benz Wankel-Sportwagen« dankbar auf und berichtete detailreich, aber in unterschiedlicher Ausprägung über den neuen Sportwagen. Den Anfang machten am 10. April die schweizerische »Automobil Revue« sowie die »Deutsche Auto Zeitung«. In der traditionsreichen, für ihre Seriosität bekannten Schweizer Zeitschrift war zu lesen: »Die Chancen für ein weiteres Automodell mit Kreiskolbenmotor NSU/Wankel steigen. Diesmal betreffen sie ein Fahrzeug der sportlichen Spitzenklasse. Die Daimler-Benz AG, die seit mehreren Jahren ausgedehnte Konstruktions- und Versuchsarbeiten

Ein toller Bursche, der Wankel-Mercedes

Von PETER J. GLODSCHEY

Stuttgart, 9. April

So sieht der erste Wankel-Mercedes aus, der — wie BILD gestern meldete — in Stuttgart gebaut und auf der Frankfurter Automobilausstellung im September 1969 vorgestellt wird. Es ist ein ultraflacher Sport-Zweisitzer, nur knapp 1,10 m hoch, Einzelradaufhängung, Fünfganggetriebe, Mittelmotor, 3-Scheiben-Wankel mit insgesamt 1800 ccm Kammervolumen (das Finanzamt multipliziert das mal zwei: Also sind 3,6 Liter zu versteuern), 260 PS bei 7000 U/min, Spitze: Über 250 km/st.

● Fortsetzung Seite 2

Noch kein Wankel-Mercedes für die Familie

Fortsetzung von S.1

Daimler-Benz bestätigte gestern, daß dieser Mercedes-Wankel in kleiner Serie, gebaut wird. Offiziell dementiert hat das Werk dagegen, daß es ab 1970 Wankel-Motore wahlweise für seine Serien-Modelle anbieten will.

Wie BILD erfuhr, ist man sich über die Zukunft des Wankelmotors bei Mercedes noch nicht ganz einig.

Die Daimler-Benz Versuchsingenieure sind mit Leistung und Lebensdauer ihrer Kreiskolbenmaschinen sehr zufrieden. Aber die um den Mercedes-Ruf besorgten Verkaufsstrategen meinen: Wir brauchen nicht nur Versuchsergebnissen, sondern die Alltagsbewährung des Wankel-Motors. Nun soll der Wankel-Sportwagen beweisen, ob er rennt und rennt und rennt. Erst dann will Daimler-Benz entscheiden, ob Wankelmaschinen in Großserie gebaut werden oder nicht.

Der Artikel in der »Bild-Zeitung« vom 9. April 1969 zeigte eine von Joseph Gallitzendörfer erstellte Designskizze, freilich ohne Quellenangabe, und nannte realitätsnahe technische Daten.

an dieser Motorenart durchführte, hat ein zweisitziges Sportcoupé von sehr hoher Leistung entwickelt, das mit einem Dreischeiben-Wankelmotor vor der Hinterachse versehen ist. Gegenwärtig wird in Stuttgart um den Entscheid gerungen, ob dieser Wagen an der Frankfurter Automobilausstellung im kommenden September dem Publikum vorgestellt werden soll. Es besteht die Absicht, von diesem Sonderfahrzeug eine kleine Versuchsserie zu bauen; besonders auf Neues erpichte, über entsprechende Mittel verfügende Interessenten könnten daraufhin die guten und die möglicherweise auch weniger guten praktischen Erfahrungen machen, die vorliegen müssen, bevor sich ein renommiertes Werk dazu entschliessen kann, sich auf den heute noch mit manchem Fragezeichen signalisierten Weg des Kreiskolbenmotors zu begeben. [...] Ueber den geplanten Sportwagen der Daimler-Benz, dem Ausgangspunkt der vorliegenden Lageschilderung, sind noch wenig authentische Einzelheiten bekannt. Die auf dieser Seite veröffentlichte Skizze lässt aber doch erkennen, dass das zur Diskussion stehende Coupé mit der bisherigen Stiltradition der Marke nicht viel gemein hat, sondern ausgesprochen futuristisch-eigenwillige Züge aufweisen wird. Auch die Frontgestaltung dürfte sich von den bisherigen Trägern des Markensterns wesentlich unterscheiden. [...] Dennoch würde das allfällige Debüt eines Wankel-Zentralmotor-Sportcoupés im Herbst zu den bedeutenden Ereignissen im Automobilbau zählen.« Illustriert war der Artikel übrigens mit einer zwar skizzenhaften, aber doch halbwegs realitätsnahen Zeichnung ebenfalls aus der Feder von Gallitzendörfer, die als »Profiskizze« tituliert, jedoch – wie die Zeichnung, die einen Tag zuvor die »Bild-Zeitung« veröffentlicht hatte – nicht mit einer Quellenangabe versehen war.

Mercedes schockte die ganze Autowelt

Bald Silberpfeile mit Rotationsmotoren?

Köln (daz) – „Flick und selbst der Quandt, das sind doch dafür schon alte Leute. Die haben nicht mehr den Schwung, in den Rennsport einzusteigen!" Drei Tage nachdem Ex-Rennfahrer Hermann Lang bedächtig schwäbelnd diese Überlegung angestellt hatte, faszinierten Gerüchte und Meldungen über einen neuen Mercedes-Rennsportwagen mit Wankelmotor Autofans in aller Welt.

»Mercedes schockte die ganze Autowelt«: In ihrer Erstausgabe vom 10. April 1969 widmete die »Deutsche Auto Zeitung« dem neuen Wankel-Sportwagen von Mercedes-Benz die Schlagzeile auf der Titelseite.

Die »Deutsche Auto Zeitung«, gerade erst aus der Taufe gehoben und noch im Tageszeitungsformat, widmete dem C 101 in ihrer Erstausgabe auf der Titelseite die reißerische Schlagzeile »Mercedes schockte die ganze Autowelt. Bald Silberpfeile mit Rotationsmotoren?«. Passend zur Unterzeile hob die DAZ auf Motorsporteinsätze ab und zitierte dabei auch Rennfahrer-Legende Hermann Lang, der wenige Tage zuvor seinen 60. Geburtstag gefeiert hatte: »›Flick und selbst der Quandt, das sind doch dafür schon alte Leute. Die haben nicht mehr den Schwung, in den Rennsport einzusteigen!‹ Drei Tage nachdem Ex-Rennfahrer Hermann Lang bedächtig schwäbelnd diese Überlegung angestellt hatte, faszinierten Gerüchte und Meldungen über einen neuen Mercedes-Rennsportwagen mit Wankelmotor Autofans in aller Welt.« Auch die Daimler-Benz Presseabteilung kam zu Wort und rückte die Aussagen der »Bild-Zeitung« ins rechte Licht: »›Von dem ganzen Auto existiert praktisch nur eine Zeichnung. Es gibt noch kein einziges Stück, aber die Leute gebärden sich, als stünde das Traumauto nächste Woche zum Verkauf!‹ wunderte sich Mercedes-Pressesprecher Reinert und ging zum Frontangriff gegen ›Bild‹ über. ›Was die geschrieben haben, ist eine glatte Falschmeldung. Der projektierte Sportwagen und unsere Serienmodelle mit Hubkolben-Motoren, das sind doch zwei Paar Stiefel. Der 280 SL wird nicht abgelöst und kein Mensch denkt daran, ab 1970 in unsere normalen Limousinen wahlweise Wankelmotoren einzubauen.‹« [...]

Hinsichtlich der Konzeption zeigte sich die DAZ sehr gut informiert und spekulierte nicht nur über den Verkaufspreis, sondern ging auch auf die Bedeutung des Rennsports ein: »Zwar fährt noch kein Prototyp des imaginären Autos auf Untertürkheims Versuchsstrecken, aber die Dreischeiben-Wankel-Motoren von umgerechnet 1800 ccm haben auf Prüfstand und Straße harte Bewährungsproben hinter sich. Es stimmt auch, daß der Daimler-Vorstand keinen Beschluß gefaßt hat, an Sportwagen-Rennen teilzunehmen, aber die Auslegung des geplanten Modells mit dem Motor zwischen den Achsen, Aluminium-Karosse, Flügeltüren, 120-Liter-Tank und einer funktionellen Keilform ist so zweckbetont konzipiert, daß der Gedanke an einen Sporteinsatz beim Entwurf eine wesentliche Rolle gespielt haben muß, zumal auch die zwischen 240 und 260 PS geschätzten Leistungsdaten des Rotations-Motors kaum noch im zivilen Bereich liegen, ebensowenig wie der Preis, der für normale Menschen unerschwinglich und nahe der 100 000-Mark-Grenze liegen dürfte. [...] Mag sein, daß Daimler-Benz, die Marke, die durch Sporterfolge weltberühmt wurde, den Zeitpunkt für gekommen hält, ein sportliches Meisterstück als demonstrativen Beweis unveränderter technischer Überlegenheit zu präsentieren. Die Ingenieure in Un-

Daimler-Benz baut einen Wankel-Sportwagen:

Wankel mit Stern

Mit diesem illustrierten Artikel berichtete »auto, motor und sport« in seiner Ausgabe vom 12. April 1969 zum ersten Mal über den Wankel-Sportwagen von Mercedes-Benz. Die von Gallitzendörfer erstellte Designskizze war bereits am 9. April im Wiener »Kurier«, am 10. April in der »Automobil Revue« und am 13. April in der »Welt am Sonntag« erschienen – auch in diesen Fällen ohne Quellenangabe.

tertürkheim werden aber auch wissen, daß das Image eines echten Sportwagens und sein Werbewert für den Konzern letzten Endes allein im Kampf auf der Rennstrecke entsteht. Unabhängig von solchen Überlegungen beweist die geradezu unglaubliche Resonanz der Nachricht aus Stuttgart, mit welch leidenschaftlicher Anteilnahme Autofans in allen Kontinenten dabei sind, wenn in Untertürkheim sportlicher Motorenlärm laut wird.«

Zwei Tage später widmete das Stuttgarter Fachblatt »auto, motor und sport« in seiner Ausgabe vom 12. April dem Mercedes-Benz Wankel-Sportwagen einen zweiseitigen Artikel. Illustriert mit der bereits aus der »Automobil Revue« bekannten Seitenansicht, berichtete der Artikel sehr detailliert und in fast allen Punkten zutreffend über den C 101 und sein technisches Konzept. Über den Präsentationstermin hieß es: »Für den Herbst ist das Erscheinen des C 101, wie er werksintern heißt, vorgesehen. Er wird höchstwahrscheinlich auf der Internationalen Automobil-Ausstellung in Frankfurt ausgestellt, bestimmt aber als Vorführwagen zu fahren sein.«

Am gleichen Tag brachte die Wiener Tageszeitung »Kurier«, die am 9. April bereits recht differenziert über den Wankel-Sportwagen berichtet hatte, unter der Überschrift »Mercedes mit Wankel!« eine kurze Meldung, die gleich zu Beginn eine spektakuläre Behauptung enthielt: »Mercedes wird also wieder Sport betreiben. Das steht bereits fest.« Dies entsprach zwar nicht den Tatsachen, der Artikel zeigte aber nicht nur die aus der »Bild-Zeitung« bekannte Skizze, sondern verkündete zudem interessante Details: »Der Mercedes-Wankel-Sportwagen dürfte eine Bombe werden. Man hat ihn so konstruiert, daß man nicht nur den Dreischeiben-Wankel, den man in Entwicklung hat, einsetzen kann (dieser Motor wird 260 PS bei 7000 U/min abgeben), sondern auch einen Vierscheiben-Wankel, der auf 350 PS kommen würde. Die Fahrleistungen des 260-PS-Modells werden bei 280 km/h liegen, die des 350-PS-Modells bei mehr als 300 km/h!«. Auch wenn man mit den letztgenannten Zahlen etwas hoch gegriffen hatte, waren die Motoren und ihre Leistungsdaten doch zutreffend wiedergegeben.

Ein kurzer Artikel in der »Welt am Sonntag« vom 13. April hatte eher spekulativen Charakter, wie schon die Überschrift »Neuer ›Silberpfeil‹ mit Wankelmotor?« erkennen ließ: »Bei dieser Nachricht horchten sowohl Autofahrer als auch Autoindustrien in aller Welt auf: In Untertürkheim versucht man sich an einem ›Silberpfeil‹ mit Wankelmotor. Die Konkurrenz fürchtet, daß Mercedes mit einem neuen Superrennwagen an alte Rennerfolge anknüpfen will.« Als Motorisierung nannte der Artikel einen »Drei-Kammer-Kreiskolbenmotor« und spekulierte, dies könne »schon deshalb kaum zutreffen, weil das vermutete Kammervolumen von 1800 ccm einem konventionellen 3,6-Liter-Motor entspräche. Da die Rennformel für 1970 aber Fahrzeuge von 3,5 bis 5 Liter zuläßt, hätten die Untertürkheimer mit einem 3,6-Liter-Wagen gegen die größervolumigen Konkurrenten keine Chancen.« Zum Schluss verwies der Artikel auf Aussagen von »Mercedes«: »Wir arbeiten an einem Sportwagen mit Wankelmotor. Solche Wagen werden jetzt erprobt. Die Karosserieform steht noch nicht endgültig fest. [...] Sollten die Erprobungen positiv ausfallen, so wird man von dem neuen Sportwagen geringe Stückzahlen produzieren. Auf keinen Fall aber wird der Wankelmotor in Serie genommen.«

Unter der Überschrift »Liebenswerte Scheiben« berichtete sogar das renommierte Nachrichtenmagazin »Der Spiegel« in seiner Ausgabe vom 14. April über den künftigen Traumsportwagen: »Flügel hat er. Fliegen kann er nicht. Aber seine drei Kraft-Schreiben sollen endlich wieder internationalen Siegeslorbeer in Deutschlands ältesten Auto-Rennstall heimfahren.« Der Artikel bezog sich im Wesentlichen auf die Meldung von »auto, motor und sport« und enthielt sogar eine Illustration des Fahrzeugs, die allerdings mit einem hohen Maß an Fantasie entstanden war und mit der tatsächlichen Formgebung außer dem Grundprinzip nur wenig Gemeinsamkeiten aufwies. Zum Design hieß es: »Mit der ultraflachen windschlüpfigen Form (Höhe: 1,10 Meter) und der Frontpartie ohne Kühlergrill wagten die Daimler-Benz-Designer zum erstenmal den Sprung vom traditionellen Mercedes-Look zu einer mehr funktionsgerechten und aero-

AUTOMOBILE

WANKEL-MERCEDES

Liebenswerte Scheiben

Flügel hat er. Fliegen kann er nicht. Aber seine drei Kraft-Scheiben sollen endlich wieder internationalen Siegeslorbeer in Deutschlands ältesten Auto-Rennstall heimfahren.

Dafür haben sich Daimler-Benz-Ingenieure, wie das Fachblatt „Auto, Motor und Sport" letzte Woche formulierte, etwas „Ausgefallenes, Liebenswertes und Einmaliges" ausgedacht: ein exklusives Sport-Renn-Coupé mit Wankel-Motor — dem stärksten Wankel, den es je gab.

Ob und wann der Renner gebaut oder der Öffentlichkeit vorgestellt wird — in Untertürkheim wird er unter der Arbeitschiffre „C 101" geführt —, möchten die Daimler-Benz-Manager noch nicht verraten. Die ersten Informationen über das wohlgehütete Geheimnis machten als gezielte Indiskretion unter Börsenjobbern die Runde (wohl um die Position der Aktionäre von NSU, dem Nutznießer der Wankel-Patente, in den Fusionsverhandlungen mit Auto Union zu stärken).

Mercedes-Pressesprecher William Reinert formulierte seine Auskünfte über den Stand des Projekts so präzise, wie er durfte: Es sei „noch keine endgültige Entscheidung" darüber gefallen, ob dieses Fahrzeug tatsächlich gebaut werde, bislang bestehe „lediglich die Absicht".

Seit nahezu acht Jahren experimentieren die Mercedes-Ingenieure mit dem Wankel-Kreiskolbenmotor. Die für den C 101 gezüchtete Version soll drei Scheiben (Rotationskolben) bekommen, mit zusammen 1,8 Liter Kammer-Volumen (nach der Arithmetik des Finanzamtes entspricht das einem zu versteuernden Hubraum von 3,6 Liter) sowie elektronischer Benzineinspritzung.

Die rund 280 PS (bei Erweiterung auf vier Dreh-Scheiben könnte sich eine Leistungssteigerung auf 340 PS ergeben), mit fünf Vorwärtsgängen übertragen, sollen den Wagen auf 250 bis 280 Stundenkilometer beschleunigen. Alle Räder sind einzeln aufgehängt.

Mit der ultraflachen windschlüpfigen Form (Höhe: 1,10 Meter) und der Frontpartie ohne Kühlergrill wagten die Daimler-Benz-Designer zum erstenmal den Sprung vom traditionellen Mercedes-Look zu einer mehr funktionsgerechten und aerodynamisch ausgefeilten Karosserie-Gestalt.

Der C 101 ist Nachfolger des legendären Sportcoupés 300 SL von 1954, dem letzten renntauglichen Auto aus Untertürkheim, das unter Liebhabern heute noch zum damaligen Neupreis von über 20 000 Mark gehandelt wird.

Knapp die Hälfte der insgesamt über 3000 gebauten 300-SL-Sportwagen war mit einer ausgefallenen Einstiegskonstruktion versehen: nach oben klappenden Flügeltüren, deren Scharniere genau in der Dachmitte verliefen. Eben solche Flügel soll auch der C 101 erhalten — das Einfädeln in das gerade hüfthohe Gefährt käme sonst einer zirkusreifen Kautschuk-Nummer gleich.

Noch sind die Manager in Untertürkheim uneins, ob sie wieder einen eigenen Rennstall einrichten oder den C 101 lieber nur an private Renn- und Sportfahrer verkaufen wollen. Auf jeden Fall aber soll der Test mit den Wankel-Sprintern zeigen, ob dieser erste Kreiskolbenmotor aus der Daimler-Werkstatt sich möglicherweise für andere Mercedes-Wagen eignet.

Denn die Hubkolben-Triebwerke der gegenwärtig produzierten Untertürkheimer Modelle sind seit nunmehr drei Jahrzehnten bis an die Grenze ihrer Möglichkeiten technisch ausgereizt; schon in wenigen Jahren werden neu entwickelte Motortypen serienreif sein müssen.

Von Spekulationen, daß der Kreiskolbenmotor noch bei dieser Generation den traditionellen Hubkolbenmotor durchweg ablösen solle, wollen die Daimler-Marktstrategen allerdings nichts hören. Pressesprecher Reinert: „Absolut unrichtige Gerüchte." Tatsächlich existieren in Untertürkheim gegenwärtig auch Konstruktionspläne für eine neue (Vier- und Sechszylinder-)Hubkolbenfamilie. So wird der Wankel-Mercedes sicherlich einstweilen nur in kleinen Stückzahlen gefertigt werden. Kann sein, die Wankel-Abstinenz bei Daimler-Benz dauert gerade noch drei Jahre. Dann, 1972, läuft das Hauptpatent für Felix Wankels Drehkraftscheibe aus.

Geplanter Wankel-Mercedes „C 101" (Skizze): Hüfthoch, ohne Grill

»Liebenswerte Scheiben«: Im April 1969 schaffte es das spektakuläre Sportwagen-Projekt einschließlich fantasievoller Illustration sogar in das Nachrichtenmagazin »Der Spiegel«.

dynamisch ausgefeilten Karosserie-Gestalt.« Auch auf mögliche Motorsporteinsätze und die Zukunft des Wankelmotors ging der Artikel ein: »Noch sind die Manager in Untertürkheim uneins, ob sie wieder einen eigenen Rennstall einrichten oder den C 101 lieber nur an private Renn- und Sportfahrer verkaufen wollen. Auf jeden Fall aber soll der Test mit den Wankel-Sprintern zeigen, ob dieser erste Kreiskolbenmotor aus der Daimler-Werkstatt sich möglicherweise für andere Mercedes-Wagen eignet. [...] Von Spekulationen, daß der Kreiskolbenmotor noch bei dieser Generation den traditionellen Hubkolbenmotor durchweg ablösen solle, wollen die Daimler-Marktstrategen allerdings nichts hören. Pressesprecher Reinert: ›Absolut unrichtige Gerüchte‹.« Auch der »Stern« griff das Thema auf und präsentierte den »Jet-Set-Sportwagen gegen internationale Konkurrenz« in seiner Ausgabe vom 20. April mit einer fantasievollen Illustration, die erstaunliche Ähnlichkeit mit der Darstellung im »Spiegel« aufwies.

Diskussionsobjekt: der C 101 im Vorstand und auf der Hauptversammlung

Wenig amüsiert zeigte sich der Daimler-Benz Vorstand: Die Veröffentlichungen in der Presse und ihre Hintergründe wurden in der Vorstandssitzung am 15. April unter dem Tagesordnungspunkt »Presse- und Publizitätsfragen der DBAG« eingehend erörtert. Dabei zog das Gremium die Möglichkeit in Betracht, dass durch gezielte Indiskretionen »von interessierter Seite eine gewisse Beeinflussung der NSU-Transaktionen«, aber auch eine »Beeinflussung von Vorstandsentscheidungen angestrebt worden ist«. Im Laufe der Diskussion wurde einvernehmlich festgestellt, dass der »Gesamtkomplex [...] Gegenstand sorgfältiger weiterer Überlegungen sein muss«. Das für Öffentlichkeitsarbeit zuständige Vorstandsmitglied Heinz Schmidt wurde beauftragt, Unterlagen für ein mit Entwicklungschef Scherenberg zu führendes Gespräch zu erarbeiten, bei dem die »publizitätsmäßige Handhabung in Fragen des Entwicklungsressorts« behandelt werden sollten.

Fünf Wochen später, in seiner Sitzung am 20. Mai 1969, diskutierte der Vorstand unter dem Tagesordnungspunkt »Weiteres Vorgehen hinsichtlich C 101« auch die Frage der Präsentation in der Öffentlichkeit. Heinz Schmidt plädierte dafür, die Vorstellung des C 101 zur Imageverbesserung auf dem Pkw-Sektor zu nutzen, gab jedoch auch zu bedenken, daß »die bekannten Veröffentlichungen entsprechende Erwartungen erweckt haben, die nicht enttäuscht werden sollten«. Vor diesem Hintergrund hielt er es »für zweckmäßig und erforderlich, den C 101 auf der IAA 1969 auszustellen und, wenn möglich, auch wenigstens in einigen Exemplaren für Probefahrten zur Verfügung zu haben.« Rolf Staelin schloss sich Schmidts Einschätzung der »als Folge der verschiedenen Zeitungsberichte eingetretenen Situation« an und vertrat die Ansicht, »dass wir zwar ein Risiko hinsichtlich unseres Image eingehen, wenn wir den C 101 nicht vorstellen, andererseits aber ein noch grösseres Risiko laufen, wenn wir dies tun, bevor eine endgültige Beurteilung des Wankelmotors möglich ist.« Schmidt erläuterte, dass in der Öffentlichkeit an die Vorstellung des C 101 auf der IAA »keinerlei Erwartungen über eine Serieneinführung des Wankelmotors geknüpft worden sind« und hielt »kritische Auswirkungen auf unser Serienprogramm« unter diesen Umständen für ausgeschlossen.

Am Ende der Diskussion bestätigte der Vorstand sein Einvernehmen, daß der Wagen, wenn möglich, als ›Traumwagen‹ zum Zeitpunkt der IAA vorgestellt werden soll« und stellte ergänzend fest: »Die Festlegung der näheren Einzelheiten (insbesondere Anlaß, Zeitpunkt und Ort) wird ebenso zurückgestellt, wie die Beschlußfassung über die endgültige Verwendung des Fahrzeuges.«

Die Presse hatte dem faszinierenden Sportwagen zwischenzeitlich bereits weitere Meldungen gewidmet. »auto, motor und sport« brachte in seiner Ausgabe vom 10. Mai erneut einen zweiseitigen Artikel, der neben der bereits veröffentlichten Designskizze eine sehr fantasievolle Zeichnung im Großformat enthielt. Detailliertere Darstellungen aus unterschiedlichen Perspektiven, die ebenfalls ein hohes Maß an Kreativität demonstrierten, erschienen auch am 11. Juni in der Zeitschrift »hobby«, die ihre Interpretation des C 101

In seiner Ausgabe vom 10. Mai 1969 setzte »auto, motor und sport« die Berichterstattung fort. Neben der bereits veröffentlichten Designskizze war nun auch die fantasievolle Zeichnung eines eigenen Grafikers abgebildet.

in dieser Ausgabe sogar auf der Titelseite zeigte. Auch die stets aktiven Erlkönigjäger waren erfolgreich gewesen, hatten allerdings nur den »Hobel« in seinen unterschiedlichen Varianten erwischen können, da das eigentliche Fahrzeug mit Kunststoffkarosserie noch gar nicht fertiggestellt war. Die Automobilzeitschrift »mot« hatte bereits am 3. Mai ein etwas verwischtes Bild veröffentlicht, das die erste Version des »Hobels« offenbar auf der Einfahrbahn in Untertürkheim zeigte. »auto, motor und sport« präsentierte am 7. Juni drei etwas unscharfe Fotos der zweiten Variante, die bei der Erprobung in Hockenheim entstanden waren. Und Bilder der dritten Version, die der Fotograf Kurt Wörner ebenfalls bei Testfahrten in Hockenheim aufgenommen hatte, erschienen am 19. Juni zeitgleich in den »Stuttgarter Nachrichten« sowie in der »Automobil Revue«. In der Folge wurden sie dann auch in den deutschen Automobil-Fachblättern veröffentlicht. Am 12. Juni hatte es der Wankel-Sportwagen von Mercedes-Benz sogar ins Fernsehen geschafft: Die Abendschau des Süddeutschen Rundfunks und des Südwestfunks sendete einen Beitrag mit Film-

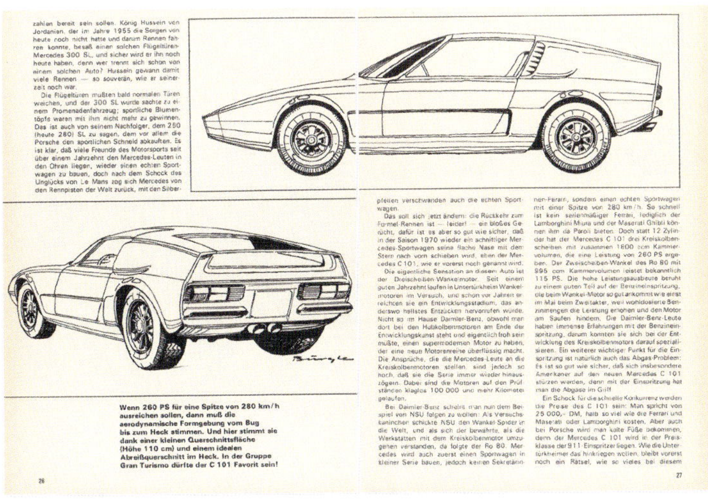

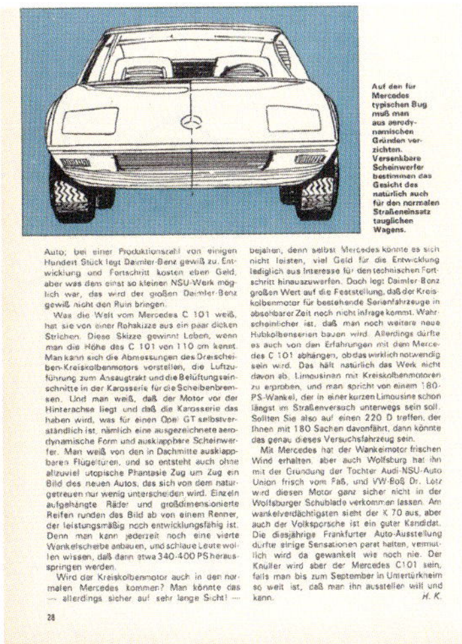

Detaillierter, aber nicht minder fantasievoll waren die in der Zeitschrift »hobby« vom 11. Juni 1969 veröffentlichten Zeichnungen.

notiz und meir

Mercedes + Wankel

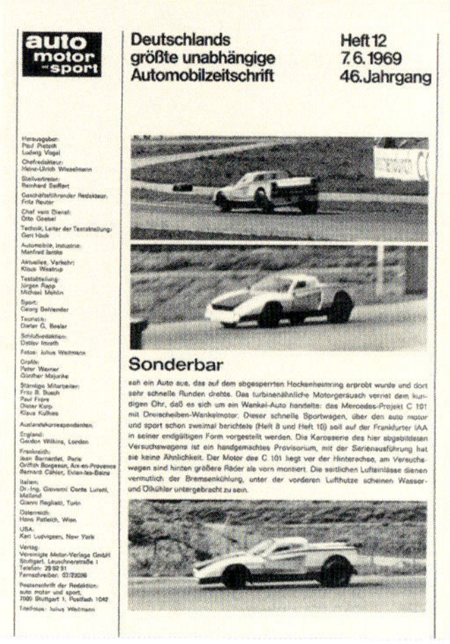

auto motor sport

Deutschlands größte unabhängige Automobilzeitschrift

Heft 12 7.6.1969 46. Jahrgang

Sonderbar

auto motor sport

Deutschlands größte unabhängige Automobilzeitschrift

Heft 14 5.7.1969 46. Jahrgang

Schärfer geworden

Die Automobil-Fachzeitschriften »mot« (links) und »auto, motor und sport« hatten bereits von Anfang Mai bis Anfang Juli 1969 Fotos des ersten Versuchswagens in seinen unterschiedlichen Varianten veröffentlicht. Die ersten Fotos des »Hobels« in seiner letzten Version waren am 19. Juni in den »Stuttgarter Nachrichten« und in der »Automobil Revue« erschienen.

aufnahmen von der Erprobung des C 101 in Hockenheim. Der Sprecher ließ Folgendes verlauten »[...] Diese Filmaufnahmen zeigen mehr von dem Fahrzeug, als spärliche Fotoberichte bisher vermochten. Aber obwohl die endgültige Karosserie noch unbekannt ist, drängen sich schon die Interessenten, vor allem aus Kreisen des Jet-Set. Sie werden wohl auch die Käufer des späteren Sportcoupés sein, denn dafür wird schon der Preis sorgen. Nach der Identität des Fahrzeugs gefragt, gibt Vorstandssprecher Dr. Zahn jetzt zu: ›Ich möchte sagen zu Ihrer Frage, ist es das oder ist es das nicht, es ist es schon. Vielleicht wird es in seiner Aktualität und Wichtigkeit ein wenig überbewertet. Wir sind in der Tat seit Jahren in der Wankel-Entwicklung eifrig tätig gewesen und haben eine Menge Arbeit, Zeit und auch Geld dafür aufgewendet. [...] Nun wollen wir in wenigen Monaten auch dem Publikum ein solches Fahrzeug mit Wankelmotor zeigen, das für uns aber – und das möchte ich noch einmal ganz klar sagen – in erster Linie ein Versuchsfahrzeug sein wird, ein Fahrzeug, das auch uns die Überzeugung vermitteln soll, wann und unter welchen Voraussetzungen ein Wankel-Fahrzeug und ein Wankelmotor geeignet wäre, für Teile unserer Serie mit als Antriebsaggregat herangezogen zu werden.‹ [...]«

Mittwoch, 16. Juli 1969 — AZ-MOTOR — Seite 11

Volles Rohr für den Boß!

PFEILFÖRMIG — wie auf dieser Profilskizze — soll das neue Sportcoupé von Daimler-Benz werden. Das erste Exemplar erscheint auf der IAA.

Auf dem Hockenheim-Ring testet Mercedes das Sportcoupé mit Wankel-Motor

PPD **München** (Eig. Ber.) — Acht Jahre beschäftigten sich die Ingenieure einer speziellen Versuchsabteilung von Daimler-Benz in Stuttgart mit dem Kreiskolben-Motor nach dem Wankel-Prinzip. Jetzt trägt diese lange und mercedes-sorgfältige Entwicklungsarbeit erste Früchte: Zur Auto-Ausstellung in Frankfurt (11. bis 21. September) soll ein neues Sportcoupé mit Wankel-Motor Mittelpunkt des Daimler-Benz-Standes werden.

Bei Versuchsfahrten auf dem Rundkurs des Hockenheimrings waren die endgültigen Formen des werksintern genannten „C 101" noch unter der bizarren „Erlkönig-Karosserie" versteckt. Doch auch hier zeichnete sich die Pfeilform des neuen Coupés bereits ab.

Fest steht bisher: Der Motor besteht aus drei „Scheiben" mit einem Kammer-Volumen von je 600 ccm (umgerechnet 3,6 l Hubraum). Die Leistung soll mindestens 280 PS betragen, genug Pferdestärken, um dem niedrigen (nur 110 cm) und leichten (nur 900 kg) Aluminiumrenner mit über 250 km Spitze in die High Society der Sportwagen zu katapultieren. Der Motor liegt vor der Hinterachse, Ein- und Ausstieg erfolgt durch Flügeltüren.

Der C 101 wird zusätzlich zum Mercedes-Programm gebaut. Als Kaviar zum Serien-Toast. Allerdings nicht unter 30 000 Mark zu haben.

AUCH DIE TARNKAROSSE des „Erlkönigs" zeigt schon die künftige Pfeilform.

„VOLLES ROHR!" Mit dieser Aufforderung heizen die Monteure von Daimler-Benz in Hockenheim ihren Chef im C 101 an.

Bei den Probefahrten auf dem Hockenheimring wurde Projektleiter Hans Liebold von Versuchsmitarbeitern animiert, alle Reserven zu mobilisieren. Der anwesende Fotograf Kurt Wörner hielt das im Bild fest, und der »Münchner Abendzeitung« war das eine Schlagzeile in ihrer Ausgabe vom 16. Juli 1969 wert: »Volles Rohr für den Boß!«.

In seiner Sitzung vom 18. Juli, drei Tage nach der ersten Fahrt des inzwischen fertiggestellten ersten »richtigen« C 101, diskutierte der Daimler-Benz Vorstand »die Erfahrungen, die sich aus der Reaktion der Öffentlichkeit ergeben«. Nach Ansicht von Dr. Hanns Martin Schleyer zeigte das Presseecho erneut, »daß es fragwürdig gewesen ist, sich bei der Entscheidung über die Vorstellung eines entwicklungsmäßig nicht fertigen Fahrzeugs dieser Art überwiegend von Publizitätsgesichtspunkten leiten zu lassen.« Demgegenüber wies Dr. Scherenberg auf den großen Erfolg in der Öffentlichkeit hin und betonte, dass es s. E. »gelungen ist, unser eigentliches Ziel – ein Fahrzeug zur Verfügung zu bekommen, das für die straßenmäßige Erprobung des Wankel-Motors geeignet ist – in vollem Umfang zu erreichen«. Ergänzend unterstrich er, dass »die Weiterentwicklung des C 101 selbstverständlich nicht durch irgendwelche Meinungsäußerungen in Publikationsorganen beeinflußt« wird, so dass eine etwa damit im Zusammenhang stehende Beeinträchtigung der normalen Serienentwicklung ausscheiden würde.

Auch auf der Hauptversammlung der Daimler-Benz AG am 24. Juli war der C 101 erwartungsgemäß ein Thema. Am Vortag

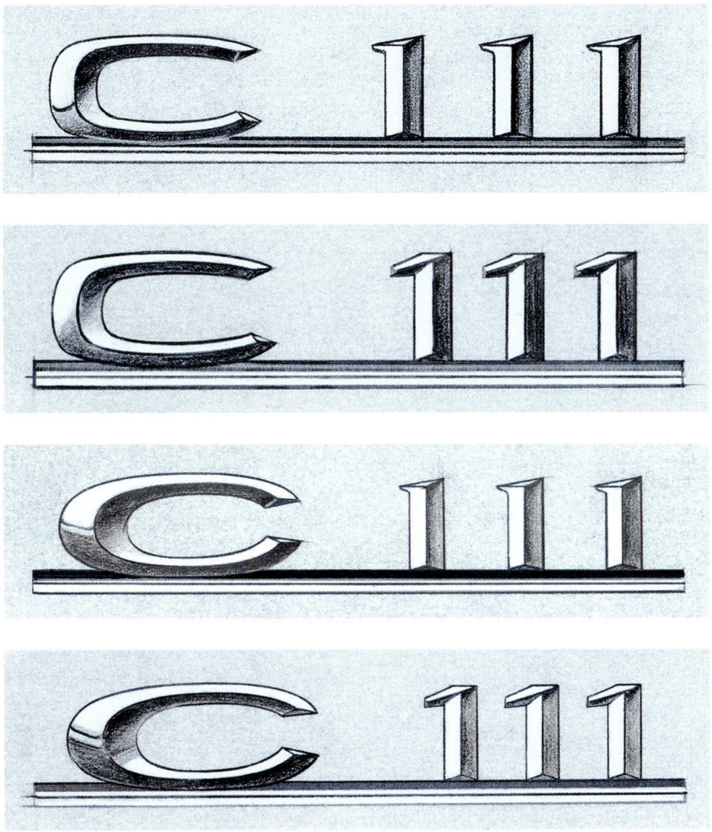

Am 18. August 1969 zeichnete Andreas Langenbeck vier unterschiedliche Varianten eines Typenschilds mit der neuen Bezeichnung C 111. Keine der Varianten kam zum Einsatz – das Fahrzeug war auf Anhieb so unverwechselbar, dass es kein Typenschild benötigte.

hatte Hans Scherenberg festgelegt, wie alle Anfragen hinsichtlich C 101 beantwortet werden sollten: »Das Experimentierfahrzeug [C 101] dient dazu, die Erprobung des Wankelmotors auf der Strasse zu forcieren und diese Antriebsart in einem speziell dafür ausgelegten Fahrzeug zu erproben. Von irgendeiner Möglichkeit Verkauf oder Serienbau soll in keiner Weise gesprochen werden. Es soll offen bleiben, ob der Wagen ausgestellt und zu Fahrten der Presse vogeführt werden soll. Es besteht die Wahrscheinlichkeit, aber ein Beschluss hierüber ist seitens der Leitung unseres Hauses noch nicht gefasst. Ich bitte, nirgends davon zu sprechen, dass der Entwicklungsstand des Wankelmotors soweit gediehen ist, dass eine Produktion – und wenn auch in kleinen Stückzahlen – sinnvoll erscheint.«

Wie schon in den Vorjahren fragten Aktionäre auf der Hauptversammlung erneut nach dem Stand der Wankelmotorenentwicklung, diesmal ergänzt durch spezifische Fragen zu dem in der Presse thematisierten Sportwagen. In seiner Antwort stellte Hans Scherenberg fest, »daß unsere Hauptarbeiten sich auf dem Gebiet der normalen Hubkolbenmotoren bewegen, denn diese haben sowohl auf dem Pkw- als auch auf dem Lkw-Sektor in den letzten Jahren noch erhebliche Fortschritte zu verzeichnen gehabt. Wir sind auch darauf für die nächste Zukunft absolut angewiesen.« Nach Ausführungen zur Abgasentgiftung, zu Dieselmotoren und zur Gasturbinenentwicklung ging der Entwicklungschef auf den Wankelmotor ein, »weil diese Antriebsart immer wieder besonders im Mittelpunkt des Interesses steht« und fuhr fort: »Die Entwicklung dieser Antriebsart hat auch im letzten Jahr wieder Fortschritte gemacht. Wir haben uns deshalb veranlaßt gesehen, ein spezielles Fahrzeug zu konzipieren, mit dem wir diese Antriebsart in harter Erprobung weiterbringen können, insbesondere eben auf der Straße. So entstand der Experimentierwagen C 101, wie er intern heißt. Es hat sich auch bereits gezeigt, daß wir damit die Entwicklung weiterbringen können und abgesehen davon auch unserer Versuchsmannschaft, die immer sportlich eingestellt ist, etwas Auftrieb gegeben haben. Wann der Wankelmotor in Serie kommt, ist immer noch nicht klar. Es geht bei unseren Studien und intensiven Arbeiten vor allen Dingen darum, die Dauerhaltbarkeit weiterzubringen, die

Das Typenschild mit der ursprünglich vorgesehenen Bezeichnung SLX war bereits fertig gestaltet, als die Entscheidung für C 111 getroffen wurde. SL X3 steht offenbar für die mit einem 3-Scheiben-Wankelmotor ausgerüstete Version des Sportwagens.

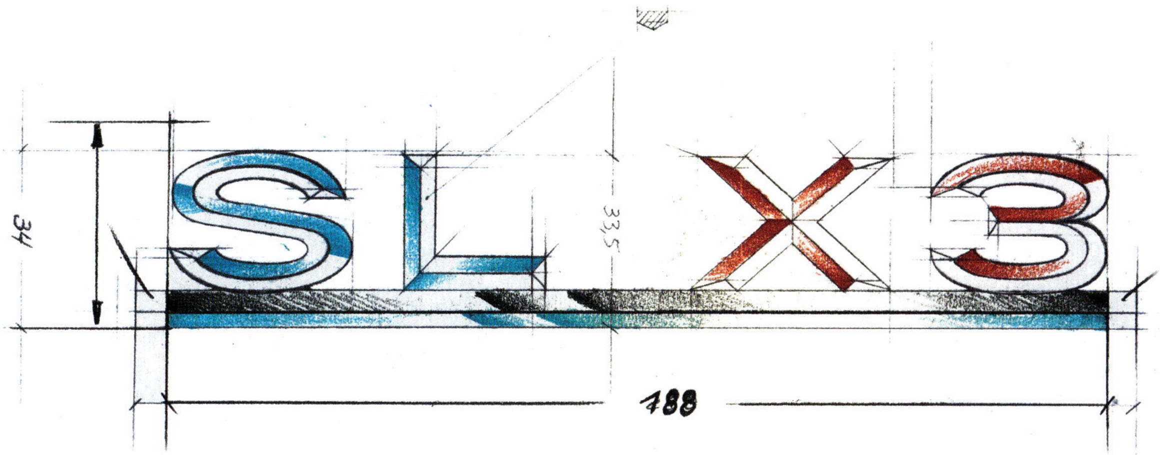

Verbrauchsfrage zu klären und, wie ich eingangs sagte, bei der Frage der Abgasentgiftung eine Klärung herbeizuführen. Einer der Herren stellte die Frage: Weshalb überhaupt ein solches Fahrzeug zeigen? Es ist noch nicht beschlossen, ob wir dieses Fahrzeug in Frankfurt zeigen werden, aber die Möglichkeit besteht. Und gerade das heutige Interesse an diesen Dingen hat ja gezeigt, daß man etwas zeigen und sagen soll. [...]«

In der Vorstandssitzung am 5. August 1969 entfachte sich eine angeregte Diskussion zur Typenbezeichnung des Fahrzeugs. Der Anlass dazu war die Erkenntnis, dass für dreistellige Zahlen mit einer Null in der Mitte Schutzrechte von Peugeot tangiert werden, womit die bisher verwendete interne Konstruktionsbezeichnung C 101 nicht für die externe Kommunikation in Frage kam. Nach »kurzer Aussprache« zu den Vorschlägen C 100 und SLX – letzteren hatte auch Karl Wilfert favorisiert – fasste der Vorstand den Beschluss, dass »das Coupé C 101 mit der Typenbezeichnung ›C 111‹ vorgestellt« wird. Diese Wahl sorgte nicht zuletzt deshalb für Diskussionen, weil C 111 auch als interner Baureihencode für das 280 SE Coupé (und das künftige 280 SE 3.5 Coupé) verwendet wurde. Dementsprechend musste man zwischen der weiterhin intern genutzten Konstruktionsbezeichnung C 101 und der externen Fahrzeugbenennung bzw. dem Produktnamen »C 111« unterscheiden. In der Kommunikation mit der Öffentlichkeit wurde diese Differenzierung konsequent verfolgt, während in internen Mitteilungen und Protokollen beide Bezeichnungen benutzt wurden. Vor diesem Hintergrund wird auch im Folgenden je nach Zusammenhang sowohl C 111 als auch C 101 verwendet.

In einem Punkt war die Entscheidung des Vorstands zu spät gefallen: Wie Chefstilist Friedrich Geiger in einer internen Notiz vom 7. August 1969 festhielt, hatte man die Gestaltung der SLX-Typenschilder bereits in Angriff genommen. Ein Entwurf für die Bezeichnung SL X3, bei der die 3 vermutlich auf den 3-Scheiben-Wankelmotor verweisen sollte, ist in den Archiven der Daimler AG dokumentiert.

Geheimnis enthüllt: Pressevorstellung in Stuttgart und Hockenheim

Vier Wochen vor der IAA lüftete Daimler-Benz den Schleier über dem Wankel-Sportwagen: Am 15. August versendete die Presseabteilung einen kurzen Informationstext, technische Daten und Fotos an Redaktionen in aller Welt, nachdem die Presseagenturen dpa und UPI wenige Tage zuvor bereits zwei Bilder bereitgestellt hatten. In seinem Anschreiben bezog sich Pressechef Artur Keser direkt auf die grassierenden Spekulationen und stellte klar: »Von unserem Versuchsfahrzeug mit Dreischeiben-Wankelmotor haben Sie bestimmt in den vergangenen Monaten viele Gerüchte oder Halbwahrheiten gehört. Das Material, das wir Ihnen heute über den C 111 – so heisst er nun endgültig – schicken, setzt allen Mutmassungen ein Ende.«

Die ersten Fotos des C 111, die im August von der Daimler-Benz Presseabteilung offiziell veröffentlicht wurden. Abgebildet ist Wagen 3, der unmittelbar nach seiner Fertigstellung Anfang August 1969 auf der Einfahrbahn in Untertürkheim fotografiert wurde.

Die weltweite Presseresonanz war überwältigend. Es gab kaum eine Zeitung oder Zeitschrift, die den C 111 nicht zumindest in einer kurzen Meldung thematisierte. Selbst die altehrwürdige »Times« und die »International Herald Tribune« berichteten über den Wankel-Sportwagen aus Untertürkheim.

Die »Deutsche Auto Zeitung« schrieb in ihrer Ausgabe vom am 22. August unter der Überschrift »Mercedes C 111 – das Auto das den Atem nimmt«: »Wer das alte Mercedes-Sportcoupé 300 SL von 1954 in der Garage stehen hat, kann sich zu den Besitzern des höchstbezahlten Gebrauchtwagens zählen. Liebhaber blättern für diesen Wagen, von dem die halbe Serie als Flügeltüren-Version gebaut wurde, noch bis zu 30000 Mark auf den Tisch. Nach diesem

Die Mercedes-Benz Pkw-Neuheiten der Internationalen Automobil-Ausstellung 1969, fotografiert von Paul Botzenhardt auf dem Gelände der Einfahrbahn des Werks Untertürkheim: C 111, 300 SEL 3.5, 280 SE 3.5 Coupé, 280 SE 3.5 Cabriolet.

Versuchswagen 3 in seiner neuen Lackierung in Leuchtorange, aufgenommen im August 1969 auf der Einfahrbahn in Untertürkheim.

Auto zog Daimler-Benz das konservative Firmenimage dem sportlichen vor. Diese Aera scheint bald zur Neige zu gehen. Denn der jetzt vorgestellte und vorerst als Versuchswagen bezeichnete ultraflache Mercedesrenner ›C 111‹, von dem die DAZ erste Farbaufnahmen veröffentlicht, öffnet Spekulationen Tür und Tor. Auch wenn potentielle Sportwagenkäufer beim Auftauchen der ersten Gerüchte über diesen Wagen ihre Kaufabsichten zurückstellten – Mercedes plant nicht, dieses Auto zum Kauf anzubieten. Für Versuchszwecke soll eine Serie von nur 50 Fahrzeugen gebaut werden. Dennoch treibt dieser beispiellos konsequent gebaute ›Dreikant‹ jedem Autofan das Blut in den Kopf.«

Der neue Mercedes-Benz Sportwagen präsentierte sich zwar in einem eher unspektakulären Weiß, doch hatte man im Vorfeld intensive Diskussionen über die farbliche Gestaltung der Fahrzeuge geführt. Die zum Teil recht skurril anmutenden Vorschläge reichten von Farbtönen wie Zinnoberrot bis hin zur Verwendung von Rallyestreifen, wie sie bei Motorsportfahrzeugen vielfach üblich waren. Anfang Juli hatte man sich schließlich für die traditionelle deutsche Rennfarbe Weiß entschieden, allerdings in Form eines speziellen, nur dem C 111 vorbehaltenen Effektlacks. Aber schon für die Erprobungsfahrt auf dem Nürburgring am 13. August 1969 wurde der als zweiter »echter« C 111 fertiggestellte Wagen 3 auf Wunsch der Sindelfinger Karosserieentwicklung kurzfristig in Leuchtorange lackiert, nachdem Untersuchungen ergeben hatten, dass der Auffälligkeitsgrad dieses Farbtons um den Faktor 5 höher war als der von Weiß.

Für den Standwagen auf der IAA fiel am 28. August der Beschluss, statt Weiß den auffälligen Acryl-Effektlack »Weißherbst« zu verwenden – einen Orange-Metallic-Ton, der zur charakteristischen Farbe des C 111 werden sollte. Die nach einer populären Roséwein-Variante ähnlicher Farbgebung benannte Lackierung ist erstmals im Juli 1969 dokumentiert. Noch am 18. Juli hatte Friedrich Geiger in einer Aktennotiz festgestellt, dass der »[...] Effektlack weiß, Acryl-Qualität, [...] für die weiteren C 101 VS-Wagen [Versuchswagen, d. Verf.] verwendet und von der Fa. Glasurit auf Abruf geliefert« wird, und hinzugefügt: »Das [...] auf [Bestellung] vom 9.7.69 hergestellte Lackmaterial für den C 101 im Farbton Weißherbst, Acryl-Qualität, wird für diesen Zweck voraussichtlich nicht mehr benötigt. Die angefertigte Liefermenge bleibt bei der Fa. Glasurit auf evtl. Abruf zur Verfügung.« Stattdessen sollte Glasurit diesen Farbton

Die bei der Erprobung auf dem Hockenheimring im August 1969 aufgenommenen Fotos zeigen Wagen 3 ebenfalls in Leuchtorange.

Wagen 5, der Standwagen für die IAA 1969, war der erste C 111, der im neuen, überaus auffälligen Farbton »Weißherbst« lackiert wurde.

»in abgewandelter Qualität als Einbrenn-Decklack Material für 2 VS-Wagen und eine Mustertüre« anfertigen. Die außergewöhnliche Farbgebung war nun also offenbar für andere Versuchswagen mit klassischer Stahlblechkarosserie vorgesehen, wurde aber schließlich doch beim C 111 verwendet und blieb diesem Modell dann auch vorbehalten.

Das Interieur des Ausstellungswagens sollte in schwarzem Kunstleder ausgeführt und mit dem Stoffdessin »Pepita cognac« für das Mittelteil der Schalensitze kombiniert werden. Die restlichen vier Fahrzeuge der ersten Generation, die als Vorführwagen im Umfeld der Ausstellung eingesetzt wurden, behielten dagegen ihr weißes Erscheinungsbild – den in Leuchtorange lackierten Wagen hatte man wieder entsprechend umlackiert – und erhielten jeweils etwas unterschiedliche Innenausstattungen.

Später wurde auch die Lackierung der Vorführwagen nach und nach in Weißherbst geändert, sobald sie zur Ausführung von größeren Modifikationen in Sindelfingen vor Ort waren.

Vom 1. bis 5. September 1969 wurden Wagen 2, 3 und 4 – die drei fahrbereiten C 111, die zu diesem Zeitpunkt zur Verfügung standen – zusammen mit den anderen IAA-Neuheiten von Mercedes-Benz auf dem Hockenheimring der internationalen Presse und den Mercedes-Benz Verkaufsleitern vorgestellt. In seiner an die Pressevertreter gerichteten Ansprache ging Vorstandsmitglied Scherenberg im Detail auf die neuen Modelle ein und widmete dabei auch dem C 111 besondere Aufmerksamkeit:

»Ich weiß, daß Ihr besonderes Interesse unserem Versuchsfahrzeug C 111 gilt. Wir sehen in diesem C 111 in erster Linie einen Erprobungsträger für Wankelmotoren, für deren Entwicklung wir in jahrelanger Arbeit keine Kosten und Entwicklungskapazität in Konstruktion und Prüfstandsläufen gescheut haben. Es schien deshalb der Zeitpunkt gekommen, diese Motorbauart in einem dazu passenden Fahrzeug unter extremen Bedingungen auf der Straße zu erproben. Da der Wankelmotor aufgrund seiner kompakten Form, seines geringen Gewichtes und seiner Drehzahlfreudigkeit als Mittelmotor in einem Sportwagen besonders attraktiv ist, haben wir kurzfristig den C 111 zum Zwecke der Versuchserprobung erstellt.

Die von uns entwickelte 3-Scheiben-Ausführung mit Benzineinspritzung und Transistorzündung leistet rund 280 PS. Weitere Leistungssteigerungen sind zwar möglich, aber wir sehen unsere Aufgaben in der Entwicklung in erster Linie in der weiteren Verbesserung der Dauerhaltbarkeit, in der Senkung des Kraftstoffverbrauchs sowie in der Frage der Abgaszusammensetzung, d. h. der Erprobung spezieller Abgasanlagen, wie sie der Wankelmotor nötig hat.

Es ist aber nicht nur der Wankelmotor, der die Veranlassung zu einem solchen Versuchsfahrzeug, wie es der C 111 darstellt, gab. Auch die Untersuchung von Radaufhängungsvarianten, die Anwendung von Kunststoff für die Karosserie und die Klärung aerodynamischer Probleme sollten damit angepackt werden. Durch die Anwendung der Kunststoff-Karosserie ist es ja bekanntlich möglich, kurzfristig Varianten darzustellen, für kleine Serien mit preiswerten Werkzeugen auszukommen etc. Schon beim 300 SL hatten wir seinerzeit eine Kunststoffkarosserie probeweise hergestellt. Eine breitere Erfahrung fehlt uns jedoch. [...]

Mit den ersten Arbeiten für dieses Fahrzeug – den Motor ausgenommen – haben wir übrigens erst im November vergangenen Jahres begonnen. Es ist nur dem unermüdlichen Einsatz und der Begeisterung aller an der Entwicklung Beteiligten zu verdanken, daß neben den Hauptaufgaben für die Serienentwicklung unseres Produktions-Programmes der C 111 erstellt wurde und heute 3 Fahrzeuge fahrbereit zur Verfügung stehen. Diese Begeisterung gerade auch der jüngeren Ingenieure in Konstruktion und Versuch für sportliche Fahrzeuge bestätigt die auch in dieser Hinsicht zweckmäßige Konzeption des C 111 und wird auf unsere Serientypen ausstrahlen. Ich glaube, es ist hier und heute der richtige Augenblick, allen Beteiligten, an der Spitze meinen Herren Uhlenhaut und Wilfert sowie ihren Mitarbeitern, besonderen Dank für diese Leistung auszusprechen.

Die ersten Gerüchte und Berichte über den C 111 haben in der Öffentlichkeit vielfach zu Schlußfolgerungen geführt, die weit über den gegenwärtigen Stand der Dinge hinausgehen. Entscheidungen über Produktion und Verkauf dieses Wagens stehen in unserem Hause nicht zur Debatte, da es sich, wie gesagt, um reine Versuchsfahrzeuge handelt. Vielmehr werden wir im Rahmen unserer Vorentwicklungsabteilung je nach Bedarf des Versuchs-Programmes eine Reihe von Fahrzeugen bauen, um damit die grundlegenden Versuche durchzuführen. Selbstverständlich werden wir aber die Reaktionen hier in Hockenheim und auf der Internationalen Automobil-Ausstellung

Rudolf Uhlenhaut im C 111, aufgenommen im September 1969 anlässlich der Pressevorführung in Hockenheim. Links stärkt sich der Pkw-Entwicklungschef, der praktisch pausenlos im Einsatz war, zwischendurch mit Kaffee und Kuchen. Das rechte Foto gelang dem Journalisten und Autor Karl E. Ludvigsen unmittelbar bevor er auf dem Beifahrersitz zu einer Demonstrationsrunde Platz nahm.

Wagen 2 mit Straßenbereifung auf Stahlfelgen bei der Pressevorführung des C 111 auf dem Hockenheimring im September 1969.

Wagen 4 (vorn), 2 (Mitte) und 3 (rechts) bei derselben Veranstaltung. Wagen 4 ist jetzt mit Straßenbereifung auf Stahlfelgen ausgerüstet, Wagen 2 mit Straßenreifen auf Leichtmetallfelgen und Wagen 3 mit Rennreifen auf Leichtmetallfelgen.

Wagen 2 (rechts), 4 (Mitte) und 3 (links) starten hinter einem Kamerawagen zur Demonstrationsrunde.

Das Foto, das dem Automobiljournalisten Karl E. Ludvigsen als Beifahrer von Rudolf Uhlenhaut durch die Frontscheibe von Wagen 3 gelang, zeigt die hier mit Straßenbereifung ausgerüsteten Wagen 2 (vorn) und Wagen 4 (im Hintergrund) bei der Pressfahrvorstellung auf dem Hockenheimring.

in Frankfurt, wo das Fahrzeug ebenfalls zu sehen sein wird, im Hinblick auf künftige Überlegungen aufmerksam registrieren. Obwohl der Gedanke zur Schaffung dieses Versuchsfahrzeuges nicht einmal ein Jahr alt ist, zeichnen sich heute schon konkrete Versuchsergebnisse, und sei es auch nur hinsichtlich der studierten Aggregate oder sonstigen Konzeptionen, ab. Sie werden nachher Gelegenheit haben, das ungewöhnliche Fahrgefühl im C 111 zu erleben.«

Die Journalisten hatten im Gegensatz zum sonst üblichen Vorgehen ausnahmsweise nicht die Möglichkeit, den C 111 selbst zu fahren – zu kostbar waren die Prototypen und zu groß das Risiko einer Beschädigung. Stattdessen wurden sie von Rudolf Uhlenhaut und anderen erfahrenen Versuchsfahrern der Vorentwicklung im Renntempo jeweils über eine große und eine kleine Runde chauffiert. Allein der Automobil-Journalist und ehemalige Rennfahrer Paul Frère durfte zum Schluss eine Testfahrt am Steuer eines C 111 absolvieren und brachte den ihm anvertrauten Wagen 4 erwartungsgemäß unbeschädigt zurück.

Bei den Demonstrationsfahrten auf dem Hockenheimring legte jeder der drei Wagen zwischen 1450 und 1815 km zurück. Dabei lag der Kraftstoffverbrauch bei 37,7 bis 38,2 l/100 km und der Ölverbrauch

Technische Prüfung und Wartung von Wagen 3 (vorn), Wagen 2 (hinten links) und Wagen 4 (hinten rechts) nach ihrem strapaziösen Einsatz bei der Pressevorführung auf dem Hockenheimring.

zwischen 2,75 l und 6,25 l/1000 km. Wagen 2 und Wagen 4 waren mit Straßenbereifung, Wagen 3 mit Rennreifen ausgerüstet. Die auf Hochleistung getrimmten 3-Scheiben-Motoren sprangen in kaltem und warmem Zustand willig an und drehten bei 1000/min gleichmäßig im Leerlauf. Unter 2000/min ruckelten sie jedoch spürbar und boten wegen ihrer Drehmomentschwäche im unteren Drehzahlbereich kaum Durchzugskraft. An keinem der Wagen musste während der Vorführungen gearbeitet werden; zwischen den Demonstrationsfahrten wurden an Wagen 3 und Wagen 4 die Türen nachgestellt und an Wagen 4 der Auspuff ersetzt sowie die vorderen Bremsscheiben ausgetauscht. Nach der Veranstaltung wurde an allen Kupplungen starker Verschleiß festgestellt; an Wagen 2 wurden ebenfalls die vorderen Bremsscheiben ausgetauscht und an Wagen 3 musste der Motor gewechselt werden, nachdem eine Scheibe starken Kompressionsverlust gezeigt hatte.

Die Fahrvorstellung des C 111 und des Mercedes-Benz Neuheitenprogramms sorgte weltweit erneut für eine beachtliche Presseresonanz – vor allem der Fachblätter, aber auch der Tagespresse und Publikumszeitschriften. Sogar die »Bild-Zeitung« meldete sich zu Wort – am 3. September unter der Schlagzeile »Probegalopp im ›Weißen Riesen‹«: »[…] Mercedes Entwicklungschef Rudolf Uhlenhaut ›flog‹ mit mir um den Hockenheimring (bei Darmstadt). Der ›Weiße Riese‹, wie ihn die Ingenieure nennen, ist viel zu kostbar, um ihn auch nur für Minuten in fremde Hände zu geben. Ergebnis des Tests vom Beifahrersitz aus: Ein superschnelles Fahrgestell mit einem exotischen Motor. […] Die haarigsten Kurven scheucht der ›C 111‹ weg, als wären sie nur leichtgekrümmte Geraden. Pilot Uhlenhaut lakonisch: ›Das ist ein normales Auto, nur mit besonders guter Bodenhaftung!‹ Da kann ich nur zustimmen. […] Daimler-Benz erklärt: ›Wir werden noch manches anders machen.‹ Bis zum Alltagseinsatz hat der ›C 111‹ allerdings noch ein ganzes Stück Straße vor sich.« Am 9. September meldete das Blatt unter der Überschrift »Keine Störung«: »Als bisher größte Belastungsprobe für den Wankel-Mercedes ›C 111‹ erwies sich die Vorführung des Experimentierautos an fünf Tagen der vergangenen Woche für Händler, Journalisten und Gäste auf dem Hockenheimring. Jedes der drei Fahrzeuge legte zwischen 3000 – 5000 km zurück – störungsfrei.«

Nach seiner Testfahrt mit Wagen 4, die er auf der Autobahn zwischen Hockenheim und Frankfurt absolvierte, ließ Paul Frère seine Eindrücke in einen Artikel in »auto, motor und sport« einfließen, den Chefredakteur Heinz-Ulrich Wieselmann in der Ausgabe vom 27. September 1969 veröffentlichte: »Wenn man den Wankel-Mercedes zum ersten Male sieht, bekommt man einen Schreck: ein ungefüges Monstrum mit kleinen Seitenfenstern und unmittelbar nach den Hinterrädern brutal abgeschnittenem Heck, funktionell wie ein Transformator und von ebensoviel verhaltenem Charme. Wenn man den Wankel-Mercedes zum ersten Mal fährt, wird es einem warm ums Herz und naß auf dem Rücken: noch nie hat es so ein Auto gegeben. Den Perfektionisten von Daimler-Benz ist es gelungen, mit der bislang noch nicht realisierten Kombination von Wankelsystem, Mittelmotor und Rennwagenaufhängung ein Fahrzeug mit ungewöhnlichen Eigenschaften auf die Räder zu stellen […]

Am ungewöhnlichsten ist zweifellos die Laufruhe des C 111. Das Motorgeräusch des weitgehend erschütterungsfrei drehenden Kreiskolbenmotors ist so gut gedämpft, daß man beim scharfen Gasgeben in den unteren Gängen zunächst enttäuscht ist; da ist kein röhrender Motor, der einem das Gefühl außerordentlicher Beschleunigung gibt. Erst, wenn man auf den Drehzahlmesser blickt, erschrickt man, schon wieder die 7000 U/min-Grenze überschritten zu haben. […]

Eine weitere ungewöhnliche Eigenschaft des C 111 ist sein Fahrverhalten. Was er dank tiefer Schwerpunktlage und ausgeglichener Gewichtsverteilung durch den Mittelmotor einerseits, andererseits durch die rennwagen-ähnliche Radaufhängung und die breiten Reifen in schnell gefahrenen Kurven an Seitenführungskraft aufbaut, erscheint absolut unglaublich für jeden, der nicht im Umgang mit modernen Rennsportwagen vertraut ist. […]

Man geht immer noch etwas schneller in die Kurve, und jedesmal merkt man, daß das Limit noch lange nicht erreicht ist. Später wurde die eigene Erfahrung von den Mercedes-Versuchsingenieuren bestätigt. Die notorischen Schnellfahrer unter ihnen gaben zu, trotz vielen Versuchsrunden in Hockenheim und auf dem Nürburgring sich an die vom Fahrwerk gezogenen Grenzen erst noch herantasten zu müssen. Man kann sagen, daß diese konstruktiv eingebaute Sicherheit und die daraus resultierenden Erfahrungen für den Serienwagenbau allein schon die Lebensberechtigung für das kühne Projekt C 111 geben. […]«

Kritische Anmerkungen von Wieselmann galten der unklaren Zielsetzung des Fahrzeugs, der z. T. unzureichenden Alltagstauglichkeit, insbesondere im Hinblick auf die Sichtverhältnisse und den Kofferraum, und der Ästhetik: »Also kein Rennsportwagen, sondern ein schneller Sportwagen für die Straße, ein moderner, unkonventioneller Nachfolger des berühmten 300 SL? […] Mercedes-Benz-Karosserien gehören zu den zeitlos schönsten im internationalen Automobilbau. Der Wankel-Mercedes C 111 hatte die Chance, das nirgendwo angezweifelte Primat der Italiener im Bau klassisch schöner Hochleistungs-Sportwagen zu erschüttern. Aber er hat sie nicht ausgenützt.«

Gut einen Monat nach seiner ersten Fahrt erhielt Frère übrigens erneut die Gelegenheit, einen C 111 zu fahren, diesmal Wagen 2. In einem Gespräch mit Hans Liebold äußerte er sich sehr positiv über das Fahrverhalten und den Fahrkomfort, die er besser einschätzte als bei dem vergleichbaren Lamborghini Miura. Letzterer weise allerdings »(bei viel stärkerem Motorengeräusch) einen wesentlich besseren Durchzug von unten heraus auf«, wie Liebold am 9. Oktober in einer Mitteilung an Hans Scherenberg festhielt und fortfuhr: »Für den C 101 würde er sich auch jetzt noch – besonders auf der Autobahn – ein automatisches Getriebe wünschen. Lobend drückte er sich außerdem über die Bremsen und die Lenkung aus. Bisher hätte er für solche Wagen eine Zahnstangenlenkung als unbedingt notwendig angesehen. Die Kurvenfestigkeit mit Normalreifen fand er beachtlich.« [...] Ohne hinteren Drehstab erschien ihm der Wagen »allerdings etwas zu untersteuernd, wobei er selbst hinzufügte, daß ihm kein leistungsstarker Wagen bekannt wäre, der sich bei gleicher Abstimmung in schnellen und engen Kurven gleich optimal verhalte«.

Ganz anders liest sich die Beurteilung von Fritz B. Busch, die der »Stern« in seiner Ausgabe vom 21. September veröffentlichte: »Mercedes lockt und schockt das Publikum mit seiner Wankel-Rakete C 111, von der niemand weiß, ob sie ein Straßen-Sportwagen oder ein Rennwagen sein soll. Dieses neueste Auto von Daimler-Benz ist nur ein Knallbonbon, denn vorläufig kann es noch keiner kaufen. Die eigentliche Sensation daran ist der 3-Scheiben-Wankelmotor mit seiner unbändigen Kraft. [...] Das Experimentier-Auto C 111 scheint nicht die richtige Trägerrakete für dieses zukunftsträchtige Triebwerk. Denn der C 111 ist: 1. als echtes Wettbewerbsfahrzeug viel zu schwer (mit 1100 kg Leergewicht limousinenschwer), 2. als Straßenfahrzeug für Herrn X mit der dicken Brieftasche kaum zu verantworten. Denn die Sichtverhältnisse aus dem Cockpit sind dürftig (nach hinten sogar katastrophal), und der Ein- und Ausstieg ist äußerst problematisch. Außerdem sehe ich nicht den leisesten Grund, für Millionen Mark ein Fahrzeug zu entwickeln für Playboys, die damit das Verkehrsgeschehen durcheinanderbringen können. [...] Wir brauchen keine Autobahnrennwagen, sondern kompakte, verkehrsgerechte Automobile die nach mehr als acht Jahrzehnten Automobilgeschichte endlich etwas Neues darstellen.« Im Gegensatz zu dieser sehr kritischen Einschätzung vermittelten die meisten Pressestimmen jedoch einen überaus positiven Eindruck.

Der mit 4-Scheiben-Motor und Rennreifen ausgerüstete Wagen 6 bei seinem ersten Einsatz, dem MPC-Testtag auf dem Hockenheimring am 10. September 1969. Der erste C 111 mit 4-Scheiben-Wankel hat bereits neue Außenspiegel mit lackierten, windschnittigen Gehäusen.

Die »bisher größte Belastungsprobe« des C 111 bei seiner Pressefahrvorstellung wurde nach einer kurzen Verschnaufpause anlässlich des traditionellen, vom Motor Presse Club (MPC) ebenfalls auf dem Hockenheimring veranstalteten Testtags am 10. September fortgesetzt. Die »Deutsche Auto Zeitung« schrieb dazu in ihrer Ausgabe vom 19. September: »Im Motodrom von Hockenheim hatten die deutschen Autowerke eine ansehnliche Flotte neuer Personenwagen aufgefahren, um sie Journalisten für erste Probefahrten zur Verfügung zu stellen [...] und so tummelten sich Auto-Temperamente mit Endgeschwindigkeiten zwischen 110 km/h und 260 km/h auf der Hochgeschwindigkeitsstrecke. Daß diese Fahrzeug-Mischung einige Probleme in sich birgt, wurde bereits in den ersten Stunden dieses Tages klar. Es gab zwei Unfälle mit erheblichem Personen- und Fahrzeugschaden, was dazu führte, daß sich die meisten Teilnehmer des Testtages einer gemäßigteren Fahrweise befleißigten. Mercedes baute vor und ließ seinen Versuchswagen C 111 erst gar nicht von werksfremden Personen fahren, auch nicht bei der offiziellen Vorstellung des neuen Programms zwei Wochen zuvor. Der vielbeachtete Wagen, bei dem von den Stuttgartern ständig mit Nachdruck darauf hingewiesen wird, daß er nicht für eine verkäufliche Serie vorgesehen ist, zog in Hockenheim eine beeindruckende Schau ab. Mit einer Geräuschentwicklung, die der eines Zweitakters nahekommt, beschleunigt er raketenhaft in etwa fünf Sekunden auf 100 km/h. [...] Um mit diesem konsequent durchdachten Wagen Fahrwerksvergleiche anzustellen, müßte er sich auf der Rennstrecke messen. Denn im normalen Fahrzeugangebot gibt es wohl kaum einen Wagen, der in der Lage wäre, dem C 111 in einer schnellen Kurve zu folgen. Doch an Rennstrecken sei überhaupt nicht gedacht, sagt Daimler-Benz.«

Leistungsträger: der C 111 mit 4-Scheiben-Wankelmotor

Für den MPC-Testtag hatte Daimler-Benz die Testflotte um einen vierten C 111 ergänzt: den gerade rechtzeitig fertiggestellten Wagen 6, der – von den Journalisten unbemerkt – als erster Versuchswagen überhaupt mit einem 4-Scheiben-Motor ausgerüstet war. Zur Tarnung

Der ebenfalls mit Rennbereifung ausgerüstete Wagen 3 bei der gleichen Veranstaltung. Wie die Wagen 2 und 4 ist er ebenfalls noch mit verchromten Außenspiegeln ausgerüstet, die der bei Mercedes-Benz Serien-Pkw verwendeten Ausführung ähneln.

hatte man die Abgasanlage auch bei diesem Fahrzeug mit den üblichen drei Endrohren versehen. Allerdings zerstörten die heißen Abgase die Schalldämmung in den Auspufftöpfen, was deutlich am kernigen »Sound« zu hören war – vor Ort wurden im Vorbeifahren stattliche 84 Phon gemessen.

Wagen 6, mit dem nun das letzte Exemplar des ersten Fertigungsloses zur Verfügung stand, hatte eine erleichterte Karosserie, bei der man durch eine z. T. dünnere Außenhaut, leichtere Türen mit Plexiglasfenstern ohne Drehverriegelung, eine entsprechende Heckscheibe und erleichterte Beschläge insgesamt 35 kg einsparen konnte. Mit dem 4-Scheiben-Motor KE 402/2, der stramme 367 PS/270 kW lieferte und einschließlich Getriebe, Antriebswellen und Öl, aber ohne Unterdruckpumpe insgesamt 265 kg auf die Waage brachte, wog der fahrfertige Wagen 1217 kg bei einer unveränderten Gewichts-

Die 4-Scheiben-Ausführung des M 950 kam zum ersten Mal in Wagen 6 zum Einsatz.

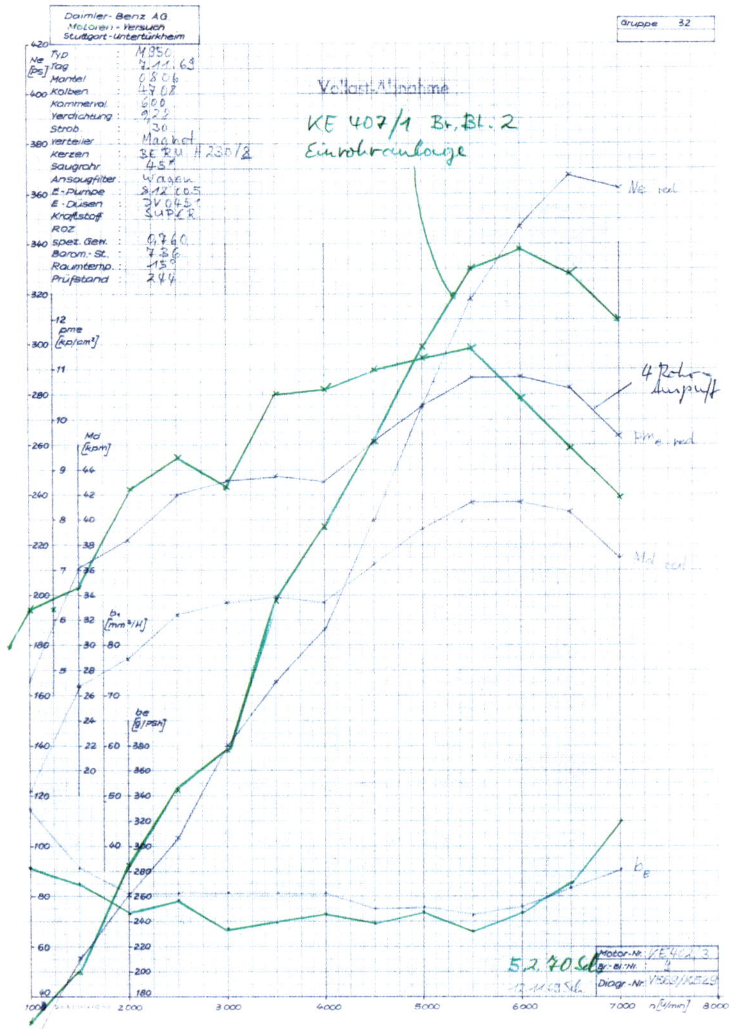

Die am 7. November 1969 durchgeführte Volllast-Abnahme des in Wagen 6 eingesetzten 4-Scheiben-Motors KE 402 weist eine Leistung von beeindruckenden 367 PS/270 kW bei gut 7000/min aus. Den ersten einbaufähigen 4-Scheiben-Motor hatte man nach einem Wassereinbruch in das Trochoidengehäuse noch im September 1969 ausgebaut, instandgesetzt und im November wieder eingebaut. Die in Grün gezeichneten Messkurven zeigen das Ergebnis einer Messung vom 5. Februar 1970, bei der der Motor mit einer Einrohr-Auspuffanlage ausgerüstet war.

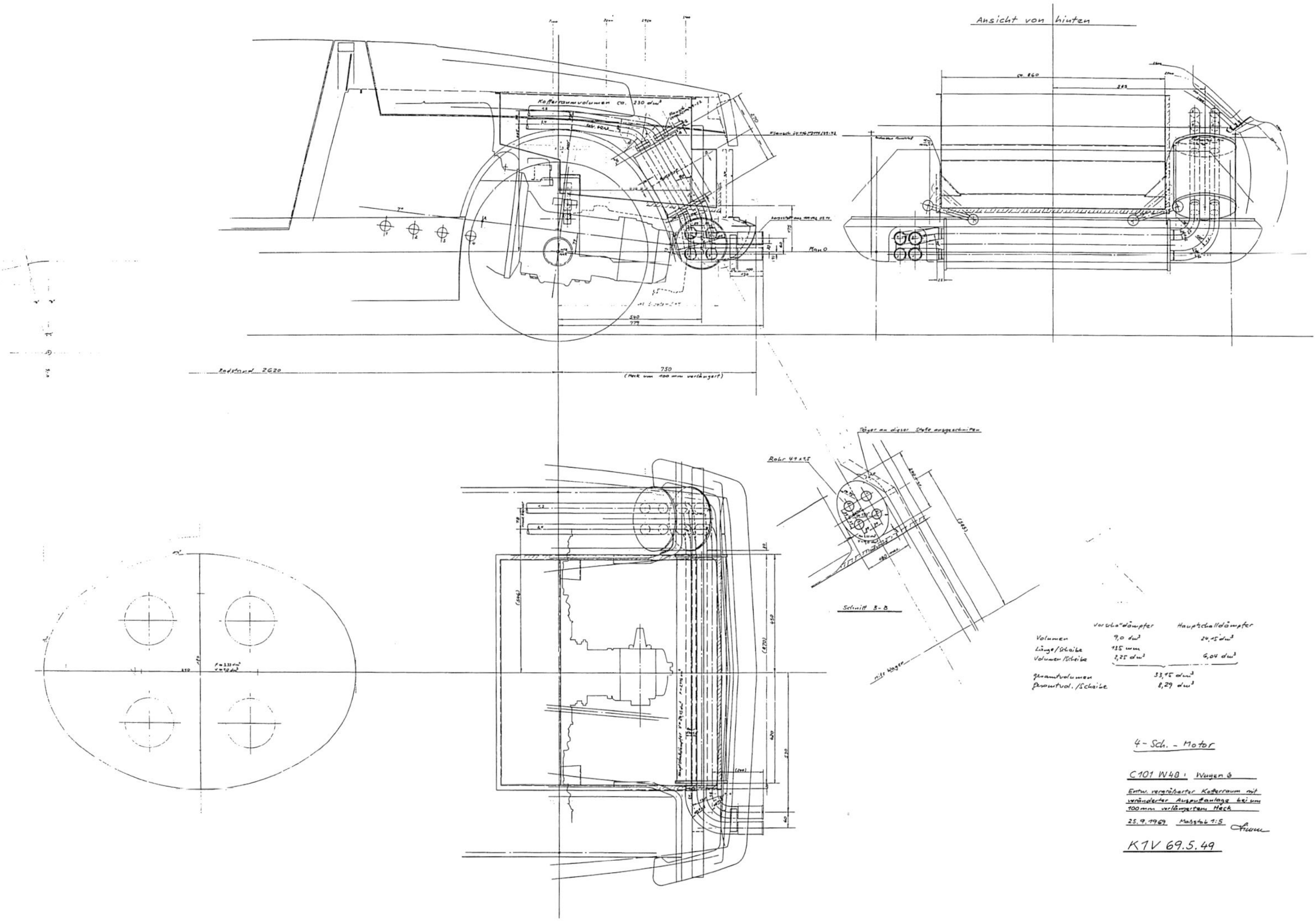

Die Konstruktionszeichnung vom 25. September 1969 zeigt die Änderungen an Karosserie und Auspuffanlage, die bei Wagen 6 zur Realisierung eines größeren Kofferraums wie schon bei Wagen 2 erforderlich waren. Wegen des längeren 4-Scheiben-Motors fielen diese noch tiefgreifender aus und erforderten eine Verlängerung der Heckpartie um 100 mm.

verteilung von 45:55 %. Damit wirkte der C 111 Nummer 6 im gesamten Fahrbereich ungleich lebendiger als die mit der 3-Scheiben-Version bestückten Wagen 2 bis 4. Durch undichte O-Ringe erlitt der Motor allerdings schon nach einem Tag und einer Laufstrecke von 675 km einen Wassereinbruch. Wie Dr. Hans Liebold in einem Versuchsbericht vom 11. Februar 1970 mitteilte, überstand dann in Folge erst der sechste neu aufgebaute 4-Scheiben-Motor die Prüfstanderprobung und war reif für den Wageneinbau. Auch dieser Motor wirkte leistungsmäßig sehr gut, und der Wagen erreichte auf dem großen Kurs in Hockenheim auf Anhieb eine Rundenzeit von 2:10 min, wobei mit Lichtschranken vor der Ostkurve noch in der Beschleunigungsphase 273 km/h gemessen wurden. Mit den Wagen 2 bis 4 hatten die besten Zeiten 11 Sekunden schlechter gelegen, und auch mit dem leichteren »Hobel« war man nicht unter 2:16 min. gekommen. Allerdings stellte sich die Kühlleistung aufgrund der erhöhten Wärmeentwicklung des 4-Scheiben-Motors erneut als unzureichend heraus. Bereits nach zwei bis drei scharf gefahrenen Runden stieg die Öltemperatur auf über 140 °C, so dass eine Abkühlrunde erforderlich wurde. Die Wassertemperatur betrug dabei konstant 105 °C.

Nach dem Fahreinsatz in Hockenheim wurde die Karosserie von Wagen 6 vorne und hinten modifiziert. Am Bug realisierte man eine effizientere Anströmung des Kühlers, und das Heck wurde um 100 mm verlängert. Damit schaffte man, wie schon bei Wagen 2, Platz für den von Rudolf Uhlenhaut initiierten größeren Kofferraum sowie einen verbesserten und vergrößerten Endschalldämpfer.

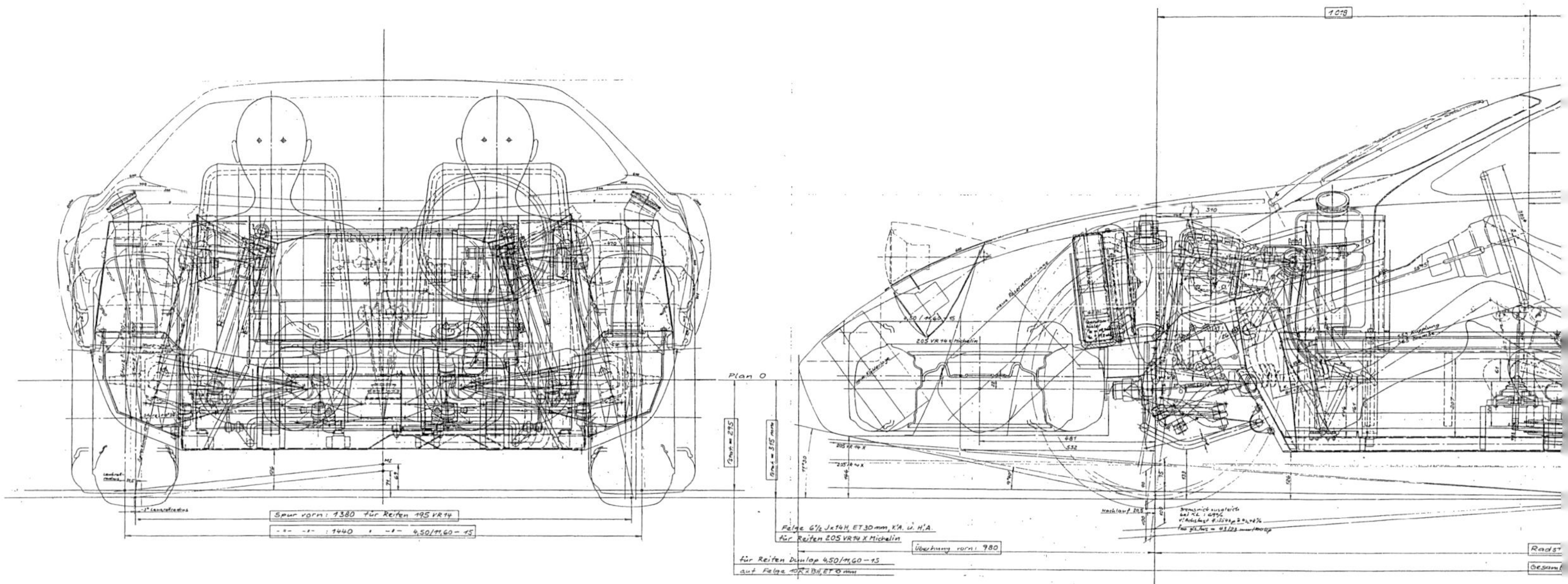

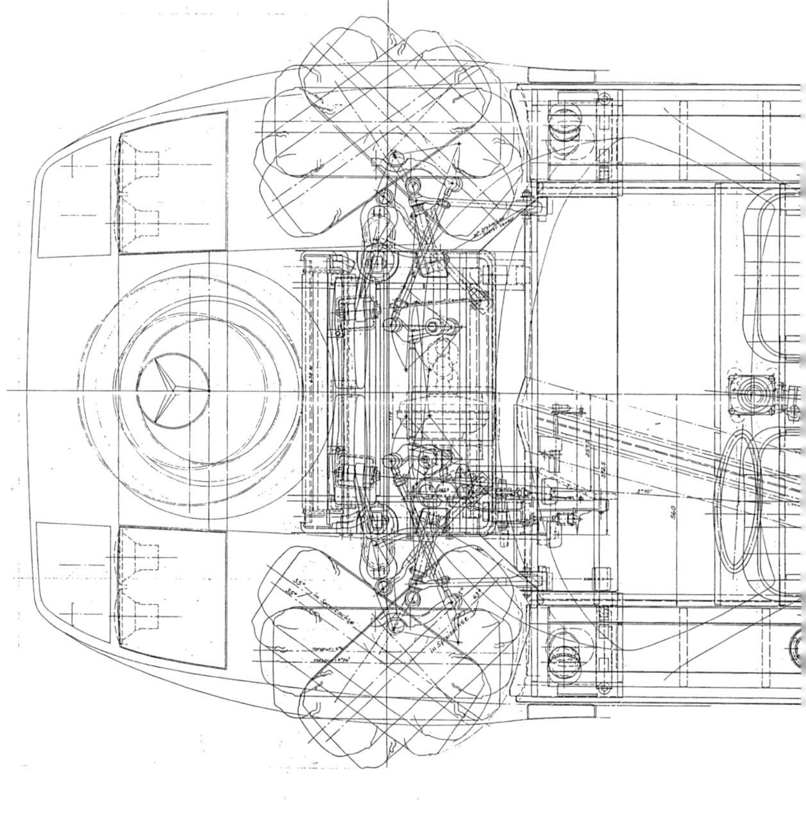

Konstruktionszeichnung des C 111 vom 24. September 1969. Die nicht dargestellten, an Wagen 2 und Wagen 6 vorgenommenen Änderungen an der Heckpartie sind im Text detailliert vermerkt.

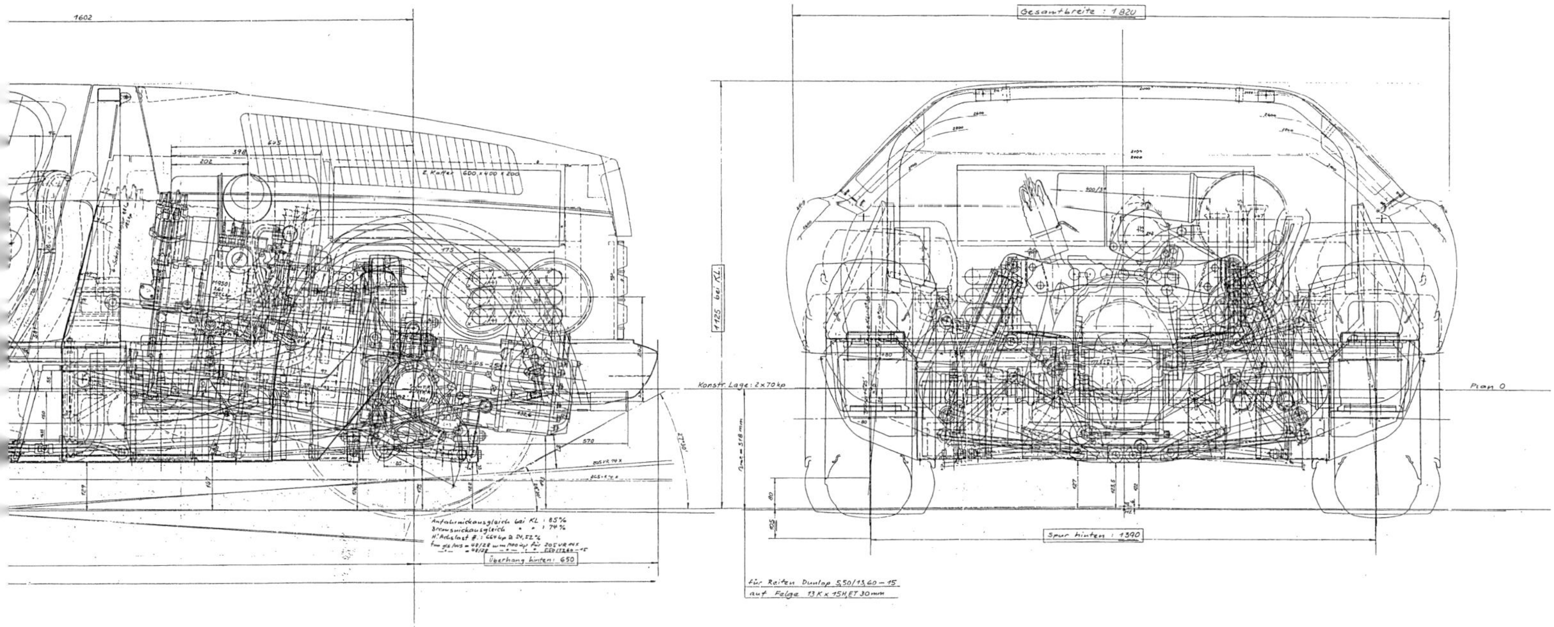

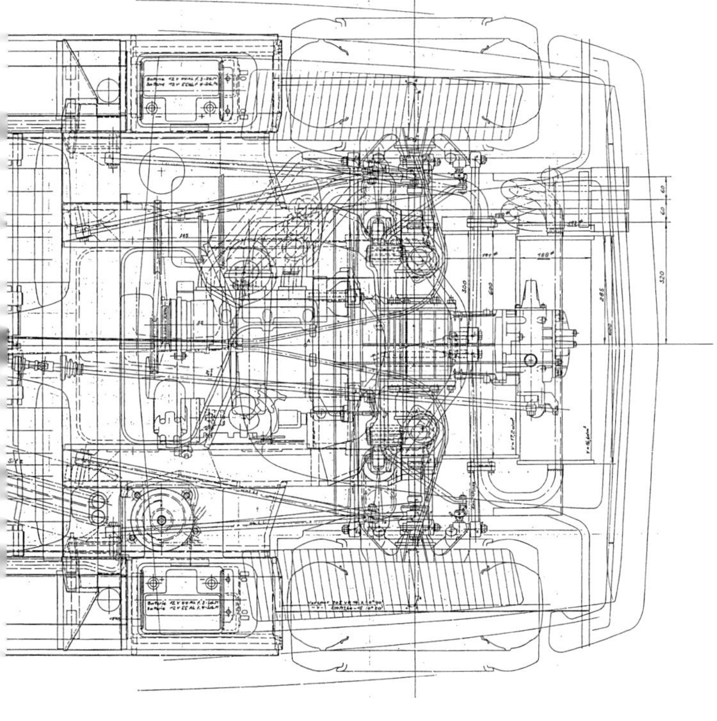

Auspuff und Kofferraum gilt nur für Wagen 3 u. 5*. Bei Wagen 2 ist, durch eine Verlängerung des Hecks um 65mm, der Vorschalldämpfer (oval 100 × 240, Länge 325) schräg hinter dem Radkasten untergebracht, der Hauptschalldämpfer (170 ⌀) quer hinter dem Getriebe. Auspuff-Endrohre links von Mitte Wagen. Der Kofferraum vergrößerte sich durch diese Maßnahme von 100 dm³ auf 230 dm³ (s. K1V 69.5.45).

Reserveradlage u. Kühlerlage überholt! Gültig neue, dünn eingezeichnete Lage.
Tankanlage u. Einfüllstutzen überholt!
Lenkradschloß anstatt Schaltschloß.
Karosserie nach verschiedenen Einzelentwürfen gezeichnet. Entspricht nicht unbedingt der ausgeführten Form!

* Wagen 4 mit M117 4,5l-V8-Motor ausgerüstet (s. K1V 69.5.34)
Wagen 5 ist der Ausstellungswagen. Nicht fahrfähig, versch. Teile nur Attrappen.
Wagen 6 wie Wagen 2 umgebaut auf 230 dm³ Kofferraum, Heck um 100 mm verlängert, Vorschalldä. oval (180 × 240 × 270) hinter Radkasten, Hauptschalldä. (188 ⌀) quer hinter dem Getriebe (s. K1V 69.5.49). 4-Scheiben-Motor!

Paßmaße mit Abmaßen in um	Film	Tag	Auftrags-Nr.	Änd.	Feld	Änderungsbeschreibung	bearb.	gepr.
		5.5.1970				Versch. Maße berichtigt u. ergänzt		

Ausführung u. Lieferung nach DBL	Rückfragen Werk 00 Tel. 5191 Abt.		Tag	Name
Oberflächenschutz nach DBL	Werkstoff (Endzustand)	bearbeitet	8.9.1969	
Farbe nach RAL bzw. DB		geprüft		
Oberflächenzeichen nach DIN 3141 Reihe 2		normgepr.		
Rauheitsmaße nach DIN 3142	DBL	genehmigt		
ISO-Passungen nach DIN	Modell-Nr. Gesenk-Nr. Schnitt-Nr.	Änd. geg. früh. Teil-Nr.		
Untolerierte Maße nach DIN 7168 m				
Maße werden bei Abnahme besonders geprüft	Teil-Benennung	Spiegelbild		Teil-Nr.
Fertiggewicht in kg / Maßstab 1:5				

Bei Auswärtsbezug: Lieferung nur nach Zeichnung und erprobtem, freigegebenem Muster. Keinerlei Änderung ohne vorherige schriftliche Genehmigung der Daimler-Benz Aktiengesellschaft.

Teil-Benennung C 101 W36/W43: Entw. Fahrgestell für Sportwagen mit 3- u. 4-Scheiben-Wankel-Mittelmotor (Wagen 2+6)

Für diese Zeichnung behält sich die Daimler-Benz Aktiengesellschaft alle Rechte vor. Sie darf weder vervielfältigt noch Dritten zugänglich gemacht werden.

DAIMLER-BENZ AKTIENGESELLSCHAFT

Teil-Nr. K1V 69.5.17

Blatt von

Im Rampenlicht: der C 111 auf Messen und Events

Trotz aller Herausforderungen war unbestritten: Die am 11. September eröffnete IAA in Frankfurt und die Medien hatten ihren Star. Wagen 5, das im Farbton »Weißherbst« lackierte Ausstellungsfahrzeug, war mit einer Attrappe des 3-Scheiben-Motors ausgerüstet und wurde dem Publikum auf einem Podest in leicht geneigter Position präsentiert, um es hervorzuheben und besonders dynamisch wirken zu lassen. Die Rennreifen des Standwagens waren auf neu gestalteten, perfekt zum sportlichen Erscheinungsbild passenden Fünfspeichen-Leichtmetallfelgen aus Magnesiumguss montiert. Im Gegensatz dazu verfügten die im Freigelände platzierten Vorführungswagen 2 bis 4, die in weißem Effektlack erstrahlten, über 15-Loch-Leicht-

Für die Zukunft des Automobils ist gesorgt – auf der IAA in Frankfurt vermittelte nicht zuletzt der C 111 diese Botschaft von Mercedes-Benz. Mit seiner auffälligen Erscheinung gehörte der Traumsportwagen zu den Stars der Ausstellung.

Im Rahmen der IAA war Wagen 2 das Vorzeige-Exemplar unter den Vorführfahrzeugen. Dank des vergrößerten Kofferraums konnten vier speziell gestaltete Aluminiumkoffer untergebracht werden: drei davon im Kofferraum selbst und einer festgezurrt auf der Heckklappe.

metallräder. Beide Felgen basierten auf Entwürfen, die Stefan Heiliger in der Vorentwicklung in Untertürkheim erarbeitet hatte.

Nach dem spektakulären ersten Messeauftritt in Frankfurt sorgte der C 111 in rascher Folge auf weiteren Messen und Ausstellungen in aller Welt für Furore: im Oktober 1969 auf dem Automobil-Salon in Paris und der London Motor Show, im Oktober/November auf dem Salon in Turin, im November auf der Jochen Rindt Show in Wien und im Dezember auf der gleichnamigen Veranstaltung in Essen und München, im Januar 1970 auf dem Automobil-Salon in Brüssel sowie im Februar 1970 auf der »Motor-Sport-Freizeit« in Stuttgart und schließlich der Chicago Auto Show. Dabei war der spektakuläre Sportwagen nicht nur ein Publikumsmagnet, er rief auch ernsthafte

Kaufinteressenten auf den Plan. Auf der Motor Show in London zückten britische Enthusiasten ihr Scheckbuch und boten bis zu 20.000 Pfund Sterling – damals rund 180.000 DM. Ein Brite überreichte sogar einen Blankoscheck mit der Bemerkung, er werde seine Bank anweisen, ihn bis zu einer Höhe von einer halben Million DM einzulösen. Dieses ungewöhnliche Vorgehen war der Daimler-Benz AG am 3. November 1969 sogar eine Pressemeldung wert, in der erneut betont wurde, dass der C 111 unverkäuflich ist und weiterhin als rollendes Versuchslabor dient. Dennoch war das Interesse ungebrochen, und es trafen auch weiterhin Anfragen von Kaufwilligen in Untertürkheim ein.

Auch bei Sportveranstaltungen kam der C 111 publikumswirksam zum Einsatz: Anlässlich der Eröffnung des Salzburgrings am 20. und 21. September 1969 wurde der Wankel-Sportwagen der österreichischen Presse vorgestellt, und Versuchsmitarbeiter Fritz Naumann pilotierte die anwesenden Journalisten in Wagen 2 jeweils eine Runde über den Kurs. Drei Wochen später, am 11. Oktober 1969, wurde der C 111 mit dem gesamten Mercedes-Benz Pkw-Programm in der Halbzeitpause des Bundesligaspiels VfB Stuttgart gegen Hannover 96 im damaligen Neckarstadion (heute Mercedes-Benz Arena) dem Publikum präsentiert. Der Wankel-Sportwagen scheint dem VfB Glück gebracht zu haben: der Stuttgarter Traditionsclub gewann das Spiel gegen die Gäste aus Hannover.

Wagen 2 mit Vorstandssprecher Dr. Joachim Zahn auf dem Freigelände in Frankfurt.

Am 11. Oktober 1969 wurde der C 111 zusammen mit der Pkw-Modellpalette von Mercedes-Benz in der Halbzeitpause des Bundesligaspiels VfB Stuttgart gegen Hannover 96 dem Publikum präsentiert. In diesem Rahmen wurde auch ein Typ 200, das damalige Einsteigermodell des Mercedes-Benz Pkw-Programms, verlost. Ort des Geschehens war die heutige Mercedes-Benz Arena, seinerzeit noch ein Leichtathletikstadion und als Neckarstadion bezeichnet.

Unmittelbar nach Ende der Messe wiederholte der Ausstellungswagen der IAA seinen Starauftritt auf zahlreichen internationalen Autoshows: in Paris, Turin, Wien, München, Brüssel, Leiden, Stuttgart und Chicago (von links oben nach rechts unten). Auf der Jochen Rindt Show in Wien traf der aufsehenerregende Sportwagen auf den nicht minder spektakulären düsengetriebenen Rekordwagen »The Green Monster«.

Auf der London Motor Show im Oktober 1969 boten britische Enthusiasten viel Geld für das unverkäufliche Auto. Einer von ihnen überreichte gar einen Blankoscheck.

Zur Stuttgarter Messe »Motor-Sport-Freizeit« im Januar/Februar 1970 warb Mercedes-Benz mit Anzeigen in der Lokalpresse: »Jetzt haben Sie Gelegenheit, das Auto zu sehen, das noch keiner kaufen kann.«

Berechnet und gemessen: die Fahrleistungen des C 101

Der Pressetext, der Anfang September zur Pressevorführung des C 111 auf dem Hockenheimring und anschließend zur IAA veröffentlicht wurde, hatte in den Technischen Daten eine Motorleistung von 280 PS/206 kW bei 7000/min sowie eine Höchstgeschwindigkeit von 260 km/h genannt. Am 23. September 1969 – die IAA hatte gerade die Pforten geschlossen – folgte der Beweis, als mit Wagen 3 auf Rennbereifung die Fahrleistungen des C 111 auf der Autobahn Karlsruhe - Basel gemessen wurden. Der installierte 3-Scheiben-Motor KE 312 mobilisierte eine Höchstleistung von 285 PS/210 kW, das fahrfertige Gewicht hatte man durch Entnahme des Reserverades und einen fast leeren Tank auf 1150 kg gebracht. Bei der Höchstgeschwindigkeitsmessung, die wegen der erwarteten Verkehrsverhältnisse um 6 Uhr morgens durchgeführt wurde, erreichte der C 111 mit Guido Moch am Steuer eine Spitzengeschwindigkeit von 263 km/h. Das Beschleunigungsverhalten wurde als unzureichend empfunden, weshalb im Versuchsbericht vom 3. Oktober 1969 empfohlen wurde, künftig einen 4-Scheiben-Motor zu verwenden. Das Anfahrverhalten aus dem Stand bezeichnete Moch bei den vorhandenen Übersetzungen als sehr problematisch: Maximale Beschleunigung war nur mit längerem Schleifenlassen der Kupplung möglich, und nach insgesamt vier scharfen Anfahrversuchen war die Kupplung, wie Moch es formulierte, »praktisch zerstört«.

Noch vor dieser praktischen Messung hatte der Konstruktionsbereich Fahrleistungsdiagramme für den C 111 mit 3-Scheiben- und mit 4-Scheiben-Motor errechnet und am 15. September zusammen mit Vergleichswerten in einer Mitteilung an Entwicklungschef Scherenberg zusammengefasst. Bei angenommenen Motorleistungen von 280 PS/206 kW bzw. 375 PS/276 kW ergaben sich Höchstgeschwindigkeiten von 275 bzw. 300 km/h und Beschleunigungszeiten von 6 bzw. 5,1 Sekunden. Die Vergleichsrechnungen mit zwölf Sportwagen von Mercedes-Benz und anderen Marken ergaben, dass über eine Wegstrecke von 1000 Metern nur der Lamborghini Miura mit 370 PS/272 kW und einem fahrfertigen Gewicht von 1075 kg schneller war als der C 111 mit 4-Scheiben-Motor.

Am 18. September 1969, gut zwei Wochen bevor Guido Moch in seinem Versuchsbericht empfohlen hatte, im C 111 künftig auf den 4-Scheiben-Motor zu setzen, hatte Hans Scherenberg bereits entschieden, dass der C 111 ausschließlich mit der stärkeren Variante weiterentwickelt werden soll. Außerdem sollte der 4-Scheiben-Motor

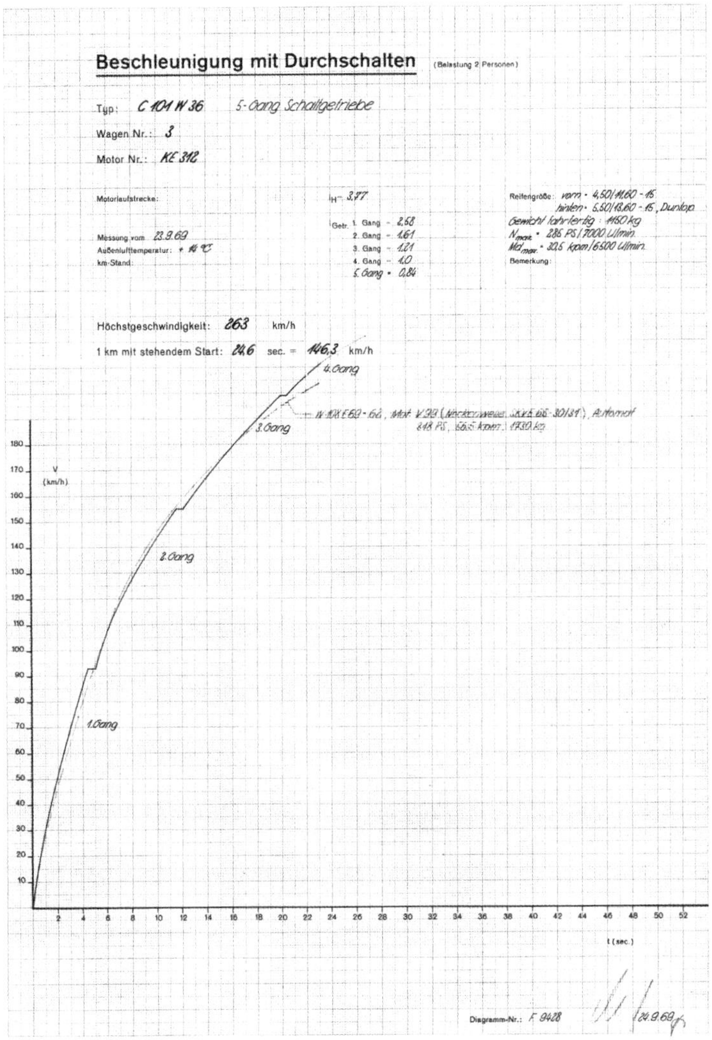

Das Beschleunigungsdiagramm zu den Fahrleistungsmessungen am 23. September 1969 weist einen Wert von 5,5 Sekunden für den Sprint von 0 auf 100 km/h aus. Der als Vergleichsfahrzeug herangezogene W 108 Versuchswagen mit einem 318 PS/234 kW starken 6,9-Liter-Motor war zunächst praktisch gleich schnell, fiel jedoch ab 180 km/h zurück.

in den zukünftigen Pkw-Baureihen 107 und 116 Verwendung finden. Wie eine vom 1. Oktober 1969 datierende Konstruktionszeichnung ausweist, hatte man auch eine Variante des C 111 mit zwei 2-Scheiben-Motoren und zentralem Kraftstofftank konstruiert und die zu erwartenden Fahrleistungen errechnet, diese Variante aber nicht weiterverfolgt.

Ebenfalls im September hatte die Versuchsabteilung in Untertürkheim das Anfahrverhalten des C 111 untersucht, das zuvor immer wieder moniert worden war, und die Ergebnisse in einer Mitteilung vom 26. September 1969 zusammengefasst. Untersucht

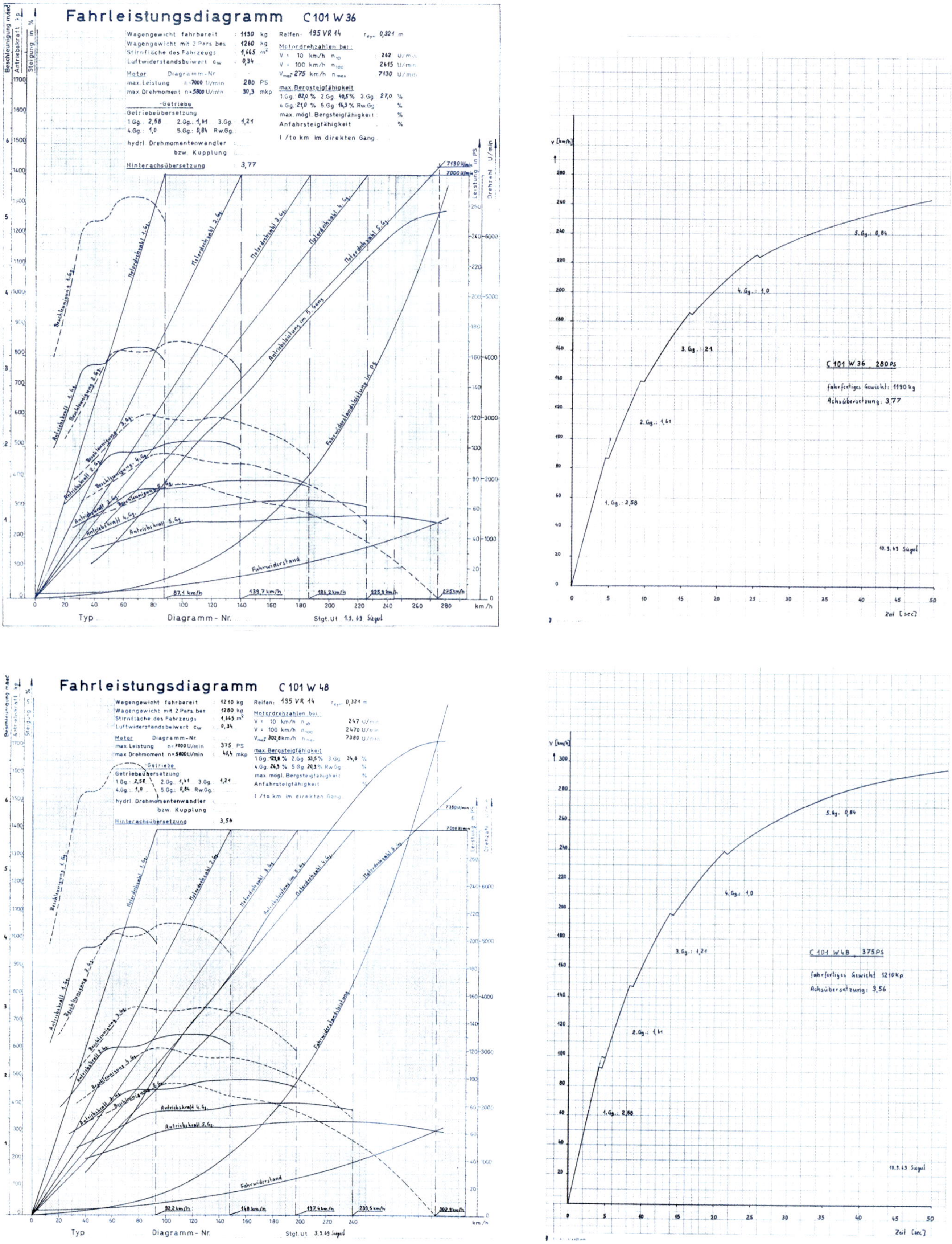

Fahrleistungs- und Beschleunigungsdiagramme des C 111 mit 3-Scheiben-Motor und 4-Scheiben-Motor, errechnet am 03.09. bzw. 10.09.1969.

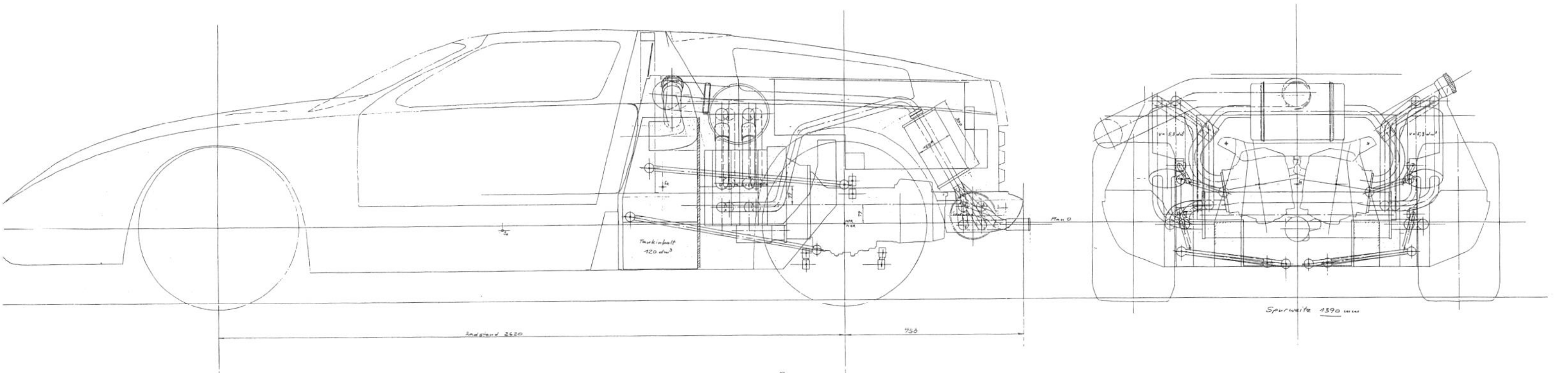

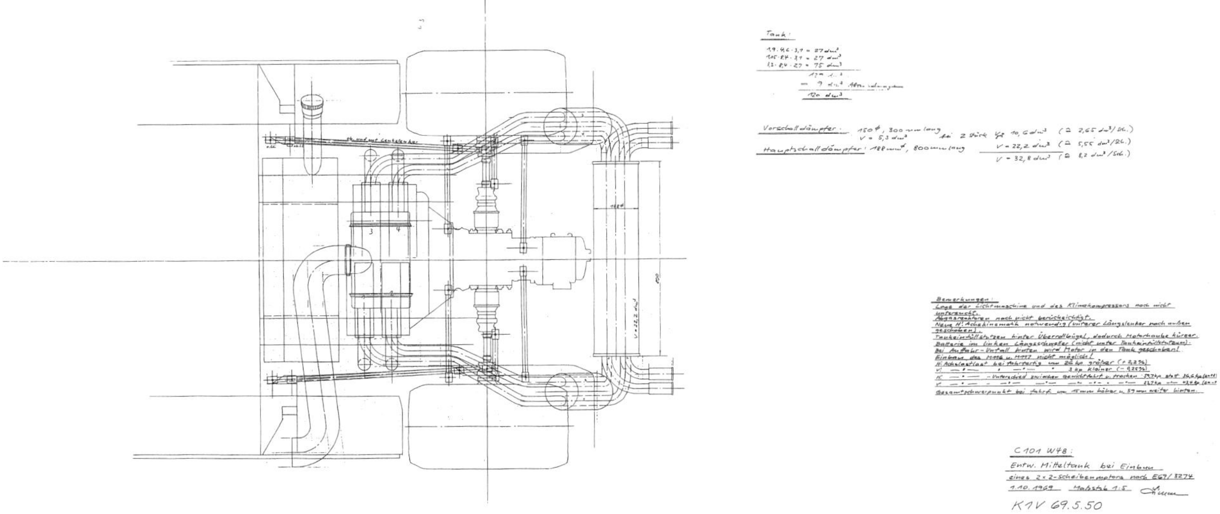

Die Konstruktionszeichnung vom 1. Oktober 1969 zeigt die nicht realisierte Variante eines C 111, der mit zwei 2-Scheiben-Motoren und einem zentralen Tank ausgerüstet war.

wurde Wagen 2, der über eine normale Kupplungsscheibe mit Belagfeder und Torsionsdämpfer verfügte, und Wagen 3 mit vereinfachter Scheibe ohne Belagfederung und ohne Torsionsdämpfer. Dabei zeigte sich, dass mit Wagen 2 ein schneller Start aus dem Stand nur möglich war, wenn man die Kupplung mit 3000 bis 4000/min schleifen ließ, was der Belag natürlich nicht aushielt. Beim normalen Anfahren wurde der Motor abgewürgt. Bei Wagen 3 mit der nicht-gefederten Lamelle erwies sich das Anfahren als noch schwieriger: An der 20-%-Steigung kam man »nur als versierter Fahrer nach vorheriger Übung mit stinkender Kupplung weg«, wie es der Versuchsbericht formulierte. Als Abhilfe wurde eine kürzere Übersetzung für den 1. Gang – z. B. 3,00 statt 2,58 – vorgeschlagen, und dies auch gleich rechnerisch untermauert: Die geleistete Arbeit, die beim Anfahrvorgang in Wärme umgewandelt wird, wurde für einen 300 SEL 3.5 mit 373 mkp errechnet, für den C 111 dagegen mit 3420 mkp. Durch die vorgeschlagene Änderung der Getriebeübersetzung reduzierte sich der berechnete Wert auf immer noch sehr hohe 1130 mkp.

Trotz einer Reihe von Herausforderungen war der C 111 insgesamt als durchschlagender Erfolg zu werten. Dass stilistische Überarbeitungen notwendig erschienen und vor allem die Sichtverhältnisse und die Kühlung verbessert werden mussten, tat dem keinen Abbruch, zumal die erforderlichen Modifikationen von den Verantwortlichen bereits beauftragt worden waren.

Kein Selbstläufer: der Entwicklungsstand im Herbst 1969

Am 24. Oktober, gut einen Monat nachdem die IAA mit dem Starauftritt des C 111 zu Ende gegangen war, dokumentierte der Versuch Vorentwicklung den erreichten Stand und die wesentlichsten Untersuchungsergebnisse in einem ausführlichen Versuchsbericht. Dieser Bericht fasst den Entwicklungsstand sehr gut zusammen und soll hier in Auszügen zitiert werden:

»[...] Der Beginn der Pressevorführungen am 1.9. und der teilweise auch vorher schon intensive Einsatz für Demonstrationszwecke erlaubte auch bei optimaler Auswertung der verbliebenen Zeit keine systematische Entwicklung im üblichen Umfang. Es wurde aber zwangsläufig ein Überblick über die Probleme eines sportlichen Mittelmotorwagens gewonnen, besonders in Zusammenhang mit dem Wankelmotor, einer Kunststoff-Karosserie und modernen Rennreifen. [...]

Die Konzeption des C 101 als Mittelmotorwagen ermöglichte eine extrem niedrige Bauweise mit tiefer Schwerpunktlage und kleiner Stirnfläche. Die seitliche Anordnung der Tanks trägt wesentlich dazu bei, das Trägheitsmoment um die Hochachse und Differenzen in der Achslastverteilung gering zu halten. Die erwarteten günstigen Auswirkungen auf das Fahrverhalten – besonders in Kurven – wurden im Laufe der Versuche bestätigt.

Die Karosserie hat zunächst formal im allgemeinen gefallen, wenn sie auch vereinzelt heftig kritisiert wurde. Die Sichtverhältnisse waren dagegen von vornherein unzureichend. [...] Durch die für weitere Prototypen inzwischen vorgesehenen stilistischen Änderungen (Erniedrigung der Gürtellinie) sollte neben einer Verbesserung der Sicht nach vorn und zu den Seiten auch die zum Teil kritisierte psychologische Einengung durch das für heutige Verhältnisse sehr hochgezogene Instrumentenbrett weitgehend beseitigt werden. [...] Der Einstieg durch die Flügeltüren ist bei dem niedrigen Wagen vorteilhaft. Ein Kofferraum von 220 dm³ konnte nachträglich dargestellt, weitere Ablagemöglichkeiten müssen noch geschaffen werden.

Aerodynamisch erbrachte die Karosserie auf Anhieb sehr befriedigende Werte (c_W 0,355, bei 250 km/h vorn 15 kp Abtrieb, hinten 50 kp Auftrieb). Im Gegensatz zu dem ersten Versuch mit der Behelfskarosserie ist auch die aerodynamische Richtungsstabilität einwandfrei. Schwierigkeiten bereitete die Kühlluftführung, die im Laufe der Versuche mehrfach geändert werden mußte und der bei der vorgesehenen verbesserten Form noch viel Aufmerksamkeit geschenkt werden muß.

Der Aufbau selbst aus glasfaserverstärktem Polyester-Kunststoff hat sich bisher festigkeitsmäßig bewährt und trägt zweifellos zu der relativ guten Isolierung des Fahrgastraumes gegen Fahrbahn- und Antriebsgeräusche bei. Die große Beweglichkeit bei Änderungen und Improvisationen hat viel bei der schnellen Durchführung der Versuche geholfen. [...] Leider liegt das Gewicht der konstruktiv nicht mittragenden Karosserie mit etwa 240 bis 280 kp (komplett ausgestattet) noch etwas hoch und trägt nicht unwesentlich zu dem Gesamtgewicht von reichlich 1200 kp – fahrfertig mit 120 l Kraft-

Wagen 3 im August 1969 in seiner ursprünglichen weißen Farbgebung, fotografiert auf der Einfahrbahn in Untertürkheim.

Die beiden Seitentanks wurden über je eine Tanköffnung hinter den Vorderrädern befüllt.

Blick in den Motorraum mit dem eingebauten 3-Scheiben-Motor.

Der C 111 mit vorausfahrendem Kamerawagen bei Filmaufnahmen in der Steilwandkurve der Einfahrbahn in Untertürkheim.

stoff und Straßenreifen – bei. (Z. Vglch: Lamborghini Miura mit 4 l – V 12 und 90 l Kraftstoff 1075 kp).

Die Bodengruppe aus Stahlblech ist mit etwas über 150 kp ebenfalls nicht leicht. Hinsichtlich der Steifigkeit und Haltbarkeit hat sie nach Anbau einiger Verstärkungen soweit befriedigt. Änderungen sind besonders im Heckteil noch notwendig.

Der Wankelmotor bestimmt den Charakter des Wagens weitgehend. Positiv werden allgemein der niedrige Geräuschpegel, die Schwingungsfreiheit und die Elastizität vermerkt, während der schwache Durchzug aus niedrigen Drehzahlen nachteilig auffällt und mehr als das wenig ausgeprägte Schieberuckeln den gelegentlichen Wunsch nach einem automatischen Getriebe aufkommen ließ.

Allgemein wirkt der Wagen mit dem M 950 in der 3-Scheiben-Ausführung trotz der durchschnittlichen 280 PS bei 7000 U/min und der damit erreichbaren Geschwindigkeit von 260 km/h untermotorisiert. Erst durch den bisher nur kurzzeitig gefahrenen 4-Scheiben-Motor von zunächst 370 PS erhielt er das erwartete Temperament im ganzen Bereich und wurde fahrleistungsmäßig mit entsprechenden Wagen vergleichbar. [...]

Die Lebensdauer der 3-Scheiben-Motore betrug bisher – unter allerdings zum Teil rennmäßiger Beanspruchung – maximal knapp 6000 km. Ausfallursachen waren hauptsächlich klemmende Dichtleisten sowie Schwierigkeiten mit dem Kühlkreislauf und dem Öldurchsatz. Mit einer wirksamen Abhilfe sollte in nächster Zeit zu rechnen sein.

Die Kraftübertragung geschieht bisher ausschließlich über eine Einscheiben-Trockenkupplung und ein ZF-Fünfganggetriebe in Zweiwellenausführung mit eingebautem Achsgetriebe und Sperrausgleich, wie es serienmäßig z. B. von de Tomaso verwendet wird. Durch das schwache Anfahrmoment und das Fehlen von Getrieben mit niedrig übersetztem 1. Gang wurde die Kupplung bei entsprechend kurzer Lebensdauer bisher hoffnungslos überbeansprucht. Auch mit der vorgesehenen geänderten Übersetzung wird der Einsatz der inzwischen vorbereiteten Zweischeiben-Kupplung nicht zu umgehen sein. (Daneben dürfte die vorgesehene Erprobung eines automatischen Getriebes interessant werden). Die Schaltung befriedigt nach mehrfachen Änderungen einigermaßen. U. a. wurde eine elektrische Sperre für die Ebene des ersten und des Rückwärtsganges improvisiert. [...]

Die Achsen wurden zunächst aus Serienentwicklungen übernommen. Während die leicht abgeänderte W 116-Vorderachse bei entsprechender Einstellung ein präzises Fahrverhalten ermöglicht, konnte mit der Schräglenker-Hinterachse im ersten Wagen kein wirklich einwandfreier Geradeauslauf auf welligen Straßen erzielt werden. [...] Die an den Wagen 2 bis 6 verwendete Doppelquerlenker-Hinterachse in Rennwagen-Bauart mit sehr geringen Spur- und Sturzänderungen beim Durchfedern erwies sich in jeder Hinsicht als wesentlich überlegen.

Die Federung und Dämpfung mußten relativ hart ausgelegt werden, da unter den möglichen Geschwindigkeiten schon bei kleinen Bodenwellen hohe vertikale Beschleunigungen auftreten. Im Laufe der Versuche konnten Einstellungen gefunden werden, die bei sportlicher Fahrweise hinreichend steif wirken, ohne auf der Straße unkomfortabel zu sein. Hierdurch konnte der durch die Federbein-Bauweise erschwerte Austausch der Federn und Dämpfer beim Wechsel von Straßen- und Rennreifen normalerweise vermieden werden. Die Änderung eines Stabilisator-Drehstabs und der Radeinstellungen (Spur und Sturz) bleibt allerdings notwendig und ist verhältnismäßig rasch durchführbar. [...]

Die Bereifung übt einen entscheidenden Einfluß auf das Fahrverhalten aus. Durch das kleine polare Trägheitsmoment um die Hochachse und die relativ zum Radstand breite Spur reagiert der Wagen sehr empfindlich auch auf kleine Störkräfte. [...] Im Vergleich zu konventionell ausgelegten Fahrzeugen sind in jedem Fall viel höhere Kurvengeschwindigkeiten möglich. Dies gilt in verstärktem Maße für die Rennreifen [...], die auch mit einer relativ weichen Gummimischung noch ein günstiges Verschleißverhalten zeigen. Im Straßenbetrieb eignen sich diese Reifen allerdings wegen ihres geringen Fahrkomforts, der hohen Lenkkräfte, dem schlechten Geradeauslauf bei langsamer Fahrt und der Neigung zum Aquaplaning nicht.

Die Lenkung entspricht der Serie W 115. Mit Spindelsteigung 11,5 mm konnte ein Kompromiß zwischen den Forderungen nach genügend direkter Übersetzung und nicht zu hohen Lenkkräften getroffen werden. Gegenüber den in vergleichbaren Fahrzeugen verwendeten Zahnstangen-Lenkungen konnte kein spürbarer Nachteil festgestellt werden. Der Lenkrad-Durchmesser wurde mit 380 mm allgemein akzeptiert. An eine Servolenkung wird vorerst nicht gedacht.

Die Bremsen erforderten in Anbetracht des Wagengewichts und der möglichen Fahrgeschwindigkeit belüftete Räder und Bremsscheiben. Für den Straßenbetrieb erwies sich außerdem ein Bremskraftverstärker als notwendig, während für sportliches Fahren eine verstärkerlose Ausführung bevorzugt wurde. Z.Zt. werden noch Bremssättel aus Grauguß verwendet. Trotz 45/55 % Achslastverteilung und niedrigem Schwerpunkt muß die Vorderachse den überwiegenden Anteil der Bremskräfte übernehmen (vorn Bremssättel mit 57, hinten 38 Ø). Für sie ist daher eine zusätzliche Anblasung vorgesehen.

Die Seitentanks sind nach anfänglichen Versuchen mit Kunststoff und kunststoffbeschichtetem ebenem Leichtmetallblech jetzt aus Weichaluminium in abgerundeter Form ohne Zwischenschotte gefertigt und ausgeschäumt. Da sie zweifellos stärker unfallgefährdet sind, sind noch Untersuchungen an Gummitanks vorgesehen. Nach zahlreichen Versuchen [...] wurde [...] eine unter allen Umständen befriedigende Kraftstoffzuführung und Betankungsmöglichkeit erreicht. Versuche zur Vereinfachung laufen noch.

Noch nicht erprobt wurden bisher u. a. eine Abgasentgiftung und der Einbau einer Klimaanlage. Auch steht z.Zt. eine Dauererprobung aus.«

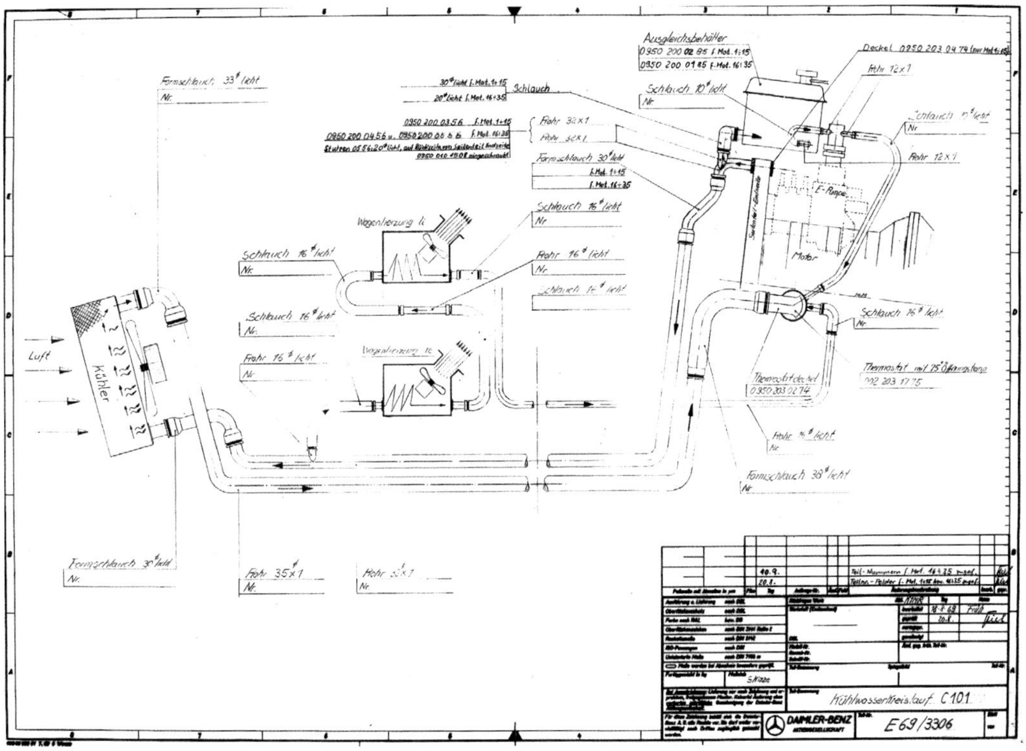

Auf dieser Prinzipzeichnung vom 18. August 1969 ist der Kühlwasserkreislauf des C 111 dargestellt. Die bei den Versuchsfahrten beobachteten thermischen Probleme gaben immer wieder zu Änderungen Anlass.

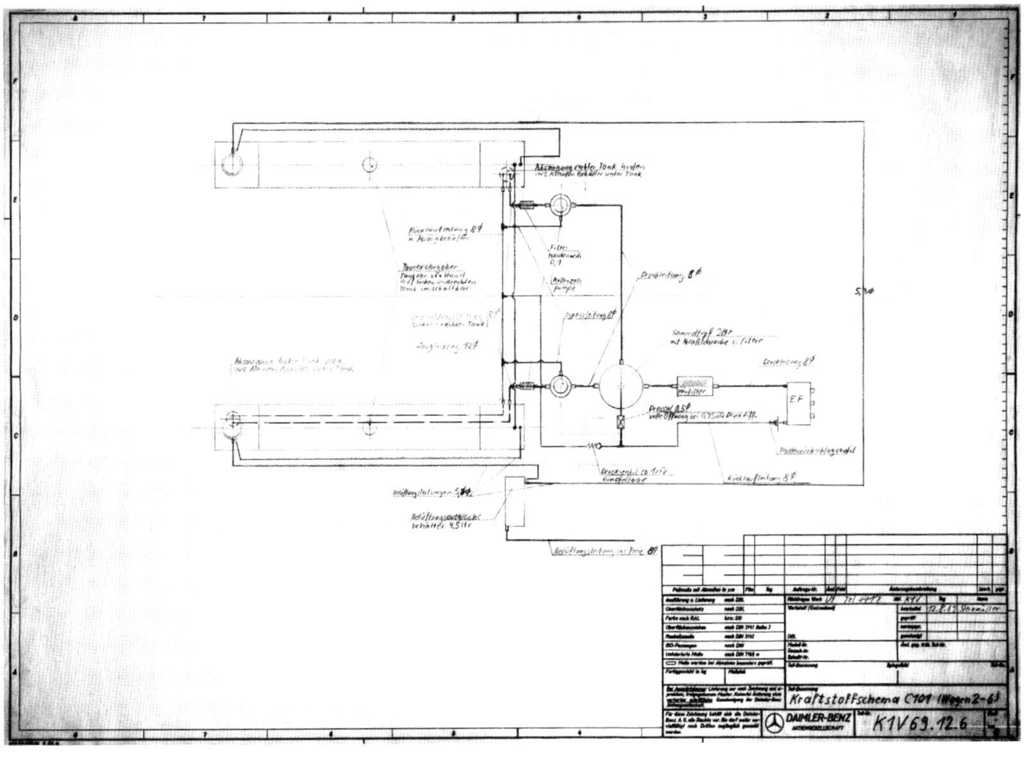

Die Schemazeichnung vom 12. Juni 1969 stellt die Kraftstoffanlage des C 101 dar, wie sie bei Wagen 2 bis 6 realisiert wurde.

Anspruchsvolle Ziele: die Weiterentwicklung des C 111

Zusammenfassend stellte der Bericht fest, dass »eine Weiterentwicklung auf jeden Fall lohnend« erscheint. Die dafür benötigten Versuchsfahrzeuge standen allerdings nur sehr begrenzt zur Verfügung. Wagen 3 wurde im Herbst 1969 zur Durchführung von Karosserieversuchen nach Sindelfingen abgegeben. Neben dem nur mit Motorattrappe ausgerüsteten IAA-Ausstellungswagen standen somit nur noch drei Fahrzeuge für die systematische Straßenerprobung bereit. Als große Herausforderung erwies sich auch die mangelnde Verfügbarkeit einbaufertiger Wankelmotoren, sei es in 3-Scheiben- oder 4-Scheiben-Ausführung. Vor diesem Hintergrund wurde Ende 1969 ein leistungsgesteigerter 4,5-Liter-V8 der noch nicht eingeführten Motorenbaureihe M 117 vorbereitet. Dank der

Wagen 5 (nach neuer Nomenklatur Wagen 25), der ehemalige Standwagen der IAA, erhielt im Juni 1970 einen 4,5-Liter-V8-Motor der noch nicht eingeführten Baureihe M 117, da Wankelmotoren nach wie vor als Mangelware galten. Gut erkennbar sind die geänderte Kühlluftführung und die wegen des höher bauenden V8-Motors modifizierte Heckklappe.

Der in Wagen 25 eingebaute 4,5-Liter-V8-Motor füllte den Motorraum sehr gut aus – so gut, dass die Heckklappe angepasst werden musste.

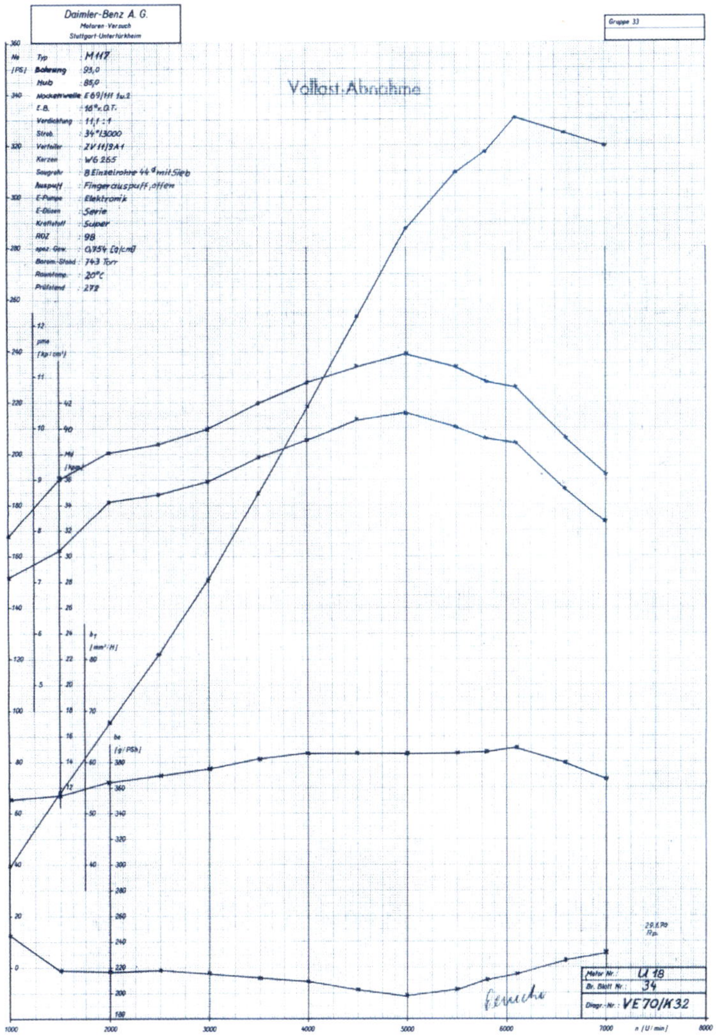

Leistungsdiagramm des in Wagen 25 verwendeten 4,5-Liter-V8-Motors U 18. Der mit acht Einzelansaugstutzen ausgerüstete Achtzylinder mobilisierte beeindruckende 330 PS/242 kW bei 6100/min.

Verwendung von acht Einzelansaugstutzen leistete der Hubkolbenmotor mit der individuellen Motornummer U 18 beeindruckende 330 PS/242 kW bei 6100/min. Einen weitestgehend gleichen V8 hatte man im Oktober 1969 bereits in Wagen 4 eingebaut, der aber schon nach drei Monaten wieder auf einen 3-Scheiben-Wankel umgerüstet wurde. So kam dieser ganz besondere M 117 schließlich in Wagen 25 zum Einsatz, nachdem dieser von seiner Ausstellungs-Welttournee zurückgekehrt war.

Bei der Erprobung fiel der C 111 mit V8-Motor »auf den ersten 1500 km besonders durch beachtliche Verbrauchswerte auf: Kraftstoff 46,7 l/100 km, Öl 10,5 l/1000 km« – so formulierte es Dr. Hans Liebold am 30. Oktober 1970 in einer Mitteilung an Dr. Kurt Obländer, im Pkw-Motorenversuch verantwortlich für Einspritzmotoren.

Das Triebwerk wirkte zudem rauer und unkultivierter als die in den Schwesterfahrzeugen installierten Wankelmotoren. Diese waren zwar direkt mit dem hinteren Träger der Rahmenbodenanlage verschraubt, vermittelten aber mit ihrer Laufcharakteristik das Gefühl, tatsächlich weich und elastisch aufgehängt zu sein. Die Zeitschrift »sport auto« zitierte Hans Liebold dazu im September 1986 wie folgt: »Als wir zu Versuchszwecken erstmals unseren bekannt kultiviert laufenden Achtzylinder ohne geräuschdämmende Elastiklager eingebaut haben, saßen wir anschließend vorn im Cockpit und fürchteten uns vor der rappelnden Rübenmühle im Motorraum.« Der Wagen ließ sich aber im Alltagsverkehr dennoch sehr angenehm fahren und diente Fritz Naumann eine Zeit lang als »Dienstwagen«, mit dem der Versuchsingenieur zahlreiche Erprobungsfahrten unternahm.

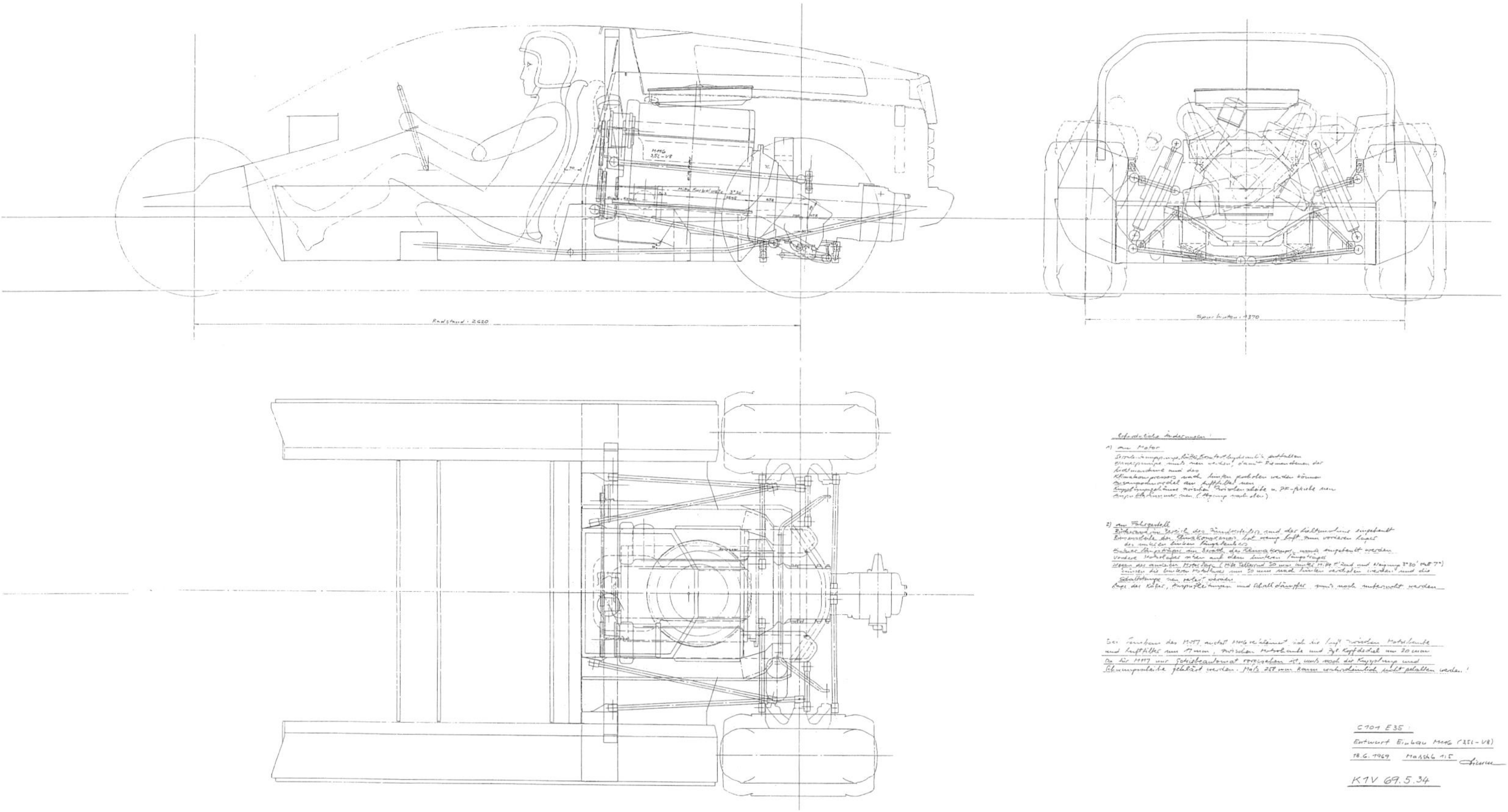

Die Konstruktionszeichnung vom 18. Juni 1969 zeigt den C 111 mit V8-Motor. Dargestellt ist der 3,5-Liter-Motor M 116, aber auch die etwas höher bauende 4,5-Liter-Variante M 117, die dann in Wagen 5 eingebaut wurde, ist mit ihren räumlichen Implikationen vermerkt.

Im Herbst 1969 hatte man für die C 111 Versuchswagen eine neue interne Nomenklatur eingeführt. Diese setzte nicht mehr auf eine fortlaufende Nummerierung aller gebauten Exemplare, sondern differenzierte zwischen den beiden Serien: So wurden die fünf Wagen der ersten Serie nun mit den Nummern 22 bis 26 bezeichnet, und die Wagen der im März 1970 präsentierten zweiten Serie starteten mit Nummer 31. So nachvollziehbar dieses System grundsätzlich auch sein mag, so wenig stringent erscheint die Einreihung des »Hobels« als Wagen-Nr. 21. Leichter verständlich wäre wohl die Nummer 11 gewesen, wobei der erste »richtige« C 111 dann die Reihe mit 21 fortgesetzt hätte. Eine der Nummern wurde zweimal vergeben: Als Ersatz für den verunfallten Wagen 24 entstand im April 1970 ein neues Fahrzeug, das die interne Nummer 24 a erhielt.

Auch die Wagen 22 und 23 (ursprünglich als Wagen 2 und Wagen 3 bezeichnet) wurden im Juli bzw. Juni 1970 auf den 4-Scheiben-Motor umgerüstet und standen zusammen mit Wagen 26 und den nach und nach fertiggestellten Fahrzeugen der zweiten Generation für die Dauererprobung bereit. Wenngleich die im März 1970 präsentierte, in vieler Hinsicht optimierte zweite Ausführung inzwischen den neuesten Entwicklungsstand verkörperte, wurden die Fahrzeuge der ersten Generation als Versuchswagen zur weiteren Erprobung aller Komponenten dringend benötigt und führten immer wieder zu Erkenntnissen, die in die Entwicklung einflossen.

Bei der Dauerlauferprobung von Wagen 22 erwies sich die probeweise Verlegung des Vorschalldämpfers unter den Kofferraum, insbesondere in Kombination mit dem 4-Scheiben-Motor, aus Temperaturgründen als äußerst ungünstig. So verschmorte das rahmenseitige rechte Sturzstrebengelenk trotz Abschirmung mit Aluminium und Asbest. Der Kofferraumboden wurde im Bereich des Vorschalldämpfers trotz einer ca. 10 mm starken Glaswollematte und zusätzlichem Aluminiumblech so heiß, dass er sich verformte und die im Inneren verlegte Teppichmatte gelb angesengt wurde. Zudem hatte sich der Rahmenholm in der Umgebung des Auspuffs verzogen und war korrodiert. Rudolf Uhlenhaut stimmte daraufhin der Rückverlegung über den rechten Radlauf zu, wie Fritz Naumann in einer Mitteilung vom 28. August 1970 festhielt. Ein Berührungsschutz sollte Verletzungen durch das heiße Auspuffrohr verhindern. Mit dem im August 1970 installierten 4-Scheiben-Motor KE 406 erreichte Wagen 22 im Straßendauerlauf schließlich beachtliche 62.819 km ohne Schäden, wobei allerdings die Höchstgeschwindigkeit auf 220 km/h und das Drehzahl-

Auspuffrohr und Vorschalldämpfer wurden probeweise neben das Getriebe unterhalb des Kofferraums verlegt, wie die Fotos von Wagen 32 (links, aufgenommen am 26.02.1970) und Wagen 24 a (rechts, aufgenommen am 08.05.1970) zeigen. Diese auch in Wagen 22 umgesetzte Änderung erwies sich wegen der Temperaturentwicklung als wenig praktikabel und wurde zugunsten der ursprünglichen Position über dem rechten Radlauf rückgängig gemacht. Das auf dem rechten Bild erkennbare Abschirmblech hatte die ihm zugedachte Funktion nur begrenzt erfüllen können.

maximum auf 6000/min begrenzt war. Nach einem Unfall mit Totalschaden im April 1972 endete die Dauererprobung dieses Versuchswagens, der im Mittel 26,9 Liter Kraftstoff pro 100 Kilometer und 2,5 Liter Öl auf 1000 Kilometer verbraucht hatte.

Mit Wagen 23 wurde im April 1970, noch vor dem Einbau eines 4-Scheiben-Motors, ein erster Versuch mit Klimaanlage unternommen, nachdem man das System ohne Zeichnungsunterlagen und mit einem hohen Maß an Improvisation installiert hatte. Möglich war dies vor allem deshalb, weil der 3-Scheiben-Motor genügend Bauraum für die Montage des Klimakompressors und der anderen Komponenten ließ. Als Fazit der Versuche ergab sich, dass die Kaltluftaustrittsöffnungen an der Seite und in der Mitte zu tief und zu weit vom Fahrer entfernt angeordnet waren, die geförderte Luftmenge nicht ausreichte, der Lufteintritt für den Kondensator zu klein sowie der Kondensator selbst zu wenig leistungsfähig und die Lichtmaschinenleistung für drei Zusatzgebläse zu gering war. Immerhin wurde bei der Messung im Klimaraum bei 30 °C Umgebungstemperatur und einer Motordrehzahl von 1000/min nach 10 Minuten eine Innenraumabkühlung von 11,8 °C und nach 20 Minuten von 14,1 °C gemessen. Nach 30 Minuten wurde die Drehzahl auf 3000/min erhöht, und die Innenraumabkühlung pendelte sich bei gut 15 °C ein. Der im Stand durchgeführte Versuch wurde in der 53. Minute abgebrochen, nachdem die Kühlwassertemperatur 120 °C erreicht hatte. Infolge der hohen Auspufftemperatur wurde der Lack an den Luftaustrittskiemen der Außenhaut verbrannt.

Im Frühsommer 1971 wurde Wagen 23 auch bei Untersuchungen zur Abgasentgiftung durch Abgasnachverbrennung eingesetzt. Da sich die Schadstoffe (hauptsächlich die Kohlenwasserstoffe) im Abgas eines Wankelmotors prinzipbedingt weit weniger gut durch konstruktive Änderungen am Motor senken lassen, als es bei Hubkolbenmotoren durch Änderung von Verdichtung, Brennraumgestaltung,

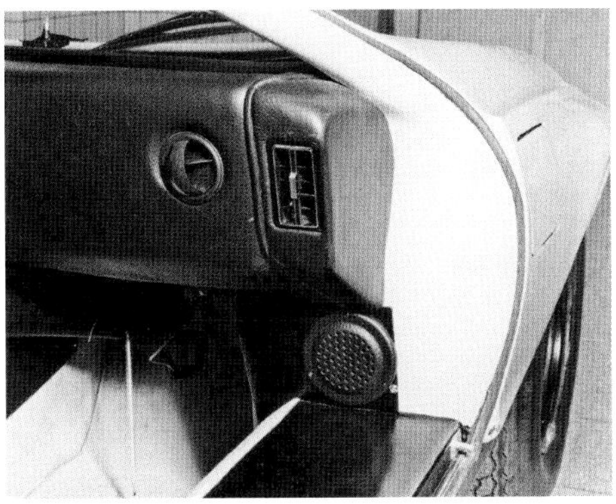

Wagen 23 wurde als erster C 111 versuchsweise mit Klimaanlage ausgerüstet. Die Fotos zeigen die Kaltluftaustrittsöffnung im Armaturenbrett (links) und in der Mittelkonsole (Mitte) sowie den Klimakompressor im Motorraum (rechts).

Hub und Bohrung möglich ist, bot sich als Verfahren zur Schadstoffreduzierung die Abgasnachverbrennung an. Diese hatte im Vergleich zur katalytischen Nachbehandlung den Vorteil geringer Leistungseinbußen, großer Lebensdauer und eines geringeren Platzbedarfs.

Der in Wagen 23 verwendete Motor KE 403 wurde für die Versuche zunächst auf dem Prüfstand montiert und die bereits entwickelte Einrohr-Auspuffanlage mit einer Leitung für die Zufuhr der Sekundärluft zur Nachverbrennung versehen. Kurz vor Eintritt des Sammelrohrs in den Vorschalldämpfer wurde zur Unterstützung der Nachverbrennung eine mit Summerzündung betriebene Zündkerze montiert. Das Sammelrohr nach der Rohrzusammenführung und der anschließende Vorschalldämpfer wirkten als Reaktor, und die Sekundärluft wurde über ein Rückschlagventil von den ausströmenden Abgasen selbst angesaugt. Der Motor wurde auf dem Prüfstand auf günstigste Abgaswerte eingestellt, anschließend erneut in den Wagen 23 eingebaut und auf dem Rollenprüfstand getestet.

Wie der Entwicklungsbericht vom 11. August 1971 feststellte, wurden die Leistung von 336 PS/247 kW und das maximale Drehmoment von 39 kpm trotz der Nachbrennanlage ohne Verluste beibehalten. Auch sonst gab sich der Bericht optimistisch: »Die gemessenen Abgaswerte, die sich durch Einbau einer Flammstartanlage noch wesentlich verbessern lassen dürften, zeigen, daß durch Einsparung einer Luftpumpe und Kombination von Vorschalldämpfer/Reaktor eine relativ preisgünstige Abgasentgiftungsanlage am 4-Scheiben-Wankelmotor zu verwirklichen ist.«

Der seit August 1969 eingesetzte Wagen 4 bzw. 24 stand seit Januar 1970 nach einem Unfall in Hockenheim nicht mehr zur Verfügung. Ein Versuchsfahrer war mit dem Nordtor der Rennstrecke kollidiert, wobei der schwere Torflügel aus den Angeln gerissen wurde. Während der Fahrer zum Glück mit dem Schrecken davonkam, wurde der Wagen im Frontbereich schwer beschädigt. Die Entwicklung in Sindelfingen, die das Fahrzeug im Austausch gegen Wagen 3 als Karosserie-Versuchswagen hätte erhalten sollen, bekam im Juli 1970 als Ersatz ein neues Fahrzeug, das man mit einer Karosserie der im März 1970 präsentierten zweiten Ausführung aufgebaut hatte. Es erhielt die Wagen-Nummer 24 a, obwohl es rein äußerlich der zweiten Serie zuzuordnen wäre, und wurde mit dem Kennzeichen BB – K 390 zugelassen. Da nicht genügend 4-Scheiben-Motoren zur Verfügung standen, wurde der 3-Scheiben-Motor KE 308 eingebaut.

Wagen 24 nach seiner Kollision mit dem Nordtor des Hockenheimrings im Januar 1970. Der Wagen wurde provisorisch repariert und kam dann bei zwei Crashtests zum Einsatz, mit denen die Unfallsicherheit der Kraftstofftanks erforscht wurde.

Der Unfallwagen, dessen Karosserie man zwischenzeitlich weitestgehend instandgesetzt hatte, wurde im Juni 1970 für zwei Crashtests auf dem Testgelände in Sindelfingen genutzt. Dabei ging es insbesondere um die Unfallsicherheit der in den Längsträgern montierten Kraftstofftanks.

Ebenfalls im Juni 1970 konnte der C 111 der ersten Ausführung noch einmal zeigen, was in ihm steckt. Wagen 6, inzwischen als Wagen 26 bezeichnet, wurde am 2. Juni für Höchstgeschwindigkeitsmessungen auf der Autobahn zwischen Lahr und Riegel eingesetzt. Gut acht Monate zuvor hatte Wagen 3 mit 3-Scheiben-Motor auf der gleichen Strecke 263 km/h erreicht. Wegen der erwarteten Verkehrsverhältnisse wurde die Messfahrt um 4 Uhr früh begonnen. Wagen 26 war mit dem 4-Scheiben-Motor KE 405 ausgerüstet, bei dem man vier 800 mm lange Einzelauspuffrohre zu einem Sammelstutzen geführt und diesen mit den bisherigen Auspufftöpfen verbunden hatte. Ansaugseitig wurden vier 500 mm lange Rohre paarweise zu einem Doppel-Ansaugfilter geführt. Mit diesen Optimierungen erreichte KE 405 auf dem Prüfstand eine Leistung von 400 PS/294 kW bei 6700/min, und Wagen 6 erzielte im Mittel aus beiden Richtungen auf Anhieb eine Geschwindigkeit von 295 km/h. Die über 140 °C ansteigende Öltemperatur erzwang allerdings nach jeweils 4 bis 5 km Vollgasfahrt einen Abbruch der Messung. Bei weiteren Versuchen mit den im Abrollumfang leicht größeren Hinterreifen der Dimension 5.50/13.60-15 und etwas fetterer Motoreinstellung wurde im Mittel aus beiden Richtungen 297 km/h erreicht, und nach Abbau der beiden Außenspiegel betrug die Höchstgeschwindigkeit 299 km/h. Anschließend wurden noch Beschleunigungsversuche durchgeführt, bei denen sich die inzwischen montierte Zweischeibenkupplung als ausgezeichnet standfest erwies. Gemessen wurden 5,3 Sekunden für 0–100 km/h und 15,1 Sekunden für 0–200 km/h. Für einen Kilometer mit stehendem Start benötigte Wagen 26 nur 22,9 Sekunden und erzielte dabei eine Endgeschwindigkeit von 237 km/h.

Neue Generation: der C 111-II

Der Versuchswagen, der im Juni 1970 bei den Fahrleistungsmessungen spektakuläre Ergebnisse erzielt hatte, repräsentierte zu diesem Zeitpunkt schon nicht mehr den neuesten Entwicklungsstand. Bereits ein Jahr zuvor hatte man die Weichen für eine grundlegende Überarbeitung des Mittelmotorsportwagens gestellt. Hintergrund dieser Maßnahmen war der Umstand, dass die äußere Form nicht in allen Punkten ungeteilte Zustimmung fand und immer wieder Kritik an einzelnen Gestaltungsmerkmalen hervorrief. Dazu trug auch eine Besichtigung durch die Daimler-Benz Aufsichtsratsmitglieder Friedrich-Karl Flick und Eberhard von Brauchitsch am 23. Juli 1969 bei. Am Tag danach stellte Friedrich Geiger in einer Notiz über den Besuch fest, in der Form gefalle der Typ sehr gut. Der Einsatzzweck des Fahrzeugs sei aber wohl noch nicht klar definiert, weshalb »man noch größeren Wert auf das Äußere legen« sollte. Daher beauftragte er seine Mitarbeiter Bruno Sacco und Joseph Gallitzendörfer damit, »die bestehende [Form] nochmals zu überarbeiten, um das Aussehen zu steigern«. Aus Kapazitätsgründen könne dies, wie Geiger schrieb, »im Entwurfsbüro lediglich als Pufferarbeit betrieben« werden, sei »jedoch so voranzutreiben, daß wir bald zu einem Resultat kommen«. Gut eine Woche später, am 1. August, gab der Chefstilist in Auftrag, das bestehende Sitzgestell »in kürzester Zeit (14 Tage)« zu einem zweiten 1:1-Plastilin-Modell zu komplettieren. Dabei sollten auch die Lage der Windschutzscheibe und die »Windschutzstützen« (A-Säulen) geändert werden – vor allem zugunsten der Sichtverhältnisse für den Fahrer, die am zwischenzeitlich fertiggestellten Wagen 2 vielfach bemängelt wurden. Zur Erstellung eines vollständigen Einstiegsmodells fehlte am Ende die Zeit, man improvisierte aber mit einem 1:1-Karosseriemodell mit Scheibendurchbrüchen und Türen, das die Beurteilung der Sichtverhältnisse ermöglichte.

Die Formänderungen am C 111 wurden zunächst durch Vermessung des 1:5-Modells auf ihren aerodynamischen Effekt untersucht. Erprobt wurden dabei auch Kotflügelverbreiterungen, wie am Modell im Bild oben rechts dargestellt.

Für die von Geiger beauftragte Komplettierung des Sitzgestells zum 1:1-Tonmodell fehlte die Zeit. Das improvisierte 1:1-Einstiegsmodell gestattete die Beurteilung der Sichtverhältnisse in Abhängigkeit von den Formänderungen am Vorderwagen.

Detailarbeit mit großer Wirkung: die Designentwicklung zum C 111-II

In ihren Grundzügen begann sich die neue Form schon Ende August 1969 zu manifestieren. Nach einem Besuch von Rudolf Uhlenhaut am 21. August fasste Friedrich Geiger die bereits erzielten Fortschritte und die noch zu bearbeitenden Punkte in einer Notiz zusammen. Für eine bessere Sicht nach seitlich vorn hatte man die Windschutzscheibe verbreitert, um 35 mm nach hinten versetzt und unten in den Kotflügelbereich geführt, außerdem die A-Säule weiter nach hinten gezogen und die Unterkante der Seitenscheiben etwa 40 mm tiefergelegt. Zur Verbesserung der Sicht nach hinten rechts sollte die prägnante Jalousie im Heckbereich so abgeändert werden, dass der Durchblick nach hinten möglich wird. Das Heckfenster sollte die ganze Breite der Mittelwand ausnutzen und der Kofferdeckel so ausgeschnitten werden, dass die Sicht bis über den Bereich Mitte Hinterrad möglich ist. Eine Verbesserung der Sicht nach hinten links wollte man durch Verlängerung des Seitenfensters bis an die Mittelwand erzielen, was eine Verlängerung der Türen erforderlich machte. Das Armaturenbrett hatten die Stilisten »wegen eines besseren Raumgefühls« tiefer angeordnet, Uhlenhaut bemängelte jedoch, dass das rechte Instrument nicht eingesehen werden konnte und versetzt werden musste. Zudem äußerte er den Wunsch, zusätzlich zu einem praxisgerechten Kofferraum unter der Motorhaube auch zwei Außenkoffer vorzusehen.

Fünf Tage später begutachtete Uhlenhaut anhand von Zeichnungen die avisierten Maßnahmen zur Verbesserung der Sichtverhältnisse und platzierte auch gleich weitere Wünsche, die der Chefstilist am 26. August in einer Mitteilung an Karl Wilfert dokumentierte: »1.) Das Heckfenster soll größer ausgebildet« und »die Unterkante zur Motorhaube hin abgeschrägt werden. 2.) Es soll eine Klimaanlage vorgesehen werden. 3.) Der Lufteinlaß vorn unten soll bei der Neugestaltung besonders berücksichtigt« [... und ...]. »4.) [...] die neuen Türschlösser baldigst eingebaut werden.« Bezüglich der Heckgestaltung stellte Geiger fest, »daß der 4-Scheiben-Wankelmotor berücksichtigt werden muß; vornehmlich die Unterbringung der Auspuffanlage hinter dem Getriebe, so daß [...] der Wagen nicht um 60 mm, sondern um 100 mm verlängert werden muß.«

Im September experimentierte man noch mit Wölbungen auf der Fronthaube, die an Powerdomes erinnerten und die, ebenso wie Kotflügelverbreiterungen, an 1:5-Modellen im Windkanal untersucht wurden. Gut drei Wochen später war die Designentwicklung nahezu abgeschlossen, und am 21. Oktober 1969 zeigte das 1:1-Claymodell die weitgehend endgültige Linienführung. In der Technischen Besprechung am 27. Oktober, in der das kurzfristig erstellte provisorische Sitz- und Sichtmodell begutachtet wurde, und einer am nächsten Tag folgenden Projektbesprechung der Karosserieentwicklung wurde allerdings noch eine Reihe von gestalterischen und funktionsbedingten Detailänderungen definiert. Erneut ging es vorrangig um die Verbesserung der Sichtverhältnisse. Dazu sollte die Oberkante der vorderen

Das Plastilin-Modell in 1:1 präsentierte den Stand der Formentwicklung am 22. August 1969. Die auffälligen, um die Ecke gezogenen Heckleuchten wurden ebenso wenig realisiert wie der links auf dem Heckdeckel platzierte Schriftzug C 111.

Am 29. September 1969 zeigte das 1:1-Modell neben den ausgeprägten Öffnungen für den Kühllufteinlass und –auslass auf der Fronthaube auch zwei Elemente, die an Powerdomes erinnerten.

Gut drei Wochen später, am 21. Oktober 1969, waren die vermeintlichen Powerdomes Geschichte und die Formentwicklung fast abgeschlossen. Die nun nicht mehr herumgezogenen rechteckigen, aber stilistisch sehr stimmigen Rückleuchten wurden am Ende aus Kostengründen nicht realisiert.

Kotflügel tiefergelegt werden, wobei die maximale Einfederung der Vorderräder in Höhe von 90 mm zu berücksichtigen war. Der Dachschnitt sollte im Kopfbereich um 15 mm erhöht werden, »um das bedrückende Gefühl wenigstens zum Teil auszumerzen, welches durch die jetzige Lage des oberen Windschutz-Querträgers verursacht wird«. Zudem wurde beschlossen, die mittlere Partie der Heckdeckelfläche um 40 mm abzusenken, um die Sichtverhältnisse nach hinten zu verbessern. Eine weitere Designanpassung betraf die Heckleuchten, die in der vorgeschlagenen Form »untragbare Werkzeugkosten bedingen« würden. Vor diesem Hintergrund wurde beschlossen, »die kreisrunden LKW-Leuchten von Hella mit 180 mm Durchmesser zu verwenden.«

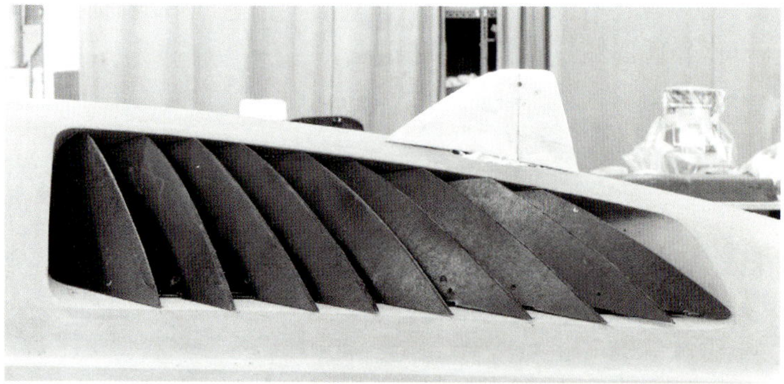

Zur Optimierung der Aerodynamik wurden verschiedene Hilfsmittel wie dieser »Tragflügel über der Heckwanne« entwickelt und im Windkanal untersucht.

Letzter Schliff: Für den Luftauslass auf der Fronthaube experimentierte man mit verschiedenen Abdeckgittern (Bild links), und für den Heckdeckel wurden auch Varianten mit Lamellen untersucht. Die Aufnahmen im Sindelfinger Stilistikstudio entstanden Anfang November 1969.

Die Heckgestaltung mit den am Ende verwendeten Standard-Heckleuchten aus dem Zubehörprogramm wurde am 1:1-Plastilin-Modell in zwei verschiedenen Varianten dargestellt. Weiterverfolgt wurde schließlich die im linken Bild gezeigte Ausführung.

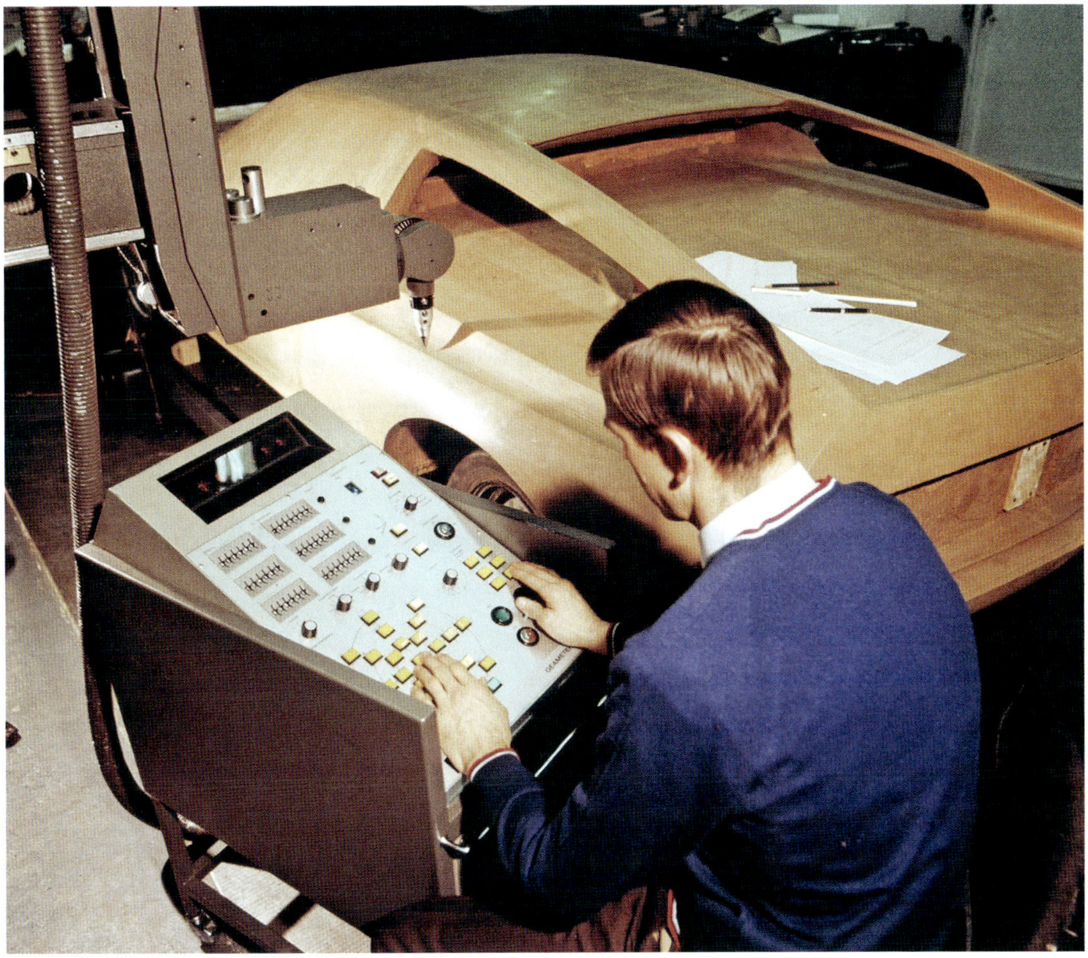

Durch Abtastung des Plastilin-Modells wurde ein digitaler Datensatz von der Karosserie des C 111-II erzeugt.

Kritische Begutachtung des mit makellosem Finish aufwartenden Urmodells des C 111-II. Es handelt sich um das in Rastatt erstellte Zwischenpositiv aus Kunststoff, von dem die endgültigen Werkzeuge für die Karosserieproduktion abgeformt wurden.

Damit der enge Terminplan eingehalten werden konnte, musste das Claymodell bereits am 8. November 1969 fertig werden, um zwei Tage später für Windkanaluntersuchungen zur Verfügung zu stehen. Am 13. November sollte es zur Erzeugung eines digitalen Datensatzes abgetastet werden und am 17. November musste die Anlieferung in Rastatt erfolgen, um die für den Automobil-Salon in Genf Anfang März 1970 vorgesehene Präsentation gewährleisten zu können. Montage und Innenausbau der ersten beiden Fahrzeuge hatte man für Mitte Februar bzw. Anfang März eingeplant, und anschließend waren Fahrversuche angesagt.

Umfassender Feinschliff: Optimierung der Aerodynamik

Bereits Ende Oktober, noch bevor die letzten Formänderungen beschlossen wurden, war das 1:1-Modell im Windkanal umfassend untersucht worden. Dabei ergab sich ein Luftwiderstandbeiwert c_W von 0,325 mit Rennreifen und von 0,307 mit Normalreifen. Unter Berücksichtigung der im Vergleich zur ersten Version kleineren Stirnfläche von 1,631 m² (mit Rennreifen 1,711 m²) und eines geringfügig höheren c_W-Wertes für die fahrfertige Ausführung ließ sich daraus auf eine Verringerung des Luftwiderstands um 8,5 % gegenüber den Fahrwagen der ersten Serie schließen. Der bislang kleine negative Auftrieb an der Vorderachse war mit 5 kp (bei 250 km/h) gering positiv geworden, der Auftrieb an der Hinterachse entsprach mit 34 kp dem der bisherigen Fahrwagen. Eine erhebliche Verbesserung wurde bei der Kühlluftführung festgestellt: Der Luftdurchsatz erhöhte sich um 50 %, und die Geschwindigkeitsverteilung über der Kühlerstirnfläche war sehr gleichmäßig. Die bevorzugte Abströmung erfolgte über die Mitte der Windschutzscheibe und die Dachfläche, Randströmungen überstrichen die seitlichen Fensterflächen.

Mitte November wurde das zwischenzeitlich verbesserte 1:1-Modell, das als Muster für die Karosserieproduktion diente, nochmals im Windkanal vermessen. Die wichtigsten Änderungen gegenüber dem vorherigen Stand waren der in Längsrichtung stärker gewölbte und in Kopfhöhe um 15 mm höhere Dachverlauf und die 40 mm tiefer liegende Heckwanne. Der mit Rennreifen ermittelte c_W-Wert war mit 0,326 praktisch gleich geblieben, und in Anbetracht der im Vergleich zum vorherigen Stand minimal größeren Stirnfläche von 1,722 m² sowie eines geringfügig höheren c_W-Wertes für die fahrfertige Ausführung ergab sich damit gegenüber der ersten Version des C 111 eine Reduzierung des Luftwiderstandes um 8 %. Das Auftriebsverhalten war ebenfalls verändert: bei 250 km/h betrug der Auftrieb an der Vorderachse nun 8 kp und an der Hinterachse 45 kp. Wie die Messung verschiedener Konfigurationen zeigte, ließ sich Abtrieb an der Vorderachse (23 kp) durch je einen kleinen Spoiler an der vorderen Kotflügelseite und an der Hinterachse (20 kp) mithilfe eines über der Heckwanne angeordneten Tragflügels erreichen. Dabei erhöhte sich der c_W-Wert jedoch deutlich um 3 % bzw. 19 %. Der Einbau von Lamellen oder einer Glasscheibe in die offenen Sichtausschnitte der oberen Heckseitenflächen erhöhte den Hinterachsauftrieb um 9 kp bzw. 12 kp, ohne den c_W-Wert signifikant zu verschlechtern.

Im April 1970, gut einen Monat nach seiner Präsentation, wurde auch das fertige Fahrzeug im großen Windkanal untersucht. Dabei wurde mit Straßenreifen ein c_W-Wert von 0,333 und mit Rennbereifung ein Wert von 0,350 ermittelt. Die Stirnflächen lagen bei 1,680 bzw. 1,722 m². Mit einer Abdeckung unter der Vorderachse ergab sich eine Verbesserung der c_W-Werte auf 0,320 bzw. 0,337. Auffallend hoch war der mit 0,403 gemessene c_W-Wert bei ausgeklappten Scheinwerfern. Der Auftrieb bei 250 km/h mit Straßenreifen lag mit 3 kp an der Vorderachse und 43 kp an der Hinterachse minimal unter den günstigen Werten, die am 1:1-Modells ermittelt worden waren. Mit Rennbereifung ergab sich durch die reifenbedingte negative Anstellung des Karosseriekörpers ein Abtrieb von 37 kp an der Vorderachse bei unverändertem Auftrieb von 43 kp an der Hinterachse.

Große Sorgfalt bei der Verladung des noch mit Lamellen versehenen 1:1-Modells des C 111-II. Im Windkanal des FKFS in Untertürkheim erfolgte die aufwendige aerodynamische Vermessung.

Studio der Stilistenabteilung in Sindelfingen im Dezember 1969; auf dem oberen Bild im Vordergrund Peter Pfeiffer und Interieurstylistin Gitta Scholl, ganz hinten links Gérard Cardiet, hinten rechts sitzend Joseph Gallitzendörfer mit Ferdinand Hellhake, Manfred Schneider und Andreas Langenbeck; auf dem Bild unten Joseph Gallitzendörfer (Mitte) und Ferdinand Hellhake (rechts).

Entwicklungsergebnis: stilistische und technische Verbesserungen

Durch die Überarbeitung des Karosseriedesigns konnten wie beabsichtigt entscheidende Verbesserungen erzielt werden: Der C 111 der zweiten Ausführung war nicht nur übersichtlicher und aerodynamisch noch effizienter als sein Vorgänger, er hatte auch an Eleganz gewonnen. Die prägnantesten Unterschiede im Vergleich zur ersten Version waren die etwas niedrigere Gürtellinie, die größeren Fensterflächen und die niedriger ausgeführte, an den Seiten durch Sichtöffnungen durchbrochene Heckpartie – Änderungen, die den Wagen insgesamt leichter wirken ließen. Die gestalterischen Modifikationen umfassten auch Details wie beispielsweise die vorderen Blinkleuchten, die man in die obere Kante der Kotflügel verlegt hatte und die nun auch von der Seite gut wahrnehmbar waren.

Kräftig überarbeitet wurde auch das Interieur des Sportwagens, das in seiner modernen Gestaltung zukünftige Fahrzeuggenerationen von Mercedes-Benz inspirierte. Insbesondere die Armaturenanlage war weniger dominant als in der ersten Version und reduzierte damit die zuvor kritisierte psychologisch beeinträchtigend wirkende Einengung von Fahrer und Beifahrer sehr deutlich. Der von den Testfahrern monierte Mangel, dass man beim Schalten mit der Mittelkonsole in Konflikt geriet, wurde mit der neuen Innenraumgestaltung ebenso beseitigt wie das von Uhlenhaut zuvor beklagte Fehlen einer

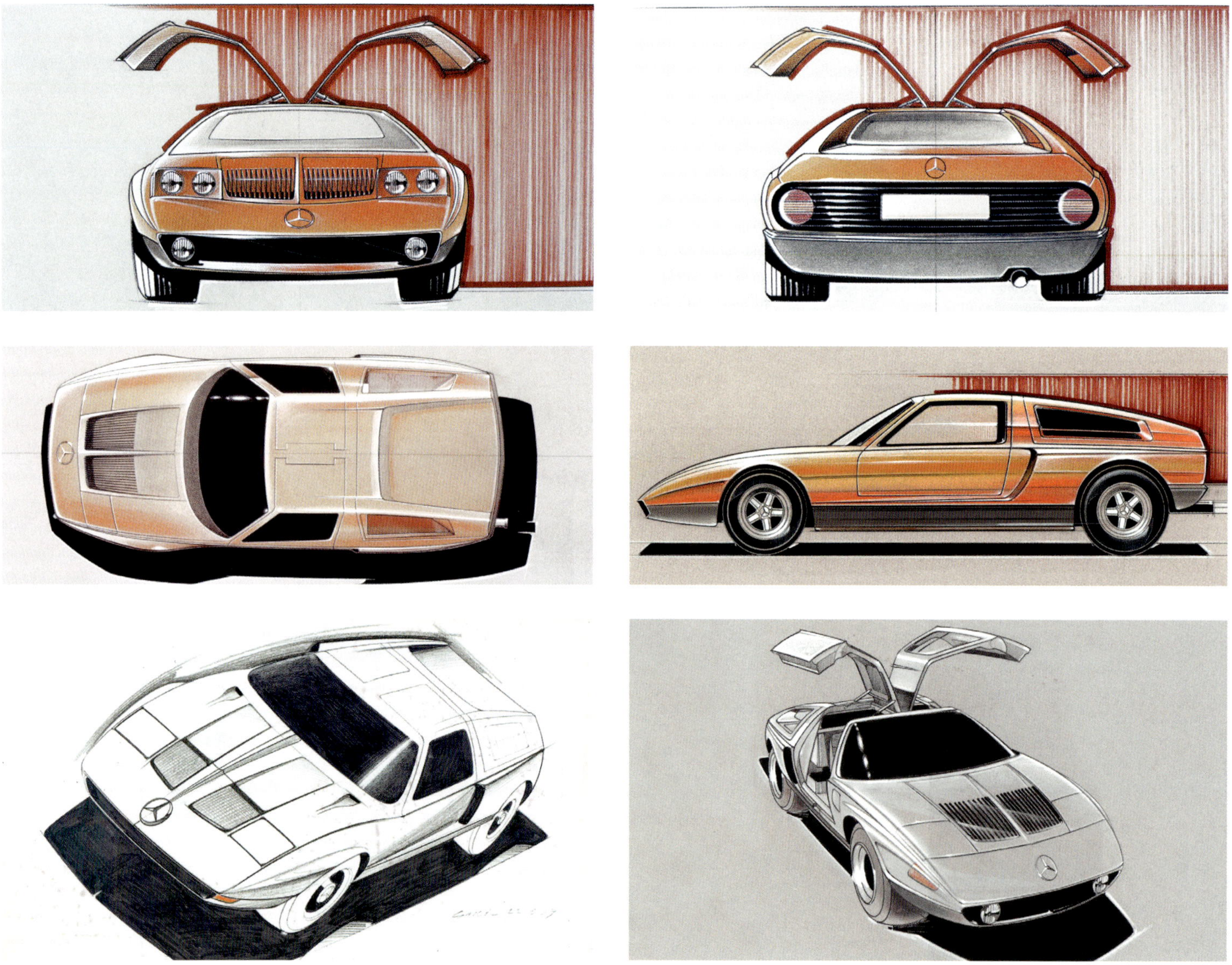

Die Designzeichnungen von Gérard Cardiet (2. Reihe links) und Joseph Gallitzendörfer (alle übrigen) geben die endgültige Form überwiegend sehr genau wieder, zeigen aber in Details z. T. noch Abweichungen.

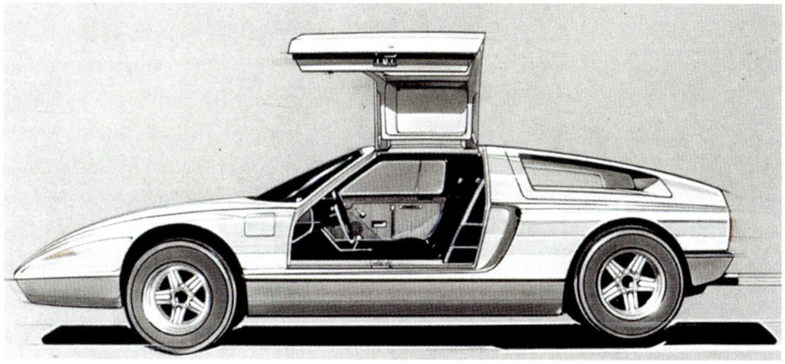

Diese vier Zeichnungen von Joseph Gallitzendörfer entsprechen bis ins Detail dem endgültigen Stand der neuen Variante.

In der direkten Gegenüberstellung werden die Unterschiede zwischen den beiden Generationen des C 111 deutlich erkennbar. Die Fotoserie entstand Ende Februar 1970 auf dem Gelände der Einfahrbahn des Werks Untertürkheim.

Aufhängemöglichkeit für Jacketts. Bei der Überarbeitung des Interieurs wurden auch funktionale Feinheiten berücksichtigt und Bedienungselemente optimiert. Eine dieser Verbesserungen betraf die Scheinwerfer: Für die zweite Version des C 111 wurde die bisherige mechanische Betätigung für das Ausklappen durch eine elektrische Betätigung ersetzt, die beim Einschalten des Fahrlichts automatisch aktiviert wurde. Dadurch wurde links vom Kupplungspedal Raum gewonnen, der nun als Abstellfläche für den linken Fuß und eine Wischer-Wascher-Fußpumpe genutzt werden konnte. Allerdings bestätigte sich die alte Weisheit, dass zusätzliche Systeme auch zusätzliche Probleme mit sich bringen können: So musste eine Versuchsfahrt mit Wagen 31, die Ende Oktober 1970 von Stuttgart zum Automobil-Salon nach Turin führte, unterbrochen werden, da nach dem Tanken in Zürich die Scheinwerfer nicht mehr auszufahren waren. Das Verklemmen des rechten Scheinwerfers hatte einen elektrischen Defekt ausgelöst. Die sich konstruktiv anbietende Alternativlösung, in eventuellen zukünftigen Fällen ein mechanisches Ausfahren vom Reserveradraum aus über eine Kurbel zu ermöglichen, war deshalb nicht darstellbar, weil die Scheinwerfer bei angehobener Haube gar nicht ausgefahren werden konnten.

Die Sitzkiste war ein wichtiges Hilfsmittel für die Entwicklung des Innenraums – hier der Arbeitsstand vom 15. Januar 1970.

Das Interieur des C 111-II präsentierte sich in grundlegend weiterentwickelter Form.

Zu den charakteristischen Designelementen des Mittelmotor-Coupés gehörte der obere Abschluss der nun ohne seitliche Lamellen ausgeführten Motorhaube.

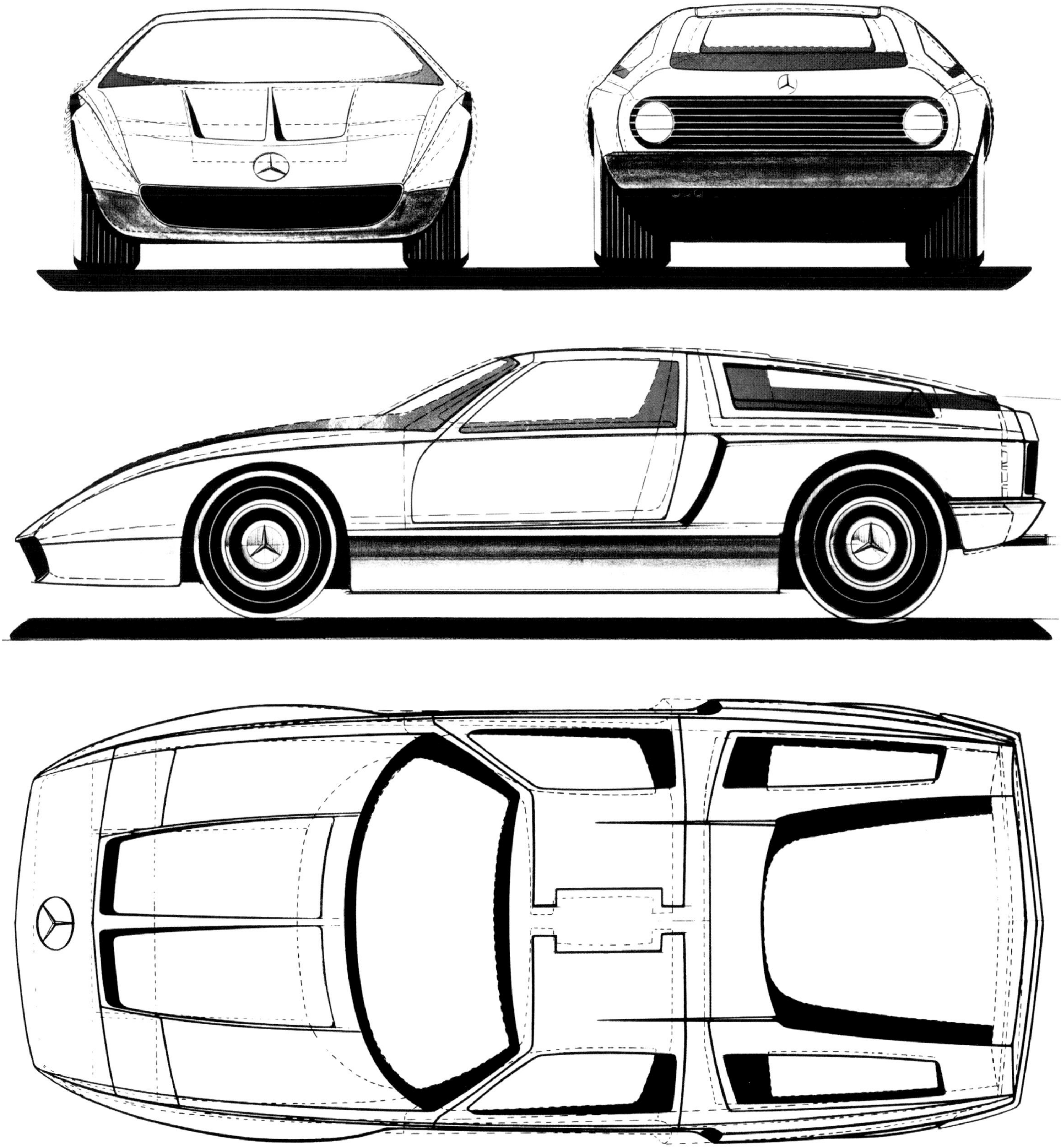

In diesen im Januar 1970 erstellten Grafiken sind die Silhouetten der beiden Generationen des C 111 übereinandergelegt und verdeutlichen die Unterschiede in Front-, Heck- und Seitenansicht sowie in der Draufsicht.

Für die Ende Februar 1970 auf der Einfahrbahn in Untertürkheim aufgenommene Fotoserie erhielt auch der »Hobel« eine Lackierung in Orange.

Noch vor der Präsentation in Genf wurde der erste C 111-II auf der Einfahrbahn im Mercedes-Benz Werk Untertürkheim fotografiert.

Weiterentwickelt präsentierte sich auch der Kofferraum. Das ursprünglich nur dem FIA-Reglement genügende Gepäckabteil der ersten Ausführung, das zunächst bei Wagen 2 und Wagen 6 und anschließend auch bei Wagen 3 und Wagen 4 vergrößert worden war, konnte in der zweiten Version von Beginn an bis zu drei Gepäckstücke aufnehmen und war dabei so gestaltet, dass zwei mittlere und ein großer Koffer des klassischen Mercedes-Benz Koffersatzes verwendet werden konnten. Dies hatte man mit der ungewöhnlichen, bereits von Wagen 2 und 6 bekannten Einbauposition des Vorschalldämpfers erkauft, die zur Folge hatte, dass der Auspuffkrümmer mit Auspuff im fertigen Fahrzeug nicht demontiert werden und nur zusammen mit dem Motor ein- und ausgebaut werden konnte. Abhilfe in diesem Punkt war nur mit wesentlichen Änderungen an den Hinterachs-Federdomen und dem Querträger zu schaffen, für die die Untertürkheimer Fahrgestell-Konstruktion am 21. Mai 1970 einen ausgearbeiteten Vorschlag übermittelte, der beim nächsten zu liefernden Rahmen umgesetzt werden sollte. Von der hierbei vorgesehenen Verlegung des Auspuffs nach unten wurde allerdings später wieder abgerückt.

Neben den auffälligen Designänderungen betraf die spektakulärste Neuerung den Motor: Der C 111 der zweiten Ausführung war nun mit der 4-Scheiben-Ausführung des M 950 ausgerüstet. Diese war zwar schon beim letzten Wagen der ersten Version zum Einsatz gekommen, was aber nicht kommuniziert worden war und daher von Fachwelt und Öffentlichkeit unbemerkt geblieben war. Gegenüber dem immer als etwas schwachbrüstig empfundenen 3-Scheiben-Motor markierte das neue Aggregat einen echten Fortschritt. Die nominelle Höchstleistung lag bei 350 PS/257 kW bei 7000/min, das an sich ordentliche Drehmomentmaximum von über 40 mkg/392 Nm stand jedoch erst bei 5000/min zur Verfügung.

In einer Besprechung am 12. November 1969, zu der Rudolf Uhlenhaut seine leitenden Mitarbeiter und die Projektbeteiligten aus Konstruktion und Vorentwicklung eingeladen hatte, waren die vorzusehenden technischen Änderungen am C 111 im Detail definiert worden. Durch Änderung der Doppelscheinwerfer in Einfachscheinwerfer sollte Raum für die Unterbringung des Ölkühlers neben dem Wasserkühler geschaffen werden – eine Entscheidung, die auf der Technischen Besprechung Pkw fünf Tage später im Hinblick auf die sehr angespannte Terminsituation zurückgenommen wurde, da Karosserieänderungen terminlich nun nicht mehr möglich waren. Damit musste man sich in einem kritischen Punkt anderweitig behelfen: Das Kühlsystem hatte sich in der Entwicklung des C 111 von Beginn an als Sorgenkind erwiesen und musste nun durch das Leistungsniveau des 4-Scheiben-Motors erhöhte Anforderungen erfüllen. Wie nach den Windkanalmessungen im Juli 1969 empfohlen und bereits bei Wagen 6 realisiert, trat die Kühlluft auch beim C 111 der zweiten Serie unten am Wagenbug ein und kurz vor der Mitte der Fronthaube wieder aus. Unterstützt wurde diese Kühlluftströmung durch den bei

Im Kofferraum des C 111-II war nun Platz für drei Koffer des bekannten Mercedes-Benz Koffersatzes.

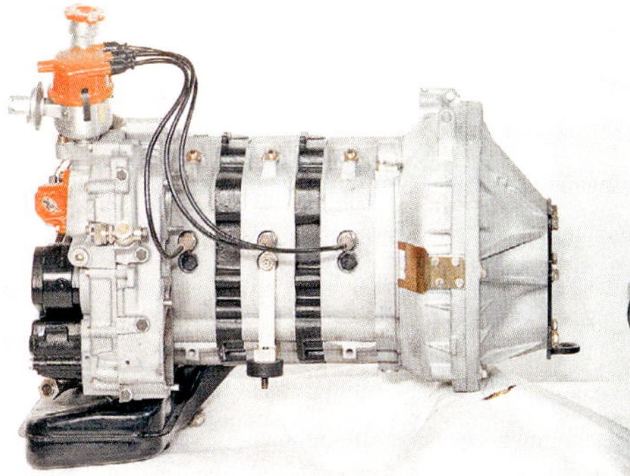
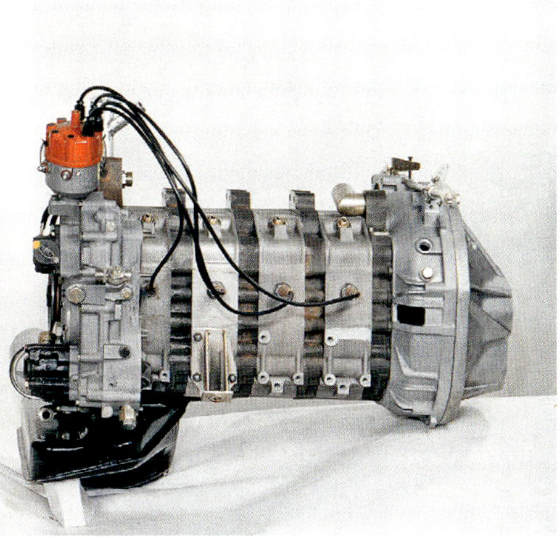

Die 4-Scheiben-Ausführung des M 950 im direkten Vergleich mit der 3-Scheiben-Version. Das rechte Bild zeigt den Hochleistungsmotor mit montierter Einspritzanlage und Luftfilter.

Der 4-Scheiben-Motor M 950/4, rechte Seite mit Ein- und Auslassöffnungen ohne und mit Luftfilter.

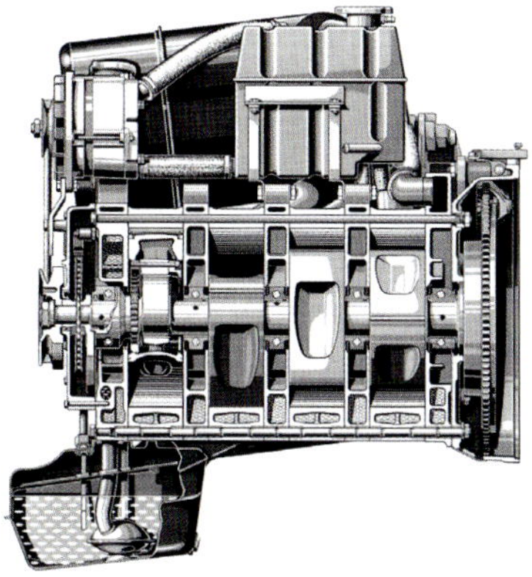

Technische Grafiken des 4-Scheiben-Motors M 950/4: Längsschnitt (links) sowie Querschnitt durch Trochoidengehäuse (Mitte) und Zwischengehäuse (rechts).

Blick in den Motorraum mit dem 4-Scheiben-Motor M 950. Gut sichtbar sind die Einspritzpumpe, die Lichtmaschine sowie die Einfüllöffnungen für Motoröl (links) und Kühlwasser (rechts).

Die Unterbodenverkleidung des C 111 hat nur eine kleine Aussparung für die Ölwanne.

Aus diesem eher ungewohnten Blickwinkel sind die mit Gittern versehenen Luftaustrittsöffnungen in der Fronthaube gut zu erkennen.

schneller Fahrt entstehenden Unterdruck auf der Oberseite der Haube. Das Kühlungsproblem war damit aber, wie sich bald zeigen sollte, noch immer nicht beseitigt: Die gestiegene Leistung führte bei Volllastmessungen auf der Autobahn und auf dem großen Kurs des Hockenheimrings zu Wassertemperaturen von rund 110 °C und Öltemperaturen von mehr als 140 °C – nach Ansicht der Motorenentwickler eindeutig zu viel. In der Folge wurde das Kühlsystem durch stetige Modifikationen immer wieder optimiert.

Weitere Änderungen wurden hinsichtlich der Fahrgestellkonstruktion diskutiert. Hier war als Alternative eine Rohrrahmenkonstruktion für die Heckpartie angedacht, die aber nur realisiert werden sollte, wenn bei genügender Rahmensteifigkeit eine deutliche Gewichtsersparnis möglich würde. Es wurde beschlossen, fünf neue Wagen zu bauen, von denen drei für den Automobil-Salon in Genf vorgesehen waren. Die ersten beiden Wagen

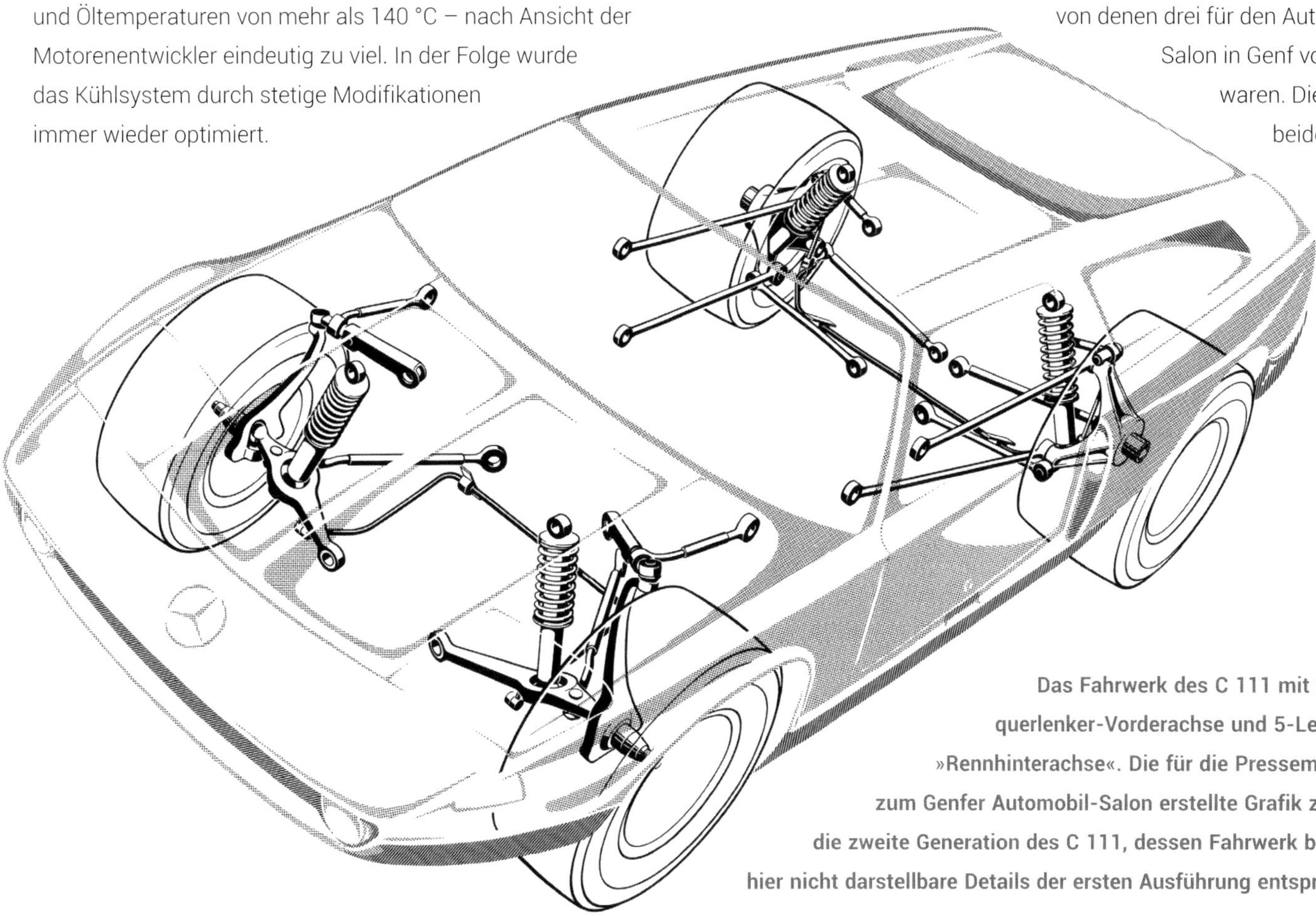

Das Fahrwerk des C 111 mit Doppelquerlenker-Vorderachse und 5-Lenker-»Rennhinterachse«. Die für die Pressemappe zum Genfer Automobil-Salon erstellte Grafik zeigt die zweite Generation des C 111, dessen Fahrwerk bis auf hier nicht darstellbare Details der ersten Ausführung entspricht.

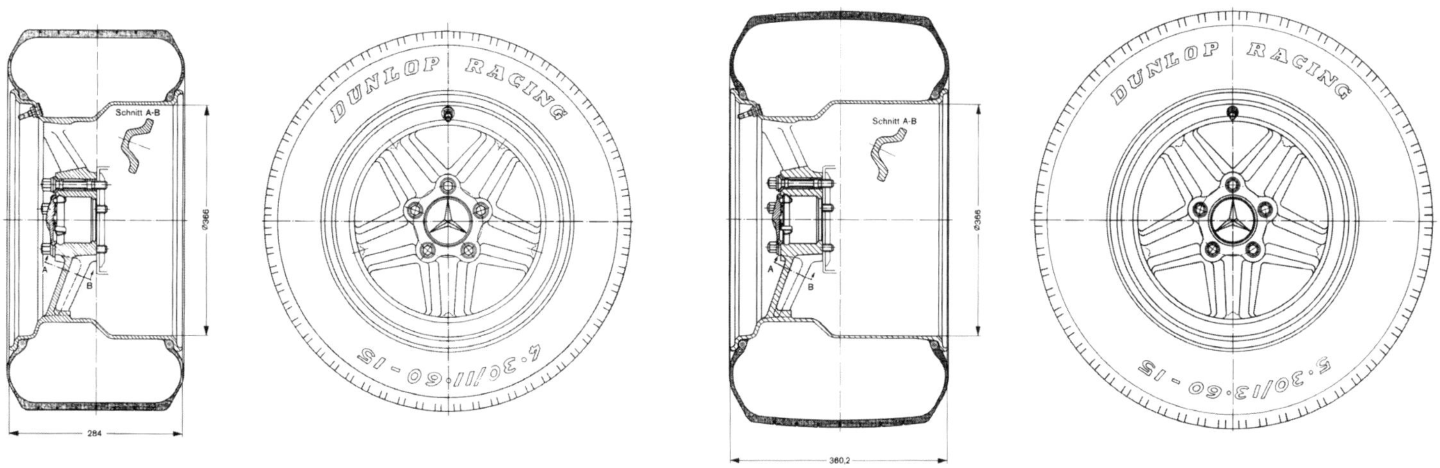

Vorderrad und Hinterrad des C 111 in der Ausführung mit Rennbereifung.

sollten mit der bisherigen Rahmen-Heck-Konstruktion ausgeführt werden. Auch für die übrigen Wagen blieb es dann jedoch bei dieser Konstruktion, und die Rohrrahmen-Ausführung kam nicht zum Einsatz.

Modifikationen am Antriebsstrang sollten nicht nur den Gegebenheiten des 4-Scheiben-Motors Rechnung tragen, sondern auch zuvor festgestellte Schwächen beseitigen. Optimierungen am Getriebe hatte man bereits am 6. November 1969 anlässlich des Besuchs einer Delegation der Firma ZF eingehend erörtert. Die Weiterentwicklung des Getriebes sollte eine Verstärkung der Kupplungsbetätigung, eine neue Schaltung, die elektrische Entriegelung des Rückwärtsgang-Anschlags, geänderte Übersetzungen sowie eine Reihe weitere Punkte umfassen. Um das Anfahren mit dem im unteren Drehzahlbereich relativ drehmomentschwachen Motor zu erleichtern – ein Punkt, der schon bei der ersten Ausführung des C 111 immer wieder gefordert worden war –, wurde eine hydraulisch betätigte Zweischeibenkupplung von Fichtel & Sachs eingebaut, die zeitgleich auch der letzte Wagen der ersten Serie erhalten sollte.

Für den ovalen Schalldämpfer, wie er im Hinblick auf den geplanten Kofferraum angedacht war, wurde in der Besprechung am 12. November gefordert, dass er seine Form auch im heißen Zustand beibehalten müsse. Zur Abgasreinigung bei niedrigen Geschwindigkeiten wurde eine Nachverbrennungsanlage als notwendig erachtet, wie sie dann 1971 erprobt wurde.

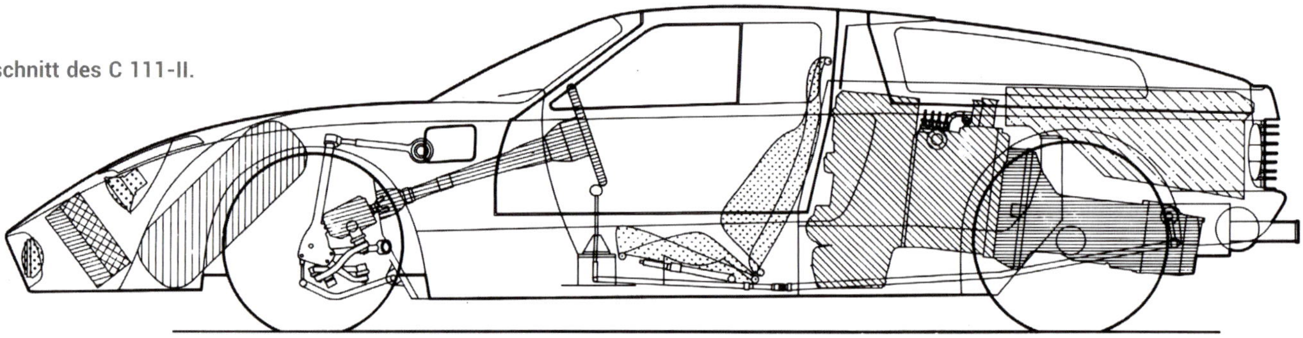

Längsschnitt des C 111-II.

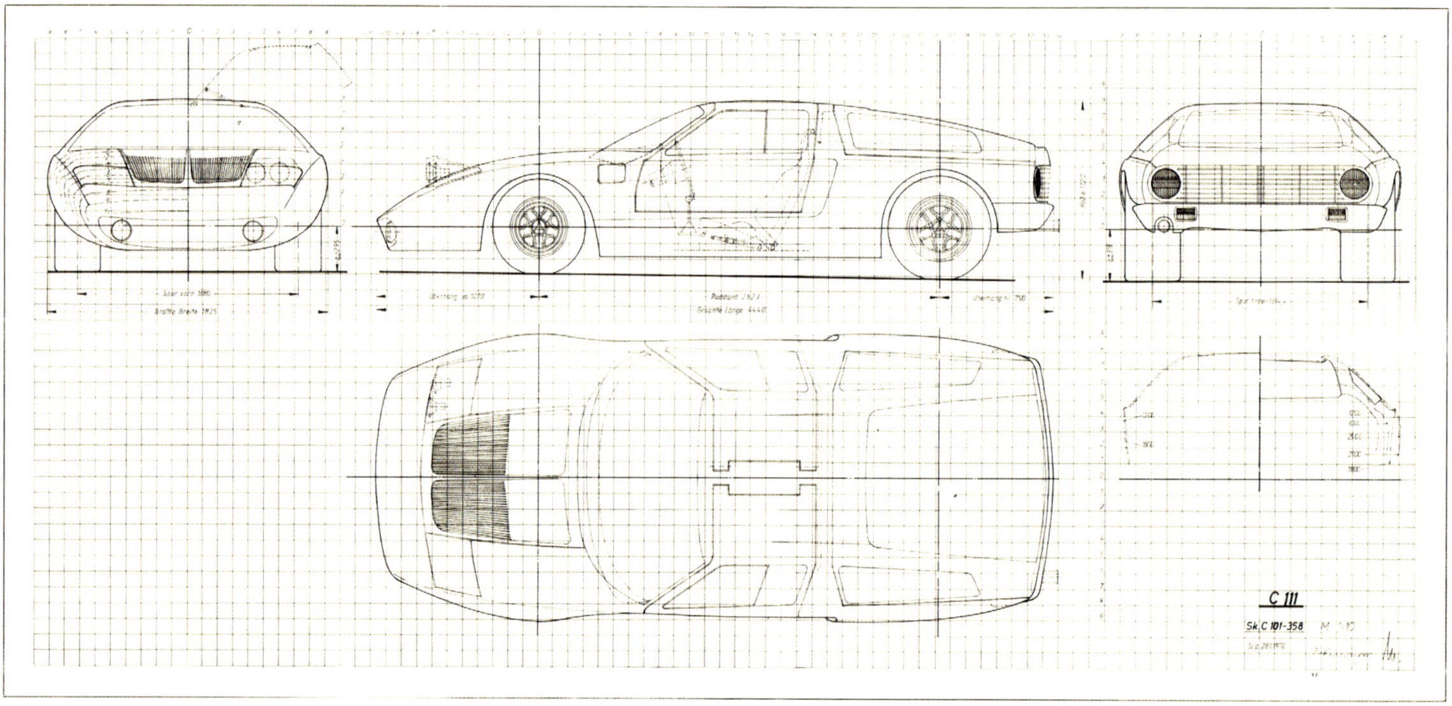

Der C 111-II mit Leichtmetallrädern und Rennbereifung in Vierseitenansicht mit zusätzlichen Schnittdarstellungen. Die Zeichnung stammt von dem Karosseriekonstrukteur Erich Rühringer.

Mercedes-Benz C-111 1970

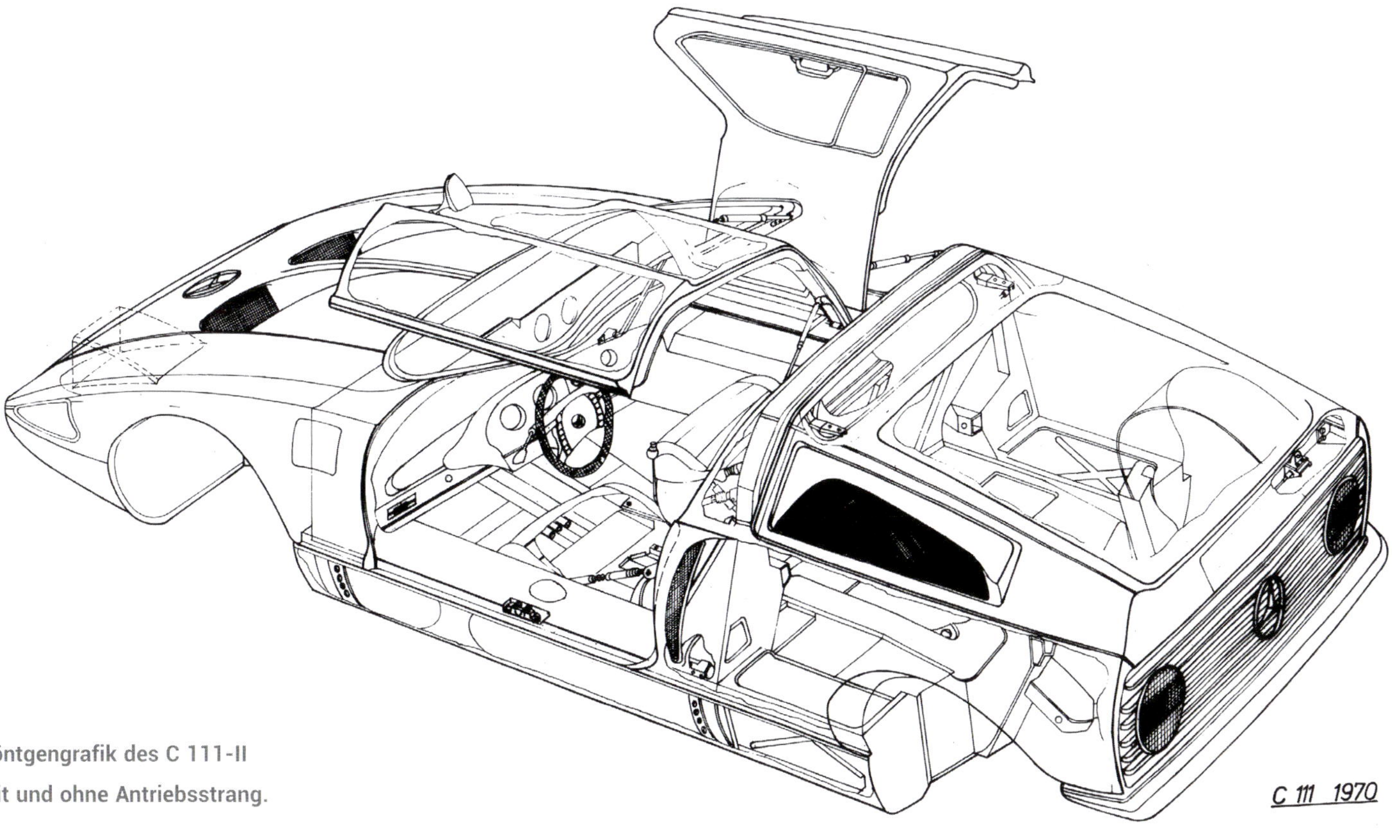

Röntgengrafik des C 111-II
mit und ohne Antriebsstrang.

Auch am Fahrwerk wurden Detailverbesserungen vorgenommen: Durch neue Kugelgelenke mit Kunststoffschalen konnte man die Abrollgeräusche an der Hinterachse gegenüber den Fahrzeugen der ersten Serie deutlich reduzieren. Die neuen Gelenke hatten gegenüber der ersten nachzuschmierenden Ausführung zugleich den Vorteil, dass sie wartungsfrei waren. Auch die Befestigung wurde vereinfacht: Statt der bisher verwendeten eingeschweißten Gewindehülsen wurden nur noch Durchgangslöcher und zusätzliche Montagelöcher am Rahmenboden benötigt. Vorderachse und Lenkung erfuhren ebenfalls Modifikationen, und auch die Bremsanlage wurde in Details optimiert: Die Bremszangen an den Hinterrädern, bei den Fahrzeugen der ersten Ausführung vorne am Radträger angeordnet, wurden bei der zweiten Version – wie konstruktiv von vornherein vorgesehen – nun hinten montiert, was beim Bremsen die auf die Radlager wirkenden Kräfte deutlich reduzierte.

Eine technische Detailänderung, die schließlich weitere Modifikationen zur Folge hatte, war der Tausch der zweiarmigen Scheibenwischeranlage gegen eine Ausführung mit nur einem Arm. Diese ermöglichte ein größeres Wischfeld und verschwand in Ruhestellung aus dem Luftstrom. Sie war nicht nur einfacher im Aufbau, was der Zuverlässigkeit zugutekommen sollte, sondern auch deutlich leichter als die vorherige Konstruktion und erfüllte zudem die entsprechenden Anforderungen der US-amerikanischen Behörden. Ein Nachteil des einarmigen Scheibenwischers war jedoch die Einbaugeometrie, die weitere Modifikationen erforderlich machte – ein gutes Beispiel für die Konsequenzen, die vermeintlich geringfügige Konstruktionsänderungen nach sich ziehen können. Die Verwendung des eigentlich vorgesehenen, in der Besprechung am 12. November definierten Bremskraftverstärkers in 8-Zoll-Einfachmembran-Ausführung war nun räumlich nicht mehr möglich, so dass die Entwicklung eines neuen Steuerteils für kürzere Ansprechdauer beim bislang verwendeten 6-Zoll-Doppelmembrangerät unumgänglich wurde. Wegen der Entwicklungsdauer von rund sechs Monaten mussten die ersten beiden Wagen der zweiten Ausführung mit den vorhandenen 6-Zoll-Geräten ausgerüstet werden. Am 5. Februar 1970 teilte die Karosseriekonstruktion in Sindelfingen mit, dass der Einbau eines 9-Zoll-Mastervac-Bremskraftverstärkers ab Wagen 9 bei folgenden Karosserieänderungen möglich sei: schraubbare Ausführung des Querträgers zwischen den Federbeinen, Eindrückung am Boden vorn (unter Inkaufnahme einer verringerten Luftzufuhr), am Anlenkpunkt gedrehtes Scheibenwischergestänge und nach vorn verschobene Position des Reserverads. Auch die Frage der Kraftstofftanks, insbesondere der Sicherheitsverhältnisse einer ausgeschäumten Ausführung, wurde in der Besprechung vom 12. November thematisiert. Neben entsprechenden Versuchen zu diesem Thema wurde auch die Entwicklung eines Gummi-Kraftstoffbehälters beauftragt. Außerdem sollten die Ausdehnungsmöglichkeiten des Tanks im Karosserie-Längsträger untersucht werden.

Publikumsmagnet: Präsentation in Genf

Von der neuen Version des C 111 sollten, wie am 12. November beschlossen und durch Direktionsbeschluss vom 1. Dezember 1969 formal bestätigt, fünf Versuchswagen gebaut werden. Aufgrund terminlicher Restriktionen waren zwei – und nicht wie ursprünglich geplant drei – davon für die Präsentation auf dem Automobil-Salon in Genf im März 1970 vorgesehen: ein Ausstellungswagen und ein Vorführwagen. Intern wurden sie einerseits folgerichtig als Wagen 7 und Wagen 8 geführt, erhielten aber andererseits auch die dem neuen System folgenden Nummern 31 und 32.

Für den Vorführwagen mit der Nummer 31 und den Standwagen mit der Nummer 32 legte Karl Wilfert am 20. Januar 1970 die Lackierung in Weißherbst fest – im gleichen Farbton, in dem schon der Ausstellungswagen der IAA lackiert war. Für die Innenausstattung der beiden Fahrzeuge wählten Friedrich Geiger und sein Team unterschiedliche Farbtöne: Sitzmittelteile und Türbeläge sollten bei Wagen 31 im Stoffmuster »Hahnentritt grau/weiß« und bei Wagen 32 in »Hahnentritt cognac hell« ausgeführt werden. Alle anderen Interieurteile waren in schwarzem Kunstleder bzw. schwarzer Schaumfolie vorgesehen.

Die Karosserie der beiden ersten Wagen der zweiten Serie wurden wie bei den Wagen 22 bis 26 aus dem von BASF gelieferten Epoxidharz Palatal gefertigt. Bereits im August 1969 hatte man auf Betreiben der Farbenfabriken Bayer auch die Verwendung eines von Bayer produzierten Werkstoffs in Betracht gezogen und die grundsätzliche Zustimmung unter der Voraussetzung erteilt, dass die Werkstoffeigenschaften im Wesentlichen den bisherigen entsprechen, dass die Lackierfähigkeit mit dem Glasurit-Farbton »Weißherbst« gewährleistet ist und dass sich die Ablieferungstermine der fertigen Karosserien unter keinen Umständen verschieben.

Nach der Mitte November erfolgten formalen Zustimmung der Entwicklungsleitung Pkw-Aufbauten wurden die Details am 24. November 1969 anlässlich einer Besprechung bei der Waggonfabrik Rastatt geklärt. Dabei wurde – nicht zuletzt aus terminlichen Gründen – festgelegt, dass die Karosserien der Wagen 31 und 32

  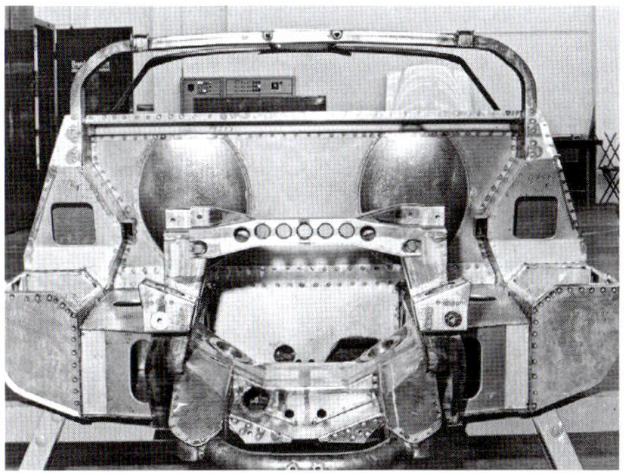

Die Rahmenbodenanlage des ersten C 111 der zweiten Generation. Ansicht von schräg vorn (links), vorn (Mitte) und hinten (rechts), aufgenommen in Sindelfingen im Januar 1970.

aus dem bisher verwendeten BASF-Material gefertigt werden. Zwei weitere Wagen sollten Karosserien aus Epoxidharz der Bayer AG erhalten. Neben den bereits im August formulierten Voraussetzungen wurde zusätzlich festgelegt, dass das Harz gleichermaßen zum Laminieren wie zum Kleben verwendungsfähig sein müsste. Ebenso müsste die Vernetzung der Glasfasern, die Oberflächenbeschaffenheit und die Lackierfähigkeit mindestens ebenso gut sein wie bisher. Vorversuche mit den in Frage kommenden Materialien müssten bis zur Fertigstellung der neuen Formen abgeschlossen sein. Diese Versuche sollten mit einem Türwerkzeug der alten Form durchgeführt werden.

Die Karosserie eines weiteren Fahrzeugs sollte nach ursprünglicher Planung mit Epoxidharz der Firma Borden Chemicals hergestellt werden. Allerdings erforderte das in Rastatt angelieferte Material so ungünstige Fertigungstemperaturen, dass eine Verwendung nicht in Frage kam. Die Anfertigung einer Karosserie könne, wie die Aktennotiz vom 27. November feststellte, »nur erfolgen, wenn bei Raumtemperaturen gearbeitet werden kann und wenn für WFR (die Waggonfabrik Rastatt, d. Verf.) keine Terminverzögerungen entstehen.«

Der komplexe Produktionsablauf blieb gegenüber den Fahrzeugen der ersten Ausführung weitgehend unverändert. Die Rahmenbodenanlage von Wagen 31, dem ersten Wagen der zweiten Serie, wurde in Sindelfingen im Zeitraum 10. Dezember 1969 bis 14. Januar 1970 aufgebaut, und am 14. Januar erfolgte die Ablieferung an den Versuch Untertürkheim. Dort wurde die 171,8 kg schwere Rahmenbodenanlage mit einer Motorenattrappe, den übrigen Aggregaten und dem Antriebsstrang komplettiert und neun Tage später nach Rastatt geliefert. Das mit Rennreifen auf Leichtmetall-Gussfelgen ausgerüstete Chassis wog 724 kg und wurde bei der Waggonfabrik Rastatt mit einer Karosserie der neuen Form aufgebaut. Am 9. Februar ging es nach Sindelfingen, wo Lackierung und Innenausbau vorgenommen wurden, und exakt sieben Tage später wurde das komplettierte Fahrzeug an den Versuch in Untertürkheim zur Endmontage und Feinabstimmung überstellt.

Im Hinblick auf den knappen Terminplan und das geringe Zeitintervall, das bis zur Pressevorführung am 10. März für die Erprobung des neuen Wagen blieb, wandte sich Pkw-Versuchschef Karl-Heinz Göschel am 11. Februar mit der eindringlichen Bitte an den Motoren-

In der Waggonfabrik Rastatt wurde die Rahmenbodenanlage mit der Karosserie versehen (links). Die beiden Bilder Mitte und rechts zeigen das erste Fahrzeug der zweiten Serie im Werk Sindelfingen, wo Lackierung und Innenausbau erfolgten.

Das Interieur des ersten C 111-II. Das hier noch montierte Lenkrad im klassischen Mercedes-Benz Stil wurde am Ende durch das Vierspeichen-Sicherheitslenkrad ersetzt, mit dem bereits die erste Ausführung des C 111 ausgestattet war.

versuch, rechtzeitig 4-Scheiben-Motoren abzuliefern. Er erinnerte daran, dass durch den Ausfall des ersten 4-Scheiben-Motors nach nur 2200 km eine Erprobung nicht mehr möglich gewesen war. Für Genf müsste neben zwei entsprechend ausgerüsteten Vorführwagen mindestens ein Reservemotor eingeplant werden, und »Motoren mit 300 PS haben für Vorführungen keinen Zweck.« Klare Worte, die einmal mehr auf eine der größten Herausforderungen der Entwicklung hinwiesen – und offenbar Wirkung zeigten, denn der 4-Scheiben-Motor KE 408 stand am 17. Februar zum Einbau zur Verfügung.

Bei der Endmontage des Fahrzeugs im Versuch Vorentwicklung waren noch eine ganze Reihe von Detailproblemen zu lösen, die sich aus Abweichungen zwischen den Konstruktionszeichnungen und den realen Einbauverhältnissen ergaben und in dem von Fritz Naumann verfassten Montagebericht vom 18. Februar 1970 aufgeführt sind. Davon betroffen waren der Einbau des Motors, zu geringe Abstände zwischen Aggregateteilen und den Wasserrohren des Kühlsystems, nicht passende Stutzen des Wasserkühlers, die einen Einbau verhinderten, der zu große Luftfilter, die räumlich nicht passende Auspuffanlage, der falsch positionierte Schließring der Lenkspindel, der das Einrasten des Lenkschlosses verhinderte, zu kurze Schaltrohre, unzureichende Sicherung des Schalthebelkopfes, zu weit innen positionierte Scheinwerfer für Standlicht und Lichthupe sowie zu klein dimensionierte Tankeinfüllstutzen, die ein Befüllen mit vollem Strahl aus einem Kanister nicht zuließen.

Auch an Karosserie und Ausstattung gab es einiges zu bemängeln, wie Fritz Naumann in dem genannten Montagebericht vermerkte: »Die Sitzseitenlehnen und die bis ans Rückfenster hochgezogene Verkleidung der Handbremse und der Leitungen hindern beim Schalten des 1., 3. und 5. Ganges. Die Verkleidung steht außerdem auf dem Schaltrohr auf und berücksichtigt nicht den Verlauf des Gaszuges. Sie wiegt 2,8 kp! Sie verbaut außerdem genau den einzigen Platz für das Aufhängen einer Jacke oder dergl., wie er von Herrn Uhlenhaut gewünscht wurde. Die Konsole mit dem Radiogerät und der Heizung sitzt zu weit hinten. Der Abstand zum Schalthebel in den Positionen R.-, 2. und 4. Gang ist zu klein. Beim Schalten wird der Aschenbecher halb geschlossen. Die sogenannten Reglement-Koffer passen nicht in den Kofferkasten. Der Frischluftschlauch hindert entgegen unseren gemeinsamen Absprachen stark das Ausbauen der vorderen Federbeine. Der nachträglich angeschraubte Karosserieträger am Heck war dem Auspuff im Wege und erlaubte nicht mehr ein Lösen oder Festziehen der Muttern der Achsstreben. Er wurde abgeändert. Der Aluminium-Radlauf rechts fehlt noch. Ein Teil der Fußraumverkleidung ist der Fußablage mit der Scheibenwaschpumpe im Wege. Die Verkleidungsteile sind größtenteils unwahrscheinlich schwer. Wir bitten dringend, die Maßstäbe eines sportlichen Autos nicht aus den Augen zu verlieren. Auch der Mercedesstern auf der Frontseite muß nicht ein halbes Pfund wiegen.« Das Gewicht des fahrfertigen Wagens mit Michelin Reifen 205 VR 14 auf 7 ½-Zoll-Stahlfelgen betrug 1287 kp.

Angesichts dieser sehr umfassenden Liste erforderlicher Modifikationen grenzt es fast an ein Wunder, dass Wagen 31 dennoch rechtzeitig fertiggestellt wurde – dies auch in Anbetracht der Tatsache, dass vor der Demonstration in Genf umfangreiche Erprobungen erforderlich waren und zudem noch insgesamt fünf Tage für Presseaufnahmen eingeplant werden mussten.

Am 5. Februar 1970, noch vor der Fertigstellung von Wagen 31, hatte das für den Auslandsvertrieb zuständige Vorstandsmitglied Arnold Wychodil angeregt, neben den für den Genfer Automobil-Salon vorgesehenen Fahrzeugen bis März zwei weitere Exemplare anzufertigen, um den Einsatz auf weiteren Ausstellungen im Ausland zu ermöglichen und die diesbezüglich hohe Nachfrage zu befriedigen. Die Programmplanung in Sindelfingen musste dieses Ansinnen ablehnen und konstatierte in ihrer Antwort, dass selbst eine Bereitstellung zum frühestmöglichen Termin April 1970 eine Verschiebung des Versuchswagen-Programms der Baureihen R/C 107 und W 116 um zwei bis drei Wochen zur Folge hätte, was sich auch auf den Serienanlauf dieser Typen auswirken würde. Mit Rücksicht darauf solle man diese beiden Wagen nicht vor Januar/Februar 1971 einplanen.

Die beiden für die Pressevorführung eingeplanten Versuchswagen Nr. 26 und Nr. 31 – der letzte Wagen der ersten Serie und der erste Wagen der zweiten Serie – wurden im Vorfeld auf dem kleinen Kurs in Hockenheim ausgiebig getestet. Die Ergebnisse fasste Dr. Hans Liebold in einem vom 18. März 1970 datierenden Bericht zusammen. Bei Wagen 26 mit dem Kennzeichen S – P 2288 erreichte die Öltemperatur nach drei Runden bei 0 °C Außentemperatur bedenkliche 150 °C. Durch Einbau eines zweiten Ölkühlers hinten links konnte die Öltemperatur auf 110 °C gesenkt werden und blieb auch bei einer späteren Leistungsvermessung auf der Autobahn unter

Wagen 31, der erste C 111 der zweiten Ausführung, fotografiert in Sindelfingen unmittelbar nach seiner Fertigstellung am 16. Februar 1970. Die Position des im Lufteinlass montierten Markenzeichens war nicht nur im Hinblick auf die Kühlluftversorgung unglücklich gewählt, sie veranlasste auch Friedrich Geiger zu einer Aktennotiz, in der er eine Platzierung des Sterns »auf dem Bug, in der Mitte von Bugöffnung zum Luftaustritt, wie das immer auf den Skizzen dargestellt wurde« forderte. Geändert wurde auch die Position der Scheinwerfer für Lichthupe und Standlicht, die den Einbau des Ölkühlers störten und daher weiter nach außen versetzt wurden.

Wagen 31 nach der Detailoptimierung und der korrekten Positionierung des Mercedes-Sterns (ganz oben) und Wagen 32, aufgenommen auf der Einfahrbahn des Werks Sindelfingen im März 1970, unmittelbar vor der Auslieferung nach Untertürkheim und dem Versand nach Genf.

Das Interieur des C 111-II in seiner endgültigen Ausführung, jetzt mit dem bereits von der ersten Serie bekannten Vierspeichen-Sicherheitslenkrad. Auch die Sitze hatte man gegenüber der ersten Ausführung modifiziert und mit ausgeformten Kopfstützen ausgestattet.

Das Medieninteresse bei der Pressevorstellung des C 111-II im Rahmen des Genfer Automobil-Salons war enorm. Neben Wagen 32, der im Anschluss an die Pressekonferenz in der Ausstellung platziert wurde, waren mit Wagen 26 und Wagen 31 auch zwei Vorführwagen vor Ort.

130 °C. Wagen 31 mit dem Kennzeichen S – U 21 geriet infolge der beengten Platzverhältnisse im Heck vom Auspuff her mehrfach in Brand. Abhilfe schafften eine Ummantelung der vorderen Auspuffteile, eine geänderte Isolierung und zusätzliche Abschirmung. Erfreulicher verhielt sich die Öltemperatur, die in Hockenheim bei 110 °C lag.

Die Pressevorführung im Rahmen des Genfer Automobil-Salons erfolgte am 10. und 11. März auf dem Circuit de Monthoux in der Nähe von Genf. Der nur gut einen Kilometer lange, sehr griffige Rundkurs bestand im Wesentlichen aus einer Aneinanderreihung von voll gefahrenen Rechts- und Linkskurven, was bei den Demonstrationsfahrten für beide Fahrzeuge eine sehr hohe Beanspruchung ergab. Bei Wagen 31 führte dies zum Bruch der linken hinteren Radnabe und bei Wagen 26 mit Rudolf Uhlenhaut am Steuer zum Bruch einer der Seitenführungsstreben der Hinterachse. Weil sich drei Versuchsmitarbeiter in entspannter Pose vor das gestrandete Fahrzeug postierten, blieb die Panne von den anwesenden Medienvertretern unentdeckt. Beide Schäden konnten durch Einbau vorbereiteter Ersatzteile kurzfristig behoben werden.

Als Standwagen für den Automobil-Salon in Genf wurde Wagen 32 eingesetzt, der sich in äußeren Details von dem Vorführwagen Nr. 31 unterschied und mit einer Attrappe des 4-Scheiben-Motors ausgerüstet war. Die Bodengruppe wurde vom 15. bis 27. Januar in Sindelfingen aufgebaut und bis zum 5. Februar in Untertürkheim mit dem Antriebsstrang versehen. Anschließend montierte die Waggonfabrik Rastatt die Karosserie und lieferte das Fahrzeug am 23. Februar zunächst an den Versuch in Untertürkheim, der das Fahrzeug nach Detailoptimierungen drei Tage später nach Sindelfingen überstellte.

Wagen 31, der erste C 111 der zweiten Ausführung, links bei der Erprobung auf dem Hockenheimring, rechts bei der Pressevorführung auf dem Circuit de Monthoux in der Nähe von Genf.

Dort erfolgten bis zum 7. März Lackierung und Innenausbau, und am 9. März wurde das fertige Fahrzeug nach Untertürkheim geliefert – gerade noch rechtzeitig zur Premiere auf dem Genfer Salon. Für die Präsentation in der Ausstellung wurde wieder, wie in ähnlicher Form schon auf der IAA realisiert, eine erhöhte und nach vorn geneigte Platzierung des Fahrzeugs auf einem Podest gewählt. Im Gegensatz zum Vorführwagen Nr. 31 fehlten dem Standwagen die schwarzen Abdeckgitter auf den Kühlluftauslässen in der Motorhaube.

Die Präsentation der zweiten Ausführung des C 111 in Genf konnte – wie sechs Monate zuvor das Debüt der ersten Version auf der IAA – als voller Erfolg gewertet werden: Die Medienresonanz auf das neue Design und die spektakulären, nochmals deutlich gesteigerten Fahrleistungen war überaus positiv und das Interesse der Öffentlichkeit ungebrochen. Zum Design des Mittelmotor-Coupés waren aber auch Gegenstimmen zu vernehmen – darunter eine, wie üblich, deutliche: Luigi Colani, Enfant terrible unter den Industriedesignern, tat seine Meinung kund, der C 111 sei eine »miese Gurke«, für die die Untertürkheimer »in unüberbietbarer Ideenarmut« die Karosserie-Stilelemente aus Italien und vom Ford GT 40 entlehnt hätten. Mit dieser Provokation und ähnlich vollmundigen Bewertungen zahlreicher anderer Designobjekte – von Automobilen über Unterhaltungselektronik bis hin zu Porzellanartikeln – schaffte es Colani im März 1970 sogar in das renommierte Nachrichtenmagazin »Der Spiegel«. In einem Artikel, den die Zeitschrift »hobby« im September 1970 dem Colani GT, einem für das Frühjahr 1971 angekündigten Kunststoffcoupé auf VW-Chassis, widmete, ging der »Branchenschocker« noch einen Schritt weiter und versah ein Foto des C 111 mit seinen gewohnt provokanten Beurteilungen: »[...] Gesamtnote Mittelmass. Viele Stilelemente von einem etwas ins Hintertreffen gelangtem Design Team zusammengewürfelt.« Zudem präsentierte er die Skizze einer avantgardistisch anmutenden Alternativstudie. Daimler-Benz Pressesprecher Reinert reagierte laut »hobby« »wenig humorig auf die Designer-Attacke und das Angebot, Colanis Papierauto auseinanderzunehmen« und wird mit den Worten zitiert: »Wir sind nach wie vor der Ansicht, daß Stellungnahmen zu einem Fahrzeug, das man nicht in allen Einzelheiten kennen kann, doch sehr zweifelhaft sind.«

Die im Gegensatz zu Colanis Einschätzung insgesamt überaus positive Wahrnehmung in der Öffentlichkeit vermittelte auch der Pressetext, den das Unternehmen unter der Überschrift »C 111 – Jetzt schneller, stärker und interessanter« anlässlich des Automobil-Salons in Genf veröffentlicht hatte: »Auf der IAA Frankfurt 1969 löste Daimler-Benz Staunen und Spekulationen mit der Vorstellung des Versuchsfahrzeuges C 111 aus. Man hatte den Schritt in die Zukunft gewagt und die beiden ›Wunderkinder‹ des Automobilbaus, Wankelmotor und Kunststoffkarosserie, zu einem neuen Konzept vereinigt. Trotz der eleganten, aerodynamisch ausgefeilten Form und eindrucksvollen Fahrergebnissen erwies sich ganz eindeutig: der C 111 ist ein Versuchsfahrzeug, eine Art rollendes Labor, das unter den Augen der Öffentlichkeit zu einem in Technik und Stilistik bestechenden Automobil weiterentwickelt wird. Mit ihm gibt Daimler-Benz allen am Automobil Interessierten die Möglichkeit, einen Blick in seine Versuchs- und Entwicklungsarbeit zu tun. Inzwischen ist ein halbes Jahr vergangen. Auf den Gebieten der Aerodynamik, Stabilität, Kunststoffverarbeitung und nicht zuletzt des Kreiskolbenmotors wurden neue Erfahrungen gesammelt und Erkenntnisse gewonnen, die in Genf in Form einer weiteren Entwicklungsstufe des C 111 vorgestellt werden.«

Während im Vorstand und in anderen Gremien des Unternehmens die Frage nach einer möglichen Serienfertigung diskutiert und aus den unterschiedlichsten Perspektiven beleuchtet wurde, ging die Entwicklung mit der Erprobung der verfügbaren Fahrzeuge und dem Aufbau weiterer Versuchswagen unvermindert weiter. Neben der Dauererprobung der Karosserie, des Motors und der unterschiedlichsten Komponenten wurden dabei auch neue Schwerpunkte verfolgt, etwa die Ausrüstung des C 111 mit Klimaanlage, mit Automatikgetriebe und mit dem gerade in Entwicklung befindlichen Anti-Blockier-System ABS. Auch das Kühlsystem und die Kraftstoffanlage, insbesondere die Tanks, waren Gegenstand weiterer Untersuchungen.

Einen Artikel über den Colani GT in der Zeitschrift »hobby« vom 2. September 1970 nutzte der Designer, um mit provokanten Äußerungen einmal mehr Publicity zu machen. Neben einem Verriss des C 111 präsentierte er eine alternative Sportwagenstudie, die allerdings nur auf dem Papier existierte.

Wagen 32, der zweite fertiggestellte C 111-II, kam nach der Pressekonferenz als Standwagen auf dem Genfer Salon zum Einsatz.

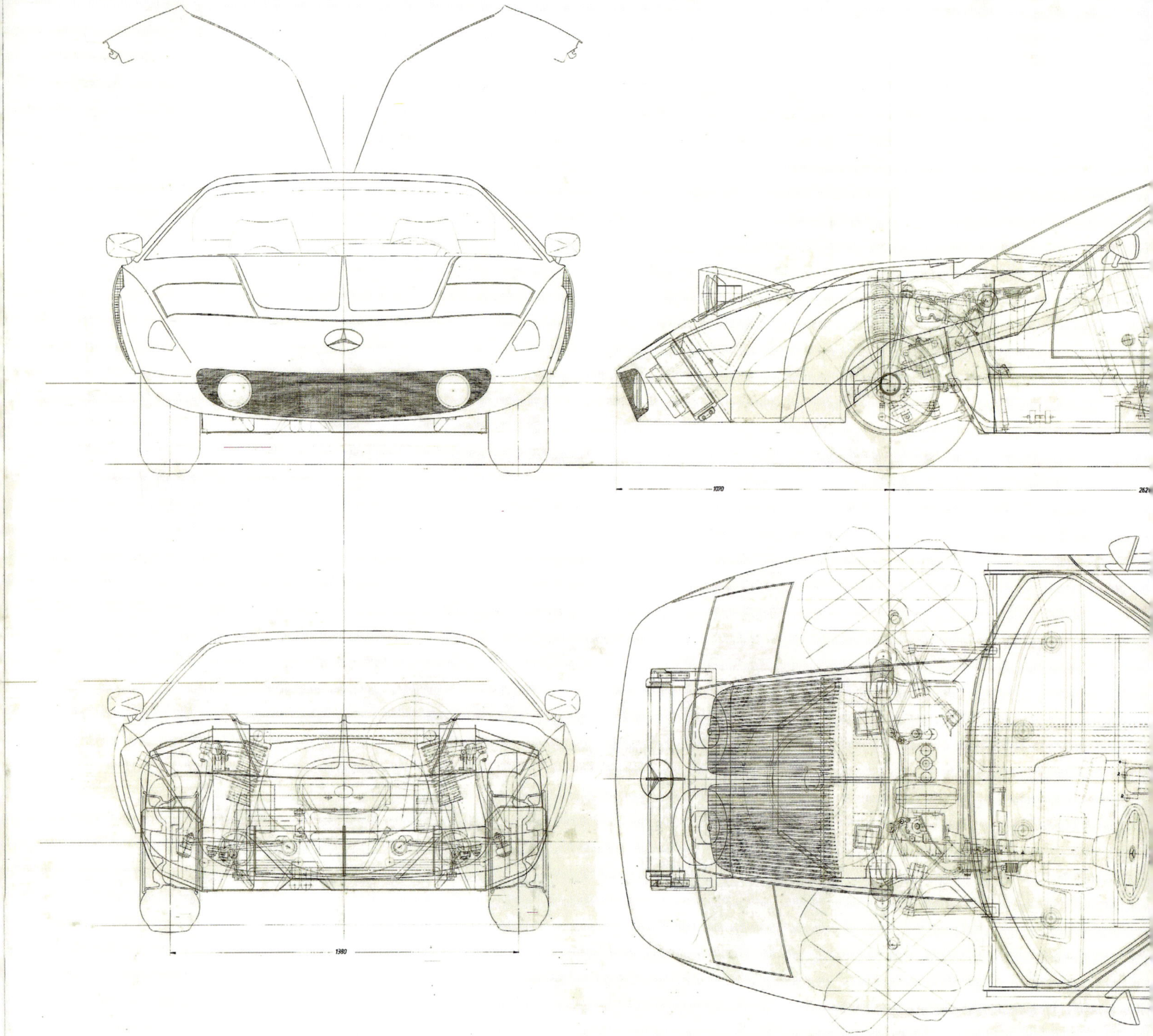

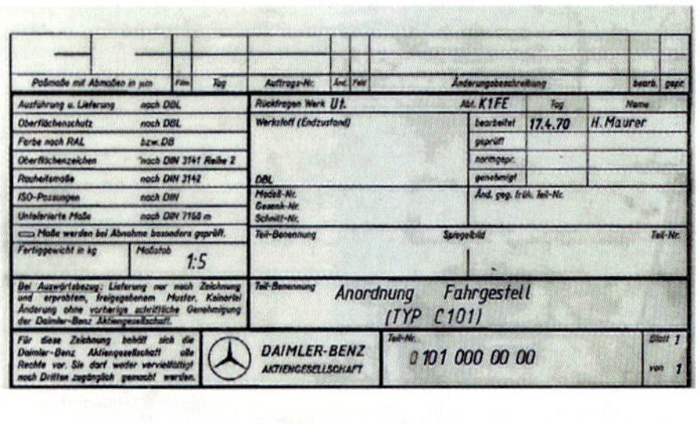

Konstruktionszeichnung des C 111-II vom 17. April 1970.

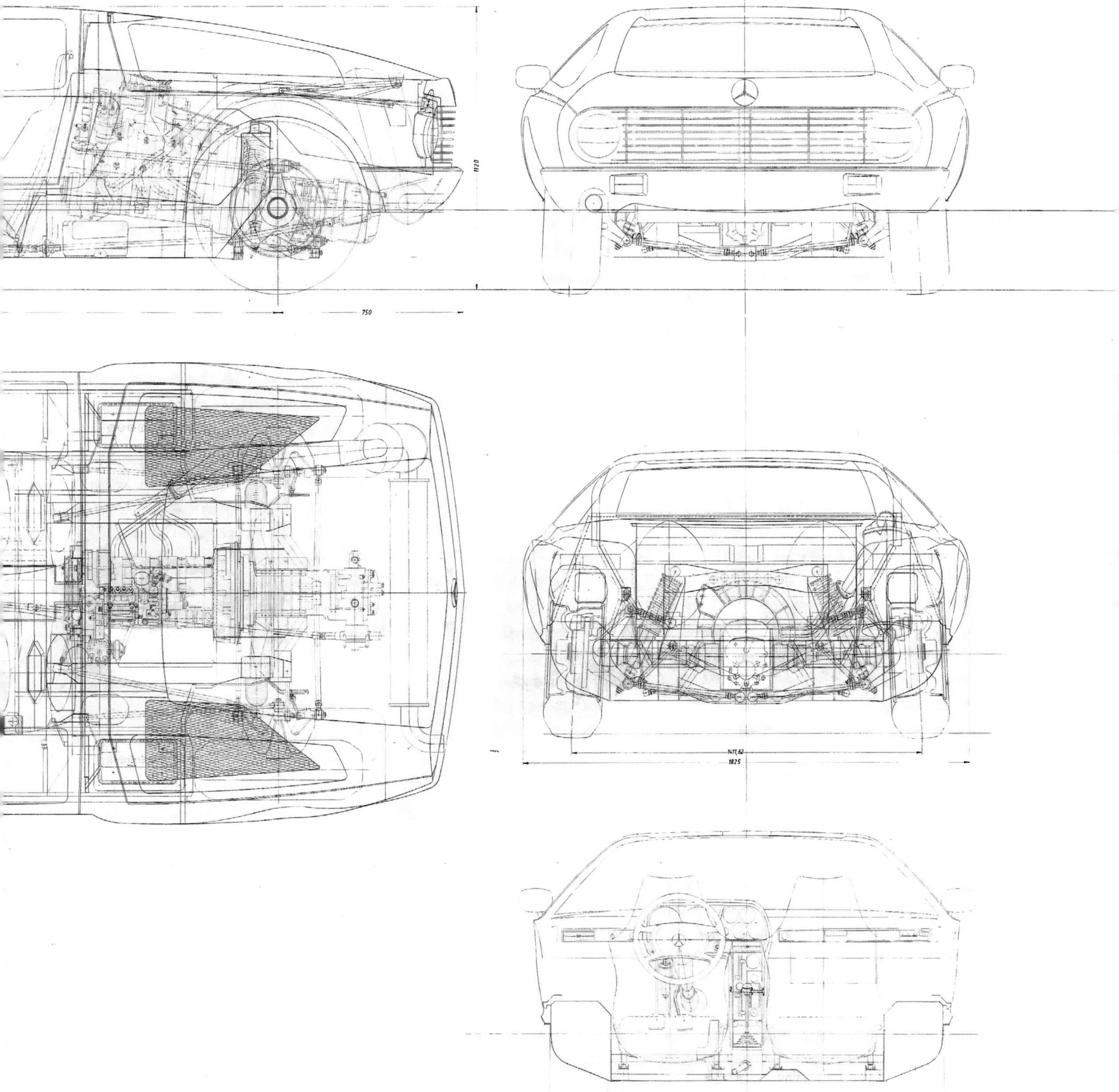
1120
750
1411,62
1825

Sukzessive Fortschritte: der Entwicklungsstand im Sommer 1970

Den aktuellen Stand fasste Dr. Liebold in einem Versuchsbericht vom 18. August 1970 zusammen. Die 4-Scheiben-Motoren wirkten, wie er in diesem Bericht konstatierte, seit Anfang des Jahres standfester. Im Verlauf der weiteren Erprobung waren allerdings der KE 405 (mit klemmenden Dichtleisten) sowie der KE 404 und KE 406 (durch mechanisches Klappern, vermutlich infolge Beschädigung des Stirnradlagerkörpers) ausgefallen. Alle drei Motoren sollten wiederaufgebaut werden, während von den auf dem Prüfstand ausgefallenen Motoren KE 401, KE 403 und KE 407 laut Liebold zwei irreparabel beschädigt waren. Neben dem mit Ferro-TiC-Dichtleisten und Graugusskolben ausgerüsteten Dauerlaufmotor KE 408, ursprünglich in Wagen 31 und seit Juli 1970 in Wagen 22 eingebaut, stand zum damaligen Zeitpunkt somit nur noch KE 402 (mit 335 PS/246 kW bei 6400/min) zur Verfügung. Der Neuaufbau von Motoren der nächsten Entwicklungsstufe, der Baustufe III mit steiferen Gehäusezwischenteilen und neu angeordneten Zusatzaggregaten, erschien vor diesem Hintergrund vordringlich.

Leistungsmäßig befriedigten die 4-Scheiben-Motoren subjektiv, wie Liebold feststellte, wenn auch bei der Fahrleistungsmessung von Wagen 31 (mit KE 408) am 2. Juni 1970 nur 280 km/h erreicht worden waren. Die Bandbreite ihrer Leistung lag je nach montierter Ansaug- und Abgasanlage sowie in Abhängigkeit vom technischen Zustand zwischen 335 PS/246 kW und 400 PS/294 kW. Den spektakulären Höchstwert hatte der Motor KE 405 mit vier 500 mm langen Ansaugrohren sowie vier 800 mm langen Einzel-Auspuffrohren erreicht und es Wagen 26, dem letzten Wagen der ersten Serie, bei der Messung am 2. Juni ermöglicht, an der magischen 300-km/h-Grenze zu kratzen. Auch die mit diesem Wagen erzielte Beschleunigungszeit von 15,1 Sekunden für den Sprint von 0 bis 200 km/h war – insbesondere für die damalige Zeit – schlicht phänomenal. Während der Höchstgeschwindigkeitsmessungen auf der Autobahn Karlsruhe – Basel trat bei 280 km/h an einem Vorderreifen eine Protektor- und an einem Hinterreifen eine Profilablösung auf. Untersuchungen der Fa. Dunlop in Birmingham ergaben, dass der Schaden am Vorderreifen offenbar auf hohe Belastung bei zu niedrigem Luftdruck zurückzuführen war.

Ansaug- und Auspuffgeräusche stufte Dr. Liebold als verbesserungswürdig ein und stellte fest, »die Gesellschaftsfähigkeit des Motors leidet noch etwas unter dem starken Startrauchen und dem stechenden Auspuffgeruch«. Der Kraftstoffverbrauch betrug im Straßenverkehr über längere Strecken bei meist scharfer Fahrweise 25-30 l/100 km, und der Ölverbrauch lag bei 4 l/1000 km. Bei der bereits erwähnten Fahrt nach Turin wurden über 1865 km bei sehr zügiger Fahrweise ein Benzinverbrauch von 22,3 l/100 km und ein Ölverbrauch von knapp 2 l/1000 km gemessen. Die im April 1971 auf Bitte des Motorenversuchs zusammengestellten Werte lagen auf dem von Liebold genannten Niveau: Die Wagen 26, 31 und 33 wiesen bei Laufleistungen zwischen 8000 und 24.000 km einen durchschnittlichen Benzinverbrauch von 24 bis 25,5 l/100 km und einen Ölverbrauch von 1,5 bis 4 l/1000 km auf. Wagen 34 fiel mit 35 l/100 km etwas aus dem Rahmen, der Wert bezog sich aber auch nur auf eine Laufleistung von 1895 km.

Die Kühlung bezeichnete Liebold – mit Ausnahme der Höchstgeschwindigkeitsmessung – auch im Autobahnbetrieb als ausreichend. Bei den im Juni 1970 durchgeführten Fahrversuchen auf dem großen Kurs in Hockenheim hatte insbesondere die Öltemperatur Schwierigkeiten bereitet. Bei den sommerlichen Außentemperaturen musste nach jeweils einer scharf gefahrenen Runde eine Abkühlungsrunde eingelegt werden, da die Öltemperatur über 140 °C gestiegen war. Liebold sah dabei einen möglichen Zusammenhang mit der neuen Spritzölkühlung der Kolben. Durch eine bessere Kühlluftabdichtung und eine härtere Feder im Ölkühlerumgehungsventil konnte die Kühlung bei 110 °C Wassertemperatur so weit verbessert werden, dass 140 °C in Hockenheim erst nach drei scharf gefahrenen Runden erreicht wurden. Weitere Verbesserungen ergab der Einbau eines Aluminium-Wasserkühlers anstelle der bisherigen Messing-Ausführung und die Montage eines Ölkühlers mit um 12,5 % vergrößerter Stirnfläche.

Trotz dieser Verbesserungen konstatierte Hans Liebold in seinem Bericht vom 18. August, dass bei rennmäßiger Beanspruchung ab ca. 27 °C Außentemperatur noch unzulässig hohe Wasser- und Öltemperaturen erreicht werden. Abhilfe sollten im nächsten Versuchswagen Änderungen am Kühlereinlauf und eine ständige Durchströmung der Heizwärmetauscher schaffen sowie »als letzter Ausweg«, wie es Liebold formulierte, der Einbau eines zusätzlichen Ölkühlers hinten links.

Bei hohen Außentemperaturen bereitete die Lüftung, wie Dr. Liebold in seinem Bericht vom 25. Juni mitgeteilt hatte, auch bei der neuen Karosserie Kummer. Durch eine verbesserte Abdichtung der Führungskanäle und den Einbau eines zusätzlichen Wasserabsperrventils für den Heizwasserkreislauf wurde zwar die Aufheizung der Frischluft behoben, ein größerer Luftdurchsatz war aber nur durch den Ausbau der genau vor den Lufteintrittsöffnungen liegenden

Zusatzscheinwerfer sowie einen verbesserten Luftabzug durch Öffnen der hinteren Seitenfenster zu erzielen. Die Aufheizung des Innenraums erfolgte besonders durch die großflächige, stark geneigte Windschutzscheibe, die zudem von der heißen Kühlerabluft stark erwärmt wurde. Für eine eventuelle Serienproduktion schlug Liebold daher den Einbau von Kurbelfenstern vor, da die Ausstellfenster ebenfalls einen gewissen Aufwand an Betätigungseinrichtungen erforderten und zudem bei schneller Fahrt vom Fahrtwind zugedrückt werden. In seinem Bericht vom 18. August bezeichnete er die Lüftung »karosseriemäßig [...] immer noch am verbesserungswürdigsten«. Fortschritte erhoffte er sich durch den in Wagen 33 geänderten Luftein- und -austritt sowie eine Frontscheibe aus wärmedämmendem Doppelverbundglas.

Die Kraftübertragung hatte sich durch die Zweischeibenkupplung verbessert, die bei geringeren Fußkräften das Anfahren deutlich erleichterte. Auch die von ZF inzwischen realisierten neuen Getriebeübersetzungen (1. Gang 2,857, 2. Gang 1,72, 3. Gang 1,21, 4. Gang 0,92, 5. Gang 0,705, Rückwärtsgang 2,86) erwiesen sich als vorteilhaft, allerdings war die Lebensdauer der Synchronisierung, insbesondere des 2. und 3. Gangs, bei allen gelieferten ZF-Getrieben unbefriedigend.

Auf Fahrgestellseite zeigte sich, dass die lang ersehnten ersten Muster der Dunlop 245/60 VR 15 Reifen in keiner Weise befriedigten, während ein kurzer Versuch mit den neuen Michelin 205/70 VR 15 positiv verlief. Erste Prüfstandläufe ließen zudem auf eine Eignung der Michelin-Reifen für höhere Geschwindigkeiten hoffen, so dass eine Ablösung der bislang verwendeten 205 VR 14 Reifen möglich erschien. Wünschenswert war dies auch deshalb, weil die angekündigten 8 Zoll breiten 15-Zoll-Leichtmetallräder dann die bislang ausschließlich verfügbaren unbelüfteten 14-Zoll-Stahlräder ablösen konnten, die bremsenseitig immer wieder zu Beeinträchtigungen geführt hatten.

Nachdem die genannten Leichtmetallfelgen in gegossener Ausführung schließlich fertiggestellt waren, wurden einige Vergleichsversuche zwischen den bisher verwendeten Michelin X 205 VR 14 und den Alternativgrößen 205/70 VR 15 sowie 215/70 VR 15 durchgeführt, die Dr. Liebold in einer Notiz vom 12. November zusammenfasste. Beide 15-Zoll-Varianten erreichten nicht die Qualitäten des 14-Zoll-Reifens: Der 205/70 VR 15 wirkte wie bereits auf den Stahlfelgen etwas unpräziser in der Führung, war im Geradeauslauf aber nur unwesentlich schlechter, während die 215/70 VR 15 den Eindruck des sehr schlechten Geradeauslaufs bestätigten. Auf dem kleinen Kurs in Hockenheim waren beide Reifen »sonst ganz gut« zu fahren, ergaben aber Rundenzeiten, die konstant zwei bis drei Zehntel unter denen der 14-Zoll-Reifen lagen. Auch vor diesem Hintergrund bat Liebold dringend darum, die Entwicklung einer geschmiedeten 7,5 Zoll breiten 14-Zoll-Leichtmetallfelge oder ggfs. einer 8 Zoll breiten Gussausführung nunmehr zu forcieren, nachdem Rudolf Uhlenhaut das bereits seit geraumer Zeit gefordert hatte.

Auch weitere Reifenversuche, deren Ergebnisse Dr. Liebold am 10. Februar 1971 in einer Notiz an die Abteilung Reifenentwicklung wiedergab, erbrachten keine wesentlichen Fortschritte: Die neuen Dunlop 245/60 VR 15 wirkten »wieder recht enttäuschend«, während die erstmals getesteten neuen Michelin 225/70 VR 15 »auf Anhieb einen ordentlichen Eindruck machten, allerdings bei gleicher Profilabnutzung und gleichem Luftdruck keine höheren Seitenkräfte

Dank demontierter Heckklappe lassen die Fotos von Wagen 33 nicht nur Form und Größe des Kofferraums gut erkennen, sondern auch die etwas abenteuerlich wirkende Verlegung der Auspuffanlage. Wie das Bild rechts zeigt, hätten andere Lösungen keinen auch nur ansatzweise praxisgerechten Kofferraum ermöglicht.

ermöglichten als die 205/70 VR 15.« Zusammenfassend stellte Liebold fest: »Bester Straßenreifen ist nach wie vor der 205 VR 14, für den wir immer noch dringend auf geeignete Leichtmetallräder warten. Nachdem das Auswalzen der Fuchs-Räder offensichtlich zu keinem Erfolg geführt hat, bitten wir Sie jetzt nochmals, 14"-Magnesium-Räder in 7 ½ oder 8" Breite gießen zu lassen.«

Wenige Tage bevor die zweite Version des C 111 in Genf ihre Weltpremiere feierte, war am 4. März 1970 die Fertigung der noch ausstehenden drei Versuchswagen wieder angelaufen. Bis Ende des Monats wurde in Sindelfingen die Bodengruppe von Wagen 33 (Wagen 9 nach alter Bezeichnung), dem dritten Wagen der zweiten Serie, aufgebaut und im April in Untertürkheim mit dem Antriebsstrang versehen. Die Karosserie wurde in Rastatt von Ende April bis Mitte Mai montiert, und am 25. Mai erfolgte die Ablieferung nach Sindelfingen, wo im Juni Lackierung und Innenausbau ausgeführt wurden. Da lauffähige 4-Scheiben-Wankelmotoren nach wie vor nur begrenzt zur Verfügung standen, konnte der Wagen, der das amtliche Kennzeichen S – Y 6200 erhielt, erst im August 1970 mit einem Motor komplettiert werden. Dabei kam der wiederaufgebaute KE 404 zum Einsatz. Das von der Verfahrensentwicklung in Untertürkheim im Dezember 1969 zur Verfügung gestellte Fluidik-Element für die gleichmäßige Tankentleerung wurde in diesem Fahrzeug erstmals erprobt. Wegen des strammen, von den wenigen verfügbaren Fahrzeugen zu absolvierenden Versuchsprogramms und der angespannten Terminlage beim Aufbau von Wagen 31 war zuvor weder ein Umbau eines Fahrzeugs der ersten Serie noch ein Einbau in den ersten Wagen der zweiten Ausführung möglich gewesen. Bei den Versuchen konnte der Tankinhalt beider Seitentanks (insgesamt rund 116 Liter) bis auf einen minimalen Rest entnommen werden, ehe der Motor aussetzte, wie Fritz Naumann in einer Notiz am 30. September 1970 feststellte.

Entsprechend dem Beschluss in der Projektbesprechung vom 12. November galten umfassende Anstrengungen auch der Entwicklung der Tanks selbst, die aufgrund ihrer exponierten Lage in den Seitenschwellern in besonderem Maße im Fokus standen. Diskutiert wurden dabei einerseits ungewöhnliche Lösungen wie die Kombination der starren Tanks mit einer schützenden künstlichen Gasblase, andererseits aber auch die Verwendung flexibler Tanks. Eine besondere Herausforderung bestand dabei in der Einhaltung der von den US-amerikanischen Behörden geforderten Diffusionsgrenzwerte im sogenannten Shed-Test.

Im April 1970 wurden unterschiedliche Tankvarianten bei Schlittenversuchen im Werk Sindelfingen auf ihre Unfallsicherheit überprüft. Der zu prüfende, mit Wasser gefüllte und an einer starren Barriere anliegende Tank wurde dabei von einem kleinen Schleuderschlitten mit etwa 10 m/s einer Stoßkraft von 100 kp ausgesetzt. Untersucht wurden Aluminiumtanks mit und ohne Gummiummantelung, wobei die Ummantelung eine Stärke von 2 oder 3 mm hatte und auf den Tank geklebt war oder nicht. Als Ergebnis wurde festgestellt, dass der Aluminiumkörper bereits bei vergleichsweise kleiner Stoßenergie an der Schweißnaht riss. Durch den Gummiüberzug blieb der Tank jedoch, auch bei relativ großem Aufreißen des Alukörpers, dicht. Die aus den Versuchen resultierende Empfehlung bestand in der Verwendung von gummiummantelten Tanks mit 3 mm Schichtdicke in geklebter Ausführung. Auf Basis dieser Ergebnisse wurden ab Mai 1970 alle C 111 der Versuchsflotte auf ummantelte Tanks umgerüstet, wobei aus Gewichtsgründen eine mit einem elastischen Kleber aufgebrachte Beschichtung von 2 mm Dicke gewählt wurde.

Schlittenversuche, die im April 1970 in Sindelfingen durchgeführt wurden, dienten der Untersuchung unterschiedlicher Tankvarianten. Als Folge der Testreihe wurden alle Fahrzeuge der C 111 Versuchsflotte auf Kraftstofftanks mit aufgeklebter Gummiummantelung umgerüstet.

Im Juni 1970 kam der provisorisch reparierte Wagen 24 bei Seitenaufprallversuchen in Sindelfingen zum Einsatz. Der 1,4 Tonnen schwere Stoßwagen wurde zunächst auf die linke Seite (Bilder oben) und anschließend in einem späteren Versuch auf die rechte Seite (Bilder unten) des C 111 gerichtet.

Im Juni 1970 wurden zudem Seitenaufprallversuche durchgeführt, bei denen die Tanks realitätsnah im Fahrzeug eingebaut waren. Um Erkenntnisse über die Unfallsicherheit der in den Längsträgern montierten Kraftstofftanks zu erzielen, wurden die bislang verwendeten Tanks aus Weichaluminium mit Nylon-Kraftstoffbehältern von Pirelli verglichen. Relevant war die Frage nach der Eignung flexibler Tanks auch deshalb, weil laut FIA-Beschluss vom Mai 1970 für Rennwagen und Rennsportwagen zukünftig elastische Tanks vorgeschrieben waren, die in eine feste Mantelstruktur integriert waren. Rudolf Uhlenhaut hatte daraufhin angeregt, solche Tanks in der Entwicklung des C 111 zu berücksichtigen.

Die Unfallversuche wurden mit dem provisorisch instandgesetzten Wagen 24, dem in Hockenheim verunfallten Wagen der ersten Serie, durchgeführt. Ein 1,4 Tonnen schwerer, nicht verformbarer Stoßwagen, dessen Kante auf den vorderen Türspalt gerichtet war, kollidierte dabei von vorne in einem Winkel von 45° mit dem Testwagen. Der Aufprall mit etwa 35 km/h entsprach dabei dem Aufprall eines mit etwa 50-55 km/h fahrenden Pkw. Bei beiden Versuchen betrug die bleibende Verformungstiefe in Türmitte ca. 300 mm, wobei die Kraftstoffbehälter nahezu flachgedrückt wurden. Der für den Fahrer verbleibende Überlebensraum bei einem solchen Aufprall wurde als »noch ausreichend« eingestuft – eine Einschätzung, die vor dem Hintergrund des damaligen Standes der Technik zu bewerten ist und heute wohl anders ausfallen würde. Bei den Versuchen ließ sich keine klare Präferenz für eine der beiden Tankkonstruktionen erkennen: Auch der Nylontank riss ein, und zwar in deutlich stärkerem Umfang als der

Aluminiumtank. Da zudem die Diffusionsprüfung keine erfolgversprechenden Ergebnisse erbrachte, wurde beschlossen, zunächst auch weiterhin auf die ummantelten Tanks aus Weichaluminium zu setzen.

Anfang 1972 kam noch einmal Bewegung in die Tankentwicklung: Im Januar nahm die Versuchsabteilung Kontakt zur Firma Autodelta in Mailand auf; die Motorsport-Tochtergesellschaft von Alfa Romeo hatte Sicherheitstanks in patentierter Wabenbauweise entwickelt, die Brandschutz in den ersten 20 bis 30 Sekunden nach Zerstörung versprachen. In ihrer Antwort stellte Autodelta fest, normalerweise nur Konzessionen für Wettbewerbsfahrzeuge zu vergeben. In Anbetracht des Experimentalcharakters des C 111 sei aber eine Ausnahme vorstellbar, die Bau und Verwendung solcher Tanks gegen Zahlung einer symbolischen Lizenzgebühr von 100 Lire gestattet. Am Ende kam die Zusammenarbeit nicht zustande – vor allem, weil die Weiterentwicklung des C 111 inzwischen nicht mehr zu den vorrangigen Zielen gehörte.

Serienreife fest im Blick: die Weiterentwicklung des C 111

Am 14. Oktober 1970 fasste Dr. Liebold den Stand der seit August erfolgten Weiterentwicklung des C 111 in einem Versuchsbericht zusammen – dem letzten umfassenden Bericht, der dokumentiert ist. Zur gleichen Zeit standen mit Wagen 34 und 35 die beiden letzten Versuchswagen der zweiten Serie kurz vor der Fertigstellung. Ein Schwerpunkt der Entwicklung waren die nach wie vor nicht abschließend gelösten Fragen in puncto Lüftung und Kühlung. Versuche mit einer neuen Haube, bei der nur ein geringer Teil der Kühlluft nach oben und der Rest seitlich durch die Radkästen abgeführt wurde, reduzierten zwar die Erwärmung der Frontscheibe, führten aber zu einer weniger effizienten Kühlung des Motors: Während die Temperatur vor Mitte Windschutzscheibe nur 20 bis 25 °C statt zuvor 45 bis 55 °C betrug, hatte die Kühlerabluft mit der neuen Haube nun eine Temperatur von 65 bis 84 °C statt zuvor 55 bis 70 °C. Diese schlechtere Abströmung verhinderte die Verwendung der neuen Haube, da schon auf der zweiten Runde des großen Kurses in Hockenheim die Öltemperatur auf 140 °C stieg, wobei die Wassertemperatur zwischen 90 und 93 °C lag. Abhilfe erhoffte man sich von einer verstärkten Frischluftausblasung längs des unteren Windschutzscheibenrandes, die bei Wagen 34 untersucht werden sollte. Zu diesem Zweck hatte das neueste Fahrzeug, wie auch Wagen 35, vor den Scheinwerfern je eine zusätzliche Öffnung zur Stauluftaufnahme erhalten. In anderer Hinsicht war Wagen 34 ein Unikat: Er erhielt als einziger Wagen der zweiten Serie einen Kofferraum, der über eine separate Klappe ohne Öffnen der Motorhaube von außen zugänglich war. Eine ähnliche Lösung hatte man Ende August 1969 bereits bei Wagen 22 realisiert.

In dem genannten Versuchsbericht stufte Hans Liebold auch die Motorkühlung selbst trotz der zahlreichen bereits realisierten Maßnahmen noch immer als stark verbesserungsbedürftig ein und stellte fest, dass die Wärmeabgabe der einzelnen Motoren offenbar eine starke Streuung aufweist: So erreichte Wagen 31 trotz feuchter und kühler Außenluft mit dem Motor KE 402 noch 140 °C Öltemperatur bei Wassertemperaturen von 86 bis 89 °C, während der gleiche Wagen Anfang Juli 1970 mit dem KE 406 bei 27 °C Außentemperatur und trockener Luft »noch gerade« zurechtgekommen war. Eine geringe Verbesserung (nicht für den Fahrer, wie Liebold festhielt) erbrachte die voll eingeschaltete Heizung, mit der eine Öltemperatur von 139 °C und Wassertemperaturen von 84 bis 85 °C erreicht wurden. Die bei Wagen 34 vorgesehenen vergrößerten, ständig durchströmten Wärmetauscher ließen somit eine geringe, aber noch nicht ausreichende Verbesserung erwarten. Als Fazit sah Dr. Liebold es als unumgänglich an, den Kühllufteintritt (möglichst zusammen mit dem Frischlufteintritt) zu ändern, wozu er eine Verbreiterung des Wagenbugs für erforderlich hielt.

Der Versuchsbericht vom 14. Oktober enthielt aber auch gute Nachrichten: »Günstigere Ergebnisse konnten hinsichtlich des bisher bei manchen Wagen dominierenden Ansauggeräuschs erzielt werden.« Mit Hilfe eines Schnorchelschlauchs, der an das untere Ende der Lufteinlassöffnung hinter der Fahrertür platziert wurde, konnte das Ansauggeräusch ohne Leistungseinbuße im gesamten Drehzahlbereich fast vollständig unterdrückt werden. Demgegenüber wurde das Auspuffgeräusch – das subjektiv befriedigte, solange die Auspufftöpfe »noch nicht ausgeblasen sind« – auf Basis der Messwerte von bis zu 89 Phon als noch etwas zu hoch eingestuft.

Weitere Fortschritte betrafen die Betankung und das Gaspedal: Die bei der neuen Karosserie zunächst als sehr umständlich empfundene Betankung konnte durch schräge Einfüllstutzen verbessert werden, so dass wieder mit normaler Geschwindigkeit betankt werden konnte. Das von Uhlenhaut initiierte Zwischengaspedal, das in seiner ursprünglichen, links neben dem Hauptpedal hängenden Ausführung noch nicht ganz befriedigt hatte, wurde weiterentwickelt und in das Haupt-Gaspedal integriert. Möglich wurde dies durch eine von Fritz Naumann entwickelte Lösung, bei der das stehende Gaspedal an seiner Mittelquerachse angelenkt war, so dass man wie gewohnt mit dem Vorderfuß über die obere Hälfte des Pedals Gas geben konnte, während das Zwischengasgeben mit dem Schuhabsatz über die untere Hälfte des Pedals erfolgte.

Am 14. Oktober 1970, dem gleichen Tag, an dem Dr. Liebold seinen zusammenfassenden Versuchsbericht erstellt hatte, bat Fritz Naumann seine Kollegen vom Motorenversuch, »einen M 116 in der Serie auszufassen und bezüglich Wasserpumpe, Ölkreislauf, Schwungrad und Drehzahlgeber auf den Stand des U 18 im Dauerlaufwagen C 101 E 45-25 zu bringen«. Damit sollte also zum zweiten Mal ein C 111 mit einem V8-Motor bestückt werden, »da wir für den Karosserieversuchswagen C 101-35 z. Zt. keinen Wankelmotor bekommen können«, wie es Naumann formulierte. Am 30. Oktober erhielt er die Antwort, dass der Motor in Arbeit und die Lieferung zum 10. November vorgesehen sei.

Kultivierung eines Supersportwagens: ABS, Klimaanlage und Automatikgetriebe

Am 1. Oktober hatte Rudolf Uhlenhaut festgelegt, »den C 101 mit der Teldix-Bremsschlupfregelung«, also der gemeinsam mit dem gleichnamigen Heidelberger Elektronikunternehmen entwickelten ersten Ausführung des Anti-Blockier-Systems, auszurüsten. Der erste C 111, der das brandneue System erhalten sollte, war der gerade im Aufbau befindliche Wagen 34. Die Hydraulikeinheit wurde rechts neben dem Hauptbremszylinder vorgesehen, wobei der dort platzierte Behälter für das Scheibenwischwasser versetzt werden musste. Das elektronische Steuergerät sollte im Wagenbug eingebaut werden, wo bislang das Reserverad untergebracht war, das für Fahrversuche nicht zwingend mitgeführt werden musste.

Ebenfalls Anfang Oktober 1970 regte Rudolf Uhlenhaut an, den »C 101 mit Automatik-Getriebe, ABS und Klimaanlage« in Genf vorzuführen, »um die Bezeichnung ›Rollendes Labor‹ weiterhin zu rechtfertigen«. Dadurch ergab sich ein weiterer Grund, den Aufbau von 4-Scheiben-Motoren der Baustufe III zu forcieren. Für Einbauuntersuchungen wurde am 14. Oktober eine entsprechende Attrappe mit Kältekompressor und zweiter Lichtmaschine geliefert. Mitte November äußerte Uhlenhaut zudem eine Reihe von Wünschen hinsichtlich der Karosserie, die Dr. Liebold in einer Notiz vom 17. November festhielt. So sollten alle Wagen die leichter zu öffnenden Türen mit optimierten Gasdruckdämpfern sowie die verbesserte Lüftung erhalten. Die Klimaanlage sollte zumindest für alle Wagen vorbereitet werden, damit sie »in dem Maße eingebaut werden kann, wie Baustufe III-Motoren« vorliegen.

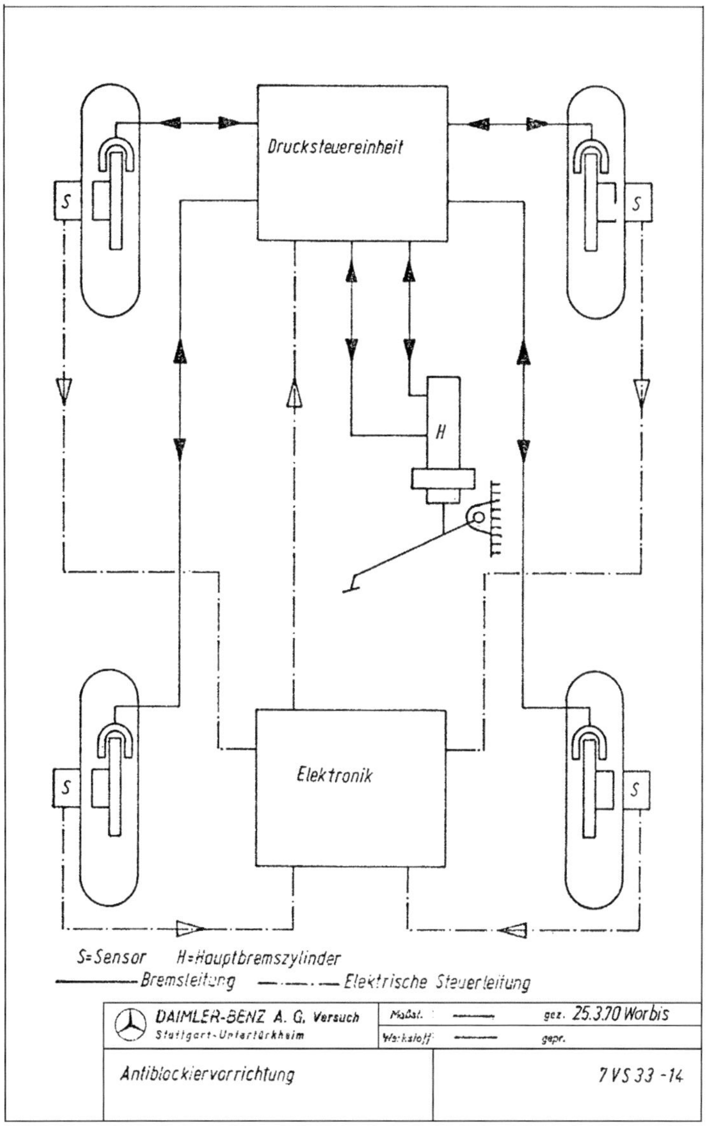

Prinzipdarstellung der »Antiblockiereinrichtung«, der ersten, gemeinsam mit Teldix entwickelten Ausführung des Anti-Blockier-Systems.

Für größere Reisen sollte außerdem »ein Aufschnallkoffer vorgesehen werden, der sich in Form und Farbe dem Wagen anpaßt. Daß die direkte Sicht nach hinten hierdurch abgeschnitten wird, muß akzeptiert werden. [...] Außerdem wird nochmals größter Wert auf eine maximale Wärmeisolierung des Kofferraums gelegt«. Zwei Außenkoffer hatte Uhlenhaut – ebenso wie eine Klimaanlage – bereits im August 1969 für die zweite Ausführung des C 111 gefordert. Seine Wünsche gingen aber noch weiter, wie Liebold berichtete: »Die Lieferung geeigneter Skihalter hat Herr Huber für die nächsten 8 Tage zugesagt. Es muß daher dafür gesorgt werden, daß der Aufschnallkoffer und die Skihalter gemeinsam verwendet werden können.« Über den Skihalter sind leider keine weiteren Angaben dokumentiert, vom »Aufschnallkoffer«

gibt es dagegen eine vom 26. Januar 1971 datierende Bildserie mit dem Sindelfinger Karosserie-Versuchswagen 24 a, die zwei unterschiedlich große Außenkoffer zeigt. Der größere von beiden nutzte dabei den auf der Heckklappe zwischen den beiden Seitenteilen verfügbaren Raum bestmöglich aus.

Das von Uhlenhaut immer wieder adressierte Thema Kofferraum-Temperatur wurde im Dezember 1970 ebenfalls eingehend untersucht. Das mit Wagen 33 durchgeführte Messprogramm umfasste die Autobahnfahrt nach Hockenheim und drei Runden auf dem großen Kurs, beides ohne zusätzliche Belüftung, sowie zwei weitere Zyklen: drei Runden auf dem großen Kurs mit Absaugung durch den Motorluftfilter sowie zwei Runden in Hockenheim mit Absaugung durch ein elektrisches Gebläse. Bei allen Testzyklen wurde die Temperatur im Kofferraum an vier verschiedenen Messpunkten registriert. Interessanterweise heizte sich der Kofferraum bei den Versuchen ohne Belüftung nur unwesentlich auf und überschritt nur kurzzeitig die 20-°C-Grenze. Ähnlich war es mit Absaugung durch den Motorluftfilter: Der Kofferraum heizte sich nur um wenige Grad auf und blieb im Verlauf stets unterhalb von 19 °C. Bei Absaugung durch das elektrische Gebläse war, beginnend mit einer Temperatur von 19 °C, zunächst eine Absenkung auf 15 °C, im weiteren Verlauf dann aber eine Aufheizung auf 28 °C und eine erneute Absenkung auf 20 °C festzustellen. Damit hatte der Kofferraum – zumindest unter den während den Messungen herrschenden Rahmenbedingungen – seine thermische Bewährungsprobe bestanden, und eine Aufheizung durch Motorabwärme war nicht mehr relevant.

Für den von Rudolf Uhlenhaut geforderten »Aufschnallkoffer« fanden die Sindelfinger Designer eine ebenso ungewöhnliche wie attraktive Lösung.

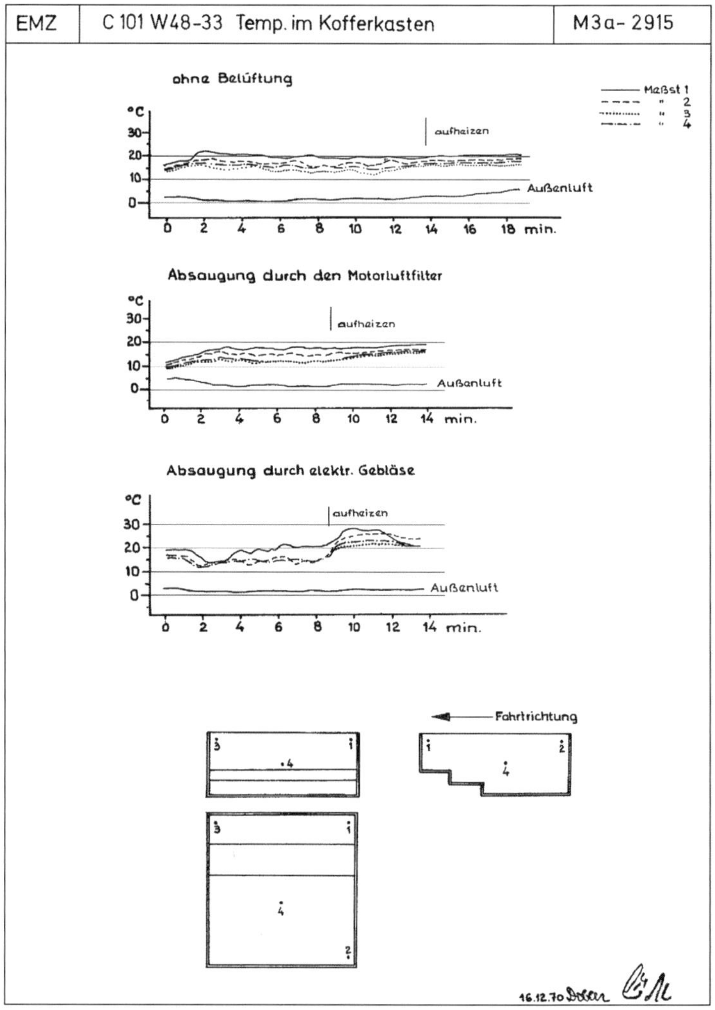

Die im Dezember 1970 mit Wagen 33 durchgeführte Versuchsreihe zur Messung der Kofferraumtemperatur wurde von Albert Dobler, Mitarbeiter im Messzentrum der Entwicklung in Untertürkheim, anschaulich aufbereitet.

Wagen 33 auf der Einfahrbahn in Untertürkheim.

Uhlenhauts Verbesserungswünsche betrafen zum Teil auch Punkte, die Karl Wilfert im August/September 1970 bemängelt hatte und die Friedrich Geiger in zwei Notizen dokumentiert hatte. So hatte Wilfert festgestellt, dass der Wagen zu heiß wird und dass die Sicht zur Seite und nach hinten unten nicht ausreicht. Beim Zurückschauen erscheine »ein Effekt, bei dem man glaubt, daß ein überholender Wagen im Anzug wäre«. Dieser »Übelstand soll durch eine schwarze oder eine Kennfarbe behoben werden«. Gemeint war hier offenbar die Lackierung der Heckklappe mit mattschwarzer Farbe, wie sie dann ab Januar 1971, beginnend mit Wagen 24 a, erfolgte.

Um den Temperaturhaushalt und seine Abhängigkeiten besser einschätzen zu können, wurden vom 26. Oktober bis 4. November im großen Windkanal in Untertürkheim Kühlleistungsmessungen an Wagen 31 durchgeführt. Dabei bestätigte sich die Vermutung, dass die für niedrige Geschwindigkeiten unbedingt erforderlichen elektrischen Kühlerventilatoren bei höherer Geschwindigkeit ab etwa 120 km/h den Luftstrom erheblich behinderten. Als Lösung schlug Dr. Liebold gleich nach Beginn der Untersuchung Lüfterräder mit Freilauf oder mit verstellbarem Anstellwinkel vor.

Wagen 24 a, der in Sindelfingen stationierte »Karosserie-Versuchswagen«, erhielt im Januar 1971 eine mattschwarze Teillackierung für die Oberseite der Heckklappe und die Luftaustrittskanäle der Fronthaube.

Weitere Messungen vom 23. November bis 4. Dezember 1970 erbrachten ebenso detaillierte wie interessante Erkenntnisse. Mit dem verwendeten Alu-Wasserkühler, der eine Blocktiefe von 68 mm und eine Stirnfläche von 23,4 dm² aufwies, wurden bei einem zulässigen Temperaturgefälle von 75 °C folgende abführbaren Wärmemengen gemessen:

v [km/h]	Abführbare Kühlwasserwärme [kcal/h]	Kühlwasserwärme des Motors [kcal/h)]
150	83.000	63.000
200	104.200	80.000
250	115.000	95.000
300	123.000	105.000

Daraus leitete sich die Erkenntnis ab, dass der Wasserkühler allein gut ausreicht. Der vor dem Wasserkühler montierte Ölkühler verringerte die abführbare Wärmemenge bei 150 km/h um 26 % und bei 240 km/h um 19 %. Der Versuchsbericht konstatierte dazu: »Die Kühlwassertemperaturen werden durch den vorgebauten Ölkühler untragbar verschlechtert.« Zudem zeigte sich, dass der Ölkühler mit 200 mm Breite und 14,6 dm² Stirnfläche bei einem zulässigen Motoröl-Temperaturgefälle von 100 °C und einer Geschwindigkeit von 300 km/h nur eine Wärmemenge von 45.800 kcal/h abführen konnte, während der Sollwert mit 75.500 kcal/h um 65 % darüber lag. Der Versuchsbericht brachte es auf den Punkt: »Die Ölkühlung ist somit im derzeitigen Zustand völlig unzureichend. Es ergeben sich TG-Motoröl von über 150 °C. Die Vergrößerung des Ölkühlers vor dem Wasserkühler ist nicht sinnvoll, da sich dadurch die Wassertemperatur weiter verschlechtert. [...] Um in einen brauchbaren Betriebsbereich des Ölkühlers zu kommen, ist eine ca. 4-fache Ölmenge notwendig. Zur Erreichung gesunder Verhältnisse ist eine Überarbeitung des Ölkreislaufes unumgänglich.«

Ein weiteres Ergebnis der Untersuchungen war eine Vergrößerung der abführbaren Wärmemenge um 10 %, wenn beide Heizungswärmetauscher zusätzlich zur Wärmeabfuhr herangezogen wurden. Dies entsprach einer Verbesserung des Kühlwasser-Temperaturgefälles von ca. 7 °C. Um eine befriedigende Kühlungssituation zu erreichen, wurden im Versuchsbericht folgende Maßnahmen als notwendig empfohlen:

1. Unterbringung des Wasser- und Ölkühlers nebeneinander liegend im Bug
2. Wasserkühlerstirnfläche 19 dm²
3. Ölkühlerstirnfläche 17 dm²
4. Ölumlaufmenge ca. 200 kg/min bei 7000/min
5. Anpassung der Ölleitungsquerschnitte an die größere Menge

Durch die Anordnung von Wasser- und Ölkühler nebeneinander wurde zusätzlich eine Verringerung der Scheibenaufheizung auf die Hälfte in Aussicht gestellt. Der Versuchsbericht empfahl, im Zusammenhang mit der Untersuchung, wie eine größere Kühlerstirnfläche realisiert werden kann, auch zu prüfen, ob die gesamt Kühlluft nach unten abgeführt werden könnte. Weitere denkbare Lösungen erwiesen sich bereits während der Untersuchung als nicht durchführbar – so scheiterte ein zwangsbelüfteter Ölkühler im Heck an der abführbaren Wärmemenge, und die Abführung der Ölwärme über das Kühlwasser hätte einen zu hohen Bauaufwand für einen Öl-Wasser-Wärmetauscher erfordert.

Im Januar 1971 fasste Dr. Liebold die Ergebnisse einer Besprechung zusammen, in der die Erkenntnisse der Kühlleistungsmessungen sowie die daraus abgeleiteten Verbesserungsmöglichkeiten diskutiert wurden. Konstruktive Untersuchungen zeigten, dass die erforderliche Kühlerstirnfläche von ca. 35 dm² durch Verbreiterung des Wagenbugs um ca. 70 mm nach jeder Seite realisiert werden kann. Dazu musste der Verlauf der Karosserieaußenkante zwischen Fahrzeugfront und A-Säule geändert werden. Außer der verbesserten Kühlleistung versprach diese Änderung weitere Vorteile: eine verringerte Aufheizung der Frontscheibe, eine wirksamere Heizung und Belüftung und schließlich eine auch bei ausgefahrenen Scheinwerfern zu öffnende Fronthaube. Vor diesem Hintergrund war es nicht verwunderlich, dass die Umsetzung dieser Änderung beschlossen wurde, auch wenn die durch die Verbreiterung entstehenden Stege zwischen Scheinwerfern und Haube aus gestalterischen Gründen das Missfallen der Stilisten hervorriefen. Ein 1:5-Modell der neuen Variante mit verbreitertem Bug wurde im Rahmen der Technischen Besprechung Pkw am 10. März 1971 besichtigt und von diesem Gremium am 7. April 1971 freigegeben. Die Umsetzung musste allerdings zunächst zurückgestellt werden, da die Fertigstellung des Experimentier-Sicherheitsfahrzeugs ESF absolute Priorität hatte.

Anfang Februar 1971 wurde die erste Hinterachse für den C 111 aufgebaut, die für die Verwendung eines Automatikgetriebes konzipiert war. Die 4-Gang-Automatik mit hydraulischer Kupplung hatte man aus dem Serienaggregat des Mercedes-Benz 600 (W 100) entwickelt, wobei jeder Schaltpunkt eigens angepasst und das Getriebegehäuse für den integrierten Achsantrieb vollkommen neu konstruiert worden war. Der Einbau in Wagen 34 konnte jedoch nicht gleich realisiert werden, da der eingeplante Motor noch nicht zur Verfügung stand. Am 28. Januar hatte Liebold in einer Mitteilung an den Motorenversuch bereits dringend darum gebeten, eine termingerechte Bereitstellung des einzigen Baustufe-III-4-Scheiben-Motors KE 412

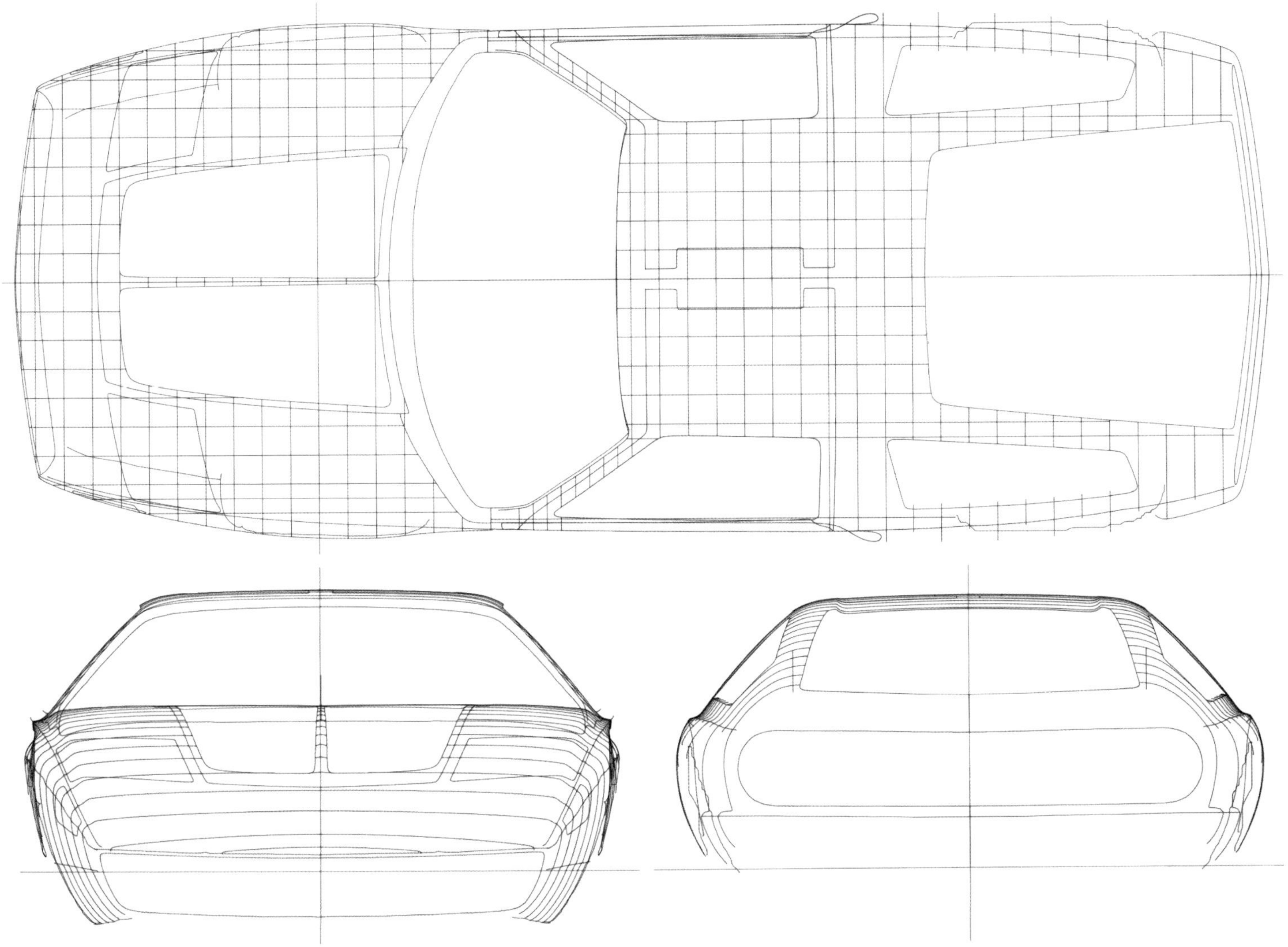

Abtastplan des C 111 mit verbreitertem Bug. Der Plan wurde durch Abtastung des 1:5-Modells erstellt und zeigt demensprechend noch gewisse Ungenauigkeiten – insbesondere im Bereich der hinteren Radausschnitte. Deutlich sichtbar sind die durch die Verbreiterung entstandenen Stege zwischen der vorderen Klappe und den Scheinwerfern.

Das für den Einsatz im C 111 angepasste 4-Gang-Automatikgetriebe umfasste ein völlig neu entwickeltes Getriebegehäuse mit integriertem Hinterachsantrieb und Differenzial.

sicherzustellen, da der für die Vorführung in Genf vorgesehene Wagen 34 [wegen der abweichend angeordneten Zusatzaggregate, d. Verf.] nun nicht mehr mit einem Baustufe-II-Motor bestückt werden könne. Auf dem Prüfstand zeigt sich dann, wie der Motorenversuch in einer Notiz vom 10. Februar feststellte, dass der KE 412 mit mehr als 5 Liter Ölinhalt in der Ölwanne wegen Ölmitreißens im Leckgas nicht betrieben werden konnte. Da 5 Liter als maximale Ölfüllung im Wagenbetrieb für zu gering angesehen wurden, wurde der Motor auf Trockensumpfschmierung umgestellt. Auf dem Prüfstand ließ er sich mit 7 Liter Ölinhalt bis 7000/min einwandfrei fahren, die Ölaustrittstemperatur lag bei der genannten Drehzahl jedoch über 150 °C. Für den Wagenbetrieb empfahl der Motorenversuch, die Funktion der Trockensumpfschmierung im Hinblick auf Füllmenge und Ölmitreißen nochmals zu überprüfen.

Im Hinblick auf eine mögliche Vorführung in Genf ergaben sich weitere Herausforderungen: Versuchsfahrten mit Wagen 26, der mit ABS ausgerüstet war, hatten gezeigt, dass die Vorderradbremsen den Beanspruchungen bei Ausnutzung des ABS nicht standhielten. Vor diesem Hintergrund wurde eine Vorführung des C 111 mit ABS auf dem Genfer Salon als Risiko eingestuft, insbesondere dann, »wenn die Journalisten beliebig damit fahren dürfen«. Die genannten Problemstellungen und Verzögerungen hatten zur Folge, dass die geplante Präsentation des weiterentwickelten C 111 auf dem Genfer Automobil-Salon 1971 am Ende nicht zustande kam.

Fortschritt und Stagnation: der Entwicklungsstand im Mai 1971

Am 11. Mai dokumentierte Dr. Liebold den Entwicklungsstand in einer Notiz an Entwicklungschef Scherenberg, der mit Schreiben vom 29. April 1971 eine Analyse der für eine eventuelle Kleinserienfertigung des C 111 erforderlichen Arbeitsumfänge beauftragt hatte. Der Projektleiter stellte heraus, dass an den Motoren der Baustufe II zuletzt keine mechanischen oder thermischen Schäden mehr aufgetreten waren und dass ein Motor mit IKA-Dichtleisten schon 20.000 Versuchskilometer absolviert hatte. Der erste zur Erprobung mit Automatikgetriebe und Klimaanlage vorgesehene Motor der Baustufe III sei »dagegen bis jetzt nur unter großen Schwierigkeiten (Ölwerfen mit und ohne Trockensumpfschmierung, unbefriedigender Wasserkreislauf, extreme Auspuffwärme) kurzzeitig gelaufen.« Die Fertigung weiterer Motoren gehe schleppend voran, so dass Dauerlaufergebnisse für diese Baustufe nicht vorlägen. Befürchtet werde auch, dass die Leistung der 4-Scheiben-Motoren bei Erfüllung kommender Abgas-Vorschriften und normaler Geräuschdämpfung von z. Zt. 350 PS/257 kW auf 280 bis 300 PS (206 bis 220 kW) sinken würde. Mit Vorschalldämpfer als Nachbrenner würden ohne Rücksicht auf das Auspuffgeräusch die verschärften USA-Vorschriften bis 1975 erfüllt.

Zur Bodengruppe stellte Liebold fest, dass nach Ansicht der Konstruktion in Sindelfingen für die Serienfertigung »in erster Linie die Kunststoff-Bodengruppe in Sandwich-Bauweise« infrage komme. Die erste Bodengruppe solle Mitte August 1971 angeliefert werden. Für Versuche in Sindelfingen und Untertürkheim und zur Erprobung der Kunststoff-Bodengruppe würden insgesamt neun Versuchswagen benötigt.

Was die Karosserie betraf, hielt Liebold eine Erprobung der Bugverbreiterung, von der er sich positive Effekte versprach, ab August im Wagen 31 für möglich. Hinsichtlich des Antriebs stellte er fest, ZF verlange für eine Serienfertigung des 5-Gang-Getriebes mit den gewünschten Übersetzungen eine Vorlaufzeit von zwölf Monaten. Die Zweischeibenkupplung von Fichtel & Sachs müsse noch fertig durchentwickelt werden, sei dann aber kurzfristig lieferbar. Als Automatik sei bisher nur ein 4-Gang-Kupplungsgetriebe kurz gefahren worden, mit der Erprobung des vorgesehenen 4-Gang-Wandlergetriebes könne voraussichtlich in einigen Monaten begonnen werden.

Auch zum Entwicklungsaufwand legte Liebold detaillierte Zahlen vor: »Für die Fertigung der ersten 6 Erprobungsträger benötigte der Versuch UT (ohne Motoren-Abteilungen, aber mit mechanischer Fertigung und spanloser Verformung) im Durchschnitt je Wagen 9300 Stunden, für die nächsten 6 Wagen 3800. Bei der Erprobung aller Wagen fielen im Durchschnitt 2250 h an. In Anbetracht der etwas veränderten Situation rechnen wir für die vorgeschlagenen 9 Wagen pro Fahrzeug mit ca. 4000 h Fertigung und 3000 h Erprobung, d. h. insgesamt mit ca. 60 bis 65.000 Stunden (ohne Motorenentwicklung und Sindelfinger Umfang).«

Im Hinblick auf die aktuelle und künftige Leistung der 4-Scheiben-Motoren hatte sich am 6. Mai 1971 die Motorenentwicklung zu Wort gemeldet. Um bei gleichbleibender Schalldämpfergröße das vorgeschriebene Geräuschniveau zu erreichen, müsse die Leistung von 350 auf etwa 300 PS (257 auf 220 kW) reduziert werden. Unter Berücksichtigung der z. B. in Kalifornien ab 1972 vorgesehenen Abgasentgiftungsvorschriften würde die Leistung um weitere 5 % sinken, weil im Auspuffsystem ein Reaktor (5 Liter Inhalt) eingebaut werden müsse. In welchem Maße sich die Leistung durch die Kalifornien-Abgaswerte für 1975 weiter verringern werde, sei noch nicht bekannt. Im Januar 1972 gaben die Entwickler dann doch entsprechende Prognosen zu den Leistungswerten mit Abgasentgiftung ab: für 1974 in Europa 300 PS/220 kW und in den USA 260 PS/191 kW, für 1976 dann 280 PS/206 kW bzw. 240 PS/177 kW. Für das maximale Drehmoment nannten sie einen Wert von 40 mkp, das je nach Auslegung in einem Drehzahlbereich zwischen 3000/min und 5000/min liegen könne.

Wagen 34 mit dem amtlichen Kennzeichen S – Z 4170, dessen erste Erprobung mit Automatikgetriebe, Klimaanlage und ABS im Februar/März 1971 erfolgt war, konnte seit Juli 1971 wieder eingesetzt werden, wie Dr. Liebold am 2. August in einer Notiz an den Entwicklungschef festhielt. Dem erstmals eingebauten Baustufe-III-Motor würden gegenüber den bisherigen Motoren über 50 PS/37 kW fehlen. Das Kupplungsgetriebe schalte noch sehr hart, es lohne sich aber nicht, weitere Entwicklungsarbeit zu investieren, da ab Herbst ein 4-Gang-Wandlergetriebe zur Verfügung stehen solle. Auch die Federabstimmung müsse noch korrigiert werden, nachdem durch das höhere Gewicht an der Hinterachse härtere Federn notwendig geworden seien.

Das für die Verwendung im C 111 modifizierte Automatikgetriebe wurde ab Frühjahr 1971 in Wagen 34 erprobt.

Wenige Tage später, am 6. August, legte Rudolf Uhlenhaut fest, dass alle C 111 mit dem ABS ausgerüstet werden sollten, insbesondere die Wagen 31 und 33 sowie der Sindelfinger Versuchswagen 24 a.

Am 13. August griff Liebold das Dauerthema Öltemperatur wieder auf, nachdem die Erprobung von Wagen 31 mit dem inzwischen verbreiterten Bug begonnen hatte. Die Karosserieänderung ermöglichte nicht nur einen größeren Lufteinlass, sondern auch ausreichend große Wasser- und Ölkühler, die nun nebeneinander statt bisher hintereinander angeordnet werden konnten. In einer Notiz an Motorenchef Bensinger stellte Liebold fest, dass die Wassertemperatur zwar unter allen Umständen einwandfrei sei, aber das Öl bei extremer Fahrweise (»kleiner Kurs in Hockenheim, rennmäßig gefahren«) ab etwa 28 °C Außentemperatur »noch den bisher immer respektierten Grenzwert von 140 °C« erreiche. Liebold bezeichnete den bei 125 °C Öltemperatur und 7000/min gemessenen Durchsatz von 43 Liter pro Minute als viel zu niedrig und hielt eine Verstärkung des Ölkreislaufs durch den Kühler für unumgänglich, z. B. durch konstruktive Vergrößerung der Ölpumpe bzw. durch Erhöhung der Antriebsdrehzahl. In ihrer Antwort zeigten die Motorenkonstrukteure eine Reihe von möglichen Maßnahmen auf, die zukünftig Abhilfe schaffen könnten, verwiesen aber zunächst auf eine Wärmebilanzmessung, die sie im Forschungsinstitut IMH von Prof. Huber in München beauftragt hatten.

Anfang 1972 wurde erneut eine Präsentation des weiterentwickelten, mit Automatikgetriebe, Klimaanlage und ABS ausgerüsteten C 111 in Genf ins Auge gefasst. Am 25. Januar wandte sich Dr. Liebold an seine Kollegen vom Motorenversuch und bat um den beschleunigten Aufbau eines Motors der Baustufe III, da der im Wagen 34 eingebaute KE 412 leistungsmäßig sehr wenig befriedige. Drei Wochen später, am 17. Februar, griff Liebold das Thema nochmals auf. Der Motor KE 416, derzeit in der nochmals weiterentwickelten Baustufe-IV-Ausführung im Aufbau, solle nun für Wagen 35 vorgesehen werden, der aktuell für Versuche mit Hecktanks und Wandlergetriebe vorbereitet würde. KE 416 sei daher mit Gussölwanne und Klimakompressor sowie einem Schwungradmitnehmer für Wandlergetriebe auszurüsten.

Am 29. Februar 1972 stellte Dr. Liebold erneut fest, dass Wagen 34, der »seit dieser Woche mit Wandler-Getriebe« laufe, schnellstmöglich einen Motor mit höherer Leistung erhalten solle. Da der für die inzwischen abgesagte Vorführung in Genf ursprünglich vorgesehene KE 416 aktuell in Wagen 35 eingepasst werde, bat Liebold darum, aus den vorhandenen Teilen einen weiteren 4-Scheiben-Motor mit Baustufe-IV-Gehäuse, Trockensumpfschmierung, Klimakompressor und Schwungscheibe für Automatikgetriebe aufzubauen.

Wagen 31 nach der Verbreiterung der Frontpartie, bei der zugleich auch zusätzliche Lufteinlassöffnungen und rechteckige Zusatzscheinwerfer realisiert wurden. Die Aufnahme entstand im Juli 1972 auf der Einfahrbahn in Untertürkheim.

Wagen 34 hatte bereits eineinhalb Jahre zuvor wichtige Ergebnisse geliefert: Im Juni 1970 hatte er im Karosserieversuch in Sindelfingen Steifigkeitsmessungen absolviert. Karosseriekonstrukteur Klaus Matthias, der noch eine wichtige Rolle in der weiteren Entwicklung des C 111 spielen sollte, hatte bereits im Januar 1970 angeregt, die Bodenanlage von Wagen 9 für Steifigkeitsmessungen einzuplanen, nachdem dies bei den Wagen 2 bis 6 (und dann erneut bei den Wagen 7 und 8) aus zeitlichen Gründen nicht möglich gewesen war.

Die Rahmenbodenanlage von Wagen 34 bei Steifigkeitsmessungen in der Karosserieentwicklung in Sindelfingen.

Zum Einsatz kam dann schließlich Wagen 10 (nach neuer Bezeichnung Wagen 34). Vermessen wurde einerseits die tragende Stahlblech-Bodengruppe und zum anderen die »aufsetzfertige Karosserie«, also die Kombination aus der Bodengruppe mit dem vernieteten und verklebten Kunststoffaufbau. Die Messung ergab einen wider Erwarten hohen Anteil des Aufbaus an der Gesamtsteifigkeit des Karosserieverbandes: Die Verwindungssteifigkeit zwischen den Achsen und die spezifische Verwindungssteifigkeit des Fahrgastraums erhöhten sich durch die Karosserie um 30 %, und die Durchbiegung reduzierte sich immerhin um 22 %. Interessanterweise zeigten sich gegenüber der Bodengruppe des »Hobels« verbesserte Steifigkeitswerte, obwohl durch den längeren Radstand, die geänderte Hinterachse und die Einbaugeometrie im Heckbereich eine Verschlechterung um 40 % errechnet worden war. Die Verwindungssteifigkeit zwischen den Achsen lag um 30 %, die spezifische Verwindungssteifigkeit im Fahrgastraum immerhin um 8 % höher als beim »Hobel«, und die Durchbiegung an den seitlichen Längsträgern war um 14 % geringer.

Wagen 35, amtliches Kennzeichen S – AN 6611, hatte im Dezember 1970 zunächst einen 3,5-Liter-V8-Motor erhalten, da kein Wankelmotor zur Verfügung gestanden hatte, und wurde für Karosserieversuche eingesetzt. Im Frühjahr 1972 wurde er mit zwei Hecktanks ausgerüstet – quaderförmigen Kraftstoffbehältern von je 35 Liter Inhalt, die links und rechts an der Schottwand im Motorraum montiert wurden. Im Mai 1972 erhielt er schließlich den 4-Scheiben-Motor KE 416, der gegenüber seinen Vorgängern eine Reihe von Verbesserungen aufwies. Kernstück dieser Maßnahmen war das sogenannte Stufensaugrohr, das bereits beim 2-Scheiben-Motor erprobt und von der Daimler-Benz AG am 3. August 1972 zum Patent angemeldet worden war. Die Patentschrift DE 2238238 C2 mit dem Titel »Saugleitung einer Kolbenbrennkraftmaschine« weist Wolfgang Kalbhenn und dessen damaligen Chef Karl-Walter Schmidt als Erfinder aus. Dank des Stufensaugrohrs stellte das Triebwerk bereits im unteren und mittleren Drehzahlspektrum eine spürbar verbesserte Durchzugskraft bereit, die um 10 bis 20 % höher lag als zuvor. Schon ab 2000/min brachte das 4-Scheiben-Triebwerk satte 38 mkg/357 Nm auf die Exzenterwelle. Zusätzlich unterstützt wurde dieser deutlich optimierte Drehmomentverlauf durch einen Resonanz-Auspuff mit einem Rohrquerschnitt von nur 25 mm, der etwa 70 cm hinter dem Krümmer in einen größeren, für die Abgasnachbehandlung erforderlichen Querschnitt mündete. Diese spezielle Auspuffkonfiguration führte auch zu einer aussetzerfreien, stabilen Leerlaufdrehzahl von nur 635/min und verringerte die Ruckelneigung im Schiebebetrieb erheblich. Der Motor war nach den seinerzeit in Europa gültigen Emissionsvorschriften spezifiziert und zudem auf optimale Ansaug- und Auspuffgeräuschdämpfung ausgelegt. Auslasskanäle mit Vorauslass ermöglichten langsames Auslassöffnen und trugen damit zur Geräuschoptimierung bei. Alle diese Fortschritte mussten allerdings mit einer reduzierten Spitzenleistung erkauft werden, die »nur noch« 304 PS/224 kW bei 6000/min betrug. Trotz dieser Einbuße rief die Leistungsentfaltung dieses 4-Scheiben-

Wagen 35 wurde im Dezember 1970 mit einem 3,5-Liter-V8-Motor der Baureihe M 116 ausgerüstet, da ein 4-Scheiben-Wankelmotor nicht zur Verfügung stand.

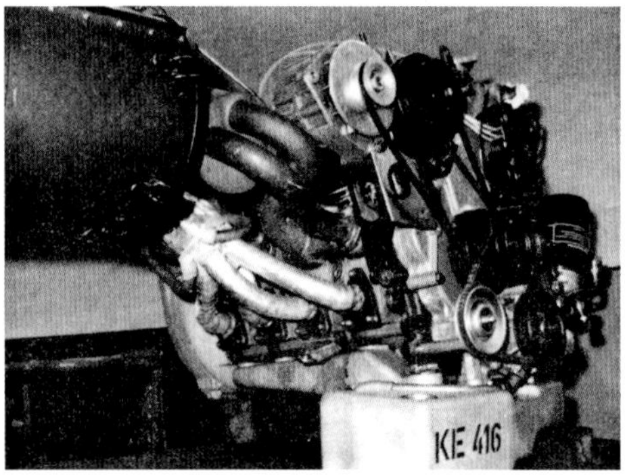

Der mit Stufensaugrohr ausgerüstete 4-Scheiben-Motor KE 416 stellte in dieser Konfiguration im unteren und mittleren Drehzahlspektrum eine spürbar verbesserte Durchzugskraft bereit.

Triebwerks bei der ersten Probefahrt von Projektleiter Dr. Liebold dessen geradezu ungläubiges Staunen hervor, da nun endlich eine schaltfaule Fahrweise möglich war. So betrug die Verbesserung der Rundenzeit auf dem kleinen Kurs in Hockenheim durch Schalten der Gänge 2 bis 4 gegenüber dem ausschließlichen Betrieb im 4. Gang weniger als eine Sekunde. Im weiteren Verlauf erhielt auch Wagen 34 einen Motor mit Stufensaugrohr.

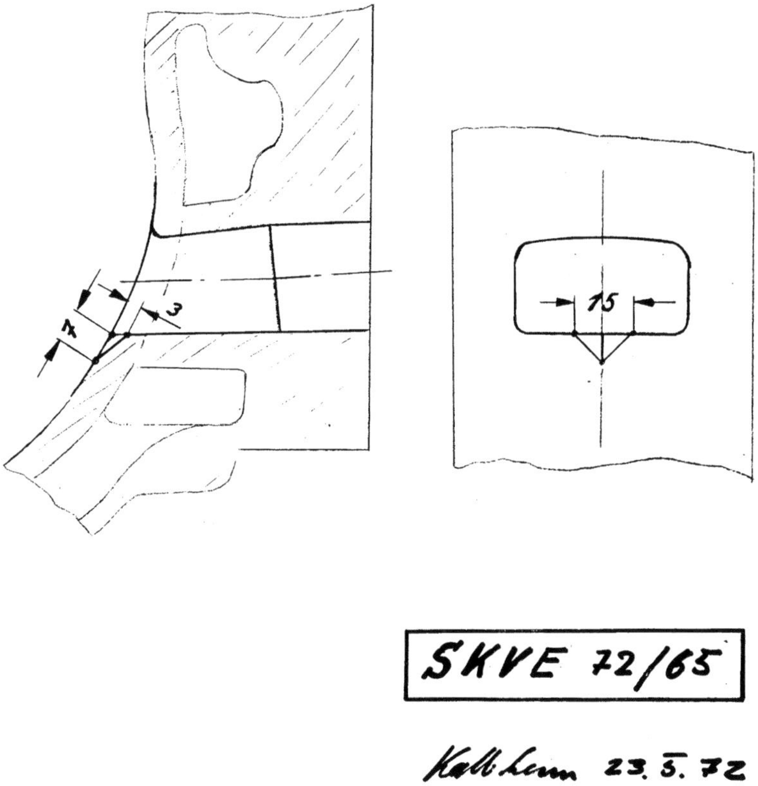

Der in der Zeichnung von Wolfgang Kalbhenn dargestellte Auslasskanal mit Vorauslass ermöglichte ein langsames Auslassöffnen und trug damit zur Geräuschoptimierung bei.

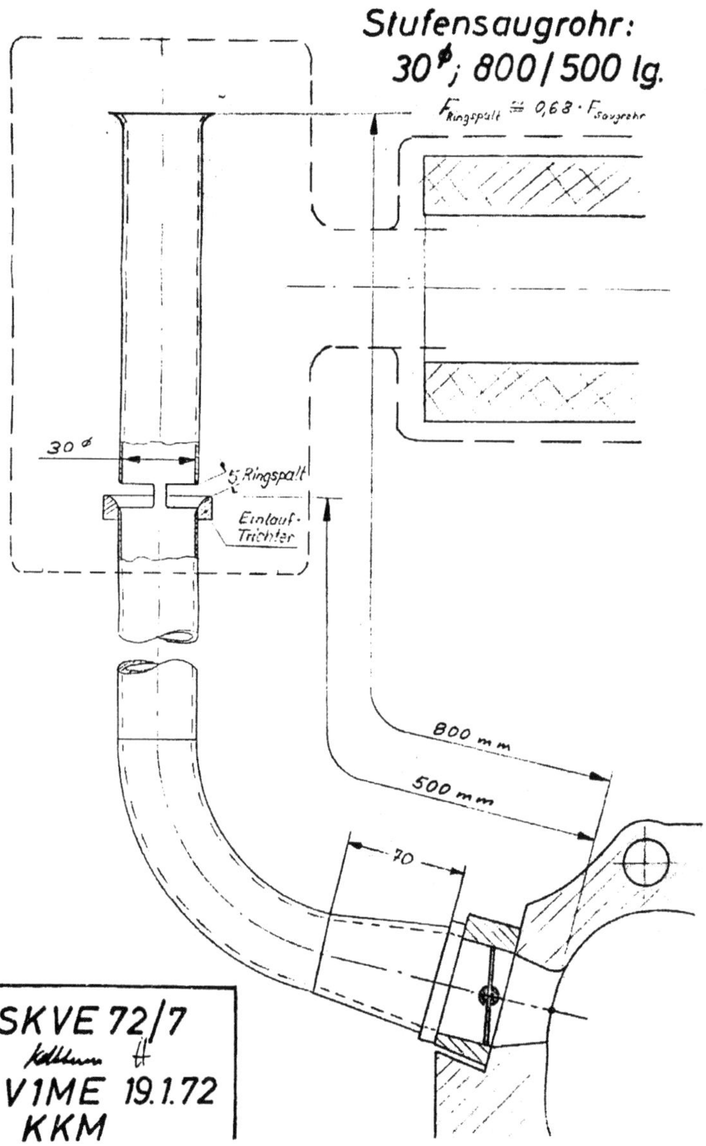

Das Stufensaugrohr wurde zunächst für die 2-Scheiben-Variante des Motors M 951 entwickelt und von Wolfgang Kalbhenn in dieser Konstruktionszeichnung dargestellt.

Von Beginn an war die Entwicklung des C 111 und aller seiner Komponenten in Konstruktion und Versuch mit höchster Akribie und trotz massiven Zeitdrucks in der für Daimler-Benz typischen Liebe zum Detail erfolgt. Auch wenn im Rahmen dieser Darstellung der rote Faden im Vordergrund steht und nicht jede Facette der Entwicklung berücksichtigt werden konnte, so ist die Vielfalt an Überlegungen und Untersuchungen doch durch unzählige Versuchsberichte und Aktennotizen im Mercedes-Benz Konzernarchiv umfassend dokumentiert.

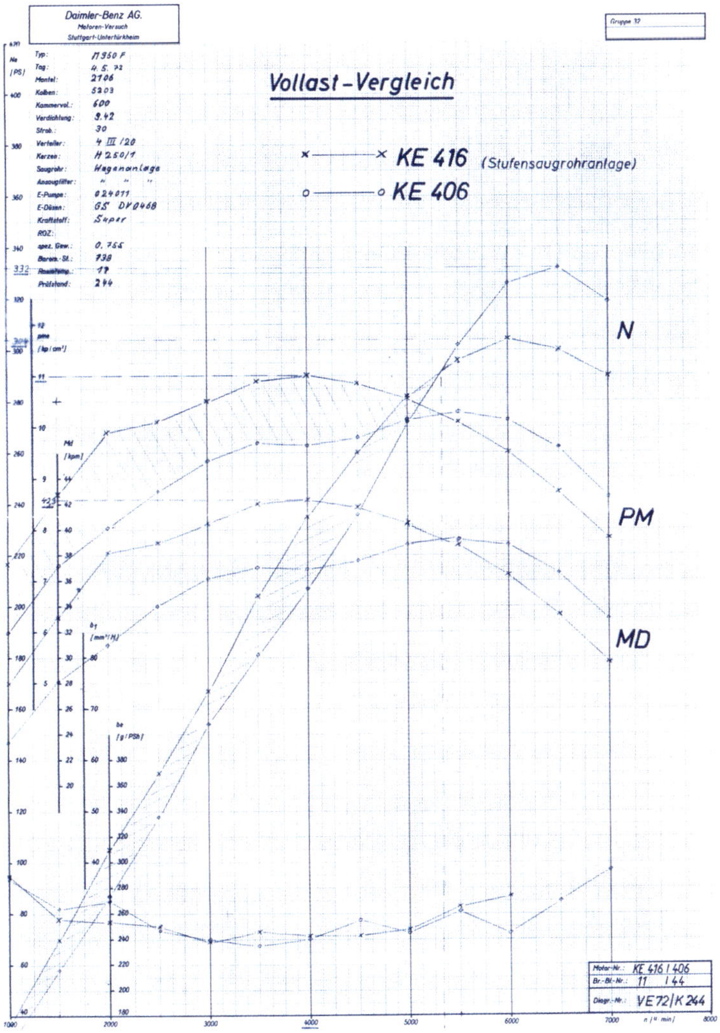

Der Volllast-Vergleich stellt den KE 416 mit Stufensaugrohranlage dem prinzipiell baugleichen KE 406 mit konventionellem Saugrohr gegenüber. Durch das Stufensaugrohr sinkt die Höchstleistung zwar von 332 PS/244 kW auf 304 PS/224 kW, das Drehmoment steigt jedoch bereits bei 2000/min von 31 mkp auf 38,2 mkp und liegt auch bei 4000/min mit 42,3 mkp deutlich über den 37,0 mkp ohne Stufensaugrohr.

Mit Spaßfaktor: Versuchsfahrten mit dem C 111

Die Ehre, einen C 111 fahren zu dürfen, wurde nicht vielen Mitarbeitern der Daimler-Benz AG zuteil. Nur entsprechend eingewiesene Fahrer bekamen die Möglichkeit dazu – auch weil die Kupplung bei zu langem »Schleifenlassen«, etwa beim Anfahren am Berg, sehr schnell verbrannte. Zunächst stiegen die beseelten Schnellfahrer aus der Abteilung Vorentwicklung, etwa Dr. Liebold, Fritz Naumann und Joachim Kaden sowie, bei passender Gelegenheit, natürlich auch

Rudolf Uhlenhaut und Dr. Hans Liebold mit einem C 111 der ersten Serie, aufgenommen im August 1969 in Hockenheim.

Grandseigneur Rudolf Uhlenhaut, hinter das Lenkrad. Später durften auch andere Mitglieder des Entwicklungsteams ans Steuer, insbesondere wenn sie sich verdient gemacht hatten.

Einer von ihnen, Co-Autor dieses Buches, erinnert sich: »Warum sollten nicht auch wir auf die Straße und Erprobungsfahrten unternehmen? Versuchsingenieur Achim Kaden wusste von einem C 111 der ersten Serie, der ohne Motor ganz einsam auf der Einfahrbahn abgestellt war. Ich dagegen wusste, wo es Motoren gab, und die sollten ja schließlich auch Testkilometer sammeln... Ein Veto jedenfalls war damals nirgends zu hören. Schließlich haben wir – natürlich mit Unterstützung der Versuchswerkstatt – dieses Auto aufgebaut und zu den dringend erforderlichen Straßentests, natürlich auch an Wochenenden, ausgeführt.«

Zu den Ansprüchen, die der Hochleistungssportwagen – insbesondere mit Rennbereifung – an ungeübte Fahrer stellte, stellte Fritz Naumann fest: »Es muss [...] erwähnt werden, dass man mit den Rennreifen auf normalen Landstraßen nur mühsam geradeaus fahren konnte, weil durch die breiten Reifenauflageflächen Unebenheiten mit wechselnden Hebelarmen am Reifen angreifen konnten und dadurch ein Zerren an der Lenkung unvermeidbar war. Fahren auf Pflaster fühlte sich mit den Rennreifen an wie Fahren auf Eis.«

Generell war der C 111 bei Nässe, auch mit Straßenreifen, nicht leicht zu fahren. Helmut Dobler, Leiter der Wankelmotoren-Konstruktion, durfte – in Begleitung und bei besten Wetterbedingungen – einmal einen C 111 auf der Testroute Richtung Heidenheim fahren und war absolut begeistert von dessen Fahrverhalten: »Man musste nur lenken!«

Die wenigen C 111 wurden gehütet wie ein Goldschatz. Insgesamt waren bis Ende 1975 einschließlich des »Hobels« und Wagen 24 a schließlich nur vierzehn Fahrzeuge entstanden. Wagen 24 a, auf Bitte der Karosserieentwicklung Sindelfingen als Ersatz für den verunfallten Wagen 24 aufgebaut, wurde häufig von Werner Breitschwerdt, dem damaligen stellvertretenden Leiter Pkw-Auf-

Wolfgang Kalbhenn (links) und sein Bruder Ulrich mit ihrem Traumwagen in Breuberg/Odenwald, dem Zielort einer Testfahrt. Wagen 25, der ehemalige IAA-Standwagen, lange mit einem leistungsgesteigerten 4,5-Liter-V8-Motor ausgerüstet, hatte seit Frühjahr 1972 wieder einen 4-Scheiben-Wankel im Motorraum und musste dringend erprobt werden ...

bauten und späteren Vorstandsvorsitzenden der Daimler-Benz AG, genutzt. Der zunächst mit einem 3-Scheiben-Motor ausgestattete Wagen wurde gepflegt von Dieter Botzenhardt, der ihn einmal wöchentlich auf der Sindelfinger Einfahrbahn ausfuhr und auf diese Weise fit hielt.

Bei VIP-Besuchen in Sindelfingen oder in Untertürkheim wurde gerne einer der Traumsportwagen bereitgestellt und demonstriert. Dokumentiert sind solche Vorführungen zum Beispiel für den Star-Dirigenten und Auto-Enthusiasten Herbert von Karajan (im April 1971), für Schlagerstar Udo Jürgens (im September 1969), den auch als »Monsieur 100.000 Volt« bekannten französischen Chansonnier Gilbert Bécaud (im April 1970) oder den Amateurrennfahrer König Hussein von Jordanien (im Dezember 1970). Auch die Apollo-14-Astronauten Alan Shepard und Edgar Mitchell, die im August 1970 zur Vorbereitung auf ihren Mondflug ein geologisches »Field-Training« im Nördlinger Ries absolvierten, erhielten zusammen mit ihrer Ersatzmannschaft Eugene Cernan und Joe Engle sowie den Geologen

Vier C 111 in der Versuchswerkstatt in Untertürkheim: drei Fahrzeuge der ersten Serie und der in Sindelfingen stationierte Karosserie-Versuchswagen 24 a.

Gruppenbild mit C 111: Die Daimler-Benz Versuchsmitarbeiter Karl Lemberger, Hans Bäuchle, Lothar Frenzel und Rolf Kreß mit ihrem Lieblings-Dienstwagen, aufgenommen im Jahr 1970 am Hockenheimring.

Die C 111 Versuchsflotte im August 1971 beim Familienfoto auf dem Hockenheimring: Wagen 31, kurz zuvor mit verbreiterter Front versehen, Wagen 34, Wagen 33 und Wagen 25, noch mit V8-Motor ausgerüstet (von links nach rechts).

Mike McEwen und Fred Hörz im Rahmen ihres Besuchsprogramms die Gelegenheit zu einer Mitfahrt auf der Einfahrbahn. Beim Besuch von Bundespräsident Walter Scheel im Oktober 1974 sollte, wie der damalige Vorstandsvorsitzende Zahn empfahl, »eine gewisse Zurückhaltung bei der Vorführung des C 111 erfolgen … und die Aktivitäten von DB auf dem Gebiet der Geräusch- und Emissionsdämpfung sowie der Elektrobus in den Vordergrund gestellt werden«. Dennoch kam auch Walter Scheel in den Genuss einer Probefahrt mit dem damals neuesten Exemplar des C 111 und Entwicklungschef Hans Scherenberg am Steuer.

Im Laufe ihres Versuchslebens wurden die C 111 immer wieder umgebaut, nicht nur antriebs-, sondern auch karosserieseitig, was bei dem hier präsentierten Bildmaterial zum Teil für Verwirrung sorgen mag. Aus der ersten Serie haben nur die Wagen 23 und 26 überlebt, während von der zweiten Ausführung sämtliche Versuchswagen in der unternehmenseigenen Fahrzeugsammlung erhalten sind.

Stars unter sich: Der C 111 mit Udo Jürgens (im September 1969), Gilbert Bécaud (im April 1970) und Herbert von Karajan (im April 1971).

Die Apollo-14-Astronauten (von rechts nach links) Alan Shepard und Edgar Mitchell mit ihrer Ersatzmannschaft Eugene Cernan und Joe Engle bei der Demonstration des C 111 auf der Einfahrbahn im August 1970.

In den seltenen Genuss, einen Bundespräsidenten zu chauffieren, kam Daimler-Benz Entwicklungsvorstand Dr. Hans Scherenberg im Oktober 1974 anlässlich einer Demonstration des C 111 auf der Einfahrbahn in Untertürkheim. Ganz links im Bild Dr. Hans Liebold.

Langwierige Entscheidung: die Frage der Serienproduktion

Langwierige und kontrovers geführte Diskussionen über eine mögliche Serienfertigung hatten das Projekt C 101 von Beginn an geprägt. In einer Mitteilung an Entwicklungsvorstand Hans Scherenberg und Vertriebsvorstand Rolf Staelin hatten Exportvorstand Arnold Wychodil und sein Mitarbeiter Heinrich Will nach Gesprächen in den USA bereits am 5. März 1969 festgestellt: »Wir versprechen uns von diesem Typ gute Absatzmöglichkeiten in USA, jedoch sollte vorgesehen werden, daß für USA dieses Fahrzeug auch mit Klimaanlage und eventuell Radio ausgestattet werden kann.« In der Vorstandssitzung am 10. März 1969 plädierte Scherenberg für die Fertigung von etwa 50 Fahrzeugen. Auf Nachfrage von Staelin ließ er das Gremium wissen, »daß die Preisvorstellungen ... bei 20.000 bis 25.000 DM« lägen, also im damaligen Segment eines Porsche 911. Sein für das Ressort Pkw-Produktion verantwortlicher Kollege Wilhelm Langheck wies in dieser Sitzung zugleich darauf hin, dass bei einer Vorstellung »auf der IAA 1969 spätestens im Jahr 1971 der Wankelmotor in Serie gebaut werden müsste«. Um den C 111 in einer Kleinserie von 50 Einheiten zu bauen, erläuterte Scherenberg, »müssten nunmehr unbedingt die bereits in der letzten Vorstandssitzung genannten Investitionen in Höhe von 2,5 Mio. DM freigegeben werden.« Staelin gab zu bedenken »dass eine so geringe Stückzahl wie 50 Fahrzeuge für den Verkauf – und zwar Inland und Export zusammen – unrealistisch sei.« Schließlich erzielte der Vorstand »Einvernehmen, eine Untersuchung der eventuell vom Typ C 101 aufzulegenden Stückzahlen (Alternative z. B. 50 – 500 Einheiten) hinsichtlich Absatzmöglich-

Neuer Leitstern der Modellpalette? Der C 111 im August 1969 mit Mercedes-Benz Serien-Limousinen bei Versuchs- und Demonstrationsfahrten auf dem Hockenheimring.

keiten, Investitionen, Kosten, Preis sowie generelle Auswirkungen auf das Pkw-Programm durchzuführen.«

Auch in der Pkw-Kommissionssitzung am 21. März 1969 wurden die mit der Präsentation und möglichen Serienfertigung verbundenen Aspekte des C 101 kontrovers diskutiert. Kritisch angemerkt wurde, dass »eine Vorstellung dieses Wagens auf der IAA 1969 ein bestimmtes Bekenntnis der Daimler-Benz AG zum Wankelmotor bedeuten würde«. Es müsse also »gefragt werden, was nach einer etwaigen Vorstellung des C 101 mit Wankelmotor auf der IAA 1969 weiter mit dem Wankelmotor im Hause Daimler-Benz AG geschehen wird: Wird der Wankelmotor in weiteren Wagen in Serie gebracht? Wenn ja, in welchen Wagen? Ist es denkbar, daß die Daimler-Benz AG einmal sämtliche Benzin-Hubkolbenmotoren durch Wankelmotoren ersetzt?«.

Uhlenhaut stellte dazu fest, »der Entwicklungsbereich arbeite an der Einbauarbeit des Wankelmotors in unsere verschiedenen PKW-Typen; Entscheidungen, in welche der Serientypen der Wankelmotor alternativ oder später allein eingebaut werden soll, seien bekanntlich noch nicht gefallen.« Er verwies »auf die Entwicklung neuer Zylinderköpfe mit 2 obenliegenden Nockenwellen und auf die V-Motoren-Entwicklung. Diese Arbeiten würden beweisen, welche Bedeutung der Entwicklungsbereich dem Hubkolbenmotor beimißt.« Nach seiner Ansicht beeinträchtige »der C 101 mit Wankelmotor unser übriges Pkw-Programm nicht. Auf der IAA werde ja demonstriert, daß wir mit einem neuen V8-Motor auf den Markt kommen. Aus der Sicht des Entwicklungsbereichs sei es Sinn des C 101, unser sportliches Image zu heben, wie dies der Gesamtvorstand verlangt habe, wenngleich der C 101 als Kundenfahrzeug nicht gleichzeitig für Einsätze in Le Mans, Daytona oder Sebring geeignet sei.« Uhlenhaut erklärte zudem, er könne sich auch im Extremfall nicht vorstellen, »daß in absehbarer Zeit bei DB die gesamte Benzin-Hubkolbenmotoren-Fertigung durch eine Wankelmotoren-Fertigung abgelöst wird.«

Die Mitglieder der Kommission stimmten darin überein, dass der C 101 »auch in einer größeren Stückzahl verkauft werden« müsse, wenn er auf der IAA gezeigt wird. Die Mehrzahl der Kommissionsmitglieder befürchtete, »dass aber dann der C 101 wirklich als Verkaufsfahrzeug durchentwickelt werden« müsse und zwangsläufig die Arbeiten am W 116 beeinflusse. Es wurde beschlossen, als »Basis für die endgültigen Beschlüsse des Vorstands über den Gesamtkomplex C 101 mit Wankelmotor« eine technische Beschreibung, die Terminsituation sowie die Investitionen, Betriebsmittel und Selbstkosten für eine Gesamtauflage von 250, 500 und 1000 Wagen bei einer Produktion von 1-2 Fahrzeugen pro Tag zusammenzustellen.

Zickzackkurs: Versuchsserie mit 50 Stück?

In der Vorstandssitzung vom 25. März 1969 trat Scherenberg erneut dafür ein, »nunmehr 50 weitere Fahrzeuge C 101 einzuschreiben« und verwies dabei auch darauf, dass die Wettbewerbszulassung des C 101 davon abhängt, dass eine Mindestserie von 50 Fahrzeugen gebaut wird. Schleyer wies darauf hin, dass s. E. »eine Vorstellung des C 101 mit Wankelmotor auf der IAA 1969 unvermeidlich zu dem Eindruck in der Öffentlichkeit führen muss, wir hätten uns nunmehr grundsätzlich für den Wankelmotor entschieden.« Daraus könnten sich »äusserst kritische Folgen für unser gesamtes Pkw-Gross-Serien-Programm ergeben«. Seines Erachtens sollte daher »die Beschlussfassung über ein solches Vorgehen so lange zurückgestellt werden, bis die Frage der weiteren Verwendung des Wankel-Motors endgültig übersehen werden kann.« Dies gelte auch für die beantragte Einschreibung von 50 Fahrzeugen. Er führte weiter aus, »dass die Auflegung einer Anfangsserie von 50 Fahrzeugen unvermeidlich die Konsequenz einer grösseren Produktionsserie und damit entsprechende Rückwirkungen auf die Beurteilung unserer Gross-Serie (mit konventionellen Motoren) bei der Kundschaft haben würde.« Langheck teilte Schleyers Ansicht, hielt es aber »für unerlässlich, den Wankelmotor so schnell wie möglich auch für die Gross-Serien-Fahrzeuge vorzusehen, mit der Folge, dass während einer Übergangsperiode gleichzeitig Hubkolben- und Wankelmotoren produziert und angeboten werden müssten.« Scherenberg unterstrich in diesem Zusammenhang, »dass es ihm nicht vertretbar erscheint, sich der voraussehbaren künftigen Entwicklung entgegenzustellen« und führte weiter aus: »Die bisher hinsichtlich des Wankelmotors bestehenden Probleme scheinen inzwischen weitgehend lösbar. Dies gilt auch bezüglich der Frage der Abgasentgiftung. Damit zeichnet sich ab, dass die bekannten Vorteile des Wankelmotors – u. a. niedrigere Herstellungskosten und Erleichterung des Baukastenprinzips in absehbarer Zeit zum Tragen kommen können.« Als Voraussetzung für eine Verwendung von Wankelmotoren in der Großserie sah er allerdings »die Möglichkeit einer ausreichenden Erprobung in Sonderfahrzeugen«, wofür er den C 101 für »ausserordentlich geeignet« hielt. Im Übrigen würden »beginnend mit dem R/C 107 alle in Entwicklung befindlichen Fahrzeugtypen für den wahlweisen Einbau von Wankelmotoren vorbereitet«. Vor dem geschilderten Hintergrund empfahl Scherenberg nochmals, der beantragten Einschreibung von 50 Fahrzeugen zuzustimmen.

Vorstandssprecher Joachim Zahn erläuterte abschließend, dass »für die Produktion der beantragten 50 Fahrzeuge verhältnismäßig geringfügige Investitionsaufwendungen [...] in Höhe von rd.

DM 2,7 Mio [...] erforderlich sind und hielt es »angesichts der Bedeutung der gesamten Wankel-Entwicklung für die künftige Entwicklung unseres Hauses [...] für vertretbar, diese Mittel auch dann aufzuwenden, wenn sich zu einem späteren Zeitpunkt ergeben sollte, dass es zweckmässig ist, auf Vorstellung und Verkauf des C 101 zu verzichten.« Er schlug dementsprechend vor, die beantragte Einschreibung zu genehmigen »mit der Massgabe, dass eine endgültige Entscheidung über die Verwendung des Fahrzeuges – einschliesslich des etwaigen Vorstellungstermins – so lange zurückgestellt wird, bis die von Scherenberg angekündigte Stellungnahme über die Möglichkeit einer künftigen Verwendung des Wankelmotors in der Pkw-Gross-Serie vorliegt.«

Das Sitzungsprotokoll dokumentiert »Einvernehmen, dass die endgültige Entscheidung über Einsatz und Vorstellung des C 101 mit Wankelmotor von der Vorlage eines Konzepts für die künftige Verwendung des Wankelmotors innerhalb des Gross-Serien-Pkw-Programms durch das Entwicklungsressort abhängig ist.« Ulrich Raue, verantwortlich für den Produktionsbereich Nutzfahrzeuge, schlug vor, im Vorfeld einer endgültigen Entscheidung zu prüfen, »inwieweit es möglich und zweckmässig ist, gegebenenfalls den C 101 nicht nur mit dem Wankel-, sondern gleichzeitig auch mit einem V 8-Hubkolbenmotor herauszubringen.« Damit könnte »bei einer erstmaligen Vorstellung eines Fahrzeugs mit Wankelmotor durch die DBAG der Eindruck einer Überlegenheit des Wankelmotors gegenüber dem Hubkolbenmotor für die Serie abgeschwächt« werden.

Auf Basis der vorausgehenden Diskussion fasste der Vorstand den Beschluss, der Einschreibung von 50 Fahrzeugen C 101 mit 3-Scheiben-Wankelmotor zuzustimmen – auf Vorschlag von Zahn jedoch unter dem Vorbehalt, dass Schleyer – der die Sitzung inzwischen verlassen hatte – nachträglich sein Einverständnis erteilt. In der Vorstandssitzung am 15. April wurde dann allerdings – in Abwesenheit von Hans Scherenberg – festgestellt, dass »die vorgesehene Einschreibung von 50 Fahrzeugen des Typs C 101 zunächst zurückgestellt worden ist.« Im Protokoll hieß es weiter: »Nachdem die Planung des Entwicklungsressorts ohnehin die Produktion der Fahrzeuge erst für das 1. Halbjahr 1970 zulässt, erscheint es möglich, den gesamten Fragenkomplex – insbesondere die zunächst einzuschreibende Stückzahl sowie die zu erwartenden Produktionskosten – nochmals eingehend zu überdenken, bevor eine endgültige Beschlussfassung erfolgt. Die Herstellung der ersten 5 – 6 Fahrzeuge wird hierdurch nicht beeinträchtigt.«

Allen internen Überlegungen und Diskussionen zum Trotz stand die Serienproduktion des C 101 für die Fachpresse offenbar außer Frage. »auto, motor und sport« schrieb bereits in seiner Ausgabe vom 12. April 1969: »Natürlich kann ein solcher Sportwagen, so interessant und attraktiv er für eine ganze Anzahl von Kunden, ganz besonders in den USA, auch werden wird, niemals den Komfort-Anspruch erfüllen, den man beispielsweise an einen 280 SL richtet. Darum wäre es absurd, anzunehmen, daß der C 101 (er wird bis zu seiner Präsentation eine andere Bezeichnung erhalten) die jetzige Baureihe sportlicher Provenienz bei Mercedes-Benz ablösen könnte. Vielmehr wird der Wankel-Sportwagen aus Untertürkheim – von dem, wenn er für die Gran Turismo-Kategorie in Frage kommen soll, ab 1970 mindestens 1000 Stück gebaut werden müssen – im Auto-Angebot des Daimler-Benz-Programms etwas sehr Ausgefallenes, Liebenswertes und Einmaliges bleiben.«

Vier Wochen später, in der Ausgabe vom 10. Mai, wurde das Fachblatt noch konkreter: »Mit dem C 101, von dem auto motor und sport in Heft 8 die erste wirklichkeitsgetreue Skizze veröffentlichte [...], haben die Mercedes-Stylisten alle mit Mercedes-Kühler und -Stern verbundenen Traditionen über Bord geworfen. [...] Der 110 cm niedrige C 101 (so die vorläufige Bezeichnung) ist weit mehr als ein Experiment. Er soll in kleiner Serie gebaut und zu einem Preis von ca. 25 000 Mark auf den Markt gebracht werden. Die Verkaufschancen sind ausgezeichnet: Das Interesse an exklusiven Sportwagen wächst ständig. Die italienischen Luxussportwagen, die überwiegend erheblich teurer sind, werden ihren Herstellern aus den Händen gerissen. [...] Voraussichtlich wird Daimler-Benz viele Jahre lang Wankel-Motoren und Hubkolbenmotoren nebeneinander bauen. Der C 101 ist also der Anfang einer auf lange Zeiträume geplanten Entwicklung. In der Werksgeschichte von Daimler-Benz bedeutet er einen wichtigen Einschnitt: Neben das Traditionsbewußtsein tritt eine Zukunftsorientierung, technisch und stilistisch werden neue Wege beschritten.«

Zahlenwerk: die Kostenschätzungen zum C 101

Am 9. April 1969 hatte die Abteilung Vorplanung in Sindelfingen bereits eine Kostenschätzung für die Fertigung des C 101 erstellt. Der darin ermittelte Aufwand von 77.200 DM pro Fahrzeug – allein für Lohn- und Betriebsmittelkosten der Sindelfinger Umfänge und ohne Materialkosten – erschien »bei einer Auflage von 50 Fahrzeugen nicht vertretbar«. Die Empfehlung der Vorplanung lautete dementsprechend: »Aufgrund unserer Überschlagsschätzung sollten mindestens 500 bis 1000 Wagen aufgelegt werden«. Der von Scherenberg ursprünglich genannte Verkaufspreis musste unter den gegebenen Umständen jedenfalls vollkommen illusorisch erscheinen.

In einer Besprechung am 17. April, an der Werner Breitschwerdt (Leiter Karosserieversuch), August Knapp (Leiter Vorplanung, Arbeitsvorbereitung Sindelfingen), Dr. Kurt Enke und Erwin Löffler (Konstruktion Vorentwicklung) sowie Rainer Schick (Entwicklungs-Organisation und -Planung) teilnahmen, wurde die Frage erörtert, inwieweit sich bei einer Stückzahl von 1000 Fahrzeugen »Terminverschiebungen bei C 101 und den Projekten W 116, R und C 107« ergeben würden. Die Diskussion führte zu der Erkenntnis, dass einerseits wohl kein weiterer Konstruktionsaufwand erforderlich würde, andererseits aber der auf Mitte Oktober angesetzte Termin für die Freigabe des Aufbaus nur gehalten werden könne, wenn die USA-, Schweden- und Rechtslenker-Ausführungen nicht gleich zu Beginn zur Verfügung stehen müssten. In diesem Rahmen ging man vom Aufbau des Arbeitsvorbereitungswagens Mitte März 1970 und vom Serienbeginn vier Monate später aus. Der Serienanlauf der zunächst zurückgestellten Varianten sollte in diesem Szenario Anfang März 1971 erfolgen. Da die Entscheidung für den Karosseriewerkstoff noch nicht gefallen war, wurden aus fertigungstechnischen Gründen 0,8 mm starkes Stahlblech oder 1,5 mm dickes Aluminiumblech favorisiert – mit der Anmerkung, dass »Herr Wilfert und Herr Breitschwerdt trotz längerer Entwicklungszeit gerne die Verwendung von Kunststoff für Boden und Aufbau studieren würden«. Die Gelegenheit dazu sollte sich schnell ergeben: Noch im April fiel die Wahl auf eine Kunststoffkarosserie, und hier liegen auch die Wurzeln für die Entwicklung einer Variante mit Kunststoff-Bodengruppe. Für den Ausstellungswagen der IAA wurde am 17. April noch eine Stahlblechkarosserie favorisiert – einerseits wegen der gegenüber Kunststoff als

DAIMLER-BENZ AG Werk Sindelfingen	Beschreibung C 101	13. 6. 69 KP Rei/Le

1. Fahrwerk

1. 1 Motor:
3- oder 4-Scheiben-Wankelmotor (Kammervolumen 1200 cm^3)

1. 2 Getriebe
5-Gang-Schaltgetriebe mit angeflanschtem Differential (ZF 5 DS-25-1)

1. 3 Elektr. Anlage
Batterie 2 x 44 Ah - 12 V (für 3-Scheiben-Wankel-Motor)
Batterie 2 x 55 Ah - 12 V (für 4-Scheiben-Wankel-Motor)

1. 4 Vorderachse
Hochlenker-Achse (aus VA W 116 abgeleitet)

1. 5 Hinterachse
Parallellenker-Achse

1. 6 Federung
Federbein (Stahlfeder mit Stoßdämpfer) vorn und hinten
Drehstab vorn und hinten

1. 7 Lenkung
Kugelumlauflenkung W 115, Lenkhebel W 116, Mantelrohr W 113

1. 8 Zündanlaßschloß
entweder im Mantelrohr oder als Schaltschloß

1. 9 Bremsanlage
Scheibenbremsen vorn und hinten, Pedalanlage aus W 115 hergestellt, Bremskraftverstärker

1. 10 Reifen
Serie 195 VR 14 wahlweise Rennbereifung vorn 4, 50/11, 60-15 auf 10 " Felge, hinten 5. 50/13. 60 -15 auf 13 " Felge

1. 11 Radstand
2 620 mm

1. 12 Spurbreite
vorn 1380 mm
hinten 1370 mm

1. 13 Kraftstoffbehälter
2 x Al-Behälter je 60 l

2. Aufbau

2. 1 Bodenanlage
Stahl-Bodenrahmen kombiniert mit Armaturen-Querträger, Überrollbügel und Windschutzrahmen/Mittelholm.
Kraftstoffbehälter und Batterien in Längsträger eingebaut.
Boden mit Diagonaleinprägung für Verlegung Kühlwasserrohre und Bremsleitungen. Aufnahmen für 3- oder 4-Scheiben-Wankelmotor als Mittelmotor (Motor-Montage bzw. Demontage von oben).

- 2 -

0F-090-50-227

DAIMLER-BENZ AG Werk Sindelfingen	Beschreibung C 101 2. Blatt	13. 6. 69

2. 2 Karosserie
Außenhaut und Gerippe der Karosserie aus glasfaserverstärktem Polyester (GFK)

2, 3 Schichtaufbau GFK (von außen nach innen)
Feinschichtharz
Vlies)
Glasmatte 300 g/m^2) mit Polyesterharz
Glasmatte 300 g/m^2)
Köpergewebe 450 g/m^2)

2. 4 Schichtdicke
mindestens 2, 5 mm

2. 5 Lackierung
DD-Grund, Decklacke nach entspr. Versuchsfestlegung

2. 6 Karosserie-Beschreibung
2. 6. 1 Grundzelle: Außenhaut mit Bugverkleidung, Vorderkotflügel, Windschutzrahmen, Tür-Mittelholm-Verkleidung, Überrollbügel, Verkleidung und Heck-Seitenteil.
2. 6. 2 Reserveradklappe im Bug unter Lufteinlaß
2. 6. 3 Lufteinlaß-Wasserkühler vorn
2. 6. 4 Luftauslaß Wasserkühler vor Windschutzscheibe
2. 6. 5 Klappe für Abdeckung Wasserkühler (mit Scharnier und Verschluß) mittels Bowdenzug zu öffnen
2. 6. 6 Windschutzscheibe Fa Detag bzw. Kinon wahlweise nach Erprobung. Scheibendicke 4, 6 - 5, 4 mm
2. 6. 7 Flügeltüren an Mittelholm befestigt. Türschloß (Drehfallenprinzip) über Druckknopf (wie Heckschloß W 115) zu öffnen. Innensicherung und Innenbetätigung mit Zuziehgriff kombiniert. Seitenscheibe mit Ausstellfenster hinten über Fernbedienung zu öffen (Sekurit).
2. 6. 8 Heckscheibe: Unter dem Überrollbügel in der Heckwand angeordnet (kann zur Entlüftung geöffnet werden)
2. 6. 9 Heckklappe: Mit Scharnieren am Überrollbügel angeschlossen und kann mittels Bowdenzug von innen geöffnet werden. Kennzeichen und Kennzeichenbeleuchtung in Heckklappe eingelassen.
2. 6. 10. Stoßfänger hinten: Stoßfänger GFK wird an Heck-Seitenteil li. und re. befestigt.

2. 7 Zierrat
2. 7. 1 Bug-Gitter: Zierstäbe (Al) eingeordnet in Lufteinlaß
2. 7. 2 Gitter-Luftauslaß: Zierstäbe GFK vor Windschutzscheibe
2. 7. 3 Heck-Seitenentlüftung: Al-Gitter oder Stäbe
2. 7. 4 Heck-Entlüftung Motorraum: Al-Zierstäbe horizontal angeordnet.

- 3 -

0F-090-50-227

Vor dem Hintergrund einer möglichen Serienfertigung entstanden in den zuständigen Fachbereichen detaillierte Dokumentationen. Den Anfang machte die »Beschreibung C 101«, erstellt am 13. Juni 1969 von Theodor Reinhard, Konstruktion Pkw-Aufbauten.

besser eingeschätzten Oberflächengüte und andererseits wegen der im Vergleich zu Aluminium geringeren Empfindlichkeit in Bezug auf Beulenbildung durch zu intensiven Kontakt mit Messebesuchern.

In einer sehr detaillierten Notiz an Dr. Scherenberg beleuchtete Karl-Wilhelm Müller, Leiter des Bereichs Entwicklungs-Organisation und -Planung, alle wichtigen Aspekte der Serienproduktion. Er führte zunächst aus, dass es sich bei den 50 Fahrzeugen des Vorstandsbeschlusses nur um eine Vorserie und nicht um eine Versuchsserie handeln könne, da für die Entwicklung dieses Typs nicht mehr als die bereits eingeschriebenen sechs Versuchsfahrzeuge benötigt würden. Wichtig erschien diese Differenzierung insbesondere deshalb, weil die versuchsseitige Entwicklungskapazität in Untertürkheim und Sindelfingen nicht in der Lage war, »50 Wagen C 101 zu erstellen ohne einen wesentlichen Einbruch in der Entwicklungsarbeit R 107, C 107 und W 116 zu erleiden.« Müllers Schlussfolgerung bestand darin, dass die 50 Fahrzeuge »gegebenenfalls unter Mitwirkung der Versuchsabteilungen in den Serienwerken gebaut werden« sollten.

Einen zusätzlichen Konstruktionsaufwand, der für die Überarbeitung des Konzepts als Basis für die Fertigung von 1000 Fahrzeugen zunächst in Betracht gezogen wurde, erachtete man, wie in der Besprechung vom Vortag erörtert, als nicht notwendig. In einer überschlägigen Kalkulation schätzte Müller den Aufwand für die Versuchsfertigung von 50 Wagen in Sindelfingen auf etwa 73.000,– DM (davon 5000,– DM für Material) und in Untertürkheim (für Motor, Achsen, Getriebe, Lohn und Material) auf rund 25.000,– DM, so dass sich für den Gesamtwert der Fertigungskosten ein geschätzter Be-

DAIMLER-BENZ AG Werk Sindelfingen	Beschreibung C 101 3. Blatt	13. 6. 69

2.8 Beleuchtung
2.8.1. Hauptscheinwerfer: Halogen-Fern- und Abblend-Scheinwerfer, paarweise nebeneinanderliegend angeordnet, werden durch eine Klappe nach oben ausgefahren.
2.8.2 Lichthupen-Scheinwerfer und Blinklicht vorn: Vor der Scheinwerfer-Klappe im Bug eingelassen.
2.8.3 Heckleuchten: Blinklicht, Rückfahrscheinwerfer, Schluß-Bremslicht mit Rückstrahler übereinanderliegend angeordnet.

2.9. Scheibenwischer
Parallelwischer Prinzip R 107 mit Außenablage (Parkstellung)

2,10 Warneinrichtung
Starktonhörner in Bug-Reserveradklappe vorgesehen

3. Innenausstattung

3.1 Lenkrad
Vierspeichenlenkrad mit Pralltopf.

3.2 Instrumente
Elektron. Drehzahlmesser, Tacho, Öl-Kühlwasser, Thermometer, Öldruck und Kraftanzeige, ferner eine Kombianzeige für Blink- und Fernlicht sowie Warneinrichtungen.

3.3 Schaltung
Mittelschaltung auf mittlerem Querträger.

3.4 Handbremse
Auf dem Boden neben dem Schaltgestänge angeordnet.

3.5 Sitzanlage
Schalensitz mit Lehnen- und Sitzverstellung.

3.6 Abdeckungen
Mittelabdeckungen aus GFK für Schaltgestänge, Handbremsseil und elektr. Leitungssatz.

Details der Innenausstattung werden zur Zeit von SP erarbeitet.

Detailänderungen vorbehalten.

H.Gr. Reinhard
Tel. 2597

Konstr. Pkw-Aufbauten

Dieckmann

0F-090-50-227

DAIMLER-BENZ AG Werk Sindelfingen	Vorläufige Ausstattungsbeschreibung C 1o1	AV/Vorplanung 15.6.69 kn-se

1. Bereich Vorbau

1.1 Schutzpolster, Instrumententafel.
Tiefgezogene Duoflex-Weichfolie in Narbung RX geschäumt.
GFK-Formkörper als Tragelement des oben beschriebenen Schäumlings.

1.2 Instrumente, Kontrolleuchten.
Tachometer, (Skalendurchmesser 115 mm) mit Kilometerzähler.
Tageskilometerzähler und Rückstellknopf.
Regulierknopf für Instrumentenbeleuchtung stufenlos.
Drehzahlmesser elektronisch (Skalendurchmesser 115 mm)
Ölthermometer
Wasserthemometer
Öldruckanzeige
Kraftstoffanzeige mit Kraftstoff-Reservekontrolleuchte
Zeituhr?
Kontrolleuchten als Band über Tachometer und Drehzahlmesser angebracht:
Ladekontrolleuchte,
Fernlichtkontrolleuchte,
Handbremskontrolleuchte,
Blinklicht rechts und links.

1.3 Lenkrad, Vierspeichen-Lenkrad ø 38o mm mit W 115-Pralltopf.
Lenkrad aus Polyuerethan-Weichschaum geschäumt.
Signaltasten Metall geriffelt. Markenzeichen eingelassen.

1.4 Bedienelemente
Ingenieur-Schalter
Zweistufen-Scheibenwischer
Fernlicht
Lichthupe
Blinker
Hauptlichtschalter
Standlicht
Abblendlicht
Warnblinkanlage
Nebelleuchten
Innenbeleuchtung
Kartenleselampe

Lenkschloß mit Zündschloßschalter
Ausfahrvorrichtung für Scheinwerfer
elektrischer Zigarrenanzünder
Scheibenwascher
Heckklappenentriegelung
Haubenentriegelung
Schalthebel
Handbremse

0F-090-50-227

Vorläufige Ausstattungsbeschreibung C 101, erstellt am 15. Juni 1969 von der Vorplanung der Abteilung Arbeitsvorbereitung

trag von 100.000,– DM ergab. Für eine Stückzahl von 1000 Fahrzeugen ging Müller unter Einbeziehung der erforderlichen Betriebsmittel von einer Reduzierung auf etwa 73.000,– DM aus. Er stellte jedoch klar: »Die vorgenannten Werte müssen mit grosser Vorsicht behandelt werden, da sie auf einer sehr groben Schätzung aufgebaut sind. Auf jeden Fall zeigt diese Betrachtung, daß mehr als 50 Wagen gebaut werden müssen, wenn ein einigermaßen vernünftiger Preis erzielt werden soll.« Abschließend regte er an, »diesen gesamten Fragenkomplex möglichst bald [zu] behandeln, da von Seiten der Fertigung erst etwas unternommen wird, wenn ein Vorstandsbeschluß über die Herstellung der 50 Vorserienfahrzeuge vorliegt.«

Am 21. April wurden in der Technischen Besprechung in Sindelfingen neben der Kostensituation auch Aspekte der Fertigung behandelt. Laut Kalkulation der Arbeitsvorbereitung würden 50 Wagen mit etwa 8 Mio. DM zu Buche schlagen, so dass »laut Herrn Wilfert mindestens 1000 Wagen, besser 1500 bis 2000 Wagen aufgelegt werden« sollten. Die bisherige Einschreibung von 50 Wagen als Versuchsserie würde [wie von Karl-Wilhelm Müller ausgeführt, d. Verf.] bedeuten, dass die Werke keine Fertigungsplanungen durchführen. Als mögliche Materialien wurden »mehrere Kombinationen von Stahl, Alu und Kunststoff« diskutiert. Berichtet wurde über Untersuchungen zu einer aufbauseitigen Fertigung in Sindelfingen, über Verhandlungen mit Bayer Leverkusen sowie einen Besuch der Waggonfabrik Rastatt, deren Kunststoffteilefertigung für Porsche arbeitet.

In der Vorstandssitzung am folgenden Tag erwähnte Produktionsvorstand Wilhelm Langheck, »daß für den C 101 bereits einige Vor-

DAIMLER-BENZ AG Werk Sindelfingen	Vorläufige Ausstattungsbeschreibung C lol	AV/Vorplanung 15.6.69 kn-se

1.5 Heizungs- und Belüftungsgebläse zweistufig
Düsen für seitliche Belüftung (Seitenfenster) ?
Mitteldüse mit Regulierbetätigung W 115 Serienteil.

1.6 Handschuhkasten?
Ascher

1.7 Vorbauverkleidung und Abdeckung Instrumententafel unten.
Vorbau und Fußraumverkleidung seitlich am Schweller
Nylon-Tufting-Teppich.
Boden Gummimatte im Pedalbereich, sonst Nylon-Tufting-Teppich.
Untere Abdeckung Instrumententafel, wenn nicht sichtbar
aus Pappe, sonst Pappe mit Folie bezogen.
Vorbau links und rechts Bezug Kunstleder mit Spanntaschen links und rechts.

2. Sitze

2.1 Schalensitz, Sitzkissenschale mit eingespannten Zugfedern, Polsterung Gummihaarmatte mit Watteauflage, Bezug Polsterstoff, Kunstleder oder Leder, Bezug der Schale bei Polsterstoff in Kunstleder, sonst mit gleichem Material, also Leder-Leder, Kunstleder - Kunstleder.

2.2 Rückenlehne, Schale aus Aluminium bzw. GFK, Polsterung Gummihaarmatte mit Watteauflage, Bezug Polsterstoff Kunstleder Leder, Bezug der Schale bei Polsterstoff Kunstleder, bei Kunstleder - Kunstleder, bei Leder - Leder.

2.3 Sitzführungsschienen mit Feststeller.

2.4 Manuelle Rückenlehnenverstellung.

0F-090-50-227

DAIMLER-BENZ AG Werk Sindelfingen	Vorläufige Ausstattungsbeschreibung C lol	AV/Vorplanung 15.6.69 kn-se

3. Verkleidungen

3.1 Türverkleidung Hartfaserplatte mit PVC-Schaum gepolstert;
Schweißaufteilung, Türrahmen mit Schaumfolie 3 mm stark bezogen, Türinnenbetätigung und Türverriegelung wie Serie, Türzuziehgriff geflochten.
Betätigung für Ausstell- bzw. Scheibefenster
(Heckscheiben-Öffnungsbetätigung)

3.2 Duoflex-Folie verformt, unterschäumt auf Hartfaserplatte,
Türrahmen wie 3.1
Türinnenbetätigung wie Serie in eingeschäumter Mulde versenkt eingebaut.
Türverriegelung wie Serie in Mulde, im Anschluß an die Innenbetätigung eingebaut.
Türzuziehgriff geflochten.
Betätigung für Ausstell- bzw. Schiebefenster
(Heckscheiben-Öffnungs-Betätigung)

3.3 Boden, Querträger, Längsträger
Fahrerboden mit Nylon-Tufting-Teppich bezogen, Chromstab an den Längsträgern außen als Halterung des Teppichs

3.4 Boden, Querträger, Längsträger
Fahrerboden mit Gummi-Matte bezogen, Chromstab an den Längsträgern außen als Halterung der Gummi-Matte.

3.5 Schottwand hinter Fahrersitz, Bezug Kunstleder, Boden unter dem Fahrersitz bis Hinterkante Querträger
Bezug Kunstleder

3.6 Türdichtungsprofile

3.7 Dachverkleidung, Überrollbügel, Dachmittelträger, Fensterschlüssel, Windschutz seitlich und oben Bezug Schaumfolie oder Douflex-Folie geschäumt.

3.8 Schalthebel und Handbremsverkleidung
Schalthebel in einer Leder- oder Kunstlederummantelung
Handbremsverkleidung in ABS-Folie bzw. Leder
Schaltgestänge und Handbremsseilverkleidung in GFK mit Schaumfolie bezogen.

0F-090-50-227

kalkulationen vorliegen, aus denen hervorgeht, daß bei den ersten 5 Fahrzeugen mit Kosten von ca. DM 70.000,– für den Aufbau und ca. DM 50.000,– für Fahrwerk und Motor zu rechnen ist. Für die vorgesehenen 50 weiteren Fahrzeuge vom Typ C 101 dürfte mit Kosten von rd. DM 40.000,– — 50.000,– je Einheit zu rechnen sein.« Er wies darauf hin, »daß beim C 101 im Gegensatz zum 300 SEL [gemeint war vermutlich der 300 SEL 6.3, d. Verf.] nicht auf vorhandene Serienteile zurückgegriffen werden« könnte und dass »offensichtlich die Fertigstellung des W 116 durch die Entwicklungsarbeiten am C 101 beeinträchtigt« würde. Zu den von Langheck genannten voraussichtlichen Kosten bemerkte Rolf Staelin, »daß auf Grund der sich daraus ergebenden Preisstellung dieser Typ nur für eine ganz dünne Käuferschicht von Interesse sein wird.« Vorstandssprecher Joachim Zahn fügte hinzu, »daß es allerdings bei einer geringen Stückzahl vertretbar wäre (z. B. insgesamt 300 Einheiten), von der vollen Weitergabe der Kosten im Preis abzusehen und die Differenz auf die Budgets für Entwicklung und Werbung zu übernehmen.«

Mitte Mai wurde die Abteilung »Zentrale Preisbildung« aktiv und erstellte im Hinblick auf die Vorstandssitzung am 20. Mai eine vom 14. Mai 1969 datierende Ausarbeitung zur Technischen Ausstattung, zu Konkurrenzfahrzeugen und zum entscheidenden Thema »Kosten und Preis«, das wie folgt umrissen wurde:

»In der letzten Zeit wurden stark differierende Kostenwerte in Höhe von DM 25.000 bis DM 70.000 für den C 101 genannt. Dies ist darauf zurückzuführen, daß der technische Lieferumfang noch laufend Änderungen unterliegt. So war bis vor kurzem unbekannt,

DAIMLER-BENZ AG Werk Sindelfingen	Bericht der Stilistenabteilung Nr. 088/69 Gei/Mk	Typ: Dat.: 20.8.1969 Blatt: von

Betr.: C 111 - Form
a) Außenform - b) Ausstattung - c) Allgmein

Auftrag:

Entwicklungs-Projekt eines absoluten Sportwagens, ausgelegt nach rennsportlichen Bestimmungen unter Verwendung eines Wankelmotors als Mittelmotor-Anordnung.
Konstruktive Schwerpunkte sind neben geringstem Eigengewicht, bestmögliche aerodynamische Auslegung bei einer noch der Normalstellung entsprechenden Sitz-Anordnung

Lösung (stilistisch):

Sitzanordnung für zwei Personen tief gelegt mit Schalensitzen.

Motor vor der Hinterachse angeordnet.

Wasserkühler im Bug

Ölkühler im Motorraum angeordnet.

Benzintanks sind in den Längsschwellern links und rechts untergebracht.

Reserverad im Bug liegend.

Scheinwerfer im Bug versenkt.

Funktionelle Stoßkappen bzw. -stangen im Bug und Heck.

Unterbau: Boden Stahl oder Leichtmetallschale.

Oberbau: Kunststoff, glasfaserverstärkt.

Mit Flügeltüren.

Bug- und Heckklappen.

Unter Berücksichtigung obiger funktioneller Gegebenheiten wurde die gestreckte, flache Form vom Bug zum Heck stark ansteigend besonders profiliert betont.

- 2 -

Verteiler:

Intern !

Verrechnungs-Nr.:
Bearbeiter:
Abteilungsleiter:
Entw. Leitung PKW Aufbauten:

OF-410-50-001

- 2 - Stil.Ber. 088/69

Durch diese Profilierung wurde bewußt eine strenge Linienführung erreicht.

Der Bug ist durch den flachgedrückten horizontalen Lufteintritt gekennzeichnet.

In dem Vorbau mit konkavem Vorbau-Querschnitt sind Luftein- und -austritte eingelassen.

Die Windschutzscheibe ist maximal flach gelegt.

Im hinteren Bereich des Daches ist ein Sichtausschnitt eingearbeitet.

Das Heck ist Längen-und aerodynamisch bedingt, ohne besondere Profilierungen eingearbeitet, senkrecht abgeschnitten.

Hauptmerkmal vom Heck ist ein groß angelegter Luftaustritt mit lamellenartiger Abdeckung.

Schlußleuchten-Anordnung (handelsüblich).

Großangelegte horizontale Stoßschürze.

Die Innengestaltung ist, betont durch eine funktionell auf die Sicherheit abgestimmte großvolumige Verkleidung und den Schalensitz, geprägt.

Die weitere Gliederung des Innenraumes wurde durch Hell-, Dunkel-Kontraste gebildet.

Formbegründung:

Der Auftrag Sportwagen C 111 wurde optisch bewußt äußerlich und in der Innenausstattung mit einem gewissen Abstand zu den kommenden Typen R und C 107 gehalten. Er soll sich extrem sportlich / rennsportbetont von diesen Tourensportwagen unterscheiden.

Anlagen

C 111 – Form, Bericht der Stilistenabteilung vom 28. August 1969 ob das Fahrzeug eine sehr teure Aluminiumkarosserie oder die angeblich wesentlich kostengünstigere Kunststoffkarosserie erhält.

Noch heute besteht Unklarheit über die Fertigungsstückzahlen mit ihren Auswirkungen auf die Kostenhöhe. Der Vorstand stimmte zunächst einer Einschreibung von 5 Fahrzeugen zu.

Aus dem vorgenannten resultiert eine völlig unsichere Kostensituation, so daß die Kosten als Orientierungshilfe für die Preisbildung gegenwärtig ausscheiden. Es wäre wünschenswert, daß der Entwicklungsbereich den kostenschätzenden Abteilungen baldmöglichst ausreichende Unterlagen für erste Projektkalkulationen zur Verfügung stellt.

In dieser Situation erscheint es uns richtig, in erster Linie die Markt- bzw. Konkurrenzsituation für den C 101 als Grundlage für Preisbildungs-Überlegungen zu benutzen. Der angestellte Konkurrenzvergleich [mit 19 Sportwagenmodellen, d. Verf.] zeigt, daß der C 101 hinsichtlich neuer Ausstattung und seiner Leistungen mit Fahrzeugen vergleichbar ist, die DM 60.000 und mehr kosten.
Wir sind der Auffassung, daß zum gegenwärtigen Zeitpunkt eine Preisvorstellung richtig ist, die sich in einer Größenordnung von DM 50.000 bis DM 60.000 bewegt. Es ist zu bedauern, daß die im Hause genannte, völlig unzureichende Preisvorstellung von ca. DM 25.000 bereits in einer Fachzeitschrift zu lesen war. Weitere Überlegungen zur Preisbildung des C 101 werden wir nach Vorliegen von Kalkulationsunterlagen anstellen.«

Letztere ließen nicht lange auf sich warten: Am 19. Mai, wohl ebenfalls als Grundlage für die Vorstandssitzung am folgenden Tag,

DAIMLER-BENZ AG Werk Sindelfingen | Bericht der Stilistenabteilung Nr. 016/70 | Typ: Dat.: 17.2.1970 Blatt: von
sp-gei-sa-sch

Betr.: AUSSTATTUNGS-BESCHREIBUNG C 111

1. Instrumententafel (zweiteilig) mit Mittelkonsole, Seitenteile (li. u. re.) und Handschuhkasten

1.1 Schutzpolsterteile
alle Schutzpolsterteile tiefgezogene Duoflex-Weichfolie in Narbung RX, geschäumt.
In den nach oben gerichteten Bereichen, Einsätze aus Folie in Mattprägung Narbung ME (zur Vermeidung von Spiegelung).
Zur Versteifung der Schutzpolsterteile Al oder GFK oder geeignete Kombination (Innere Sicherheit bei der Wahl ausschlaggebend!)

1.1.1 Schutzpolsterteil oben links
1.1.2 Schutzpolsterteil oben rechts
1.1.3 Mittelkonsole mit Instrumententräger, Blendschutz und umlaufende Schutzwulst, Schalthebelkonsole.
1.1.3.1 Blende zur Aufnahme der Heizungsbetätigungshebel des Gebläseschalters und der Zeituhr.
1.1.3.2 Blende zur Schließung der Öffnung, wenn kein Radiogerät eingebaut wird.
1.2 Seitenteile an der Mittelkonsole unten, li. u. re.
1.2.1 Formteil aus GFK oder Al
1.2.2 Bezug Teppich Velours
1.3 Handschuhkasten komplett
1.3.1 Handschuhkastenschloß
1.3.2 Handschuhkastengriff
1.3.3 Handschuhkastenbeleuchtung (durch Öffnen und Schließen betätigt)

- 2 -

Verteiler:
Herrn Breitschwerdt
Herrn Häcker
Herrn Dr. Dieckmann
Herrn Gmeiner
Herrn Dr. Reidelbach
Herrn Retzbach

Verrechnungs-Nr.:
Bearbeiter:
Abteilungsleiter: (Geiger)
Entw. Leitung PKW Aufbauten: (Wilfert)

OF-410-50-001

Stil.Ber. 016/70 - 2 -

1.4 Ascher
2. Lenkrad
Ø 380, Polyurethanschaum
2.1 Signalhorntasten Metall geriffelt
2.2 Markenzeichen eingelassen
2.3 Manschette für Hebel Ingenieurschalter
3. Ablese-Instrumente, Kontrolleuchten
3.1 Tachometer mit
3.1.1 Kilometerzähler
3.1.2 Tageskilometerzähler
3.1.3 Rückstellknopf
3.1.3 Regulierknopf für Instrumentenbeleuchtung (stufenlos)
3.2 Drehzahlmesser
3.3 Ölthermometer
3.4 Öldruckmanometer
3.5 Wasserthermometer
3.6 Kraftstoffanzeige
3.6.1 (mit Reserve-Kontrolleuchte?)
3.7 Kombi-Dreieck oben mit
3.7.1 Blinklicht-Kontrolleuchten re. u. li.
3.7.2 Fernlichtkontrolle
3.8 Kombi-Dreieck unten mit
3.8.1 Ladekontrolleuchte
3.8.2 Handbremskontrolleuchte
3.8.3 (Platz für eine weitere Funktion)
3.9 Zeituhr
4. Bedienelemente
4.1 Ingenieur-Schalter mit:
4.1.1 Blinkerschalter,
4.1.2 Fern-Abblendlicht-Umschalter
4.1.3 Lichthupe
4.1.4 Zweistufen-Scheibenwischerschalter

- 3 -

Zu 39749/50 1056 3 104482

Ausstattungs-Beschreibung C 111, Bericht der Stilistenabteilung vom 17. Februar 1970

erstellte die betriebswirtschaftliche Abteilung eine erste detaillierte Kostenschätzung für den C 101, die auf den gemeldeten Schätzwerten der Werke Sindelfingen und Untertürkheim basierte und kommunizierte das Ergebnis an den Vorstand. Dabei wurden bei einer Gesamtauflage von 50 Fahrzeugen geschätzte Selbstkosten von 76.200,– DM, bei 500 Stück von 51.700,– DM und bei 1000 Stück von 46.500,– DM pro Fahrzeug ermittelt. Für »Rennreifen mit den dazugehörigen Alu-Felgen« waren in diesem Rahmen Mehrkosten von 2.100,– DM angesetzt. Angesichts dieser Zahlen erscheint die abschließende Aussage sehr zurückhaltend formuliert: »Die vorliegende Kostenschätzung bestätigt unsere bisherige Auffassung, daß die von anderer Seite genannte Preisvorstellung von 25.000 DM/Fzg. keine Kostendeckung gewährleistet.«

Anhaltende Diskussion: Kosten, Termine und Kapazitäten

In der Vorstandssitzung am 20. Mai wurde neben anderen Aspekten auch die Fertigung des C 101 erneut diskutiert. Für den Fall, dass der Wagen nur in geringen Stückzahlen produziert werden sollte, warf Rolf Staelin die Frage auf, »in welcher Weise ausreichende Service-Möglichkeiten sichergestellt werden sollen, zumal eine Beschränkung des Verkaufs auf einzelne Länder in der Praxis nicht durchführbar erscheint.« Wie bereits vier Wochen zuvor gab sich Wilhelm Langheck erneut skeptisch und bemerkte, »dass inzwischen für den C 101 erhebliche Entwicklungskapazitäten eingesetzt sind.« Der Anlauf einer nennenswerten Serie erscheine »auf keinen Fall vor Jahresfrist

Stil.Ber. 016/70 - 3 -

4.2 Hauptlichtschalter und angeschlossene Ausfahrvorrichtung für Scheinwerfer, mit

4.2.1 Standlicht

4.2.2 Abblend- und Fernlicht

4.2.3 Parklicht re. u. li.

4.2.4 Nebelscheinwerferschalter

4.3 Warnblinkanlage

4.4 Lenkschloß mit Zündschloßschalter

4.5 Zigarrenanzünder

4.6 Betätigung für Scheibenwaschanlage

4.7 Frontklappenentriegelung (auf Vorderwandsäule links unten)

4.8 Heckklappenentriegelung (im Mittelteil auf d. Rückwand)

4.9 Schalthebel

4.10 Handbremshebel

4.11 Sicherungskasten (in der Instrumententafel unten rechts, hinter dem Handschuhkasten)

5. <u>Heizung - Lüftung - Kühlung</u>

5.1 Betätigungshebel (4 Stück) für Heizung und Lüftung (auf Blende)

5.2 Gebläseschalter (auf Blende)

5.3 Klima-Schalter (nur bei Kühl-Anlage)

5.4 Luftdüsen rund (4 Stück) auf der Instrumententafel, nach oben gerichtet, durch Drehung des Einsatzes verschließbar.

5.5 Luftdüsen rechteckig (3 Stück) auf der Instrumententafel, nach dem Fahrer gerichtet, durch Hebel verschließbar.

6. <u>Sitze</u>

6.1. Schalensitz:

6.1.1 Sitzkissenschale mit eingespannten Zugfedern

6.1.2 Polsterung Gummihaarmatte mit Watteauflage

6.1.3 Bezug: Kunstleder Narbung WV, Mittelteil Polsterstoff, querlaufende Absteppungen

- 4 -

Zu 39749/50 1056 3 104482

Stil.Ber. 016/70 - 4 -

6.3 Sitzführungsschienen mit Feststeller

6.4 Rückenlehnenverstellung (auf der Innenseite, daher linke und rechte Sitze!)

7. <u>Sitz-Seitenteile und Zwischenteil</u>

7.1 Seitenteil (li. und re.)

7.1.1 Formteil aus GFK oder Al mit offener Ablage (für sperrige Güter, z.B. Rolleiflex u.ä.)

7.1.2 Bezug: Kunstleder Narbung WV

7.2 Zwischenteil (in der Mitte, von der Schalthebelkonsole nach hinten)

7.2.1 Formteil aus GFK oder Al mit offener Ablage, Befestigungsmöglichkeit für die Heckklappenentriegelung und Schlitz für den Handbremshebel.

7.2.2 Bezug: Kunstleder Narbung WV.

8. <u>Türen</u>

8.1 Verkleidungsteile

8.1.1 Türinnenteil und Rahmen mit Kunstleder Narbung WV ausgeschlagen

8.1.2 Einsatz im Türinnenteil aus GFK oder Al mit Bezugstoff versehen

8.1.3 Einsatz am Türoberteil (Himmel mit Bezugstoff versehen

8.1.4 Verkleidungsteil für Befestigungspunkt der Gasfeder

8.2 Türzuziehgriff (lange Schlaufe) mit Halterung

8.3 Griff zum Öffnen der Türe (beide Griffunktionen können nicht vereinheitlicht werden)

8.4 Türöffner

8.5 Schloß

8.6 Drehfenster-Schnellbetätigungsgriff

8.7 Lautsprecherblende

8.8 Verstellhebel für Außen-Rückspiegel

- 5 -

Zu 39749/50 1056 3 104482

möglich«. Zudem könne »unter den gegebenen Umständen heute noch nicht abgeschätzt werden, ob die Vorstellung des C 101 zu einem Erfolg oder Misserfolg führt.« Auf Basis der Kostenschätzung vom Vortag wies er darauf hin, dass »die vorläufige Kalkulation des C 101 bei einer Produktion von 50 Einheiten Selbstkosten in Höhe von rd. DM 76.000,– und bei einer Produktion von 1.000 Einheiten Selbstkosten in Höhe von rd. DM 46.000,– ergeben hat«. Dr. Hanns Martin Schleyer vertrat die Ansicht, dass »eine Einschreibung von 50 Fahrzeugen nur sinnvoll erscheint, wenn anschließend eine Serie von mindestens 1.000 Einheiten auf den Markt gebracht wird« und stellte die Frage, »ob Scherenberg nach dem heutigen Stand der Wankelentwicklung bereit ist, die damit verbundene Verantwortung zu übernehmen«. Der Entwicklungschef vertrat den Standpunkt, dass es »ohnehin nicht möglich sein wird, eine Entscheidung in der Wankelfrage zu umgehen. Eine solche Entscheidung kann jedoch nicht auf reine Prüfstandsergebnisse begründet werden, sondern muß durch praktische Straßenerfahrung unterbaut werden. [...] Allein schon unter diesem Gesichtspunkt seien die zur Diskussion stehenden 50 Fahrzeuge von Typ C 101 – auch wenn sie letzten Endes nicht verkauft, sondern nur für Erprobungszwecke zur Verfügung stünden – notwendig.« Rolf Staelin hielt »die Abgabe von noch nicht fertig entwickelten Fahrzeugen an einen wie auch immer festgelegten Personenkreis [...] jedenfalls so lange für bedenklich, als es sich um einen echten Verkauf handeln sollte.« Andererseits erschien es ihm »grundsätzlich problematisch, ein Fahrzeug von vornherein in so kleinen Stückzahlen herzustellen, daß es nur an einen geringen Teil der potentiellen Interessenten abgegeben werden kann.«

Joachim Zahn machte darauf aufmerksam, »daß wir [...] als Folge der zwischenzeitlichen Veröffentlichungen hinsichtlich unseres weiteren Vorgehens bereits weitgehend gebunden sind« und teilte die Ansicht von Scherenberg, »wonach es grundsätzlich nicht zumutbar erscheint, einen Wankelmotor zum Serieneinbau freizugeben, ohne daß entsprechende praktische Straßenerfahrungen vorliegen.« Insgesamt hielt er es »nach Lage der Dinge für vordringlich, zunächst alles zu tun, um wenigstens einige Exemplare des C 101 bis zur IAA 1969 vorführ- und fahrbereit zu machen.« Die Festlegung eines etwaigen Abnehmerkreises könne demgegenüber noch zurückgestellt werden. Nutzfahrzeug-Vorstand Ulrich Raue vertrat die Ansicht, »daß sich ein etwaiges Abgehen von der bisherigen Beschlußfassung nach Lage der Dinge in der Öffentlichkeit nachteilig auswirken würde und andererseits eine ausreichende Betreuung einer kleinen Serie von 50 Einheiten jedenfalls wesentlich einfacher als bei einer Serie von z. B. 1.000 Einheiten wäre«.

Im Hinblick auf die Kostensituation erläuterte Vorstandssprecher Zahn, »daß auf Grund der von Langheck erwähnten Selbstkostenschätzungen der Bau von zunächst 50 Fahrzeugen nicht mehr als rd. DM 3,5 Mio kosten würde.« Er hielt »einen solchen Aufwand in Anbetracht der Bedeutung der gesamten Angelegenheit selbst dann für tragbar, wenn der fragliche Betrag voll zu unseren Lasten gehen würde.« Hinsichtlich der künftigen Preisfestsetzung brachte er sein Bedauern zum Ausdruck, »daß durch offensichtliche erneute Indiskretionen aus unserem Hause Angaben in einer Fachpublikation erschienen sind, in denen von einem Preis in Höhe von rd. DM 25.000,– die Rede ist.« Demgegenüber legten es »die vorläufigen Selbstkostenschätzungen sowie inzwischen angestellte Preisvergleiche nahe, an eine Preisordnung von DM 50.000,– — 60.000,– zu denken, wobei die Entscheidung dieser Frage einstweilen noch

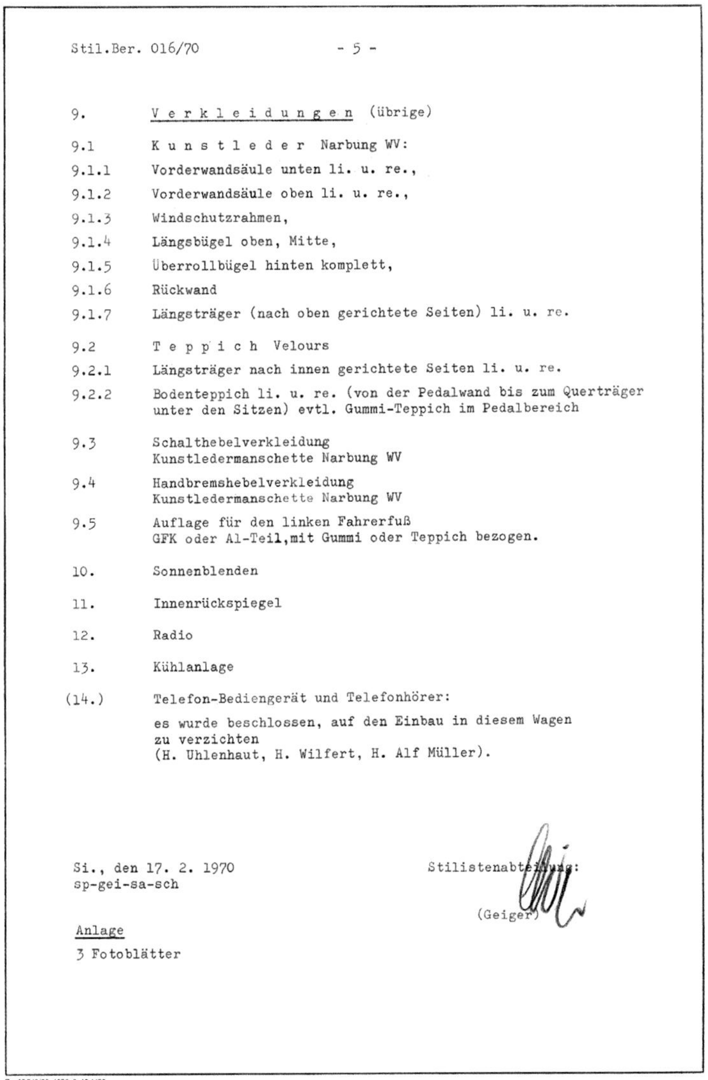

Stil.Ber. 016/70 - 5 -

9.	Verkleidungen (übrige)
9.1	Kunstleder Narbung WV:
9.1.1	Vorderwandsäule unten li. u. re.,
9.1.2	Vorderwandsäule oben li. u. re.,
9.1.3	Windschutzrahmen,
9.1.4	Längsbügel oben, Mitte,
9.1.5	Überrollbügel hinten komplett,
9.1.6	Rückwand
9.1.7	Längsträger (nach oben gerichtete Seiten) li. u. re.
9.2	Teppich Velours
9.2.1	Längsträger nach innen gerichtete Seiten li. u. re.
9.2.2	Bodenteppich li. u. re. (von der Pedalwand bis zum Querträger unter den Sitzen) evtl. Gummi-Teppich im Pedalbereich
9.3	Schalthebelverkleidung Kunstledermanschette Narbung WV
9.4	Handbremshebelverkleidung Kunstledermanschette Narbung WV
9.5	Auflage für den linken Fahrerfuß GFK oder Al-Teil,mit Gummi oder Teppich bezogen.
10.	Sonnenblenden
11.	Innenrückspiegel
12.	Radio
13.	Kühlanlage
(14.)	Telefon-Bediengerät und Telefonhörer: es wurde beschlossen, auf den Einbau in diesem Wagen zu verzichten (H. Uhlenhaut, H. Wilfert, H. Alf Müller).

Si., den 17. 2. 1970
sp-gei-sa-sch

Stilistenabteilung:
(Geiger)

Anlage
3 Fotoblätter

Zu 39749/50 1056 3 104482

zurückgestellt werden« könne. Zusammenfassend sah Zahn »in der Serienfreigabe eines Wankelfahrzeuges eine Frage von grundsätzlicher Bedeutung im Sinne der Geschäftsordnung.«

Abschließend stellte Scherenberg den Antrag, »den am 25. März gefassten Beschluß zu bestätigen und 50 Fahrzeuge des Typs C 101 unter den in diesem Beschluß gefaßten Voraussetzungen zur Einschreibung freizugeben«. Damit bliebe es ihm überlassen, »die eigentliche Produktion der Fahrzeuge je nach dem Fortschritt der Entwicklungsarbeiten – gegebenenfalls auch in Einzellosen – zu beantragen.« Eine Beschlussfassung über die Freigabe weiterer Stückzahlen könne im Übrigen zurückgestellt werden.

Scherenbergs Antrag und der Beschluss vom 25. März wurde vom Vorstand letztendlich einhellig bestätigt und der Einschreibung von 50 Fahrzeugen mit der Maßgabe zugestimmt, »daß die Produktion über Stückliste mit Bedarfsaufgabe« erfolgt. Mit der Entscheidung für diesen Regelprozess waren die Produktionswerke in der Pflicht und die Versuchsabteilungen von der Verantwortung für die Fertigung der geplanten Vorserie entbunden.

In einer Mitteilung vom 20. Juni 1969 griff die Abteilung Programmplanung in Sindelfingen den Vorstandsbeschluss auf und definierte folgende Termine für den Serienanlauf des C 101, die im Wesentlichen dem am 17. April diskutierten Szenario für die Fertigung von 1000 Stück entsprachen:

Konstruktion (nur Zsb. Zeichnungen)	1.10.69 – 31.3.70
AV-Festlegungswagen	2.1.70 – 29.5.70
Bemi-Anfertigung	1.12.69 – 30.4.70
WZ.-Klopfhölzer u. Cerrotru-Teile	3.11.69 – 30.4.70
VE – Kunststoffkarosserie bis	4.5.70
Serie – Rohbauarbeiten ab	1.4.70
Serien-Anlauf	Juni 1970 2 Wagen
Stückzahlen	Juli – Dez. 1970 je 8 Wagen

[Bedeutung der genannten Abkürzungen:
Zsb. Zeichnungen: Zusammenbauzeichnungen
AV: Arbeitsvorbereitung
Bemi: Betriebsmittel
WZ.: Werkzeug
VE: Verfahrensentwicklung]

Als Voraussetzungen für die Einhaltung der Konstruktionstermine wurde aufgeführt, dass die fahrgestellseitigen Unterlagen von Untertürkheim bis zum 30. September 1969 bereitgestellt werden und dass die Konstruktions-Gruppe auf zwanzig Konstrukteure aufgestockt werden müsse, wenn Einzelteilzeichnungen notwendig sind. Dieser Terminplan erscheint aus heutiger Sicht nicht sehr realistisch, selbst wenn man Idealbedingungen zugrunde legt und alle Herausforderungen, die sich im Laufe der Entwicklung und Erprobung ergeben sollten, außer Acht lässt.

Am 26. August 1969 änderte sich dieses Szenario grundlegend, wie die Vorplanung der Arbeitsvorbereitung in einer Mitteilung an die Technische Werkleitung Untertürkheim zusammenfasste: »Die geplante Stückzahl von 50 Wagen verteilt über die Monate Juni – Dezember 1970 wird auf 10 Stück reduziert. Diese Wagen unterscheiden sich alle voneinander (Stilistik, Achsen, Rahmen u. a.). Die Fertigung übernimmt der Versuch. Eine Entscheidung, in welcher Stückzahl und Ausführung der C 101 in Serie gehen soll, ist für Oktober 1970 vorgesehen. Bei ausgeprägtem Interesse für den C 101 auf der IAA-Frankfurt ist die Vorverlegung der Entscheidung über Serieneinsatz auf Frühjahr/Sommer 1970 geplant.
Schlußfolgerung: Alle Planungen für die Serienvorbereitung des C 101 sind seitens Werk 10 einzustellen.«

Im Gegensatz zu diesen unternehmensinternen Planspielen gab sich der zur Premiere in Hockenheim und auf der IAA vorbereitete Pressetext unzweideutig: »Die Daimler-Benz AG stellt mit dem Versuchsfahrzeug C 111 einen Sportwagen mit Dreischeiben-Wankelmotor vor, der zu den fortschrittlichsten und interessantesten technischen Entwicklungsprojekten im internationalen Automobilbau gehört. Dieses Auto steht – nur in wenigen Exemplaren gebaut – nicht zum Verkauf. Es ist vielmehr ein Stück Zukunft, das der breiten Öffentlichkeit einmal die Möglichkeit gibt, einen Blick hinter die Kulissen der Mercedes-Benz Versuchs- und Entwicklungsabteilungen zu werfen.«

Rollendes Labor, Versuchsserie oder Serienproduktion: die Zukunft des C 111

In der Vorstandssitzung am 22. Oktober – gut vier Wochen, nachdem die IAA ihre Pforten geschlossen hatte – kündigte Hans Scherenberg an, für eine der nächsten Sitzungen ein Konzept zur künftigen Verwendung des Wankelmotors innerhalb des Großserien-Pkw-Programms sowie zu weiteren Überlegungen hinsichtlich des C 111 vorzubereiten. In diesem Zusammenhang skizzierte er vorab folgende Einsatzmöglichkeiten des C 111:

1. Weiterführung als Experimentierfahrzeug;
2. Produktion von 50 Fahrzeugen, von denen ein Teil an geeignete Kunden abgegeben werden,
3. Auflegung einer kleinen Serie entsprechend dem früheren Sportwagenmodell 300 SL mit Flügeltüren

Eine der Kernfragen für die Zukunft des C 111: Wird der Wankelmotor die hohen Anforderungen der Mercedes-Benz Entwickler an seine Zuverlässigkeit und Standfestigkeit erfüllen können? Das Foto entstand im August 1969 auf dem Hockenheimring.

Noch am gleichen Tag stellte er den Direktoren der Pkw-Entwicklung in Untertürkheim und Sindelfingen die Frage, »ob wir überhaupt Kapazität neben den Arbeiten für die Neu-Typen in Versuch und Konstruktion besitzen, das Fahrzeug bis etwa 2. Hälfte nächsten Jahres so fertigzumachen, dass man an einen Punkt 2.) oder 3.) denken kann« und »welche Einrichtungen, z. B. für 3.) geschaffen werden müssten, was sie kosten und was dann die Fahrzeuge selbst kosten.« Außerdem beauftragte er Karl-Wilhelm Müller, »in Zusammenarbeit mit den betr. Abteilungen die Dinge einmal vorzuklären, damit die Vorlage in Kürze erstellt werden kann« und fügte hinzu: »Hierbei bitte ich, ohne den sogenannten ›Begeisterungsfaktor‹ zu arbeiten.« Unabhängig von der Begeisterung der handelnden Personen sollte die Vorstandsvorlage allerdings noch eine ganze Weile auf sich warten lassen.

Einen Monat später, am 23. November 1969, kam Scherenberg in der »Bild am Sonntag« zu Wort. Unter der Aufmerksamkeit erregenden Schlagzeile »Lieber nicht für Playboys!« thematisierte der Artikel die Zukunft des C 111 und des Wankelmotors bei Daimler-Benz und begann mit der Aussage »Der Erfolg des Mercedes-Versuchs-Coupés C 111 mit Wankelmotor ist noch längst kein Sieg der Kreiskolbenmaschine beim renommiertesten deutschen Autohersteller!«. Nach einem Zitat des Entwicklungschefs »Die Arbeiten am Wankel und an herkömmlichen neuen Motoren laufen bei uns absolut parallel!« ging der Artikel auf den aktuellen Stand der Wankelmotorenentwicklung ein: »Weder in der Dauerhaftigkeit noch im Verbrauch befriedigt der Wankelmotor die Ingenieure in Stuttgart-Untertürkheim bisher vollständig. Das buchstäblich heißeste Problem der Wankelmaschinen, eine wirksame Abgasentgiftung, ist bei Mercedes anscheinend einer Lösung näher als bei anderen Wankel-Lizenznehmern.« Dann zitierte er wiederum Hans Scherenberg: »Wir wissen noch nicht sicher, für welchen Anwendungsbereich der Wankel am besten ist.«

Im Hinblick auf den C 111 waren Fakten und Halbwahrheiten mit Spekulationen garniert: »Der Versuchswagen C 111 hat schon neue Erkenntnisse gebracht. Vier der bisher gebauten fünf Prototypen sind augenblicklich wieder auseinandergenommen und werden abgeändert. Einiges, was mit diesem Coupé geschieht, deutet darauf hin, daß trotz aller grundsätzlicher Bedenken für eine Wankel-Massenproduktion nun doch an eine kleine Serie mit diesem Sportwagen gedacht ist. Die keilförmige Karosserie wird optisch noch eleganter gestaltet. Die Gürtellinie des Sportwagens wird erheblich tiefer rutschen. Mit ihr die ziemlich hochliegende Instrumententafel. Die Seitenfenster werden größer und auch die Heckscheibe (vor dem Mittelmotor) wird vergrößert.«

Auch Produktion und Verkauf des Traumsportwagens kamen zur Sprache – ebenfalls mit einer Kombination aus Tatsachen und Interpretationen: »Die Sorgen der Techniker sind nicht die Sorgen der C-111-Fans. Von ihnen gibt es rund um den Erdball genug, um eine stattliche Serie zu bauen. Als allererster Bewerber wurde Karim Aga Khan registriert. Er wollte gleich bestellen, als es noch nicht einmal eine Abbildung des Wagens gab. Seitdem wird Mercedes bestürmt, dieses Auto zu bauen. Auf der Londoner Automobilausstellung im Oktober meldete sich ein Interessent, der einen Blanko-Scheck bis zu einer halben Million für den C 111 ausstellen wollte. Die Begeisterung der Millionäre über das Superauto hat einige kluge Marktstrategen bei Daimler-Benz verstört. Der C 111 sollte den Ruf der Marke sportlich aufpolieren. Der Ansturm des Jet-Sets auf das Traumauto könnte beim breiten Publikum genau jenen psychologischen Effekt erneuern, den sie zu mildern suchen: Mercedes, das Auto der reichen Leute. Eine Gruppe von Marktforschern stöhnt: Verkauft den Wagen nur nicht an Playboys. Gebt ihn lieber an große Sportfahrer. Noch ist Mercedes wankelmütig …«

Acht Tage nach Erscheinen des Artikels, am 1. Dezember 1969, thematisierte Scherenberg den C 111 in einer Mitteilung an seine Vorstandskollegen: »Bekanntlich stellen wir in Genf den in der Karosserie verbesserten C 111 mit 4-Scheibenmotor aus. Wir sollten uns nun darüber klar werden, was mit diesem Fahrzeug weiter werden soll. Nach den Vorstellungen der Entwicklung wäre es zweckmäßig, die 50 eingeschriebenen Fahrzeuge beginnend in der 2. Hälfte 1970 zu bauen und an auszuwählende Interessenten zu geben. Der Hauptzweck des Fahrzeugs ist nach wie vor die Erprobung des Wankelmotors. Da wir nicht mit einer Serienproduktion, auch nicht in kleinen Stückzahlen – z. B. auf Sonderwunsch im R 107 – ohne Kundenvorerprobung beginnen können, halte ich es für notwendig, nicht zu lange mit dieser zu warten. Wir brauchen hier in Bälde breitere Erfahrung für den Wankelmotor. Dies betrifft auch die Abgasanlage, die jetzt gute Werte gibt, aber im Dauerbetrieb noch unklar ist. Ich muß diese Möglichkeit auch für unsern USA-Export evtl. ausnutzen. Im Anschluß an die Kundenerprobung der ca. 30 Wagen (von den 50) müßte entweder eine Erweiterung (z. B. auf 60) erfolgen oder eine kleine Serie für den Verkauf anlaufen, was m.E. 1971/72 möglich sein sollte. Ich schlage vor, das Vorgehen im Grundsatz festzulegen. Danach müsste eine Programmausarbeitung erfolgen, aus welcher der Zeitablauf etc. klar werden könnte.«

Im Januar 1970 wurde die Frage der Serienproduktion abermals in der Presse aufgegriffen. In einem Artikel, der sogar auf der Titelseite mit der Schlagzeile »Kein Stillstand in der Entwicklung des Mercedes-Coupés C 111« hinterlegt war, zitierten die »Stuttgarter Nachrichten« am 22. Januar unter der Überschrift »Mercedes Coupé C 111 nicht nur Ausstellungsobjekt« eine nicht näher bezeichnete Stimme »aus Untertürkheim«: »Sollte das Interesse der Käuferschaft am C 111 weiter zunehmen, wird sich Mercedes selbstverständlich danach richten und den C 111 ins Verkaufsprogramm aufnehmen. Dieser C 111 dürfte dann eine brillante Zukunft vor sich haben.«

Gleich im Anschluss daran war dann allerdings die leichter nachvollziehbare Feststellung zu lesen: »Ob der Mercedes C 111 in Serie gebaut wird, soll frühestens in etwa einem halben Jahr entschieden werden.« Die Meldung ging danach recht detailliert auf einzelne Entwicklungsschwerpunkte wie Haltbarkeit, Ölverbrauch und Abgas-

»Lieber nicht für Playboys!« – unter dieser Schlagzeile berichtete die »Bild am Sonntag« in ihrer Ausgabe vom 26. November 1969 über den Entwicklungsstand des C 111 und zitierte Entwicklungschef Dr. Hans Scherenberg.

thematik ein und endete mit der Aussage: »An die 40 Ingenieure sind am Entwicklungsprogramm des C 111 beteiligt. Jetzt haben sie sich darangemacht, die Sichtverhältnisse zu verbessern und den Wagen auch in einigen anderen Punkten zu verbessern. Eine Serie von weiteren 45 Modellen soll noch eingehenderen Forschungs- und Entwicklungsarbeiten dienen.« Hier hatte der Autor des Artikels die von Beginn an kontrovers diskutierte Vorserie von 50 Fahrzeugen offenbar für bare Münze genommen.

Am 29. Januar erschien unter der Überschrift »C 111 geht nicht in Serie« eine weitere Meldung in den »Stuttgarter Nachrichten«, die den früheren Artikel als klassische Presse-Ente entlarvte: »Mercedes bestätigte von neuem seinen Entschluß, das Modell C 111 mit Dreikammer-Wankelmotor nicht in Serie herzustellen und auch nicht zum Verkauf zu bringen. Man weiß bei Daimler-Benz aufgrund der immer noch eingehenden Bestellungen sehr gut, daß es für dieses Superauto sehr viele Kaufinteressenten gibt. Trotzdem wird Mercedes keinen einzigen C 111 verkaufen. Das Untertürkheimer Werk glaubt es seinen Kunden schuldig zu sein, nur Wagen mit höchster Perfektion auf den Markt zu bringen. Der C 111 aber ist ein Versuchsfahrzeug.«

Einflussgrößen: Wankelmotor und C 111 als Imagefaktoren

Wenig später entfachte ein Artikel in »auto, motor und sport« vom 31. Januar erneut die unternehmensinterne Diskussion über den Wankelmotor. Der stellvertretende Chefredakteur Reinhard Seiffert schrieb in seinem Testbericht über den NSU Ro 80: »[…] Aus dem starken Anti-Wankel-Lager bei Daimler-Benz drang pessimistische Kunde in die Öffentlichkeit: Die Abgas-Probleme seien nicht zu lösen, die Auspuffgase seien zu heiß, die Auspuffanlagen zu schwer. […]

W. D. Bensinger, Motoren-Entwicklungsdirektor bei Daimler-Benz, hielt kürzlich in Stuttgart vor überfülltem Auditorium einen Vortrag, in dem Lösungsmöglichkeiten für alle vorhandenen Probleme angedeutet wurden. [...] Auf Bensingers weit fortgeschrittene Entwicklungsarbeit ist es auch zurückzuführen, daß mit dem C 111 ein spektakulärer Wankel-Entwicklungsträger auf die Räder gestellt wurde [...]«.

Im Zusammenhang nicht nur mit diesem Artikel wandte sich Vorstandsmitglied Heinz Schmidt in einer Notiz vom 4. Februar an seinen Kollegen Hans Scherenberg: »[...] Ich bin mir darüber im klaren, daß eine gerade auf diesem Gebiet unvermeidliche technische Diskussion auch in unserem Hause geführt werden muß, glaube aber, daß wir im Gesamtinteresse unseres Hauses vermeiden sollten, kontroverse Standpunkte nach außen dringen zu lassen. Es gibt m.E. nur einen Standpunkt unseres Hauses in dieser Frage und das ist der, den S i e vortragen. [...]«

In seiner Antwort schrieb der Entwicklungschef: »[...] Natürlich ist diese gesamte Wankel-Problematik schwierig und ist deshalb ein interessantes Thema für die Presse, artet aber oft in Effekthascherei aus. [...] Natürlich gibt es bei uns Optimisten und Pessimisten; im ganzen aber ist die Einstellung eindeutig und so ausgerichtet, dass wir die Versuche weiterführen müssen und eine gewisse Aussicht auf Realisierung besteht. Es erscheint zweckmäßig, mit weiteren Vorträgen kurz zu treten, was ich veranlasst habe.« In der Tat hatte Scherenberg am 23. Februar den Direktoren der Entwicklung mitgeteilt, dass »die Resonanz der verschiedenen Vorträge [...] für unser Haus nicht immer angenehm« sei und dabei auf den Artikel in »auto, motor und sport« verwiesen, »in dem von verschiedenen Lagern gesprochen wird«. Dementsprechend bat der Entwicklungschef darum, »dass in nächster Zeit keinerlei Vorträge über das Problem Wankelmotor gehalten werden.«

Am 5. März erhielt Scherenberg erneut Post von seinem Vorstandskollegen Heinz Schmidt, diesmal zur Nutzung des C 111 in der Öffentlichkeitsarbeit. Schmidt bezog sich dabei auf ein Papier seines Mitarbeiters Horst Wendt, Leiter der Werbezentrale, der seine Gedanken zum zukünftigen Umgang mit dem C 111 zusammengefasst hatte: »Der C 111 [...] ist nicht geeignet, ihn an Kunden oder sonstige Interessenten auszuleihen. Der Wagen ist ohne Fahrer oder ohne Fahrkurs nicht zu bewältigen. Wir müssen mit Unfällen rechnen, vor allem aber mit Verärgerung von vielen Leuten, die diesen Wagen kaufen, aber nicht leihen wollen und feststellen müssen, daß wir eine größere Stückzahl von ihm ausleihen. [...]

Mein Vorschlag ist folgender: Wir bauen 50 – 60 Fahrzeuge, nachdem sie weitgehend ausgereift sind. Wir behalten von diesen Fahrzeugen etwa 15 Einheiten im Werk für Ausstellungen, Presseempfänge, Demonstrationsfahrten, Filmherstellung und Versuche. Der Rest von 35 – 45 Einheiten wird auf der Grundlage einer sorgfältigen

Auch wenn es statt Curbs nur Lübecker Hüte sind: Die Reminiszenzen an eine Rennstrecke sind sicher kein Zufall. Das Bild zeigt den ersten C 111 der zweiten Generation, aufgenommen im März 1970 auf der Einfahrbahn im Werk Untertürkheim.

Auslese ausgeliehen. [...] Denn die Persönlichkeiten, die dieses Fahrzeug fahren, machen die Meinung über diesen Wagen und damit auch über unsere Firma. Wenn der C 111 in falsche Hände gerät, ist der gesamte Nutzen für die Image-Entwicklung unseres Unternehmens vertan. Wir sollten das Image dieses Wagens hart lassen. Deshalb schlage ich vor, den Wagen an eine Elite von Renn- und Sportwagenfahrern für die Dauer eines Jahres auszuleihen. Zu dieser Gruppe könnte noch eine zweite Gruppe meinungsbildender Persön-

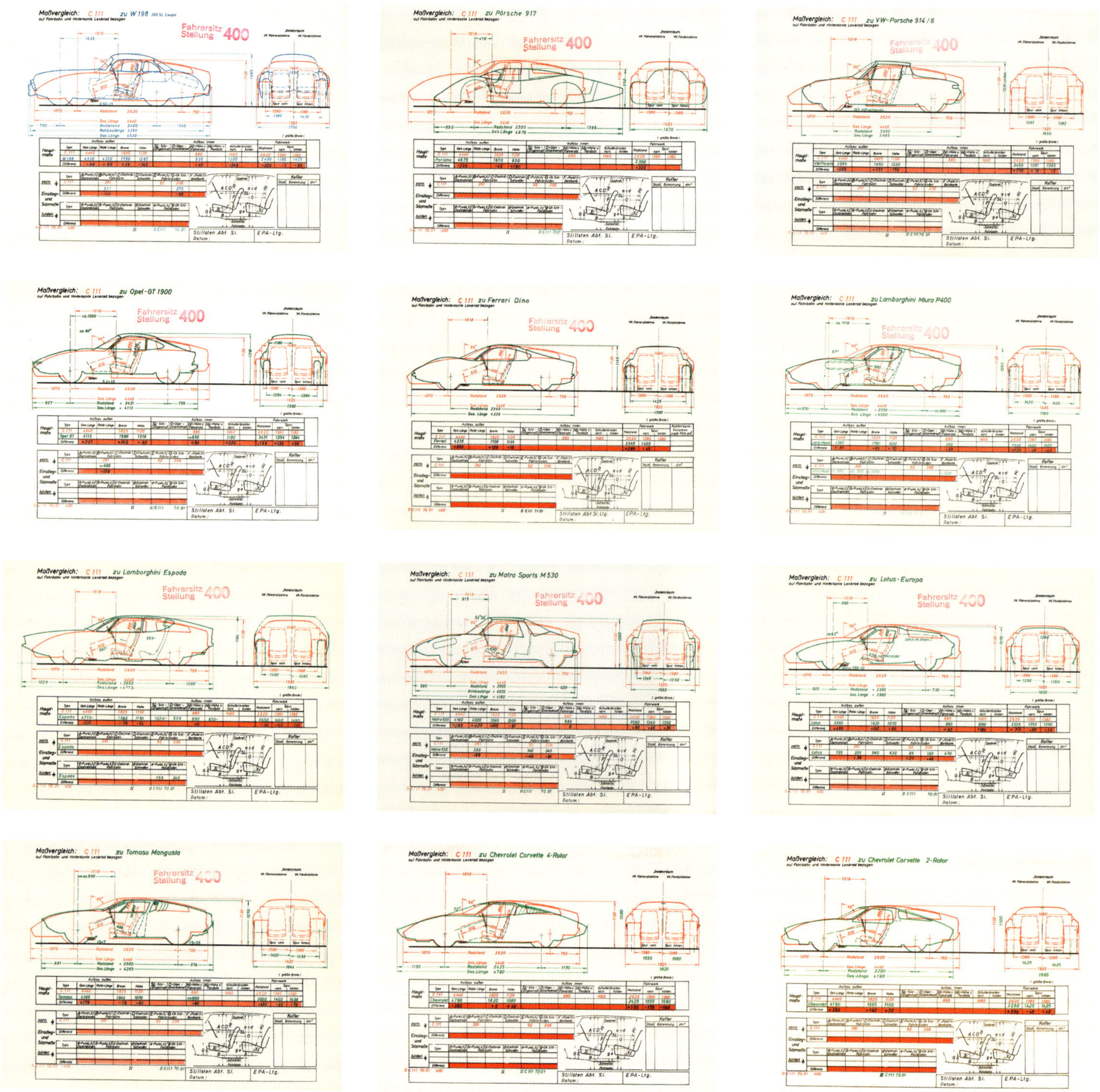

Nicht zuletzt die Maßvergleiche zwischen dem C 111 der zweiten Generation und zahlreichen Fahrzeugen des mehr oder weniger direkten Wettbewerbsumfelds machen deutlich, dass die Serienfertigung und Markteinführung des C 111 ernsthaft in Betracht gezogen wurden.

lichkeiten kommen, die aus dem Bereich moderner Technik rekrutiert werden sollten. [...] Diese Personengruppe sollte den C 111 als Testfahrzeug erhalten mit einem Büchlein, in das sie bestimmte Eintragungen machen muß. Diese Eintragungen und Fahreindrücke werden am Ende des Jahres ausgewertet und in einer großen Aktion der Öffentlichkeit dargestellt.«

Ungeachtet der im Unternehmen kontrovers diskutierten Überlegungen zur Zukunft des C 111 blieb der Pressetext, der am 6. März 1970 zur bevorstehenden Präsentation der zweiten Ausführung in Genf veröffentlicht wurde, beim Status quo. Damit dämpfte er erneut die hinsichtlich einer möglichen Serienproduktion hochgespannten Erwartungen von Fachwelt, Medien und Öffentlichkeit: »Die Auslegung des ›Versuchslabors C 111‹ als zweisitziger Sportwagen mit Mittelmotor ermöglicht es, im Fahrbetrieb extreme Beanspruchung von Karosserie und Aggregaten zu erreichen. Sinn der weiteren intensiven Arbeit am C 111 ist im Augenblick weder Serienproduktion noch Sporteinsatz, sondern die Beantwortung vieler offener technischer Fragen. Die Entwicklung an diesem Stück Zukunft geht weiter.«

In einem Interview mit dem Österreichischen Rundfunk, das er im Rahmen des Genfer Automobil-Salons gab, äußerte sich Entwicklungschef Scherenberg zum Entwicklungsstand und zur Zukunft des Wankelmotors bei Daimler-Benz und bekräftigte die im Pressetext beschriebene Position: »[...] Neun Jahre entwickeln wir nun an unserem Mercedes-Benz Wankelmotor und wir sind dabei, ihn eben in eine noch schärfere Erprobung zu geben und das Resultat wird dann eines Tages dazu führen, daß man Entschlüsse fassen muß. Diese Entschlüsse sind aber heute noch nicht gefaßt. [...] Die Möglichkeit, den Wankelmotor forciert zu erproben, ist natürlich im wesentlichen dann gegeben, wenn man einen Sportwagen dafür einsetzt. Aber dies ist nicht der alleinige Grund, weshalb wir diesen Sportwagen als »rollendes Labor«, nämlich als Versuchswagen gebaut haben. Nicht nur unser Wankelmotor sollte scharf auf der Straße erprobt werden mit all seinen vielen Vorteilen – die Nachteile sollten möglichst dabei verbessert und vermindert werden —, sondern es sind auch andere Fragen gewesen, die uns im Zusammenhang mit dem C 111 interessiert haben.«

Scherenberg nannte als Schwerpunkte die Kunststoffkarosserie, den Mittelmotor sowie Achskonstruktionen und schloss mit dem Satz »so haben wir also, wie gesagt, ein rollendes Labor für unsere Versuchsabteilung geschaffen, um eine Reihe von brennenden Entwicklungsfragen zu studieren.« Auf Nachfrage des Reporters bestätigte der Entwicklungschef, dass der Wagen käuflich nicht erhältlich ist, »denn ein rollendes Labor würden wir nicht verkaufen«, und die unvermeidliche Frage nach der Rennbeteiligung erhielt ebenfalls eine unzweideutige Antwort: »Nein, es ist nicht daran gedacht, etwa an Rennen teilzunehmen.«

Der ehemalige Rennfahrer Paul Frère – einer der wenigen Journalisten, denen Daimler-Benz das Steuer eines C 111 anvertraute – erhielt anlässlich der Pressevorführung im März 1970 die Gelegenheit, die neue Ausführung des Traumsportwagens im Renntempo zu bewegen, nachdem er im September und Oktober 1969 bereits die erste Version gefahren war. In seinem am 11. April 1970 in »auto, motor und sport« veröffentlichen Testbericht stellte er fest:

»Als ich aus der neuesten Version des Mercedes-Benz C 111 ausstieg, mit der ich 12 bis 15 schnelle Runden auf der kleinen Rundstrecke von Monthoux in der Nähe von Genf fuhr, war mein erster Gedanke: ›Er müßte doch jetzt C 112 oder C 222 heißen, denn vom Cockpit aus gesehen, hat er nur noch recht wenig mit seinem Vorgänger zu tun.‹ [...] Die Kunststoff-Karosserie ist nicht nur hinsichtlich der Sichtverhältnisse und des Kofferraums ganz wesentlich verbessert worden; sie ist auch in ihrer Linienführung unvergleichlich eleganter. [...] So interessant die erste Version des C 111 war: Das Interessante konnte über einige Unzulänglichkeiten nicht hinwegtäuschen.

Was vom Wagen vor der Windschutzscheibe lag, befand sich ganz außerhalb des Sichtfeldes. [...] Butter, Hautcreme und ähnliche Waren verwandelten sich im Kofferraum bald zu Öl, Milch und anderen Flüssigkeiten, und auf der Autobahn mußte man mit dem Schalten verdammt fleißig sein, wenn beim Beschleunigen unter 160 bis 180 km/h dicke Herren mit Zigarre in ihrer 6,3-Limousine einem nicht davon fahren sollten – alles recht peinlich, wenn man mit einem so auffallend sportlichen Auto daherkam! Das hat sich nun geändert – wenn es auch immer noch besser ist, im Koffer keine Butter mitzuführen. Aber heraussehen tut man aus dem neuen C 111 etwa wie aus einem Porsche Targa, und zum Beschleunigen ist das Drehmoment jetzt, auch wenn man ein bißchen schaltfaul ist, jederzeit ausreichend, um zumindest so zu beschleunigen, wie es die anderen Verkehrsteilnehmer von einem so rennerisch aussehenden Gefährt erwarten. [...]

Über die Zukunft dieses faszinierenden Projekts ist bei Daimler-Benz noch keine Entscheidung gefallen. Schnell und rassig wie er ist, wurde der C 111 ein luxuriös ausgestattetes und robust gebautes Auto, das immerhin 1260 kg wiegt. [...] Zum Einsatz in großen Sportwagenrennen müßte der C 111 gänzlich umkonstruiert werden. Und auch dann könnte er nach 1971 nicht mehr eingesetzt werden, weil 1972 Hubraumbeschränkungen eingeführt werden, die ihn ausschließen würden. Viel wahrscheinlicher ist, daß er einmal als ultraschneller GT-Wagen in Produktion geht. Die Vierscheibenvariante wäre heute nicht nur der komfortabelste und ruhigste, sondern auch der schnellste derartige Wagen: Die vom Werk angegebenen 300 km/h erscheinen bei der heutigen Leistung glaubwürdig.

Ich bin der festen Überzeugung, daß es für einen solchen Wagen in der Welt Tausende von Kunden gibt, für die der Preis gar keine Rolle spielt, wobei Hunderte den Wagen schon wegen der Novität sofort kaufen würden, ohne sich dabei die Gedanken des Daimler-Benz-Vorstandes zu machen, daß der Motor vielleicht doch noch nicht ganz dieselbe Lebensdauer hat wie ein entsprechender Hubkolbenmotor.

Daimler-Benz sollte diese Gelegenheit nicht verpassen und bedenken, daß es unklug wäre, dem C 111 neben dem nie eingesetzten Weltrekordwagen im Daimler-Benz-Museum ein Grab zu bereiten. Denn ein solches Ende würde wie das öffentliche Bekenntnis eines Fehlschritts aussehen. Und das ist der C 111 in seiner heutigen Form bestimmt nicht.«

Andere Zeitschriften und Magazine äußerten sich ähnlich positiv: Die »Bunte Illustrierte« schrieb im März 1970: »Das sensationellste Auto des Jahres.« In seinem 8-seitigen Beitrag über deutsche Autos, der unter dem Titel »The Germans Are Coming« in der Juni-Ausgabe des US-amerikanischen »Playboy« erschien und sich auch dem C 111 ausführlich widmete, ging Autor Ken W. Purdy noch einen Schritt weiter:

»[...] The C-111 is almost certain to be the sensation of at least the first half of the Seventies. [...] As this is written, Mercedes-Benz is performing its classic publicity blitz, making an experimental prototype two-seater the most photographed, most written-about automobile of the year [...]; the C-111 is a breakthrough vehicle of notable significance, indeed – an ultrahigh-performance automobile powered by the revolutionary Wankel engine. Even the announcement of its existence was instantly recognized all over the world as a bench mark in automobile history.«

(»[...] Der C 111 ist sicherlich die Sensation zumindest der ersten Hälfte der 70er Jahre. [...] Während dies geschrieben wird, vollzieht Mercedes-Benz seinen klassischen PR-Feldzug und macht seinen Experimentier-Prototyp zum meistfotografierten und meistbeschriebenen Automobil des Jahres [...]; der C 111 ist in der Tat ein automobiler Meilenstein von beachtlicher Bedeutung – ein Ultrahochleistungs-Automobil mit dem revolutionären Wankelmotor. Schon die Bekanntgabe seiner Existenz wurde in der ganzen Welt augenblicklich als ein Höhepunkt der Automobilgeschichte betrachtet.«)

Das Magazin »hobby« schloss seinen in der Ausgabe vom April 1970 veröffentlichten ausführlichen Artikel zum C 111 mit den Sätzen ab: »Wenn also der C 111 ein fahrendes Labor ist, dann meint es Daimler-Benz recht gut mit seinen Laboranten. Denn das ist eine ›Jet-Set-Ausrüstung‹, wie man sie in einem Ferrari oder Lamborghini keineswegs besser antrifft. Sollten also doch einige Auserwählte dieses Auto ausnahmsweise kaufen dürfen? Wir meinen ja, man munkelt von 500 Stück, aber das geben wir nur unter allen Vorbehalten weiter. Zwischen Wankel und Heck gibt es sogar einen Kofferraum, ein Indiz für ›ernste Absichten‹. Wir sehen auch nicht ein, warum die Mercedes-Leute dieses Auto für sich behalten sollten, der einzige Grund wäre vielleicht der, daß der Mercedes-Kundendienst noch nicht auf den Wankel ausgerichtet ist. Und darin ist man penibel, zumal man bei dem Preis mit Monteur im Flugzeug kulant sein müßte. [...]

Interessant ist, daß es einen solchen Mercedes (C 111) gibt und daß die älteste Autofabrik der Welt einen Riesenschritt in die Zukunft getan hat [...].«

Trotz der überaus positiven Einschätzung in der Presse und den Appellen an das Unternehmen, das Fahrzeug in Serie zu fertigen, gestaltete sich die Entscheidungsfindung weiterhin schwierig. In der Vorstandssitzung vom 14. April waren der Artikel von Frère und der in der gleichen Ausgabe veröffentlichte Bildbericht »Neue Autos 1970« sogar Gegenstand kontroverser Diskussionen: Rolf Staelin sah »in diesen Veröffentlichungen einen geschäftsschädigenden Vorgang« und vertrat die Ansicht, »daß die zugrundeliegenden Informationen nur unmittelbar aus unserem Haus stammen können.«

Der Unmut des Vertriebsvorstands bezog sich dabei aber wohl vor allem darauf, dass die Neuheitenvorschau eine zumindest halbwegs realitätsnahe Zeichnung des W 116 sowie Angaben zur Motorisierung einschließlich des 4,5-Liter-V8 enthielt. Schmidt und Scherenberg entgegneten, dass »die Abhängigkeit von dem zunehmenden Informationsbedürfnis der Öffentlichkeit auch für uns unvermeidlich« sei, wobei Schmidt es für bemerkenswert hielt, dass [im Artikel von Frère, d. Verf.] »der Vorstand unmittelbar angesprochen wird.«

Unabhängig von den Erörterungen im Vorstand erschien Mitte 1970 ein immerhin acht Seiten umfassender Prospekt über den C 111. Das ließ hoffen, auch wenn das Erscheinungsbild nicht recht zum hohen Perfektionsgrad und dem erwarteten Preissegment des Fahrzeugs zu passen schien. Beim Mercedes-Benz Händler suchte man diesen Prospekt vergebens, und den Haken entdeckte man erst beim zweiten und sehr genauen Hinschauen auf Seite 1 und Seite 8. Als Absender firmierte nämlich nicht die Daimler-Benz AG, sondern die Daimler-Benz Fahrzeug- und Motorenbau AG. Hierbei handelte es sich nicht um eine Tochtergesellschaft im üblichen Sinne, sondern um eine sogenannte Scheinfirma, die 1953 zu dem Zweck gegründet

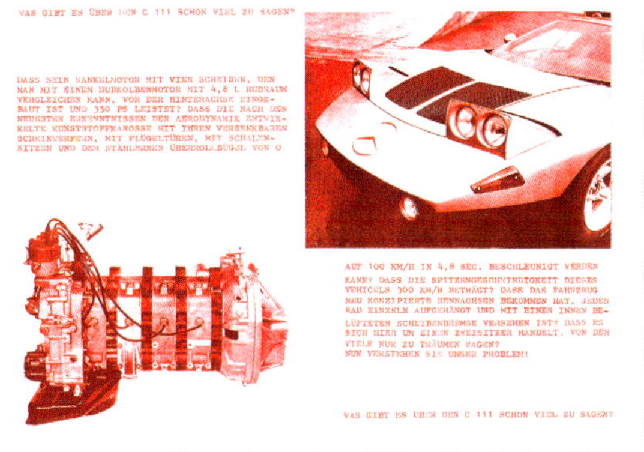

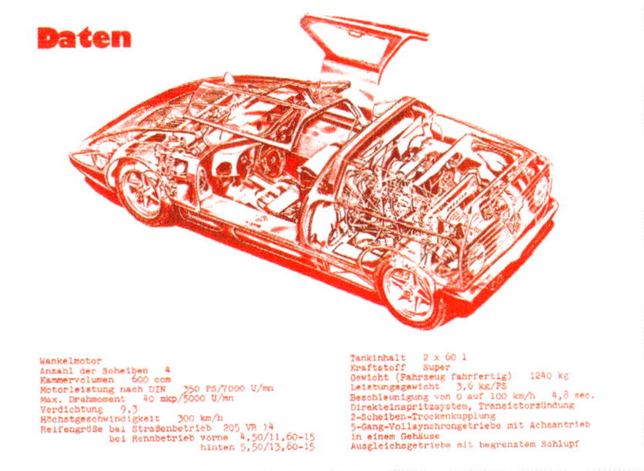

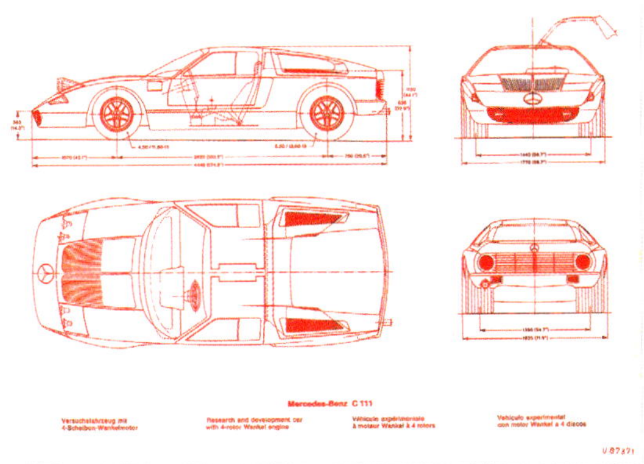

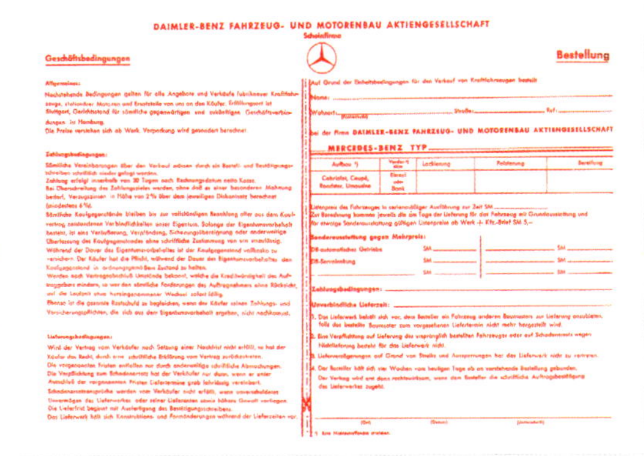

Auch wenn das Erscheinungsbild des Prospekts nicht ganz zur Positionierung des Fahrzeugs passte: Mancher Interessent wäre sicherlich entzückt gewesen, wenn er das Bestellformular auf Seite 8 hätte ausfüllen dürfen – selbst wenn es nur für die ckd-Version gereicht hätte …

worden war, den kaufmännischen Auszubildenden (damals noch Lehrlinge genannt) der Daimler-Benz AG die Geschäftsvorgänge einer Aktiengesellschaft durch eigenes Erleben nahezubringen. Die Scheinfirmenmitarbeiter erwiesen sich als sehr engagiert und kreativ: Sie ließen sich nicht nur – wie viele andere Mitarbeiter der »echten« Daimler-Benz AG – von dem zukunftsträchtigen Traumsportwagen faszinieren, sie hatten auch weniger Skrupel als der Daimler-Benz Vorstand und nahmen den C 111 in ihr Produktionsprogramm. Mehr noch: Um das Fahrzeug zu einem Preis anbieten zu können, der – wie der Geschäftsbericht 1970 vermeldet – »auch für junge Scheinfirmenmitarbeiter interessant ist«, ergänzte eine ckd-Version des C 111 das Angebot. Im Geschäftsbericht von 1970 war dazu zu lesen: »Bei diesem Modell [...] haben wir den Wünschen derjenigen unserer Kunden Rechnung getragen, die aufgrund ihrer handwerklichen Fertigkeiten in der Lage sind, ihren Wagen selbst zu montieren. [...] Der Kit, der aus separat verpackten, einbaufertigen Aggregaten besteht, ist mit der herkömmlichen Version vollkommen identisch, mit Ausnahme einiger Verbindungselemente, die aus Gründen der Vereinfachung der Montage abgeändert wurden. Dadurch konnte die gesamte Montagezeit für einen versierten Monteur auf 150 Arbeitsstunden reduziert werden.«

Auf der Titelseite ihres Geschäftsberichts 1970 demonstrierte die Daimler-Benz Fahrzeug- und Motorenbau AG sehr deutlich die Rolle des C 111 in ihrem Modellprogramm.

Detailanalyse: Entscheidungsvorlage zur Zukunft des C 101

Zurück zur Realität der Daimler-Benz AG: In der Zwischenzeit nahm das »Konzept [...] zu weiteren Überlegungen hinsichtlich des C 111«, das Scherenberg in der Vorstandssitzung am 22. Oktober 1969 angekündigt hatte, allmählich Gestalt an. Unter der Leitung von Karl-Wilhelm Müller entstand eine sehr detaillierte Ausarbeitung mit dem Titel »C 101 – Vorbereitung einer Vorstandsvorlage über die weitere Behandlung des Projekts«. Das Papier enthielt eine ausführliche technische Beschreibung des Fahrzeugs und widmete sich den Kosten, der Terminsituation, dem Entwicklungsstand, der Entwicklungskapazität, dem Echo auf dem Automobilsalon Genf 1970 sowie Vertriebs- und Imagefragen.

Bezüglich der Kosten floss die zweite Kostenschätzung ein, die die betriebswirtschaftliche Abteilung auf Basis der neu eingereichten Angaben der Werke fertiggestellt und mit Datum vom 5. März an die Vorstandsmitglieder Zahn, Langheck, Scherenberg und Schleyer sowie die Leiter der Bereiche Finanzen, Erzeugnisplanung und Entwicklung Pkw adressiert hatte. Die Ausarbeitung nannte pro Fahrzeug geschätzte Selbstkosten von 103.500,– DM bei einer Gesamtauflage von 500 Stück, von 78.000,– DM bei 1000 Einheiten und von 65.600,– DM bei 2000 Fahrzeugen. Darin enthalten waren [bisher angefallene sowie zu erwartende, d. Verf.] Entwicklungskosten von insgesamt 13,2 Mio. DM und Werkzeugkosten in Höhe von 4,8 bis 4,9 Mio. DM.

In der Zusammenfassung verwies K.-W. Müller auf das erklärte Ziel der Vorstandsvorlage: dass sie »die Kriterien zusammenstellt, die aus Entwicklungssicht für die Zukunft des C 101 maßgebend sind.« Gleich der erste Satz barg Zündstoff: »Abgesehen von Markt- und Imagefragen kann die Serienreifmachung des C 101 wegen der bekannten Überlastung des Entwicklungsbereiches durch die Großserientypen nicht empfohlen werden.« Der Rest des Fazits war nicht weniger ernüchternd: »Selbst die Anfertigung einer Art ›0-Serie‹ in Höhe von 50 Stück zur teilweisen Kundenerprobung erfordert eine Dauererprobung auf breiterer Basis zunächst im eigenen Hause. Die Entwicklung ist in absehbarer Zeit nicht in der Lage, die zur Serienreifmachung erforderlichen zusätzlichen Fahrzeuge (+6) zu erstellen und zu betreiben, ganz zu schweigen von einem Engagement bei der Fertigung der 50 Stück. Diese Situation steht bedauerlicherweise in Gegensatz zum Echo des C 101 in der Öffentlichkeit, insbesondere auf dem Automobilsalon in Genf.«

Neben der bereits beschriebenen Kostenthematik enthielt die Zusammenfassung Kernaussagen zu wichtigen Punkten, die im Folgenden wörtlich wiedergegeben sind:

2.) Möglicher Serienanlauf
Unter der Voraussetzung ausreichender Entwicklungskapazität wäre vom zeitlichen Entwicklungsablauf her ein Serienanlauf frühestens in der 1. Hälfte 1972 möglich (Gesamtauflage 50 Stück Februar 1972, 2000 Stück Juli 1972). Ein früherer Anlauf ist auch aus Gründen der Kapazität für Serienvorbereitung in Sifi [Sindelfingen, d. Verf.] nicht möglich.

3.) Entwicklungsstand
Gesamtfahrzeug:
Es fehlt Dauererprobung in Straßen- und Schlechtwegversuchen auf breiterer Basis. Für eine solide Serienreifmachung müßten über die 3 gefertigten bzw. in Anfertigung befindlichen Fahrzeuge der 2. Version (Genf) hinaus weitere 6 Prototypwagen erstellt werden. Unfallversuche, wie sie für eine Lieferung in die USA nachzuweisen wären, sind noch nicht durchgeführt.
Motor:
Bestimmend ist der Dichtleistenverschleiß. Zum frühestmöglichen Serienanlauf 1972 dürfte der Motor einen Stand erreicht haben, der eine Dauerhaltbarkeit im Straßeneinsatz durch den Kunden über mindestens 50.000 km gewährleistet.

4.) Entwicklungskapazität
Hauptengpaß sind Konstruktion und Versuch Sifi. Die Anfertigung der 3 Wagen 2. Version für Genf brachte Verzögerungen bei R 107 und W 116-Prototypen.
Im Falle der Serienreifmachung des C 101 müßte mit weiteren Terminverschiebungen bei
W 116 um 3 Monate
W 123 um 4–6 Monate
gerechnet werden.
Ebenfalls sind Kapazitätsengpässe bei der Serienreifmachung in den Bereichen EK1, V1A, V1EL [Pkw-Konstruktion, Aggregate-Versuch, Versuch Elektrische Anlagen, d. Verf.] zu erwarten.
[Anmerkung: Dieser Einschätzung liegen noch aufzuwendende Entwicklungskapazitäten von 41.000 Stunden für die Konstruktion in Untertürheim, 30.000 Stunden für die Karosseriekonstruktion in Sindelfingen und 52.000 Stunden für den Karosserieversuch Sindelfingen zugrunde, d. Verf.]

5.) Fragen der Serienfertigung
Umfang Sifi

bis 500 Fahrzeuge	Arbeitsteilung Werk Sifi und Rastatt möglich	
	Aufbaugerippe	W. Sifi
	Außenhaut einschl. Türen, Klappen, Sitzschalen	Rastatt
	Lackierung und Endmontage	W. Sifi
mehr als 500 Wagen	gesamte Fertigung einschl. Außenhaut im	W. Sifi

Umfang Ut [Untertürkheim, d. Verf.]
Motor kann z.Zt. bis max. 15 Motoren/Monat gefertigt werden (Größenordnung 500 Gesamtauflage). Darüber hinaus Kapazitätsaufstockung erforderlich.
Getriebe-Achsantrieb (Handschaltgetriebe) Anfertigung bei Fa. ZF.
Vorder- und Hinterachsen in Kleinserie im W 10 (soweit nicht mit W 116 verblockt).
Lenkung (W 115 mit geänderter Übersetzung) W. Düsseldorf

6.) Echo auf dem Automobilsalon in Genf 1970
Der C 101 wird von den Publikationsorganen, die als Stimme der Öffentlichkeit gelten können, in seiner heutigen Form praktisch ausnahmslos anerkannt. Positiv beurteilt werden vor allem Gesamteindruck, Sicht, Raum, Wankel-Vorteile, Bremsen, Komfort, Handlichkeit, Fahrleistung. Der Wagen wird als 300 SL-Nachfolger klassifiziert und eine bevorstehende Serienfertigung als selbstverständlich angenommen. Eine Einstellung der C 101-Entwicklung hieße, einen Fehler zugeben. Eine Entscheidung müsse bei DB bald gefällt werden.

Wie K.-W. Müller am 17. April in einer Mitteilung an Hans Scherenberg formulierte, war »Herr Uhlenhaut [...] mit der in der Zusammenfassung formulierten Empfehlung als Schlußfolgerung nicht einverstanden und möchte daher auch nicht unterzeichnen. Nach seiner Ansicht könne der C 101 zur Serienreife entwickelt werden, indem man einen gewissen Umfang der Arbeiten einer Fremdfirma übergibt und damit die Entwicklungskapazität im Hause unbehelligt bleibt.« Diesen Outsourcing-Vorschlag fand Müller nur bedingt zielführend: »Wir können uns dieser Ansicht nicht voll anschließen, da u.E. selbst bei Auswärtsvergabe die Federführung und damit ein nicht unbedeutendes Engagement an Kapazität insbesondere auch im Bereich der Fahrgestell- und Fahrwerkskonstruktion unvermeidlich ist.«

Die Vorstandsvorlage wurde ihrer Bezeichnung erst einmal nicht gerecht, da der Vorstand sich zunächst nicht weiter mit der Zukunft des C 101 befasste, sondern festlegte, dass die Pkw-Kommission das weitere Vorgehen erörtern sollte. In ihrer Sitzung 6/70, die wegen einer Vielzahl an Tagesordnungspunkten in zwei Abschnitten am 30. April und 5. Mai abgehalten wurde, widmete die Kommission dem C 101 eine sehr eingehende Betrachtung, die hier wegen der kontroversen Diskussion und der interessanten Einblicke ausführlich wiedergegeben wird. Dr. Hans Lorscheidt, Leiter der Erzeugnisplanung, vertrat einleitend die Ansicht, dass »die Erörterung des C 101 [...] völlig frei und unbeeinflußt von den [...] Veröffentlichungen erfolgen« müsse und »daß es unserem Haus gelingen wird, jede Entscheidung über die weitere Behandlung des C 101 und des Wankelmotors durch entsprechende Verlautbarungen unseres Hauses der Öffentlichkeit so darzustellen, daß unserem Haus keinerlei Schaden entsteht.«

Uhlenhaut führte aus, »daß der Pkw-Entwicklungsbereich sich grundsätzlich mit sehr schnellen Fahrzeugen beschäftigen müsse, und zwar aus Gründen der allgemeinen Forschung, der allgemeinen Entwicklung von Gesamt-Fahrzeugen und zur Entwicklung und Erprobung kommender Einzel-Aggregate, gleichgültig, ob die hierfür geschaffenen Prototypen später in Serie gehen oder nicht. Wenn nun die Serienproduktion eines entwickelten Prototyps vom Pkw-Entwicklungsbereich vorgeschlagen wird, [...] so könne man unterstellen, daß die Serienausführung eine ausreichende Lebensdauer erzielen wird.«

In der Kommission herrschte Übereinstimmung, »daß der Entwicklungsbereich für seine Grundsatzarbeiten [...] den entsprechenden Spielraum haben muß«, es wurde jedoch zugleich betont, »daß es sehr problematisch sein kann, wenn Veröffentlichungen, die vom Entwicklungsbereich ausgehen, nicht mit anderen Ressorts abgestimmt werden.« Lorscheidt äußerte die Einschätzung, »daß der Wankelmotor nicht nur eine interessante technische Entwicklung, sondern auch ein Spekulations- und Publikationsobjekt hohen Grades sei« und bezweifelte, »daß der 4-Scheiben-Wankelmotor ein Antriebs-Aggregat werden kann, das den Ansprüchen der DBAG an Qualität und Dauerhaltbarkeit genügt.«

Uhlenhaut erklärte, »daß der Wankelmotor im C 101, wenn er an Kunden verkauft werden sollte, 100.000 km ohne Motorentausch halten müsse. [...] Für alle wesentlichen Probleme seien entscheidende Verbesserungen gefunden worden. Der Verschleiß [...] könne bei neuentwickelten sehr harten Dichtleisten [...] auf 1/10 reduziert werden.« Auch bezüglich der Abgasreinigung sah er keine Schwierigkeiten, »wenn der Wankelmotor mit Nachbrennern ausgerüstet wird, die [...] für die USA-Abgasvorschriften ab 1975 auch für Hubkolbenmotoren erforderlich« sein würden. Infolge der höheren Abgastemperaturen habe der Wankelmotor hier sogar Vorteile – ebenso wie bei den Anforderungen an die Oktanzahl der Brennstoffe. Als bisher ungelöstes Problem nannte er die Geruchsbelästigung durch den Wankelmotor.

Zu den Einsatzmöglichkeiten im Motorsport wurde festgestellt, »daß der C 101 für die Teilnahme an Läufen der Rennsportwagen-Marken-Weltmeisterschaft, wie z. B. SEBRING, LE MANS usw. nicht geeignet ist. Denkbar wäre der Einsatz mit Privatfahrern bei Rallyes und GT-Rundstecken-Rennen, an denen keine Konkurrenzfahrzeuge mit Werksfahrern teilnehmen.« Die Vertreter des Vertriebs lehnten es »ganz eindeutig ab, daß der C 101 in kleinster Stückzahl, Gesamtauflage ca. 50 Wagen, hergestellt wird, gleichgültig, ob diese 50 Wagen an Außenstehende als Amateur-Versuchsleute der DBAG abgegeben werden, oder an exclusive Kunden verkauft werden.« Sie stellten fest, dass »der Einsatz von Außenstehenden als ›Amateur-Versuchsleute der DBAG‹ [...] nicht dem Stil des Hauses« entspräche. »Der Verkauf von nur rund 50 Fahrzeugen an exclusivste Kunden würde Tausende anderer Kunden verprellen und nur negative Folgen haben.«

Helmut Schmidt, Leiter der Marktforschung und Absatzplanung, äußerte sich zur Frage, den C 101 in größerer Stückzahl zu produzieren, und stellte fest, daß »ein sehr schnelles Reisefahrzeug mit Komfort [...] für den Vertrieb natürlich interessant« sei und »die Gesamtauflage des 300 SL erreichen könne (ca. 3.000 Fahrzeuge).« Eine Zustimmung zur Serienproduktion des C 101 sei jedoch an eine Reihe von Forderungen geknüpft. Diese sind hier wörtlich wiedergegeben:

1. Der C 101 muß den üblichen Ansprüchen, die unser Haus an die Qualität und Dauerhaltbarkeit unserer Pkw stellt, absolut sicher entsprechen, d. h. für den C 101 muß eine Dauerhaltbarkeit ohne Motortausch von 100.000 km garantiert werden.
2. Eine Serienproduktion des C 101 kommt nur infrage, wenn der Wankelmotor absolut sicher auch in andere Fahrzeuge unseres zukünftigen Programms eingebaut wird.
3. Durch die Arbeiten für die Serienreifmachung des C 101 dürfen die Projekte W/V 116 und W 123 keinerlei spürbare Verzögerung erfahren.
4. Da über den C 101 schon zahlreiche Publikationen erschienen sind, müßte eine Serienproduktion relativ schnell erfolgen. Bei einem Verkauf z. B. erst 1973 könnte der C 101 doch für den Vertrieb unter Umständen schon überholt sein.

Nach diesen an sich nachvollziehbaren Forderungen, die in ihrer Kombination die Messlatte jedoch sehr hoch legten und beinahe der sprichwörtlichen Quadratur des Kreises entsprachen, stellte Schmidt eine mit Rolf Staelin abgestimmte offizielle Stellungnahme des Vertriebs in Aussicht, die seiner Ansicht nach die von ihm genannten Prämissen beinhalten würde.

Die Vertreter der Technischen Werkleitung nannten weitere Herausforderungen aus ihren Verantwortungsbereichen: Werner Fetzer, Leiter der Arbeitsvorbereitung in Sindelfingen, erwartete, »wenn ein Serienanlauf im 4. Quartal erreicht werden soll, [...] eine weitere Terminverzögerung für den W 116 um 3 Monate und für den W 123 um 4 Monate«. Hermann Haug von der Werkleitung in Untertürkheim gab zu bedenken, dass »für die Produktion einer größeren Stückzahl der erforderlichen Aggregate des C 101 bisher weder Mittel noch Räumlichkeiten vorgesehen sind.« Uhlenhaut schloss sich der allgemeinen Auffassung an, dass Terminverschiebungen für die Neuanläufe auf keinen Fall in Frage kämen und wiederholte seine schon von K.-W. Müller protokollierte Ansicht, »daß die Entwicklungsarbeit, die nötig ist, um den C 101 für eine größere Gesamtauflage serienreif zu machen, an Fremdfirmen gegeben werde könne.« Lorscheidt erwiderte, dass dies dann »in der Abwicklung ein Organisationsproblem des Entwicklungsbereichs« sei.

Uhlenhaut vertrat die Ansicht, »daß die DBAG ein kalkuliertes Risiko eingehen sollte, indem sie sich sofort zu einer Serienproduktion des C 101 entscheidet, um einen frühestmöglichen Serienanlauftermin zu erreichen« und verwies darauf, »daß auch andere Firmen kalkulierte Risiken eingingen, z. B. Boeing 747«. Lorscheidt hielt dem entgegen, »daß der C 101 für DB vom bisherigen Programm abweichender und nicht so lebensnotwendig ist wie der Jumbo Jet 747 für Boeing« und stellte fest, er könne »sich nicht vorstellen, daß der Vorstand einer Serienproduktion zustimmt, wenn nicht für ein entsprechendes Erzeugnis-Programm klare terminliche Garantien des Entwicklungsbereichs abgegeben werden, die aussagen, zu welchem Zeitpunkt der 4-Scheiben-Wankelmotor die übereinstimmend geforderte Laufstrecke von 100.000 km erreicht.« In diesem Zusammenhang zitierte er aus einer Ausarbeitung des Entwicklungsbereichs die längsten bis zu diesem Zeitpunkt erreichten Einzelstrecken, die für den 3-Scheiben-Wankelmotor bei 5.873 km und für die 4-Scheiben-Variante bei 2.162 km lagen.

Schließlich wurde der Beschluss gefasst, die Behandlung des Themas in der nächsten Kommissionssitzung fortzusetzen. Helmut Schmidt wurde gebeten, »dafür besorgt zu sein, daß bis zu diesem Zeitpunkt die Stellungnahme des Vertriebs vorliegt.« Danach erfolge die Erarbeitung einer Empfehlung an den Vorstand.

In der Kommissionssitzung am 16. Juni 1970 wurde die »Diskussion über das weitere Vorgehen bezüglich C 101« fortgeführt. Es ging nun allerdings nicht mehr um konkrete inhaltliche Themen, die ja auch zuvor in großer Detailtiefe erörtert worden waren. Vielmehr wurde die Feststellung getroffen, daß »zur weiteren Behandlung der Punkte C 101 und Wankelmotor in der Pkw-Kommission« zwei Ausarbeitungen nötig sind: die angekündigte Abhandlung des Vertriebs zum C 101 und die »Stellungnahme des Entwicklungsbereiches zur Dauerhaltbarkeit der Varianten des Wankelmotors (wann erreicht welcher Wankelmotor welche Dauerlaufstrecke?)«. Helmut Schmidt kündigte an, »daß eine Ausarbeitung und Stellungnahme des Vertriebs zum C 101 in nächster Zeit von Herrn Staelin im Vorstand vorgetragen wird.« Die Kommissionsmitglieder vertraten die Auffassung, »daß sowohl über den C 101 als auch über den Wankel-Motor von seiten unseres Hauses keine weiteren Veröffentlichungen gemacht werden sollten, solange nicht über das weitere Vorgehen bezügl. C 101 und Wankelmotor Klarheit herrscht.«

Imageprägend: der C 111 als Markenbotschafter

Diese Äußerung sorgte in der Folgezeit für Irritation und führte zwischen den Fachbereichen zu Diskussionen. In einer vom 2. Juli datierenden Mitteilung an seine Vorstandskollegen und die Kommissionsmitglieder stellte Heinz Schmidt klar, dass in der Frage weiterer Veröffentlichungen über den C 111 »die Stellungnahme des dafür zuständigen Ressorts für Öffentlichkeitsarbeit wohl in erster Linie zugezogen werden« müsse und kündigte zudem an, dass zum C 111 »ebenfalls eine Ausarbeitung meines Ressorts vorgelegt werden wird.« Friedrich van Winsen, der als Stellvertreter von Rudolf Uhlenhaut an der Kommissionssitzung vom 16. Juni teilgenommen hatte, sah sich veranlasst, die von Heinz Schmidt monierte Aussage näher zu erläutern: »Bei dem Kommissions-Gespräch über diesen Punkt stand die Auffassung des Vertriebs im Vordergrund, dass über den Wankel-Motor nicht mehr nach außen hin gesprochen werden soll, so lange ein Serieneinsatz nicht beschlossen ist. Diese Auffassung deckt sich mit der Anweisung, die die Herren des Entwicklungsbereichs verpflichtete, über den Wankel-Motor keine weiteren Vorträge oder Veröffentlichungen zu tätigen.
Ich glaube die allgemeine Ansicht der Herren der Entwicklung zu vertreten, wenn ich den C 111 primär als einen schnellen GT moderner Prägung sehe, wobei eher Gesamtkonzeption als speziell das Triebwerk im Vordergrund steht. Diese Ansicht habe ich auch in der erwähnten Kommissionssitzung geäussert.

Die Herren des Vertriebs jedoch waren einmütig der Ansicht, dass der C 111 von unseren Kunden primär als WANKEL-Auto gesehen wird. Inwieweit dies stimmt, kann ich nicht beurteilen; sollte es aber zutreffen, so wäre ein Zurückhalten mit Veröffentlichungen über den C 111 die Konsequenz aus dem anfangs dargelegten Wankel-Schweigegebot.«

Unabhängig von den Aktivitäten der Pkw-Kommission, den dort getroffenen Äußerungen und den sich anschließenden Diskussionen hatten sich im Mai und Juni einzelne unternehmensinterne Protagonisten zur Bedeutung des C 111 für das Image von Daimler-Benz zu Wort gemeldet. Am 6. Mai verwies Heinz Schmidt in einer Mitteilung an seine Vorstandskollegen auf einen Artikel von Reinhard Seiffert, der unter dem Titel »Der Kampf ums Image« in »auto, motor und sport« veröffentlicht wurde und im Kern eine vergleichende Bewertung der deutschen Automarken unter Imagegesichtspunkten darstellte. Unter der Headline »Mercedes-Benz: Generationenproblem« schrieb Seiffert: »Kein Image der Welt scheint so unantastbar zu sein wie das Mythos vom Stern. Es erreichte seinen Höhepunkt im 600: Nie zuvor wurde in einem Auto so viel einsame technische Spitzenklasse dokumentiert. [...] Aber werden die Menschen auch in zehn Jahren noch dem Ideal der Wohlsituiertheit huldigen, das durch einen Mercedes zum Ausdruck gebracht wird? [...] Daimler-Benz kann der Gefahr, auf dem eigenen Ruhm sitzenzubleiben, nur durch den Mut zum Neuen begegnen. Und hat das mit dem C 111 bereits getan. Für das Mercedes-Image von heute wird der C 111 zwar nicht gebraucht. Für das Image von morgen ist er aber zweifellos wichtiger als Stern und Wabenkühler, die langlebigen, aber nicht unvergänglichen Symbole einer automobiltechnischen Weltanschauung.« Heinz Schmidt bemerkt dazu: »Aus dieser Gegenüberstellung ergibt sich – besonders bemerkenswert für uns – die bedeutsame Rolle, die der C 111 für das Image spielt. [...] Ich möchte diese, von sehr fachkundiger Seite getroffene Feststellung nachdrücklich Ihrer Aufmerksamkeit empfehlen, weil ich glaube, daß sie für die richtige Bewertung des C 111 von Bedeutung ist.«

Ganz anders liest sich die Einschätzung, die Karl Wilfert am 25. Mai 1970 in einem Brief an Dr. Hans Scherenberg formulierte. Nach erneuten Betrachtungen zur Entwicklungskapazität, für die er einen Stundenbedarf von mindestens 20.000 Stunden ansetzte, konstatierte Wilfert, dass die Fertigung der zunächst im Raum stehenden 50 Fahrzeuge in Abstimmung mit der Sindelfinger Werkleitung auf der Fertigungslinie des Mercedes-Benz 600 (W 100) erfolgen könnte. Insgesamt war seine Bewertung jedoch von Skepsis geprägt: Der C 111 habe zwar »großes Interesse [...] gefunden«, würde aber »kaum zur Hebung des sportlichen Images und zur Beseitigung unseres negativen Images, nämlich daß wir eine schwerfällige Firma seien, beitragen« können. Zudem befürchtete er, dass man – »wenn der

Der Kampf ums Image

In seiner Ausgabe vom 6. Mai 1970 widmete »auto, motor und sport« dem Image der deutschen Automobilmarken einen Artikel des stellvertretenden Chefredakteurs Reinhard Seiffert.

C 111 zu einem hohen Preis, der die Unkosten noch einigermaßen deckt, verkauft wird« – in Anbetracht der zu erwartenden hohen Ansprüche der Kunden »sehr viel an Kapazität bester Ingenieure und Monteure aufwenden« müsse, »denn Reklamationen werden nicht ausbleiben.«

Wilferts Fazit ließ an Klarheit nichts zu wünschen übrig: »Ich glaube deshalb, daß man diesen Typ nicht in Serie, auch nicht in Kleinserie bauen sollte. Man könnte eventuell bekanntgeben, daß weiterentwickelt wird, zum Beispiel an einem besonderen Kunststoff-Unterbau und daß bisher wichtige Erkenntnisse gewonnen wurden, aber an einen Verkauf nicht gedacht sei.

Der C 111 ist kein Rennsportwagen und in Anbetracht der sicher kommenden Geschwindigkeitsbeschränkung können seine extremen Fahreigenschaften kaum ausgenutzt werden; ferner ist er als Straßenfahrzeug doch recht unbequem (es würde sich dann um ein vergleichsweise unpraktisches Fahrzeug handeln).

Die Zeit für derartige Fahrzeuge ist m. E. vorbei; man hätte sie vor einigen Jahren mit der Einbaumöglichkeit auch eines Kolbenmotors bauen sollen.

Der C 111 ist in seiner Konzeption alles andere als eine Studie für einen Sicherheitswagen, aber gerade die Tendenz zum Sicherheitswagen [...] steht im Gegensatz zur Propagierung eines solchen Sportwagens.

Ein drittesmal den Typ C 111 in einer weiteren Version der Öffentlichkeit vorzustellen, birgt die Gefahr negativer Kritik in sich, die gelegentlich schon jetzt geäussert wird.«

Die von Wilfert erwähnte »Einbaumöglichkeit auch eines Kolbenmotors« hatte man von Beginn an bereits mehrfach diskutiert. Wenige Tage, bevor Wilfert seine Einschätzung an den Entwicklungschef formulierte, hatte Joachim Zahn die betriebswirtschaftliche Abteilung mit einer Kostenschätzung für den C 111 mit 4,5-Liter-Hubkolbenmotor beauftragt. Das Ergebnis auf Basis der vom Werk Untertürkheim eingereichten Zahlen lag für 500 Fahrzeuge bei einem Stückpreis von 96.500 DM, für 1000 Fahrzeuge bei 71.000 DM und für 2000 Fahrzeuge bei 58.600 DM. Die geschätzten Selbstkosten lagen somit rund 7000 DM unter der Variante mit 4-Scheiben-Wankelmotor. Letztere hatte sich inzwischen um 1000 DM verteuert und lag damit bei 104.500 DM, 79.000 DM bzw. 66.600 DM.

Nach den Einschätzungen zur Bedeutung und zur Zukunft des C 111, die Heinz Schmidt und Karl Wilfert Anfang bzw. Ende Mai abgegeben hatten, meldete sich Horst Wendt mit einer zehnseitigen, sehr detaillierten Analyse, die er am 26. Juni an seinen Chef Heinz Schmidt adressierte. In der Einleitung skizzierte er die Zielsetzung und die daraus abgeleiteten Fragen:
»Die Diskussion in unserem Haus über den C 111 hält an. Die folgenden Fakten und Überlegungen sollen einen Beitrag zu dieser Diskussion leisten und damit auch zur Beantwortung der Frage, welchen Nutzen und welche Zukunft der C 111 haben kann.
Der Beitrag gliedert sich in die drei Fragen:
1. Wie bekannt ist heute der C 111 in der Öffentlichkeit?
2. Welche Wirkung hat der C 111 auf die Marke Mercedes-Benz?
3. Wie kann es mit dem C 111 weitergehen?«
Zur ersten Frage stellte Wendt fest: »Es ist eine Tatsache, daß der C 111 als eine Mercedes-Benz-Entwicklung heute mehreren hundert Millionen Menschen rund um die Erde bekannt und ein Begriff ist. Hunderte von Pressemeldungen und Artikeln über den C 111 sind erschienen.« Er ging auf besonders prägnante Aussagen der Artikel ein und verwies auf eine Untersuchung, die die Frankfurter Werbeagentur HOM (Heumann, Ogilvy und Mather) im Mai 1970 durchgeführt hatte; danach war der C 111 78 von 100 befragten Männern bekannt.

Zur zweiten Frage führte der Leiter der Werbezentrale aus:
»In der Diskussion wird die Meinung vertreten, das große Interesse am C 111 würde die Blicke und Wünsche des Publikums so stark vom Verkaufsprogramm ablenken, daß der Endeffekt negativ sein könnte. Der Aufmerksamkeitseffekt des C 111 ist nicht zu leugnen und ein Beweis für offenbar großen Nachholbedarf auf diesem Gebiet. Die Ablenkungstheorie hingegen ist unbewiesen. Es widerspricht der Logik, daß ein Interessent deshalb keinen Mercedes-Benz kaufen sollte, weil wir im C 111 neue Ideen verwirklicht haben. Der Bau und die Veröffentlichung des C 111 waren unternehmerische Entscheidungen. Seit diese Entscheidungen gefallen sind, gelten die Gesetze der Psychologie und des Marktes auch für dieses Objekt und machen einen Teil der Pro- und Contra-Argumentationen zu reinen Spekulationen.«

Bezüglich der Tatsachen zitierte Wendt erneut Pressestimmen sowie die bereits erwähnte Untersuchung von HOM, deren Ergebnisse hier im Detail wiedergegeben sind:
»Auf die Frage ›Welchen Zweck hat Ihrer Meinung nach der C 111, weshalb hat Mercedes diesen Wagen wohl entwickelt?‹ nannten immerhin 41 Versuchspersonen (von 100) den Begriff ›Versuchswagen‹. Auf ›Technische Neuerungen – Material – Motor – Form – Prüfungen‹ entfielen weitere 13 Nennungen; auf ›Zukunftsprojekt‹ nur 6 Nennungen.

Interessant sind noch die Antworten auf die Frage: ›Was meinen Sie, welche Bedeutung hat der C 111 für die Entwicklung der anderen Wagen von Mercedes?‹ Auf ›Neue Motoren entwickeln, Karosserien, Fahrgestell, Sicherheit, Sportlichkeit, technische Neuentwicklungen und anderes (wie Komfort etc.)‹ entfielen 61 Nennungen. Auf ›Wankelmotor testen‹ entfielen 36 Nennungen.«

Wendt fuhr fort: »Diese und andere Tatsachen sagen uns, daß der C 111 heute in kaum einem einzigen Fall mehr mißverstanden wird. Diese Feststellung erlaubt uns, jetzt nach den effektiven Wirkungen des C 111 auf unser »Image«, auf die Meinung über die Marke Mercedes-Benz zu fragen.« Wendt zitierte die überaus positiven Kernaussagen, die die »Bunte Illustrierte« und der »Playboy« in den bereits erwähnten Artikeln veröffentlicht hatten und setzte sie in den Gesamtzusammenhang: »Solche Äußerungen sollten nicht überbewertet werden. Sicher aber ist, daß unser Markenbild durch diese Veröffentlichungen dynamisiert wird, was uns nicht unlieb sein kann. Aber selbst, wenn uns die Öffentlichkeit wieder aktiver und näher an der Fortschrittslinie sieht, so sind wir doch dort weder allein noch erster. [...] Natürlich kann man mit den Komponenten ›Fortschritt‹ und ›technische Perfektion‹ allein keine 270.000 Mercedes-Benz-Limousinen verkaufen. Aber wir brauchen diese Komponenten, um auf lange Sicht das Markenansehen stabil zu halten. [...] Die kontrollierte Weiterentwicklung unseres Images ist erforderlich. Die Frage ist, ob der C 111 einen Beitrag dazu geleistet hat, noch leisten kann und welcher Art dieser Beitrag ist. Bewiesen ist bereits: Der C 111 hat die Aspekte Fortschrittlichkeit und Modernität der Marke Mercedes-Benz wieder eindeutig stärker zugeordnet.

Auf die Frage ›Die Automobilfirmen arbeiten ständig an der Weiterentwicklung ihrer Modelle. Welche Wagen zählen Sie zu den

Die erste Image-Anzeige mit dem C 111 (links) war bereits im September 1969, passend zur Präsentation auf der IAA in Frankfurt, erschienen.
Im Frühjahr 1970 wurde das gleiche Motiv mit der Headline »Wir verwirklichen Träume, um zu lernen.« veröffentlicht.

entscheidenden Weiterentwicklungen der jüngsten Vergangenheit?‹ fielen 48 Nennungen (von 100 Befragten) auf Mercedes-Benz, 56 Nennungen fielen auf NSU (Ro 80), nur 22 auf BMW und 14 auf Opel (Mehrfachnennungen).

Interessant ist noch das Ergebnis auf die Frage: ›Worin besteht Ihrer Meinung nach die Weiterentwicklung? Was ist das Neue an diesem Wagen?‹

65 Nennungen (wieder von 100 Befragten) entfielen auf den Wankelmotor.

73 Nennungen betrafen die Karosserie und die Form.

26 Nennungen erhielt der Bereich Geschwindigkeit, Beschleunigung, Leistung.

16 Nennungen fielen auf Sicherheit und Straßenlage.

23 Nennungen betrafen einzelne Details.«

Ebenfalls im Frühjahr 1970 erschien eine weitere Anzeige mit der Headline »Wir verwirklichen Träume, um zu lernen.« Im Herbst wurde »Experiment und Perfektion« in der »Motor Revue« und im »Auto Jahr« publiziert.

Wendt ging anschließend auf zwei Anzeigentests ein, die im April und im Mai durchgeführt worden waren. Zugrunde lagen ihnen die ersten Anzeigen der neuen Pkw-Markenkampagne im Inland, die Daimler-Benz seit Mitte April 1970 in Tageszeitungen und Illustrierten geschaltet hatte. Zu den Ergebnissen führte der Werbechef aus: »24 Stunden nach Erscheinen der 1. Tageszeitungsanzeige am 15. April '70 wurde mit 138 Lesern der »Frankfurter Allgemeine Zeitung« ein Interview über Werbung in der FAZ geführt. 58 % der Befragten konnten sich an die Mercedes-Benz Anzeige erinnern (ein außerordentlich hoher Wert). 38 % der Befragten erinnerten die Abbildung des C 111. Immerhin 32 % konnten sich aber auch an die Abbildung eines Computers und sogar 33 % an eine abgebildete Mercedes-Benz Limousine erinnern. Der C 111 dominiert also, läßt aber den Brückenschlag zum Verkaufsprodukt durchaus zu. Die getestete Anzeige vermittelt den Befragten in hohem Maße den Eindruck von zukunftsgerichteter Einstellung, von Forschung und Entwicklung und von Fortschritt. Viele derselben Befragten sagen aber auch, daß ihnen die Werbeaussage der Anzeige einen Eindruck von »Sicherheit, Solidität, Zuverlässigkeit, Qualität und Komfort« gibt. Wir fragten uns, ob es wirklich gelungen sein könne, in ein und derselben Werbebotschaft, durch Kombination verschiedener Elemente, die Fortschritt und Qualität aussagen, dem soliden Markenbild von Mercedes-Benz den Aspekt der Fortschrittlichkeit und Beweglichkeit auf technischem Gebiet hinzuzufügen.«

Zu den Ergebnissen der daraufhin durchgeführten zweiten Untersuchung mit 26 Autofahrern (darunter 10 Mercedes-Benz und 8 BMW Fahrer) schrieb Wendt: »Es kann danach als vorerst erwiesen gelten, daß die Anzeigen, also das ihnen zugrunde liegende Konzept,

Eine groß angelegte Markenkampagne mit Imageanzeigen, die auch den C 111 thematisierten, begann am 15. April 1970. Sie war auch Gegenstand von Marktforschungsuntersuchungen und wurde bis in den Winter 1970 fortgesetzt.

Tradition im Sinne von Qualität und Sicherheit kommunizierten. Die wesentlichen Elemente des Mercedes-Benz-Images bleiben also unangetastet. Diese Image-Aspekte werden aber jetzt erweitert durch die Dimensionen Fortschrittlichkeit und Modernität. Es steht fest, daß die Image-Komponenten Tradition und Fortschrittlichkeit einander nicht stören. [...] Alle Mercedes-Benz-Fahrer beurteilen die Anzeige positiv. Sie wirkt auf sie modern und fortschrittlich. Die Argumentation der Anzeige deckt sich mit der Überzeugung der Mercedes-Benz-Fahrer. Die BMW-Fahrer hingegen, die den Mercedes-Benz gern zu einem »Sicherheitswagen für alte Leute« stempeln wollen, sind zum Teil über die Anzeige empört. Die Anzeige stellt Mercedes-Benz-Argumente heraus, die BMW-Käufer nur bei ihren Wagen zu finden glaubten. Durch die sachlichen Behauptungen der Bilder und Texte sind diese BMW-Käufer jetzt deutlich verunsichert und reagieren nervös. [...] Soweit die Untersuchungen. Sie erheben

Die zusätzliche Anzeige mit der Headline »Sicherheit«, im Stil der Imageanzeigen von 1970 gestaltet, erschien im Frühjahr 1971 in der Katalogausgabe der »Automobil Revue«.

keinen Anspruch auf strenge Wissenschaftlichkeit (zu geringe Stichproben), kommen aber nach allen Erfahrungen dem wahren Tatbestand sehr nahe.

Für alle diese erfreulichen neuen Entwicklungen erfüllt der C 111 eine Art Antriebs- und Beweisfunktion. Er hat die ersten Aktivierungen im Firmen- und Produktbild ermöglicht. Das Produktionsprogramm ist in seine Ausstrahlung einbezogen. Wenn wir anerkennen, daß der C 111 heute schon – wenn auch nur indirekt – im Besitz der Weltöffentlichkeit ist, wenn wir ferner zugeben, daß die interne Diskussion über ihn uns allen mehr genützt als geschadet hat, weil wir gezwungen waren und sind, alte Positionen neu zu überdenken, dann kann man jetzt auch die Frage nach der Zukunft des C 111 stellen.«

Zur dritten Frage präsentierte Wendt »vier gangbare Konzepte, mit dem C 111 zu verfahren«:

1. Produktion und Verkaufsfreigabe einer Serie von 100 bis 500 Fahrzeugen pro Jahr mit einem Anlauf bis spätestens Ende 1971
2. Einstellung aller Arbeiten am C 111 bis spätestens Anfang 1971 und Publikation eines Abschlussberichts
3. Fortsetzung der Arbeiten, weitere Kommunikation als Experimentalfahrzeug und regelmäßige Veröffentlichung von Berichten (Forschungsbulletins, etwa 2 mal im Jahr) über den aktuellen Entwicklungsstand
4. Produktion einer Kleinserie von 30 bis 50 Fahrzeugen, die für die Dauer eines Jahres ausgewählten Fahrern zu Testzwecken überlassen werden

Wendts Empfehlung galt der vierten Variante, für die die geringsten Nachteile und der höchste Grad an Glaubwürdigkeit gesehen wurden – zumindest dann, wenn die ausgewählten Fahrer, die in diesem Szenario regelmäßig ein Testbuch auszufüllen hatten, »dem von uns gewünschten Image entsprechen (Chefingenieure, Flugzeugbauer, Sportler etc.)«. Diesen Personenkreis hatte Wendt neben Rennfahrern bereits Anfang März in seiner Mitteilung an Heinz Schmidt favorisiert. Im Schlusssatz seiner Analyse schrieb der Werbeleiter: »Den C 111 einfach verschwinden zu lassen oder kurzweg abzuberufen oder ihn noch lange in seiner jetzigen Lage zu belassen, sind aber gewiß keine Möglichkeiten für unser Haus.«

Die von Horst Wendt erwähnte Anzeigenkampagne umfasste drei Anzeigen, die ab dem 15. April im Abstand von 14 Tagen in den größeren Tageszeitungen geschaltet wurden. Ab dem 18. Mai erschien die um eine vierte Anzeige ergänzte Serie auch in Magazinen wie »Der Spiegel« und ab Anfang Oktober, hier jedoch im vierwöchigen Turnus, in Automobilzeitschriften wie »auto, motor und sport«, »mot« und »ADAC Motorwelt«. Auch vor dieser Kampagne diente der C 111 bereits als Blickfang in Imageanzeigen, in denen er das Thema »automobile Zukunft« adressierte. Bereits am 15. September, passend zur Präsentation des Mittelmotor-Coupés auf der IAA, erschien eine Anzeige mit der Headline »Das Programm der 19 besten Mercedes-Benz Ideen ist etwas größer geworden. Um ein Stückchen Zukunft.« Als Abbildung diente das bekannte Motiv, das den C 111 zusammen mit drei Mercedes-Benz Serien-Limousinen in der Steilkurve der Untertürkheimer Einfahrbahn zeigt, und der Text verkündete vollmundig »[...] Der C 111 hat das Zeug zu einem Auto, wie es noch keines gegeben hat. Fast zu phantastisch. Deswegen bleibt er vorerst ein Versuchsfahrzeug. Es ist unmöglich zu sagen, wann seine Ideen serienreif sein werden. [...]« Nach der Präsentation des aktuellen Modellprogramms und der Beschreibung des C 111 heißt es zum Abschluss: »Die Autozukunft kann also beginnen. Wir sind sicher, daß sie genauso wird, wie es unsere Gegenwart ist: vielversprechend.«

Im Frühjahr 1970, unmittelbar vor der Premiere der modifizierten Version in Genf, erschienen zwei weitere Anzeigen, die den C 111 und seine Weiterentwicklung in Szene setzten. Unter der Headline »Wir verwirklichen Träume, um zu lernen.« hieß es im Text: »Wir setzten den C 111 nicht in die Welt, um einigen Wenigen vielleicht Ihre Träume zu erfüllen. Es geht um mehr. [...] Um eine ganze Reihe von Problemen, die für das Auto von morgen zu lösen sind und in dieser Form noch von niemandem gelöst wurden. Um Antriebsaggregate, neue Fahrwerkmöglichkeiten, Bremsen, neue Werkstoffe. [...] Und deshalb ruhen wir uns nicht auf den ersten C 111-Lorbeeren aus. Sondern entwickeln weiter. Perfektion will schließlich gelernt sein.« Nach einer Beschreibung der weiterentwickelten Punkte wandte sich der Text zum Abschluss der Gegenwart zu: »Soviel zur Zukunft des Automobils. Die Gegenwart ist nicht weniger aufregend. Aber ausgereift. In 84 Jahren Automobilbau haben wir soviel gelernt, um heute das erfolgreichste Personenwagen-Programm unserer Automobilgeschichte anbieten zu können.« Eine weitere Anzeige präsentierte im Herbst 1970 eine noch direktere und sehr konkrete Verknüpfung zu einem aktuellen Modell. Unter einem Foto, das den C 111 neben einem 280 SE zeigt, und der Headline »Experiment und Perfektion« verkündete der Text: »Zwei Wagen, ein Konzept. Denn bei Mercedes-Benz gehören Experiment und Perfektion zusammen. [...] Und das Ausfeilen solcher Ideen in jahrelanger, gründlicher Entwicklung, bis aus dem Experiment ein perfektes, neues Automobil geworden ist. So wie der 280 S/SE, den Kritiker das ausgewogenste Fahrzeug Europas genannt haben.«

Der C 111 machte nicht nur in Anzeigen Imagewerbung für Mercedes-Benz, er blieb auch nach der Präsentation in Genf ein weltweit sehr gefragtes Ausstellungs- und Demonstrationsobjekt. Auf diesem Wege gelangte der spektakuläre Sportwagen auch nach Ostberlin. Anfang Juni 1970 war er Stargast bei der Ausstellung »Das Buch vom Auto«, das die Mercedes-Benz Niederlassung Berlin mit der Arbeitsgemeinschaft des Deutschen Buchhandels organisiert hatte. In diesem Rahmen wurde der C 111 nicht nur publikumswirksam auf der Berliner AVUS demonstriert, die Berliner Niederlassung nutzte das Fahrzeug auch zur Intensivierung ihrer Kontakte nach Ostberlin. Nachdem das Unternehmen bereits seit mehreren Jahren mit den zuständigen Stellen über die Lieferung von Nutzfahrzeugen in die DDR verhandelte, bot sich nun die Gelegenheit, die wiederholt geäußerten Wünsche des Ministeriums für Außenhandel zu erfüllen und den C 111 – »verbunden mit einer ausführlichen Fachinformation« – ist Ostberlin zu präsentieren.

Die von der Niederlassung Berlin erstellte Aktennotiz vom 30. Juni vermerkte dazu: »[...] auf dem Gelände der Trabrennbahn Hoppegarten wurde der Wagen leitenden Herren der Fahrzeugindustrie der DDR gezeigt [...]. Auf der wenige Kilometer entfernten Autobahn wurden die Fahreigenschaften des C 111 von rund 20 Personen begutachtet. Man war allgemein beeindruckt. [...] Ein anschließendes Tischgespräch gab die Möglichkeit, sich über den Versuchswagen bis hin zu technischen Einzelheiten zu informieren. [...] Das Interesse der Gesprächspartner konzentrierte sich auf einen Erfahrungsaustausch über die Probleme des Wankelmotors.« In der abschließenden Wertung vermerkte die Aktennotiz: »Inwieweit die Vorstellung des C 111 die Möglichkeiten der Lieferung von Nutzfahrzeugen unseres Hauses nach dort gefördert hat, ist schwer zu beurteilen.«

Die Ausstellungs-Tournee des C 111 in Großbritannien bewarb diese Anzeige der britischen Verkaufsorganisation mit der Headline »The car of the future is in Britain«.

Zum Zeitpunkt, als der Berliner Vertriebsmitarbeiter seine Zusammenfassung über die Präsentation von Wagen 31 in Ostberlin erstellte, befand sich Wagen 32, der Ausstellungswagen des Genfer Automobil-Salons, auf Tournee in Großbritannien. Der gut siebenwöchige Einsatz begann am 26. Juni in Leeds und führte über Manchester, Glasgow, Cardiff, Bristol, Bournemouth, Poole, London und Hersham nach Birmingham, wo das spektakuläre Fahrzeug am 30. und 31. Juli zu bewundern war. Der eigentliche Höhepunkt der Tour sollte aber noch folgen: Am 3. August erhielt der C 111 für zwei Wochen den Vorzugsplatz in der Eingangshalle des Londoner Science Museum. Dies war sogar der »Frankfurter Allgemeinen Zeitung« eine Meldung wert: »[...] Die Museumsleitung hat sich zu diesem ungewöhnlichen Schritt entschlossen, weil ›wir glauben, daß es sich hier um einen Wagen der 80er Jahre handelt, der unsere wissenschaftlich orientierten Besucher interessiert‹. Bisher stand in der Mitte der großen Eingangshalle eine Vitrine mit Mondstaub. Nur ein einziges Mal zuvor war dort ein Kraftfahrzeug ausgestellt: der ›Bluebird‹-Gigant, mit dem [...] Donald Campbell den Geschwindigkeitsrekord an sich gebracht hatte. Der C 111, ein reines Versuchsfahrzeug, ist für die Zeit der Ausstellung mit 60.000 Pfund (über 510.000 Mark) versichert.« Mit einem letzten Auftritt bei der Veteran Car Club Rallye am Londoner Crystal Palace am 16. August endete die fast zwei Monate dauernde Tournee, und das Fahrzeug ging zurück nach Stuttgart.

Spielzeug der Techniker oder reifendes Serienprodukt: die Frage hinter dem C 111

Genau einen Monat zuvor, am 16. Juli, war der C 111 erneut ein Thema der Pkw-Kommissionssitzung gewesen, wenn auch nur kurz. Dr. Hans Lorscheidt hatte sich auf die Feststellung beschränkt, daß »über den C 101 nicht gesprochen werden kann und soll, da die vom Vertrieb angekündigte Ausarbeitung zum C 101 und die Stellungnahme des Entwicklungsbereichs zur Dauerhaltbarkeit der Varianten des Wankelmotors noch nicht vorliegen.« Zugleich empfahl er den Kommissionsmitgliedern vier Presseartikel, deren Kernaussagen er auch im Sitzungsprotokoll dokumentierte. Dem »Stern« vom 28. Juni entnahm er die Hauptaussage »Deutsche Hubkolbenmotoren-Konservative liegen falsch«, der »Motor-Revue« vom Juni 1970 die Parole »Nun gibt es kein zurück mehr!«, abgeleitet aus der Textpassage »Der Wagen ist nunmehr so weit ausgereift, daß er ohne weiteres in Produktion gehen könnte...«. Aus der »Automobil Revue« vom 9. Juli 1970 zitierte er den Artikel »VW K 70 – Star zweier

Aktionärversammlungen« mit der Aussage »Die Aktionäre wurden nachdenklicher, als […] der Finanzchef von Audi/NSU die Situation schilderte […] Neckarsulm schließe mit 17,8 Millionen DM Verlust ab«. Schließlich führte er noch den Artikel »Automobil-Report der Zuverlässigkeit – Citroën DS 21 – NSU Ro 80« in der »auto, motor und sport« vom 18. Juli 1970 an. Als Kernaussagen fasste er zusammen »65 % der beobachteten Wagen [NSU Ro 80, d. Verf.] erhielten bereits innerhalb der ersten 18 Monate ihres Lebenslaufes einen Austauschmotor.« sowie »Nur 1 Prozent der Wagen [Citroën DS 21, d. Verf.] fuhr eineinhalb Jahre nach dem Kauf mit einem Austauschmotor.« Auch wenn das Thema nicht weiter behandelt wurde, waren die aus den zitierten Kernaussagen ableitbaren Schlussfolgerungen offensichtlich.

In der Pkw-Kommissionssitzung am 11. September 1970 wurde der C 111 ebenfalls nur kurz thematisiert, als Helmut Schmidt erklärte, die angekündigte Stellungnahme des Vertriebs könne erst erfolgen, »wenn folgende vom Entwicklungsbereich erbetenen Angaben gemacht wurden:

1. Wie sind die bisherigen Ergebnisse bezüglich Dauerhaltbarkeit des Wankelmotors?
2. Für welche anderen Fahrzeuge (außer dem C 101) unseres zukünftigen Programms wird der Wankelmotor vorgeschlagen?«

Damit lag die Verantwortung wieder beim Entwicklungsbereich. Offenbar verhinderten tagesaktuelle Themen von größerer Dringlichkeit innerhalb der nächsten Monate die Klärung der offenen Punkte in Bezug auf den C 111.

Am 29. September hatte sich allerdings eine Arbeitsgruppe aus Vertretern der Karosserieentwicklung, der Verfahrensentwicklung, der Werkstoffprüfung und der Lacktechnik in Sindelfingen zu der Frage ausgetauscht, welche Anforderungen eine Kleinserienfertigung an den Werkstoff der Karosserie und die Lackiermöglichkeiten stellt. Das bis zu einer Stückzahl von 3000 Fahrzeugen anzuwendende Handlaminierverfahren gestattete im günstigsten Fall eine maximale Temperatur im Werkzeug und eine maximale Lackeinbrenntemperatur von 130 °C. Dem standen jedoch die aktuellen Möglichkeiten in der Waggonfabrik Rastatt entgegen: Abgesehen davon, dass mit den vorhandenen provisorischen Werkzeugen bestenfalls noch etwa 100 Aufbauten gefertigt werden konnten, ließ die Betriebseinrichtung nur Arbeitstemperaturen von 70 °C und Werkzeugtemperaturen von 100 °C zu. Die Oberfläche der aus diesen Werkzeugen hergestellten Teile wurde dabei als so mangelhaft bewertet, »daß bei der Lackierung ein unvertretbarer Aufwand getrieben werden muß, um eine einwandfreie Oberfläche zu erhalten.«

Das laut Besprechungsprotokoll »einzige lufttrocknende Lacksystem (DD, Polyester, Melamin-Acrylharz), das diese Oberfläche gewährleistet, erfordert einen Arbeitsaufwand von 3-4 Arbeitstagen und kann nur von Spezialisten ausgeführt werden.« Ein weiterer Nachteil bestand darin, dass »die mechanischen Eigenschaften dieses Lackes […] nicht annähernd unsere Forderungen im Fahrbetrieb« [erfüllen, so dass die Fahrzeuge] »so noch keinem Kunden angeboten werden« können. Die Lackindustrie war offenbar seinerzeit nicht in der Lage, lufttrocknende oder 80-Grad-Lacksysteme anzubieten, die die Anforderungen erfüllen. Das verfügbare 130-Grad-System, »dessen Qualität mit der unserer Blechlackierung vergleichbar« und »mit einem Handlaminat noch erreichbar« war, würde neue Werkzeuge aus warmhärtenden Formmassen erfordern.

Um über die ganze Stückzahl eine gleichbleibend gute Oberflächenqualität zu gewährleisten, müssten die neuen Werkzeuge von einem Urmodell abgenommen werden. Da das Handlaminieren auch bei 130 °C eine Temperzeit von 8 Stunden erforderte, könnte mit einem Formensatz nur ein Wagen pro Tag hergestellt werden.

Laut Protokoll wurden in Rastatt erfolgversprechende Versuche mit Türen in Sandwich-Bauweise der Firma Bayer durchgeführt. Da bei größerer Steifigkeit der Teile Gewichtseinsparungen möglich wären, wurde empfohlen, sämtliche Klappen, Deckel und Türen in dieser Bauweise vorzusehen. Die Verfahrensentwicklung Sindelfingen hatte zudem Proben hergestellt, die statisch und auf Lackierbarkeit geprüft und anschließend einer dynamischen Prüfung unterzogen wurden. Nach Abschluss der Prüfungen sollte mit dem besten Laminataufbau die Lackierbarkeit mit dem 130-Grad-System untersucht werden. Unabhängig davon wurden von der Lacktechnik Versuche mit kalthärtenden Kunstharzlacken fortgesetzt.

Abgesehen von den umfassenden, ausführlich geschilderten Aktivitäten der Entwicklung kam erst im Frühjahr 1971 wieder Bewegung in die Diskussion um die Zukunft des C 111. Am 16. Januar hatte »auto, motor und sport« die Frage »Wohin steuert der C 111?« aufgeworfen und dazu ausgeführt: »Seit nunmehr eineinhalb Jahren spielt das schnelle Wankel-Coupé bei Daimler-Benz rollende Versuchsstation. Zunächst mit dicken Rennreifen vorwiegend auf Renn- und Versuchspisten operierend […], zeigt sich der C 111 in einer Straßenversion […] immer häufiger in der Öffentlichkeit. Leitende Techniker des Hauses unternehmen ausgedehnte Reisen mit dem in Form und Technik aufregenden Sportwagen, dessen modifizierte Karosserie auch in der Verarbeitung einen seriennahen Standard erreicht hat. Spielzeug der Techniker oder reifendes Serienprodukt, das ist die Frage, die hinter dem C 111 steht.«

auto motor und sport

das deutsche automagazin

Deutschlands größte unabhängige Automobilzeitschrift

Heft 2
16.1.1971
48. Jahrgang

Herausgeber: Paul Pietsch, Ludwig Vogel
Chefredakteur: Reinhard Seiffert
Stellvertreter: Manfred Jantke, Fritz Reuter
Geschäftsführender Redakteur: Klaus Westrup
Produktionsleitung: Otto Goebel
Chef vom Dienst: Detlev Inneth
Aktuelles, Verkehr: Yorn Pugmeister
Sport: Helmut Luckner
Technik, Leitung der Testabteilung: Helmut Eicker
Testabteilung: Michael Mehlin, Werner Schruf, Klaus Wießmann
Touristik: Dieter C. Bosler
Grafik: Robert Rettenmayr (Leitung), Günther Majunke, Peter Wurz
Fotos: Hans Peter Seufert, Julius Weitmann
Schlußredaktion: Martin Ebergényi
Ständige Mitarbeiter: Fritz B. Busch, Paul Frère, Dieter Korp, Klaus Kulkies, Helmut Zwickl
Auslandskorrespondenten:
England: Gordon Wilkins, London
Frankreich: Jean Bernardet, Paris; Griffith Borgeson, Aix-en-Provence; Bernard Cahier, Évian-les-Bains
Italien: Dr.-Ing. Giovanni Conte Lurani, Mailand; Gianni Rogliatti, Turin
Österreich: Hans Pattarch, Wien
USA: Karl Ludvigsen, New York
Verlag: Vereinigte Motor-Verlage GmbH

Wohin

steuert der Mercedes-Benz C 111? Seit nunmehr eineinhalb Jahren spielt das schnelle Wankel-Coupé bei Daimler-Benz rollende Versuchsstation. Zunächst mit dicken Rennreifen vorwiegend auf Renn- und Versuchspisten operierend (oben), zeigt sich der C 111 in einer Straßenversion (unten) immer häufiger in der Öffentlichkeit. Leitende Techniker des Hauses unternehmen ausgedehnte Reisen mit dem in Form und Technik aufregenden Sportwagen, dessen modifizierte Karosserie auch in der Verarbeitung einen seriennahen Standard erreicht hat. Spielzeug der Techniker oder reifendes Serienprodukt, das ist die Frage, die hinter dem C 111 steht.

»Wohin steuert der C 111?«: »auto, motor und sport« stellte diese Frage in seiner Ausgabe vom 16. Januar 1971 und fasste zusammen: »Spielzeug der Techniker oder reifendes Serienprodukt, das ist die Frage, die hinter dem C 111 steht.«

Gut eine Woche später schien es – zumindest tendenziell und unternehmensintern – eine Antwort zu geben: Im Rahmen der Technischen Besprechung Pkw in Sindelfingen am 25. Januar 1971 wurde zur Weiterentwicklung des C 111 festgestellt, sie sei »nicht dringend, soll aber nicht gestoppt werden«. Die Arbeiten am W 114 E (dem ersten Mercedes-Benz Experimental-Sicherheits-Fahrzeug, das der Öffentlichkeit im Oktober 1971 als ESF 05 präsentiert wurde) dürften nicht darunter leiden. Es sei zu überlegen, ob die von Dr. Liebold adressierte notwendige Kühlerverbreiterung auch gleich für den »Unterbau in Sandwich-Bauweise« übernommen wird. Im Protokoll festgehalten wurde auch, dass die Weiterentwicklung des C 111 »grundsätzlich vom Vorstand geklärt werden« müsse. Weiter hieß es: »Als Entscheidungsbasis sind Ausarbeitungen mit Kalkulationen für 2 mögliche Wege zu erstellen: a) Weiterentwicklung labormäßig, b) Weiterentwicklung für eine bestimmte Fertigungsstückzahl (z. B. 1000)«.

Auch die Frage der Verkaufsmöglichkeiten in den USA wurde erneut zum Thema. Laut einer vom 8. März 1971 datierenden, an Karl Wilfert adressierten Mitteilung der US-amerikanischen Vertriebsgesellschaft Mercedes-Benz of North America, die sich auf ein Gespräch mit dem stellvertretenden Verkehrsminister Toms bezog, würde »das zur Zeit bestehende Gesetz [...] die Importation von bis zu maximal 500 Stueck C-111 erlauben, auch wenn nicht alle Sicherheitsstandards erfuellt werden koennen.« In diesem Rahmen dürften die Fahrzeuge jedoch »nur fuer Vorfuehrungen, Schaustellungen, Rennen und sportlichen Wettkaempfen betrieben werden [...], was Verpachtung an Interessenten nicht ausschliesst (leasing)«. Nach einer von Toms beim US-Senat beantragten Gesetzesänderung sollte diese Regelung künftig auch den Verkauf ermöglichen, und zwar »an einen vom Fahrzeughersteller, sei es durch Preisfestlegung, sei es durch Auswahl gekuerten Kaeuferkreis«. Die »Auswahl der Kaeuferschicht koennte«, wie die amerikanische Vertriebsgesellschaft schrieb, »durch die Preisfestlegung von z. B. $ 25.000 pro Fahrzeug erfolgen, was selbstverstaendlich den Kaeuferkreis aeusserst gering halten wuerde.« Zwei Monate später folgte die Ernüchterung, wie Karlfried Nordmann, Präsident der Mercedes-Benz of North America, dem Daimler-Benz Vorstandsmitglied Heinz Hoppe in einem Brief vom 17. Mai 1971 mitteilte: »[...] Die Sonderregelung der ›500 Klausel‹ ist nicht anwendbar, da die Produktion von Daimler-Benz die Zahl 500 ueberschreitet. Diese Sonderregelung bezieht sich nicht auf einzelne Modelle eines Herstellers, sondern nur auf dessen Gesamtproduktion aller Typen. Nur wenn das Fahrzeug alle bestehenden Bestimmungen erfuellt, wird es uns daher moeglich sein, an den Absatz des C 111 zu denken. [...]«.

Chefsache: Flick und Zahn zur Serienfertigung des C 111

Bereits im April war der C 111 auch wieder ein Thema für den Vorstand geworden. Anfang des Monats hatte Dr. Friedrich Karl Flick, Aufsichtsratsmitglied und Besitzer eines milliardenschweren Aktienpakets der Daimler-Benz AG, einen C 111 zu Testfahrten zur Verfügung gestellt bekommen. Seine Eindrücke schilderte er in einem vom 13. April datierenden Brief an Hans Scherenberg und Joachim Zahn, der hier zu weiten Teilen wörtlich wiedergegeben wird, da er die relevanten Aspekte recht gut zusammenfasst:

»Der C 111 ist absolut sensationell. Das ist auch die Meinung von zwei Bekannten von mir, die die schnellsten Wagen gefahren haben [...]. Der C 111 stellt jedenfalls alles bisher Dagewesene in den Schatten. Nur Kleinigkeiten müßten verbessert werden: Zum Beispiel die Lüftung, d. h. die Luftumwälzung könnte größer sein, vor allem, da die Kabine anscheinend durch den hinter den Sitzen liegenden Mittelmotor doch recht heiß wird. [...] Ferner ist der Ölverbrauch sehr hoch, vielleicht läßt er sich noch reduzieren. Überdies hat der Wagen eine recht starke Abgasfahne. In diesem Zusammenhang stellt sich die Frage, ob man mit diesem Motor die Abgasvorschriften, insbesondere in den USA, würde einhalten können. [...]

Die technische Konstruktion ist erstklassig (Fahrgestell, Beschleunigung, Bremsen usw.). Im Gegensatz zu anderen Sportwagen verhält sich der Wagen sehr gutmütig und läßt sich spielend fahren.

Fantastisch ist die Beschleunigung zwischen 3.000 und 4.000 Touren. Auch die Gangschaltung ist sehr weich und leicht zu handhaben. Infolge der Synchronisation kann man auch ohne Zwischengas fahren, bei etwas sportlicherem Fahren kann das Zwischengas mitbenutzt werden.

Zu der Gretchenfrage, ob man den Wagen bauen sollte, möchte ich mir folgende persönliche Bemerkung erlauben:

Von dem Wagen geht m.E. ein ungeheurer Werbeeffekt aus. Das sieht man, wenn man mit dem Wagen durch eine Stadt wie München fährt und den Wagen in der Innenstadt parkt. Auf Fußgänger wie Autofahrer wirkt er wie ein Magnet. Die Kommentare lauten oft: »Ist das tatsächlich ein Mercedes?« oder »Das ist der neue Mercedes, der aber nicht gebaut wird«.

Würde man den Wagen ins Verkaufsprogramm nehmen, so würde dadurch das Renommee von Daimler als führendem Automobilhersteller der Welt enorm gestärkt. Wir könnten wohl auch davon ausgehen, daß der Wagen in Hollywood- und Fernsehfilmen gezeigt würde. Der hiervon ausgehende Werbeeffekt wäre m. E. außerordentlich. Durch diese kostenlose Werbung würden wir einen Millionenaufwand für Werbung nicht nur in den USA, sondern in der ganzen Welt sparen.

Wenn man davon ausgeht, daß die Fertigungseinrichtung für den Wagen 10 bis 15 Mio kostet und daß man bei angenommenen Selbstkosten von annähernd 150.000 DM max. 50.000 DM am Wagen verliert, dann sind – bei einer Stückzahl von z. B. 30 Wagen im Jahr – sowohl die Investitionskosten als auch der ungedeckte Aufwand von 1,5 Mio pro Jahr unter dem Gesichtspunkt der Werbung m.E. bestens investiert. Ich meine daher, daß man die Frage der Produktionsaufnahme nochmals sehr ernsthaft prüfen sollte. 30 Wagen zu einem Preis von ca. 100.000 DM zu verkaufen, dürfte wohl kein Problem sein; im Gegenteil, man wird – wie damals nach der Produktionsaufnahme des 6,3 l – sehr wahrscheinlich Zuteilungssorgen haben.

Wenn wir dagegen den Wagen weiterhin nicht produzieren, müssen wir mit einer sehr negativen Wirkung auf das Publikum rechnen. Die Leute werden dann verärgert darüber sein, daß man ihnen als Mittel der Werbung ein Auto zeigt, das man allerdings nicht kaufen kann. Daraus könnte der Eindruck entstehen, daß der Wagen letzten Endes doch nicht viel taugt, so daß man es nicht riskieren kann, ihn zu produzieren und in das Verkaufsprogramm zu nehmen. In diesem Zusammenhang ist auch die Tatsache von Interesse, daß Daimler seit einer Reihe von Jahren den Aufwand für die Beteiligung an Rennen spart, der früher um der technischen Erkenntnisse willen und auch der Werbung wegen in Kauf genommen worden ist. Man könnte sich auf den Standpunkt stellen, daß man dafür nun den ungedeckten Aufwand aus der Fertigung des C 111 hinnehmen kann. Ich nehme an, daß man im Hause Daimler das Pro und Contra einer Produktion des C 111 sorgfältig erwogen hat, und ich würde es sehr begrüßen, wenn ich eine Zusammenstellung der jeweiligen Argumente erhalten könnte. Ich glaube aber, schon jetzt sagen zu können, daß in einer abschließenden Prüfung dieser Frage die Gesichtspunkte, die für eine Produktion des Wagens sprechen, sehr wahrscheinlich überwiegen werden.

Ich meine, daß jede Automobilfabrik, die einen solchen Wagen entwickeln konnte, diesen auch bauen würde, zumal er nach Beseitigung der beanstandeten Punkte alles Vergleichbare in den Schatten stellen würde. Allerdings müßte die Entscheidung m.E. sehr bald getroffen werden. Der Konkurrenz wäre eine positive Entscheidung – aus guten Gründen – sicher unbequem.«

Mit Datum vom 8. Mai 1971 schickte Joachim Zahn dem einflussreichen Aufsichtsratsmitglied eine ausführliche Stellungnahme, die hier ebenfalls in weiten Teilen wiedergegeben wird:

»[...] Es besteht kein Zweifel darüber, daß die Frage der Produktionsaufnahme nunmehr erneut ernsthaft im Vorstand geprüft werden muß. Ich bin mir darüber im klaren, daß eine Nichtproduktion dieses Fahrzeugs negative Wirkungen auf unser Image haben kann.

Obwohl noch eine Reihe von Problemen zu lösen sind – zu erwähnen wäre beispielsweise die noch nicht zufriedenstellende Belastbarkeit des Wankel-Motors, die Erfüllung der amerikanischen Sicherheitsvorschriften, insbesondere in bezug auf die Karosserie- und Abgasvorschriften sowie die Möglichkeit, dieses Fahrzeug auch bei Rallyes einzusetzen – erlaubt der nunmehr erreichte Entwicklungsstand insgesamt doch eine positive Einstellung zu der Frage, ob der C 111 in die Produktion aufgenommen werden soll. Bei unseren Überlegungen ist insbesondere der nach wie vor ausserordentliche Werbeeffekt des C 111 zu berücksichtigen. Wir werden also diese Frage, sobald sich der Wirbel auf dem Investitionsgebiet etwas gelegt hat, ganz konkret in Angriff nehmen, zumal zu dieser Frage ohnehin baldigst eine Entscheidung getroffen werden muß.

Bei der bisherigen Behandlung der Frage der Produktionsaufnahme sind wir von Gesamtauflagen von 500, 1000 und 2000 Einheiten ausgegangen. Nach dem Kostenstand vom Juli 1970 wurden bei den genannten Gesamtauflagen folgende Selbstkosten errechnet:

500 Einheiten	DM 104.500,–
1000 Einheiten	DM 79.000,–
2000 Einheiten	DM 66.600,–

Die inzwischen eingetretenen Kostenverteuerungen und verschiedene konstruktive Änderungen machen eine Überarbeitung dieser Kostenschätzung notwendig. Wir werden in Kürze vom Entwicklungsbereich neue Konstruktionsunterlagen erhalten und dann in der Lage sein, uns über die neueste Kostensituation Klarheit zu verschaffen. Nach grober Schätzung und ohne Berücksichtigung der konstruktiven Veränderungen ergeben sich für die einzelnen Stückzahlvarianten auf heutiger Kostenbasis ungefähr folgende Selbstkosten:

bei 500 Einheiten	DM 115.000,–
bei 1000 Einheiten	DM 87.000,–
bei 2000 Einheiten	DM 73.300,–

Da aufgrund der vorgenommenen konstruktiven Änderungen sich der Selbstkostenpreis voraussichtlich noch nach oben verändern wird, sollten diese Angaben vorläufig nur als ein gewisser Anhaltspunkt dienen.

Die Frage der Produktionsstückzahlen stellt hinsichtlich des Investitionsaufwandes, des Kundendienstnetzes und der Ersatzteilbevorratung eine gewisse Problematik dar. Ich neige hier zu der Ansicht – die Herren Dr. Scherenberg und Dr. Langheck sind ebenfalls dieser Meinung – daß wir die Produktion auf ca. 100 Fahrzeuge pro Jahr begrenzen und an eine Gesamtauflage von ca. 250 Fahrzeugen innerhalb eines Zeitraumes von 2 Jahren denken sollten. (Bei einer Produktion von nur 250 Einheiten müßte allerdings noch geprüft werden, ob wir die stückzahlmäßigen Voraussetzungen für eine Teilnahme an sportlichen Wettbewerben wie z. B. Rallyes erfüllen.).

Bei einer relativ geringen Stückzahl hätten wir die Möglichkeit, das Fahrzeug nur an einen ausgewählten Kundenkreis zu verkaufen und dem Fahrzeug den Charakter eines technischen Versuchsfahrzeuges zu geben. Durch die Einschaltung eines relativ kleinen Kreises wäre die Möglichkeit zu einem engen technischen Erfahrungsaustausch gegeben, was ohne Zweifel bei dem jetzigen Entwicklungsstadium des Wankel-Motors Vorteile mit sich bringt und den mit großer Wahrscheinlichkeit notwendig werdenden Aggregateaustausch bei einer Fahrleistung von 10.000 bis 20.000 km entscheidend erleichtert. Bei einer solchen individuellen Behandlung könnten diese Maßnahmen im Sinne einer Ausweitung der Versuchserkenntnisse weitgehend unauffällig durchgeführt werden. Keinesfalls dürfen uns die Pannen, wie sie beim Ro 80 eintreten, passieren.

Ein weiterer Vorteil von kleinen Stückzahlen würde darin liegen, daß wir für dieses Fahrzeug fast jeden Preis verlangen können, wobei zunächst an eine Größenordnung von DM 150.000,– gedacht ist. Investitionsmäßig wäre eine Auflage von rd. 250 Einheiten unproblematisch, d. h. wir könnten dieses Projekt praktisch ohne wesentliche Investitionen durchführen.

Problematischer ist die Erfüllung der an das Kundendienst- und Ersatzteilwesen gestellten Anforderungen. Bei relativ kleinen Stückzahlen könnten z. B. Reparaturen und Kundendienst durch eine getrennte Service-Gruppe mit sogenanntem »Fliegenden Service« durchgeführt werden. Es wäre denkbar, dass die technische Beratung dieser Gruppe sowie die Fertigungsgruppe von Herrn Uhlenhaut übernommen wird, der ja ohnehin in Bälde aus dem aktiven Dienst ausscheidet.

Die Fertigung des Fahrzeugs sollte m.E. nicht in Versuchsabteilungen, sondern bereits in Kleinserienfertigung vorgenommen werden. Um schon jetzt praktische Produktionserfahrungen auf dem Gebiet der Kunststoffkarosserie zu gewinnen, ist die Überlegung von Herrn Dr. Langheck, diese Produktion in eigene Regie zu übernehmen, nicht uninteressant.

Durch die genannte Konzeption können die Anforderungen an Personal- und Materialeinsatz in einem vertretbaren Rahmen gehalten werden. Neben der Möglichkeit eines echten rollenden Versuchs des Wankel-Motors bietet diese Konzeption aber vor allem den Vorteil eines ausserordentlichen Werbeeffekts, wobei hier zu überlegen wäre, ob beispielsweise der nicht über den Preis gedeckte Aufwand zu Lasten des m.E. ohnehin reichlich bemessenen Werbeetats ginge. Die Einstellung zu der Frage der Produktionsaufnahme kann insgesamt als positiv angesehen werden, und ich würde mich freuen, wenn wir über diesen Komplex recht bald sprechen könnten.«

Vorstandsvorlage: die Zukunft des C 101 aus Sicht der Entwicklung

Diese recht optimistische Einschätzung sollte jedoch nicht lange Bestand haben. In der Technischen Besprechung Pkw am 20. April 1971 hatte Entwicklungsvorstand Scherenberg den Bereich Entwicklungs-Organisation und -Planung (EOP) beauftragt, »festzustellen, welche Entwicklungs- und Fertigungskapazität zur Fertigung des C 101 erforderlich ist.« Wenig später ging er erneut auf dieses Thema ein und beauftragte die Direktoren der Pkw-Entwicklung in einer Notiz vom 29. April mit der Erstellung einer Analyse. Diese sollte »neben Aussagen über den voraussichtlich erforderlichen Aufwand in Konstruktion und Versuch auch Aussagen über die Entwicklungskosten, Werkzeugkosten und Investitionen sowie die zu erwartenden Herstellkosten des Fahrzeuges bei gestaffelter Auflagenhöhe enthalten«. Ebenso sollte untersucht werden, »inwieweit durch solche Arbeiten Kapazitäts-Engpässe bei den vorrangigen Arbeiten für W 116, W 123 usw. entstehen würden«.

Wieland Doderer, bei EOP verantwortlich für das Arbeitsgebiet Zeit- und Kapazitätsplanung, begann im Dialog mit den Fachbereichen umgehend mit der Erstellung der von Scherenberg beauftragten neuen Vorstandsvorlage. Arno Jambor, Mitarbeiter der Stilistik in Sindelfingen, bezifferte in einer Mitteilung an Friedrich Geiger vom 27. Mai 1971 den Aufwand für eine gestalterische Überarbeitung des C 111 mit Blick auf eine Serienfertigung auf insgesamt 10.000 Arbeitsstunden, wovon 1000 Stunden für Konstruktion, 1500 Stunden für die Formgestaltung und 1000 Stunden für die Innenausstattung entfielen. Den Löwenanteil von 6500 Stunden machte jedoch die Erstellung des 1:1-Modells aus, und bei einem Beginn der Arbeiten im Juli 1971 rechnete Jambor mit einem möglichen Abschluss nicht vor Jahresende.

Er wies zudem darauf hin, dass es »in Anbetracht dieser Stundenzahl nicht möglich [ist], eine von Grund auf neue Aussenhaut zu entwickeln« und nur »eine formale Überarbeitung des heutigen C 111 vorgenommen werden« kann. In diesem Zusammenhang präsentierte er eine siebenseitige Liste mit insgesamt 38 Punkten, die zukünftige Zulassungsnormen und -vorschriften speziell für den US-Markt betrafen. Eine Erfüllung dieser Regularien hätte zwingend bedeutet, »eine grundlegend neue Aussenhaut zu entwickeln, da der Wagen in seiner heutigen Form die an ihn gestellten Forderungen nicht erfüllt.«

Die Motorenentwicklung sah in Anbetracht der zu berücksichtigenden Abgasentgiftungsvorschriften noch eine Reihe schwer einschätzbarer Herausforderungen, insbesondere im Hinblick auf das erreichbare Leistungsniveau und die zu erfüllenden Geräuschgrenzwerte. Die Versuchsabteilung betrachtete zu diesem Zeitpunkt ebenfalls noch viele Entwicklungsdetails als offen, wie Dr. Liebold in seiner bereits zitierten Notiz vom 11. Mai ausführlich

	Docket-Nr. US-Norm	Gesetz	ausgearb. Vorschlag	Ankündigung
Stoßfänger Durchgehende Stoßstange, die von 14"bis 20" über den Boden reichen soll.	Docket 1-9 1-10		1.10.72	
Energieaufnahme Wagenbug Verkleinerung Innenraum, Türfunktion nach Aufprall Begrenzung Verzögerung Fixpunkt im Wageninnern.	Docket 2-7			1. 9.72
Lenkanlage Begrenzung Verschiebung Lenkrad bei Aufprall mit 30 mph	Docket 70-3		1. 1.72	
Energieaufnahme Fahrzeugheck Verkleinerung Innenraum bei Heckaufprall, Begrenzung Verzögerung Fixpunkt im Wageninnern	Docket 2-7			1. 1.73
Dachfestigkeit Begrenzung der Dacheindrückung bei stat. Belastung der vorderen Dachecken	Docket 2-6		1. 1.73	
Seitentürfestigkeit Mindest-Widerstandswerte der Türen bei stat. Eindrückung	US-Norm 214	1. 1.73		
Seitenaufprall Seitliche Knautschzone	Docket 2-6			1. 9.74
Kraftstoffsystem Absolute Dichtheit des gesamten Systems bei Frontalaufprall mit 30 mph und Heckaufprall mit 20 mph	Docket 70-20		1. 1.72	
Absolute Dichtheit bei Heckaufprall mit 30 mph und Frontal- oder Heckaufprall mit 30 mph und nachfolgendem Kippen des Fahrzeugs bei vollem Tank			1. 1.73	
Brandschutz Feuerwand zwischen Tank und Innenraum				1. 9.73
Haubensicherung Verankerungssystem so, daß Eindringen der vorderen Haube in Windschutzscheibe bei Aufprall vermieden wird. Verschlusskontrollanzeige	Docket 69-17		1. 1.73	
Passives Rückhaltesystem Passives Rückhaltesystem für Vordersitze, aktives Rückhaltesystem für Hintersitze Passives Rückhaltesystem für alle Sitze	US-Norm 208	1. 7.73 1. 1.74		

Liste der aktuellen und angekündigten Zulassungsnormen und -vorschriften für den US-Markt, zusammengestellt von Arno Jambor im Mai 1971

darlegte. Skeptisch zeigte sich auch Prof. Joachim Förster, Leiter der Entwicklung Automatikgetriebe, in einer an K.-W. Müller gerichteten Notiz vom 14. Juni 1971. Sorgen bereitete ihm insbesondere das hohe Leistungspotenzial des 4-Scheiben-Wankelmotors, das mit der für 250 PS/184 kW ausgelegten 3-Gang-Wandlerautomatik nur bedingt harmonierte und Zweifel an deren Standfestigkeit weckte. Darüber hinaus stellte sich die Frage, ob das ursprünglich für eine konventionelle Antriebskonfiguration entwickelte Getriebe in der Kombination mit dem Mittelmotor-Antriebsblock »mit rückkehrender Antriebswelle« den hohen Ansprüchen von Mercedes-Benz in puncto Effizienz und Komfort genügen würde.

Karl-Heinz Göschel, Leiter des Pkw-Versuchs, empfahl in einer Mitteilung vom 30. Juni, daß »bei einer Neukonzeption folgende Punkte berücksichtigt werden sollten:

1. Die Federwege waren bisher reichlich kurz. Das Fahrzeug war zwar nicht unangenehm zu fahren, jedoch durchaus etwas zu hart.
2. Die Lüftung der Kabine war absolut unzureichend. Es müssen hier größere Luftmengen realisiert werden. Wir sind uns klar, daß dazu der Vorbau höher werden wird.
3. Trotz aller Einschränkungen bleiben die Lage und die Temperatur des Kofferraums nach wie vor ein Provisorium, auch hier wäre eine Verbesserung erforderlich.
4. Bei dem in Frage kommenden Preis kann auf einen Verkauf in den USA nicht verzichtet werden, dazu müßte aber das Fahrzeug auch die Sicherheitsbestimmungen erfüllen, was eine vollkommene Umkonstruktion bedeuten würde.«

Für die Berücksichtigung in der Vorstandsvorlage kamen diese Empfehlungen, die allerdings auch keine wirklich neuen Erkenntnisse

	Docket-Nr. US-Norm	Gesetz	ausgearb. Vorschlag	Ankündigung
Insassenschutz bei Seitenaufprall und Überschlag Festlegung Beschleunigungswerte für Kopf und Brust bei Seitenaufprall	Erg. zu US-Norm 208, Docket 69-7		1. 7.73	
Dito bei Überschlag			1. 7.74	
Aktives Rückhaltesystem Forderung nach verbesserten Gurtsystemen: 3-Punkt-Gurt, automat. Sperrung, Einhandbedienung, akustisches und optisches Warnsystem	Docket 69-7 (US-Norm 208)		1. 1.72	
Sicherheitsgurt-Verankerung Verschärfte Prüfbedingungen für die Verankerungspunkte	US-Norm 210	1. 1.72		
Integrierte Sitzsysteme Sitze sollen Schutz bieten bei Seitenaufprall				1. 1.74
Kopfstützen Erweiterung bestehender Forderungen, aufblasbare Kopfstützen, Verbesserung der Sicht nach hinten	Docket 1A/1B, (US-Norm 202)			1. 1.73
Aufschlagschutz im Wageninnern Polsterung Innenraum mit stoßabsorbierendem Material	Docket 2-1 (US-Norm 201)		1. 1.74	

	Docket-Nr. US-Norm	Gesetz	ausgearb. Vorschlag	Ankündigung
Forderung Mindestabstand Windschutzscheibe vom H-Punkt			1. 1.75	
Aufschlag auf Lenkung Begrenzung der auf den Körper einwirkenden Kraft, Kontaktfläche Lenkrad 258 cm², Lenkradpolsterung 1".	Docket 2-3, 2-4, (US-Norm 203)		1. 1.73	
Türrückhaltesystem Türe so auslegen, daß bei Aufprall Herausschleudern der Insassen nicht möglich	(US-Norm 206)			1. 1.74
Befestigung Windschutzscheibe Scheibe so einbetten, daß sie bei Frontalaufprall das herausgeschleudert werden der Insassen verhindern kann.	Docket 69-29, (US-Norm 212)			1. 7.72
Seiten- und Heckscheibenbefestigung Die Insassen sollen bei Aufprall im Wageninnern gehalten werden	US-Norm 212			1. 7.73
Betätigungseinrichtungen Verschärfung Standard 101, Beschriftung der Betätigungseinrichtungen	US-Norm 101	1. 1.72		

beinhalteten, zu spät: Am 1. Juli 1971 wurde das Papier mit dem Titel »C 101 – Vorbereitung einer Vorstandsvorlage über die weitere Behandlung des Projekts im Entwicklungsbereich« seinem Auftraggeber Hans Scherenberg vorgelegt. Auf Basis der gesammelten Rückmeldungen aus den Fachbereichen, die z. T. auf eine Neukonzeption hinausliefen, stellte es zwei unterschiedliche Szenarien vor:

»Fall A: Verbesserung und Serienreifmachung der heutigen Konzeption C 101« und

»Fall B: Völlige Neukonzeption eines C 101-Nachfolgers«.

Die Notwendigkeit hierzu hatte sich aus Erkenntnissen ergeben, die bereits in der einleitenden Zusammenfassung der Vorstandsvorlage in aller Deutlichkeit formuliert waren:

»Es hat sich gezeigt, dass ein Serienanlauf erst in der 2. Hälfte 1974 möglich sein wird. Terminbestimmend ist dabei die Entwicklung des 4-Scheiben-Wankelmotors und des automatischen Getriebes.

Bis zum genannten Anlauftermin muß die heutige Konzeption des C 101 in Form und Fahrgestellauslegung auch mit Verbesserungen als veraltet angesehen werden, abgesehen davon, daß der Neuheiteneffekt in der Öffentlichkeit verloren ist [mit Verweis auf die Ausarbeitung von Karl Wilfert, d. Verf.]. Sollte die Idee C 101 zur Serienreife gebracht werden, so wäre eine völlige Neukonzeption erforderlich.«

Zur Kapazitätssituation des Entwicklungsbereichs wurde in der Zusammenfassung festgestellt:

»Kapazitätsengpässe sind in den Bereichen Konstruktion Sifi in beiden Fällen und Ut im Fall B zu erwarten. In Sifi wären 6 – 7 Konstrukteure noch in diesem Jahr ausserplanmäßig notwendig.

	Docket-Nr. US-Norm	Gesetz	ausgearb. Vorschlag	Ankündigung
Beleuchtung der Betätigungseinrichtungen Standardisieren der Lage der Betätigungen		1. 9.72		1. 7.74
Bremssystem Vorgeschriebene Verzögerungswerte, Zweikreisbremse, Warnleichten für Fuss- und Feststellbremse	Docket 70-27 (US-Norm 105)		1.10.72	
Direktes Sichtfeld Mindest-Forderungen, Mindest-Sichtwinkel	Docket 70-7			1.7. 73
Indirektes Sichtfeld Verschärfung bestehender Forderungen, Forderung von 3 Spiegel Noch größere indirekte Sichtwinkel, Wiedergabeeinrichtung	Docket 71-3a (US-Norm 111)		1. 1.74 1. 1.76	
Wischfeld Forderung größerer Wischfelder	US-Norm 104			1. 7.73
Frontscheibenentfrostung u.Verhindern d.Beschlagens Verschärfung existierender Vorschriften	Docket 1-13 (US-Norm 103)			1. 7.73

	Docket-Nr. US-Norm	Gesetz	ausgearb. Vorschlag	Ankündigung
Leuchten, Rückstrahl-Vorrichtungen Blinker Anforderungen der Klasse A, Leuchtfläche der Klasse B entsprechen, Farbe der Leuchten nach SAE Standard J 578 a, April 65, Forderungen an Plastic-Materialien, Bremsleuchten Anforderungen der Klasse A, Leuchtfläche muss der Klasse B entsprechen. Rückscheinwerfer nach SAE J 593 c, Februar 68, Kennzeichenbeleuchtung von oben und von der Seite	US-Norm 108	1. 1.72 1. 1.73		
Beleuchtungssystem Vergrößerung Lichtintensität, automat. Höhenverstellung der Scheinwerfer	Docket 69-19 (US-Norm 108)			1. 7.72
Reflektierende Oberflächen Die im Sichtfeld sich befindenden Fahrzeugteile dürfen einen gewissen Reflektanzwert nicht überschreiten	US-Norm 107			1. 7.73
Glatte Aussenkontur Forderung nach glatter Aussenkontur	Docket 2-5		1. 7.72	
Schmutzfänger Gefordert wirksame Radabdeckung, Spritzwinkel ≧ 20°.	Docket 70-21		1. 1.72	

In Ut bei K1W [dem Bereich Konstruktion Fahrgestell, Achsen, Bremsen, d. Verf.] müßte im Falle B ab Ende 1972 um 8 – 9 Konstrukteure aufgestockt werden.

Im Bereich der Motorenentwicklung – sowohl in Konstruktion als auch im Versuch – könnte der Kapazitätsbedarf für die 4-Scheibenentwicklung nur gedeckt werden, wenn die in der 2. Hälfte 1972 vorgesehene Grundsatzentscheidung über unsere PKW-Motorenzukunft zugunsten des Wankelmotors ausfällt und damit die Neuentwicklung einer Hubkolbenmotorenreihe entfällt. Dann wäre auch der zu erwartende Engpaß bei EV1 in der Fahrabteilung beseitigt.

Zur Fertigung der notwendigen 4-Scheibenmotoren für die Entwicklung neben den 2-Scheibenmotoren sind keine zusätzlichen Investitionen erforderlich.

	Docket-Nr. US-Norm	Gesetz	ausgearb. Vorschlag	Ankündigung
Feuersicherheit im Fahrzeuginnern Verwendung von schwer entflammbaren Materialien	Docket 3-3 (US-Norm 303)	1. 9.72		
Begrenzung der ins Wageninnere dringenden Abgasmenge durch Heizung und geöffnetem Seitenfenster	-			1.10.72
Warndreieck Warndreieck im Innenraum, muss von Vordersitzen aus erreichbar sein.	Docket 4-2		1. 1.72	

Sollte jedoch ein Facelifting W 114 ernsthaft ins Auge gefaßt werden, muß von einer Entwicklung C 101 aus Kapazitätssicht abgeraten werden.«

Der geschätzte Entwicklungskostenaufwand einschließlich Motor war für Fall A mit 43,6 Mio., für für Fall B mit 50,9 Mio. DM veranschlagt.

Bei Umlage dieser Kosten auf die Kalkulation vom 5. März 1970 ergaben sich damit folgende Selbstkosten:

Fall A: 164.300,– DM bei 500 Stück,
108.400,– DM bei 1000 Stück und
80.800,– DM bei 2000 Stück

Fall B: 178.800,– DM bei 500 Stück,
115.700,– DM bei 1000 Stück und
84.400,– DM bei 2000 Stück

Als Investitions- und Werkzeugkosten waren im März 1970 für Sindelfingen 2,8 bis 2,9 Mio. DM und für Untertürkheim 6,5 Mio. DM ermittelt worden. Zum Stand der Kostenschätzungen hieß es: »Selbstkosten und Bedarf an Fertigungsinvestitionen sind in Überarbeitung und müssen noch abgewartet werden.«

Inzwischen hatte sich Joachim Zahn am 29. Juni in einer Notiz an seinen Kollegen Hans Scherenberg gewandt, um das Thema C 111 erneut zu adressieren: »Wegen der Frage einer etwaigen Klein-Serie für den C 111 hatten wir vor einigen Wochen auch im Vorstand eingehende Überlegungen geführt. Ich sehe aber nicht, daß die Angelegenheit inzwischen irgendwie weitergekommen wäre. Dazu ist zu bemerken, daß natürlich mit Zeitablauf die Aktualität (und damit ein etwa denkbarer Erfolg) mehr und mehr beeinträchtigt wird. Wir müßten uns m.E. deshalb verhältnismäßig bald schlüssig werden. Dabei steht natürlich im Vordergrund der konkrete Nutzen (im Verhältnis zum Aufwand) für unser Gesamtgeschäft. Terminlich kommt hinzu, daß wir zweifellos in Kürze (sicherlich anläßlich der Hauptversammlung) mit erneuten Rückfragen in dieser Angelegenheit zu rechnen haben, für deren Beantwortung es natürlich wesentlich darauf ankommt, was wir eigentlich konkret in der Angelegenheit tun wollen.«

Votum ohne Alternative: keine Chance für die Serie

In der Vorstandssitzung vom 6. Juli 1971 wurde der C 111 erneut thematisiert und nochmals eingehend diskutiert. Langheck gab bekannt, daß die zu erwartenden Herstellungskosten zur Zeit nochmals überprüft werden und vertrat unabhängig davon den Standpunkt, eine positive Meinungsbildung sei nur vertretbar, »wenn durch Bildung besonderer Arbeitsgruppen in allen beteiligten Bereichen – […] Entwicklung ebenso wie Fertigung und Vertrieb – eine klare Abgrenzung gegenüber den eigentlichen Programmaufgaben sichergestellt wird«. Staelin hielt es »für nahezu ausgeschlossen, die zu erwartenden Probleme auf dem Gebiet des Kundendienstes zu beherrschen« und sah »die Gefahr, daß sich die Angelegenheit letzten Endes nicht förderlich, sondern schädlich auf den allgemeinen Ruf unseres Hauses auswirken könnte.« Zahn hob hervor, »daß der ursprünglich angestrebte werbemäßige Nutzen inzwischen weitgehend erreicht sein dürfte.« Andererseits hielt er es »für zweckmäßig, wenn den Ressorts Entwicklung und Öffentlichkeitsarbeit vor einer endgültigen Meinungsbildung - die s.E. möglichst bis zur diesjährigen Hauptversammlung erfolgen sollte - Gelegenheit zur Stellungnahme gegeben würde.« Im Ergebnis hielt der Vorstand an seiner früheren Meinung fest, dass »eine Serienproduktion des Typs C 111 nicht vorgesehen wird […], es sein denn, daß durch die Ressorts Entwicklung und/oder

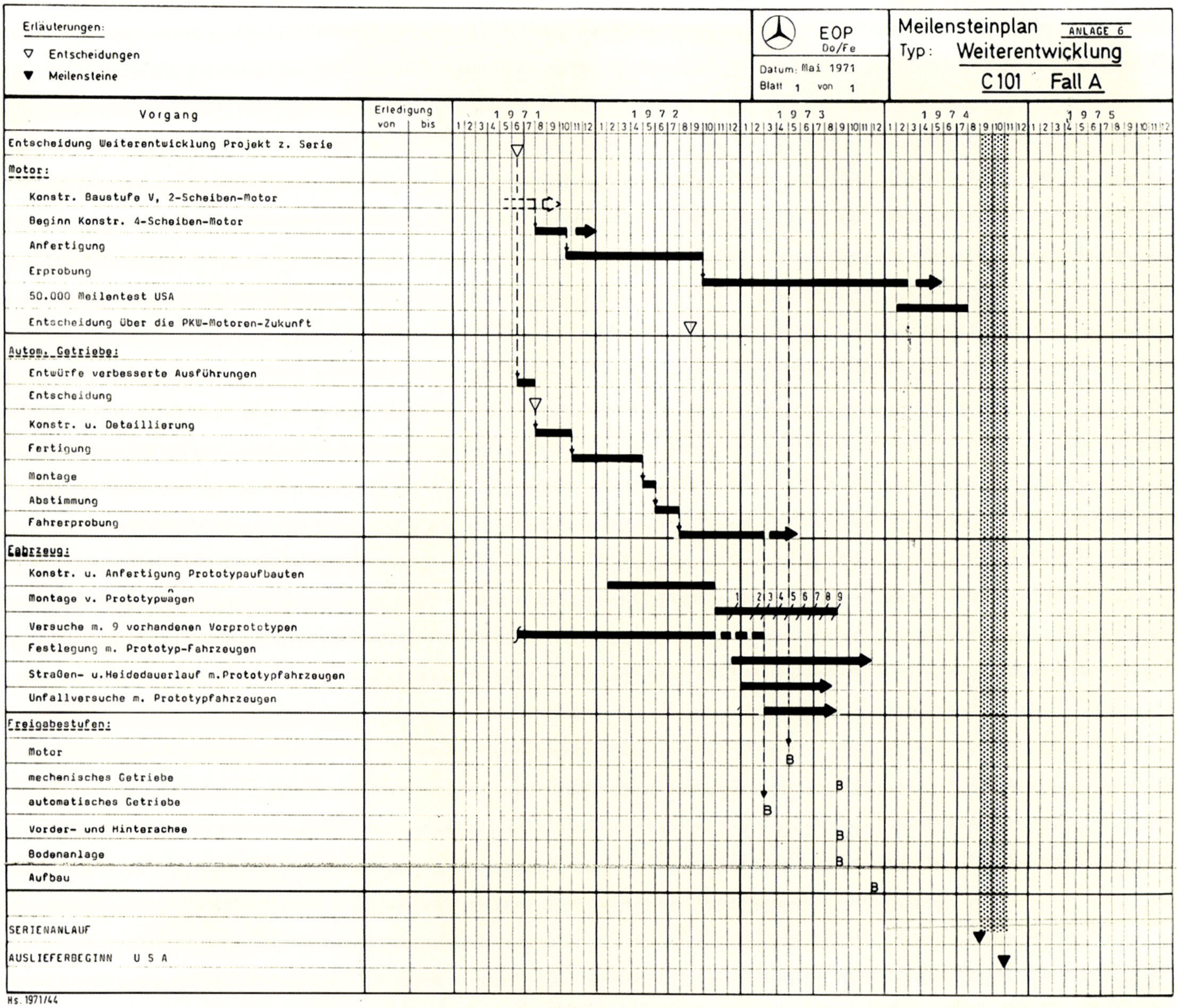

Meilensteinpläne, die der Bereich »Entwicklungs-Organisation und -Planung« im Rahmen der Vorstandsvorlage im Mai 1971 für die beiden Fälle »Weiterentwicklung« und »Neukonzeption« erstellte. Die Ergebnisse der Analyse waren ernüchternd und führten am Ende zur Entscheidung, von einer Serienproduktion des C 111 abzusehen.

Öffentlichkeitsarbeit bisher nicht berücksichtigte Gesichtspunkte vorgetragen werden« und stellte klar: »In der Sprachregelung nach außen ist auch weiterhin davon auszugehen, daß es sich um ein reines Experimentierfahrzeug handelt«. Der offizielle Beschluss, »die weiteren Arbeiten an dem Typ C 111 endgültig einzustellen«, wurde schließlich in der Vorstandssitzung am 23. November 1971 gefasst.

In der Zwischenzeit hatte die betriebswirtschaftliche Abteilung auf Basis der von den Werken neu eingereichten Zahlen eine dritte Kostenschätzung für den C 101 erarbeitet und am 19. Oktober an Joachim Zahn übermittelt. Gegenüber den bisherigen Kostenschätzungen hatte man auch eine zusätzliche Angabe für eine Gesamtauflage von 250 Stück – eine Größenordnung, wie sie Zahn gegenüber Flick erwähnt hatte – gerechnet. Es ergaben sich pro Fahrzeug geschätzte Selbstkosten von 296.100 DM bei 250 Stück, von 180.900 DM bei einer Gesamtauflage von 500 Stück, von 120.400 DM bei 1000 Einheiten und von 90.400 DM bei 2000

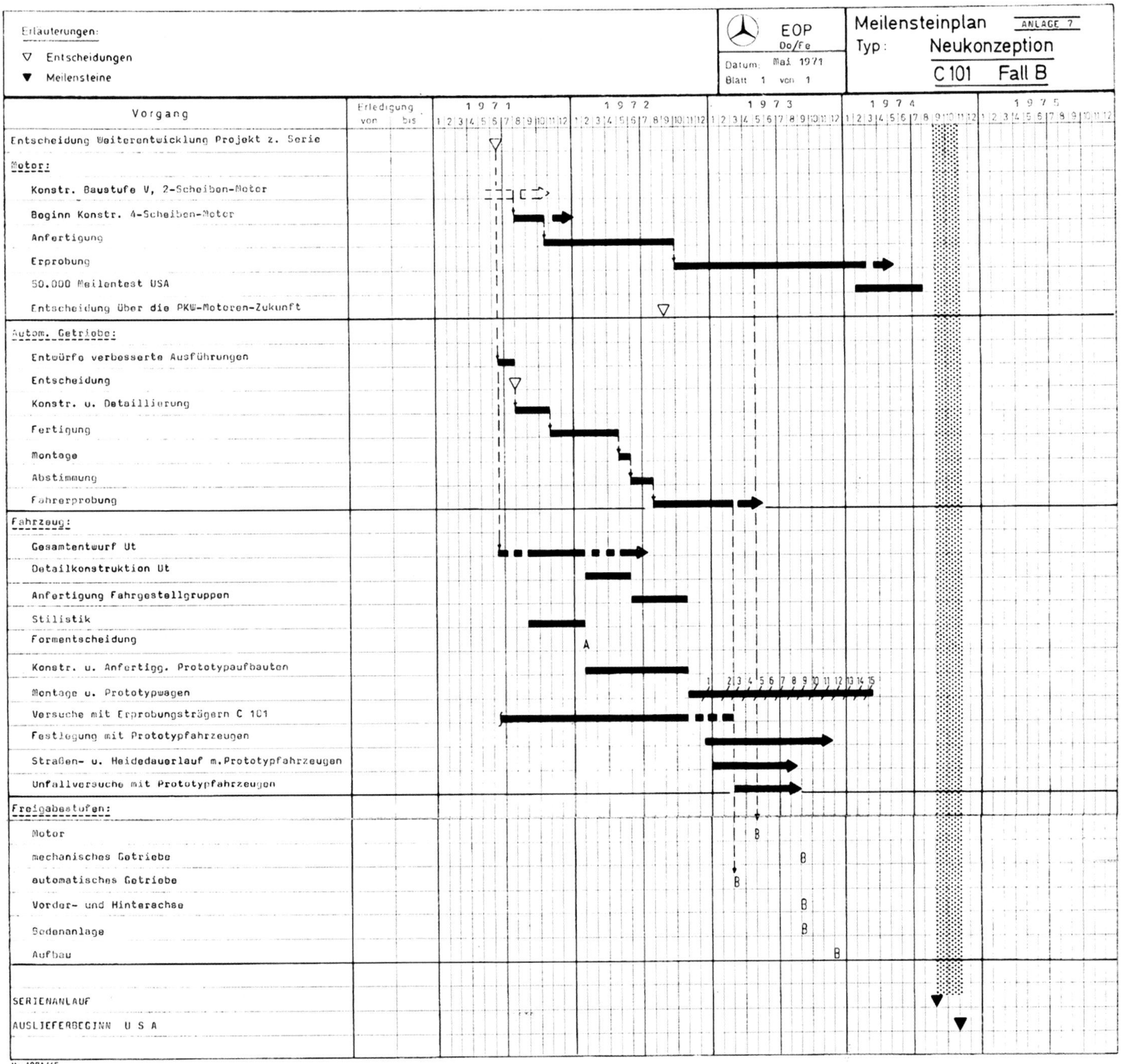

Hs.1971/45

Der C 111 war von Beginn an ein Star mit hoher Medienpräsenz. Links im August 1969 bei Filmaufnahmen auf der Einfahrbahn, rechts mit Fotograf und Filmschauspielerin Helga Anders bei Fotoaufnahmen für die Zeitschrift »Constanze«.

Fahrzeugen. Als Hauptursache der massiven Verteuerung gegenüber der Schätzung vom März 1970 wurden die Entwicklungskosten genannt, die einen Anteil von 88 % an der Gesamtverteuerung einnahmen. Diese Aussage rief den Entwicklungschef auf den Plan, der einen Kostenblock in dieser Höhe zunächst nicht nachvollziehen konnte. Bei den hier angesetzten Entwicklungskosten in Höhe von 47,5 Mio. DM handelte es sich jedoch um den Mittelwert der in der Vorstandsvorlage für Fall A (Serienreifmachung) und Fall B (Neukonstruktion) genannten Zahlen.

Die bisherigen Entwicklungskosten für das Projekt C 101 im Zeitraum von 1969 bis März 1971 hatte Projektleiter Dr. Liebold exakt ermittelt und in seiner Notiz vom 11. Mai 1971 zusammengestellt. Demnach waren 8,54 Mio. DM für die bis dahin auf die Räder gestellten elf Fahrzeuge angefallen, d. h. pro Fahrzeug rund 776.400 DM. Nicht einmal wirklich viel im Vergleich zum SL Roadster der Baureihe R 107, dessen zwanzig Prototypen die Summe von 23,7 Mio. DM verschlungen hatten, mithin knapp 1,14 Mio. DM pro Fahrzeug. In der Vorstandssitzung am 9. November 1971 wurden für den C 111 allerdings bislang angefallene Gesamtkosten von rund 15 Millionen DM genannt, die der Vorstand »angesichts des Werbeeffekts dieses Fahrzeugs für vertretbar« hielt – eine Einschätzung, die auch aus heutiger Sicht nachvollziehbar erscheint.

Messen, Models, Majestäten: der C 111 als Objekt der Begierde

Die Kaufinteressenten, denen die firmeninternen Überlegungen natürlich verborgen blieben, verharrten – trotz klarer Aussagen des Unternehmens – in freudiger Erwartung. Bereits am 17. April 1969 hatte sich Prinz Sadruddin Aga Khan, Kunstsammler, Automobilliebhaber und Flüchtlingshochkommissar der Vereinten Nationen, unter Bezug auf den am 10. April erschienenen Artikel in der »Automobil Revue« in einem Brief an Joachim Zahn gewandt, um sein Interesse an dem neuen Sportwagen zu bekunden. Zahlreiche weitere Interessenten folgten – wie erwähnt, zum Teil unter Einreichung von Blankoschecks. Ende November ließ Denis Jenkinson, Automobil-Journalist und Copilot von Stirling Moss beim legendären Mille-Miglia-Sieg im Jahr 1955, gegenüber der Presseabteilung verlauten, dass er sich gerne als Versuchsfahrer zur Verfügung stelle, falls sich das Haus Daimler-Benz jemals entschließen solle, den C 111 einer Reihe von außenstehenden Personen bereitzustellen. Ähnlich äußerte sich Ernst Hutzenlaub, geschäftsführender Gesellschafter der Wankel GmbH, Anfang Februar 1970 in einem Brief an Entwicklungschef Hans Scherenberg. Dabei bot er nicht nur sich selbst, sondern auch Erfinder und Mitgesellschafter Felix Wankel als Kandidaten für die Kundenerprobung des C 111 an. Sie alle musste das Unternehmen am Ende enttäuschen.

Das faszinierende Design und die hohe Aufmerksamkeit, die der C 111 auf sich zog, inspirierten dazu, den Traumwagen zusammen mit attraktiven Models in Szene zu setzen. Die »Deutsche Auto Zeitung« vom 9. März 1970 porträtierte den C 111 in ihrer Serie »Autos und Mädchen«.

Das Magazin »hobby« präsentierte den C 111 sogar auf der Titelseite mit einem sportlich-flotten Fotomodell und überzeugte im Artikel selbst durch inhaltliche Detailtiefe. Die in der Ausgabe vom 1. April 1970 veröffentlichten Aufnahmen waren auf der Einfahrbahn in Untertürkheim entstanden.

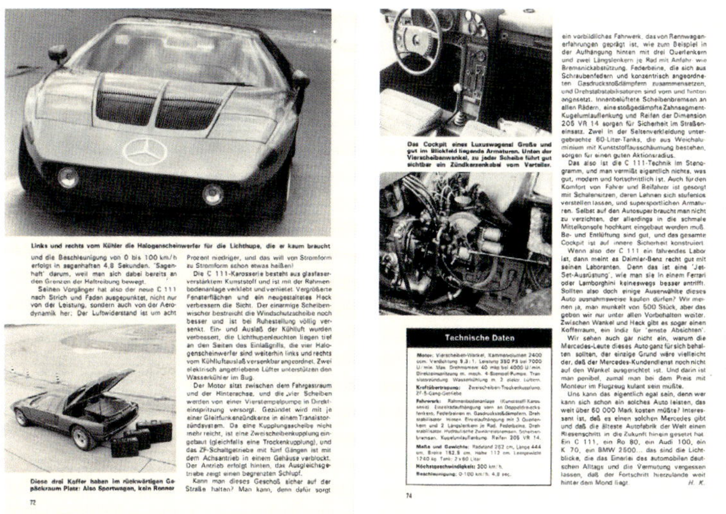

In der deutschen Erstausgabe des Männermagazins »Playboy« übernahm der Supersportwagen im August 1972 den automobilen Part (oben). 47 Jahre später widmete sich die »Playboy«-Ausgabe November 2019 in ihrem Motor-Special »Playboy Cars« erneut dem C 111 und thematisierte dessen 50. Geburtstag (Mitte und unten).

Motorsportaffinität: Auch wenn man die ursprünglichen Ideen zu möglichen Motorsporteinsätzen – zumindest in Bezug auf ein Werksengagement – recht schnell ad acta gelegt hatte: Der C 111 verströmte Sportlichkeit pur und die Kombination mit Weltklasse-Fahrern wie Juan Manuel Fangio (links) und Hans Herrmann (rechts) wirkte absolut stimmig.

Unikat: Noch seltener als sein Vorbild war das Einzelstück, das Daimler-Benz gemeinsam mit Porsche und Volkswagen für den persischen Thronfolger Cyrus Reza Pahlevi entwickelte und im Oktober 1972 auslieferte.

Dies betraf selbst treue Kunden von höchstem Rang und Namen: Nachdem der iranische Botschafter bei einem Besuch im Juli 1970 den Wunsch des Schahs nach dem Kauf eines C 111 überbracht hatte, konnte er den Traumsportwagen zwar bei einer Präsentation auf der Einfahrbahn im Werk Untertürkheim erleben, erhielt für seinen hochrangigen Arbeitgeber aber dennoch einen abschlägigen Bescheid – stattdessen verwies Zahn auf den kommenden SL Roadster. Auch wenn der Wunsch des Schahs in diesem Fall nicht erfüllt werden konnte, so erhielt das persische Herrscherhaus gut zwei Jahre später, im Oktober 1972, ein ebenso exklusives Fahrzeug. Der von Daimler-Benz, Porsche und Volkswagen gemeinsam entwickelte einsitzige offene Sportwagen, als Geburtstagsgeschenk zum 12. Geburtstag des Schah-Sohns Cyrus Reza Pahlevi bestellt, basierte auf einem Formel-Super-Vau-Rennwagen-Fahrgestell der Firma Fuchs in Rutesheim und ähnelte durch seine ungewöhnliche Farbgebung sowie einige Designelemente dem C 111. So ist es dann auch nicht

Der C 111 war nicht nur der sprichwörtliche Trumpf vieler Auto-Quartettspiele, er spielte 1971 auch eine zentrale Rolle in einer Marketingmaßnahme des Mineralölkonzerns Shell: Beim Tanken von mindestens 20 Litern Kraftstoff an einer Shell-Tankstelle erhielten Autofahrer eine Medaille mit einem von 16 »weltberühmten Sportwagen«, darunter dem C 111.

Publikumsmagnet: Auch nach seinen Premieren in Frankfurt und Genf sorgte der C 111 noch lange für Furore, wo immer er erschien. Die Momentaufnahme von einer Ausstellung in Hongkong im November 1970 (oben rechts) dokumentiert das mehr als deutlich. Die anderen Fotos zeigen den C 111 im April 1970 auf der New York Auto Show (oben links) sowie 1971 in Djakarta/Indonesien (unten links) und Sydney/Australien (unten rechts).

Auch wenn kein Ausstellungsfahrzeug verfügbar war, blieb der C 111 dennoch ein zentrales Thema beim Messeauftritt von Mercedes-Benz, wie hier im Jahr 1970 in Brno/damals ČSSR (links) und 1971 in Kuwait (rechts).

Mit Spannung erwartet: Zur Industrieausstellung, die im März/April 1971 in São Paulo/Brasilien veranstaltet wurde, reiste der C 111 per Luftfracht. Die »Auto Zeitung« griff das in ihren Nachrichten auf und vermeldete: »Mehr Kilometer in der Luft als auf der Straße hat der Mercedes-Prototyp C 111 bisher zurückgelegt.« Eine Aussage, die für das nur als Ausstellungsfahrzeug eingesetzte Exemplar des Versuchswagens zweifellos zutraf.

In São Paulo gehörte der C 111 zu den Attraktionen der Ausstellung und stahl nicht nur dem 250 CE die Schau.

Auf der Hannover Messe im April 1972 war der C 111 auf dem Stand von IBM zu bewundern. Der amerikanische Hardware- und Software-hersteller warb damit für computerunterstütztes Konstruieren nach der Finite-Elemente-Methode. Ausgestellt war Wagen 31 in der neuesten Ausführung mit Bugverbreiterung.

Im Februar/März 1973, drei Jahre nach seiner Premiere in Genf, wurde der C 111-II in sehr prominenter Position auf der Mercedes-Benz Sonderausstellung in Moskau präsentiert. Zum Einsatz kam Wagen 34. Im Bild rechts mit den ersten Besuchern unmittelbar nach der Eröffnung.

verwunderlich, dass beide Fahrzeuge zusammen in einer Fotoserie auf der Einfahrbahn in Sindelfingen im Bild festgehalten wurden.

Aufgrund seiner großen Popularität wurde der C 111 noch lange und intensiv in der Kommunikation eingesetzt und diente der Stuttgarter Marke in aller Welt als exzellenter Imageträger. Zudem präsentierte das seinerzeit als eher konservativ geltende Unternehmen mit dem spektakulären Experimentalfahrzeug auch den anschaulichen Beweis, dass man sich sehr intensiv um die Forschung und um Zukunftsthemen kümmerte. Noch in der Vorstandssitzung vom 4. September 1973 verwies Vorstandsmitglied Heinz Schmidt »auf die hervorragenden positiven Ausstrahlungen auf unser Programm, welche der C 111 durch die Deklarierung als ›rollendes Labor‹ hatte.« Ein halbes Jahr zuvor war der C 111 noch der Star der Mercedes-Benz Sonderausstellung in Moskau gewesen, die im Februar/März 1973 mit sehr großer Medienresonanz stattgefunden hatte. Ungeachtet des vom Vorstand deklarierten Entwicklungsstopps, der sich auf die Weiterentwicklung zum Serienfahrzeug bezog, sah zur gleichen Zeit eine vollkommen neue Variante ihrer Fertigstellung entgegen, die allerdings noch zweieinhalb Jahre in Anspruch nehmen sollte: der C 111 mit Kunststoff-Bodengruppe.

Neue Technologien: der C 111 mit Kunststoff-Bodengruppe

Mit dieser von Grund auf neu entwickelten Variante wurde der C 111 einmal mehr seiner Funktion als Experimentalfahrzeug gerecht und spielte eine wichtige Rolle bei der Erforschung neuer Technologien. Dabei ging es um die Verwendung von Kunststoffen im Automobilbau – nicht nur für die Karosserie, sondern auch für die tragende Bodengruppe.

Auf der Hannover Messe im April 1967 hatte der Chemiekonzern Bayer erstmals eine selbsttragende Fahrzeug-Bodengruppe in moderner Sandwich-Konstruktion aus Kunststoff vorgestellt. Aufgebaut in »Kernverbundbauweise aus Chemiewerkstoffen«, wie es seinerzeit offiziell hieß, wollte Bayer damit die Anwendbarkeit dieser Werkstoffe für dynamisch beanspruchte Fahrzeugstrukturen demonstrieren. Die technischen Komponenten stammten vom BMW 2000.

Das ausgefallene Fahrzeugkonzept, ursprünglich 1963 von Designer Hans Gugelot und seinen Mitarbeitern der Gugelot Design-GmbH in Neu-Ulm initiiert, erregte so viel Aufsehen, dass sogar »Der Spiegel« berichtete. Die »Welt« bezeichnete es als »Eine kleine Sensation«, und die »Welt am Sonntag« nannte es gar »das ungewöhnlichste Auto des Jahres«.

Nach der Messepräsentation in Hannover wurde die Bodengruppe zu einem kompletten Fahrzeug aufgebaut, um die Möglichkeiten von Chemiewerkstoffen im Automobilbau noch augenfälliger aufzuzeigen. Das dabei entstandene Sportcoupé wurde im Oktober 1967 erneut der Öffentlichkeit präsentiert – diesmal auf der Düsseldorfer Kunststoff-Messe K'67 – und erhielt folgerichtig die Bezeichnung K 67.

Die von Bayer präsentierte Bodengruppe in Kernverbundbauweise aus Kunststoff war selbsttragend konzipiert, und das mit Aggregaten des BMW 2000 komplettierte Chassis wurde einer eingehenden Fahrerprobung unterzogen. Die Fotos entstanden im April 1969 in Sindelfingen.

Auf der Kunststoffmesse K'67 in Düsseldorf präsentierte Bayer die zu einem kompletten Fahrzeug aufgebaute Kunststoff-Bodengruppe. Links im Bild die Bodengruppe mit aufgesetzter Schnittkarosserie, rechts das ebenfalls zeitgenössische Foto mit dem heute noch existierenden Komplettfahrzeug Bayer K 67.

Technisches Neuland: die Kunststoff-Bodengruppe für den C 111

Eineinhalb Jahre später wurden erste Überlegungen angestellt, auch den C 101 in einer Variante analog dem Bayer-Kunststoffauto zu konstruieren. Bereits am 16. April 1969 – die Entscheidung für die GFK-Karosserie des C 101 war noch gar nicht gefallen – unterbreitete eine Delegation der Farbenfabriken Bayer anlässlich eines Besuchs in Sindelfingen den Vorschlag, parallel zur laufenden Konstruktion des Wankel-Sportwagens eine Sandwich-Bodenanlage zu entwickeln. Auf dieser Grundlage wurde vereinbart, dass Bayer anhand der Konstruktionsunterlagen des C 101 die Möglichkeiten prüft und »Prinzipvorschläge für eine Sandwich-Bodenanlage und einen nichttragenden Aufbau« erarbeitet. Ein wichtiges Ziel war dabei die Entwicklung einer auch für kleine Serien preiswert und leicht herzustellenden Alternative zu der bisherigen Blech-Bodengruppe.

Die neuartige Bodengruppe sollte dem Bayer K 67 entsprechend mit zwei Deckschichten aus glasfaserverstärktem Kunststoff (GFK) und hartem Polyurethan-(PUR-)Schaumstoff für den Stützkern ausgeführt werden. Um einen direkten Vergleich zwischen der Kernverbund-Bauweise aus Chemiewerkstoffen und der Stahlblech-Bodengruppe zu ermöglichen, waren bei der Entwicklung eine Reihe von Rahmenbedingungen zu berücksichtigen. So mussten die Anordnung der Antriebsaggregate und Fahrwerkskomponenten, die Lage der Kraftstoffbehälter seitlich zwischen den Achsen, die Abmessungen der Fahrgastzelle und das Erscheinungsbild unverändert übernommen werden.

In der Besprechung am 16. April 1969 schlugen die Experten der Farbenfabriken Bayer (FFB) vor, für die Herstellung eines Versuchsfahrzeuges die vorhandenen Fertigungseinrichtungen bei der Waggon- und Maschinenfabrik Donauwörth (WMD), die auch das Bayer-Auto hergestellt hatte, zu nutzen. Mit einer derartigen Anlage könnten bei Investitionen von etwa 400.000 DM drei bis zehn rohe Rahmenbodenanlagen gefertigt werden. Für das Gewicht der Bodengruppe des Bayer-Autos wurden 170 kg genannt, wobei eine mögliche Reduzierung auf 150 kg in Aussicht gestellt wurde. Damit lag das Gewicht in der Größenordnung der Stahlblech-Bodengruppe des C 111. Da die für die Bodenanlage verwendeten hautbildenden Hartschaumstoffe nach Ansicht der FFB noch nicht für einen kompletten Aufbau geeignet waren, wurde ein »Aufbau aus glasfaserverstärktem Polyester entsprechend Porsche Rennsportwagen« vorgeschlagen.

Die Gesprächspartner der Daimler-Benz AG stellten fest, dass für eine Kunststoff-Bodengruppe umfangreiche Laboruntersuchungen und Fahrversuche notwendig wären, da zum damaligen Zeitpunkt außer den beiden Bayer-Fahrzeugen noch keine weiteren Praxisversuche bekannt waren. Neben der zu definierenden Terminplanung sahen sie Klärungsbedarf vor allem für das Gewicht des Fahrzeugs, den Raumbedarf der Sandwich-Konstruktion sowie Festigkeit, Steifigkeit und Temperaturen im Motorraum.

Bereits acht Tage später fand in Gegenwart zweier Mitarbeiter der FFB in Sindelfingen erneut eine Besprechung zur »Entwicklung einer Bodengruppe in Sandwich-Füllbauweise« statt. Dabei wurde festgestellt, dass eine Metall-Sandwichkonstruktion, die extremen Leichtbau mit optimalen Steifigkeitswerten ermöglichen würde, »zur Zeit nicht aussichtsreich erscheint«. Dagegen wurde die Darstellbarkeit einer Sandwich-Bodengruppe mit GFK-Deckschichten als erfolgversprechend eingestuft. Für das Gewicht einer derartigen Bodenanlage wurden nun sogar nur 130 kg angenommen.

Beginnend am 18. Juni 1969 wurde das Projekt in weiteren Arbeitssitzungen mit Vertretern der FFB sowie der Messerschmitt-Bölkow-Blohm GmbH (MBB) als Muttergesellschaft der WMD weiterentwickelt. Projektverantwortlicher auf Seiten von Daimler-Benz war Klaus Matthias, Mitarbeiter der Konstruktion Pkw-Aufbauten in Sindelfingen. In der Besprechung am 18. Juni wurde einvernehmlich festgestellt, dass es auf Basis der vorliegenden Untersuchungen möglich ist, für den C 101 eine Kunststoff-Bodengruppe zu entwickeln. Außerdem wurde vereinbart, dass die Farbenfabriken Bayer eine Bodengruppe mit Trieb- und Fahrwerksteilen für den sogenannten Heidedauerlauf (wie die Schlechtwegerprobung bei Daimler-Benz genannt wurde) zur Verfügung stellen, um die dynamische Belastbarkeit einer Kunststoff-Bodengruppe ermitteln zu können. Am 25. Juli bestätigten die Vertreter von FFB und WMD, dass die von der Konstruktion Sindelfingen vorgelegten Unterlagen den Vorstellungen hinsichtlich Konzept und Querschnittausbildung entsprechen, und dass somit keine Bedenken bestehen, eine tragfähige Bodenanlage in Kunststoff-Sandwich-Bauweise erstellen zu können. Wegen der umfassenden einzuhaltenden Vorgaben ging die Verantwortung für die Konstruktion der Bodengruppe auf Daimler-Benz über, während sich die FFB auf umfangreiche Werkstoffuntersuchungen und die WMD auf die Fertigung und die Entwicklung der erforderlichen Werkzeuge und Vorrichtungen konzentrierten. So analysierten die Farbenfabriken Bayer die Werkstoffeigenschaften der ausgewählten Glasgewebetypen und Harze unter Fertigungsbedingungen, optimierten die für die Verbindung zwischen Stützkern und GFK-Schalen erforderlichen Randzonenarmierungen und führten Klebeversuche an Flanschen sowie Crashversuche an Deformationskörpern durch. Diskutiert

Das Chassis des Bayer K 67 mit Kunststoff-Bodengruppe in Kernverbundbauweise beim Crashtest in Sindelfingen am 19. September 1969 nach der Kollision.

wurden in der Besprechung am 18. Juni auch Überlegungen, die Vorderkotflügel in die Bodengruppe zu integrieren, um bei Auffahrunfällen die Kollisionsenergie bestmöglich aufnehmen zu können.

Bei der nächsten Projektbesprechung am 19. September wurde es laut: Eine von Bayer bereitgestellte, mit Aggregaten ausgerüstete Bodengruppe des Bayer-Autos wurde in Gegenwart der Projektpartner in Sindelfingen einem Crashtest unterzogen. Angetrieben von der damals üblichen Heißwasserrakete, kollidierte das Fahrzeug unter freiem Himmel mit 48 km/h frontal mit einem tonnenschweren Betonklotz, der als starres Hindernis fungierte. Der Versuchsbericht vom 5. Dezember 1969 stellte fest: »Das Verhalten der Bayer-Bodengruppe beim Aufprall kann für den Kunststoff positiv beurteilt werden. Der Vorbau ›knautschte‹ (Bayer BMW ca. 160 mm, W 115 ca. 400...500 mm) bis zur Vorderachse, während der Fahrgastraum nicht deformiert wurde. Die Verzögerungen lagen dabei allerdings bei erheblich höheren Werten, als sie bei unseren Fahrzeugen auftreten. Ferner verläuft die Deformation über einen zu geringen Zeitraum, so daß ein Abbremsen – auch von angeschnallten – Insassen mit der Vorbaudeformation kaum möglich ist.«

Bezogen auf das Projektziel, für den C 111 eine Sandwich-Bodengruppe zu entwickeln, hieß es im Versuchsbericht: »Im Wesentlichen kann gesagt werden, daß wahrscheinlich die Möglichkeit gegeben ist, ein selbsttragendes Kunststoffchassis herzustellen, welches bezüglich Verzögerungsdauer, max. Verzögerung und Bremsweg derzeitigen Stahlblechkarosserien entspricht. Hierzu müßte das Kunststoffchassis in folgenden Punkten verbessert werden:

a) Längerer Vorbau
b) Radkästen nicht im Vorbau integrieren, um bezüglich der »Längsträger«-Formgebung mehr Freiheit in Hinsicht auf den möglichen Deformationsweg zu erreichen.
c) Reduzierung der Glasmengen und Dichteabnahme des Schaumstoffes nach vorne zu den stoßgefährdeten Bauteilen hin.
d) Verbesserung der Tiefenverankerung des Glasgewebes im Kern.«

Die Entscheidung, die Vorderkotflügel bzw. vorderen Radkästen nun doch nicht in die Bodengruppe zu integrieren, war bereits am Tag des Crashtests gefallen – auch deshalb, weil die erforderliche Verbindungsmethode der beiden GFK-Schalen für die Realisierung einer fugenlosen Karosserie noch keine befriedigenden Ergebnisse erwarten ließ. Außerdem wurden die Herausforderungen der Achs- und Lenkungsbefestigung anhand von Vorentwürfen besprochen.

Anlässlich des Besuchs einer Bayer-Delegation in Sindelfingen, bei dem am 14. November 1969 unterschiedliche Felder der zukünftigen Zusammenarbeit erörtert wurden, ging es unter anderem um die Sandwich-Bodengruppe für den C 111. Nachdem die endgültige Karosserieform für den mit Stahlblech-Bodengruppe ausgerüsteten C 111 der zweiten Serie inzwischen feststand, konnten die Konstruktion der Kunststoff-Bodengruppe und die Erstellung eines 1:1-Modells in Angriff genommen werden. Der Projektfortschritt der folgenden Monate ist in den Protokollen der zwischen Ende April und Mitte Juni 1970 in Sindelfingen und Donauwörth durchgeführten Arbeitssitzungen dokumentiert. Problemstellungen ergaben sich aus der Tatsache, dass weitgehend die vorhandenen Aggregate verwendet werden sollten. Vor diesem Hintergrund erschien es zweckmäßig, für die Motorlagerung sowie die Federaufnahme und Querlenkerbefestigung der Hinterachse einen aus umgeformten Aluminiumblechen geschweißten separaten Träger vorzusehen – den sogenannten Heckträger, der an die GFK/PUR-Bodenanlage anzuschrauben war. Der Querträger unter der Armaturentafel, der sogenannte Aggregateträger, wurde ebenfalls als gesondert herzustellendes Bauteil konzipiert und bestand wie der Großteil der Bodenanlage aus GFK/PUR.

Neue Herausforderungen: Steifigkeit und Fertigung der Bodengruppe

Grundaufbau und Fertigung der Kunststoff-Bodengruppe für den C 111 waren analog zur Fahrzeugstudie von Bayer vorgesehen: Die Bodengruppe sollte ebenfalls aus zwei Kunstharzschalen bestehen, in deren Deckschichten eine – den Belastungen angepasste – Anzahl an Glasfaser-Gewebelagen angeordnet war. Die Herstellung der Bodengruppe umfasste zunächst das Laminieren der beiden Schalen in den dafür entwickelten Werkzeugen. Nach dem Verkleben von Ober- und Unterschale war im nächsten Schritt vorgesehen, den Zwischenraum durch Ausschäumen zu einem durchschnittlich 30 mm dicken Kernverbund zu stabilisieren. Im Gegensatz zu dem für die Karosserie verwendeten Polyesterharz musste für die Bodengruppe das teurere, aber exakter zu verarbeitende und widerstandsfähigere Epoxidharz zum Einsatz kommen. Sogenannte Randzonenarmierungen aus Acryl- und Polyamidfaser-Vliesen sorgten dafür, dass der Stützkern aus Polyurethan-Schaum mit den Schalen fest verbunden wurde. Die Innenschalen in den Seitenschwellern und in der Belüftungsanlage waren im Produktionsprozess durch Kerne aus Holz bzw. Gips gestützt, die mit einem Laminat aus Glasfasergewebe und Harz ummantelt und mit Randzonenarmierungsvlies beklebt wurden und sich nach dem Ausschäumen entfernen ließen.

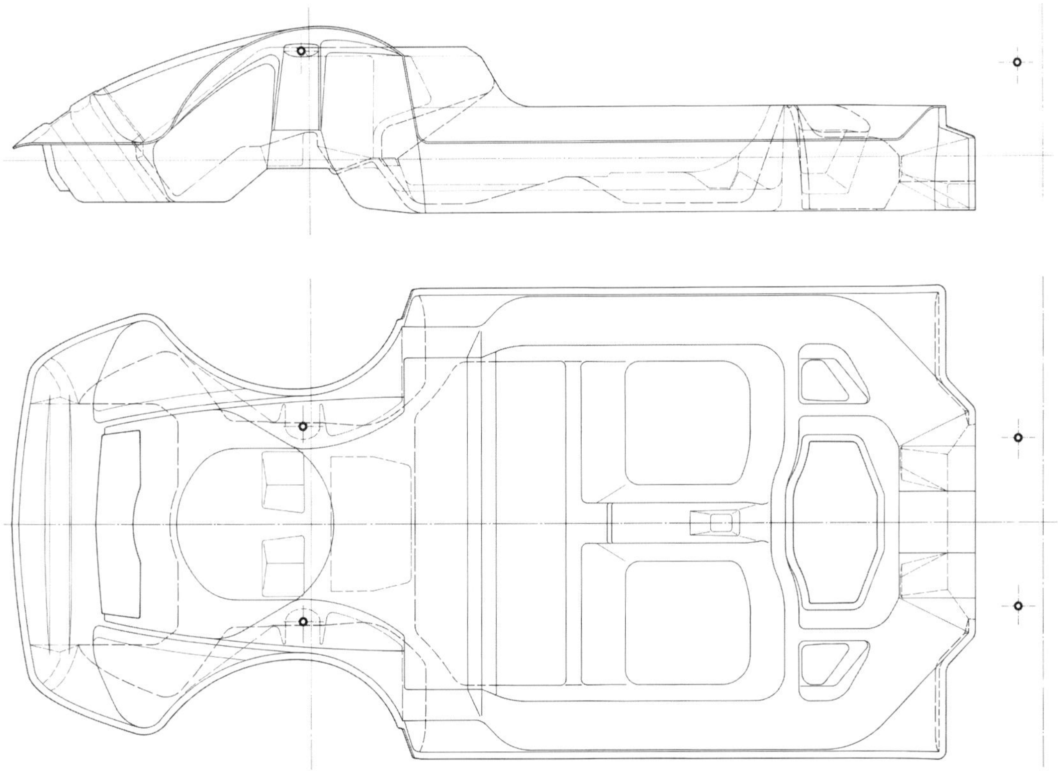

Bei dem von Klaus Matthias bereits 1969 erarbeiteten ersten Entwurf einer GFK-PUR-Bodengruppe für den C 111 war der Heckträger noch nicht integriert.

Das Urmodell des ersten Entwurfs einer GFK-PUR-Bodengruppe für den C 111 wurde im September 1970 bei der Firma Modellbau Apitz in Wullenstetten in mühevoller Kleinarbeit aus Holzspanten angefertigt.

Das inzwischen fertiggestellte Urmodell des ersten Entwurfs der GFK-PUR-Bodengruppe, aufgenommen im Oktober 1970 bei Modellbau Apitz in Wullenstetten.

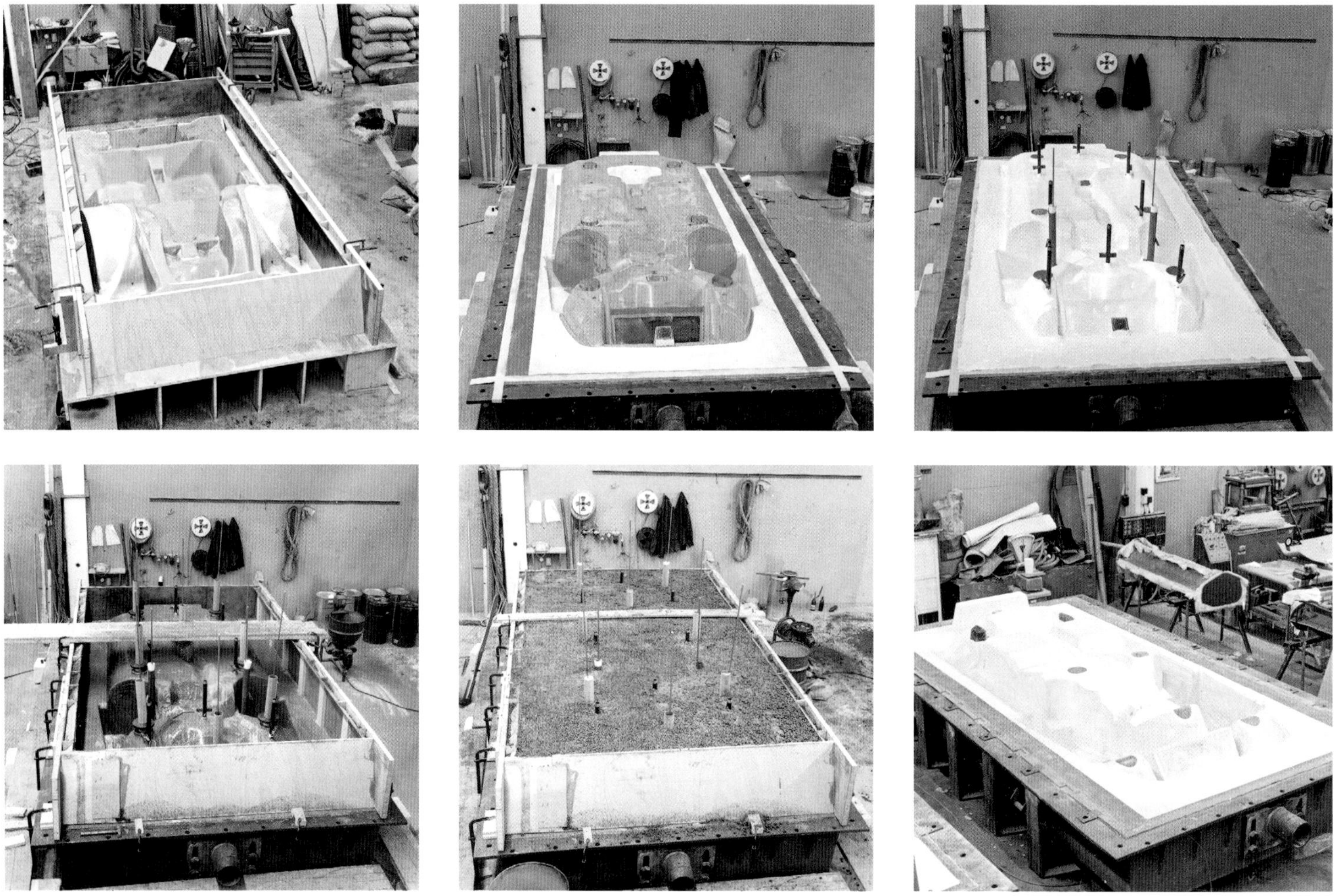

Die Laminier- und Schäumvorrichtung für den ersten Entwurf der GFK-PUR-Bodengruppe wurde im Dezember 1970 entwickelt. Das Bild oben links zeigt den Formenbau für die Oberschale. Im Bild oben Mitte die fertige Form der Oberschale, um 180° gedreht und mit eingebettetem Urmodell, dessen Unterseite jetzt freiliegt. Die folgenden drei Fotos (oben rechts bis unten Mitte) dokumentieren die weiteren Phasen des Formenbaus für die Unterschale: das mit Trennlack und den Schaum-Einfüllröhren versehene Urmodell sowie die mit den provisorischen äußeren Stützwänden versehene Form vor und nach der Befüllung mit dem Formenmaterial; die Abbildung unten rechts zeigt schließlich die fertige Laminier- und Schäumvorrichtung für die Oberschale. Rechts neben der Form sieht man den Formkern für die Innenschale des äußeren Längsträgers. Der Form- und Stützkern wird nach dem Schäumprozess nach hinten aus der Form gezogen.

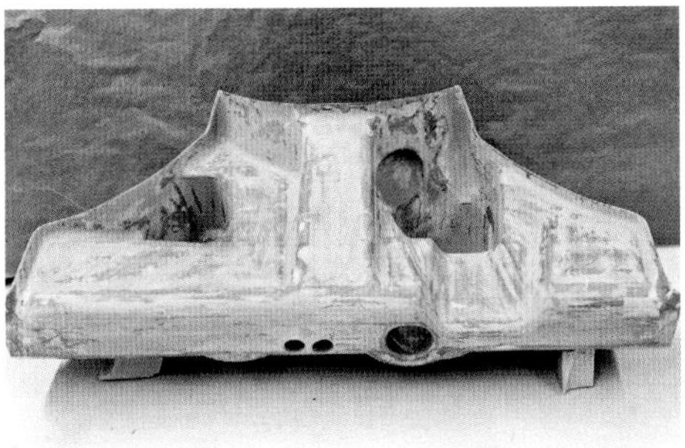
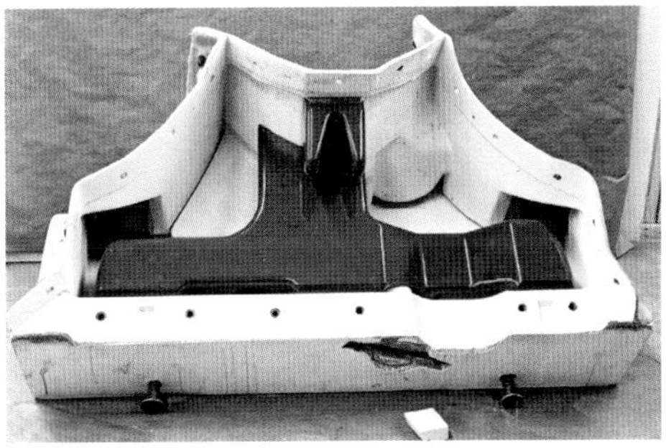
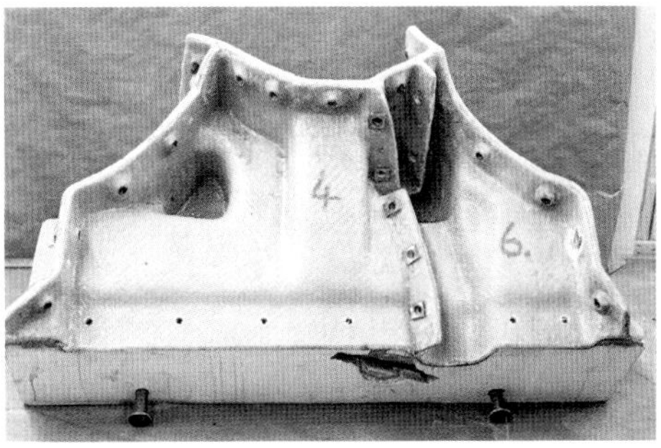

Der Aggregateträger war als separates Bauteil konzipiert. Die Bilder zeigen das Urmodell (links) sowie das Werkzeug in geöffnetem Zustand mit eingelegtem Kern für die Luftführung (Mitte) und in geschlossenem Zustand.

Nachdem das Urmodell der Bodengruppe in ihrer ersten Ausführung im Oktober 1970 fertiggestellt war, wurde der Großteil der Laminier- und Schäumvorrichtung in der Waggon- und Maschinenfabrik Donauwörth entwickelt, während die Bayer AG das Werkzeug des Aggregateträgers beisteuerte. Die anschaulichere Bezeichnung »Armaturenträger« wurde hier nicht verwendet, um Missverständnisse und Verwechslungen mit der Armaturenanlage zu vermeiden, da diese nur einen kleinen Teil des komplexen Bauteils ausmachte.

Die ersten Schäumversuche fanden im Februar 1971 in Donauwörth statt. Die dabei erstellte Sandwich-Bodengruppe wog mit 149 kg etwas weniger als die bisherige aus Stahlblech gefertigte Konstruktion. 60 kg entfielen auf die beiden GFK-Schalen, 12 kg auf die Verklebung der Schalenteile und 77 kg auf den Stützkern aus Polyurethan. Von dieser ersten Schäumstudie wurden Längs- und Querschnitte angefertigt, um einen Eindruck von der Schaumverteilung, der Dichte des Schaumes innerhalb der Bodengruppe und der Wirksamkeit des zweilagigen Randzonenarmierungsvlieses zu gewinnen. Dazu wurde die Durchdringung der äußeren Lage des Vlieses mit Schaum und die Verankerung der inneren Lage mit der GFK-Deckschicht untersucht.

Auf Basis der Erkenntnisse, die bei der Analyse der Schäumstudien gewonnen wurden, entstand schließlich eine Bodengruppe der ursprünglichen Konstruktion, mit der in Sindelfingen Messungen der Torsionssteifigkeit durchgeführt wurden. Die Ergebnisse waren wenig zufriedenstellend, was hauptsächlich auf den sehr weichen Anschlussbereich zwischen dem Aluminium-Stumpf des Heckträgers und den seitlichen Längsträgern zurückgeführt wurde.

Aufgrund dieses Befundes wurde eine gewichts- und steifigkeitsoptimierte Variante konstruiert. Eine Modifikation der Schäumform sollte es ermöglichen, den Heckträger aus Aluminium vor dem Verkleben von Ober- und Unterschale gleich in die Form mit einzulegen, statt

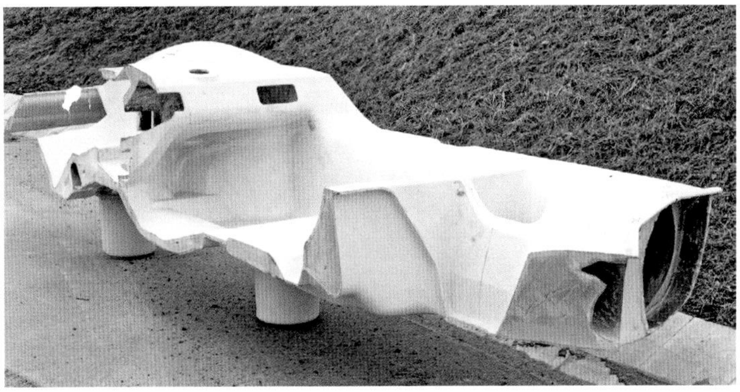
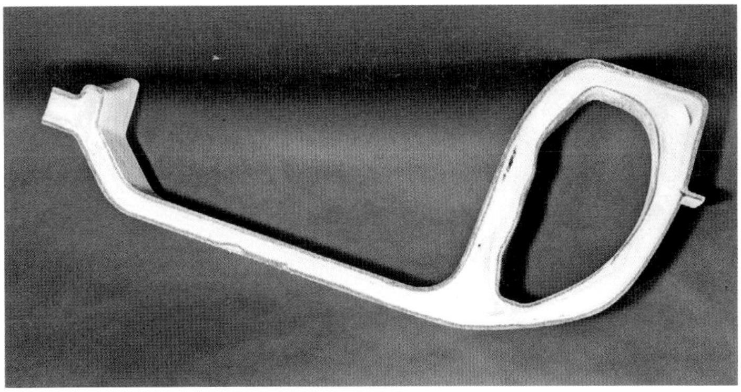

Von der bei den ersten Schäumversuchen erzeugten GFK-PUR-Bodengruppe wurden Längs- und Querschnitte angefertigt und im Detail untersucht. Das Bild unten veranschaulicht das Profil eines Längsträgers.

Die nach den ersten Schäumversuchen hergestellte GFK-PUR-Bodengruppe des ersten Entwurfs wurde im März 1971 in Sindelfingen auf ihre Torsionssteifigkeit untersucht.

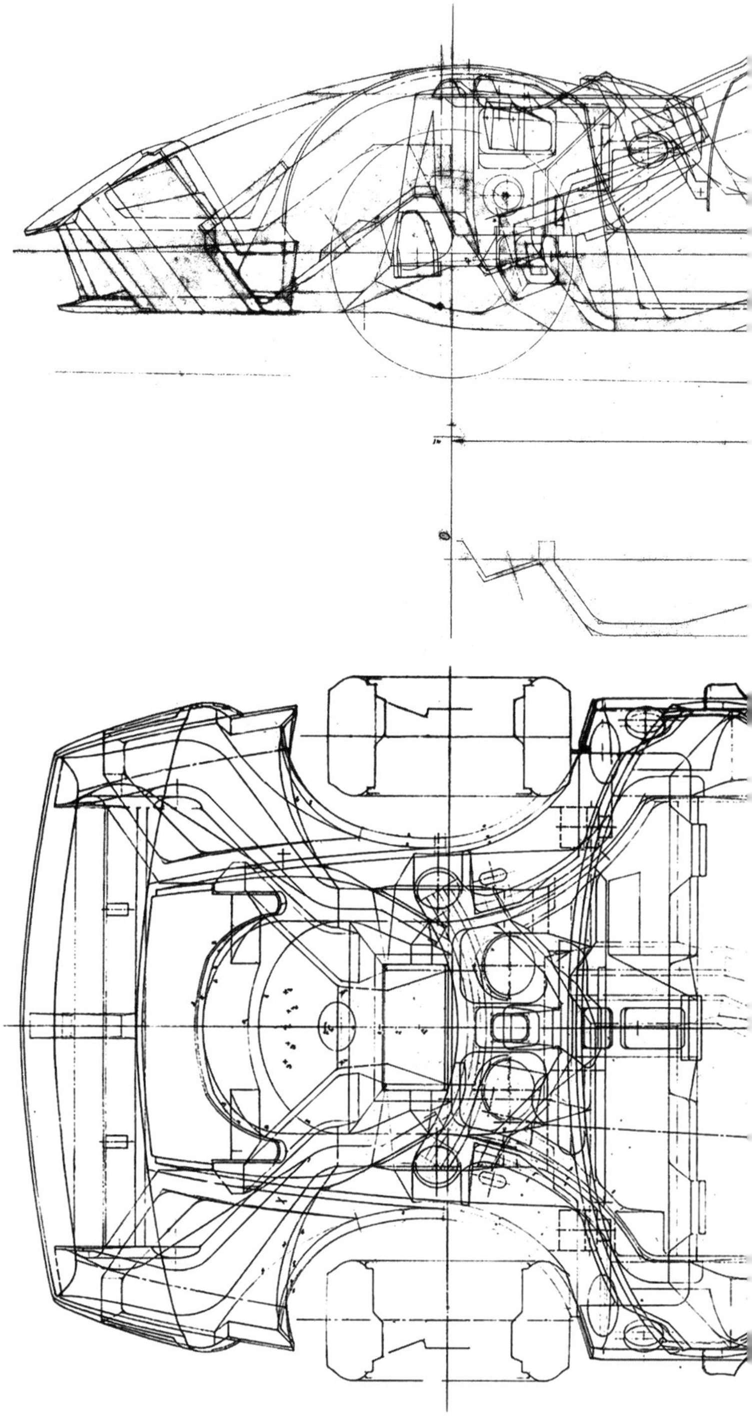

ihn wie zuvor in eine nachträglich eingesetzte Tasche einkleben zu müssen. Dadurch sollte eine bessere Verbindung zwischen Heckträger und GFK-Schalen erreicht werden. Auch die Krafteinleitung wurde überarbeitet, um eine größere Steifigkeit im Heckbereich zu erzielen. Eine Neugestaltung der Anschlüsse des Aggregateträgers zielte darauf ab, die bislang unbefriedigende Verbindung mit der Bodengruppe zu verbessern. Schließlich bestand eine weitere Optimierung darin, die an Wagen 31 inzwischen vorgenommene Bugverbreiterung auch für die Kunststoff-Bodengruppe zu übernehmen. Die dadurch notwendige Änderung der Kanäle für die Innenraumbelüftung ermöglichte zugleich eine bessere Integration in die Bodengruppe.

Durchdacht bis ins Detail: die Konstruktion der weiterentwickelten GFK-PUR-Bodengruppe

Die Einzelheiten der Konstruktion und der verwendeten Materialen fasste Projektleiter Klaus Matthias in einem sehr detaillierten Aufsatz in der »Automobiltechnischen Zeitschrift (ATZ)« vom März 1983 zusammen, dem die folgenden Informationen – teilweise in wörtlicher Formulierung – entnommen sind.

Die Gestaltung der tragenden Struktur wurde in hohem Maße durch die bereits genannten Rahmenbedingungen bestimmt: Durch die unverändert zu übernehmende Anordnung der Antriebsaggregate, Fahrwerkskomponenten und Kraftstoffbehälter, die definierten Ab-

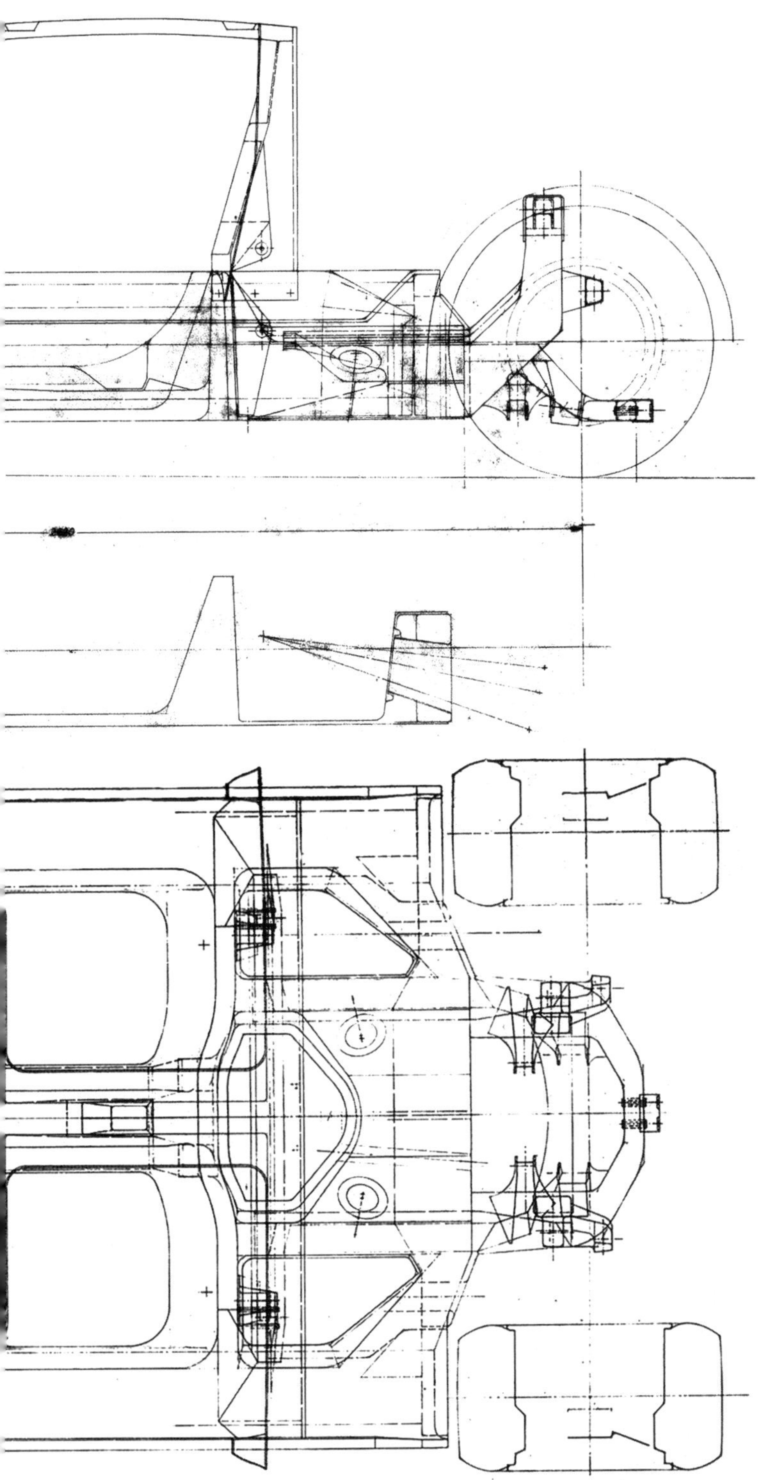

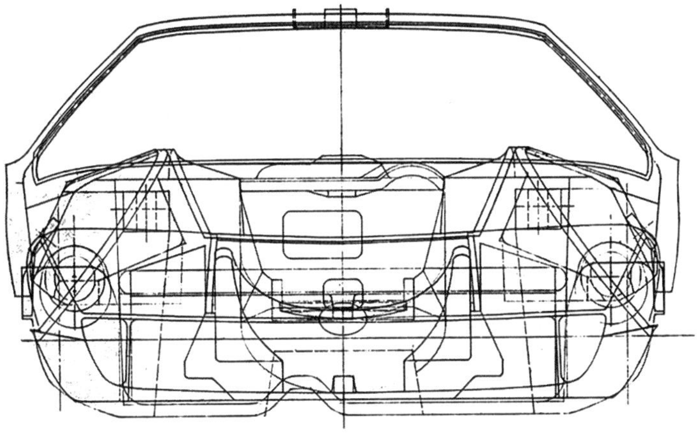

Ausschnitt aus dem von Klaus Matthias erstellten Gesamtentwurf der GFK-PUR-Bodengruppe für den C 111 in der gewichts- und steifigkeitsoptimierten Variante. Die GFK-PUR-Struktur ist komplett mit Aggregateträger, Heckträger und Aufbaustruktur dargestellt und repräsentiert den Entwicklungsstand 1972.

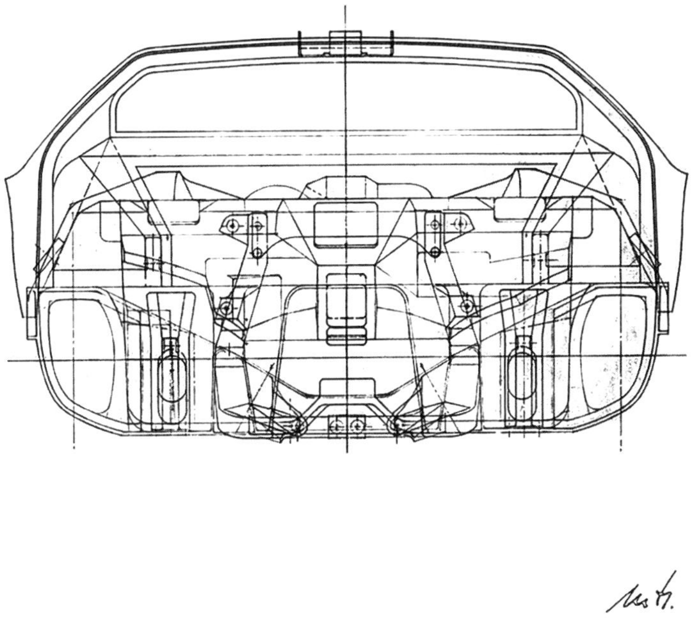

messungen der Fahrgastzelle und das ebenfalls nicht zu verändernde Erscheinungsbild war der verfügbare Raum weitgehend vorgegeben. Eine vollständige Kernverbund-Konstruktion ließ sich unter diesen Voraussetzungen nicht realisieren. Stattdessen entstand eine Struktur in Mischbauweise, die unter Berücksichtigung der besonderen Konstruktionsanforderungen an die verschiedenen Werkstoffe und ihr Zusammenwirken entwickelt wurde. Der Gesamtentwurf zeigte daher durchaus Ähnlichkeit mit der Bodenanlage in Stahlblech-Bauweise. Kernverbund-Bodengruppe, Heckträger und vorderer Aggregateträger waren in integrierender Bauweise zu einem Unterbau verbunden, auf den die Aufbaustruktur der Fahrgastzelle aufgesetzt wurde.

Im Bereich der Fahrgastzelle war die Bodengruppe als U-förmige Schale gestaltet, deren seitliche Stege als Längs-Hohlträger ausgeführt waren. Aus der erforderlichen Mindestdicke des Kernverbunds ergab sich dabei ein reduzierter innerer Querschnitt, der selbst durch eine – im Vergleich zur Stahlblech-Bodenanlage – größere Höhe der Längs-Hohlträger nur teilweise kompensiert werden konnte. Trotz der damit verbundenen Verschlechterung der Einstiegsverhältnisse fiel das Tankvolumen um 15 % geringer aus.

Bedingt durch die Lage des 4-Scheiben-Wankelmotors und seine tiefliegenden, seitlichen Abgas-Austrittsöffnungen sowie die Hinterachsgeometrie wurde die Schale im Bereich des Motorraums in ein Rahmentragwerk mit aussteifenden Flächen aufgelöst. Nach hinten schloss sich der Heckträger aus geschweißten Aluminiumblechen an, da aufgrund der räumlichen Verhältnisse keine erfolgversprechende Lösung für die Realisierung als GFK-PUR-Kernverbund gefunden wurde. An diese Leichtmetall-Rahmenkonstruktion wurden Konsolen für Querlenker-, Federbein-, Drehstab- und hintere Motorlagerung angeschweißt. Die Aufnahmen für die vorderen Motorlager wurden durch die Längsholme gesteckt und beim Ausschäumprozess in die Bodengruppe integriert. Der Heckträger wurde mit der GFK-PUR-Bodengruppe verklebt und an den Übergangsstellen zusätzlich verschraubt.

Um auch außerhalb des Heckträgers solche Fahrzeugkomponenten, über die Kräfte in die Struktur eingeleitet werden, sicher mit der Bodengruppe verbinden zu können, wurde spezielle Krafteinleitungselemente entwickelt. Dabei galt es, für insgesamt 106 Befestigungspunkte (davon 63 in der Oberschale und 43 in der Unterschale) mit einer direkten Einleitung der Kräfte in die dünnwandigen Deckschichten des GFK-PUR-Kernverbundes eine Lösung zu finden, die fertigungstechnisch umsetzbar, gewichtssparend und für die Montage der Anbauteile praktikabel war. Die neuartigen, von Klaus Matthias speziell für diesen Zweck konstruierten Elemente bestanden aus einer Rundmutter und einer damit verklebten Zahnscheibe und erfüllten neben der sicheren Kraftübertragung eine Reihe weiterer Anforderungen: Sie waren einfach und genau in der Deckschicht zu fixieren, hielten die Störungen im Faserverbund der Deckschichten und im Kernverbund gering und erforderten im Produktionsprozess keine zusätzliche Arbeit am entformten Teil. Zum Einsatz kamen sie für einfache Verschraubungen, aber insbesondere auch für hochbelastete Schraubverbindungen, um beispielsweise die Lager der unteren Schubstreben der Hinterachse mit dem Querträger hinter dem Fahrersitz zu verbinden oder die Aluminium-Aufbaustruktur, die Sitzschienen einschließlich der unteren Sicherheits-

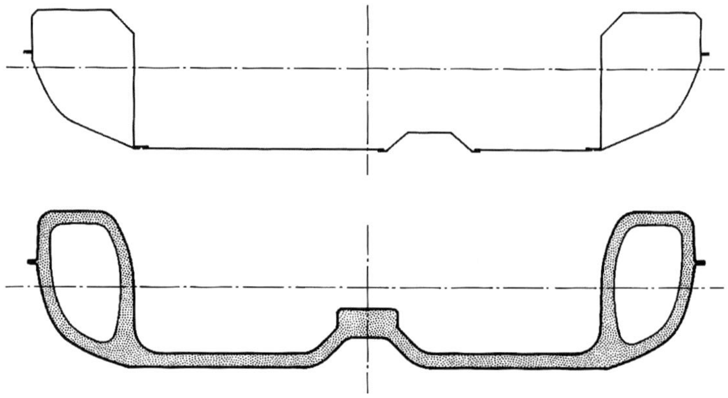

Querschnittsvergleich der Stahl-Bodengruppe und der GFK-PUR-Bodengruppe im Sitzbereich.

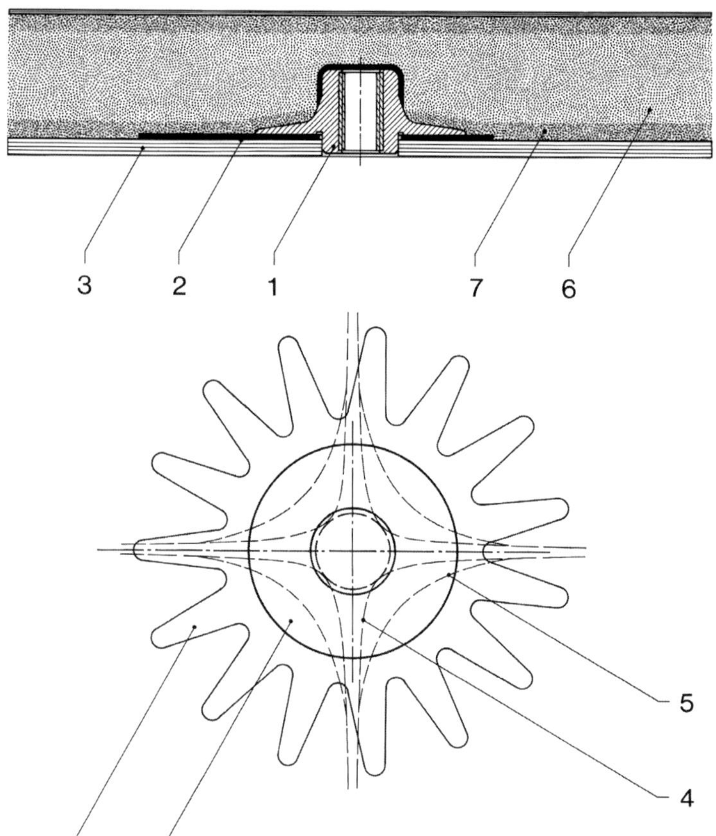

Grafische Darstellung des eigens für die GFK-PUR-Bodengruppe konstruierten Krafteinleitungselements im Querschnitt und als Draufsicht. Bildlegende: 1 – Rundmutter mit Gewindeeinsatz, 2 – Zahnscheibe, 3 – Aufgedicktes Deckschichtlaminat, 4 – Grenzlinien der Gewebeverdrängung ohne Faseranschnitt, 5 – Grenzlinien der Gewebekonzentration als Folge der Faserverdrängung, 6 – Stützkerninneres, 7 – Randzonenarmierung des Stützkerns

gurtanbindung und die Schließösen der Türschlösser an der GFK-PUR-Bodengruppe zu befestigen.

Die vordere Querversteifung der Bodengruppe erfolgte durch den eingeklebten Aggregateträger. Dieser war ebenfalls in Kernverbund-Bauweise mit eingeschäumten Kanälen für die Innenraumbelüftung ausgeführt und schloss im unteren Bereich an den Pedalboden an. Durch eine obere Platte, die von den äußeren Längs-Hohlträgern bis zu den Aufnahmen für die vorderen Federbeine reichte, konnte die im Bereich der Vorderachse stark eingeengte U-förmige Schale der Bodengruppe als teilweise geschlossener Kasten ausgebildet werden.

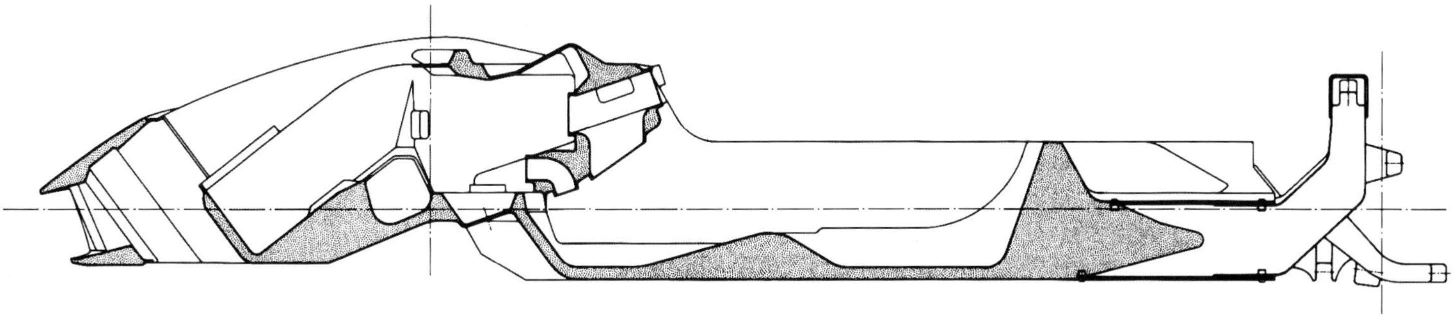

Längsschnitt durch die GFK-PUR-Bodengruppe (versetzter Schnitt). Deutlich sichtbar der GFK-PUR-Aggregateträger und der Aluminium-Heckträger.

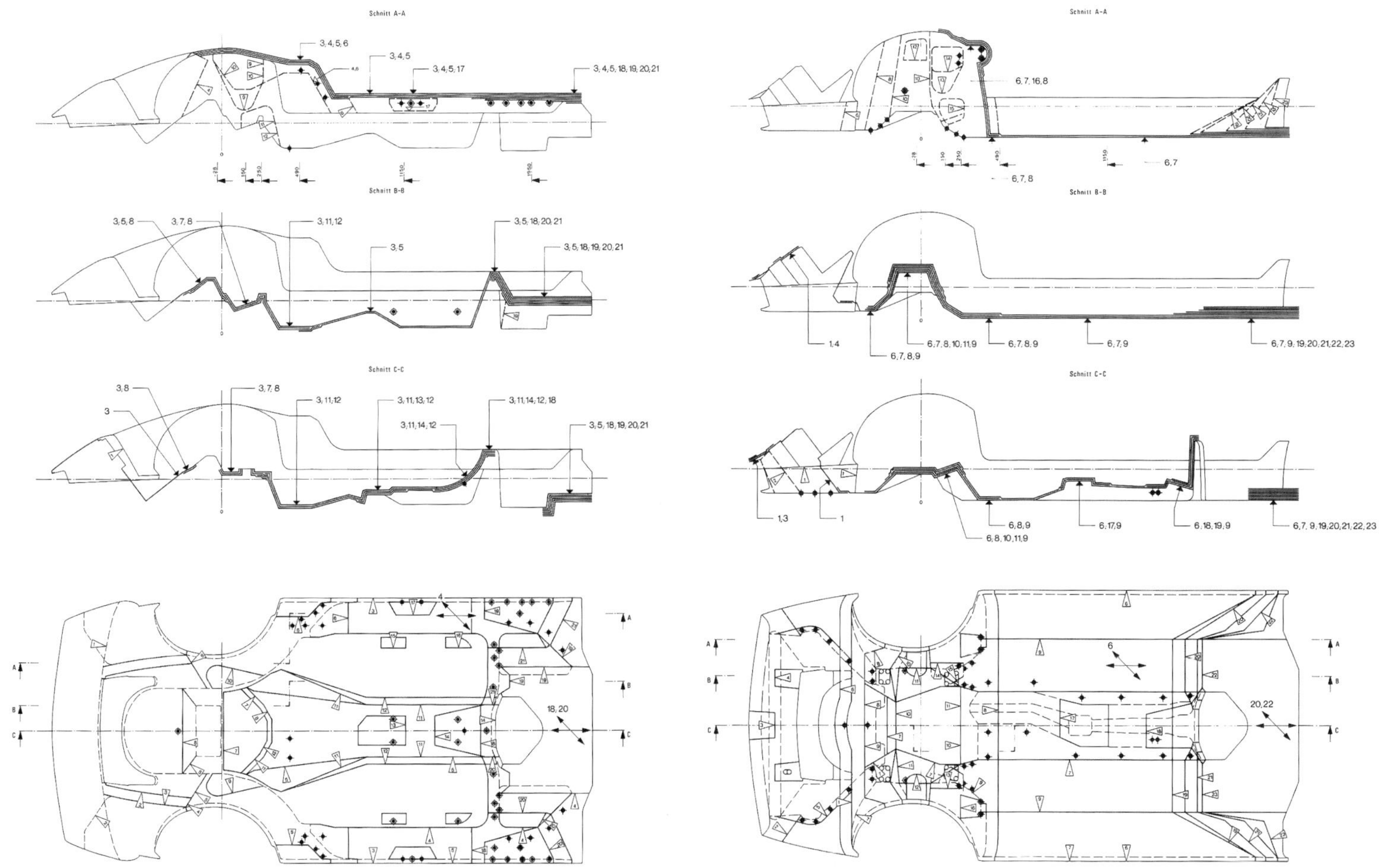

Laminatpläne mit Anordnung der Gewebeverstärkungen sowie drei Längsschnitte der Oberschale (links) und Unterschale (rechts); schematische Darstellung in Draufsicht und verschiedenen Längsschnitten. Die schwarzen Punkte bezeichnen die Lage der 106 Krafteinleitungselemente, die weißen Kreise die der 16 Schraubpunkte; allerdings sind aus Gründen der Übersichtlichkeit bei der Oberschale nur 58 der 63 Krafteinleitungselemente eingezeichnet.

Dadurch gelang es, den sonst unvermeidlichen Steifigkeitsverlust des Unterbaus teilweise zu kompensieren. Die Kräfte aus den Vorderachslenkern und Federbeinen wurden über geschweißte Aluminium-Aufnahmeschalen direkt in das Kernverbund-Bauteil eingeleitet. Die Drehstablager und die Konsole für die Lenkungsdämpferbefestigung waren an den angeschraubten Längsabstützungen angebracht.

Während bei den Fahrzeugen mit Stahlblech-Bodengruppe die verwendete Kugelumlauflenkung seitlich innen an die Rahmenlängsträger geschraubt war, musste für die Kernverbund-Bodengruppe eine neue Lösung gefunden werden. Die Variante eines Leichtmetall-Hilfsrahmens galt es zu vermeiden, um die Konstruktion der Kernverbund-Bodengruppe nicht zu verwässern und eine werkstoffgerechte Alternative zu ermöglichen. Klaus Matthias hatte die Herausforderung schon bei Projektbeginn erkannt und daher bereits im Mai 1970 bei der Konstruktion in Untertürkheim angeregt, den Einbau eines Zahnstangenlenkgetriebes, das im Hinblick auf die Krafteinleitung in die GFK-PUR-Bodengruppe Vorteile versprach, konstruktiv auszuarbeiten. Diese Bitte wurde am 4. Juni 1970 abschlägig beschieden – zum einen, weil dies nicht »dem im Hause verwendeten Lenksystem« entsprach und eine Eigenfertigung bei der zu erwartenden geringen Stückzahl ausscheide, und zum anderen, weil »eine völlige Neukonstruktion der Lenkung auf Kosten der Entwicklung W 116/W 123 zum jetzigen Zeitpunkt nicht vertretbar erscheint«. Nachdem es also bei der seriennahen Lenkung bleiben musste, wurde eine Abwandlung der verfügbaren Kugelumlauflenkung erforderlich, die in mancher Hinsicht einer Neukonstruktion entsprach. Wegen der zu erwartenden, über das Lenkgetriebe eingeleiteten Kräfte kam nur eine Befestigung unten an der Bodengruppe mit einer Anschraubebene rechtwinklig zur Lenkwelle in Frage. Damit war das Lenkgetriebe weitgehend nur noch der Einwirkung von Schubkräften anstelle der

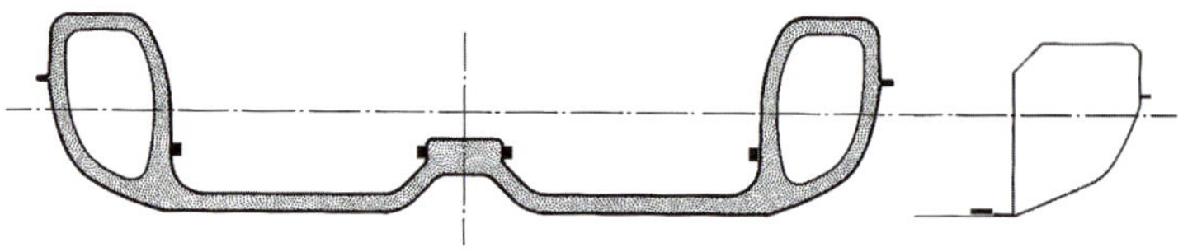

Die Sitzschienen, bisher am Querträger und am Bodenblech befestigt, waren bei der GFK-PUR-Bodengruppe seitlich an den Längsträgern und der Mittelkonsole angebracht. Deutlich sichtbar auch der Höhenzuwachs der Längsträger gegenüber der rechts abgebildeten Stahlblechausführung.

sonst vorherrschenden Zug- und Druckkräfte ausgesetzt – allerdings ergab sich die Notwendigkeit umfassender Änderungen des Lenkungsgehäuses, um eine den Einbauverhältnissen geschuldete lange Lenkwelle zu ermöglichen. Auch der Kernverbund wurde im Bereich der Anschlussstelle umfassend modifiziert, indem die großflächig aufgedickten Deckschichten zusammengeführt und zu einer Platte verklebt wurden.

Aufgrund der konstruktiven Rahmenbedingungen mussten auch die Sitzschienen und Türschlösser anders befestigt werden als bei den Wagen mit Stahlblech-Bodengruppe: Die Sitzschienen, bisher am Querträger und am Bodenblech verankert, waren nun seitlich an den Längsträgern und der Mittelkonsole angebracht, und die Schließösen der Türschlösser waren nicht in einer Mulde der Längsträger verschraubt, sondern an der senkrechten Außenfläche des Längsträgers freistehend angeordnet. Eine Mulde zur Versenkung der Schließösen hätte eine Störung im Kraftfluss bedeutet, auf die eine Faserverbundkonstruktion empfindlicher reagiert als eine Stahlblech-Konstruktion. Zudem reduziert die gewählte Anordnung bei einem Seitenaufprall die Gefahr des Eindringens der Schließösen in die Seitentanks.

Einbaulage und Befestigung des Lenkgetriebes in der GFK-PUR-Bodengruppe für den C 111.

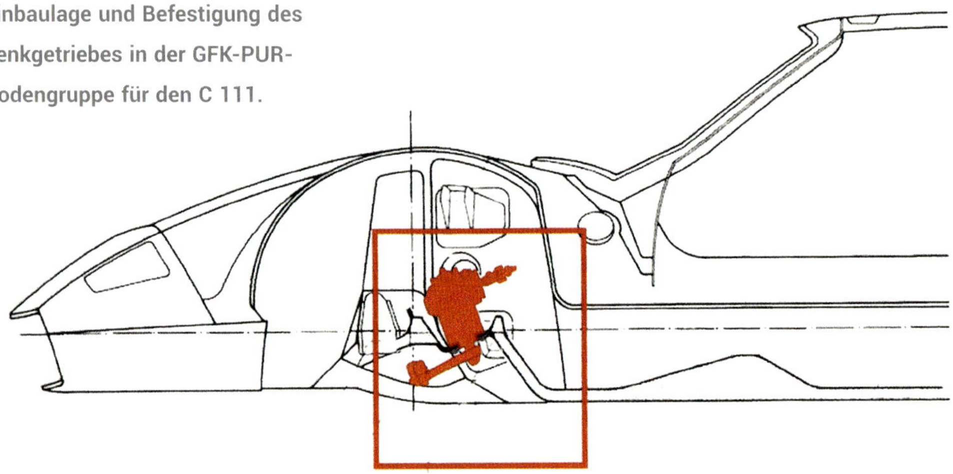

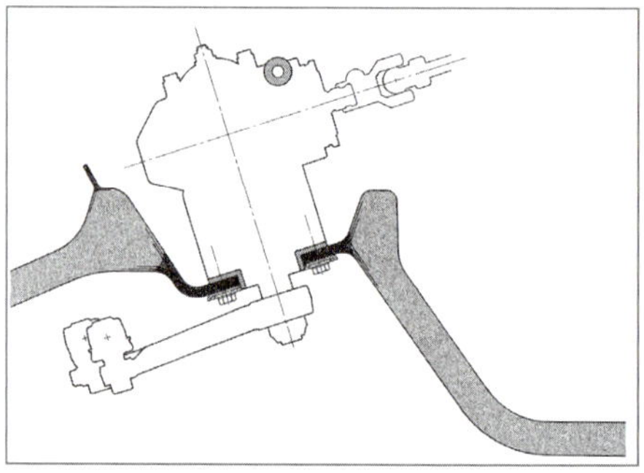

Mercedes-Benz C 111 mit GFK-PUR-Bodengruppe. Das Foto zeigt anschaulich die an der senkrechten Außenfläche des Längsträgers freistehend angebrachte Schließöse des Türschlosses.

Die Mulde für das Reserverad wurde analog zur bisherigen Gesamtkonzeption vor der Vorderachse belassen. Die räumlichen Verhältnisse, die sich aus der erforderlichen Dicke der Kernverbundkonstruktion ergaben, erlaubten wegen der reduzierten Breite jedoch nur die Verwendung eines Faltrads – seinerzeit bei Daimler-Benz ein echter Tabubruch. Dadurch war es allerdings möglich, die in den Vorbau eingeschäumten seitlichen Kanäle für die Innenraumbelüftung vom vorderen Lufteintritt bis zu dem nach oben offenen Kanal für das Gebläse zu führen. Auf Basis der Erkenntnisse, die man bei Crashversuchen an einzelnen Deformationskörpern gewonnen hatte, konnte der Vorbau des Fahrzeugs so gestaltet werden, dass das Verhalten beim Frontalaufprall ein positives Ergebnis erwarten ließ. Mit dem Ziel, genügend Verformungsweg zur Verfügung zu haben, wurde der Frontbereich des Aufbaus in die Kernverbund-Bodengruppe integriert. In der ursprünglichen Konzeption hatte man darauf verzichten müssen, da keine Lösungen für eine den gestalterischen Vorgaben entsprechende Verbindung der beiden Schalen zur Verfügung gestanden hatten. Um keine zusätzliche Fugen oder sichtbaren Flansche in Kauf nehmen zu müssen und das äußere Erscheinungsbild des Fahrzeugs unverändert beibehalten zu können, hatte Klaus Matthias inzwischen eine Konstruktion erarbeitet, bei der Ober- und Unterschale der Bodengruppe im Bugbereich durch einen fast senkrechten, parallel zur Außenhaut verlaufenden und von außen nicht sichtbaren Klebeflansch verbunden waren. Die übrigen waagerecht angeordneten Flansche der Bodengruppe waren so ausgebildet, dass sie die sichere Verklebung der Halbschalen gestatteten und zugleich zur Verbindung der GFK-PUR-Bodenanlage mit dem GFK-Aufbau herangezogen werden konnten.

Die Aufbaustruktur der Fahrgastzelle bestand aus Überrollbügel, Dachsteg, vorderem Dachquerträger und den Vorderwandsäulen, die als geschlossene Profilträger aus Aluminium konstruiert waren. Aufbaustruktur und Rahmenbodenanlage waren verschraubt, und die Krafteinleitung erfolgte über die oben genannten eigens konstruierten Krafteinleitungselemente in die obere Deckschichtschale des Kernverbund-Bauteils.

Komplexe Umsetzung: Fertigung der weiterentwickelten Bodengruppe

Die Rahmenbedingungen, die bei der Entwicklung der Kernverbund-Bodengruppe für den C 111 zu berücksichtigen waren, hatten gegenüber der Bayer-Demonstrationsbodengruppe einen erhöhten Fertigungsaufwand zur Folge. So machten Hinterschneidungen zusätzliche Formtrennungen in der Laminier- und Schäumeinrichtung erforderlich und erschwerten den Arbeitsablauf beim Laminieren. Darüber hinaus erforderten auch die Längs-Hohlträger und Luftführungskanäle weitere Laminier- und Stützvorrichtungen, und schließlich mussten Kerne und insbesondere der Heckträger in der Laminier- und Schäumvorrichtung fixiert werden.

Wegen der hohen Kosten, die mit dem Aufbau und der Erprobung der weiterentwickelten Kunststoff-Bodengruppe verbunden waren, hatte Entwicklungschef Scherenberg bereits Anfang Februar 1972 den Wunsch geäußert, die weiteren Schritte in einer der nächsten Entwicklungssitzungen zu thematisieren. In einem für diesen Anlass erstellten Statusbericht vom 17. Februar nannte Dr. Liebold Kosten von 100.000 DM für die Änderung der Laminier- und Schäumvorrichtung [die de facto einer Neuerstellung gleichkam, d. Verf.] sowie 30.000 DM für die Anfertigung der Kunststoffkarosserie in Rastatt. Er plädierte dafür, »dieses Projekt nach der langen konstruktiven Vorbereitung jetzt unter allen Umständen zu Ende« zu führen, »da es sich – auch abgesehen von der noch unentschiedenen Weiterentwicklung des C 101 – hier um eine reine Grundsatzentwicklung handelt.« Liebolds Empfehlung war zwar zweifellos nachvollziehbar, ließ aber außer Acht, dass der Vorstand drei Monate zuvor beschlossen hatte, »die weiteren Arbeiten an dem Typ C 111 endgültig einzustellen.«

Vermutlich bezog Hans Liebold diese Entscheidung ausschließlich auf die Entwicklung zur Serienproduktion und nicht auch auf den Einsatz als »rollendes Labor«.

Zu den möglichen Perspektiven führte er weiter aus: »Bei Bewährung können in dieser Form außerdem ca. 500 bis 1000 weitere Bodengruppen hergestellt werden, deren Kosten dann mit Anschlußteilen auf DM 8 – 10.000,–/Stück geschätzt werden gegenüber ca. DM 35.000,– für eine Kleinserie-Blechbodengruppe. Das Gewicht soll etwa dem der Stahlbodengruppe entsprechen. Unter den genannten Umständen halten wir es außerdem für zweckmäßig, zwei weitere Bodengruppen für Crash- und Dauerfestigkeitsversuche abzuformen.«

Als wichtigen Entscheidungsbedarf warf Liebold die Frage auf, ob man bei der Kunststoff-Bodengruppe die Seitentanks beibehalten oder aus Sicherheitsgründen auf die zur Zeit in Wagen 35 erprobten Hecktanks übergehen solle. Räumlich sei die Kunststoff-Bodengruppe dafür weniger geeignet, da bereits zwei 40-Liter-Tanks eine Karosserie-Verlängerung um 80 mm erforderlich machen würden. Andererseits seien die Seitentanks durch die herumgezogene, ca. 30 mm dicke Sandwichschale vermutlich bereits wesentlich besser gegen Seitenaufprall geschützt. Die Schlagzähigkeit des Epoxid-Laminats könne an dieser Stelle eventuell noch durch Chemiefasern erhöht werden. Ein nachträglicher Übergang von Seitentanks zu Hecktanks sei allerdings ohne eine neue Schäumform nicht möglich.

In der Technischen Besprechung Pkw am 27. März 1972 erfolgte die gewünschte Freigabe für die Weiterentwicklung der Kunststoff-Bodengruppe. Dabei stellte Liebold, wie bereits in seinem Papier vom 17. Februar, die Frage der Tankposition zur Diskussion. Scherenberg hielt es nicht für erforderlich, diesen Aspekt in der Konstruktion zu berücksichtigen, »da es sich um eine Kunststoff-Erprobung handelt und eine Kleinstserie des C 101 immer unwahrscheinlicher« sei.

Nach der Entscheidung für die Fertigstellung der optimierten Bodengruppe musste zunächst ein neues Urmodell erstellt werden, da das ursprüngliche Exemplar bei der Herstellung der Laminier- und Schäumvorrichtung wie erwartet stark beschädigt worden war und als Basis nicht mehr zur Verfügung stand. Als Alternative diente eine neu gefertigte Bodengruppe der ersten Ausführung, die dann von Modellbau Apitz gemäß dem neuen Konstruktionsstand angepasst wurde. Das geänderte Urmodell wurde anlässlich einer Projektbesprechung in Donauwörth am 28. Juni 1972 an die WMD übergeben. Im Anschluss erfolgte dort die Erstellung der neuen Laminier- und Schäumvorrichtung.

Das mit der Bugverbreiterung modifizierte Urmodell für die gewichts- und steifigkeitsoptimierte Variante der GFK-PUR-Bodengruppe, aufgenommen von Klaus Matthias bei Modellbau Apitz in Wullenstetten im Juni 1972.

Zur Ermittlung der gleichmäßigen Schaumverteilung und einwandfreien Ausbildung der Verankerungszone wurden im November 1972 in Donauwörth zwei Probeschäumungen durchgeführt, deren Ergebnisse jedoch schlechter ausfielen, als man nach den Ergebnissen der ersten Schäumversuche im Februar 1971 erwartet hatte. So war eine ungenügende Verankerung der Randzone im Bereich der Bodenplatte zu erkennen, und durch Entnahme mehrerer Schaumproben wurden große Unterschiede im Raumgewicht des Schaums festgestellt.

Nachdem die WMD zugesichert hatte, die Mängel in der Schaumverteilung und der Verankerung der Randzone zu beseitigen, wurde im Frühjahr 1973 schließlich der erste vollständige Unterbau fertiggestellt. Er wog 171,5 kg, also rund 20 kg mehr als die Stahl-Bodengruppe. Um dieses Mehrgewicht zu reduzieren, wurden verschiedene Optimierungen für die Fertigung der folgenden Bodengruppen ausgearbeitet. Eine dieser Maßnahmen zielte auf die Einsparung der Harzmenge, die für die Verklebung der Randarmierungsvliese verwendet wurde. Durch die Aufbringung der Vliese auf die noch nicht ausgehärteten Laminate der Ober- bzw. Unterschale sowie eine

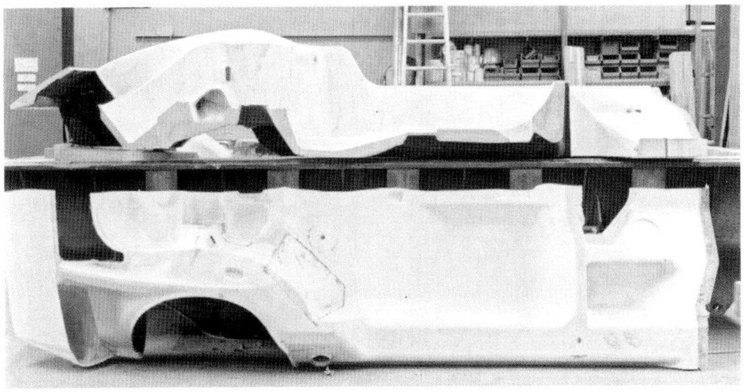

Die bei der Probeschäumung im November 1972 hergestellten GFK-PUR-Bodengruppen wurde im Detail untersucht. Nach insgesamt sieben Querschnitten an der ersten Schäumstudie wurde an der zweiten Schäumstudie ein Längsschnitt vorgenommen, um die Schaumverteilung und die Verankerung der Randzone analysieren zu können.

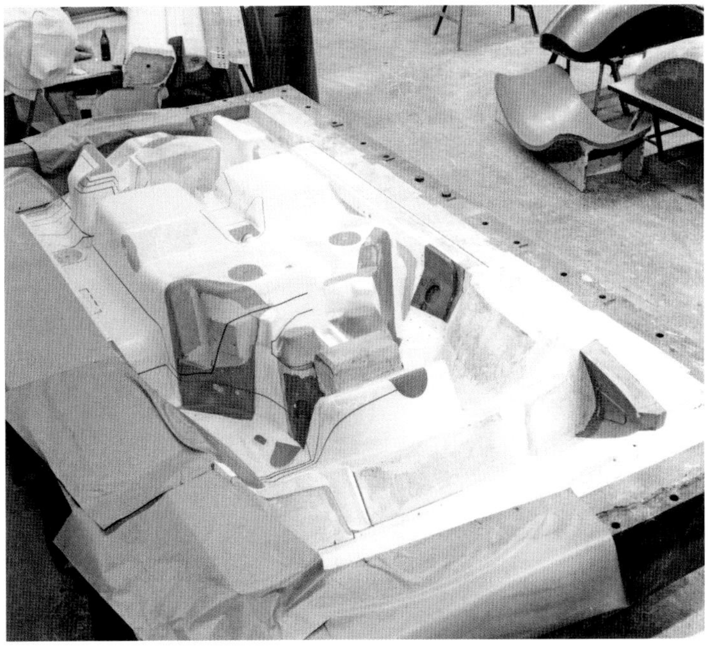

Auf Basis der bei der Probeschäumung vom November 1972 gewonnenen Erkenntnisse wurde die Laminier- und Schäumvorrichtung optimiert. Im Bild die Laminier- und Schäumwerkzeuge für die Oberschale (links) und die Unterschale (rechts), aufgenommen im Februar 1973. Gut erkennbar die Zuschnittlinien der Glasgewebelagen.

Im Frühjahr 1973 wurde schließlich die erste vollständige Bodengruppe fertiggestellt. Die von Klaus Matthias aufgenommenen Fotos entstanden bei der Waggon- und Maschinenfabrik Donauwörth.

Anpressung mit Unterdruckunterstützung – dabei kamen speziell angefertigte formgetreue Abdeckmasken aus Gummi zum Einsatz – war es schließlich möglich, das Harz für die Verklebung komplett einzusparen – immerhin fast 10 kg.

Mit der ersten vollständigen Bodengruppe wurden im weiteren Verlauf in Sindelfingen sowohl Steifigkeits- als auch Dehnungsmessungen unter Zuhilfenahme neuartiger Methoden durchgeführt. Die dabei eingesetzten Stresscoat-(Reißlack-) sowie Fotostress-(Oberflächenschicht-)Verfahren lieferten gut übereinstimmende Ergebnisse. Beim Reißlackversuch wurde die Oberseite der Bodengruppe auf der Prüfvorrichtung lackiert, am hinteren Ende arretiert und vorne links über einen Hebelarm mit der Prüflast beaufschlagt. Mit dieser Messung wurden zunächst Hauptspannungszonen und -richtungen als Grundlage für die Fotostressuntersuchung ermittelt. Letztere macht sich die Methoden der Spannungsoptik zunutze. Die 1,5 bis 2,5 mm starke spannungsoptische Schicht aus Epoxidharz wurde mit einem reflektierenden Bindemittel auf der Bodengruppe aufgebracht. Bei Belastung konnten dann mit dem Reflexionspolariskop Hauptdehnungsrichtungen, ihre Vorzeichen und die Hauptdehnungsdifferenz bestimmt werden. Mit beiden Messmethoden wurde bei der Bodengruppe auf der Zugseite eine maximale Dehnung von 1,0 Promille ermittelt, die an der Grenze des zulässigen Wertes lag. Für die Aufbaustufe Rohbau-Karosserie mit Dachaufbau und Überrollbügel war gleichwohl mit geringeren Dehnungen zu rechnen. Anhand der Ergebnisse der Messungen wurde der Gewebeplan im Bereich des Heckträgeranschlusses überarbeitet.

Die Steifigkeitsmessungen der GFK-PUR-Bodenanlage ergaben, dass die Torsionssteifigkeit nur 60 % des Wertes der Stahlblech-Rahmenbodenanlage betrug, damit aber dennoch besser war als der angestrebte, in Anbetracht der Rahmenbedingungen als realistisch angesehene Zielbereich. Ähnlich sah es bei den Werten der Rohbau-Karosserien aus: Bei dieser Aufbaustufe erreichte die Torsionssteifigkeit der Karosserie mit GFK-PUR-Bodenanlage 62 % des Wertes der Karosserie mit Stahlblech-Rahmenbodenanlage.

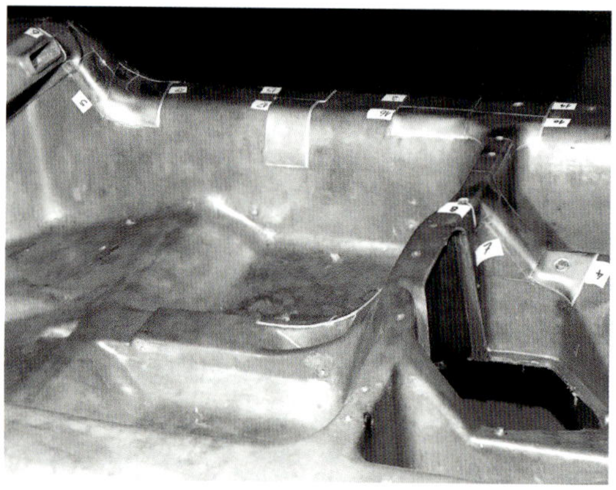

Mit der ersten vollständigen Bodengruppe wurden im Juni und August 1973 in Sindelfingen Messungen zur Biege- und Torsionssteifigkeit sowie Dehnungsmessungen, jeweils unter Zuhilfenahme neuartiger Methoden, durchgeführt. Die Bilder zeigen die Bodengruppe im Messaufbau (links), bei der Untersuchung mit Reißlack (Mitte) und mit optisch aktiven Oberflächen (rechts).

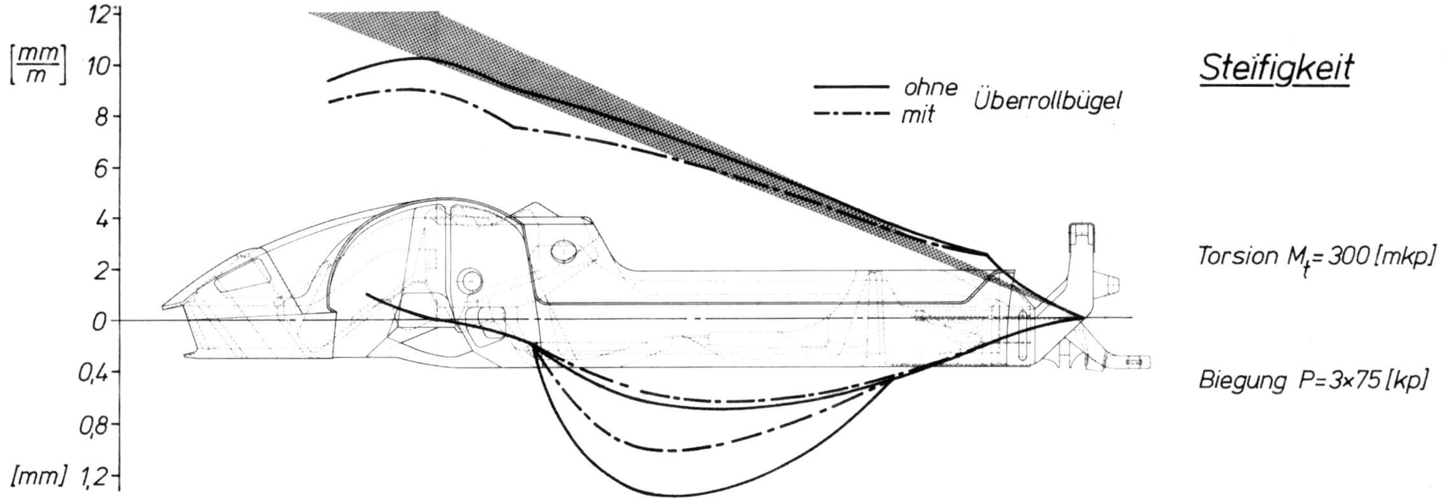

Ergebnisse der im Juni 1973 durchgeführten Steifigkeitsmessung der GFK-PUR-Bodengruppe für Torsion und Biegung mit und ohne Überrollbügel. Die grau schraffierte Fläche markiert den angestrebten Zielbereich.

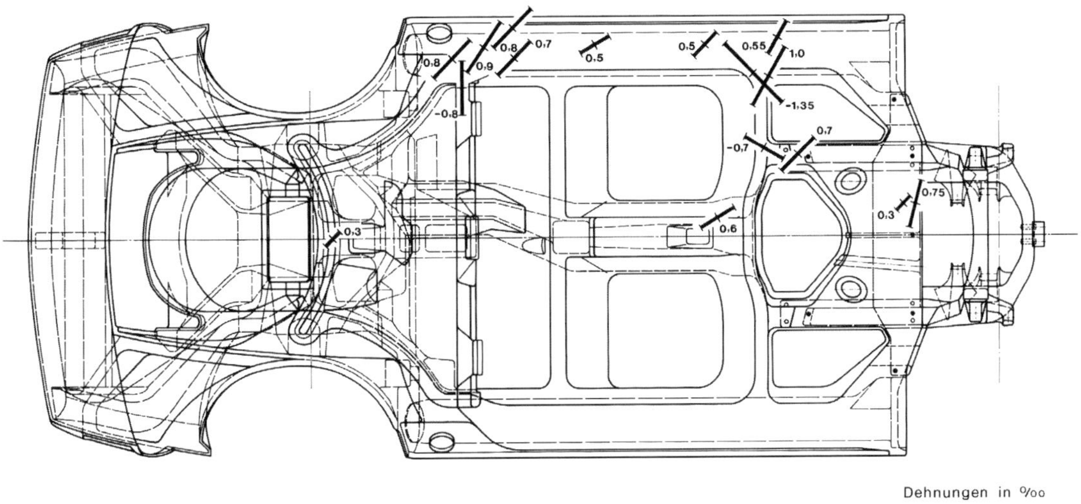

Grafische Darstellung der GFK-PUR-Bodengruppe mit eingezeichneten Dehnungen unter Torsionsbelastung (4000 Nm), wie sie bei den Messungen im August 1973 ermittelt wurden.

Nach dem Beschluss im Frühjahr 1972 hatte sich der Entwicklungsprozess mühsamer gestaltet als erwartet, wie Dr. Hans Liebold in einer internen Notiz vom 10. August 1973 feststellte: »Nach langwierigen Versuchen soll die 1. Kunststoffbodengruppe für Fahrversuche (C 101 W 36) heute geschäumt werden. Der Karosserieaufbau ist ab 27.8. in Rastatt vorgesehen, so daß der Aufbau in der 2. Septemberhälfte in Si. fertiggestellt werden kann.« Zugleich bat Liebold, »die noch fehlenden Einzelteile zum Lenkgestänge mit der notwendigen Dringlichkeit« zu versehen. Zehn Tage später, am 20. August 1973, legte Klaus Matthias das von den Farbenfabriken Bayer produzierte Polyesterharz Leguval W 35 als Material für die Herstellung der GFK-Karosserie fest. Die Fertigung der Karosserie sollte wie gewohnt bei der Waggonfabrik Rastatt erfolgen, die nach der Übernahme durch Bauknecht inzwischen als Bauknecht Werk Rastatt GmbH firmierte.

Trotz der umfassenden Vorarbeiten und der von Liebold formulierten Dringlichkeit kam es im weiteren Verlauf erneut zu Verzögerungen, nachdem die Herstellung der zweiten Bodengruppe – der ersten, die zum fertigen Fahrzeug aufgebaut werden sollte – zu teilweise unerwarteten Ergebnissen geführt hatte. Abgesehen von Mängeln in den Deckschichten, die durch Nacharbeit beseitigt werden konnten, gab es eine ungeklärte Gewichtsdifferenz: Bei einem Materialeinsatz von insgesamt 150,8 kg wog die fertige Bodengruppe nur 141,8 kg. Eine Erklärung für das Mindergewicht dieser zweiten Bodengruppe (der ersten für Fahrversuche) konnte von der WMD nicht gegeben werden. Da zu befürchten war, dass die Randzonenverstärkung nicht den Anforderungen entsprach, schien der geplante Einsatz für die Schlechtweg-Erprobung nicht möglich zu sein, und so wurde die Abnahme dieser Bodengruppe vom Auftraggeber zunächst verweigert.

Abgenommen wurde dagegen am 2. Oktober 1973 die für Wagen 36 nunmehr vorgesehene dritte Bodengruppe, bei der das konstruktiv vorgegebene Sollgewicht von 150 kg erreicht worden war. Auch bei der Sichtprüfung der Deckschichten wurden keine Mängel festgestellt, so dass die Bodengruppe dem Karosserieversuch in Sindelfingen zur Komplettierung mit der Aufbaustruktur (Überrollbügel-Windschutzrahmen-Dachsteg-Konstruktion) und den Lenkerlagern für Vorder- und Hinterachse übergeben werden konnte.

Projekt mit Hindernissen: der Fahrzeugaufbau

Der weitere Prozess kam jedoch erneut ins Stocken. Die Messerschmitt-Bölkow-Blohm GmbH als Muttergesellschaft der WMD war nicht bereit zu akzeptieren, dass Daimler-Benz die Abnahme der zweiten Bodengruppe verweigert hatte. Mit Schreiben vom 26. Februar 1974 präsentierte sie eine Erklärung für das reklamierte Mindergewicht der Bodengruppe. Demnach war die Gewichtsdifferenz lediglich auf einen verminderten Einsatz von Laminierharz bei der Herstellung der Deckschichten zurückzuführen. Auf Basis dieser Erklärung wurde auch diese Bodengruppe schließlich von Daimler-Benz abgenommen – eine Entscheidung, die sich im Nachhinein als nicht sehr glücklich herausstellen sollte. Immerhin ging das Projekt nun wieder voran, und am 19. Juni 1974 wurde schließlich die im Karosserieversuch Sindelfingen komplettierte dritte Sandwich-Bodengruppe nach Rastatt geliefert. Gut einen Monat später waren Fertigung und Montage der Karosserie abgeschlossen, und die Einheit aus Bodengruppe und Karosserie konnte am 26. Juli nach Sindelfingen überstellt werden.

Aus Kapazitätsgründen ließ die Fertigstellung von Wagen 36 dann jedoch erneut auf sich warten – insbesondere deshalb, weil die Bodengruppe zum Teil starke Abweichungen von den konstruktiv

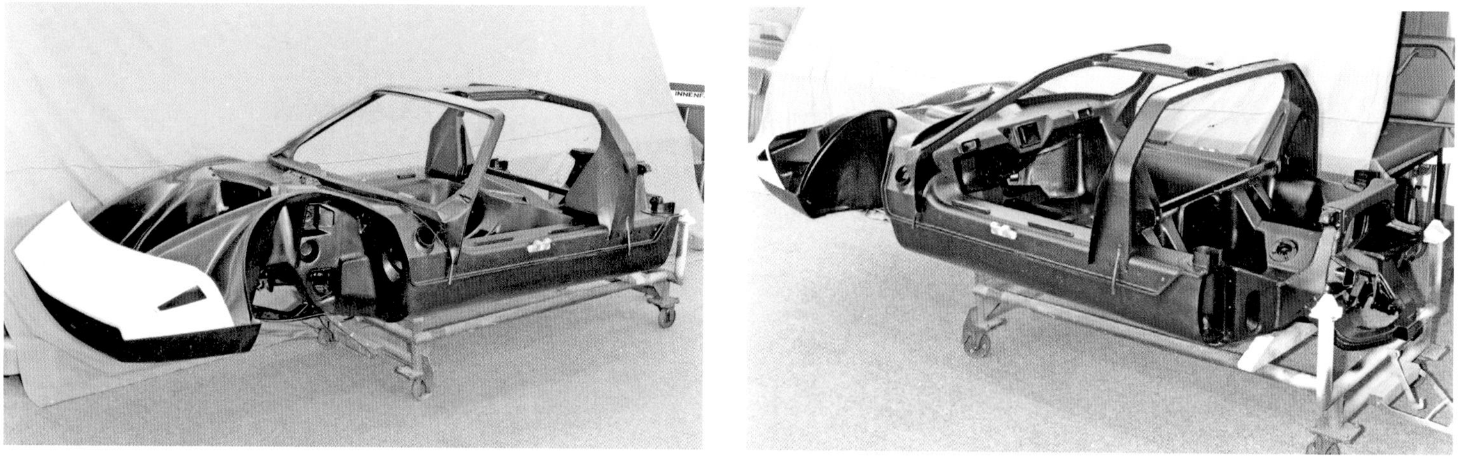

Die GFK-PUR-Bodengruppe wurde im nächsten Fertigungsschritt mit der Aluminium-Aufbaustruktur und den vorderen Längsabstützungen zur Bodenanlage aufgebaut. Abgebildet ist die Bodenanlage von Wagen 37, aufgenommen im Juni 1975.

Die für Wagen 36 verwendete dritte GFK-PUR-Bodengruppe wurde im Juni/Juli 1974 in der Waggonfabrik Rastatt mit der Karosserie versehen.

Wie der zu Referenzzwecken bereitgestellte Wagen 31 erhielt auch Wagen 36 den verbreiterten Bug für optimierte Kühlluftzufuhr.

vorgegebenen Maßen zeigte. Daher mussten viele Einbauteile, die nach Zeichnung angefertigt worden waren, abgeändert oder angepasst werden. Einige Aggregate konnten selbst nach Anpassungsarbeiten nicht zeichnungsgemäß montiert werden. In einem vom 23. September 1975 datierenden Entwicklungsbericht fasste Joachim Kaden, Ingenieur in der Vorentwicklung in Untertürkheim, die Besonderheiten beim Aufbau des Fahrzeugs zusammen.

Als Motor hatte man den KE 419 mit Stufensaugrohr montiert. Aus Platzgründen war er mit Trockensumpfschmierung ausgerüstet, deren Ölbehälter vorne links im Motorraum eingepasst wurde. Der Luftfilter mit tangentialem Lufteintritt machte ein Ausschneiden des Stützblechs am rechten Kotflügel erforderlich, da der obere Längslenker eine Montage näher am Motor nicht zuließ. Als Kraftübertragung war zwischenzeitlich die neueste 4-Gang-Wandlerautomatik vorgesehen, zum Einsatz kam schließlich jedoch wieder das 5-Gang-Schaltgetriebe von ZF, das bereits bei der Konstruktion der Bodengruppe eingeplant worden war. Die für die Befestigung des Schaltbocks vorgesehene Partie an der Rahmenbodenanlage wich allerdings so weit von der Zeichnung ab, dass der Schalthebel um 10 mm nach unten verlängert und die unter dem Wagenboden angebrachten Gegenplatten neu angefertigt und an den Wagen angepasst werden mussten. Solche nachträglichen Änderungen an einer GFK-PUR-Bodengruppe waren stets nachteilig für den Kernverbund und daher eigentlich generell zu vermeiden.

Auch bei der Montage des Fußhebelwerks zeigte sich, dass sowohl in der Höhe als auch nach seitlich außen zu wenig Platz zur Verfügung stand. In seitlicher Richtung wurde auf eine Anpassung verzichtet, um eine Schwächung der tragenden Wand zu vermeiden. Damit saß das Fußhebelwerk 15 mm zu weit rechts, was Änderungen an der Mittelkonsole und am Gasgestänge erforderlich machte.

Die Kühleranordnung hatte man gemäß dem letzten Stand von Wagen 31 ausgeführt. Möglich wurde dies, weil auch das neue Fahrzeug den bei Wagen 31 realisierten breiteren Bug erhalten hatte.

Wagen 36, der erste C 111 mit GFK-PUR-Bodengruppe, aufgenommen im August 1982, fast sieben Jahre nach seiner Fertigstellung.

Wegen der Reserveradmulde war die Kühlluftaustrittsöffnung allerdings nur 190 mm hoch (statt den konstruktiv vorgesehenen 210 mm, bzw. 240 mm in Wagen 31), weshalb ein zusätzlicher Ölkühler eingebaut wurde. Bei der Montage musste die Kühleraufnahme links und rechts um jeweils 10 mm ausgefräst werden. Umfangreiche Änderungen waren auch bei der Einpassung von Vorder- und Hinterachse erforderlich. Die gegenüber Wagen 31 bis 35 geringfügig kürzeren Schubstreben waren bereits in der Frühphase des Kunststoff-Rahmenboden-Projekts im September 1970 konstruiert worden.

Die Lenkung war von der Serienlimousine W 115 abgeleitet, und das Lenkgetriebe hatte die Untertürkheimer Versuchsabteilung schon im März 1972 in einer Variante mit Leichtmetallgehäuse und langer Lenkwelle bereitgestellt. Obwohl in der Konstruktion bereits berücksichtigt, mussten die Befestigungsbohrungen wegen der beengten Platzverhältnisse nachgearbeitet werden, und auch der Abstand zum Lenkstockhebel war so gering, dass die Lenkungsbefestigungsschrauben abgedreht werden mussten.

Die Kraftstoffanlage bestand wie bei den Wagen mit Stahlblech-Bodengruppe aus zwei ausgeschäumten, gummiummantelten Seitentanks aus Weichaluminium, die in den Seitenschwellern untergebracht waren, wegen der größeren Wandstärke der Schweller jedoch nur ein Fassungsvermögen von jeweils 50 Litern hatten. Die zulässige Höchstgeschwindigkeit des als Reserverad mitgeführten Faltrads betrug 210 km/h, und das Aufpumpen erfolgte über eine Pressluftflasche, da der eigentlich vorgesehene 12-V-Kompressor dafür ca. 15 Minuten benötigt hätte.

Die gegenüber der Stahlblechausführung voluminösere GFK-PUR-Bodengruppe ermöglichte nur die Unterbringung eines Faltrads als Reserverad. Gut zu sehen sind auch das Hydroaggregat und das Steuergerät des Anti-Blockier-Systems der ersten Generation.

Die von den übrigen Wagen abweichenden, schmaler ausgeführten Scheinwerfergehäuse mit rechteckigen Scheinwerfern ließen – nicht nur nach Meinung von Joachim Kaden – ein wenig gestalterische Eleganz vermissen. Im Gegensatz zu den Wagen 32 bis 35 schlossen die Klappscheinwerfer nicht direkt an die Fronthaube an, sondern waren – wie bereits bei Wagen 31 im Rahmen der Bugverbreiterung realisiert – von dieser durch einen Steg getrennt. Bei Wagen 31 hatte dieser eine Breite von 35 mm, bei Wagen 36 von 125 mm. Dies ermöglichte es einerseits, das Crashelement im Frontbereich abzustützen und bot andererseits noch genügend Platz für einen Rechteckscheinwerfer unter der Scheinwerferabdeckung – ein praktisches Beispiel für die alte Designer-Maxime »Form follows function«. Die Betätigung der Scheinwerfer erfolgte wie bei Wagen 31 bis 35 über einen Kurbeltrieb mit einem drehrichtungsumschaltbaren Elektromotor. Die Radausschnitte an den Vorderrädern mussten im vorderen Bereich vergrößert werden, um ein Streifen der Räder zu verhindern.

Die aus der zweischaligen Bauweise der Bodengruppe resultierenden Verengungen betrafen nicht nur das Fußhebelwerk, die Schaltung, die Lenkung und das reduzierte Tankvolumen, sondern – entgegen der ursprünglichen Planung – auch den Innenraum. Durch eine Verringerung der Mitteltunnelbreite auf das von der Klimaanlage unbedingt benötigte Maß, eine seitliche Versetzung von Brems- und Kupplungspedal sowie eine Ausbeulung der Rückwand hinter dem Fahrersitz konnte die Fahrerposition wenigstens soweit verbessert werden, dass die ersten Fahrversuche durchgeführt werden konnten. Trotz dieser Nacharbeit präsentierten sich die Platzverhältnisse im Fahrgastraum wesentlich ungünstiger als bei den anderen Wagen. So war der Abstand zwischen Lenkradmitte und Sitzlehne um 20 mm, zwischen Lenkradunterkante und Fahrersitz um 40 mm, zwischen Bremspedal und Lenkraduterkante um 30 mm geringer, und die Kopffreiheit für den Fahrer fiel ebenfalls 30 mm geringer aus. Die GFK-PUR-Bodengruppe wog 150 kg, die Bodenanlage (GFK-PUR-Bodengruppe mit Aluminium-Aufbaustruktur und Konsolen) 181 kg, die gesamte Rohbaukarosserie 330 kg und das Gewicht des fahrfertigen Wagens betrug 1316 kg. Damit lag das Gesamtgewicht von Wagen 36 etwas unter dem der Wagen 31 bis 35, nicht zuletzt durch die Verwendung von Leichtmetall für den aufgeschraubten Dachverband und den integrierten Heckträger. Auch die Integration des Vorbaubereichs und der Lüftungskanäle in die Bodengruppe und den Aggregateträger spielten hierbei sicher eine Rolle.

Vergleich der Frontgestaltung von Wagen 35 mit Stahlblech-Bodengruppe (oben) und Wagen 36 mit GFK-PUR-Bodengruppe (unten). Deutlich sichtbar sind die bei Wagen 36 verbreiterte Front mit rechteckigen Zusatzscheinwerfern, wie sie auch Wagen 31 im Sommer 1971 erhalten hatte, die breiten Stege zwischen Fronthaube und Scheinwerfern und die schmaleren Scheinwerfergehäuse mit Rechteckscheinwerfern.

Praxistest: Beginn der Fahrerprobung

Wagen 36 erhielt Anfang September 1975 die Straßenzulassung mit dem amtlichen Kennzeichen S – CL 1668, und die ersten Fahrversuche wurden gleich mit Rennreifen in Hockenheim durchgeführt. Von kleineren Unregelmäßigkeiten im Geradeauslauf abgesehen, machte der Wagen einen fahrstabilen Eindruck und erreichte auf Anhieb die Rundenzeiten der etwa gleich motorisierten Wagen mit Stahlblechbodengruppe. Umso überraschender erwies sich der Wagen nach Umstellung auf Straßenreifen besonders beim Einlenken als ausgesprochen instabil, woran auch die Optimierung aller Spur- und Sturzwerte nichts zu ändern vermochte. Das beim Wedeln mit mittlerer Geschwindigkeit laut Dr. Liebold auftretende »gummiartige Lenkgefühl« war möglicherweise auf die indirektere Lenkung mit längerer Spindel und Leichtmetallgehäuse zurückzuführen. Das übrige Verhalten wurde von Liebold aber eindeutig der gegenüber den Wagen mit Stahlbodengruppe geringeren Torsionssteifigkeit zugeschrieben. Dadurch wurde die Radlastverteilung innerhalb der Achsen so stark beeinflusst, dass das Eigenlenkverhalten größeren Veränderungen unterlag, während die Rennreifen hierauf wenig ansprachen und die wechselseitige Federung der Hinterachse durch einen Drehstab ohnehin stärker an die der Vorderachse angeglichen wurde. Zur Verbesserung der Steifigkeit wurde nach den Versuchsfahrten die Lagerung des vorderen Stabilisatordrehstabs von der Karosseriekonstruktion

Wagen 36, der erste C 111 mit GFK-PUR-Bodengruppe, auf der Kunststoffmesse K'75 in Düsseldorf im Oktober 1975.

wieder an den Stirnwandboden zurückverlegt und die Änderung an Wagen 36 durchgeführt. Die dadurch wesentlich reduzierte Verformungslänge der Bodengruppe führte bei den letzten Versuchen in Hockenheim zu einem auch mit Straßenreifen deutlich verbesserten Fahrverhalten.

Auch das Geräuschverhalten des Wagens wurde bei den ersten Versuchsfahrten als enttäuschend und »eher schlechter« als bei den Wagen 31 bis 35 empfunden. Der mit Stufensaugrohr ausgerüstete 4-Scheiben-Motor mit seiner reduzierten Höchstleistung gestattete deutlich weniger ausgeprägte Fahrleistungen: So erreichte der Wagen vor der Ostkurve in Hockenheim gegenüber früheren Lichtschrankenmessungen bis 274 km/h »nur« etwa 230 km/h, dafür wirkten die Wagen »unten heraus wesentlich elastischer«. Das als Reserverad vorgesehene Notrad wurde versuchsweise auf Wagen 35 gefahren, wobei es wechselweise den vorderen und hinteren rechten Straßenreifen ersetzte. Mit normalem Straßenreifendruck (3,3 bzw. 3,7 bar) verlor das Fahrzeug, wie Dr. Liebold in seinem vom 23. September datierenden Entwicklungsbericht formulierte, »im zulässigen Geschwindigkeitsbereich (bis 200 km) zwar stark an Präzision und neigte zum Herausschieben über der betreffenden Achse, war aber auf dem kleinen Kurs in Hockenheim auch bei forcierter Fahrweise durchaus noch zu fahren, so daß ein vorsichtiger Einsatz im Pannenfall auch auf der Straße möglich erscheint.«

Schwierigkeiten ergaben sich laut Liebold zunächst hinsichtlich der Erwärmung vor allem auf dem großen Kurs in Hockenheim, wo trotz der breiteren Bugöffnung die Öltemperatur bei einer Außentemperatur von 25 °C bereits im Verlauf einer Runde 140 °C erreichte. Der Einbau des bereits erwähnten Zusatzölkühlers vor dem Hauptkühler erbrachte diesbezüglich keine Verbesserung, erhöhte aber die Wassertemperatur auf bis zu 120 °C. Nach Vergrößerung des Abströmquerschnitts durch Weglassen des vorderen unteren Abdeckblechs im Wagenboden konnten die Temperaturen deutlich gesenkt werden, obwohl Liebold wegen der Reserveradmulde, die gegenüber Wagen 31 rund 30 mm weiter in den Abluftstrom ragte, noch immer schlechtere Strömungsverhältnisse diagnostizierte. Die beiderseits neben der Reserveradmulde bis fast zum Fahrzeugboden reichenden Abluftschächte hatte Liebold trotz ihres großen Querschnitts bei seiner Einschätzung offenbar nicht berücksichtigt. Durch den Einbau eines zusätzlichen Ölkühlers im Heck, wie ihn auch die Wagen 33 bis 35 aufwiesen, konnten die maximalen Öl- und Wassertemperaturen schließlich auf 130 °C bzw. 95 °C, also noch unter die Werte von Wagen 34 und 35, gesenkt werden.

Die Ergebnisse der Fahrerprobung fasste Liebold in dem bereits zitierten Entwicklungsbericht zusammen: So »machte sich die gegenüber den bisherigen Wagen deutlich verringerte Torsionssteifigkeit, vor allem [...] mit Straßenreifen, sehr negativ bemerkbar, während sich mit Rennreifen kaum Nachteile zeigten. Die etwas beengten Sitzverhältnisse können voraussichtlich noch teilweise verbessert werden, während das auf Anhieb eher schlechtere akustische Verhalten z. Zt. noch untersucht wird. Mit einer nennenswerten Verbesserung gegenüber den Wagen mit Stahlbodengruppe dürfte aber auch hier kaum zu rechnen sein, so daß die Anwendung dieser Bauweise nach dem ersten Eindruck höchstens kostenmäßige Vorteile bei entsprechenden Kleinserien erwarten lassen dürfte.«

Unabhängig von dieser Einschätzung war der C 111 immer noch ein spektakuläres Fahrzeug, das Aufmerksamkeit erregte. Dies machte sich auch die Bayer AG zunutze, als sie den brandneuen Wagen 36 im Oktober 1975 als Blickfang für ihren Stand auf der Kunststoffmesse K'75 in Düsseldorf präsentierte.

Neue Ziele: ein zweiter Versuchswagen mit GFK-PUR-Bodengruppe

Auch die zweite Kunststoff-Bodengruppe, die wegen ungeklärten Untergewichts zunächst nicht abgenommen worden war, wurde zu einem weiteren Versuchswagen aufgebaut, der dann folgerichtig als Wagen 37 bezeichnet wurde. Das ursprünglich für die Schlechtweg-Erprobung und anschließend für einen Frontalaufprall-Versuch vorgesehene Fahrzeug erhielt noch während der Aufbauphase einen neuen Verwendungszweck. In einer Notiz an Entwicklungschef Scherenberg schlug Liebold am 22. Mai 1975 vor, das Fahrzeug »zwischendurch für die Rekordversuche« zu verwenden, bei denen ein C 111 mit einem aufgeladenen Fünfzylinder-Diesel des Typs OM 617 ausgerüstet werden sollte, um die existierenden Geschwindigkeitsrekorde über verschiedene Distanzen zu unterbieten.

Dazu regte Liebold an, nur die tragenden Teile der Karosserie in der bisherigen Form zu fertigen und mit der Bodengruppe zu verbinden, während die Türen sowie Front- und Heckklappe in einer erleichterten Ausführung erstellt werden sollten. Auch die Innenausstattung könnte »von vornherein minimalisiert« – und damit gewichtsoptimiert – werden, »da sie auch später in der üblichen Form nicht benötigt wird«. Hintergrund der angestrebten Gewichtseinsparungen waren Pläne, zusätzlich zu den Geschwindigkeitsrekorden auch neue Beschleunigungsrekorde aufzustellen. Mitte Juni 1975 definierte die Sindelfinger Karosserieentwicklung die erforderlichen Modifikationen, und in der Stilistik stellten Johann Tomforde und Joseph Gallitzendörfer »Maßnahmen zur Gewichtsreduzierung, die formal vertretbar sind« zusammen. Dabei ermittelten sie »abgesehen von der Innenausstattung und sonstigen Materialeinsparungen« für die Außenhaut ein Einsparpotenzial von 14 bis 20,7 kg.

Am 16. Oktober 1975 erfolgten auf dem Hockenheimring die ersten Fahrversuche mit Wagen 37, der gemäß dem Vorschlag von Hans Liebold einen Fünfzylinder-Turbodiesel erhalten hatte. Die Ergebnisse sind in einer Entwicklungsmitteilung vom Folgetag dokumentiert. Trotz Einschränkungen im Hinblick auf den erzielten Ladedruck und die verfügbare Hinterachsübersetzung hatte man die zuvor errechneten Beschleunigungswerte auf Anhieb erreicht und »bei leichtem Gegenwind und ganz schwacher Steigung« eine Höchstgeschwindigkeit von 227 km/h gemessen.

Bei der Erprobungsfahrt zeigte sich jedoch auch eine unbefriedigende Torsionssteifigkeit, die Dr. Liebold wie folgt kommentierte: »Noch ungünstiger wirkte sich bei den Versuchen allerdings wieder die größere Torsionselastizität der Kunststoff-Bodengruppe auf die Fahrstabilität aus. Auf der welligen Fahrbahn vor der Ostkurve in Hockenheim konnte der mit 205 VR 14 bereifte Wagen bei der erreichten Geschwindigkeit trotz Änderungen am Reifendruck und der Vorspur nur mit großer Konzentration auf Kurs gehalten werden. Auf Grund des viel besseren Verhaltens des ersten Sandwich-Wagens (W 36) mit Rennreifen kann auch bei W 37 auf unproblematischeres Verhalten hiermit geschlossen werden. Allerdings weist der Wagen damit ein ca. 8 % größeres $c_w \times F$ auf, dessen Einfluß auf die Fahrleistung wir z.Zt. nachrechnen lassen.«

Im Hinblick auf die geplanten Rekordversuche führte er weiter aus: »Wir sollten [...] auf der für die Langstreckenversuche endgültig vorgesehenen Fahrbahn kurz klären, ob das Fahrverhalten dort nicht zumindest mit den zuletzt am C 101 verwendeten Straßenreifen 205/70 VR 15 ausreicht. Anderenfalls besteht immer noch die Möglichkeit, einen der abgestellten C 101 mit Stahlbodengruppe umzubauen.« Sowohl mit Rennreifen als auch mit der 15-Zoll-Straßenbereifung wurden in Hockenheim weitere Beschleunigungsmessungen durchgeführt, am Ende wurde jedoch die von Liebold skizzierte Alternative realisiert, für die Rekordversuche einen C 111 mit Stahlblech-Bodengruppe umzubauen.

Die gegenüber Wagen 36 reduzierte Torsionssteifigkeit wurde auf drei Ursachen zurückgeführt: das letztlich nicht geklärte Untergewicht der Bodengruppe, die im Übergangsbereich vom Heckträger zum äußeren Längsträger ausgeführten Veränderungen, die vor allem dem Einbau einer Schnellbetankungsanlage geschuldet waren, und schließlich die erleichterte GFK-Karosserie. Um das Fahrzeug als Erprobungsträger für weitere Fahrversuche mit dem Dieselmotor verwenden zu können, wären laut Projektleiter Klaus Matthias Ände-

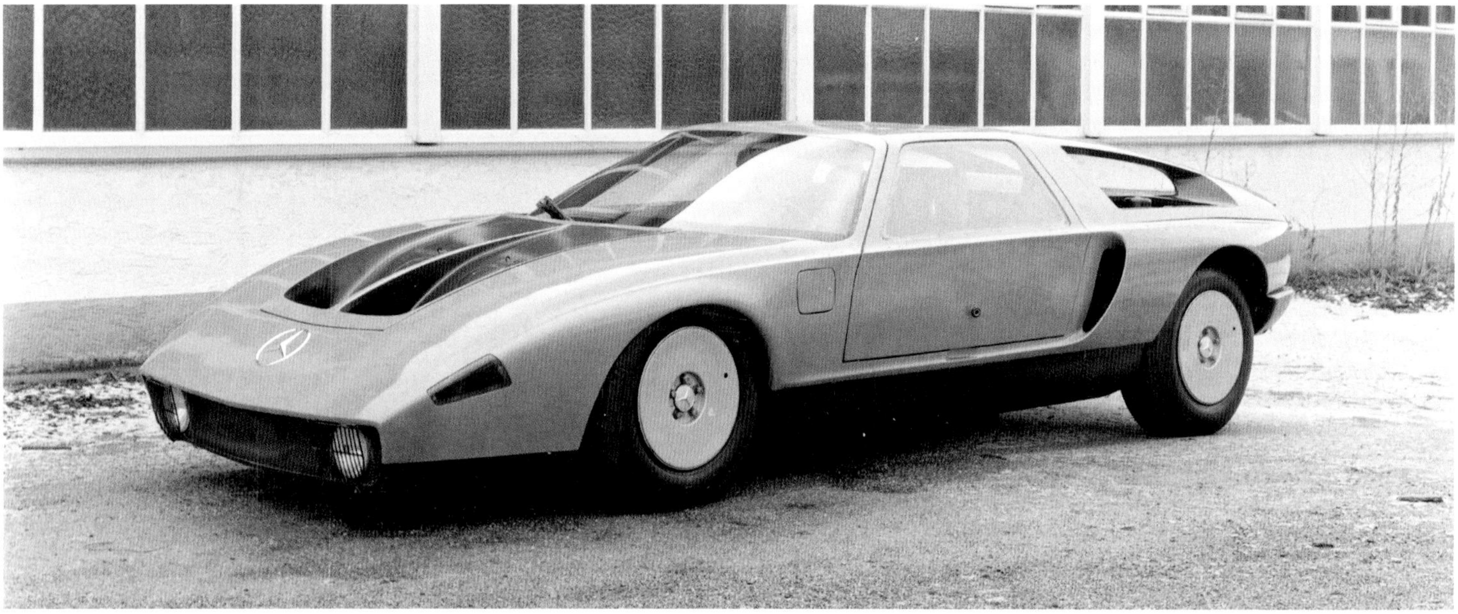

Wagen 37, der zweite C 111 mit GFK-PUR-Bodengruppe, aufgenommen im Dezember 1981, gut sechs Jahre nach seiner Fertigstellung. In seiner äußeren Erscheinung entspricht Wagen 37 exakt dem erfolgreichen Rekordwagen von der Weltrekordfahrt im Juni 1976. Deutlich sichtbar sind die fehlenden Klappscheinwerfer, die Felgenabdeckungen und die gewichtsreduzierte Heckblende.

Nachdem man Wagen 37 bereits in seiner Aufbauphase für Rekordversuche eingeplant hatte, wurde am hinteren Ende der äußeren Längsträger je eine Aufnahme für die Schnellbetankungsanlage installiert, die in der ursprünglichen Konstruktion nicht vorgesehen war. Die daraus resultierende Schwächung der Struktur im Übergang zum Heckträger wurde nach der Fahrerprobung als eine von mehreren Ursachen für die reduzierte Torsionssteifigkeit diagnostiziert.

rungen an der Kernverbund-Bodengruppe erforderlich gewesen, die am fertigen Bauteil jedoch aus unterschiedlichen Gründen nicht zufriedenstellend ausgeführt werden konnten. Denkbare Maßnahmen zur Erhöhung der Torsionssteifigkeit waren:

- eine Verlängerung der seitlichen Kastenausleger des Heckträgers bis zu den Außenschalen des äußeren Längsträgers und eine form- und kraftschlüssige Verbindung mit den GFK-Schalen,
- eine Verlängerung der gabelförmig auslaufenden Längsholme des Heckträgers und eine direkte Verbindung ihres oberen Astes mit dem Querträger hinter den Sitzen und der Aluminium-Aufbaustruktur,
- eine Nachrüstung zusätzlicher Diagonalstreben von der Federbeinaufnahme der Hinterachse zur Dachstruktur und zum äußeren Längsträger,
- eine Begradigung der Verbindung der Anschraubflansche für die Federbeine der Vorderachse zur Erhöhung der Querstabilität und eine steifere Ausbildung im Bereich des Lenkgetriebes,
- eine Nutzung der gegenüber der Stahlblech-Variante erzielten Gewichtseinsparung zur Optimierung der Steifigkeit.

Laut einer von Dr. Liebold erstellten Entwicklungsmitteilung vom 8. Dezember 1975 sollte Wagen 37 mit einem 2,3-Liter-Vierzylindermotor M 115 sowie den regulären Türen und Hauben ausgerüstet und damit für die ursprünglich vorgesehene Schlechtwegerprobung, den sogenannten »Heidedauerlauf« vorbereitet werden. Für diesen Umbau und die genannte Erprobung finden sich jedoch keine Archivquellen, und beides erscheint auch wenig plausibel: Einerseits war die Weiterentwicklung des C 111 ohnehin offiziell beendet und andererseits wurde Wagen 37 nach der spektakulären Rekordfahrt vom Juni 1976 ebenso wie der eigentliche Rekordwagen, dem er äußerlich bis aufs i-Tüpfelchen glich, auf Messen und Ausstellungen in aller Welt gezeigt.

Fazit: wertvoller Erkenntnisgewinn

Das Fazit von Klaus Matthias zu den Versuchen mit der Sandwich-Bodengruppe, veröffentlicht in seinem bereits zitierten Aufsatz in der Automobiltechnischen Zeitschrift, fiel insgesamt eher ernüchternd aus: »Eine eigenständige Kernverbund-Konstruktion – mit einem an die Erfordernisse der Bauweise angepaßten Aggregatekonzept – hätte sicher ein günstigeres Ergebnis erbracht. Der Vergleich der Leichtbau-Kennzahlen für den mittleren Querschnitt zeigt aber, daß mit Vorteilen – hinsichtlich Steifigkeit und Gewicht – für die GFK/PU-Kernverbund-Bauweise gegenüber einer Stahlblech-Konstruktion nicht zu rechnen ist. Bei Abschluss des Projekts im Jahre 1975 konnte über die Kosten einer Kleinserien-Ausführung in GFK/PU-Kernverbund-Bauweise keine Aussage gemacht werden, da die Serientechnologie noch unvollkommen war.«

Trotz dieser zurückhaltenden Einschätzung des Projektverantwortlichen und der zum Teil enttäuschenden Ergebnisse kann die Entwicklung des C 111 mit GFK-PUR-Kernverbund-Bodengruppe durchaus als Erfolg gewertet werden. Konstruktion, Fertigung und Vermessung einer derartigen Bodengruppe, ihr Aufbau zum Komplettfahrzeug sowie dessen Erprobung hatten in jeder Phase der Entwicklung durch die Notwendigkeit, Lösungen für ständig neue Problemstellungen zu erarbeiten, zu grundlegenden und wertvollen Erkenntnissen geführt – auch wenn diese letztlich nicht in einer Serienproduktion zur Anwendung kamen.

Mit den Wagen 36 und 37, den beiden Exemplaren mit GFK-PUR-Bodengruppe, endete im Jahr 1975 die Entwicklung des C 111 als Experimentalfahrzeug und Hochleistungssportwagen, und das »Rollende Labor« sollte in der Folgezeit zum Rekordjäger mutieren.

Höchstleistung im Visier: der C 111 als Rekordwagen

Anmerkung: Eine Aufschlüsselung der in den zitierten Berichten und Protokollen verwendeten Abteilungs-Kurzbezeichnungen befindet sich im Anhang.

Noch bevor mit Wagen 36 der letzte C 111 mit Wankelmotor fertiggestellt wurde, begann im Frühjahr 1975 die zweite Phase der Entwicklungsgeschichte, in der das Mittelmotor-Coupé als Rekordwagen Furore machte. Ausgangspunkt dieser Aktivitäten waren Überlegungen bei Daimler-Benz, angesichts der Energie- bzw. Ölpreiskrise verstärkt die größere Effizienz des Dieselmotors zu nutzen. Dies führte zum 3-Liter-Fünfzylinder-Triebwerk OM 617 – damals mit 80 PS/59 kW der weltweit leistungsstärkste Dieselmotor für Personenwagen, dessen Markteinführung im Oktober 1974 im Mercedes-Benz 240 D 3.0 erfolgte. Für den US-Markt trug man sich in Anbetracht der 1975 eingeführten, ab 1978 gültigen Reglementierung des Flottenverbrauchs (corporate average fuel economy, CAFE) der dort verkauften Personenwagen sogar mit dem Gedanken, dieses Triebwerk auch in der S-Klasse anzubieten und den dazu erforderlichen Leistungszuwachs durch Turboaufladung zu erreichen.

Vom rollenden Labor zum Rekordjäger: der C 111-II D

Der eigentliche Startschuss für die Rekordwagenentwicklung fiel im Mai 1975. Anlässlich der Pressefahrvorstellung des neuen S-Klasse Topmodells 450 SEL 6.9 im elsässischen Le Hohwald hatten Hans Liebold und Entwicklungsvorstand Prof. Scherenberg über die Möglichkeiten gesprochen, »mit einem aufgeladenen OM 617 im C 101 die von Opel in Dudenhofen aufgestellten Rekorde [...] zu unterbieten.« Die Rede war von einer Rekordfahrt im Opel-Testzentrum Dudenhofen, die fast genau drei Jahre zuvor anlässlich der Markteinführung des Opel Rekord Diesel stattgefunden hatte. Der mit einer aufgeladenen Version des 2,1-Liter-Serien-Diesels ausgerüstete, aerodynamisch umfassend überarbeitete Rekordwagen auf Basis des Opel GT hatte im Juni 1972 bei der dreitägigen Fahrt 18 internationale Klassenrekorde und zwei Weltrekorde erzielt, darunter die 10.000 km mit 190,88 km/h.

Mit dem C 111 hatte Daimler-Benz eine denkbar gut geeignete Ausgangsbasis für die Rekordversuche zur Verfügung. In einer vom 22. Mai 1975 datierenden Mitteilung an Hans Scherenberg fasste Dr. Liebold seine Einschätzung zusammen: Ein gewichtsreduziertes Fahrzeug mit einem fahrfertig vollgetankten Gewicht von 1000 kg sollte bei Verwendung eines 150 PS/110 kW starken Dieselmotors eine Geschwindigkeit von 218 km/h, bei 170 PS/125 kW sogar von 225 km/h erreichen können.

Nicht einmal zwei Wochen später, am 3. Juni 1975, brachte Projektleiter Hans Liebold unter dem Betreff »Vorbereitung eines C 101 mit OM 617 ATL für Rekordfahrten« einen offiziellen Versuchsauftrag auf den Weg. Der Auftragsumfang war darin wie folgt definiert:

»Mit einem OM 617 ATL [Abgasturbolader, d. Verf.] sollen im C 101 die z.Z. von Opel gehaltenen Geschwindigkeitsrekorde von 1 km fliegend bis 10.000 km sowie die Beschleunigungsrekorde für Dieselfahrzeuge Klasse 8 (2.000 bis 3.000 cm³) angegriffen werden. Hierzu sind zunächst

1. 2 Motoren mit ca. 5 cm³ verringertem Hubraum für einen Prüfstandslauf (50 h, 150 PS, 4500 U/min) bzw. anschließendem Fahrzeugeinbau herzurichten.
2. Die für Heidedauerlauf und anschließende Crash-Versuche vorgesehene Sandwich-Bodengruppe des C 101 W 37 mit den Karosserie-Hauptteilen normal fertig zu machen und anschließend mit Türen, Bug- und angepaßter Heckklappe in sehr leichter Ausführung sowie Minimalausstattung zu versehen.
3. Der Wagen mit erleichterten Aggregaten fertig zu montieren und abzustimmen.«

Der Opel Diesel-Rekordwagen bei seiner Rekordfahrt im Opel-Testzentrum in Dudenhofen im Juni 1972.

Ernst Haug, Mitarbeiter der Abteilung Karosseriekonstruktion in Sindelfingen und sein Chef Theodor Reinhard griffen das Thema umgehend auf und definierten in einer Mitteilung vom 12. Juni 1975 den Aufbau und die abweichenden Merkmale des für die Rekordfahrt vorgesehenen Wagens 37 in einer 30-Punkte-Liste mit allen Details:

Unterbau

Sandwich-Kunststoffbodengruppe

Integrierter Alu-Motor-Getriebeträger

Achsanlenkkonsolen V./H.-Achse »Stahl«

Windschutz-Profilrahmen mit Rohrverstärkung und Säulen »Stahl«

Dachmittelsteg-Profilrahmen »Stahl«

Überrollbügel-Profilrahmen »Stahl«

Aufbau

1. Kar.-Großform mit Bugverbreiterung GFK 2,5 – 3 mm Dicke Polyesterharz Leguval W 35 Bayer-Leverkusen.
   Materialaufbau:
   Gelcoat
   2 x 225 g/m² Glasmatte
   1 x 163 g/m² Gewebe
   1 x 225 g/m² Glasmatte
2. Bughaube GFK 1 – 1,2 mm
   Materialaufbau:
   Gelcoat minimal
   1 x 225 g/m² Matte
   1 x 163 g/m² Gewebe
3. Heckhaube Materialaufbau wie Pos. 2, GFK
   Ausbuchtung im Mittelbereich für Zylinderkopf und Saugrohr nach oben. Die Form sollte an einem Fahrzeug von ST1 festgelegt werden, und eine Negativform sollte erstellt werden. Seitliche Öffnungen nach außen mit vertieftem Auflageflansch zum Einsetzen von Plexischeiben. Durchbruch für Heckbetankung neu.
4. Abdeckung Heckfenster außen hinten GFK
   Materialaufbau wie Pos. 2
   Verlängerung nach vorne entspr. 20 mm versetzter Heckscheibe und Ausbuchtung nach oben für Zylinderkopfdeckel. Die Sicht nach hinten wird dadurch etwas verschlechtert.
5. Stoßfänger hinten GFK
   Materialaufbau wie Pos. 2, demontierbar zum Tankein- bzw. -ausbau. Kein Durchgang für Auspuffrohre und keine Belüftungsschlitze.
6. Kofferkasten kommt in Wegfall; Querträger in Neuausführung; Materialaufbau wie Pos. 1, GFK.
7. Türen, Außenhaut und Innenrahmen
   Materialaufbau wie Pos. 2 GFK. Innenrahmen in geänderter Ausführung für besondere Verriegelungen und ohne Ausstellfenster.
8. Schalttafel und Handschuhkasten, Materialaufbau wie Pos. 2 GFK. Alle übrigen Innenverkleidungsteile kommen in Wegfall.
9. Verriegelungen für Klappen mit Schnellspannverschlüssen ohne Bowdenzüge. Türschloß und Schließring kommen in Wegfall.
10. Klappscheinwerfer fallen weg. Die bereits in der Bugluftteinlaßöffnung vorgesehenen 2 Lichthupen werden mit 2 Fernscheinwerfern ergänzt.
11. Träger für Heckleuchten, Materialaufbau wie Pos. 2 GFK.
12. Blinklicht vorne li. und re. wie Wagen 12 [hier und bei den folgenden Nennungen ist nicht explizit Wagen 12 gemeint, sondern der C 111-II insgesamt, d. Verf.]
13. Heckleuchten li. und re. wie Wagen 12
14. Scheibenwischeranlage wie Wagen 12
15. Buglufteinlaßgitter Drahtgeflecht
16. Heckgitter über Stoßfänger Drahtgeflecht
17. Lufteinlaßgitter H.-Kotflügel Drahtgeflecht
18. Glasscheiben, Windschutz 4,8 mm dick (bisher 5,6) ohne Antenne, Seitentürscheiben Plexiglas mit kleinen Schiebefenstern, Heckscheibe Glas wie Wagen 12.
19. Auspuffwärme und schallisolierende Matten bzw. Bleche kommen alle in Wegfall.
20. Heizung und Kühlanlage fällt weg, Frischluftzuführung mit Klappen- bzw. Düsenregulierung erforderlich.
21. Außenspiegel kommt in Wegfall, Innenspiegel wie Wagen 12.
22. Fahrersitz wie Wagen 12, Beifahrersitz ohne Mechanik fest montiert in Minimalgewichtsausführung.
23. Tankeinfullstutzen vorn li. und re. von 60 auf 100 mm vergrößert.

24. Tankeinfullstutzen hinten li. und re. durch Längsträger seitlich im Motorraum 100 mm Ø neu.
25. Längsträgerdurchbrüche (für Tankrohr li. und re.) mit Trägerabschlußwand, zusätzlichen Stützblechen und Konsolen am Radlaufblech bzw. Überrollbügel unten verstärkt.
26. Heckscheibe 20 mm nach vorne versetzt.
27. Querträger unter Heckscheibe neu.
28. Heckwand hinter Sitzlehne mit Durchbruch für Keilriemenscheibe Lichtmaschine.
29. Gasfedern für erleichterte Türen mit geringer Ausschubkraft.
30. Heckhaubenschere wird durch Stützstab ersetzt, Heckschloß fällt weg.

Ein Großteil der in diesem Papier aufgelisteten Abweichungen von der bisherigen Ausführung resultierte aus der von Liebold geforderten Gewichtseinsparung, die vor allem im Hinblick auf Kurzstrecken- und Beschleunigungsrekorde von Bedeutung war. Damit hier die gestalterischen Aspekte nicht auf der Strecke blieben, formulierten Joseph Gallitzendörfer, Designer der ersten Stunde im Projekt C 101, und Projektneuling Johann Tomforde in einer vom 16. Juni datierenden Mitteilung an Hans Liebold und Theodor Reinhard »Maßnahmen zur Gewichtsreduzierung an der Außenform, die formal vertretbar sind.« Darin schlugen sie folgende Modifikationen vor:

- Reduzierung des Profilquerschnitts des Lamellengitters im Heck: 0,850 kg
- Austausch der Heckleuchten gegen eine kleinere Variante: 0,900 kg
- Wegfall der Rückfahrscheinwerfer: 0,820 kg
- Wegfall von Nummernschild und Nummernschildbeleuchtung: 0,560 kg
- Wegfall der Außenspiegel: 1,450 kg
- Reduzierung der Aluminiumgitter-Einsätze an Motorraumabdeckung und Kühlergrill sowie Wegfall der Gitter am Lufteinlass vor den Rädern: 1,276 kg
- Verwendung einer 80 mm kürzeren und 0,8 mm dünneren Frontscheibe: 3,700 kg
- Wegfall der Scheibenwischer (ohne Antrieb): 0,613 kg
- Wegfall der Klappscheinwerfer: 3,600 kg
- Ersatz des Mercedes-Sterns durch eine leichtere Ausführung: 0,150 kg

Auf diese Weise definierten die beiden Stilisten allein an der Außenhaut ein Einsparpotenzial von 14 kg; eine weitere Reduzierung um 6,7 kg stellten sie bei Ausführung der Frontscheibe aus 4 mm dickem Plexiglas in Aussicht.

Offizieller Startschuss: Vorstandsauftrag für Rekordversuche

Am 15. Juli 1975 kamen die Rekordversuche erstmals in einer Vorstandssitzung zur Sprache. Dr. Hans Scherenberg berichtete, dass der bekannte Motorjournalist Fritz B. Busch »beabsichtige, in einem von Dornier gebauten und von Veedol finanzierten Fahrzeug die Geschwindigkeitsrekorde [Klassenrekorde für Fahrzeuge mit Dieselmotor, d. Verf.] über 1 Meile bzw. 1 km zu brechen und [...] um Zurverfügungstellung eines entsprechenden Motors gebeten« habe. Darüber hinaus schlug der Daimler-Benz Entwicklungschef vor, »in eigener Regie mit einem in eine C 111-Karosserie eingebauten Dieselmotor OM 617 mit Abgasturbo-Aufladung die Dauergeschwindigkeitsrekorde auf Langstrecken für Dieselfahrzeuge anzugreifen«. Dies käme »dem Image der 5-Zylinder-Dieselfahrzeuge, die äußerst positiv von der Presse aufgenommen worden wären, zugute und würde zugleich den Experimentiercharakter des Modells C 111 erneut unterstreichen«. Zur Vorbereitung wäre eine etwa sechs Monate dauernde Versuchsreihe notwendig, deren Kosten er mit ca. DM 650.000,– bezifferte.

Nach eingehender Diskussion stimmte der Vorstand der Bereitstellung eines Dieselmotors für die von Fritz B. Busch geplanten Rekordversuche zu und empfahl, »die Überlegungen, inwieweit eigene Rekordversuche mit entsprechenden Dieselmotoren unter Image-Gesichtspunkten angebracht erscheinen, fortzuführen«.

Nach der Entscheidung des Vorstands wurden in der Abteilung Dieselmotorenentwicklung neben den beiden für den C 111 vorgesehenen Hochleistungs-Dieselmotoren zwei weitere Exemplare für die Rekordversuch von Fritz B. Busch aufgebaut. Die Motoren standen in den ersten Oktobertagen 1975 für den Einbau bereit. Gegenüber den Serienmotoren ohne Turboaufladung hatte man die Bohrung um 0,1 mm auf 90,9 mm reduziert, um mit dem Gesamthubraum unterhalb der 3000-cm³-Marke bleiben und in der Klasse

2000 bis 3000 cm³ antreten zu können. Als Turbolader kam das Modell T 04 B des US-amerikanischen Herstellers Garrett AiResearch zum Einsatz; der Ladedruck betrug bei Laderdrehzahlen von 130.000/min 2,8 bar, wobei der Spitzendruck im Hauptbrennraum 135 bar, die Temperatur vor der Turbine nahezu 800 °C und die maximale Ladelufttemperatur 200 °C erreichte. Die Abnahmekurve für den ersten an Fritz B. Busch übergebenen Motor mit der individuellen Bezeichnung EA 25-015 wies eine Höchstleistung von 188 PS/138 kW bei 4350/min und ein maximales Drehmoment von 33,5 mkp/329 Nm bei 3600/min aus.

Der für den C 111, Wagen 37, vorgesehene Motor EA 25-013 erbrachte auf dem Prüfstand eine Leistung von 191,6 PS/140,9 kW bei 4200/min. Anfang Oktober wurde er in den soeben fertiggestellten Versuchswagen mit GFK-PUR-Bodengruppe und erleichterter Karosserie eingebaut. Die ersten Fahrversuche erfolgten am 16. Oktober 1975 auf dem Hockenheimring und wurden von Hans Liebold in einer vom nächsten Tag datierenden Mitteilung dokumentiert. Obwohl nur ein Ladedruck von 2,5 bar (mit Ladeluftkühler 2,2 bar) – 0,3 bar weniger als auf dem Prüfstand – gemessen wurde, konnten die errechneten Beschleunigungswerte auf Anhieb erreicht werden. Mit dem für die Langstreckenversuche avisierten fahrfertigen Gewicht von ca. 1070 kg wurden – jeweils mit stehendem Start – die Viertelmeile in 13,8 Sekunden und der Kilometer in 26,0 Sekunden durchfahren, entsprechend einer Durchschnittsgeschwindigkeit von 104,9 bzw. 138,5 km/h. Die Endgeschwindigkeit betrug dabei 156,6 bzw. 197,9 km/h.

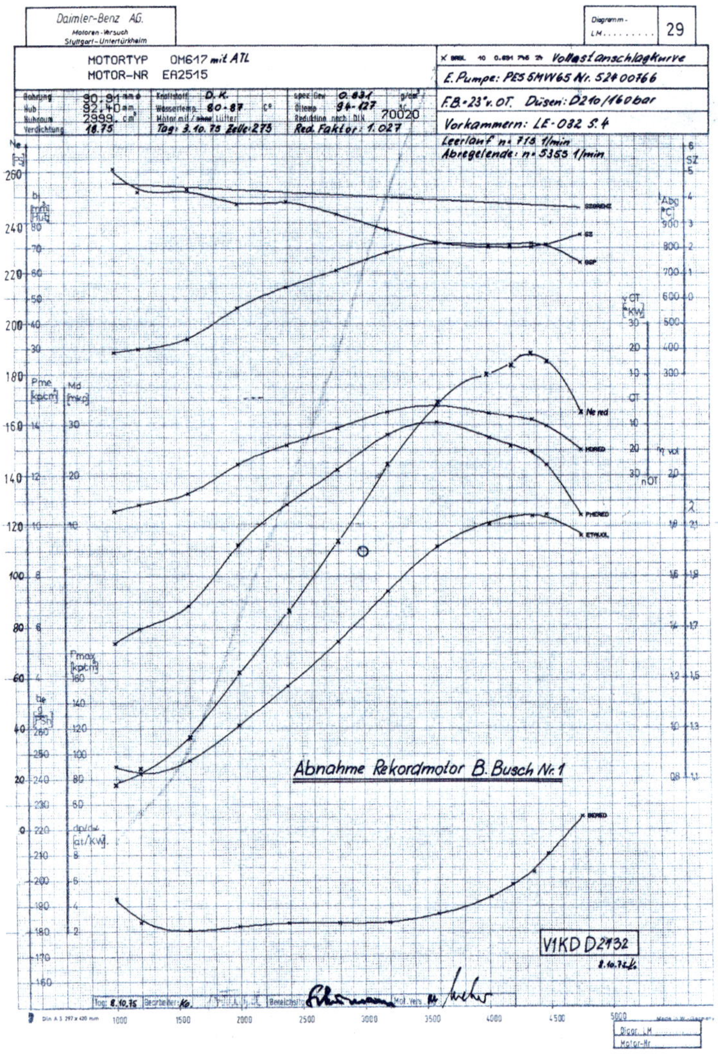

Leistungsdiagramm des aufgeladenen 3-Liter-Fünfzylinder-Dieselmotors OM 617 A mit der Nummer EA 25-015, aufgenommen am 3. Oktober 1975 anlässlich der Abnahme vor der Lieferung an Fritz B. Busch.

Da die vorgesehene Hinterachsübersetzung von 3,23 noch nicht verfügbar war, konnte die errechnete Höchstgeschwindigkeit nicht erreicht werden, und für Wagen 37 wurden »bei leichtem Gegenwind und ganz schwacher Steigung mit Lichtschranken 227 km/h gemessen, wobei der Motor mit 4600/min bereits im Anfang des Abregelbereichs lag.« Zu den Beschleunigungsversuchen schrieb Liebold: »Sofern [diese] überhaupt noch für uns interessant sind, kann der Wagen zu diesem Zweck um ca. 170 kg abgemagert werden, wodurch die angegebenen Beschleunigungswerte sich noch um ca. 3 % verbessern lassen müßten.«

Unter Verweis auf die gegenüber Wagen 36, dem ersten C 111 mit GFK-PUR-Bodengruppe, nochmals erhöhte Torsionselastizität empfahl Liebold zu klären, ob das Fahrverhalten auf der für die Rekordversuche endgültig vorgesehenen Fahrbahn nicht zumindest mit den zuletzt verwendeten Straßenreifen ausreicht und schlug als Alternative den Umbau eines vorhandenen C 111 mit Stahlbodengruppe vor. Die dafür erforderlichen Maßnahmen hielten Karosseriekonstrukteur Ernst Haug und Theodor Reinhard in einer Mitteilung vom 12. November 1975 fest:

Neuteile:	
Bughaube	GFK
Türen	GFK
Heckhaube	GFK
Heckquerträger	GFK
Schalttafel	GFK
Innenverkleidung	GFK

Scharnier für Bughaube	Alu
Scharnier für Lagerplatten	Alu
Verschluß für Bughaube	Alu
Türscharniere	Alu
Türscharniere Gegenlager	Alu
Schloßkasten	Alu
Lagerplatten für Türgriff	Alu
Schnellverschluss für Heckhaube vorn und hinten	Alu
Schutzgitter Bug-Heck	Alu
Längsträgerschalen außen	Alu
Querträger über Federbein Vorderachse	Alu
Querträger über Hinterachse	Alu
Windschutzscheibe 5 dick (bisher 5,6) [Maße in mm, d. Verf.]	
Heckscheibe	Plexi
Türscheiben	Plexi
Fahrersitz mit GFK Rücklehne ohne Lehnenverstellung	
Querträger an Heckwand oben	St.
Abdeckung Durchbruch in Heckwand	Alu
Gasfeder mit geringer Schubkraft	

Erste Bewährungsprobe: der »Dieselstar«

Während in Untertürkheim und Sindelfingen unter der Projektleitung von Hans Liebold und Joachim Kaden die Vorbereitungen für die Rekordfahrt des C 111 Diesel anliefen, war Fritz B. Busch dabei, seine Spezialkonstruktion namens »Dieselstar« fertigzustellen und zu erproben. Die Idee zu seinem Rekordversuch hatte der renommierte Journalist und Oldtimerliebhaber auf seinem im Oktober 1974 gestarteten 94tägigen Langstrecken-Härtetest eines VW Golf über 30.514 km von Alaska nach Feuerland entwickelt, als er einen

Der von Fritz B. Busch aufgebaute, mit Mercedes-Benz Fünfzylinder-Turbodiesel ausgerüstete »Dieselstar«, mit dem Busch im November 1975 eine Spitzengeschwindigkeit von 253,705 km/h erreichte.

Zwischenstopp bei den Bonneville Salt Flats einlegte. Dabei erfuhr er von den Rekorden, die der US-Amerikaner Virgil William Snyder in verschiedenen Hubraumklassen mit Diesel-betriebenen Rekordwagen aufgestellt hatte und sah eine Chance, einige dieser Rekorde zu übertreffen.

Den »Dieselstar« hatte Busch mit einem kleinen Team von Unterstützern in der Werkstatt seines Oldtimermuseums in Wolfegg auf Basis eines Formel-2-Fahrgestells des britischen Herstellers GRD aufgebaut. Die selbst konstruierte Stromlinienkarosserie wies einen c_W-Wert von 0,29 auf. Das 5-Gang-Schaltgetriebe stammte aus einem De Tomaso Pantera; dabei handelte es sich um das 5 DS-25 von ZF, das seit 1969 in abgewandelter Form auch im C 111 zum Einsatz kam. Auf dem VW-Versuchsgelände in Ehra-Lessien erzielte Busch am 28. Oktober 1975 zunächst drei internationale Klassenrekorde, als er – jeweils mit stehendem Start – die Viertelmeile mit 103,650 km/h, den halben Kilometer mit 112,247 km/h und den Kilometer mit 138,116 km/h zurücklegte.

Damit übertraf er zwei Bestleistungen, die die britische Rennfahrerin Patsy Burt im Oktober 1970 auf einem 130 PS/95 kW starken Mercedes-Benz 220 D mit Turboaufladung erzielt hatte, sowie einen Rekord des Opel-GT-Teams vom Juni 1972 mit einem Abstand von rund 25 km/h. Allerdings ließ der »Dieselstar« bei mehr als 220 km/h jede Richtungsstabilität vermissen und war in diesem Geschwindigkeitsbereich praktisch unfahrbar. Messungen im VW-Windkanal enthüllten die Ursache in einem mit 350 kg viel zu hohen Vorderachsabtrieb. Eine Korrektur der Frontpartie senkte den Abtrieb auf 60 kg, ohne den c_W-Wert zu verschlechtern, und am 16. November 1975 konnte Busch in Ehra-Lessien auch den fliegenden Kilometer und die fliegende Meile in Angriff nehmen. Mit 249,324 km/h bzw. 249,188 km/h verbesserte er trotz Seitenwind die Rekorde der Hubraumklasse 2000 bis 3000 cm³, die V. W. Snyder im August 1974 auf den Bonneville Salt Flats erzielt hatte, um fast 20 km/h. Die Höchstgeschwindigkeit von Buschs »Dieselstar« wurde mit 253,705 km/h gemessen. Der von Daimler-Benz zur Verfügung gestellte OM 617 mit Aufladung hatte hier eine erste Kostprobe seiner Leistungsfähigkeit gegeben.

Die von Busch errungenen Rekorde – zumindest diejenigen mit fliegendem Start – waren jedoch nicht von langer Dauer, und dies hing nicht einmal mit den Aktivitäten von Daimler-Benz zusammen. Auf dieser Seite des Atlantiks war es offenbar unbemerkt geblieben, dass Snyder bereits im August 1975 seine ein Jahr zuvor erzielten Rekorde auf 306,083 bzw. 305,846 km/h hochgeschraubt hatte. Sein Rekordwagen wurde von einem aufgeladenen Isuzu-Dieselmotor mit 2,4 Liter Hubraum angetrieben. Mit der erst im November 1975 erfolgten Anerkennung durch die FIA waren dann die von Fritz B. Busch erzielten Bestmarken gleich wieder obsolet.

Die Hochgeschwindigkeitsteststrecke beim süditalienischen Nardò, aufgenommen im November 2006 von Bord der Internationalen Raumstation ISS.

Kreisbahn und Windkanal: die Rekordvorbereitungen

Unabhängig davon gingen in Untertürkheim die Vorbereitungen der mit dem C 111 vorgesehenen Rekordversuche voran. Es lag zwar auf der Hand, dass die von Snyder erzielten Bestmarken außerhalb jeder Reichweite waren, aber bei Daimler-Benz hatte man ja schließlich keine Beschleunigungsrekorde über kurze Strecken im Sinn, sondern strebte stattdessen Bestleistungen über sehr lange Distanzen an. Eine zentrale Frage war dabei die Wahl der Strecke, auf der die Rekordfahrt stattfinden sollte. Da traf es sich gut, dass die am 1. Juli 1975 als Tochtergesellschaft des FIAT-Konzerns gegründete »Società Autopiste Sperimentali Nardò« (SASN) eine soeben fertiggestellte Hochgeschwindigkeitsteststrecke in der südostitalienischen Region Apulien in Betrieb nahm.

Die als »Pista di Nardò«, »Anello di Nardò« oder »Circuito di Nardò« bezeichnete 12,55 km lange Kreisbahn, rund 20 km nordwestlich der gleichnamigen Stadt gelegen, war zu Beginn der 1970er-Jahre mit öffentlichen Mitteln zur Förderung des strukturschwachen italienischen Südens entstanden. Ursprünglich als Standort für einen Teilchenbeschleuniger geplant, übernahm der FIAT-Konzern das Gelände, nachdem die zunächst vorgesehene Nutzung nicht mehr opportun erschienen war. Ausgelegt als Hochgeschwindigkeitsstrecke mit einer maximalen Überhöhung von 13°, waren Geschwindigkeiten von bis zu 240 km/h ohne Seitenkräfte darstellbar. Das Versuchsgelände umfasste vier jeweils 4 m breite Pkw-Bahnen, eine Pkw-Standspur, zwei Lkw-Bahnen, eine Lkw-Standspur sowie, durch eine Leitplanke abgetrennt, eine Fahrbahn zur Kontrolle der Versuchsbahnen. Um die auf die Versuchsfahrzeuge wirkenden Kräfte in Grenzen zu halten, wurde die Fahrtrichtung im täglichen Wechsel geändert: einen Tag im Uhrzeigersinn, am nächsten dann im Gegenuhrzeigersinn.

Am 25. Februar 1976 besuchten zwei Mitarbeiter der Daimler-Benz Versuchsabteilung die noch sehr wenig frequentierte Teststrecke, um ihre Eignung für Hochgeschwindigkeitsversuche, für Kühlermessungen und für Handling-Erprobungen zu prüfen. Mit einem 450 SEL 6.9 überzeugten sie sich bei Geschwindigkeiten zwischen 210 und 250 km/h, dass seitenkraftfreies Fahren möglich war. Im Hinblick auf die Rekordfahrt stellten die Versuchsmitarbeiter in einer Mitteilung vom 4. März fest: »Für den geplanten Dauerlauf (30 – 50 h mit v_{max}) ist die Kreisbahn vorzüglich geeignet. Herr Mininanni gab sein Einverständnis, daß auf der PKW-Standspur ein Depot zum Tanken und Reifenwechsel von uns eingerichtet wird. Strom steht an der Fahrbahn nicht zur Verfügung. Ein Notstromaggregat müßte mitgenommen werden. Die Ausrüstung des Fahrzeugs mit der automatischen Geschwindigkeitsmeßeinrichtung dürfte sinnvoll sein. Dadurch kann die Durchschnittsgeschwindigkeit jeder Runde automatisch registriert werden.«

Am 19. Februar 1976 wurde der inzwischen mit Dieselmotor ausgerüstete C 111 Nr. 31 im großen Windkanal in Untertürkheim untersucht, um zu ermitteln, inwieweit durch Anbauteile wie Bugspoiler, Radverkleidungen etc. der Luftwiderstandsbeiwert verbessert werden kann. Dabei ergab sich, dass eine 11,6%ige-Reduzierung des c_W-Werts von 0,345 auf 0,305 durch folgende Maßnahmen möglich ist:

- Montage eines 50 mm hohen Bugspoilers
- Entfernung der Außenspiegel
- Abklebung der Tür-, Motorhauben- und Fronthaubenschlitze
- Abklebung der zusätzlichen Lufteinlässe am Bug
- Abdeckung der Felgen mit Radscheiben
- Bombierte [nach außen gewölbte, d. Verf.] seitliche Bugverlängerung im Bereich der Scheinwerfer

Nach den Windkanalmessungen erhielt der Wagen eine Schnellbetankungsanlage ähnlich der, die in der Formel 1 eingesetzt wurde. Für die beiden Seitentanks wurde je ein Einfüllstutzen mit 10 cm Durchmesser unmittelbar vor den hinteren Radhäusern eingebaut. Dieser schloss sich automatisch, wenn man den Betankungsschlauch nach beendetem Tankvorgang abzog. Da Dieselkraftstoff beim Einfüllen

Wagen 31 bei der Windkanaluntersuchung im Februar 1976. Zu diesem Zeitpunkt verfügte der Wagen bereits über den Turbodieselmotor, die Öffnungen für die Klappscheinwerfer waren geschlossen und die neuen Scheinwerfer im Bug montiert. Die Lüftungsöffnungen im Bug und die Fugen der Fronthaube wurden für die Messung provisorisch abgeklebt.

Im Frühjahr 1976 erhielt Wagen 31 anlässlich der bevorstehenden Rekordfahrt eine Schnellbetankungsanlage, deren Entlüftungsöffnungen im Fahrzeugbug untergebracht waren.

stark schäumt, wurde bei den beiden Tanks außer der Einfüllöffnung noch eine zusätzliche Entlüftungsöffnung eingebaut, über die die Luft und der Dieselschaum schnell entweichen konnten, ohne den Tankvorgang zu behindern. Die beiden Entlüftungsöffnungen befanden sich unter je einer Klappe auf den Luftauslasskanälen der Fronthaube. Sobald in dem aufgesetzten durchsichtigen Entlüftungsschlauch nicht mehr Schaum, sondern purer Dieselkraftstoff erkennbar war, wurde der Tankvorgang abgeschlossen, und der Tankschlauch konnte – stets vor dem Entlüftungsschlauch – abgezogen werden. Bei den dauernden Kreisfahrten auf der Rekordstrecke war zu erwarten, dass der Kraftstoff durch die Fliehkraft immer in den kurvenäußeren Tank gedrückt wird. Daher wurden zusätzliche Pumpen eingebaut, die diesem fliehkraftbedingten Effekt entgegenwirkten.

Praxistest: Erprobung des Rekordwagens

In der Zeit vom 30. März bis zum 2. April 1976 wurden mit Wagen 31, der erst 24 Stunden vor der Verladung fertig geworden war, Abstimmungs- und Probefahrten auf der Teststrecke in Nardò durchgeführt. Schon bei der ersten Erprobung noch auf der Einfahrbahn in Untertürkheim erschien der Wagen, wie Hans Liebold in einer vom 5. April datierenden Mitteilung festhielt, »überraschenderweise sehr instabil, was neben Fehlern in der Radeinstellung wahrscheinlich überwiegend auf die Änderung der Gewichtsverteilung des stark erleichterten Wagens mit Dieselmotor [...] zurückzuführen ist. Nach Korrektur der Radeinstellung, einer Änderung des Reifendruckes und Verstärkung des vorderen Drehstabes erschien er so weit in Ordnung, daß er verladen werden konnte.«

In Nardò erwies sich das Fahrzeug auch in dieser Form als noch nicht akzeptabel, so dass, wie Liebold festhielt, »zunächst Versuche mit erhöhter Reifendruck-Differenz vorn/hinten und einem nochmals verstärkten Drehstab vorn durchgeführt wurden. Da das Fahrzeug besonders bei dem einfallenden, relativ starken Seitenwind immer noch zu stark gierte, wurde provisorisch ein bei früheren Versuchen in Hockenheim erprobter, 65 mm hoher, über die ganze Wagenbreite verlaufender Spoiler am Wagenbug befestigt. Hiernach erforderte das Fahrzeug nur noch leicht erhöhte Konzentration beim Fahren

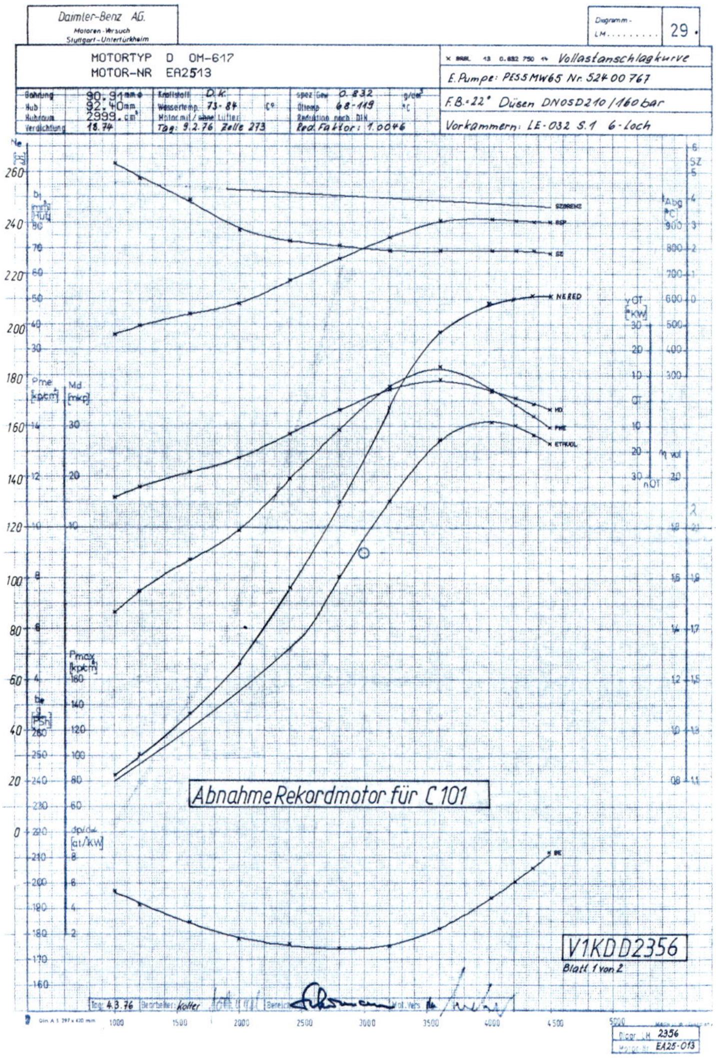

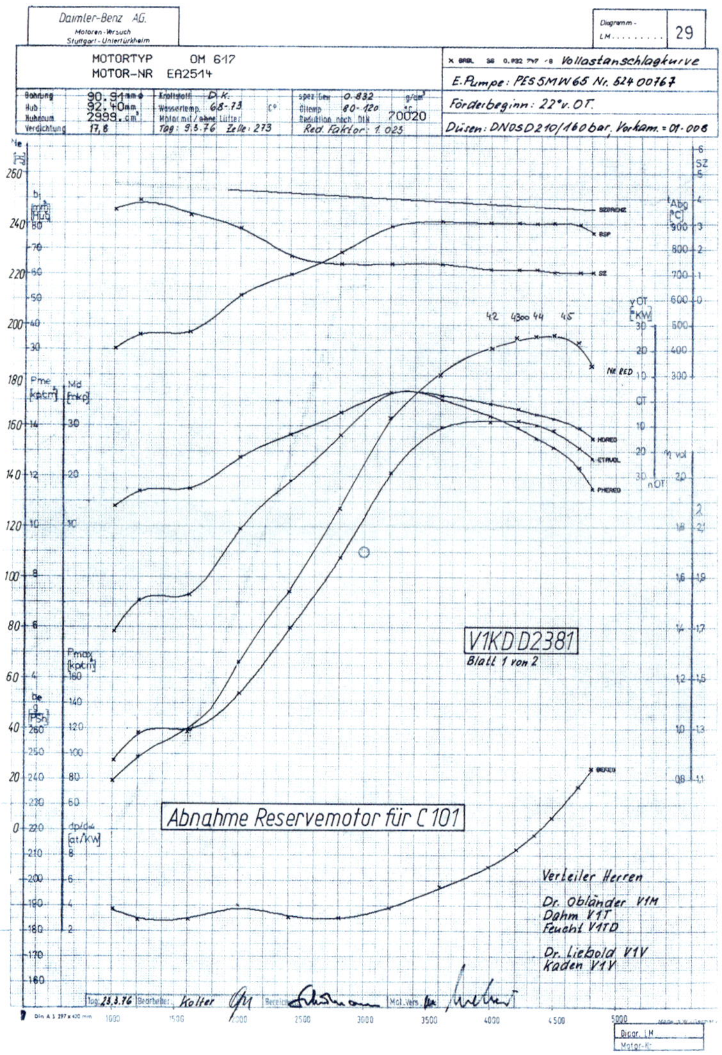

Leistungskurven der 3-Liter-Fünfzylinder-Dieselmotoren OM 617 A mit den Nummern EA 25-013 und EA 25-014, aufgenommen im Rahmen der Abnahme als Rekordmotor bzw. Reservemotor am 9. Februar bzw. 9. März 1976.

und verhielt sich bei schwachem Seitenwind und angefahrenen Reifen absolut problemlos.«

Liebold vertrat die Meinung, dass »Versuche im Windkanal zu einer Verbesserung der Seitenwindempfindlichkeit führen« und »eine Optimierung der Winkellage und der Höhe des Fahrzeugs noch eine Geschwindigkeitserhöhung versprechen« würde. Letzteres schloss er aus der Tatsache, dass »die Rundenzeiten regelmäßig mit vollem Tank ca. 2 sec besser lagen als mit leergefahrenem«. Reifentemperaturen und Verschleiß waren so gleichmäßig, dass nach Liebolds Einschätzung »am hinteren Reifen mit einer Laufzeit von ca. 12 Stunden gerechnet werden kann.«

Der Motor vermittelte bei der Erprobung ein uneinheitliches Bild, wie Liebold feststellte: »Mit dem ursprünglich eingebauten, auf dem Kühlerprüfstand von Behr bereits 6 ½ Stunden im Wagen gelaufenen Motor EA 25-013 traten in Nardo von Anfang an thermische Schwierigkeiten auf. [...] Bei den ersten Versuchen stellte sich zunächst eine halbwegs gleichmäßige Wassertemperatur von 93° ein, die nach 15 Runden auf ca. 120° stieg. Bei der anschließenden Fahrt zum Depot kochte der Motor so stark, daß er abgestellt werden mußte.« Nachdem mit diversen Maßnahmen keine Abhilfe geschaffen werden konnte, wurde der Motor am Morgen des dritten Erprobungstages prophylaktisch gegen den Ersatzmotor EA 25-014 ausgetauscht, worauf – wie Liebold formulierte – »überhaupt keine Schwierigkeiten mehr auftraten. Während der restlichen Fahrten dieses Tages und der gesamten 10-Stunden-Fahrt am nächsten Tag blieben die Temperaturen vollständig konstant. Bei ca. 20°C Außentemperatur lag die Kühlwasser-Temperatur bei konstant 88°, die Öltemperatur bei 110°. Die Ladeluft- und Getriebeöltemperatur betrugen je 120°. Der Ladedruck, der am ersten Motor noch zwischen 1,8 und 2,1 atü geschwankt hatte, lag trotz desselben Laders jetzt konstant bei 1,9 atü. [...] Wegen der ca. 20 PS geringeren Leistung (190 PS gegen 210) sanken die Rundendurchschnitte hiermit von max. 252 auf max. 246 km/h, mit einem 10-Stunden-Durchschnitt von 241,6 km/h. Mit den ca. alle 2 ½ Stunden notwendigen Tankpausen, bei denen jeweils gleichzeitig der Fahrerwechsel durchgeführt wurde, ergab sich über 10 Stunden noch ein Durchschnitt von 238 km/h. Da sich die meisten Tankpausen u. a. durch den geplanten Umbau auf Ölstandskontrolle ohne Haubenabnahme [...] auf ca. 1 min kürzen lassen können und sich die Geschwindigkeit durch aerodynamische Maßnahmen wahrscheinlich noch spürbar erhöhen läßt, dürfte auch mit 190 PS eine Dauergeschwindigkeit von mehr als 240 km/h erzielt werden. [...]« Zudem erschien Liebold eine »etwas längere Hinterachsübersetzung zweckmäßig«, mit der dann die für die Rekordfahrt neu bestellten ZF-5-Gang-Getriebe ausgerüstet werden sollten.

Zur Karosserie stellte Liebold fest: »Nachdem keine Beschleunigungsversuche mehr vorgesehen sind, kann die extreme Gewichtsreduzierung der Karosserie etwas zurückgenommen werden. Insbesondere muß für Verhältnisse wie in Nardo unbedingt die Lüftung verbessert und ein Schutz gegen die starke Sonneneinstrahlung geschaffen werden. Ebenso sollte die Lage und Beleuchtung der Anzeige-Instrumente, die jetzt zum Teil vom Lenkradkranz verdeckt werden, verbessert werden. Unbedingt verbessert werden muß auch die Funkanlage, da die Sprechverbindung nur in der Nähe des Fahrerlagers [...] einwandfrei war. Hierzu sollten Versuche mit verschiedenen Wagen-Antennen und einem geänderten Ohrhörer durchgeführt werden.«

Feinschliff: aerodynamische Optimierung

Am 29. April 1976 ging es für Wagen 31 erneut zum großen Windkanal in Untertürkheim, wo auf Basis der im März ermittelten und umgesetzten Konfiguration weitere Messungen zur Verbesserung des c_w-Wertes durchgeführt wurden. Mit einem 50 mm hohen Bugspoiler, abgedeckten Felgen, entfernten Außenspiegeln, einer im Scheinwerferbereich außen aufgefütterten und bombierten Bugpartie sowie negativ angestellter Karosserie (vorne -10 mm, hinten +20 mm gegenüber dem Ausgangszustand) wurde ein Luftwiderstandsbeiwert von 0,294 ermittelt. Zuvor hatte man zahlreiche Varianten mit unterschiedlich breiten und hohen Bugspoilern, Heckflossen sowie abgedeckten Radausschnitten vorne und hinten erprobt, ohne jedoch ein besseres Gesamtergebnis zu erzielen. Am Ende wurde der Wagen dann zugunsten eines möglichst niedrigen c_w-Wertes vorn um 45 mm tiefer gelegt.

Auch auf Motorenseite ging es voran: Mit Datum vom 1. Juni fassten Fritz Clauß und Dr. Manfred Fortnagel von der Abteilung Dieselmotorenversuch in einem Entwicklungsbericht die Ergebnisse eines Dauerlaufs über 80 Stunden zusammen, dem sie den Hochleistungsmotor EA 25-013 auf dem Prüfstand unterzogen hatten. Dabei wurde der Fünfzylinder mit einer Leistung von 195 PS/143 kW im Wechsel jeweils 1,5 Minuten bei 4200/min und 1,5 Minuten bei 4600/min betrieben; nach jeweils zweieinhalb Stunden gab es eine halbminütige Leerlaufphase, mit der der Tankstopp simuliert wurde. Nach einer Laufzeit von 29 Stunden brachen zwei Nockenwellenlager infolge fehlenden Ventilspiels der Auslassventile, nachdem bis zu diesem Zeitpunkt keine Kontrolle des Ventilspiels stattgefunden hatte.

Bei der Windkanaluntersuchung im April 1976 war Wagen 31 bereits mit der Schnellbetankungsanlage ausgerüstet. Unterschiedlich dimensionierte und positionierte Bugspoiler wurden ebenso untersucht wie verschiedene Anbauteile. Die im Bereich der Scheinwerfer verlängerte und bombierte Bugpartie wurde während der Messung zunächst nur provisorisch ausgeführt.

Nach Erneuerung aller Nockenwellenlager in polierter Ausführung und in Verbindung mit einer verkupferten Nockenwelle wurde der Lauf bis 80 Stunden fortgesetzt, wobei das Ventilspiel nach 35, 42, 54 und 65 Stunden kontrolliert und nach 54 Stunden bei drei Einlassventilen nachgestellt wurde. Der Ölverbrauch betrug 143 g/h, in zweieinhalb Stunden – dem Zeitintervall zwischen zwei Tankstopps – also 357,5 g oder 0,44 Liter. Da der Dauerlauf keine weiteren Beanstandungen ergeben hatte, lautete die abschließende Einschätzung

Als Ergebnis der Windkanalmessungen erhielt Wagen 31 die bis dahin nur provisorisch ausgeführte verlängerte und bombierte Bugpartie.

des Motorenversuchs: »Es ist anzunehmen, daß bei einer Ventilspielkontrolle mit Nachstellung der Rekordversuch durchgeführt werden kann.«

Währenddessen wurde die für die zweite Juniwoche geplante Rekordfahrt über eine Gesamtdistanz von 10.000 Meilen (16.093,4 km) in allen beteiligten Fachbereichen generalstabsmäßig vorbereitet. Die Projektleitung lag dabei in den Händen von Versuchsingenieur Joachim Kaden und seinem Chef Dr. Hans Liebold. In einer Besprechung vom 15. Mai 1976 wurden die noch zu klärenden Punkte behandelt. Dabei wurde z. B. festgelegt, dass der linke Kraftstofftank um 9 Liter vergrößert wird, um ggfs. eine günstigere Einteilung der Boxenstopps zu ermöglichen. Außerdem sollte der Wagen einen neuen Ladeluftkühler erhalten, dessen Einbau jedoch sehr sorgfältig vorzunehmen war und bei dem abschließenden Windkanaltest am 28. Mai begutachtet werden sollte. Bei dieser Gelegenheit sollte auch die Ventilspieleinstellung trainiert werden.

Am 26. Mai wurden von den drei bestellten neuen 5-Gang-Getrieben die beiden inzwischen fertiggestellten Exemplare bei ZF in Schwäbisch Gmünd abgeholt; zum Einfahren wurde eines davon in den Rekordwagen, das andere in Wagen 34 eingebaut, in dem es zunächst 1000 km eingerollt und anschließend in einer 1000-km-Volllastfahrt unter Einsatzbedingungen auf dem Hockenheimring und der Autobahn Heilbronn-Würzburg erprobt wurde. Um die Getriebeöltemperaturen zu senken und das Risiko eines Getriebeausfalls auf ein Mindestmaß zu reduzieren, wurde ein Ölkühlsystem installiert.

Ebenfalls am 26. Mai wurden auch die bei der Rekordfahrt im Wagen mitzuführenden Ersatzteile festgelegt. Dies war deshalb eine wichtige Entscheidung, weil während des Rekordversuchs notwendige Reparaturen ausschließlich mit diesen Ersatzteilen zulässig waren. Die Liste umfasste folgende Positionen:

1 Zylinderkopf komplett (mit Düsen, Vorkammern, Glühkerzen, Gleitschiene, Nockenwelle, Lager, Kettenspanner, Auspuffdichtung und bedingt notwendige Schrauben – ohne Auspuffkrümmer, Saugrohr und Laderteile)	43,00 kg
1 Satz Einspritzleitungen (angepasst an Motor EA 25-007, einzeln gezeichnet mit Zylinder 1 – 5)	0,60 kg
2 Keilriemen Polyflex II 9,5 x 940	0,10 kg
2 Kopfdichtungen	0,52 kg
1 Lichtmaschine 35 Ampère, Riemenscheibe Dw 61 Ø mit Serienlüfter	4,05 kg
1 Ölfiltereinsatz	0,39 kg
1 Laderschmierölleitung	0,25 kg
1 Zylinderkopfhaubendichtung	0,13 kg
1 Satz Mitnehmerscheiben (Kupplung) 2 Stück	1,10 kg
2 Scheibenwischerblätter	
1 Scheibenwischerarm	0,60 kg
4 Ersatzlampen	
10 Sicherungen	

Am Ende ergab sich durch die Ersatzteile ein zusätzliches Gewicht von rund 51 kg.

Das reich instrumentierte Cockpit des C 111-II Diesel-Rekordwagens. Zusätzlich eingebaute Instrumente zeigen u. a. die Ladelufttemperatur, die Abgastemperatur, die Getriebeöltemperatur und die Außentemperatur an.

Der C 111-II Diesel, aufgenommen auf dem Gelände der Einfahrbahn im Mercedes-Benz Werk Untertürkheim im Mai 1976.

Den Motorraum des C 111 Versuchswagens 31 füllt anstelle des 4-Scheiben-Wankelmotors nun ein Fünfzylinder-Diesel mit Abgasturbolader und Ladeluftkühler aus.

Mühevoller Start: der Weg zum Rekord

In der Vorstandssitzung am 25. Mai 1976 hatte Hans Scherenberg seine Kollegen über den Stand der Vorbereitungen informiert und vorgeschlagen, »diese Rekordfahrten möglichst umgehend durchzuführen«, was der Vorstand zustimmend zur Kenntnis nahm. Als Fahrer, die sich nach jeweils zweieinhalbstündiger Fahrzeit ablösen sollten, waren neben den beiden Projektverantwortlichen Liebold und Kaden noch Erich Waxenberger, im Versuchswagenbau verantwortlich für sportliche Fahrzeuge, und Guido Moch, Leiter des Fahrversuchs, eingeteilt. Darüber hinaus umfasste das Team fünf Ingenieure, drei Techniker, zwei Meister und 14 Monteure. Die Karawane von Untertürkheim nach Nardò bestand aus insgesamt 13 Fahrzeugen: zehn Pkw der Versuchsabteilung, die auf der 1670 km langen Anreise auch gleich entsprechende Erprobungsprogramme absolvierten, zwei Lastwagen sowie zusätzlich ein Tankwagen mit dem für die Rekordfahrt benötigten Kraftstoff. Man hatte beschlossen, 7000 Liter Diesel aus Deutschland mitzubringen, um bezüglich Qualität und Zusammensetzung des Kraftstoffs keinerlei Risiko einzugehen. Sieben Fahrzeuge der ersten Kolonne – vier Versuchs-Pkw und die drei Nutzfahrzeuge – brachen am 3. Juni nach Italien auf, die übrigen Pkw folgten vier Tage später.

Nachdem die Vorversuche in Nardò am 8. Juni um 13:00 Uhr begonnen hatten, wurde die Rekordfahrt am 10. Juni um 8:00 Uhr morgens mit Erich Waxenberger am Steuer gestartet. Nach 49 Runden bzw. 619,373 km erfolgte der erste Boxenstopp, und Hans Liebold übernahm das Steuer. Der Stopp dauerte 1 Minute und 6 Sekunden; da der Motor beim Start ausging, wurde der Wagen zurückgeschoben und nochmals gestartet. Nach Runde 97 kam Dr. Liebold an die Box und übergab den Wagen an Joachim Kaden. Zum nächsten

Die Rekordfahrer von 1976: Dr. Hans Liebold, Joachim Kaden, Guido Moch und Erich Waxenberger (von links).

regulären Boxenstopp sollte es allerdings nicht mehr kommen. In der 127. Runde, nach einer Gesamtfahrzeit von 6 Stunden und 18 Minuten, touchierte der Wagen mit Höchstgeschwindigkeit die Leitplanke, und der Rekordversuch wurde abgebrochen.

Was war passiert? Kaden, der als Versuchsingenieur und aktiver Autocrossfahrer mit dem Verhalten von Automobilen im Grenzbereich bestens vertraut war, erinnerte sich später: »Nachdem ich das Fahrzeug von Dr. Liebold übernommen hatte und einige Zeit gefahren war, wurde das im Lenkrad spürbare Rückstellmoment trotz konstanter Kurvenfahrt immer kleiner, um dann schließlich ganz zu verschwinden. Für den Versuchsingenieur ein untrügliches Zeichen, dass etwas Außerplanmäßiges passiert – wirklich kein angenehmes Gefühl. Ich weiß noch genau, wie sich mir unter dem Sturzhelm und am Nacken alle Haare aufgestellt haben. Ganz kurz

Beginn der Rekordversuche in Nardò am 8. Juni 1976. Die erkennbar gelöste Stimmung lässt vermuten, dass die eigentliche Rekordfahrt noch nicht begonnen hat.

Wagen 31 nach dem Kontakt mit der Leitplanke. Das unnatürlich abstehende linke Vorderrad und die Beschädigungen am vorderen Kotflügel zeigen, dass hier etwas nicht stimmt. Trotz der hohen Geschwindigkeit hielten sich die Schäden durch die besonnene Reaktion von Joachim Kaden in Grenzen, und der Rekordversuch konnte am nächsten Tag neu gestartet werden.

Nach dem spektakulären, aber glimpflich verlaufenen Unfall wird der Schaden auf der Hebebühne genauestens begutachtet.

nach dem völligen Verschwinden des Rückstellmoments gab es einen ziemlichen Schlag. Das Auto brach nach links aus und kollidierte ziemlich unsanft mit der Leitplanke. Da ich zunächst vermutete, dass ich das linke Vorderrad verloren hatte, wollte ich nicht bremsen, sondern habe versucht, das Auto so gut es ging auf Kurs zu halten und ausrollen zu lassen. Angst habe ich nicht verspürt – die kam erst, als ich zum Stehen gekommen war und vorn links Rauch aufstieg. Da die Fahrertür durch die Leitplanke blockiert war, dachte ich, jetzt brennt die Kiste ab und Du steckst da drin. Aber dann fiel mir ein, dass der Wagen ja auch eine Beifahrertür hat, und zu der bin ich dann ziemlich hektisch ausgestiegen.«

Das Beispiel zeigt einmal mehr, wie kleine Ursachen eine große Wirkung entfalten können. Eigentliche Unfallursache war wohl der Verlust eines Auswuchtgewichts am linken Vorderrad. Die daraus entstehende Unwucht führte bei der hohen Fahrgeschwindigkeit zu einer Dauerbelastung, die zur Folge hatte, dass die Befestigung des unteren Querlenkers aus der Bodengruppe gerissen wurde. Bei der Überprüfung stellte sich heraus, dass es sich um einen Dauerbruch handelte. An dem mittlerweile gut sechs Jahre alten Fahrzeug, das rund 35.000 km unter extremen Einsatzbedingungen zurückgelegt hatte, zeigte sich ein ca. 20 mm langer alter Riss an der Querlenkerbefestigung, der vor der Fahrt trotz gründlicher Untersuchung nicht entdeckt worden war.

Durch Einziehen einer neuen Quertraverse und beidseitiger Verstärkung wurde das Problem behoben. Während der Reparatur wurden jedoch weitere Mängel festgestellt: Die Stützstrebe für die Auspuffhalterung zwischen Auspuffrohr und Getriebe war an einer Stelle abgebrochen und an einer zweiten Stelle gerissen. Auch das Luftleitblech für die Luftführung der Ladeluftkühlung war an einer Lasche abgerissen und an der zweiten eingerissen. Außerdem hatten sich die Muttern für die Befestigung des Laders am Auspuffkrümmer gelöst, und die Dichtung war beschädigt. Beschädigt zeigte sich auch der Kupplungsbelag der Zweischeibenkupplung.
Nicht nur in den genannten Punkten konnte man Abhilfe schaffen, auch das Gaspedal wurde modifiziert: Wegen der schlechten Dosierbarkeit wurde die Rückzugfeder verstärkt, wobei ein etwas schwergängigeres Gaspedal in Kauf genommen werden musste. Aus Sicherheitsgründen wurde ein zweiter Gaszug parallel verlegt.

Nach erfolgten Reparaturen, die erfreulicherweise vor Ort durchgeführt werden konnten, ging der Rekordwagen am 11. Juni um 8:00 Uhr erneut an den Start. Am Steuer saß wie beim ersten Mal Erich Waxenberger. Nach 1 Stunde und 59 Minuten, noch vor dem ersten Boxenstopp, musste auch der zweite Rekordversuch abgebrochen werden. Diesmal war die Ursache ein Defekt des rechten vorderen Radlagers, bei dem das Spiel »0« eingestellt war.

Sechzehneinhalb Stunden später, am 12. Juni 1976 um 0:30 Uhr, stand der C 111 zum dritten Mal am Start. Diesmal lief alles reibungslos: Nach 1273 Runden, 26 Boxenstopps, fünf Radwechseln hinten und zwei vorn sowie fünfmaliger Ventilspielkontrolle überfuhr der C 111 am 14. Juni um 16:25 Uhr unter dem Jubel des Rekordteams nach einer Gesamtfahrzeit von fast 64 Stunden die 10.000-Meilen-Marke. Bei der nahezu drei Tage dauernden Fahrt stellte das Mercedes-Benz Team mit dem C 111 insgesamt 16 internationale Klassenrekorde in der Klasse 8 (Dieselmotoren von 2000 bis 3000 cm³ Hubraum) sowie drei Weltrekorde auf.

10 km	220,619 km/h	
10 Meilen	227,353 km/h	
100 km	251,148 km/h	
100 Meilen	252,875 km/h	
500 km	254,086 km/h	
500 Meilen	252,930 km/h	
1000 km	253,307 km/h	
1000 Meilen	252,737 km/h	
5000 km	252,903 km/h	
5000 Meilen	252,540 km/h	Weltrekord
10.000 km	252,249 km/h	Weltrekord
10.000 Meilen	251,798 km/h	Weltrekord
1 Stunde	253,770 km/h	
6 Stunden	252,578 km/h	
12 Stunden	253,616 km/h	
24 Stunden	253,030 km/h	

Der vom 24. Juni datierende Entwicklungsbericht von Erich Waxenberger fasst den Ablauf der Rekordfahrt zusammen und weist eine ganze Reihe interessanter Details aus, die im Folgenden wiedergegeben werden: Der längste Boxenstopp hatte einschließlich Verzögerung und Beschleunigungsverlust 4 Minuten und 3,2 Sekunden gedauert, der kürzeste lag bei 62,4 Sekunden. Für die Verzögerung und Beschleunigung vor bzw. nach dem Boxenstopp waren zwischen 26 und 42 Sekunden erforderlich.

Nach Abschluss der Fahrt musste entsprechend dem FIA-Reglement unter Aufsicht der Zylinderkopf demontiert werden, damit das Hubvolumen vom technischen Kommissar überprüft werden konnte. Bei der Demontage des Zylinderkopfs wurde festgestellt, dass die unteren Muttern, mit denen der Lader am Auspuffkrümmer befestigt

Die Boxenmannschaft zeigt dem Fahrer die Rundenzahl bis zum nächsten Boxenstopp an.

Beim Boxenstopp zählt jede Sekunde. Gut erkennbar die Betankung mit der Kraftstoffzufuhr im Heck und der Tankentlüftung am Fahrzeugbug.

Dem Weltrekord entgegen: Der C 111-II Diesel bei seiner Rekordfahrt in Nardò im Juni 1976.

Erleichterte und zufriedene Gesichter beim Gruppenfoto in Nardò, nachdem der C 111 den Weltrekord über 10.000 Meilen errungen hat.

Die Mitarbeiter der Versuchsabteilung Heinz Bäuchle, Werner Borgward und Lothar Frenzel mit einer von ihnen vor Ort präparierten Rekordtrophäe – einer Abdeckung des rechten Heckkotflügels des C 111, auf dem sie die erzielten internationalen Klassenrekorde und Weltrekorde festgehalten haben. Ursprünglich dazu gedacht, die Luftversorgung des auf der rechten Seite eingebauten Turboladers zu verbessern, kam das Abdeckblech bei der Rekordfahrt nicht zum Einsatz und konnte daher zur Trophäe umgewidmet werden.

war, lose waren und sich das Anzugsdrehmoment der Zylinderkopfschrauben auf der linken Reihe auf ein Drittel des Sollwerts reduziert hatte. Die Ventilspielkontrolle hatte nach den ersten 24 Stunden der Fahrt keine Veränderungen gezeigt, danach nur am zweiten Auslassventil: nach 36 Stunden um 0,08 mm, nach 48 Stunden um ca. 0,2 mm und nach 54 Stunden um weitere ca. 0,3 mm.

Der Gesamtkraftstoffverbrauch betrug 19,68 l/100 km, wobei während der ersten 24 Stunden ein Verbrauch von 19,35 l/100 km, für die zweiten 24 Stunden ein Verbrauch von 19,85 l/100 km und für die letzten 16 Stunden ein Verbrauch von 20,05 l/100 km gemessen wurde. Während der Rekordfahrt war festzustellen, dass sich die Seitentanks ungleichmäßig leerten, wobei die Differenz bei bis zu einer halben Tankfüllung lag. Durch Ein- und Abschalten der jeweiligen Förderpumpe musste dieser Effekt während der Fahrt vom Fahrer korrigiert werden. Mit vollem Tank wurden bis zu 2,7 Sekunden kürzere Rundenzeiten gemessen als mit leerem Tank. Der Ölverbrauch lag bei 0,7 l/1000 km. Der Zeitunterschied zwischen Tag und Nacht betrug pro Runde im Durchschnitt nur etwa eine Sekunde, wobei die schnellste Rundenzeit während der heißesten Tageszeit um 13:00 Uhr gemessen wurde. Als verbesserungswürdig erwies sich die Innenraumbelüftung, da bei Außentemperaturen um 30 °C eine Innenraumtemperatur von bis zu 50 °C gemessen wurde. Die Verschmutzung der Windschutzscheibe durch Insekten wurde insbesondere bei schrägstehender Sonne als lästig empfunden.

»Schneller als Porsche«: die Resonanz in Presse und Öffentlichkeit

Bereits in der Vorstandssitzung vom 15. Juni 1976 konnte Hans Scherenberg seine Kollegen über den erfolgreichen Abschluss der Rekordfahrt informieren. Der Entwicklungschef berichtete, dass sich das Projekt »als besonderer Ansporn für die beteiligten Mitarbeiter erwiesen« habe und schlug vor, »diesen Personenkreis im Rahmen einer internen Feier zu beglückwünschen und in geeigneter Weise auszuzeichnen«, was vom Vorstandsvorsitzenden Joachim Zahn und vom Personalvorstand Richard Osswald begrüßt wurde. Darüber hinaus beschloss der Vorstand, die Presse auf einer Veranstaltung am 21. Juni in Untertürkheim zu unterrichten, wobei das Programm »einen weitgehend technischen Charakter haben sollte«. Nach einem entsprechenden Einwurf von Heinz Schmidt betonten Zahn und Scherenberg, »daß auf jeden Fall der Eindruck vermieden werden müsse, DB denke in irgendeiner Form an eine Rückkehr zum Motorsport«.

Am Tag der Vorstandssitzung gab das Unternehmen eine Pressemitteilung heraus, die von den Medien erwartungsgemäß kurzfristig aufgegriffen wurde. So erschien in der »Bild-Zeitung« schon am 16. Juni eine Meldung mit der Schlagzeile »Mercedes fuhr drei Diesel-Weltrekorde«. Zahlreiche andere Zeitungen schlossen sich an. »Cannstatter Zeitung« und »Untertürkheimer Zeitung« brachten die etwas reißerische Überschrift »Schneller als Porsche«. Dabei bezogen sie

Die erfolgreichen Rekordfahrer und das Topmanagement der Pkw-Entwicklung, aufgenommen am 21. Juni 1976 bei der Pressepräsentation des Rekordwagens auf der Einfahrbahn im Werk Untertürkheim. Von links nach rechts: Joachim Kaden, Hans Werner (Leiter Versuch Pkw-Gesamtfahrzeug), Erich Waxenberger, Dr. Hans Liebold, Guido Moch, Karl-Heinz Göschel (Leiter Pkw-Versuch), Dr. Kurt Obländer (Leiter Versuch Pkw-Motoren), Dr. Hans Scherenberg (Entwicklungschef), Friedrich van Winsen (Leiter Entwicklung Pkw).

Bei der Presseveranstaltung am 21. Juni 1976 auf der Einfahrbahn des Werks Untertürkheim erläutern Entwicklungschef Hans Scherenberg und das Rekordfahrerteam den Medienvertretern die technischen Besonderheiten des Rekordwagens.

Bei der am 1. Juli 1976 im Deutschen Museum in München eröffneten Sonderausstellung »Das Auto – 90 Jahre jung« hatte der Rekordwagen einen Gastauftritt, bevor er am 16. Juli im Werk Untertürkheim die Produktpräsentation anlässlich der Daimler-Benz Hauptversammlung bereicherte.

Im Februar 1977 war der C 111 Rekordwagen auf der Umweltschutztechnik-Messe Envitec '77 in Düsseldorf ausgestellt, und im Oktober 1977 zählte er zu den Highlights bei einer Sonderausstellung anlässlich des 75-jährigen Jubiläums des Mercedes-Benz Werks Berlin-Marienfelde.

Ende Februar 1977 reiste der C 111 Rekordwagen an Bord eines Boeing 747 Frachtflugzeugs der Lufthansa nach Sydney, wo er zunächst der Presse und den Mercedes-Benz Händlern präsentiert wurde, bevor er auf der Melbourne International Motor Show und anschließend im Showroom einiger Mercedes-Benz Vertretungen zu besichtigen war.

Mit einem Pokal würdigte die Oberste Nationale Sportkommission (ONS) im November 1976 die fünf Monate zuvor errungenen Weltrekorde.

sich auf den Rekord über 10.000 Meilen, den das Schweizer Team Jo Siffert/Rico Steinemann/Charles Vögele/Dieter Spoerry im Oktober/November 1967 mit einem Porsche 911 R auf dem Autodrom in Monza erzielt hatte. Die damalige Rekordgeschwindigkeit von 210,293 km/h hatte der C 111 um mehr als 41,5 km/h übertroffen.

Am 21. Juni erschienen Vertreter der nationalen und internationalen Presse zur Präsentation des Rekordfahrzeugs in Untertürkheim. Nach der Begrüßung durch Prof. Scherenberg und der Vorführung eines Films über die Rekordfahrt ging es auf die Einfahrbahn, wo der Rekordwagen den Medien demonstriert wurde. Eine weitere Sensation war dort die Präsentation eines S-Klasse Versuchswagens mit aufgeladenem Fünfzylinder-Dieselmotor, die von der Presse umgehend aufgegriffen wurde. Die »Bild-Zeitung« schrieb am 22. Juni unter der Überschrift »Mercedes baut den schnellsten Serien-Diesel der Welt«: »Spätestens in zwei Jahren wird Mercedes einen großen Diesel-Personenwagen bauen [...]«. Das »Handelsblatt« formulierte die Frage »Bald Dieselmotoren für die S-Klasse von Daimler-Benz?«, und die »Stuttgarter Zeitung« meldete »Leistungsstarker Diesel noch in diesem Jahrzehnt. 110-PS-Motor für S-Klasse vorgesehen.«

Mit dieser Ankündigung und der Demonstration der Leistungsfähigkeit des Dieselmotors durch die Rekordfahrt erhielt der verbrauchsgünstige Selbstzünder beachtlichen Aufwind. Der erfolgreiche Rekordwagen wurde dann auch in der Kommunikation konsequent genutzt. Seinen ersten Auftritt hatte er auf der am 1. Juli 1976 eröffneten Sonderausstellung »Das Auto – 90 Jahre jung« im Deutschen Museum in München, bevor er am 16. Juli 1976 anlässlich der im Museum in Untertürkheim veranstalteten Daimler-Benz Hauptversammlung ein Highlight der Produktpräsentation bildete. Joachim Zahn hatte die Rekorde des C 111 und die sich daraus ergebende Presseresonanz zuvor in seiner Rede auf der Aktionärsversammlung herausgestellt. Im Februar 1977 folgten dann Einsätze auf der Umweltschutztechnik-Messe Envitec '77 in Düsseldorf und auf verschiedenen Ausstellungen und Messen in Australien. Im Oktober 1977 zählte der Rekordwagen zu den Highlights einer Sonderausstellung im Werk Berlin-Marienfelde anlässlich dessen 75-jährigen Jubiläums. Bereits Ende November 1976 war die Daimler-Benz AG sogar mit einem Pokal bedacht worden, den die damalige Oberste Nationale Sportkommission (ONS) in Würdigung der errungenen Weltrekorde gestiftet hatte.

Auch in Werbeanzeigen trat der Diesel-Rekordwagen in Erscheinung: Während in deutschsprachigen Zeitungen eine Anzeige mit der eher nüchternen Headline »Mercedes-Diesel fährt Weltrekorde« geschaltet wurde, warb die britische Vertriebsgesellschaft Mercedes-Benz UK Ltd. unter der Überschrift »Is this your idea of a taxi?« mit einem Bild des Rekordwagens für die aktuellen Diesel-Modelle 200 D, 240 D und 300 D. Über die Hintergründe der Rekordfahrt informierte eine Anzeige mit der Headline »Warum fährt dieser Mercedes Diesel-Weltrekorde?«, die 1977 als Teil der Anzeigenkampagne »Mercedes-Initiativen – Forschung für das bessere Auto.« erschien. Was die Öffentlichkeit zum damaligen Zeitpunkt noch nicht ahnen konnte: Die Rekorde des C 111-II waren erst der Anfang, und weitere spektakuläre Rekordfahrten in Nardò sollten folgen.

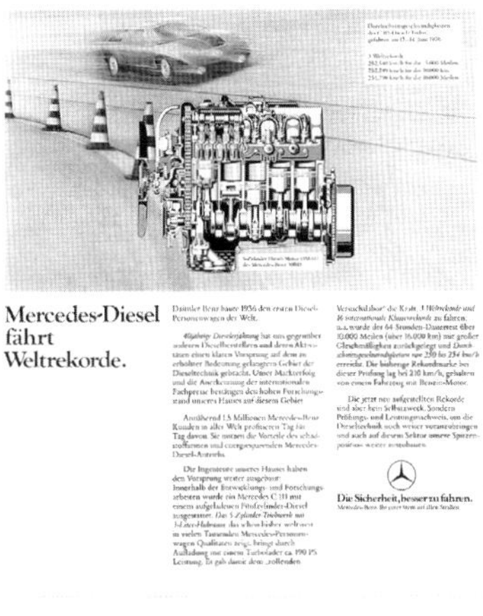

Mit Werbeanzeigen im In- und Ausland nutzte Mercedes-Benz die erfolgreiche Rekordfahrt, um das Image der als behäbig geltenden Diesel-Personenwagen zu verbessern.

Mit Aerodynamik zum Erfolg: der C 111-III

Bei der erfolgreichen Rekordfahrt des C 111-II D war das Projektteam zu zwei Erkenntnissen gelangt: Der aufgeladene Fünfzylinder-Diesel hatte seine Leistungsgrenze noch nicht erreicht, und ein von Grund auf speziell für Rekordfahrten konzipiertes Fahrzeug mit einem deutlich niedrigeren c_W-Wert würde selbst bei gleichbleibender Leistung erheblich höhere Geschwindigkeiten ermöglichen. Zudem könnte man mit neuen Rekordfahrten erneut das Leistungspotenzial des Turbodiesels demonstrieren – und dies zu einem Zeitpunkt, da die bereits im Juni 1976 angekündigte S-Klasse mit Dieselmotor vorgestellt und auf den Markt gebracht werden sollte. Dass auf Basis dieser Erkenntnisse tatsächlich ein neues Rekordfahrzeug entwickelt wurde, ist zu großen Teilen einem Impuls aus dem Stilistikbereich zu verdanken.

Geburt eines Rekordwagens: die Aerodynamikstudie von 1977

Im Rahmen der Pressefahrvorstellung der im März 1977 auf dem Genfer Automobil-Salon präsentierten Mercedes-Benz Coupés der Baureihe 123 sollte den Medienvertretern ein interessanter Blick hinter die Kulissen gewährt werden. Da man die Technik bereits gut ein Jahr zuvor beim Debüt der zugrundeliegenden Limousinen im Detail vorgestellt hatte, schlug Stilistikchef Bruno Sacco vor, auf der Presseveranstaltung die komplexe Designentwicklung bei Mercedes-Benz unter der Überschrift »Von der Idee zur Form« zu veranschaulichen. Dafür sollten die Mercedes-Benz Stilisten im »Kuppelbau«, dem Präsentationsraum des Stilistikbereichs in Sindelfingen, an realitätsnahen Arbeitsplätzen ihre jeweiligen Beiträge zur Formentwicklung präsentieren.

Da für diesen Zweck ein in Entwicklung befindliches zukünftiges Serienfahrzeug aus nachvollziehbaren Gründen nicht in Frage kam und die originalen Designmodelle aus dem Entwicklungsprozess der C 123 Coupés nicht mehr zur Verfügung standen, ergab sich die aus Saccos Sicht naheliegende Alternative, die Formentwicklung anhand einer Designstudie zu veranschaulichen. Schon in einer Projektbesprechung mit dem designierten Entwicklungschef Werner Breitschwerdt, mit dem zukünftigen Entwicklungschef Pkw-Aufbauten, Guntram Huber, und zwei Vertretern der Presseabteilung am 10. Dezember 1976 stellte Sacco fest: »Dieser Ablauf könnte anhand eines reinen Phantasie-Produkts à la C 111-Weiterentwicklung am eindrucksvollsten vollzogen werden.« Mit der Wahl eines aerodynamisch besonders ausgefeilten Fahrzeugs bot sich zugleich die Gelegenheit, das Spannungsfeld zwischen alltagstauglicher Konzeption und optimaler aerodynamischer Gestaltung – einem zukünftig besonders wichtigen Aspekt der Entwicklung – darzustellen.

Saccos Vorschlag für diesen ungewöhnlichen Programmpunkt der Pressefahrvorstellung wurde in der Technischen Besprechung Pkw in Sindelfingen am 17. Januar 1977 offiziell präsentiert und erhielt dort, wie das Protokoll zum Tagesordnungspunkt »C 123: Pressevorstellung Ende März 1977 in Sifi« dokumentiert, grünes Licht: »Der von STL ausgearbeitete Vorschlag zur Durchführung dieser Veranstaltung wurde in allen wesentlichen Punkten akzeptiert. Im Mittelpunkt der C 123 im Kuppelbau, parallel dazu Vorträge sowie Darstellung der Entwicklungsgeschichte Stilistik. Unter dem Motto ›Wie entsteht eine Form‹ sollen der Fachpresse im Kuppelbau in pavillonartigen Ständen Informationen über Stilistik PKW-Aufbauten übermittelt werden. Dazu soll speziell eine 1:1 Aufbau-Modellstudie mit optimalem $F \cdot c_W$ gezeigt werden; aufgebaut auf C 111 Fahrwerkskonzeption sollen damit zu gegebener Zeit Rekordversuche durchgeführt werden.«

Ungeachtet der Freigabe in der Technischen Besprechung kam das Vorhaben auch in der Vorstandssitzung am 3. März 1977 zur Sprache. Unter dem Tagesordnungspunkt »Präsentation anläßlich der Vorstellung C 123 in Sindelfingen« vermerkt das Sitzungsprotokoll einen Sitzungsverlauf, der an frühere kontrovers geführte Diskussionen über die Rolle des C 111 ebenso erinnert wie an die immer wieder aufs Neue geäußerten Befürchtungen, mit entsprechenden Signalen Spekulationen über eine mögliche Rückkehr zum Motorsport anzuheizen: »[...] Schmidt [erläutert] den Vorschlag, den C 123 im Anschluß an die offizielle Vorstellung auf dem Genfer Salon noch einmal in besonderer Weise Motorjournalisten anläßlich einer Veranstaltung in Sindelfingen vom 28. März bis 1. April 1977 zu präsentieren. [...] Diese Veranstaltung solle umrahmt werden – wie Breitschwerdt sodann an einem Modell erläutert – durch Darstellungen und Vorträge über die Möglichkeiten, die Automobilkonstruktion weiter zu verbessern. Dies solle u. a. am stilistischen Werdegang eines Fahrzeugs, aber auch – als Beispiel funktionalen und fortschrittlichen Stylings – an einem 1:1-Modell eines C 111-Nachfolgers demonstriert werden.

Diese Überlegungen werden von Zahn begrüßt. Andererseits gibt er zu bedenken, daß gerade die Ausstellung eines C 111-Nachfolgemodells auch als Ankündigung einer Rückkehr zum Rennsport verstanden werden könnte, zumal wenn die Vorstellung von Breitschwerdt als designierter Nachfolger Scherenbergs erfolge. Die Frage sei weiterhin, ob von der Öffentlichkeit noch einmal abgenommen werde, daß es sich lediglich um ein ›fahrendes Labor‹ handele. Nachdem Schmidt darauf verweist, daß die Präsentation durch Scherenberg erfolge, gibt auch Hoppe zu bedenken, ob damit nicht wie beim C 111 wiederum Erwartungen geweckt würden, die dann doch nicht erfüllt werden könnten. Andererseits habe jede Firma einen ›Traumwagen‹. S. E. komme es daher darauf an, ob die in diesem ›Traumwagen‹ steckenden Erkenntnisse zumindest teilweise bereits in unseren Serienfahrzeugen realisiert seien.

Diese Brücke ist, wie Breitschwerdt und Reuter bemerken, gegeben. An den C 111-Nachfolgemodellen werde vor allem der extrem günstige c_W-Wert demonstriert. [...] Nach Auffassung von Zahn eignet sich für eine Demonstration der methodischen Entwicklung des PKW-Stylings die Verwendung von maßstabgetreuen Modellen. Auch daran könne – worauf es bei dieser Ausstellung, wie Schmidt noch einmal hervorhebt, ankomme – gezeigt werden, woran wir arbeiten. Die späteren Rekordfahrten seien dann genügend Beweis, daß wir diese Erkenntnisse auch in die Tat umsetzen können.

Bruno Sacco (links) und Arno Jambor (rechts) bei der Diskussion der Maßkonzeption der Aerodynamikstudie.

Breitschwerdt und Schmidt schließen sich dieser Auffassung an. Im Ergebnis besteht daher Einvernehmen, ein Formmodell eines Sportwagenprototyps im Maßstab 1:5 auszustellen und damit hervorzuheben, daß es sich lediglich um eine Styling-System-Studie, nicht aber um eine konkrete Produktüberlegung handele. Ein Modell in Originalgröße könne dann gegebenenfalls auf der IAA 1977 ausgestellt werden, um auch hier die Entwicklungsarbeit auf dem PKW-Sektor zu unterstreichen. Eine abschließende Meinungsbildung zu dieser Frage wird aber im Augenblick zurückgestellt.«

Die vom 16. Januar und 2. Februar 1977 datierenden Designzeichnungen von Arno Jambor vermitteln einen ersten Eindruck von der Formgebung der geplanten Aerodynamikstudie (oben) und von dem spontan erdachten – und tatsächlich realisierten – Präsentationskonzept.

Optimierung im Windkanal: Entwicklung der Stromlinienform

Zum Zeitpunkt der Vorstandssitzung war die Entwicklung des C 111 S, wie das Projekt nun intern genannt wurde, bereits recht weit fortgeschritten. Schon im Januar 1977 hatte Arno Jambor – im Stilistikbereich für Maßkonzeption zuständig und als Projektleiter für den C 111 S verantwortlich – im Hinblick auf die für Ende März angesetzte Presseveranstaltung das Lastenheft erstellt, das im Folgenden wörtlich wiedergegeben ist:

STILISTIK-STUDIE
2-sitziges, aerodynamisches Coupé

Aufgabenstellung
Ein vollverkleidetes 2-sitziges Coupé soll dargestellt werden mit einem minimalen Fahrzeugquerschnitt und möglichst geringem Luftwiderstandsbeiwert c_W.
Design-Konzept
Formoptimierung nach rein im Windkanal erarbeiteten Erkenntnissen

Im Detail
Bug
Bugpartie möglichst flach gestalten, um Auftrieb zu vermeiden
Seitenpartie
Verkleidung der vorderen und hinteren Radausschnitte. Evtl. Entlüftung der vorderen Radkästen notwendig, um die Kühlluft für Reifen und Bremsen abzuführen.
Radverkleidung muß rasch und einfach zu entfernen sein.
Flügeltüren sollen eine möglichst große Öffnungsbreite aufweisen, um einen bequemen Einstieg zu ermöglichen.
Trennfenster zwischen Motor- und Insassenraum. Durch Lamellen in der Karosserie wird die indirekte Sicht über den Innenspiegel ermöglicht.
Heck
Im Laufe der aerodynamischen Untersuchungen sollen Varianten mit Langheck gemessen werden. Entlüftung des Motorraumes über die ganze Breite der Heckpartie.
Fahrzeuginterieur
Gesamtkonzept des Innenraumes im vorausschauenden Zeitgeschmack, wobei die Fahrposition des C 111 weitgehend unverändert übernommen werden soll.
Hohe Bequemlichkeit im Innenraum.
Neu gestaltete Sitze, optisch und fühlbar weich mit guter Seitenführung. Verstellmöglichkeit versteckt. Integrierte Kopfstütze.
Überprüfung der möglichen Vereinfachung und Erleichterung der Bedien- und Ablesbarkeit der Instrumente, analog der internationalen Tendenzen und Entwicklungen im Automobilbau und anderen technischen Geräten.
Einsatz wertvoller Materialien.

Ebenfalls im Januar 1977 waren Designskizzen des Fahrzeugs und seines Interieurs entstanden, und bereits im Februar hatte man drei 1:5-Plastilin-Modelle im Modellwindkanal in Sindelfingen vermessen. Verantwortlich für die Messungen war der angehende Diplom-Ingenieur Rüdiger Faul, der sich bereits in seinem Studium an der Universität Stuttgart auf Fahrzeugaerodynamik spezialisiert hatte und von Daimler-Benz – noch vor seinem Diplomabschluss – zum 1. Januar 1977 vom Fleck weg engagiert wurde. Damit war Faul als Spezialist für dieses zunehmend wichtige Fachgebiet zur richtigen Zeit am richtigen Ort: Er sollte die Aerodynamik-Entwicklung des C 111 in allen weiteren Projektphasen als Verantwortlicher begleiten und machte sich einige Jahre später auch bei der Entwicklung der Sauber-Mercedes Gruppe-C-Rennsportwagen einen Namen. Am 17. Januar hatte Arno Jambor in einer Mitteilung an Breitschwerdt und Sacco unter dem Betreff »Aerodynamische Werte für C 111/C 111 – Studie« eine erste Abschätzung der aerodynamischen Kennwerte der neuen Designstudie dokumentiert. Der für Aerodynamik verantwortliche Abteilungsleiter Hans Götz und sein frischgebackener Mitarbeiter Rüdiger Faul hatten Jambor einen c_W-Wert von ca. 0,25 und eine Stirnfläche von ca. 1,2 m² genannt, womit sich ein $c_W \cdot F$ von ca. 0,30 m² ergab. Ausgehend von diesen Werten und den Daten für den Rekordwagen von 1976 hielt Götz bei gleicher Leistung eine Erhöhung der Spitzengeschwindigkeit auf 300 km/h für denkbar. Faul war bereits im Gespräch mit Jambor ein c_W-Wert von 0,22 möglich erschienen, wofür er von Götz nur ein entschiedenes Kopfschütteln geerntet hatte – doch selbst diese selbstbewusste Schätzung sollte von den Ergebnissen der Windkanalmessungen noch unterboten werden.

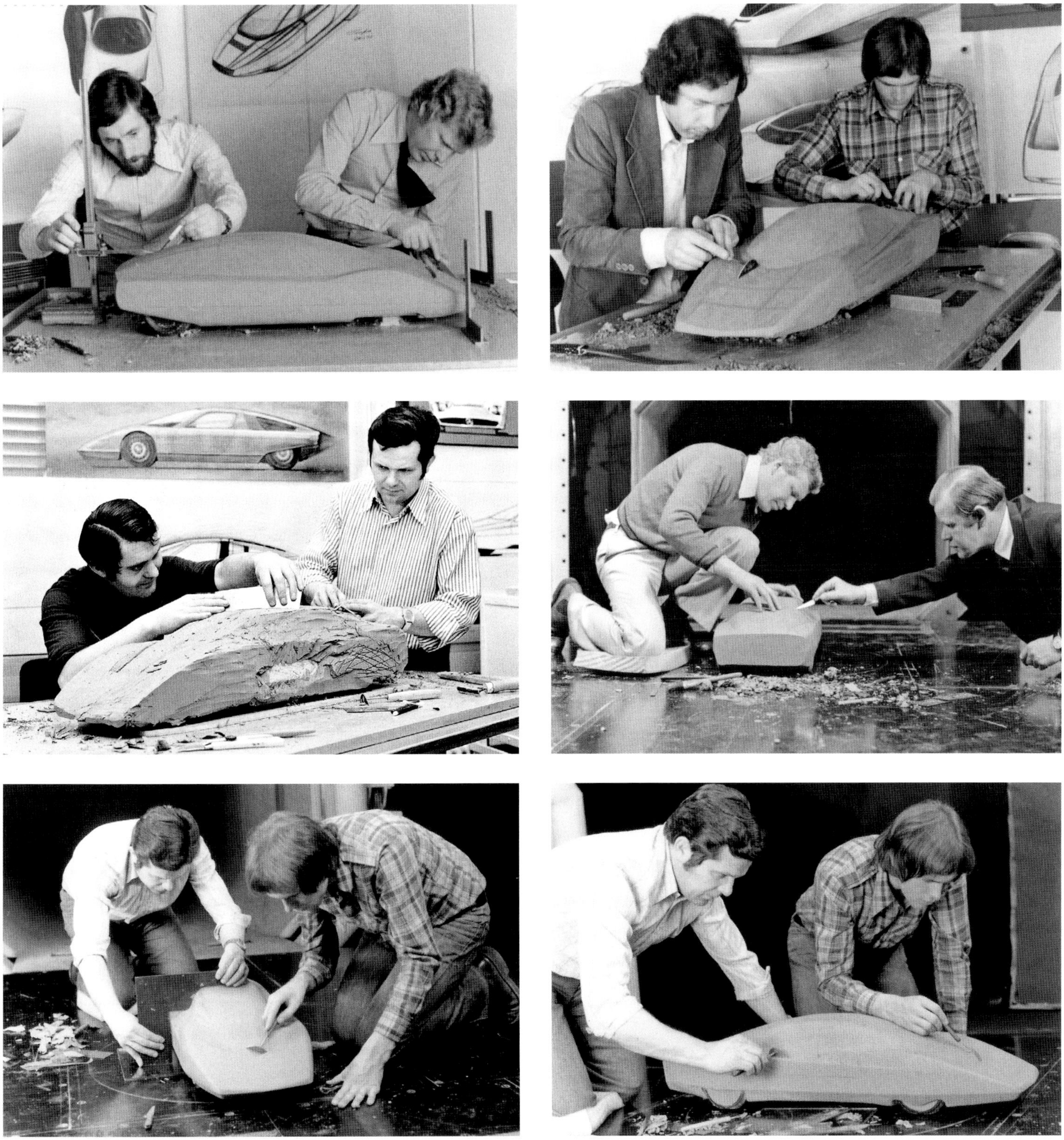

Im Januar 1977 begann die Entwicklung des C 111 S mit der Erstellung von 1:5-Modellen. Obere Reihe: Johann Tomforde und Peter Pfeiffer (Bild links) sowie Stefan Heiliger und Modellbauer Guler (Bild rechts) bei der Feinarbeit an Plastilin-Modellen; Mitte links: Gérard Cardiet und Georg Reule beim Aufbau eines Plastilin-Modells; Mitte rechts und untere Reihe: Peter Pfeiffer und Joseph Gallitzendörfer (Mitte rechts) sowie Reule und Guler bei der Optimierung im Windkanal.

Seine Messergebnisse fasste Faul in einer Mitteilung vom 17. Februar zusammen: »[…] Obwohl die Modelle im Ausgangszustand schon sehr günstige Luftwiderstandsbeiwerte hatten, konnten diese im Laufe der Optimierung weiter gesenkt werden. Dazu waren jedoch weitere Maßnahmen erforderlich, die nur an einem Rekordfahrzeug realisierbar erschienen (glatter Unterboden, geschlossene Radkästen, extreme Hecklänge […]). Eine weitere Verbesserung des Luftwiderstandsbeiwerts ist bei Fahrzeugmodellen nicht mehr möglich.« Faul geht auch gleich auf Risiken und Nebenwirkungen ein: »Derartige optimierte Fahrzeugkörper reagieren auf Störungen in der Umströmung sehr empfindlich. Deshalb ist für das fertige 1:1 Fahrzeug mit einem Anstieg des Luftwiderstandsbeiwerts um $\Delta\ c_W$ = 0,07 – 0,08 zu rechnen. Dieser Anstieg setzt sich aus Kühler- und Oberflächenwiderständen (Karosseriespalte u.ä.) zusammen. […]«

Durch die im Rahmen der Untersuchungen erfolgten Optimierungen konnte der c_W-Wert für Modell I von 0,2104 auf 0,1416, für Modell II von 0,1824 auf 0,1388 und für Modell III von 0,1504 auf 0,1329 gesenkt werden. Dass die Werte bereits im Ausgangszustand

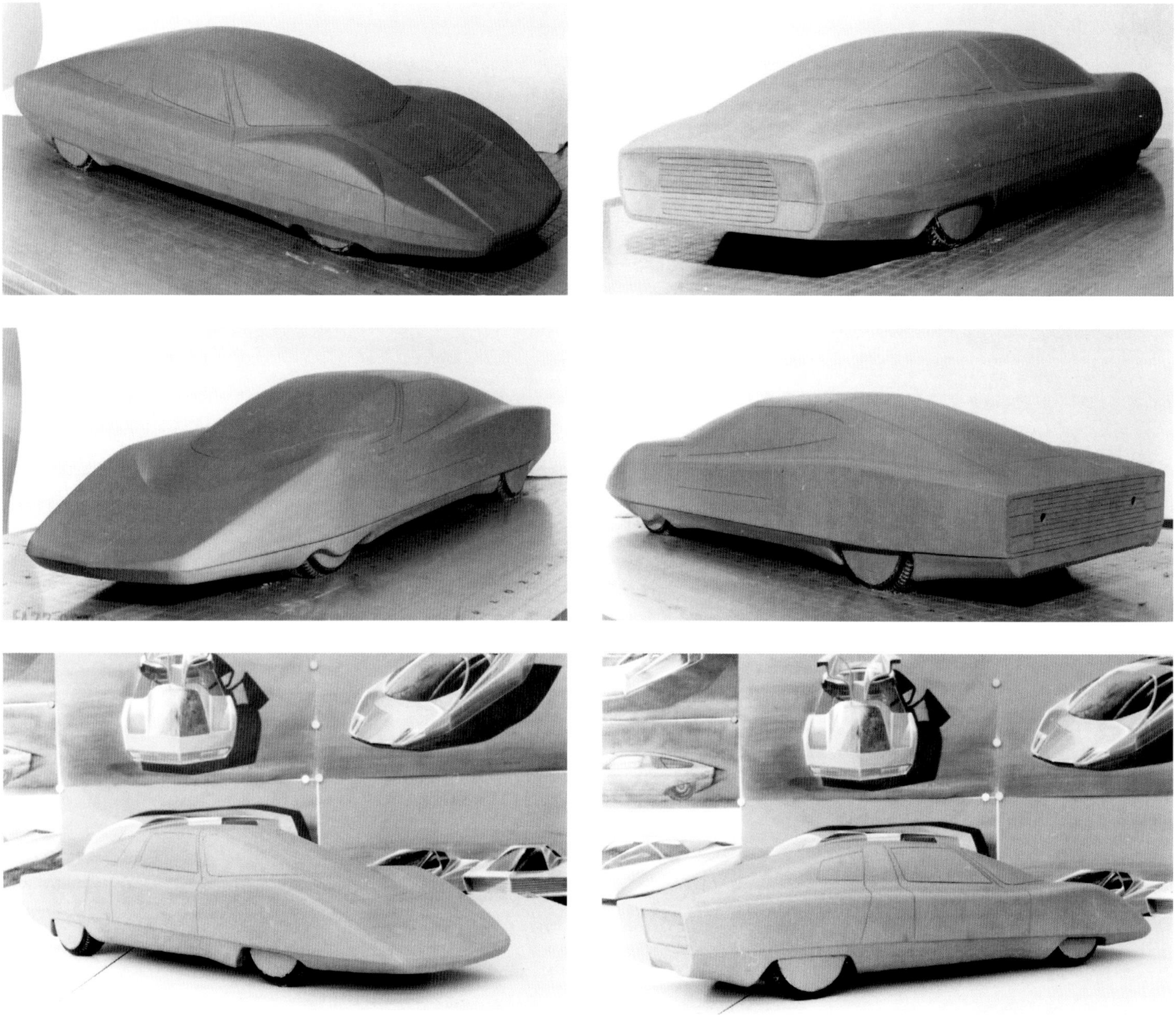

Die fertiggestellten 1:5-Modelle nach den Entwürfen von Peter Pfeiffer (oben), Stefan Heiliger (Mitte) und Gérard Cardiet (unten): Dass das Modell von Cardiet mit den Designzeichnungen von Heiliger fotografiert wurde, hat keine tiefere Bedeutung.

Durchsprache der fertigen 1:5-Designmodelle mit dem Topmanagement des Entwicklungsbereichs: links Peter Pfeiffer, Joseph Gallitzendörfer und Arno Jambor, rechts Joachim-Hubertus Sorsche, Hans Scherenberg, Werner Breitschwerdt, Guntram Huber, Joseph Gallitzendörfer, Bruno Sacco, Friedrich van Winsen und Arno Jambor (jeweils von links)

Das Gruppenfoto zeigt die im Januar 1977 entstandenen 1:5-Modelle der Aerodynamikstudie von Stefan Heiliger (Modell II, vorn), Peter Pfeiffer (Modell I, Mitte) und Gérard Cardiet (Modell III, hinten), die im Rahmen aufwendiger Windkanaluntersuchungen optimiert wurden. Als Ergebnis des internen Wettbewerbs wurde am Ende der Entwurf von Peter Pfeiffer realisiert.

Ein 1:5-Modell des C 111 S bei der Untersuchung im Modell-Windkanal in Sindelfingen.

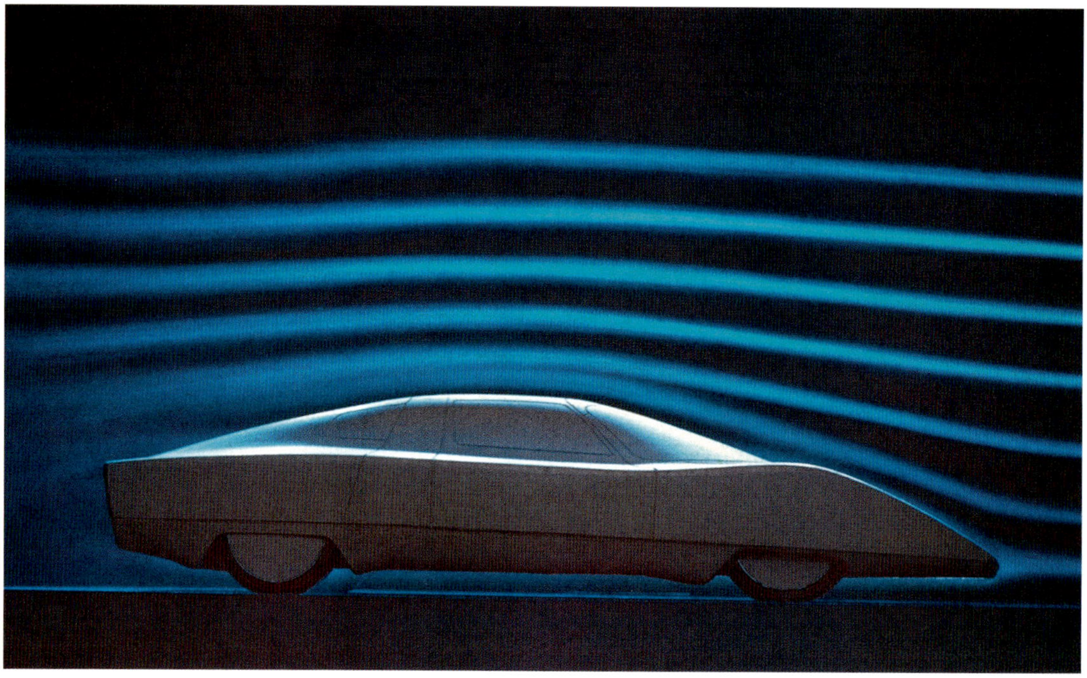

von Modell zu Modell besser wurden, führte Faul darauf zurück, »daß die Modelle II und III aufgrund der Meßergebnisse von Modell I bzw. I und II bereits voroptimiert wurden.« und fuhr fort: »Die deutlichsten Luftwiderstandsverringerungen ergaben sich bei allen drei Modellen durch Änderungen am Fahrzeugheck. Neben der Hecklänge kam dabei der Heckneigung auf der Ober- und Unterseite sowie dem seitlichen Einzug besondere Bedeutung zu. [...] Änderungen am Fahrzeugboden und im Bugbereich waren dagegen von geringerem Einfluß für den Luftwiderstand. [...]«

Gestalter der drei 1:5-Modelle waren die Stilisten Gérard Cardiet, Stefan Heiliger und Peter Pfeiffer. Alle drei hatten acht Jahre zuvor bereits am ersten C 101 gearbeitet. Die von Pfeiffer entworfene Variante wies nach der aerodynamischen Optimierung den geringsten c_W-Wert auf. Sie wurde dementsprechend als 1:1-Plastilin-Modell aufgebaut und am 24. und 25. Februar 1977 im großen Windkanal in Untertürkheim vermessen. In seinem Bericht vom 16. März führte Rüdiger Faul aus: »[...] Das Modell hatte, wie es auch für das fahrfertige Fahrzeug vorgesehen ist, einen glatten Unterboden. Die Radhäuser waren dargestellt. Bereift war das Modell mit Reifen der Dimension 205/70 HR 14. Die Kühlluftdurchströmung war am Modell nicht dargestellt. Aufgrund der Optimierungsarbeiten am 1:5 Modell hatte das 1:1 Modell bereits im Anlieferungszustand einen außerordentlich günstigen Luftwiderstandsbeiwert (c_W = 0,174).«

Zu den im Rahmen der Untersuchung erzielten Optimierungen stellte Faul fest: »Durch Detailänderungen konnte der Luftwiderstandsbeiwert um 5,17 % auf c_W = 0,165 gesenkt werden. In Verbindung mit einer Heckverlängerung um 500 mm und einer Stirnflächenverkleinerung konnte eine Gesamtverbesserung von 16,09 % erreicht werden. Der Luftwiderstandsbeiwert c_W betrug dabei 0,146. Aus zeitlichen Gründen mußten die Messungen bei diesem Stand abgebrochen werden. Geringfügige Verbesserungen scheinen noch möglich zu sein.«

Bezüglich der Luftkraftbeiwerte am fertigen Fahrzeug hielt Faul eine Prognose für »kaum möglich, da außer für den Wasserkühler, Lage, Art, Anzahl und Luftführung der anderen erforderlichen Kühler nicht bekannt sind. Von ihrem Einbau hängen ganz entscheidend sowohl der Luftwiderstandsbeiwert, als auch die Auftriebsbeiwerte für das fahrfertige Fahrzeug ab. Dabei sollte es möglich sein, einen Luftwiderstandsanstieg um Δ c_W = 0,06 nicht zu überschreiten.« Vor dem Hintergrund, dass »sich das Modell, wie alle aerodynamisch hochwertigen Fahrzeuge, als gegen Seitenwindeinflüsse sehr empfindlich erwies« [... und ...] »der Fahrzeugschwerpunkt nicht in der Mitte Radstand, sondern dahinter liegt [...]«, erschien Faul »die Verwendung von 2 Heckflossen für die Varianten des C 111 S unumgänglich«.

In Übereinstimmung mit dem Vorstandsbeschluss vom 3. März wurde das Fahrzeug vom 28. März bis zum 1. April 1977 bei der Presseveranstaltung in Sindelfingen anhand von Designentwürfen – bis hin zur 1:1-Zeichnung – und 1:5-Plastilin-Modellen vorgestellt. In der Öffentlichkeit war die spektakuläre Designstudie gleich ab Ende März präsent, als die ersten Berichte über die in Sindelfingen präsentierte Designentwicklung zunächst in der regionalen Tagespresse erschienen. Vier Wochen später veröffentlichte die Fachpresse ausführlichere Beiträge. Während die »Automobil Revue« vom 28. April in ihrem Artikel zum »Besuch der Styling-Abteilung von Mercedes-Benz« 1:5-Modelle abbildete und im Text nicht näher auf das außergewöhnliche Fahrzeug einging, brachte das »Handelsblatt« am gleichen Tag einen Bericht unter der Überschrift »Ein nie gebauter Mercedes. Stilstudie eines zweisitzigen Coupés demonstriert künftige Tendenzen im Autobau« und bezog sich zumindest indirekt auf den C 111: » [...] Bei der Fahrposition bestand die Auflage, die beim Bau des C-111 gewonnenen Erkenntnisse [...] weitgehend zu nutzen.«

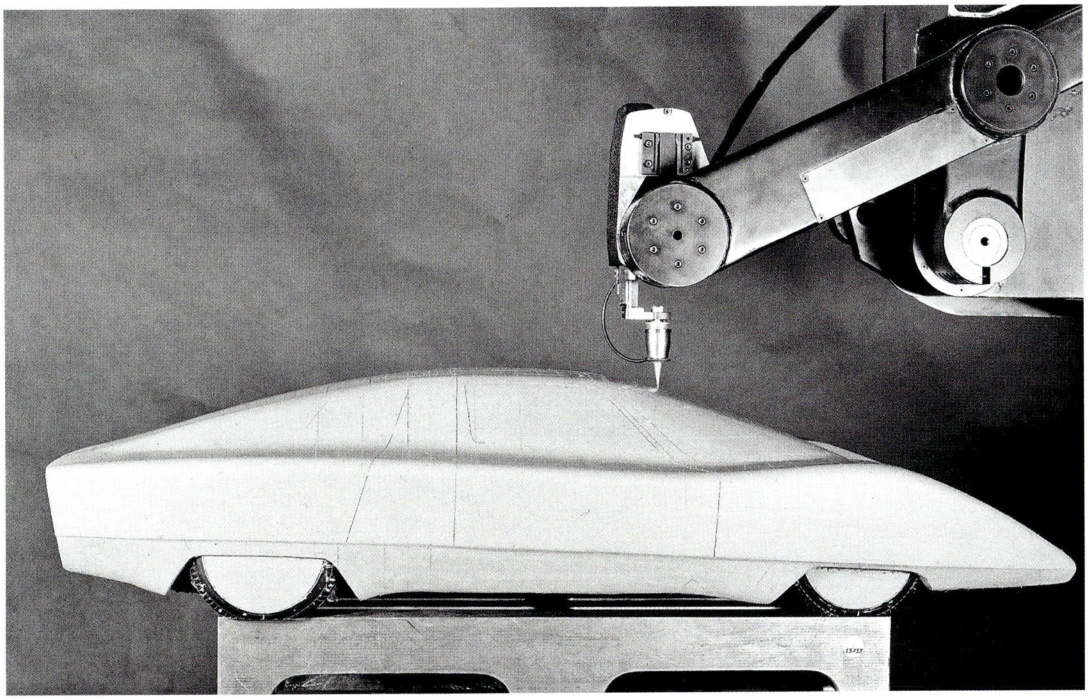

Abtastung des 1:5-Modells (oben) zur Erzeugung eines digitalen Datensatzes, der dann in Form eines Linienrisses ausgeplottet wurde (unten).

Das in perfektem Finish ausgeführte 1:5-Modell in der von Peter Pfeiffer gestalteten Variante wurde bei der Präsentation im Sindelfinger »Kuppelbau« ausgestellt und bildete die Grundlage für das 1:1-Modell.

Modelldarstellung des von Arno Jambor unter Termindruck erarbeiteten Konzepts für die Präsentation »Von der Idee zur Form«.

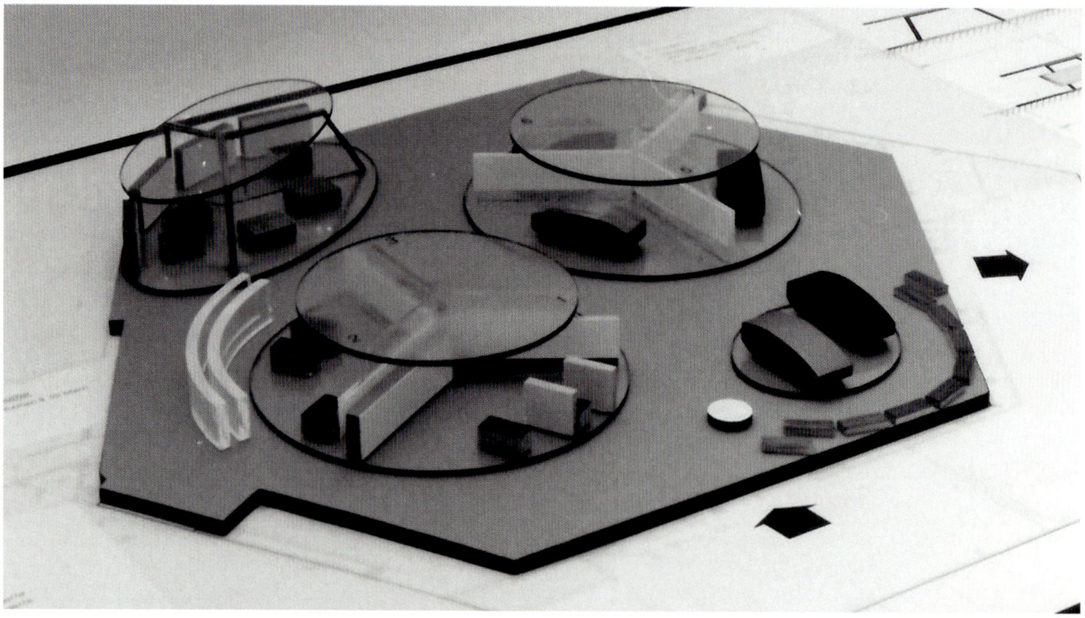

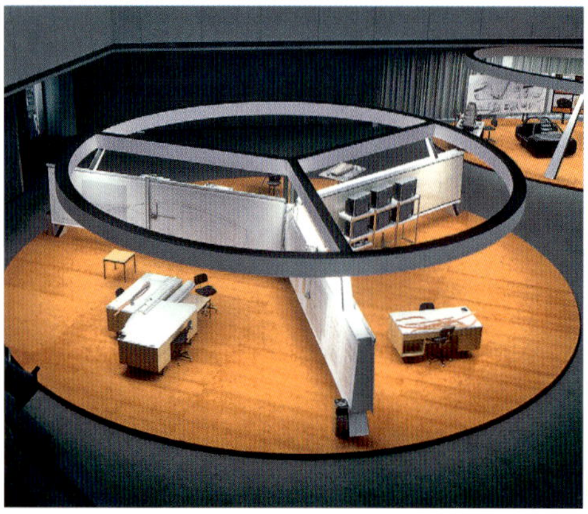

Der Designprozesses wurde im »Kuppelbau« unter der Überschrift »Von der Idee zur Form« auf den Themeninseln zu Konzeption und Exterieur-Design (links) sowie zum Interieur-Design (Mitte) dargestellt, während der eigentliche Anlass der Veranstaltung – das neue Coupé der Baureihe 123 – auf einer eigenen Themeninsel (Bild rechts) präsentiert wurde.

Der »Kuppelbau« in Sindelfingen präsentiert sich Ende März 1977 als idealer Schauplatz für das Rahmenprogramm der Pressefahrvorstellung der neuen Mercedes-Benz Coupé-Modelle. Die Bilder zeigen die Inseln zur Präsentation des Exterieur-Designs (oben) und des Interieur-Designs der neuen Aerodynamikstudie.

»Von der Idee zur Form«: Claus Hieke, Peter Pfeiffer, Bernhard Elsner, Gérard Cardiet und Ferdinand Hellhake präsentieren ihre Arbeit am Exterieur-Design (oben), Arno Jambor (2. von links, rechts neben ihm Heinrich Drexel, Werner Heinz und Gunther Ellenrieder) erläutert die Maßkonzeption (Mitte), während Gerhard Honer und Siegfried Greger (1. und 2. von links) mit ihren Kollegen und Kolleginnen vom Interieur-Design einen Eindruck von ihrer Tätigkeit vermitteln (unten).

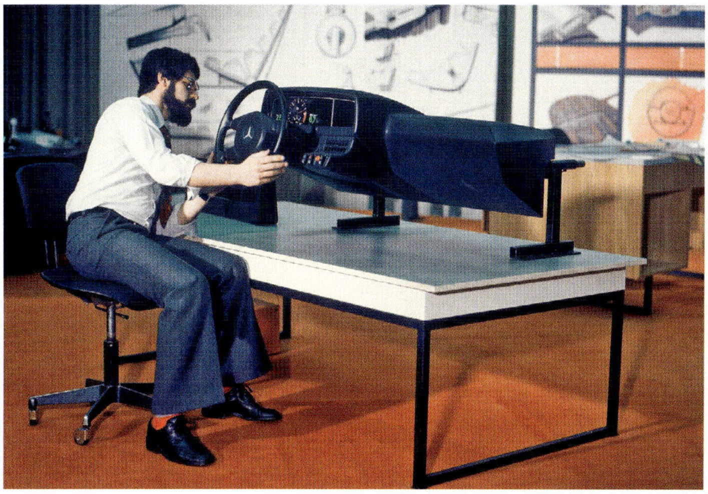

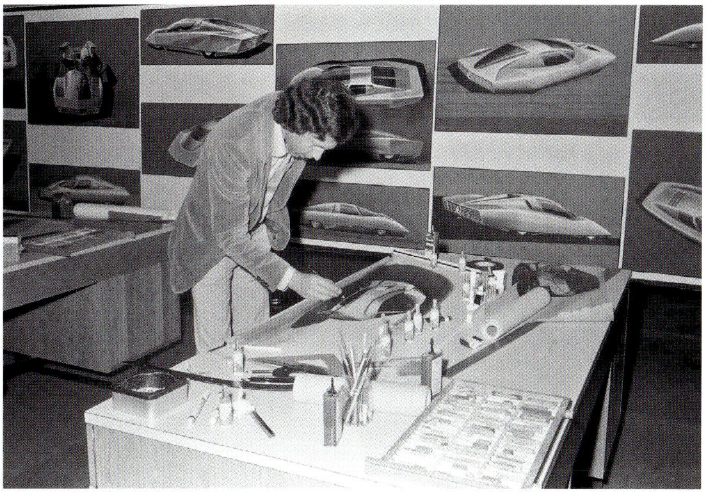

Im Bereich Interieur-Design demonstriert Michael von Klein die Designentwicklung des für die Aerodynamikstudie vorgesehenen Sitzes (oben); zusammen mit Franz Baglyas arbeitet er an der Sitzkiste des neuen Fahrzeugs (Mitte links), während Gerhard Honer dem Armaturenbrett den letzten Schliff gibt (Mitte rechts). Die Bilder unten zeigen Honer bei der Erstellung von Designentwürfen für das Interieur (links) und Stefan Heiliger mit seinem Exterieur-Entwurf (rechts).

Designentwürfe des C 111 S von Stefan Heiliger (hellrotes Fahrzeug), Gérard Cardiet (hellblaues Fahrzeug und silbernes Fahrzeug ganz unten links), Klaus Kallenbach (silbernes Fahrzeug Mitte rechts) und Theodor Schott (graublaues Fahrzeug ganz unten Mitte und rechts).

Die futuristisch anmutenden Interieurentwürfe stammen von Gerhard Honer (oben), Michael von Klein (Mitte) und Theodor Schott (unten). Im Gegensatz zum Exterieur orientierte sich das tatsächlich realisierte Interieur-Design allerdings weniger an diesen Entwürfen, sondern an der seinerzeit üblichen Gestaltung der Serienfahrzeuge.

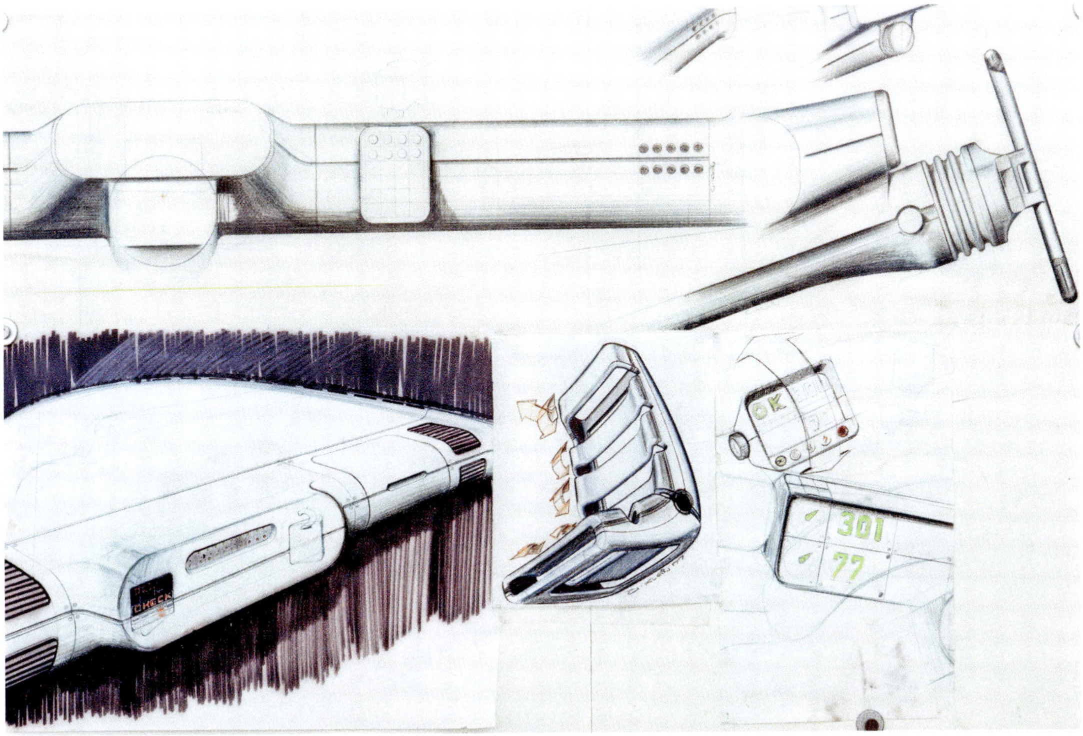

Bereits am 27. April 1977 hatte sich auch die »Bild-Zeitung« zu Wort gemeldet – wie gewohnt mit einer reißerischen Schlagzeile: »Kommen die berühmten Silber-Pfeile wieder?« Im Text hieß es dann: »Auf den Zeichenbrettern bei Mercedes entstehen wieder echte »Silberpfeile«, flache Flundern mit tief heruntergezogenen Schnauzen und den berühmten Flügeltüren des ersten SL. Es sind sportliche Zweisitzer von noch futuristischerem Aussehen als der sagenhafte SL. Vorsichtig wie immer erklärte der Mercedes-Vorstand: ›Alles nur Studien...‹. Aber immerhin werden die Modelle auch im werkseigenen Windkanal getestet, um die größte Windschlüpfigkeit herauszufinden. Reine Spielerei für die Stilisten sind die schnittigen Renner wohl doch nicht. [...]«

Das Fachmagazin »auto, motor und sport« ging erst in seiner Ausgabe vom 8. Juni 1977 auf das außergewöhnliche Fahrzeug ein, brachte das 1:5-Modell in perfektem Finish aber auf der Titelseite. Unter der Überschrift »Mercedes: das Auto von morgen« berichtete ein reich bebilderter, 14-seitiger Artikel ausführlich über aktuelle Forschungsschwerpunkte – darunter die Aerodynamik – und stellte dabei auch die Designentwicklung am Beispiel der neuesten Sportwagenstudie vor, ohne jedoch eine Verbindung zum C 111 und zu möglichen Hochgeschwindigkeitseinsätzen herzustellen: »Die Mercedes-Karosserien der achtziger und neunziger Jahre sollen nicht nur sicherer, sondern auch strömungsgünstiger werden. Für Tests im Windkanal entwickeln die Designer im hochmodernen Sindelfinger Stylingzentrum auch extreme Sportwagenformen, die zwar keine Aussicht auf Serienfertigung haben, aber wichtige Aufschlüsse über die bestmögliche aerodynamische Gestaltung verschiedener Karosseriedetails geben können.«

Von der Aerodynamikstudie zum Fahrauto: die technische Konzeption

Inzwischen war in Untertürkheim und Sindelfingen bereits die Realisierungsphase angelaufen. Am 12. April 1977, nur elf Tage nachdem die Presseveranstaltung im Sindelfinger »Kuppelbau« zu Ende gegangen war, hatte Hans Liebold unter dem Betreff »Neuaufbau von 2 verbesserten C 101 mit Dieselmotor (C 101/3)« einen offiziellen Versuchsauftrag erstellt und zur Genehmigung auf den Weg gebracht. Der Aufgabenumfang war darin wie folgt definiert:
»In aerodynamisch stark überarbeiteter Form sind

2 Stck. C 101 mit OM 617 ATL

aufzubauen. Hierdurch soll eine Basis für mögliche weitere Dieselrekorde geschaffen werden.

Den Designprozess und die vielfältigen Forschungsaktivitäten von Mercedes-Benz sowie die Aerodynamikstudie behandelte »auto, motor und sport« in seiner Ausgabe vom 8. Juni 1977 mit einem ausführlichen Artikel unter der Überschrift »Das Auto von morgen«.

Die Bodengruppen und Aggregate werden in leicht abgeänderter Form vom bisherigen C 101 übernommen.
Stark erleichterte Aufbauten aus GFK mit optimiertem $c_w \cdot F$ werden über Gitterrohrrahmen montiert.
Die Durchströmungsverhältnisse sind noch im Windkanal festzulegen.«

In dem genannten Versuchsauftrag findet sich zum ersten Mal die Bezeichnung C 101/3, die von nun an neben C 111 S benutzt wurde. Für die »Erprobung und Abstimmung in Ut. und Sifi [Untertürkheim und Sindelfingen, d. Verf.], die Beschaffung von Versuchs- und Ersatzteilen und die Vorbereitung der Rekordfahrt usw.« folgte am 4. Mai 1977 ein separater Versuchsauftrag, und am 7. Mai erstellte Hans Feucht von der Abteilung Dieselmotoren-Versuch unter dem Betreff »Bau von Motoren OM 617 A für Rekordfahrten mit C 101/3« einen weiteren Versuchsauftrag folgenden Umfangs:
»Für Durchführung von Rekordfahrten im C 101/3 sollen Motoren aufgebaut werden.
Als Vorversuche zur Entwicklung der Haltbarkeit von Kolben, Pleuellagern, Ventilsitzen und Nowe-Lager [Nockenwellenlager, d. Verf.] u. a. werden auf dem Prüfstand 80 h Dauerläufe gefahren.«

Anfang April 1977 hatte eine Projektgruppe mit Vertretern des Versuchs Vorentwicklung, der Konstruktion Fahrgestelle, der Konstruktion Aufbauten und der Stilistik mit der technischen Detailkonzeption des Fahrzeugs begonnen. Zugunsten einer geringeren Stirnfläche sollten die Breite und die Spurweite des Fahrzeugs gegenüber dem C 111-II reduziert werden. Joachim Kaden, der von Seiten des Versuchs Vorentwicklung wie schon beim C 111-II Diesel die Aktivitäten koordinierte, dokumentierte die Ergebnisse der ersten Besprechung vom 4. April in einem Aktenvermerk mit dem Betreff »Aufbau von 2 Fahrzeugen C 101 für zukünftige Rekordversuche«.

Die zunächst angestrebte Spurweite von 1260 mm sollte an der Vorderachse durch verkürzte Stoßdämpfer und an der Hinterachse durch eine geänderte Einpresstiefe der Felgen erzielt werden. Eine Verkleinerung der Hinterachs-Spurweite durch Veränderung der Aufhängungspunkte wurde aus Konstruktionsgründen abgelehnt. Die Entscheidung, ob eine Aluminium- oder GFK-Karosserie verwendet wird, wurde zunächst zurückgestellt. Fertigungskapazitäten bei der Waggonfabrik Rastatt für zwei GFK-Karosserien wären kurzfristig verfügbar. Die Abdeckungen für die Radausschnitte sollten für die Radwechsel hochklappbar ausgeführt und der Wagenbug so ausgestaltet werden, dass der schon in Nardò verwendete Kühler eingebaut werden kann. Die Einfederwege von Vorder- und Hinterachse sollten im Interesse eines kleinen $c_W \cdot F$ auf 50 mm begrenzt werden.

Der Vorschlag, wegen ihres geringen Gewichts und Platzbedarfs eine Zahnstangenlenkung zu verwenden, wurde unter Hinweis auf die Terminlage abgelehnt. Stattdessen sollte der Einbau einer Kugelumlauflenkung mit zweifach geknickter Lenkspindel untersucht werden. Für den schnellen Radwechsel wurden an der Hinterachse ein Aufnahmepunkt und an der Vorderachse zwei Aufnahmen für die Wagenheber vorgesehen, wobei der hintere Aufnahmepunkt, ähnlich wie bei Wagen 31, von hinten angefahren werden sollte, um die Betankung nicht zu stören. Der Wunsch von Arno Jambor, an der Vorderachse kleinere 13-Zoll-Räder zu verwenden, ließ sich nach Angaben der Abteilung Fahrgestellkonstruktion wegen der Doppelquerlenkerachse nicht verwirklichen. Als Bereifung waren Dunlop Rennreifen der Dimension 230/600-15 vorgesehen, für die der Hersteller eine Laufleistung von mindestens 6000 km an der Bahnaußenseite und mindestens 12.000 km an der Bahninnenseite angegeben hatte. Die Bodengruppe sollte nicht wie ursprünglich gedacht aus genieteten Aluminiumprofilen, sondern wegen der größeren Stabilität aus Stahl gefertigt werden.

Der Aufbau des 1:1-Plastilin-Modells begann bereits im Januar 1977. Die Unterkonstruktion bestand aus einem Stahlprofilrahmen, der zunächst mit Holz verkleidet wurde. Anschließend wurde das Plastilin aufgebracht, mit dem dann die Fahrzeugform analog dem endgültigen 1:5-Modell entwickelt wurde.

In der Projektsitzung vom 21. April wurde die Spurweite an der Hinterachse auf 1370 mm festgelegt und der Radstand von 2620 mm auf 2720 mm vergrößert. Für die Radstandverlängerung sind im Protokoll eine ganze Reihe positiver Auswirkungen vermerkt:

1. Die Knickwinkel der Seitenwellen werden auf ein zulässiges Maß verringert.
2. Der Einbau einer Einscheibenkupplung mit Flachschwungrad, wie beim M 110, ist möglich.
3. Änderungen an Getriebeeingangswelle, Schwungscheibe des Motors und Befestigungsschrauben sind nicht erforderlich, da die Kupplungsflanschlänge von 29 mm auf 60 mm erhöht werden kann.
4. Der durch notwendige Änderungen an den Aggregaten nun 12 mm längere Motor kann untergebracht werden.
5. Der Querträger unter dem Heckfenster braucht, wenn überhaupt, nicht so stark ausgespart zu werden.
6. Der Motor kann vorne um 30 mm tiefer gelegt werden; dadurch entfällt die auf der Motorhaube vorgesehene Ausbuchtung, und Sicht nach hinten wird verbessert. Außerdem wird zugunsten einer niedrigeren Motoröltemperatur der Rückfluss des Motoröls in die Ölwanne verbessert.
7. Das Getriebe kann um 10 mm tiefer gelegt werden, was dem Knickwinkel der Seitenwellen zugutekommt.
8. Die Kapazität der Kraftstofftanks wird um etwa 6,5 % erhöht.
9. Die Stabilität des Fahrzeugs (Geradeauslauf, Seitenwindempfindlichkeit) wird verbessert.
10. Die Rückwand des Fahrgastraums muss nicht mehr nach vorn ausgebeult werden.

Das fertige 1:1-Plastilin-Modell wurde Anfang März 1977 in der sogenannten DEA-Maschine (Digital Electronic Automation) abgetastet und dadurch als digitaler Konstruktionsdatensatz dokumentiert.

Protokolliert sind auch zwei Ergänzungen, die am 25. April in Sindelfingen besprochen wurden. Um eine durch die Vergrößerung des Radstands erforderliche Karosserieänderung im Heckbereich zu vermeiden, wurde die Spur an der Hinterachse auf 1350 mm festgelegt. Die Änderung gegenüber den zunächst definierten 1370 mm sollte durch eine von -40 mm auf -50 mm erhöhte Einpresstiefe der Felgen erreicht werden.

Außerdem wurde beschlossen, die Längslenker der Hinterachse um 100 mm zu verlängern, um Änderungen im Bereich der Rückwand umgehen zu können.

Das mit perfekter Lackierung fertiggestellte 1:1-Plastilin-Modell des C 111 S, fotografiert auf dem Werksgelände in Sindelfingen.

Mitte März 1977 wurde in der Modellwerkstatt des Stilistikbereichs das sogenannte Einstiegsmodell aufgebaut – ein Designmodell mit zu öffnenden Türen und ausgearbeitetem Interieur.

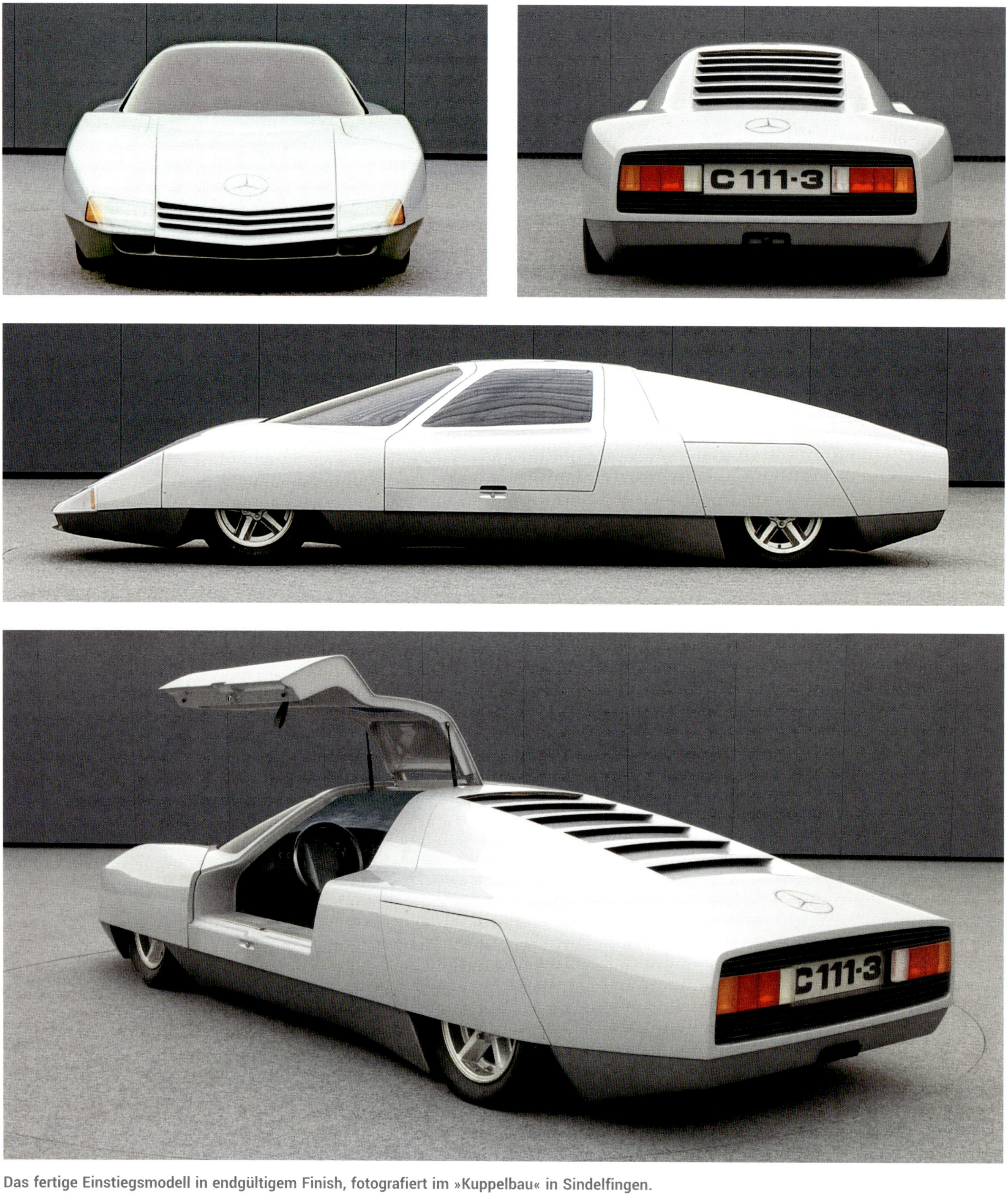

Das fertige Einstiegsmodell in endgültigem Finish, fotografiert im »Kuppelbau« in Sindelfingen.

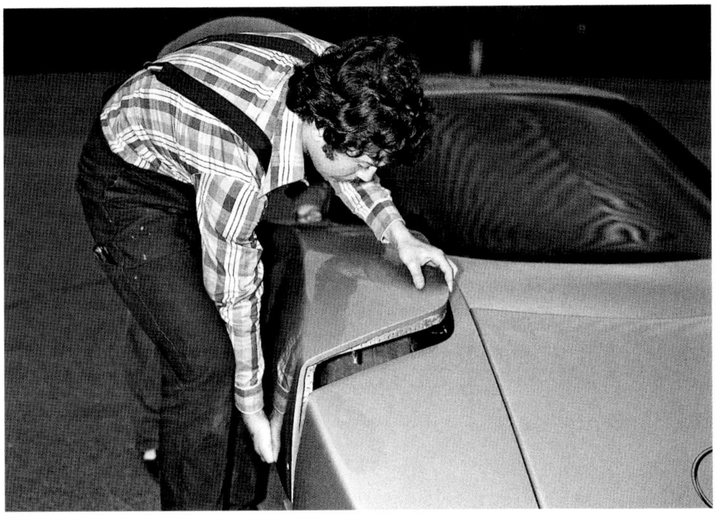

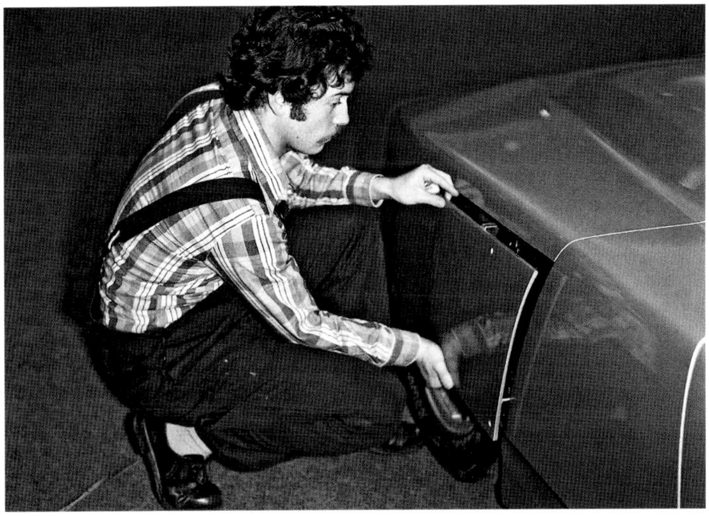

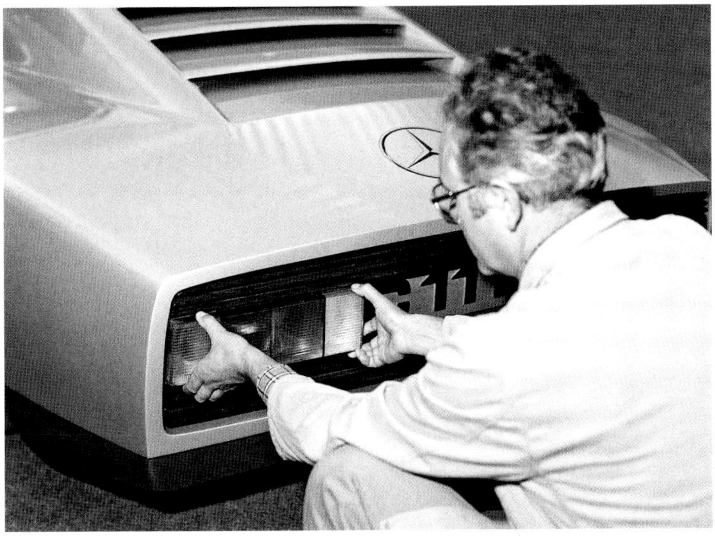

Für den Transport des Einstiegsmodells konnten nach Abnahme der Radabdeckungen zur Sicherung stabile Verzurrösen an den Rädern befestigt werden (Fotos oben und Mitte), und durch Demontage der Heckleuchten und des Heckgitters war auch der Heckabschluss leicht zugänglich.

Das Einstiegsmodell des C 111-3 wurde 2008 eigens für die Presseinformation zur Ausstellung »Meilensteine Automobil-Design« fotografiert, die vom 25. Juni bis zum 14. September 2008 sieben Fahrzeugexponate in der Pinakothek der Moderne in München präsentierte.

Würde der C 111-3 nicht auf einem Tisch stehen, käme der Betrachter wohl kaum auf die Idee, dass es sich um ein 1:5-Modell handelt. Das mit größter Detailgenauigkeit erstellte Modell erhielt Prof. Hans Scherenberg anlässlich seines Ausscheidens zum Jahresende 1977.

Projektplanung: die Terminierung der Fertigungsschritte

Ebenfalls am 25. April 1977 dokumentierte Hans Liebold den mit allen Beteiligten abgestimmten Terminablauf, nachdem zwischenzeitlich offenbar die Entscheidung für eine in Rastatt zu fertigende Kunststoffkarosserie gefallen war. Mit Ergänzungen vom 27. April waren folgende Meilensteine definiert:

1. Windkanalversuche in Untertürkheim zur Bestimmung des Luftdurchsatzes für Kühler, Ladeluft, Belüftung und Festlegung der Ein- bzw. Austrittsöffnungen — 18. Woche
2. Transport des Einstiegsmodells nach Rastatt zum Abformen der Außenhaut — Ende 19. Woche
3. K1V übergibt Skizzen und Zeichnungen der gegenüber C 101 II geänderten Fahrwerksteile an A1KS — 17. Woche bis Mitte Mai
4. A1KS übergibt Zeichnungen für die komplette Bodengruppe an A1VB — ab Ende April bis Ende Mai
5. Abgabe der Bodengruppen von A1VB nach Rastatt — 26. Woche bzw. 31. Woche
6. Fertigstellung der Fahrzeuge in Rastatt — 33. Woche (1. Fahrzeug)
7. Ausstattungseinbau und Karosserie-Finish bei A1VB — Ende September
8. Einbau Motor und Achsen bei V1V und Erprobungsbeginn — Anfang Oktober
9. Mögliche Rekordfahrten — frühestens Mitte bis Ende Oktober bzw. ab März 1978

In einer hochkarätig besetzten Projektbesprechung am 11. Mai 1977 wurden die Auswirkungen der Ende April festgelegten Änderungen an Radstand und Spurweite auf den Terminplan besprochen. Das von Liebold am gleichen Tag erstellte Protokoll fasst die aktualisierte Terminplanung zusammen:

»Um die Planung in Rastatt nicht völlig umzustoßen, was besonders im Hinblick auf die dortigen Werksferien Fahrversuche in diesem Jahr mit Sicherheit ausgeschlossen hätte, wurde zwischen allen Beteiligten folgender Kompromiß geschlossen:

1. Das Einstiegsmodell wird noch in dieser Woche halbseitig fertiggemacht und gleichzeitig abgetastet.
2. Nach provisorischer beidseitiger Fertigstellung wird das Einstiegsmodell am 18.5. nach Rastatt gebracht.
3. Nach Abformen der Außenhaut in GFK wird das Modell bis 20.6. zu ST1M zurückgebracht.
4. Ab Ende VI [Juni, d. Verf.] wird im großen Windkanal die endgültige Optimierung des $c_W \cdot F$ und die Auslegung der Kühlluftdurchströmung durchgeführt. Die Rastätter Karosserien werden durch Neuabformen evtl. geänderter Teilpartien ergänzt.

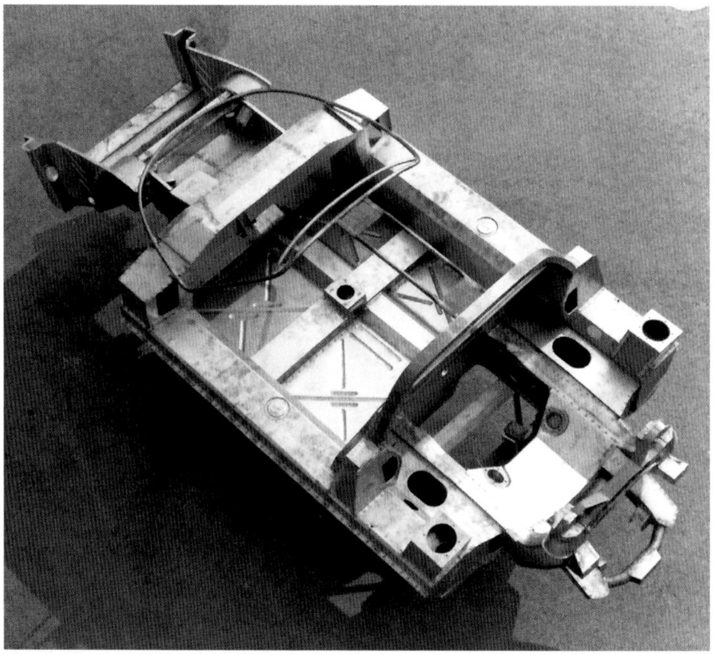

Die Rahmenbodenanlage des C 111 S wurde in der Werkstatt der Karosserieentwicklung in Sindelfingen aufgebaut. Die Fotos entstanden Anfang August 1977.

Ebenfalls Anfang August wurde in der Waggonfabrik Rastatt das Einstiegsmodell des C 111 S abgeformt und auf dieser Grundlage mit der Fertigung der Kunststoffkarosserie begonnen (Bilder oben und unten links). Ungefähr zur gleichen Zeit entstand mit kaum geringerem Fertigungsaufwand ein weiteres Exemplar (Bild unten rechts): ein detailgetreues Modell im Maßstab 1:5, das Prof. Hans Scherenberg anlässlich seines Ausscheidens Ende 1977 zum Abschied erhielt.

5. In der 26. Woche wird die erste Bodengruppe von A1VB nach Rastatt geliefert. Die zweite Bodengruppe folgt in der 31. Woche.
6. In der 33. Woche wird die erste Karosserie in Rastatt fertiggestellt und zum Ausstattungseinbau und Karosserie-Finish nach Sindelfingen (A1VB) gebracht.

In der 39. Woche kommt der erste Wagen zum Einbau von Motor und Achsen zu V1V nach Ut., so daß der Erprobungsbeginn, wie vorgesehen, Anfang Oktober durchgeführt werden kann.«

Die von Liebold beschriebene Kompromisslösung, die die Notwendigkeit von Nacharbeiten sehr wahrscheinlich erscheinen ließ, stieß bei den Aerodynamikern auf wenig Verständnis – vor allem vor dem Hintergrund, dass die Aerodynamik eine entscheidende Rolle für den Projekterfolg spielte und einige Punkte noch weit von einer Lösung entfernt waren.

High-Tech-Hülle: die Karosserie des Rekordwagens

Aufbau und Eigenschaften der Karosserie sind in einem Fachaufsatz beschrieben, den Hans Liebold, Manfred Fortnagel (Leiter des Dieselmotoren-Versuchs), Hans Götz (Leiter des Karosserieversuchs Rohbau, zu dem auch die Aerodynamikentwicklung zählte) und Theodor Reinhard (Leiter Sonderkonstruktionen Pkw-Aufbauten) in Ausgabe 2/1979 des Fachblatts »Automobil-Industrie« veröffentlichten. Die entsprechenden Textpassagen sind hier – zum großen Teil wörtlich – zitiert:

»Bei der Ausführung eines entsprechenden Aufbaus war im Hinblick auf die zu erwartenden Geschwindigkeiten vor allem auf eine höchst mögliche Steifigkeit und [...] Dauerfestigkeit zu achten. Bei geringem Gewicht mußte der Aufbau weitgehend unempfindlich gegen zu erwartende Schwingungsanregungen sein.
Zur Erfüllung dieser Aufgaben wurde an allen wesentlichen Karosserieflächen als Verstärkung
eine Lage Textilglasmatte [...] [225 g/m²],
eine Lage Kohlenstoff-Fasergewebe [...] [190 g/m²]
und eine weitere Lage Textilglasmatte [...] [225 g/m²]
[eingebettet in ein chemisch und thermisch besonders widerstandsfähiges ungesättigtes Polyester-Harz] eingesetzt. Mit diesem Laminataufbau war es möglich, die gewünschte Festigkeit mit einer Wandstärke von nur 1,8 mm zu erreichen. Besonders stark beanspruchte oder gefährdete Teile wurden partiell mit 19 mm breiten Bändern aus Borfasern verstärkt, wie sie bisher nur in der Luftfahrttechnik an besonders beanspruchten Bauteilen verwendet werden. Das gesamte Karosseriegewicht betrug ca. [...] [200 kg].

Nachdem die Optimierung im Windkanal zu einer wesentlichen Verlängerung des Hecks geführt hatte, konnten die entsprechenden Formteile nicht mehr direkt auf der Stahlbodengruppe befestigt werden. Zu diesem Zweck wurde ein Aluminium-Rohrgitterrumpf gebaut, der das Heckteil in sich versteifte und alle Kräfte auf die eigentliche Bodengruppe übertrug. Gleichzeitig konnten hieran zusätzliche Aggregate, wie die Heckkühler, Pumpen usw., befestigt werden.

Da bei den Dauerrekorden alle Wartungs- und evtl. Reparaturzeiten mitgezählt werden und die Durchschnittsgeschwindigkeit entsprechend drücken, war eine schnelle Zugänglichkeit zu den Aggregaten unbedingt erforderlich. Andererseits verlangte die aerodynamische Form eine möglichst vollkommene Verkleidung, so daß sicher schließende und schnell zu öffnende Klappen an allen Karosserieöffnungen angebaut werden mußten. Dabei sollten beispielsweise die Abdeckklappen über den Radausschnitten für Lenkkorrekturen bei einem u.U. erforderlichen größeren Radeinschlag von selbst aufgestoßen werden können, was entsprechende Scharniere und Verriegelungen erforderte.

An der Motorverkleidung wurde in einem großen Haubendeckel für größere Arbeiten am Triebwerk noch ein kleiner Deckel angebracht, der z. B. für die Ölstandskontrollen ausreicht. Ebenso wurden kleinere Klappen mit Schnellverschlüssen für die 4 Betankungsöffnungen erforderlich. Ein besonderes Problem stellte hierbei die Verbindung von Stahl- und Aluteilen mit dem GFK-Laminat-Aufbau dar. Durch großflächige, zum Teil spinnenartige Gestaltung der Anbauteile konnte eine entsprechende Festigkeit erreicht werden. So erforderte auch der große Einarm-Scheibenwischer, der selbst bei Höchstgeschwindigkeit noch einwandfrei auf der Scheibe auflag und aus Widerstandsgründen normalerweise im Wagen mitgeführt wurde, eine kräftige Grundkonsole, wofür eine Aluminiumkonstruktion Verwendung fand.«

Detailänderungen und Windkanalstudien: die Optimierung des Rekordwagens

Am 7. Juni 1977 wurde in einer Besprechung in Rastatt eine Reihe von Details festgelegt: Durch eine Durchführung der vorderen Tankentlüftungsleitungen unter den oberen Querlenkern sollte Platz für die Frischluftleitungen zum Fahrgastraum geschaffen werden. Die beiden hinteren Tankventile sollten am vorderen Ende der Motorhaube und nicht, wie ursprünglich vorgesehen, zwischen Tür und Motorhaube platziert werden, um eine strömungsgünstige Einleitung des Kraftstoffs zu ermöglichen. Schließlich wurde auch die Position des Fahrersitzes verändert, dessen Mitte in Querrichtung von 315 mm auf 235 mm Abstand zur Fahrzeugmitte rücken sollte. In dieser Lage blieb für den Kopf des Fahrers mehr Platz, das Pedalwerk konnte zudem ergonomisch günstiger ausgeführt werden, die Lenkspindel brauchte nicht so stark gekröpft zu werden und der Durchblickpunkt in der Windschutzscheibe lag nun im weniger stark gekrümmten Bereich.

Am 1. Juli 1977 meldete sich Helmut Weller vom Räder- und Reifenversuch zu Wort, nachdem Michelin sein Interesse bekundet hatte, für die Rekordversuche in Nardò Rennreifen zur Verfügung zu stellen. Der französische Reifenpionier hatte bereits in der frühesten Projektphase Ende Januar angeboten, entsprechende Untersuchungen im Hinblick auf eine geforderte Höchstgeschwindigkeit von 325 km/h anzustellen.

Am 8. August präsentierte die Konstruktion Vorentwicklung ihre Untersuchungsergebnisse zu einem anderen Diesel-Rekordprojekt. Ein Entwicklungsingenieur des US-amerikanischen Luft- und Raumfahrkonzerns Rockwell International hatte sich im April an die Vertriebsgesellschaft Mercedes-Benz of North America gewandt, um Unterstützung für ein Rekordprojekt auf den Bonneville Salt Flats zu erbitten. Der Plan bestand darin, ein von ihm konzipiertes Rekordfahrzeug, das im Oktober 1967 mit Fred Larsen die Rekorde über den fliegenden Kilometer und die fliegende Meile in der Klasse 2000 bis 3000 cm³ errungen

Das aus den digitalen Daten erzeugte 1:1-Holzmodell des C 111 S wird im großen Windkanal in Untertürkheim untersucht. Die aufgeklebten Wollfäden veranschaulichen den Strömungsverlauf. Deutlich sichtbar ist die Heckverlängerung um 508 mm, mit der der c_W-Wert deutlich gesenkt werden konnte. Links am Fahrzeug Rüdiger Faul.

hatte, mit einem Mercedes-Benz Turbodiesel auszurüsten und in Bonneville den hubraumunabhängigen Rekord für Dieselfahrzeuge zu holen.

In Stuttgart wurde dieses Ansinnen mit gemischten Gefühlen aufgenommen. Entwicklungschef Scherenberg signalisierte grundsätzliche Zustimmung, während Versuchschef Göschel vor allem wegen der dadurch gebundenen Entwicklungskapazität Bedenken hatte und klarstellte, »daß wir entweder nur den neuen Nardo-Wagen klarmachen können [...] oder aber die Rekordfahrt auf dem Salzsee.« Er fügte hinzu, »daß für diese Rekordfahrt auf der Motorenseite ein großer Aufwand getrieben werden muß, da mit der Nardo-Ausrüstung kein Blumentopf zu gewinnen ist«. Aufgelöst wurde das Dilemma durch Berechnungen der Konstruktion Vorentwicklung. Für das vorhandene Fahrzeug mit einem $c_W \cdot F$-Wert von 0,21 m² ermittelte Berechnungsingenieurin Jutta Beifuß bei einer angenommenen Leistung von 300 PS/220 kW eine maximal mögliche Rekordgeschwindigkeit von 385,98 km/h als Mittel aus Hin- und Rückfahrt. Die angestrebte Höchstgeschwindigkeit von 400 km/h war unter den gegebenen Rahmenbedingungen deshalb nicht zu erreichen, weil aufgrund der Position der Zeitnahme die Beschleunigungsstrecke auf der Rückfahrt mit zwei Meilen zu kurz war. So wurde zwar für die Hinfahrt bei einer Beschleunigungsstecke von vier Meilen eine Geschwindigkeit von 399,93 km/h errechnet, für die Rückfahrt jedoch nur ein Wert von 372,02 km/h.

Mit Datum vom 19. August 1977 dokumentierte Rüdiger Faul die Ergebnisse der neuesten Windkanaluntersuchungen, die er im großen Windkanal in Untertürkheim an einem inzwischen fertiggestellten 1:1-Holzmodell durchgeführt hatte. Im Anlieferungszustand mit glatten Radscheiben und ohne Kühlluftdurchströmung ergab sich nur ein c_W-Wert von 0,216. Die deutliche Verschlechterung gegenüber dem am 1:1-Tonmodell gemessenen Wert von 0,165 führte Faul auf eine stilistische Überarbeitung des Modells zurück, die man aus Termingründen nicht im Windkanal überprüft hatte.

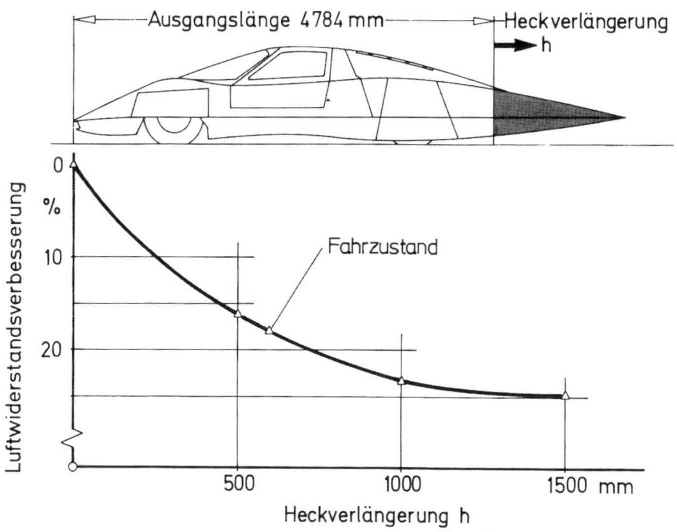

Einfluss der Heckverlängerung auf die prozentuale Verbesserung des Luftwiderstandsbeiwerts. Die umgesetzte Verlängerung von 508 mm ergab sich als bester Kompromiss im Hinblick auf geringen Luftwiderstand und hohe Praktikabilität.

Damit waren einschneidende Änderungen am angelieferten Holzmodell nicht mehr möglich, und die Optimierung musste sich auf den Einsatz von Anbauteilen beschränken, die in zahlreichen Variationen untersucht wurden.

So wurde durch eine Heckverlängerung von 508 mm sowie Änderungen des seitlichen Karosserieeinzugs und des nach oben abgeschrägten Fahrzeugbodens im Heckbereich ein Luftwiderstandsbeiwert von 0,180 erreicht. Mit originalgetreuer Kühlluftdurchströmung wurde ein Wert von 0,198 gemessen, wobei der Kühlluftanteil mit $\Delta c_W = 0{,}018$ ausgesprochen niedrig war. Wegen der bereits früher diagnostizierten starken Seitenwindempfindlichkeit wurde das Fahrzeug mit zwei Heckflossen ausgerüstet, wodurch sich im Endzustand ein c_W-Wert von 0,208 ergab. Bei sehr detaillierten Druckmessungen, insbesondere im Bereich des Kühllufteintritts für den Wasserkühler sowie möglicher Luftein- und -austritte für den Ladeluftkühler und die Ansaugluft für den Motor ergaben sich wichtige Erkenntnisse: Während im Bereich des Kühllufteintritts nahezu Staudruck gemessen wurde, ergaben sich bei den möglichen Positionen für die übrigen Eintritte niedrigere Drücke als im Bereich der Austritte. Die Lufteintrittsöffnungen für Ladeluftkühler und Ansaugluft wurden daher an den Fahrzeugbug, rechts neben die Kühlluftöffnung für den Wasserkühler gelegt.

Vom Konzept auf die Räder: Aufbau der Fahrautos

Mittlerweile nahm das erste Fahrzeug allmählich Gestalt an. Am 25. August 1977 klärte das Projektteam weitere Details, und fünf Tage später war die Vermessung der mit Karosserie versehenen ersten Bodengruppe abgeschlossen. Vom 31. August bis 3. September wurde das Fahrzeug, das in Übereinstimmung mit dem beim C 111 verwendeten System zur Nummerierung individueller Fahrzeuge die Bezeichnung »Wagen 41« erhalten hatte, in Untertürkheim vormontiert und für Innenausbau und Finish an die Karosserieentwicklung in Sindelfingen übergeben. In Anbetracht der für eine Hochgeschwindigkeitserprobung zu berücksichtigenden Rahmenbedingungen dokumentierte Hans Liebold in einer Mitteilung vom 5. September den darauf abgestimmten Terminplan:

»Nach vorläufigen Angaben aus Nardo kommt für eine Erprobung im vorgesehenen Geschwindigkeitsbereich nur dann eine zweibahnige Sperrung infrage, wenn die ersten Versuche bei Vollsperrung positiv verlaufen. Da eine solche derzeit nur über Samstag/Sonntag möglich ist, setzt die vorgesehene Erprobung noch Anfang Oktober einen Fahrbeginn am 8.10. voraus. Unter diesen Umständen muß der folgende mit allen Beteiligten bereits diskutierte Terminplan eingehalten werden:

Fertigstellung bei A1VB	bis Freitag 23.9.
Vermessung der Stirnfläche (A1VB)	Samstag 24.9.
Überprüfung der aerodynamischen Kennwerte und der Durchströmungsverhältnisse im großen Windkanal Ut. (A1R)	Montag 26.9.
Endmontage in Ut. und Vorerprobung auf der Einfahrbahn (V1V)	bis Montag 3.10.
Überprüfung in Hockenheim	Dienstag 4.10.
Verzollung und Abfahrt nach Nardo	Samstag und Sonntag 8./9.10.

Dieser Terminplan setzt eine Verkürzung der in diesem Frühjahr für die A1VB Sifi eingeplante Durchlaufzeit um eine Woche voraus. Außerdem müssen in Sifi durch V1V noch Montagearbeiten durchgeführt werden von erst jetzt angelieferten Teilen. Rücksichtnahme auf die dort laufenden Arbeiten ist selbstverständlich.«

In dem Protokoll ging Liebold auch auf eine technische Änderung ein und stellte fest, »daß bei dem D 42 [dem zweiten C 101/3, d. Verf.], der z. Zt. in Rastatt abgeformt wird, die Tankentlüftung an die äußeren Enden der Windschutzscheibe verlegt wird. Das ermöglicht gleichzeitig eine günstigere Verlegung der Kühlerleitungen. Durch beide Maßnahmen werden die Luftkanäle zum Motor und in den Innenraum wieder ungehindert nutzbar und eine Schwächung des Karosserievorbaus vermieden. Der D 41 wird nach den Fahrten in Nardo u.U. entsprechend umgebaut.«

Am 24. September wurden die für den neuen Wagen vorgesehenen Hinterräder mit dem Rekordwagen von 1976 auf der Einfahrbahn in Untertürkheim erprobt. Dabei handelte es sich um BBS-Felgen der Dimension 9 ½ J x 15 H 2, die mit Dunlop Slicks der Dimension 230/600-15 bestückt waren. Gefahren wurden insgesamt 600 Runden im Uhrzeigersinn auf dem zweitäußeren Betonring der Rutschplatte mit 85 m Durchmesser. Nach jeweils 5 Runden, bei denen die Geschwindigkeit zwischen 73,9 und 76,9 km/h lag, wurde die Fahrt zum Abkühlen der Reifen unterbrochen. Der linke Vorderreifen wurde nach 370 Runden und dann nochmals nach 120 Runden gewechselt, der linke Hinterreifen nach 370 Runden, während die beiden rechtsseitigen Reifen nicht ersetzt werden mussten. Nach Abschluss der über 41 Stunden andauernden Versuche wurden folgende Reifendrücke gemessen: vorn links 2,50 bar und hinten links 2,65 bar (bei Versuchsbeginn 2,70 bzw. 3,00 bar). Anschließend wurde das linke Hinterrad, das nach den Versuchen

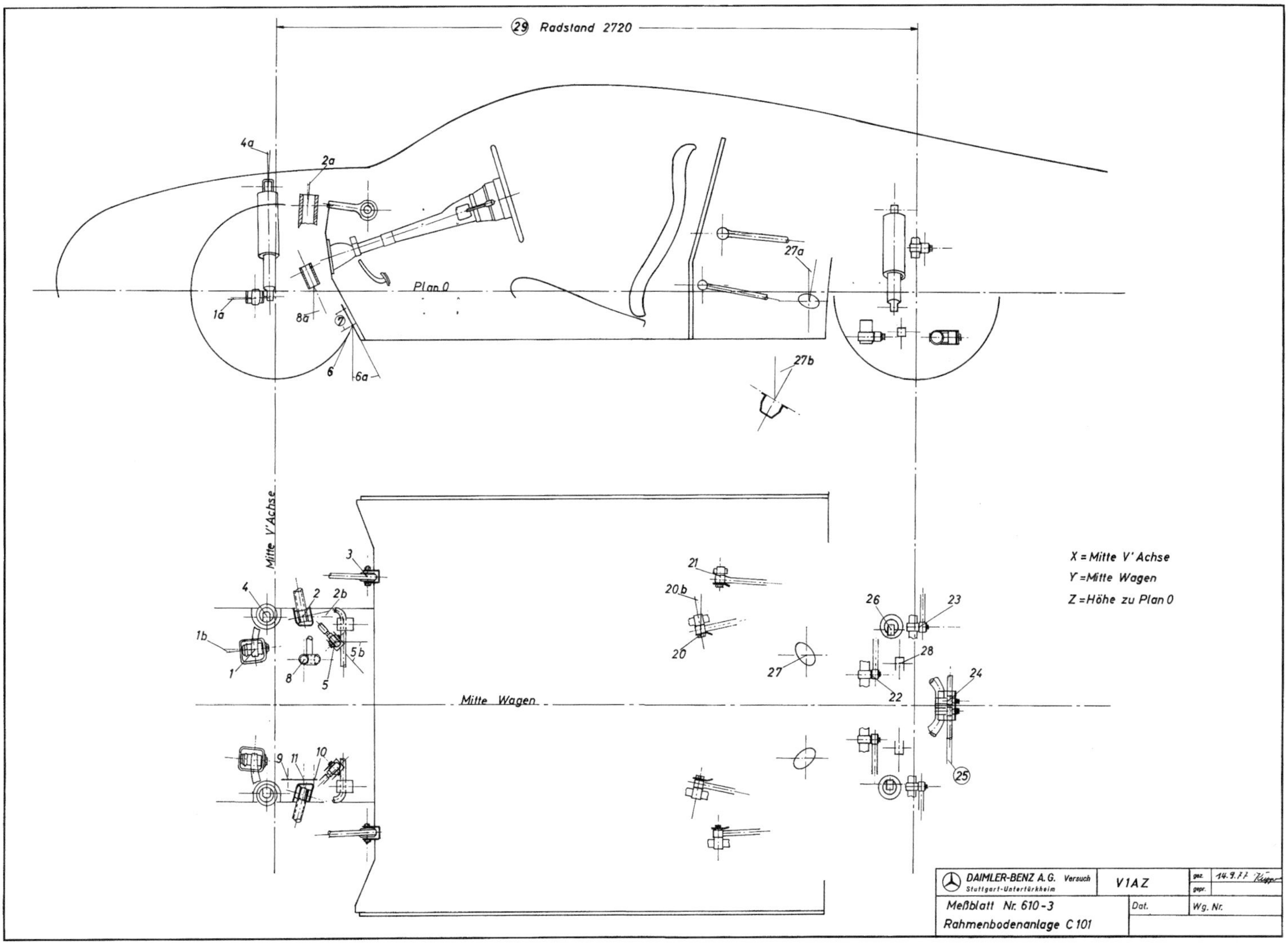

Kontrollzeichnung der Rahmenbodenanlage des C 111 S wie sie bei der Vermessung verwendet wurde.

rissfrei war, auf dem Dauerfestigkeitsprüfstand weitergeprüft. Als Vorderräder sollten wie beim C 111-II Diesel Kloth-Senking-Räder der Dimension 8 J x 15 H2 verwendet werden, die bereits erprobt waren.

Wenige Tage zuvor war im Dieselmotorenversuch die Abnahme des für Wagen 41 vorgesehenen Motors mit der internen Nummer EA 25-122 erfolgt. Die Ergebnisse sind in einer vom 30. September datierenden Mitteilung von Werner Kolter und Manfred Fortnagel zusammengefasst. Mit einer gegenüber dem Vorjahr geänderten Nockenform und Einspritzelementen mit größerem Durchmesser sowie einem größeren Verdichterrad des Turboladers wurden eine Höchstleistung von 218-220 PS/160-162 kW bei 4200-4500/min und ein maximales Drehmoment von 40 mkp/392 Nm bei 3600/min gemessen. Der Turbolader mit dem größeren Verdichterrad lag dabei, wie es in der Mitteilung hieß, »hinsichtlich Druckverhältnis und Drehzahl [...] an der Obergrenze einer einstufigen Aufladung.«

Am 26. und 27. September sowie am 3. Oktober wurde der fahrfertige Wagen 41 im großen Windkanal in Untertürkheim untersucht. Die Ergebnisse dokumentierte Rüdiger Faul wie gewohnt in einer Entwicklungsmitteilung. Im Anlieferungszustand erreichte das mit Dunlop Slicks des Formats 230/600-15 bereifte Fahrzeug mit Kühlluftdurchströmung einen c_W-Wert von 0,259. Durch eine Reihe von Optimierungsmaßnahmen (glatter Unterboden, ballige Radscheiben, 40 mm hoher Heckspoiler, Karosserieverbreiterungen vor und hinter den Rädern, Heckverbreiterung und negatives Anstellen des Fahrzeugs) konnte der Luftwiderstandsbeiwert am Ende auf 0,230 gesenkt werden, wobei der Kühlluftanteil mit Δc_W = 0,019 wie schon beim 1:1-Holzmodell sehr gering ausfiel.

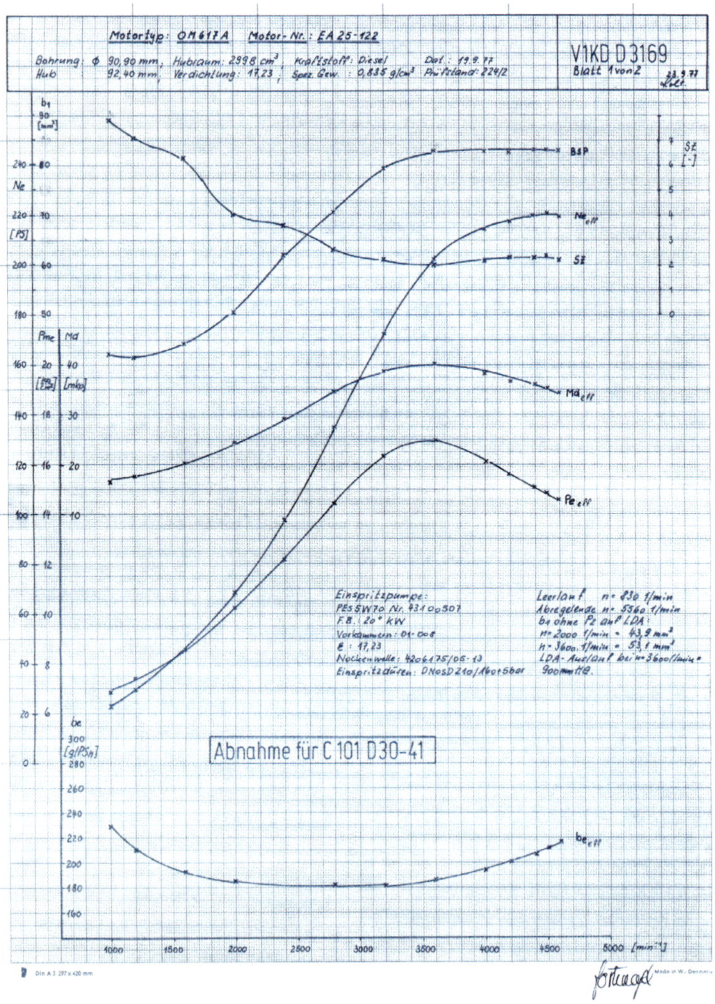

Leistungsdiagramm des 3-Liter-Fünfzylinder-Dieselmotors OM 617 A mit der Nummer EA 25-122, aufgenommen im Rahmen der Abnahme am 19. September 1977.

Zur Kühlluftdurchströmung stellte Faul fest, dass die Luftdurchsätze am Wasserkühler, an den Ölkühlern und – trotz Verbesserungen an der Kühlluftführung – auch am Ladeluftkühler die geforderten Werte nicht ganz erreichten. In seinem erst nach erfolgter Fahrerprobung fertiggestellten Bericht weist er darauf hin, dass sich im Fahrbetrieb die Wasserkühlung als überdimensioniert, die Ölkühlung als unterdimensioniert, die Getriebeölkühlung und die Ladeluftkühlung als ausreichend erwiesen hätten.

Aufbruch nach Nardò: die Hochgeschwindigkeitserprobung

Am Morgen des 6. Oktober war es schließlich so weit: Eine Flotte aus fünf Pkw, einem Kastenwagen und zwei Lkw machte sich zur Erprobung des Rekordwagens auf den Weg nach Süditalien. Nach einer Übernachtung im Agip-Motel in Pescara kam die Karawane am 7. Oktober in Nardò an, und am 8. Oktober begannen die Versuchsfahrten. Verlauf und Ergebnisse der Erprobung fassten die Projektverantwortlichen Liebold und Kaden sowie die beteiligten Schlüsseldisziplinen Aerodynamik, Motorenversuch und Getriebeversuch in Entwicklungsberichten und Aktenvermerken zusammen. Den Anfang machte Hans Liebold mit einem vom 19. Oktober 1977 datierenden Bericht. Dieser ist im Folgenden ungekürzt wiedergegeben, da er die Entwicklung des in vieler Hinsicht grundlegend neuen Fahrzeugs nicht nur sehr gut dokumentiert, sondern die komplexen Zusammenhänge und immer wieder neuen Herausforderungen auch authentisch aus erster Hand zusammenfasst.

Ende September wurde Wagen 41 im großen Windkanal in Untertürkheim untersucht. Das Bild zeigt den Ausgangszustand des mit zwei Heckflossen ausgerüsteten Fahrzeugs. Gut erkennbar sind auch die hier noch verwendeten BBS-Felgen an der Hinterachse, die später durch Felgen von Kloth-Senking ersetzt wurden. Das Bild rechts zeigt die ursprüngliche Ausführung der vorderen Radabdeckungen, die als Ganzes abgenommen wurden, außerdem die zunächst im Bugbereich platzierten Klappen für die Tankentlüftung und die abnehmbaren Scheibenwischer.

»Der erste der beiden neu aufgelegten Diesel-Rekordwagen wurde unmittelbar nach Fertigstellung auf der Kreisbahn in Nardo erprobt. Nach vorläufiger Optimierung der Fahrwerks- und Motor-Einstellung sowie der Kühlung und der wichtigsten Karosserie-Details konnte eine gleichmäßige Rundengeschwindigkeit von 314 km/h erreicht werden. Nach Durchführung weiterer erkannter Maßnahmen, insbesondere einer nochmaligen Verlängerung der Getriebeübersetzung, durch die jetzt der Abregelbeginn der Einspritzpumpe auch auf den Gefälle- und Rückenwindstrecken die Geschwindigkeit auf ca. 320 km/h begrenzt, erscheint die ins Auge gefaßte Dauerrekord-Geschwindigkeit von 300 km/h im kommenden Frühjahr erreichbar. Allerdings stellt das Fahrzeug in diesem Geschwindigkeitsbereich, besonders bei Seitenwind, Dunkelheit und Regen, jetzt schon extreme Anforderungen an die Fahrkonzentration, so daß eine noch wesentlich höhere Geschwindigkeit hier vermutlich nicht mehr realisiert werden kann.

Der C 101 D 30-41 wurde nach planmäßiger Fertigstellung am Samstag abend (1.10.) und nach Überprüfung im Windkanal nochmals am Dienstag auf der verkürzten Einfahrbahn gefahren, wobei 200 km/h nicht wesentlich überschritten werden konnten. Der fahrtechnische Eindruck war hierbei aber außerordentlich günstig, so daß das Fahrzeug noch am gleichen Tag verzollt und nach Nardo in Bewegung gesetzt wurde, wo für das Wochenende eine Vollsperrung des Kurses abgesprochen war, da eine Mitbenutzung der Bahn während der Woche von der Zustimmung aller anderen Versuchsteams abhängig gemacht wurde, über die nach den ersten Probefahrten entschieden werden sollte.

Bei diesen ersten Fahrten wirkte der Wagen unter Vollast sehr unruhig und wurde oberhalb 250 km/h zunehmend instabil. Neben der noch zu weichen Rollfederung und Dämpfung lag die Hauptursache hierfür zunächst offensichtlich in den bei diesem Wagen erstmals verwendeten profillosen Rennreifen, da durch eine Anpassung der Radeinstellung das Verhalten schon ganz wesentlich verbessert werden konnte. Mit den derzeitigen Werten (Reifendruck 2,7/3,0 bar; vorn -10', hinten -45' Sturz; je 20' Gesamtvorspur) konnte ein sehr gleichmäßiges Reifenlaufbild bei niedrigen über die Profilbreite völlig gleichmäßigen Temperaturen und recht geringem Verschleiß erreicht werden. Den größten Einfluß dabei hatte das Verlängern der jeweils kurvenäußeren Federbeine zur Erzielung einer fast völligen Rollfreiheit bei den ca. 0,3 g, die auf der für 250 km/h querkraftfrei ausgelegten äußeren Fahrbahn der überhöhten Strecke bei über 300 km/h auftraten. Dadurch wurde auch ein Einsetzen der Anschlagpuffer auf den Stellen der Bahn weitgehend verhindert, wo sich inzwischen stärkere Bodenwellen herausgebildet haben. Größere Rollbewegungen mit entsprechender Gierreaktion treten jetzt noch bei stärkerem Seitenwind auf, was vermutlich von dem erhöhten Rollmoment durch die aufgesetzten Seitenwindflossen herrührt.

Daß bei den auf Anhieb erreichten Geschwindigkeiten über 300 km/h von der Fahrbahn her immer noch erhebliche Beschleunigungen auf den Wagen einwirken, zeigte sich an einer Anzahl unerwarteter Schäden an verschiedenen Bauteilen (Risse an Karosserie, Rahmen und Getriebegehäuse, Bruch einer Sturzstrebe etc.). Immerhin konnte auch bei dem zuletzt genannten Schaden, der das Aufschlitzen des kurvenäußeren Hinterreifens zur Folge hatte, wie bei dem Bruch der getriebeseitigen Lagerung einer Antriebswelle, dem kompletten Aufreißen der Fahrertür und dem späteren Ablösen des hinteren Bodenbleches, die alle bei Höchstgeschwindigkeit auftraten, das Fahrzeug noch unter Kontrolle gehalten werden.

Zusätzliche Erschwernisse traten jahreszeitlich bedingt durch den zum Teil recht kräftigen Wind und gelegentliche Regenschauer auf, so daß für tatsächliche Dauerrekordversuche die Winterzeit kaum infrage kommt, zumal die Ausleuchtung der Bahn durch die 50 %ige Verringerung der Lichtstärke bei Geschwindigkeiten bis 320 km/h doch wesentlich zu gering erscheint. Der Einbau von 50 W-Birnen gegenüber den beim alten Wagen verwendeten 100 W-Birnen wurde wegen der vollen Kapselung der eigentlichen Scheinwerfer aus thermischen Gründen eingeführt.

Für weitere Versuche sollte jedoch eine zusätzliche Kühlung bei Wiederverwendung stärkerer Birnen angestrebt werden. Dagegen erwiesen sich die aufsetzbaren Scheibenwischer auch über 300 km/h noch voll funktionsfähig, wie auch mit den als Intermediate benutzten an Ort und Stelle handprofilierten Slicks im Regen noch voll gefahren werden konnte. Der sonst recht leise Wagen soll unter diesen Umständen allerdings um die gesamte Bahn akustisch wahrnehmbar gewesen sein. Mit den bei der geneigten Bahn vermutlich nur unter extremen Verhältnissen benötigten reinen Regenreifen wirkte der Wagen dagegen oberhalb 250 km/h für einen längeren Betrieb definitiv zu labil.

Neben den Fahreigenschaften erwies sich die Motorölkühlung bei den ersten Versuchen am kritischsten, da der vorgesehene Motor- und Getriebeölkühler am Wagenheck völlig unzureichend war. Auch mit einer Auffächerung des NACA-Einlasses [ein strömungsgünstiger Lufteinlass, benannt nach dem US-amerikanischen »National Advisory Committee for Aeronautics« (NACA), der NASA-Vorgängerorganisation, die diesen Lufteinlass 1945 entwickelt und kommuniziert hatte, d. Verf.] und der Anbringung von zwei zusätzlichen Ölkühlern am Wagenboden und am hinteren Radlauf war die Kühlung nur unter den gegebenen Außentemperaturen gerade ausreichend. Erst die Verlegung des zweiten Ölkühlers in den Bug (vor den Wasserkühler) ergab ein ständiges Temperatur-Niveau von ca. 125°C, das bei einer Zuschaltung des Getriebekühlerteils oder einer evtl. Vergrößerung auch für höhere Außentemperaturen unter Kontrolle zu halten sein sollte. Die Wasser-Temperatur von 82°C blieb bisher fast unbeeinflußt. Die Getriebeöl-Temperatur liegt bei ca. 100°C.

Nicht so kritisch wie nach den Windkanalversuchen vermutet, erwies sich dagegen die Kühlung der Ladeluft. Die Beharrungs-Temperatur betrug anfangs 120°C und konnte sowohl durch eine Beschaufelung der beiden Einlaßöffnungen [gemeint ist die Anbringung von zusätzlichen Hutzen an den beiden Lufteinlässen am Wagenbug, d. Verf.] als auch durch eine Abtrennung der Motoransaugluft auf jeweils 100°C gesenkt werden. Da die direkte Entnahme der Ansaugluft von der Wagenseite den Ladedruck eher etwas anhob, wurde mit Ausnahme eines kurzen Frontspoilerversuchs auf die vordere Beschaufelung während der weiteren Versuche wieder verzichtet. Eine Beeinflußung des Luftwiderstandes wurde in beiden Fällen nicht festgestellt. Die Höhe des Ladedruckes nach dem Kühler lag zuletzt zwischen 1,9 und 2,1 bar.

Die maximale Rundengeschwindigkeit wurde zunächst immer in der zweiten Runde erreicht. Bei weiterer Erwärmung sank der Ladedruck in der Regel etwas ab und die Drehzahlen gingen um ca. 200 Umdrehungen zurück. Eine Einstellungsänderung an der Einspritzpumpe erhöhte zwar den Durchzug auf den Gegenwind- und Steigungsstrecken, änderte aber das Temperatur-Verhalten noch nicht wesentlich. In jedem Fall wurde die Maximal-Drehzahl von 4800 U/min (entsprechen etwa 320 km/h) auch auf den Gefälle- und Rückenwindstrecken durch den Abregelbeginn der Einspritzpumpe bestimmt. Zur Erhöhung der Durchschnittsgeschwindigkeit und zur Schonung des Motors (bei 4800 U/min ist am 1. Lader die Turbinenwelle gebrochen) ist eine nochmalige Verlängerung der Gesamtübersetzung jetzt unausweichlich geworden. Über V1AG wurde bereits von Nardo aus mit ZF wegen der Sonderanfertigung eines längeren 5. Ganges verhandelt, da die derzeitige Hinterachsübersetzung nicht mehr verlängerbar sein soll (z.Zt. Hinterachse 2,58, 5. Gang 0,705).

Neben einer Anzahl größerer Karosserie-Änderungen zur Verbesserung des Luftwiderstandes und der Lufteinläufe zu den verschiedenen Aggregaten mußten auch im Innenraum verschiedene Änderungen zur Verbesserung der Belüftung und Sichtverhältnisse vorgenommen werden. In beiden Fällen trug die Anwesenheit eines in GFK-Arbeiten geübten handwerklich geschickten Karosserie-Konstrukteurs ganz wesentlich zu der großen Beweglichkeit bei, die das Anlaminieren von GFK-Teilen an sich ermöglicht. Um eine ruhige Führung des Wagens bei den hohen Geschwindigkeiten zu erleichtern, wurde darüber hinaus das 380 Ø-Lenkrad gegen ein serienmäßiges vom W 123 ausgetauscht. Hierdurch verbesserte sich gleichzeitig die immer noch viel zu schlechte Sicht auf die Instrumente und Bedienungstasten. Neben den unbedingt notwendigen Änderungen an diesen Aggregaten sollte für weitere Fahrten ein Lenkrad mit 400 mm Ø und nicht zu dickem Kranz bereitgestellt werden. Der in den Auflageflächen quer unterteilte Sitz von ST1 wurde ebenfalls erprobt, erwies sich aber als zu hoch, zu hart und schlecht führend. Besonders von der Rückenlehne entsteht der Eindruck einer Sprossenwand. Neben der genannten Abschattung der Instrumente durch den Lenkradkranz ist auch der Ablesebereich in vielen Fällen zu eng, während die Beleuchtung einwandfrei ist. Das gilt jedoch nicht für die Drucktasten, deren Position bei Tageslicht nur durch Abfühlen zu erkennen ist. Wie der Vergleich der Ladedruckanzeigen durch ein mitgeführtes Zweit-Instrument ergab, ist die Genauigkeit einzelner Anzeigen außerdem noch völlig unzureichend.

Nach der Durchführung aller wesentlichen Detailversuche wurde der Wagen am Freitag abend für den vorgesehenen 10-Stundenlauf vorbereitet. Hierbei wurde u. a. ein etwa 400 mm langer Riß in der Kupplungsglocke festgestellt, der die vorgesehene Durchführung am Samstag unmöglich machte. Da wegen des Lagerbruches der einen Antriebswelle, der aus bisher ungeklärten Gründen von Zeichnungsabweichung der Welle oder des Getriebes herrührte, bereits mit dem Ersatzgetriebe gefahren wurde, wurden die beiden restlichen der 4 neu angefertigten Getriebe, die inzwischen in Ut. eingetroffen waren, noch in der Nacht von dort nach Pescara gebracht, wo sie von uns abgeholt wurden, während der Wagen für den Umbau vorbereitet wurde. Nach Einbau des neuen Getriebes in der folgenden Nacht wurden am Sonntag früh die vorgesehenen Reifensätze kurz angefahren. Bereits hierbei blockierte die Schaltung, so daß nur noch die Wählgasse 4/5 von außen eingelegt werden konnte. Für den Dauerlauf mußte daher im 4. Gang angefahren werden. Anschließend wurde erstmals der linke Tank getrennt leergefahren, was nach dem ersten Abfall eine konstante Rundengeschwindigkeit von ca. 307 km/h ergab. Nach Umschalten auf den rechten Tank sank diese Geschwindigkeit auf konstant 295 km/h, was den Verdacht der Kraftstofferwärmung bestätigte. Die Fahrzeit mit einer Tankfüllung betrug wie bisher ca. 2 h 25 min, wobei die Fahrdistanz jedoch entsprechend höher lag. Nach dem Wiederauftanken war das Getriebe völlig blockiert und der Wagen konnte nicht mehr bewegt werden.

Auch das vierte Getriebe wurde daher noch am Sonntag eingebaut und abends kurz eingefahren. Hier trat bereits nach einer Runde der gleiche Schaden wie beim dritten Getriebe auf. Um die Wirkung der inzwischen durchgeführten Maßnahmen zur Wärmeisolation des Kraftstoffsystems (Pumpen, Sammelbehälter und Filter sowie der zusätzlichen Einblasung von Frischluft in den Motorraum) abschätzen zu können, wurde Sonntag nacht nochmals im 4. Gang angefahren. Hierbei wurde dann mit dem linken Tank eine konstante Rundengeschwindigkeit von 314,0 km/h erreicht, die beim Fahren aus dem rechten Tank nur noch auf konstant 312,5 km/h absank. (Die höchste bisher auf dieser Bahn erreichte Geschwindigkeit soll übrigens von Niki Lauda auf dem Formel 1 Ferrari mit 312 km/h erzielt worden sein.)

Nach der Rückstellung des Wagens nach Ut. werden neben den bereits beschriebenen und einer größeren Anzahl festgehaltener Detailänderungen vor allem die vorgesehenen Änderungen des Ladeluftkanals und der Tankentlüftung vorgenommen. Zu einer schnelleren Durchführung von Motorkontrollen und Radwechseln müssen noch umfassende Karosserieänderungen wahrgenommen werden. Den Luftwiderstand betreffende Detailänderungen, die wegen der Drehzahlbegrenzung durch die Einspritzpumpe nicht eindeutig beurteilt werden konnten, sollten nochmals im Windkanal überprüft werden. Das gilt auch für eine evtl. Änderung der Seitenwindflossen. Nach Anlieferung der neuen Getriebe wird vor dem eigentlichen Rekordversuch dann voraussichtlich noch eine weitere kurze Vorerprobung notwendig sein. Obgleich die jetzt verwendeten Getriebe sich prinzipiell nicht von den seit 1969 gefahrenen unterscheiden, ist zu überlegen, ob hierbei nicht doch ein Sachbearbeiter von ZF zugezogen werden sollte, wie die Anwesenheit des Rennmanagers von Dunlop während der beiden ersten Tage der vergangenen Erprobung sich als sehr zweckmäßig erwiesen hat. Gegebenenfalls sollte evtl. dann auch nochmals ein Bosch-Ingenieur zugezogen werden.

Über die Meßwerte und Detailversuche ergeht ein ausführlicher Montagebericht. Das gleiche gilt für die von V1FR und V1M durchgeführten Maßnahmen sowie EMZ, deren Laser-Lichtschranke mit dem neu entwickelten Rechengerät zur sofortigen Ermittlung der einzelnen Runden- und Gesamtdurchschnittsgeschwindigkeit sich im allgemeinen gut bewährt hat. Nach Angaben der Verwaltungsleute in Nardo kann eine Vollsperrung für Rekordzwecke voraussichtlich bei etwa einmonatiger Voranmeldung erfolgen.«

Bei der ersten Erprobung des C 111-III in Nardò wurden verschiedene Konfigurationen im Detail untersucht und erprobt. Der auf den Fotos abgebildete Wagen 41 ist zunächst noch mit Hutzen an den vorderen Lufteinlässen und einem Heckteil mit Plexiglasscheibe und zwei Stabilisatorflossen ausgerüstet.

Das Fahrzeug hat inzwischen eine neue Motorraumabdeckung mit Lamellen erhalten, und der NACA-Lufteinlass zwischen den Heckflossen wurde durch Abkleben verkleinert. Rechts am Fahrzeug Karosseriekonstrukteur Ernst Haug.

Joachim Kaden und Hans Liebold beim fachlichen Austausch kurz vor dem Start zur nächsten Erprobungsrunde.

Detailanalyse: Erkenntnisse der Erprobung

Weitere interessante Details enthielt der vom 2. November 1977 datierende Bericht von Joachim Kaden, der hier aus den bereits angeführten Gründen ebenfalls ungekürzt zitiert wird:

»In der Zeit vom 8.10. bis 16.10.77 wurden mit dem Wagen C 101 D 30-41 in Nardo Versuchsfahrten durchgeführt. Die dabei aufgetretenen Schäden und vorgenommenen Arbeiten sind im folgenden zusammengestellt. Außerdem sind die am Fahrzeug noch durchzuführenden Arbeiten und Änderungen aufgeführt.

1.) Getriebe und Seitenwellen

Nach den ersten 3 Runden war die linke Seitenwelle aus der Diametral-Pitch-Verzahnung am Getriebe (Nr. 0 10 811) herausgerutscht. Bei der Demontage zeigte sich, daß das auf der Seitenwelle sitzende, zur axialen Sicherung der Welle dienende Rillenkugellager am Einstich für den äußeren Sicherungsring geplatzt war. Die rechte Seitenwelle ließ sich in Nardo nicht demontieren. Demontage erfolgt in Ut. mit entsprechendem Werkzeug.

Da die linke Seitenwelle beim Herausrutschen aus dem Getriebe sowohl einen Lagersitz (Freßspuren) als auch die Diametral-Pitch-Verzahnung beschädigt hatte, konnte das Getriebe nicht weiterverwendet werden. Die Fahrversuche wurden deshalb mit dem Getriebe-Nr. 0 10 812 fortgesetzt. An diesem Getriebe traten nach kurzer Fahrzeit Schaltschwierigkeiten auf. Bei einer Untersuchung wurde festgestellt, daß der Seegerring an der Zentrierfeder der Schaltwelle aus seiner Nut gesprungen war. Außerdem läuft die Schaltwelle sehr stramm in ihren Führungen. Nach weiteren 4 Stunden Probefahrt wurde bei einer Sichtkontrolle am Getriebegehäuse ein Riß zwischen den beiden Lagern der Kupplungsausrückwelle festgestellt. Beim Ausbau des Getriebes zeigte sich außerdem, daß die Getriebeeingangswelle auf die Abdeckscheibe des Drucklagers in der Schwungscheibe drückt und das Kugellager der linken Seitenwelle wieder beschädigt ist. Bei Demontageversuchen wurde das Lager zerstört. An der Bruchfläche zeigten sich alte Anrisse. Die Versuche wurden mit einem neuen Getriebe (Nr. 010 814) fortgesetzt.
An diesem Getriebe konnte nach 6 Runden die Schaltung nicht mehr einwandfrei betätigt werden. Das Wechseln der verschiedenen Gassen war nur noch mit Hilfe von Hammerschlägen auf die quer liegende Schaltwelle möglich. Für die weiteren Versuche wurde deshalb im 4. Gang angefahren. Beim Startversuch nach 2 ½ h Dauerlauf waren beim Getriebe gleichzeitig zwei Gänge eingelegt.*

Beim daraufhin eingebauten Getriebe Nr. 0 10 813 konnten nach 2 Runden die Schaltgassen nicht mehr gewählt werden. Es wurde deshalb, wie beim Getriebe Nr. 0 10 814, im 4. Gang angefahren. Mit den bisher verwendeten Übersetzungen – 5. Gang 0,705, HA 2,58 – wurden Motordrehzahlen bis 4800 Upm erreicht. Nach Rücksprache mit den zuständigen Abteilungen (V1TD, V1KD, V1AG) wurde beschlossen, die Getriebeübersetzungen so auszulegen, daß bei 325 km/h 4500 Upm nicht überschritten werden. Nach Vorabauskunft der Fa. ZF ist dies nur über den 5. Gang möglich. Dieser müßte dann mit 0,64 übersetzt sein.**

*) Die inzwischen erfolgte Demontage zeigte, daß die Schaltwellen wegen Fertigungsmängeln an der Führung gefressen hatten.

**) Inzwischen wurde mit ZF ein 5. Gang von 0,643 abgesprochen. Außerdem wird der 4. Gang auf 0,846 geändert, wodurch wieder eine vernünftige Gangabstufung erreicht wird.

2.) Motorkühlung

Da die Motoröltemperatur bereits nach 2 Runden Vollast auf 140°C angestiegen war, ohne Beharrung erreicht zu haben, wurde die Höhe des NACA-Einlasses am Heck von 55 mm auf 75 mm vergrößert. Diese Maßnahme zeigte keine Wirkung. Deshalb wurde der Reserveölkühler einschließlich des Getriebekühlteiles im Boden des Hecks montiert. Nach mehreren Runden lag die Motoröltemperatur bei 135°C ohne Beharrung. Ein weiterer zusätzlicher Ölkühler (220 x 260 mm) im Bereich des linken hinteren Radlaufes brachte bei 132°C Beharrung. Die Außentemperaturen lagen dabei zwischen 22° und 23,5°C.

Als letzte Maßnahme wurde der im Boden des Hecks angebrachte Kühler im Bug, vor dem Wasserkühler, montiert (Vorlauf Rohr 18 x 1, Rücklauf 20 Ø x 1). Diese Maßnahme begrenzte die Motoröltemperatur auf 126°C bei 22°C Außenluft. Die Wassertemperatur wurde davon nicht merklich beeinflußt (82° – 85°C). Die Kühlwirkung der einzelnen Motorölkühler sollte auf dem Prüfstand der Fa. Behr oder im DB-Windkanal noch genauer untersucht werden.

Die Ladelufttemperatur konnte durch Anbau von 2 Hutzen an den beiden Einläufen vorn am Fahrzeug von 110°C auf 100°C gesenkt werden. Nachdem die Ansaugluft für den Motor nicht mehr von der von vorn kommenden Luft abgezweigt, sondern rechts seitlich hinter der Fahrertür angesaugt wurde, konnten 100°C Ladelufttemperatur auch ohne diese Hutzen gehalten werden.

Der Anbau eines ›Ohres‹ an der Entnahmestelle für die Motorluft brachte keine Verbesserung. Durch den höheren Luftwiderstand sank die durchschnittliche Motordrehzahl sogar um ca. 500 Upm.

3.) Kupplung/Kupplungsbetätigung

In kaltem Zustand war der Kupplungsausrückweg ausreichend, die Kupplung trennte einwandfrei. Bei warmer Kupplung war ein Einlegen des Rückwärtsganges (unsynchronisiert) nicht mehr möglich. Bei weiteren Versuchen sammelte sich in der Leitung zum Nehmerzylinder im Laufe von 2 Runden so viel Luft, daß ein Betätigen der Kupplung nicht mehr möglich war. Das Kupplungspedal fiel ohne Widerstand durch. Da eine günstigere Verlegung der Hydraulikleitung beim C 101 nicht möglich ist, soll dieses Verhalten nach Angabe von V1AG durch Verwendung eines Kupplungsnehmerzylinders mit zwei Abdichtmanschetten unterbunden werden.

4.) Motorraumtemperatur

Da sich der gesamte Motorraum beim Fahren mit der Plexiglasabdeckung sehr stark aufheizte, wurde sie bereits nach wenigen Runden gegen das Schuppengitter ausgetauscht. Auch damit waren die Motorraumtemperaturen, vor allem an der rechten Seite des Motors, noch sehr hoch. Im wesentlichen ist dies auf die Aufheizung durch den Lader und den Auspuff sowie auf die etwa 150°C warme Kühlluft des Ladeluftkühlers zurückzuführen. Die rechten Tankpumpen, das rechte Tankventil und der hintere Bereich des rechten Tanks wurden deshalb mit einer Alu-Asbest-Matte isoliert. Zur weiteren Absenkung der Motorraumtemperaturen soll der Lader und ein Teil des Auspuffrohres noch ummantelt werden. Die sich in diesem Mantelrohr dann sehr stark aufheizende Luft wird direkt über einen Rohrbogen zum Schuppengitter und ins Freie geleitet. Falls diese Maßnahmen noch nicht ausreichen, die Temperatur des sich ebenfalls stark aufheizenden Kraftstoffes in erträglichem Rahmen zu halten, wird noch die Wirkung eines in den Rücklauf der Einspritzpumpe geschalteten Kraftstoffkühlers untersucht.

5.) Radaufhängung

Nach Einbau von härteren Stoßdämpfern wurde durch Hochsetzen des Wagens auf der Kurvenaußenseite eine wesentliche Verbesserung des Fahrverhaltens erreicht. Die Federn wurden dabei so vorgespannt, daß der Wagen bei Geschwindigkeiten von ca. 310 km/h parallel zur Fahrbahn lag. Spur und Sturzwerte der Räder wurden vor dem Höherstellen eingestellt. Um Beschädigungen der Nachlaufstreben durch Rohrzangen und ähnliche Werkzeuge, die zum Einstellen des Nachlaufs benötigt werden, zu vermeiden, sollten die Mittelstücke dieser Streben mit einem Sechskant versehen werden. Der vordere Drehstab muß ca. 10 mm weiter nach unten gekröpft werden, damit beim Einschlagen genügend Platz für die Spurstangen vorhanden ist.

6.) Instrumente, Armaturenbrett, Innenraum

Die von VDO hergestellten Instrumente stimmen zum Teil nicht und lassen sich, vom Drehzahlmesser abgesehen, auch nicht besonders gut ablesen.* Ein Teil der Instrumente wurde zudem von dem 380 Ø mm Lenkrad verdeckt. Es sollte ein Lenkrad mit 400 Ø mm und etwas dünnerem Kranz vorgesehen werden. Ein versuchsweise verwendetes W 123 Serienlenkrad erwies sich schon als besser.

Völlig ungenügend ist die Erkennbarkeit des Schaltzustandes der verschiedenen Druckknopfschalter. Während die unterschiedlich starke Beleuchtung der Schaltknöpfe bei Nacht noch in etwa erkannt werden kann, ist dies bei Tage völlig ausgeschlossen. Die Verwendung von Zugschaltern mit deutlich sichtbarem Weg bzw. Kippschaltern mit weichen Betätigungshebeln wäre hier wünschenswert. Der als Kontaktgeber für die UKW-Funkanlage verwendete ›Tempomatschalter‹ sitzt zu ungünstig. In Zukunft soll die Funkanlage über den Lichthupenkontakt des Kombischalters betätigt werden.

Die Funkanlage selbst bzw. das Zubehör (Kehlkopfmikrofon, Ohrhörer) ist noch nicht zuverlässig genug. Dies hatte zeitweise Störungen, aber auch den totalen Ausfall der Verbindung zum Wagen zur Folge. Wir bitten daher die Abt. V1E um Beschaffung von zuverlässigeren Teilen in ausreichender Anzahl und um versuchsweisen Ersatz des Kehlkopfmikrofons durch ein am Helm befestigtes, dicht vor dem Mund des Fahrers liegendes Mikrofon wie es z. B. im Flugbetrieb häufig verwendet wird.

Die große Kraftstoff-Reservelampe muß höher angebracht werden, da sie in ihrer jetzigen Lage außerhalb des Blickfeldes liegt. Die Sichtverhältnisse auf die Fahrbahn sind gut. Auf eine Sonnenblende kann jedoch nicht verzichtet werden. Eine provisorische Blende wurde in Nardo eingebaut. Zur Unterdrückung der Sonneneinstrahlung durch die Seitenscheiben sollten diese am oberen Rand getönt werden. Dabei ist jedoch zu beachten, daß nur vorgespanntes Sicherheitsglas und kein Verbundglas verwendet wird (Notausgang). Die Verbundglasheckscheibe zeigte bei Beginn der Fahrten zwei kleine Risse, die sich jetzt auf eine Länge von 40 bzw. 110 mm vergrößert haben. Die eingebaute Frischluftdüse für den Fahrer bringt zwar eine ausreichende Menge Luft in den Innenraum, der Luftstrahl bläst jedoch zu direkt auf das Handgelenk des Fahrers. Um dies zu vermeiden, soll diese Luft zukünftig durch eine flache, breite Düse zwischen Instrumententafel und Oberkante Armaturenbrett austreten.

Das Fehlen einer geeigneten Abstellmöglichkeit für den linken Fuß des Fahrers machte sich beim Fahren besonders unangenehm bemerkbar, da der linke Oberschenkel zum ruhigen Abstützen der linken Hand am Lenkrad benützt wurde. In Nardo wurde deshalb eine provisorische Stütze eingebaut. Zur Entlastung des rechten Fußes wurde das Gaspedal steiler gestellt. Bei Fahrten im Regen drangen durch den sehr schlecht abdichtenden Türfalz auf beiden Seiten des Fahrzeugs große Mengen Wasser ins Fahrzeuginnere.

*Die Instrumente werden z.Zt. geeicht. Die bereits durchgeführte Eichung des Drehzahlmessers zeigte max. Fehler von 50 Upm.

7.) Karosserie

Die vor den Scheinwerfern angebrachten Plexiglasabdeckungen sollten noch besser angepaßt werden. Die Abdichtung zwischen den vorderen Kotflügeln und der Karosserie muß noch verbessert werden. Zwischen Kotflügel und Karosserie durchströmendes schmutziges Regenwasser läuft zum Teil über Front- und Seitenscheiben und dringt auch, wie unter Punkt 6 bereits beschrieben, in den Innenraum ein. Zum Abnehmen und besonders zum Aufsetzen des Heckteils benötigt man noch zu viel Zeit. Es sollte eine Möglichkeit untersucht werden, das Heck um einen hinten liegenden Drehpunkt hochzuklappen. In diesem Fall könnten die jetzt fest am Fahrzeug anlaminierten Radläufe am Heck befestigt werden und zu dessen Versteifung beitragen. Die für die Probefahrten eingebauten Rücklichter müssen zum dicht daneben liegenden Ölkühler wärmeisoliert werden.
Der Öffnungswinkel der hinteren Tankklappen muß vergrößert werden, um genügend Abstand zum Haltering der Tankventile zu behalten. Die Befestigung der einzelnen Abdeckplatten an der Wagenunterseite muß verbessert werden, um ein Ablösen einzelner Teile, wie in Nardo geschehen, zu verhindern.

8.) Sonstige Vorkommnisse bzw. Maßnahmen

An den hinteren Stoßdämpfern werden zum Verstellen des Niveaus nach oben hin zwei Nuten mehr benötigt als konstruktiv vorgesehen. [...] Die Hebel der Wagenheber werden um 300 mm verlängert, um ein sicheres Anheben des Wagens zu gewährleisten.

Abt. V1FR untersucht die Möglichkeit, die 5 Stehbolzen der Radbefestigung durch eine Zentralverschraubung zu ersetzen. Die Radwechselzeiten werden durch die Stehbolzen zu stark erhöht.

Für die Probefahrten in Nardo wurde, da auf der Bahn noch andere Fahrzeuge unterwegs waren, ein Rückspiegel eingebaut. Für die eigentliche Rekordfahrt ist er nicht unbedingt erforderlich.

Bei einer Kontrolle wurde an einem Knotenpunkt des aus Alurohren zusammengeschweißten Heckauslegers ein Riß entdeckt. Verstärkung erfolgte durch je ein zusätzliches Knotenblech auf der rechten und linken Seite des Fahrzeugs. Außerdem wurde bei der Demontage des Motors an der Kupplungsglocke, neben einer zur Aufnahme des Kupplungsgeberzylinders angeschweißten Aluminiumrippe, ein Spannungsriß festgestellt. In Zukunft sollte daher die Aufnahme für den Kupplungsnehmerzylinder mit angegossen werden.«

Die gravierenden Mängel an den Getrieben, die die Erprobung in hohem Maße beeinflusst hatten, wurden am 2. November 1977 in einer Besprechung mit Vertretern der Fa. ZF erörtert und die Ergebnisse am 11. November in einem internen Aktenvermerk von Werner Walter, Mitarbeiter im Aggregateversuch, dokumentiert. Der Lagerschaden an dem ersten Getriebe wurde dabei auf einen Fehler der von Daimler-Benz gefertigten Seitenwelle zurückgeführt, während der am zweiten Getriebe aufgetretene Riss, der in Querrichtung über dem gesamten Kupplungsgehäuseteil verlief, offenbar von einem Materialfehler verursacht wurde. Keine verbindliche Erklärung fand sich dagegen für das Blockieren der Wählgasse beim dritten und vierten Getriebe, so dass weitere Analysen bei ZF beauftragt wurden. Im gleichen Zuge sollten alle vier Getriebe instandgesetzt werden – eines mit dem gleichen Radsatz und die restlichen drei mit den geänderten Übersetzungen für den 4. und 5. Gang.

Feinschliff: Optimierung der Rekordwagen

Ebenfalls vom 11. November datiert eine Aktennotiz von Ernst Haug, die die Ergebnisse einer Besprechung in Sindelfingen über die Fertigstellung der Karosserien für Wagen I (41) und II (42) zusammenfasste. Hintergrund der Besprechung vom 8. November war die Überarbeitung des Heckteils, die eine Verbesserung des c_W-Wertes und des Fahrverhaltens bei Seitenwind sowie eine Erleichterung der erforderlichen Montage- und Überwachungsarbeiten im Motorraum ermöglichen sollte. Zudem sollten die Radabdeckungen vorn und hinten zugunsten kürzerer Montagezeiten geändert werden. Unabhängig davon hatte man eine Überarbeitung des Vorbaus bereits bei Wagen 42 vorgenommen. So waren die im Bugbereich verlaufenden Kanalführungen für Wasser- und Ölkühler, Ladeluft, Motorraum- und Innenraumbelüftung zugunsten eines verbesserten Strömungsverlaufs abgeändert worden. Die Ventile der Tankentlüftung wurden entsprechend nach hinten in den Bereich der Vorderwandsäule versetzt und die Kühlwasser-Rohrleitungen aus den Kanalbereichen entfernt. Diese Änderungen sollten nachträglich nun auch in Wagen 41 eingearbeitet werden.

In einer ergänzenden Besprechung am 10. November wurde festgelegt, dass eine zweite Heckvariante gefertigt wird, die anstelle der beiden steil- und großflächig ausragenden Stabilisatoren (Heckflossen) eine aus der Form kontinuierlich langgezogene und niedriger gehaltene Ausführung erhalten sollte. Ein kurzzeitig darstellbarer wechselseitiger Anbau dieser beiden Heckvarianten sollte die Möglichkeit eröffnen, das unterschiedliche Fahrverhalten zu ermitteln.

Um einen möglichst raschen Entwicklungsabschluss zu erreichen, wurde Wagen 41 als Modellträger für ein neu zu gestaltendes Heckteil vorgesehen. Dazu sollte er mit einem in der Außenkontur verkleinerten GFK-Heckteil bestückt werden, auf dem im Rahmen der Versuche die entsprechenden Formauftragungen der modifizierten Heckvarianten vorgenommen werden können. Diese neue Heckteilbasis sollte in der 46. bis einschließlich 47. Woche (14.11.–25.11.1977) in Rastatt gefertigt und Ende der 47. Woche auf Wagen 41 montiert werden. Die Modellierarbeiten in der Stilistik waren dann unmittelbar im Anschluss geplant.

Die Aufbauarbeiten an Wagen 42 in modifizierter Vorbauausführung konnten demnach bis zum Anschluss der Heckhaube ab der 48. Woche (28.11.–02.12.) in Rastatt fortgesetzt werden. Nach Abschluss der Modellarbeiten zur Formgestaltung der neuen Heckpartie in der Stilistik sollten die erforderlichen Windkanalmessungen in der 49. Woche (05.12.–09.12.) durchgeführt werden. Positive Untersuchungsergebnisse vorausgesetzt, sollte das neue Heckteil bei beiden Wagen zum Einsatz kommen. Dazu sollte Wagen 41 mit dem neuen Heckmodell aus Plastilin Mitte der 50. Woche (12.12.–16.12.) nach Rastatt geliefert werden. Der mit dem modifizierten Vorbau aufgebaute Wagen 42 sollte dann mit der neuen Heckpartie versehen und in der 4. Woche (23.01.–27.01.) 1978 an die Karosserieentwicklung in Sindelfingen überstellt werden. Anschließend konnte Wagen 41 in Rastatt mit dem geänderten Vorbau und der neuen Heckpartie versehen und in der 7. Woche (13.02.–17.02.) 1978 nach Sindelfingen geliefert werden. Dort sollte die Fertigstellung von Wagen 42 und Wagen 41 in der Woche 5 bis 7 (30.01.–17.02.) bzw. 8 bis 9 (20.02.–03.03.) erfolgen.

Auch beim Motor waren Fortschritte zu verzeichnen. Mit Datum vom 15. November dokumentierte Werner Kolter, Manfred Fortnagel und Fritz Clauß die Ergebnisse eines 80-Stunden-Dauerlaufs, dem sie den Motor EA 25-121 unterzogen hatten. In dem sogenannten 2-Punkte-Programm wurde der Motor mit etwa 220 PS/162 kW im Wechsel jeweils 1,5 Minuten mit einer Drehzahl von 4200/min bzw. 4600/min betrieben. Folgende Schäden waren festzustellen: Nach 21 Stunden war die Lichtmaschinen-Spannbrücke angerissen, nach 43 Stunden und dann noch weitere 4 Mal der Ladeluftschlauch vom Verdichter zum Ladeluftkühler gerissen, nach 52 Stunden zeigte der Zylinderkopf bei den Zylindern 3 und 4 Risse im Vorkammer- und Auslassventilsitz, und nach 65 Stunden war ein Durchblasen der Zylinderkopfdichtung an den breiten Stegen zu verzeichnen. Die entsprechenden Maßnahmen zur Abhilfe wurden umgehend getroffen und in weiteren Versuchen erprobt.

Am 10. November 1977 hatten die genannten Mitarbeiter des Dieselmotorenversuchs den bei der Erprobung in Nardò verwendeten Motor EA 25-122 erneut vermessen und die Ergebnisse in einer Mitteilung vom 23. Dezember zusammengefasst. Nach der ursprünglichen Abnahme vom 19. September mit einer Leistung von 218–220 PS/160–162 kW war die Leistung nach einer in Nardò erfolgten Erhöhung der Einspritzmenge um ca. 4 mm³ auf 221–223 PS/163-164 kW gestiegen. Eine zweite Messung mit der auf den ursprünglichen Wert zurückgesetzten Einspritzmenge ergab mit 214–218 PS/157–160 kW einen geringfügigen Leistungsabfall. Der ursprünglich bei 4650/min liegende Abregelbeginn sollte vor Beginn der nächsten Probefahrten auf 4800/min erhöht werden.

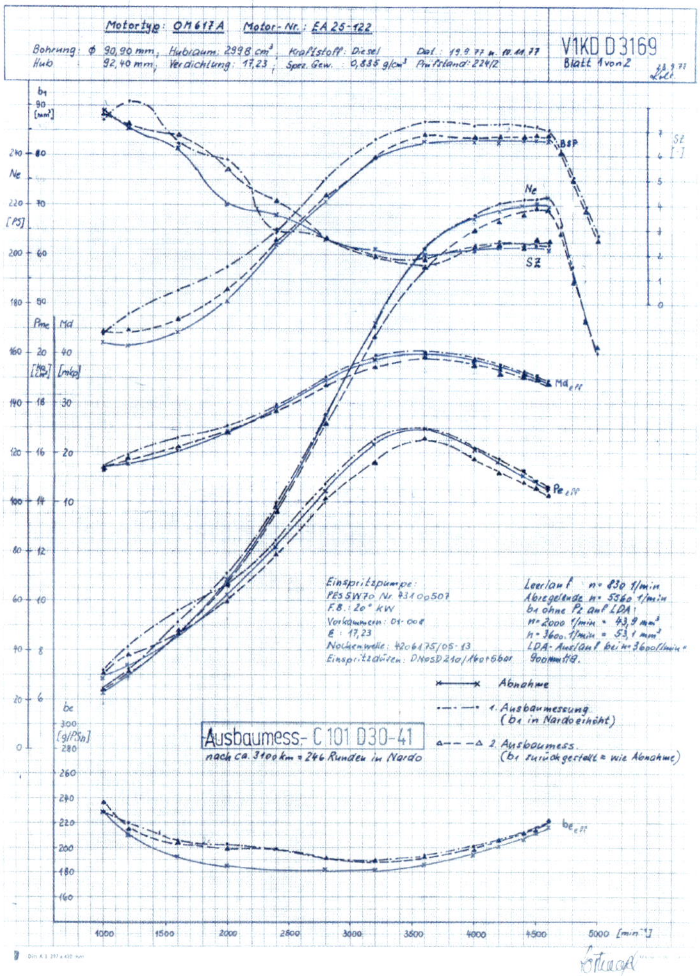

Leistungsdiagramm des 3-Liter-Fünfzylinder-Dieselmotors OM 617 A mit der Nummer EA 25-122, aufgenommen am 10. November 1977 nach erfolgter Erprobung in Nardò. Das Diagramm enthält neben den ursprünglichen Abnahmekurven auch die Messwerte mit der in Nardò erhöhten sowie der anschließend auf den Ausgangswert zurückgenommenen Einspritzmenge.

In einer Mitteilung vom 2. Dezember steuerte auch Bernd Göckeritz vom Räder- und Reifenversuch seine Ergebnisse der Versuchsfahrt in Nardò bei. Bezüglich der Räder stellt er fest, dass die vorn verwendeten Magnesium-Gussräder von Kloth-Senking sich bewährt hatten und »so belassen werden« sollten. Die an der Hinterachse montierten zweiteiligen BBS-Räder waren zwar, wie die Mitteilung ausweist, »bezügl. Dauerhaltbarkeit in Ordnung, die Fertigung ist aber noch mangelhaft.« Dementsprechend empfahl Göckeritz, für die Hinterachse ebenfalls Kloth-Senking-Räder zu entwickeln. Die Bolzenbefestigung der Räder hatte sich wegen Verkantens der Räder bei Montage und Demontage sowie Abschabens von Felgenmaterial am Bolzengewinde nicht bewährt, und die Entwicklung einer Zentralverschraubung wurde empfohlen. Die bislang verwendeten Radabdeckungen sollten modifiziert werden und eine so starke Wölbung erhalten, dass sie »ca. 20 mm in der Mittenpartie über die breiteste Stelle des Reifens überstehen.« Die Fahreigenschaften der Reifen 230/600-15 Slick bei 2,7/3,0 bar wurden als gut eingestuft und die zu erwartenden Laufstrecken bei Fahrt im Uhrzeigersinn wie folgt errechnet: vorn links 2800 km bzw. 9,5 Stunden, vorn rechts 10.600 km bzw. 35,5 Stunden, hinten links 8200 km bzw. 30,5 Stunden und hinten rechts 4600 km bzw. 15,5 Stunden. Die für feuchte Fahrbahn vorgesehenen Intermediate-Reifen der gleichen Dimension waren ebenfalls »in Ordnung«, während die Regenreifen 215/600-15 als »zu schwammig« empfunden wurden und »in dieser Form nicht verwendet« werden konnten. In einer Besprechung des Reifenversuchs mit der Fa. Michelin am 20. Dezember wurde beschlossen, dass auch Michelin prüfen wird, »welche Reifen für die Versuche in Nardo im März 1978 zur Verfügung gestellt werden können.«

Vom 2. bis 8. Dezember wurde der mit einem neuen Heckmodell ausgerüstete Wagen 41 im großen Windkanal untersucht und aerodynamisch optimiert. Die Ergebnisse fasste Rüdiger Faul in einem Bericht vom 27. Dezember 1977 zusammen. Im Anlieferungszustand hatte der Wagen einen Luftwiderstandsbeiwert von 0,242, der nach Einschätzung von Faul mit dem c_W-Wert des in Nardò gefahrenen Wagens gut übereinstimmte, da das Fahrzeug in einigen Punkten von der Konfiguration abwich, die in der Windkanalmessung vom September/Oktober 1977 optimiert worden war. Erneut wurde der Anlieferungszustand in mannigfacher Weise variiert, und am 7. Dezember wurde für die nach langen Versuchen optimierte Variante mit zwei je 80 mm langen links und rechts montierten Teilbugspoilern und einem 15 mm hohen in Bugmitte angebrachten Spoiler, einem 40 mm hohen Heckspoiler, einer

Der mit dem neuen Heckmodell ausgerüstete Wagen 41 wurde Anfang Dezember 1977 im großen Windkanal untersucht und aerodynamisch optimiert. Die Fotos zeigen den Ausgangszustand mit den beiden Stabilisatorflossen und den Endzustand der Optimierung mit einer mittig angeordneten einzelnen Heckflosse und einer nach unten verlängerten Hinterradverkleidung.

Nach den Windkanalmessungen Anfang Dezember 1977 wurde das Heckteil mit der mittig positionierten Stabilisatorflosse in der Modellwerkstatt des Stilistikbereichs überarbeitet und »symmetriert« (links) und das Ergebnis anschließend nochmals im Windkanal vermessen (rechts).

Heckmittelflosse, nach unten verlängerten Hinterradabdeckungen sowie einem NACA-Einlauf für die Motoransaugluft in der rechten Tür ein c_W-Wert von 0,180 gemessen. Danach wurde das Heckmodell im Designbereich »symmetriert«, d. h. im Hinblick auf perfekte und symmetrische Linienführung überarbeitet, und vor der Ablieferung nach Rastatt am 13. Dezember nochmals im Windkanal untersucht. Ausgehend von einem minimal schlechteren Wert von 0,182 konnte durch Änderungen an Lage und Dimension der Teilbugspoiler und des Mittelspoilers ein Endzustand mit einem c_W-Wert von 0,175 dargestellt werden. Für den fahrfertigen Zustand ermittelte Faul daraus einen Wert von 0,185.

Im Januar 1978 erhielt Wagen 41 in der Waggonfabrik Rastatt die bereits bei Wagen 42 realisierte modifizierte Bugpartie und das überarbeitete Heckteil.

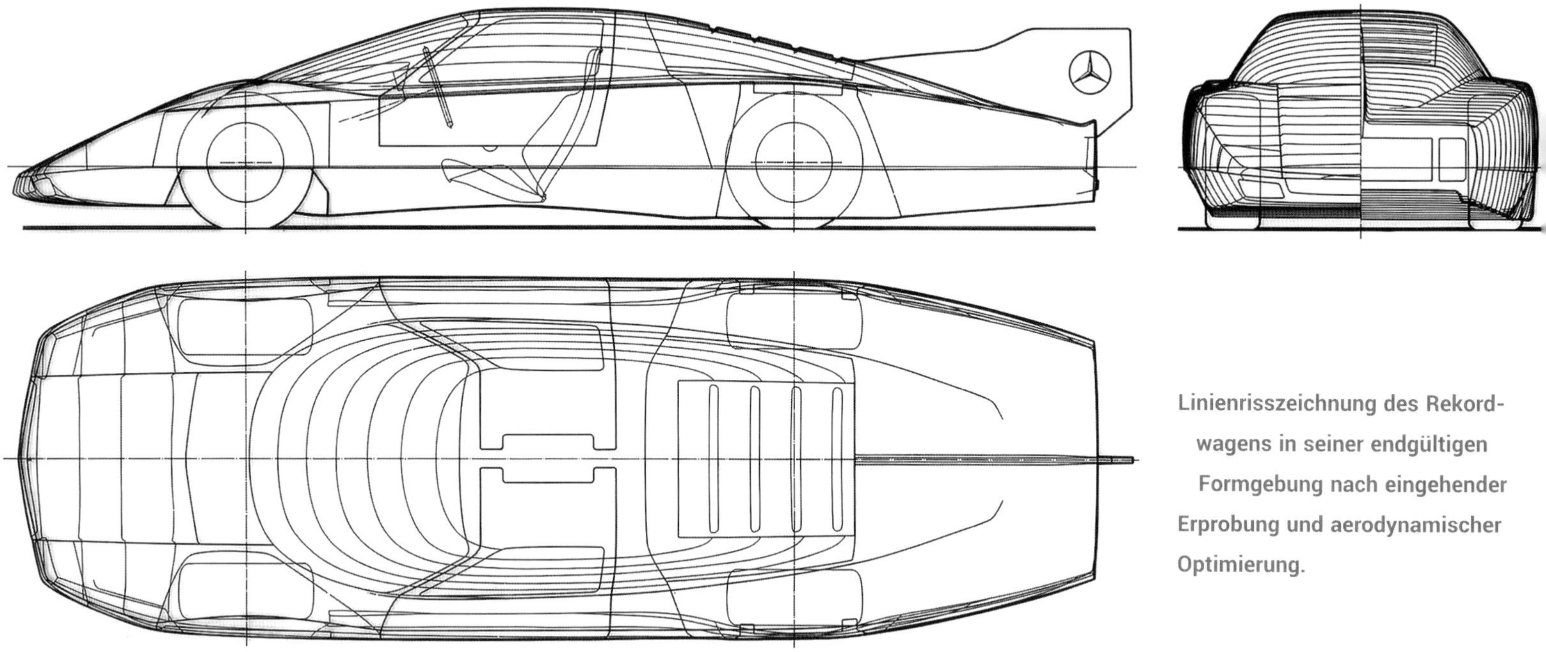

Linienrisszeichnung des Rekordwagens in seiner endgültigen Formgebung nach eingehender Erprobung und aerodynamischer Optimierung.

Am 25. Februar 1978 wurde auch der inzwischen fertiggestellte Wagen 42 im großen Windkanal in Untertürkheim untersucht. Die Ergebnisse dokumentierte Faul in einem vom 5. April datierenden Entwicklungsbericht. Das mit Michelin X Rennreifen der Dimension 17/63-15 ausgerüstete Fahrzeug befand sich in Konstruktionslage und war frei gefedert. Die Tanks waren gefüllt, der Fahrersitz war mit 75 kg belastet, und auf der Beifahrerseite wurden zur Simulation der Ersatzteilkiste 50 kg zugeladen. Bei der Messung wurden folgende Kühler durchströmt: der Wasserkühler und ein Motorölkühler im Bug, ein kombinierter Motoröl-Getriebeölkühler im Heck sowie ein Kreuzstrom-Ladeluftkühler auf der Beifahrerseite der Schottwand zwischen Cockpit und Motorraum. Die Cockpitbe- und -entlüftung war geöffnet, und der NACA-Einlauf zur Primärluftversorgung des Motors war in Funktion. Die Motorraumabdeckung war mit Entlüftungsschlitzen versehen. Im Bugbereich waren zwei 80 mm hohe 90°-Teilbugspoiler 160 mm hinter der Bugvorderkante angebracht, die bis zu den Radausschnitten reichten. Die lichte Weite zwischen den beiden Spoilern betrug 450 mm.

Bei einer Stirnfläche von 1,4782 m² wurde ein Luftwiderstandsbeiwert von 0,191 gemessen, und für $c_W \cdot F$ ergab sich ein Wert von 0,282 m². Der Widerstandsanteil für Kühler- und Cockpitdurchströmung sowie für Primärluftversorgung und Motorraumentlüftung war mit $\Delta c_W = 0{,}023$ sehr gering – insbesondere, wenn man bedenkt, dass drei Ölkühler, ein Wasserkühler und ein Ladeluftkühler durchströmt wurden. Gegenüber dem Fahrwagen 41, Stand Oktober 1977, konnte der Vorderachsabtriebsbeiwert erhöht und der Hinterachs-

Bei der Windkanaluntersuchung von Wagen 42 im Februar 1978 wurden versuchsweise die vorderen Radabdeckungen nach unten verlängert, am Ende aber so nicht umgesetzt. In der Draufsicht ist der geänderte Auspuffauslass in der Motorraumabdeckung gut erkennbar.

auftriebsbeiwert verringert werden. Die Seitenkraftbeiwerte waren insgesamt etwas kleiner, die Verteilung auf Vorder- und Hinterachse jedoch ungleichmäßiger. Damit blieb die Beantwortung der Frage, ob die getroffenen Maßnahmen gegen Seitenwind ausreichend sind, der Fahrerprobung in Nardò vorbehalten.

Anfang Februar 1978 hatte auch die Fa. Goodyear als dritter Reifenhersteller Musterreifen für das Rekordprojekt geliefert, und am 9. Februar wurden für Dunlop, Michelin und Goodyear Reifenversuche unter Einsatzbedingungen in Nardò für den Zeitraum 11. bis 19. März eingeplant. Am 24. und 25. Februar, auf den Tag genau fünf Monate nach den letzten derartigen Versuchen, kam erneut der Rekordwagen von 1976 auf der Rutschplatte in Untertürkheim zum Einsatz, um die neuen Kloth-Senking-Räder mit Zentralverschraubung zu erproben. Das Ziel der Versuche bestand darin, mit maximal möglicher Geschwindigkeit 600 Runden auf dem zweitäußeren Betonring der Rutschplatte mit 85 m Durchmesser zu erreichen, ohne dass die Räder brechen oder Risse zeigen. Dabei wurde im Uhrzeigersinn gefahren, so daß die linken Räder ständig beansprucht wurden. Montiert war die neue Goodyear-Bereifung, und die erzielte Geschwindigkeit lag zwischen 75,10 und 78,16 km/h. Der linke Vorderreifen wurde nach 320 Runden und dann nochmals nach 280 Runden gewechselt, während die anderen drei Reifen nicht ersetzt werden mussten.

Untersucht wurde neben den Rädern selbst auch ihre neue Zentralverschraubung. Dabei wurde festgestellt, dass sich die Muttern gegenüber dem Rad nicht verdrehten; beim ersten Radwechsel vorne links nach 320 Runden lag das Lösemoment der Mutter an der oberen Grenze. Das Rad saß nach dem Abnehmen der Mutter auf der Verzahnung fest und war nur mit größerem Kraftaufwand nach mehreren Tritten gegen den Reifen zu lösen. Am Ende der Versuche waren dagegen alle vier Räder leicht abzunehmen. Die Erprobung der Radverschraubung wurde am 28. Februar auf dem kleinen Kurs des Hockenheimrings fortgesetzt. Dabei kam jedoch der wankelmotorisierte Wagen 34 zum Einsatz, da der Rekordwagen von 1976 für seinen Messeauftritt in Genf vorbereitet wurde. Die Versuche in Hockenheim, die erneut mit Goodyear-Bereifung gefahren wurden, bestätigten die zuvor gewonnenen Ergebnisse: Die Muttern hatten sich während der Versuche nicht verdreht und ließen sich leicht lösen.

Einen Tag zuvor, am 27. Februar, hatte der Dieselmotorenversuch die Abnahme von drei Hochleistungsmotoren OM 617 A für die Erprobung in Nardò in einer Entwicklungsmitteilung von Werner Kolter und Manfred Fortnagel dokumentiert. Abgenommen wurden die Motoren EA 25-124 für Wagen 41, EA 25-122 für Wagen 42 sowie EA 25-125 als Reservemotor. Gegenüber den früheren Abnahmen

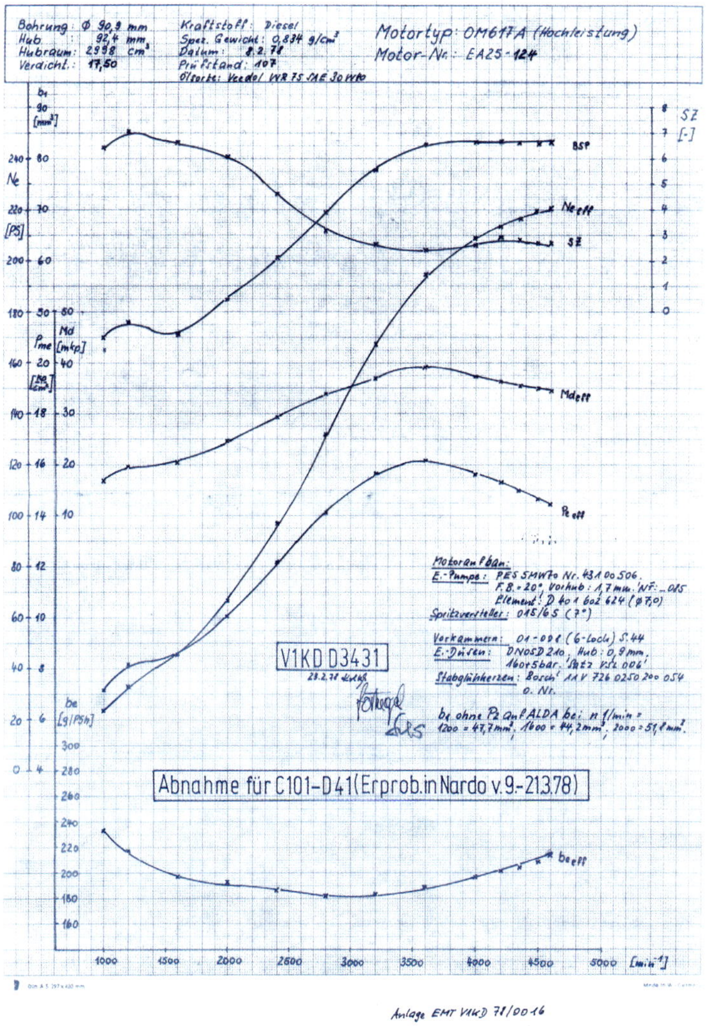

Leistungsdiagramm des 3-Liter-Fünfzylinder-Dieselmotors OM 617 A mit der Nummer EA 25-124, aufgenommen am 8. Februar 1978 im Rahmen der Abnahme für die Erprobung im März 1978.

hatte man folgende Veränderungen vorgenommen: Der Abregelbeginn wurde auf 4700/min erhöht, und es wurde das größere Turbinengehäuse mit einem A/R-Verhältnis von 0,96 statt zuvor 0,81 verwendet. Dieses Verhältnis von Turbineneintrittsquerschnitt A und Auftrittswinkel R der Gase auf das Turbinenrad bestimmt Ansprechverhalten und Leistung des Turboladers, wobei ein größerer A/R-Wert im allgemeinen für langsameres Hochlaufen, aber höhere Leistung steht. Diese Änderung bewirkte eine Verminderung von Druckverhältnis und Drehzahl und damit eine leichte Absenkung des maximalen Brennraumdrucks. Der etwas niedrigere Ladedruck hatte eine leichte Erhöhung der Temperatur vor der Turbine, aber keinen Leistungsverlust zur Folge. Die gemessenen Leistungen lagen bei 220–228 PS/162–168 kW bei 4600/min.

Generalprobe: die Rekordwagen in Nardò

Am 7. und 8. März 1978, fast auf den Tag genau fünf Monate nach der ersten Erprobung des C 101/3 in Nardò, ging es mit beiden Wagen nach Süditalien. Am 7. März starteten zunächst die Lkw mit den Rekordwagen, und einen Tag später brachen dann auch die Ingenieure und Techniker auf. Die Erprobung begann einen Tag nach der Ankunft am 10. März. Ein wichtiger Programmpunkt, der vom 11. bis zum 19. März untersucht wurde, war die Erprobung der von Dunlop, Goodyear und Michelin zur Verfügung gestellten Reifen, wobei die Experten der jeweiligen Lieferanten vor Ort waren. Die Ergebnisse der Versuchsfahrten wurden von Dr. Liebold wie gewohnt in vorbildlicher Weise in einem Entwicklungsbericht mit Datum vom 28. März 1978 zusammengefasst. Auch dieser sehr interessante und detailreiche Bericht wird hier ungekürzt wiedergegeben:

»In Fortsetzung der im Oktober 1977 durchgeführten Versuche zur Vorbereitung neuer Dieselrekorde wurden mit dem C 101 D 30-41 und dem inzwischen fertiggestellten D 42 nochmals Fahrten auf der Versuchsstrecke bei Nardo durchgeführt.

Neben der Erprobung der seither erheblich veränderten Karosserie, zweier neu angefertigter Getriebe-Varianten und der vorbereiteten Fahrwerksänderungen sollte bei diesen Versuchen eine endgültige Reifenauswahl getroffen werden.

Obgleich die nach den Windkanalversuchen erwartete c_W-Verbesserung offensichtlich nicht erreicht wurde, wurden anschließend doch Rundendurchschnitte über 320 km/h erreicht. In dem abschließenden 10-Stundenlauf wurden alle in der derzeitigen FIA-Liste aufgeführten Weltrekorde überboten, so daß bei einer entsprechenden Fortführung nach 24 Stunden sämtliche Rekorde, außer dem fliegenden km und der fliegenden Meile [den Standarddisziplinen für den Land Speed Record, mit Raketenantrieb seinerzeit gut 1000 km/h, d. Verf.] in unserer Hand sein müßten. Der über die 10 Stunden erreichte Schnitt lag einschließlich Tanken, Fahrerwechsel etc. über 312 km/h.

Das Fahrverhalten des Wagens ist jetzt mit den Dunlop-Reifen nahezu so problemlos wie bei dem ca. 60 km/h langsameren D 31 von 1976. Auch bei Dunkelheit und nicht zu starkem Regen oder Seitenwind befriedigt das Fahrzeug.

Gegenüber den letzten Versuchen im Oktober 1977 [...] enttäuschte die erreichbare Geschwindigkeit zunächst stark, da trotz der im Windkanal gemessenen c_W-Verbesserung von ca. 23 % die erreichten Rundenzeiten bei gleicher Bereifung und fast gleicher Motorleistung (Ausbau-Zustand 1977: 223 PS, Einbau-Zustand 1978: 220 PS) auch bei optimaler Getriebeübersetzung nicht die erwarteten ca. 20 km/h höher, sondern bei beiden Wagen gleichmäßig fast 10 km/h niedriger lagen. Dagegen erbrachten die umfangreichen Formänderungen im Heckbereich trotz gemessener größerer Giermomente eine deutliche Verbesserung der Seitenwindempfindlichkeit, besonders nach dem provisorischen Aufsetzen einer vergrößerten Heckflosse. Einen wesentlichen Beitrag hierzu leisteten die im Oktober auf Grund der Windkanalmessungen weggelassenen Frontspoiler, die jetzt nur für Fahrten zur Werkstatt wegen der Bodenfreiheit abmontiert werden mußten, was sich jedes Mal sofort sehr negativ bemerkbar machte.

Während die von A1RA vorgeschlagene Verbesserung keinen spürbaren Einfluß mehr auf das c_W ausübte, konnte es schließlich durch handwerkliche Überarbeitung, besonders der Bodenabdeckung, auf schätzungsweise den alten Wert zurückgebracht werden. Vorgesehene weitere Arbeiten, besonders an den unteren Wagenseiten und den Anlaufkörpern zwischen den Rädern, versprechen hier noch eine weitere Verbesserung. Zusammen mit einer leichten Anhebung der Motorleistung durch Änderungen an der Turbine und der Einspritzpumpe konnten so inzwischen die Rundenzeiten wenigstens auf die angepeilten 320 km/h angehoben werden, wofür letztes Jahr noch von Nardo aus die Verlängerungen der Getriebeübersetzungen des 4. und 5. Ganges in die Wege geleitet wurden. Mit den Dunlop-Reifen wurden 320 km/h dabei fast exakt bei den gewünschten 4400 U/min erreicht. Die zwischenzeitlich nach den optimistischen c_W-Vorstellungen und den erwarteten kleineren Durchmessern der Goodyear- und Michelin-Reifen bestellten Getriebe mit nochmals verlängertem 3., 4. und 5. Gang, die erst am Abend vor der Abfahrt angeliefert wurden, erwiesen sich unter den gegebenen Umständen dagegen als zu lang. Die im Oktober beobachteten Schaltschwierigkeiten wurden erwartungsgemäß nicht mehr festgestellt; dagegen trat der seinerzeit erstmalige Gehäuseriß an der Kupplungsglocke dieses Mal bei beiden Wagen gleichmäßig nach wenigen Stunden Laufzeit auf und führte zum völligen Bruch der Gehäuse. Nachdem die Getriebeaufhängung seit 1970 nicht mehr geändert wurde und auch der D 31 1976 so ca. 100 Stunden in Nardo gefahren wurde, kann sich die jetzige Überbeanspruchung eigentlich nur aus den starken Stößen, die bei der hohen Fahrgeschwindigkeit über der an einigen Stellen etwas abgesunkenen Fahrbahn entstehen, erklären. Selbst massive provisorische Verstärkungen durch seitlich am Gehäuse angeschraubte Rohre zeigten an den kräftigen Anschlußblechen bereits nach wenigen Stunden wieder Anrisse und mußten nochmals verstärkt werden. Die dabei verwendeten neuen Getriebegehäuse blieben hierbei unbeschädigt – bis zu den nächsten Fahrten sollten diese Verstärkungen aber nochmals überarbeitet werden.

Schwingungsbrüche, die teilweise auch von der Wärmeabstrahlung des Auspuffrohres begünstigt wurden, traten auch an den dünnwandigen Kunststoff-Verkleidungsteilen besonders im Bodenbereich auf. Wie bei den letzten Versuchen konnten auch diesmal alle unmittelbar notwendigen Verbesserungen und Reparaturen (u. a. nach Kollision mit einem der auf der Bahn gelegentlich herumstreunenden Hunde) durch Anlaminieren entsprechender Verstärkungen oder Neuanfertigung in geänderter Form kurzfristig durchgeführt werden. Bis zum nächsten Termin werden die Verkleidungsteile jedoch durchweg mit Kohlefasermatten und Borbändern verstärkt und in geringeren Abständen an Gitterrohrversteifungen befestigt. Die bei der nahezu totalen Abdeckung aller Fahrwerksteile nötigen Schnell- und Schnappverschlüsse haben sich in allgemeinen bewährt. Die Bodenverkleidung wird jetzt aber doch mit Durchgangsschrauben befestigt. Zur besseren Zugänglichkeit des Zylinderkopfes wird die eigentliche Motorhaube noch großflächiger von der Heckverkleidung getrennt. Hierbei soll auch die bei den jetzigen Schlitzen praktisch nicht vorhandene Sicht nach hinten verbessert werden.

Die Motoren zeigten auch nach der Turbinen-Änderung (Umbau auf das verkleinerte 0,81 in. Gehäuse), die den Ladedruck auf ca. 2,3/2,1 bar anhob, keine nennenswerten Schwierigkeiten. Trotz relativ wirksamer Kraftstoffkühlung sank die erreichte Rundengeschwindigkeit mit abnehmendem Tankinhalt aber immer noch von max. 321,7 bis ca. 314 km/h ab. Da eine automatische Temperaturanpassung der Einspritzpumpe offenbar nicht realisiert werden kann, ist zu überlegen, ob die Fördermenge nicht wenigstens auf eine mittlere Kraftstoff-Temperatur abgestimmt und im kalten Zustand eine etwas fettere Einstellung inkauf genommen werden sollte. Die Kraftstoffkühlung und -isolierung wird von uns zusätzlich verbessert. Der mittlere Kraftstoffverbrauch liegt in der jetzigen Form bei 16 l/100 km. Die Schnellbefüllung muß noch verbessert werden, da hier Schwierigkeiten auftraten, die voraussichtlich von den geänderten Tankentlüftungsleitungen herrühren. Dagegen können wegen der 1976 zum Teil aufgetretenen Probleme mit der ungleichmäßigen Leerung der Tanks beide jetzt separat vom Fahrersitz aus geschaltet werden. Auch die Ersatzpumpen für Kraftstoff und Getriebeölkühlung lassen sich direkt vom Instrumentenbrett aus bedienen.

Die Instrumente selbst sind wesentlich übersichtlicher als beim D 31. Auch die Durchsicht durch das Lenkrad, das allerdings noch erheblich versteift werden muß, befriedigt. Zur weiteren Entlastung des Fahrers wurde erstmals eine telemetrische Übertragung der wichtigsten Meßwerte an die Box erprobt, die ebenso wie die verbesserte Anlage zur direkten Verarbeitung der Lichtschrankenmessungen für Rundenzeit, integrierte Durchschnittsgeschwindigkeit usw. im allgemeinen einwandfrei funktioniert hat. Dagegen enttäuschte die neue Sprechfunkanlage mit ortsfestem 100 Watt-Sender an der Box vollständig. Für den 10 Stundenlauf mußte daher nochmals auf die alte Anlage von 1976 zurückgegriffen werden.

Die stark geänderte Auslegung aller Kühler, an der während der diesmaligen Versuche nur noch wenig variiert werden mußte, läßt keine thermischen Schwierigkeiten mehr auch für Außentemperaturen erwarten, die wesentlich höher sind als die diesmal selten 15° C übersteigenden. Die Innenbelüftung muß noch variiert werden.

Zur Verbesserung der Fahreigenschaften war dieses Mal eine noch größere Anzahl von Stoßdämpfern und Drehstäben vorbereitet worden, mit deren Hilfe eine Abstimmung gefunden werden konnte, die ohne zu große Stößigkeit Wankschwingungen auch bei Seitenwind fast völlig unterband, während ein starker Lenkstoßdämpfer gleichzeitig die Lenkung weitgehend beruhigte. Mit den schon im Oktober verwendeten Dunlop-Rennreifen 230/600-15 konnte so erstmals wieder ein fast problemloses Fahrverhalten erreicht werden, das dem Fahrer ein weitgehend ermüdungsfreies, entspanntes Fahren in diesem Geschwindigkeitsbereich erlaubt.

Dabei ermöglichen die Slicks mit der neuen Laufflächenmischung 204 bei der Benutzung der obersten (am stärksten überhöhten) Bahn etwa die doppelte der bisher kalkulierten Laufdauer, so daß der erste Reifenwechsel (am kurvenäußeren Hinterrad) nicht vor 12 Stunden notwendig wird. Für die übrigen Räder wurden Laufdauer bis zu 83 Stunden errechnet. Auch der abschließende 10 Stundenlauf wurde ohne Reifenwechsel durchgeführt.

Für die Intermediates wurde die alte Mischung 484 beibehalten. Der Verschleiß dürfte bei feuchter oder nasser Bahn ohnehin geringer sein. Bei einsetzendem Regen blieb das Fahrverhalten wieder praktisch unverändert (max. 316,6 km/h), während die reinen Regenreifen auch mit etwas versteiftem Profil noch zu instabil wirkten. Wir haben Dunlop daher gebeten, auch Intermediates mit noch größeren Rillen zu versehen. Eine direkte Wasserschicht scheidet auf der überhöhten Bahn ohnehin aus.

Demgegenüber enttäuschten die Versuche mit den Goodyear-Reifen (9.3/23.5-15 vorn / 10.5/24.0-15 hinten) stark. Diese Reifen sind äußerlich etwas breiter, was die Radverkleidung leicht erschwert, erwiesen sich aber trotz der vorherigen Durchmesserangaben (die mit zur Aufgabe der längeren Getriebeübersetzung führten) im Abrollumfang den Dunlop gleich. Bei im Grundsatz gleichartigem Aufbau (Diagonal-Karkasse aus Nylon) besitzen sie offenbar eine wesentlich geringere Seitensteifigkeit, was in dem oberen Geschwindigkeitsbereich zu kräftigen Gierschwingungen führte. Außerdem heizen sie sich wesentlich stärker (max. 88° C) u. ungleichmäßiger auf als die Dunlop (im Mittel ca. 50° C, bei vollkommen gleichmäßiger Verteilung über die Profilbreite), was vermutlich auch zu dem bedeutend höheren Rollwiderstand beitrug, der den Wagen unter sonst gleichen Verhältnissen ca. 4 km/h langsamer machte. Schließlich erfordern sie im Gegensatz zu den Dunlop recht hohe Haltekräfte für die Lenkung auf der Kreisbahn.

Auch die Michelin-Mischgürtelreifen befriedigten in der angelieferten Größe 17/63-15 X nicht in der Stabilität und erforderten auch durch ihre hohe Seitenwindempfindlichkeit wieder eine extreme Fahrkonzentration. Dabei waren die Haltekräfte der Lenkung sehr gering, die Lenkung selbst sprach aber im Gegensatz zu den übrigen Reifen erst nach einem spürbaren Leerweg an, was auch durch die Verminderung der Mantelrohrreibung nicht deutlich verbessert wurde. Der dynamische Abrollumfang lag etwa 2 % unter dem der Dunlop. Da auch der Rollwiderstand vermutlich geringfügig niedriger war, lag die Rundengeschwindigkeit (immer im unmittelbaren Vergleich und Rückvergleich mit den Dunlop) im Durchschnitt ca. 1 km/h höher. Obgleich die Fa. Michelin mit der größten personellen Besetzung und über 100 Reifen antrat, ergaben erst letzte Versuche (nach dem 10 Stundenlauf) mit eingeflogenen breiteren Hinterreifen (20/63-15 X) eine deutliche Verbesserung. Im Gegensatz zu dem zuletzt hervorragenden »Geradeauslauf« der Dunlop mußte der Wagen mit diesen Michelin aber immer noch ständig gelenkt werden, da er schon bei sehr leichtem Seitenwindeinfall (zu dieser Zeit war es erstmals fast windstill) oder vermutlichen Abweichungen an der Bahnschräge zum seitlichen Ablaufen neigte. Weitere Versuche konnten aus Zeitgründen nicht mehr durchgeführt werden, doch erscheint es unwahrscheinlich, daß für den speziellen Fall dieser Kreisbahn die Eigenschaften der Dunlop-Reifen (vorn und hinten gleiche Größe!) in absehbarer Zeit noch wesentlich übertroffen werden können. Auch in der Lebensdauer hofften die Michelin-Vertreter nach ihren Angaben zunächst auf eine Laufdauer im Bereich einer doppelten Tankfüllung, während mit den Dunlop jetzt 5 bis 6 Tankfüllungen durchgefahren werden kann.

Während der Versuche wurde, wie in Nardo üblich, jeden Tag die Fahrtrichtung gewechselt. Angesichts der jetzt relativ hohen Fahrgeschwindigkeit entlang der Begrenzung der obersten Fahrbahn erscheint für neue Rekordversuche eine Fahrtrichtung im Gegenuhrzeigersinn diesmal doch empfehlenswerter, da bei einem evtl. Tuschieren der Leitplanke für den Fahrer wesentlich mehr Knautschzone zur Verfügung steht.

Da die Bahn jetzt von mehreren Firmen stark in Anspruch genommen wird (bei den diesmaligen Versuchen mußten wir uns u. a. mit BMW und British Leyland arrangieren), konnten uns für den eigentlichen Rekordversuch nur noch die Wochenenden angeboten werden. Lediglich über 29.4. bis 1.5. kann für 3 zusammenhängende Tage die Bahn reserviert werden, so daß dieser Termin bereits bindend abgesprochen wurde. Über Meßwerte und Versuchsdetails ergehen noch ausführliche Montageberichte von allen betroffenen Abteilungen.«

Der C 111-III, aufgenommen auf der Einfahrbahn in Untertürkheim am 18. April 1978 – kurz nach seiner Fertigstellung und wenige Tage vor dem Abtransport nach Nardò.

Heckansicht des Rekordwagens, aufgenommen am 2. Mai 1978 unter südländischer Sonne nach erfolgreich absolvierter Rekordfahrt.

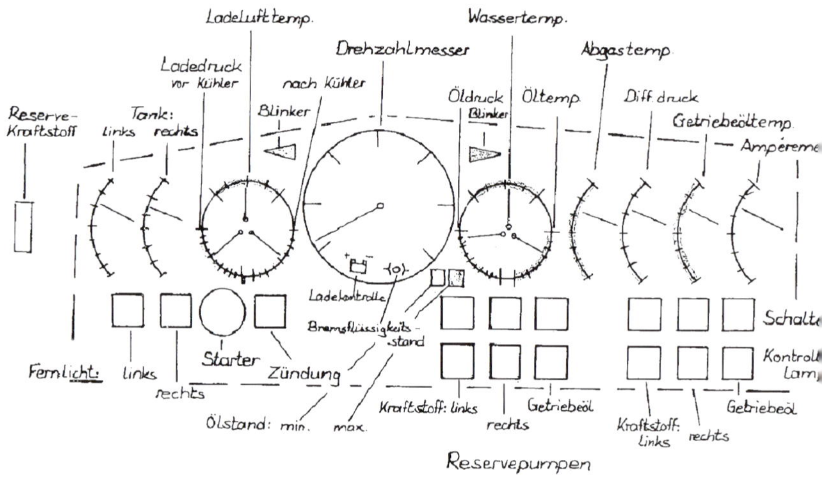

Cockpit und Instrumententafel des C 111-III mit Erklärung der Instrumente, Schalter und Kontrolleuchten.

Das aus Gründen der Aerodynamik verlängerte Heck wurde von einem Gitterrohrrahmen getragen, in dem auch der Getriebeölkühler und der Kraftstoffkühler montiert waren.

Der gut gefüllte Motorraum des C 111-III mit dem 230 PS/169 kW starken 3-Liter-Fünfzylinder-Turbodiesel, aufgenommen im April 1978 auf der Einfahrbahn im Werk Untertürkheim.

Der 3-Liter-Fünfzylinder-Turbodiesel OM 617 A als Serienmotor mit Automatikgetriebe (oben) und als Rekordwagenmotor mit dem ZF-5-Gang-Getriebe und seinem integrierten Hinterachsantrieb (unten).

Projektleiter und Rekordfahrer Hans Liebold am Steuer des C 111-III, aufgenommen auf der Einfahrbahn im Werk Untertürkheim am 18. April 1978, wenige Tage vor der Abfahrt nach Nardò.

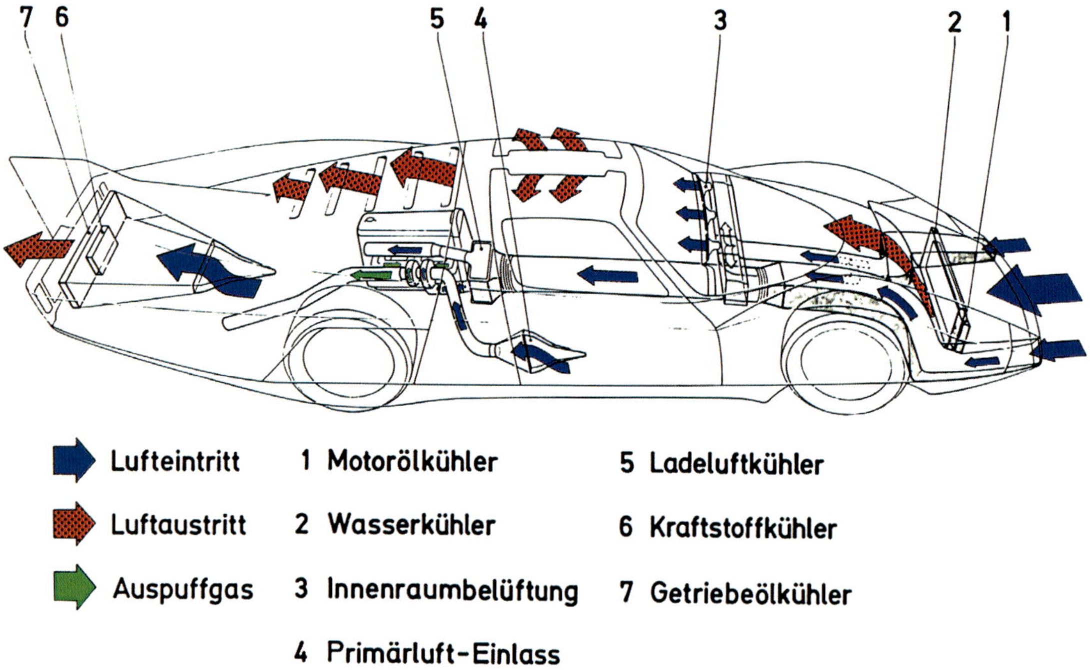

Die Grafik veranschaulicht die Luftführung und das komplexe Kühlsystem des C 111-III.

In einem Bericht vom 6. April 1978 dokumentierten Werner Kolter und Manfred Fortnagel die Ergebnisse der Versuchsfahrt aus Sicht des Dieselmotorenversuchs. Wagen 41 mit Motor EA 25-124 war insgesamt 427 Runden bzw. 5397 km gelaufen, davon zehn Stunden, entsprechend 247 Runden oder 3122 km, im Dauerlauf. Wagen 42 legte mit Motor EA 25-122 169 Runden bzw. 2176 km zurück sowie mit Motor EA 25-125 weitere 28 Runden bzw. 354 km. Während des 10-Stunden-Dauerlaufs hatte der Motor keine Funktionsfehler gezeigt, bei der vorausgegangenen Erprobung waren jedoch folgende Schäden aufgetreten: Nach 64 Runden war der Ladedruck infolge einer defekten Leitung vom Ladeluftverteilerrohr zur Ladedruckanreicherungsdose abgefallen; die danach eingebaute und durch Gummischlauch isolierte Silikonleitung blieb ohne Beanstandung. Nach 124 Runden war die Zylinderkopfdichtung an den breiten Stegen zwischen den Zylindern 2 und 3 sowie 4 und 5 durchgebrannt; der Mangel wurde später durch einen verbreiterten Kühlschlitz und eine verbesserte Zylinderkopfdichtung abgestellt.

Bei Außentemperaturen von 13–18 °C lag die Öltemperatur im Sumpf durch den Anbau eines vergrößerten Ölkühlers vor dem Wasserkühler während des 10-Stunden-Laufs bei 108–112 °C. Um die im Hinblick auf die Reibleistung empfohlene Ölsumpftemperatur von 130 °C zu erzielen, wurde vorgeschlagen, beim nächsten Versuchslauf den hinteren Zusatzölkühler nicht anzuschließen. Die Wassertemperaturen betrugen 82-85 °C. Die Kraftstofftemperatur vor der Einspritzpumpe lag generell ca. 7 °C über der Temperatur im versorgenden Tank. Durch die Aufheizung des hinteren Tankendes im Motorraum stieg die Kraftstofftemperatur vom Befüllungswert 20 °C um weitere knapp 20 °C an – insbesondere auf der wärmeren rechten Seite.

Die Turbineneintrittstemperatur des Abgases betrug bei Motordrehzahlen von 4000–4400/min zunächst 680 °C, nach Wechsel des Ladergehäuses dann 725 °C. Die Temperatur der Ladeluft nach Austritt Ladeluftkühler lag bei Außentemperaturen von 15–18 °C bei maximal 85 °C. In Wagen 41 betrugen die Ladedrücke vor und nach Ladeluftkühler 2,1 bzw. 1,9 bar, nach Wechsel des Ladergehäuses dann konstant 2,2 bzw. 2,1 bar bei Motordrehzahlen von 4200–4400/min.

Die Drehzahlen lagen bei beiden Fahrzeugen mit Hinterachsübersetzung 2,58 und einer Getriebeübersetzung von 0,64 im 5. Gang zwischen 4000 und 4400/min, mit einer Getriebeübersetzung von 0,60 sogar nur bei 3800-4100/min, während die maximale Motorleistung bei 4600/min erreicht wird. Im 10-Stunden-Dauerlauf lag die Drehzahl zwischen 4300 und 4500/min. Eine ebenfalls von Kolter und Fortnagel erstellte Mitteilung vom 17. April dokumentiert die Ergebnisse der Messungen, die an dem aus Wagen 41 ausgebauten Motor EA 25-124 durchgeführt wurden. Demnach erbrachten die in Nardò vorgenommene Erhöhung der Einspritzmenge von ca. 5 mm³ sowie die Verwendung des kleineren Turbinengehäuses eine Leistungserhöhung von 7 PS/5 kW bzw. 12 PS/9 kW bei einer Ladelufttemperatur von 135 °C bzw. 105 °C. Da in Nardò eine Ladelufttemperatur von 85 °C gemessen wurde, war davon auszugehen, dass eine Leistung von 235 PS/173 kW bei 4500/min erreicht wurde. Dies konnte auf dem Prüfstand jedoch nicht verifiziert werden, da diese niedrigen Temperaturverläufe dort nicht darstellbar waren. Am 7. und 14. April hatte der Dieselmotorenversuch den Hochleistungsmotor EA 25-121 einem 60-h-Dauerlauf im 2-Punkte-Programm (jeweils im Wechsel 1 Minute 15 Sekunden mit 4400/min und 4600/min) mit etwa 230 PS/169 kW unterzogen. Außer der Undichtigkeit einer Einspritzleitung konnte der Dauerlauf ohne Schaden beendet werden, und das Ventilspiel blieb über den gesamten Lauf konstant.

Rätselraten und Irritation ergaben sich bei der Beantwortung der Frage, auf welche Faktoren das bei den Versuchsfahrten erreichte, von Hans Liebold als enttäuschend empfundene Geschwindigkeitsniveau zurückzuführen war. Nach intensiv geführten Diskussionen zwischen der Aerodynamik-Entwicklung und dem Versuch Vorentwicklung kam als wahrscheinlichste Erklärung am Ende nur ein simpler Rechenfehler bei der Abschätzung der erzielbaren Geschwindigkeit in Frage.

Ausgefüllte Wochen: die letzten Vorbereitungen

Dessen ungeachtet ging die Vorbereitung der Rekordfahrt generalstabsmäßig voran. In einer vom 6. April datierenden Mitteilung von Joachim Kaden war der Terminplan festgelegt. Der 17. April war als letzter Termin für die Fertigstellung der Wagen 41 und 42 in Rastatt und den Transport nach Untertürkheim definiert. Dort sollten einen Tag später Vermessung und Probefahrten sowie am 19. April Verladung und Verzollung erfolgen.

Die Lkw-Kolonne für die Expedition nach Nardò umfasste:
2 Lkw mit den beiden Rekordwagen
2 Kleinlaster mit Werkstatt, Tankanlage und Ersatzteilen
1 Kleinlaster mit Reifen, Reifenmontiergeräten und Auswuchtmaschine
1 Begleit-Pkw mit Wohnwagen
1 Kombi mit Wohnwagen

Die Abfahrt der Kolonne war für den 20. April und die Ankunft für den 22. April geplant, während die aus 14 Fahrzeugen bestehende Pkw-Kolonne am 24. April starten und am Folgetag gegen Mittag auf der Piste ankommen sollte. Probefahrten waren für den Nachmittag sowie den folgenden Tag eingeplant. Am 26. April sollten die drei für den Rekordversuch vorbereiteten Motoren in Untertürkheim auf die Reise gehen, um am 27. April in Nardò einzutreffen. Die drei neu aufgebauten Hochleistungsmotoren EA 25-129, EA 25-130 und EA 25-131 wurden vom 14. bis 17. April auf dem Prüfstand abgenommen. Um die festgelegten 230 PS/169 kW zu erreichen, hatte man, wie der Bericht von Kolter und Fortnagel mit Datum vom 20. April ausweist, gegenüber den vorherigen Abnahmen die Einspritzmenge nochmals angehoben und das Turbinengehäuse von A/R 0,96 wieder auf A/R 0,81 geändert. Die Höchstleistung betrug nun 233–234 PS/171–172 kW bei 4600/min und das Drehmomentmaximum 41–42 mkg/402–412 Nm bei 3600/min.

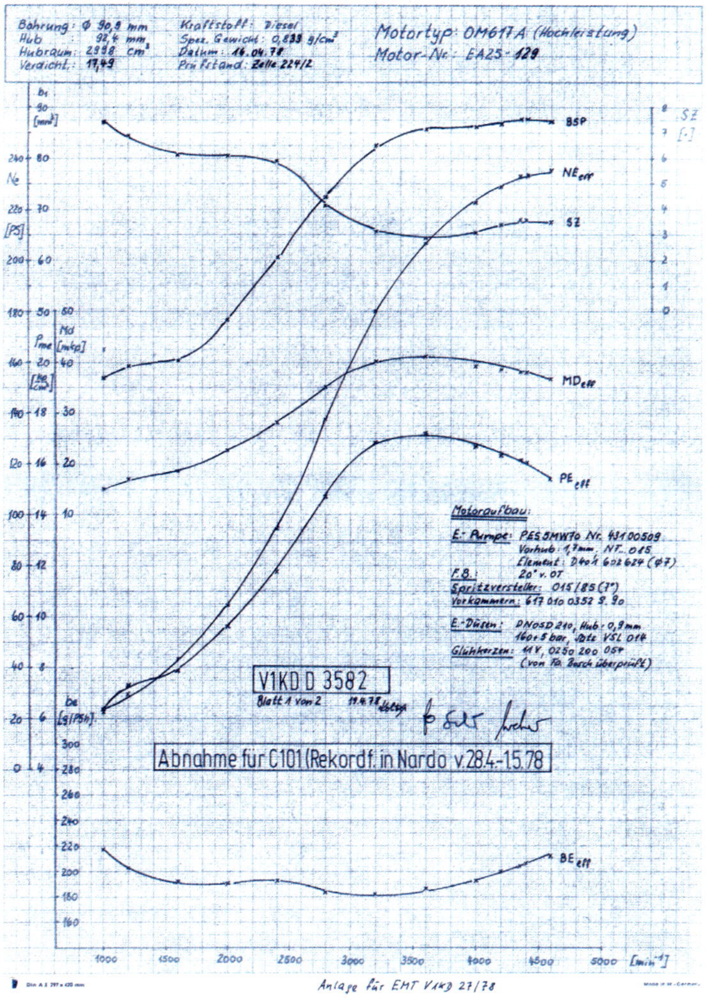

Leistungsdiagramm des 3-Liter-Fünfzylinder-Dieselmotors OM 617 A mit der Nummer EA 25-129, aufgenommen am 16. April 1978 im Rahmen der Abnahme für die Rekordfahrt im April/Mai 1978.

Für den gleichen Tag, an dem die Motoren in Nardò eintreffen sollten, war auch das Briefing der Fahrer vorgesehen. Im Gegensatz zu dem Rekordteam von 1976 waren diesmal nicht ausschließlich Mercedes-Benz Mitarbeiter eingeteilt. Während Hans Liebold und Guido Moch wieder mit von der Partie waren, traten zwei Ex-Rennfahrer und Motorjournalisten – der Belgier Paul Frère und der Schweizer Rico Steinemann – an die Stelle von Erich Waxenberger

Die von Joachim Kaden minutiös erstellten Pläne für die Boxenstopps enthielten für jeden Stopp die auszuführenden Arbeiten und die dafür eingeteilten Mitarbeiter – hier beispielhaft zwei Pläne mit Reinigung der Scheinwerfer und Wechsel des rechten Hinterrads.

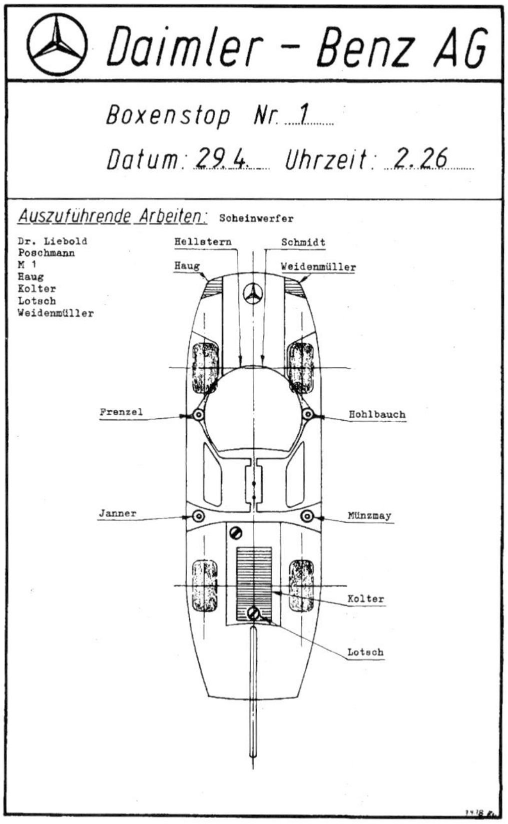

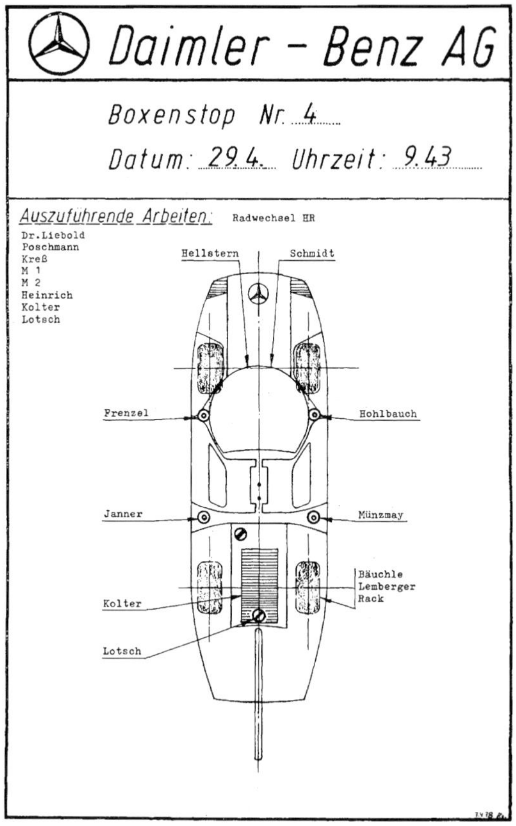

und Joachim Kaden. Projektkoordinator Kaden fühlte sich mit dem Geschwindigkeitsniveau des neuen Rekordwagens nach eigenem Angaben nicht sehr wohl und konnte auf diese Weise sein Organisationstalent und seine technische Kompetenz stärker zur Geltung bringen, da er den von ihm selbst minutiös geplanten Gesamtablauf nun von der Box aus überwachen und steuern konnte. Dabei hatte er nicht nur jeden Boxenstopp mit allen anfallenden Arbeitsumfängen im Detail geplant, sondern auch die eingeteilten Mitarbeiter für jeden Halt auf einer Grafik mit einer Fahrzeugdraufsicht vermerkt.

Am 28. April sollten die neuen Motoren eingebaut und die Wagen startfertig gemacht werden, damit der Rekordversuch pünktlich am 29. April um Mitternacht beginnen konnte. Die offizielle Liste der mitgeführten Werkzeuge und Ersatzteile vom 28. April 1978 wies folgende Positionen auf, die in Summe ein Gewicht von 60,34 kg ergaben:

1. Werkzeuge

Gabelschlüssel 10/11, 12/13, 14/15, 17/19	
Wasserpumpenzange, Kombizange, Hammer	
2 Kreuzschlitzschraubenzieher	
2 Schlitzschraubenzieher	
1 Handsäge	1,92 kg

2. Ersatzteile und Material

1 Zylinderkopf komplett	43,00 kg
1 Satz Einspritzleitungen	0,60 kg
2 Keilriemen 9,5 x 1030	0,10 kg
2 Kopfdichtungen	0,52 kg
1 Lichtmaschine 55 Ampère mit Riemenscheibe und Abstützung	5,10 kg
1 Ölfiltereinsatz	0,39 kg
1 Laderschmierölleitung	0,25 kg
1 Zylinderkopfhaubendichtung	0,13 kg
1 Rolle Lassoband	0,28 kg
2 Scheibenwischer mit Arm	3,70 kg
4 Scheinwerfergläser	1,24 kg
4 Glühlampen	0,05 kg
1 Tube Klebstoff	0,10 kg
1 Ölrücklaufleitung	0,20 kg
1 Einspritzleitung gerade	0,12 kg
2 Spoiler, vorne	1,22 kg
1 Lenkungsdämpfer	0,80 kg
1 Druckleitung zur Einspritzpumpe	0,10 kg
1 Rücklaufleitung für Laderöl	0,20 kg
2 Drehstabstreben	0,32 kg

Dieses Sammelsurium unterschiedlichster Teile, von denen jedes einzelne der Hochgeschwindigkeitsfahrt ein Ende hätte bereiten können, wurde vor dem Start von den Mercedes-Benz Mitarbeitern auf der Rekordstrecke aufgelesen.

Interessante Details zur Durchführung der Rekordfahrt sind in dem bereits erwähnten Aufsatz in »Automobil-Industrie« 2/1979 veröffentlicht: »Schon bei den Probefahrten wurde [...] stark auf die ergonometrischen Gegebenheiten geachtet. Beispielsweise erwiesen sich ein exakt passendes Lenkrad und eine geeignete Abstellfläche für den linken Fuß als unbedingt notwendig, um mit fest abgestützten Händen jede beginnende Kursabweichung, etwa unter Seitenwind-Einfluß, sofort abfangen zu können. Wichtig waren auch richtig plazierte Funktasten, klar ablesbare Instrumente und eine ausreichende Belüftung. [...] Zur Kommunikation mit der Boxenmannschaft wurden Funkgeräte installiert. Wegen des relativ hohen Schallpegels im äußerlich recht leisen Fahrzeug wurden Kehlkopfmikrofone eingesetzt. Zur Entlastung des Fahrers wurden im Gegensatz zu den früheren Fahrten die wichtigsten motorischen Meßwerte durch eine telemetrische Übertragung an der Box von Punktschreibern aufgezeichnet, wozu die Meßwerte bei der Vorbeifahrt automatisch abgefragt wurden. Gleichfalls automatisch wurden (unabhängig von der offiziellen Zeitnahme) über eine Lichtschranke die jeweilige Durchfahrtsgeschwindigkeit gemessen und von einem Rechengerät sofort die letzte Runden- sowie Durchschnittsgeschwindigkeit seit Fahrtbeginn ermittelt. Alle diese Geräte wurden im eigenen Haus angefertigt und erprobt. Da, wie erwähnt, alle Standzeiten für Fahrerwechsel, Betankung und Wartung des Fahrzeugs voll in die Rekordzeit eingehen, wurden durch einstudierte Boxenpläne auch hier alle Möglichkeiten ausgeschöpft. Beispielsweise wurden für eine Betankung mit 140 l Dieselöl zuletzt nur noch 20 s benötigt, bei gleichzeitiger Prüfung von Ölstand und Reifenzustand sowie Reinigung der Windschutzscheibe. Ein Wechsel der jetzt mit Zentralverschlüssen versehenen Räder einer Achse wurde in 16 s durchgeführt und eine Ventilnachstellung benötigte knapp über 3 min.

Unter diesen Umständen mußten auch die Fahrer den Wechsel mit Wiederanschnallen und Anschluß der Funkverbindung üben, wie auch Fahrten bei Nacht und Regen vorher erprobt wurden. Für die Auseinandersetzung mit einem unvorhergesehenen Problem sorgte schließlich der in der Rekordnacht plötzlich aufgetretene zum Teil recht dicke Nebel. Dicht an der Leitplanke entlang fahrend konnte die Geschwindigkeit unverändert beibehalten werden.«

Triumph trotz Pannen, Nacht und Nebel: die Rekordfahrt in Nardò

Vor der Rekordfahrt wurde die gesamte Strecke auf Fremdkörper abgesucht, wobei ein reichhaltiges Sortiment unterschiedlichster Objekte gefunden wurde, die jedes für sich einen Reifenschaden hätte verursachen können. Der Start erfolgte wie geplant am 29. April um 0:00 Uhr und die Fahrt verlief trotz mehrerer unvorhergesehener Zwischenfälle am Ende sehr erfolgreich. Dabei erwies es sich als glücklicher Umstand, dass zwei Rekordwagen zur Verfügung standen. Die erzielten Rekorde und den Fahrtverlauf fasste Hans Liebold in einem Entwicklungsbericht zusammen, der hier ebenfalls ungekürzt wiedergegeben ist.

»Am 29. und 30.4.1978 wurden mit den Wagen C 101 D 41 bzw. C 101 D 42 9 Weltrekorde und 2 Klassenrekorde gefahren. Im folgenden sind diese und die bisherigen Rekorde zusammengestellt. Außerdem wird der Ablauf der Rekordfahrten beschrieben.

1. Zusammenstellung der bisherigen und der neuen Rekorde

1.1 Klassenrekorde der Klasse Dieselfahrzeuge bis 3 l Hubraum (Gruppe III, Klasse 8)

	C 101 D 31 1976	C 101 D 41 April 1978	Verbesserung in %
10 km		260,347 km/h	
10 M		272,052 km/h	

1.2 Weltrekorde (ohne Hubraumbegrenzung)

		C 101 D 41 April 1978	Verbesserung in %
10 km	283,10 km/h		
10 M	282,06 km/h		
100 km	302,01 km/h	316,48 km/h	5
100 M	306,85 km/h	319,84 km/h	4
500 km	294,58 km/h	321,86 km/h	9
500 M	285,22 km/h	320,79 km/h	12
1000 km	285,42 km/h	318,31 km/h	12
1000 M	278,10 km/h	319,09 km/h	15
1 h	306,87 km/h	321,84 km/h	5
6 h	277,42 km/h	317,80 km/h	14
12 h	273,93 km/h	314,46 km/h	15

Die Weltrekorde über 10 km und 10 M konnten nicht erreicht werden, da hier die Beschleunigungsphase noch zu stark eingeht. Mit einem speziell für diese kurzen Strecken erleichterten Fahrzeug – Demontage von hier nicht notwendigen Teilen – und einer ebenfalls für Kurzstrecke leicht angehobenen Motorleistung könnten auch diese Rekorde verbessert werden.

2. Ablauf der Rekordfahrten

Auf Grund der am 28.4. herrschenden niedrigen Außentemperaturen von max. 20 - 25° C wurden an beiden Fahrzeugen vor Beginn der Rekordfahrten die Kühlsysteme für Wasser und Öl geändert. Bei den Probefahrten im Oktober 77 und März 78 waren diese Systeme für max. Außentemperaturen von bis zu 40° C ausgelegt worden.

Folgende Details wurden geändert:

1. Die drei Kühlluftschlitze im Bug wurden zulaminiert
2. Die dann noch verbleibende Öffnung wurde von unten her um 5 mm auf 75 mm verkleinert
3. Der hintere Motorölkühler wurde stillgelegt

Durch die Maßnahme Nr. 3 wurde gleichzeitig die Getriebetemperatur gesenkt, da der Getriebeölkühler mit dem hinteren Motorölkühler zusammengebaut ist.

Die Überwachung von Wasser- und Motoröltemperaturen erfolgte über Telemetrie, während Getriebeöl- und Lufttemperaturen vom Fahrer per Funk an die Box übermittelt wurden. Außerdem wurden noch die Abgastemperatur und der Ladedruck telemetrisch an die Box übertragen.

2.1 Fahrt mit dem Wagen C 101 D 42

Die Rekordfahrten wurden mit diesem Fahrzeug begonnen, da nahezu sämtliche Probefahrten einschließlich des 10 h-Dauerlaufs mit dem Wagen 41 durchgeführt wurden.

Fahrtrichtung:	Entgegen dem Uhrzeigersinn
Beginn:	29.4. 0.00 Uhr
Fahrer:	Paul Frère

1. Tankstopp:	2.29.43 Uhr
gefahrene Strecke:	63 Runden = 796,34 km
Durchschnitt:	319,14 km/h

Der Fahrer kam am Ende der 62. Runde zu schnell in den Boxenbereich und fuhr deshalb noch eine Runde weiter.

Getankte Menge:	137 l
Verbrauch/100 km:	17,2 l
neuer Fahrer:	Rico Steinemann

Gegen 3.00 Uhr morgens Nebelbildung, deshalb 3.50 Uhr Fahrerwechsel.

2. Tankstopp:	03.49.26 Uhr
gefahrene Strecke:	33 Runden = 417,13 km
Durchschnitt:	313,96 km/h
Getankte Menge:	70,5 l
Verbrauch/100 km:	16,9 l
neuer Fahrer:	Guido Moch
Gegen 4.30 Uhr:	Tageslicht reicht zur Fahrbahnbeleuchtung aus.

<u>3. Tankstopp:</u>	05.31.39 Uhr
gefahrene Strecke:	43 Runden = 543,53 km
Durchschnitt:	319,05 km/h
Getankte Menge:	95,7 l
Verbrauch/100 km:	17,6 l
neuer Fahrer:	Dr. Hans Liebold

<u>4. Tankstopp:</u>	07.23.02 Uhr
gefahrene Strecke:	47 Runden = 594,09 km
Durchschnitt:	320,03 km/h
Getankte Menge:	81,1 l
neuer Fahrer:	Paul Frère

Bei diesem Tankstopp wurden die beiden Tanks nicht ganz voll, der Durchschnittsverbrauch wird deshalb hier nicht angegeben Reifenwechsel vorn rechts!

Der Reifen VR wurde vorzeitig gewechselt, da sich bei den einzelnen Stopps starker Verschleiß auf der Außenschulter zeigte.

Durch die Verwendung von Zentralverschraubungen ist der Radwechsel an der Vorderachse (18,4 s) nicht mehr ausschlaggebend für die Länge eines Boxenstopps (hier 24 s).

<u>5. Tankstopp:</u>	09.49.31 Uhr
gefahrene Strecke:	62 Runden = 783,70 km
Durchschnitt:	321,00 km/h
Getankte Menge:	131,5 l
Verbrauch/100 km:	16,8 l
neuer Fahrer:	Rico Steinemann

Planmäßiger Radwechsel hinten rechts.

Radwechselzeit = Boxenstoppzeit = 28 sec!

Wegen den an den hinteren Radverkleidungen verwendeten beiden Kamlok-Verschlüssen dauert ein Radwechsel hier länger und beeinflußt die Länge des Boxenstopps. Verbesserungen sind hier vorgesehen.

<u>6. Stopp</u>

Ende der Rekordfahrt mit dem Wagen 42. Reifenschaden hinten rechts in der 17. Runde bei km 6. Der platzende Reifen zerstörte die Karosserie im Bereich des Rades. Eine Weiterfahrt war daher nicht möglich.

<u>Zusammenfassung zum Wagen 42</u>

Gesamtstrecke:	265 Runden = 3349,67 km
Gesamtdurchschnitt:	316,97 km/h
Gesamtstrecke bis zum 5. Tankstopp:	248 Runden = 3134,78 km
Gesamtdurchschnitt bis zum 5. Tankstopp:	319,05 km/h
Gesamtverbrauch bis zum 5. Tankstopp:	16,45 l/100 km

<u>2.2 Fahrt mit dem Wagen C 101 D 41</u>

Nachdem der Wagen 42 ausgefallen war, wurde beschlossen, die Rekordversuche mit dem Wagen 41 neu zu beginnen. Da die Telemetrieanlage und die Ersatzteile aus dem Wagen 42 übernommen werden mußten, konnte der erneute Start erst um 12.40 Uhr durchgeführt werden.

Fahrer: Dr. Hans Liebold

Während der ersten Fahrt des Wagens 41 wurde ein im Vergleich zum Wagen 42 unverhältnismäßig niedriger Kraftstoffverbrauch festgestellt. Es wurde deshalb beschlossen, beim 1. Boxenstopp die Menge an der Einspritzpumpe höher zu stellen.

<u>1. Tankstopp:</u>	15.21.03 Uhr
gefahrene Strecke:	68 Runden = 859,54 km
Durchschnitt:	320,23 km/h
getankte Menge:	134,5 l
Verbrauch/100 km:	15,65 l

neuer Fahrer: Guido Moch

E-Pumpe nachgestellt

<u>2. Tankstopp:</u>	18.01.12 Uhr
gefahrene Strecke:	67 Runden = 846,90 km
Durchschnitt:	317,29 km/h
getankte Menge:	132,5 l
Verbrauch/100 km:	15,65 l
neuer Fahrer:	Paul Frère

3. Tankstopp:	20.41.25 Uhr
gefahrene Strecke:	67 Runden = 846,90 km
Durchschnitt:	317,16 km/h
getankte Menge:	139,5 l
Verbrauch/100 km:	16,47 l
neuer Fahrer:	Rico Steinemann

4. Stopp:	21.04.10 Uhr
gefahrene Strecke:	9 Runden = 113,76 km
Durchschnitt:	294,63 km/h
Der Fahrer meldet:	Überfahren eines kleinen Tieres (Igel) Boxenstopp zur Kontrolle des Fahrzeuges erforderlich
Befund:	Spoiler zerbrochen Rad VR stellenweise voll Stacheln
Maßnahmen:	Spoiler und Rad gewechselt

5. Stopp:	21.12.01 Uhr
gefahrene Strecke:	25,28 km
Durchschnitt:	193,22 km/h
Fahrer meldet:	Brandgeruch Fahrzeug kommt zur Kontrolle an die Box.
Befund:	Alles in Ordnung

6. Stopp:	21.37.26 Uhr
gefahrene Strecke:	126,40 km
Durchschnitt:	298,39 km/h
Fahrer meldet:	Vibrationen Fahrzeug kommt zum Fahrerwechsel an die Box
neuer Fahrer:	Dr. Hans Liebold

7. Tankstopp:	23.29.09 Uhr
gefahrene Strecke:	46 Runden = 581,45 km
Durchschnitt:	312,28 km/h
gefahrene Strecke seit dem letzten Tankstopp:	67 Runden = 846,90 km
Durchschnitt seit dem letzten Tankstopp:	302,95 km/h
getankte Menge:	139,5 l
Verbrauch/100 km:	16,47 l
neuer Fahrer:	Guido Moch

Durch die 3 außerplanmäßigen Boxenstopps sank der Durchschnitt zwischen den beiden Tankstopps 3 und 7 um ca. 15 km/h! Der bisher gefahrene Gesamtdurchschnitt wurde um 4 km/h verschlechtert.

8. Tankstopp:	02.09.14 Uhr (Samstag 30.4.78)
gefahrene Strecke:	67 Runden = 846,90 km
Durchschnitt:	317,42 km/h
getankte Menge:	132,0 l
Verbrauch/100 km:	15,58 l
neuer Fahrer:	Paul Frère

Bei diesem Tankstopp wurde planmäßig der Reifen HR gewechselt.

9. Stopp:	02.40.17 Uhr
gefahrene Strecke:	12 Runden = 151,68 km
Durchschnitt:	293,10 km/h

Ausfall des Fahrzeugs in der 12. Runde durch Abreißen der Seitenwelle [gemeint ist die Antriebswelle, d. Verf.] hinten rechts. Nach Aussagen der zuständigen Abteilung ist der Ausfall mit an Sicherheit grenzender Wahrscheinlichkeit auf eine Überhitzung der Manschetten durch zu hohe Umgebungstemperaturen zurückzuführen. Im Windkanal in Ut. werden deshalb z.Zt. verschiedene Maßnahmen zur Senkung der Motorraumtemperatur erprobt. Über die Ergebnisse wird gesondert berichtet.

Zur Berechnung des Gesamtkraftstoffverbrauchs wurde das Fahrzeug noch einmal getankt.

Getankte Menge:	25 l
Verbrauch/100 km:	16,48 l
Gesamte Kraftstoffmenge:	703 l
Gesamtstrecke:	4398,81 km
Gesamtverbrauch/100 km:	15,98 l«

Die vergleichsweise gelöste Stimmung, die die Bilder zum Ausdruck bringen, deutet darauf hin, dass diese Aufnahmen bei den Probefahrten entstanden.

Ein Reifenplatzer mit kapitaler Beschädigung der Stromlinienkarosserie bedeutete das Aus für die Rekordfahrt von Wagen 42. Dass es Rico Steinemann gelang, den Wagen in einem Stück an die Box zu bringen, spricht für Fahrer und Wagen.

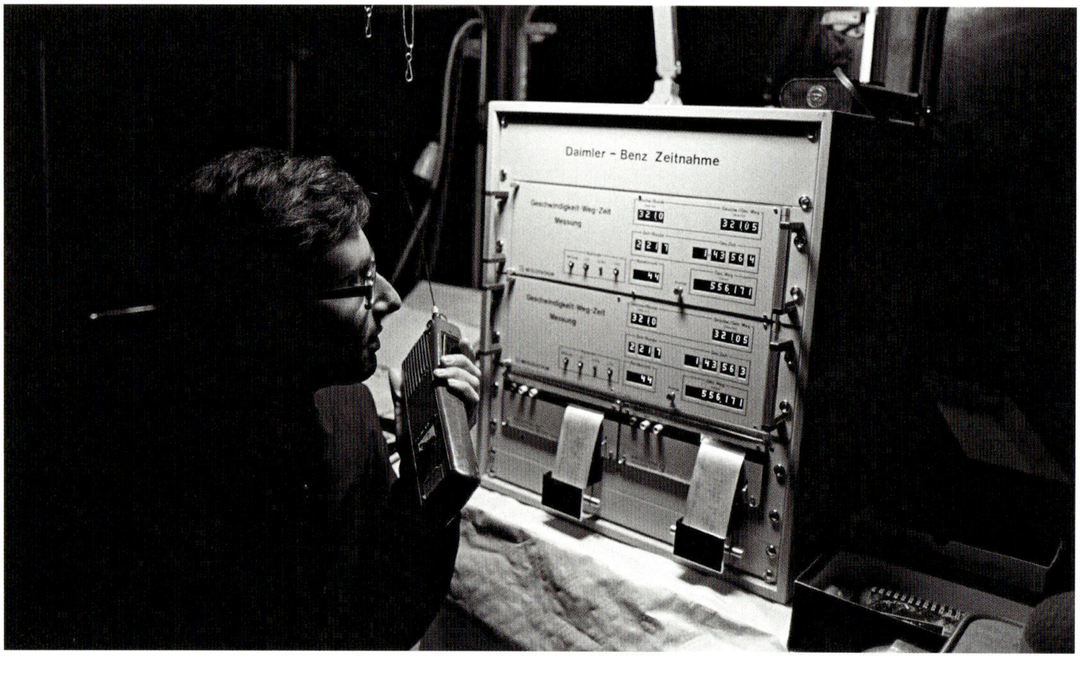

Die im Laderaum eines Transporters untergebrachte Zeitnahme wurde über eigene Lichtschranken betrieben und lieferte in Echtzeit exakte Daten über Rundenzeiten, Geschwindigkeiten und gefahrene Strecken.

Das perfekt organisierte Boxenteam trug mit gut eingespielten Handgriffen und dementsprechend kurzen Verweilzeiten zum Gelingen der Rekordfahrt bei.

Der C 111-III auf der Rekordstrecke in Nardò.

Das Fahrerteam nach erfolgreich absolvierter Rekordfahrt: Guido Moch, Paul Frère, Hans Liebold und Rico Steinemann (von links).

Nach der Fahrt posiert auch das gesamte Projektteam – zumindest diejenigen Mitarbeiter, die in Nardò vor Ort waren – für den Fotografen: im Vordergrund links neben den Fahrern Entwicklungschef Werner Breitschwerdt, rechts neben den Fahrern Friedrich van Winsen, Leiter der Pkw-Entwicklung, und rechts daneben Guntram Huber, Leiter der Karosserieentwicklung Pkw. Projektleiter Joachim Kaden steht hinter dem Fahrzeug in zweiter Reihe links unterhalb der Geschwindigkeitsanzeige, die die höchste bei der Fahrt erzielte Rundengeschwindigkeit anzeigt.

»Mercedes-Diesel sammelt Rekorde«: der C 111-III in Presse und Öffentlichkeit

Das auf der Titelseite der »Auto Zeitung« vom 13. Juli 1977 abgebildete »Neue Mercedes-Coupé« sollte 1978 in anderer Form Furore machen.

Die Daimler-Benz Presseabteilung kommunizierte den spektakulären Erfolg mit den publicityträchtigen Geschwindigkeiten von rund 320 km/h in einer Information, die Pressechef Günther Molter gleich am 2. Mai 1978, dem auf die Rekordfahrt folgenden Montag, versenden ließ. Im Text wurde die Bezeichnung C 111-III zum ersten Mal offiziell genannt. In der Öffentlichkeit war der futuristisch anmutende Rekordwagen zwar bereits durch die ab Ende März erschienenen Presseberichte bekannt, eine Verbindung zum C 111 oder zu zukünftigen Rekordfahrten war darin aber noch nicht thematisiert. Im Gegensatz dazu stand seinerzeit die Berichterstattung der »Auto Zeitung«, die in ihrem Artikel »Die neuen deutschen Autos« am 13. Juli 1977 explizit den C 111 erwähnte. Auf der Titelseite war eine Zeichnung abgebildet, die als »Neues Mercedes-Coupé« tituliert war und in Form und Farbe an den C 111-II erinnerte. Dazu vermeldete der Artikel: »Der C 111 wird stilistisch und formal aufgearbeitet. [...] Kenner spekulieren, daß dieses Auto sofort eingesetzt werden soll, wenn BMW mit einem Zwölfzylinder aktiv werden sollte. [...] Die Mercedes-Studie wird als weiterer Versuchsträger für neue Diesel-Aggregate genutzt.« Konkreter brachte es die »Automobil Revue« zwei Monate später auf den Punkt: In der IAA-Neuheitenvorschau ihrer Ausgabe vom 8. September 1977 veröffentlichte sie ein Bild des 1:1-Designmodells und gab sich in der Bildunterschrift gut informiert: »Für kommende Diesel-Rekorde? Aus der Sindelfinger Stilstudie für ein ultra-strömungsgünstiges Sportcoupé (»AR« 18/1977) soll zwar kein Serienmodell, aber ein Einzelstück für noch höhere Dieselrekorde werden. Im Bild das Tonmodell in natürlicher Grösse.«

Tatsächlich war dann auf der eine Woche später eröffneten IAA in Frankfurt nicht dieses 1:1-Modell, sondern das 1:5-Designmodell ausgestellt, das »auto, motor und sport« bereits auf der Titelseite seiner Ausgabe vom 8. Juni 1977 präsentiert hatte. In der Ausstellung sollte es das Thema »Wie eine Form entsteht – Grundlagen der Formgestaltung« veranschaulichen – so wie es schon seit Ende März in der Presse kommuniziert worden war. Ein Bezug des Stromliniencoupés zu Rekordfahrten war auf der IAA im Gegensatz zu der Meldung in der »Automobil Revue« nicht erkennbar.

Stattdessen wurde die Rekordfahrt vom Juni 1976 thematisiert und mit einem nahezu lebensgroßen Farbfoto in Szene gesetzt. Dieses diente als Hintergrund für den 300 SD Turbodiesel, den ersten serienmäßig gebauten Pkw mit Turbodieselmotor, der auf der IAA seine Premiere feierte und mit einer weniger hochgezüchteten Variante des für die Rekordfahrt verwendeten Fünfzylinders ausgerüstet war.

Auch »auto, motor und sport« brachte in seiner Ausgabe vom 4. Januar 1978 – immerhin vier Monate nach entsprechenden Aussagen in der »Automobil Revue« – keinerlei Hinweis auf zukünftige Rekordfahrten. In dem Artikel »Neue Autos 1978« war zu lesen: »Noch etwas schneller [als die im vorigen Satz genannten 260 km/h, d. Verf.] wird voraussichtlich ein Auto sein, an dem die Techniker des Hauses Daimler-Benz derzeit arbeiten: Der Nachfolger des C 111, ausgerüstet mit einer besonders strömungsgünstigen Flügeltüren-Karosserie und angetrieben von einem aufgeladenen Fünfzylinder-Dieselmotor. Wie schon sein Vorgänger hat allerdings auch dieses Auto keine Chance, jemals in Serie zu gehen.« Unter einer Zeichnung, die das 1:1-Designmodell mit orangefarbenem Exterieur zeigte, war das Fahrzeug als »Mercedes C 111-Nachfolger« bezeichnet.

Weltpremiere des 300 SD, des ersten Serien-Personenwagens mit Turbodieselmotor, auf der IAA im September 1977. Als Hintergrund diente ein Großfoto von der erfolgreichen Rekordfahrt im Juni 1976.

Auf der IAA im September 1977 veranschaulichte Mercedes-Benz seinen Designprozess mit zahlreichen Fotos unter der Überschrift »Wie eine Form entsteht«. Ausgestellt war auch das sechs Monate zuvor präsentierte 1:5-Modell der Aerodynamikstudie.

Keine Chance für die Serie: In seiner Ausgabe vom 4. Januar 1978 veröffentlichte »auto, motor und sport« eine bis auf die Farbgebung wirklichkeitsnahe Abbildung des als »Mercedes C 111-Nachfolger« bezeichneten Fahrzeugs.

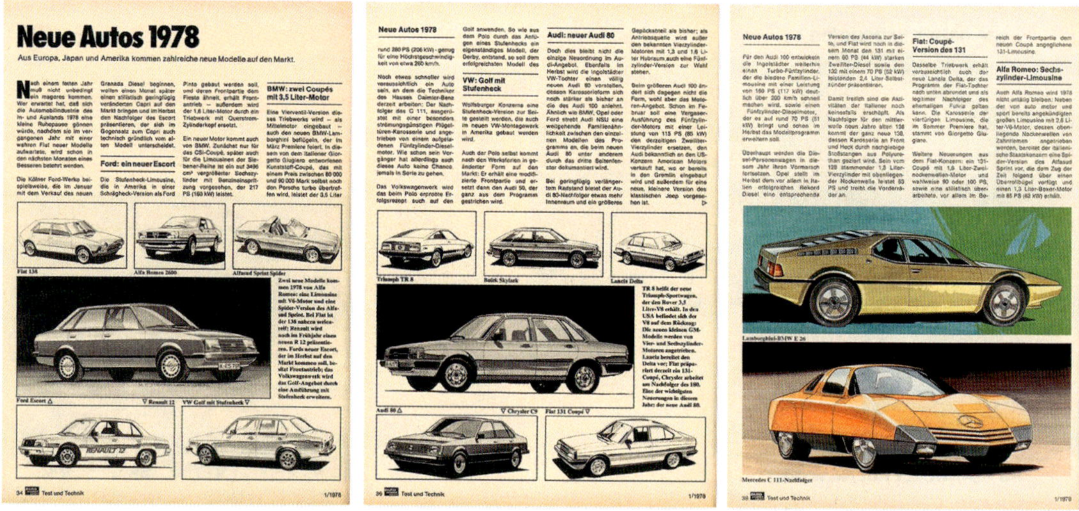

Neue Autos 1978

Aus Europa, Japan und Amerika kommen zahlreiche neue Modelle auf den Markt.

Nach einem fetten Jahr muß nicht unbedingt ein mageres kommen. Wer erwartet hat, daß sich die Automobilindustrie des In- und Auslands 1978 eine kleine Ruhepause gönnen würde, nachdem sie im vergangenen Jahr mit einer wahren Flut neuer Modelle aufwartete, wird schon in den nächsten Monaten eines Besseren belehrt werden.

Die Kölner Ford-Werke beispielsweise, die im Januar mit dem Verkauf des neuen Granada Diesel beginnen, wollen einen Monat später einen stilistisch geringfügig veränderten Capri auf den Markt bringen und im Herbst den Nachfolger des Escort präsentieren, der sich im Gegensatz zum Capri auch technisch gründlich vom alten Modell unterscheidet.

Ford: ein neuer Escort

Die Stufenheck-Limousine, die in Amerika in einer Schrägheck-Version als Ford Pinto gebaut werden soll, und deren Frontpartie dem Fiesta ähnelt, erhält Frontantrieb – außerdem wird der 1,6 Liter-Motor durch ein Triebwerk mit Querstrom-Zylinderkopf ersetzt.

Ein neuer Motor kommt auch von BMW. Zunächst nur für das CSi-Coupé, später auch für die Limousinen der Siebener-Reihe ist ein auf 3496 cm³ vergrößerter Sechszylinder mit Benzineinspritzung vorgesehen, der 217 PS (160 kW) leistet.

BMW: zwei Coupés mit 3,5 Liter-Motor

Eine Vierventil-Version dieses Triebwerks wird – als Mittelmotor eingebaut – auch den neuen BMW-Lamborghini beflügeln, der im März Premiere feiert. In diesem von dem Italiener Giorgetto Giugiaro entworfenen Kunststoff-Coupé, das mit einem Preis zwischen 80 000 und 90 000 Mark selbst noch den Porsche turbo übertreffen wird, leistet der 3,5 Liter

Fiat 138

Alfa Romeo 2600

Alfasud Sprint Spider

Zwei neue Modelle kommen 1978 von Alfa Romeo: eine Limousine mit V6-Motor und eine Spider-Version des Alfasud Sprint. Bei Fiat ist der 138 nahezu serienreif; Renault wird noch im Frühjahr einen neuen R 12 präsentieren. Fords neuer Escort, der im Herbst auf den Markt kommen soll, besitzt Frontantrieb; das Volkswagenwerk wird das Golf-Angebot durch eine Ausführung mit Stufenheck erweitern.

Ford Escort △

▽ Renault 12

VW Golf mit Stufenheck ▽

34 Test und Technik 1/1978

Neue Autos 1978

rund 280 PS (206 kW) - genug für eine Höchstgeschwindigkeit von etwa 260 km/h.

Noch etwas schneller wird voraussichtlich ein Auto sein, an dem die Techniker des Hauses Daimler-Benz derzeit arbeiten: Der Nachfolger des C 111, ausgerüstet mit einer besonders strömungsgünstigen Flügeltüren-Karosserie und angetrieben von einem aufgeladenen Fünfzylinder-Dieselmotor. Wie schon sein Vorgänger hat allerdings auch dieses Auto keine Chance jemals in Serie zu gehen.

Das Volkswagenwerk wird das beim Polo erprobte Erfolgsrezept auch auf den Golf anwenden. So wie aus dem Polo durch das Anfügen eines Stufenhecks ein eigenständiges Modell, der Derby, entstand, so soll dem erfolgreichsten Modell des

VW: Golf mit Stufenheck

Wolfsburger Konzerns eine Stufenheck-Version zur Seite gestellt werden, die auch im neuen VW-Montagewerk in Amerika gebaut werden wird.

Auch der Polo selbst kommt nach den Werksferien in geänderter Form auf den Markt: Er erhält eine modifizierte Frontpartie und ersetzt dann den Audi 50, der ganz aus dem Programm gestrichen wird.

Audi: neuer Audi 80

Doch dies bleibt nicht die einzige Neuordnung im Audi-Angebot. Ebenfalls im Herbst wird die Ingolstädter VW-Tochter einen völlig neuen Audi 80 vorstellen, dessen Karosserieform sich noch stärker als bisher an die des Audi 100 anlehnt. Ähnlich wie BMW, Opel oder Ford strebt Audi NSU eine weitgehende Familienähnlichkeit zwischen den einzelnen Modellen des Programms an, die beim neuen Audi 80 unter anderem durch das dritte Seitenfenster dokumentiert wird.

Bei geringfügig verlängertem Radstand bietet der Audi 80-Nachfolger etwas mehr Innenraum und ein größeres Gepäckabteil als bisher; als Antriebsquelle wird außer den bekannten Vierzylinder-Motoren mit 1,3 und 1,6 Liter Hubraum auch eine Fünfzylinder-Version zur Wahl stehen.

Beim größeren Audi 100 ändert sich dagegen nicht die Form, wohl aber das Motoren-Angebot. Schon im Februar soll eine Vergaser-Ausführung des Fünfzylinder-Motors mit einer Leistung von 115 PS (85 kW) den derzeitigen Zweiliter-Vierzylinder ersetzen, den Audi bekanntlich an den US-Konzern American Motors verkauft hat, wo er bereits in den Gremlin eingebaut wird und außerdem für eine neue, kleinere Version des klassischen Jeep vorgesehen ist. ▷

Triumph TR 8

Buick Skylark

Lancia Delta

TR 8 heißt der neue Triumph-Sportwagen, der den Rover 3,5 Liter-V8 erhält. In den USA befindet sich der V8 auf dem Rückzug: Die neuen kleinen GM-Modelle werden von Vier- und Sechszylinder-Motoren angetrieben. Lancia bereitet den Delta vor; Fiat präpariert derzeit ein 131-Coupé, Chrysler arbeitet am Nachfolger des 180. Eine der wichtigsten Neuerungen in diesem Jahr: der neue Audi 80.

Audi 80 △

▽ Chrysler C9

Fiat 131 Coupé ▽

36 Test und Technik 1/1978

Neue Autos 1978

Für den Audi 100 entwickeln die Ingolstädter weiterhin einen Turbo-Fünfzylinder, der die biedere Familien-Limousine mit einer Leistung von 160 PS (117 kW) deutlich über 200 km/h schnell machen wird, sowie einen Fünfzylinder-Dieselmotor, der es auf rund 70 PS (51 kW) bringt und schon im Herbst das Modellprogramm erweitern soll.

Überhaupt werden die Diesel-Personenwagen in diesem Jahr ihren Vormarsch fortsetzen. Opel stellt im Herbst dem vor allem in Italien erfolgreichen Rekord Diesel eine entsprechende Version des Ascona zur Seite, und Fiat wird noch in diesem Monat den 131 mit einem 60 PS (44 kW) starken Zweiliter-Diesel sowie den 132 mit einem 70 PS (52 kW) leistenden 2,4 Liter-Selbstzünder präsentieren.

Damit freilich sind die Aktivitäten der Italiener noch keinesfalls erschöpft. Als Nachfolger für den mittlerweile neun Jahre alten 128 kommt der ganz neue 138, dessen Karosserie an Front und Heck durch nachgiebige Stoßstangen aus Polyurethan geziert wird. Sein vom 128 stammender 1,5 Liter-Vierzylinder mit obenliegender Nockenwelle leistet 63 PS und treibt die Vorderräder an.

Fiat: Coupé-Version des 131

Dasselbe Triebwerk erhält voraussichtlich auch der neue Lancia Delta, der das Programm der Fiat-Tochter nach unten abrundet und als legitimer Nachfolger des ehemaligen Fulvia gelten kann. Die Karosserie der viertürigen Limousine, die im Sommer Premiere hat, stammt von Giorgetto Giugiaro.

Weitere Neuerungen aus dem Fiat-Konzern: ein 131-Coupé mit 1,6 Liter-Zweinockenwellen-Motor und wahlweise 90 oder 100 PS, sowie eine stilistisch überarbeitete, vor allem im Bereich der Frontpartie dem neuen Coupé angeglichene 131-Limousine.

Alfa Romeo: Sechszylinder-Limousine

Auch Alfa Romeo wird 1978 nicht untätig bleiben: Neben der von auto motor und sport bereits angekündigten großen Limousine mit 2,6 Liter-V6-Motor, dessen obenliegende Nockenwellen von Zahnriemen angetrieben werden, bereitet der italienische Staatskonzern eine Spider-Version des Alfasud Sprint vor, die dem Zug der Zeit folgend über einen Überrollbügel verfügt und einen 1,3 Liter-Boxer-Motor mit 85 PS (62 kW) erhält.

Lamborghini-BMW E 26

Mercedes C 111-Nachfolger

38 Test und Technik 1/1978

Auf der Berliner Automobilmesse AAA Ende März 1978 war ein Hartmodell des C 111-3 zusammen mit dem Silberpfeil W 196 R auf einem nachgebildeten Teil der AVUS-Steilwandkurve ausgestellt, ein Hinweis auf künftige Rekordfahrten fehlte jedoch.

Das am 18. April 1978 aufgenommene Foto, das den gerade fertiggestellten Mercedes-Benz C 111-III zusammen mit dem kurz vor seiner Markteinführung stehenden 300 SD Turbodiesel zeigt, demonstriert anschaulich die geringe Bauhöhe und die sehr kleine Stirnfläche des Hochleistungs-Coupés.

Selbst auf der Berliner Automobilmesse »AAA - Autos, AVUS, Attraktionen«, bei der vom 24. März bis 2. April 1978 ein 1:1-Hartmodell des C 111-3 zusammen mit einem Formel-1-Silberpfeil W 196 auf einer nachempfundenen Steilkurve der Berliner Rennstrecke AVUS ausgestellt war, fehlte jeglicher Bezug zu einer bevorstehenden Rekordfahrt.

Nach der am 2. Mai 1978 erfolgten Veröffentlichung der Presseinformation über die erfolgreiche Rekordfahrt in Nardò erschienen in der nationalen und internationalen Presse zahlreiche Meldungen, darunter eine ganze Reihe mit prägnanten Schlagzeilen: »Der neue Mercedes Diesel fährt Tempo 325« (»Bild-Zeitung«, 3. Mai)

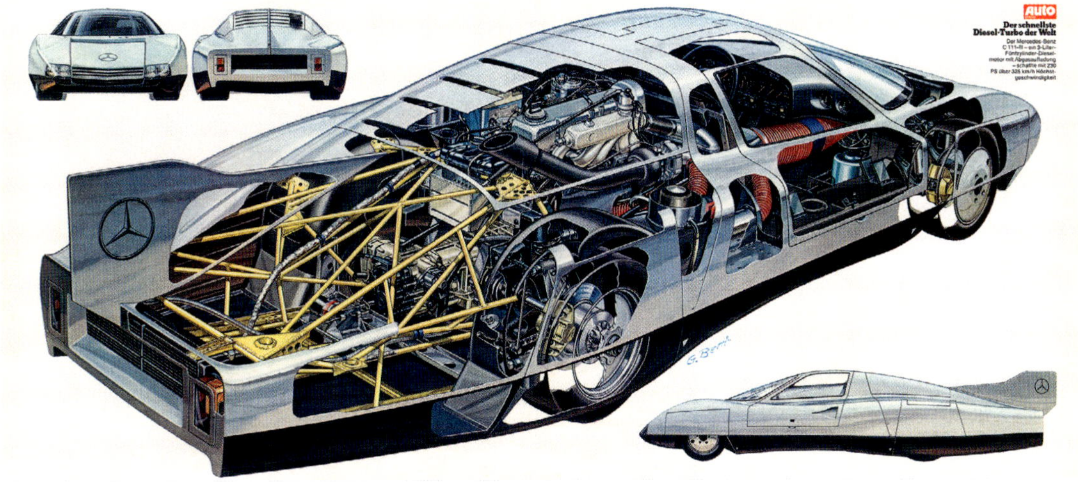

»Silberne Flunder«: Unter diesem Titel veröffentlichte die »Auto Zeitung« in ihrer Ausgabe vom 11. Juli 1979 einen ausführlichen Artikel über den C 111-III und die Entwicklung des C 111 seit 1969; enthalten war auch diese attraktive Röntgengrafik des Fahrzeugs.

Das Weltrekordfahrzeug Mercedes C111-III beweist, zu welchen Leistungen ein Serien-Dieselmotor fähig ist.

Mercedes-Benz unveils a new kind of performance automobile: the 300 SD Turbodiesel Sedan

This Mercedes-Benz just ran 12 hours at 195.4 mph and set 9 new world records. This Mercedes-Benz is a Diesel.

These two Mercedes-Benz cars just rewrote Diesel history–by adding the word "performance."

Mit Werbeanzeigen im In- und Ausland wertete Mercedes-Benz das Image der als phlegmatisch geltenden Diesel-Personenwagen auf und unterstützte die Markteinführung des 300 SD Turbodiesel, der als erste S-Klasse mit Dieselmotor und als erster serienmäßig gebauter Personenwagen mit Turbodieselmotor Geschichte schrieb.

»Dem Diesel das Sprinten beigebracht« (»Mannheimer Morgen«, 3. Mai)
»Diesel-Weltrekord-Renner von Mercedes«
(»Berliner Morgenpost«, 4. Mai)
»Mercedes-Diesel sammelt Rekorde« (»Süddeutsche Zeitung«, 5. Mai)
»Der Donnerwetter-Diesel« (»Münchner Abendzeitung«, 10. Mai)
»Mercedes-Weltrekorde nur ein ›Nebenprodukt‹«
(»Sindelfinger Zeitung«, 13. Mai)
»Turbo-Diesel als Rakete!« (»Neue Tiroler Zeitung«, 13. Mai)
»Es fehlte nur der dicke Neubauer« (»Kurier, Wien«, 19. Mai)
»Grenzen des Dieselmotors noch längst nicht erreicht«
(»Rhein-Zeitung«, 20. Mai)
»Als Nebenprodukt neun Weltrekorde«
(»Kreiszeitung, Böblingen«, 24. Mai)
»Ein Diesel – schneller als jeder Rennwagen!«
(»Bild am Sonntag«, 4. Juni)

Am 5. Mai 1978 berichtete die »Stuttgarter Zeitung« in einem Kommentar mit dem Titel »Mehr als nur Rekorde!« über die Rekordfahrt und ihre Hintergründe und stellte resümierend fest: »[...] Mehr Leistung aus den Dieselmotoren – das würde zahlreiche Vorurteile gegen diesen Antrieb abbauen und den Diesel noch weiter attraktiver machen, zum Vorteil und Nutzen für uns alle. Aus diesen Gründen sind die Rekorde von Nardo nicht nur für die Fahrer interessant, denn es sind mehr als Rekorde, es sind Fortschritte!«

Sogar »Der Spiegel« thematisierte die Rekorde in seiner Ausgabe vom 8. Mai in einem ganzseitigen Artikel unter der Überschrift »Faust im Nacken« und nahm sie zum Anlass, über Turbo-Aufladung zu berichten: »Lassen sich Autos mit Hilfe von Turbo-Ladern schneller machen und genügsamer? Daimler-Benz fuhr mit einem Turbo-Diesel neue Weltrekorde. Die klugen Köpfe hinter den steilen Kühler-Stirnen wiesen letzte Woche mal wieder, wo's langgehen soll mit Autoformen und Motoren: Zur Energieersparnis im Serienbau, verkündete Daimler-Benz in Stuttgart, würden künftighin ›verbrauchs- und umweltfreundliche Motoren sowie aerodynamisch günstige Karosserieformen eine immer wichtigere Rolle spielen‹. Das Wort folgte der Tat. [...] Den Erfolg verbuchte [...] ein windschlüpfiges Kunststoff-Vehikel namens ›C 111-III‹ mit [...] einem Luftwiderstandsbeiwert von nur 0,195 und einem Durchschnittsverbrauch von knapp 16 Litern Dieselkraftstoff – so, wie er von der Tankstelle kommt.« Nach einigen Ausführungen über Turbo-Motoren endete der Artikel mit folgenden Sätzen: »In Amerika, wo per Gesetz schon heute besonders sparsame, umweltfreundliche Motoren verlangt werden, träfe ein Turbo-Diesel auf günstigeres Käufer-Klima. Und genau dort wollen die Stuttgarter Turbo-Diesel-Weltrekordler ihren ersten Mercedes-Benz 300 SD mit Turbolader auch anbieten – schon im nächsten Monat.«

Die Rekordfahrt und die weltweite Medienresonanz kamen Anfang Mai 1978 also genau zur rechten Zeit, begann doch nur wenige Wochen später die Markteinführung des 300 SD Turbodiesel – der ersten S-Klasse mit Dieselmotor, die vor allem auf die nordamerikanischen Märkte abzielte und dem Export in die USA und nach Kanada vorbehalten blieb. Sein Debüt hatte dieser erste serienmäßig gebaute Pkw mit Turbodieselmotor im September auf der IAA in Frankfurt gefeiert. In den USA erschienen 1978 und 1979 Werbeanzeigen, die den 300 SD Turbodiesel zusammen mit dem C 111-III in Szene setzten, etwa mit der Headline »These two Mercedes-Benz cars just rewrote Diesel history – by adding the word ›performance‹«. Vor allem in solchen Ländern, in denen die S-Klasse mit Dieselmotor nicht angeboten wurde, wurde der C 111-III dazu genutzt, das Image der Diesel-Personenwagen aufzupeppen. Die Anzeigen-Überschriften lauteten »Mit 9 neuen Weltrekorden zeigt der Mercedes-Diesel, was in ihm steckt« oder »Das Weltrekordfahrzeug Mercedes C111-III beweist, zu welchen Leistungen ein Serien-Dieselmotor fähig ist«. Prägnanter auf den Punkt brachten es die englischsprachigen Headlines: »This Mercedes-Benz just ran 12 hours at 195.4 mph and set 9 new world records. This Mercedes-Benz is a Diesel« und »Some people take the future of the Diesel car more seriously than others.« Noch im Jahr 1981 setzte eine US-amerikanische Anzeige den neu eingeführten 300 D Turbodiesel mit dem C 111-III in Beziehung und verkündete: »The Mercedes-Benz 300 D Turbodiesel Sedan – and the most successful engine transplant in automotive history.«

In seiner Hauptversammlungsrede vom 21. Juni 1978 ging der Vorstandsvorsitzende Joachim Zahn auch auf die Rekordfahrt ein: »Als ein im laufenden Jahr besonders erfreuliches und für die technische Entwicklungsarbeit bemerkenswertes Ergebnis möchte ich die in Nardo in Italien mit einer Turbo-Version des 5-Zylinder-Dieselmotors im neuen Versuchsfahrzeug C 111-III gefahrenen Geschwindigkeitsweltrekorde erwähnen. Sämtliche neun Rekorde wurden bisher von Fahrzeugen mit Benzinmotoren gehalten. Damit wurde dieser noch vor wenigen Jahren als unzeitgemäß und leistungsarm kritisierten Antriebsart eine neue technische Dimension gegeben. Wir waren und sind auch weiterhin davon überzeugt, daß der Dieselmotor in seinen technischen Möglichkeiten noch keineswegs am Ende ist und sehen hier einen ganz wesentlichen Beitrag unsererseits zur Verbesserung von Energieeinsparung und Abgaswerten.«

Fortsetzung im Herbst: weitere Rekorde in Reichweite

Im Vorstand war der Erfolg der Rekordfahrt anlässlich der Sitzung vom 9. Mai 1978 thematisiert worden. Zu Punkt 4 der Tagesordnung »Bericht über die Rekordfahrten in Nardo« heißt es im Protokoll: »Nach kurzem Bericht von Breitschwerdt über Verlauf und Ergebnis der Rekordfahrten in Nardo besteht im Ergebnis Einvernehmen, im Herbst dieses Jahres die Rekordversuche über 24 Stunden und 10.000 miles zu wiederholen, die dieses Mal abgebrochen werden mußten.«

In der Tat hatten die Rekordfahrten zwar beachtliche Ergebnisse erzielt, aus den im Entwicklungsbericht von Liebold beschriebenen Gründen konnten aber nicht alle Distanzen und Zeiten wie geplant abgedeckt werden. Per Telex vom 6. April 1978 hatte die Daimler-Benz AG die »Commissione Sportiva Automobilistica Italiana« um Erlaubnis gebeten, auf dem Autodromo Nardò Rekord-Versuche fahren zu dürfen. Dabei wurden Distanz-Rekorde über 10, 100, 500, 1000, 5000, 10.000 km und 10, 100, 500, 1000, 5000, 10.000 Meilen, sowie Zeitrekorde über 1, 6, 12, 24 Stunden genannt. Infolge der vorzeitigen Beendigung der Rekordfahrt waren die Rekorde über 5000 und 10.000 km, über 5000 und 10.000 Meilen sowie über 24 Stunden nicht mehr darstellbar gewesen und sollten in einer weiteren Rekordfahrt nachgeholt werden. Hans Liebold und Joachim Kaden verloren keine Zeit und begannen umgehend mit der Vorbereitung und Planung.

Bereits am 9. Mai wurden in einer von Kaden dokumentierten Projektbesprechung wichtige Punkte für die nächste Fahrt erörtert. Um die Einfahrt in die Boxengasse, »vor allem bei Nacht und Nebel«, zu erleichtern, sollten reflektierende Pylone eingesetzt werden; die Fahrer sollten die Gelegenheit erhalten, die Einfahrt auch bei Nacht genügend zu üben. Für das Anfahren nach den Boxenstopp sollte mit ZF die Möglichkeit geprüft werden, einen kürzer übersetzten 1. Gang vorzusehen. Um für die Rekorddistanzen von 10 km und 10 Meilen eine bessere Beschleunigung zu ermöglichen, wurde angeregt, die Getriebeabstufungen insgesamt zu überprüfen. Die Spoiler sollten zukünftig aus Gummi oder Bürsten hergestellt werden, um Beschädigungen zu vermeiden. Der Betreiber der Teststrecke sollte gebeten werden, die Fahrbahndecke etwa 500 m nach der Box in Ordnung zu bringen, die Fahrbahnmarkierungen zu erneuern und zu untersuchen, mit welchen Mitteln Kleintiere wie Schlangen und Igel am Überqueren der Bahn gehindert werden könnten.

Für die nächsten Langstreckenrekordversuche und das vorherige Training fassten Hans Liebold und Joachim Kaden zwei Alternativtermine ins Auge: die Wochenenden 16./17. und 23./24. September sowie 23./24. September und 30. September/1. Oktober, wobei der

Der nach seinem kapitalen Reifenschaden provisorisch instandgesetzte Wagen 42 wurde im Mai 1978 erneut im großen Windkanal in Untertürkheim vermessen. Dabei entstanden diese schönen Farbaufnahmen.

Start jeweils für Samstagnacht 0:00 Uhr vorgesehen war. Im Frühjahr 1979 könnten dann, wie das vom 10. Mai datierende Protokoll der Besprechung ausweist, »die Kurzstreckenrekorde über 10 km und 10 M sowie die ›schnellste Runde auf einer geschlossenen Strecke‹ mit einem Benzinmotor« gefahren werden. Bereits zu diesem Zeitpunkt hatten Liebold und Kaden also die Erzielung des inoffiziellen Rundenrekords ins Auge gefasst; zugleich war klar, dass ein Dieselmotor für das dazu notwendige Leistungspotenzial nicht in Frage kommen konnte.

Ebenfalls am 10. Mai 1978 bat der Motorenversuch das Messzentrum der Entwicklung um »Vorbereitung eines 10-Punkte-Kanals mit Telemetrie in Digital-Anzeige«, wobei folgende Werte gemessen werden sollten: Außenlufttemperatur, Motordrehzahl, Wassertemperatur, Öltemperatur (Motoreintritt), Abgastemperatur, Ladedruck nach Kühler, Ladelufttemperatur, Getriebeöltemperatur, Kraftstofftemperatur vor Einspritzpumpe sowie Motorraumtemperatur.

In einer vom 12. Mai datierenden Aktennotiz fasste Hans Liebold die Maßnahmen zusammen, die an den Fahrzeugen selbst vorzunehmen waren. Zunächst wurde angeregt, »für die wichtigsten PR-Zwecke« einen dritten Wagen aufzubauen, da die Wagen 41 und 42 im Hinblick auf den nächsten Einsatz im September für Ausstellungseinsätze nicht zur Verfügung stehen konnten. Das neu aufzubauende Ausstellungsfahrzeug, nach heutigem Begriff ein Showcar, sollte den beiden Fahrwagen optisch möglichst genau entsprechen, brauchte aber nicht funktionsfähig zu sein. Aus Kapazitätsgründen schlug Liebold vor, als Basis keine neue Bodengruppe anzufertigen, sondern die erste seinerzeit nur für Messungen geschäumte GFK-PUR-Bodengruppe zu verwenden. Die beiden in Nardò beschädigten Fahrwagen, die inzwischen für Windkanalversuche und kurze Vorführfahrten wieder hergerichtet worden waren, sollten in Rastatt komplett überholt werden.

In der Zwischenzeit hatte der Räder- und Reifenversuch in Abstimmung mit der Fa. Dunlop auch den gravierenden Reifenschaden analysiert, der zum Abbruch des ersten Rekordversuchs geführt hatte. Offenbar hatte der Reifen eine schlechte Bindung zwischen Laufstreifen und Untergummi, die sich jedoch beim Einrollen nicht bemerkbar gemacht hatte und erst nach 16 Einsatzrunden löste. Die dadurch unter dem Laufstreifen entstandenen Hohlstellen führten zu starker Wärmeentwicklung und Vibrationen, die aber vom Fahrer nicht als Reifenschaden erkannt werden konnten. Bei der weiteren Fahrt lösten sich Protektorteile, und die freiliegende Karkasse wurde Lage für Lage durchgefahren, bis der Reifen aufplatzte und das Fahrzeug beschädigte. Einen gleichartigen Reifen aus identischer Fertigung hatte man bei Dunlop in England auf dem Schnellprüfstand gefahren. Nach 35 Stunden bei 350 km/h und jeweils 10 Minuten mit einer um 10 km/h gesteigerten Geschwindigkeit war er bis 450 km/h ohne Befund, und erst bei 460 km/h lösten sich kleine Stücke aus dem Protektor. Es wurden bei allen Prüfungen keine weiteren Reifen mit schlechter Bindung gefunden.

Am 16. und 22. Mai 1978 wurde der provisorisch instandgesetzte Wagen 42 im großen Windkanal in Untertürkheim untersucht. Für den Zustand bei dem Rekordversuch ergab sich ein c_W-Wert von 0,184 bei einer Stirnfläche von 1,50046 m², entsprechend einem $c_W \cdot F$ von 0,276. Außerdem wurden zahlreiche Verbesserungsmaßnahmen untersucht. Die Ergebnisse fasste Rüdiger Faul in einem Technischen Bericht vom 9. Juni zusammen. Darin beschrieb er zwei Möglichkeiten, den Luftwiderstand weiter zu verringern. Eine Reduzierung des c_W-Werts um 15 % auf 0,156 durch seitliche, bis fast zum Boden reichende Schürzen hielt er nur dann für umsetzbar, wenn es gelingen sollte, »den damit gleichzeitig auftretenden Auftrieb wieder abzubauen, bzw. das vorherige, relativ günstige und für die Fahrstabilität bei Seitenwind notwendige Abtriebsniveau wieder zu erreichen.« Eine »weitere und deutliche Reduzierung des Luftwiderstandes« wäre, wie Faul schrieb, »nur noch denkbar unter Ausnutzung des ›Windschatten-Effekts‹ beim Fahren mit zwei Fahrzeugen«. Frühere Messungen an 1:5-Modellen hatten »c_W-Verbesserungen von ca. 17 % für beide Modelle« ergeben, wenn sie sich »in einem definierten Abstand von ca. 0,6 × Fahrzeuglänge hintereinander befanden«. Ein interessanter Gedanke, dessen Umsetzung unter den bei einer Rekordfahrt geltenden Rahmenbedingungen jedoch nur schwer vorstellbar erscheint. Faul empfahl in seinem Bericht neben auftriebsmindernden Maßnahmen folgende weitere Untersuchungen, die aus Zeitgründen an den genannten Terminen nicht durchgeführt werden konnten: »Optimierung sowohl der Schürzen als auch der Bugspoiler in Bürstenausführung; Einfluß der Kühlerabdeckungen im Luftein- und -auslaß, desgleichen im Heckbereich, falls ein kleinerer Ölkühler eingesetzt werden kann; Einfluß der geänderten Abgasabströmung.«

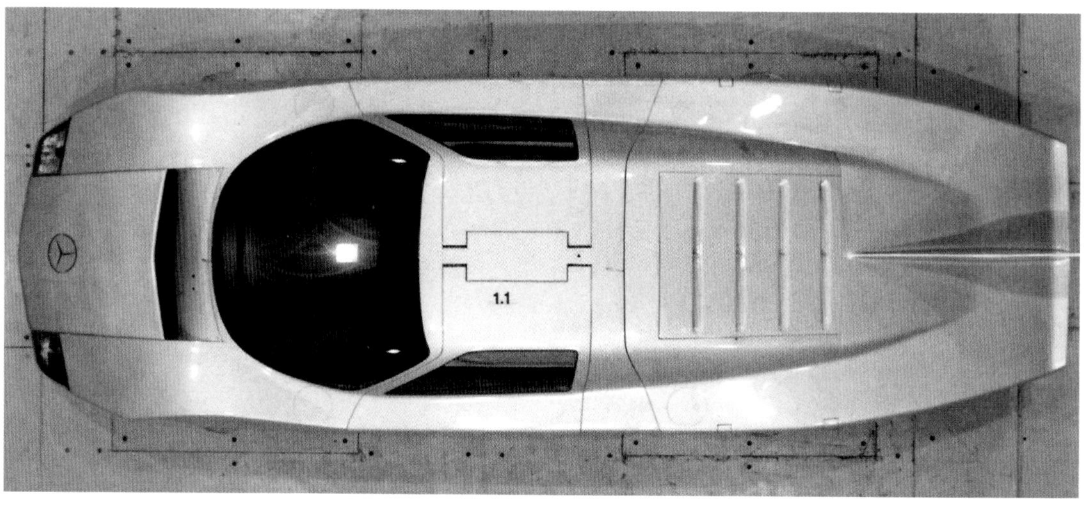

Wagen 42 aus ungewohntem Blickwinkel bei der Windkanaluntersuchung im Mai 1978.

Rückkehr nach Nardò: thermische Erprobung

Mitte Juli war Wagen 41 erneut in Nardò. Diesmal bestand das Ziel darin, die Veränderungen zur Behebung der im Mai beobachteten Überhitzungserscheinungen unter hochsommerlichen Bedingungen zu überprüfen. Die Ergebnisse der vom 15. bis 17. Juli durchgeführten Erprobung dokumentierte Hans Liebold in einem Technischen Bericht vom 20. Juli 1978, der hier zu weiten Teilen zitiert wird:

»1. Motorkühlung
Auch bei Außentemperaturen bis 38° traten mit voll abgedeckten Schlitzen an der Haubenoberseite (wie bei den Rekordfahrten im Mai) keine unzulässigen Motortemperaturen auf. Die im Wagen angezeigte Wassertemperatur betrug in keinem Fall über 100°. Auch die Motoröltemperatur stieg nur bei Erhöhung der Drehzahl auf max. 4800 durch die Michelin-Reifen leicht über 130°.

2. Bauteil-Temperatur
Durch die Herausführung des Auspuffs nach oben und den Abluftkanal hinter dem Ladeluftkühler wurde die Temperatur an allen bisher kritischen Bauteilen (Gelenkwellen-Manschetten, Radführungsgelenke, Ölpumpen etc.) auf ein ungefährliches Niveau herabgedrückt. Einzig die Lichtmaschine, die jetzt von unten her leicht in den Abluftkanal hineinragt, wurde unzulässig überhitzt und ist zweimal ausgefallen. Als Abhilfe kommt voraussichtlich ein Antrieb der Lichtmaschine vom Getriebe (Variante soll bei ZF angeblich vorhanden sein) oder von einer der Halbwellen her infrage.

3. Getriebe
Zur Verringerung der Getriebe-Temperatur [die im April nach 7 ½ Stunden Laufzeit eine Temperatur von 135 °C erreicht hatte, d. Verf.] wurden außer einer gezielten Kühlung der Getriebeölpumpen ein Getriebe mit starrem Durchtrieb (ohne Ausgleich) sowie je ein Getriebe mit 40 % und 0 % Sperrgrad vorbereitet. Bei dem zuerst gefahrenen Getriebe ohne Ausgleich stieg die Temperatur nicht über 110°, wobei der Wagen mit praktisch gleich großen Reifen gut zu fahren war. Schon 1,5 ‰ Differenz im Abrollumfang zwischen dem rechten und linken Hinterrad erforderte aber auf die Dauer unzulässig hohe Lenkkräfte. Da nach einem einseitigen Radwechsel max. 5 ‰ Unterschied auftreten können, wurde auf diese Getriebe-Variante verzichtet. Aus Zeitgründen konnte nur noch das Getriebe ohne Sperrung eingebaut werden, das sich zumindest auf der trockenen Bahn problemlos fahren ließ. Die Getriebeöltemperatur stieg hierbei ebenfalls nicht über 110°.

4. Reifen
Auch die Dunlop-Reifen erwärmten sich trotz Oberflächen-Temperaturen bis zu 50° auf der Fahrbahn nicht über 80° C. Überraschenderweise traten aber nach Radwechsel an zwei Reifen innerhalb der ersten 5 bis 10 Runden [laut Bericht des Räder- und Reifenversuchs nach 16 Runden, dann nach 12 weiteren Runden, jeweils wieder hinten rechts, vermutlich durch örtliche Überhitzung, d. Verf.] wieder Ablösungserscheinungen am Protektor auf. Da diese Reifen vorher 1 Stunde auf dem Trommelprüfstand bei 300 km/h gefahren und anschließend holografiert wurden, kann der bei der letzten Rekordfahrt aufgetretene Schaden nicht mehr als Einzelfall abgetan werden. Glücklicherweise konnte anschließend bei den vorgesehenen Abstimmversuchen mit Michelin-Rennreifen jetzt bei Verwendung gleich großer Reifen auf den vorderen und hinteren Felgen nach Optimierung des Luftdruckes ebenfalls ein sehr stabiles Fahrverhalten erzielt werden. Da diese Reifen außerdem sehr präzise sind und recht gut abrollen, sind sie im Fahrverhalten den bisherigen Dunlop eher vorzuziehen. Obgleich für eine Dauererprobung nur noch die letzte Nacht zur Verfügung stand, ist nach bisheriger Extrapolation auch mit einer etwa gleichwertigen Laufdauer zu rechnen. Darüber hinaus beabsichtigt die Fa. Dunlop uns noch Reifen in der neuen extrem flachen Bauart für 19"-Felgen anzuliefern, die ebenfalls in Gürtelbauweise gefertigt sind und möglicherweise eine Alternative darstellen.

5. Spoiler
Die in Rastatt angefertigten »Klappen-Spoiler« haben sich bei der berechneten Federvorspannung von ca. 10 kg pro Klappenabschnitt gut bewährt. Durch eingelegte Prüfplättchen konnte nachgewiesen werden, daß sich die einzelnen Abschnitte bei auf die Bahn gelegten künstlichen Igeln voll geöffnet haben und anschließend sofort in die Ausgangslage zurückgesprungen sind.

6. Tier-Kollision
Ein größeres Problem stellen, zumindest in der jetzigen warmen Jahreszeit, Tiere [...] dar [...;] unter diesen Umständen [muss] jede Nacht mit dem Abbruch einer evtl. Rekordfahrt gerechnet werden.

Wir klären z.Zt., ob eine chemische Besprühung der Fahrbahnränder oder eine komplette Drahteinzäunung auf beiden Seiten der Fahrbahn die günstigere Abhilfemöglichkeit darstellt. [...] Da bei einem Vogelschwarm nachts mit dem gleichzeitigen Ausfall beider Scheinwerfer gerechnet werden muß, wurden probeweise chemische Lichtstäbe längs an der äußeren Leitplanke aufgehängt, die bei Kosten von DM 1,20 pro Stab die ganze Nacht wenigstens einen Anhalt für die Bahnumgrenzung abgeben.

7. Fahrerkomfort

Bei den gegenwärtigen Tagestemperaturen von 35 bis 38° und geringer Nachtabkühlung traten anfänglich Temperaturen über 50° in Fahrerkopfhöhe auf, die sich in der Mittagsstunde bis 58° steigerten. Nach Änderungen an der Frischluftzuführung konnte dieses Niveau um ca. 10° gesenkt werden, doch erscheinen schon aus diesem Grund Rekordfahrten während der Hochsommerzeit unzweckmäßig. Bei der vorhandenen südlichen Breite unterscheidet sich die Länge der Nacht ohnehin nicht mehr nennenswert von der Frühjahrs- und Herbstzeit. Durch die zwangsläufigen Unterbrechungen (Tier-Kollisionen, Lichtmaschinenüberhitzung und Fahrverbot während der Bahnbenutzung durch die anderen Fahrzeuge am Montag) konnten in der vorgesehenen Zeit vom Samstag morgen bis Dienstag morgen nur 574 Runden gefahren werden, die bei einer Durchschnittsgeschwindigkeit von 322 km/h (max. Rundengeschwindigkeit 328,4 km/h) eine Dauererprobung von ca. 22 ½ Stunden repräsentieren. Die vorgesehenen 24 Stunden konnten daher nicht ganz erfüllt werden. [...]«

Weitere interessante Details dieser Erprobung finden sich in dem von Fritz Clauß erstellten Technischen Bericht des Dieselmotorenversuchs vom 9. August 1978: »Aufgrund von Überhitzungserscheinungen bei der letzten Rekordfahrt in Nardo wurden die im Windkanal vorerprobten Änderungen wie Auspuff und Abluftkanal hinter Ladeluftkühler nach oben, Kraftstoffkühler, Luftanblasung der Seitenwelle im Wagen C 101 D 41 mit dem Motor EA 25-129 über insgesamt 22 h 26', d. h. 573 Runden ≙ 7242 km bei max. Außentemperaturen von 38 °C gefahren.
Motorseitig aufgetretene Schäden:

1. Ladedruck zu gering und hohe Abgastemperatur (Schlauchband nach Ladeluftkühler geplatzt).
2. Lichtmaschine ladet nicht mehr nach 207 bzw. weiteren 366 Runden (max. Temperatur an Gehäuse ermittelt ergab 142 °C, außerdem durch Meßschreiber zu viele Verbraucher - es wird untersucht, ob ein Antrieb der Lima von der Getriebeseite her möglich ist).

Zusammenfassend kann gesagt werden, daß durch die vorgenommenen Maßnahmen die gesamten Temperaturen auf ein erträgliches Niveau gesenkt werden konnten. [...]«

Wie der Bericht auswies, lieferte die Telemetrie bei einer Außentemperatur von 20 bis 38 °C folgende Messwerte:

Außentemperatur	**20 °C**	**38 °C**
Wasseraustritt	90 °C	112 °C
Öltemperatur (Motoreintritt)	88 °C	104 °C
Ladelufttemperatur	88 °C	102 °C
Getriebeöltemperatur (vor Kühler)	94 °C	107 °C
Kraftstofftemperatur (vor Pumpe)	36 °C	60 °C
Temperatur Seitenwelle rechts innen	40 °C	68 °C
Abgastemperatur	680 °C	780 °C

Mit einem 12-Punkte-Schreiber wurden die Temperaturen an zahlreichen weiteren Stellen gemessen. Im Fazit empfahl Clauß: »Wegen der Wasser- bzw. Öltemperaturen sollte unter allen Umständen eine Abstimmung unmittelbar vor Rekordfahrt auf die zu erwartenden Temperaturen durchgeführt werden.«

Am 31. August nahm Bernd Göckeritz vom Räder- und Reifenversuch in einem Besprechungsprotokoll zu den erneut aufgetretenen Reifendefekten Stellung. Bei den beiden Reifen war es nach 16 bzw. 12 Stunden zur Ablösung »eines ca. 5-DM-großen Stückes infolge Überhitzung« gekommen. In der Folge wurde je einer der beiden Reifen bei Dunlop in England und in Untertürkheim untersucht. Während Dunlop die Überhitzung auf einen zu dicken Protektor zurückführte und keine fehlerhafte Verbindung zwischen Protektor

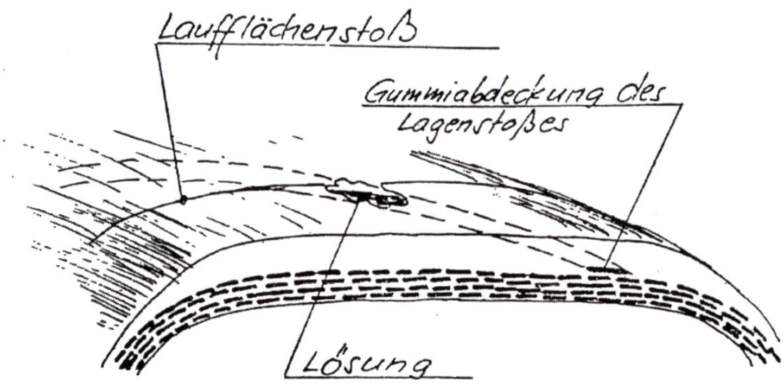

Die Skizze aus dem Besprechungsprotokoll von Bernd Göckeritz veranschaulicht die Position der beobachteten Ablösung, bei der die Abdeckung der oberen Karkassenlage mit dem Laufflächenstoß zusammenfiel.

und Karkasse diagnostizierte, stellten die Untertürkheimer fest, dass die Ablösung genau an der Stelle erfolgte, bei der die obere Karkassenlage mit einem dünnen Gummistreifen abgedeckt war und an der zugleich auch der Laufflächenstoß verlief. Für den laut Protokoll vorgesehenen neuen Einsatztermin im Frühjahr 1979 sollte »der seitherige Reifen 230/600-15 ertüchtigt werden.«

Rekordwagen für die Straße: der C 111-III als Zweisitzer

Am 11. August 1978 hatte sich Hans Liebold in einer Mitteilung an Entwicklungsvorstand Werner Breitschwerdt gewandt und im Detail zu dessen Wunsch Stellung genommen, »für Demonstrationszwecke eine straßengängige Ausführung des Dieselweltrekordwagens« darzustellen, »in der auch Besucher mitgenommen werden können«: »Neben der erforderlichen Modifikation an den Sicht- und Komfortverhältnissen, der Beleuchtungs-, Brems-, Auspuff- und Betankungsanlage setzt dies auch größere Änderungen am Antrieb (Anfahrgang), der Radaufhängung (Bodenfreiheit), der Lenkung (Einschlag) sowie der Bereifung und Radverschraubung voraus. Der Einbau eines Beifahrersitzes bedingt die Verlegung des Ladeluftkühlers und eine völlig geänderte Luftführung zu diesem und der Ansaugluft. Aus Sicherheitsgründen muß z. B. die Heckflosse aus nachgiebigem Material gefertigt werden. Da mit den beiden vorhandenen Wagen, die z. Zt. für weitere Dieselrekordversuche im Frühjahr [den ursprünglichen Plan, im September/Oktober zu fahren, hatte man also offenbar bereits verworfen, d. Verf.] vorbereitet und optimiert werden (u. a. Bugarmierung, Einbau von Druckluft-Wagenhebern, verbesserte Auslegung der Warmluft-Abführung etc.), noch Versuche mit einem stärkeren Triebwerk zur Erlangung des absoluten Rundenweltrekords vorgesehen sind, wird für die zweisitzige Ausführung ein Neubau unausweichlich.«

Vor diesem Hintergrund plädierte Liebold für eine völlig neue Bodengruppe: »Nachdem A1VB in absehbarer Zeit über keine Kapazität für den Neubau einer Bodengruppe verfügt, bietet sich für diesen Fall der schon vor längerer Zeit von K1V untersuchte Vorschlag einer Leichtmetall-Bodengruppe aus vernieteten, ebenen Blechen an, der der vorhandenen Karosserieform angepaßt und in unserer Werkstatt aufgebaut werden kann. Nach vorläufigen Berechnungen verringert sich das Gewicht einer solchen Bodengruppe sogar um ca. 100 kg. Gleichzeitig könnte dabei der nötige Platz für größeren Lenkeinschlag, Reserverad, evtl. Kofferraum usw. geschaffen und Erfahrungen mit dieser Bauweise gewonnen werden.

Da die Vorbereitungsarbeiten hier und in Rastatt gleich bleiben, werden zweckmäßigerweise zwei Wagen aufgebaut, gegebenenfalls in verschiedenen Blechstärken bzw. in Kurz- und Langheckausführung. Terminlich können die Aufbauten in Rastatt im Anschluß an die Änderungen der Rekordwagen, d. h. ab Oktober 78 vorgenommen werden. Der Aufbau der Bodengruppen erscheint bei flexibler Zusammenarbeit mit allen beteiligten Stellen ebenfalls im Laufe des Winters durchführbar, so daß die Fahrzeuge im Frühjahr 79 fahrbereit sein sollten.«

Als Grundlage für Liebolds Mitteilung hatte Joachim Kaden in einer Notiz vom 10. August eine sehr detaillierte Liste von Punkten zusammengestellt, »die beim Aufbau eines C 101 III zum Einsatz im Straßenverkehr zu beachten« sind:

Getriebe mit kürzerem 1. Gang
Scheinwerfer mit Abblendlicht und Standlicht
Größere Blink- und Bremsleuchten
Warnblinkanlage
Nummernschild hinten mit Beleuchtung
Lenkschloß mit Zünd-Anlaßschalter
Tanks mit Schlingerwänden (evtl. Schaumstofffüllung)
Normale Tankstutzen
Außenspiegel elektrisch einstellbar
Innenspiegel evtl. Periskop
Größerer Radeinschlag
Größere Bodenfreiheit
Heckflosse aus Hartgummi (Vorschrift)
Radiogerät mit Ari
Bremsverstärker
Öffnungsmöglichkeit für Seitenscheiben
Einfache Rücklehnenverstellung (Vorschrift)
Handbremse
Auspuff nach unten (evtl. mit Schalldämpfer)
Scheibenwischer mit Intervallschaltung
Seitentüren abschließbar
Innenraumheizung (evtl. mit Klimaanlage)
Wagenheber und Aufnahmepunkte
Felgen ohne Zentralverschraubung (40 mkg)
Motor mit Unterdruckpumpe und schwererem Schwungrad
Stern auf Heckflosse und Bug gespritzt, nicht aufgeklebt

Eine Entscheidung fiel bereits am 14. August in der Technischen Besprechung Pkw. Unter dem Tagesordnungspunkt »C 111/III Beifahrersitz« vermerkte das Protokoll: »Es war zu untersuchen, ob für Demonstrationszwecke in diesem Fahrzeug ein Beifahrersitz eingebaut werden kann. Dazu wäre die Verlegung des Ladeluftkanals und verschiedener Leitungen sowie eine Bodenänderung erforderlich. Ein Unterfangen mit beträchtlichem Aufwand, das eine spätere Umrüstung auf Urzustand für Rekordfahrten praktisch nicht mehr zuließe. Herr Breitschwerdt legte fest: Ein bestehendes Fahrzeug C 111/III wird nicht auf Beifahrersitz umgerüstet, zusätzliche neue Fahrzeuge mit Beifahrersitz werden nicht gebaut.«

Le Mans und noch einmal Nardò: weitere Einsätze des C 111-III

Untersucht wurde auch eine weitere Verwendung des C 111-III. Bei der Konstruktion Vorentwicklung hatte Hans Liebold eine Berechnung der »möglichen Rundenzeiten des C 101 auf dem 13,66 km langen Rundkurs von Le Mans« in Auftrag gegeben. In einer Mitteilung vom 28. August 1978 fasste Jutta Beifuß die Ergebnisse zusammen:

»In der Ausführung wie zuletzt in Nardo erreicht der C 101 eine Rundenzeit von 4′ 6,85″, das entspricht einer Durchschnittsgeschwindigkeit von 198,5 km/h. Für ein um 100 kp erleichtertes Fahrzeug errechneten wir eine Zeit von 4′ 4,52″, entsprechend 200,4 km/h. Mit einer optimalen Hinterachsübersetzung von 2,73 ergibt sich eine Zeit von 4′ 3,97″ gleich 200,9 km/h.«

Im Vergleich mit den im Juni 1978 in Le Mans erzielten Ergebnissen zeigte sich, »daß die mittlere Geschwindigkeit der ersten 4 Fahrzeuge über 24 h (mit Tankstops, Fahrer- und Reifenwechsel sowie anderen Boxenstops) noch über der optimalen Durchschnittsgeschwindigkeit des C 101 liegt. Aus diesem Grund wurde von weiteren Rechnungen über Kraftstoffverbrauch und Durchschnittsgeschwindigkeiten abgesehen.«

Bei den legendären »24 Stunden von Le Mans« wäre der C 111-III also chancenlos gewesen, aber auch zu weiteren Rekordfahrten sollte es am Ende nicht mehr kommen. In seiner Sitzung am 18. September 1978 diskutierte der mit den Vorstandsmitgliedern Werner Breitschwerdt, Heinz C. Hoppe (Vertrieb), Werner Niefer (Produktion) und Dr. Gerhard Prinz (Materialwirtschaft) sowie Karl Pater (Leiter Finanzen) und Dr. Heinz Kiwitz (Konzernplanung) besetzte Ausschuss für Modell- und Produktplanung (AMP) unter dem Tagesordnungspunkt »Entwicklungsaufwand für Rekordfahrzeuge und Rallye-Beteiligung« wieder einmal die Motorsportaktivitäten des Hauses. Dazu heißt es im Protokoll: »Hinsichtlich weiterer Rekordfahrten mit dem Dieselrekordfahrzeug C 101-III könne er [Entwicklungschef Werner Breitschwerdt, d. Verf.] im Hinblick auf den erforderlichen Aufwand nur vorschlagen, davon Abstand zu nehmen. In dieser Klasse würden nur noch drei Rekordzeiten fehlen. Deren Erreichen sei jedoch mit gewissem Risiko, vor allem aber auch mit erheblicher Kapazitätsbindung in den betr. Versuchsbereichen zur Vorbereitung dieser Fahrten verbunden. Daher sollte man auf diesem Sektor zunächst nichts mehr unternehmen und zuwarten, bis die erstellten Rekorde von anderen Fahrzeugen unterboten würden. Dann könnte man ggf. weitere Vorgehensmassnahmen überlegen. Über diese Thematik habe er auch schon mit Herrn Prof. Zahn und Herrn H. Schmidt gesprochen, die diese Ansicht auch befürworten würden. Hierzu sollte aber nochmals ein Gespräch stattfinden, um die weitere Vorgehensweise festzulegen.«

Der Rest ist Geschichte: Neue Dieselrekordfahrten standen für Mercedes-Benz erst 27 Jahre später wieder auf der Tagesordnung, als drei bis auf einen Überrollbügel serienmäßige Limousinen des Typs E 320 CDI auf der Hochgeschwindigkeitsbahn in Laredo/Texas 100.000 Meilen mit einer Durchschnittsgeschwindigkeit von 224,823 km/h zurücklegten. Der C 111-III errang zwar keine weiteren Dieselrekorde, wurde aber über Jahre in der Kommunikation genutzt – beispielsweise in einer Werbeanzeige mit der launig formulierten Headline: »Irgendwann sahen wir nicht mehr ein, daß ein Diesel lahm, laut und langweilig sein muß.« Als die Anzeige zur Einführung der E-Klasse Baureihe W 210 im Sommer 1995 erschien, war der erfolgreiche Rekordwagen schon lange ein Museumsstück. Allerdings hatte Wagen 41 nicht gleich seinen Ehrenplatz erhalten – stattdessen sollte er nach umfassenden Umbaumaßnahmen mit weiteren spektakulären Rekorden im Frühjahr 1979 erneut Geschichte schreiben.

Diese Werbeanzeige der Hamburger Werbeagentur Springer & Jacoby, die von 1990 bis 2006 für Mercedes-Benz tätig war und sich durch kreative Headlines einen Namen machte, nutzte den C 111-III noch viele Jahre nach seiner Rekordfahrt als Nachweis für das gewandelte Image der Diesel-Personenwagen. Sie erschien im Juni 1995 anlässlich der Markteinführung der E-Klasse Baureihe 210.

Neuer Antrieb, optimierte Aerodynamik: der C 111-IV

Bereits im Mai 1978, unmittelbar nach der erfolgreichen Rekordfahrt mit dem C 111-III, war bei den Projektverantwortlichen Hans Liebold und Joachim Kaden der Plan gereift, weitere Rekorde zu erringen – nicht nur die noch fehlenden Langstreckenbestwerte über 5000 und 10.000 km, über 5000 und 10.000 Meilen sowie über 24 Stunden, sondern auch die Kurzstreckenrekorde über 10 km und 10 Meilen sowie die von der FIA offiziell nicht geführte »schnellste Runde auf einer geschlossenen Strecke«. Die letztgenannte Bestmarke hatte der US-amerikanische Rennfahrer Mark Donohue am 9. August 1975 gesetzt, als er mit einem über 1000 PS/735 kW starken Porsche 917/30 Turbo auf dem Alabama International Motor Speedway eine Runde mit 355,848 km/h fuhr.

Dass der C 111-III mit seinem Dieselmotor diesen Rekord nicht würde brechen können, war von Beginn an unstrittig, weshalb Hans Liebold auch bereits im Mai 1978 einen Benzinmotor als Antrieb ins Auge gefasst hatte. Das Berechnungsteam der Konstruktion Vorentwicklung erhielt den Auftrag, die notwendige Motorleistung für eine Geschwindigkeit von zunächst 360 bzw. 380 km/h zu berechnen. Das Ergebnis teilte Berechnungsingenieurin Jutta Beifuß in einem vom 1. Juni 1978 datierenden Technischen Bericht mit: Je nach c_W-Wert hatte sie, ausgehend von den Eckdaten des C 111-III mit halber Tankfüllung, einen Leistungsbedarf von 327–373 PS/240–274 kW errechnet.

Luftwiderstand und Motorleistung: die Entwicklungsschwerpunkte

Im Fokus der Vorbereitungen standen neben der Frage des Antriebs auch eine weitere aerodynamische Optimierung des Rekordwagens sowie die Beschaffung geeigneter Reifen. Vom 12. bis 25. September 1978 wurde Wagen 42 im großen Windkanal in Untertürkheim untersucht, und die Ergebnisse fasste Rüdiger Faul in bewährter Weise in einem Technischen Bericht vom 24. Oktober zusammen. Das Ziel der Messungen hatte darin bestanden, »im Hinblick auf eine angestrebte Höchstgeschwindigkeit von ca. 400 km/h Maßnahmen zur Erhöhung des Abtriebs an der Vorderachse und zum Erreichen von Abtrieb an der Hinterachse bei möglichst gleichbleibendem oder sogar noch verbessertem Gierverhalten« zu erproben.

Dazu führte Faul weiter aus: »Eine Überschlagsrechnung von V1V ergab, daß bei einer Motorleistung von 500 PS und einer Stirn-

Im September 1978 wurde Wagen 42 umfassend im großen Windkanal in Untertürkheim untersucht – mit dem Ziel, eine Konfiguration mit niedrigem Luftwiderstandsbeiwert und bestmöglichem Abtrieb darzustellen. Vermessen wurden Varianten mit Bugflachspoiler, mit bombierter Bugpartie, bombierten Vorderkotflügeln, seitlichen Abtriebsflächen sowie zwei Stabilisatorflossen mit bzw. ohne zusätzlichen Flügel.

fläche von 1,5005 m² unter Berücksichtigung der [...] besonderen Gegebenheiten der Bahn in Nardò für v_{max} = 400 km/h ein Luftwiderstandsbeiwert von c_w = 0,200 nicht überschritten werden darf. [...] Bei den neuen Messungen wurde nach der Überholung des Fahrzeugs in Rastatt im Anlieferungszustand mit c_w = 0,203 ein um 10,9 % höherer Luftwiderstandsbeiwert ermittelt! Mit diesem c_w-Wert sind die 400 km/h nicht ganz zu erreichen. Da abtriebserzeugende Maßnahmen zusätzlichen Luftwiderstand erzeugen, waren außer den aerodynamischen Maßnahmen zur Verbesserung der Bodenstabilität auch solche zur Verbesserung des Luftwiderstandsbeiwerts erforderlich [...]. Auf stilistische Belange wurde bei der Modifizierung des Fahrzeugs keine Rücksicht genommen.«

Im Laufe der sehr umfangreichen Messungen wurden mehr als 90 Varianten untersucht, deren unterschiedliche Merkmale provisorisch in Ton, Pappe und Hartschaum ausgeführt wurden. Dazu gehörten seitliche Abtriebsflächen vor Vorder- und Hinterrädern, unterschiedlich dimensionierte Bugflachspoiler, Teilbugspoilerkästen, Bugflügel, Heckflügel, seitliche Heckflossen, unterschiedlich stark bombierte Ausführungen des Bugmittelteils, ein gegenüber dem C 111-III nochmals deutlich verlängertes Heck sowie unterschiedlich ausgeführte Abtriebsflächen am Heck. Faul schrieb dazu: »In der Variante 1.76 konnte, bei gegenüber Stand April 78 geringfügig höherem Vorderachsabtrieb [...], etwas geringerem Hinterachsauftrieb [...] und durch zwei Heckflossen erheblich verbessertem Gierverhalten, mit c_w = 0,154 der beste c_w-Wert aller 93 [...] Messungen erreicht werden. [...] Je nach Größe der Abtriebsbeiwerte kommen für das 500 PS Fahrzeug c_w-Werte zwischen 0,164 und 0,190 in Frage. Die vorbereiteten Maßnahmen zur Abtriebserzeugung ermöglichen auch eine unsymmetrische Abtriebserzeugung durch Luftkräfte, was zur Kompensation der auf der Kreisbahn in Nardò durch die Zentrifugalkraft verursachten unsymmetrischen Achsbelastung wünschenswert ist.«

Rüdiger Faul schloss seine Zusammenfassung mit einer Reihe von Empfehlungen ab: »Nach dem Umbau des Wagen 41 in Rastatt sollte dieser zur Überprüfung der Luftkraft- und Luftmomentenbeiwerte erneut im Windkanal untersucht werden. Zudem ist es erforderlich, das Auftriebsverhalten des Fahrzeuges bei maximal ausgefederter Vorderachse zu untersuchen. Um Diskussionen über Fahrleistungen und Meßwerte in Zukunft zu vermeiden, sollten die C 101 Fahrzeuge nach jedem Umbau, jeder Änderung und vor neuen Einsätzen im Windkanal untersucht werden. Eine Differenz von 10,9 % zwischen der Messung vor und nach der Überarbeitung des Wagens 42, ohne daß am Fahrzeug formale oder funktionelle Änderungen durchgeführt wurden, sollte Anlaß genug sein.«

Neben der Aerodynamik erwies sich auch die Reifenfrage als essenziell: Hier war nicht nur eine ausreichende Haltbarkeit bei Geschwindigkeiten jenseits der 400-km/h-Marke zu berücksichtigen, entscheidend waren vor allem die in Nardò zu erwartenden Radlasten und die bei dieser Geschwindigkeit anzunehmenden Seitenkräfte. Als Fazit umfassender, mit Datum vom 25. September übermittelter Berechnungen empfahl die Konstruktion Vorentwicklung, den Schwerpunkt des Fahrzeugs so weit wie möglich nach vorn zu verlegen.

In einer Besprechung vom 3. Oktober 1978, in der Hans Liebold, Joachim Kaden und der Sindelfinger Karosserieentwickler Ernst Haug den Umbau von Wagen 41 erörterten, wurden eine Reihe von Maßnahmen beschlossen, die diese Empfehlung berücksichtigten. Anstelle der beiden jeweils 70 Liter fassenden Kraftstofftanks in den Schwellern waren kleinere Behälter mit 25 bis 30 Liter Inhalt vorgesehen, die wegen der Schwerpunktlage so weit wie möglich nach vorn gesetzt und aus Sicherheitsgründen mit Gummi ummantelt werden sollten. Die Schnelltankventile vorn und hinten sollten demontiert und vorne durch normale Tankverschlüsse ersetzt werden. Die Kraftstoffpumpen sollten, ebenfalls zugunsten eines weiter vorn liegenden Schwerpunkts, direkt hinter die Tanks versetzt werden. Die Batterie mit 44 Ah sollte vorne links im Bug untergebracht und das Zuleitungskabel aus Gewichtsgründen aus Aluminium gefertigt werden. Die als Folge der Windkanaluntersuchungen eingeplanten vorderen seitlichen Abtriebsflächen sollten beweglich mit einem Anstellwinkel von 15°-45° ausgeführt werden. Schließlich wurde noch eine Halon-Feuerlöschanlage vorgesehen, wobei der Löschmittelbehälter im Bug, im Bereich des ehemaligen Ladeluftkühlers, Platz finden sollte.

Neue Anforderungen: der Umbau des C 111-III

Im Laufe des Oktobers wurde Wagen 41 bei der Waggonfabrik Rastatt auf Basis der Ergebnisse, die sich im Vormonat bei der Windkanaluntersuchung von Wagen 42 ergeben hatten, umgebaut. Neben einer Heckverlängerung um 500 mm betraf dies vor allem eine verbreiterte, stärker bombierte Front mit einem ausgeprägten Bugflachspoiler, außerdem zwei Stabilisatorflossen sowie seitliche Abtriebsflächen im Heck.

So funktional die Karosserieänderungen auch sein mochten – schließlich hatte man sie auf Basis der Windkanaluntersuchungen vorgenommen – , so unbefriedigend waren sie in stilistischer Hinsicht. In Übereinstimmung mit Rüdiger Fauls Feststellung »Auf stilistische Belange wurde bei der Modifizierung des Fahrzeugs keine Rücksicht

Auf Basis der im Windkanal gewonnenen Erkenntnisse wurde Wagen 41 im Oktober/November 1978 in der Waggonfabrik Rastatt umgebaut. Die Gitterstruktur im Bug trug den sehr stark belastbaren Bugflachspoiler, und für das verlängerte Heck erhielt der Gitterrohrrahmen ein zusätzlich montiertes Gitterwerk.

Ende Oktober 1978 waren die modifizierte Bugpartie und das verlängerte Heck auch karosserieseitig bereits realisiert.

genommen.« vermerkte Designchef Bruno Sacco auf einem Foto, das den Umbau des C 111-III zum C 111-IV zeigte, seine Einschätzung »Kein Gestaltungsauftrag, wilde Formpflege«. Von dieser Kritik offenbar angespornt, unternahm der Stilistikbereich Anstrengungen, eine gestalterisch befriedigende Alternative zu entwickeln. Dabei entstanden im Oktober und November 1978 drei überaus elegant und schnittig anmutende 1:5-Modelle, die jedoch nicht zu einem 1:1-Modell oder gar einem realen Fahrzeug weiterentwickelt wurden. Auch wenn der damals schon recht weit fortgeschrittene C 111-IV nicht gerade durch gestalterische Eleganz bestach, so hatte er doch einen zeitlich kaum einzuholenden Vorsprung und war, wie die Windkanaluntersuchungen bestätigten, offenbar dazu geeignet, die in ihn gesetzten Erwartungen – zumindest im Hinblick auf seine Leistungsfähigkeit – zu erfüllen.
Ende November 1978 waren nicht nur bei Dunlop, sondern auch bei Michelin Reifen für die Anforderungen der Rekordfahrt in Entwicklung. Bei Dunlop hatte einer der neuen Reifen erfolgreich einen Prüfstandtest absolviert – angefangen mit 10 Stunden bei 350 km/h,

Was wie eine Ansammlung von Sofakissen erscheinen mag, dokumentiert in Wirklichkeit eine Belastungsprobe mit Sandsäcken für den Flügel zwischen den Heckflossen, der am Ende trotz Belastung mit 400 kg keinerlei Stabilitätsschwächen zeigte.

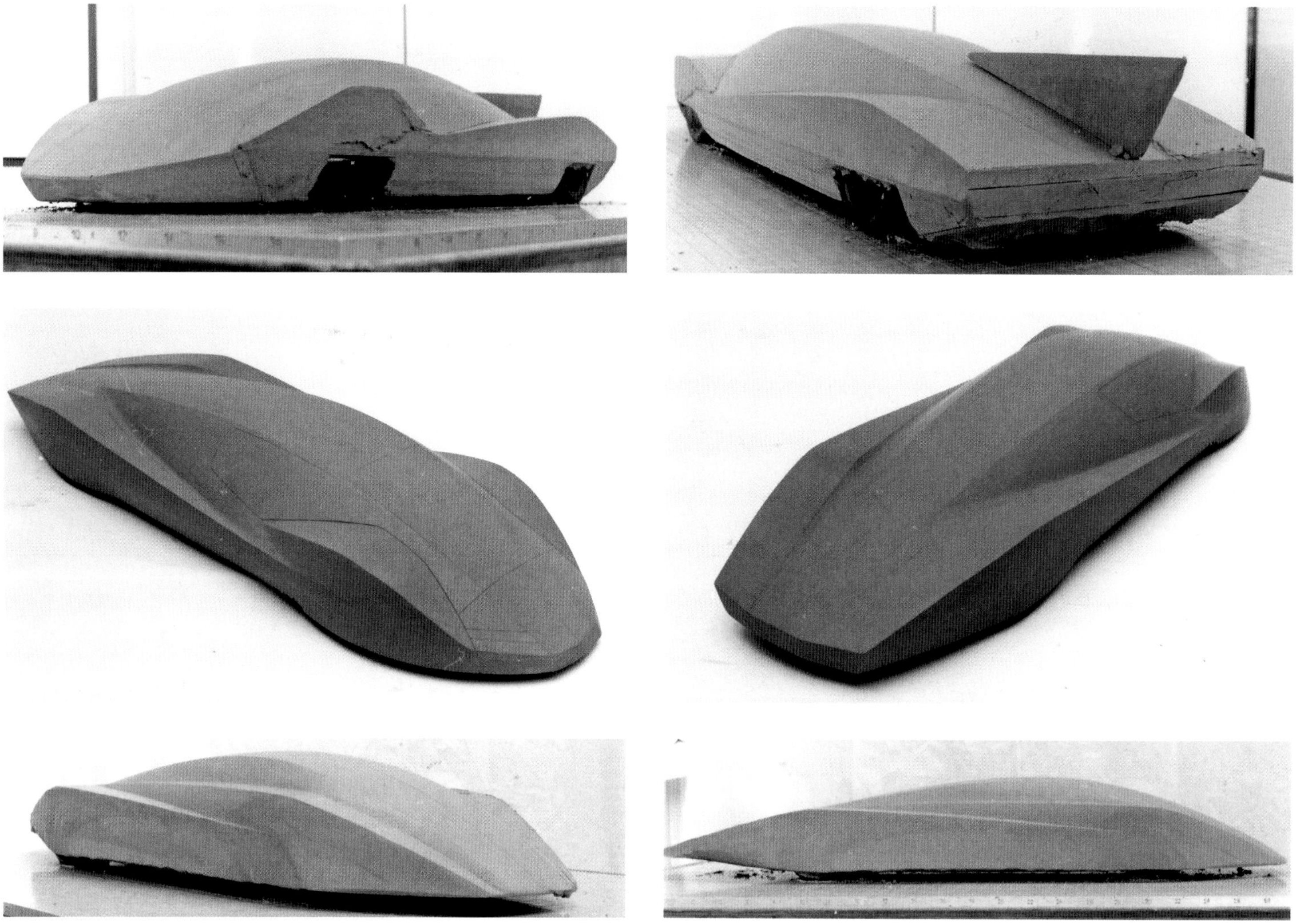

Zwischen Anfang Oktober und Ende November 1978 erarbeiteten Peter Pfeiffer und Joseph Gallitzendörfer unterschiedliche Entwürfe für den C 111-IV, die sich durch gestalterische Eleganz und Homogenität auszeichneten und als 1:5-Modell dargestellt wurden. Am Ende wurden sie nicht weiterentwickelt, weil dafür die Kapazitäten fehlten und der Umbau des C 111-III inzwischen schon sehr weit fortgeschritten war.

dann jeweils 10 Minuten lang in Steigerungsschritten von 10 km/h bis hin zur Endgeschwindigkeit von 500 km/h, bei der der Versuch nach 10 Minuten ohne Beanstandung abgebrochen wurde.

Auch auf Motorenseite ging es voran. Aufbau und Erprobung des notwendigen Antriebs hatte diesmal nicht die Versuchsabteilung für seriennahe Motoren übernommen, sondern das im Daimler-Benz Forschungsbereich angesiedelte Kraftmaschinenlabor für Kolbenmotoren (E6LK). Am 20. Dezember 1978 konnte der für das Projekt verantwortliche Ingenieur Gert Withalm mitteilen, dass ein auf 4820 cm³ aufgebohrter, mit zwei Turboladern ausgerüsteter V8-Motor auf Basis des 4,5-Liter-Serienaggregats M 117 ohne Einsatz eines Ladeluftkühlers eine Leistung von 492 PS/362 kW bei 6000/min erreicht hatte. Bei Anpassung der Turbolader, Erhöhung der Drehzahl auf 6500/min und Verwendung anderer Kraftstoffe stellte Withalm weitere Leistungssteigerungen in Aussicht. Der eigentlich besonders geeignete 5-Liter-Leichtmetall V8 konnte nicht verwendet werden, weil der Einbauraum für die dabei erforderliche Gemischaufbereitungsanlage – zwei serienmäßige K-Jetronic-Einheiten, wie sie bei den Voruntersuchungen zunächst verwendet wurden – im Fahrzeug nicht zur Verfügung stand. Die Lösung lag in der Verwendung einer mechanischen Einspritzpumpe des serienmäßigen 6,3-Liter-V8 M 100, die im V des Motors untergebracht wurde. Dies war aus räumlichen Gründen aber nur bei der Graugussausführung des M 117 möglich.

Aus Gründen der Aerodynamik musste auf die Verwendung eines Ladeluftkühlers verzichtet werden. Wegen der sehr hohen

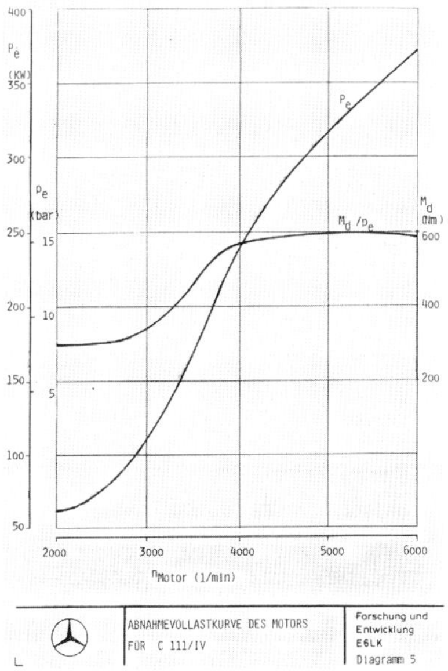

Als Antriebsaggregat des C 111-IV kam eine auf 4,8 Liter Hubraum aufgebohrte Variante des Pkw-V8-Motors M 117 mit Biturboaufladung zum Einsatz. Die Abnahmevolllastkurve weist eine Leistung von 503 PS/370 kW bei 6000/min aus.

Abgastemperatur von knapp 1100 °C kamen nur Turbolader der Firma Kühnle, Kopp & Kausch (KKK) in Frage, da die für diese Motorleistung geeigneten Lader von Garrett AiResearch Turbinen aus weniger warmfestem Material verwendeten, bei denen zudem wegen der um ca. 20.000/min höheren Drehzahlen etwa 30 % größere Fliehkräfte auftraten. Das Ölwannenunterteil wurde um 56 mm verlängert, um eine größere Ölmenge unterbringen und Ölverschäumung durch Planschen vermeiden zu können. Wichtig war dies im Hinblick auf die extremen Einsatzbedingungen, unter denen der Ölspiegel durch Einwirkung der Fliehkraft ständig schräg gestellt wird. Bei Verwendung von Superkraftstoff und einem Ladedruck von 2,2 bar wurde eine Leistung von 380 kW/517 PS bei 6000/min bzw. 408 kW/555 PS bei 6500/min erzielt. Für die Rekordfahrt wurde der Motor auf 370 kW/503 PS bei 6000/min eingestellt.

Mammutmessung im Windkanal: die Detailoptimierung des C 111-IV

Vom 11. bis 18. Januar 1979 wurde Wagen 41, der in der Waggonfabrik Rastatt auf Basis der letzten Messung umgebaut worden war, zur aerodynamischen Überprüfung und Optimierung im großen Windkanal untersucht. Die Ergebnisse dokumentierte Rüdiger Faul in einem Technischen Bericht mit Datum vom 9. März. Inzwischen waren nicht nur die im Rahmen der vorherigen Untersuchung provisorisch ausgeführten Änderungen in GFK ausgeführt, man hatte in Rastatt auch eine Reihe weiterer Anbauteile vorbereitet, mit denen nun mögliche Optimierungsmaßnahmen bewertet werden konnten. Im Anlieferungszustand wurde ein Luftwiderstandsbeiwert gemessen, der mit 0,159 im erwarteten Rahmen lag. Allerdings

Das Foto von Anfang Dezember 1978 zeigt den nahezu fertiggestellten C 111-IV. Nach umfassenden Windkanaluntersuchungen erfolgten weitreichende Änderungen: Die Flügel über dem Dach und zwischen den beiden Seitenflossen entfielen, und der Bugflachspoiler wurde ebenso optimiert wie die seitlichen Abtriebsflächen im Heck.

Dieses ebenfalls Anfang Dezember 1978 aufgenommene Foto zeigt das Fahrzeug mit demontiertem Überdachflügel und geöffneten Klappen. Gut erkennbar sind die vorn und hinten unterschiedlichen Felgen und die modifizierten Tankeinfüllstutzen, die über die bisherigen Entlüftungsöffnungen zugänglich waren.

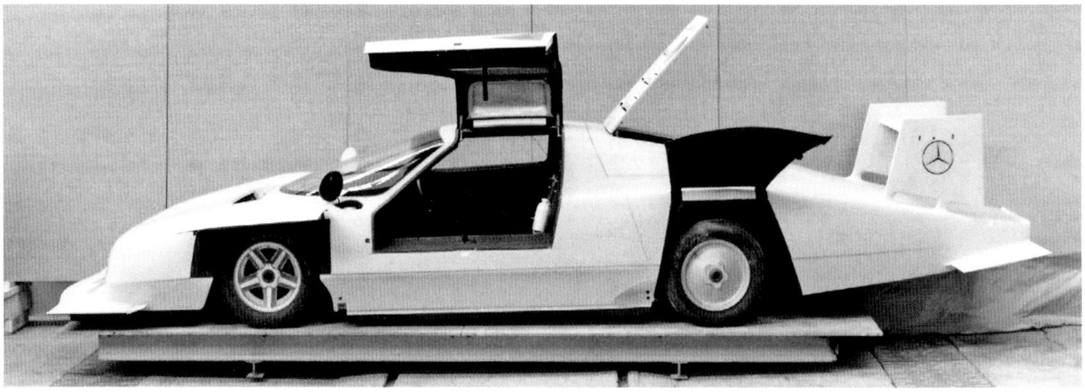

entsprachen weder der Vorderachs- noch der Hinterachsabtrieb den erwarteten Werten.

Bei der Messung wurde mit 66 Varianten erneut eine Vielzahl unterschiedlicher Ausführungen untersucht. Für das mit Bugflachspoiler und Teilbugspoilerkästen ausgerüstete Fahrzeug ergab sich ohne abtriebsfördernde Maßnahmen am Heck ein c_W-Wert von 0,150. Im Hinblick auf Vorderachs- und Hinterachsabtrieb optimierte einsatzfähige Varianten erzielten c_W-Werte zwischen 0,174 und 0,186. Der Kühlluftanteil konnte dabei durch den Wegfall der Ladeluftkühlung sowie der Getriebeöl- und Kraftstoffkühlung von $\Delta c_W = 0{,}022$ auf $\Delta c_W = 0{,}014$ reduziert werden. Eine endgültige Variante wurde im Rahmen der Untersuchung nicht festgelegt. Die Messungen hatten stattdessen das im genannten Technischen Bericht von Faul formulierte Ziel, »ein breites Spektrum von möglichen Maßnahmen zur Erhöhung der Fahrstabilität bei möglichst geringem Luftwiderstandszuwachs zu untersuchen, um bei der Fahrzeugabstimmung auf der Bahn in Nardò darauf zurückgreifen zu können.«

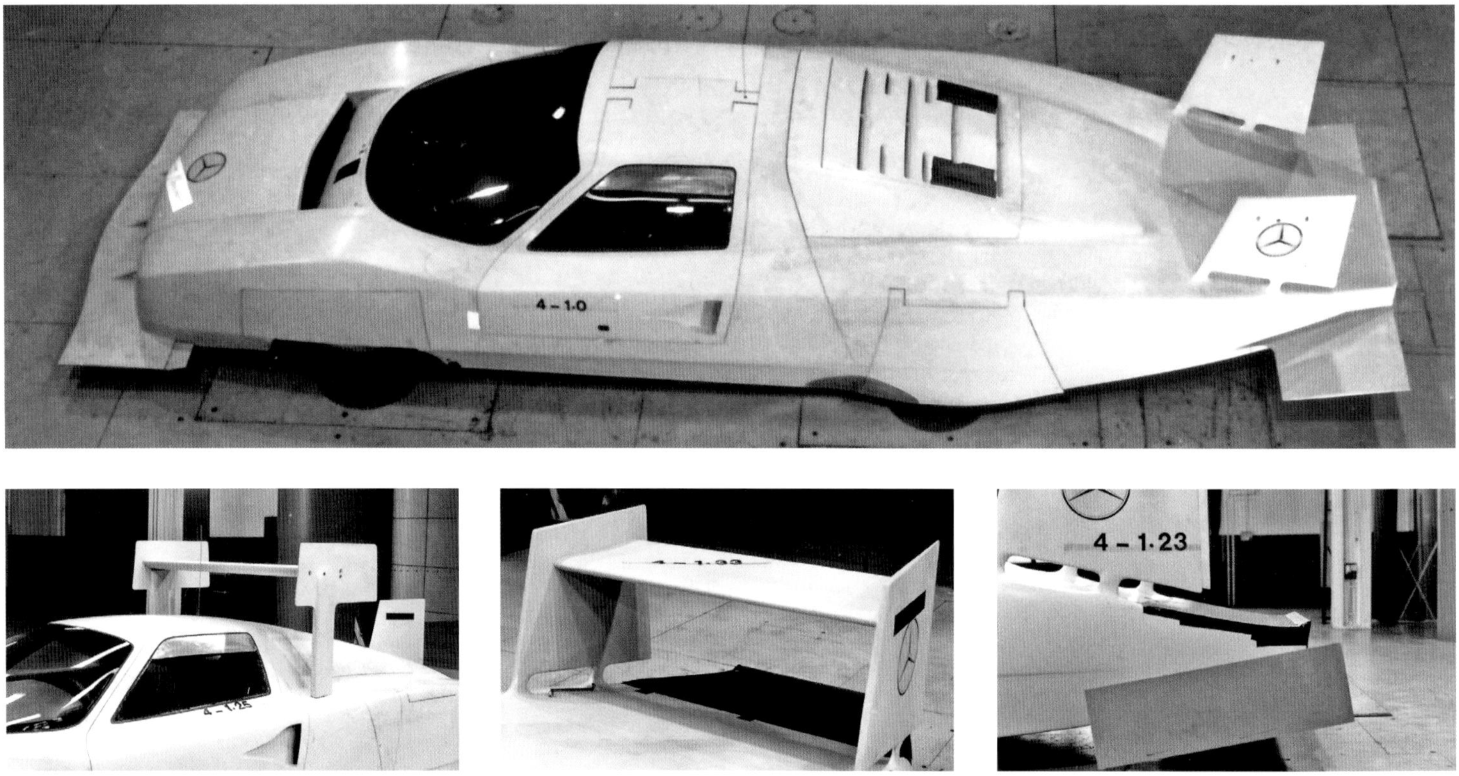

Bei der Windkanaluntersuchung im Januar 1979 wurden erneut zahlreiche Varianten mit unterschiedlichen Anbauteilen untersucht, darunter Überdachflügel, Heckflügel und Abtriebsflächen mit Endscheibe. Das große Foto zeigt den Ausgangszustand, bei dem der Überdachflügel und der Flügel zwischen den Heckflossen demontiert sind. Das in mattem Grau grundierte Fahrzeug erhielt in Anspielung an die als »Green Monster« bekannten US-amerikanischen Rekordwagen intern den Beinamen »Gray Monster«.

Einige Varianten – z. B. mit Flügel über dem Dach des Fahrzeugs – kamen »aufgrund des ungünstigen Verhältnisses zwischen Luftwiderstandsbeiwert und Auftriebsbeiwerten als Fahrversionen nicht in Betracht«, gingen z. T. aber dennoch in die praktische Erprobung. Im Windkanal untersucht wurden auch unterschiedliche Heckflügel zwischen den beiden senkrechten Stabilisatorflossen. Diese hatten jedoch prinzipiell, wie Faul feststellte, »den Nachteil, daß die erzeugte Abtriebskraft auf beide Hinterräder wirkt. Da das kurvenäußere Hinterrad durch die am Fahrzeug angreifende Zentrifugalkraft bereits hoch belastet ist, ist eine weitere Belastung durch die Abtriebskraft [...] aus Gründen der Reifenbelastung nicht erwünscht.« Als Alternative zu Heckflügeln erwiesen sich seitliche Abtriebsflächen am Heck. Diese scherzhaft-liebevoll als Hummerschwänze bezeichneten Anbauteile ermöglichten laut Faul »sogar noch ein günstigeres Verhältnis zwischen Widerstands- und Abtriebszuwachs [...] als mit den Heckflügeln« und gestatteten zudem die Erzeugung asymmetrischer Abtriebskräfte an der Hinterachse. Auch an der Vorderachse waren, wie Faul ausführte, »mit Hilfe von unterschiedlich angestellten Hinterkantenflaps und der Endscheiben am Bugflachspoiler asymmetrische Abtriebskräfte« möglich. Die Hinterkantenflaps waren zudem »so mit der Vorderachse verbunden, daß sie beim Ausfedern stärker negativ angestellt werden und somit der Ausfederung entgegenwirken.« Welche der untersuchten Varianten tatsächlich beim Rekordversuch zum Einsatz kommen sollte, musste nach Einschätzung von Faul »bei der Fahrerprobung festgelegt werden«.

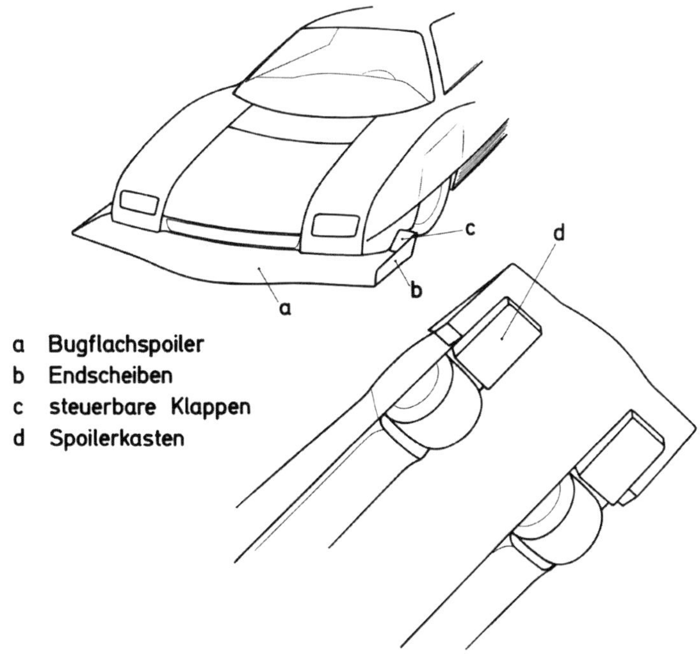

Der Bugflachspoiler des C 111-IV war mit einem ausgeklügelten System von unterschiedlich großen Endscheiben, steuerbaren Klappen (»Hinterkantenflaps«) und Spoilerkästen perfekt an die Bahnverhältnisse in Nardò angepasst.

Noch während die Windkanalmessungen liefen, wurde die Frage der Rekordstrecke erörtert. Auf eine Anfrage der Untertürkheimer Sportabteilung antwortete Leo Levine, Kommunikationschef von Mercedes-Benz of North America, mit einem Fernschreiben vom 16. Januar: »At present, the fastest track available for use in the United States is the Transportation Research Center in Ohio, which is 12 kilometers per lap. We do not believe this track is as fast as Nardo, since it has straights and turns, rather than just being a circle. Renault was there in 1978, but ran into weather and mechanical problems.« Es blieb also bei der Pista di Nardò. Ende Februar wurden die Termine für die Fahrerprobung sowie die eigentliche Rekordfahrt definiert: Die Versuchsfahrten sollten vom 24. März bis 1. April stattfinden; anschließend waren für das Wochenende 28./29. April weitere Tests, für den 30. April die Vorbereitungsarbeiten und für den 1. Mai 1979 die Rekordfahrt vorgesehen. Die Fahrversuche Ende März sollten auch dazu dienen, praktische Erfahrungen mit den von Michelin und Dunlop neu entwickelten Reifen zu sammeln und die für den Rekord zu verwendenden Reifen festzulegen.

Am 19. März teilte Bernd Göckeritz von der Räder- und Reifenentwicklung in Untertürkheim positive Ergebnisse der bei Michelin laufenden Prüfstandsversuche mit. Die für die Fahrerprobung vorgesehenen Reifen sollten bereits bei Michelin auf die bereitgestellten Felgen montiert, auf dem Prüfstand in Stufen von 350 km/h und 400 km/h kurz getestet und anschließend mittels Röntgen und Ultraschall untersucht werden. Vorgesehen war eine Füllung mit Stickstoff, da dieser nicht so schnell diffundieren kann wie Luft. Von Michelin wurde auch explizit darauf hingewiesen, »daß es unerlässlich ist, die Strecke vor Beginn der Fahrten sorgfältig auf Fremdkörper abzusuchen.«

Am 15. und 16. März wurde Wagen 41 erneut im großen Windkanal in Untertürkheim vermessen. Die Untersuchungen dienten dabei, wie Rüdiger Faul im Technischen Bericht vom 3. April festhielt, »vor allem dazu, die Abtriebsverteilung asymmetrisch auszulegen, um den bahnspezifischem Bedingungen in Nardò Rechnung zu tragen. Zudem sollte der Luftwiderstand von wahrscheinlichen Fahrzeugzuständen ermittelt werden, um auf die zu erwartenden Fahrleistungen schließen zu können.« Zu den Ergebnissen fuhr Faul fort: »[...] Die Luftwiderstandsbeiwerte der untersuchten Fahrzeugvarianten, die für die Fahrerprobung in Betracht kommen, lagen zwischen 0,190 und 0,200. [...] Der Kühlluftanteil stieg gegenüber den Messungen im Januar wegen

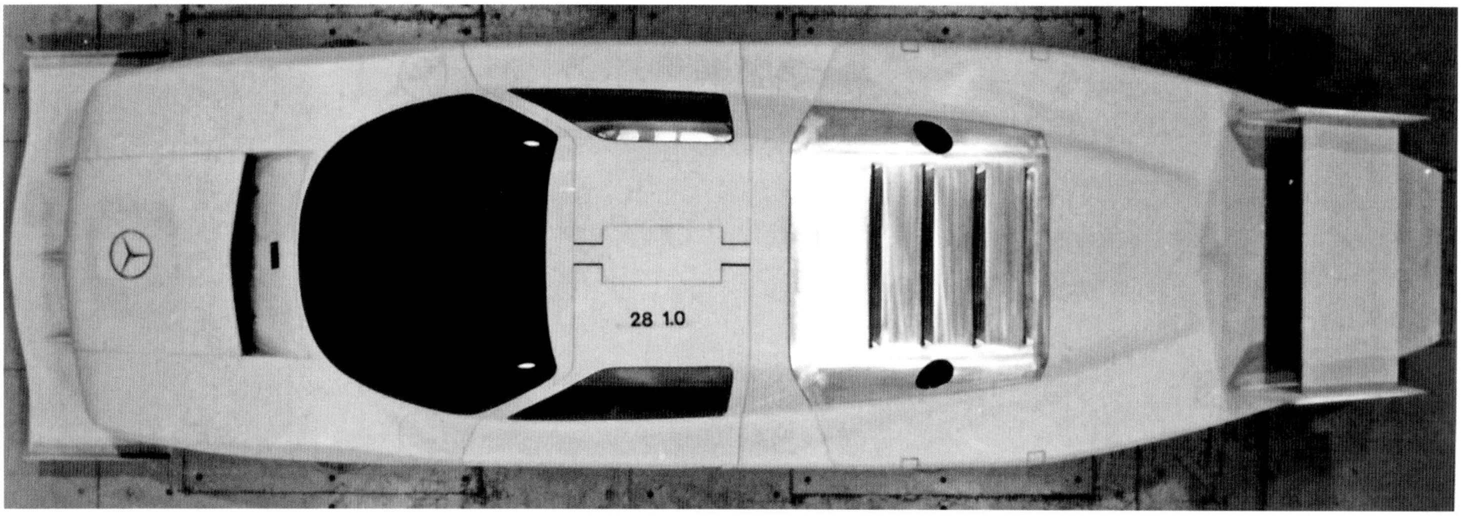

Im März 1979 wurde Wagen 41 im Vorfeld der Rekordfahrt ein letztes Mal im Windkanal untersucht – insbesondere, um die asymmetrische Abtriebsverteilung zu optimieren. Das große Foto zeigt den Ausgangszustand mit symmetrischen Endscheiben vorn und großem Heckflügel, aber ohne seitliche Abtriebsflächen im Heck. Die optimierte Motorhaube fällt wegen ihrer fehlenden Lackierung sofort ins Auge.

des wieder in Betrieb genommenen Getriebeölkühlers im Heck sowie einer gezielten Motorraumbelüftung, deren Kühllufteintritt im Bereich der Scheinwerfer liegt, von $\Delta c_W = 0{,}014$ auf $\Delta c_W = 0{,}017$ an. [...] Bei den erzielten Abtriebsbeiwerten ließ sich der Luftwiderstandsbeiwert nicht unter den Wert des Diesel-Weltrekordfahrzeugs absenken. Niedrigere c_W-Werte [...] lassen sich am modifizierten Fahrzeug erreichen, jedoch nur unter Verzicht auf einen Teils des Abtriebs. [...]«

Generalprobe: Versuchsfahrten in Nardò

Am 21. und 22. März 1979 setzten sich eine Lkw- und eine Pkw-Kolonne von Untertürkheim nach Süditalien in Bewegung, um die Erprobung des neuen Rekordwagens unter Einsatzbedingungen wie geplant ab dem 24. März vornehmen zu können. Eine Management Summary der Ergebnisse erstellte Hans Liebold nach der Rückkehr nach Untertürkheim in einer vom 2. April datierenden Mitteilung an Entwicklungschef Werner Breitschwerdt: »In den für die letzten Weltrekordfahrten benutzten Wagen wurde ein 4,8 l M 117 mit 2 Turboladern und einer Prüfstandsleistung von 504 PS eingebaut. An der Karosserie wurden die Bugform verändert und ein verlängertes Heck angebaut. Durch einen Flachspoiler vorn und zwei Abtriebsflächen hinten wurde die Anpreßkraft der Räder erhöht. Nach provisorischer Erhöhung des Ladedruckes wurden in Nardo folgende Fahrleistungen erreicht:

Schnellste Runde	404,4 km/h
[...]	
10 km mit stehendem Start	ca. 325 km/h
[...]	
10 Meilen mit stehendem Start	ca. 340 km/h
[...]	

Durch den Einbau des Reservemotors mit max. 5 % mehr Leistung und besserer Regelbarkeit sowie einer vorgesehenen geänderten Ansaugluftführung sollten sich alle diese Werte noch leicht verbessern lassen. Für die Rekorde über 100 km und 100 Meilen wird reifenseitig die

Bei der Erprobung des neuen Rekordwagens unter Einsatzbedingungen kam auf Betreiben von Hans Liebold trotz der aerodynamisch ungünstigen Prognose auch der Überdachflügel zum Einsatz. Die Rekordfahrt im Mai absolvierte das Fahrzeug dann ohne das mächtige Anbauteil.

max. zulässige Geschwindigkeit nach Prüfstandsversuchen noch von Michelin festgelegt. Gefahren wurde bisher mit 380 km/h, was mit stehendem Start einem Durchschnitt von 374 km/h entsprach. Mit einem endgültigen Wert von ca. 380 km sollte zu rechnen sein. Die derzeitigen Weltrekorde (316,4 bzw. 319,8 km/h) werden von unserem C 101 D 30-41 gehalten.
Als Rekord-Termin wurde der 5.5. in Aussicht genommen.«

Breitschwerdt brachte das Thema als Tageordnungspunkt »Rekordfahrten« in die Vorstandssitzung vom 3. April 1979 ein und erzielte dabei, wie das Protokoll vermerkt, »Einvernehmen, mit einem Fahrzeug vom Typ C 111/3 mit einem aufgeladenen 4,8 l-Benzinmotor Rekordversuche über 10 km und 10 Meilen am 5.5.1979 auf dem Kurs in Nardo vorbehaltlich einer besonders negativen Entwicklung auf dem Energiesektor durchzuführen.« Mit der abschließenden Bemerkung machte der Vorstand die Durchführung der Rekordfahrt davon abhängig, dass keine tagespolitischen Ereignisse eintreten, die eine solche Fahrt nicht opportun erscheinen lassen würden.

Bernd Göckeritz fasste die auf Räder und Reifen bezogenen Ergebnisse der Ende März erfolgten Versuchserprobung in einem vom 5. April datierenden Technischen Bericht zusammen. Wie bei der Rekordfahrt des C 111-III kamen Kloth-Senking-Räder der Formate 8 J x 15 H2 (vorn) bzw. 9 ½ J x 15 H2 (hinten) zum Einsatz. Michelin hatte jeweils zwei verschiedene Varianten der beiden Dimensionen 20/63-15 und 23/67-15 bereitgestellt, die in unterschiedlicher Kombination eingehend erprobt wurden. Die Reifenauslegung war auf Basis folgender dynamischen Radlasten erfolgt: 329 kg (VL), 524 kg (VR), 427 kg (HL) und 520 kg (HR). Die besten Ergebnisse wurden mit einer Kombination von vier unterschiedlichen Reifen und einem Reifendruck von 3,4 bar erzielt: Dabei war vorn der 20/63-15 und hinten der 23/67-15 montiert – jeweils links auf der kurveninneren Seite als Typ 1 und rechts auf der kurvenäußeren Seite als Typ 2, der im Vergleich zu Typ 1 weniger temperaturempfindlich war, aber eine geringere Seitenstabilität aufwies. Mit dieser Kombination wurde die von Hans Liebold genannte Geschwindigkeit von 404,4 km/h erreicht.

Der C 111-IV in der endgültigen Konfiguration, wie sie Anfang Mai bei der Rekordfahrt zum Einsatz kam. Die Fotos entstanden im April 1979 auf der Einfahrbahn des Werks Untertürkheim und zeigen sehr gut die asymmetrisch ausgelegten Endscheiben des Bugflachspoilers und der hinteren Seitenflächen.

Das Cockpit des Rekordwagens zeigt die vom C 111-III bekannte Instrumentierung und das neue größere Lenkrad. Gut erkennbar sind die beiden roten Schläuche, die den Motor mit Luft versorgen. Der 4,8-Liter-V8 füllt den Motorraum des C 111-IV sehr gut aus.

Außerdem wurde ein Dauerlauf über 13 Runden (entsprechend 164,3 km oder 102,1 Meilen) mit 380 km/h gefahren. Die Fahrbahn wurde, wie der Bericht festhält, »täglich vor dem Start auf Fremdkörper abgesucht und es wurden viele Eisen- und Blechteile, sowie Steine und Glas gefunden.« Bei einer Außentemperatur von 20 °C wurden nach Ende des Dauerlaufs Reifentemperaturen zwischen 46 und 60 °C gemessen. Fahrten mit unterschiedlichen Sturzwerten zwischen -45 und -15 Winkelminuten zeigten in diesem Bereich eine hohe Sturzunempfindlichkeit ohne nennenswerten Einfluss auf die Temperaturverteilung. Für die kommende Rekordfahrt sollte Michelin die Reifen in der erprobten Kombination bereitstellen, wobei wie bei den vorhergehenden Versuchen eine Füllung mit Stickstoff vorgesehen war. Michelin sollte zudem prüfen, welche Geschwindigkeit für den 100-Meilen-Rekord zugelassen werden konnte. Zugesagt waren »380 km/h, eventuell 390 km/h«.

Für die Reifen von Dunlop vermerkte der Bericht, dass sie »aus verschiedenen Gründen [...] nicht zum Einsatz« kamen.

Erfolg trotz Hindernissen: die Weltrekordfahrt des C 111-IV

Die eigentliche Rekordfahrt fand dann am 5. und 6. Mai 1979 mit Hans Liebold am Steuer statt. Den Verlauf und die Ergebnisse dokumentierte der Rekordfahrer in einem Technischen Bericht vom 15. Mai, der hier weitgehend ungekürzt wiedergegeben wird:

»Der C 101 D 30 - 41, der zunächst als Trainingswagen für die vorjährigen Dieselrekorde vorgesehen und nach Ausfall des D 42 als Einsatzwagen verwendet wurde, wurde zur Erlangung des absoluten Rundenweltrekordes im Windkanal nochmals überarbeitet, wobei ein optimiertes c_w bei deutlich vergrößertem Abtrieb im Vordergrund stand [...]. Anschließend wurde ein 4,8 l M 116 [tatsächlich handelte es sich wie beschrieben um einen aufgebohrten M 117 aus der gleichen Motorenfamilie, d. Verf.] mit 2 KKK Turboladern von E6LK [...] angepaßt und eingebaut.

Die Auswahl der vorbereiteten Abtriebsflächen und Reifen wurde mit der allgemeinen Fahrwerk-Optimierung und Motorabstimmung im März in Nardo durchgeführt. Nach Überprüfung aller Bauteile in Ut. und Einbau des vormaligen Reservemotors wurden die eigentlichen Rekordversuche am 5. und 6. Mai wieder dort unternommen. Bei diesen Fahrten trat nochmals eine Reihe teils unerwarteter Schwierigkeiten auf, die auf die Grenzbelastung spezieller Aggregate oder Bauteile hinwiesen. Neben einer Verbesserung des Rundenweltrekordes um 48 km/h konnten aber auch die FIA-Weltrekorde über 10 km bis 100 Meilen um jeweils 37 bis 60 km/h überboten werden.

Für spätere Versuche ist zur Entlastung der durch den Schräglauf unzulässig beanspruchten Reifen (maximale Seitenkraftbeanspruchung am rechten Hinterrad 300 kg) ein aerodynamischer Seitenkraft- und Rollmomentausgleich vorgesehen. Entsprechende Versuche wurden u.W. bisher nur 1938 von Daimler-Benz unternommen [Hier bezieht sich Liebold auf ein historisches Foto eines Silberpfeils mit beidseits senkrecht neben dem Cockpit montierten Seitenflügeln. Diese konnten allerdings nicht – wie jetzt vorgesehen – der Seitenkraft, sondern lediglich dem Giermoment entgegenwirken, d. Verf.]. Nachdem derartige Maßnahmen jetzt aus Reifengründen unumgänglich werden, sollten sie unbedingt vertraulich behandelt werden, um einer evtl. interessierten Konkurrenz keine Hinweise zu geben. Aus wirtschaftspolitischen Gründen sollten in Zukunft außerdem Alternativ-Kraftstoffe Verwendung finden.

Im folgenden wird kurz über den Ablauf der beiden Versuchsreihen in Nardo berichtet:

Bei den Versuchen im März wurde neben der planmäßigen Erprobung einer Reihe von Michelin vorbereiteter Reifen [...] zunächst die Wirkung der verschiedenen Abtriebshilfen abgeklärt. Mit 4 verschiedenen Reifen an den 4 Ecken des Wagens gelang es ein so hinreichend stabiles Fahrverhalten zu erzielen, daß im weiteren allein mit dem Bugspoiler und den hinteren seitlichen Heckflossen gefahren werden konnte. Diese »Hummerschwänze« kosten vermutlich wegen ihrer Lage im Wirbelgebiet kaum zusätzlichen Widerstand bei hinreichenden Abtriebswerten. Auch die Wirkung der von der vorderen Radaufhängung gesteuerten Klappen an den Flachbugspoilern und die Gierstabilisierung durch die beiden Seitenflossen entsprachen den Erwartungen vom Windkanal, so daß nach einer leichten Anhebung des Ladedruckes bei sehr stürmischem Wind ein Rundendurchschnitt von 404,4 km/h erreicht wurde.

Mit dem letzten Reifensatz wurde außerdem eine 100 Meilen-Vorerprobung gefahren, die über diese Distanz eine vorläufige

Dauergeschwindigkeit von 380 km/h zuließ. Da zu diesem Zeitpunkt die v_{max} noch nicht gefahren war und für die Temperaturmessungen ohnehin Zwischenstopps erforderlich waren, wurde der rechte – leitplankenseitige – Tank bei diesen Fahrten nicht gefüllt. Die Wirkung der Tankumschaltung und der zusätzlichen Tankquerpumpe wurde daher nur in Ut. im Stand erprobt. Bei den Fahrten selbst reagierte der aus aerodynamischen Gründen jetzt extrem niedrig gesetzte Wagen auf der zum Teil recht stößigen Strecke schon sehr empfindlich auf kleine Niveauabweichungen durch Federsetzen oder Änderungen an den Abtriebshilfen. Sobald die Gummipuffer stärker zum Einsatz kamen, mußte die Lenkung extrem festgehalten werden, was in Vollgasstellung mit zwei fest abgestützten Beinen als Anlage für die Arme noch besser zu erreichen war als bei Teillast, obgleich auf der anderen Seite jede Verringerung der Geschwindigkeit stark zur spürbaren Entlastung des Wagens beitrug. (Nach Berechnungen von K1V geht die Geschwindigkeit für die Reifenbelastung bei Schräglauf zum Teil in der fünften Potenz ein.)

Vor der eigentlichen Rekordfahrt reichte die Mittagspause am 4.5. nur für eine kurze Überprüfung der von Michelin nochmals geänderten (jetzt nur noch vorn und hinten unterschiedlichen) Reifen und einer zweimaligen Überprüfung des v_{max}. Auf der Handlingplatte des Geländes wurde mit Rollreifen der Motor einreguliert.

Der erste Rekordversuch am 5. Mai, 8 Uhr morgens wurde dann wegen fehlender Zeitnahme bei voller Geschwindigkeit abgebrochen [die Zeitnehmer waren zwar, wie Liebold separat mitteilte, auf der Strecke anwesend, eine Zeitnahme fiel aber Verständigungsschwierigkeiten zum Opfer, d. Verf.]. Bei der unmittelbar danach begonnenen Wiederholung rutschte die Kupplung kurz nach Erreichen des vollen Drehmomentes im 5. Gang plötzlich durch, so daß auch dieser Versuch abgebrochen werden mußte. Nach dem Ausbau erwiesen sich die Kupplungslamellen selbst voll in Ordnung, allerdings wurden geringe Fettreste vom Ausrücklager festgestellt. Wahrscheinlich war aber die Tatsache, daß erstmals unmittelbar nach einem Abbruch aus voller Fahrt und einer entsprechenden Wärmeübertragung auf das Getriebe wieder angefahren wurde, für dieses Verhalten verantwortlich. Nachträgliche Untersuchungen zeigten eine sehr starke Abhängigkeit des verwendeten Reibbelages von der Temperatur. [...]

Von V1A war wegen der bekannten Grenzbelastung (übertragbares Drehmoment der Zweischeiben-Kupplung mit Textar Belag 538 max. 600 Nm, vorhandenes Motormoment 600 Nm) vor der Rekordfahrt eine Dreischeiben-Kupplung mit Sinterbelägen bestellt worden, die zwei Tage vor der Abfahrt von Fichtel & Sachs angeliefert wurde (übertragbares Drehmoment ca. 900 Nm). Nachdem diese Kupplung noch völlig unerprobt war, wurde in Nardo zunächst wieder eine der 2 mitgenommenen Ersatzkupplungen des bisher verwendeten Typs eingebaut, die aber aus nachträglich nicht mehr zu klärenden Gründen vom ersten bis zum letzten Start bisher nie beobachtete Vibrationen aufwies und beim vollen Aufbringen des Drehmoments in allen Gängen durchrutschte. Der zweiten Ersatzkupplung waren versehentlich zwei Lamellen mit Belagfederung beigegeben worden, so daß eine Kombination mit den schon gelaufenen Teilen eingebaut werden mußte, die wieder negativ ausfiel.

So wurde abschließend die neue Dreischeiben-Kupplung eingebaut, die zwar beim Aufbringen des vollen Drehmoments nach extrem vorsichtigem Start schon auf der Zufahrt zur Bahn wieder durchrutschte, sich aber bei einer anschließenden Einlaufrunde mit langsam gesteigertem Moment so weit einschliff, daß die beiden Vollgasrunden noch unmittelbar vor Einbruch der Dunkelheit ausgeführt werden konnten. Wegen des sehr vorsichtigen Anfahrens und frühzeitigen Hochschaltens fielen die Werte für 10 km und 10 Meilen mit stehendem Start jeweils ca. 5 km/h niedriger aus als im März, liegen aber immer noch erheblich über dem bisherigen FIA-Weltrekord (Gregg 1978 auf Porsche 935). Die schnellste Runde in geschlossener Bahn wurde von 355,7 km/h (Donohue auf Porsche 917 - Can Am, Talladega 1975) auf 403,9 verbessert.

Für die längeren Distanzen am nächsten Morgen wurde mit Michelin eine Geschwindigkeit von 385 km/h vereinbart, die bei ebenfalls extrem vorsichtigem Anfahren zu einem 100 km/h-Durchschnitt von 375 km/h [gemeint ist der Wert für 100 km mit stehendem Start, d. Verf.] führte. Danach wurde diese Fahrt wegen unzulässiger Getriebeöl-Temperatur abgebrochen. (Ein Befund von ZF liegt noch nicht vor.) Nach Einbau eines Ersatzgetriebes und einem verbesserten Getriebeölkühler-Lufteinlaß wurde erneut begonnen.

Diesmal blieb der Wagen in der letzten Runde mit Benzinmangel stehen, obgleich der rechte Tank noch zu 1/4 gefüllt war.

Vermutlich hat die zusätzlich eingebaute Querpumpe, die den Rest des rechten Tankinhalts nach dem automatischen Umschalten nach links pumpen sollte, dies gegen die Fliehkraft von ca. 0,5 g nicht hinreichend geschafft. Für den letzten Versuch wurde daher extrem »leichtfüßig« gefahren und in der vorletzten Runde sogar 4 km ausgekuppelt gerollt, was den Motor bis etwa 2 km hinter die Ziellinie brachte. Der Rundendurchschnitt für 100 Meilen wurde hierdurch allerdings um ca. 10 km/h gedrückt.

Für einen möglichen Angriff auf diese Rekorde durch Fremdfirmen* und den späteren Einsatz von Alternativ-Kraftstoffen sind nach der IAA Windkanalversuche mit angestellten oder profilierten Heckflossen und entsprechenden Frontflossen vorgesehen, um die Seitenkraft wenigstens teilweise auszugleichen und die Reifen zu entlasten. Wegen der in jedem Fall zu erwartenden starken Abhängigkeit von jeglicher Schräganblasung (giftiges Seitenwindverhalten) müssen die Fahrversuche dann bei weitgehender Windstille durchgeführt werden. Die Bestätigung einer Rundenweltrekord-Verbesserung kann aber jederzeit (wie schon prophylaktisch am 4.5. praktiziert) durch einen Angestellten der Bahn in Nardo vorgenommen werden. Für die allfällige Bestätigung der 10 km/10 Meilen Weltrekorde (auf die Porsche in Talladega verzichtet hat) könnte die kurzzeitige Anreise der FIA-Kommissare von Mailand versucht werden. Die Rekorde über längere Distanzen kommen schon wegen der durch den viel geringeren Heizwert wesentlich größeren Kraftstoffmengen für Äthanol- oder Methanolbetrieb wahrscheinlich nicht mehr infrage. Neben einem mit E 6 abgesprochenen Motor werden wir uns zusammen mit V1A um ein geeignetes Getriebe, eine entsprechende Kupplung und Antriebswellen mit geänderten Manschetten bemühen. Die Windkanalversuche für den Seitenkraftausgleich und die anschließende Karosserieänderung in Rastatt sind für Herbst/Winter 79/80 geplant. Da wegen der Leitplankenüberlappung in Zukunft wieder im Uhrzeigersinn gefahren werden muß [durch die Art der Verbindung der Leitplankenelemente war im Falle einer Kollision nur beim Fahren im Uhrzeigersinn ein ungehindertes »Entlanggleiten« an der Leitplanke möglich, d. Verf.], sollte auf der dann leitplankenseitigen Fahrerseite am Seitenschweller eine stärkere Verschleißschicht mit Silikonstaub aufgebracht werden, wie sie jetzt unter den an bestimmten Stellen der Bahn regelmäßig aufsitzenden Bugspoilern verwendet wurde. Eine wesentliche Verbesserung der Fahrbahnoberfläche an den kritischen Stellen wurde uns schon für August dieses Jahres (während der dortigen Werksferien) vom Leiter der Bahn in Nardo zugesagt.**

Michelin ist auf Anforderung bereit, neue Reifen – voraussichtlich mit größerem Durchmesser – zu entwickeln. [...]

*) Laut einem Anruf von Luigi Colani beabsichtigt BMW mit dem 800 PS - M 1 und einer von ihm entwickelten Außenform unseren Rundenrekord und den absoluten Straßenweltrekord (432 km/h, Caracciola 1938) in Nardo anzugreifen.

**) Wegen Schwierigkeiten mit prospektiven Kunden wurden wir allerdings inständig gebeten, nicht mehr öffentlich auf eingesammelte Gegenstände von der Fahrbahn hinzuweisen. Tatsächlich haben Angestellte der Bahn diesmal schon jeweils vor uns die Strecke abgekämmt, so daß die Suche kaum mehr ergiebig war.«

Letzte Vorbereitungen zur Rekordfahrt im Mai 1979.

Der C 111-IV auf der Strecke in Nardò.

»Wunderauto« oder »Werbegag«: die Rekordfahrt in Presse und Öffentlichkeit

In der Vorstandssitzung vom 8. Mai 1979 informierte Entwicklungschef Werner Breitschwerdt seine Vorstandskollegen, wie im Protokoll dokumentiert, »über die Rekordfahrten auf der Höchstgeschwindigkeits-Teststrecke von Nardo/Süditalien, bei denen mit dem Experimentierfahrzeuge C 111 - IV nach Behebung aufgetretener technischer Schwierigkeiten und trotz nicht günstiger Windverhältnisse bestehende Weltrekorde über Distanzen von 10 km, 10 Meilen, 100 km und 100 Meilen z. T. beträchtlich unterboten wurden.« Einen Tag zuvor hatte Breitschwerdt den Rekord auch in der Technischen Besprechung Pkw in Sindelfingen thematisiert und dabei, wie das Protokoll ausweist, das Engagement der Mitarbeiter hervorgehoben: »Herr Prof. Breitschwerdt konnte sich vor Ort überzeugen, auf welche Weise dieser Erfolg erzielt wurde. Er lobte den Enthusiasmus aller Beteiligten, den man heute noch selten antrifft und danke allen, auch den Daheimgebliebenen, die zu diesem Erfolg beitrugen.«

Während Breitschwerdt in Sindelfingen noch vom »aerodynamisch weiterentwickelten C 111/III« gesprochen hatte, findet sich die Bezeichnung »C 111-IV« zum ersten Mal im Protokoll der Vorstandssitzung vom 8. Mai – ebenso wie in einer am gleichen Tag veröffentlichten Presseinformation der Daimler-Benz Presseabteilung. Unter dem Titel »Fünf absolute Weltrekorde mit dem neuen Mercedes-Benz-Experimentierfahrzeug C 111-IV, Höchstgeschwindigkeiten von über 400 km/h auf der Piste von Nardo« wurde neben den erzielten Rekorden auch der Forschungscharakter der Versuchsfahrt herausgestellt:

»[...] Dabei wurden Versuche im aerodynamischen Grenzbereich bei Geschwindigkeiten von über 400 km/h vorgenommen und der Einfluß von aerodynamischen Maßnahmen und Spoilern untersucht. [...] Die praktischen Fahrversuche erfolgten im Rahmen der Weiterentwicklung aerodynamischer Maßnahmen und des Leichtbaus sowie der Bereifung mit niedrigem Rollwiderstand, mit dem Ziel der Verbesserung des Wirkungsgrades von Fahrzeugen und der Energieeinsparung.

Im Zuge der Versuchsfahrt stellte Dr.-Ing. Hans Liebold, Leiter der Pkw-Vorentwicklung bei der Daimler-Benz AG, vier neue Weltrekorde auf und erreichte dabei mit stehendem Start folgende absolute Durchschnitte (vorbehaltlich der Anerkennung durch die FIA):

320,615 km/h für 10 Kilometer	(283,101 km/h)
335,454 km/h für 10 Meilen	(282,673 km/h)
375,670 km/h für 100 Kilometer	(316,484 km/h)
367,396 km/h für 100 Meilen	(319,835 km/h)
	(bisherige Werte in Klammern)

Außerdem verbesserte Dr. Liebold den in den FIA-Listen nicht geführten absoluten Weltrekord für die Rundstecke von 355,9 km/h [...] auf den neuen Wert von: 403,978 km/h«

Die Medien griffen die Presseinformation auf breiter Front kurzfristig auf und veröffentlichten Meldungen mit griffigen Überschriften: »Das Wunderauto von Mercedes schaffte neue Weltrekorde« (»BZ Berlin«, 8. Mai),

Auch wenn die Dekoration nicht in jeder Hinsicht vollkommen stimmig war, sorgte die vom Hotel-Restaurant Cosimino in Porto Cesareo anlässlich des erzielten Rundstreckenrekords gespendete Torte für gute Laune. Das rechte Foto zeigt den Rekordfahrer in gelöster Stimmung beim Anschneiden des Meisterwerks unter dem Beifall der Anwesenden.

»Mercedes-Wunderflunder: Mit Technik aus dem Jahr 2000« (»Bild-Zeitung«, 9. Mai),
»Der Super-Stern fegt mit über 400 über die Piste« (»Express« Köln, 9. Mai),
»Fast geflogen« (»Cannstatter Zeitung« und »Untertürkheimer Zeitung«, 9. Mai),
»Weltrekorde für die Sicherheit« (»Münchner Abendzeitung«, 12. Mai).
Den Artikel mit der wohl reißerischsten Schlagzeile brachte »Bild am Sonntag« in ihrer Ausgabe vom 13. Mai. Unter der Überschrift »Ein Igel – und ich wäre tot gewesen! So holte ein Mercedes-Testingenieur den Weltrekord« erschien eine Meldung mit Aussagen des Rekordfahrers:

Im Juli 1979 informierte die Firma Michelin in einer Anzeige – man würde heute wohl von einem Advertorial sprechen – in »auto, motor und sport« über die erfolgreiche Rekordfahrt und die wichtige Rolle, die die Reifen dabei gespielt hatten.

»Welch ein Fahrer, welch ein Auto! Der Mercedes-Versuchsingenieur Dr. Hans Liebold (52) ist ein Mann mit Pioniergeist. [...] BILD am SONNTAG sprach mit dem wagemutigen Fahrer. Dr. Liebold ruhig, gelassen, als ginge es um nicht mehr als ein Butterbrot: ›Ich fuhr ganz nah an den Leitplanken, die Ellenbogen fest an die Oberschenkel gepreßt. Die Bodentemperatur 38 Grad. Das brachte Reifenprobleme. Wir kühlten das besonders belastete rechte Hinterrad durch eine Öffnung im Radkasten zusätzlich mit Luft.‹ Angst? ›Nein, nur wenn der Drehzahlmesser ein bißchen sank. Dann wußte ich: Aus dem Weltrekord wird nichts. Bei Tempo 400 machen die vielen Wellen auf der Piste ständig Schwierigkeiten und bedeuten Gefahr. Ein kleiner Igel auf der Fahrbahn – und ich hätte Ihnen das Interview nicht geben können. Die Seitenkräfte in den Kurven preßten sich wie ein Kraftwerk gegen das Auto. Wir wollten ja auch die Belastbarkeit eines Autos testen. Der C 111-IV hat den Test bestanden.‹ Die körperliche Verfassung? ›Ich fühle mich blendend. Nicht die geringsten Schwierigkeiten mit dem Kreislauf.‹«

Während Boulevardzeitungen und Fachpresse durchweg positiv über den spektakulären Erfolg berichteten, gab es im Hinblick auf gestalterische Aspekte auch Gegenstimmen – zumindest eine: Designer Luigi Colani äußerte sich in einem gewohnt provokanten Artikel, der unter der Überschrift »Colanis Stilkritik. Dubioser Werbegag« in der Zeitschrift »sport auto« vom September 1979 erschien. Mit harschen Worten kritisierte Colani, von jeher eine der schillerndsten Persönlichkeiten der Designer-Szene, die aerodynamische Ausformung des Rekordwagens C 111-IV. Zufälligerweise erschien der Artikel just zu dem Zeitpunkt, als Colani seine eigene Rekordwagenstudie GT 80 auf der IAA präsentierte. Bereits in der »auto, motor und sport«-Ausgabe vom 4. Juli 1979, die Entwürfe

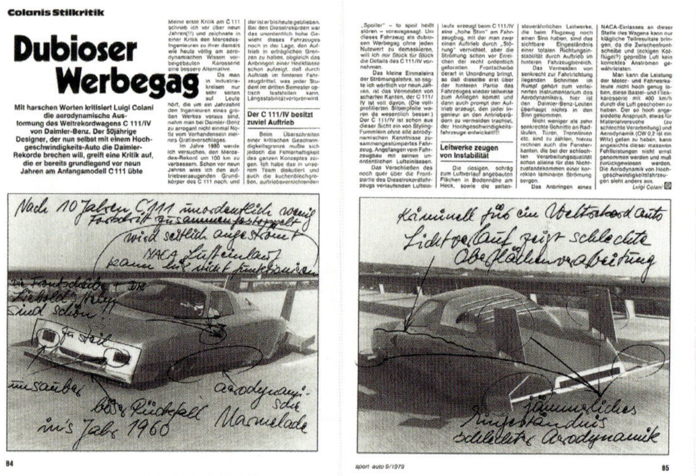

Im September 1979 sparte Luigi Colani in der Zeitschrift »sport auto« nicht mit Kritik am C 111-IV. Einen Monat später erschien ein Artikel über Colanis »Flügelauto«, mit dem der Meister im Folgejahr in Le Mans anzutreten und zudem die von Rudolf Caracciola und Hans Liebold errungenen Rekorde zu brechen gedachte. Allerdings war der Stardesigner offenbar wieder einmal seiner Zeit zu weit voraus ...

von Colanis Wunderauto im Bild zeigte, wurde der Meister mit folgender Aussage zitiert: »Mit einem aerodynamisch durchdachten Auto 400 km/h schnell zu fahren, das ist heute so ungefährlich, daß man eigentlich eine Frau ans Steuer lassen sollte«. Der Artikel berichtete von Colanis Ambitionen, seine ersten Flügelautos 1980 in Le Mans einzusetzen und die Rekorde des C 111 zu brechen, und endete mit den Worten: »Bleibt also nur zu hoffen, daß sich sein Le Mans-Ausflug nicht wie viele seiner automobilistischen Design-Ausflüge als Flop erweisen wird. Der neue Lotus 80, der ja auf Colanis Ideen basiert, hat in dieser Saison jedenfalls den Durchbruch noch nicht geschafft.« Dieses Schicksal sollte auch dem GT 80 nicht erspart bleiben.

Untertürkheim und Orbassano: Windkanal-Vergleichsmessungen

Im Juni 1979 war der C 111-IV noch einmal Gegenstand von Windkanaluntersuchungen. Im Rahmen einer Vergleichsmessung zwischen dem großen Windkanal in Untertürkheim und dem FIAT-Windkanal in Turin wurde der Zustand zum Zeitpunkt der Rekordfahrt zunächst in Untertürkheim nachgemessen. Außerdem wurden einige modifizierte Varianten untersucht und Messungen bei Schräganströmung durchgeführt. Die erzielten Ergebnisse fasste Rüdiger Faul in einem Technischen Bericht vom 24. Juli zusammen. Im Anlieferungszustand wurde mit Kühlluftdurchströmung ein c_w-Wert von 0,182 gemessen. Ohne Kühlluftdurchströmung und mit abgedeckten NACA-Lufteinlässen in den Türen ergab sich ein Wert von 0,158. Gesamtabtrieb und Abtriebsverteilung wichen, wie Faul ausführte, »zum Teil beträchtlich von der für die Fahrwerkeinstellung zugrundegelegten Variante [...] vom März 79 ab«. Dafür machte er »vor allem die vor der Rekordfahrt in Rastatt angebauten recht massiven Abstützungen der seitlichen Abtriebsflächen am Heck« verantwortlich.

Aus der geänderten Abtriebsverteilung ergab sich laut Fauls Bericht zudem, »daß das bei der Rekordfahrt eingestellte Fahrzeugniveau nicht zur gewünschten Fahrzeuglage bei 400 km/h führte und so eine Widerstandsverschlechterung verursachte.« Sehr interessant waren auch die bei Schräganströmung gemessenen Ergebnisse. Bei einem Anströmwinkel von 5° ging der Abtriebsbeiwert beim C 111-IV infolge deutlich erhöhter Hinterachsauftriebsbeiwerte um mehr als 50 % zurück. Bemerkenswert erscheint in diesem Zusammenhang Fauls Hinweis, dass ein – auf den ersten Blick sehr niedrig erscheinender – Anströmwinkel von 5° als durchaus realistisch einzustufen ist, da sich bei einer Fahrgeschwindigkeit von 400 km/h selbst bei Seitenwind, der mit Windstärke 6 (39 km/h) unter 90° in die Bahn einfällt, nur ein Schräganströmwinkel von 5,57° ergibt. Größere Schräganströmwinkel waren vor diesem Hintergrund für die Praxis nicht relevant.

Die ebenfalls im Juni durchgeführten Messungen im FIAT-Windkanal in Orbassano bei Turin hatten das Ziel, den Einfluss der dort realisierbaren Grenzschichtabsaugung auf den c_w-Wert zu ermitteln. Dies war deshalb von Interesse, weil bei Daimler-Benz seinerzeit Überlegungen angestellt wurden, im großen Windkanal in Untertürkheim ebenfalls eine entsprechende Einrichtung zu installieren. Damit kann die Bodengrenzschicht – eine Luftschicht, in der die Anströmgeschwindigkeit wegen der Luftreibung am Kanalboden verringert wird – reduziert werden. Sie baut sich über die Messstreckenlänge ständig weiter auf und beeinflusst das Messergebnis besonders bei Messungen an Fahrzeugen mit sehr geringer Bodenfreiheit. Heutzutage kann man den Aufbau einer Bodengrenzschicht elegant vermeiden – z. B. durch Ausrüstung des Windkanals mit einer »laufenden Fahrbahn«, die sich mit Anströmgeschwindigkeit bewegt.

Der Einfluss der Grenzschichtabsaugung konnte im FIAT-Windkanal über ihre Zu- und Abschaltung leicht ermittelt werden. Obwohl man mit dem C 111-IV explizit ein Messobjekt mit besonders geringer Bodenfreiheit ausgewählt hatte, erwies sich der gemessene Effekt am Ende als recht gering.

Als Begleiterscheinung kam Rüdiger Faul, der die Untersuchung vor Ort verfolgte, in den unverhofften Besitz einer Kiste Piemonteser Rotwein. Die FIAT-Aerodynamiker hatten darauf gewettet, dass das skurril anmutende, silbrig glänzende Monstrum aus Untertürkheim mit seiner zerklüfteten Karosserie niemals einen c_w-Wert von unter 0,2 erreichen würde. Die Windkanalergebnisse belehrten sie eines Besseren, und am Abend konnte sich die Daimler-Benz Mannschaft über einen wohlschmeckenden Schlummertrunk freuen ...

Auch wenn der C 111-IV nicht mehr zum Rekordeinsatz kommen sollte, hatte er doch noch einen großen Auftritt: Auf der Berliner Messe »AAA – Auto, AVUS, Attraktionen« im April 1980 hatten Besucher und Medienvertreter die Gelegenheit, den Rekordwagen bei Demonstrationsfahrten mit dem erfolgreichen Rekordfahrer Dr. Hans Liebold am Steuer zu erleben.

Mit dem C 111-IV und seinen unter schwierigen Rahmenbedingungen erzielten Rekorden war die Entwicklung der C 111 Rekordwagen noch nicht beendet. Wie von Hans Liebold bereits in seinem Bericht vom 15. Mai 1979 skizziert, sollte auf Basis der mit dem C 111-IV gewonnenen Erkenntnisse versucht werden, die erzielbaren Geschwindigkeiten mit einem neu entwickelten Rekordwagen nochmals deutlich in die Höhe zu schrauben.

Im Juni 1979 war der C 111-IV zu Vergleichsmessungen im FIAT-Windkanal in Orbassano bei Turin. Die von Rüdiger Faul aufgenommenen Fotos zeigen den Rekordwagen in dieser für einen Mercedes-Benz ungewohnten Umgebung.

Auf der Berliner Messe »AAA – Auto, AVUS, Attraktionen« im April 1980 posiert der C 111-IV für den Fotografen: zusammen mit dem fünffachen Formel-1-Weltmeister Juan Manuel Fangio und einem Rekordwagen der ganz anderen Art – dem Sparmobil aus Untertürkheim, mit dem der Auszubildende Frank Maier im Oktober 1979 die Rekorddistanz von umgerechnet 1284 km mit einem Liter Diesel zurückgelegt hatte.

Außer dem Fototermin für die Presse absolvierte der C 111-IV auf der AAA 1980 auch Demonstrationsfahrten mit Dr. Hans Liebold am Steuer.

1

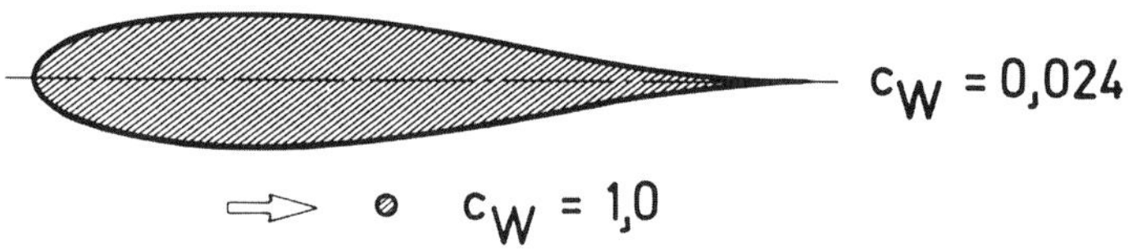

2

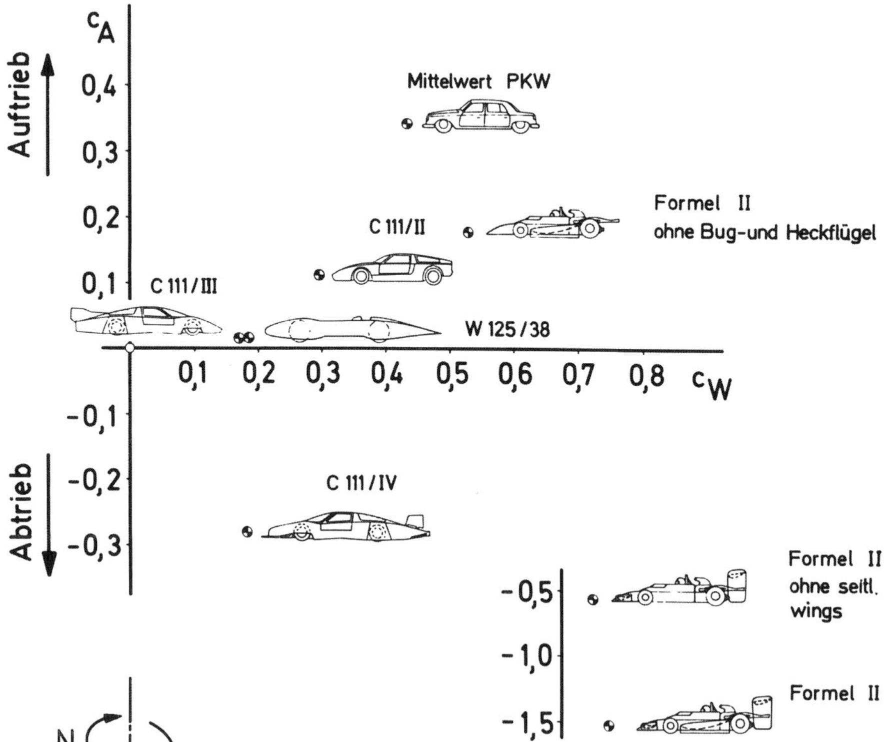

3

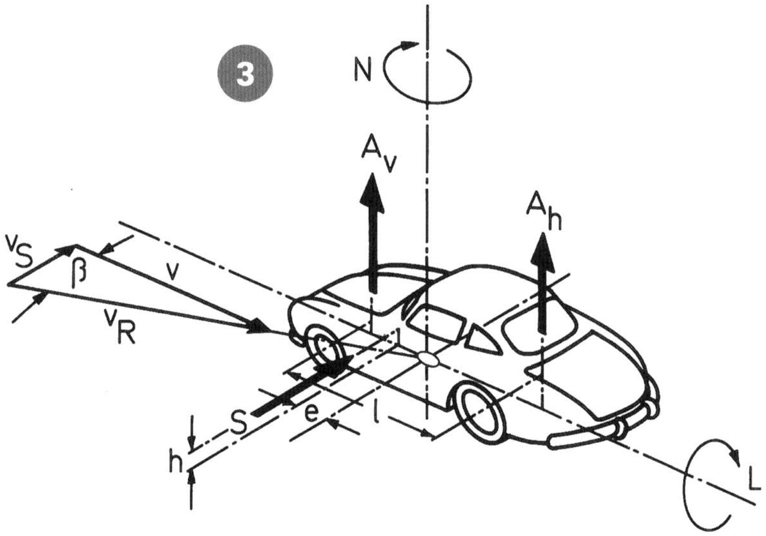

4

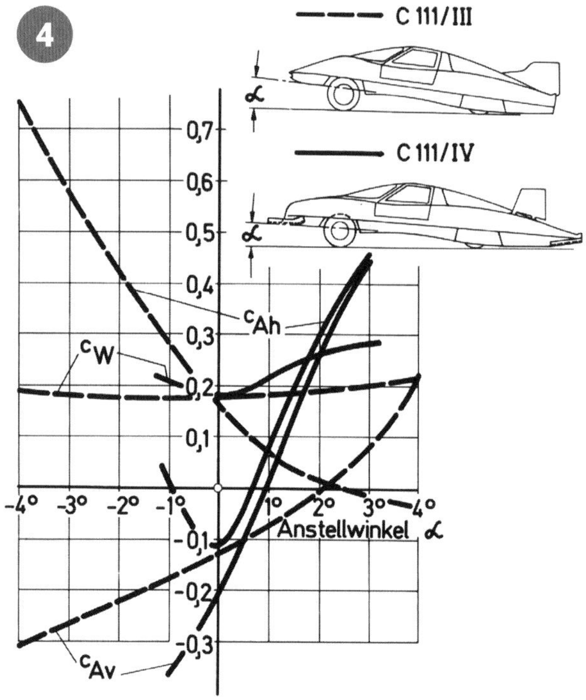

v: Anströmgeschwindigkeit

v_S: Seitenwindgeschwindigkeit

v_R: resultierende Anströmgeschw.

β: Schräganströmwinkel

A_v: Auftrieb Vorderachse

A_h: Auftrieb Hinterachse

S: Seitenkraft

N: Giermoment

L: Rollmoment

l: Radstand

e/h: Abstand des Angriffpunkts der Seitenkraft vom Druckpunkt in Längsrichtung/vertikaler Richtung

5

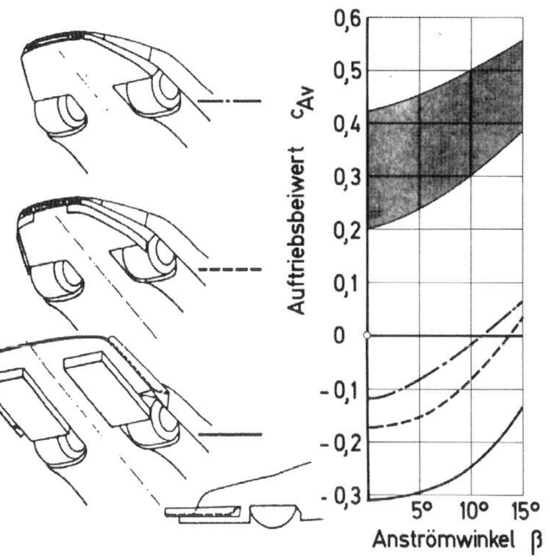

6

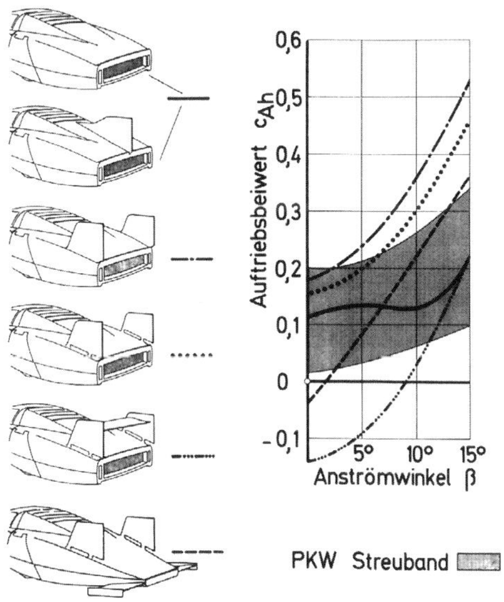

7

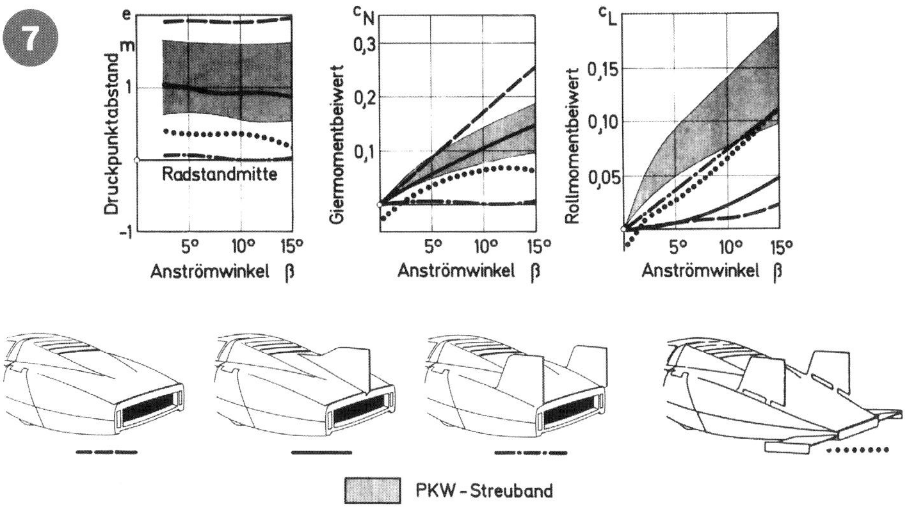

8

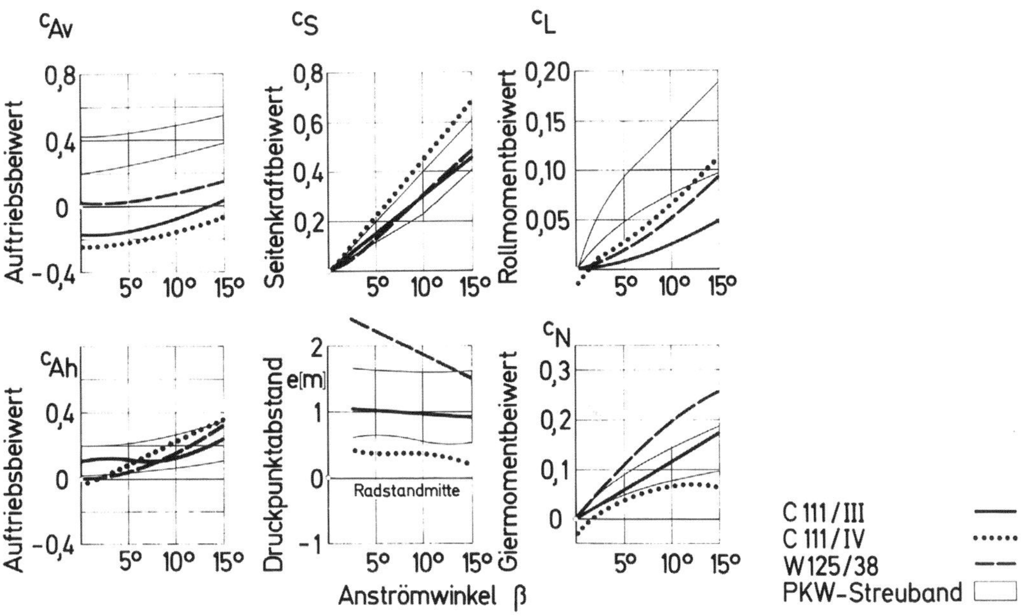

Einmaleins der Aerodynamik: Die vom Techniker Manfred Kürsten gezeichneten Grafiken mit den Messergebnissen von Rüdiger Faul entstammen zum größten Teil dem Vortrag »Aus der aerodynamischen Entwicklung der Experimentalfahrzeuge C 111 I – IV«, gehalten von Hans Götz im Juni 1980 beim »4th Colloquium of Industrial Aerodynamics Aachen«.

1 Windschnittiges Profil und Kreiszylinder mit gleichem Luftwiderstand

2 Relation von Luftwiderstand und Auftrieb verschiedener Fahrzeuge

3 Luftkräfte und Momente am Fahrzeug

4 Einfluss des Anstellwinkels α auf Luftwiderstand und Auftriebsverhalten

5 Beeinflussung des Vorderachsauftriebs durch Teilbugspoiler und Flachbugspoiler

6 Hinterachsauftrieb bei Schräganströmung mit verschiedenen Heckvarianten

7 Einfluss verschiedener Heckflossen auf die Seitenwindempfindlichkeit

8 Aerodynamische Beiwerte verschiedener Mercedes-Benz Rekordwagen im Vergleich zum Pkw-Streuband

Unvollendete Vision: der C 111-V

Noch während der Vorbereitungen zur Rekordfahrt mit dem C 111-IV hatte sich auf Basis der dabei gewonnenen Erkenntnisse die Idee manifestiert, in späteren Versuchen einen aerodynamischen Seitenkraft- und Rollmomentausgleich zu erproben. Dies hatte Hans Liebold in seinem vom 15. Mai 1979 datierenden Technischen Bericht über die Rekordfahrt des C 111-IV dokumentiert. Bereits einige Wochen davor hatte Berechnungsingenieur Wolfgang Rüdt von der Konstruktion Vorentwicklung auf Bitte von Hans Liebold sehr umfangreiche Berechnungen angestellt, die er in einem Papier vom 26. April unter dem Titel »Einsatz von aerodynamischen Hilfsmitteln zur Aufnahme von Seitenkräften bei Kurvenfahrt« zusammenfasste. Die Aufgabenstellung war dort wie folgt definiert:
»Da auf dem Kurs von Nardo bei Geschwindigkeiten um 400 km/h bereits die Grenze für die Belastbarkeit der Reifen erkennbar wurde, sollte untersucht werden, ob durch die Aufnahme von Seitenkräften mit Hilfe von Flügeln entweder die Reifenbelastungen herabgesetzt und/oder die erreichbaren Geschwindigkeiten vergrößert werden können.«

Neues Wundermittel? Aerodynamische Seitenkräfte und ihr Potenzial

In seinem Bericht stellte Rüdt die Vorteile von aerodynamisch erzeugten Seitenkräften den Nachteilen gegenüber:
Vorteile
- Die durch einen profilierten Flügel erzeugten Seitenkräfte wachsen wie die Querbeschleunigung ebenfalls mit dem Quadrat der Geschwindigkeit, d. h. Seitenkraftbedarf und Luftseitenkraft folgen dem gleichen Gesetz.
- Bei entsprechender Auslegung ist eine Kompensation des Wankmoments der Fliehkraft möglich, wodurch die starke Radbelastung an der Kurvenaußenseite vermieden wird.
- Eine Erhöhung der Geschwindigkeit und damit der notwendigen Reifenseitenkräfte verursacht eine sehr stark steigende Wärmebelastung der Reifen. Dieser Anteil der Reifenerwärmung kann durch den Flügel reduziert werden.

Nachteile
- Die Flügelseitenkraft ist normalerweise sehr stark vom Anströmwinkel abhängig. Selbst geringe Seitenwinde bewirken daher bereits große Änderungen der Flügelseitenkräfte. [...] Ohne besondere konstruktive Maßnahmen ist eine extreme Seitenwindempfindlichkeit zu befürchten.
- Die vom Flügel erzeugten aerodynamischen Kräfte und Momente können bei der Betrachtung der Fahrstabilität nicht mehr vernachlässigt werden, wobei die Forderungen nach geringer Seitenwindempfindlichkeit und [hoher] Fahrstabilität zum Teil im Widerspruch zueinander stehen.

Das Fazit nach sehr komplexen, z. T. mit dem zur Verfügung stehenden Fahrdynamikprogramm durchgeführten Berechnungen präsentierte sich nicht ganz so optimistisch wie erhofft:

»[...] Die Summe der Reifenseitenkräfte mit Flügel erreicht erst bei knapp 500 km/h das Niveau der Kräfte bei 400 km/h ohne Flügel. Die Reifenbelastung ist bei 500 km/h dennoch größer, und die Stabilität des Fahrzeugs kritischer. [...] Trotz Flügelseitenkraft ist die Wärmebelastung der Reifen gestiegen. Es wäre zwar denkbar, den Flügelkraftanteil zu erhöhen. Dabei ist aber zu berücksichtigen, daß bereits bei 500 km/h eine Luftseitenkraft von 496 kp aufgebracht wird. Eine weitere Vergrößerung würde wahrscheinlich bereits Festigkeitsprobleme aufwerfen.

Insgesamt erscheint uns eine wesentliche Steigerung der Geschwindigkeit in Nardo infolge der zu erwartenden Probleme (Reifenbelastung, Seitenwindempfindlichkeit, Stabilität) mit großen Schwierigkeiten und Risiken verbunden zu sein.«

Aerodynamik und Antriebsstrang: die Entwicklungsschwerpunkte des C 111-V

Ungeachtet dieser eher zurückhaltenden Einschätzung ließ sich Hans Liebold nicht entmutigen und brachte am 16. Mai 1979 unter dem Titel »Weiterentwicklung C 101 V« einen Versuchsauftrag mit folgendem Umfang auf den Weg:
»In Weiterführung der Hochgeschwindigkeitsversuche mit dem C 101 V sind Studien durchzuführen mit
- leistungsgesteigertem bzw. leistungsgleichem Motor M 117 mit Alternativkraftstoff auf Alkoholbasis
- verbesserter Aerodynamik zur Entlastung der Reifen- und Fahrwerksbeanspruchung.

Die damit verbundenen Arbeiten an
Fahrgestellaggregaten
Antriebsaggregaten
insbesondere die Entwicklung eines geeigneten Getriebes und entsprechender Kupplungen
Karosserie (Umfang Rastatt u. Sifi)
sind auf diesen Versuchsauftrag zu verrechnen.«

Die Abteilung Getriebe-Entwicklung wurde bereits im Juni aktiv, und Werner Walter teilte in einer Aktennotiz vom 3. Juli erste Ergebnisse mit: »Im Weltrekordfahrzeug C 101 mit dem M 117 – ATL – Motor [ATL = Abgasturbolader, d. Verf.] wurde während der Rekordfahrten ein ZF-Fünfganggetriebe vom Typ 5 DS 25 eingesetzt, das für maximal 400 Nm ausgelegt ist. Um im Hinblick auf eine weitere Motorleistungssteigerung auf 800 PS (max. Drehmoment ca. 900 Nm) ein ausreichend dimensioniertes Getriebe zur Verfügung zu haben, wurde mit der Fa. Hewland in England, die spezielle Fünfganggetriebe für Renn- und Sportfahrzeuge baut, Kontakt aufgenommen. Anläßlich eines Besuchs [...] wurden die wichtigsten Punkte bezüglich Übersetzungen, Einsatzbedingungen und Anschlußabmessungen durchgesprochen.«

In einer Mitteilung vom 7. August 1979 informierte Hans Liebold Direktor Friedrich van Winsen, seit 1972 als Nachfolger von Rudolf Uhlenhaut Chef der Pkw-Entwicklung, über das Konzept des Fahrzeugs:

»Triebwerk

Ein 800 PS Aethanol-Motor auf der Basis des M 116 wird von E6LK vorbereitet. Geklärt werden z.Zt. noch die Gemischaufbereitung [...] und die zu verwendenden Bauteile (Gehäuse, Kopf, Ladeluftkühler).

Kraftübertragung

Ein für die vorgesehenen Md und n [Drehmomente und Drehzahlen, d. Verf.] ausgelegtes Getriebe wurde mit Hewland abgesprochen. Die Dreischeibenkupplung von Fichtel & Sachs wird auf die vorhandenen Verhältnisse abgestimmt (soll > 100 mkg aushalten).

Fahrwerk

Nach den Konturen der bei Michelin in Entwicklung befindlichen 24/67 – 415 TRX (v) und 28/70 – 415 TRX (h) wird z.Zt. ein Reifengebirge erstellt, nach dem A1KS die Zeichnungen der Bodengruppe so weit abändert, daß ein Exemplar bei A1VB angefertigt werden kann. [...]

Aufbau

Vorversuche über den zur Reifenentlastung notwendigen aerodynamischen Seitenkraftausgleich werden z.Zt. im Modell-Windkanal in Sifi durchgeführt. Wegen der extremen Seitenwindempfindlichkeit bei symmetrischer Auslegung (für vollen Ausgleich errechnete K1VB 600 N Seitenkraftänderung bei einer Seitenwindänderung von nur 20 km/h) werden wir voraussichtlich die Bugseitenflächen im überzogenen Zustand betreiben und sie zur Vermeidung einer Wirbelbeaufschlagung der leicht angestellten und profilierten Heckflossen [...] entweder zentral (1 Flosse) oder als Endscheiben (evtl. winglets) des Flachbugspoilers ausbilden. Beides würde auch die Sichtverhältnisse begünstigen.

Um wieder auch zu einer ästhetisch befriedigenden Form zu finden, fertigt A1KS eine das Reifengebirge und die neuen Erfordernisse des Motors berücksichtigende Skizze an, nach der A1STG einen Vorschlag erstellt, der dann zwischen ihr, A1R, A1KS und V1V abgestimmt wird. Anschließend wird ein 1:1-Tonmodell erstellt, von dem nach den abschließenden Windkanalversuchen die Kunststoffkarosserie in Rastatt unmittelbar abgeformt werden kann.

Für alle anderen betroffenen Stellen wurde bei der Terminabsprache die Priorität der anderen laufenden Projekte ausdrücklich anerkannt und berücksichtigt. [...]«

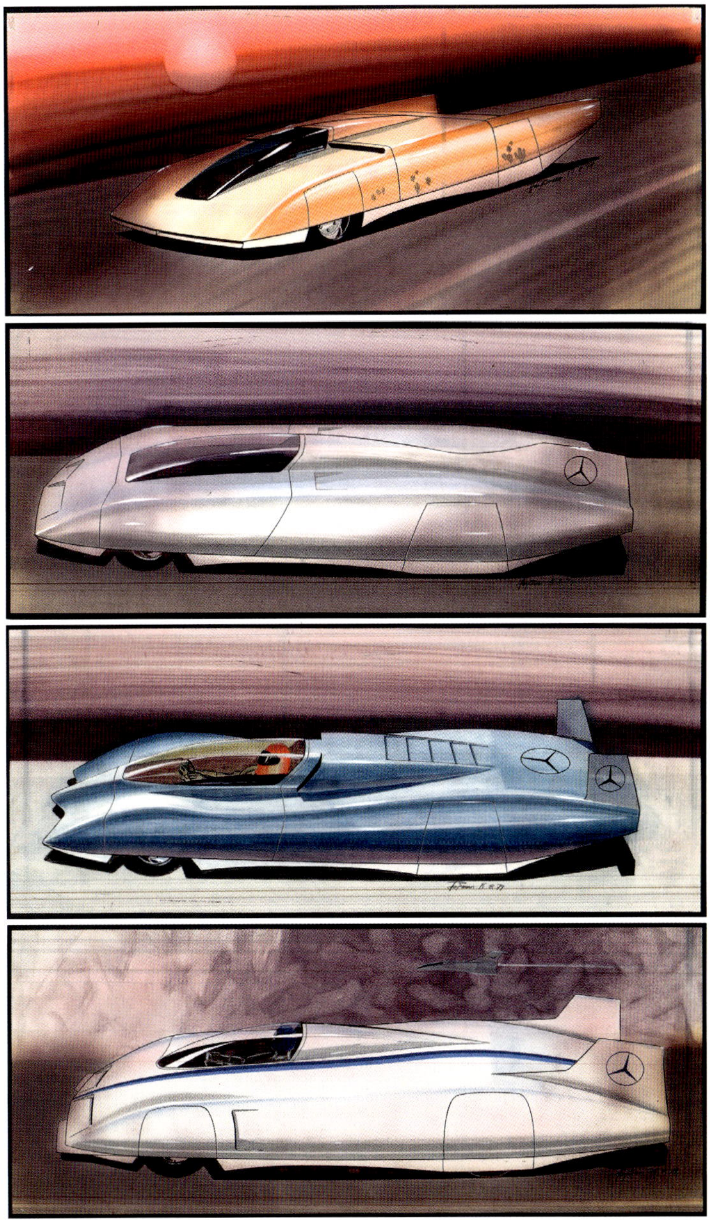

Die ersten Designentwürfe – hier vier Varianten von Jürgen Haußmann – datieren vom August 1979.

Mit seiner abschließenden Anmerkung griff Dr. Liebold das seit langem immer wieder diskutierte Problem mangelnder Entwicklungskapazitäten aktiv auf, zumal Entwicklungschef Breitschwerdt in der Technischen Besprechung Pkw in Sindelfingen am 16. Juli 1979 bestätigt hatte, »daß dem vorliegenden Versuchsauftrag für die C 111-Weiterentwicklung geringere Priorität einzuräumen ist als den Arbeiten am W 201 [...] und Auto 2000.« Um sicherzustellen, dass sich das aus Sicht der Designer wenig befriedigende Ergebnis des C 111-IV nicht wiederholen würde, machten sich die Stilisten Harald Leschke und Jürgen Haußmann sogleich an die Arbeit und brachten bereits im August erste Entwürfe zu Papier.

Die Terminsituation wurde in der Technischen Besprechung Pkw am 27. August 1979 erneut erörtert. Breitschwerdt legte nochmals fest, dass das termingebundene Forschungsfahrzeug »Auto 2000« vorrangig zu behandeln sei. Die Fertigstellung des C 111/5 – die abweichende Schreibweise findet sich in dieser Form im Protokoll – sollte, wie das Besprechungsprotokoll feststellt, bis Ende 1980/ Anfang 1981 erfolgen. Die vom Stilistikbereich gegebene Zusage, ein 1:1-Tonmodell zum Dezember 1979 zu erstellen, sei somit hinfällig.

Die spezielle Problematik des C 111-V: Luftwiderstand, Abtrieb und Seitenkraftausgleich

Im Oktober 1979 führte Rüdiger Faul im kleinen Windkanal in Sindelfingen an einem modifizierten 1:5-Modell des C 111-III erste Grundsatzuntersuchungen zum C 111-V durch. Die Ergebnisse dokumentierte er in einem Technischen Bericht mit Datum vom 7. November. Insgesamt untersuchte Faul 21 Varianten, wobei eine »max. Gesamtseitenkraft von 3000 N bei 450 km/h bei noch zufriedenstellender Gierstabilität« erreicht wurde. In seinem Fazit führte Faul aus: »Die angebauten asymmetrischen Heckflossen verschlechterten das in den Fahrwiderstand eingehende Produkt $c_W \cdot F$ gegenüber einer Modellvariante mit symmetrischen Heckflossen (etwa wie C 111/IV) um ca. 25 %. Bei der Neukonzipierung des C 111/V halten wir es für möglich, den Widerstandszuwachs durch eine bessere Integration der Anbauteile kleiner zu halten.«

Auch die Aufgabenstellung des Projekts und aus den Messungen folgende Empfehlungen für die Neukonzeption fasste Faul in einem Abschnitt mit der Überschrift »Die spezielle Problematik des C 111/V« prägnant und verständlich zusammen:

»Der neu zu konzipierende C 111/V soll so ausgelegt werden, daß er den Kreiskurs in Nardò mit einer Geschwindigkeit von ca. 450 km/h befahren kann. Mit dem C 111/IV ist dies nicht möglich, da die bei 450 km/h auftretenden Zentrifugalkräfte in Verbindung mit der höheren erforderlichen Antriebsleistung von den Hinterrädern nicht mehr übertragen werden können. [...]

Um die Zentrifugalkräfte teilweise auszugleichen, bietet sich eine luftseitig erzeugte Kraft besonders an, da beide Kräfte quadratisch mit der Fahrgeschwindigkeit anwachsen. Allerdings sind die dazu erforderlichen Maßnahmen mit einem beträchtlichen Luftwiderstandsanstieg des Fahrzeugs durch Anbauteile verbunden, der für die selbe Fahrgeschwindigkeit eine höhere Antriebsleistung als am C 111/IV erforderlich macht. Die höhere Antriebsleistung reduziert die übertragbare Seitenführungskraft an der Hinterachse.

Um aus diesem Dilemma auszubrechen, möchten wir für die Neukonzeption – im Moment sind lediglich eine Radstandsverlängerung von 100 mm und die Reduzierung der Fahrzeughöhe um ca. 50 mm gegenüber dem C 111/IV vorgesehen – einige weitergehende Vorschläge unterbreiten: Durch die vorgesehene mittige Fahrerposition wäre es möglich, das Fußhebelwerk vor die Vorderachse zu legen und somit die Fahrerposition nach vorn zu verschieben. Dadurch könnte der Motor um ca. 700 mm nach vorn gerückt werden. Der Fahrzeugschwerpunkt rückt so näher an den Druckpunkt [den Punkt, an dem kein Drehmoment entsteht, wenn Widerstandskraft und Auftrieb an diesem Punkt angreifen, d. Verf.]. Dadurch reduzieren sich das Giermoment und der Druckpunktabstand. Zudem übernimmt die längskraftfreie Vorderachse mehr von der Zentrifugalkraft. Die verwendeten Flossen könnten kleiner ausgeführt werden, was den Luftwiderstand und dadurch die erforderliche Antriebsleistung reduziert und so die übertragbare Seitenführungskraft an der Hinterachse weiter erhöht.

Durch eine Neugestaltung des Bodens könnte zudem die Fahrzeughöhe um die Höhe der Ölwanne (ca. 120 mm) reduziert werden

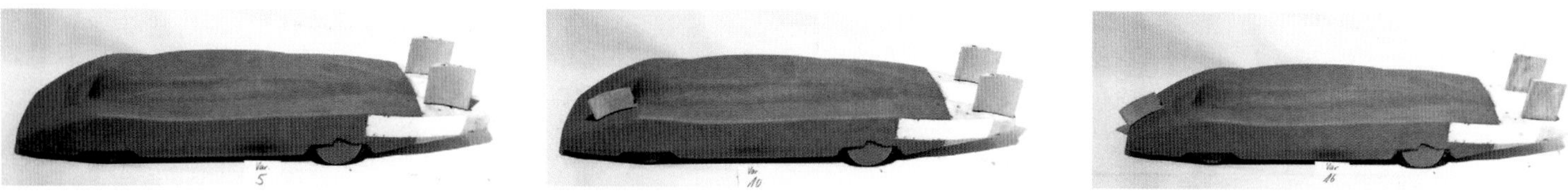

Die ersten Windkanaluntersuchungen im Rahmen des Projekts C 111-V führte Rüdiger Faul mit modifizierten 1:5-Modellen des C 111-III durch. Abgebildet sind drei von insgesamt 21 Varianten mit unterschiedlichen Ausführungen der beiden Heckflossen und einer weiteren Flosse am Bug.

(Trockensumpfschmierung). Dadurch reduziert sich die Fahrzeugstirnfläche und der Luftwiderstand sowie die erforderliche Antriebsleistung.

Durch die geringere Fahrzeughöhe und die Vorverlegung des Maximalquerschnitts (bedingt durch die Motorverschiebung) kann bei gleichen Einzügen die Fahrzeuggesamtlänge und damit das Fahrzeuggewicht reduziert werden. Zudem ergeben sich günstigere Voraussetzungen für die c_W-Wert Optimierung. Dabei sind die Voraussetzungen ideal, wenn der Maximalquerschnitt bei 1/3 Fahrzeuglänge liegt.

Durch die beschriebenen Maßnahmen lassen sich eine Vielzahl an Vorteilen erreichen. Wir bitten deshalb alle am Projekt Beteiligten den erforderlichen Mehraufwand – eine neu zu konzipierende Stahlbodengruppe oder vielleicht sogar ein um ca. ¾ leichteres und in der Herstellung einfacheres Monocoque – mit den beschriebenen Vorteilen zu vergleichen. Da sowieso eine neue, teilweise abgeänderte Bodengruppe aufgebaut werden soll, müßte sich der Mehraufwand in Grenzen halten.

Wenn die notwendige Fahrstabilitätserhöhung nur durch aerodynamische Maßnahmen erzielt werden soll – was fraglos möglich ist – würde der c_W-Wert des C 111/V deutlich hinter denen des C 111/III und C 111/IV zurückbleiben. Wir bitten auch diesen Aspekt in die Überlegungen einzubeziehen.«

Im Hinblick auf die Messergebnisse bat Faul das Berechnungsteam der Konstruktion Vorentwicklung, »die aerodynamischen Untersuchungsergebnisse in ihren Stabilitätsberechnungen zu berücksichtigen und uns aufgrund der Berechnungen die für die Fahrstabilität brauchbarste Variante sowie weitergehende Erfordernisse zu nennen.«

Seitenflossen oder Dackellauf: die Seitenkrafterzeugung im C 111-V

Wolfgang Rüdt, der Fauls Ergebnisse offenbar bereits vor der Fertigstellung des Berichts kannte, gab in einer Mitteilung vom 31. Oktober seine Einschätzung. Der durch aerodynamische Maßnahmen erzielbare Effekt war nach Rüdts Ansicht noch zu gering: »Beim bisherigen Gewicht des Fahrzeugs und einer angenommenen Bahnquerneigung von 10° wäre die bei 450 km/h von den Reifen noch aufzubringende Seitenkraft von 5960 N nur um etwa 520 N geringer als beim C 111/IV bei 400 km/h.« Zudem würde bei den nur mit Heckflossen versehenen Varianten infolge der weit hinten angreifenden Flossenkraft die an der Vorderachse erforderliche Reifenseitenkraft vergrößert statt wie gewünscht verkleinert. Rüdt und das Berechnungsteam stellten daraufhin Überlegungen an, »wie man auch ohne aerodynamische Anbauteile eine Luftseitenkraft erzeugen kann«. Sie kamen zu dem Schluss, dass »durch Schräganstellen des Gesamtfahrzeugs gegen die Strömung [...] bereits ein beträchtlicher Teil der insgesamt benötigten Luftseitenkraft erzeugt werden« könnte.

Rüdt führte dazu weiter aus: »Diese Schräganstellung könnte beispielsweise durch einen gezielt eingebauten ›Dackellauf‹ erreicht werden. Hierzu müßten folgende Maßnahmen ergriffen werden:

- Schrägeinbau der gesamten Hinterachse oder Vorspureinstellung der Hinterräder, so daß diese einen gleichgerichteten Lenkeinschlag erzeugen
- An der VA [Vorderachse, d. Verf.] muß lediglich das Lenkrad verdreht montiert werden
- Unter Umständen Fahrersitz entsprechend dem Lenkeinschlag der Hinterräder verdreht einbauen, so daß ohne Kopfdrehung ein Blick in Fahrtrichtung möglich ist
- Eventuell Maßnahmen zur Verringerung der Lastwechselreaktion

Vorteil:
Die Luftseitenkraft wird erzeugt, ohne die Nachteile eines großen statischen Giermoments (vermehrte Belastung der VA) oder einer verstärkten Seitenwindempfindlichkeit in Kauf zu nehmen.

Der Luftwiderstand in Fahrrichtung ist nicht größer als bei den Modellvarianten mit seitenkrafterzeugenden Flossen.

Da der Dackellauf vermutlich aus konstruktiven Gründen nicht beliebig zu vergrößern ist, können zusätzlich angebrachte, aber wesentlich kleinere Flossen die Luftseitenkraft noch erhöhen. Da die Flossen dann nur noch einen Teil der Gesamtluftseitenkraft aufbringen müssen, wird die Gierstabilität bei Seitenwind nicht mehr so nachhaltig verschlechtert. [...]

[Bei einem Dackellaufwinkel von 5°,] »einer Geschwindigkeit von 450 km/h und einer Stirnfläche des Fahrzeugs von 1,5 m² ergibt sich [...] eine Luftseitenkraft von 2710 N. Der Widerstandsbeiwert c_W liegt noch unter den Werten derjenigen Varianten, die mittels Flossen ähnlich hohe Seitenkraftbeiwerte erreichen.«

Design und Technik: die Konzeption des C 111-V

Bereits Ende September, noch bevor Rüdiger Faul im Modell-Windkanal seine Grundsatzuntersuchungen an modifizierten Modellen des C 111-III durchführte, wurde in Sindelfingen ein erstes, gestalterisch

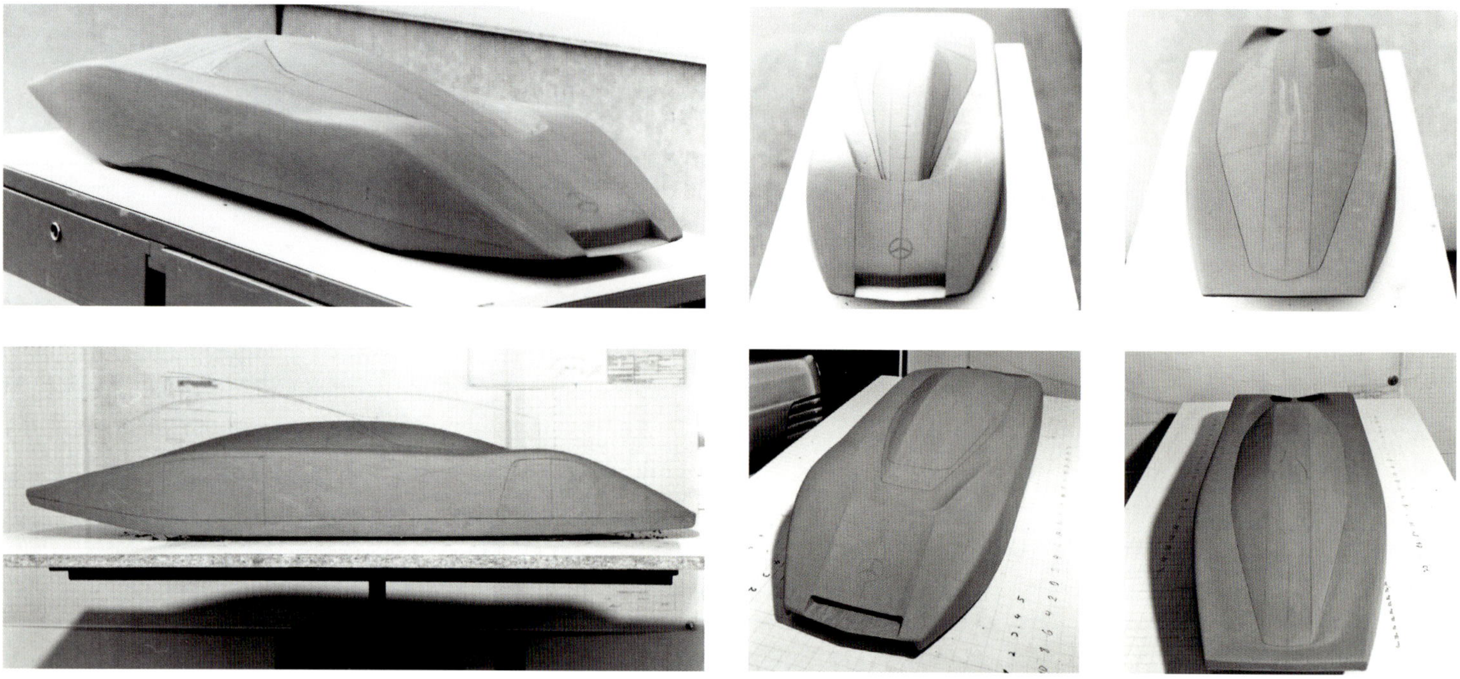

Im Herbst 1979 entstand das erste 1:5-Modell des C 111-V. Die Fotos zeigen den Bearbeitungsstand von Ende September (oben) bzw. Ende Oktober 1979.

sehr ansprechendes 1:5-Modell des C 111-V fertiggestellt. Bis Ende Oktober wurde es behutsam überarbeitet, und bis Mitte November entstanden weitere Varianten, wobei der unvoreingenommene Betrachter nicht in allen Fällen sicher sein konnte, dass es sich tatsächlich um einen Rekordwagen handeln sollte. Einen der Entwürfe hätte man trotz der deutlich erkennbaren vier Räder auch für ein Flugobjekt halten können, das sich geradewegs aus der Zukunft materialisiert hatte.

Die von Anfang November 1979 datierenden Entwürfe von Jürgen Haußmann entsprechen dem 1:5-Modell von Ende Oktober 1979.

Ein weiteres Modell, das Mitte November 1979 entwickelt wurde, zeichnete sich durch sein ungewöhnliches Cockpit aus: Dieses befand sich relativ weit hinten auf dem Fahrzeugkörper, wo es außermittig auf der linken Seite platziert war. Mit seiner leicht asymmetrischen Form, die einem senkrecht stehenden Tragflächenprofil nahekam, war es – im Zusammenspiel mit seitlich am Fahrzeugkörper angebrachten ebenfalls profilierten Flächen – für die Erzeugung aerodynamischer Seitenkräfte konzipiert. Nicht weniger ungewöhnlich war eine weitere Variante, deren Cockpit zwar mittig und relativ weit vorn platziert war, dabei jedoch eine deutlich asymmetrische profilierte Form hatte. Dadurch war es ebenfalls für die Erzeugung aerodynamischer Seitenkräfte konzipiert, wobei eine Bugmittelflosse und zwei Heckflossen diesen Effekt unterstützen sollten. Die beiden exotisch anmutenden Varianten wurden Mitte Dezember 1979 im Windkanal untersucht, in der Zwischenzeit begann sich aber – nicht zuletzt aufgrund der Ausführungen von Wolfgang Rüdt – die Erkenntnis abzuzeichnen, dass ein Fahrzeug mit möglichst niedrigem c_W-Wert und geringstmöglicher Stirnfläche, bei dem die Seitenkraftkompensation im Wesentlichen über Dackellauf und nicht primär durch aerodynamisch wirkende Anbauteile erzielt wird, wohl die aussichtsreichste Alternative darstellen würde. Hans Liebold ließ sogar ein Erprobungsfahrzeug der Baureihe 123 auf Dackellauf umbauen und stellte fest, dass das Fahren zwar gewöhnungsbedürftig, aber letztlich doch problemlos möglich ist.

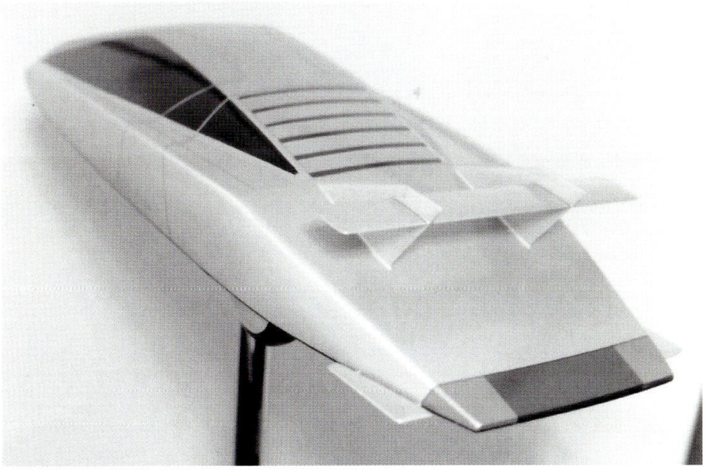

Auto oder Raumschiff? Die Fotos des 1:5-Modells von Mitte November 1979 zeigen eine recht exotisch anmutende Variante des C 111-V.

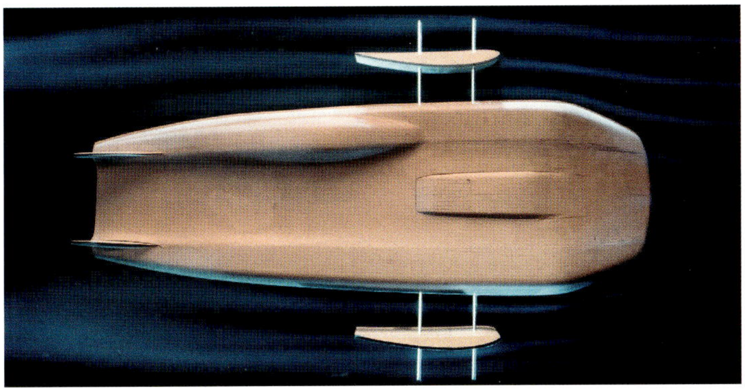

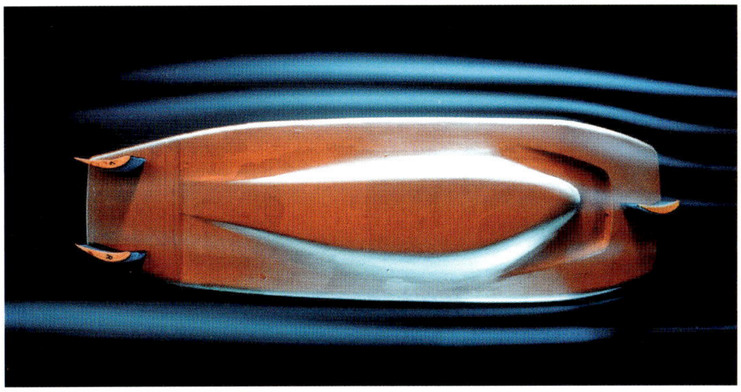

In sehr ungewöhnlicher Formgebung präsentieren sich auch zwei weitere Varianten des Rekordwagens von Mitte November 1979. Das Cockpit ist außermittig auf einer Fahrzeugseite (oben und unten links) bzw. in konventioneller Position, aber in asymmetrischer Formgebung (unten rechts).

Unabhängig von stilistischen Aspekten und den genannten Finessen zur Kompensation bzw. Reduzierung der Seitenkräfte wurden in zwei Projektbesprechungen am 3. und 19. Dezember 1979 wichtige Eckpunkte der Fahrzeugkonstruktion besprochen und die Ergebnisse in zwei Aktennotizen von Joachim Kaden dokumentiert, die hier auszugsweise und z. T. wörtlich wiedergegeben sind:

Getriebe

Bei der Fa. Getrag wurde ein Muster-Fünfganggetriebe mit den Übersetzungen 2,33/1,675/1,343/1,146/1,0 bestellt. Das Getriebe ist für eine Dauerbelastung von 70 mkp ausgelegt und steht in Kürze für Einbau-Untersuchungen zur Verfügung.

HA-Antrieb

Mit der noch anzufertigenden Übersetzung von 2,18 ergibt sich bei einer Motordrehzahl von 7500/min eine Geschwindigkeit von 458,8 km/h. Die z.Zt. längste Übersetzung von 2,24 ergibt eine max. Geschwindigkeit von 446,5 km/h.

Das HA-Getriebe soll so angeordnet werden, daß die Gelenke der Seitenwellen in Konstruktionslage ohne Knickwinkel laufen.

Motor

Um die Querschnittsfläche des Fahrzeuges noch weiter verkleinern zu können, soll der Motor eine Trockensumpfschmierung (Bauhöhe) bekommen. Außerdem sollen, ebenfalls wegen der Querschnittsfläche, die Lader hinter dem Motor angeordnet werden.

Bodenanlage

Die beiden Rahmenlängsträger sollen mehr zur Fahrzeug-Mitte hin verlegt werden. Dadurch wird eine Erhöhung der Steifigkeit der Bodenanlage erreicht. Außerdem soll zur weiteren Erhöhung der Steifigkeit der Motor ohne Motorlager fest mit dem Chassis verschraubt werden. Es ist dadurch dann auch möglich, den Motor und das Getriebe an weiteren Punkten fest mit dem Chassis zu verbinden. Das Fußhebelwerk wird von keinem Serienfahrzeug übernommen. Die Pedale werden direkt am entsprechend vorbereiteten Chassis angebracht.

Durch die Lage des Getrag 5-Gang-Getriebes und die Sitzposition des Fahrers – Schultern unterhalb Kotflügeloberkante – ergibt sich ein Radstand von 2800 mm. Die dabei erforderliche Gelenkwelle ist dann 170 mm lang.

Spurweite VA = 1300 mm (Einschlag ± 17°)

Spurweite HA = 1270 mm

Terminlage

Bis Mitte Januar sind die Konzeptionsarbeiten bei STMK beendet. Ende Januar 1:5 Modell fertig für Windkanaluntersuchungen. Dauer 2 Wochen. Mitte Februar Beginn der Arbeiten an 1:1 Modell bis Ende März. Für die dann beginnenden Arbeiten zur Herstellung der Karosserie sind einschließlich der Anfertigung eines Zwischenpositivs 7 Monate veranschlagt. Das Zwischenpositiv soll im Windkanal noch einmal überprüft werden. Ende 80 soll das Fahrzeug fahrfertig sein. Mit dem Aufbau des Monocoque wird voraussichtlich Anfang Mai 80 begonnen.

Kühler

Wegen der jetzt sehr beengten Platzverhältnisse für die Wasser- und Ölkühler soll bei diesen die Fläche verkleinert und die Blocktiefe vergrößert werden. V1FZ wird die voraussichtlich erforderlichen Kühlergrößen mit der Fa. Behr ermitteln. Da bei V1FZ in Kürze Wärmemessungen an einem Methanolmotor durchgeführt werden, können dann auch die besonderen Probleme des Methanolbetriebs berücksichtigt werden.

Karosserie

[...] Die Abtriebsflächen vorn und hinten sind so auszuführen, daß der Abtrieb ohne großen Aufwand bei den Versuchsfahrten verändert werden kann. Die Sichtkuppel für den Fahrer wird aus Polykarbonat – zweidimensional gekrümmt – hergestellt. Da dieses »Glas« beim Entfernen der Insekten leicht verkratzt wird, müssen genügend Reservekuppeln bestellt werden. Die Bugspoiler sind beweglich auszuführen, um beim Einfedern der VA Beschädigungen an denselben zu vermeiden. Eine Verbindungsmöglichkeit der VA – wie bei den Flaps des Wagens IV – sollte konstruktiv untersucht werden.

Reifen

Da bei der bisherigen Konzeption des Fahrzeugs mit einer Achslastverteilung von 1:1 zu rechnen ist und die Hinterräder noch die Antriebskräfte zu übertragen haben, wird auf Versuche mit schmaleren Reifen an der HA verzichtet, auch wenn dadurch der Einzug der Karosserie nicht optimal ausgeführt werden kann.

Konkretisierung: Designentwicklung, Konstruktionsdetails und Terminplanung

Anfang 1980 nahm das Projekt im wahrsten Sinne des Wortes konkrete Formen an: Im Stilistikbereich stellte Gunther Ellenrieder im Januar das Maßkonzept fertig, und auf dieser Basis erarbeiteten die Designer Ferdinand Hellhake und Jürgen Haußmann im Januar und Februar eine Reihe von Entwürfen. Im Gegensatz zum C 111-IV, der nach den Anforderungen der Aerodynamik mit einem hohen Maß an Improvisation aus dem C 111-III entwickelt worden war, präsentierte sich das neue Fahrzeug nun wieder aus einem Guss. Anders als seine Vorgänger war der C 111-V konsequent als Einsitzer konzipiert, mit einer minimalen Stirnfläche, einer dementsprechend sehr niedrigen Sitzposition und mit einer Monocoque-ähnlichen Struktur anstelle der bisherigen Bauweise mit klassischer Rahmen-Bodenanlage.

Weitere Konstruktionsdetails wurden in einer Besprechung am 7. März 1980 festgelegt. Die von Joachim Kaden protokollierten Ergebnisse werden im Folgenden auszugsweise zitiert:

»[...] Nach den letzten Prüfstandsergebnissen der Abt. E6LK kann auf die Verwendung von Ladeluftkühlern verzichtet werden. Die Ansaugöffnung für die beiden Lader (Naca-Einlaß) soll im

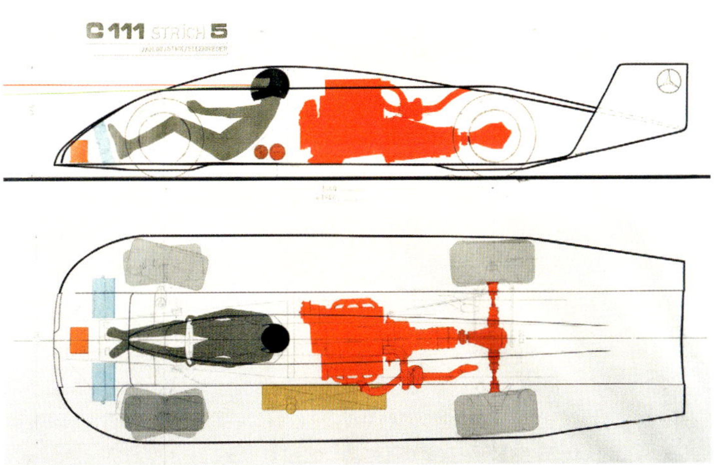

Das im Januar 1980 von Gunther Ellenrieder erstellte Maßkonzept bildete die Grundlage für die weitere Entwicklung des C 111-V. Gut erkennbar ist die Dackellauf-Stellung der Vorder- und Hinterräder.

Im Januar 1980 arbeiten Ferdinand Hellhake (links) und Jürgen Haußmann (rechts) am 1:5-Modell des C 111-V. In der Mitte ihr Chef Joseph Gallitzendörfer, Designer der ersten Stunde des Projekts C 101.

Die von Anfang Februar 1980 datierenden Entwurfszeichnungen von Jürgen Haußmann (oben) und Ferdinand Hellhake (unten) zeigen zwei Varianten des gleichen Basiskonzepts, einmal mit »Krebsschwänzen« und Seitenflossen sowie einmal mit Heckmittelflosse.

Bereich 1900-2000 mm in Fahrzeug-Mitte liegen. In diesem Bereich werden auch die beiden Lader montiert.

Die Einspritzmenge der vor Verdichtereintritt angebrachten Einspritzdüsen soll nicht durch ein Gestänge, sondern durch den Ladedruck über eine Druckdose reguliert werden. Die Regelung übernehmen voraussichtlich 2 KA-Mengenteiler.

Um die Einbaulage von Abgasleitungen und Lader festlegen zu können, wird von V1V eine Monocoque-Attrappe angefertigt.

Das Lenkrad wird abnehmbar. Befestigungsmechanismus wie bei unseren alten Rennwagen. [..]
Lage diverser Aggregate:
Batterie:
Links vorne vom Radlauf aus zugänglich. Die Batterie soll aus Sicherheitsgründen vom Tank möglichst weit entfernt sein.
Tank:
Rechts, möglichst weit vorne. Höhe bis Karosserie-Unterkante. Normaler Einfüllstutzen direkt auf dem Tank.
Telemetrie [...] und Funkgerät rechts vorne neben dem Tank, von außen zugänglich. Der Hauptbremszylinder muß aus Platzgründen quer eingebaut werden.
Betätigung durch Winkelhebel.

Abt. E6LK will versuchen, die max. Leistung des Motors bei ca. 7200 statt bei 7500 Upm zu erreichen. Dadurch wird die Änderung der HA-Übersetzung von 2,18 auf 2,07 berücksichtigt.«
Mit Datum vom 25. März 1980 erstellte Ernst Haug einen Terminplan für »Entwicklung und Aufbau C 111-V«:

Modellanlieferung 1:1	KW 19 [05.05.-09.05.1980]
Formschablonen Modell	KW 20/21 [12.05.-24.05.1980]
1. Negativformen vom 1:1 Tonmodell	KW 22-24 [26.05.-13.06.1980]
1. Negativform entformen u. zusammenbauen	KW 25 [16.06.-20.06.1980]
Erstellung 1:1 Positiv-Hartmodell	KW 26-28 [23.06.-11.07.1980]
Finish Positiv-Modell 1:1	KW 29 [14.07.-18.07.1980]
Lieferung 1:1 Positiv-Modell an Windkanal UT	KW 30 [21.07.-25.07.1980]
Betriebsferien in Rastatt/ Windkanalmessungen	KW 31-33 [28.07.-01.08.1980]
Arbeitsformensatz	KW 34-36 [18.08.-05.09.1980]
Teilefertigung/Bodengruppe-Anlieferung	KW 37/38 [08.09.-19.09.1980]
Modelle für Innenteil	KW 39/40 [22.09.-03.10.1980]
Montage Fahrwagen	KW 41-46 [06.10.-14.11.1980]
Finish Fahrwagen	KW 47 [17.10.-21.11.1980]

Fahrkomfort bei Tempo 450: Um dem Rekordfahrer bei seiner Fahrt bestmöglichen Komfort zu bieten und damit in seiner Konzentration zu fördern, entstand im Designbereich dieser Entwurf für den Fahrersitz des C 111-V.

Windkanal und Rechenkünste: die Entwicklung des C 111-V

In einem Technischen Bericht vom 10. Juni dokumentierte Rüdiger Faul die Ergebnisse sehr umfangreicher Windkanaluntersuchungen am 1:5-Modell des C 111-V. Insgesamt hatte er im Sindelfinger Modellwindkanal 82 Varianten untersucht, wobei vor allem Fahrstabilitätsüberlegungen im Vordergrund standen. Das auffälligste Ergebnis war laut Fauls Bericht »der bei einigen Varianten ermittelte Anstieg der Abtriebsbeiwerte bei zunehmendem Schräganströmwinkel.«
Im Fazit stellte Faul fest: »Mit aerodynamischen Seitenkräften bis zu 2300 N bei einer Fahrgeschwindigkeit von 450 km/h konnte der Zentri-

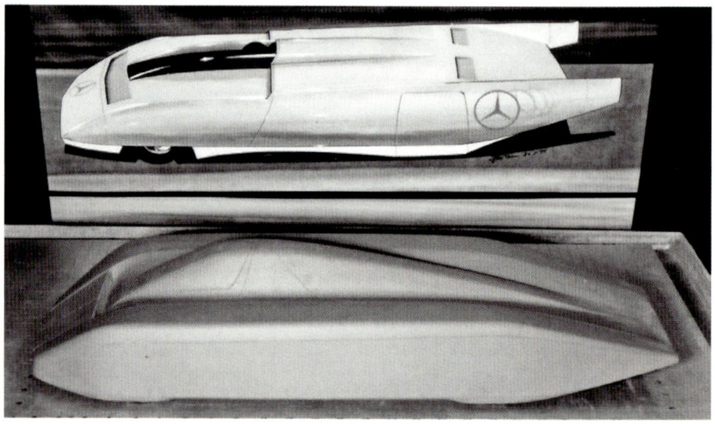

Im Rahmen der Windkanaluntersuchung wurde der Ausgangszustand von Mitte Januar 1980 (oben) zur Variante mit Bugflachspoiler, Bugmittelflosse und »Krebsschwänzen« mit Seitenflossen weiterentwickelt.

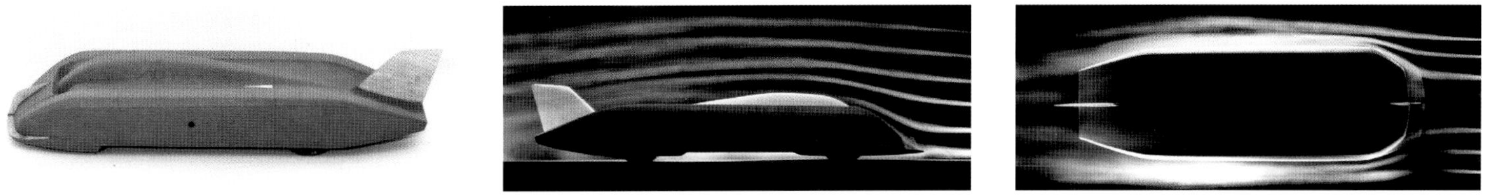

Die Weiterentwicklung erfolgte am Ende auf Basis des abgebildeten 1:5-Modells, das mit Bugflachspoiler, einer verkleinerten Bugmittelflosse sowie einer Heckmittelflosse anstelle der »Krebsschwänze« mit Seitenflossen ausgerüstet war. Die Fotos entstanden Ende März (links) bzw. Mitte April 1980 (Mitte und rechts).

fugalkraftausgleich, bezogen auf das Fahrzeuggewicht des C 111-IV, noch nicht in gewünschter Höhe erzielt werden. Eine Bahnüberhöhung von 10° und ein Fahrzeuggewicht von 1467 kg vorausgesetzt, kann zwar der Zuwachs der Seitenkraft von 400 km/h auf 450 km/h kompensiert werden, eine weitere Entlastung der Reifen von Seitenkraft tritt jedoch nicht ein (auftretende Querbeschleunigung bei 10° Bahnneigung: 400 km/h: 0,442 g; 450 km/h: 0,606 g). Höhere aerodynamische Seitenkräfte könnten zu Lasten des c_W-Wertes und der Fahrstabilität realisiert werden. Wir halten dies nicht für wünschenswert. Es erschiene uns viel sinnvoller, den Bedarf an aerodynamischer Seitenkraft durch die Verringerung der Fahrzeugmasse zu reduzieren. Deshalb bitten wir alle am Projekt Beteiligten, sich weiter um die Gewichtseinsparung am Fahrzeug zu bemühen, um die Zentrifugalkräfte klein zu halten.«

Im Mai 1980 hatte der Stilistikbereich ein 1:1-Plastilin-Modell des C 111-V fertiggestellt, das ab dem 28. Mai im Windkanal untersucht wurde. Die dabei erzielten, von Rüdiger Faul dokumentierten

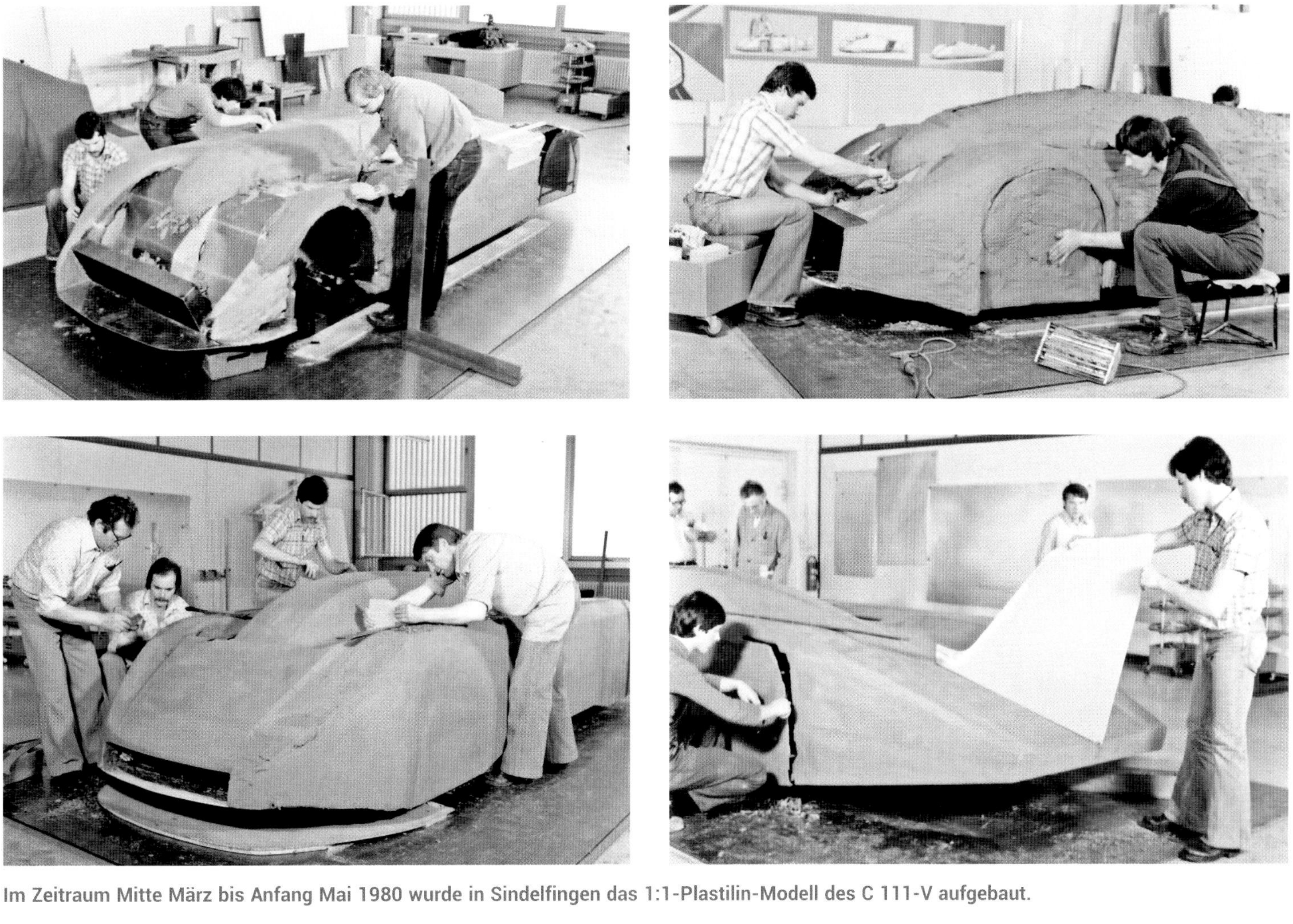

Im Zeitraum Mitte März bis Anfang Mai 1980 wurde in Sindelfingen das 1:1-Plastilin-Modell des C 111-V aufgebaut.

Der Stilist Jürgen Haußmann an der von ihm erstellten 1:1-Entwurfszeichnung des C 111-V, aufgenommen Mitte Mai 1980.

Das 1:5-Modell des C 111-V in perfektem Finish entspricht dem auf der 1:1-Entwurfszeichnung dargestellten Stand, der die Grundlage für die weitere Entwicklung bildete.

Messergebnisse waren allerdings deutlich schlechter als man nach den Messungen am 1:5-Modell erwartet hatte. Ausgehend von einem c_W-Wert von 0,241 bei einer Stirnfläche von 1,3074 m², lag der beste nach vier Tagen erzielte Luftwiderstandsbeiwert mit Kühlluftdurchströmung bei 0,212. Dabei ergab sich jedoch ein inakzeptabel hoher Auftriebsbeiwert. Die Messungen wurden daraufhin abgebrochen und nach größeren, über mehrere Wochen ausgeführten Änderungen des Modells im Juli fortgesetzt.

Der Anlieferzustand vom 21. Juli ergab bei einer Stirnfläche von 1,2777 m² einen c_W-Wert von 0,203 – noch immer deutlich mehr als bei den 1:5-Modellen. Nach umfassenden Modifikationen konnte er schließlich auf 0,101 abgesenkt werden konnte. Dies war der geringste Luftwiderstandsbeiwert, der im großen Windkanal bis dahin an einem 1:1-Modell gemessen worden war. Möglich geworden war dies nur durch die Umgestaltung zum Halbkörper – zu einem Modell ohne Bodendurchströmung –, allerdings kam diese Variante als Rekordfahrzeug nicht in Frage, da die bei der angestrebten Höchstgeschwindigkeit entstehenden Auftriebskräfte höher wären als die durch das Fahrzeuggewicht verursachte Normalkraft. Für Abhilfe hätte ein Absauggebläse sorgen können, wie es beim Rennsport-

Die beiden Fotos vom 28. Mai 1980 dokumentieren den Ursprungszustand des C 111-V zu Beginn der Windkanaluntersuchung. Die noch nicht perfekt ausgeführten Fugen der Radabdeckungen waren bei den Messungen abgeklebt.

Mitte Juli wurde das 1:1-Plastilin-Modell des C 111-V nach umfangreichen Modifikationen abgetastet, um einen digitalen Datensatz der Außenform zu erzeugen.

wagen Chaparral 2 J von 1970 oder beim Brabham Formel-1-Rennwagen BT46B von 1978 zum Einsatz gekommen war und dabei für beträchtliche Abtriebe gesorgt hatte. Faul hielt diese Lösung jedoch nicht für sicher genug, da sich – wie er schrieb – »im Falle eines Gebläseausfalls das Fahrzeug zum Flugzeug verwandelt.« Der c_W-Wert für eine mögliche Fahrvariante, die nur mit angebauten Längsschürzen zu realisieren war, lag bei 0,16. Eine weitere Messreihe diente, wie Faul weiter ausführte, »vor allem dazu, ausreichende Abtriebsleistungen am Modell zu erzeugen, ohne den c_W-Wert allzusehr ansteigen zu lassen. Dabei wurden zum Teil Lösungen erprobt, die vom C 111/IV bekannt waren (Krebsschwänze). Darüber hinaus wurde das Modell mit einem Hinterkantenflap ausgestattet, dessen Anstellwinkel variiert werden kann. Dieses Bauteil soll am Fahrwagen von der Hinterachse gesteuert werden. In Verbindung mit einem [ebenfalls getesteten, d. Verf.] Bugmittelflügel, der von der Vorderachse gesteuert werden soll, sollen so beim Ein- und Ausfedern des Fahrzeugs möglichst gleichbleibende Abtriebswerte erhalten bleiben.« Sehr empfindlich reagierte das Modell auf Änderungen an den Längsschürzen speziell im Bereich der Radhäuser, so daß »endgültige Beiwerte für das Fahrzeug mit Schürzen erst ermittelt werden können, wenn von der Konstruktion funktionsfähige Schürzen vorliegen.« Mit speziellen Anbauteilen – zwei profilierte Flossen im Bereich vor den hinteren Radhäusern und eine unprofilierte, 10° angestellte Bugmittelflosse – wurde versucht, »bei Geradeausfahrt ohne Dackellauf aerodynamische Seitenkräfte in gewünschter Größe zu erzielen.«

Dazu schrieb Faul: »Der Widerstandszuwachs durch diese Anbauteile betrug mehr als 20 % und ist damit deutlich größer als der Widerstandszuwachs durch Dackellauf bei jeweils gleichgroßer

Die beiden Fotos oben, aufgenommen im Rahmen der Ende Juli 1980 erneut durchgeführten mehrtägigen Windkanalmuntersuchungen, zeigen den Anlieferungszustand vom 21. Juli, und die drei Bilder unten dokumentieren einige der zahlreichen untersuchten Varianten: mit Bugmittelflosse und zwei Seitenflossen im Heck, mit »Krebsschwänzen« und Hinterkantenflap sowie als Halbkörper ohne Bodendurchströmung.

Seitenkraft. Zudem erwiesen sich diese Anbauteile bei Schräganströmung als nachteilig. Deshalb schlagen wir erneut vor, ganz auf derartige Anbauteile zu verzichten und sich am Fahrwagen ausschließlich auf Dackellaufvarianten zu beschränken.«

Auch das Berechnungsteam der Konstruktion Vorentwicklung war im Hinblick auf das Rekordwagenprojekt nicht untätig geblieben. In einer Mitteilung vom 12. August 1980 präsentierte Wolfgang Rüdt detaillierte Ergebnisse seiner komplexen Berechnungen, mit denen die beim C 111-V anzustrebenden Abtriebswerte an Vorder- und Hinterachse ebenso ermittelt werden sollten wie die Kräfte, die bei Kreisfahrt mit 450 km/h in den Radaufstandspunkten wirken und die als Ausgangspunkt für Festigkeitsberechnungen an beiden Achsen benötigt wurden. Bei den Berechnungen wurden folgende Fahrzeugdaten zugrunde gelegt:

Gewicht	1150 kp
Statische Vorderachslast	612 kp
Statische Hinterachslast	538 kp
Radstand	2800 mm
Spurweite vorn	1300 mm
Spurweite hinten	1270 mm
Schwerpunkthöhe	350 mm
Querschnittsfläche	1,3 m^2
Angestrebter c_W-Wert	0,16
Geschwindigkeit	450 km/h
Querneigung der Bahn	10°

Als Ergebnis der Berechnungen wurde ermittelt, dass die Seitenkraft an der Hinterachse unter den getroffenen Annahmen deutlich geringer ist als bei C 111-IV. Rüdt empfahl, in Gesprächen mit dem Reifenhersteller zu klären, ob eine Senkung des Hinterachsabtriebs, die den Luftwiderstand reduzieren würde, bei vergrößertem Schlupf und Schräglaufwinkel möglich und vorteilhaft ist. An der Vorderachse ermittelte Rüdt mit den angenommenen Werten am kurvenäußeren Rad bei etwas geringeren Seitenkräften die gleiche Beanspruchung, am kurveninneren Rad jedoch eine höhere Beanspruchung als beim C 111-IV.

Neue Rahmenbedingungen? Dunkle Wolken über dem C 111-V

Bereits drei Wochen zuvor, am 21. Juli 1980, war der C 111-V erneut in der Technischen Besprechung Pkw thematisiert worden. Unter dem Tagesordnungspunkt »C 111/5: Fortgang der karosserieseitigen Arbeiten« wurde der Aufbau von zwei Fahrzeugen bzw. zwei Karosserien erörtert. Das Sitzungsprotokoll vermerkte dazu: »[...] Erstellung des ersten C 111/5 in Rastatt mit ähnlicher Herstellungstechnologie wie bei den Vorläuferfahrzeugen (Karosseriemasse ca. 220 kg); Aufbau der zweiten Karosserie bei Fa. MBB in Leichtbauweise (erste Massenprognose seitens MBB: 75 kg [...].« Über eine offenbar von MBB zu fertigende Leichtbaukarosserie liegen den Autoren bedauerlicherweise keine weitergehenden Archivquellen vor. Das weitere Vorgehen war laut Protokoll wie folgt festgelegt. »Es wurde beschlossen, die Realisierung der zweiten Phase (MBB-Aufbau) zurückzustellen; die aerodynamischen Optimierungen sind am ersten Fahrzeug abzuschließen; die [ebenfalls nicht durch andere Quellen dokumentierte, d. Verf.] Belegung des Nardò-Rundkurses für Rekordfahrten ist zurückzunehmen; über die Installierung eines geeigneten Antriebs mit verminderter Leistung, der die heutige Energiesituation und die $c_W \cdot F$-Verringerung des C 111/5 deutlicher einbezieht, und eine Weiterführung des Projekts in abgewandelter Form wird gesondert zu entscheiden sein.«

Offenbar waren auf dem Himmel über dem Rekordwagenprojekt erste dunkle Wolken aufgezogen. In der nächsten Sitzung am 28. Juli wurde allerdings erst einmal über die Aerodynamik-Entwicklung informiert, um dann auf die daraus resultierenden Auswirkungen auf das Projekt einzugehen. Unter dem Tagesordnungspunkt »C 111/5: Aktueller Stand der c_W-Messungen (Tonmodell)« vermerkt das Sitzungsprotokoll: » [...] der vorliegende c_W-Wert ist mit 0,101 (mit Kühlluftdurchströmung) sensationell günstig. Die Messungen werden fortgesetzt, die Auftriebswerte liegen noch erheblich zu hoch. Die vorliegenden Ergebnisse bestätigen die Auffassung, daß auch mit weniger starken Antriebseinheiten als bisher für den Typ 5 vorgesehen hohe Geschwindigkeiten erreicht werden können.«

Ganz analog fiel auch das Fazit der »E1-EA1-Besprechung« am 14. August 1980 aus – einer Regelbesprechung, die ihre Bezeichnung nach den beteiligten Direktionen »Entwicklung Pkw« und »Entwicklung Aufbauten Pkw« erhalten hatte. Zum Tagesordnungspunkt »C 111/5: Geschwindigkeitsziele/Antriebsleistungen« stellte das Protokoll fest: »Die neuesten, außerordentlich günstigen c_W-Ergebnisse am 1:1 Tonmodell erfordern zur weiteren Abstimmung (Auftriebs- und Seitenkraftoptimierung) Angaben zur Zielgeschwindigkeit. Überlegungen erscheinen angebracht, ob die beabsichtigte Öffentlichkeitswirkung eines aerodynamischen Versuchsfahrzeugs mit einem aufgeladenen V8-Motor (ca. 800 PS) erreicht werden kann, dessen Verbrauch sicher nicht so werbewirksam sein kann wie z. B. die 16 l/100 km beim modifizierten D 30 ATL am C 111/3. Unter Einbeziehung heutiger c_W-Prognosen sind erforderliche Antriebsleistungen als Funktion der Zielgeschwindigkeiten zu ermitteln und vorzulegen.«

Die Mitte September 1980 aufgenommenen Fotos dokumentieren den damaligen Arbeitsstand am Chassis des C 111-V. Gut erkennbar die zugunsten einer geringstmöglichen Stirnfläche sehr schmale Monocoque-Struktur und der direkt hinter dem Cockpit angeordnete V8-Motor. Die Hinterachse ist zum Zeitpunkt der Aufnahme noch nicht montiert.

Dessen ungeachtet wurde das nochmals überarbeitete 1:1-Plastilin-Modell vom 16. bis 18. September 1980 erneut im großen Windkanal untersucht. Im Ausgangszustand ohne Längsschürzen ergab sich ein c_W-Wert von 0,171. Die Auftriebsbeiwerte waren, wie Faul in seinem Bericht formulierte »wiederum nicht befriedigend, konnten aber mit vorbereiteten Anbauteilen in die von K1V vorgeschlagene Größenordnung gebracht werden«. Erneut wurden mit verschiedenen Anbauteilen zahlreiche Varianten untersucht. Neben einem Heckflügel, am Heck angebrachten Krebsschwänzen und einem zusätzlichen senkrecht montierten Blech an der Vorderkante des Bugflachspoilers kamen auch innen an der Karosserie angebrachte Längsschürzen zum Einsatz. In seinem Technischen Bericht vom 22. Oktober, in dem alle von Mai bis September durchgeführten Windkanaluntersuchungen am 1:1-Modell zusammengefasst sind, bemerkte Faul resümierend zu den Messergebnissen:

»Bei der Entwicklung des C 111/V sind aufgrund der physikalischen Grenzsituation beim Befahren der Bahn in Nardò mit der angestrebten Fahrgeschwindigkeit sämtliche Luftkraft- und Luftmomentenbeiwerte relevant. Deshalb ist der notwendige aerodynamische Entwicklungsaufwand größer als an anderen Fahrzeugen. Die bisherigen Messungen waren vorwiegend dazu bestimmt, alle Beiwerte in Größenordnungen zu bringen, die von K1VB als brauch-

Im Designstudio in Sindelfingen wird das 1:1-Plastilin-Modell des C 111-V erneut überarbeitet. Das Foto entstand Mitte September kurz vor der Fertigstellung für die nächsten Windkanaluntersuchungen.

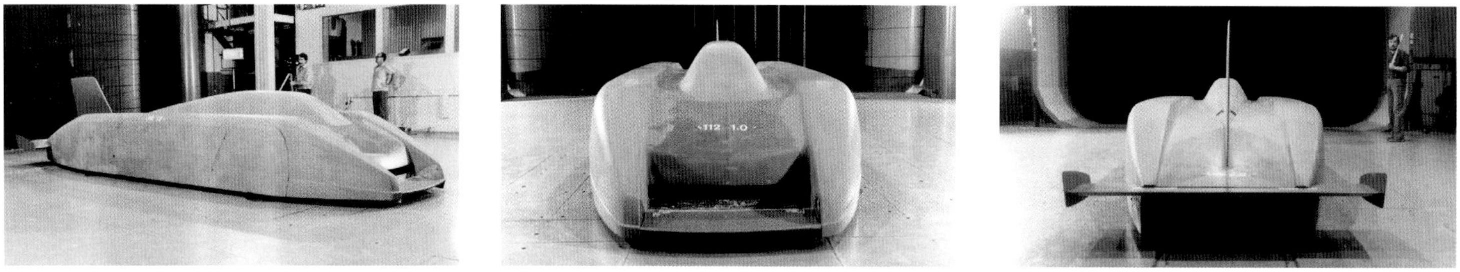

Das 1:1-Designmodell des C 111-V im großen Windkanal in Untertürkheim, aufgenommen am 16. September 1980 im Ausgangszustand für erneute Windkanaluntersuchungen.

bar bezeichnet wurden. Dies geschah hauptsächlich durch die Variation von Anbauteilen wie Bugflachspoiler, Längsschürzen, ›Krebsschwänze‹, Heckflügel und Heckflossen. Eine Formoptimierung in üblicher Weise hat noch nicht stattgefunden.«

Faul wies auch auf die komplexen Zusammenhänge zwischen Aerodynamik, Antriebsleistung und Fahrstabilität hin: »So ist der c_W-Wert des Fahrzeugs trotz der hohen zur Verfügung stehenden Motorleistung von erheblicher Relevanz, da von ihm die notwendige Längskraft (Antriebskraft) an der Hinterachse und damit auch die verbleibende Seitenführungskraft im wesentlichen abhängt. Auch die Bereifung, die sich am C 111/IV als kritisches Bauteil erwiesen hat, wird bei schlechteren c_W-Werten höher belastet.«

Sein Resümee hob auf weitere, zwingend erforderliche Messungen ab: »Für Fahrversuche im vorgesehenen Geschwindigkeitsbereich

Im Rahmen der Messungen im September 1980 wurde das 1:1-Modell abschnittsweise mit Längsschürzen ausgerüstet, deren luftwiderstandsmindernder Einfluss erneut deutlich wurde. Das Verlängern der Schürzen bis zur Fahrzeughinterkante erbrachte zwar eine deutliche Verringerung des c_W-Werts, reduzierte allerdings auch den Abtrieb gegenüber der Variante, die nur bis zur Vorderkante der Hinterradhäuser mit Längsschürzen ausgerüstet war.

Das 1:1-Designmodell im Endzustand in perfektem Finish, aufgenommen am 2. Oktober 1980 im »Kuppelbau« in Sindelfingen.

(ca. 450 km/h) müssen noch dringend die Luftkraft- und Luftmomentenänderungen bei Ein- und Ausfederbewegungen des Fahrzeugs sowie gleichzeitig auftretendem Seitenwind untersucht und minimiert werden. Vorher halten wir Fahrversuche für nicht vertretbar.«

Eingestellt und unvollendet: das Ende des C 111-V

Zu all dem sollte es allerdings nicht mehr kommen. In der E1-EA1-Besprechung am 25. September verdüsterte sich trotz vielversprechender Windkanalergebnisse die Zukunft des Projekts weiter, wie das Protokoll zum Tagesordnungspunkt »C 111/5: Aerodynamik« dokumentiert:

»Die c_W-Untersuchungen am 1:1 Tonmodell des C 111/5 lassen nur mit Längsschürzen deutlich bessere Ergebnisse für das fahrfertige Fahrzeug erwarten als beim C 111/4.

Die erarbeiteten Abtriebsmaßnahmen für eine Zielgeschwindigkeit von 450 km/h erscheinen für stationäre Fahrbedingungen ausreichend; instationäre Fahrzustände konnten aus Termingründen nicht gemessen werden.

Die Fortsetzung des geplanten Projekts mit ca. 800 PS Antriebsleistung wurde als gefährlich angesehen; die Unwägbarkeiten bei derartigen Geschwindigkeiten erscheinen zu hoch.

Eine abschließende Entscheidung wird von Herrn Prof. Breitschwerdt vorzunehmen sein.«

Vor diesem Hintergrund erscheint der abschließende Satz des Protokolls schwer nachvollziehbar: »Der weitere Aufbau (Abformen) des Fahrwagens wird unverzüglich in Rastatt aufgenommen.«

Welche Entscheidung Entwicklungschef Breitschwerdt im Hinblick auf das ehrgeizige Rekordprojekt getroffen hat, dürfte wohl kaum für Überraschung gesorgt haben. In Anbetracht der seinerzeit aktuellen Bestrebungen, die Kosten des Entwicklungsbereichs zu reduzieren, die vorhandenen Entwicklungskapazitäten auf kommende Serienfahrzeuge wie die Baureihen 201 und 124 zu fokussieren und in diesem Zusammenhang auch das laufende Rallyesport-Engagement zu beenden, war der C 111-V, dessen Entwicklung noch eine ganze Reihe technischer Herausforderungen und kommunikativer Unwägbarkeiten bereithielt, trotz seines innovativen Charakters und des bereits getätigten Invests kein Projekt, das dazu angetan war, seinen Platz auf der Prioritätenliste zu behaupten.

Das offizielle Ende des ambitionierten Projekts wurde am 29. September und 13. Oktober 1980 in der Technischen Besprechung Pkw beschlossen. Unter dem Tagesordnungspunkt »C 111/5: Projektabschluß« heißt es zunächst im Protokoll vom 30. September: »Wegen der erhöhten Risiken und wegen Fehlens werbewirksamer Aussagen legte Herr Prof. Breitschwerdt fest, daß nach Fertigstellung des Fahrzeugs auf Rekordversuche verzichtet werden soll.« In diesem Szenario hätte der C 111-V seinen Platz im Mercedes-Benz Museum finden können – gleich neben dem spektakulären T 80, einem Rekordwagen der 1930er-Jahre, der ebenfalls nie zum Einsatz gekommen war. Der Beschluss vom 13. Oktober schloss dann jedoch auch diese Möglichkeit aus, wie das Protokoll zum Thema »C 111/5: Projekt-Stop« festhielt: »Entgegen früheren Festlegungen wird nun auch die Fertigstellung des Fahrzeugs abgelehnt; das Projekt ist mit sofortiger Wirkung einzustellen.«

So schloss Rüdiger Faul die Zusammenfassung der Ergebnisse seiner Windkanaluntersuchungen mit einem ernüchternden Fazit ab: »Mit Datum vom 13.10.80 wurde das Projekt C 111/V gestoppt. Deshalb sind alle Empfehlungen, die sich in dem nachfolgenden, früher entstandenen Text [des Technischen Berichts, d. Verf.] noch auf ein fahrfertiges Fahrzeug beziehen, als hypothetisch zu betrachten.« Auch wenn einige bereits begonnene Aktivitäten noch einige Wochen lang weitergeführt wurden, blieb es letztlich bei der zuvor getroffenen Entscheidung, das Projekt einzustellen.

Damit endete nach fast genau 12 Jahren und vollkommen unspektakulär die Entwicklung einer Fahrzeug-Baureihe, die unter der magischen Bezeichnung C 111 außergewöhnliche Traumsportwagen und Rekordjäger in sich vereinte. Jedes dieser Fahrzeuge repräsentierte nicht nur das Höchstmaß des zu seiner Zeit technisch Möglichen, es steht auch bis heute für Innovation und Faszination.

Ende einer Legende: Die von Ferdinand Hellhake erstellte Entwurfszeichnung vom Oktober 1980 veranschaulicht den letzten Stand des C 111-V und steht zugleich für das Ende der Entwicklung – nicht nur eines ambitionierten Rekordwagenprojekts, sondern des C 111 insgesamt.

Lebenslinien:
Biografien aller je gebauten C 111

Dieses Kapitel beschreibt den Lebenslauf jedes gebauten C 111 in der Reihenfolge der Wagennummern. Viele Einzelinformationen wurden schon in den vorherigen Kapiteln dargestellt, sind an dieser Stelle aber noch einmal übersichtlich und auf das jeweilige Fahrzeug bezogen zusammengefasst. Bis auf wenige Ausnahmen bezieht sich das Bildmaterial im Wesentlichen auf den aktuellen Zustand der bis heute enthaltenen Fahrzeuge, da fast alle relevanten historischen Aufnahmen bereits in Kapitel 2 und Kapitel 3 dieses Buchs präsentiert wurden. So werden alle noch existierenden und zum Zeitpunkt der Aufnahmen verfügbaren Fahrzeuge hier mit einem Satz aus vier aktuellen Studioaufnahmen dokumentiert, bestehend aus der Frontansicht, den Halbprofilansichten von schräg vorn und schräg hinten und einem Foto des Interieurs.

Auch die Benennung der individuellen Fahrzeuge erfordert an dieser Stelle eine Anmerkung. Wie schon in Kapitel 2 beschrieben, kamen hierbei zwei unterschiedliche Systeme zum Einsatz. Das erste, unmittelbar nachvollziehbare Prinzip entsprach einer mit 1 beginnenden fortlaufenden Nummerierung der Versuchswagen. Im Herbst 1969 wurde ein neues System eingeführt, das zwischen den beiden Serien des C 111 unterschied: So wurden die fünf Wagen der ersten Serie nun mit den Nummern 22 bis 26 bezeichnet, und die Wagennummern der im März 1970 präsentierten zweiten Serie begannen mit 31. Nicht ganz stringent erscheint die Einreihung des »Hobels« als Wagen Nr. 21, da er eine Sonderstellung einnimmt und nicht – wie die Wagennummer suggeriert – der Serie der Wagen 22 bis 26 zuzuordnen ist. Eine der Nummern wurde zweimal vergeben: Als Ersatz für den verunfallten Wagen 24 entstand im April 1970 ein neues Fahrzeug, das die interne Nummer 24 a erhielt, aber – anders als die Wagennummer erwarten ließe – über eine Karosserie der zweiten Serie verfügte.

Unternehmensinterne Quellen verwenden anstelle der reinen Wagennummer z. T. umfangreichere Bezeichnungen, die dem seinerzeit bei Mercedes-Benz Versuchsfahrzeugen allgemein üblichen System entsprechen. Dabei ist die individuelle Wagennummer an die interne Konstruktionsbezeichnung angehängt; so bezeichnet beispielsweise W 114 V 23 – 132 innerhalb der Baureihe W 114 den Versuchswagen Nr. 132, der mit einem 2,3-Liter-Vergasermotor ausgerüstet ist und damit dem Typ 230/8 entspricht. Folglich steht C 101 W 36 – 22 für Wagen 22 mit 3-Scheiben-Wankelmotor (und 3,6 Liter Hubraumäquivalent), C 101 W 48 – 33 für den mit 4-Scheiben-Wankel angetriebenen Wagen 33, C 101 E 45 – 25 für Wagen 25 mit 4,5-Liter-V8 und C 101 D 30 – 31 für den mit 3-Liter-Dieselmotor ausgerüsteten Rekordwagen 31.

Wagen 1 bzw. 21

Der erste Versuchswagen wurde im März 1969 im Versuch Vorentwicklung in Untertürkheim aufgebaut. Die am 26. März fertiggestellte Bodengruppe der ersten Ausführung hatte noch einen Radstand von 2500 mm und war mit einer vom W 114 übernommenen Schräglenker-Hinterachse ausgerüstet. Um keine Zeit zu verlieren, erhielt der Wagen nur eine Behelfskarosserie aus Blech, deren kantiges Aussehen ihm den internen Beinamen »Hobel« einbrachte. Die erste Erprobungsfahrt des noch nicht mit Dach und Seitenteilen versehenen, nur provisorisch fertiggestellten Fahrzeugs erfolgte am Nachmittag des 1. April 1969 auf der Einfahrbahn. Nach der Komplettierung mit festen Seitenteilen und einem Dach mit Flügeltüren fand die erste Fahrt auf öffentlichen Straßen am 16. April statt. Dabei trug der Versuchswagen das rote Kennzeichen S – 04214.

Am 2. Mai 1969 ging es zum ersten Mal auf den Hockenheimring, und am 13. Mai erfolgte dort die erste Erprobung des inzwischen mit einer flacheren Fronthaube ausgerüsteten Wagens. Anfang Juni wurde die vordere Haube nochmals modifiziert und das Fahrzeug im großen Windkanal des Forschungsinstituts für Kraftfahrwesen und Fahrzeugmotoren Stuttgart (FKFS) untersucht. Die dabei erhaltenen Ergebnisse führten zu einer optimierten Heckgestaltung. In dieser Konfiguration wurde Wagen 1 auf dem Hockenheimring eingehend erprobt, ab dem 15. Juli dann auch gemeinsam mit dem inzwischen fertiggestellten Wagen 2. Der »Hobel« wurde überwiegend mit dem 3-Scheiben-Motor KE 308, zwischenzeitlich jedoch auch mit dem KE 305, KE 312, KE 301 und KE 315 betrieben.

Am 5. August kam es zu einem Unfall auf der Einfahrbahn, bei dem Wagen 1 durch den Kontakt mit einer Leitplanke schwer beschädigt wurde. Der »Hobel« wurde aber wieder instandgesetzt und

Wagen 1 beim Abtransport nach seinem Unfall auf der Einfahrbahn am 8. August 1969.

die Erprobung Ende November fortgesetzt. Einen öffentlichkeitswirksamen Auftritt hatte Wagen 1 Ende Februar 1970 bei einem Fotoshooting auf der Einfahrbahn, bei dem der erste C 111 zusammen mit dem letzten Wagen der ersten und dem ersten der zweiten Serie fotografiert wurde. Zu diesem Zweck hatte er eine Lackierung in Leuchtorange erhalten. Im Mai 1970 wurde Wagen 1 verschrottet – sicherlich auch deshalb, weil er wegen seines technischen Standes eigentlich nur für die Erprobung des Motors eingesetzt werden konnte und der 4-Scheiben-Motor aufgrund der unzureichenden Raumverhältnisse nicht montiert werden konnte.

Wagen 2 bzw. 22

Der erste »richtige« C 111 mit 2620 mm Radstand, 5-Lenker-»Renn-Hinterachse« und Kunststoffkarosserie entstand im Juni/Juli 1969. Am 10. Juni wurde die Bodengruppe von Sindelfingen an den Versuch in Untertürkheim geliefert, von wo sie nach ihrer Vermessung und Komplettierung mit Aggregaten als fertiges Chassis am 25. Juni nach Rastatt überstellt wurde. Dort erfolgten Fertigung und Montage der GFK-Karosserie, und anschließend ging das Fahrzeug zur Ausführung von Lackierung und Innenausbau nach Sindelfingen. Am 7. Juli hatte die Stilistenabteilung die Lackierung in perlweißem Effektlack, die Polsterung in grau-schwarz gemustertem Pepitastoff und den Bezug der Sitzschalen mit schwarzem Kunstleder festgelegt, und sieben Tage später lieferte die Karosserieentwicklung den Wagen in perfektem Finish an den Versuch in Untertürkheim. Hier wurde die Motorenattrappe durch den 3-Scheiben-Motor KE 309 ersetzt, so dass die Erprobung in Hockenheim pünktlich am 15. Juli, dem 63. Geburtstag von Rudolf Uhlenhaut, beginnen konnte. Die Karosserie entsprach in einigen Punkten noch nicht der endgültigen Ausführung: Die Laminatdicke lag mit 3 mm deutlich über dem ursprünglich angedachten Wert und der eigentlich als Lufteinlass vorgesehene Frontgrill war niedriger positioniert als bei den folgenden Wagen. Unmittelbar nach den ersten Versuchsfahrten in Hockenheim wurde Wagen 2 am 16. und 17. Juli im Windkanal des FKFS in Untertürkheim vermessen und die Luftführung auf Basis der dabei gewonnenen Erkenntnisse bei den folgenden Wagen geändert.

Danach folgten weitere Erprobungsfahrten auf dem Hockenheimring, wobei der KE 309 wegen Kompressionsverlust durch den

Wagen 2, ausgerüstet mit Rennreifen auf Leichtmetallfelgen, beim Testtag des Motor Presse Clubs (MPC) auf dem Hockenheimring am 10. September 1969.

aus Wagen 1 entnommenen KE 305 ersetzt wurde. Am 13. August 1969 ging es dann auf den Nürburgring. Dabei trug das Fahrzeug das rote Kennzeichen S – 04243. Anschließend wurde Wagen 2 nach Rastatt überstellt und erhielt eine optimierte Karosserie aus dünnwandigerem Laminat, wobei auch der Frontgrill und die Scheinwerferbetätigung geändert wurden. Außerdem wurde durch Änderung der Auspuffanlage und Verlängerung der Heckpartie um 65 mm (anstelle der konstruktionsseitig zunächst vorgesehenen 60 mm) ein auf 224 Liter vergrößerter Kofferraum ermöglicht, der sogar direkt ohne Öffnen der Motorhaube zugänglich war. Letztere sollte zudem Fenster in den Seitenteilen erhalten, die verbesserte Sichtverhältnisse gestatteten.

Der Terminplan für die Änderungen war insofern sehr ambitioniert, als Wagen 2 für die Pressefahrvorstellung vom 1. bis 5. September auf dem Hockenheimring fest eingeplant war. Die Modifikationen wurden in Rastatt bis zum 27. August ausgeführt, und vom 28. bis 30. August erfolgten in Sindelfingen die Lackierung und eine Überarbeitung der Innenausstattung. Die Polsterung der Sitze wurde dabei in dunkelgrau-cognac gemusterten Karostoff geändert. Bei der Pressevorstellung legte Wagen 2 insgesamt 1450 km zurück, wobei mit Straßenreifen ein Kraftstoffverbrauch von 38,6 l/100 km und ein Ölverbrauch von 6,5 l/1000 km gemessen wurde. Aufgrund seiner optimierten Karosserie, die ihn von allen anderen Fahrzeugen der Versuchsflotte unterschied, war der auf das Kennzeichen S – P 8316 zugelassene Wagen 2 gewissermaßen das Vorzeigefahrzeug innerhalb der Serie. Diese Rolle hatte er auch auf der IAA in Frankfurt, wo er auf dem Freigelände für Probefahrten (auf dem Beifahrersitz) zur Verfügung stand.

Nach der IAA wurden die Versuchsfahrten fortgesetzt – zunächst weiterhin mit 3-Scheiben-Motor, wobei die Motoren KE 309, KE 308 und KE 301 als Antrieb dienten. Auch bei der Eröffnung des Salzburgrings am 20./21. September und beim Besuch von Udo Jürgens im Werk Untertürkheim am 25. September kam Wagen 2 zum Einsatz. Am 22. Juli 1970 wurde mit Kilometerstand 15.961 der 4-Scheiben-Motor KE 408 eingebaut. Der Wagen erhielt eine Lackierung im Farbton Weißherbst und ging in den Dauerlaufversuch zur Motoren- und Aggregateerprobung. Nach 12.615 km Laufstrecke wurde der Motor Ende August 1970 wegen eines Klopfgeräuschs gegen KE 406 ausgetauscht. Zum gleichen Zeitpunkt fiel die Entscheidung, das Auspuffrohr und den Vorschalldämpfer, die man beim Einbau des 4-Scheiben-Motors neben das Getriebe unterhalb des Kofferraums verlegt hatte, wegen der starken Hitzeentwicklung an den rechten Radlauf zurückzuverlegen. Nach weiteren 21.905 km, die bereits am 10. November 1970 erreicht waren, wurde wegen schlechter Kompression der vierten Scheibe auch der KE 406 ausgebaut. Da kein anderer 4-Scheiben-Wankel zur Verfügung stand und ein »scharfer Dauerlauf« jahreszeitbedingt ohnehin ausgesetzt werden musste, wurden die Versuchsfahrten erst im April 1971 mit dem inzwischen instandgesetzten 322 PS/236 kW starken KE 406 wieder aufgenommen. Dabei war die Höchstgeschwindigkeit zur Schonung des Motors auf 220 km/h begrenzt; eine Ausnahme bildete lediglich eine Fahrleistungsmessung am 13. Juli 1971, bei dem der Wagen eine Beschleunigung von 6,2 Sekunden für 0 – 100 km/h erzielte. Für einen Kilometer mit stehendem Start wurde ein Wert von 25,2 Sekunden gemessen, wobei eine Endgeschwindigkeit von 252 km/h erreicht wurde. Die Erprobung endete schließlich mit dem Kilometerstand 62.819 – nicht durch Motorschaden, sondern infolge eines Unfalls auf der Autobahn am 17. April 1972, bei dem das Fahrzeug mit der Leitplanke kollidierte. Wagen 2 wurde daraufhin ausgeschlachtet und am 8. Mai 1972 verschrottet. Er war am Ende der C 111 mit der höchsten Laufleistung. Der Kraftstoffverbrauch über die gesamte Laufstrecke betrug 26,9 l/100 km, der Ölverbrauch 2,5 l/1000 km.

Wagen 3 bzw. 23

Der zweite »richtige« C 111, zugleich der erste in der endgültigen Karosserieausführung der ersten Serie, wurde am 2. August 1969 fertiggestellt. Die Bodengruppe hatte der Versuch in Untertürkheim am 26. Juni erhalten und das mit Aggregaten komplettierte Chassis am 5. Juli nach Rastatt abgeliefert. Die Anlieferung in Sindelfingen zur Lackierung und zum Innenausbau erfolgte am 30. Juli. Zwölf Tage zuvor hatte die Stilistenabteilung weißen Effektlack für das Exterieur sowie Sitzbezüge in Karo cognac mit Sitzschalen in cognacfarbenem Kunstleder festgelegt. Die ersten Versuchsfahrten fanden am 4. August auf dem Hockenheimring statt, wobei der Motor KE 315 montiert war. Vor dem Beginn der Erprobung hatte man den Wagen auf dem Gelände der Einfahrbahn umfassend fotografiert, und dabei entstanden auch die ersten Aufnahmen des C 111 für die Presseabteilung.

Nach den Versuchsfahrten in Hockenheim und noch vor der Erprobung, die am 13. August zusammen mit Wagen 2 auf dem Nürburgring stattfand, erhielt Wagen 3 auf Wunsch der Karosserieentwicklung in Sindelfingen eine Lackierung in Leuchtorange. In diesem Outfit entstanden von Wagen 3 auf der Einfahrbahn und auf dem Hockenheimring weitere Fotos, vor allem aber auch spektakuläre und sehr dynamische Filmaufnahmen. Die neue Lackierung wurde noch im August zugunsten eines einheitlichen Erscheinungsbilds der Versuchsflotte wieder in perlweißen Effektlack geändert. In diesem Kontext wurde auch die Polsterung erneuert, nachdem Pressechef Artur Keser nach einer Präsentation vor ausgewählten Medienvertretern gegenüber Friedrich Geiger geäußert hatte, dass die braune Innenausstattung »allgemein nicht gefällt«. Die neue Polsterung kombinierte hellgrau-schwarz gemusterten Pepitastoff mit Seitenteilen in schwarzem Kunstleder. Am 21. August erfolgte die Zulassung auf das Kennzeichen S – P 3436. Bei der Pressefahrvorführung auf dem Hockenheimring legte der mit Rennreifen bestückte Wagen 3 insgesamt 1815 km zurück und verbrauchte dabei 37,7 l Kraftstoff und 2,75 l Öl auf 100 bzw. 1000 km.

Am 23. September führte Versuchsingenieur Guido Moch auf der Autobahn bei Riegel eine Fahrleistungsmessung durch, bei der die Höchstgeschwindigkeit des mit Rennreifen ausgerüsteten Wagens mit 263 km/h ermittelt wurde. Zu diesem Zeitpunkt war der Motor KE 312 eingebaut, der den ursprünglich montierten KE 315 unmittelbar nach der Pressevorführung ersetzt hatte. Am 11. Oktober 1969 wurde Wagen 3 zusammen mit der Pkw-Modellpalette von Mercedes-Benz im Rahmen eines Fußball-Bundesligaspiels im Stuttgarter Neckarstadion dem Publikum präsentiert und zwei Tage später mit Kilometerstand 5183 an die Karosserieentwicklung in Sindelfingen abgegeben. Noch im Oktober erhielt das Fahrzeug in Rastatt ein modifiziertes Heckteil, das – wie bei Wagen 6 vier Wochen zuvor – zur Unterbringung eines vergrößerten Kofferraums um 100 mm verlängert wurde. In diesem Zusammenhang wurde das Fahrzeug in Weißherbst lackiert und erhielt zudem eine neue Innenausstattung in cognacfarbenem Karostoff; die Sitzschalen waren auch weiterhin mit schwarzem Kunstleder bezogen. Im April 1970 absolvierte Wagen 3 in Sindelfingen erste Versuche mit Klimaanlage und wurde anschließend wieder an den Versuch in Untertürkheim überstellt. Am 15. Juni 1970 erhielt das Fahrzeug das neue Kennzeichen S – V 8944 und den 4-Scheiben-Motor KE 404, der nach gut zwei Monaten und 1100 km wieder ausgebaut und für Wagen 33

Wagen 3, Studioaufnahmen aus dem Jahr 2016.

verwendet wurde. Ende Oktober 1970 wurde KE 403 eingebaut, mit dem im Frühsommer 1971 auch Untersuchungen zur Abgasentgiftung durch Nachverbrennung durchgeführt wurden. Im September 1971 erhielt Wagen 23 ein Automatikgetriebe, das bis zum Ende seiner aktiven Laufbahn eingebaut blieb. Im Zuge der Anfang 1973 erfolgten Ausmusterung aus dem Versuchsbetrieb wurde das Fahrzeug schließlich wieder mit Schaltgetriebe sowie einer Motorattrappe ausgerüstet.

Anschließend ging Wagen 3 in den Bestand der werkseigenen Fahrzeugsammlung über und war dann zunächst viele Jahre im Deutschen Automuseum Schloss Langenburg ausgestellt. Danach folgten zahlreiche Einsätze auf Ausstellungen und bei Veranstaltungen, z. B. 2007 im Europapark Rust, 2007/2008 im »Mercedes House« in Brüssel und zum Jahreswechsel 2010/2011 im traditionsreichen »Adventskalender« der Niederlassung München, bei dem in der Adventszeit alljährlich 24 Fahrzeuge aus der Mercedes-Benz Historie in der mehrstöckigen Schaufensterfassade an der Donnersberger Brücke in Szene gesetzt werden. 2015 war das Fahrzeug bei der Sonderausstellung »C 111 – zeitlos und visionär« im Mercedes-Benz Museum und 2019 auf der Techno-Classica Essen anlässlich des Jubiläums »50 Jahre C 111« ausgestellt.

Wagen 4 bzw. 24

Die Fertigstellung von Wagen 4 erfolgte am 16. August 1969, nachdem die Bodengruppe am 9. Juli vollendet worden war. Am 6. August hatten die Sindelfinger Stilisten die Lackierung in weißem Effektlack und die Polsterung in blau-schwarz gemustertem Pepitastoff festgelegt, Letztere jedoch sieben Tage später zugunsten von Pepita beige-schwarz geändert. Die Erprobung begann am 19. August auf dem Hockenheimring und wurde auf dem Nürburgring fortgesetzt, wobei der Motor KE 306 zum Einsatz kam. Bei der Pressefahrvorstellung in Hockenheim legte der am 21. August auf das Kennzeichen S – P 3437 zugelassene Wagen 1605 km zurück. Der Ölverbrauch lag mit 6,25 l pro 1000 km ebenso hoch wie bei Wagen 2, der Kraftstoffverbrauch ist nicht dokumentiert. Bei Kilometerstand 3352 wurde der 3-Scheiben-Motor am 6. Oktober 1969 ausgebaut und stattdessen am 14. Oktober der 4,5-Liter-V8-Motor mit der Nummer U 9 eingebaut. Damit lief Wagen 4 bis zum 15. Januar 1970 und dem Kilometerstand 4537. Einen Tag später wurde der Wankelmotor KE 315 eingebaut und die Dauerlauferprobung in Hockenheim fortgesetzt. Am 29. Januar wurde Wagen 4 mit Kilometerstand 5170 bei der Kollision mit dem Nordtor des Hockenheimrings schwer beschädigt.

Wagen 4 nach dem Unfall in Hockenheim am 29. Januar 1970.

Nach behelfsmäßiger Instandsetzung der Karosserie wurde der Wagen im Juni 1970 für zwei Crashtests verwendet, bei denen in Seitenaufprallversuchen die Sicherheit der in den Schwellern untergebrachten Kraftstofftanks untersucht wurde. Anschließend wurde das Fahrzeug ausgeschlachtet und verschrottet.

Wagen 5 bzw. 25

Die Bodengruppe des als Standwagen für die IAA eingeplanten Wagens Nr. 5 wurde am 25. Juli 1969 in Untertürkheim angeliefert und dort am 1. August vollständig vermessen. Anschließend erfolgte die Montage der Aggregate, darunter die Attrappe eines 3-Scheiben-Motors. Nach dem Karosserieaufbau in Rastatt erhielt das Fahrzeug in Sindelfingen Lackierung und Innenausstattung und wurde am 22. August nach Untertürkheim transportiert. Die Fertigstellung in der dortigen Vorentwicklung erfolgte am 28. August 1969, und der Wagen wurde zur Aufbereitung für den Messeeinsatz erneut nach Sindelfingen überstellt. Am gleichen Tag fiel dort die Entscheidung, den Ausstellungswagen als ersten und zunächst einzigen C 111 nicht wie die anderen Exemplare – und wie noch zehn Tage zuvor festgelegt – in Perlweiß, sondern mit einem auffälligen Effektlack im Farbton Weißherbst zu lackieren und die Sitze mit Pepitastoff in Cognac/Schwarz zu beziehen. Dies trug in hohem Maße zum spektakulären Auftritt des Showcars bei, und der C 111 war eines der meistbeachteten Fahrzeuge der Ausstellung. Nach der IAA wurde der Wagen noch auf weiteren Messen und Ausstellungen eingesetzt: bis Jahresende in Paris, Turin, London, auf den Jochen Rindt Shows in Wien, Essen sowie München und Anfang 1970 dann noch auf Messen in Brüssel, Leiden, Stuttgart und schließlich in Chicago. Zwischen den

Wagen 5 im Ausstellungseinsatz, hier auf der Stuttgarter Messe »Motor – Sport – Freizeit« im Januar/Februar 1970.

Einsätzen auf der Stuttgarter Messe »Motor – Sport – Freizeit« Anfang Februar und der Chicago Auto Show Ende Februar wurde der Wagen im Mercedes-Benz Museum noch für die Serie »Autos und Mädchen« der »Deutschen Auto Zeitung« fotografiert.

Nach der Rückkehr von seiner Ausstellungstournee wurde auch dieser C 111 in die Versuchsflotte integriert. Damit konnte der unfallbedingte Ausfall von Wagen 4 kompensiert werden, und für Ausstellungen lag der Fokus nun ohnehin auf der zwischenzeitlich in Genf präsentierten überarbeiteten Version. Im Juli 1970 erhielt Wagen 5, inzwischen konsequent als Wagen 25 bezeichnet, den 4,5-Liter-V8-Motor mit der Nummer U 18 und wurde auf das Kennzeichen S – W 1484 zugelassen. Da der Achtzylinder höher baute als der eigentlich vorgesehene Wankelmotor, musste die Motorhaube modifiziert werden. Eine Überarbeitung erfuhr auch die Luftführung im Frontbereich, die ähnlich wie bei den Wagen der zweiten Serie gestaltet wurde. Ab dem 15. Oktober 1970 und Kilometerstand 2439 absolvierte Wagen 25 auf dem kleinen Kurs des Hockenheimrings ein Dauerlaufprogramm zur Fahrgestellerprobung, bei dem er mit Straßenreifen ausgerüstet war. Anfang November 1971 wurde der V8-Motor U 82 eingebaut, der am 18. April 1972 bei Kilometerstand 21.446 durch den 4-Scheiben-Motor KE 406 aus dem verunfallten Wagen 22 ersetzt wurde. Wegen starken Laufgeräuschs wurde dieser Motor am 27. Juli wieder ausgebaut. Ab dem 5. Oktober 1972 kam stattdessen KE 414 zum Einsatz, der bis zum 17. Januar 1974 und Kilometerstand 25.607 eingebaut blieb. Anschließend wurden die verwertbaren Teile demontiert und der Wagen verschrottet.

Wagen 6 bzw. 26

Wagen 26 spielt in der Geschichte des C 111 in mehrfacher Hinsicht eine besondere Rolle: Er war das erste Exemplar des Wankel-Sportwagens, das mit einem 4-Scheiben-Motor aufgebaut wurde. Damit steht er im Widerspruch zur landläufigen Einschätzung, dass die Wagen der ersten Serie grundsätzlich mit 3-Scheiben-Motor und die Wagen der zweiten Serie mit 4-Scheiben-Motor ausgerüstet waren.

Die Bodenanlage wurde am 8. August 1969 aus Sindelfingen bereitgestellt und die Vermessung in Untertürkheim vier Tage später abgeschlossen. Nach dem Aufbau in Rastatt, wo der Wagen eine gegenüber seinen Vorgängern um 35 kg leichtere Karosserie erhalten hatte, erfolgten Lackierung und Innenausstattung in Sindelfingen. Die Stilisten hatten am 19. August eine Lackierung in weißem Effektlack festgelegt, und die Polsterung wurde in dunkelgrau-rot gemustertem Karostoff mit Sitzwangen in schwarzem Kunstleder ausgeführt. Am 8. September 1969 wurde Wagen 26 in der Vorentwicklung in Untertürkheim angeliefert und mit dem ersten einbaufähigen 4-Scheiben-Motor KE 402 komplettiert. Die erste Erprobungsfahrt des auf das Kennzeichen S – P 2288 zugelassenen Fahrzeugs erfolgte am 10. September anlässlich des vom Motor Presse Club (MPC) auf dem Hockenheimring veranstalteten Testtags, wobei der 4-Scheiben-Motor in der Kommunikation nicht thematisiert wurde. Wagen 6 wurde am 17. September erneut nach Rastatt überstellt, wo er analog Wagen 22 einen vergrößerten Kofferraum erhielt, der allerdings – im Gegensatz zu der bei Wagen 22 realisierten Lösung – nicht ohne Öffnen der Motorhaube zugänglich war. Dazu wurden das Heckteil und die Heckklappe um 100 mm verlängert. In diesem Rahmen erhielt Wagen 26 in Sindelfingen auch eine neue Lackierung in Weißherbst.

Bis zum 17. November wurde KE 402 wegen verschiedener Defekte zweimal aus- und wieder eingebaut. Am 22. Januar 1970 wurde er bei Kilometerstand 2837 erneut ausgebaut, wobei auch die anschließend verwendeten Motoren KE 407, KE 405 und KE 406 nicht lange im Einsatz blieben. Ende Februar 1970 wurde das Fahrzeug zusammen mit Wagen 1 und Wagen 31 für PR-Zwecke auf der Einfahrbahn in Untertürkheim fotografiert. Am 5. März erhielt Wagen 26 bei Kilometerstand 3833 wieder seinen ersten Motor KE 402, mit dem er zusammen mit Wagen 31 auch die Presse-Fahrvorstellung am 10. März in Monthoux absolvierte. Vom 31. März bis zum 17. September legte Wagen 26 insgesamt 4901 km zurück; montiert war nun wieder KE 405, der in diesem Zeitraum jedoch viermal aus- und wieder eingebaut wurde. Am 21. September 1970 wurde bei Kilometerstand 8734 KE 408 installiert, der sein Debüt in Wagen 31 gehabt hatte.

Im April 1970 kam Wagen 26 im Werk Untertürkheim bei der Demonstration für »Monsieur 100.000 Volt«, den französischen

Wagen 26, Studioaufnahmen aus dem Jahr 2016.

Chansonnier Gilbert Bécaud, zum Einsatz. Am 2. Juni 1970 trug er sich ein weiteres Mal in die Annalen der C 111 Geschichte ein: Im Rahmen von Fahrleistungsmessungen auf der Autobahn Karlsruhe-Freiburg erreichte der Wagen eine gestoppte Höchstgeschwindigkeit von 299 km/h und ist damit der bis heute schnellste C 111 mit Wankelmotor.

Im Spätherbst 1970 wurde das Fahrzeug, wie von Rudolf Uhlenhaut gefordert, mit der »Antiblockiereinrichtung« – der ersten, gemeinsam mit Teldix entwickelten Ausführung des Anti-Blockier-Systems ABS – ausgerüstet. Im Rahmen der Erprobung zeigte sich, dass die Vorderradbremsen bei Ausnutzung des innovativen Systems nicht stark genug dimensioniert waren.

Im März 1981 wurde Wagen 26 von der Versuchsabteilung in die werkseigene Fahrzeugsammlung übergeben. Danach war er auf zahlreichen Ausstellungen im Einsatz, u. a. von August 1983 bis Februar 1986 und von November 2002 bis April 2007 im Auto- und Technikmuseum Sinsheim. 2010 war er im Rahmen der Supersportwagen-Präsentation auf der Techno-Classica Essen und im Mercedes-Benz Museum sowie auf der Essen Motor Show ausgestellt. Fünf Jahre später hatte er einen weiteren öffentlichkeitswirksamen Auftritt auf der IAA in Frankfurt, wo er Teil des Bühnenbilds bei der beeindruckenden Livepräsentation der aktuellen Mercedes-Benz Modellpalette war.

Wagen 24 a

Eine Sonderstellung in der C 111 Versuchswagenflotte nimmt auch Wagen 24 a ein – nicht nur wegen seiner ungewöhnlichen Nummerierung. Er entstand Ende April 1970 als Ersatz für den verunfallten Wagen 24, der im Austausch gegen Wagen 23 an die Karosserieentwicklung in Sindelfingen überstellt werden sollte und nach seinem Unfall Ende Januar nicht mehr zur Verfügung stand. So erklärt sich auch die abweichende Bezeichnung 24 a.

Wagen 24 a, Studioaufnahmen aus dem Jahr 2016.

Da der C 111 im März 1970 mit optimiertem Karosseriedesign debütiert hatte, lag es – insbesondere in Anbetracht des avisierten Verwendungszwecks – nahe, das Ersatzfahrzeug ebenfalls mit einer Karosserie der neuen Ausführung auszurüsten. Am 27. April legten die Sindelfinger Stilisten die Lackierung in Weißherbst und die Polsterung in Hahnentritt-Stoff des Farbtons Cognac hell fest, wobei die Sitzwangen – wie bei den anderen Fahrzeugen – in schwarzem Kunstleder ausgeführt wurden. Nachdem 4-Scheiben-Motoren nicht in ausreichendem Maße zur Verfügung standen, erhielt Wagen 24 a das 3-Scheiben-Aggregat KE 308, das zuvor im »Hobel« zum Einsatz gekommen war. Auspuffrohr und Vorschalldämpfer wurden analog zu der erstmals bei Wagen 32 praktizierten Lösung neben das Getriebe unterhalb des Kofferraums platziert. Das Fahrzeug wurde am 23. Juli 1970 auf das Kennzeichen BB – K 390 zugelassen.

Im Januar 1971 war der in Sindelfingen beheimatete »Karosserie-Versuchswagen« der erste C 111, bei dem die Oberseite des Heckdeckels und die Luftaustrittskanäle auf der Motorhaube in Mattschwarz lackiert wurden. Karl Wilfert hatte dies zur Vermeidung der von ihm monierten Reflexionen, insbesondere auf der konkaven Oberseite der Motorraumabdeckung, bereits im August/September 1970 angeregt.

Im Herbst 1973 erhielt Wagen 24 a bei Kilometerstand 10.546 anstelle des bis dahin verwendeten 3-Scheiben-Motors KE 308 die 4-Scheiben-Variante KE 410, die mit dem innovativen Stufensaugrohr ausgerüstet war. In diesem Rahmen wurde die Auspuffanlage wieder auf die ursprüngliche Konfiguration abgeändert und das Fahrzeug mit Klimaanlage ausgerüstet. Allerdings erwies sich die Inbetriebnahme mit dem neuen Motor als sehr mühsam, und so wurde bei Kilometerstand 10.818 – nach nicht einmal 300km – im April 1974 schließlich der ebenfalls mit Stufensaugrohr ausgerüstete KE 412 eingebaut.

Danach war das Fahrzeug in Sindelfingen noch einige Jahre im Einsatz, bevor es im Oktober 1984 an die werkseigene Fahrzeugsammlung übergeben wurde. Im Anschluss absolvierte es zahlreiche Ausstellungseinsätze – so war es z. B. über viele Jahre im EFA-Museum in Amerang zu bewundern. Weitere publikumswirksame Einsätze erfolgten 2012/2013 im Museum Autoworld in Brüssel, 2014/2015 in der Ausstellung »Andy Warhol. CARS« im MAC Museum in Singen, 2018 auf der Retro Classics in Stuttgart, 2018/2019 in der Ausstellung »Cars. Driven by design« im Kunstpalast Düsseldorf und 2020/2021 in der Sonderausstellung »Badisch-Schwäbischer Erfindergeist« im Auto- und Uhrenmuseum Schramberg.

Wagen 31 bzw. 7

Der erste C 111 der zweiten Serie entstand im Zeitraum Dezember 1969 bis Februar 1970. Am 14. Januar erhielt der Versuch Vorentwicklung in Untertürkheim aus Sindelfingen die Bodenanlage, deren Fertigung dort am 10. Dezember begonnen hatte. Nach umfangreichen Nacharbeiten und der Montage der Aggregate erfolgte neun Tage später der Versand des komplettierten Chassis nach Rastatt, wo es mit der Karosserie versehen und am 9. Februar zur Lackierung und Innenausstattung nach Sindelfingen überstellt wurde. Am 20. Januar hatte die Stilistenabteilung die Ausstattungseinteilung vorgenommen. Die Lackierung in Weißherbst war keine Überraschung, und für die Polsterung wurde Stoff im grau-weißen Hahnentrittmuster festgelegt. Am 16. Februar traf Wagen 31 wieder in Untertürkheim ein und erhielt dort den Motor KE 408. Damit ging das Fahrzeug in Anbetracht des sehr engen Zeitplans unverzüglich in die Erprobung, die auf dem kleinen Kurs des Hockenheimrings stattfand. Zudem wurde der neue Wagen auf der Einfahrbahn in Untertürkheim umfassend fotografiert. Am 10. und 11. März absolvierte Wagen 31, der am 25. Februar auf das Kennzeichen S – U 21 zugelassen worden war, im Rahmen des Genfer Automobil-Salons die Pressefahrvorstellung auf dem Circuit de Monthoux.

Im April wurde das Fahrzeug im großen Windkanal des FKFS vermessen; die schwarzen Gitter auf der Oberseite der Luftauslasskanäle, mit denen Wagen 31 als einziger C 111 ausgerüstet war, hatte man zu diesem Zeitpunkt bereits wieder entfernt. Als seinerzeit einziges fahrfähiges Exemplar der zweiten Variante war der erste C 111 dieser Ausführung sehr gefragt – für die Versuchserprobung ebenso wie für Fahrvorführungen. Betrieben wurde Wagen 31 seit Ende März 1970 mit dem Motor KE 402, den man von Ende Mai bis Ende Juli durch KE 406 ersetzt hatte. Mit diesem Motor erreichte er am 3. Juni 1970 bei den zusammen mit Wagen 26 durchgeführten Fahrleistungsmessungen eine Höchstgeschwindigkeit von 280 km/h, und wenige Tage später wurde er in Berlin präsentiert – nicht nur dem Westberliner Publikum auf der AVUS, sondern auch einer Delegation der Fahrzeugindustrie der DDR. Im August folgte eine weitere bemerkenswerte Vorführung, als der Wankel-Sportwagen auf der Einfahrbahn jenen US-amerikanischen Astronauten demonstriert wurde, die mit Apollo 14 auf dem Mond landen sollten.

Von Ende Oktober bis Anfang Dezember 1970 wurden im Windkanal des FKFS in zwei umfassenden Messreihen Kühlluftmessungen durchgeführt, deren Ergebnisse einen verbesserten Wärmehaushalt ermöglichen sollten. Die Lösung bestand in einer Verbreiterung des Wagenbugs um insgesamt 140 mm, die es gestattete, Wasser- und Ölkühler nebeneinander anzuordnen. Zudem erhielt der Wagen zusätzliche Lufteinlassöffnungen unterhalb der Klappscheinwerfer. Nach der Formfreigabe im April 1971 wurden die Änderungen im Sommer durchgeführt. Die erste Fahrerprobung mit der modifizierten Karosserie fand im August 1971 auf dem Hockenheimring statt. Auch in der überarbeiteten Form hatte Wagen 31 noch einen Messeauftritt: Bei der Hannover Messe im April 1972 war er auf dem Stand von IBM ausgestellt und warb dort für computerunterstütztes Konstruieren nach der Finite-Elemente-Methode.

1976, gut sechs Jahre nach seinem Debüt in Genf, sorgte Wagen 31 erneut für Furore, als er die Rekordfahrt auf der Versuchsbahn im süditalienischen Nardò erfolgreich absolvierte. Den Umbau zum Diesel-Rekordwagen hatte Dr. Hans Liebold im November 1975 angeregt, nachdem der ursprünglich eingeplante Wagen 37 mit GFK-PUR-Sandwich-Bodengruppe bei Versuchsfahrten eine unbefriedigende Torsionssteifigkeit gezeigt hatte. Im März und im Mai 1976 wurde der Wagen im großen Windkanal des FKFS vermessen und vom 30. März bis 3. April bei Vorversuchen in Nardò eingesetzt. Vom 8. bis 16. Juni 1976 war Wagen 31 dann erneut in Nardò, um die spektakulären Rekordversuche schließlich erfolgreich abzuschließen.

Am 21. Juni wurde der Rekordwagen im Rahmen einer Pressekonferenz in Stuttgart den Medien vorgestellt. Auch danach war er über viele Jahre ein beliebtes Exponat auf zahlreichen Ausstellungen und Veranstaltungen in aller Welt; einen seiner ersten Einsätze hatte er am 16. Juli 1976 bei der im Werksmuseum veranstalteten Hauptversammlung der Daimler-Benz AG, bei der er eines der Highlights der Produktpräsentation bildete.

Im September 1977 war Wagen 31 auch noch einmal im echten Versuchseinsatz, als er auf der Rutschplatte der Einfahrbahn ein Versuchsprogramm zur Erprobung der für den C 111-III Rekordwagen vorgesehenen Räder absolvierte. Im Februar 1978 wurden

Wagen 31 auf der Einfahrbahn in Untertürkheim, aufgenommen im Frühjahr 1970. Charakteristisch für das erste Fahrzeug der zweiten Serie sind die schwarzen Gitter auf der Oberseite der Luftauslasskanäle, die jedoch bereits im April 1970 wieder entfernt wurden.

Wagen 31 nach dem Umbau zum Rekordwagen, Studioaufnahmen aus dem Jahr 2014.

mit Wagen 31 im gleichen Zusammenhang erneut Versuche auf der Rutschplatte durchgeführt, die der Dauerfestigkeitsuntersuchung neuer Räder mit Zentralverschraubung galten.

Auch nachdem er in die Obhut der werkseigenen Fahrzeugsammlung gelangt war, gehörte Wagen 31 zu den besonders häufig angefragten Exponaten. So hatte er z. B. auf der IAA 2007 einen publikumswirksamen Auftritt in der Sonderausstellung »Autos und Persönlichkeiten«. Im Frühjahr und Sommer 2010 wurde das Fahrzeug als einziger damals fahrbereiter C 111 im Rahmen einer Kommunikationskampagne anlässlich der Markteinführung des Supersportwagens Mercedes-Benz SLS AMG auf einigen Fahrveranstaltungen präsentiert – angefangen im April bei einer Presseveranstaltung auf der Einfahrbahn im Werk Untertürkheim über das ADAC Eifelrennen, das »Goodwood Festival of Speed«, »Le Mans Classic« und die »Classic Days Schloss Dyck« bis hin zum »AvD Oldtimer Grand Prix Nürburgring« im August. Im Sommer 2011 stand er zusammen mit dem gerade präsentierten SLK 250 CDI – dem ersten SLK mit Dieselmotor – vor der Kamera, um das Leistungspotenzial des Selbstzünders augenfällig in Szene zu setzen. Aufmerksamkeitsstarke Ausstellungseinsätze hatte Wagen 31 auch im Jahr 2015 bei der Sonderausstellung »C 111 – zeitlos und visionär« im Mercedes-Benz Museum, 2016 und 2018 auf der Oldtimermesse »Auto e Moto d'Epoca« in Padua und 2019 auf der Techno-Classica Essen anlässlich des Jubiläums »50 Jahre C 111«.

Wagen 32 bzw. 8

Der zweite C 111 der überarbeiteten Ausführung wurde Anfang 1970 kurz nach Wagen 31 aufgebaut. Der Versuch in Sindelfingen fertigte die Bodengruppe vom 15. bis 27. Januar, und die Komplettierung mit Aggregaten erfolgte bis zum 5. Februar im Versuch Vorentwicklung in Untertürkheim. Nach der Montage der Karosserie in der Waggonfabrik Rastatt traf das Fahrzeug am 23. Februar wieder in Untertürkheim ein.

Wagen 32, Studioaufnahmen aus dem Jahr 2016.

Am 26. Februar wurde es von dort nach Sindelfingen überstellt, wo – wie in der Ausstattungseinteilung vom 20. Januar festgelegt – die Lackierung in Weißherbst und die Innenausstattung mit Sitzen in Hahnentrittmuster cognac hell ausgeführt wurden. Am 9. März erfolgte die Anlieferung in Untertürkheim, von wo das Fahrzeug zur Premiere auf dem Genfer Automobil-Salon transportiert wurde.

Das mit der Attrappe eines 4-Scheiben-Motors ausgerüstete Ausstellungsfahrzeug war der erste C 111, bei dem die von Rudolf Uhlenhaut vorgeschlagene Verlegung des Auspuffrohrs und des Vorschalldämpfers unter den Kofferraum realisiert wurde.

Da der C 111 der neuesten Ausführung als Exponat für Ausstellungen in aller Welt sehr gefragt war und 4-Scheiben-Wankelmotoren ohnehin nur begrenzt zur Verfügung standen, blieb Wagen 32 ein reines Ausstellungsstück und wurde nicht in die Versuchsflotte integriert. Nach der Rückkehr von einer nahezu zwei Jahre dauernden Ausstellungstournee und entsprechender Aufbereitung wurde das Fahrzeug im Juni 1972 von der Messeabteilung ins Museum überstellt und in den Bestand der werkseigenen Fahrzeugsammlung übernommen.

Bis heute folgten zahlreiche Einsätze bei Ausstellungen und auf Veranstaltungen in aller Welt, unter anderem 2009 und 2012 bei den »Classic Days Schloss Dyck«, 2010 bei der Supersportwagen-Präsentation im Rahmen des Automobil-Salons in Paris, 2011 in der Mercedes-Benz Gallery Unter den Linden in Berlin, 2014 beim Concours d´Élegance in Chantilly und auf der Ausstellung »L'Automobile & la mode« im Rahmen des Automobil-Salons in Paris, 2015 auf der Sonderausstellung »C 111 – zeitlos und visionär« im Mercedes-Benz Museum, 2017 auf der Oldtimermesse Rétromobile in Paris und von November 2019 bis Juli 2020 bei der Ausstellung »Concept-Car. Beauté pure« im Schloss von Compiègne, rund 70 km nördlich von Paris.

Wagen 33 bzw. 9

Anfang März 1970, noch vor dem Debüt der neuen Version des C 111 in Genf, begann in Sindelfingen die Fertigung des dritten Exemplars dieser Ausführung. Bis Monatsende wurde in Sindelfingen die Bodengruppe aufgebaut und im April in Untertürkheim mit dem Antriebsstrang versehen. Vom 28. April bis zum 22. Mai 1970 erfolgte in Rastatt die Montage der Karosserie, und am 25. Mai wurde das Fahrzeug zurück nach Untertürkheim überstellt. Zur Ausführung von Lackierung und Innenausstattung ging es am 2. Juni nach Sindelfingen. Wie am 27. April in der Ausstattungseinteilung festgelegt, wurde die Lackierung in Weißherbst und die Polsterung wie bei Wagen 31 in grau-weißem Hahnentrittmuster ausgeführt. Zurück im Versuch in Untertürkheim, konnte das Fahrzeug erst im August mit einem 4-Scheiben-Wankelmotor komplettiert werden – dem KE 404, den man zu diesem Zweck Wagen 23 entnommen hatte. Damit ergänzte der auf das Kennzeichen S – Y 6200 zugelassene Wagen 33 die Versuchsflotte. Gleich zu Beginn seiner aktiven Einsätze wurde er für die auf Anhieb erfolgreiche Erprobung des Fluidik-Elements genutzt, das eine gleichmäßige Leerung der beiden Seitentanks ermöglichte.

Im Dezember 1970 absolvierte er ein Versuchsprogramm zur Messung der Kofferraumtemperatur, und im August 1971 nahm er zusammen mit Wagen 25, dem gerade mit Bugverbreiterung umgebauten Wagen 31 sowie Wagen 34 an einer Erprobung auf dem Hockenheimring teil. Einige Monate zuvor, im April 1971, war Wagen 33 bei einer Demonstration für den automobilbegeisterten Stardirigenten Herbert von Karajan zum Einsatz gekommen. Im August 1972 erschien er in einer Reportage des Journalisten und Automobilhistorikers Halwart Schrader, die in der deutschen Erstausgabe des »Playboy« veröffentlicht wurde.

Im September 1975 wurde das Fahrzeug an die werkseigene Fahrzeugsammlung übergeben und war zunächst einige Jahre im Museum ausgestellt. Danach wurde es bei verschiedenen Veranstaltungen und Ausstellungen eingesetzt und zählt seit der Eröffnung des neuen Mercedes-Benz Museums im Mai 2006 zu den Exponaten im Bereich »Faszination Design«.

Wagen 33 im Ausstellungsbereich »Faszination Design« im Mercedes-Benz Museum, Aufnahme aus dem Jahr 2017.

Wagen 34 bzw. 10

Die Bodengruppe des vierten C 111 der zweiten Serie entstand vom 16. April bis zum 15. Mai 1970 in Sindelfingen. Im Juni absolvierte die Rahmenbodenanlage die von Klaus Matthias angeregten, eigentlich schon für Wagen 33 eingeplanten Steifigkeitsmessungen, mit denen zum ersten Mal die Verwindungssteifigkeit des C 111 tatsächlich untersucht und den errechneten Werten gegenübergestellt werden konnte. Im Oktober wurde die Steifigkeit erneut vermessen, diesmal in Kombination mit dem vernieteten und verklebten Kunststoffaufbau. Danach wurde das Fahrzeug fertiggestellt und mit dem Kennzeichen S – Z 4170 zugelassen. Laut Ausstattungseinteilung vom 4. September 1970 wurde die Lackierung in Weißherbst und die Polsterung mit grau-weißem Karostoff ausgeführt. Im Frontbereich hatte die Karosserie zusätzliche Lufteinlassöffnungen unterhalb der Klappscheinwerfer erhalten, um die Versorgung des Innenraums mit Frischluft zu verbessern.

Nicht nur in diesem Punkt nahm Wagen 34 eine Vorreiterrolle ein: Als erster C 111 wurde er mit dem gemeinsam mit Teldix entwickelten Anti-Blockier-System ausgerüstet und als einziges Fahrzeug der Versuchsflotte erhielt er einen Kofferraum, der analog der bei Wagen 22 realisierten Lösung von außen ohne Öffnen der Heckklappe zugänglich war. Im Februar 1971 wurde zudem ein speziell für die Kombination mit Mittelmotor entwickeltes Automatikgetriebe eingebaut, das auf dem Aggregat für den Typ 600 basierte. Ursprünglich sollte Wagen 34 mit Automatikgetriebe, Klimaanlage und ABS im März 1971 auf dem Automobil-Salon in Genf präsentiert werden, aus einer Reihe von Gründen kam dies jedoch nicht zustande. Die Fertigstellung des für das Fahrzeug eingeplanten Motors KE 412 verzögerte sich, und so konnte Wagen 34 erst am 15. Februar 1971 komplettiert werden. Im Februar/März 1973 hatte er einen öffentlichkeitswirksamen Auftritt, als er bei der Mercedes-Benz Ausstellung in Moskau in sehr prominenter Position präsentiert wurde.

Wagen 34, Studioaufnahmen aus dem Jahr 2014.

Auf der Motorraumabdeckung von Wagen 34 ist die Kontur des von außen zu öffnenden Kofferraumdeckels gut zu erkennen.

Wagen 34 gehörte ebenso wie Wagen 35 zu den beiden C 111, die am längsten im Fuhrpark der Versuchsabteilung verblieben. Im Mai 1976 war er noch bei der Vorbereitung der Weltrekordversuche zum Einsatz gekommen, als er mit einem der beiden neuen ZF-5-Gang-Getriebe für den Diesel-Rekordwagen das Einfahren unter Einsatzbedingungen auf dem Hockenheimring und auf der Autobahn Heilbronn-Würzburg absolvierte. Im Februar 1978 wurde er erneut eingesetzt, um auf dem kleinen Kurs des Hockenheimrings die für den Rekordwagen C 111-III vorgesehene Radverschraubung zu erproben. Erst im August 1991 wurde er in die werkseigene Fahrzeugsammlung übergeben. Zahlreiche Einsätze auf Ausstellungen und Veranstaltungen folgten, unter anderem im Deutschen Automobilmuseum in Langenburg und im Sommer 2001 bei der Ausstellung anlässlich der Präsentation der SL-Baureihe 230 in den Hamburger Deichtorhallen.

Besonders publikumswirksam waren auch sein Einsatz im Sommer 2010 auf der »Monterey Car Week« in Kalifornien, zu der auch der »Pebble Beach Concours d'Élegance« gehört, 2011 bei der Supersportwagen-Ausstellung in Paris sowie 2012 auf der Oldtimermesse »Epoqu'Auto« in Lyon. Im Mai/Juni 2013 war Wagen 34 zusammen einem 300 SL »Gullwing« und einem Silberpfeil von 1937 im Außenbereich des Museo Mille Miglia in Brescia ausgestellt, wo die drei in Glasvitrinen präsentierten Klassiker für eine Sonderausstellung der Daimler Art Collection im benachbarten Museo di Santa Giulia warben. Unmittelbar danach hatte Wagen 34 einen Auftritt beim »Goodwood Festival of Speed« in Südengland, 2015 war er dann Teil der Sonderausstellung »C 111 – zeitlos und visionär« im Mercedes-Benz Museum, und zwei Jahre später folgten vielbeachtete Ausstellungseinsätze beim Concours d'Élegance in Apeldoorn/Niederlande sowie auf der IAA in Frankfurt.

Wagen 35 bzw. 11

Die Fertigung des fünften und zunächst letzten C 111 der zweiten Serie begann am 19. Mai 1970, vier Tage, nachdem die Rahmenbodenanlage von Wagen 34 fertiggestellt war. Am 22. Juni, einen Tag

»Duelle unter Freunden« am 18. Mai 2003 in Fellbach: Wagen 35 mit Dr. Hans Liebold im freundschaftlichen Wettstreit mit einem NSU Wankel Spider aus dem Jahr 1966.

Wagen 35, Studioaufnahmen aus dem Jahr 2014. Die Tankklappe wurde mit Einbau der Hecktanks vor den rechten hinteren Radlauf verlegt.

nach ihrer Fertigstellung, wurde die Bodengruppe an den Versuch der Vorentwicklung in Untertürkheim versendet. Dort erfolgte wie üblich die Montage der Aggregate, und die Waggonfabrik Rastatt besorgte anschließend den Aufbau der Karosserie, bevor die Karosserieentwicklung in Sindelfingen Lackierung und Innenausstattung übernahm. Wie bei Wagen 34 war in der Ausstattungseinteilung vom 4. September eine Lackierung in Weißherbst und eine Polsterung in Karostoff grau-weiß, kombiniert mit Kunstleder schwarz, definiert. Da funktionsfähige 4-Scheiben-Motoren nach wie vor nicht in ausreichender Zahl zur Verfügung standen, erhielt Wagen 35 zunächst einen 3,5-Liter-V8-Motor der Baureihe M 116, mit dem er für die Erprobung von Karosserie und Fahrwerk eingesetzt werden konnte. Im Frühjahr 1972 wurde das Fahrzeug mit zwei Hecktanks ausgerüstet, und im Mai 1972 erhielt Wagen 35 den Motor KE 416, der als erster 4-Scheiben-Motor mit dem innovativen Stufensaugrohr ausgerüstet war und dadurch mit deutlich verbesserter Durchzugskraft aufwarten konnte. Am 29. August 1972 wurde das Fahrzeug mit dem Kennzeichen S – AN 6611 zugelassen.

Im Oktober 1974 nahm der damalige Bundespräsident Walter Scheel im Rahmen seines Besuchs in Untertürkheim auf dem Beifahrersitz von Wagen 35 Platz, um mit Entwicklungschef Dr. Hans Scherenberg am Steuer eine Demonstrationsfahrt auf der Einfahrbahn zu erleben. Zusammen mit Wagen 34 verblieb das Fahrzeug noch lange in der Fahrzeugflotte der Versuchsabteilung, und die Übergabe an die werkseigene Fahrzeugsammlung erfolgte erst im August 1991. Danach kam Wagen 35 – wie die anderen C 111 beider Serien – bei zahlreichen Ausstellungen und Veranstaltungen zum Einsatz. Einen spektakulären Auftritt hatte Wagen 35 am 18. Mai 2003, als er im Rahmen der Veranstaltung »Duelle unter Freunden« anlässlich des zehnjährigen Bestehens des Fellbacher Classic Centers von Dr. Hans Liebold auf einem Kurs rund um das Classic Center pilotiert wurde. Diese Demonstration markiert zugleich den bis heute letzten Fahreinsatz eines wankelgetriebenen C 111. Im Zeitraum November 2013 bis Juni 2014 wurde Wagen 35 in der Prototypen-Werkstatt der Pkw-Entwicklung in Sindelfingen erneut mit einem 3,5-Liter-V8-Motor der Baureihe M 116 ausgerüstet. Damit verfügte die Fahrzeugsammlung von Mercedes-Benz Classic wieder über einen fahrbereiten C 111 der zweiten Serie, der in der Folgezeit bei zahlreichen Oldtimer-Veranstaltungen zum Einsatz kam und 45 Jahre nach dem Debüt des ersten C 111 erneut ein Höchstmaß an Aufmerksamkeit erzielte.

Wagen 36 bzw. 12

Mehr als fünf Jahre nach der Präsentation des ersten C 111 der zweiten Serie wurde im Juli 1975 mit Wagen 36 ein weiteres Exemplar des Wankel-Sportwagens fertiggestellt. Abgesehen von dem äußerlich nahezu unveränderten Erscheinungsbild sowie dem weitgehend identischen Fahrwerk und Antriebsstrang war Wagen 36 ein vollkommen neu konstruiertes Fahrzeug. Im Gegensatz zu allen bis dahin gebauten C 111 der ersten und zweiten Serie bestand die Rahmen-Bodenanlage nicht aus Stahl, sondern war als GFK-PUR-Bodengruppe in Kernverbundbauweise ausgeführt. Vor diesem Hintergrund wäre wohl eine Einstufung als eigenständige Serie berechtigt gewesen.

Nach einer langen Entwicklungsphase und aufwendigen Vorversuchen, die dem innovativen Konstruktions- und Produktionsprinzip geschuldet waren, entstanden bei der Waggon- und Maschinenfabrik Donauwörth im August und September 1973 die Bodengruppen für zwei Versuchswagen. Am 19. Juni 1974 wurde zunächst eine dieser Sandwich-Bodengruppen nach Komplettierung im Karosserieversuch Sindelfingen an die Waggonfabrik Rastatt geliefert, wo – wie bei den Wagen 22 bis 35 – Fertigung und Montage der Karosserie erfolgten. Nach der Rücklieferung der Einheit aus Karosserie und Rahmenbodenanlage am 26. Juli 1974 kam es bei der Fertigstellung des Fahrzeugs zu Verzögerungen, da zahlreiche Einbauteile aufgrund von Maßabweichungen der Bodengruppe angepasst werden mussten.

Mehr als ein Jahr später war es dann schließlich so weit: Am 1. September 1975 erhielt Wagen 36 die Zulassung mit dem Kennzeichen S – CL 1668, und kurz darauf wurden die ersten Erprobungsfahrten auf dem Hockenheimring durchgeführt. Dabei kam Motor KE 419 mit dem inzwischen bewährten Stufensaugrohr zum Einsatz. Kurz nach der ersten Fahrerprobung war das brandneue Fahrzeug

Wagen 36, Studioaufnahmen aus dem Jahr 2016.

vom 7. bis 14. Oktober auf dem Stand der Farbenfabriken Bayer AG bei der Kunststoffmesse K'75 Düsseldorf ausgestellt.

Weitere Erprobungsprogramme aus der Zeit danach sind nicht dokumentiert – offenbar vor allem deshalb, weil sich die Arbeit am C 111 mittlerweile auf den Einsatz als Rekordwagen konzentriert hatte. Allerdings wurde Wagen 36 wie auch die noch im Versuchsfahrzeugpool verbliebenen Wagen 34 und 35 immer wieder für Demonstrationsfahrten auf der Einfahrbahn genutzt. Nach der im März 1981 erfolgten Übergabe an die werkseigene Fahrzeugsammlung kam auch Wagen 36 bei zahlreichen Ausstellungen und Oldtimer-Veranstaltungen zum Einsatz.

So war er von 2005 bis 2008 fast drei Jahre im damals neu eröffneten Mercedes-Benz Classic Center in Irvine/Kalifornien ausgestellt, wobei er im März 2006 am »Amelia Island Concours d'Élegance« in Florida und im August 2006 am »Classy Chassis Concours d'Élegance« in Houston/Texas teilnahm. Vom September 2011 bis November 2012 bildete er eines der Exponate der Ausstellungsreihe »125 Jahre Erfinder des Automobils« mit zahlreichen Stationen in ganz Deutschland, und Anfang 2013 hatte er einen Einsatz in der Mercedes-Benz Gallery auf den Champs-Elysées in Paris. Im Jahr 2015 war er unter anderem auf der Rétromobile in Paris, der Retro Classics in Stuttgart und bei der Sonderausstellung »C 111 – zeitlos und visionär« im Mercedes-Benz Museum zu sehen. 2016 folgte ein Auftritt bei der Bremen Classic Motorshow, und anlässlich des Jubiläums »50 Jahre C 111« gehörte er auf der Techno-Classica Essen im März 2019 ebenfalls zu den ausgestellten Fahrzeugen.

Wagen 37 bzw. 13

Das zweite Fahrzeug mit der innovativen Sandwich-Bodengruppe entstand ebenfalls 1975, wobei das eigentlich für Wagen 36 vorgesehene Exemplar zum Einsatz kam. Daimler-Benz hatte diese im August 1973 gefertigte Bodengruppe wegen ihres unerklärten Mindergewichts zunächst nicht abgenommen. Ursprünglich für die Schlechtweg-Erprobung und einen anschließenden Frontalaufprall vorgesehen, wurde Wagen 37 noch während der Aufbauphase für einen neuen Verwendungszweck eingeplant. Er sollte einen aufgeladenen Fünfzylinder-Dieselmotor des Typs OM 617 sowie eine modifizierte Karosserie mit erleichterten Türen und Klappen erhalten und in dieser Konfiguration bei der Diesel-Rekordfahrt in Nardò zum Einsatz kommen.

Die ersten Fahrversuche wurden am 16. Oktober 1975 auf dem Hockenheimring durchgeführt. Wagen 37 erzielte die gewünschten

Wagen 37, Aufnahme aus dem Jahr 1981. Gut erkennbar ist die Rekordwagenkonfiguration analog Wagen 31.

Beschleunigungs- und Geschwindigkeitswerte zwar auf Anhieb, zeigte jedoch eine unbefriedigende Torsionssteifigkeit, die für die geplante Rekordfahrt als hinderlich angesehen wurde. Vor diesem Hintergrund wurde für den Rekordversuch der Umbau des auf der klassischen Stahlblech-Bodengruppe aufgebauten Wagens 31 beschlossen. Wagen 37 sollte nun wieder, der ursprünglichen Planung entsprechend, für die Schlechtweg-Erprobung eingesetzt werden. Zu diesem Zweck wurde er am 3. Dezember 1975 nach Rastatt geliefert, wo die Rekordwagen-Konfiguration in die Normalausführung abgeändert werden sollte. Dazu kam es jedoch offenbar nicht, und das Fahrzeug verblieb in der Rekordwagen-Variante.

Nach den im Juni 1976 von Wagen 31 erzielten spektakulären Rekorden und der daraus resultierenden großen Nachfrage, den Rekordwagen im Rahmen von Ausstellungen zu präsentieren, kam neben Wagen 31 auch der äußerlich identische Wagen 37 als Showcar in aller Welt zum Einsatz. Im November 1980 wurde er in die Obhut der werkseigenen Fahrzeugsammlung übergeben und absolvierte in der Folgezeit zahlreiche weitere Einsätze bei Ausstellungen und Veranstaltungen. Viele Jahre war er bei Mercedes-Benz Belgien und im Museo Juan Manuel Fangio in Balcarce/Argentinien zu sehen.

Wagen 41

Das erste Exemplar des C 111-III, des ersten konsequent auf optimale Aerodynamik entwickelten C 111 Rekordwagens, entstand im Sommer 1977. Die Bodengruppe wurde im Juni in Sindelfingen aufgebaut und Anfang Juli an die Waggonfabrik Rastatt geliefert. Dort erfolgte der Aufbau der GFK-Karosserie, und in Sindelfingen schlos-

Wagen 41 in seiner ersten Ausführung mit zwei Stabilisatorflossen bei der Erprobung in Nardò, Aufnahme aus dem Jahr 1977.

sen sich Ausstattungseinbau und Karosseriefinish an. Nach der am 30. August abgeschlossenen Vermessung der Karosserie wurden im Versuch der Vorentwicklung bis zum 3. September Motor und Achsen montiert, und in Sindelfingen fand innerhalb von drei Wochen die Fertigmontage statt. Nach einer Überprüfung der aerodynamischen Kennwerte im großen Windkanal in Untertürkeim ging es zur Endmontage im Versuch der Vorentwicklung und am 4. Oktober zur Vorerprobung auf der Einfahrbahn.

Am nächsten Tag wurde das Fahrzeug verladen und per Lkw nach Nardò transportiert, wo es vom 8. bis 16. Oktober 1977 ausgedehnten Erprobungsfahrten unterzogen wurde. Das Fahrzeug verfügte zu diesem Zeitpunkt noch über zwei Stabilisatorflossen am Heckteil. Zur Optimierung insbesondere der Heckpartie wurde es Anfang Dezember erneut im großen Windkanal vermessen. Die Überarbeitung von Frontpartie und Heckteil erfolgte Anfang 1978, und vom 11. bis 19. März wurde Wagen 41 zusammen mit dem inzwischen fertiggestellten Wagen 42 nochmals in Nardò erprobt.

In der letzten Aprilwoche waren beide Fahrzeuge erneut vor Ort, um nach einer weiteren Erprobung den Rekordversuch gleich anzuschließen. Als Wagen 42 die Fahrt am 29. April um 10:30 Uhr wegen eines geplatzten Reifens abbrechen musste, wurde der Rekordversuch um 12:40 Uhr mit Wagen 41 neu gestartet, nachdem man Ersatzteile und Telemetrieanlage aus Wagen 42 übernommen hatte. Nach einer Gesamtstrecke von 4398,81 km fiel das Fahrzeug zwar

Wagen 41 in seiner Ausführung als C 111-IV, Studioaufnahmen aus dem Jahr 2014.

durch Abreißen der rechten Antriebswelle aus, hatte zu diesem Zeitpunkt aber bereits neun Weltrekorde und zwei Klassenrekorde errungen und seine Zielsetzung damit erreicht.

Dies sollte aber nicht das Ende seiner Karriere als Rekordjäger sein. Mitte Juli wurde Wagen 41 erneut in Nardò erprobt, wobei die Versuchsfahrt über insgesamt 7242 km vor allem der thermischen Überprüfung diente. Obwohl weitere zunächst für September 1978 avisierte Langstreckenrekordfahrten schließlich nicht zustande kamen, war noch im Mai 1978 die Idee aufgekommen, den 1975 von Mark Donohue aufgestellten inoffiziellen Rundstrecken-Geschwindigkeitsrekord zu überbieten. Die für den angestrebten Geschwindigkeitsbereich von rund 400 km/h erforderlichen umfassenden Karosserieänderungen wurden im September 1978 bei Windkanalmessungen von Wagen 42 mit provisorischen Anbauten untersucht, anschließend bei Wagen 41 umgesetzt und Mitte Januar 1979 sowie Mitte März 1979 erneut im großen Windkanal erprobt. Vom 24. bis 28. März 1979 absolvierte das Fahrzeug, das inzwischen einen 4,8-Liter-V8 mit Biturboaufladung erhalten hatte und folgerichtig als C 111-IV bezeichnet wurde, in Nardò eine ausgedehnte Fahrerprobung. Die eigentliche Rekordversuche erfolgten schließlich am 5. und 6. Mai und konnten mit vier absoluten Weltrekorden und dem inoffiziellen Rundstrecken-Rekord mit 403,978 km/h abgeschlossen werden. Mitte Juni wurde Wagen 41 in der Konfiguration der Rekordfahrt im großen Windkanal in Untertürkheim sowie für Vergleichsmessungen im FIAT-Windkanal in Orbassano untersucht.

Im Juli 1985 wurde der erfolgreiche Rekordwagen in die werkseigene Fahrzeugsammlung übergeben und kam in der Folgezeit bei zahlreichen Ausstellungen und Oldtimer-Veranstaltungen zum Einsatz. So war er z. B. von Ende 1996 an für zwei Jahre im US-amerikanischen Mercedes-Benz Werk in Tuscaloosa/Alabama ausgestellt. Bei der Sonderausstellung »C 111 – zeitlos und visionär« des Mercedes-Benz Museums von 2015 durfte der C 111-IV ebensowenig fehlen wie auf der Techno-Classica Essen anlässlich des Jubiläums »50 Jahre C 111«.

Wagen 42

Die Fertigung von Wagen 42 begann Ende Juni 1977 mit der Herstellung der Bodengruppe in Sindelfingen. Anfang August wurde die Rahmenbodenanlage nach Rastatt geliefert, wo bis Anfang September die Karosserie montiert wurde. Auf Basis der inzwischen, unter anderem mit Wagen 41, gewonnenen Erkenntnisse, erhielt das Fahrzeug einen geänderten Bugbereich mit verbessertem Strömungs-

Wagen 42 ist seit der Eröffnung des neuen Mercedes-Benz Museums im Jahr 2006 im Mythosraum 7 »Rennen und Rekorde« ausgestellt.

verlauf. Die entsprechend dem Vorbild von Wagen 41 optimierte Heckpartie wurde im Januar umgesetzt und das Fahrzeug Ende des Monats an den Versuch der Vorentwicklung überstellt. Die Fertigmontage in Sindelfingen erfolgte im Februar 1978, und am 25. Februar wurde das fertige Fahrzeug im großen Windkanal in Untertürkheim vermessen. Die erste Erprobung unter Einsatzbedingungen fand zusammen mit Wagen 41 vom 11. bis 19. März 1978 in Nardò statt.

In der letzten Aprilwoche ging es für beide Fahrzeuge erneut nach Italien, um nach einer weiteren Erprobung den Rekordversuch zu wagen. Der zu diesem Zeitpunkt weniger strapazierte Wagen 42 wurde als Rekordjäger auserkoren und startete am 29. April pünktlich um 0:00 Uhr. Nach insgesamt 3349 km und zehneinhalb Stunden endete die Fahrt, als der rechte Hinterreifen platzte und die Karosserie im Heckbereich stark beschädigte. Damit war Wagen 42 zwar aus dem Rennen, aber der Rekordversuch wurde gut zwei Stunden später mit Wagen 41 erneut gestartet. Mitte Mai wurde der inzwischen provisorisch instandgesetzte Wagen 42 noch einmal im Windkanal vermessen – nicht zuletzt deshalb, weil die Möglichkeit weiterer Rekordversuche im Herbst im Raum stand.

Als sich abzeichnete, dass es zu diesen Fahrten wohl nicht kommen würde, war Wagen 42 dennoch nicht museumsreif. Im Rahmen der Pläne, den von Mark Donohue seit 1975 gehaltenen inoffiziellen Rundstrecken-Geschwindigkeitsrekord zu brechen, spielte das Fahrzeug eine wichtige Rolle bei der aerodynamischen Optimierung des dafür vorgesehenen Rekordwagens. So wurde er im September 1978 in zahlreichen Varianten, die sich durch provisorische, in Ton, Pappe und Hartschaum ausgeführte Karosseriemodifikationen unterschieden, im großen Windkanal vermessen. Die dabei ermittelte optimale Konfiguration wurde dann in Wagen 41 umgesetzt.

Danach hatte Wagen 42 nun doch ausgedient – abgesehen davon, dass er neben dem eigens dafür aufgebauten Showcar (»Wagen 43«) für PR-Zwecke verwendet wurde. Im Juli 1985 ging er zusammen mit Wagen 41 in die werkseigene Fahrzeugsammlung über und war 1986, im Jahr des Jubiläums »100 Jahre Automobil«, wie auch in den Folgejahren auf zahlreichen Ausstellungen im Einsatz. Von 1996 bis 2000 war er im Verkehrshaus in Luzern zu besichtigen. Seit der Eröffnung des neuen Mercedes-Benz Museums im Mai 2006 gehört er zu den Exponaten des Mythosraums 7 »Rennen und Rekorde«, wo er – zusammen mit den anderen ausgestellten Rekordwagen – die Besucher durch seine spektakuläre Inszenierung in der Steilwand in seinen Bann zieht.

»Wagen 43«

Nach dem erfolgreichen Abschluss der Rekordversuche wurde neben den beiden in Nardò eingesetzten Fahrwagen 41 und 42 ein drittes Exemplar als Showcar aufgebaut, um für die wichtigsten PR-Aufgaben zur Verfügung zu stehen. Für das äußerlich identische, jedoch nicht funktionsfähige Fahrzeug, das in einzelnen Quellen als Wagen 43 bezeichnet wird, kam die erste zu Messzwecken aufgebaute GFK-PUR-Bodenanlage zum Einsatz, die zu diesem Zweck am 16. Mai 1978 nach Rastatt gebracht wurde. Die Fertigstellung erfolgte bis Ende Juli, und im Oktober 1978 wurde das Fahrzeug auf dem Internationalen Automobil-Salon in Paris und der International Motor Show in Birmingham ausgestellt. Im April 1981 wurde das Exponat von der Messeabteilung an die werkseigene Fahrzeugsammlung übergeben. Von 1982 bis 1984 war es zunächst im »Hall of Fame Museum« des Indianapolis Motor Speedway und von 1986 bis 2005 im damals neu gestalteten Daimler-Benz Museum ausgestellt. Zahlreiche weitere Einsätze folgten, z. B. im Frühjahr 2009 bei der Ausstellungsreihe »Zeitreise der Innovationen«, 2015 auf der Techno-Classica Essen und der Sonderausstellung »C 111 – zeitlos und visionär« im Mercedes-Benz Museum, 2016/2017 bei der Ausstellung »Strom-Linien-Form« im Zeppelin Museum Friedrichshafen sowie 2019 erneut auf der Techno-Classica Essen.

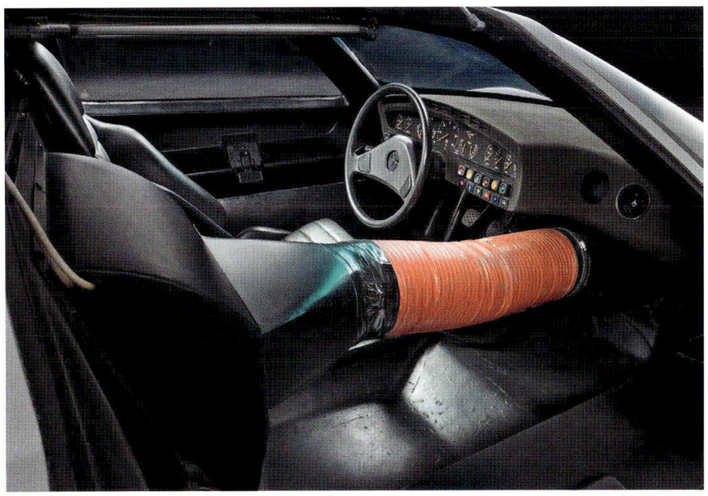

»Wagen 43«, das für PR-Zwecke aufgebaute Showcar des C 111-III, Studioaufnahmen aus dem Jahr 2014.

Ungebrochene Faszination: der C 111 heute

Viele Jahre nach seiner aktiven Phase als rollendes Labor und Rekordjäger hat der C 111 nichts von seiner Faszination verloren und gehört noch immer zu den gefragtesten Exponaten der Fahrzeugsammlung von Mercedes-Benz Classic. Auch in der Kommunikationskampagne, die 2010 anlässlich der Präsentation des Mercedes-Benz SLS AMG die einzigartige Tradition der Mercedes-Benz Supersportwagen demonstrierte, spielte der C 111 eine wichtige Rolle. Bei der Planung hatte sich einmal mehr die Erkenntnis bestätigt, dass ein fahrfähiges Exemplar die Geschichte weitaus eindrücklicher lebendig werden lässt als ein reines Ausstellungsexponat.

Track Test: Wagen 31, der C 111 Diesel-Rekordwagen von 1976, im April 2010 bei einer Presseveranstaltung zur Tradition der Supersportwagen auf der Einfahrbahn im Werk Untertürkheim. Die bei der Rekordfahrt verwendeten Felgenabdeckungen sind hier nicht montiert.

»Festival of Speed«: Der C 111 Diesel-Rekordwagen bei der gleichnamigen Veranstaltung im südenglischen Goodwood im Juli 2010.

Pole Position: Der C 111 Diesel-Rekordwagen an der Spitze eines Starterfelds hochkarätiger Supersportwagen bei der Veranstaltung »Le Mans Classic« im Juli 2010.

Diesel Power: Bei der Markteinführung des SLK 250 CDI, des ersten Mercedes-Benz SLK mit Dieselmotor, vermittelte der C 111 Diesel-Rekordwagen die Leistungsfähigkeit und Sportlichkeit des Selbstzünders. Das Bild wurde im November 2011 in einer Pressemitteilung veröffentlicht.

Beim C 111 mit seinem außergewöhnlichen Wankelmotor ergab sich daraus eine besondere Herausforderung: Schon im September 1974 hatten Versuchsleiter Karl-Heinz Göschel und Projektleiter Dr. Hans Liebold in einem internen Schreiben darauf hingewiesen, man habe bei der Untersuchung des Sindelfinger Karosserie-Versuchswagens 24 a »von einer Demontage des Motors abgesehen, da fast keine Ersatzteile mehr greifbar sind und es zweifelhaft erscheint, ob der Motor nochmals neu aufgebaut werden könnte« und hinzugefügt: »Auch ein Ersatzmotor steht nicht mehr zur Verfügung.«

Vor diesem Hintergrund wurde der C 111 auch und gerade nachdem er in die Obhut der werkseigenen Fahrzeugsammlung gelangt war, nur sehr selten für Fahreinsätze genutzt. Der letzte derartige Einsatz eines C 111 mit Wankelmotor hatte im Mai 2003 im Rahmen des Jubiläums »10 Jahre Mercedes-Benz Classic Center« stattgefunden. Bei den Supersportwagen-Aktivitäten im Jahr 2010 wurde der erste C 111 Rekordwagen eingesetzt: Neben der klassischen Sportwagen-Karosserie verfügte er über einen in vieler Hinsicht seriennahen Dieselmotor, für den bei Bedarf genügend Ersatzteile zur Verfügung standen.

Trotz des überaus positiven Echos in den Medien und der Öffentlichkeit konnte dies jedoch nicht als der Weisheit letzter Schluss gelten. So fiel drei Jahre nach der sehr erfolgreichen Kampagne von 2010, in der der C 111 ein sehr hohes Maß an Medienpräsenz erfahren hatte, die Entscheidung, ein Exemplar der 1970 präsentierten zweiten Serie in fahrbereiten, einsatzfähigen Zustand zu versetzen und damit zurück auf die Straße zu bringen.

Dream Car: Der C 111, im Dezember 2012 in Szene gesetzt beim Fotoshooting für eine im Mai 2013 gestartete Kommunikationskampagne zu den Dream Cars des seinerzeit aktuellen Mercedes-Benz Portfolios.

Da sich die Verfügbarkeit der passenden Wankelmotoren und entsprechender Ersatzteile seit 1974 nicht verbessert hatte, beschlossen die Entscheidungsträger von Mercedes-Benz Classic aus pragmatischen, vor allem aber auch konservatorischen Gründen, statt des Wankelmotors einen historisch authentischen V8-Motor zu verwenden: Dies ließ nicht nur einen überschaubaren Aufwand für die Inbetriebnahme sowie komplikationslose Fahreinsätze erwarten, es gestattete zudem, die wenigen noch vorhandenen Wankelmotoren und Originalteile zu schonen und ohne weitere Beeinträchtigungen der Nachwelt zu erhalten. Für den Umbau bot sich in idealer Weise Wagen 35 an, der bereits Ende 1970 mit einem 3,5-Liter-V8 der Baureihe M 116 ausgerüstet worden war.

Die Prototypen-Werkstatt der Pkw-Entwicklung in Sindelfingen – mit den Nachfolgern jener Mercedes-Benz Ingenieure und Techniker, die 45 Jahre zuvor die spektakulären Versuchswagen aufgebaut hatten – übernahm in Zusammenarbeit mit der Werkstatt von Mercedes-Benz Classic die Aufgabe, Wagen 35 auf den Hubkolbenmotor M 116 umzurüsten. In einem Punkt wurde der ansonsten authentische V8-Motor optimiert: Anstelle der ursprünglichen elektronisch gesteuerten Benzineinspritzung Bosch D-Jetronic erhielt der Klassiker eine moderne elektronische Einspritzanlage, die im Hinblick auf Leistung und Abgasverhalten leichter zu steuern ist.

Seinen ersten Einsatz hatte der nun wieder fahrbereite Traumsportwagen im Juni 2014 bei der »Silvretta Classic Rallye Montafon«. Dies bildete den Auftakt zu einer ganzen Reihe weiterer Veranstaltungen, bei denen der C 111 an den Start ging, was weltweit eine starke Resonanz in Öffentlichkeit und Medien fand. Die nach den begehrten Testfahrten in der Fachpresse veröffentlichten Artikel mit den Fahreindrücken leisteten ebenfalls einen wichtigen Beitrag. Publikumswirksame Auftritte hatte Wagen 35 im August 2014 bei den »Classic Days Schloss Dyck« und Ende November bei »Stars & Cars«, dem traditionellen Motorsport-Saisonabschluss von Mercedes-Benz.

Zylinder statt Scheiben: Der Anfang 2014 in Wagen 35 implantierte V8-Motor der Baureihe M 116 brachte den C 111 wieder auf die Straße.

Kraftwerk mit Kraftwagen: Der C 111 im historischen Wasserkraftwerk Vermuntwerk während der »Silvretta Classic Rallye Montafon« 2014.

Demolauf auf der Schlossallee: Auch bei den »Classic Days Schloss Dyck« im August 2014 hatte der C 111 einen vielbeachteten Auftritt.

Eleganz im Schlosspark: Im September 2014 posiert Wagen 32 im Rahmen der »Chantilly Arts et Élegance Richard Mille« vor dem Schloss Chantilly.

»Stars & Cars«: Beim traditionellen Motorsport-Saisonabschluss von Mercedes-Benz ist im November 2014 auch der C 111 einer der Stars.

Wenige Tage nach »Stars & Cars« wurde der C 111 zum Star, als er zusammen mit dem neuesten Hochleistungs-Sportwagen von Mercedes-AMG, dem Model Dree Hemingway und den Formel-1-Piloten Nico Rosberg und Lewis Hamilton auf dem Key Visual der Mercedes-Benz Fashion Weeks 2015 präsentiert wurde. Das Foto der renommierten Fotografin Collier Schorr war im August 2014 im neuen Windkanal der Mercedes-Benz Pkw-Entwicklung in Sindelfingen entstanden. Das Jahr 2015 startete Mitte Januar mit

Mode, Models, Meisterfahrer: Was auf den ersten Blick wie ein Marketingfoto für einen James-Bond-Film erscheinen mag, ist in Wirklichkeit das Key Visual des Mercedes-Benz Mode-Engagements bei den Fashion Weeks 2015.

Unikate unter sich: Auf der Stuttgarter Oldtimermesse Retro Classics im März 2015 steht Wagen 36, das Einzelstück mit Kunststoff-Bodengruppe, neben einem 300 SL »Gullwing«, der durch seine ungewöhnliche Lackierung in Bayrisch Blau ebenfalls ein Unikat ist.

einem Auftritt bei der »Mercedes-Benz Fashion Week Berlin«; auch bei der »Fashion Week Warschau« im Mai und bei der »London Collection Men« im Juni setzte sich der C 111 publikumswirksam in Szene.

Die ausgeprägte Popularität, die der C 111 nicht zuletzt durch die Aktivitäten mit Wagen 35 gewonnen hatte, wurde noch gesteigert, als das Mercedes-Benz Museum am 28. April 2015 eine Sonderausstellung eröffnete, die ganz allein dem C 111 in allen seinen Varianten gewidmet war. Neun Fahrzeugexponate und vier Motoren ließen die Entwicklung dieser Markenikone lebendig werden, und bis zum 15. November besuchten rund 200.000 Interessierte die Ausstellung »C 111 – zeitlos und visionär«.

»Zeitlos und visionär«: Unter dieser Überschrift widmete das Mercedes-Benz Museum dem C 111 vom 28. April bis 15. November 2015 eine umfassende Sonderausstellung mit neun Fahrzeugexponaten und vier Motoren.

Bereits vier Jahre zuvor hatte der C 111 eine – wenn auch insgesamt zurückhaltendere – Rolle in einer Sonderausstellung des Mercedes-Benz Museums gespielt. Dabei stellte die Daimler Kunst Sammlung in ihrer bis dahin umfangreichsten Präsentation unter dem Titel »Art & Cars & Stars« mehr als 250 Exponate aus. Zu den Highlights zählte die legendäre Cars-Serie von Andy Warhol, die 1986 anlässlich des Jubiläums »100 Jahre Automobil« entstanden war. Nicht nur in dieser Serie war der C 111 präsent, sondern auch in der gleichnamigen Skulptur des Berliner Bildhauers Michael Sailstorfer. Für diese Real-Collage hatte der Künstler einen Mercedes-Benz 190 E in aufwendiger Handarbeit zu seiner ganz persönlichen Version des C 111, seines Traumautos aus Kindheitstagen, umgearbeitet.

GLASFASERVERSTÄRKTER KUNSTSTOFF (GFK)
VISION
AERODYNAMIK
STIL-IKONE
C111
DIESEL

TREKORDE

C 112
BB-A 716

»Art & Cars & Stars«: Zu den Highlights der gleichnamigen Sonderausstellung zählte die legendäre Cars-Serie von Andy Warhol, die 1986 anlässlich des Jubiläums »100 Jahre Automobil« entstanden war. Von Mai bis November 2011 stellte die Daimler Kunst Sammlung neben Teilen der Cars-Serie rund 250 weitere Exponate im Mercedes-Benz Museum aus.

Traumwagen-Eigenbau: Noch stärker präsent war der C 111 in der Skulptur des Berliner Bildhauers Michael Sailstorfer. Aus einem Mercedes-Benz 190 E hatte der Künstler in aufwendiger Handarbeit seine ganz persönliche Version des C 111 gestaltet.

Im Frühjahr 2013 erreichte die Daimler Art Collection auf ihrer Welttournee mit rund 200 Werken das Museo di Santa Giulia im norditalienischen Brescia, dem Start- und Zielpunkt der legendären Mille Miglia. Zusammen mit einem 300 SL »Gullwing« und einem Silberpfeil von 1937 hatte dabei im Mai/Juni auch der C 111 einen Auftritt: Die drei Fahrzeuge, die mit einer großflächigen Reproduktion des zugehörigen Werks aus Andy Warhols Cars-Serie in Glasvitrinen präsentiert wurden, machten im Außenbereich des Museo Mille Miglia auf die Ausstellung im Museo di Santa Giulia aufmerksam.

Warhol in Brescia: Im Mai/Juni 2013 belebte der C 111 (Wagen 34) zusammen mit einem 300 SL »Gullwing« und einem Silberpfeil von 1937 den Außenbereich des Museo Mille Miglia und machte mit einer großflächigen Reproduktion des jeweiligen Warhol-Werks auf die Kunstausstellung der Daimler Art Collection im Museo di Santa Giulia aufmerksam.

Gruppenbild mit C 111: Der außergewöhnliche Sportwagen hatte mehrmals einen Auftritt im traditionellen »Adventskalender« der Mercedes-Benz Niederlassung München, der seit 2004 alljährlich für Aufmerksamkeit sorgt – hier Wagen 34 (zweite Reihe, dritter von links) im Dezember 2019.

Anfang Mai 2015, zehn Tage nach der Eröffnung der C 111 Sonderausstellung im Mercedes-Benz Museum, startete Wagen 35 mit Ellen Lohr am Steuer bei der »Rallye Bodensee Klassik«, und am letzten Juni-Wochenende war er bei der im Rahmen des »Festival of Speed« veranstalteten »Goodwood Moving Motor Show« in Südengland ausgestellt.

Kurz danach ging es in die USA, wo er im August an der »Monterey Car Week« mit dem prestigeträchtigen »Pebble Beach Concours d'Élegance« und im September an der nicht minder renommierten Ausfahrt »Colorado Grand« teilnahm. Nach einer Testfahrt mit dem US-amerikanischen TV-Star Jay Leno hatte der C 111 zudem einen vielbeachteten Auftritt in »Jay Leno's Garage«, einem in den USA ausgesprochen populären TV-Format und Youtube-Kanal über außergewöhnliche Automobile und Motorräder.

Bodensee-Idylle: Der C 111 vor malerischer Kulisse in Lindau bei der »Rallye Bodensee Klassik« im Mai 2015.

Frühling, Sonne, Blumenwiesen: Der C 111 bei der »Rallye Bodensee Klassik« im Mai 2015 mit Motorsport-Allrounderin Ellen Lohr am Steuer.

Meeresrauschen und pazifische Weite: Der C 111 beim Concours d'Élegance im kalifornischen Pebble Beach im August 2015.

»Tour d'Élegance«: Der C 111 als eines von rund 200 hochkarätigen Fahrzeugen bei der Ausfahrt mit Start und Ziel in Pebble Beach.

Weites Land: Der C 111 war im September 2015 einer der Stars bei der seit 1989 veranstalteten renommierten »Colorado Grand«, einer zugunsten karitativer Zwecke durchgeführten fünftägigen Ausfahrt für Renn- und Sportwagen durch die Rocky Mountains über rund 1000 Meilen mit Start und Ziel in Vail, Colorado.

Zurück in der Alten Welt, kam Wagen 35 im Oktober 2015 beim »Zoute Grand Prix«, einer hochkarätigen Oldtimer-Veranstaltung im belgischen Knokke-Heist, zum Einsatz.

Die publikumswirksamen Fahreinsätze von Wagen 35 und die Sonderausstellung im Mercedes-Benz Museum riefen auch einige ehemalige Mitarbeiter aus Entwicklung und Versuch auf den Plan, die 45 Jahre zuvor an dem spektakulären Projekt gearbeitet hatten. Das Ergebnis war nicht nur eine erneute Vernetzung der Zeitzeugen, sondern auch die Initiative zur Erstellung einer Dokumentation, aus der in der Zusammenarbeit mit Mercedes-Benz Classic schließlich das vorliegende Buch entstand.

Auch nach den sehr intensiven Aktivitäten in den Jahren 2014 und 2015, bei denen der C 111 in allen Fachmagazinen und in der Öffentlichkeit in höchstem Maße präsent war, wurde es um den Traumsportwagen nicht still. Neben Wagen 35 kamen auch die Wagen 32, 34, 24 a und 31 – wie in den Vorjahren – bei zahlreichen Ausstellungen und Oldtimerveranstaltungen zum Einsatz.

Im Juli 2017 nahm Wagen 35 mit Rennfahrerlegende Klaus Ludwig am Steuer an der »Schloss Bensberg Supersports Classics« teil, einer Klassik-Rallye durchs Bergische Land mit anschließendem Concours d'Élegance, bei denen aktuelle Supersportwagen das Feld der Klassikern und Youngtimer ergänzen.

Primus inter pares: Der C 111 und drei weitere Hochleistungssportwagen mit Stern im Schlosshof von Schloss Bensberg in Bergisch Gladbach, dem Start- und Zielpunkt der »Schloss Bensberg Supersports Classics« (SBSC) im Juli 2017. Neben dem C 111 aufgereiht sind ein 300 SL Roadster, ein Mercedes-AMG GT R und ein Mercedes-AMG GT C Roadster.

Trüber Tag und gute Laune: Trotz nicht gerade idealen Wetterbedingungen sorgte der von Rennfahrerlegende Klaus Ludwig gesteuerte C 111 im Juli 2017 bei Teilnehmern und Zuschauern der Klassiker-Ausfahrt durch das Bergische Land für gute Stimmung.

Momentaufnahme: Das Foto von Wagen 34, aufgenommen im November 2018, dokumentiert eine der eher seltenen Gelegenheiten, bei denen der C 111 in den »Heiligen Hallen« anzutreffen ist.

Das Jahr 2019 stand für den C 111 im Zeichen eines runden Geburtstags – 50 Jahre zuvor hatte der Mittelmotor-Sportwagen auf der IAA Frankfurt für Furore gesorgt. Für Mercedes-Benz Classic war das Jubiläum der Markenikone Grund genug, den Stand auf der Techno-Classica Essen im April 2019 mit sechs Originalexponaten zu bestücken, die die gesamte Bandbreite der Entwicklungsgeschichte des C 111 abbilden. Die beiden Evolutionsstufen des Wankel-Sportwagens waren durch Wagen 23 sowie Wagen 36, das erste Fahrzeug mit Kunststoff-Bodengruppe, abgedeckt. Den zweiten Lebensabschnitt des C 111 veranschaulichten die drei erfolgreichen Rekordwagen-Varianten, und das 1:1-Designmodell des nicht realisierten Vorgängers SLX rundete die Präsentation ab.

Beim Rücktransport der Exponate nach Stuttgart ging es zunächst zum Mercedes-Benz Museum. Dort wurden die Fahrzeuge für ein Familienfoto in Szene gesetzt, bevor sie wieder ihren Platz in den »Heiligen Hallen« einnahmen.

Runder Geburtstag: Zum 50-Jahre-Jubiläum des C 111 präsentierte Mercedes-Benz Classic auf der Techno-Classica Essen im April 2019 mit sechs Fahrzeugexponaten die gesamte Entwicklung des ikonischen Coupés.

Welcome home: Nach der Rückkehr von der Techno-Classica Essen im April 2019 wurden die Jubilare am Mercedes-Benz Museum abgeladen, um vor der Heimkehr in die »Heiligen Hallen« für ein Gruppenfoto zu posieren.

Mercedes
S - C 111

Jubiläumsfoto: Für das Familienfoto zum 50. Geburtstag haben fünf Varianten des C 111 sowie ein Vorgänger vor dem Mercedes-Benz Museum Aufstellung genommen.

Zweieinhalb Monate später, fünf Jahre nach seiner Premierenfahrt, ging Wagen 35 im Juli 2019 erneut bei der »Silvretta Classic Rallye Montafon« an den Start. Und auch im außergewöhnlichen Jahr 2020 mit seinen zahlreichen Herausforderungen hatte das Fahrzeug einen spektakulären Einsatz: Bei der Classic Insight Presseveranstaltung »Dream Cars by Mercedes-Benz«, einem Fahrevent mit fast zwei Dutzend Traumwagen aus mehr als 130 Jahren, das auf dem Gelände des Mercedes-Benz Prüf- und Technologiezentrums Immendingen durchgeführt wurde, durfte der C 111 nicht fehlen.

Traumwagen vor Traumkulissen: Der C 111 bei der »Silvretta Classic Rallye Montafon« im Juli 2019, fünf Jahre nachdem er seine Straßenpremiere bei dieser Veranstaltung gefeiert hatte.

S AN 661H

15
S AN 661H

S AN 661H

Anlässlich der Pressevorstellung der ersten Auflage dieses Buchs präsentierten sich im November 2021 alle Varianten des C 111 einschließlich des SLX im Mercedes-Benz Classic Center in Fellbach. Mit dabei waren auch Protagonisten aus der Entwicklung des Fahrzeugs, die wertvolle Informationen beigesteuert hatten.

2022 folgten öffentlichkeitswirksame Auftritte in Südfrankreich und in Kalifornien. Im April traf der C 111 im Mercedes-Benz Advanced Design Center in Sophia Antipolis zwischen Nizza und Cannes auf den Technologieträger VISION EQXX, der bei der Fahrt von Sindelfingen nach Cassis an der Côte d'Azur mit einer einzigen Batterieladung über 1.000 Kilometer im realen Alltagsverkehr zurückgelegt hatte.

Drei Monate später war der C 111 eines von fünf Fahrzeugexponaten, die bei der Warhol-Sonderausstellung im Petersen Automotive Museum in Los Angeles zusammen mit 40 Warhol-Originalen aus der Mercedes-Benz Kunstsammlung bewundert werden konnten. Dass Museumsbesucher sehr weite Wege – zum Teil sogar transkontinentale Flugreisen – in Kauf nahmen, nur um den C 111 im Original zu sehen, war dabei kein Einzelfall. Für die »Monterey Car Week« im August verließ der C 111 das Petersen Automotive Museum, um nach einem kurzen Abstecher zum Mercedes-Benz Classic Center in Long Beach die traditionsreiche »Pebble Beach Tour d'Élegance« anzuführen. Für das Wochenende hatte er dann zusammen mit dem passenden Kunstwerk von Andy Warhol und aktuellen Dream Cars seinen Platz in der Mercedes-Benz Hospitaliy auf dem Concours-Gelände in Pebble Beach, bevor er bis Ende Januar 2023 ins Museum nach Los Angeles zurückkehrte.

Auch 2023 sorgte der C 111 für Furore. Im Februar glänzte er im Rahmen der »International Concours of Elegance (I.C.E.)« bei einer sehr dynamischen Demonstration auf dem zugefrorenen und verschneiten St. Moritzersee. Mitte Juni 2023 hatte er dann seinen vielleicht spektakulärsten Auftritt der letzten Jahre: Bei der Veranstaltung »Design No. 5« im Mercedes-Benz International Design Center in Carlsbad/Kalifornien begleitete der C 111 die Weltpremiere des neuen Showcars Mercedes-Benz Vision One-Eleven, dessen Entwicklung er selbst inspiriert hatte.

Die überaus positive Resonanz, die der C 111 in der Öffentlichkeit und den Medien erfährt, zeigt, dass die Faszination des Mittelmotor-Coupés auch mehr als 50 Jahre nach seiner Entstehung ungebrochen ist – und es besteht wohl kaum ein Zweifel daran, dass dies auch in Zukunft so bleiben wird. Dazu trägt nicht nur die fortgesetzte Präsenz der Design-Ikone von 1970 bei, sondern auch das Erscheinen ihrer ebenso spektakulären Neuinterpretation Vision One-Eleven.

Flügeltürer im Anflug: die Markenikonen C 111, 300 SL und SLS AMG auf der Schnellfahrbahn des Mercedes-Benz Prüf- und Technologiezentrums Immendingen, aufgenommen im September 2020 im Rahmen der Classic Insight Presseveranstaltung »Dream Cars by Mercedes-Benz«.

Premiere: Anlässlich der Pressevorstellung der ersten Auflage dieses Buchs am 4. November 2021 waren im Mercedes-Benz Classic Center in Fellbach alle Varianten des C 111 einschließlich des Vorgängers SLX versammelt.

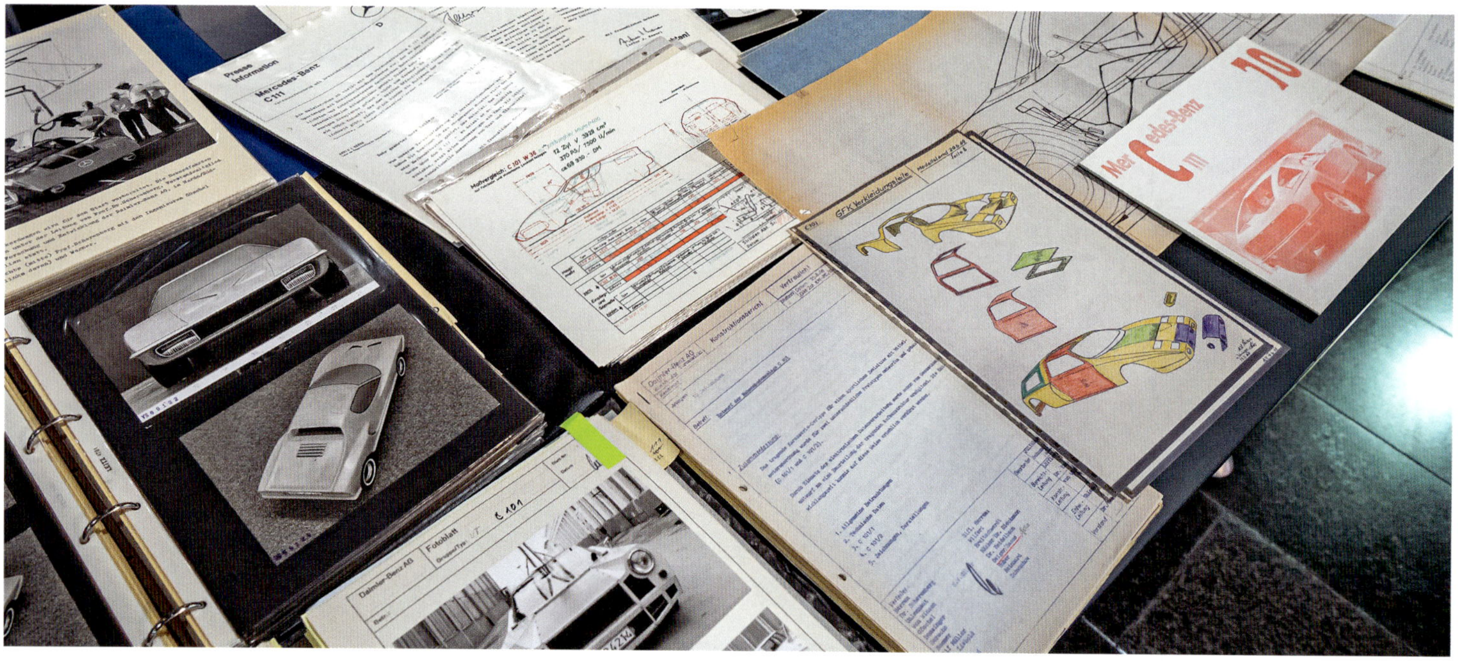

Archivschätze: Die bei der Premiere gezeigten Dokumente und Fotos aus dem Mercedes-Benz Konzernarchiv vermittelten einen Eindruck vom Umfang und der inhaltlichen Bandbreite der Archivbestände, die für das Buch genutzt wurden.

Zeitzeugen: Wichtige Beiträge leisteten auch die Protagonisten aus der Entwicklung des Fahrzeugs: Prof. Peter Pfeiffer, Prof. Klaus Matthias, Rolf Kreß, Rüdiger Faul, Karl Lemberger, Joachim Kaden und Wolfgang Kalbhenn (von links).

Game Changer: Im April 2022 legte der Technologieträger VISION EQXX bei der Fahrt von Sindelfingen nach Cassis an der Côte d'Azur mit einer einzigen Batterieladung über 1.000 km im realen Alltagsverkehr zurück und bewies damit seine herausragende Effizienz. Im Mercedes-Benz Advanced Design Center in Sophia Antipolis zwischen Nizza und Cannes traf der Rekordwagen bei einer Presseveranstaltung auf den C 111.

Kunstobjekt: Vom 23. Juli 2022 bis zum 22. Januar 2023 hatte der C 111 einen Gastauftritt im renommierten Petersen Automotive Museum in Los Angeles. Anlässlich der Sonderausstellung »Andy Warhol: Cars – Works from the Mercedes-Benz Art Collection« war er zusammen mit vier weiteren Klassikern sowie 40 Warhol-Originalen ausgestellt und lockte zahlreiche Besucher an, die zum Teil eigens wegen des C 111 anreisten.

Mercedes-Benz Classic

1970
MERCEDES-BENZ
TYPE C 111-II
EXPERIMENTAL
VEHICLE

Kunstpause: Zur Teilnahme an der »Monterey Car Week« im August 2022 nahm der C 111 eine Auszeit von der Warhol-Ausstellung. In der Werkstatt des Petersen Automotive Museums wurde er für die Fahrt nach Long Beach und den Einsatz in Pebble Beach vorbereitet (oben).

Marcus Breitschwerdt, CEO der Mercedes-Benz Heritage GmbH, ließ es sich nicht nehmen, sich selbst ans Steuer zu setzen und den aufsehenerregenden Sportwagen auf der Fahrt von Los Angeles nach Long Beach und anschließend als Lead-Fahrzeug der »Pebble Beach Tour d'Élegance« zu lenken.

Dream Car und Kunstwerk: Die Präsentation hochkarätiger Fahrzeuge in der Mercedes-Benz Hospitality bei der »Monterey Car Week« im August 2022 wurde von Dimitris Psillakis, CEO von Mercedes-Benz USA, offiziell eröffnet. Neben topaktuellen Modellen und Studien zogen der C 111 und das passende Original-Kunstwerk von Andy Warhol einmal mehr die Aufmerksamkeit auf sich.

Ikone mit Meerblick: Am Nachmittag vor seinem Einsatz bei der »Pebble Beach Tour d'Élegance« im August 2022 posiert der C 111 auf dem 17-Mile Drive in Pebble Beach vor einer trotz Nebel überaus attraktiven Kulisse.

Klassiker auf Eis: Bei der Veranstaltung »The I.C.E. St. Moritz« (International Concours of Elegance) im Februar 2023 präsentiert sich der C 111 auf dem zugefrorenen und verschneiten St. Moritzersee dem Publikum und der Jury des Concours of Elegance.

S O 95 H
54

Dream-Car-Duell: Bei der »I.C.E. St. Moritz« liefern sich der C 111 und der Mercedes-Benz SLS, eine Rennsportversion des 300 SL Roadsters von 1957, ein beeindruckendes Rennen auf dem zugefrorenen und verschneiten St. Moritzersee. Der SLS wird von dem ehemaligen Formel-1-Star und Markenbotschafter Karl Wendlinger gesteuert.

 Ungebrochene Faszination: der C 111 heute

Zurück in die Zukunft: Bei der Weltpremiere des vom C 111 inspirierten Mercedes-Benz Vision One-Eleven auf der Veranstaltung »Design No. 5« in Carlsbad/Kalifornien im Juni 2023 durfte das Vorbild von 1970 nicht fehlen.

Anhang:
Daten, Codes und Quellen

Entschlüsselung der in den zitierten Quellen verwendeten Abteilungskurzbezeichnungen

A1KS	Konstruktion Pkw-Aufbauten, Sonderkonstruktionen
A1R	Versuch Pkw-Aufbauten, Rohbau
A1RA	Versuch Pkw-Aufbauten Rohbau, Messtechnik (mit dem Windkanal)
A1VB	Versuch Pkw-Aufbauten, Versuchswerkstatt
A1STG	Entwicklung Pkw-Aufbauten, Stilistik Gestaltung
E1	Entwicklung Pkw
E1V	Versuch Pkw
E6	Forschung
E6LK	Forschung Kraftmaschinenlabor, Kolbenmotoren
EA1	Entwicklung Pkw-Aufbauten
EMZ	Elektronik, Messzentrum
K1V	Pkw-Konstruktion Vorentwicklung
K1VB	Pkw-Konstruktion Vorentwicklung, Berechnungen
ST1	Stilistik Pkw
ST1M	Stilistik Maßkonzeption
STG	Stilistik Gestaltung
STL	Stilistik Leitung
STMK	Stilistik Maßkonzeption/Konstruktion
V1A	Pkw-Aggregate Versuch
V1AG	Pkw-Aggregate Versuch, Getriebe
V1E	Versuch Pkw, Elektrik und Elektronik
V1FA	Versuch Pkw, Fahrgestellentwicklung, Fahrbetrieb
V1FR	Pkw-Versuch, Räder und Reifen
V1FZ	Pkw-Gesamtfahrzeug-Versuch, Fahrzeugzubehör
V1GR	Pkw-Gesamtfahrzeug-Versuch, Räder und Reifen
V1KD	Versuch Pkw-Motoren Verbrennung, Dieselmotoren
V1M	Pkw-Motoren-Versuch
V1MD	Versuch Pkw-Motoren, Dieselmotoren
V1TD	Versuch Pkw-Motoren, Dieselmotoren
V1RE	Versuch Pkw, Räder- und Reifenentwicklung
V1V	Pkw-Vorentwicklung
V1VO	Versuch Pkw, Vorentwicklung

Anmerkung: Da die genannten Kurzbezeichnungen z. T. unterschiedlichen Zeitpunkten zuzuordnen sind, stehen in einigen Fällen unterschiedliche Kürzel für gleiche oder ähnliche Arbeitsgebiete.

Technische Daten

Variante	C 111 »Hobel«	C 111-I	C 111-I	C 111-I
Jahr	1969	1969	1970	1969
Wagen	Wagen 1	Wagen 22-24	Wagen 25	Wagen 26
Motor	3-Scheiben-Wankel	3-Scheiben-Wankel	V8-Otto	4-Scheiben-Wankel
Motortyp	M 950 W 36	M 950 W 36	M 117 E 45	M 950 W 48
Kraftstoff	Superbenzin	Superbenzin	Superbenzin	Superbenzin
Hubraum (cm³)	3600 (Hubraumäqivalent)	3600 (Hubraumäqivalent)	4520	4800 (Hubraumäqivalent)
Leistung (PS/kW) bei Drehzahl (/min) lt. Presseinformation	258/190 bei 7000 –	289/212 bei 7050 ca. 280/206 bei 7000	330/242 bei 6100 –	367/270 bei 6500 –
Drehmoment (mkg/Nm) bei Drehzahl (/min) lt. Presseinformation	30/294 bei 5000 –	30/294 bei 6550 ca. 30/294	41/402 bei 5000 –	41,4/406 bei 5500-6000 –
Verdichtungsverhältnis	9,3	9,3	11,1	9,3
Motorgewicht (kg)	152,7	157,6	272	183
Kupplung	Einscheibenkupplung Fichtel & Sachs MF 240	Einscheibenkupplung Fichtel & Sachs MF 240	Zweischeibenkupplung Fichtel & Sachs MF 215/2	Zweischeibenkupplung Fichtel & Sachs MF 215/2
Getriebe	ZF 5-Gang 5 DS-25/1	ZF 5-Gang 5 DS-25/1	ZF 5-Gang 5 DS-25/1	ZF 5-Gang 5 DS-25/1
Übersetzungen I./II./III./IV./V./R.	2,42/1,47/1,09/0,958/0,846/ 3,75	2,58/1,61/1,21/1,0/0,846/ 2,86	n. d.	2,58/1,61/1,21/1,0/0,846/ 2,86
Achsantriebsübersetzung	4,22	3,77	n. d.	3,77
Gesamtübersetzung im 5. Gang	3,57	3,19	n. d.	3,19
Felgen (Straßenbereifung)	6 ½ J x 14 H 2	7 ½ J x 14 H 2	7 ½ J x 15 H 2	7 ½ J x 14 H 2
Felgen vorn/hinten (Rennbereifung)	7 J x 15 H 2 / 9 J x 15 H 2	10 K x 15 H 2 / 13 K x 15 H 2	10 K x 15 H 2 / 13 K x 15 H 2	10 K x 15 H 2 / 13 K x 15 H 2
Reifen (Straßenbereifung)	Fulda 195 VR 14	Michelin X 205 VR 14	Michelin XWX 205/70 VR 15	Michelin X 205 VR 14
Reifen vorn//hinten (Rennbereifung)	Dunlop Racing 4,75/10,00-15// 5,75/12,00-15	Dunlop Racing 4,50/11,60-15// 5,50/13,60-15	Dunlop Racing 4,50/11,60-15// 5,50/13,60-15	Dunlop Racing 4,50/11,60-15// 5,50/13,60-15
Tankinhalt (l)	116	116	116	116
Höchstgeschwindigkeit (km/h) lt. Presseinformation	238 –	263 ca. 260	n. d. –	299 –
Beschleunigung 0–100 km/h (s) lt. Presseinformation	5,2 –	5,5 ca. 5	n. d. –	5,3 –
Kraftstoffverbrauch (l/100 km)	ca. 33	37,7–38,2	46,7	26,9 (Wagen 22, M 950/4)
Radstand (mm)	2500	2620	2620	2620
Spurweite vorn/hinten (mm) bei Straßenbereifung	1380/1370	1380/1390	1380/1390	1380/1390
Spurweite vorn/hinten (mm) bei Rennbereifung	n. d.	1440/1390	1440/1390	1440/1390
Länge (mm)	3970	4250	4250	4350
Breite (mm)	1775	1820	1820	1820
Höhe (mm)	1150	1125	1125	1120
Leergewicht (kg)	n. d.	n. d.	n. d.	n. d.
Gewicht fahrfertig (kg)	1048	Wagen 22: 1218 Wagen 23: 1217 Wagen 24: 1200 (ohne Werkzeug, mit Straßenbereifung und Ersatzrad)	1411	1217 (ohne Werkzeug, mit Straßenbereifung und Ersatzrad)

n. d.: Angaben nicht dokumentiert; – : Angaben nicht relevant/nicht verfügbar

Variante	C 111-II	C 111-II	C 111-II	C 111-II
Jahr	1970	1970	1975	1975
Wagen	Wagen 31, 33, 34	Wagen 35	Wagen 36	Wagen 37
Motor	4-Scheiben-Wankel	V8-Otto	4-Scheiben-Wankel	5-Zylinder-Turbodiesel
Motortyp	M 950 W 48	M 116 E 35	M 950 W 48	OM 617 A
Kraftstoff	Superbenzin	Superbenzin	Superbenzin	Diesel
Hubraum (cm³)	4800 (Hubraumäqivalent)	3499	4800 (Hubraumäqivalent)	2999
Leistung (PS/kW) bei Drehzahl (/min) lt. Presseinformation	365 bei 6500 ca. 350/257 bei 7000	n. d. –	n. d. –	191/141 bei 4200 –
Drehmoment (mkg/Nm) bei Drehzahl (/min) lt. Presseinformation	41,4/406 bei 5500-6000 ca. 40/392 bei 4000-5500	n. d. –	n. d. –	n. d. –
Verdichtungsverhältnis	9,3	n. d.	9,3	17,5
Motorgewicht (kg)	217 (Baustufe III: 230)	273	n. d.	244
Kupplung	Zweischeibenkupplung Fichtel & Sachs MF 215/2	Zweischeibenkupplung Fichtel & Sachs MF 215/2	Zweischeibenkupplung Fichtel & Sachs MF 215/2	Zweischeibenkupplung Fichtel & Sachs MF 215/2
Getriebe	ZF 5-Gang 5 DS-25/1	ZF 5-Gang 5 DS-25/1	ZF 5-Gang 5 DS-25/1	ZF 5-Gang 5 DS-25/1
Übersetzungen I./II./III./IV./V./R.	2,857/1,72/1,21/0,92/ 0,705/2,86	2,857/1,72/1,21/0,92/ 0,705/2,86	2,857/1,72/1,21/0,92/ 0,705/2,86	2,857/1,72/1,21/0,92/ 0,705/2,86
Achsantriebsübersetzung	4,22	4,22	4,22	3,56
Gesamtübersetzung im 5. Gang	2,975	2,975	2,975	2,51
Felgen (Straßenbereifung)	7 ½ J x 14 H 2	7 ½ J x 14 H 2	7 ½ J x 15 H 2	7 ½ J x 14 H 2
Felgen vorn/hinten (Rennbereifung)	10 K x 15 H 2 / 13 K x 15 H 2	10 K x 15 H 2 / 13 K x 15 H 2	10 K x 15 H 2 / 13 K x 15 H 2	10 K x 15 H 2 / 13 K x 15 H 2
Reifen (Straßenbereifung)	Michelin X 205 VR 14	Michelin X 205 VR 14	Michelin XWX 205/70 VR 15	Michelin X 205 VR 14
Reifen vorn//hinten (Rennbereifung)	Dunlop Racing 4,50/11,60-15// 5,50/13,60-15	Dunlop Racing 4,50/11,60-15// 5,50/13,60-15	Dunlop Racing 4,50/11,60-15// 5,50/13,60-15	Dunlop Racing 4,50/11,60-15// 5,50/13,60-15
Tankinhalt (l)	116	116 (mit Hecktanks 70)	100	100
Höchstgeschwindigkeit (km/h) lt. Presseinformation	n. d. ca. 300	n. d. –	n. d. –	227 –
Beschleunigung 0–100 km/h (s) lt. Presseinformation	n. d. ca. 4,8	n. d. –	n. d. –	n. d. –
Kraftstoffverbrauch (l/100 km)	n. d.	n. d.	n. d.	n. d.
Radstand (mm)	2620	2620	2620	2620
Spurweite vorn/hinten (mm) bei Straßenbereifung	1410/1405	1410/1405	1410/1405	1410/1405
Spurweite vorn/hinten (mm) bei Rennbereifung	1445/1390	1445/1390	1445/1390	1445/1390
Länge (mm)	4440	4440	4440	4440
Breite (mm)	1825	1825	1825	1825
Höhe (mm)	1120	1120	1120	1120
Leergewicht (kg)	n. d.	n. d.	n. d.	n. d.
Gewicht fahrfertig (kg)	Wagen 31: 1303 (mit Leichtmetallfelgen) Wagen 34: 1424 (mit Automatikgetriebe)	n. d.	1316	n. d.

n. d.: Angaben nicht dokumentiert; – : Angaben nicht relevant/nicht verfügbar

Variante	C 111-II Diesel	C 111-III	C 111-IV	C 111-V
Jahr	1976	1978	1979	1980
Wagen	Wagen 31	Wagen 41, 42	Wagen 41	(Planungsstand)
Motor	5-Zylinder-Turbodiesel	5-Zylinder-Turbodiesel	V8-Otto mit Biturbo-aufladung	V8-Otto mit Biturbo-aufladung
Motortyp	OM 617 A	OM 617 A	M 117 E 48	M 117
Kraftstoff	Diesel	Diesel	Superbenzin	Methanol
Hubraum (cm³)	2999	2999	4820	n. d.
Leistung (PS/kW) bei Drehzahl (/min) lt. Presseinformation	196/144 bei 4500 ca. 190/140	233-234/171-172 bei 4600 230/170 bei 4400-4600	503/370 bei 6000 500/368	800/588 –
Drehmoment (mkg/Nm) bei Drehzahl (/min) lt. Presseinformation	38/373 bei 3600 38/373 bei 3600	41-42/402-412 bei 3600 41/402 bei 3600	61/600 bei 5100-5600 –	n. d. –
Verdichtungsverhältnis	17,5	17,5	6,0	n. d.
Motorgewicht (kg)	244	244	240	n. d.
Kupplung	Zweischeibenkupplung Fichtel & Sachs MF 215/2	Zweischeibenkupplung Fichtel & Sachs MF 215/2	Zweischeibenkupplung Fichtel & Sachs MF 215/2 bzw. Dreischeibenkupplung Fichtel & Sachs MFX 184	Dreischeibenkupplung Fichtel & Sachs
Getriebe	ZF 5-Gang 5 DS-25/1	ZF 5-Gang 5 DS-25/2	ZF 5-Gang 5 DS-25/2	Getrag 5-Gang
Übersetzungen I./II./III./IV./V./R.	2,857/1,72/1,21/0,92/ 0,705/2,86	2,857/1,72/1,21/0,846/ 0,643	n. d.	2,33/1,675/1,343/1,146/1,0
Achsantriebsübersetzung	3,07	2,58	n. d.	2,18
Gesamtübersetzung im 5. Gang	2,17	1,65	1,82	2,18
Felgen (Straßenbereifung)	8 J x 15 H 2	–	–	–
Felgen vorn/hinten (Rennbereifung)	–	8 J x 15 H 2 / 9 ½ J x 15 H 2	8 J x 15 H 2 / 9 ½ J x 15 H 2	n. d.
Reifen (Straßenbereifung)	Michelin XWX 215/70 VR 15	–	–	–
Reifen vorn//hinten (Rennbereifung)	–	Dunlop Racing 230/600-15	Michelin 20/63-15 X// 23/67-15 X	n. d.
Tankinhalt (l)	116	140	60	n. d.
Höchstgeschwindigkeit (km/h) lt. Presseinformation	260 > 250	327,3 –	404,4 > 400	450 –
Beschleunigung 0–100 km/h (s) lt. Presseinformation	n. d. 6,5	n. d. –	n. d. –	n. d. –
Kraftstoffverbrauch (l/100 km)	19,68	15,98	n. d.	–
Radstand (mm)	2620	2720	2720	2840
Spurweite vorn/hinten (mm) bei Straßenbereifung	1410/1405	–	–	–
Spurweite vorn/hinten (mm) bei Rennbereifung	–	1260/1320	1260/1320	1300/1270
Länge (mm)	4440	5380	6200	n. d.
Breite (mm)	1825	1715	1715	n. d.
Höhe (mm)	1120	1045	1045	n. d.
Leergewicht (kg)	1106	1284	1393	n. d.
Gewicht fahrfertig (kg)	1247 (Tanks voll, mit Ersatzteilen)	1531 (Tanks voll, mit Ersatzteilen und Fahrer)	1484 (Tankinhalt links 20 l, mit Fahrer)	1150

n. d.: Angaben nicht dokumentiert; – : Angaben nicht relevant/nicht verfügbar

Gewichtsbilanz nach Konstruktionsgruppen

Konstruktionsgruppe	Gewicht (kg) Wagen 1		Gewicht (kg) Wagen 22–26		Gewicht (kg) Wagen 31–35	
Motor vollständig	152,7		157,6 … 183,0	[12]	217,0	[17]
Kupplung	15,4	[1]	15,4		15,0	
Getriebe	58,6		58,6		65,3	[18]
Fußhebelwerk	4,1	[2]	5,0		3,5	
Regulierung	1,1		1,0		1,5	
Vorderachse	69,8	[3]	70,0		86,0	
Hinterachse	85,6	[4]	57,2		67,5	
Räder und Reifen	88,2	[5]	110,0 … 137,4	[13]	127,0	[19]
Bremsanlage	7,3	[6]	8,5		43,2	
Lenkung und Schaltung	23,7	[7]	20,5		26,2	
Kraftstoffanlage	14,4		19,5		21,0	
Auspuffanlage	35,3		38,2 … 52,4	[14]	27,0	[20]
Kühler	20,3	[8]	23,0		36,0	[21]
Elektrische Ausrüstung	39,8		40,2		41,5	
Werkzeug, Sanitätskasten u. Feuerlöscher					15,0	
Bodenanlage	143,0	[9]	154,5 … 167,3	[15]		
Flüssigkeiten	108,0	[10]	115,0		121,0	[22]
Fahrwerk gesamt					1042,0	
Karosserie (und Ausstattung)	115,0	[11]	ca. 240 … 280	[16]	245,0	
Schrauben, Verbindungsschläuche und Kleinteile			ca. 29			
Wagengewicht fahrfertig gewogen	990,0		1218 (Wagen 22) 1217 (Wagen 23) 1200 (Wagen 24) 1217 (Wagen 26)		1303,0	
Vorderachslast			549,0 … 554,0		610,0	[23]
Hinterachslast			647,0 … 668,0		693,0	[24]

[1] Bei LM-Kupplungsglocke und -Druckplatte ca. 3,9 kg leichter
[2] Bei Zwischenplatte aus Leichtmetallguss ca. 1,4 kg leichter
[3] Geschätzte Erleichterung bei unteren Querlenkern und Bremszangen aus Leichtmetall 13 kg
[4] Leichtmetall-Bremszangen ca. 2,6 kg leichter, Doppelquerlenkerachse ca. 15-20 kg leichter
[5] 4 x 195 VR 14 auf LM-Rädern, Ersatzrad aus Stahl (Mindergewicht bei 5 LM-Rädern 6,0 kg). Bei 5 Rennreifen der projektierten Größen 4.50/11.60-15 bzw. 5.50/13.60-15 (schlauchlos) voraussichtlich ebenfalls ca. 88 kg
[6] Ohne Bremskraftverstärker ca. 6 kg weniger
[7] Mit Holzlenkrad ca. 1,2 kg leichter
[8] Mit Kunststofflüfter ca. 0,6 kg leichter
[9] Lackiert, mit Wasserrohren und Sitzschienen, ohne Windschutzscheibe. Alu-Ausführung ca. 30 kg leichter
[10] Bei zeichnungsgemäßer Ölwanne ca. 2 kg mehr
[11] Motorhaube, vorderes Abschlussblech, Kotflügel, Reserveradmulde, Sitze, Scheinwerfer und Leuchten (Behelfskarosserie). Endgültige LM-Karosserie voraussichtlich wesentlich leichter
[12] 3- bzw. 4-Scheiben-Motor
[13] Straßen- bzw. Rennbereifung
[14] verschiedene Ausführungen
[15] verschiedene Blechstärken
[16] verschiedene Ausführungen
[17] Baustufe III: 230 kg; M 117: 272 kg
[18] ZF-Getriebe mit Alu-Deckel: 59,8 kg; Automatikgetriebe mit Kupplung: 102,7 kg
[19] Hinterrad mit Rennbereifung 19 kg, Vorderrad mit Rennbereifung 16 kg, Leichtmetallrad 20 kg, Stahlrad 25 kg
[20] M 117: 32 kg
[21] Alu-Kühler mit Ölkühler/Lüfter: 16,5 kg, Messing-Kühler mit Ölkühler/Lüfter: 24,5 kg
[22] Kraftstoff 116 Liter, Motoröl 10 Liter, Getriebe-Öl 13 Liter, Bremsflüssigkeit 0,4 Liter, Kühlwasser 16,5 Liter
[23] Ungefederte Massen pro Rad 49,9 kg
[24] Ungefederte Massen pro Rad 39,8 kg

Anmerkung: Die Bemerkungen 1 bis 11 beziehen sich auf die im April 1969 gegenüber Wagen 1 erwarteten Einsparpotenziale

Verwendete Quellen und weiterführende Literatur

Bestände des Konzernarchivs und der Archivbibliothek von Mercedes-Benz Classic

Persönliche Mitteilungen von:

Dipl.-Ing. Rüdiger Faul (Juli und August 2021, Januar 2023)
Prof. Stefan Heiliger (Mai 2020)
Dipl.-Ing. Arno Jambor (Januar bis Juli 2023)
Dipl.-Ing. Joachim Kaden (Mai 2020 und Juli 2021)
Karl Lemberger, Manfred Dierks, Hans-Peter Hiller, Rolf Kreß und **Robert Münzmay** (Mai 2020)
Prof. Klaus Matthias (Juli 2019 bis Oktober 2020, März 2021)
Prof. Peter Pfeiffer (September 2020, August 2021, Januar und Juni 2023)
Dr.-Ing. h. c. Bruno Sacco (September und November 2019)
Gert Straub (März 2020, März 2021 und Juli 2021)

Steffen Köhl und **Stefan Lamm** (März 2023)
Hartmut Sinkwitz und **Belinda Günther** (März 2023)
Benjamin Kuhn (März 2023)

Buchpublikationen

Ansdale, Richard F.: Der Wankelmotor. Konstruktion und Wirkungsweise. Stuttgart 1971
Becker, Sascha/Meysen, Fried/Möser, Kurt/Popplow, Marcus: Felix Wankel. Leben und Werk in Bildern. Gudensberg 2002
Bensinger, Wolf-Dieter: Rotationskolben – Verbrennungsmotoren. Berlin/Heidelberg/New York 1973
Frère, Paul/Weitmann, Julius: Mercedes-Benz C 111. Eine Fahrzeugstudie. Lausanne 1981
Hack, Gert: Alles über Diesel-Autos. Diesel-Personenwagen – Entwicklung, Technik, Typologie. Stuttgart 1981
Hildebrandt, Roland: Gescheiterte Innovation? – Der Wankelmotor und die Erfinderpersönlichkeit Felix Wankel aus technik- und wirtschaftsgeschichtlicher Sicht. Magisterarbeit an der Martin-Luther-Universität Halle-Wittenberg, Halle/Saale 2006
Klauke, Dieter: Der Wankelmotor – da war doch mal was? Die Wahrheit einer Erfindung ist eine Tochter der Zeit. O.O. 2019
Knapp, Ulrich Christoph: Wankel auf dem Prüfstand. Ursprung, Entwicklung und Niedergang eines innovativen Motorenkonzeptes. Cottbuser Studien zur Geschichte von Technik, Arbeit und Umwelt; Band 28. Münster 2006
Korp, Dieter: Protokoll einer Erfindung. Der Wankelmotor. Stuttgart 1975
Kurze, Peter: Wankel im Blick. Paul Botzenhardt fotografiert NSU Spider, RO 80, Mercedes C 111. Bremen 2003
Ludvigsen, Karl E.: Mercedes-Benz Renn- und Sportwagen. Vom Blitzen-Benz zum McLaren-Mercedes: Die Geschichte der Silberpfeile. Stuttgart 1999
Möser, Kurt: Der Wankelmotor – Faszination einer Erfindung. Begleitheft zur Sonderausstellung 23.6.1995 – 1.10.1995. Mannheim 1995
Naumann, Fritz: Blick aus der Grube. Erinnerungen eines Automobilingenieurs. Schönaich, 2. Auflage 2001
Popplow, Marcus: Motor ohne Lobby? Medienereignis Wankelmotor 1959-1989. Technik + Arbeit 11. Schriften des TECHNOSEUM Landesmuseum für Technik und Arbeit in Mannheim. Ubstadt-Weiher 2003
Popplow, Marcus: Felix Wankel. Mehr als ein Erfinderleben. Erfurt 2011
Schultz, Horst: Das große Wankelbuch. Chronologie einer Entwicklung. Altlußheim 2022
Schulz, Eberhard: Autobiographie. Von Schulz zu Isdera. Wendhausen 2021
Vieweg, Christof: Heilige Hallen. Die geheime Fahrzeugsammlung von Mercedes-Benz. Bielefeld 2019

Manuskripte

Götz, Hans: Aus der aerodynamischen Entwicklung der Experimentalfahrzeuge C 111 I-IV. Manuskript des Vortrags beim 4th Colloquium on Industrial Aerodynamics, Aachen 18.06.1980
Jundt, Hartmut/Kalbhenn, Wolfgang: Einblicke in die Kreiskolben-Entwicklung bei Daimler-Benz. Unveröffentlichtes Manuskript, Rottweil/Breuberg 2018
Naumann, Fritz: Historie zum Mercedes-Benz C 111. Unveröffentlichtes Manuskript, Stammham 2009

Zeitschriftenartikel

Bensinger, Wolf-Dieter: Der heutige Entwicklungsstand des Wankelmotors. MTZ Motortechnische Zeitschrift, Jg. 31 (1970), Nr. 1, S. 1-7

Eisele, Erwin/Hiereth, Hermann/Withalm, Gert: Der Motor des Mercedes-Benz-Rekordfahrzeugs C 111/IV. MTZ Motortechnische Zeitschrift, Jg. 41 (1980), Nr. 2, S. 49–50

Engelen, Günter/Zerha, Jürgen: Wankel-Mut. Report: mit zwei Mercedes-Benz C 111 in Hockenheim. Motor Klassik, Jg. 6 (1989), Nr. 9, S. 9–17

Enke, Kurt/Löffler, Erwin: Der Versuchswagen C 111 von Daimler-Benz. ATZ Automobiltechnische Zeitschrift, Jg. 72 (1970), Nr. 3, S. 200–206

Groth, Peter: Alfred Zimmer – Pionier der FEM-Anwendung. ATZ Automobiltechnische Zeitschrift, Jg. 102 (2000), Nr. 5, S. 338–341

Koch, Michl/Jürgens, Malte/Zerha, Jürgen: Angriff über den Flügel. Der C 111 und sein Nachfolger. sport auto, Jg. 18 (1986), Nr. 9, S. 5–15

Liebold, Hans/Fortnagel, Manfred/Götz, Hans/Reinhard, Theodor: Aus der Entwicklung des C 111 III. Automobil-Industrie, Jg. 25 (1979), Nr. 2, S. 29–35

Ludvigsen, Karl E.: The Development of the C 111. Mercedes' brilliant new Wankel-engined sports car. C 111 Impressions. Automobile Quarterly, Jg. 8 (1970), Nr. 3, S. 326–339

Matthias, Klaus: Aus der Entwicklung des C 111. Experimentierfahrzeug mit tragender Bodengruppe in Kernverbund-Bauweise aus Chemiewerkstoffen. mobiles, Jg. 8 (1982), Nr. 8, S. 70–85

Matthias, Klaus: Experimentierfahrzeug mit tragender Bodengruppe in Kernverbund-Bauweise aus Chemiewerkstoffen. ATZ Automobiltechnische Zeitschrift, Jg. 85 (1983), Nr. 3, S. 107–115

Scherenberg, Hans: Abgasturboaufladung für Personenwagen-Dieselmotoren. ATZ Automobiltechnische Zeitschrift, Jg. 79 (1977), Nr. 11, S. 479–486

Webspecials und Video

mb4.me/MBVision111
Webspecial mercedes-benz.com: Vision One Eleven, Juni 2023

sensualpurity.com/design5
Webspecial Mercedes-Benz Design: Vision One Eleven, Juni 2023

mb4.me/C111Book
Video: Fahrszenen des Vision One-Eleven auf der Teststrecke in Immendingen, Juni 2023

Verlag, Autoren und Herausgeber übernehmen keine Gewähr für die dauerhafte Verfügbarkeit des verlinkten Materials.

S AN 661H